Heinz G. O. Becker
Einführung in die Elektronentheorie organisch-chemischer Reaktionen

ISBN 3 87144 246 1

© 1974 VEB Deutscher Verlag der Wissenschaften, Berlin
Als Taschenbuch genehmigte Lizenzausgabe für
den Verlag Harri Deutsch, Thun
Herstellung: Grenzland-Druckerei Rock + Co., Wolfenbüttel
Printed in Germany

Aus dem Vorwort zur ersten Auflage

Das vorliegende Buch wendet sich vor allem an Studenten der organischen Chemie. Es wird der Versuch unternommen, den derzeitigen Stand der Theorie organisch-chemischer Reaktionen in verhältnismäßig elementarer Darstellung wiederzugeben. Dabei ist das Schwergewicht nicht auf eine lückenlose Zusammenstellung möglichst vieler Einzelreaktionen gelegt, da dies heute bereits zum Stoff moderner Lehrbücher der organischen Chemie gehört, deren Kenntnis hier vorausgesetzt wird. Es erscheint dem Autor vielmehr zweckmäßig, in erster Linie die hinter den einzelnen Mechanismen stehenden Einflüsse und Wechselwirkungen zu beleuchten, wobei stets eine Betrachtung unter verschiedenen Blickwinkeln angestrebt wird (Substrat — Reagens — Lösungsmittel). Vor allem die Kenntnis solcher Einflüsse gestattet eine richtige Wahl der Reaktionsbedingungen und darüber hinaus überhaupt eine vernünftige Planung der praktischen Arbeit. Ein besonders für den Lernenden wichtiges Anliegen der Theorie muß es weiterhin sein, die Vielfalt des Stoffes zusammenzufassen und einheitlich und übersichtlich darzustellen. Aus diesem Grunde sind in diesem Buche alle Carbonylreaktionen (Reaktionen von Aldehyden, Ketonen, Carbonsäuren und deren Derivaten) sowie die üblicherweise nicht zu diesen gerechneten Reaktionen der Azomethine, Nitrile, Nitro- und Nitrosoverbindungen zusammengefaßt dargestellt. In Anwendung des Vinylogie-Prinzips wurden außerdem auch die MICHAEL-Addition und die nucleophile Substitution am aktivierten Aromaten hier angegliedert. Die elektrophilen Additionen an Olefine und die elektrophilen Substitutionen am aromatischen Kern befinden sich ebenfalls unter einem gemeinsamen Aspekt behandelt.

Im übrigen wurde die übliche Einteilung der Reaktionstypen mit weiteren Kapiteln über nucleophile Substitutionen am gesättigten Kohlenstoffatom, Eliminierungen, Sextettumlagerungen und Radikalreaktionen beibehalten.

Nach Ansicht des Autors ist es nicht sinnvoll, organisch-chemische Reaktionen überwiegend mit Hilfe statischer Erscheinungen, wie etwa der Energie des Grundzustandes eines Moleküls, zu interpretieren. In diesem Buche werden deshalb die dynamischen Verhältnisse betont.

Dresden, Juni 1961   Heinz G. O. Becker

Vorwort zur dritten Auflage

An den Autor und den Verlag wurden viele Wünsche nach einer Neuauflage herangetragen, so daß es zweckmäßig erschien, diese nach zwei Auflagen und einem unveränderten Nachdruck der zweiten Auflage nunmehr herauszubringen.

Am Grundkonzept des Buches und an seiner Zielsetzung, vor allem dem Studenten der organischen Chemie beim Eindringen in das Gebiet der Elektronentheorie organisch-chemischer Reaktionen zu helfen, hat sich nichts geändert. Um jedoch auch das weiterführende Studium zu erleichtern, werden in der vorliegenden vollständig neu bearbeiteten Auflage zahlreiche Literaturstellen zitiert. Das erforderte, den Text an vielen Stellen stärker zu konkretisieren und noch mehr Zahlenmaterial einzuarbeiten. Der Autor hofft, daß der praktische Nutzen des Buches auf diese Weise noch größer geworden ist.

Es ist nach wie vor nicht das Anliegen des Buches, das gesamte Gebiet der theoretischen organischen Chemie abzuhandeln, sondern vielmehr bestimmte typische Methoden des Herangehens an die Probleme der Reaktionsmechanismen und bestimmte Denkschemata bei der Anlage und Auswertung von Experimenten an wichtigen Beispielen darzustellen. Von dieser Basis aus sollte es dem Leser relativ leicht möglich sein, in weitere Gebiete einzudringen. Deshalb wurden auch die gegenwärtig stark bearbeiteten Synchron-Additionen und die damit zusammenhängenden Fragen der Orbitalsymmetrie nicht aufgenommen, deren qualifizierte Behandlung nach meiner Ansicht den Rahmen einer „Einführung" sprengen würde. Das gleiche gilt für die Reaktionen von Koordinationsverbindungen.

Ich hoffe, daß das Buch auch weiterhin eine positive Rolle bei der Ausbildung qualifizierter Chemiker spielen kann.

Merseburg, Juni 1974   Heinz G. O. Becker

Inhalt

1.	**Das Problem der chemischen Bindung**	11
1.1.	Bohrsches Atommodell und Besetzung der Elektronenschalen	15
1.2.	Grundzüge der Wellenmechanik	18
1.2.1.	Atomorbitale (Atomic orbitals, AO)	22
1.2.2.	Molekülorbitale (Molecular orbitals, MO). Das Wasserstoffmolekülion $H_2^{\oplus}$	27
1.3.	Die Bindungsverhältnisse beim Kohlenstoff	32
1.4.	Bindungsverhältnisse in konjugierten Doppelbindungen	39
1.5.	Spektroskopie im Ultravioletten und Sichtbaren (UV-Vis-Spektroskopie) und Photochemie	44
1.6.	Literaturangaben zu Kapitel 1	49
2.	**Zur Verteilung der Elektronendichte in organischen Molekülen. Struktur und Reaktivität**	52
2.1.	Induktionseffekt (Feldeffekt)	53
2.2.	Mesomerieeffekt (Resonanzeffekt)	59
2.3.	Mesomerie und sterische Verhältnisse	68
2.4.	Der aromatische Zustand	70
2.5.	Zur Hyperkonjugation	78
2.6.	Die quantitative Erfassung der polaren Effekte von Substituenten. Lineare-Freie-Energie-Beziehungen	81
2.6.1.	Allgemeine Grundlagen	81
2.6.2.	Substituentenkonstanten	86
2.6.2.1.	Elektrophile Substituentenkonstanten σ^+. Nucleophile Substituentenkonstanten σ^-	86
2.6.2.2.	Induktive Substituentenkonstanten	87
2.6.2.2.1.	σ_I-, σ^*-Konstanten. Die Taft-Beziehung	88
2.6.2.3.	Trennung von Induktions- (Feld-) und Mesomerieanteilen in den Hammett-σ-Konstanten	91
2.6.2.4.	Quantitative Ermittlung von sterischen Einflüssen (van-der-Waals-Einflüsse). Sterische Substituentenkonstanten E_S	94
2.6.3.	Reaktionskonstante und Weiterleitungskoeffizient. Temperatureffekte	96
2.6.4.	Freie-Energie-Beziehungen für Lösungsmitteleffekte	97
2.7.	Acidität und Basizität	99
2.7.1.	Allgemeine Grundlagen	99

2.7.2.	Acidität typischer Säuren	103
2.7.3.	Basizität typischer Basen	107
2.7.4.	Harte und weiche Säuren und Basen	110
2.8.	Konformationsisomerie und Konformationsanalyse	114
3.	**Allgemeine Gesichtspunkte zum Ablauf organisch-chemischer Reaktionen**	120
3.1.	Klassifizierung von Reaktionen und Reagenzien	120
3.2.	Zur Reaktionskinetik	123
3.3.	Zur Theorie des Übergangszustandes	129
3.3.1.	Synchrone Reaktion (z. B. SN2-Reaktion)	129
3.3.2.	Asynchrone Reaktion; Reaktion mit Zwischenstufe (z. B. SN1-Reaktion)	130
3.4.	Kinetische Isotopeneffekte	133
3.5.	Zum Elementarakt von Reaktionen. FRANCK-CONDON-Prinzip	134
4.	**Nucleophile Substitution am gesättigten Kohlenstoffatom**	137
4.1.	Reagenzien und Reaktionen	137
4.2.	Die monomolekulare nucleophile Substitution (SN1-Reaktion)	140
4.3.	Die bimolekulare nucleophile Substitution (SN2-Reaktion)	142
4.4.	Der sterische Verlauf von SN1- und SN2-Reaktionen	144
4.5.	Einfluß des Lösungsmittels auf den Reaktionstyp	152
4.5.1.	Protonische Lösungsmittel	154
4.5.2.	Nucleophile aprotonische Lösungsmittel	156
4.5.3.	Lösungsmittel mit elektrophilen Eigenschaften	158
4.6.	Vielzentrenmechanismen	159
4.7.	Polare und sterische Einflüsse von Substituenten im Kohlenwasserstoffteil von R—X	163
4.7.1.	α- und β-Substituenten	163
4.7.2.	Nachbargruppeneffekte	177
4.8.	Abspaltungstendenz des nucleofugen Substituenten und elektrophile Katalyse	184
4.9.	Einfluß des nucleophilen Reaktionspartners	191
4.9.1.	Elektronische Faktoren der Nucleophilie	191
4.9.2.	Quantitative Beziehungen für die Nucleophilie	196
4.9.3.	Sterische Einflüsse auf die Nucleophilie	198
4.10.	Beziehungen zwischen Reaktionstyp und Endprodukten nucleophiler Substitutionen	200
5.	**Eliminierung**	207
5.1.	Klassifizierung ionischer 1.2-Eliminierungen	207
5.2.	Monomolekulare bzw. bimolekulare ionische Eliminierung E1 und E2 und ihre Beziehungen zu den nucleophilen Substitutionen SN1 und SN2	209
5.3.	SAYZEW- und HOFMANN-Orientierung	218
5.4.	Stereochemie von bimolekularen Eliminierungen	226
5.4.1.	Anti-Eliminierung	226
5.4.2.	Syn-Eliminierung	231
5.4.3.	Syn-Eliminierung durch modifizierten HOFMANN-Abbau über Ylide nach WITTIG (α', β-Eliminierung), Eliminierung nach COPE	239
5.4.4.	Stereoelektronische Einflüsse bei der E1-Eliminierung	244

5.5.	Pyrolyse von Estern	248
5.6.	Der Esterpyrolyse verwandte thermische Eliminiergruppen	253
5.7.	Ionische Fragmentierung	255
6.	**Nucleophile Reaktionen an polaren Doppelbindungen**	**259**
6.1.	Allgemeiner Überblick über Carbonylreaktionen	259
6.2.	Reaktionen der Carbonylgruppe mit Basen. Allgemeine Reaktionsmechanismen. Säure-Base-Katalyse	263
6.3.	Zur Reaktivität von Carbonylgruppen	277
6.3.1.	Sterische Einflüsse	277
6.3.2.	Induktions- und Mesomerieeinflüsse von Substituenten auf die Reaktivität der Carbonylgruppe	283
6.3.3.	Polare Einflüsse auf Kondensationsreaktionen der Carbonylgruppe	289
6.4.	Reaktionen von Carbonylverbindungen mit Pseudosäuren	293
6.4.1.	Reaktionsmechanismen, C—H-Acidität, Enolisierung	293
6.4.2.	Regiospezifität von Aldoladditionen und Aldolkondensationen	308
6.4.3.	Zur Stereochemie von Reaktionen vom Aldoltyp. Die WITTIG-Reaktion	312
6.4.4.	β-Dicarbonylverbindungen. CLAISEN-Kondensation, Spaltungsreaktionen, Alkylierung	318
6.5.	Reaktionen der Carbonylgruppe mit Kryptobasen	325
6.5.1.	MEERWEIN-PONNDORF-VERLEY-OPPENAUER-Reaktion, CLAISEN-TIŠČENKO-Reaktion, CANNIZZARO-Reaktion, Benzilsäureumlagerung	325
6.5.2.	GRIGNARD-Reaktionen	334
6.5.3.	Asymmetrische Induktion und Stereochemie von Carbonylreaktionen	341
6.6.	Reaktionen an hetero-analogen Carbonylverbindungen	350
6.6.1.	Nitrile	350
6.6.2.	Azomethine	355
6.6.3.	Nitroverbindungen	362
6.6.4.	Nitrosierung und Diazotierung	365
6.6.5.	Nucleophile Addition an vinyloge Carbonylverbindungen. MICHAEL-Addition	369
6.6.6.	Nucleophile Substitution an aktivierten Aromaten	376
7.	**Elektrophile Reaktionen an olefinischen und aromatischen Doppelbindungen**	**386**
7.1.	Säure-Base-Beziehungen und Reaktivität	386
7.2.	Zum Reaktionsmechanismus der elektrophilen Addition an Olefine	391
7.2.1.	Zwischenprodukte und Endprodukte	391
7.2.2.	Zur MARKOWNIKOW-Regel	395
7.2.3.	Stereochemie elektrophiler Additionen	400
7.3.	Einige spezielle Additionsreaktionen	404
7.4.	Polymerisation über Kationketten	408
7.5.	Elektrophile Addition an konjugierte Diene	413
7.6.	Elektrophile Addition an Acetylene	416
7.7.	Epoxydierung, Carbenadditionen, Hydroborierung, Hydroxylierung	418
7.8.	Elektrophile Substitution an Aromaten	424
7.8.1.	Zum Reaktionsmechanismus	425
7.8.2.	Polare Einflüsse auf die Reaktionsgeschwindigkeit und Orientierung	428
7.8.3.	Sterische Einflüsse der am Aromaten gebundenen Substituenten	438
7.8.4.	Reagenzien und Reaktionen	440
7.8.4.1.	Nitrierung	440
7.8.4.2.	Halogenierung	442

7.8.4.3.	Sulfonierung	446
7.8.4.4.	FRIEDEL-CRAFTS-Reaktion	448
7.8.4.5.	Halogenalkylierung, Hydroxmethylierung, Carboxylierung	461
7.8.4.6.	Azokupplung	464
7.8.5.	Reaktivität und Selektivität. Das para/meta-Verhältnis bei elektrophilen Substitutionen am Aromaten	466
7.8.6.	Sterische Einflüsse des elektrophilen Partners. Das ortho/para-Verhältnis	471

8. Nucleophile Umlagerungen an Elektronendefizitzentren („Sextett"-Umlagerungen) . . . 474

8.1.	Umlagerungen an Elektronendefizit-Kohlenstoffatomen	475
8.1.1.	Pinakol-Pinakolon-Umlagerung	476
8.1.2.	WAGNER-MEERWEIN-Umlagerung, Retro-Pinakol-Umlagerung	476
8.1.3.	DEMJANOW-Umlagerung, TIFFENEAU-Umlagerung	477
8.1.4.	WOLFF-Umlagerung. Homologisierung von Carbonsäuren mit Diazomethan (ARNDT-EISTERT-Reaktion)	478
8.2.	Umlagerungen an Elektronendefizit-Stickstoffatomen	482
8.2.1.	HOFMANN-Säureamidabbau, LOSSEN-Reaktion	482
8.2.2.	CURTIUS-Abbau von Säureaziden	484
8.2.3.	SCHMIDT-Reaktion	485
8.2.4.	BECKMANN-Umlagerung	486
8.3.	Umlagerung am Elektronendefizit-Sauerstoffatom	487
8.3.1.	Umlagerung von Peroxoverbindungen. Phenolsynthese nach HOCK. BAEYER-VILLIGER-Oxydation	487
8.4.	Zur Umlagerungsrichtung	489
8.5.	Relative Wanderungstendenz von Substituenten	491
8.6.	Konformation und Wanderungsrichtung	494
8.7.	Übergangszustände und Zwischenprodukte bei nucleophilen Umlagerungen	501
8.8.	Zur Lösungsmittelabhängigkeit von nucleophilen 1.2-Umlagerungen	508

9. Einige Radikalreaktionen . . . 514

9.1.	Darstellung und Nachweis freier Radikale	514
9.2.	Reaktionen freier Radikale	523
9.2.1.	Reaktionstypen	523
9.2.2.	Innere und äußere Einflüsse auf Radikalreaktionen	525
9.2.3.	Radikalische Substitution	530
9.2.3.1.	Halogenierung	530
9.2.3.2.	Peroxygenierung (Autoxydation)	536
9.2.3.3.	Reaktivität und Selektivität in radikalischen Substitutionen	541
9.2.4.	Radikalische Addition	543
9.2.5.	Radikalkettenpolymerisation	549

Sachverzeichnis . . . 555

1. Das Problem der chemischen Bindung[1])

Betrachtet man einige wesentliche Eigenschaften der Stoffe, mit denen sich die Chemie beschäftigt, so liegt es nahe, gewisse typische Unterschiede in ihrem Verhalten auf Unterschiede im Zusammenhalt (der „Bindung") der den betrachteten Stoff bildenden Atome zurückzuführen.

So sind Salze ausgezeichnet durch ihren hohen Schmelz- und Siedepunkt. Sie kristallisieren in einem Kristallgitter, das durch Wasser im allgemeinen leicht unter Auflösung des Salzes zerstört wird. Ihre Lösungen, vor allem in Wasser, leiten den elektrischen Strom mäßig gut, wobei stoffliche Veränderungen eintreten. Die Stromleitung erfolgt durch Ionen.

In den Metallen treten als typische Eigenschaften auf: Oberflächenglanz, Duktilität und hohe elektrische und thermische Leitfähigkeit. Die Stromleitung erfolgt durch Elektronen, ohne daß damit stoffliche Veränderungen einhergehen. Metalle sind praktisch unlöslich in Wasser.

Die dritte Gruppe wird gebildet von den Nichtmetallen und insbesondere von den organischen Verbindungen. Diese besitzen häufig einen relativ niedrigen Schmelz- und Siedepunkt, leiten den elektrischen Strom nicht und sind in Wasser häufig wenig löslich. Man kann demzufolge von Salzbindung, metallischer und „organischer" Bindung sprechen, wobei allerdings der Ausdruck „Bindung" völlig unbestimmt bleibt und keinen klaren physikalischen Inhalt hat. Dieser konnte erst erschlossen werden, als in den Jahren nach 1900 der Aufbau der die Atomkerne umhüllenden Elektronenschalen im wesentlichen erforscht worden war. Die Tatsache, daß die normalerweise keine Verbindungen eingehenden und deshalb einatomigen Edelgase in der äußeren Elektronenschale stets acht Elektronen aufweisen[2]), veranlaßte W. Kossel und G. N. Lewis (1916) zu dem Schluß, diese „Achterschale" als besonders begünstigte stabile Elektronenkonfiguration anzusehen, die auch bei der Bildung von Verbindungen der anderen Elemente angestrebt wird und für die Stabilität der „Bindung" verantwortlich sein sollte.[3])

---

[1]) Literaturangaben zu diesem Kapitel befinden sich am Schluß des Kapitels.
[2]) Eine Ausnahme bildet das Helium, das nur zwei Elektronen in seiner Schale enthält, die ebenfalls eine stabile Anordnung darstellen.
[3]) Man weiß heute, daß die Annahme nicht voll gerechtfertigt ist, eine Achterschale sei prinzipiell besonders energiearm; es existieren z. B. Verbindungen der Edelgase.

Danach kommt die Verbindung NaCl dadurch zustande, daß vom Natrium, das ein Außenelektron besitzt, dieses auf ein Chloratom (7 Außenelektronen) übergeht. Das Chlor erhält auf diese Weise eine Achterschale, während des Natrium auf die nächstuntere Achterschale abbaut:

$$(\colon\!\ddot{\mathrm{Na}}\colon)\cdot \ + \ \colon\!\ddot{\mathrm{Cl}}\cdot \ \longrightarrow \ \colon\!\ddot{\mathrm{Na}}\colon^{\oplus} \ + \ \colon\!\ddot{\mathrm{Cl}}\colon^{\ominus} \tag{1.1a}$$

$$|\overline{\underline{\mathrm{Na}}}|\cdot \ + \ |\overline{\underline{\mathrm{Cl}}}\cdot \ \longrightarrow \ |\overline{\underline{\mathrm{Na}}}|^{\oplus} \ + \ |\overline{\underline{\mathrm{Cl}}}|^{\ominus} \tag{1.1b}$$

In Formel (1.1a) bedeutet jeder Punkt ein Elektron, während in Formel (1.1b) entsprechend einem allgemein akzeptierten Vorschlag von G. N. Lewis je zwei Elektronen durch einen Strich zusammengefaßt werden.

Mit jedem Elektron ist aber gleichzeitig eine elektrische Elementarladung verknüpft. Während im neutralen Atom die Zahl der positiven Ladungen des Atomkerns der Zahl an negativen Elektronen in der Elektronenhülle des Atoms entspricht, so daß insgesamt Elektroneutralität herrscht, bleiben nach dem oben formulierten Elektronenübergang Ladungen unneutralisiert, die dann nach außen in Erscheinung treten: Im vorstehenden Beispiel entsteht ein Natriumkation und ein Chloranion. Diese elektrischen Ladungen ziehen sich gegenseitig elektrostatisch an, und die Anziehung wird durch das Coulombsche Gesetz beschrieben. Bei den Coulomb-Kräften handelt es sich um gleichmäßig nach allen Seiten wirkende Kräfte, so daß offenbar von einer „Bindung" etwa eines Natriumkations an ein bestimmtes Chloranion nicht die Rede sein kann. Tatsächlich ist in dem völlig aus Ionen aufgebauten Kristallgitter des Kochsalzes jedes Natriumkation von sechs Chloranionen umgeben und umgekehrt jedes Chloranion von sechs Natriumionen, und es kann nicht entschieden werden, welche Atome individuell miteinander in „Bindung" stehen. Aus diesem Grunde vermeidet man den Ausdruck „Ionenbindung" besser und ersetzt ihn durch *Ionenbeziehung*. Als weitere Synonyma sind *Elektrovalenz* und *heteropolare Bindung* gebräuchlich. Ein Bindungsstrich sollte bei der Ionenbeziehung nicht geschrieben werden, da er eine Richtung und Individualität des Zusammenhalts vortäuscht, die nach dem oben Gesagten nicht existiert.

Der Aufbau von Salzen im Sinne von Ionenbeziehungen steht völlig im Einklang mit den eingangs für Salze gegebenen und weiteren Kriterien.

Das gleiche Verfahren, die Bindung durch einen Elektronenübergang von einem Bindungspartner auf den zweiten zu erklären, führt dagegen bei einem Nichtmetall, wie z. B. Chlor Cl_2, nicht zum Ziele. In diesem Falle gelangt man zu einer Achterschale für jedes Chloratom des Moleküls, wenn man annimmt, daß beide je ein Elektron zur Bindung beisteuern und die Bindungselektronen beiden Atomen gemeinsam gehören („anteilig" sind):

$$\colon\!\ddot{\mathrm{Cl}}\cdot \ + \ \cdot\ddot{\mathrm{Cl}}\colon \ \longrightarrow \ (\colon\!\ddot{\mathrm{Cl}}\,\colon\!\colon\,\ddot{\mathrm{Cl}}\colon) \tag{1.2a}$$

bzw.

$$|\overline{\underline{\mathrm{Cl}}}\cdot \ + \ \cdot\overline{\underline{\mathrm{Cl}}}| \ \longrightarrow \ (|\overline{\underline{\mathrm{Cl}}}-\overline{\underline{\mathrm{Cl}}}|) \tag{1.2b}$$

Diese zunächst einer physikalischen Grundlage entbehrende Festsetzung von G. N. LEWIS hat sich später als richtig erwiesen, wie weiter unten gezeigt werden wird. Der formulierte Bindungstyp wird als *homöopolare Bindung, Kovalenz, Atombindung* bezeichnet.

Im Gegensatz zur Ionenbeziehung sind im vorliegenden Falle mit der Bildung der Achterschale nicht grundsätzlich Ladungen verknüpft. Das Elektronenpaar verbindet außerdem ein Atom nur mit einem einzigen diskreten Bindungspartner. Der in (1.2b) geschriebene Bindungsstrich ist somit im Sinne der Elektronentheorie am Platze. Er repräsentiert stets zwei Elektronen und spiegelt die physikalische Realität wider.

In der ersten Kurzperiode des Periodensystems bedeutet die Zahl von acht Elektronen in der Valenzschale gleichzeitig deren Absättigung, die vom Neon erreicht wird. Eine größere Zahl ist normalerweise nicht möglich, und diese Elemente können maximal vier Kovalenzen betätigen.

Die LEWIS-Oktettregel wurde in neuester Zeit in sehr interessanter Weise von J. W. LINNETT modifiziert, der die Wechselwirkungen zwischen den Elektronen in das Modell einbezieht und das Oktett in zwei Quartette von Elektronen auflöst, die sich gegenseitig mehr oder weniger durchdringen. Eine Reihe von Erscheinungen bzw. Strukturen werden auf die Weise besser erklärbar. Leider sind die Formulierungen wenig anschaulich, so daß hier auf die nähere Erörterung verzichtet werden muß. Der Leser sei auf die am Ende des Kapitels zitierte Literatur verwiesen.

Die geschilderte Auffassung der homöopolaren Bindung erfordert es in einigen Fällen, mehr als zwei Elektronen beiden Bindungspartnern zuzuordnen, z. B. bei Stickstoff und Sauerstoff. Diese Elemente sind demzufolge mit Mehrfachbindungen zu formulieren:

$$|N\equiv N| \qquad \overline{O}=\overline{O} \;^1)$$

Diese Notwendigkeit ist auf die erste Kurzperiode des Periodensystems beschränkt, während die höheren Elemente die Achterschale ausdehnen können, z. B. der Phosphor im PCl_5 auf eine Zehnerschale.

Für die Aufstellung von Strukturformeln erweist sich folgende Festsetzung als zweckmäßig:

a) Das Bindungselektronenpaar gehört beiden Bindungspartnern gemeinsam und ist jeweils der Elektronenschale beider Atome zuzuzählen.

b) Von den beiden Bindungselektronen wird jedem Bindungspartner formal eines zugerechnet, ganz gleich, ob dieser ursprünglich ein Elektron zur Bindung beigesteuert hat oder nicht. Durch Vergleich mit der Gruppennummer im Periodensystem (= Zahl der Außenelektronen) werden evtl. auftretende Ionenladungen ermittelt: formale Ladung = Gruppennummer − Bindungselektronen/2 − freie Elektronen. Durch

---

[1]) Die für Sauerstoff geschriebene Formel gibt jedoch nicht alle Eigenschaften richtig wieder. Sie erklärt insbesondere nicht, wieso Sauerstoff paramagnetisch ist und Radikalcharakter hat. Tatsächlich liegt das Sauerstoffmolekül als Diradikal vor:

$$\cdot\overline{O}-\overline{O}\cdot \;\; (\text{Spin} \uparrow\uparrow) \;\; \text{„Triplett-Sauerstoff"}$$

Die oben formulierte Form („Singulett-Sauerstoff") entspricht einer von zwei bekannten angeregten Formen des Sauerstoffmoleküls, die um 22,6 bzw. 37,4 kcal/mol energiereicher sind als der normale (Triplett-) Sauerstoff.

diese Festsetzungen sind die früher als Sonderfälle betrachtete *koordinative Bindung* und die *semipolare Bindung* in die Definition der homöopolaren Bindung einbezogen. Die Festsetzung b) erlaubt in diesen Fällen, die dann stets auftretenden Ionenladungen abzuzählen:

$$\underset{\underset{H}{|}}{\overset{\overset{H}{|}}{H-N|}} + H-\overline{\underline{Cl}}| \rightarrow \underset{\underset{H}{|}}{\overset{\overset{H}{|}}{H-N^{\oplus}-H}} \quad |\overline{\underline{Cl}}|^{\ominus} \qquad \text{,,}koordinative\ Bindung\text{''}$$

Nach Regel a) sind die Bindungselektronen im Ammoniumion sowohl dem Stickstoff als auch dem Wasserstoff voll zuzurechnen. Der Stickstoff besitzt somit eine Achterschale; der Wasserstoff kann nur eine — ebenfalls stabile — Zweierschale aufbauen, die auch im Helium vorliegt.

Nach Regel b) müssen dem Stickstoff vier Elektronen zugerechnet werden, so daß eine Kernladung (Stickstoff steht in der fünften Gruppe des Periodensystems und hat im neutralen Zustand fünf Außenelektronen) nicht neutralisiert werden kann und eine positive Ladung anzuschreiben ist.

Wie man leicht feststellen kann, sind alle vier N−H-Bindungen im Ammoniumion völlig gleichwertig. Damit entfällt die koordinative Bindung als Sonderfall. Es sei vermerkt, daß im Ammoniumchlorid natürlich außerdem eine Ionenbeziehung zwischen Kation und Anion ($Cl^{\ominus}$) besteht.

Zum gleichen Ergebnis kommt man bei der Formulierung der Reaktionsprodukte z. B. aus Ammoniak und Bortrifluorid oder aus Aminen und Wasserstoffperoxid (Aminoxide):

$$\underset{\underset{H}{|}\;\underset{F}{|}}{\overset{\overset{H}{|}\;\overset{F}{|}}{H-N^{\oplus}-B^{\ominus}-F}} \qquad \underset{\underset{R}{|}}{\overset{\overset{R}{|}}{R-N^{\oplus}-\overline{\underline{O}}|^{\ominus}}} \qquad \text{,,}semipolare\ Bindung\text{''}$$

Eine Doppelbindung darf im letzten Falle nicht geschrieben werden, weil der Stickstoff sonst eine Zehnerschale erhalten würde, was bei Elementen der ersten Kurzperiode nicht möglich ist.

Da die homöopolare Bindung nicht aus Ionen besteht, leiten die so gebauten Verbindungen den elektrischen Strom nicht. Dies gilt auch für Stoffe mit semipolarer Bindung, in denen neben der homöopolaren Bindung noch eine gewissermaßen fixierte Ionenbeziehung vorliegt. Da aber keine Trennung in freie, solvatisierte Ionen erfolgen kann, ist das System nach außen neutral und nicht geeignet, in der Form von Kation und Anion zur Katode bzw. Anode zu wandern, was zum Transport des elektrischen Stromes erforderlich wäre.

Zum Fall der metallischen Bindung sei hier lediglich gesagt, daß in den Metallen Ionengitter vorliegen, die aus Kationen aufgebaut sind. In den „Zwischenräumen" können sich die Elektronen vollkommen frei bewegen, sie füllen diese gewissermaßen wie ein Gas aus („Elektronengas"). Die hohe thermische und elektrische Leitfähigkeit der Metalle beruht auf der großen Elektronenbeweglichkeit. Die Vorstellung des Elektronengases hat auch in der organischen Chemie eine gewisse Bedeutung, insbesondere bei der Deutung und Berechnung der Lichtabsorption von Farbstoffen. Hiervon wird später zu sprechen sein.

1.1. Bohrsches Atommodell und Besetzung der Elektronenschalen

Aus dem Vorhergehenden wird klar, daß für die Ausbildung der homöopolaren Bindung Elektronen eine fundamentale Rolle spielen. Zu einem weitergehenden Verständnis ist es notwendig, den Aufbau der Elektronenschalen kurz zu beschreiben. Grundsätzlich kann man sich hiervon ein korpuskulares und ein wellenmechanisches (undulatorisches) Bild machen. Das erste liegt der sogenannten älteren Quantentheorie zugrunde, innerhalb derer ein sehr anschauliches Atommodell entwickelt wurde (N. Bohr 1913). Danach ist der positiv geladene Atomkern von einer seiner Kernladungszahl entsprechenden Anzahl von Elektronen umgeben, die sich auf Kreis- oder Ellipsenbahnen um den Kern bewegen. Die Abstände der Elektronenbahnen vom Kern sind genau definiert und nehmen proportional den Quadraten ganzer, einfacher Zahlen zu. Diese Zahlen werden als Quantenzahlen bezeichnet. Die Energie sinkt mit dem Quadrat der Quantenzahl und geht bei unendlicher Entfernung vom Kern gegen Null. Das Elektron kann von einer Bahn zu einer anderen nicht kontinuierlich übergehen, sondern nur in Form eines „Elektronensprungs", wobei die Energiedifferenz der betreffenden Bahnen als Strahlung abgegeben oder aufgenommen wird:

$$E_m - E_n = \mathbf{h} \cdot \nu; \qquad (1.3)$$

E_m, E_n = Energiezustände der betreffenden Bahnen, $\mathbf{h}$ = Plancksches Wirkungsquantum, ν = Frequenz des eingestrahlten bzw. ausgestrahlten Lichts.

Auf den einzelnen Bahnen (Energiezuständen, „stationären Zuständen") kreist das Elektron dagegen trägheitsfrei und ohne irgendwelche Änderung seiner Gesamtenergie, so daß dabei kein Licht ausgestrahlt wird. Beide Forderungen stehen im Widerspruch zur klassischen Physik.

Die einzelnen Zustände des Modells unterliegen bestimmten Bedingungen, die durch Quantenzahlen festgelegt werden. Diese lassen sich simplifiziert wie folgt definieren.

Die *Hauptquantenzahl n* charakterisiert die Entfernung der stationären Elektronenbahn vom Kern; sie kann nur ganze Zahlen 1, 2, 3 ... annehmen. Da nicht nur Kreisbahnen, sondern auch Ellipsenbahnen postuliert werden, macht sich zu deren Kennzeichnung eine *Nebenquantenzahl l* notwendig, die ganzzahlige Werte zwischen 0 und $n-1$ haben kann. Sie stellt ein Maß für die kleine Halbachse der Ellipse dar, während die große Halbachse durch die Hauptquantenzahl bestimmt wird. Die Ellipsen können eine unterschiedliche Orientierung im Raum einnehmen. Diese wird durch die *Magnetquantenzahl m* gekennzeichnet, für die ganzzahlige Werte zwischen $+l \ldots 0 \ldots -l$ möglich sind. Schließlich muß den Elektronen wegen deren Drehung um die eigene Achse (Elektronenspin) ein Drehimpuls zugeordnet und durch die *Spinquantenzahl s* mit den Werten $+1/2$ oder $-1/2$ (entsprechend einem Drehsinn nach rechts oder links) ausgedrückt werden.

Die durch die Hauptquantenzahl charakterisierten Zustände werden als Elektronenschalen bezeichnet, für die auch die Buchstaben K, L, M usw. (von innen nach außen) gebräuchlich sind.

Nach einer von W. PAULI 1925 ausgesprochenen Regel (PAULI-Verbot) sind nur solche Zustände im Atom möglich, die sich in mindestens einer Quantenzahl unterscheiden. Unter dieser Voraussetzung beträgt die maximale Besetzung einer Schale $2n^2$ Elektronen, d. h., die innerste (K-)Schale mit $n = 1$ ($l = 0$, $m = 0$, $s = +1/2$ und $s = -1/2$) ist mit zwei Elektronen abgesättigt, die sich durch den Spin unterscheiden müssen, für die L-Schale ($n = 2$) sind maximal 8 Elektronen möglich. Die Schalenbesetzung bis zur M-Schale ($n = 3$) veranschaulicht Tabelle 1.4.

Tabelle 1.4
Besetzung der Schalen im BOHRschen Atommodell

	K	L				M							
n	1	2				3							
l	0	0	1			0	1			2			
m	0	0	-1	0	$+1$	0	-1	0	$+1$	-2	-1	0	$+1$	$+2$
	$1s^2$	$2s^2$	$2p_x^2$	$2p_y^2$	$2p_z^2$	$3s^2$	$3p_x^2$	$3p_y^2$	$3p_z^2$			$3d$		
	↑↓	↑↓	↑↓	↑↓	↑↓	↑↓	↑↓	↑↓	↑↓	↑↓	↑↓	↑↓	↑↓	↑↓

Um später den Übergang zu den wellenmechanischen Vorstellungen zu erleichtern, sollen die Quantenzahlen bereits hier an Hand eines räumlichen Modells veranschaulicht werden. Danach haben alle Zustände mit $l = 0$ eine kugelförmige Symmetrie, während sich für $l = 1$ eine „Hantelform" (vgl. Bild 1.23) ergibt.

Die innerste Schale eines Atoms ($n = 1$, $l = 0$) ist kugelförmig. In der zweiten Schale ($n = 2$) findet sich zunächst wiederum eine Kugelschale ($l = 0$), sodann drei hantelförmige Elektronenräume ($l = 1$), die entsprechend den drei Raumkoordinaten senkrecht aufeinander stehen und mit p_x, p_y, p_z bezeichnet werden.

Jede dieser Bahnen kann mit zwei Elektronen von entgegengesetztem Spin besetzt werden. Das kommt in den Termsymbolen der letzten Reihen zum Ausdruck. Dabei bedeutet die erste Zahl den Wert für die Hauptquantenzahl, die Buchstaben s, p, d, f symbolisieren bestimmte, mit Übergängen von der betreffenden Bahn verbundene Spektralserien: s „scharfe Nebenserie", p „Prinzipalserie", d „diffuse Serie", f „Fundamentalserie". Sie korrespondieren mit der Nebenquantenzahl, so daß alle Zustände mit $l = 0$ als s-Zustände, mit $l = 1$ als p-, mit $l = 2$ als d-Zustände usw. bezeichnet werden.

Die Zahl der auf den angegebenen Bahnen befindlichen Elektronen wird durch die hochgestellte Zahl wiedergegeben. In der Tabelle sind die vollständigen Termbezeichnungen nur für die ersten beiden Schalen angeführt, da diese in der organischen Chemie in erster Linie interessieren.

In Tabelle 1.5 ist die Elektronenbesetzung der Schalen für eine Reihe von Elementen in einer anderen übersichtlichen Weise angegeben, indem die Elektronen jeweils durch Pfeile symbolisiert werden, deren Richtung den Drehsinn des Spins angibt.

Bei den Elementen Stickstoff bis Neon fällt sofort auf, daß die Zahl der einfach besetzten p-Zustände mit der bekannten Wertigkeit dieser Elemente übereinstimmt. Insbesondere erhält Neon die Wertigkeit Null, da alle p-Zustände vollständig besetzt sind. Die Abweichungen bei den Elementen Beryllium bis Kohlenstoff sind beachtenswert, sie werden später (Abschn. 1.3.) eingehend zu besprechen sein.

1.1. Bohrsches Atommodell und Besetzung der Elektronenschalen

Nach den weiter oben wiedergegebenen Vorstellungen wurde die homöopolare Bindung dadurch charakterisiert, daß beiden Bindungspartnern jeweils beide Bindungselektronen gehören. Wenn also ein Fluoratom mit einer der Tabelle 1.5 entsprechenden Elektronenkonfiguration mit einem weiteren gleichartigen Fluoratom zum Fluormolekül zusammentritt, so muß das von diesem zur Bindung beigesteuerte Elektron in die $2p_z$-Schale des ersten Atoms aufgenommen werden können und umgekehrt. Man sieht an Hand der Tabelle 1.4, daß dieses neu aufzunehmende Bindungselektron einen dem ersten Elektron entgegengesetzten Spin haben muß, wenn eine Bindung zustande kommen soll. Im anderen Falle wäre das PAULI-Verbot verletzt. In gleicher Weise lassen sich das Stickstoff- und Sauerstoffmolekül formulieren, wobei in diesen Fällen eine Dreifach- bzw. Doppelbindung zu schreiben ist (vgl. aber S. 13).

Tabelle 1.5
Elektronenkonfiguration einiger Elemente

	K-Schale	L-Schale			
	$1s$	$2s$	$2p_x$	$2p_y$	$2p_z$
H	↑				
He	↑↓				
Li	↑↓	↑			
Be	↑↓	↑↑			
B	↑↓	↑↓	↑		
C	↑↓	↑↓	↑	↑	[1]
N	↑↓	↑↓	↑	↑	↑ [1]
O	↑↓	↑↓	↑↓	↑	↑ [1]
F	↑↓	↑↓	↑↓	↑↓	↑
Ne	↑↓	↑↓	↑↓	↑↓	↑↓

[1]) Nach einer Regel von F. HUND wird bei nicht voll besetzten obersten Zuständen jeder Zustand zunächst einfach besetzt, wobei die Elektronen ihren Spin nach Möglichkeit parallel ausrichten.

Wenn auch die Forderung nach antiparallelem Spin der beiden zur Bindung zusammentretenden Elektronen recht plausibel erscheint, so gibt sie doch keine Aufklärung über die Kräfte, die den Zusammenhalt der beiden Bindungselektronen tatsächlich bewirken. Die Sachlage komplizierte sich im Gegenteil noch, als in Entladungsröhren kurzlebige und wenig stabile Moleküle entdeckt und zweifelsfrei identifiziert wurden, denen man Formeln zuordnen muß, wie $H_2^{\oplus}$, $He_2^{\oplus}$, $HHe^{\oplus}$. Die Bindung in diesen sogenannten Molekülionen wird ganz offensichtlich nur durch ein einziges Elektron vermittelt, und der Elektronenspin kann dafür nicht verantwortlich gemacht werden, da er unkompensiert bleibt. Auch andere Erscheinungen lassen sich im Rahmen der älteren Quantentheorie nicht erklären. So müßte z. B. das Wasserstoffatom infolge des auf einer „Bahn" umlaufenden Elektrons scheibenförmig gebaut sein, wodurch es ein magnetisches Moment erhalten würde, das sich nachweisen ließe. Das Wasserstoffatom besitzt jedoch kein magnetisches Moment.

1.2. Grundzüge der Wellenmechanik

Die Unzulänglichkeiten des BOHRschen Atommodells wurden durch völlig neue Ansätze überwunden. Es ist bemerkenswert, daß auf zwei ganz verschiedenen Wegen das gleiche Ergebnis erreicht wurde: W. HEISENBERG benutzt in seiner Quantenmechanik (1925) nur direkt der Beobachtung zugängliche Größen, vor allem Spektrallinien, deren Gesamtheit mathematisch mit Hilfe der Matrizenrechnung verarbeitet wird. Im Gegensatz dazu stehen im Mittelpunkt der Wellenmechanik von E. SCHRÖDINGER (1926) nicht der direkten Beobachtung zugängliche Erscheinungen. In diesem Falle kennt die klassische Physik ein Analogon in der schwingenden Saite, deren zeitabhängige Elongation sich ebenfalls nicht direkt messen läßt. Sowohl die Quantenmechanik als auch die Wellenmechanik sind im Gegensatz zum älteren BOHRschen Modell nicht mehr anschaulich darzustellen.

Da jedoch die Wellenmechanik auch dem mathematisch weniger versierten Chemiker relativ leicht faßbar ist, soll hier kurz auf einige wichtige Grundzüge dieser Theorie eingegangen werden: Das Elektron vollführt eine periodische Bewegung um den Atomkern. Diese läßt sich wie alle periodischen Abläufe als Schwingung auffassen.

Eine Schwingung wird ganz allgemein durch die Wellengleichung von D'ALEMBERT beschrieben:

$$\frac{\partial^2 \psi}{\partial t^2} = \frac{v^2 \partial^2 \psi}{\partial x^2}; \tag{1.6a}$$

ψ = Amplitude der Schwingung, v = Fortpflanzungsgeschwindigkeit entlang der x-Achse, t = Zeit, x = Entfernung vom Ausgangspunkt der Schwingung.

Die Gleichung (1.6a) gilt nur für die eindimensionale Schwingung. Beim Übergang zu räumlichen Wellenvorgängen müssen als weitere Koordinaten y und z eingeführt werden. Die D'ALEMBERT-Gleichung erhält dann die Form

$$\frac{\partial^2 \psi}{\partial t^2} = v^2 \left(\frac{\partial^2 \psi}{\partial x^2} + \frac{\partial^2 \psi}{\partial y^2} + \frac{\partial^2 \psi}{\partial z^2} \right). \tag{1.6b}$$

Der in Klammern stehende Ausdruck wird der Kürze halber als sogenannter LAPLACE-Operator $\Delta \psi$ zusammengefaßt.

Gleichung (1.6a) und (1.6b) stellen den Zusammenhang her zwischen örtlicher und zeitlicher Änderung der Amplitude; sie sagen aus, daß die Beschleunigung, mit der die wellenartig sich ändernde Größe dem Gleichgewichtswert Null zustrebt, der an der bestimmten Stelle zur bestimmten Zeit vorhandenen „Krümmung" proportional ist. Für das mit der Kreisfrequenz $\omega = 2\pi\nu$ den Atomkern periodisch umlaufende Elektron seien reine Sinusschwingungen angenommen:

$$\psi = a \sin \omega t + b \cos \omega t; \tag{1.7}$$

a, b = Zahlenfaktoren (Überlagerungskoeffizienten).

Durch Differentiation nach der Zeit erhält man mit $d \sin x/dt = \cos x$ und $d \cos x/dt = -\sin x$ die Geschwindigkeit der transversalen Ausbreitung als ersten

1.2. Grundzüge der Wellenmechanik

und die entsprechende Beschleunigung als zweiten Differentialquotienten:

$$\frac{d\psi}{dt} = \omega(a \cos \omega t - b \sin \omega t) \tag{1.8}$$

$$\frac{d^2\psi}{dt^2} = -\omega^2(a \sin \omega t + b \cos \omega t) = -\omega^2 \psi. \tag{1.9}$$

Da die Sinusschwingung außerdem der allgemeinen Wellengleichung von D'ALEMBERT gehorchen muß, können (1.6 b) und (1.9) gleichgesetzt werden:

$$v^2 \Delta \psi = -\omega^2 \psi = -4\pi^2 \nu^2 \psi \text{ bzw.} \tag{1.10a}$$

$$\Delta \psi + \frac{4\pi^2 \nu^2}{v^2} \psi = 0 \quad \text{bzw. mit} \quad \lambda \nu = v \tag{1.10b}$$

$$\Delta \psi + \frac{4\pi^2}{\lambda^2} \psi = 0. \tag{1.10c}$$

In (1.10) tritt außer der Fortpflanzungsgeschwindigkeit v nur noch die zeitunabhängige maximale Amplitude auf, die ein Maß darstellt für die Intensität der Schwingung an einem beliebigen Punkt mit den Koordinaten x, y, z.

An dieser Stelle ist eine Einschaltung notwendig. Die bisher abgeleiteten Gleichungen beziehen sich zunächst auf rein mechanische, makroskopische Systeme, deren Übertragung auf den Mikrokosmos nur unter bestimmten Bedingungen möglich ist. Nach M. PLANCK (1900) können Oszillatoren von der Art der schwingenden Elektronen unseres Beispiels Energie nur in ganzen Vielfachen eines kleinsten Energiequantums h aufnehmen oder abgeben, das eine universelle Konstante darstellt (PLANCKsches Wirkungsquantum, vgl. (1.3)).

Beachtet man weiterhin die Äquivalenz von Masse und Energie (A. EINSTEIN 1905), so läßt sich die folgende PLANCK-EINSTEIN-Gleichung aufstellen:

$$E = m \cdot c^2 = h \cdot \nu = \frac{h \cdot c}{\lambda}; \tag{1.11}$$

E = Energie, h = Wirkungsquantum, m = Masse, ν = Frequenz, c = Lichtgeschwindigkeit, λ = Wellenlänge.
Durch Umformen erhält man

$$\frac{h}{\lambda} = m \cdot c. \tag{1.12a}$$

Diese wichtige Beziehung besagt, daß Wellen einen Impuls besitzen ($m \cdot c$ hat die Dimension eines Impulses). Im umgekehrten Sinne sollten dann auch Korpuskeln der Masse m und der (beliebigen) Geschwindigkeit v Welleneigenschaften aufweisen:

$$m \cdot v = \frac{h}{\lambda} \quad \begin{array}{l}\text{,,Materiewellen''}\\ \text{,,Phasenwellen''.}\end{array} \tag{1.12b}$$

Dieser kühne Analogieschluß von L. DE BROGLIE (1923) hat sich durch den Nachweis von Beugungserscheinungen von Elektronenstrahlen experimentell verifizieren lassen. Man denke außerdem an die Anwendung von beschleunigten Elektronen in

der Elektronenmikroskopie, wo entsprechend der DE-BROGLIE-Beziehung eine um so kürzere Wellenlänge des Elektronenstrahls erreicht wird, je höhere Geschwindigkeit man den Elektronen erteilt.
Für den hier betrachteten Fall stellt die DE-BROGLIE-Gleichung den wichtigen Knotenpunkt dar, in dem korpuskulare und undulatorische Eigenschaften der Materie verknüpft sind. Das im BOHRschen Atommodell als Korpuskel betrachtete Elektron läßt sich im undulatorischen Bild als Welle auffassen.
Man erhält so durch Einsetzen von (1.12b) in (1.10c)

$$\Delta \psi + \frac{4\pi^2 m^2 v^2}{h^2} \psi = 0. \tag{1.13}$$

SCHRÖDINGER hat diese Gleichung schließlich noch mit der kinetischen Energie verknüpft, die sich als Differenz von Gesamtenergie E und potentieller Energie V darstellen läßt:

$$E_{kin} = mv^2/2 = E_{ges} - E_{pot} = E - V \tag{1.14}$$

bzw.

$$mv^2 = 2(E - V).$$

Gleichungen (1.13) und (1.14) ergeben den als SCHRÖDINGER-Gleichung bekannten Ausdruck

$$\Delta \psi + \frac{8\pi^2 m}{h^2}(E - V)\psi = 0 \tag{1.15a}$$

bzw.

$$E\psi = \left(-\frac{h^2}{8\pi^2 m}\Delta + V\right)\psi. \tag{1.15b}$$

In der Wellenmechanik wird diese Gleichung gewöhnlich in der Form (1.16) wiedergegeben:

$$E\psi = H\psi, \tag{1.16}$$

in der H den sogenannten HAMILTON-Operator darstellt (in (1.15b) in Klammern gesetzt), dem die Wellenfunktion ψ unterworfen werden muß, um das Produkt $E\psi$ zu erhalten.

E wird als *Eigenwert* und ψ als *Eigenfunktion* der betreffenden Schwingung bezeichnet.

Diese partielle Differentialgleichung zweiter Ordnung ergibt unendlich viele Lösungen. Physikalisch brauchbare Lösungen erhält man nur für ganz bestimmte Randbedingungen. Dies soll an einem einfachen mechanischen Analogon erörtert werden, einer nur in einer Ebene schwingenden Saite, die an zwei Stellen eingespannt ist. Da hierdurch am Ende des Systems mit der Lösung L zwangsläufig Schwingungsknoten auftreten müssen, sind nur Schwingungen vom Typ der in Bild 1.17 dargestellten möglich.

Die Zahl n kennzeichnet die Anregung („Ordnung") der Schwingung, die durch n Schwingungsbäuche charakterisiert wird. Bei der Anregung $n = 1$ wurden zwei Werte der Amplitude ψ eingezeichnet, um diese als Funktion der Entfernung vom

Nullpunkt zu kennzeichnen. Im dargestellten System sind offensichtlich Schwingungen möglich unter den Randbedingungen $0 < x < L$, d. h., es soll für $x = 0$ und $x = L$ zu jeder Zeit $\psi = 0$ sein. Alle anderen Schwingungen werden durch Interferenz ausgelöscht. Deshalb müssen alle Punkte der ausgezogenen Kurven $\psi(x)$ (Amplitudenfunktion) gleichzeitig durch die Nullage schwingen, und es liegt ein zeitunabhängiger, stationärer Zustand vor. Solche Wellen heißen *stehende Wellen*.

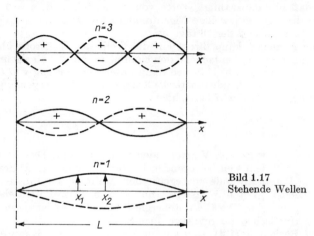

Bild 1.17
Stehende Wellen

Bild 1.17 zeigt, daß zu jedem Anregungszustand zwei energiegleiche, aber antisymmetrische Wellen möglich sind, die man üblicherweise durch die Symbole $+$ und $-$ kennzeichnet.[1]

Da auf der Länge L nur eine halbe Wellenlänge oder ein ganzes Vielfaches davon untergebracht werden kann, läßt sich die Wellenlänge der stehenden Welle leicht angeben:

$$\frac{\lambda n}{2} = L \quad \text{bzw.} \quad \lambda = \frac{2L}{n}. \tag{1.18}$$

Dies ist die *„Eigenfrequenz"* der Schwingung. Im vorliegenden Falle erhält man damit für die n-te Anregung unter Beachtung von $\lambda \nu = c$ und $c \cdot t = x$

$$\psi_n = k \sin \omega t = k \sin 2\pi \nu t = k \sin \frac{n \pi x}{L} \quad (\text{„Eigenfunktion"}). \tag{1.19}$$

Der Faktor k ist zunächst frei verfügbar und wird zweckmäßig so gewählt, daß die durch $\int_0^L \psi^2 dx$ dargestellte Fläche den Wert 1 erhält, wodurch sie in korpuskularer Sicht gerade ein Elektron repräsentiert. Man spricht dann von einem „Normierungsfaktor". Dieser erhält im vorliegenden Falle den Wert $k = \sqrt{\frac{2}{L}}$.

---

[1] $+$ und $-$ geben die Symmetrie an und dürfen nicht mit den Symbolen für elektrische Ladungen verwechselt werden.

Die Eigenfunktion für die n-te Anregung wird damit

$$\psi_{0,n} = \sqrt{\frac{2}{L}} \sin \frac{n\pi x}{L}. \qquad (1.20)$$

In der genannten Weise normierte Wellen werden als Normalwellen bezeichnet (hier durch ψ_0 gekennzeichnet).

Es sei betont, daß nur ganzzahlige Werte von n möglich sind, $n = 1, 2, 3 \ldots$. Durch sie wird gleichzeitig die jeweilige Eigenfrequenz festgelegt: $n = 1$ entspricht dem Grundton der Saite, $n = 2$ der Oktave usw.

Das mechanische Analogon kann direkt auf die Welle des Elektrons übertragen werden, wenn man auch hier vereinfachend den eindimensionalen Fall annimmt. Aus der DE-BROGLIE-Gleichung (1.12b) läßt sich dann unter Verwendung von (1.18) die den Randbedingungen entsprechende kinetische Energie des sich bewegenden Korpuskels erhalten, die man als *Eigenwert* bezeichnet:

$$E = \frac{mv^2}{2} = \frac{n^2 h^2}{8mL^2}.^1) \qquad (1.21)$$

Die potentielle Energie wurde im Vorstehenden vernachlässigt. Dies ist statthaft unter der Annahme, daß dem sich bewegenden Elektron nur an den Begrenzungen des Systems höhere Potentialwände entgegenstehen, während im Inneren des auf diese Weise entstehenden „Potentialkastens" nur sehr niedrige Potentialschwellen überschritten werden müssen. Die Gesamtenergie des Elektrons ist dann sehr angenähert gleich der kinetischen Energie (vgl. auch S. 40f.)

Die sehr wichtige Beziehung (1.21) sagt aus, daß die Energie des Systems gequantelt ist, das heißt, es existieren diskrete Zustände. Die Energie steigt mit der Zahl der Knoten (Nullstellen der Funktion) und wegen $E = h \cdot \nu$ ebenso auch die Frequenz der Schwingung.

Auf die umgekehrte Proportionalität zur Länge des die stehende Welle bedingenden Systems sei hier nur hingewiesen. Es wird später von dieser Beziehung noch Gebrauch zu machen sein. In den Ausdrücken (1.18) bis (1.21) kommt unmittelbar der diskontinuierliche (gequantelte) Charakter der durch sie beschriebenen Erscheinungen zum Ausdruck, der bereits dem BOHRschen Modell innewohnte.

1.2.1. Atomorbitale (Atomic Orbitals, AO)

Überträgt man die Auffassung der stehenden Welle auf ein auf einer BOHRschen Kreisbahn von bestimmtem, feststehendem Radius umlaufendes Elektron, so erhält man dort ebenfalls nur ganz bestimmte stationäre Zustände der Wellenbewegung, während alle anderen durch Interferenz ausgelöscht werden (Bild 1.22).

---

[1]) Zum gleichen Ergebnis kommt man auch von der SCHRÖDINGER-Gleichung aus, wenn man die potentielle Energie vernachlässigt und $\Delta\psi$ aus (1.10c) und λ aus (1.18) einsetzt.

Während die kinetische Energie immer positiv sein muß, ist die Energie des Elektrons, das sich im elektrischen Feld des Kerns befindet, negativ.

Für das Wasserstoffatom (Kugelsymmetrie) ergibt sich für die Energie des n-ten Zustands $E_n = E_1/n^2$ mit $n = 1, 2, 3 \ldots$.

1.2.1. Atomorbitale

Die SCHRÖDINGER-Gleichung behandelt die gleichen Verhältnisse für ein räumliches System: Aus der Elektronenbahn des BOHRschen Atommodells ist ein Aufenthaltsraum geworden, häufig auch nach der angloamerikanischen Bezeichnung *Orbital* benannt.

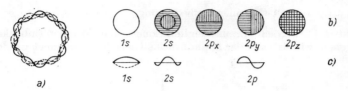

Bild 1.22
Stehende Wellen
a) Bahn des Elektrons um den Atomkern als stehende Welle; $n = 0$ (gestrichelter Kreisumfang), $n = 12$ (ausgezogen); nicht mögliche Zustände gestrichelt (Auslöschung durch Interferenz)
b) Stationäre Wellen in einem kugelförmigen Hohlkörper
c) Projektion der Wellen (b) in die Ebene

Die im räumlichen System auftretenden stehenden Wellen — im mechanischen Analogon z. B. einer Luftmenge, die in einer Kugel eingeschlossen ist, wobei die Schwankung des Luftdrucks die Rolle der Elongation übernimmt — sind in Bild 1.22 unter (b) und (c) ebenfalls schematisch dargestellt. Bei den Obertönen treten außer der durch die äußere Begrenzung von vornherein vorhandenen Knotenfläche noch weitere im Innern auf, die Symmetrieachsen der Amplitudenfunktion darstellen. Die Schwingungen vom Typ $2p$ sind deshalb nicht mehr kugelsymmetrisch wie die vom Typ $1s$ bzw. $2s$, sondern axialsymmetrisch, so daß drei Raumkoordinaten x, y, z zu ihrer Beschreibung notwendig werden.

Alle Hohlraumwellen sind unter (c) in die Ebene projiziert worden, um die Analogie mit eindimensionalen stehenden Wellen zu verdeutlichen. Diese scheint lediglich bei der $2s$-Anregung mangelhaft zu sein. Der Grund hierfür ist, daß im räumlichen System alle Knotenstellen der Schwingung als geschlossene Flächen aufgefaßt werden müssen, weshalb die $2s$-Anregung ebenso wie die vom Typ $2p$ nur eine innere Knotenfläche besitzt und damit den gleichen Anregungszustand repräsentiert. Die $2p$-Wellen unterscheiden sich bei völlig gleicher Form lediglich durch ihre räumliche Lage; sie besitzen exakt die gleiche Energie. Solche Wellen nennt man symmetrieentartet. Auch zwischen der $2s$- und den $2p$-Anregungen herrscht wegen der gleichen Zahl an Knotenflächen Energiegleichheit, die aber hier nur durch die übereinstimmende Anregung bedingt ist, während im übrigen Unterschiede in der Symmetrie bestehen. Man spricht dann von zufälliger Entartung.

Die mit Hilfe der SCHRÖDINGER-Gleichung zu erhaltenden Eigenfunktionen sind Wahrscheinlichkeitswerte für die Größe der Amplitude. Diese stellt jedoch eine reine Rechengröße dar, die experimentell nicht zugänglich ist.

Dagegen besitzt die Größe ψ^2 [1]) eine physikalische Bedeutung. Sie bezeichnet die Ladungsdichte bzw. die Wahrscheinlichkeit, das Elektron in dem betrachteten Raum zu finden. Der Ladungsraum reicht strenggenommen natürlich bis ins Unendliche;

---

[1]) Ausgedrückt in atomaren Einheiten, hier mit der Elektronenladung e als Einheit der Ladung. ψ^2 ist nicht reell, sondern komplex $\psi\psi^*$, wovon hier und im folgenden abgesehen wird.

praktisch wird allerdings stets eine Begrenzung durch eine Übereinkunft vorgenommen (oft auf 90 % der Gesamtladung).

Die Gesamtwahrscheinlichkeit, das Elektron irgendwo im Volumen V anzutreffen, muß eins sein, so daß gilt:

$$\int \psi^2 \, dv = 1 \quad \text{(Normierungsbedingung)}.$$

Im Bild 1.23 werden Amplitudenfunktionen und Wahrscheinlichkeitsdichten wiedergegeben, wie sie nach der SCHRÖDINGER-Gleichung berechnet werden können,

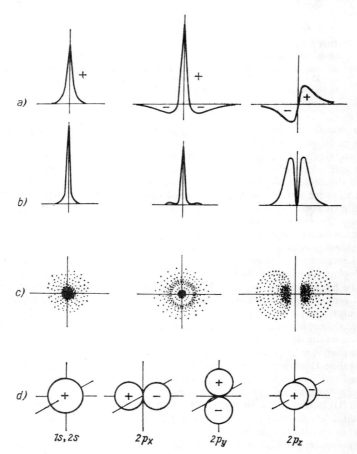

Bild 1.23
Amplitudenfunktionen (Atomeigenfunktionen) und Wahrscheinlichkeitsdichten
a) Amplitudenfunktion ψ
b) Wahrscheinlichkeitsdichten ψ^2
c) „Elektronenwolken"
d) Schematisierung der Elektronenwolken

indem man für die potentielle Energie e^2/r einsetzt (e = Ladung des Elektrons, r = Abstand des Elektrons vom Kern).

ψ und ψ^2 sind auf der Ordinate gegen den Abstand vom Kernmittelpunkt als Abszisse aufgetragen. Die hier nur in der Ebene wiederzugebenden Funktionen sind räumlich aufzufassen.

Die Amplitudenfunktionen (a) zeigen ganz das Bild der bereits in Bild 1.22 dargestellten Hohlraumwellen, wobei zu beachten ist, daß zu jeder Wellenfunktion eine antisymmetrische Funktion mit umgekehrten (hier negativen) Vorzeichen möglich ist. Die unter (b) aufgetragenen Wahrscheinlichkeitsdichten ψ^2 haben übereinstimmend mit dem oben Gesagten dagegen stets positive Werte, die mit wachsendem Abstand vom Kernmittelpunkt asymptotisch gegen Null gehen. Bei den Zuständen zweiter und höherer Ordnung treten außerdem im Innern Minima der Substanzdichte auf, die an den Stellen liegen, wo die stehenden Wellen Knotenstellen haben. Die Dichteverhältnisse werden besonders deutlich in der Darstellung (c), in der das Elektron als „Elektronenwolke" in Erscheinung tritt und die Punktdichte als Maß für die Wahrscheinlichkeit aufzufassen ist, das Elektron an dieser Stelle zu treffen. Danach erscheint der $1s$-Zustand als vollkommen kugelsymmetrisch mit dem Maximum der Ladungsdichte in Kernnähe, was physikalisch sinnlos ist. Die veränderte Funktion $\psi^2 \, dV = \psi^2 4\pi r^2 \, dr$ ergibt dagegen eine physikalisch sinnvolle Lösung und liefert die Wahrscheinlichkeit, das Elektron in einer Kugelschale vom Abstandsbereich r bis $(r + dr)$ zu finden. Für das Wasserstoffatom hat diese Funktion ein Maximum bei einem Abstand, der etwa dem ersten Bohrschen Kreis entspricht. Die Kugelsymmetrie der Ladungswolke läßt für das Wasserstoffatom unmittelbar den Drehimpuls 0 erwarten, während nach dem scheibenförmigen Bohrschen Modell ein Drehimpuls auftreten müßte.

Um den $1s$-Zustand legt sich der ebenfalls kugelsymmetrische $2s$-Zustand schalenförmig herum, wobei wieder das Dichtenmaximum etwa mit dem entsprechenden zweiten Bohrschen Kreis zusammenfällt. Zwischen den beiden Kugelschalen liegt eine kugelförmige Knotenfläche. Wenn man die äußere im Unendlichen liegende Knotenfläche mitzählt, erhält man die der Hauptquantenzahl n entsprechende Ordnung der Welle, hier also 2. Bei den $2p$-Anregungen tritt im Gegensatz zum $2s$-Typ ein Minimum der Ladungsdichte in Kernnähe auf. Die so entstehende Knotenfläche führt zu zwei getrennten Räumen als wahrscheinlichem Aufenthalt eines Elektrons. Diese Knotenfläche kann drei Lagen im Raum einnehmen, so daß drei $2p$-Zustände möglich sind, die sich im übrigen in ihrer Wellenfunktion nicht unterscheiden und deswegen gleiche Energie besitzen (symmetrieentartet sind). Die höheren Anregungen ($3d$, $4d$, $4f$) weisen noch stärker verteilte Ladungsräume auf. Da in der organischen Chemie in erster Linie der Kohlenstoff interessiert, dessen Valenzschale dem Zustand $n = 2$ entspricht, soll hier nicht näher darauf eingegangen werden.

In die Orbitale vom p-Typ (und der höheren Typen) zeichnet man häufig das Symmetriesymbol des zugurnde liegenden Bereiches der Wellenfunktion (vgl. Bild 1.23) ein.

In Bild 1.23 sind unter (d) noch schematische Darstellungen der Elektronendichten wiedergegeben, deren wir uns an späterer Stelle bedienen werden.[1]

---

[1] Die p-Orbitale werden häufig unrichtig als zwei Kugeln dargestellt. Auch wir werden aus Platzgründen diese Symbolisierung benutzen. Man bleibe sich jedoch stets bewußt, daß die einem Brötchen ähnelnde Form aus Bild 1.23c benutzt werden müßte.

In energetischer Hinsicht sind 2s- und 2p-Wellen miteinander zufällig entartet. Diese Relation gilt jedoch nur für den Idealfall, daß sich die Elektronen, die die einzelnen stehenden Wellen repräsentieren, gegenseitig nicht beeinflussen. Das ist in Wirklichkeit jedoch nicht der Fall, sondern jedes Elektron bewegt sich im „effektiven Feld" der anderen Elektronen (Bild 1.24). Aus diesem Grunde besteht auch zwischen dem 2s- und den 2p-Zuständen ein Energieunterschied, der allerdings relativ klein ist, so daß man die beiden Zustände noch als energetisch fast entartet betrachten kann. Über eine wichtige Folgerung (Hybridisierung) wird später zu sprechen sein.

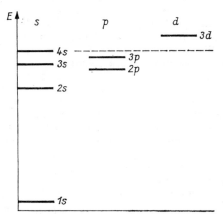

Bild 1.24
Energie einiger stationärer Zustände

Die relative Energie der einzelnen Zustände ist in Bild 1.24 schematisch dargestellt. Infolge des effektiven Feldes liegt der 4s-Zustand noch unter dem 3d-Zustand. Dies hat zur Folge, daß im Periodensystem nach Besetzung des 3s- und 3p-Zustandes (Natrium bis Argon) nicht die 18er-Schale 3d (Scandium bis Zink), sondern zunächst erst die energetisch tiefer liegende 4s-Schale (Kalium bis Calcium) aufgefüllt wird.

Zusammenfassend läßt sich sagen, daß die wesentlichen Züge des BOHRschen Atommodells im wellenmechanischen Bild wiederkehren, das eine bessere Annäherung an die objektive Realität darstellt: Die Hauptquantenzahl entspricht der Ordnung der Welle. Während nach dem BOHRschen Modell jeder Zustand doppelt besetzt werden konnte, läßt sich jede Welle zweifach anregen. Die Elektronenbesetzung der einzelnen Atomzustände, wie sie in Tabelle 1.4 bzw. 1.5 wiedergegeben wurde, erhält man dann einfach, indem man die Orbitale, vom niedrigsten Niveau (1s) beginnend, mit jeweils 2 Elektronen besetzt, bis die betreffende Gesamtzahl der Elektronen erreicht ist. Für die wellenmechanische Betrachtung ist typisch, daß Orbitale doppelt, einfach oder unbesetzt sein können; mit leeren Elektronenaufenthaltsräumen wird also ebenso gearbeitet wie mit solchen, die Elektronen enthalten; vgl. z. B. (1.34).

1.2.2. Molekülorbitale (Molecular Orbitals, MO). Das Wasserstoffmolekülion $H_2^\oplus$

In der homöopolaren Bindung steuern die Bindungspartner formal je ein Elektron zu einem gemeinsamen Bindungselektronenpaar bei. Wie bereits in (1.2) ohne genauere Erklärung dargestellt wurde, müssen sich hierzu die betreffenden Atomorbitale der Partner gegenseitig durchdringen („überlappen"), indem sich der Abstand zwischen den Kernen verringert: Aus den Atomorbitalen entsteht ein (gemeinsames) Molekülorbital. Der physikalische Vorgang ist der bekannten Überlagerung (Kopplung) von Schwingungen analog, und auch praktisch werden die zunächst unbekannten Moleküleigenfunktionen bzw. die Molekülorbitale aus den leichter zugänglichen Atomeigenfunktionen gewonnen:

$$\Psi_s = c_1\psi_1 + c_2\psi_2 \quad \text{(symmetrische Überlagerung)}. \tag{1.25}$$

Das Verfahren wird als lineare Kombination von Atomorbitalen (Linear Combination of Atomic Orbitals, LCAO) bezeichnet. Der Wert von Ψ_s hängt von den variablen Parametern c_1 und c_2 ab (Überlagerungskoeffizienten, Variationsparameter), die so zu wählen sind, daß für die Gesamtenergie E ein Minimum herauskommt, denn das ist Bedingung für eine stabile Bindung. Bei einem viel angewandten Rechenverfahren (Variationsrechnung) wird dies erreicht, indem man die Variationsfunktion (1.27) nach c_1 und c_2 partiell differenziert und das Minimum bestimmt:

$$\frac{\partial E}{\partial c_1} = \frac{\partial E}{\partial c_2} = 0. \tag{1.26}$$

Die Variationsfunktion (1.27) erhält man durch Multiplikation beider Seiten der SCHRÖDINGER-Gleichung (1.16) mit Ψ und Integration über den gesamten Raum, wodurch erreicht wird, daß die Funktion normiert ist und die Ausdrücke $\int \psi_1^2 \, dv = \int \psi_2^2 \, dv = 1$ werden:

$$E \int \Psi^2 \, dv = \int \Psi H \Psi \, dv \quad \text{bzw.}$$

$$E = \frac{\int (c_1\psi_1 + c_2\psi_2) H (c_1\psi_1 + c_2\psi_2) \, dv}{\int (c_1\psi_1 + c_2\psi_2)^2 \, dv}. \tag{1.27}$$

Für den einfachsten und exakt lösbaren Fall des Wasserstoffmolekülions legt man die ψ_{1s}-Funktionen zweier Wasserstoffkerne zugrunde, die sich in unendlichem Abstand voneinander befinden und um ein gemeinsames Elektron konkurrieren. Das Elektron kann entweder zum Kern 1 oder zum Kern 2 gehören, so daß zwei im übrigen identische Wellenfunktionen ψ_1 und ψ_2 resultieren, die den gleichen 1s-Zustand für ein Wasserstoffatom beschreiben. In die SCHRÖDINGER-Gleichung (1.16) für das System muß noch die potentielle Energie $V = e^2/r_1 + e^2/r_2$ aufgenommen werden (r_1 bzw. r_2 ist der Abstand des Elektrons zum Kern 1 bzw. 2), im übrigen verfährt man nach (1.27) und (1.26).

Die mit der Variation der Überlappungsparameter oder, was dasselbe ist, mit der Veränderung des Kernabstandes R der beiden Wasserstoffatome einhergehenden

Veränderungen sind in Bild 1.28 dargestellt. Wir betrachten zunächst die linke Seite, die eine Überlagerung zweier symmetrischer Atomfunktionen zeigt (hier zweier Funktionen mit positivem Vorzeichen; das gleiche Ergebnis würde mit der Kombination zweier negativer Wellenfunktionen erzielt). Bei unendlichem Abstand überlagern sich die Funktionen ψ_1 und ψ_2 nicht (Bild 1.28a), in Gebieten, in denen ψ_1 einen großen Wert hat, ist ψ_2 praktisch Null und umgekehrt, und das gemischte Glied für

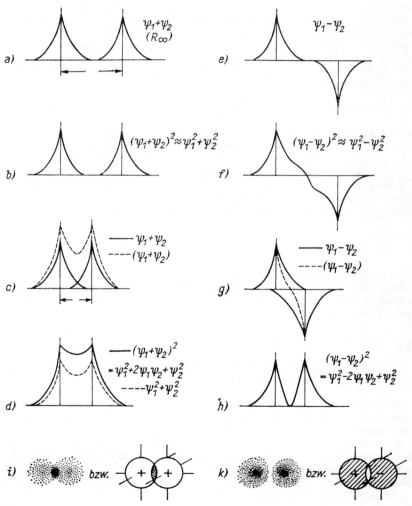

Bild 1.28
Überlagerung von Atomeigenfunktionen beim Wasserstoffmolekülion
Abszisse: Kernabstand R, Ordinate: ψ bzw. ψ^2

die Wahrscheinlichkeitsdichte in (1.29) entfällt,

$$\Psi^2 = (c_1\psi_1 + c_2\psi_2)^2 = c_1{}^2\psi_1{}^2 + c_2{}^2\psi_2{}^2 + 2c_1c_2\psi_1\psi_2, \tag{1.29}$$

so daß man als Wahrscheinlichkeitsdichte für großen Kernabstand $(\psi_1 + \psi_2)^2 = \psi_1{}^2 + \psi_2{}^2$ erhält, d. h., in der Linearkombination für R_∞ herrscht praktisch die gleiche Elektronendichte wie in Wasserstoffatomen, die keine Wechselwirkung aufeinander ausüben.

Für einen endlichen Abstand der beiden Kerne (Bild 1.28c) darf das Glied $2\psi_1\psi_2$ nicht mehr vernachlässigt werden, das nun im Gebiet *zwischen* den beiden Kernen — nicht dagegen in den Außenbezirken — einen wesentlichen Betrag hat. In der Mitte erhöht sich auf diese Weise die Aufenthaltswahrscheinlichkeit (Bild 1.28d) für das Elektron, die Elektronendichte wird größer, als einer einfachen Addition entspräche. Diese würde nämlich nur die Summe der in der Mitte herrschenden Elektronendichte $\psi_1 = \psi_2 = \psi_{\text{Mitte}}$ ergeben: $\psi^2_{\text{Mitte}} + \psi^2_{\text{Mitte}} = 2\psi^2_{\text{Mitte}}$ (vgl. die gestrichelte Linie in 1.28d); tatsächlich erhält man aber

$$(\psi_{\text{Mitte}} + \psi_{\text{Mitte}})^2 = 4\psi^2_{\text{Mitte}} \quad \text{(ausgezogene Linie in 1.28d)}.$$

In Bild 1.28i wird diese Elektronendichteverteilung symbolisiert wiedergegeben. Das Elektron gehört also tatsächlich, wie dies bereits von G. N. LEWIS gefordert worden war, beiden Bindungspartnern an. Es befindet sich infolge Überlagerung der Atomorbitale vorwiegend zwischen den beiden Kernen, die es verbindet, indem es von beiden elektrostatisch angezogen wird.

Neben dieser symmetrischen Überlagerung von Atomorbitalen ist auch der Fall möglich, in dem beide Überlagerungsfunktionen verschiedenes Vorzeichen haben:

$$\Psi_a = c_1\psi_1 - c_2\psi_2 \quad \text{(antisymmetrische Überlagerung)}, \tag{1.30}$$

$$\Psi_a{}^2 = c_1{}^2\psi_1{}^2 + c_2{}^2\psi_2{}^2 - 2c_1c_2\psi_1\psi_2. \tag{1.31}$$

Die Verhältnisse sind in Bild 1.28 rechts dargestellt.

Im Falle unendlichen Abstandes der beiden Kerne kann das gemischte Glied $2c_1c_2\psi_1\psi_2$ in (1.31) ebenso wie bei der symmetrischen Linearkombination vernachlässigt werden. Das Elektron befindet sich mit gleicher Wahrscheinlichkeit an jedem der beiden Kerne (Bild 1.28e, f). Bei endlichem Kernabstand (Bild 1.28g, h) dagegen zeigt das bei der antisymmetrischen Überlagerung negative gemischte Glied $-2c_1c_2\psi_1\psi_2$ eine Verringerung der Elektronendichte zwischen den beiden Kernen an, wobei in der Mitte zwischen den Kernen der Wert Null erreicht wird, so daß hier eine Knotenfläche auftritt (vgl. auch Bild 1.28k). Zwischen den Kernen wirkt somit nur die elektrostatische Abstoßung der positiven Kernladungen. Dieser Zustand wird als antibindend bezeichnet.

Die Lösung der SCHRÖDINGER-Gleichung nach (1.27) und (1.26) führt zu folgenden beiden Ausdrücken für die symmetrische (s) bzw. antisymmetrische (a) Linearkombination:

$$E_{s(R)} = \frac{\alpha + \beta}{1 + S} \quad \text{bzw.} \quad E_{a(R)} = \frac{\alpha - \beta}{1 - S}; \tag{1.32}$$

α = COULOMB-Integral, β = Resonanz- oder Austauschintegral, S = Überlappungsintegral.

1. Das Problem der chemischen Bindung

Das Überlappungsintegral gibt an, wie stark sich die beiden Atomorbitale überlappen; es kann maximal den Wert eins annehmen und spielt häufig nur die Rolle eines Korrekturfaktors, der bei einfacheren Rechenverfahren vernachlässigt wird. Die wichtigste Größe in (1.32) ist das Resonanzintegral β. Es trägt der Tatsache Rechnung, daß das Bindungselektron oder die beiden Bindungselektronen (im allgemeinen Fall) ununterscheidbar sind, d. h. sowohl dem Kern 1 als auch dem Kern 2 zugeordnet werden können („Austausch") und von diesen elektrostatisch angezogen werden („Austauschwechselwirkung"). Wegen dieser Anziehung ist β stets negativ. Das COULOMB-Integral α ist Ausdruck für die elektrostatische Anziehung der Ladungswolke am Kern 1 (ψ_1^2) durch den Kern 2 bzw. ψ_2^2 durch Kern 1, die Wechselwirkungen zwischen den Bindungselektronen und die elektrostatische Abstoßung

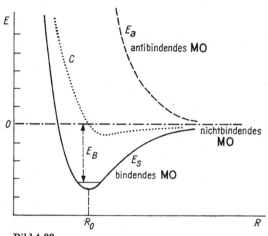

Bild 1.33
Energielage und Kernabstand
C = COULOMB-Wechselwirkung, E_B = Bindungsenergie

der beiden Kerne. Alle drei Integrale sind Funktionen des Abstandes. Die Resultierenden zeigt Bild 1.33 in allgemeiner Form. Bei der antisymmetrischen Überlagerung steigt die Energie E_a mit abnehmendem Abstand monoton an, weil die COULOMB-Abstoßung der Kerne wächst und das Resonanzintegral ebenfalls einen positiven Wert annimmt (der einer Abstoßung entspricht). Bei der symmetrischen Überlagerung überwiegt bei abnehmendem Kernabstand zunächst das (negative) Resonanzintegral, während das COULOMB-Integral bei kleinen Abständen überwiegt, da sich die Kerne dann sehr stark abstoßen. Es resultiert ein Energieminimum, das die Bindungsenergie bzw. Dissoziationsenergie liefert; der zugehörige Abstand R_0 ist der Gleichgewichtsbindungsabstand. In Bild 1.33 wurde außerdem die Energie für nichtbindende Orbitale eingezeichnet, die z. B. von den freien Elektronenpaaren in Carbonylgruppen besetzt werden; ihre Energie ist unabhängig vom Kernabstand und stets Null.

Es sei nochmals auf Formel (1.21) verwiesen. Danach muß die Energie des Systems abnehmen, wenn der Raum vergrößert wird, der den Elektronen zur Verfügung steht. Eben das ist bei der Bildung eines Molekülorbitals der Fall.

1.2.2. Molekülorbitale

Das hier umrissene wellenmechanische Bild der homöopolaren Bindung zeigt, daß es unnötig (und unrichtig) ist, den Elektronenspin als Ursache der Bindung zu betrachten. Es dürfte sonst das $H_2^{\oplus}$-Molekül nicht existieren, in dem naturgemäß keine Spinkompensation möglich ist. Der Spin bestimmt dagegen die Zahl der in einem bestimmten Zustand unterzubringenden Elektronen (zwei) und damit die als Absättigung der Valenz bekannte Erscheinung. Aus diesem Grund ist das $H_2^{\oplus}$-Molekül kein abgesättigtes Gebilde; das PAULI-Prinzip erlaubt noch ein weiteres Elektron (mit antiparallelem Spin) für den gleichen $1s$-Zustand, der damit abgesättigt wird. Es entsteht so das H_2-Molekül. Für die Überlappung der Orbitale ist belanglos, wo die Bindungselektronen herkommen. Das Wasserstoffmolekül kann also entweder aus zwei einfach besetzten Wasserstoff-$1s$-Zuständen (Spins antiparallel) oder aus einem leeren und einem doppelt besetzten Wasserstoff-$1s$-Zustand entstehen, vgl. (1.34).

Der zweite Fall entspricht der koordinativen Bindung (vgl. S. 14), deren Zustand sich in nichts von dem einer gewöhnlichen Bindung unterscheidet.

$$H\cdot \;+\; H\cdot \;\longrightarrow\; H-H \;\longleftarrow\; H^{\oplus} \;+\; H\vert^{\ominus} \tag{1.34}$$

Die größte Bedeutung haben wellenmechanische Ansätze und Rechnungen bisher bei der Behandlung ungesättigter Systeme (π-Elektronen-Systeme) erlangt, wobei die σ-Elektronen vernachlässigt werden können.

Für die Berechnung komplizierterer, vor allem ungesättigter Systeme sind zwei Näherungsverfahren gebräuchlich.

In der *Valenzstrukturmethode* (Valence Bond Method, VB-Methode) werden die vorhandenen π-Elektronen paarweise im Molekül angeordnet gedacht und die entsprechenden Überlagerungsfunktionen aus den Atomfunktionen konstruiert. Das Ergebnis entspricht einer Struktur des betrachteten Moleküls mit lokalisierten Doppelbindungen, z. B. einer KEKULÉ-Struktur des Benzols (vgl. Abschn. 2.4.). In analoger Weise werden für weitere denkbare Valenzstrukturen (z. B. die andere KEKULÉ-Struktur des Benzols) die entsprechenden Wellenfunktionen aufgestellt, im Idealfall für alle möglichen voneinander unabhängigen Valenzstrukturen. Deren Zahl (5 für das Benzol) nimmt aber so rasch zu (Naphthalin 42, Anthracen 429), daß man in komplizierteren Fällen eine Auswahl treffen muß, wodurch der Wert des Verfahrens erheblich eingeschränkt wird. Die Wellenfunktionen dieser Grenzstrukturen werden nunmehr miteinander überlagert und die einzelnen Überlagerungskoeffizienten so variiert, daß für das Gesamtsystem ein Energieminimum resultiert. In der Formelsprache der organischen Chemie entspricht dies der Benutzung von Resonanzgrenzstrukturen und deren Überlagerung (vgl. Abschn. 2.2.). Es muß jedoch betont werden, daß die VB-Methode lediglich ein Rechenverfahren darstellt, das keinen tieferen physikalischen Sinn besitzt.

Beim zweiten Näherungsverfahren, der *Molekülorbitalmethode* (Molecular Orbital Method, MO-Methode), denkt man sich die π-Elektronen gleichmäßig über das gesamte konjugierte System verteilt, das als einheitliche stehende Welle betrachtet wird.

Jeder Molekülzustand kann nach dem PAULI-Prinzip nur durch zwei Elektronen besetzt (jede Welle nur zweifach angeregt) werden. Gewöhnlich erhält man die Molekülzustände ebenfalls durch lineare Kombination von Atomzuständen (LCAO—MO-Methode).

Die Koeffizienten der einzelnen Zustände werden ebenfalls so variiert, daß für das Gesamtsystem ein Minimum der Energie herauskommt. Eine besonders einfache Form der MO-Methode wird im Abschnitt 1.5. besprochen.

1.3. Die Bindungsverhältnisse beim Kohlenstoff

Das für die Einelektronenbindung Gesagte gilt ganz analog auch für die Zweielektronenbindung, und wir können nun darangehen, die am Wasserstoffmolekülion gewonnene Erkenntnis auf den Kohlenstoff zu übertragen, der hier an erster Stelle interessiert. Es ergibt sich sofort ein wichtiger Unterschied: Während beim Wasserstoff kugelsymmetrische $1s$-Atomorbitale durch Überlagerung in Molekülorbitale umgewandelt wurden, sind die für die Bindung zur Verfügung stehenden Elektronen beim Kohlenstoff im $2p$-Zustand, der eine axiale Symmetrie aufweist (vgl. Bild 1.23). Es ist leicht einzusehen, daß in diesem Falle die Überlagerung der Eigenfunktionen zweier Kohlenstoffatome außer von der gegenseitigen Entfernung der beiden Kerne noch von der relativen räumlichen Lage der $2p$-Zustände abhängt (Bild 1.35).

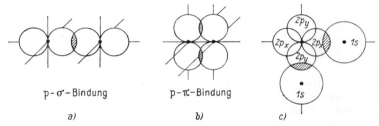

p-σ-Bindung   p-π-Bindung

a)   b)   c)

Bild 1.35
Prinzip der maximalen Überlappung (Überlappung schraffiert gezeichnet)

Man sieht, daß in der Lage (a) die Überlappung (= Bindung im Falle der hier allein betrachteten symmetrischen Überlagerung) bereits bei größerer Entfernung der Kerne voneinander (= geringere COULOMB-Abstoßung) beginnt als im Falle (b), wo sich die Kerne auf einen geringeren Abstand nähern müssen, ehe die p-Zustände überlappen können. Da die abstoßenden COULOMB-Kräfte mit der kleiner werdenden Entfernung anwachsen, erreicht die Überlappung bei (b) ein geringeres Ausmaß als bei (a), d. h., die Bindung ist bei (b) weniger fest als bei (a).
Sind für einen p-Zustand von vornherein beide Möglichkeiten der Überlappung gegeben, so wird demzufolge die Überlappung in Richtung der größten Ausdehnung des p-Orbitals bevorzugt. Man bezeichnet dies als „Prinzip der maximalen Überlappung". Damit wird erklärt, daß die von $2p$-Zuständen ausgehende Valenz gerichtet ist. Überlagerungen von p-Funktionen wie in Bild 1.35a oder von s-Funktionen wie in Bild 1.28c, d, i ergeben eine Dichteverteilung der Bindungselektronen entlang der Bindungslinie und rotationssymmetrisch um diese herum. Eine solche Bindung wird mit dem Symbol σ gekennzeichnet. Die unter Bild 1.35b gezeichnete Überlagerung führt dagegen zu einer axialsymmetrischen Verteilung der Elektronendichte, die betreffende Bindung wird durch das Symbol π charakterisiert.
Mit Hilfe des Prinzips der maximalen Überlappung läßt sich der Bau einiger einfacher Moleküle näherungsweise beschreiben: Wenn ein Sauerstoffatom mit seinem p_y- und p_x-Zustand (vgl. Tab. 1.5) mit den $1s$-Zuständen zweier Wasserstoffatome

überlappt, so sollten die gebildeten Molekülorbitale miteinander einen rechten Winkel bilden (Bild 1.35 c)[1]). Bekanntlich kommt dem durch die genannte Linearkombination näherungsweise beschriebenen H_2O-Molekül eine gewinkelte Gestalt zu (Bindungswinkel 104,5°). Daß in Wirklichkeit kein rechter Winkel vorliegt, braucht nicht zu verwundern, da in der von uns vorgenommenen Linearkombination keinerlei weitere Wechselwirkungen berücksichtigt sind und deshalb nur Näherungsergebnisse erwartet werden dürfen.

In gleicher Weise ergibt die Linearkombination eines Stickstoffatoms (p_x-, p_y-, p_z-Zustände) mit drei Wasserstoffatomen eine Pyramide, deren Spitze vom Stickstoff gebildet wird, in angenäherter Übereinstimmung mit dem tatsächlichen räumlichen Bau des Ammoniakmoleküls. Diese Beispiele ließen sich noch durch eine ganze Reihe ähnlicher Fälle erweitern.

Für uns ist die daraus abzuleitende Feststellung wichtig, daß im wellenmechanischen Bild der homöopolaren Bindung die von der Theorie geforderte gerichtete Valenz von der Praxis bestätigt wird. Versuchen wir indes, mit Hilfe der Tabelle 1.5 ähnliche Linearkombinationen für Beryllium, Bor oder Kohlenstoff vorzunehmen, so stoßen wir auf die Tatsache, daß die vorhandenen p-Zustände eine Wertigkeit dieser Atome angeben, die von der Erfahrung abweicht. Nach der Tabelle sollte Beryllium nullwertig sein, da es nur einen mit zwei Elektronen besetzten $2s$-Zustand aufweist, der auf Grund des PAULI-Verbots keine weiteren Elektronen mehr aufnehmen kann und deshalb keine Bindung zuläßt. In gleicher Weise ergibt die Besetzung der Zustände nach Tabelle 1.5 beim Bor die Wertigkeit 1, beim Kohlenstoff die Wertigkeit 2, während erfahrungsgemäß normalerweise die Wertigkeiten 3 bzw. 4 vorkommen.

Versucht man etwa, beim Kohlenstoff zur richtigen Wertigkeit 4 zu kommen, indem man formal ein $2s$-Elektron in den noch unbesetzten $2p_z$-Zustand überführt, so erhält man jetzt zwar vier bindungsfähige Zustände, die sich aber verschieden verhalten müßten, weil die $2p$-Orbitale eine gerichtete Bindung entsprechend Bild 1.35 ergeben, nicht dagegen das verbleibende kugelsymmetrische $2s$-Orbital. Dies widerspricht jedoch den experimentellen Befunden, nach denen z. B. das Methanmolekül als gleichseitiges Tetraeder vorliegt, während unser Versuch, die Vierwertigkeit des Kohlenstoffs zu erklären, ein verzerrtes Tetraeder bedingen würde. Die Auffassung der Bindung als Wellenerscheinung gestattet eine zwanglose Deutung. So ist der geschilderte Gedanke, die $2s$- und $2p$-Elektronen neu zu verteilen, nicht abwegig, da die genannten Zustände fast die gleiche Energie besitzen (energetisch fast entartet sind; vgl. Bild 1.24). Aus diesem Grunde genügt eine geringe Energiezufuhr, um die $2s$-Elektronen auf das Niveau der $2p$-Zustände anzuheben, so daß ein „angeregter" („promovierter") Zustand des Atoms entsteht, der dann in Bindung tritt, wodurch gleichzeitig die zur Anregung erforderliche Energie wiedergewonnen werden kann. Die so entstandenen Zustände sind für einige Atome in Tabelle 1.36 aufgeführt.

Die angeregten Zustände der L-Schale haben jetzt genau die gleiche Energie. Es gilt nun der Satz, daß eine Anzahl miteinander entarteter Zustände gleichwertig ist der gleichen Zahl unabhängiger Mischungen aus ihnen, d. h., jede Überlagerung der vier Normalwellen $2s$, $2p_x$, $2p_y$, $2p_z$ des angeregten Atoms ergibt eine mögliche neue Normalwelle. Dieses Verfahren wird als *Bastardisierung* oder *Hybridisierung* bezeichnet.

---

[1]) Die p-Orbitale sind aus Platzgründen als Kreise gezeichnet.

Tabelle 1.36
Angeregte Zustände einiger Atome

	K-Schale	L-Schale			
	$1s$	$2s$	$2p_x$	$2p_y$	$2p_z$
Be*	↑↓	↑	↑		
B*	↑↓	↑	↑	↑	
C*	↑↓	↑	↑	↑	↑

Entsprechend Tabelle 1.36 lassen sich für Beryllium zwei, für Bor drei und für Kohlenstoff maximal vier solcher Hybridzustände voraussehen. Die Form der durch die Hybridisierung entstehenden Normalwellen (q) und die aus ihnen zu gewinnenden Wahrscheinlichkeitsdichten lassen sich erhalten, wenn man die $2s$- und $2p$-Normalwellen aus Bild 1.23 überlagert (Bild 1.37). Man erhält eine asymmetrische Dichtefunktion, die außer der äußeren, im Unendlichen liegenden, eine gekrümmte Knotenfläche besitzt. Diese ist unter (c) dargestellt, wobei man sich die Funktion unter (b) um 90° gedreht zu denken hat, so daß (c) eine Draufsicht darstellt. Unter (d) ist der neue Hybridzustand q nochmals schematisiert wiedergegeben. Wie bei p-Orbitalen sind noch weitere Raumlagen möglich.

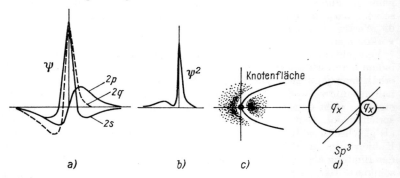

Bild 1.37
Hybridisierung von $2s$- und $2p$-Zuständen

Nach dem Prinzip der maximalen Überlappung muß das Hybridorbital ebenfalls eine räumlich gerichtete Bindung ergeben, die sich in Richtung seiner größten Ausdehnung erstreckt.

Wenn wir nunmehr die den Atomen Be, B und C entsprechende Hybridisierung schematisch angeben, erhalten wir deshalb zugleich die Form des mit Hilfe dieser Hybridatomschalen gebildeten Moleküls.

Die Bindungsrichtung ist in Tabelle 1.38 durch Pfeile angedeutet. Die aus $s + p$ entstandenen zwei q-Zustände stoßen sich gegenseitig ab, so daß eine maximale Überlappung mit den Atomfunktionen zweier Bindungspartner zu einem gestreckten Molekül führt. Entsprechend gebaut sind Beryllium-, Quecksilberhalogenide u. a. Die Bastardisierung von $s + p^2$ ergibt drei neue q-Zustände, die zu ebenen trigonalen

Molekülen führen, während $s + p^3$ entsprechend vier neue q-Zustände zur Folge hat, deren Valenzen in die Ecken eines Tetraeder gerichtet sind. Dieser letzte Fall ist beim Kohlenstoff verwirklicht, wie er im Methan vorliegt, das exakt tetraedrisch gebaut ist. Diese Form der Bastardisierung bedarf nach dem Vorangegangenen keiner weiteren Erläuterung.

Tabelle 1.38
Mögliche Hybridzustände durch Überlagerung von $2s$- und $2p$-Funktionen

Überlagernde Wellenfunktionen	q-Hybrid	Molekülform	Bindungswinkel (Grad)
$s + p$	$\to sp + sp$	←•→	180
$s + p + p$	$\to sp^2 + sp^2 + sp^2$	⤻	120
$s + p + p + p$	$\to sp^3 + sp^3 + sp^3 + sp^3$	⤻	109,5
oder	$\to sp^2 + sp^2 + sp^2 + p$	⤻	120
	$\to sp + sp + p + p$	←•→	180

Der Kohlenstoff zeigt nun neben dieser maximalen Hybridisierung $s + p^3$ noch die beiden niederen Typen, d. h., die $2s$-Welle kann auch nur mit zwei oder einer $2p$-Welle überlagern. Dadurch bleiben natürlich zwei bzw. eine p-Funktion in ihrer ursprünglichen, nicht hybridisierten Form bestehen. Die einzelnen Formen erhalten als Symbol die Zahl der miteinander bastardisierenden Zustände: $s + p \to sp$; $s + p^2 \to sp^2$; $s + p^3 \to sp^3$. (Die übrigbleibenden reinen $2p$-Zustände ergeben sich dann als Differenz zu den ursprünglich vorhandenen drei p-Zuständen.)

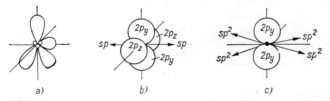

Bild 1.39
Hybridisierung am Kohlenstoffatom (schematisch). Atomzustände (sp und sp^2) durch Pfeile symbolisiert

Die Verhältnisse sind in Bild 1.39 schematisch wiedergegeben, in dem die von der Hybridisierung unbeeinflußten p-Zustände in der in Bild 1.23, eingeführten Form gezeichnet wurden, während die Hybridzustände nur beim Typ sp^3 ausgeführt, in den anderen Fällen der Deutlichkeit halber als Pfeile angedeutet sind).[1] Wir sind nun in

---
[1]) Die sp^3-Zustände sind zur besseren Übersicht etwas anders gezeichnet als in Bild 1.37.

der Lage, mit Hilfe der Hybridzustände des Kohlenstoffatoms den Aufbau verschiedener Kohlenstoffmoleküle zu verstehen. Zunächst wollen wir zwei Kohlenstoffatome mit ihren sp^3-Zuständen der in Bild 1.39 schematisch gezeichneten Form in Bindung bringen, d. h. zwei sp^3-Funktionen im Sinne einer maximalen Überlappung miteinander koppeln. Die verbleibenden drei sp^3-Zustände sollen mit $1s$-Zuständen je eines Wasserstoffatoms überlappt werden. Wir erhalten auf diese Weise das Äthanmolekül (Bild 1.40).

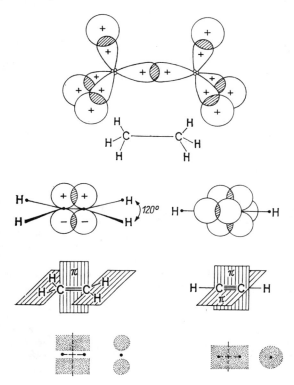

Bild 1.40
Hybridisierung am Kohlenstoff. Molekülorbitale. Schematischer Aufbau des Äthan-, Äthylen- und Acetylenmoleküls

Die Überlappung der sp^3-Funktionen in Richtung ihrer größten Ausdehnung führt zu einer relativ festen Bindung mit rotationssymmetrischer Verteilung der Elektronendichte entlang der Bindungslinie. Nach dem weiter oben Gesagten liegt also eine *σ-Bindung* vor. Wie man aus Bild 1.40 außerdem entnimmt, ist eine Drehung der beiden Molekülhälften um die Verbindungslinie mit keinerlei Änderung der Überlappung verbunden; sie kann deshalb ohne wesentliche Energiezufuhr erfolgen. Dies steht im Einklang mit der Erfahrung, nach der C—C-Einfachbindungen „frei drehbar"

1.3. Bindungsverhältnisse beim Kohlenstoff

sind.[1]) Überlagert man zwei Kohlenstoff-sp^2-Atomzustände und besetzt die insgesamt vier verbleibenden sp^2-Funktionen mit $1s$-Wasserstoffunktionen, so erhält man das Äthylen, wobei zunächst an jedem Kohlenstoffatom ein reiner $2p$-Zustand verbleibt, der nun ebenfalls, und zwar seitlich, überlappt. Diese seitliche Überlappung wird dadurch begünstigt, daß die beiden C-Atome durch die σ-Bindung in geringem Abstand festgehalten werden. Es kommt jedoch noch eine wichtige Voraussetzung hinzu: Die beiden p-Zustände müssen in einer Ebene liegen. Da die Überlappung seitlich erfolgt, erhalten wir eine π-Bindung, die weniger fest ist als die im Sinne maximaler Überlappung geknüpfte σ-Bindung (weiter oben). Trotzdem bringt die Überlagerung der beiden p-Funktionen natürlich noch einen Energiegewinn, wie er mit der symmetrischen Überlagerung stehender Wellen verbunden ist: Da sich zwischen den beiden C-Atomen jetzt vier Elektronen befinden, wird die COULOMB-Abstoßung der Kerne in stärkerem Maße kompensiert, und die dem Bindungsabstand R_0 entsprechende Energiemulde liegt bei einem gegenüber der C—C-Einfachbindung verringerten Abstand der Kerne (vgl. Tab. 1.41). Der Bindungswinkel entspricht annähernd dem theoretischen Wert (Tab. 1.38).

Tabelle 1.41
Wichtige Konstanten für Äthan, Äthylen und Acetylen

		CH_3-CH_3	$CH_2=CH_2$	$CH\equiv CH$
Mittlere Bindungsenergie [kcal/mol bei $0\,°K$][1])	C—C	84,6	130,4	170,6
Bindungslänge [nm]	C—C	0,1543	0,1337	0,1207
	C—H	0,1092	0,1085	0,1059
Bindungswinkel [Grad]	H—C—H	112,2[2])	116,8	180,0

[1]) Die mittleren Bindungsenergien sind nicht identisch mit den Dissoziationsenergien. Es wurde nicht der übliche Satz von Werten verwendet, da dieser unrealistisch hohe Werte für C=C (146,4 kcal/mol) und C≡C (199,8 kcal/mol) festlegt.
[2]) Im Methan beträgt der Winkel 109,5°.

Stellt man sich vor, daß die beiden Molekülhälften um die C—C-Bindungslinie gedreht werden, so muß die Überlagerung der p-Funktionen, die in einer Ebene liegen und so die π-Bindung ergeben, in dem Maße geringer werden, wie aus der Ebene herausgedreht wird, und schließlich bei einem Verdrillungswinkel von etwa 90° völlig aufhören: Die π-Bindung zerreißt. Um die beschriebene Verdrehung der beiden Molekülhälften zu erzwingen, ist es natürlich notwendig, die bei der Überlagerung der p-Funktion freigewordene Bindungsenergie wieder zuzuführen. Wird über die 90°-Lage hinaus gedreht, kann wieder Überlagerung der p-Funktionen (auf der „anderen Seite") eintreten, die ihr Maximum (= Minimum der Energie) bei einer Verdrehung um 180° gegenüber der Ausgangslage erreicht. Die π-Bindung bringt somit zwei aus-

[1]) Genauere Untersuchungen haben allerdings den Beweis erbracht, daß doch eine geringe Energie zugeführt werden muß, um das Molekül um die C—C-Achse zu verdrehen. Dies beruht unter anderem auch auf Wechselwirkungen der Substituenten an den Kohlenstoffatomen (vgl. „Konformation", Kapitel 2.).

gezeichnete, energieärmste räumliche Lagen im Äthylen mit sich, die einen Winkel von 180° einschließen (cis-trans-Isomerie von Olefinen). Tatsächlich kennen wir bei Olefinen cis-trans-isomere Verbindungen, deren Existenz durch die wiedergegebene wellenmechanische Erklärung zwanglos erklärt wird, z. B.:

$$\underset{\text{trans-}}{\overset{H}{\underset{Cl}{>}}C=C\overset{Cl}{\underset{H}{<}}} \quad \underset{\text{cis-}}{\overset{Cl}{\underset{H}{>}}C=C\overset{Cl}{\underset{H}{<}}}$$

Die axialsymmetrische π-Elektronen-Bindung im Äthylen steht senkrecht zu den ihrerseits in einer Ebene liegenden trigonalen $sp^2 - \sigma$-Bindungen. Dies wird in Bild 1.40 durch die mitgezeichneten Bindungsebenen angedeutet. Die π-Elektronen-Wolken sind außerdem noch bildlich angegeben, wobei einmal die seitliche Aufsicht und zum anderen der Querschnitt durch die Bindung entlang der gestrichelten Linie dargestellt sind. Alle diese Darstellungen verdeutlichen die oben diskutierten räumlichen Verhältnisse sehr sinnfällig.

In ganz analoger Weise wie zum Äthylen kommt man vom sp-Atomzustand des Kohlenstoffs zum Acetylen (Bild 1.40). Hier bleiben zwei p-Funktionen von der Hybridisierung unbeeinflußt, die seitlich überlappen können, wodurch zwei senkrecht aufeinander stehende π-Bindungen entstehen. Infolge der größeren Abschirmung der abstoßenden COULOMB-Kräfte durch nunmehr sechs Elektronen liegt die für den Bindungsabstand verantwortliche Energiemulde bei gegenüber dem Äthylen und Äthan noch weiter verringerten Werten (vgl. Tab. 1.41). Die seitliche Überlappung der p-Funktionen erreicht wegen des im Vergleich zum Äthylen noch stärker verringerten Bindungsabstandes ein größeres Ausmaß, d. h., bei der Überlagerung wird mehr Energie frei. Aus diesem Grunde besitzen alle π-Bindungen des Acetylens eine größere Stabilität als beim Äthylen (etwa 10 bis 15%; vgl. Tab. 1.41). Die weitergehende Überlappung der p-Zustände bedeutet außerdem, daß die Wahrscheinlichkeitsdichte der p-Elektronen in den π-Bindungen stärker in den Raum zwischen den Kohlenstoffatomen rückt, so daß diese in den Außenbezirken relativ arm an Elektronenladung werden. Dies bedingt aber eine entsprechende Verlagerung der σ-Elektronen zwischen C und H im Acetylen in Richtung zum C-Atom, wodurch das Wasserstoffatom positiviert und damit leichter als Proton abspaltbar wird, wie dies im Acetylen tatsächlich der Fall ist. Das läßt sich auch rein statistisch erklären (A. D. WALSH), indem man den Anteil der s- in den sp-Hybridfunktionen ermittelt:

$$CH_4 \quad sp^3 \qquad HC=CH \quad sp^2 \qquad HC\equiv CH \quad sp$$
$$1/4 \qquad\qquad 1/3 \qquad\qquad\qquad 1/2$$

Danach zeichnet sich die Acetylenbindung durch einen hohen „Gehalt" an s-Komponente aus. s-Zustände haben aber ihr Dichtemaximum in Nähe des Kerns. Ganz entsprechend addieren sich Nucleophile leicht an die $C\equiv C$-Bindung, während die Reaktivität gegen Elektrophile niedriger liegt als beim Äthylen.

Eine cis-trans-Isomerie ist aus zwei Gründen beim Acetylen nicht möglich: Einmal führen sp-Zustände zu gestreckten Molekülen, so daß ein um die C—C-Bindung rotationssymmetrisches Gebilde vorliegt; zum anderen muß die C—C-Bindung als frei drehbar betrachtet werden, weil die eng beieinanderliegenden p-Zustände praktisch einen π-Elektronen-„Schlauch" um die σ-Bindung herum erzeugen. Dies ist in Bild 1.40 mit dargestellt. Der π-Elektronen-Schlauch zerreißt im Gegensatz zur π-Bindung des Äthylens bei Verdrehung der beiden Kohlenstoffatome nicht, so daß die hohe thermische Beständigkeit des Acetylens auch von dieser Seite her verständlich wird.

In Tabelle 1.41 sind wichtige Konstanten der besprochenen Verbindungen zusammengestellt. Danach ist die C=C- bzw. C≡C-Bindung energiereicher als zwei bzw. drei Einfachbindungen entspricht. Die Abnahme der Bindungslänge von der C—C- zur C=C- und C≡C-Bindung überträgt sich auch auf die C—H-Bindungsabstände, die ebenfalls abnehmen. Man erkennt daraus, daß das Molekül in Wirklichkeit eine Einheit darstellt, in dem kompliziertere Wechselwirkungen zwischen den einzelnen Teilen existieren.

Es muß darauf hingewiesen werden, daß die vorstehenden Betrachtungen zur Hybridisierung und zu den einzelnen Bindungstypen lediglich **Modellvorstellungen** sind. Es sind deswegen auch andere Modelle (auch ohne Hybridisierung) denkbar und unter Umständen nützlich. Eine etwas andere Form der Hybridisierung führt z. B. zu gebogenen Bindungen („Bananenbindungen"), die auch die Verhältnisse im Cyclopropan gut zu erklären gestatten, wie die Kantenprotonierung (vgl. (8.49) und den zugehörigen Text) sowie die Ähnlichkeit mit den Olefinen; vgl. Bild 1.42. Dieses Modell ähnelt beim Äthylen und Acetylen etwa den klassischen Vorstellungen einer Verknüpfung von zwei Tetraedern über eine Kante (Äthylen) bzw. Fläche (Acetylen) und gestattet vor allem eine bessere Erklärung der Bindungswinkel.

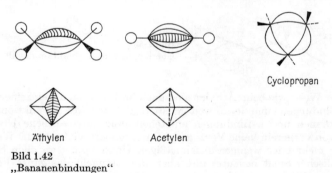

Bild 1.42
„Bananenbindungen"

Äthylen   Acetylen   Cyclopropan

1.4. Bindungsverhältnisse in konjugierten Doppelbindungen

Die Bindungsabstände für die C—C- bzw. C=C-Bindung lassen erwarten, daß in einem konjugiert ungesättigten System, z. B. im Butadien $CH_2=CH-CH=CH_2$, die den einzelnen Bindungstypen entsprechenden C—C-Abstände gefunden werden, also 0,134—0,154—0,134 nm. Das ist jedoch nicht der Fall, sondern der Bindungsabstand der Einfachbindung ist kleiner, und man findet im Butadien 0,134—0,148 und 0,134 nm. Die Nivellierung der Bindungsabstände wird im Benzol, das als unendlich konjugiertes Olefin angesehen werden kann, schließlich vollständig, und die Länge aller C—C-Bindungen beträgt hier einheitlich 0,1397 nm. Hand in Hand mit der Konjugation verändert sich die Reaktionsfähigkeit der konjugierten gegenüber der isolierten Doppelbindung, so lagert Butadien Halogene teilweise in 1.4-Stellung an, indem eine neue Doppelbindung zwischen C^2 und C^3 entsteht. Das konjugiert ungesättigte System reagiert also offenbar im ganzen und nicht als Kombination von zwei Doppelbindungen. Eine bekannte ältere Deutung dieser Addition stammt von J. THIELE, der den Doppelbindungen gewisse überschüssige „Partialvalenzen" zuordnete, die sich zwischen den Kohlenstoffatomen 2 und 3 absättigen können, an den Enden des Systems dagegen nicht, so daß hier eine höhere Reaktionsfähigkeit herrscht:

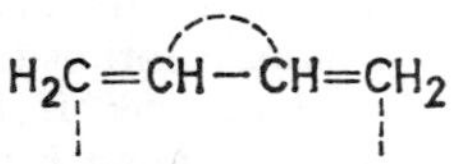

$$H_2C=CH-CH=CH_2$$

Die Auffassung der Bindung als Wellenvorgang führt zu einer ganz ähnlichen Erklärung. Die Verhältnisse lassen sich am besten in der bereits mehrfach angewandten schematischen Darstellung der Molekülorbitale wiedergeben. In Bild 1.43 ist das einfachste konjugierte ungesättigte System, Butadien, gezeichnet, wobei der besseren Übersicht wegen alle σ-Bindungen nur als einfache Bindungsstriche angegeben sind.

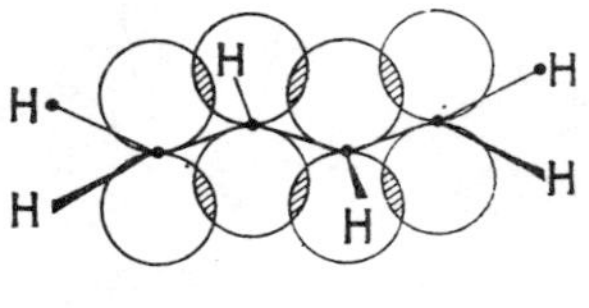

Bild 1.43
Überlappung der p-Funktion des Butadiens

In ähnlicher Weise wie beim Äthylen sind auch im Butadien die einzelnen C-Atome durch die σ-Bindungen einander so weit genähert, daß auch die p-Funktionen seitlich überlappen können und π-Bindungen entstehen. Für diese seitliche Überlappung besteht nun von vorherein keine Vorzugsrichtung, sondern vielmehr die Wahrscheinlichkeit einer mehr oder weniger gleichmäßigen Überlappung an allen Stellen. In wellenmechanischer Sicht bedeutet dies aber, daß nunmehr das ganze Elektronensystem eine einheitliche stehende Welle bildet. Mit Hilfe des Potentialkastens, einer besonders einfachen Form der Molecular-Orbital-(MO-)Methode, lassen sich die Verhältnisse in der folgenden Weise darstellen: Die Elektronen sind entlang der C—C-Kette fast ohne Energiezufuhr beweglich, da zwischen den einzelnen Kohlenstoffatomen nur niedrige Schwellenwerte der potentiellen Energie zu überwinden sind. Einer Bewegung der Elektronen über das Ende des Systems hinaus stellen sich jedoch sehr hohe Potentialwände entgegen, die vom Elektron nur überwunden werden könnten, wenn ein Energiebetrag von der Größe der Ionisierungsenergie zugeführt würde (Bild 1.44a). Der Energieverlauf längs der Kette kann deshalb vereinfachend als Kasten der Länge L dargestellt werden, dessen feste Seitenwände ein Entweichen des Elektrons verhindern, während im Innern die potentielle Energie bei der Bewegung des Elektrons stets Null ist (Bild 1.44b). Die Verhältnisse sind etwa so, als ob sich in dem Potentialkasten die Moleküle eines idealen Gases befänden, weshalb man auch von einem „Elektronengas" spricht bzw. in unserem Falle der eindimensionalen Betrachtung von einem „linearen Elektronengas". Daneben sind Bezeichnungen des

1.4. Bindungsverhältnisse in konjugierten Doppelbindungen

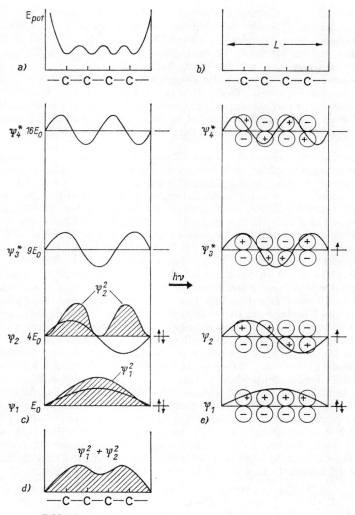

Bild 1.44
Darstellung des Butadiens nach dem Potentialkasten-MO-Verfahren

Verfahrens gebräuchlich wie „Metallmodell" oder „free electron model". Die Länge des Potentialkastens ergibt sich in einfacher Weise aus der Struktur und den Atomabständen der betrachteten Verbindung, die normalerweise gut bekannt sind.[1]

---

[1] Die Gesamtlänge L des Kastens ergibt sich aus der Zahl der Atome Z und der mittleren Bindungslänge $\bar{l}$ (0,140 nm) $L = (Z + 1)\,\bar{l}$, d. h., auf jeder Seite der Verbindung wird eine Bindung zugezählt. Diese Konvention bezüglich L ist jedoch nicht frei von Willkür.

Die Wellenbewegung des Elektrons innerhalb des Potentialkastens ist nur in der Weise möglich, daß an den Wänden Schwingungsknoten auftreten. Es sind dann nur solche Wellen zulässig, deren Eigenfrequenz durch (1.18) und deren Eigenwerte durch (1.21) beschrieben werden (stehende Wellen). Für jede der stehenden Wellen verschiedener Ordnung (Anregung) gilt das PAULI-Verbot, das heißt, sie darf nur zweifach angeregt werden bzw. — korpuskular ausgedrückt — mit höchstens zwei Elektronen besetzt werden, die antiparallelen Spin haben müssen. Da im Butadien insgesamt vier p-Elektronen verfügbar sind, existieren vier π-Wellenfunktionen ψ_1 bis ψ_4 (vgl. Bild 1.44), deren kinetische Energien sich nach (1.21) entsprechend den Quadraten der Ordnung n („Hauptquantenzahl") der einzelnen Wellen wie $1:4:9:16$ verhalten.[1])

Die Wellenfunktionen ψ_n dieser stationären Zustände lassen sich leicht qualitativ wiedergeben, wenn man beachtet, daß die Ordnung der linearen Welle definiert ist durch n Schwingungsbäuche. Die Amplitudenfunktionen ψ_n sind in Bild 1.44c eingezeichnet, die Besetzung der dadurch charakterisierten stationären Zustände mit je zwei Elektronen unterschiedlichen Spins ist an der Seite angegeben. Der Grundzustand des Butadiens ist durch die Besetzung der zwei niedrigsten Elektronenniveaus mit je zwei π-Elektronen charakterisiert; die Orbitale ψ_3 und ψ_4 sind leer und entsprechen angeregten Zuständen, wie durch das Sternchen gekennzeichnet wird.

Die Wahrscheinlichkeitsdichte der Elektronen in den einzelnen Zuständen wird durch ψ_n^2 ausgedrückt, sie ist an den Knotenstellen der ψ-Funktion Null, am größten in der Umgebung der Schwingungsbäuche und im Gegensatz zur Amplitudenfunktion stets positiv (schraffierte Flächen in Bild 1.44c). Der reale Zustand des Butadienmoleküls wird durch Überlagerung der einzelnen stationären Zustände gekennzeichnet, die reale Elektronendichte in den einzelnen Bindungen deshalb entsprechend durch Überlagerung der Wahrscheinlichkeitsdichten in den einzelnen Zuständen. Man erkennt, daß die Dichte der ψ-Elektronen an den Stellen der klassischen Doppelbindung tatsächlich am größten ist; im Gegensatz zur klassischen Formulierung besteht aber auch im Gebiet der Einfachbindung zwischen C^2 und C^3 eine gewisse Wahrscheinlichkeit für die Lokalisation von π-Elektronen. Die Elektronendichte in dieser Bindung bleibt jedoch niedriger als im Gebiet der klassischen Doppelbindungen (Bild 1.44d).

Wegen dieses partiellen Doppelbindungscharakters der mittleren Bindung kann das Butadien-(1.3) in einer sogenannten s-cis-[2]) und einer s-trans-Form[2]) existieren, die allerdings viel leichter konvertibel sind als die auf Seite 38 genannten cis-trans-Isomeren und eher als Konformere (vgl. Abschn. 2.8.) aufzufassen sind (Höhe der Energiebarriere 2,6 kcal/mol). Das s-trans-Isomere ist die stabilere Form.

$$\begin{array}{cc} \text{CH}_2\diagdown\diagup\text{CH}_2 & \text{CH}_2\diagdown\diagup\text{H} \\ \diagup\text{C}-\text{C}\diagdown & \diagup\text{C}-\text{C}\diagdown \\ \text{H}\text{H} & \text{H}\text{CH}_2 \\ s\text{-cis-Butadien} & s\text{-trans-Butadien} \end{array}$$

In Bild 1.44e wurden in die vier Wellenfunktionen des Butadiens die zugehörigen Atomorbitale mit dem Vorzeichen der zugrunde liegenden Wellenfunktion eingezeichnet. Es können nur Zustände gleichen Vorzeichens bindend sein (an den anderen Stellen hat die Wellenfunktion eine Knotenstelle). Demnach wird nur der Zustand

---

[1]) Die σ-Funktionen können hier wie in den meisten Fällen vernachlässigt werden.
[2]) s bedeutet, daß diese cis-trans-Isomerie durch eine (klassische) Einfachbindung (single bond) zustande kommt.

ψ_2 durch die klassische Strukturformel des Butadiens exakt wiedergegeben. Die Darstellung 1.44e ist besonders für die Darstellung und Diskussion von Symmetrieverhältnissen geeignet. Ganz genauso lassen sich die Orbitalverhältnisse beliebiger konjugierter Verbindungen zeichnen, indem man die Wellenfunktionen über der Länge des Potentialkastens angibt und im gleichmäßigen Abstand p-Orbitale der erforderlichen Zahl einzeichnet, deren Vorzeichen sich aus den Schwingungsbäuchen (Wechsel des Vorzeichens an den Knotenstellen) der ψ-Funktion ergibt. Im Allylkation bzw. -radikal liegt dann bei ψ_2 ein Schwingungsknoten an der Stelle des mittleren p-Orbitals, das heißt, dieses ist nichtbindend.

Das Elektronengasmodell (Potentialkastenmodell) steht in enger Beziehung zu den Vorstellungen, die man sich von der Beweglichkeit der Elektronen in einem Metall macht. Die elektrische Leitfähigkeit ist dadurch charakterisiert, daß auf der einen Seite des Leiters ein Elektron zugeführt und dafür am anderen Ende des Leiters ein anderes Elektron gewissermaßen herausgedrängt wird. In ähnlicher Weise hat man sich gewisse Mechanismen bei organisch-chemischen Reaktionen vorzustellen, bei denen das zuzuführende Elektron vom Reaktionspartner kommt. Voraussetzung hierfür ist, daß die Potentialwände am Ende des Kastens nicht so undurchdringlich sind, wie das bisher vorausgesetzt wurde. Genau diese Aussage wird durch die Wellenmechanik gemacht. Wir werden derartige Mechanismen später besprechen (cyclische Übergangszustände).

Es muß darauf hingewiesen werden, daß gewichtige Einwände gegen die wellenmechanische Erklärung der Bindungs- und Energieverhältnisse und der Bindungsabstände im Butadien und ähnlichen aliphatischen Verbindungen vorgebracht wurden:

Die Verkürzung von Bindungen in Nachbarschaft von Doppel- oder Dreifachbindungen ist allgemein und für einen weiten Bereich von Verbindungstypen trotz unterschiedlicher Konjugationsverhältnisse gut konstant. Tabelle 1.45 enthält typische Werte für die Abstände derartiger C—C-Einfachbindungen sowie deren

Tabelle 1.45
Bindungslänge R_0 und Bindungsenergie E_B von C—C-Einfachbindungen in Nachbarschaft von Doppel- oder Dreifachbindungen

Hybridisierungstyp	Beispiel[1])	R_0 [nm]	E_B [kcal/mol bei 0°K]
sp^3-sp^3	>C—C<	0,1542	85
sp^3-sp^2	>C—C=	0,150	90
sp^3-sp	>C—C≡	0,146	101
sp^2-sp^2	=C—C=	0,148	95
	Benzol	0,140	121
sp^2-sp	=C—C≡	0,144	106
$sp-sp$	≡C—C≡	0,138	120

[1]) —C= gilt auch für —C≡N; —C= gilt auch für —C=O

Bindungsenergie, die in diesen Bereichen der Bindungslänge proportional ist. Da andererseits gute Proportionalität zwischen Bindungslänge und s-Charakter von Hybridorbitalen (vgl. S. 38) besteht, können die Werte in Tabelle 1.45 auch ausschließlich auf der Basis von Hybridisierungsänderungen erklärt werden, ohne daß eine über die Einfachbindung reichende Konjugation herangezogen zu werden braucht.[1]) Es kann zur Zeit noch nicht entschieden werden, welches der beiden Modelle leistungsfähiger ist.

1.5. Spektroskopie im Ultravioletten und Sichtbaren (UV-Vis-Spektroskopie) und Photochemie

Für alle Vorgänge, bei denen Elektronen umgruppiert werden, sind die höchsten besetzten und die niedrigsten unbesetzten Orbitale von großer Bedeutung. Ein besonders wichtiger Fall ist die Spektroskopie im Ultravioletten und im Sichtbaren (Elektronensprungspektroskopie, UV-Vis-Spektroskopie).

Durch Absorption von Licht, dessen Energie der Energiedifferenz zwischen höchstem besetztem und niedrigstem unbesetztem Zustand entspricht, wird ein Elektron aus dem höchsten besetzten Zustand (ψ_2 in Bild 1.44a) in den niedrigsten unbesetzten Zustand (ψ_3 in Bild 1.44e) gehoben. Die erforderliche Energie bzw. Wellenlänge läßt sich in vielen Fällen bereits mit dem primitiven Potentialkastenmodell mit ziemlich guter Genauigkeit ermitteln. Hierzu setzt man in (1.21) anstelle der Quantenzahl n die Zahl der π-Elektronen N ein: Der höchste besetzte Zustand wird dann durch $n = N/2$ und der niedrigste unbesetzte Zustand durch $n = (N/2) + 1$ repräsentiert. Man erhält so

$$h\nu = \frac{hc}{\lambda} = \Delta E = \frac{h^2(N+1)}{8mL^2} \quad \text{bzw.} \quad \lambda_{\max} = \frac{8mcL^2}{N+1} = \frac{3297 \cdot L^2}{N+1} \text{ [nm]}; \quad (1.46)$$

m = Elektronenruhemasse, $L = \bar{l} \cdot (Z+1)$ mit $\bar{l}$ = mittlerer Bindungsabstand in nm (0,140 nm), Z = Zahl der konjugierten Atome.

Für Butadien bzw. allgemeine Polyene und für Polyacetylene gibt (1.46) keine befriedigenden Resultate, da hier die Voraussetzungen für die Ableitung des Potentialkastenmodells nicht ganz erfüllt sind. Das Ergebnis wird aber gut, wenn man ein Störpotential für die hier nicht Null zu setzende potentielle Energie einführt.

Für Aromaten und besonders für Farbstoffe vom Amidiniumtyp (Cyanine) $R_2N-(CH=CH)_x-CH=NR_2^{\oplus}$ und vom Typ der vinylogen Carboxylate $O=CH-(CH=CH)_x-O^{\ominus}$ liefert (1.46) gute Ergebnisse.

Da die potentielle Energie bei der Ableitung des Potentialkastenmodells vernachlässigt wurde, eignet sich dieses nur für die Berechnung von Energiedifferenzen, nicht dagegen zur Berechnung absoluter Energien.

---

[1]) Vgl. die am Ende des Kapitels zitierten Arbeiten von DEWAR und SCHMEISING und den Übersichtsartikel von POPOV und KOGAN.

1.5. UV-Vis-Spektroskopie und Photochemie

Bei Einstrahlung von Licht mit der Absorptionsfrequenz $\Delta E = h\nu = hc/\lambda$ geht ein Elektron aus einem nichtbindenden oder einem bindenden Zustand (ψ_2 in Bild 1.44 c) in einen antibindenden Zustand (z. B. ψ_3 in 1.44 e) über (vgl. auch die Potentialkurven in Bild 1.33). Die drei Typen gepaarter Elektronen, σ-, π- und n-(nichtbindende, freie) Elektronenpaare, haben im Grundzustand (vgl. Bild 1.33) unterschiedliche Energie; ihre Anregung wird durch das Potentialschema 1.47 wiedergegeben.

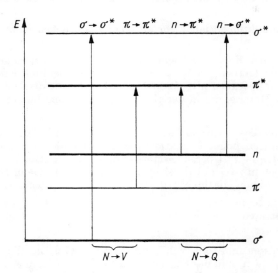

Bild 1.47
Termschema für die Anregung im UV-Vis-Gebiet

Der $\sigma \to \sigma^*$-Übergang erfordert hohe Energien (Wellenlängen weit unterhalb 200 nm) und ist meßtechnisch nicht bequem zugänglich, so daß er außerhalb der Betrachtung bleiben kann.

Der wichtigste Übergang ist der Typ $\pi \to \pi^*$. π-Systeme absorbieren oberhalb 180 nm; in Molekülen mit längeren konjugierten Ketten kann die zur Anregung erforderliche Energie so niedrig sein (vgl. (1.46)), daß bereits sichtbares Licht genügend Energie für die Anregung besitzt und absorbiert wird. Das um diese Wellenlänge verarmte weiße Licht erscheint uns farbig, und wir nennen den absorbierenden Stoff einen farbigen Stoff. $n \to \pi^*$-Übergänge sind (neben den natürlich hier außerdem auftretenden $\pi-\pi^*$-Übergängen) vor allem bei Carbonylverbindungen (Ketone, Aldehyde usw.) wichtig, sie liegen im Gebiet um 300 nm.

$n \to \sigma^*$-Übergänge treten z. B. in Äthern, Aminen, Alkylhalogeniden, Alkoholen, Mercaptanen auf; sie liegen im allgemeinen unterhalb 250 nm.

Die Stärke A („Absorption" oder „Extinktion"), mit der das eingestrahlte Licht der Absorptionswellenlänge absorbiert wird, ist unterschiedlich und proportional der Molekülkonstante ε (Extinktionskoeffizient): $A = \varepsilon \cdot c \cdot d$ (LAMBERT-BEER-Gesetz, c = Konzentration, d = Schichtdicke in cm).

Der Wert von ε ist der Änderung des Dipolmoments während der Anregung („Übergangsmoment") und der Größe des Moleküls (Trefferfläche für das Lichtquant) proportional; der Maximalwert beträgt ca. 10^5 cm²/mol.

Das Übergangsmoment unterliegt gewissen Randbedingungen, den sogenannten Auswahlregeln:

a) Es sind nur Übergänge erlaubt, bei denen die Wellenfunktion im angeregten Zustand einen Knoten mehr hat als im Grundzustand. Aus diesem Grunde ist der $n \to \pi^*$-Übergang verboten, da hier n- und π^*-Zustand die gleiche Symmetrie haben (p-Orbitale, die sich nicht an der Zahl der Knoten, sondern nur in der Raumorientierung unterscheiden).

b) Übergänge in Wellenfunktionen mit mehr als einer zusätzlichen Knotenfläche sind schwach.

c) Der Spin des angehobenen Elektrons bleibt erhalten (Spinkonservierung). Spininversion ist verboten, weil hierbei das Vorzeichen der Spinwellenfunktionen umgekehrt werden müßte. Wir begegnen hier erstmalig der Symmetrie als einer fundamentalen Eigenschaft der Materie, die in der theoretischen Chemie immer größere Bedeutung gewinnt.

In Übereinstimmung mit diesen Regeln haben Verbindungen mit isolierten oder konjugierten Doppelbindungen hohe Extinktionskoeffizienten (der Wert von 10^5 wird oft erreicht), während $n \to \pi^*$-Übergänge stets schwach sind (ε etwa 10 bis 100). Die Verhältnisse sind jedoch in zweierlei Hinsicht komplizierter, als das in Bild 1.44 und 1.47 zum Ausdruck kommt, da innerhalb der einzelnen Energieniveaus noch Unterniveaus existieren:

1. Singulett- und Triplettniveaus
2. Schwingungsniveaus

Analog zu den Verhältnissen im Atom (vgl. HUND-Regel, S. 17 ist nämlich der angeregte Zustand mit erhaltenem Spin des angehobenen Elektrons (Singulettzustand) energiereicher als der Zustand mit parallelen Spins der beiden Elektronen (Triplettzustand). Diese Spinmultiplizität $Z = 2|I| + 1$ ($|I|$ = Absolutbetrag der Summe der Spinmomente $+1/2$ bzw. $-1/2$) gibt die Zahl der Energieniveaus an, in die der Zustand im Magnetfeld aufspaltet (ZEEMAN-Effekt).

Der Übergang vom Singulettgrundzustand S_0 in den ersten angeregten Triplettzustand T_1 ist jedoch spinverboten (vgl. Auswahlregel c), im Gegensatz zu dem er-

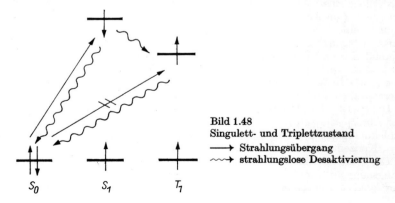

Bild 1.48
Singulett- und Triplettzustand
⟶ Strahlungsübergang
⤳ strahlungslose Desaktivierung

laubten Übergang $S_0 \rightleftarrows S_1$. Er kann deshalb nicht direkt aus dem Grundzustand S_0, sondern nur über eine strahlungslose Desaktivierung des angeregten Singulettzustands S_1 erreicht werden, bei der die Energiedifferenz an die Umgebung abgegeben wird, was in Lösung relativ leicht möglich ist. Die Verhältnisse sind in Bild 1.48 schematisch dargestellt.

Innerhalb der einzelnen Zustände $S_0, S_1, S_2 \ldots$ bzw. $T_1, T_2 \ldots$ existieren nun außerdem verschiedene Schwingungsniveaus, da bei der Anregung auch Kernschwingungen angeregt werden (Niveaus 0, 1, 2 ..., z. B. $S_0^1, S_0^2 \ldots$; vgl. Bild 1.49).

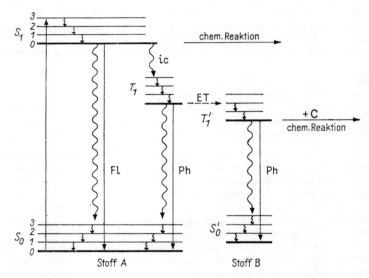

Bild 1.49
Strahlungslose Desaktivierung, Fluoreszenz, Phosphoreszenz, intersystem crossing und chemische Reaktion photoangeregter Zustände

Fl = Fluoreszenz
Ph = Phosphoreszenz
⤳ = strahlungslose Desaktivierung
ic = intersystem crossing
ET = Energietransfer

Im Grundzustand ist bei Raumtemperatur im wesentlichen das unterste Schwingungsniveau besetzt (das lediglich die stets vorhandene Nullpunktenergie besitzt). Die Anregung liefert nun normalerweise nicht das Niveau S_1^0, sondern ein thermisch angeregtes Singulett $S_1^1, S_1^2 \ldots$ („heißes" Singulett). Diese Überschußenergie kann in kleinen Quantitäten strahlungslos an die Umgebung abgegeben werden, bis der Schwingungsgrundzustand von S_1 (S_1^0) erreicht ist. Diese Dissipation der Energie in kleinen Anteilen ist nun zwischen S_1^0 und S_0^0 nicht bevorzugt, da keine kleinen „Treppenschritte" wie bei den Schwingungsniveaus möglich sind und die gesamte Energie von 10^1 bis 10^2 kcal/mol auf einmal abgeführt werden müßte.[1] Der Übergang $S_1^0 \rightarrow S_0^0$ erfolgt deshalb oft nicht strahlungslos, sondern unter Emittierung von

---

[1] Auf einen weiteren Grund (FRANCK-CONDON-Prinzip) kann hier nicht eingegangen werden.

Licht, dessen Wellenlänge infolge der strahlungslosen Desaktivierung der bei der Anregung entstandenen $S_1{}^n$-Zustände längerwellig ist als das Erregerlicht („Fluoreszenz"). Strahlungslose Desaktivierung unter Abgabe einer kleineren Energiemenge ist dagegen gut möglich, wenn ein energetisch naheliegender Triplettzustand existiert, was in Ketonen häufig der Fall ist, so daß diese leicht Triplettzustände T_1 annehmen (z. B. Benzophenon, Energie S_1 76 kcal/mol, T_1 69 kcal/mol). Das wird als „intersystem crossing" bezeichnet. Der strahlungslose Übergang $T_1{}^0 \leadsto S_0$ ist ebenfalls wegen der großen abzuführenden Energie nicht begünstigt. Aber auch die Emission von Licht ist schwierig, weil der Übergang $T_1 \to S_0$ spinverboten ist; sie erfolgt deshalb nur mit sehr geringer Intensität (geringe Übergangswahrscheinlichkeit). Das emittierte Licht ist infolge der vorausgegangenen strahlungslosen Deskativierung viel längerwellig als das Erregerlicht („Phosphoreszenz").

Für die einzelnen Schritte lassen sich die folgenden Geschwindigkeitskonstanten angeben:

Anregung $S_0 \to S_1, S_2 \ldots$[1]): 10^{15} s^{-1}
strahlungslose Desaktivierung $S_3 \leadsto S_2 \leadsto S_1{}^1$): 10^{12} s^{-1}
strahlungslose Desaktivierung $S_1{}^n \leadsto S_1{}^0$: 10^{12} s^{-1}
Emission $S_1{}^0 \to S_0{}^0$ (Fluoreszenz): $10^9 \ldots 10^8$ s^{-1}
Emission $T_1{}^0 \to S_0{}^0$ (Phosphoreszenz): $10^6 \ldots 10^{-1}$ s^{-1}.

Für die Chemie sind die Triplettzustände besonders wichtig, weil ihre Lebensdauer (10^{-6} s bis mehrere Sekunden) so groß ist, daß sie durch normale chemische Reagenzien mit normalen Geschwindigkeiten bimolekularer Reaktion angegriffen werden können, während bei den kurzlebigen Molekülen im Singulettzustand Reaktionsgeschwindigkeiten notwendig sind, die im Bereich der Diffusionskontrolle liegen. Moleküle in angeregten Singulettzuständen reagieren deshalb im allgemeinen monomolekular unter Bindungsspaltung (Dissoziationsreaktionen).

Es ist nun interessant, daß man Triplettzustände gezielt erzeugen kann, ohne über den (mitunter energetisch hochliegenden) Singulettzustand des betreffenden Moleküls gehen zu müssen. Hierzu setzt man der photochemisch umzusetzenden Mischung der Reaktionspartner B + C einen „Triplettgenerator" A zu, z. B. ein Keton, in dem S_1- und T_1-Zustand nahe beieinander liegen (vgl. oben) und dessen aus unabhängigen Bestimmungen bekannte Triplettenergie T_1 nahe bei der Triplettenergie von B liegt (vgl. Bild 1.49).

Ähnlich wie bei der strahlungslosen Desaktivierung ist dann ein Energieübergang $T_{1(A)} \leadsto T_{(B)}$ möglich, indem im Triplettgenerator und im Substrat B gleichzeitig ein Spin umklappt, so daß die Gesamtsymmetrie erhalten bleibt: $S_{0(B)} + T_{1(A)} \to T_{1(B)} + S_{0(A)}$. Dieser Vorgang wird als (intermolekularer) Energietransfer bezeichnet. Er erfolgt um so leichter, je stärker die Niveaus $T_{1(A)}$ und $T_{1(B)}$ energetisch überlappen, so daß man für jeden Fall den am besten geeigneten Triplettgenerator aussuchen muß (im allgemeinen, indem man verschiedene Triplettgeneratoren probiert).

Intersystem-crossing-Reaktion, Energietransfer und chemische Reaktion stehen in Konkurrenz mit allen anderen Desaktivierungsvorgängen (Fluoreszenz, Phosphoreszenz, strahlungslose Desaktivierung). Die Effektivität des interessierenden Prozesses

---

[1]) Die höheren Singulettzustände sind für die UV-Vis-Spektroskopie nicht wichtig, da sie schnell strahlungslos zum Zustand S_1 desaktiviert werden.

wird durch die Quantenausbeute wiedergegeben:

$$\Phi \equiv \frac{\text{Zahl der im betreffenden Prozeß gebildeten Moleküle}}{\text{Zahl der absorbierten Quanten}}$$

Der Maximalwert 1 wird für die Intersystem-crossing-Reaktion von guten Triplettgeneratoren, z. B. Benzophenon, erreicht. Die chemische Reaktion des im Triplettzustand befindlichen Moleküls verläuft dann oft mit viel geringeren Quantenausbeuten, und die Bestimmung des Verhältnisses von chemischer Reaktion und Desaktivierungsprozessen — vorwiegend strahlungsloser Desaktivierung — ist ein wichtiges Problem der Photochemie.

1.6. Literaturangaben zu Kapitel 1.

COULSON, C. A.: Die chemische Bindung, S. Hirzel Verlag, Stuttgart 1969 (Übersetzung aus dem Englischen).

STREITWIESER jr., A.: Molecular Orbital Theory for Organic Chemists, John, Wiley & Sons, Inc., New York/London 1961.

Ausgezeichnetes Werk mit dem Schwerpunkt auf der einfacheren MO-Theorie und ihre Anwendung auf Probleme der organischen Chemie.

HEILBRONNER, E., u. H. BOCK: Das HMO-Modell und seine Anwendung, Verlag Chemie GmbH, Weinheim/Bergstr.; Band I, Grundlagen und Handhabung, 1968; Band II, Übungsbeispiele mit Lösungen, 1970; Band III, Tabellen berechneter und experimenteller Größen, 1970.

Ausgezeichnetes, für den Chemiker sehr geeignetes Werk über die HÜCKEL-MO-Methode.

HARTMANN, H.: Theorie der chemischen Bindung auf quantentheoretischer Grundlage, Springer-Verlag, Berlin/Göttingen/Heidelberg 1954.

PREUSS, H.: Quantenchemie für Chemiker, Verlag Chemie GmbH, Weinheim/Bergstr. 1966.

HEITLER, W.: Elementare Wellenmechanik, Friedr. Vieweg & Sohn GmbH, Braunschweig 1961.

HARTMANN, H.: Die chemische Bindung. Drei Vorlesungen für Chemiker, Springer-Verlag, Berlin/Göttingen/Heidelberg 1955.

MOHLER, H.: Elektronentheorie in der Chemie, H. R. Sauerländer u. Co., Aarau, Schweiz/Frankfurt (Main) 1958.

KARAGOUNIS, G.: Einführung in die Elektronentheorie organischer Verbindungen, Springer-Verlag, Berlin/Göttingen/Heidelberg 1959.

SEEL, F.: Atombau und chemische Bindung, Ferdinand Enke Verlag, Stuttgart 1969.

SYRKIN, J. K.: Der heutige Stand des Valenzproblems, Usp. Chim. 28, 903 (1959).

Preuss, H.: Die chemische Bindung in der Sicht der modernen theoretischen Chemie, Angew. Chem. 77, 666 (1965).
Kuhn, H.: The Electron Gas Theory of the Color of Natural and Artificial Dyes: Problems and Principles. In: Zechmeister, L.: Fortschritte der Chemie organischer Naturstoffe XVI, 169 (1958), Springer-Verlag, Wien.
Kuhn, H.: Neuere Untersuchungen über das Elektronengasmodell organischer Farbstoffe, Angew. Chem. 71, 93 (1959).
Kutzelnigg, W.: Was ist chemische Bindung?, Angew. Chem. 85, 551 (1973).

Zum Einfluß der Hybridisierung

Dewar, M. J. S., u. H. N. Schmeising: Tetrahedron [London] 5, 166 (1959); 11, 96 (1960).
Ham, N. S.: Conjugation, Hyperconjugation and Hybridization, Rev. pure appl. Chem. 11, 159 (1961).
Bent, H. A.: An Appraisal of Valence-Bond Structures and Hybridization in Compounds of the First-Row Elements, Chem. Reviews 61, 275 (1961).
Bent, H. A.: Atomic s-Character in Molecules and Its Chemical Implications, J. chem. Educat. 37, 616 (1960).
Popov, E. M., u. G. A. Kogan: Struktur von konjugiert-ungesättigten Kohlenwasserstoffen, Usp. Chim. 37, 256 (1968).

Zur Doppelquartett-Theorie

Linnett, J. W.: The Electronic Structure of Molecules. A New Approach, Methuen & Co., Ltd., London; John Wiley & Sons, Inc., New York 1964.
Gillespie, R. J.: Angew. Chem. 79, 885 (1967).
Luder, W. F.: The Electron-Repulsion Theory of the Chemical Bond, Reinhold Publishing Corp., New York/Amsterdam 1967.
Firestone, R. A.: J. org. Chemistry 34, 2621 (1969); Tetrahedron Letters [London] **1968**, 971.

Zur Beschreibung von Bindungsverhältnissen durch gebogene Bindungen (Bananenbindungen)

Dickens, P. G., u. J. W. Linnett: Quart. Rev. (Chem. Soc. [London] 11, 291 (1957).
Flygare, W. H.: Science [Washington] 140, 1179 (1963).
Walters, E. A.: J. chem. Educat. 34, 134 (1966).

Zur UV-Vis-Spektroskopie

MASON, S. F.: Quart. Rev. (Chem. Soc. [London]) **15**, 287 (1961).
JAFFÉ, H. H., u. M. ORCHIN: Theory and Applications of Ultraviolet Spectroscopy, John Wiley & Sons, Inc., New York 1962.
SCOTT, A. I.: Interpretation of the Ultraviolet Spectra of Natural Products, Pergamon Press, Oxford 1964.

Zur Photochemie

LEERMAKERS, P. A., u. G. F. VESLEY: J. chem. Educat. **41**, 535 (1964).
TURRO, N. J.: J. chem. Educat. **46**, 2 (1969); Molecular Photochemistry, W. A. Benjamin, Inc., New York 1965.
KRONGAUS, V. A.: Usp. Chim. **35**, 1638 (1966).
CALVERT, J. G., u. J. N. PITTS: Photochemistry, John Wiley & Sows, Inc., New York/London/Sidney 1966.
STEPHENSON, L. M., u. G. S. HAMMOND: Angew. Chem. **81**, 279 (1969).
LOWER, S. K., u. M. A. EL-SAYED: Chem. Reviews **66**, 199 (1966).

Bücher allgemeineren Inhalts, in denen ebenfalls die Probleme der Bindung und der Struktur abgehandelt werden

PAULING, L.: Die Natur der chemischen Bindung, Verlag Chemie GmbH, Weinheim/Bergstr. 1968 (Übersetzung aus dem Englischen).
STAAB, H. A.: Einführung in die theoretische organische Chemie, Verlag Chemie GmbH, Weinheim/Bergstr. 1970.
WOLKENSTEIN, M. W.: Struktur und physikalische Eigenschaften der Moleküle, B. G. Teubner Verlagsgesellschaft, Leipzig 1960.
KETELAAR, J. A.: Chemische Konstitution, Friedr. Vieweg & Sohn GmbH, Braunschweig 1964.
SUTTON, L. E.: Chemische Bindung und Molekülstruktur, Springer-Verlag, Berlin/Göttingen/Heidelberg 1961.

2. Zur Verteilung der Elektronendichte in organischen Molekülen. Struktur und Reaktivität

Chemische Reaktionen lassen sich als Prozesse auffassen, in denen Elektronen neu verteilt werden. Der Ort, die Richtung und der Mechanismus einer Reaktion hängen wesentlich von der Verteilung der Elektronen in den reagierenden Molekülen ab. Es ist deshalb ein wichtiges Anliegen der theoretischen organischen Chemie, die Elektronendichten in den Molekülen vor und, wenn möglich, während der Reaktion zu kennen.

Im allgemeinen verteilen sich die Elektronen nicht völlig gleichmäßig über das gesamte Molekül, und selbst in formal neutralen Molekülen können Stellen mit überwiegend negativen Ladungsanteilen solchen mit überwiegend positiven Ladungsanteilen gegenüberstehen. Moleküle bzw. einzelne Bindungen sind also mehr oder weniger polarisiert.

Grundsätzlich muß die Polarisation unter zwei Aspekten betrachtet werden: Sie kann eine mit dem betrachteten Stoff permanent verknüpfte Eigenschaft sein („statische Polarisation") oder aber durch ein äußeres Feld zeitweise hervorgerufen werden („dynamische Polarisation").

Die statische Polarisation läßt sich global für das gesamte Molekül in Form des Dipolmoments bestimmen. Das Gesamtmoment setzt sich vektoriell aus den Dipolmomenten der einzelnen Bindungen (unter anderem) zusammen, die ihrerseits durch Vektorzerlegung des Gesamtmoments näherungsweise ermittelt werden können [1]. Bindungsmomente lassen sich außerdem gut aus der variablen Elektronegativität herleiten (vgl. Abschn. 2.1.), während die experimentelle Bestimmung bisher nur in Sonderfällen möglich ist (aus der Infrarotdispersion).

Die dynamische Polarisation hängt in komplizierter Weise sowohl vom erregenden äußeren Feld, seiner Richtung und zeitlichen Veränderung wie auch von der Beeinflußbarkeit des Moleküls ab, die sich als globale Molekülkonstante (mittlere Polarisierbarkeit) bestimmen läßt.

Zur Erfassung der statischen Polarisation betrachtet man die Wirkung („Effekt"), die ein Substituent X, der eine Polarität der C−X-Bindung hervorruft, auf die anderen Bindungen des Moleküls ausübt. Das eigentliche Problem sind die Mechanis-

---

[1a] SUTTON, L. E., in: BRAUDE, E. A., u. F. C. NACHOD (Herausg.): Determination of Organic Strukures by Physical Methods; Bd. 1, Academic Press, New York, 1955, S. 373.

[1b] MCCLELLAN, A. L.: Tables of Experimental Dipole Moments, Freeman Cooper & Company, San Franzisco/New York 1963.

men, durch die der Effekt des Substituenten weitergeleitet wird. Nach dem derzeitigen Stand unserer Kenntnisse dieser sehr schwierigen Problematik unterscheidet man die folgenden Weiterleitungsmechanismen:

1. Induktionseffekt; Weiterleitung durch sukzessive Polarisation von σ-Bindungen[1]);
2. Feldeffekt (COULOMB-Effekt); Weiterleitung durch den Raum nach den Gesetzen der Elektrostatik[1]);
3. Konjugationseffekt (Mesomerieeffekt); Weiterleitung durch $\pi-\pi$-Überlappung oder Überlappung freier Elektronenpaare von Substituenten mit π-Systemen;
4. Orbitalabstoßungseffekt.

Wir werden im folgenden den Induktionseffekt und den Feldeffekt nicht streng unterscheiden, sondern unter dem Begriff ,,Induktionseffekt" zusammenfassen, da beide Mechanismen zu ähnlichen Ergebnissen führen und experimentell nur schwer voneinander zu trennen sind. Weitere mitunter herangezogene Effekte, wie ,,Elektromerieeffekt" und ,,Induktomerieeffekt" (,,Indukto-elektromerie-Effekt", ,,π-Induktionseffekt"), sind nach neueren Erkenntnissen nicht mehr haltbar und werden nicht näher besprochen.

Weiterhin wird in diesem Kapitel nicht auf die Orbitalabstoßungseffekte eingegangen; wir kommen darauf bei der Besprechung der elektrophilen Substitution am Aromaten zurück (Kap. 7).

2.1. Induktionseffekt (Feldeffekt)

Es ist leicht einzusehen, daß die Bindungselektronen einer homöopolaren Bindung nur dann genau in der Mitte zwischen den beiden Atomkernen liegen, wenn diese identisch sind, z. B. H—H oder Cl—Cl. Wir betrachten die folgende Reihe von Verbindungen,

$$\underset{\underset{H}{|}}{\overset{\overset{H}{|}}{H-C-H}} \quad \underset{\underset{H}{|}}{\overset{\overset{HH}{\diagdown\diagup}}{N}} \quad \overset{\overset{H}{\diagup}}{\underset{\underset{H}{\diagdown}}{\underline{O}}} \quad |\underline{F}-H \quad |\underline{Ne}|, \qquad (2.1)$$

deren jede eine Summe von zehn positiven Kernladungen besitzt, z. B. CH_4: Kohlenstoff (sechs Kernladungen) + vier Wasserstoffe (je eine Kernladung) = zehn Kernladungen. Diese zehn Kernladungen sind jedoch um so mehr auf dem Element der zweiten Periode vereinigt, je weiter man in der obigen Formelreihe nach rechts geht. Gleichlaufend damit befinden sich die zur Neutralisation der Kernladungen notwendigen negativen Elektronen um so zahlreicher an diesem Element. Diese Tendenz,

---

[1]) Obwohl man erwarten sollte, daß sich der Effekt auch auf die π-Elektronen auswirkt (,,resonanz-polarer Effekt", ,,Induktomerieeffekt"), ist dies nach neueren Ergebnissen offenbar nicht der Fall (vgl. z. B. KATRITZKY, A. R., u. R. D. TOPSOM: Angew. Chem. **82**, 106 (1970)).

Elektronen einer Bindung an sich heranzuziehen, wächst also vom Kohlenstoffatom zum Neonatom an, das alle acht Elektronen allein beansprucht, so daß keine Bindung zustande kommt. Wir nennen die Elemente in der Reihe Li < Be < B < H < C < N < O < F < He steigend elektrophil oder elektronegativ (L. PAULING 1932). Für die Halogenatome ergibt sich eine ansteigende Elektronegativität in der Reihe J < Br < Cl < F, weil die Valenzelektronen zum Jod zunehmend durch innere Elektronenschalen vom Kern abgeschirmt werden.

Die Elektronegativität ist der effektiven Kernladung proportional und steigt demzufolge im Periodensystem innerhalb der Perioden nach rechts und innerhalb der Gruppen von unten nach oben an. Aus energetischen Daten (Bindungsenergien, Ionisationspotentiale und Elektronenaffinitäten, spektroskopische Daten) läßt sich ein System von Zahlenwerten für die Elektronegativität ermitteln, das trotz theoretischer Unzulänglichkeiten bei der Ableitung des Elektronegativitätsbegriffes konsistent ist (Zusammenfassungen vgl. [1]).

Das Konzept der Elektronegativität hat bisher für die organische Chemie nicht die Bedeutung erlangen können, wie die Freie-Energie-Beziehungen (vgl. Abschn. 2.6.). Im letzten Jahrzehnt setzte jedoch eine Renaissance ein, die durch die folgenden Punkte gekennzeichnet ist:

a) Neudefinition der Elektronegativität als Ableitung der Ionisationsenergie nach der Ladung (vgl. [1c, 2]);

b) Feststellung, daß die Elektronegativität keine Eigenschaft der Atome im Grundzustand, sondern eine Funktion des jeweiligen Bindungszustandes ist, und Berechnung der Elektronegativitäten für bestimmte Orbitalverhältnisse (Hybridisierungsverhältnisse), die für die organische Chemie besonders wichtig sind („Orbitalelektronegativität" [3a]). Auf diese Weise können auch Atome mit Ionenladungen einbezogen werden [3b];

c) der Elektronegativitätswert X wird als Summe aus „innerer" Elektronegativität X_0 des betreffenden Atoms (die der klassischen Elektronegativität entspricht) und einem der Ladung (auch Teilladung) proportionalen Anteil X_L aufgefaßt: $X = \partial E/\partial \delta = X_0 + X_L$; d. h., die Elektronegativität stellt eine variable Größe dar, deren Wert von der Umgebung (den Ladungsverhältnissen) abhängt;

d) es wird angenommen, daß in einer polaren Bindung A—B so lange Ladung vom weniger elektronegativen zum stärker elektronegativen Atom verschoben wird, bis Gleichgewicht der Ladungen erreicht ist [4]. Diese (sicher nicht streng gültige,) „Gleichsetzung der Elektronegativität" erlaubt es, die Elektronegativität von Atomgruppen zu berechnen [5] und damit den Anschluß an die Substituentenkonstanten der Freie-Energie-Beziehungen (vgl. Abschn. 2.6.) zu schaffen [6a, 6c, 6d].

[1a] PRITCHARD, H., u. H. SKINNER: Chem. Reviews **55**, 745 (1955).
[1b] SYRKIN, J. K.: Usp. Chim. **31**, 397 (1962).
[1c] BACANOV, S. S.: Usp. Chim. **37**, 778 (1968).
[1d] KLESSINGER, M.: Angew. Chem. **82**, 534 (1970).
[2] ICZKOWSKI, R. P., u. J. L. MARGRAVE: J. Amer. chem. Soc. **83**, 3547 (1961).
[3a] HINZE, J., u. H. H. JAFFÉ: J. Amer. chem. Soc. **84**, 540 (1962).
Zusammenfassung: HINZE, J., Fortschr. chem. Forsch. **9**, 448 (1967/68).
[3b] HINZE, J., u. H. H. JAFFÉ: J. physic. Chem. **67**, 1501 (1963).
[4] SANDERSON, R. T.: J. chem. Educat. **31**, 2 (1945); SANDERSON, R. T.: Chemical Periodicity, Reinhold Publishing Corp., New York/Amsterdam 1960.
[5] Zusammenfassung: WELLS, R. P., in: Progr. phys. org. Chem. **6**, 131 (1968).

2.1. Der Induktionseffekt

Es ist zu erwarten, daß die Entwicklung auf dem Gebiet der Elektronegativität anhält und es erlauben wird, die Wirkung von Substituenten auf die Reaktivität chemischer Verbindungen aus Strukturparametern abzuleiten und nicht, wie derzeit üblich, aus relativ begrenzten Reaktionsserien.

Sind in einer homöopolaren Bindung zwei Atome verschiedener Elektronegativität verknüpft, so fällt der Schwerpunkt der positiven Ladungen der Atomkerne nicht mehr mit dem Schwerpunkt der negativen Elektronenladungen zusammen, und die Bindung besitzt ein Dipolmoment $\mu = q \cdot r$ (q = Ladung, r = Abstand der Ladungsschwerpunkte). Die Polarität der Bindung wächst mit steigender Elektronegativitätsdifferenz der beiden Partner. Es ergibt sich auf diese Weise ein stetiger Übergang von der ideal kovalenten, unpolaren Bindung über die polare homöopolare Bindung bis zur Ionenbeziehung (Ionenpaar):

$$\begin{array}{ccc} & \delta^- \;\; \delta^+ & \ominus \;\; \oplus \\ A:A & A:\;B & :A\;C \\ \text{ideale Kovalenz} & \text{polarisierte Kovalenz} & \text{Ionenpaar} \end{array} \qquad (2.2)$$

Mit den Zeichen δ^- und δ^+ wird die Richtung der Polarisation gekennzeichnet; $\delta^{\pm}$ deutet dabei einen meist kleinen *Bruchteil* einer Elementarladung an. Mit Hilfe der oben unter (c) angegebenen variablen Elektronegativität läßt sich durch Gleichsetzung der Elektronegativität (vgl. d) z. B. ermitteln, daß in der stark polaren Verbindung H—Cl das Wasserstoffatom nur eine Partialladung von +0,092 (d. h. 9,2% einer Elementarladung) und das Chloratom entsprechend eine Partialladung von —0,092 trägt. Das Dipolmoment von H—Cl beträgt entsprechend übereinstimmend mit dem experimentellen Wert nur 18% des für ein Ionenpaar bei gleichem Abstand zu berechnenden Wertes.

Es leuchtet ein, daß an einer derartigen polaren Bindung ein ebenfalls polares Reagens besonders leicht angreifen kann, d. h., die bei der elektrostatischen Wechselwirkung der beiden Dipole freigesetzte Energie kann für die chemische Reaktion mitverwendet werden. Darin erschöpft sich jedoch die Bedeutung dieses „primären Dipols" nicht: Ein chemisches Molekül ist eine Einheit, in der alle Bestandteile miteinander in Wechselwirkung stehen; der primäre Dipol wirkt also auf das gesamte Molekül ein, er besitzt einen „Effekt".

Die Weiterleitung nach dem Induktionsmechanismus (Induktionseffekt im engeren Sinne) erfolgt durch die σ-Bindungen und kann in folgender Weise erklärt werden: Der primäre Dipol induziert entsprechend seiner Feldstärke $E = \mu/r^3$ in der benachbarten Bindung ein sekundäres Dipolmoment der Größe $\mu_{ind} = \bar{\alpha}\mu/r^3$ ($\bar{\alpha}$ = mittlere Polarisierbarkeit der benachbarten Bindung). Dieser induzierte Dipol wirkt analog (jedoch wesentlich schwächer) auf die nächste Bindung ein usw.:

$$\begin{array}{cc} \overset{\delta\delta\delta^+}{CH_3}-\overset{\delta\delta^+}{CH_2}-\overset{\delta^+}{CH_2} \rightarrow \overset{\delta^-}{Cl} & \overset{\delta\delta\delta^-}{CH_3}-\overset{\delta\delta^-}{CH_2}-\overset{\delta^-}{CH_2} \leftarrow \overset{\;}{\overline{\underline{O}}|^\ominus} \end{array}$$
($\delta\delta^+$ bedeutet einen Bruchteil von δ^+)

Ionische Substituenten haben eine stärkere und weiterreichende Wirkung: $\mu_{ind} = \bar{\alpha}e/r^2$ (e = Ionenladung). Trotzdem klingt der Induktionseffekt in beiden Fällen sehr rasch mit wachsender Entfernung vom Substituenten ab und ist bereits nach zwei bis drei Bindungen nahezu Null.

Die Weiterleitung des Substituenteneffekts durch den Raum (Feldeffekt) ist als ein dem COULOMB-Gesetz gehorchendes Phänomen ohne weiteres verständlich. Die Unterscheidung vom oben diskutierten Induktionseffekt ist prinzipiell möglich, indem man die Wirkung eines am Ende einer Kohlenstoffkette befindlichen Substituenten auf einen zweiten Substituenten (z. B. auf die Dissoziation einer Carboxylgruppe) untersucht, der am anderen Kettenende angeordnet ist. Der durch das Bindungssystem wirkende Induktionseffekt im engeren Sinne muß unabhängig von der Form der Kette sein, während der Feldeffekt bei einem starren hufeisenförmigen Molekül infolge der größeren Nähe der beiden Gruppen viel stärker wirken muß als bei einer gestreckten Kette.[1])

Entsprechende Experimente haben ergeben, daß die elektrostatische Wechselwirkung weit überwiegt. Der Induktionseffekt ist also im wesentlichen als Feldeffekt aufzufassen [1].

Wir werden trotzdem im folgenden den allgemein üblich gewordenen Ausdruck „Induktionseffekt" sowohl für den Induktionseffekt im engeren Sinne als auch für den Feldeffekt gemeinsam gebrauchen.

Es muß ausdrücklich festgestellt werden, daß der Induktionseffekt alle Atome gesättigter Ketten gleichsinnig beeinflußt; die frühere Annahme, daß jeweils positive und negative Teilladungen abwechseln („alternierender Effekt") besteht nicht zu Recht.

Der elektrostatische Anteil der Weiterleitung von Induktionseffekten kann nach den Gesetzen der Elektrostatik quantitativ behandelt werden. Danach beträgt die freie Energie der Wechselwirkung ionischer Substituenten mit ionischen Gruppen (Pol-Pol-Wechselwirkung) bzw. mit Dipolen (Pol-Dipol-Wechselwirkung) und von Dipolen mit Dipolen (Dipol-Dipol-Wechselwirkungen) in einem Medium der Dielektrizitätskonstante D_{eff}:

$$W_{\text{Pol-Pol}} = \frac{e_1 e_2}{D_{eff} r} \qquad W_{\text{Pol-Dipol}} = \frac{e_1 \mu_2 \cos \alpha}{D_{eff} r^2}$$

$$W_{\text{Dipol-Dipol}} = \frac{\mu_1 \mu_2 \cos \alpha}{D_{eff} r^3}.$$

Die Schwierigkeit der Berechnung liegt darin, daß man nur die makroskopische Dielektrizitätskonstante des Lösungsmittels (z. B. Wasser 80) bzw. des Kohlenwasserstoffteiles der Verbindung (Kohlenwasserstoffe etwa 2) kennt, nicht aber die

---

[1] DEWAR, M. J. S., u. P. J. GRISDALE: J. Amer. chem. Soc. **84**, 3539, 3548 (1962); DEWAR, M. J. S., u. A. P. MARCHAND: J. Amer. chem. Soc. **88**, 354 (1966) und dort zitierte weitere Literatur; BAKER, F. W., R. C. PARISH u. L. M. STOCK: J. Amer. chem. Soc. **89**, 5677 (1967); WILCOX, C. F., u. C. LEUNG: J. Amer. chem. Soc. **90**, 336 (1967); BODOR, N.: Rev. roum. Chim. **13**, 555 (1968); BOWDEN, K., u. D. C. PARKIN: Canad. J. Chem. **47**, 185 (1969); STOCK, L. M.: J. chem. Educat. **49**, 400 (1972).

[1]) Der Induktionseffekt im engeren Sinne sollte außerdem viel weniger auf Veränderungen des Lösungsmittels ansprechen als der Feldeffekt. Die experimentellen Ergebnisse sind jedoch bisher nicht eindeutig (vgl. z. B. RITCHIE, C. D., u. E. S. LEWIS: J. Amer. chem. Soc. **84**, 591 (1962)).

im Mikrobereich effektiv wirkende Dielektrizitätskonstante, die über Modellvorstellungen lediglich abgeschätzt werden kann (KIRKWOOD-WESTHEIMER-Hohlraummodell [1]).

Es hat sich aus vielfältigem experimentellem Material ergeben, daß die Induktionswirkung von Dipolgruppen pro C-Atom etwa um einen konstanten Faktor $1/f$ abnimmt, also z. B. in $C^1-C^2-C^3-C^4$: C^2 $1/f$, C^3 $1/f^2$, C^4 $1/f^3$, mit $f = 2$ bis 3. Die von Gruppierungen mit stärkerer Verteilung der Ladungsschwerpunkte (Quadrupole, Oktupole) ausgehenden Kräfte haben nur sehr geringe Reichweiten und können unberücksichtigt bleiben.

Als Standard für den *Induktionseffekt* ($\pm$ I-Effekt) wählt man die Kohlenwasserstoffe, in denen das Einzelmoment der C−H-Bindung **willkürlich** gleich Null gesetzt wird.[1])

Der Austausch eines Wasserstoffatoms durch einen anderen Substituenten führt dann zu einer polaren Verbindung, in der je nach der Elektronegativitätsdifferenz entweder der Alkylrest oder der Substituent das negative Ende des Dipols darstellen. Nach Übereinkunft erhält der I-Effekt das Vorzeichen des vom *Substituenten* angenommenen Ladungssinnes, so daß folgende Definition gilt:

$$\begin{array}{ccc} & \textit{Induktionseffekt} & \\ \delta^- \quad \delta^+ & & \delta^+ \quad \delta^- \\ \mathsf{X \leftarrow CR_3} & \mathsf{H-CR_3} & \mathsf{Y \rightarrow CR_3} \\ -\mathrm{I} & \text{Standard I}= 0 & +\mathrm{I} \end{array} \qquad (2.3)$$

Die Pfeile sind eine andere Schreibweise für die Verschiebungsrichtung der Bindungselektronen; sie dürfen nicht mit den zur Kennzeichnung von semipolaren Bindungen mitunter verwendeten verwechselt werden.

Die gegebene Vorzeichendefinition des Induktionseffekts ist gerade umgekehrt wie die Vorzeichendefinition der Substituentenkonstanten (vgl. Abschn. 2.6.), die den Einfluß des Substituenten auf das Reaktionszentrum zum Ausdruck bringen, z. B. also auf das Kohlenstoffatom in (2.3).

Für den Induktionseffekt lassen sich die folgenden qualitativen Charakteristika angeben:

1. Die Größe des Induktionseffekts wächst mit dem Betrag der Ladung bzw. Teilladung des Substituenten. Der Effekt nimmt rasch mit der Entfernung ab.

Ionische Substituenten haben weiterreichende Felder als Dipolgruppen; positiv geladene Substituenten, z. B. $-\mathrm{NR_3^\oplus}$, ziehen Elektronen an und sind starke −I-Substituenten, negativ geladene Substituenten, z. B. $-\mathrm{O}^\ominus$, ziehen positive Ladungen an (das entspricht einer Elektronenabgabe) und sind starke +I-Substituenten.

2. Substituenten haben einen um so stärkeren −I-Effekt, je weiter rechts in der Periode und je höher das maßgebende Element in der betreffenden Gruppe des Periodensystems steht.

[1] KIRKWOOD, J. G., u. F. H. WESTHEIMER: J. chem. Physics **6**, 506, 513 (1938); TANFORD, S.: J. Amer. chem. Soc. **79**, 5348 (1957); vgl. auch EHRENSON, S.: Progr. Phys. Org. Chem. **2**, 195 (1964); RITCHIE, C. D., u. W. F. SAGER: Progr. phys. org. Chem. **2**, 323 (1964).

[1]) Tatsächlich besitzt die C−H-Bindung in gesättigten aliphatischen Verbindungen ein Dipolmoment von etwa 0,3 D.

3. Alkylgruppen sollten nach der oben gegebenen Definition keinen Induktionseffekt ausüben. Im Gegensatz zu dieser willkürlichen Festsetzung läßt sich empirisch ein +I-Effekt für Alkylgruppen feststellen, der in der Reihe Methyl- < n-Alkyl- < Isopropyl- < tert.-Butylgruppe schwach ansteigt.[1])

4. Ungesättigte C—C-Gruppierungen üben ausnahmslos einen —I-Effekt aus, der von der isolierten über die konjugierte Doppelbindung zur kumulierten Doppelbindung bzw. Dreifachbindung zunimmt. Nach Seite 38 kann dies auf den steigenden Anteil an s-Komponente im sp^2- bzw. sp-Hybridzustand zurückgeführt werden, durch den das Kohlenstoffatom eine höhere Elektronegativität erhält.

In ähnlicher Weise haben auch andere ungesättigte Gruppen starke —I-Effekte, insbesondere solche, deren Doppelbindungen mehr oder weniger semipolare Anteile besitzen (Nitrogruppe, Carbonylgruppe usw.).

Tabelle 2.4
Abstufung des Induktionseffektes verschiedener Substituenten
(nach INGOLD)

+I-Effekt

$-\overline{\underline{O}}|^{\ominus} < -\overline{\underline{N}}^{\ominus}-R$

$-CH_3 < -CH_2-CH_3 < -CH\begin{smallmatrix}CH_3\\CH_3\end{smallmatrix} < -\underset{\underset{CH_3}{|}}{\overset{\overset{CH_3}{|}}{C}}-CH_3$

$-CH_3 < -CD_3$[1])

—I-Effekt

$-\overset{\oplus}{NR_3} < -\overset{\oplus}{OR_2}$

$(-CR_3)^2) < -NR_2 < -OR < -F$

$-J < -Br < -Cl < -F$

$=NR < =O$

$-NR_2 < =NR < \equiv N$

$(-CR_2-CR_3)^2) < -CR=CR_2 < -\!\!\!\bigcirc\!\!\!- < -C\equiv CR$

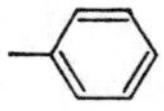

---

[1]) Zur Erklärung vgl. KLEIN, H. S., u. A. STREITWIESER: Chem. and Ind. 1961, 180; WOLFSBERG, M., u. M. J. STERN: Pure appl. Chem. 8, 225 (1964).
[2]) Zeigt bereits +I-Effekt.

In Tabelle 2.4 sind einige qualitative Reihen zusammengestellt, die zur Erläuterung der vorstehenden Punkte dienen können. Ein experimentell-quantitatives Maß

---

[1]) Wahrscheinlich spielen hierbei Solvatationseffekte eine Rolle, vgl. BRAUMAN, J. I., u. L. K. BLAIR: J. Amer. chem. Soc. **90**, 6561 (1968); SCHUBERT, W. M., R. B. MURPHY u. J. ROBINS: Tetrahedron [London] **17**, 199 (1962); vgl. auch JACKMAN, L. M., u. D. P. KELLY: J. chem. Soc. [London] (B) **1970**, 102, u. dort zitierte Literatur.

für den Induktionseffekt läßt sich z. B. aus der chemischen Verschiebung der Protonenresonanzsignale verschieden substituierter Methyl- oder Äthylverbindungen gewinnen [1]; von ungleich größerer Bedeutung sind jedoch die Substituentenkonstanten der Freie-Energie-Beziehungen, die im Abschnitt 2.6.2. behandelt werden.

2.2. Mesomerieeffekt (Resonanzeffekt)

Analog der polaren Gruppe $C-F$ (Bindungsdipolmoment 1,51 D) ist auch die $C=O$-Gruppe polar (Bindungsdipolmoment 2,4 D), jedoch in viel stärkerem Maße, als dies nach den PAULING-Elektronegativitäten von Sauerstoff (E_O 3,5) und Fluor (E_F 4,0) erwartet werden müßte.

Offensichtlich ist also die Elektronenverschiebung in der sp^3-Bindung geringer als in der sp^2-Bindung der Carbonylgruppe, deren π-Elektronen eine höhere Polarisierbarkeit haben und deshalb empfindlicher auf das elektrische Feld des elektronegativen Substituenten ansprechen. Obwohl kein zwingender Grund besteht, den C=O-Dipol als grundlegend verschieden von Dipolen des Typs $C-X$ aufzufassen (Formulierung a), sind doch noch weitere Formulierungen gebräuchlich, die die weitergehende Elektronenverschiebung in Richtung zum Sauerstoff zum Ausdruck bringen:

$$\begin{array}{cccc} \underset{R}{\overset{R}{\diagdown}}C\overset{\delta^+}{=}\underset{\text{a)}}{\underline{\overline{O}}}^{\delta^-} & \underset{R}{\overset{R}{\diagdown}}C\overset{\curvearrowleft}{=}\underset{\text{b)}}{\underline{\overline{O}}} & \underset{R}{\overset{R}{\diagdown}}C=\underline{\overline{O}} \longleftrightarrow \underset{R}{\overset{R}{\diagdown}}\overset{\oplus}{C}-\underset{\text{c)}}{\underline{\overline{O}}|^{\ominus}} \end{array} \quad (2.5)$$

Der punktierte gebogene Pfeil soll die statischen Verhältnisse wiedergeben im Gegensatz zu dem später einzuführenden voll ausgezogenen gebogenen Pfeil, der eine reale innerhalb eines Zeitintervalls vor sich gehende Umgruppierung von Elektronen symbolisiert. Formulierung (c) gibt die durch klassische Strukturformeln nicht erfaßbare Lage der π-Elektronen durch zwei Teilformeln an. Man nimmt an, daß die wahre Lage der π-Elektronen irgendwo zwischen den beiden „Grenzstrukturen" („Resonanzgrenzstrukturen", „Mesomeriegrenzstrukturen") zu suchen ist. Derartige Grenzstrukturen geben immer die Umgruppierung eines π, p-Elektronenoktetts wieder (hier am Sauerstoffatom), entsprechend der durch (b) angegebenen „Regieanweisung".

Die Grenzstrukturen sind lediglich *Schreibhilfen* und entsprechen keinem wirklichen Molekülzustand. Dieser liegt vielmehr *zwischen den durch die Grenzstrukturen ausgedrückten fiktiven Extremlagen*, wie auch durch die Bezeichnung „Mesomerie" („zwischen den Teilen") zum Ausdruck kommen soll. Dementsprechend sind Grenzstrukturen prinzipiell nicht nachweisbar noch durch mathematische Beziehungen (z. B. das Massenwirkungsgesetz) miteinander zu verknüpfen. Ihnen zugeschriebene

---

[1] ALLRED, A. L., u. E. G. ROCHOW: J. Amer. chem. Soc. **79**, 5361 (1957); BAKER, E. B.: J. chem. Physics **26**, 960 (1957); DAILEY, B. P., u. J. N. SHOOLERY: J. Amer. chem. Soc. **77**, 3977 (1955); CAVANAUGH, J. R., u. B. P. DAILEY: J. chem. Physics **34**, 1099 (1961).

Energiewerte müssen ebenfalls als Fiktionen betrachtet werden. Ihre Funktion, die wirkliche Elektronenanordnung „eingrenzend" zu beschreiben, bringt man durch den Doppelpfeil ↔ zum Ausdruck, der keinesfalls mit dem für Gleichgewichte geltenden Symbol ⇌ identifiziert werden darf. Die Grenzen zwischen Mesomerie und Tautomerie als speziellem Gleichgewichtsvorgang dürfen nicht verwischt werden: Die bei Tautomerieerscheinungen auftretenden Grenzanordnungen sind reale (verschiedene) Moleküle, die sich leicht ineinander umlagern, wobei Elektronen und meist auch außerdem Ionen (häufig Protonen) umlagert werden. Die einzelnen Formen sind prinzipiell immer nachweisbar, häufig sogar in Substanz faßbar („Desmotropie"); zwischen ihnen bestehen quantitative Beziehungen, die durch das Massenwirkungsgesetz erfaßbar sind. Eine spezielle Tautomerie, bei der nur Elektronen umgelagert werden (Elektronen-, Valenztautomerie) wird im Abschnitt 2.4. kurz behandelt.

Jede der drei Schreibweisen hat Vor- und Nachteile. Die Formulierungen (2.5a) und (2.5b) weisen der Carbonylverbindung nur eine einzige Struktur zu und spiegeln so die Realität richtig wider. Die Grenzstrukturen gestatten dagegen — vor allem für den Anfänger — leichter, die Elektronenbilanzen chemischer Reaktionen zu erfassen. Dieser Schreibweise haftet jedoch der außerordentlich schwerwiegende Nachteil an, daß trotz der anderslautenden Definition immer wieder auf eine Existenz einer Verbindung im Sinne zweier oder mehrerer Grenzstrukturen geschlossen und angegeben wird, die Verbindung reagiere „aus der Grenzstruktur X heraus". Wir werden von Grenzstrukturen nur gelegentlich Gebrauch machen, wenn statische Verhältnisse erfaßt werden sollen.

Bis hierher unterscheiden sich die Polarisationseffekte an π-Bindungen nicht grundsätzlich, sondern nur quantitativ von den bisher besprochenen „primären Dipolen"; sie erklären den starken $-I$-Effekt dieser Gruppen auf σ-Elektronen-Systeme.

Das Bild wird aber anders, wenn wir zu Systemen übergehen, die mehrere π-Bindungen oder π-Bindungen und p-Elektronen in Konjugation enthalten. Betrachten wir das Vinylfluorid, das in klassischer Schreibweise entsprechend Bild 2.6a zu formulieren ist.

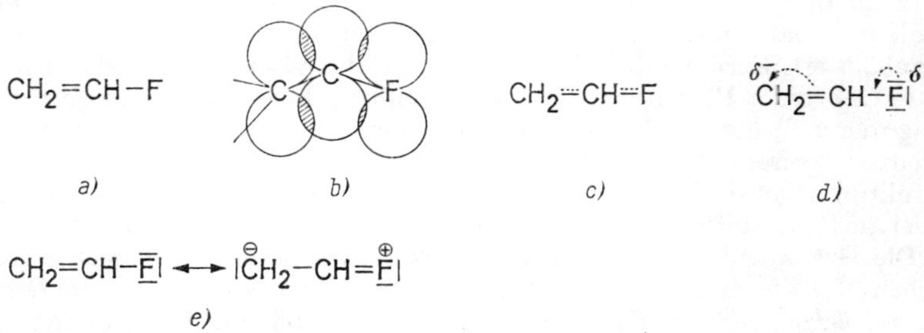

Bild 2.6
Überlappung beim Vinylfluorid

Im wellenmechanischen Bild dagegen müssen die p-Elektronen am Fluor mit berücksichtigt werden. Einer der p-Zustände des Fluoratoms kann die gleiche Raumlage einnehmen wie die π-Elektronen der Doppelbindung, so daß auch zwischen der

2.2. Mesomerieeffekt

$p(\pi)$-Kohlenstoff-Funktion und der $2p$-Schale des Fluors eine geringe Überlappung möglich wird (Bild 2.6 b).

Die C−F-Bindung erhält auf diese Weise den Charakter einer schwachen Doppelbindung. Da der Kohlenstoff bereits ein volles Elektronenoktett aufweist und darüber hinaus keine Elektronen mehr in die Schale aufnehmen kann, muß im gleichen Maße Elektronenladung auf den Endkohlenstoff verlagert werden, wie vom Fluor hereingeliefert wird. Das ist in Bild 2.6 unter (d), (e) mit angegeben, wobei nochmals bemerkt werden soll, daß die beiden Resonanzgrenzstrukturen (e) nur einen realen Zustand des Moleküls eingrenzend beschreiben, wie er auch durch die Schreibweise (d) zum Ausdruck kommt. Eine dem wellenmechanischen Bild entsprechende Formulierung gibt (c) wieder, wobei aber der unterschiedliche Doppelbindungscharakter nicht zum Ausdruck kommt.

Die Polarisation im Beispiel des Vinylfluorids ist grundsätzlich unterschieden von einer durch Induktionseffekt zustande gekommenen: Darauf weist bereits das positive Ladungszeichen δ^+ für das Fluor hin, obwohl nach dem normalen Induktionseffekt für das stark elektronegative Fluor eher δ^- erwartet würde. Während die Induktion die Überlappung der durch Polarisation beeinflußten Elektronenschalen nicht verändert, stellt sich beim Vinylfluorid die Änderung der Überlappung als primär dar, und die Polarisationsladungen kennzeichnen sekundär die der Mesomerie entgegenwirkende, rücktreibende Kraft, die verhindert, daß die Elektronen vollkommen im Sinne der polaren Grenzstruktur unter (e) verlagert werden können. Im Endeffekt erhalten die Elektronen eine stabile Lage im Molekül, die eben „zwischen den Teilen" zu suchen ist, die etwa durch (e) darzustellen wären. Der mesomere Zustand ist statisch und nicht Durchgangslage von Elektronen, die von einer Grenzstruktur zur anderen schwingen.

Da die π-Elektronen in unserem Beispiel des Vinylfluorids (Formel c) einen längeren Schwingungsraum zur Verfügung haben als durch die klassische Formel (a) wiedergegeben wird, liegt die tatsächliche Energie der Verbindung niedriger, als es dem hypothetischen klassischen Fall entspricht. Man überzeugt sich davon leicht an Hand der Beziehung (1.21).[1])

Die Energiedifferenz zwischen dem realen und dem durch die klassische Formel beschriebenen *hypothetischen* Zustand wird als *Resonanzenergie* bzw. *Mesomerieenergie* bezeichnet. Der mesomere Zustand unseres Beispiels ist im wellenmechanischen Bild durch eine sich über das ganze Molekül erstreckende stehende Welle zu beschreiben (c), deren ψ-Funktion allerdings nicht bekannt ist. Diese läßt sich in ähnlicher Weise wie beim Wasserstoffmolekülion erhalten, indem man miteinander entartete, leicht gewinnbare ψ-Funktionen überlagert (vgl. Abschn. 1.2.2.). Als solche kann man in unserem Falle die Grenzstrukturen (e) in die Rechnung einführen und in quantenmechanische Resonanz bringen (Valence-Bond-Methode, Methode der Molekülstrukturen; daher auch der Ausdruck „Resonanzgrenzstrukturen").

In Wahrheit sind die Strukturen (e) nicht miteinander entartet, und das ohnehin von der richtigen Wahl der zu überlagernden ψ-Funktionen abhängige Resultat der Variationsrechnung (vgl. Abschn. 1.2.2.) wird von vornherein mit einem Fehler belastet, der den Wert des Verfahrens einschränkt.

Trotzdem ist gegen die Valence-Bond-Methode so lange nichts einzuwenden, wie

---

[1]) Natürlich ist die reale Energie des Moleküls unabhängig von den fiktiven Energiewerten irgendwelcher Grenzstrukturen.

die zur Überlagerung gebrachten Funktionen, bei deren Wahl man sich eng an die klassischen Strukturformeln anlehnt, nicht im Sinne realer Zustände gedeutet werden. Dies geschieht aber häufig, wenn auch verschleiert. So ergibt die wellenmechanische Überlagerung geeigneter ψ-Funktionen ein Energieminimum für den Bindungsabstand. Es ist umgekehrt jedoch anfechtbar, wenn von diesem Energieminimum auf eine bestimmte Energie der fiktiven Grenzstrukturen geschlossen und aus der Energiedifferenz zwischen realen und fiktiven Zuständen („Resonanzenergie") Eigenschaften und Reaktionsfähigkeit von Molekülen abgeleitet werden (vgl. Abschn. 2.4.).

Es sei deshalb noch auf eine Inkonsequenz hingewiesen: Nach der Resonanztheorie wird der tatsächliche energiearme Zustand eines Moleküls durch Grenzstrukturen beschrieben, die nicht immer die gleiche Energie haben. So kommt das Vinylfluorid entsprechend Bild 2.6e durch Resonanz zwischen einer normalen und einer „angeregten" (ionischen) Grenzstruktur zustande, die beide „am Grundzustand beteiligt sind" (und nur für diesen gelten die im Rahmen der Resonanztheorie gemachten Aussagen). Der Grundzustand stellt aber ein besonders energiearmes Gebilde dar, das als solches überhaupt nicht reagieren kann. Dazu ist eine Anregung nötig (Energiezufuhr), die zu realen angeregten Zuständen des Moleküls führt, die nicht mit den fiktiven der Resonanzformulierung identisch sind, so daß für sie die mit dem Resonanzbegriff verbundenen Festsetzungen nicht mehr gelten. Trotzdem werden Reaktionen sehr häufig über Grenzstrukturen formuliert und dabei der hier wiedergegebene wichtige Unterschied völlig außer acht gelassen. Diese Diskrepanz veranlaßt E. CLAR [1] nach der Besprechung (u. a.) der Valence-Bond-Methode zu den folgenden Feststellungen:

„Es muß nun auf den experimentierenden Chemiker verstimmend wirken, wenn das vom chemischen Standpunkt eindeutige Ergebnis ... seiner Schlüssigkeit beraubt wird. Hierzu ist zu bemerken, daß die Untersuchung des Grundzustands keine Angelegenheit der präparativen Chemie ist. Ohne Anregung läßt sich keine Reaktion durchführen. Der Chemiker wird vielmehr sein Betätigungsfeld in den angeregten Formen finden, deren Studium mit chemischen und spektroskopischen Mitteln in enger Verschränkung besonders aussichtsreich erscheint."

Die Grenzen einer sinnvollen Anwendung des Mesomeriebegriffs wurden ausführlich von W. HÜCKEL diskutiert [2].

Um die Wirkung mesomeriefähiger Gruppen oder Atome auf das übrige Molekül abschätzen zu können, ist eine ähnliche tabellarische Einordnung wie bei den Induktionseffekten zweckmäßig.

Zur Generalisierung wird eine Verbindung herangezogen, die sich aus den in (2.5) bzw. Bild 2.6 gegebenen Typen zusammensetzt und Gruppen enthält, die entgegengesetzte Mesomerieeffekte zeigen. Die verwendete β-Amino-α, β-ungesättigte Carbonylverbindung ist dabei nur in den interessierenden Teilen formuliert:

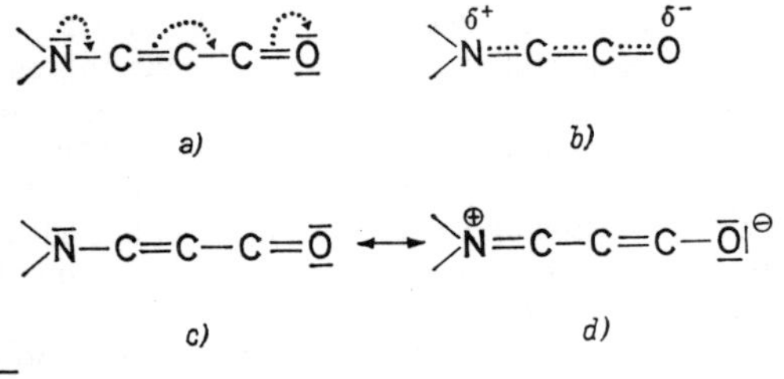

$$\underset{a)}{\ce{>\overset{\delta\text{-}}{N}-C=C-C=\overset{\delta\text{+}}{O}}} \qquad \underset{b)}{\ce{>\overset{\delta\text{+}}{N}\text{---}C\text{---}C\text{---}\overset{\delta\text{-}}{O}}}$$

$$\underset{c)}{\ce{>\overline{N}-C=C-C=\overline{O}}} \longleftrightarrow \underset{d)}{\ce{>\overset{\oplus}{N}=C-C=C-\overline{O}|^{\ominus}}} \tag{2.7}$$

---

[1] CLAR, E.: Aromatische Kohlenwasserstoffe, Springer-Verlag, Berlin/Göttingen/Heidelberg 1952, S. 79.
[2] HÜCKEL, W.: J. prakt. Chem. [4] **33**, 5 (1966).

2.2. Mesomerieeffekt

Die Verbindung enthält ein konjugiertes System, in das auch die beiden p-Elektronen des endständigen Stickstoffs mit einbezogen werden können, so daß infolge der überall möglichen Überlappung der p- bzw. π-Elektronenschalen eine über das gesamte System reichende stehende Welle existiert (b). Diese stellt natürlich keine reine Sinusschwingung mehr dar, weil die sich überlagernden Partialwellen verschieden sind, und die Wahrscheinlichkeitsdichte der Elektronen verteilt sich aus diesem Grund nicht gleichmäßig über das Molekül. Allerdings entfernt sich die Formulierung (b) relativ weit vom klassischen Formelbild, das bei der Formulierung (a) gewahrt bleibt. Im Ergebnis erhalten sowohl die N−C- als auch die C−C-Einfachbindung einen gewissen Doppelbindungscharakter, der in den C=C- und C=O-Doppelbindungen entsprechend verringert erscheint. Mit dieser Änderung in der Überlappung gegenüber dem hypothetischen klassischen Fall (c) entstehen gleichzeitig Polarisationsladungen, die durch die Wirkung des mit ihnen verbundenen elektrostatischen Feldes einer weiteren Verschiebung der Elektronen in Richtung auf die Grenzstruktur (d) Einhalt gebieten. Beide Effekte kompensieren sich und führen zu einer stabilen (statischen) Gleichgewichtslage, die durch ein Energieminimum ausgezeichnet ist.

Für die Tabellierung der als p- bzw. π-Elektronen-Donatoren bzw. -Acceptoren fungierenden Substituenten wird die gleiche Festsetzung bezüglich des Vorzeichens getroffen wie bei den Induktionseffekten: Der Mesomerieeffekt ($\pm$M) erhält ein positives Vorzeichen, wenn der Substituent positiviert erscheint und umgekehrt. Die Größe der Mesomerieeffekte hängt ähnlich wie die der Induktionseffekte vom Elektronengehalt und der Elektronegativität der Substituenten ab. So fungieren Anionen als besonders starke Elektronendonatoren (+M) und Kationen umgekehrt als starke Elektronenacceptoren (−M).[1]) Die Fähigkeit eines Substituenten, Elektronen zu einer partiellen Doppelbindung beizusteuern, ist seiner Elektronegativität umgekehrt proportional, so daß der +M-Effekt in der Reihe $-\overline{\text{N}}\text{R}_2 > -\overline{\text{O}}\text{R} > -\overline{\underline{\text{F}}}|$ abnimmt. In ähnlicher Weise ließe sich innerhalb einer Gruppe des Periodensystems eine Abnahme des +M-Effektes von unten nach oben erwarten, so daß bei den Halogenen das Jodatom den stärksten +M-Effekt aufweisen würde. Dies ist jedoch nicht der Fall, sondern das Fluor hat in der Reihe der Halogene die größte Fähigkeit, als Elektronendonator zu wirken. Zur Erklärung nimmt man an, daß die Valenzorbitale beim Fluor vom Typ $2p$ sind, während Chlor ($3p$), Brom ($4p$) und Jod ($5p$) Elektronenschalen anderer Dimensionen aufweisen, so daß die geometrischen Voraussetzungen für eine Überlappung mit den $2p$-Schalen des Kohlenstoffs in steigendem Maße ungünstiger werden.

Es wird jedoch auch die Meinung vertreten, daß das Mesomerie-Resonanz-Modell auf C-Halogenbindungen überhaupt nicht anwendbar ist und die Verhältnisse viel besser auf der Basis unterschiedlicher s-Anteile in den C- bzw. Halogenhybridorbitalen erklärbar sind [1], vgl. auch Abschnitt 1.4.

Ein −M-Effekt läßt sich nur für solche Substituenten erwarten, die ihre Achterschale erweitern oder umgruppieren können. Das ist bei mehrfach gebundenen

---

[1] Zusammenfassung: MICHAJLOV, B. M.: Usp. Chim. 40, 2121 (1971).

[1]) Voraussetzung ist natürlich, daß die Oktettschale des Kations entsprechend umgruppierbar ist (vgl. (2.5c)); das ist z. B. bei der Ammoniumgruppe unmöglich, die demzufolge keinen −M-Effekt aufweist.

Atomen bzw. Atomgruppen möglich, bei denen formal ein π-Elektron aus der Bindung in den ungebundenen p-Zustand übergehen kann. In Tabelle 2.8 werden Mesomerieeffekte für einige wichtige Substituenten aufgeführt.

Tabelle 2.8
Mesomerieeffekte häufig vorkommender Substituenten

$+$M-Effekt (Donatorwirkung, Zunahme an Doppelbindungscharakter)

$$-\overset{\oplus}{O}R_2 < -\overline{O}R < -\overline{O}|^{\ominus}$$

$$-\overline{F}| < -\overline{O}R < -\overline{N}R_2$$

$$-\overline{J}| < -\overline{Br}| < -\overline{Cl}| < -\overline{F}|$$

....

$-$M-Effekt (Akzeptorwirkung, Abnahme an Doppelbindungscharakter)

$$=NR < \; = \overset{\oplus}{N}R_2$$

$$=CR_2 < \; =NR < \; = O$$

$$\equiv CR < \; \equiv N$$

Erfahrungsgemäß haben Anfänger häufig erhebliche Schwierigkeiten beim Formulieren konjugativer Elektronenverschiebungen, speziell von Resonanzgrenzstrukturen. Es sind deshalb einige zusätzliche Bemerkungen am Platze: Man bleibe sich stets bewußt, daß das $p-\pi$-Elektronen-System ähnliche Eigenschaften hat wie ein metallischer Leiter (Metallmodell, vgl. Abschn. 1.4.): Wenn beim Einschalten eines elektrischen Kontakts auf der einen Seite ein Elektron in den elektrischen Leiter hereingeht, muß auf der anderen Seite ein Elektron herausgedrängt werden. Man gehe demzufolge beim Formulieren von Grenzstrukturen zweckmäßig von der „Regieanweisung" der Formulierung, z. B. (2.7a), aus und zeichne die Veränderungen, wenn vom Endatom ein Elektron in das konjugierte System hereingezogen wird. Dabei müssen alle Elektronen des konjugierten Systems eine veränderte Lage erhalten, wie oben am metallischen Leiter erklärt wurde, d. h., die Elektronenoktette aller Atome des konjugierten Systems müssen umgruppiert werden, bis man an ein Atom kommt, das das zusätzlich hereingegebene Elektron in seiner nunmehr veränderten Achterschale aufnehmen kann, z. B.

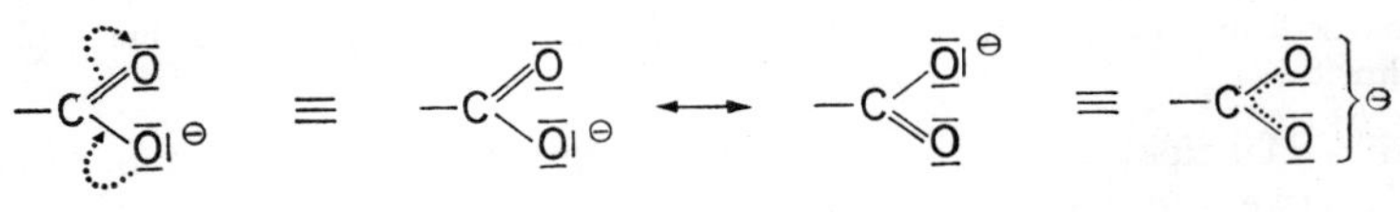

a) b) c)

(2.9)

Die Elektronendelokalisierung in der ionisierten Carboxylgruppe ist vollständig, und im vollständig symmetrischen Anion kann von Einfach- und Doppelbindung nicht mehr gesprochen werden.

2.2. Mesomerieeffekt

Bei mehrfach konjugierten Systemen, z. B. Aromaten, kann die gesamte konjugierte Kette oder ein Teilsystem in die Formulierung der Konjugation einbezogen werden:

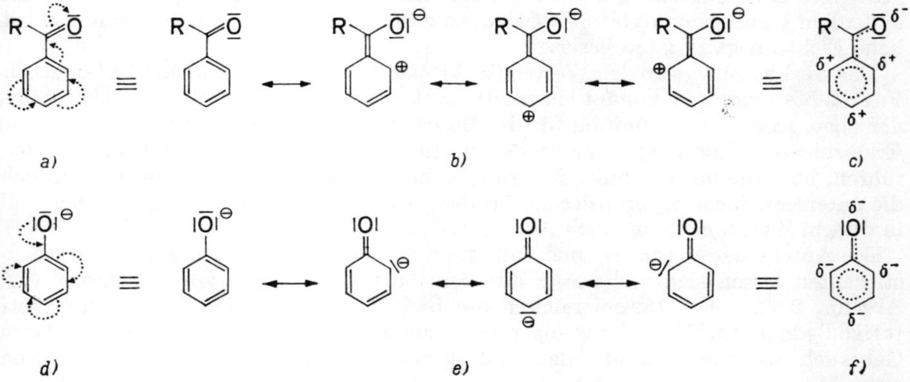

a) b) c)

d) e) f)

(2.10)

Die Betrachtung von Teilsystemen ist willkürlich; in Wirklichkeit gibt es nur eine globale Wechselwirkung, so daß die unter (c) und (f) formulierten Elektronendichteverteilungen resultieren. Die meta-Position wird von der Konjugation nicht erreicht und bleibt in erster Näherung von der Ladungsverteilung unbeeinflußt.

Die Energiesenkung durch Mesomerie ist um so größer, je ähnlicher die Bindungsabstände und Energien der Grenzstrukturen sind und je mehr derartige Grenzstrukturen formulierbar sind.

Die Mesomerie liefert als statische Erscheinung ihren Beitrag zum statischen Anteil der Gesamtpolarisation, die durch das Dipolmoment gemessen werden kann. In dieses gehen aber auch Anteile des Induktionseffekts ein, die sich den Mesomerieanteilen gleichsinnig oder gegenläufig überlagern. Die Anteile lassen sich abschätzen, indem man das Dipolmoment einer mesomeriefreien, aliphatischen Verbindung mit dem einer gleichartig substituierten aliphatischen konjugiert-ungesättigten oder aromatischen Verbindung vergleicht (vgl. Tab. 2.11).

Tabelle 2.11
Mesomerieeffekt und Dipolmoment (in Debye, Gaszustand)[1])

Substituent	Typ	CH_3CH_2-X	$CH_2=CH-X$	Δ[2])	C_6H_5-X	Δ[2])
F	$-I, +M$	$-1{,}92$	$-1{,}42$	$+0{,}50$	$-1{,}57$	$+0{,}35$
OH	$-I, +M$	$-1{,}66$			$+1{,}40$	$+3{,}06$
CH$_3$	$+I$	0			$+0{,}35$	$+0{,}35$
CHO	$-I, -M$	$-2{,}73$	$-3{,}04$	$-0{,}31$	$-2{,}95$	$-0{,}22$

[1]) Das Vorzeichen gibt an, ob der Substituent das positive oder negative Ende des Dipols darstellt; natürlich besitzen Dipolmomente an sich kein Vorzeichen.
[2]) Differenz ($\mu_{\text{ungesättigte Verb.}} - \mu_{\text{gesättigte Verb.}}$).

Die Differenzwerte in Tabelle 2.11 kann man als „Mesomeriemomente" bezeichnen [1]. Sie geben im allgemeinen Vorzeichen und Größenordnung der Mesomerie richtig wieder, können im übrigen aber nur als grobe Abschätzungen angesehen werden, da gesättigte bzw. ungesättigte Verbindungen unterschiedlich leicht polarisierbar und außerdem verschieden hybridisiert sind, so daß die betreffenden Atome unterschiedliche Elektronegativitäten besitzen.

Das wird besonders an den Werten für Propan bzw. Toluol in Tabelle 2.11 deutlich: Für die Methylgruppe kommt ein positiver Mesomerieeffekt heraus, den sie im Sinne der oben gegebenen Definition für die Mesomerie nicht haben sollte. Man kann zur Erklärung eine Konjugation zweiter Ordnung, die sogenannte Hyperkonjugation, einführen, über die im Abschnitt 2.5. zu sprechen sein wird. Viel plausibler ist jedoch, die unterschiedliche Hybridisierung für den „Effekt" verantwortlich zu machen, vgl. in diesem Zusammenhang auch Abschnitt 1.4.

Die Anteile der Mesomerie und Induktion am gesamten polaren Effekt eines Substituenten lassen sich viel besser aus den Substituentenkonstanten herleiten (vgl. Abschn. 2.6.2.). Die Mesomeriemomente besitzen deshalb keine praktisch-quantitative Bedeutung. Mehr oder weniger gefühlsmäßig macht der Organiker jedoch davon Gebrauch, wenn er qualitativ den Einfluß von Substituenten abschätzt, die sowohl einen Mesomerie- als auch einen Induktionseffekt haben.

Zur Erläuterung sind nachstehend einige Carbonylverbindungen mit den analog Tabelle 2.11 berechneten Mesomeriemomenten aufgeführt:

$$-C\begin{smallmatrix}O\\\underline{O}\end{smallmatrix}^\ominus \quad -C\begin{smallmatrix}O\\NH_2\end{smallmatrix} \quad -C\begin{smallmatrix}O\\\underline{O}H\end{smallmatrix} \quad -C\begin{smallmatrix}O\\\underline{O}C_2H_5\end{smallmatrix} \quad -C\begin{smallmatrix}O\\H\end{smallmatrix} \quad -C\begin{smallmatrix}O\\\underline{Cl}\end{smallmatrix} \qquad (2.12)$$

$$+0{,}01 \qquad -0{,}04 \qquad -0{,}15 \qquad -0{,}22 \qquad -0{,}85$$

⟵ steigt „innere" Mesomerie („innere" Kompensation)
−I- und −M-Wirkung auf Nachbargruppen ⎯⎯steigt⎯→
Reaktivität der C=O-Gruppe ⎯⎯steigt⎯→

Die Carbonylgruppe ist jeweils an verschiedene andere Gruppen oder Atome gebunden, deren Mesomeriefähigkeit (+M-Effekt) vom negativen Sauerstoff des Carboxylatanions bis zur Alkoxygruppe des Esters abnimmt und im Falle der Aldehydgruppe für den Wasserstoff Null wird. Die −I-Effekte der Amino-, Hydroxy- und Alkoxygruppe werden bei weitem von den kräftigen +M-Effekten überkompensiert (vgl. den Wert für die OH-Gruppe in Tab. 2.11). Jenseits der Aldehydgruppe steht die Säurechloridgruppierung, in der das Chlor zwar einen +M-Effekt entfaltet, der jedoch vom starken Induktionseffekt (−I) überkompensiert wird, so daß in summa ein Elektronenzug auf die Carbonylgruppe resultiert. Die durch gebogene Pfeile symbolisierte Delokalisation der Elektronen erreicht ganz entsprechend in der ionisierten Carboxylgruppe das größte Ausmaß; sie muß als vollkommen symmetrisch im Sinne der wellenmechanischen Wiedergabe aufgefaßt werden, und von Einfach-

---

[1] Zusammenfassung vgl. [1a], S. 52; vgl. auch EXNER, O.: Collect. czechoslov. chem. Commun. **25**, 642 (1960).

2.2. Mesomerieeffekt

und Doppelbindungen kann nicht mehr gesprochen werden:

$$-C\begin{matrix}\bar{O}\\\bar{O}\end{matrix}\bigg\}\ominus \quad ^{1)}$$

Mit sinkender Mesomeriefähigkeit des an die Carbonylgruppe gebundenen Substituenten wird die Delokalisierung der Elektronen weniger vollständig, und der eigentliche Doppelbindungscharakter der Carbonylgruppe steigt entsprechend an bis zum Aldehyd, dessen Carbonyl-C schließlich im Säurechloridcarbonyl noch zusätzlich positiviert wird. Wie wir später eingehend erörtern werden, wird eine Carbonylgruppe um so reaktionsfähiger, je polarer sie ist.

Die formulierte Reihe ergibt deshalb gleichzeitig eine ansteigende Reaktionsfähigkeit von der ionisierten Carboxylgruppe bis zur Säurehalogenidgruppe. Sie zeigt gleichermaßen, wie eng verwandt die wiedergegebenen funktionellen Gruppen tatsächlich sind, im Gegensatz zu der in Lehrbüchern üblichen getrennten Darstellung.

Die von den an die Carbonylgruppe gebundenen Substituenten ausgeübte Wirkung läßt sich auch als eine innerhalb der funktionellen Gruppe erfolgende Kompensation der Carbonylwirkung betrachten, wobei dem Elektronenzug des Carbonylsauerstoffs ($-M$, $-I$) vom Sauerstoffanion bis zur Alkoxygruppe in sinkendem Maße nachgegeben wird. Der Wasserstoff in der Aldehydgruppe wirkt praktisch nicht ein, während das Chlor im Säurechlorid dem genannten Elektronenzug sogar elektrostatisch entgegenwirkt.

In dem Maße, wie diese innere Kompensation in der formulierten Reihe von links nach rechts abnimmt, verbleibt für die Carbonylgruppe ein nichtkompensierter Anteil an $-M-$ bzw. $-I$-Effekt, so daß auf die mit der gesamten funktionellen Gruppe durch eine σ-Bindung verbundenen Molekülteile ein in der angegebenen Reihe ansteigender $-I$-Effekt ausgeübt wird (vgl. (2.13)).

Ganz entsprechend wächst in der gleichen Reihenfolge der $-M$-Effekt der funktionellen Gruppe auf Doppelbindungen, die mit ihr konjugiert verbunden sind. Diese Verhältnisse werden nochmals durch die folgenden Formeln zum Ausdruck gebracht: **Je stärker der innere Effekt a, desto schwächer die Wirkung nach außen (b):**

$$\overset{\delta+}{R}-\overset{\delta+}{\underset{b}{C}}\overset{\delta-}{\underset{\underset{a}{X}}{\overset{O}{\diagup}}} \qquad R-CH\overset{b}{=}CH\overset{}{-}\underset{\underset{a}{X}}{\overset{O}{C\diagup}} \tag{2.13}$$

---

[1]) In diesem Falle bestehen tatsächlich die bei Anwendung der Valence-Bond-Methode gemachten Voraussetzungen, nach denen nur Strukturen in Resonanz gebracht werden dürfen, die gleiche Energie besitzen.

2.3. Mesomerie und sterische Verhältnisse [1]

Aus den Formeln (2.7) ergibt sich eine wichtige Folgerung: Die Überlappung von p- und π-Elektronen-Zuständen ist nach den wellenmechanischen Gesetzmäßigkeiten nur dann möglich, wenn alle beteiligten p-Orbitale *in einer Ebene* liegen („koplanar" sind).

Zum Beispiel überlappen im Nitrobenzol die π-Orbitale des Kerns und der Nitrogruppe (vgl. Bild 2.14), und das Dipolmoment liegt entsprechend dem $-M$- und $-I$-Charakter der Nitrogruppe wesentlich höher als in gesättigten aliphatischen Nitroverbindungen, in denen nur der $-I$-Effekt der Nitrogruppe wirksam werden kann.

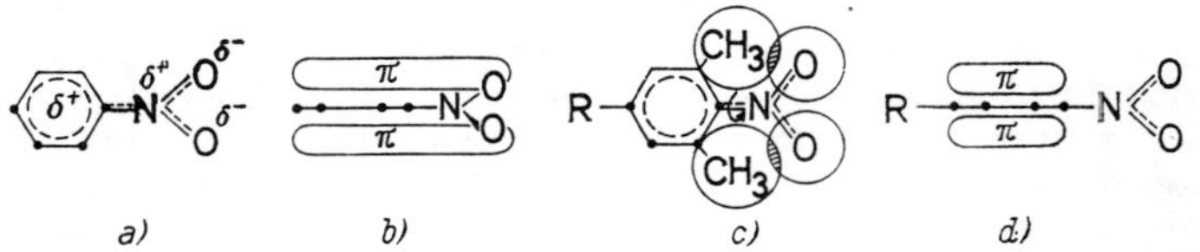

Bild 2.14
Sterische Hinderung der Mesomerie

Trägt der Benzolkern in beiden ortho-Stellungen voluminöse Substituenten, deren Induktionswirkung vernachlässigt sei, so ist es aus räumlichen Gründen nicht mehr möglich, daß Nitrogruppe und aromatischer Kern die zur weitgehenden $\pi-\pi$-Überlappung erforderliche koplanare Lage einnehmen, sondern die Nitrogruppe wird um einen gewissen Betrag aus der Ebene des Benzolringes herausgedreht. Man spricht dann von sterischer Hinderung der Mesomerie. Dies ist in Bild 2.14 wiedergegeben, indem die Raumfüllung der ortho-Methylgruppen schematisch durch Kreise angedeutet ist.

Infolge der sterischen Hinderung zwischen den Methylgruppen und der Nitrogruppe (schraffierte Flächen) verdrillt sich die $C-N$-Bindung in der durch einen Pfeil angegebenen Richtung (c). Bei einer Verdrillung um 90° müßte jede Überlappung zwischen Nitrogruppe und Benzolkern überhaupt aufhören. Dieser (tatsächlich nicht erreichte) Fall sowie die Delokalisierung der Elektronen im sterisch nicht gehinderten Nitrobenzol sind unter (d) bzw. (b) im Bild 2.14 mit dargestellt, die jeweils das Molekül in der Seitenansicht zeigen.

In dem Maße, wie die koplanare Stellung der Substituenten erschwert ist, verringert sich die Überlappung der π-Funktionen und damit der aus dem Mesomerieeffekt herrührende Anteil am Dipolmoment der gesamten Verbindung.

Den Einfluß der sterischen Verhältnisse auf die Mesomerie zeigt Tabelle 2.15. Hier werden die Dipolmomente für eine Reihe von Verbindungen aufgeführt, in denen ein Substituent jeweils an einem Phenylrest oder einem Durol- bzw. Mesitylenrest gebunden ist. Da in den letzten beiden Typen beide ortho-Stellungen durch Methyl-

---

[1] Zusammenfassung: WEPSTER, B. M. in: Progress in Stereochemistry, Bd. 2, Butterworths, London, 1958, Kap. 4.

gruppen besetzt sind, kann es in ihnen zu einer sterischen Hinderung der Koplanarität zwischen Kern und Substituenten X kommen, wenn der Substituent X selbst einen relativen großen Raumanspruch hat.

Tabelle 2.15
Mesomerie und sterische Verhältnisse
Dipolmomente von Benzolderivaten (in Debye; in Benzol; 25 °C)[1]

X	C₆H₅–X	2,3,5,6-(CH₃)₄C₆H–X	2,4,6-(CH₃)₃C₆H₂–X
NO_2	3,95	3,39	3,64
$N(CH_3)_2$	1,58	–	1,03
NH_2	1,53	1,39	1,40
OH	1,61	1,68	–
F	1,46	–	1,36[2]
Br	1,52	1,55	1,52[2]

[1] vgl. [1], S. 68   [2] bei 30 °C

Man sieht, daß in den sterisch gehinderten Verbindungen (X = NO_2, $N(CH_3)_2$, NH_2) das Dipolmoment gegenüber den Benzolderivaten (erste Spalte) erheblich abfällt. Alle anderen Substituenten sind zuwenig raumfüllend, um zu wesentlichen Änderungen im Dipolmoment zu führen.

Die Verdrillung der Nitrogruppe im Nitromesitylen ist durch Röntgenstrukturanalyse belegt [1]. Auch aus UV-Spektren [2], Abschirmeffekten im Kernresonanzspektrum [3] und chemischen Reaktionen [4] von Durolderivaten ergibt sich, daß die Konjugation infolge Verdrillung des Substituenten herabgesetzt ist. Für Durolderivate ließen sich die folgenden Verdrillungswinkel zwischen Substituenten X und aromatischem Kern abschätzen: $N(CH_3)_2$ 65°, OCH_3 49°, NO_3 54°, und es werden 58%, 35% bzw. 41% der Mesomeriewechselwirkung durch sterische Hinderung gelöscht [5].

Die sterische Hinderung der Mesomerie kann andererseits herangezogen werden, um Induktionseffekte (unabhängig von sterischer Hinderung) und Mesomerieeffekte experimentell voneinander zu trennen (vgl. das Beispiel S. 109).

---

[1] TROTTER, J.: Canad. J. Chem. **37**, 1487 (1959); vgl. auch STRJUKOV, J. T., u. T. L. CHOCJANOVA: Izvest. Akad. Nauk SSSR, Otd. chim. Nauk **1960**, 1369 (2.6-Dichlor-4-nitro-N.N-dimethylanilin).
[2] WEPSTER, B. M.: Recueil Trav. chim. Pays-Bas **76**, 335 (1957).
[3] DIEHL, P., u. G. SVEGLIADO: Helv. chim. Acta **46**, 461 (1963).
[4] BACIOCCHI, E., u. G. ILLUMINATI: J. Amer. chem. Soc. **86**, 2677 (1964).
[5] KATRITZKY, A. R., u. R. D. TOPSOM: Angew. Chem. **82**, 106 (1970); vgl. auch [1] S. 68.

2.4. Der aromatische Zustand [1]

Aromatische Verbindungen stellen eine besondere Klasse mesomerer Systeme dar. Im Benzol als dem Prototyp sind in klassischer Sicht drei π-Elektronen-Paare enthalten, deren Konjugation wegen des geschlossenen, ringförmigen Systems als unendlich gedacht werden kann. Das Problem der Elektronenverteilung im Benzol, das Generationen von Chemikern fasziniert hat, konnte erst in neuerer Zeit mit Hilfe der Wellenmechanik gelöst werden (E. HÜCKEL 1931). Danach überlappen sich die p-Funktionen der sechs Kohlenstoffatome völlig symmetrisch und führen zu einer stehenden Welle, die um den gesamten Ring reicht (Bild 2.16 a). Voraussetzung hierfür ist ein ebenes System (vgl. S. 68).

Bild 2.16
Bindungsverhältnisse im Benzol

Der Schwingungsraum der Elektronen ist gegenüber dem hypothetischen, nicht konjugierten System vergrößert und die Energie entsprechend erniedrigt. Die Unterschiede zwischen Einfach- und Doppelbindung sind vollständig aufgehoben, und der Bindungsabstand beträgt einheitlich 0,1397 nm.

Die niedrige Energie ist eine dem Chemiker wohlbekannte Tatsache: Das Benzol zeigt deshalb z. B. nicht die hohe Additionsfähigkeit, durch die olefinische Doppelbindungen ausgezeichnet sind. Als Maß für diese besondere Stabilität der Aromaten wird häufig die sogenannte *Resonanzenergie* angeben, die z. B. aus den Hydrierwärmen erhalten werden kann. Man vergleicht zu diesem Zwecke die (exotherme) Hydrierung des Benzols (−49,80 kcal/mol) mit der des hypothetischen Cyclohexatriens, in dem die Doppelbindungen als isoliert angesehen werden (d. h. abwechselnd Bindungsabstände 0,133 nm und 0,154 nm vorliegen). Da Cyclohexatrien in diesem Sinne nicht existiert, benutzt man die mit 3 multiplizierte Hydrierwärme des Cyclohexens (−28,59 kcal/mol). Die Differenz $3 \times 28,6 - 49,8 = 36,0$ kcal/mol wird als Resonanzenergie bezeichnet.

Das Verfahren ist nicht korrekt, weil außer der Konjugationsenergie noch Energiebeträge anderer Art eingehen (Veränderung der Bindungsenergie durch die der C=C-Bindung benachbarten Einfachbindungen im Cyclohexen (vgl. Tab. 1.45); Veränderung der sterischen Verhältnisse beim Übergang vom halbebenen Cyclohexen bzw. vom ebenen Benzol zum sesselförmigen Cyclohexan; unterschiedliche Kompressions-

---

[1] BADGER, G. M.: Aromatic Character and Aromaticity, Cambridge University Press, Cambridge 1969; Zeitschrift-Symposium über aromatischen Charakter: Tetrahedron [London] **3**, 323 (1958); VOL'PIN, M. E.: Usp. Chim. **29**, 298 (1960); JONES, A. J.: Rev. pure appl. Chem. **18**, 253 (1968); MO-Behandlung: STREITWIESER, A.: Molecular Orbital Theory for Organic Chemists, John Wiley & Sons, Inc., New York 1961, Kap. 9, 10.

2.4. Der aromatische Zustand

energien der Bindungen beim Übergang Cyclohexan-Cyclohexen bzw. Cyclohexan-Benzol).

Die nähere Behandlung des Problems ergab, daß die Konjugationsenergie im Benzol nur etwa 5 bis 15 kcal/mol beträgt [1]. Bei Verwendung von Bildungswärmen, die die Hybridisierung berücksichtigen, verschwindet die Differenz zwischen berechneten und experimentellen Werten („Resonanzenergien") überhaupt [2].

In Bild 2.16 sind weitere Möglichkeiten angegeben, die Bindungsverhältnisse im Benzol formelmäßig zum Ausdruck zu bringen. Der Wirklichkeit am nächsten kommen die Formulierungen (b) und (c), in denen durch den Kreis die sechs vollständig delokalisierten π-Elektronen symbolisiert werden. Der gleiche Sachverhalt ist unter (d) mit Hilfe von zwei Grenzstrukturen wiedergegeben (KEKULÉ 1865[1])).

Es scheint für den aromatischen Charakter notwendig zu sein, daß die sechs π-Elektronen — formal gesehen — in drei Doppelbindungen untergebracht werden können, das heißt, daß KEKULE-Strukturen möglich sind (nachweisbar an kondensierten Sechsringaromaten [3]).

Das ist beim Phenanthren (2.17a) ohne weiteres der Fall, nicht jedoch beim Anthracen (bzw. generell bei linear kondensierten Aromaten, den Acenen). Hier sind nur Grenzstrukturen mit jeweils zwei aromatischen Ringen formulierbar, der dritte hat chinoiden Charakter (b), (d), oder man ist gezwungen, den mittleren Ring mit einer „langen" Bindung zu formulieren (c). Übereinstimmend damit ist Anthracen nicht mehr voll aromatisch, sondern reagiert in 9.10-Stellung ähnlich wie ein Olefin unter Addition.

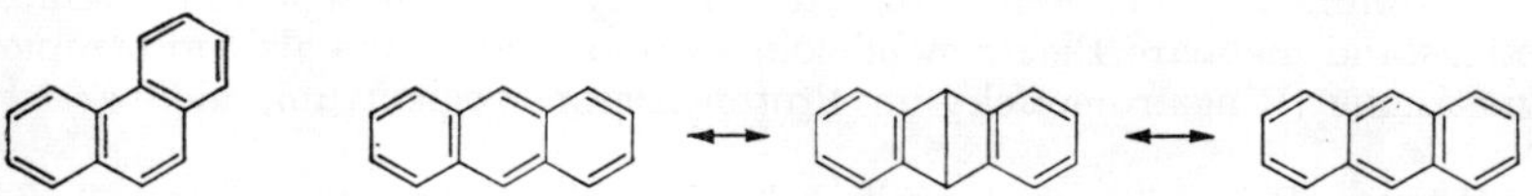

a)   b) ↔ c) ↔ d)

(2.17)

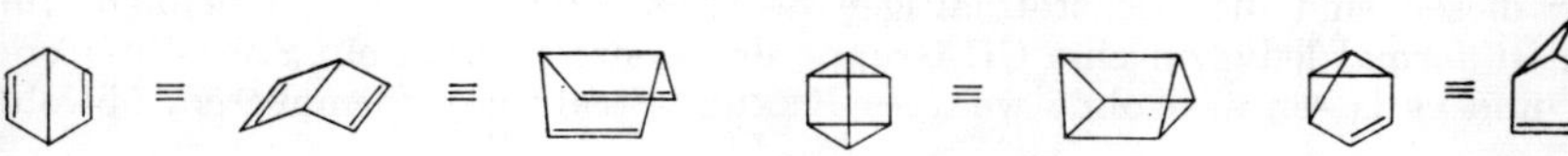

e) DEWAR-Benzol   f) LADENBURG Prisman   g) Benzvalen

In den höher linear kondensierten Aromaten wird dieser Diencharakter so ausgeprägt, daß die Verbindungen z. T. ausgesprochen instabil sind.[2]) Die Struktur des

---

[1] DEWAR, M. J. S., u. H. N. SCHMEISING: Tetrahedron [London] **5**, 166 (1959); **11**, 96 (1960); CHUNG, A. L. H., u. M. J. S. DEWAR: J. chem. Physics **42**, 756 (1965) (MO-Berechnungen).
[2] McGINN, C. J.: Tetrahedron [London], **18**, 311 (1962).
[3] CLAR, E.: Chimia [Aarau, Schweiz] **18**, 375 (1964); Z. Chem. **2**, 35 (1962).

[1]) KEKULÉ nahm allerdings an, daß die Bindungen oszillieren, d. h. Elektronentautomerie existiert.
[2]) Bereits das Heptacen ist nicht mehr in reinem Zustand darstellbar.

mittleren Ringes in (c) entspricht der von DEWAR 1867 vorgeschlagenen Formulierung des Benzols („DEWAR-Formel" (e)). Unter (f) ist eine weitere Formel mit „langer" Bindung, die Prismenformel von LADENBURG (1869, „Prisman"), und unter (g) schließlich eine weitere Formel mit gekreuzten Bindungen (HÜCKEL 1937) angeführt, das Benzvalen.

DEWAR-Benzol, Prisman und Benzvalen sind jedoch nicht mehr eben (vgl. die perspektivischen Formeln in (2.17)) und stellen deshalb keine aromatischen Moleküle dar. Es ist in neuester Zeit gelungen, diese Verbindungen bzw. deren Derivate herzustellen. Es wurde festgestellt, daß sie sich z. B. bei UV-Bestrahlung relativ leicht ineinander und in Benzol bzw. dessen Derivate umwandeln: Es handelt sich also um Tautomere, die sich formal lediglich durch die Elektronenanordnung unterscheiden, während die Kohlenstoffkette unverändert bleibt. Man bezeichnet diese Tautomerie als Valenztautomerie und die Stoffklasse auch als Valene (deshalb Benzvalen) [1].

Trotz der intensiven hundertjährigen Beschäftigung der Chemiker mit dem Problem des aromatischen Charakters existiert verblüffenderweise keine völlig befriedigende Definition für den aromatischen Zustand [2].

Am allgemeinsten ist die aus der MO-Behandlung des Problems abgeleitete Definition (Regel von E. HÜCKEL [3]):

Monocyclische, ebene, sp^2-hybridisierte Verbindungen mit $(4n + 2)$ delokalisierbaren π-Elektronen ($n = 0, 1, 2 \ldots$) sind relativ stabil.

In neuester Zeit zieht man es häufig vor, den aromatischen Charakter nach einem empirischen Kriterium zu definieren: Aromaten sind cyclisch konjugierte Systeme, die im Grundzustand meßbare Elektronendelokalisation zeigen, was als Anisotropie des Diamagnetismus (Ringstromeffekt im Protonenresonanzspektrum) meßbar ist [4].[1])

Nach der HÜCKEL-Definition sind cyclisch-konjugierte Verbindungen mit 2, 6, 10, 14, 18 ... π-Elektronen stabil (aromatisch). Das Benzol ($n = 1$) mit sechs π-Elektronen stellt den Prototyp einer Reihe von Möglichkeiten dar.

Unter diesen sind die stickstoffhaltigen Sechsring-Heterocyclen zu nennen. Im Pyridin ist formal lediglich eine CH-Gruppe des Benzols durch ein Stickstoffatom ersetzt, und es lassen sich ohne weiteres KEKULÉ-Strukturen formulieren, obwohl

---

[1] Sammelartikel zur Valenztautomerie: VAN TAMELEN, E. E.: Angew. Chem. **77**, 759 (1965); Accounts chem. Res. **5**, 186 (1972); VIEHE, H. G.: Angew. Chem. **77**, 768 (1965); SCHRÖDER, G., J. F. M. OTH u. R. MERÉNYI: Angew. Chem. **77**, 774 (1965); DOMAREVA-MANDELŠTAM, T. V., u. J. A. D'JAKONOV: Usp. Chim. **35**, 1324 (1966); SCHÄFER, W., u. H. HELLMANN: Angew. Chem. **79**, 566 (1967).
[2] PETERS, D.: J. chem. Soc. [London] **1960**, 1274; LABARRE, J.-F., u. F. CRASNIER: Fortschr. chem. Forsch. **24**, 33 (1971).
[3] HÜCKEL, E.: Z. Physik **60**, 423 (1930); **70**, 204 (1931); **72**, 310 (1931); **76**, 628 (1932).
[4] ELVIDGE, J. A., u. L. M. JACKMAN: J. chem. Soc. [London] **1961**, 859; vgl. auch JUNG, D. E.: Tetrahedron [London] **25**, 129 (1969); vgl. aber MUSHER, J. I.: J. chem. Physics **43**, 4081 (1965).

[1]) Die an der Peripherie des Aromaten (vgl. weiter unten) liegenden Protonen sind viel weniger abgeschirmt als Protonen in Olefinen oder gesättigten Kohlenwasserstoffen und geben deshalb Kernresonanzsignale bei verhältnismäßig niedrigen Magnetfeldstärken (in der Gegend um 7 ppm, δ-Skala).

2.4. Der aromatische Zustand

auch hier die Schreibweise mit nichtlokalisierten Bindungen der Realität näher kommt:

$$\text{Pyridin} \longleftrightarrow \text{Pyridin} \equiv \text{Pyridin} \tag{2.18}$$

In gleicher Weise sind auch Sechsring-Heterocyclen mit mehreren Stickstoffatomen unter die aromatischen Verbindungen einzureihen.

Auch bei den Fünfring-Heterocyclen sind die für den aromatischen Zustand geltenden Bedingungen — ebener, spannungsfreier Ring, Delokalisierbarkeit von sechs π-Elektronen über den ganzen Ring — gegeben, indem ein p-Elektronen-Paar vom Heteroatom mit in die Konjugation einbezogen wird. Als Grenzstrukturen lassen sich in diesen Fällen nur angeregte Zustände formulieren, z. B. beim Furan:

$$\text{Furan-Grenzstrukturen} \tag{2.19}$$

Die Fünfring-Heterocyclen, wie Furan, Thiophen und die Azole, zeigen ebenfalls einen Ringstromeffekt im Kernresonanzspektrum. Infolge der unterschiedlichen Elektronegativität der am Heteroring beteiligten Atome, die durch die Elektronendelokalisation noch verstärkt wird, wie die formulierten Grenzstrukturen deutlich zeigen, sind derartige Heterocyclen im allgemeinen weniger stabil als die analogen Sechsring-Heterocyclen, und Furan und Pyrrol können bereits wie aliphatische Diene DIELS-ALDER-Reaktionen eingehen. Die Stabilität steigt andererseits an, wenn die Delokalisation der Elektronen anders als in der obigen Formulierung zu einer Herabsetzung der Polarität führt. Das ist beim Pyrrol möglich, indem das Proton vom Stickstoffatom abdissoziiert, so daß eine negative Ionenladung entsteht, die infolge der Konjugation diffuser werden kann. Aus diesem Grund ist Pyrrol deutlich sauer[1]) und bildet leicht ein Kaliumsalz:

$$\text{Pyrrol} \xrightarrow[-H]{+K} \text{Pyrrolid-Kalium} \equiv \text{Pyrrolid-Kalium} \tag{2.20}$$

Dies leitet zu Systemen über, die aromatischen Charakter überhaupt nur als Ionen zeigen können („Pseudo-Aromaten" oder nicht-benzoide Aromaten) [1].

So reagiert Cyclopentadien leicht mit metallischem Kalium unter Bildung des Cyclopentadienidanions, in dem nunmehr sechs π-Elektronen für die Konjugation

---

[1] Zusammenfassung: GINSBURG, D. (Herausg.): Non-Benzenoid Aromatic Compounds, Interscience Publishers, New York/London 1959; HAFNER, K.: Angew. Chem. **75**, 1041 (1963); LLOYD, D.: Carbocyclic Non-Benzenoid Aromatic Compounds, Elsevier Publishing Company, Amsterdam 1966.

[1]) pK_A in Wasser etwa 16,5; Pyrrol ist damit um etwa 10 Zehnerpotenzen stärker sauer als Anilin und etwa eine gleich starke Säure wie Methanol.

verfügbar sind.[1)] Das Cyclopentadienidanion ist deshalb ein aromatisches System:

$$\underset{H\ H}{\boxed{}} \xrightarrow{+K}_{-H} \boxed{}^{\ominus}_{K^{\oplus}} \longleftrightarrow \boxed{}_{K^{\oplus}}^{/\ominus} \longleftrightarrow \boxed{}^{\ominus}_{K^{\oplus}} \text{ usw.} \equiv \boxed{\ominus}_{K^{\oplus}} \qquad (2.21)$$

Übereinstimmend mit der letzten Formel in (2.21) sind alle Protonen gleichwertig, so daß nur ein einziges Signal im Protonenresonanzspektrum im Gebiet der Aromatenprotonen (5,5 ppm, δ-Skala) auftritt [1]. $^{14}C_{(4)}$-Cyclopentadien ergibt analog nach Überführung in das Anion und Regenerierung durch Ansäuern völlige Gleichverteilung der ^{14}C-Markierung [2].

Es muß jedoch darauf hingewiesen werden, daß das Cyclopentadienidanion trotz des aromatischen Charakters relativ reaktionsfähig ist. Eine niedrige Reaktivität ist deshalb nicht in jedem Fall als Definitionsmerkmal geeignet [3], und auf Seite 72 wurde deshalb von relativer Stabilität gesprochen.

Cyclopentadien reagiert daher in Gegenwart von Basen offensichtlich über das reaktionsfähige aromatische Cyclopentadienidanion leicht mit Aldehyden und Ketonen zu den Fulvenen (2.22), die ebenfalls aromatisch, jedoch formal ungeladen und dadurch stabiler sind [4]. Das für die Aromatizität erforderliche dritte π-Elektronenpaar wird von der Doppelbindung zur Verfügung gestellt, wie das für Kohlenwasserstoffe ungewöhnlich große Dipolmoment von etwa 1,5 Debye ausweist.

$$\boxed{}^{\ominus} \longleftrightarrow \boxed{}^{/\ominus}_{\oplus} \longleftrightarrow \boxed{}^{\ominus}_{\oplus} \text{ usw.} \equiv \boxed{\delta^{-}}_{\delta^{+}} \qquad (2.22)$$

Noch stärker ausgeprägt sind die aromatischen Eigenschaften im Ferrocen [5]. Dieser interessante Stoff läßt sich z. B. leicht aus Cyclopentadienid-Kalium (bzw. Cyclopentadien/Diäthylamin) und Eisen(II)-Salzen darstellen. Im Ferrocen schließen zwei Cyclopentadienidanionen ein Eisenion in ähnlicher Weise ein, wie die zwei Hälften eines Brötchens die Butter, was diesen aromatischen Systemen die Bezeichnung „Sandwich-Verbindungen" eingetragen hat (Bild 2.23).

---

[1] LETO, J. R., F. A. COTTON u. J. S. WAUGH: Nature [London] **180**, 978 (1957): FRAENKEL, G., R. E. CARTER, A. McLACHLAN u. J. H. RICHARDS: J. Amer. chem. Soc. **82**, 5846 (1960).
[2] TKACHUK, R., u. C. C. LEE: Canad. J. Chem. **37**, 1644 (1959).
[3] Vgl. [2] S. 72.
[4] Zusammenfassung vgl. HAFNER, K., K. H. HÄFNER, C. KÖNIG, M. KREUDER, G. PLOSS, G. SCHULZ, E. STURM u. K. H. VÖPEL: Angew. Chem. **75**, 35 (1963).
[5] KEALY, T. J., u. P. L. PAUSON: Nature [London] **168**, 1039 (1951).

[1)] pK_A von Cyclopentadien in Wasser etwa 15.
ANDREADES, S.: J. Amer. chem. Soc. **86**, 2003 (1964); BUTIN, K. P., I. P. BELECKAJA, A. N. KAŠIN u. O. A. REUTOV: Doklady Akad. Nauk SSSR **175**, 1055 (1967).

Ferrocen ist sehr stabil und ganz ähnlichen Reaktionen zugänglich wie Benzol [1]. Analoge, allerdings meist weniger stabile Verbindungen bilden sich mit anderen Metallionen („Metallocene").

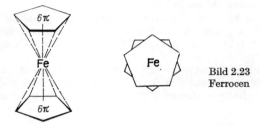

Bild 2.23
Ferrocen

Im Gegensatz zum Cyclopentadiensystem kann ein Siebenringsystem wie das Cycloheptatrien, das elektronisch bereits der $(4n + 2)$-Regel entspricht, nur aromatisch werden, wenn die CH_2-Gruppe in die sp^2-hybridisierte $-CH^{\oplus}$-Gruppe übergeht, so daß infolge des entstandenen Elektronen-„Loches" ein vollständig delokalisiertes Elektronensystem möglich wird (vgl. (2.24a)). Der aromatische Charakter des Cyclohepatrienylkations (Tropyliumkations) geht aus dem Ringstromeffekt im Kernresonanzspektrum [2], der Äquivalenz aller Kohlenstoffatome (^{14}C-Experiment) [3] und der für ein Carboniumion ungewöhnlich hohen Stabilität hervor.

(2.24)

Im Tropon (2.24b) und im Tropolon (2.24c) wird die Elektronendelokalisation durch Einbeziehung der Carbonylgruppe erreicht. Das Tropon hat aus diesem Grunde

---

[1] Zusammenfassungen: Pauson, P. L.: Quart. Rev. (Chem. Soc., London) **9**, 391 (1955); Fischer, E. O.: Angew. Chem. **67**, 475 (1955); Nesmejanov, A. N., u. E. G. Perevalova: Usp. Chim. **27**, 3 (1958); Djatkina, M. E.: Usp. Chim. **27**, 57 (1958); Wilkinson, G., u. F. A. Cotton: Progr. Incrg. Chem. **1**, 1 (1959); Usp. Chim. **31**, 828 (1962); Rausch, W. D.: J. chem. Educat. **37**, 568 (1960); Plesske, K.: Angew. Chem. **74**, 301, 347 (1962); Bublitz, D. E.: Org. Reactions **17**, 1 (1969) und dort zitierte weitere Literatur; Rosenblum, M.: The Iron Group Metallocenes: Ferrocene, Ruthenocene, Osmocene, Interscience Publishers, New York/London 1965.
[2] Schaefer, T., u. W. G. Schneider: Canad. J. Chem. **41**, 966 (1963).
[3] Vol'pin, M. E., D. N. Kursanov, M. M. Šemjakin, V. I. Majmind u. L. A. Nejman: Ž. obšč. Chim. **29**, 3711 (1959).

das außerordentlich große Dipolmoment von 4,30 Debye [1], was eine weitgehende Verlagerung eines Elektrons auf den Carbonylsauerstoff anzeigt (berechnet für $-\overset{\oplus}{C}-\overset{\ominus}{O}$: 5,7 Debye). Im Tropolon (2.24c) wird diese Polarisierung der Carbonylgruppe noch durch eine Wasserstoffbrücke unterstützt.

Eine Kombination aus dem elektrophilen aromatischen Fünfring und dem elektrophoben aromatischen Siebenring liegt im Azulen (2.25) vor, das aus diesem Grunde eine polare Verbindung ist (Dipolmoment 1,08 Debye [2]). Als Aromat zeigt es einen Ringstromeffekt [3].

Da der Fünfring des Azulens als negatives Ende des Dipols fungiert, finden Substitutionen, die eine Elektronenabgabe des Aromaten erfordern (elektrophile Substitution), bevorzugt im Fünfring an den in (2.25) bezeichneten Positionen statt.

(2.25)

Die Übertragung der obigen Argumente auf (2 π)-Systeme, die der HÜCKEL-Regel mit $n = 0$ entsprachen, läßt ohne weiteres verstehen, daß Triphenyl-cyclopropylkation [4] aromatisch ist. Analoge Dreiring-Heteroaromaten sind ebenfalls bekannt [5]. Im analogen Vierringsystem müssen zwei sp^2-Kohlenstoffatome vorhanden sein, um die Elektronendelokalisation zu ermöglichen: Tetraphenyl-cyclobutendikation [6] ist aromatisch. Das Cyclooctatetraen entspricht der HÜCKEL-Regel nicht, hat unterschiedliche Bindungslängen, die Reaktivität eines konjugierten Olefins und ist nicht eben gebaut: Es ist eindeutig kein Aromat. Der aromatische Charakter kann jedoch im Dianion erreicht werden, in dem nunmehr die HÜCKEL-Regel mit $n = 2$ (10 π-Elektronen) erfüllt ist [7].

Abschließend sei noch erwähnt, daß auch aromatische Systeme möglich sind, in denen formal gleichzeitig eine positive und eine negative Ladung formuliert werden muß, z. B. die Sydnone. Da die tatsächliche Elektronenverteilung zwischen den durch ionische Grenzstrukturen angegebenen liegt, nennt man die Verbindungen auch „mesoionisch" [8].

In neuester Zeit ist eine Reihe von Aromaten synthetisiert worden, die der HÜCKEL-Regel mit $n = 2$ (10 π-Elektronen), $n = 3$ (14 π-Elektronen), $n = 4$ (18 π-Elektronen)

---

[1] DI GIACOMO, A., u. C. P. SMYTH: J. Amer. chem. Soc. **74**, 4411 (1952), KURITA, Y., S. SETO, T. NOZOE u. M. KUBO: Bull. chem. Soc. Japan **26**, 272 (1963).
[2] WHELAND, G. W., D. E. MANN: J. chem. Physics **17**, 264 (1949).
[3] SCHNEIDER, W. G., H. J. BERNSTEIN u. J. A. POPLE: J. Amer. chem. Soc. **80**, 3497 (1958).
[4] BRESLOW, R.: J. Amer. chem. Soc. **79**, 5318 (1957); BRESLOW, R., u. CHIN YUAN: J. Amer. chem. Soc. **80**, 5991 (1958); Zusammenfassung: D'JAKONOW, I. A., R. R. KOSTIKOV: Usp. Chim. **36**, 1305 (1967); KREBS, W.: Angew. Chem. **75**, 10 (1965).
[5] VOL'PIN, M. E., Y. D. KORESHKOV, V. G. DULOVA u. D. N. KURSANOV: Tetrahedron [London] **18**, 107 (1962), vgl. Ž. obšč. Chim. **32**, 1137, 1142 (1962).
[6] FREEDMAN, H. H., u. A. M. FRANTZ: J. Amer. chem. Soc. **84**, 4165 (1962).
[7] KATZ, T. J.: J Amer. chem. Soc. **82**, 3784 (1960).
[8] Zusammenfassungen: BAKER, W., u. W. D. OLLIS: Quart. Rev. (chem. Soc., London) **11**, 15 (1957); NOEL, Y.: Bull. Soc. chim. France **1964**, 173.

2.4. Der aromatische Zustand

und höheren Werten von n entsprechen. Sie werden als Annulene bezeichnet; die Zahl der konjugierten π-Elektronen erscheint in einer eckigen Klammer, z. B. [10]-Annulen = Cyclodecapentaen.[1])

Das Cyclodecapentaen ([10]-Annulen) ist nur bei $-190\,°C$ stabil, weil sich die beiden in (2.26a) hervorgehobenen Wasserstoffatome sterisch hindern und dadurch die ebene Struktur verhindern. Es ist deshalb nicht sicher, ob Cyclodecapentaen aromatisch ist; bei Zimmertemperatur liegt es als valenzisomeres trans-9.10-Dihydronaphthalin vor [1].

Wenn dagegen die 9.10-Position durch eine Gruppierung $-CH_2-$, $-O-$, $-NR-$ überbrückt wird (2.26b), ist diese Valenzisomerisierung unmöglich, und man erhält klar aromatische Systeme, wie an den Ringstromeffekten erkenntlich ist [2a].[2]) Auf diese Weise läßt sich auch ein stabiles [14]-Annulen (2.26c) erhalten [2b].

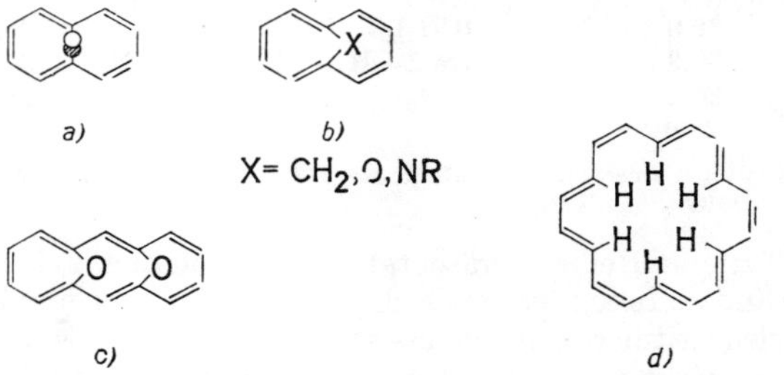

(2.26)

In den höheren Annulenen ist die sterische Hinderung der inneren Wasserstoffatome geringer, z. B. im [18]-Annulen. Diese Verbindungen zeigen deshalb den erwarteten Ringstromeffekt [3].

---

[1] van Tamelen, E. E., u. T. L. Burkoth: J. Amer. chem. Soc. **89**, 151 (1967).
[2a] Vogel, E., u. H. D. Roth: Angew. Chem. **76**, 145 (1964); Vogel, E., u. W. A. Böll: Angew. Chem. **76**, 784 (1964); Vogel, E., M. Biskup, W. Pretzer u. W. A. Böll: Angew. Chem. **76**, 785 (1964).
[2b] Vogel, E., M. Biskup, A. Vogel u. H. Günther: Angew. Chem. **78**, 755 (1966).
[3] Zusammenfassungen: F. Sondheimer: Proc. Roy. Soc. [London] Ser. A **297**, **1449**, 173 (1967); Pure appl. Chem. **7**, 363 (1963); Accounts chem. Res. **5**, 81 (1972); Dewar, M. J. S., u. G. J. Gleicher: J. Amer. chem. Soc. **87**, 685 (1965) (MO-Berechnungen); Vogel, E.: Chimia [Aarau, Schweiz] **22**, 21 (1968) ([10]-Annulene, [14]-Annulene); Haddon, R. C., V. R. Haddon, u. L. M. Jackman: Fortschr. chem. Forsch. **16**, 103 (1971) (NMR-Spektroskopie von Annulenen).

[1]) Als Annulene werden alle cyclischen konjugierten Olefine bezeichnet, ohne Rücksicht darauf, ob sie aromatisch sind oder nicht.
[2]) Die Methylenprotonen im 1.6-Methano-cyclodecapentaen liegen praktisch im Inneren des Moleküls und sind im Gegensatz zu den peripheren Protonen außerordentlich stark diamagnetisch abgeschirmt, so daß im Kernresonanzspektrum Signale bei sehr hohem Feld gefunden werden (<0 ppm, δ-Skala).

2.5. Zur Hyperkonjugation [1]

In ähnlicher Weise wie bei Aromaten ist auch bei Olefinen die relative Stabilität vor allem durch Hydrierversuche ermittelt worden, wobei sich bei konjugierten Olefinen ebenfalls „Resonanzenergien" ergeben, die den gleichen Einschränkungen unterliegen wie bei den Aromaten.

Tabelle 2.27
Hydrierwärmen einiger Olefine[1])

$-\Delta H$ (Exothermizitäten) in kcal/mol

$CH_2=CH_2$	32,8	$(CH_3)_2C=CH_2$	28,4
$R-CH=CH_2$[2])	30,3	trans-$CH_3-CH=CH-CH_3$	27,6
$CH_3-CH=CH_2$	30,1	$(CH_3)_2C=CH-CH_3$	26,9
cis-$CH_3-CH=CH-CH_3$	28,6		

[1]) Kistiakowsky, G. B., u. Mitarb.: J. Amer. chem. Soc. **57**, 65, 876 (1935); **58**, 137, (1936); **59**, 831 (1937).
[2]) R = Äthyl-, iso-Propyl-, tert.-Butyl-.

Die Hydrierwärmen für eine Reihe repräsentativer Monoolefine, vgl. Tabelle 2.27, zeigen jedoch noch eine andere Besonderheit: Entsprechend der kleineren freigesetzten Wärmemenge sind alkylsubstituierte Äthylene energieärmer als das Äthylen, obwohl man nach dem Induktionseffekt der Methylgruppe (+I) das Gegenteil erwarten sollte: die Doppelbindung sollte um so leichter Elektronen aufnehmen, je geringer ihre Elektronendichte ist.

Die Ergebnisse der Hydrierversuche entsprechen einer Reihenfolge der Elektronenabgabe der Alkylgruppen H < höheres Alkyl < CH_3, während die Reihenfolge des Induktionseffektes (+I) H < CH_3 < höheres Alkyl ist.

Ein ganz ähnliches Bild findet sich bei zahlreichen chemischen Reaktionen, in denen die Induktionsreihenfolge ebenfalls nicht erfüllt ist, z. B.: Die Umsetzung von p-Alkylbenzylchloriden mit Pyridin in trockenem Aceton [2] und die Hydrolyse von p-Alkylbenzhydrylchloriden [3] ergaben ebenfalls die nicht dem Induktionseffekt entsprechende Reihenfolge des Substituenteneffekts; Elektronenabgabe: Methyl- < höheres n-Alkyl- < Isopropyl- < tert.-Butyl-.

Dieser zunächst nicht näher zu definierende Effekt wird nach seinen Entdeckern Nathan-Baker-*Effekt* genannt; der Terminus bezieht sich im wesentlichen auf den experimentellen Aspekt. Nach Mulliken [4] kommt der Nathan-Baker-Effekt durch eine über die normale $\pi-\pi$-Wechselwirkung hinausgehende Konjugation zwischen π-Elektronen und σ-Elektronen zustande, die er mit *Hyperkonjugation* be-

[1] Zusammenfassungen: Dewar, M. J. S.: Hyperconjugation, The Ronald Press Comp., New York 1962; Ham, N. S.: Rev. pure appl. Chem. **11**, 159 (1961); Rao, C. N. R.: Nature [London] **187**, 913 (1960); Conference on Hyperconjugation (Symposium), Pergamon Press, London 1959; Tetrahedron [London] **5**, 107 (1959); Becker, F.: Angew. Chem. **65**, 97 (1953); Fortschr. chem. Forsch. **3**, 187 (1955); Baker, J. W.: Hyperconjugation, Clarendon Press, Oxford 1952.
[2] Baker, J. W., u. W. S. Nathan: J. chem. Soc. [London] **1935**, 1840, 1844.
[3] Hughes, E. D., C. K. Ingold u. N. A. Taher: J. chem. Soc. [London] **1940**, 949.
[4] Mulliken, R. S.: J. chem. Physics **7**, 339 (1939); Mulliken, R. S., C. A. Rieke u. W. G. Brown: J. Amer. chem. Soc. **63**, 41 (1941).

2.5. Zur Hyperkonjugation

zeichnet (auch „$\sigma-\pi$-Konjugation" ist gebräuchlich). Nach MULLIKEN ist zum Beispiel in der NATHAN-BAKER-wirksamen Methylgruppe des Toluols den normalen σ-Bindungs-Zuständen (Tetraederfunktion) ein weiterer überlagert, in dem sich das Kohlenstoffatom im trigonalen sp^2-Zustand befindet, also ein p-Orbital besitzt. Dieses p-Orbital kann bei Koplanarität mit den π-Zuständen des aromatischen Kerns in Konjugation treten, so daß die Gesamtenergie sinken muß. Die errechnete Energiedifferenz gegenüber dem reinen sp^3-Zustand beträgt allerdings nur 1,5 kcal/mol.

In der Ausdrucksweise der Resonanztheorie (VB-Methode) stellt sich die Hyperkonjugation als Überlagerung von unpolaren klassischen Strukturen und angeregten hyperkonjugierten dar, in denen ein Wasserstoffatom ionisiert gedacht werden muß:

$$\text{(Strukturformeln)} \tag{2.28}$$

Da die Ionisierung des Wasserstoffatoms bei der CH_3-Gruppe dreimal formuliert werden kann, überlagern sich dem Grundzustand drei ionische Hyperkonjugationsstrukturen, deren „Gewicht" zu einer größeren Energiesenkung führen soll, als es im Falle der $R-CH_2-$ und R_2CH-Gruppe möglich ist, weil hier nur zwei bzw. eine C–H-hyperkonjugierte Grenzstruktur geschrieben werden kann.

Die Übertragung dieser Vorstellungen in die Formelsprache des Chemikers ist möglich, indem man die CH_3-Gruppe als Quasi-Acetylengruppe $-C\equiv H_3$ auffaßt, so daß sich die Hyperkonjugation sehr sinnfällig analog der $\sigma-\pi$-Konjugation darstellen läßt:

$$H_3\!\equiv\!C\!-\!\bigcirc \quad \text{bzw.} \quad H_3\!\equiv\!C\!-\!\bigcirc \quad ; \quad H_3\!\equiv\!C\!-\!CH\!=\!CH_2 \quad \text{bzw.} \quad H_3C\!\equiv\!C\!=\!CH\!=\!CH_2 \tag{2.29}$$

Die Fähigkeit zur Hyperkonjugation wird zunächst auf die C–H-Bindungen beschränkt, weil das Rechenverfahren darauf basiert, daß die Wasserstoffatome wegen ihrer geringen Größe wie Elektronen behandelt werden können. Darüber hinaus wurde jedoch eine „Hyperkonjugation zweiter Art" („isovalente Hyperkonjugation") postuliert, die ganz analog (2.28) zwischen C–C-Bindungen (Ionisierung zu $C^{\ominus}$) existieren soll. Sind schon bei der Hyperkonjugation erster Art die Energiedifferenzen so klein, daß fraglich ist, ob die Deutung MULLIKENs der Realität entspricht, so erscheint die Hyperkonjugation zweiter Art vollends hypothetisch.

Ein wichtiges Argument für die Annahme einer Hyperkonjugation ist die Verkürzung der Einfachbindung zwischen Alkylgruppe und Doppelbindungssystem (vgl. Tab. 1.45). Gegen diese Erklärung spricht jedoch, daß die Bindungsverkürzung unabhängig von der Zahl der Wasserstoffatome und vom Typ des π-Systems ist und besser als Hybridisierungseffekt erklärbar ist [1].

[1a] MULLER, N., u. D. E. PRITCHARD: J. Amer. chem. Soc. **80**, 3483 (1958); PETRO, A. J.: J. Amer. chem. Soc. **80**, 4230 (1958); MICHAJLOV, B. M.: Izvest. Akad. Nauk SSSR **1960**, 1379; DEWAR, M. J. S., u. H. N. SCHMEISING: Tetrahedron [London] **11**, 96 (1960); ZEIL, W.: Angew. Chem. **73**, 751 (1961).

[1b] McGINN, C. J.: J. chem. Physics **35**, 1511 (1961).

Auch die in Tabelle 2.27 angeführten Ergebnisse lassen sich auf diese Weise erklären [1]: Zunächst ist nicht mit dem Hyperkonjugationskonzept vereinbar, daß Methyl-, Isopropyl- und tert.-Butyläthylen die gleiche Hydrierwärme besitzen. Weiterhin sind die Unterschiede in den Hydrierwärmen recht genau additiv: Für jede Methylgruppe sind vom Wert für Äthylen 2,6 kcal/mol abzuziehen; geminale und cisständige vicinale Methylgruppen ergeben Abstoßungseffekte, so daß bei entsprechenden Verbindungen eine Korrektur addiert werden muß: 1.2-Dimethyl- $+0,9$ kcal/mol, cis-1.2-Dimethyl- $+1,1$ kcal/mol.

Viele Erscheinungen — vor allem bei Abwesenheit von Lösungsmitteln oder in unpolaren Lösungsmitteln — sind auch ohne Hyperkonjugationseffekte erklärbar [2, 3].

Obwohl die Kontroversen über die Hyperkonjugation noch andauern, kann doch gesagt werden, daß Hyperkonjugation im Grundzustand von Verbindungen keine Rolle spielen dürfte.

Zur Erklärung werden Solvatationsunterschiede [3, 4], Masseeffekte [5], Orbitalabstoßungseffekte [6] und Polarisierbarkeitseffekte postuliert. Wahrscheinlich wirken mehrere Ursachen zusammen.

In neuester Zeit wird allerdings die Hyperkonjugation mehrfach herangezogen, um Stabilisierungsvorgänge in Carboniumionen zu erklären [7], was mit Ergebnissen von MO-Berechnungen [8] in Einklang steht.

Da das Konzept der Hyperkonjugation zwar bequeme Erklärungen zuläßt, aber trotzdem nicht hinreichend gesichert erscheint, werden wir in diesem Buche keinen Gebrauch davon machen.

[1] Vgl. [1b] S. 79.
[2] CUMPER, C. W. N., A. I. VOGEL u. S. WALKER: J. chem. Soc. [London] **1957**, 3640 (Dipolmomente); HARTMANN, H., M. B. SVENDSEN: Z. physik. Chem. [Frankfurt/M.] **11**, 16 (1957) (Ionisationspotentiale).
[3] BURAWOY, A., u. E. SPINNER: J. chem. Soc. [London] **1955**, 2085; SCHUBERT, W. M, u. Mitarb.: J. Amer. chem. Soc. **79**, 910 (1957); Tetrahedron [London] **5**, 194 (1959); J. org. Chemistry **24**, 943 (1959); Tetrahedron [London] **17**, 199 (1962) (UV-Spektren und ihre Lösungsmittelabhängigkeit).
[4] CLEMENT, R. A., u. J. N. NAGHIZADEH: J. Amer. chem. Soc. **81**, 3154 (1959); CLEMENT, R. A., J. N. NAGHIZADEH u. M. R. RICE: J. Amer. chem. Soc. **82**, 2449 (1960); SCHUBERT, W. M., R. G. MINTON: J. Amer. chem. Soc. **82**, 6188 (1960); OKAMOTO, Y., T. INUKAI u. H. C. BROWN: J. Amer. chem. Soc. **80**, 4972 (1958).
[5] SCOTT, J. M. W.: Tetrahedron Letters [London] **1962**, 373.
[6] BARTELL, L. S.: J. Amer. chem. Soc. **83**, 3567 (1961); vgl. BASU, S.: J. chem. Physics **30**, 314 (1959); BROWNLEE, R. T. C., u. R. W. TAFT: J. Amer. chem. Soc. **90**, 6537 (1968); vgl. [5] S. 69.
[7] SHINER, V. J., W. E. BUDDENBAUM, B. L. MURR u. G. LAMATY: J. Amer. chem. Soc. **90**, 418 (1968); BROWN, H. C., u. R. A. WIRKKALA: J. Amer. chem. Soc. **88**, 1453 (1966); SERVIS, K. L., S. BORCIC u. D. E. SUNKO: Tetrahedron [London] **24**, 1247 (1968); YONEZAWA, T., H. NAKATSUJI u. H. KATO: J. Amer. chem. Soc. **90**, 1239 (1968); BOLTON, J. R., A. CARRINGTON u. A. D. MCLACHLAN: Molecular Physics **5**, 31 (1962).
[8] EHRENSON, S.: J. Amer. chem. Soc. **84**, 2681 (1962); **83**, 4493 (1961); HOFFMANN, R.: J. chem. Physics **40**, 2480 (1964).

2.6. Die quantitative Erfassung der polaren Effekte von Substituenten. Lineare-Freie-Energie-Beziehungen [1]

2.6.1. Allgemeine Grundlagen

Obwohl es Ansätze gibt, die Einflüsse von Substituenten auf einem rein theoretischen Wege abzuleiten (vgl. unten), kommt gegenwärtig der halbtheoretischen Behandlung die größte praktische Bedeutung zu.

Als Grundlage können Gleichgewichtskonstanten oder Reaktionsgeschwindigkeitskonstanten chemischer Reaktionen dienen, für die gilt:

$$\Delta G° = -RT \ln K_{\text{Äqu}} = -2{,}3\,RT \lg K_{\text{Äqu}} \quad \text{Gleichgewichte} \quad (2.30\text{a})$$

$$\Delta G^{\ne} = -RT \ln k_r + C = -2{,}3\,RT \lg k_r + C \text{ Reaktions-}$$
$$\text{geschwindigkeiten.} \quad (2.30\text{b})$$

Wir betrachten den Einfluß eines elektronenanziehenden meta- oder para-ständigen Substituenten X auf die Dissoziationskonstante der betreffenden Benzoesäure (vgl. Übersicht 2.31).

Die Art der polaren Wechselwirkung auf die Dissoziation bleibt offen, das heißt, Induktions-(Feld-)Effekt und Mesomerieeffekt werden gemeinsam betrachtet.

Durch die Entfernung des meta- bzw. para-Substituenten vom Reaktionszentrum sind sterische Einflüsse mit Sicherheit ausgeschaltet.

Das abgespaltene Proton existiert nicht frei, sondern wird vom basischen Lösungsmittel gebunden, das die Dissoziation überhaupt erst auslöst und deshalb allgemein als Reagens R bezeichnet werden soll.

Die Wirkung des Substituenten X auf die Reaktion sei mit s bezeichnet, multipliziert mit einem Faktor α, der dem Weiterleitungsmechanismus (Induktionseffekt, Mesomerieefekt) und der Empfindlichkeit gegenüber den vom Reaktionszentrum ausgehenden elektronischen Anforderungen Rechnung trägt.

[1a] JAFFÉ, H. H.: Chem. Reviews **53**, 191 (1953).
[1b] TAFT, R. W., in: Steric Effects in Organic Chemistry, John Wiley & Sons, Inc., New York 1956, Kap. 13.
[1c] PALM, V. A.: Usp. Chim. **30**, 1069 (1961); Grundlagen der quantitativen Theorie organischer Reaktionen, Izdatelstvo „Chimia", Leningrad 1967; Akademie-Verlag, Berlin 1971.
[1d] WELLS, P. R.: Chem. Reviews **63**, 171 (1963); Linear Free Energy Relationships, Academic Press, London 1968.
[1e] EHRENSON, S.: Progr. phys. org. Chem., Bd 2, Interscience Publishers, New York/London/Sidney 1964, S. 145.
[1f] RITCHIE, C. D., u. W. F. SAGER, ibid. S. 323.
[1g] ŽDANOV, J. A., u. V. I. MINKIN: Korrelationsanalyse in der organischen Chemie, Izdatelstvo Rostovskogo Universiteta 1966.
[1h] EXNER, O.: Chem. Listy **53**, 1302 (1959).

Übersicht 2.31
HAMMETT-Beziehung. Ableitung, Definitionen und Folgerungen

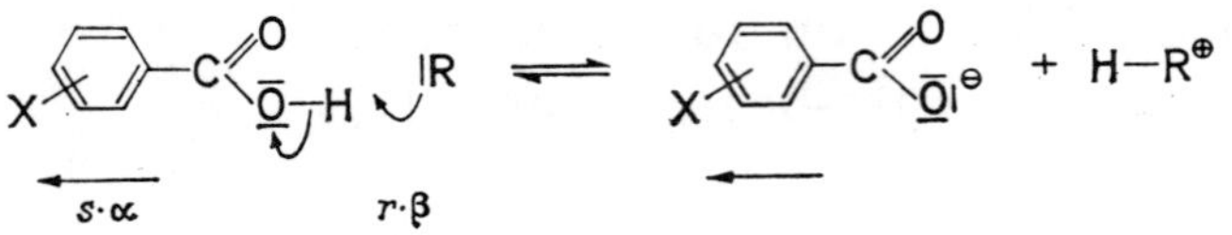

a)

$$\lg k_x = s\alpha \cdot r\beta \qquad \text{b)}$$
$$\lg k_0 = s_0\alpha \cdot r\beta \qquad \text{c)}$$

$$\lg k_x - \lg k_0 = \lg \frac{k_x}{k_0} = r\beta(s - s_0)\alpha \qquad \text{d)}$$

Für $s_0 = 0$
$s\alpha \equiv \sigma$
$r\beta \equiv \varrho$

$$\lg \frac{k_x}{k_0} = \varrho\sigma \qquad \text{e)}$$

$$\lg k_x = \varrho\sigma + \lg k_0 \qquad \text{f)}$$

$$\lg \frac{k_x}{k_0} = \varrho \sum \sigma \qquad \text{g)}$$

$$P - P_0 = \gamma \cdot \sigma \qquad \text{h)}$$
P = energieproportionale Eigenschaft

Definitionen:
i) k gilt sowohl für Gleichgewichtskonstanten wie auch für Reaktionsgeschwindigkeitskonstanten.
j) Substitutionseffekt des Wasserstoffatoms unter allen Bedingungen: $\sigma_H = 0$
k) Dissoziation von Benzoesäuren in Wasser bei 25°C: $\varrho = +1$

Folgerungen:
l) ϱ positiv, wenn Positivierung des Reaktionszentrums Reaktion begünstigt
   Kennzeichen für nucleophile Reaktion
m) ϱ negativ, wenn Negativierung des Reaktionszentrums Reaktion begünstigt
   Kennzeichen für elektrophile Reaktion
n) σ positiv, wenn Substituent Reaktionszentrum positiviert ($-$I- und $-$M-Substituenten)
o) σ negativ, wenn Substituent Reaktionszentrum negativiert ($+$I- und $+$M-Substituenten)
p) $|\varrho|$ klein: sehr reaktionsfähiges Reagens
q) $|\varrho|$ groß: wenig reaktionsfähiges Reagens

Analog ist die vom Reagens ausgehende Wirkung r ebenfalls mit einem Suszeptibilitätsfaktor (β) zu multiplizieren. Beide Einflüsse gehen als Faktoren in die Freie Enthalpie (2.30) ein, so daß für die Reaktionsgeschwindigkeits- bzw. Gleichgewichtskonstante k unter Benutzung des dekadischen Logarithmus und Vernachlässigung des Zahlenfaktors 2,3 RT (2.31b) gilt. Analog erhält man für die unsubstituierte

Verbindung (X = H) die Beziehung (2.31 c). Da absolute Energien schwer und nur wenig genau zu ermitteln sind, gehen wir zu Relativwerten über und bilden die Differenz (2.31 b bis 2.31 c). Es wird als Definition festgelegt, daß der Substituenteneffekt des Wasserstoffatoms Null sein soll (vgl. (2.3)). Wenn nunmehr außerdem die komplexe Natur des Substituenteneffekts und des Reagenseinflusses zunächst vernachlässigt und $\alpha s \equiv \sigma$ und $\beta r \equiv \varrho$ gesetzt wird, erhält man die einfache Beziehung (2.31 e). Diese Gleichung wurde empirisch von HAMMETT [1] gefunden (HAMMETT-Beziehung) und ist der Prototyp einer ganzen Reihe derartiger Beziehungen, die Substituenteneffekte mit der freien Enthalpie bzw. Energie linear verknüpfen und deshalb *Lineare-Freie-Energie-Beziehungen* (englisch = Linear Free Energy Relationship, *LFER*) genannt werden.

Die HAMMETT-Beziehung besagt, daß der Logarithmus der auf den Grundkörper mit X = H (in unserem Beispiel: Benzoezäure) bezogenen relativen Reaktionsgeschwindigkeits- oder Gleichgewichtskonstante linear von der Wirkung σ des Substituenten X abhängt. σ wird als *Substituentenkonstante*, der Proportionalitätsfaktor ϱ als *Reaktionskonstante* bezeichnet. Die Reaktionskonstante ϱ faßt alle Einflüsse der Umgebung zusammen und muß für jedes Reagens, das Lösungsmittel und die betreffende Reaktionstemperatur besonders ermittelt werden.

Die Beziehung hat im allgemeinen — wenn auch nicht umfassend — Gültigkeit bei mehrfach substituierten Benzolderivaten (2.31 g) [2].

Freie-Energie-Beziehungen können auch zur Korrelation von Substituenteneffekten mit physikalischen Eigenschaften herangezogen werden, z. B. Lage und Intensität von UV- und IR-Absorptionsbanden, chemische Verschiebungen im Kernresonanzspektrum, Dipolmomente, polarographische Halbstufenpotentiale. Sofern diese Eigenschaften unmittelbar Energieparameter darstellen, müssen die Freie-Energie-Beziehungen in der Form (2.31 h) angewandt werden. Das gilt auch für die Korrelation mit dem Dipolmoment, weil dieses ebenso wie die Substituentenkonstante linear mit der Ladungsdichte am betreffenden Atom verknüpft ist.

Durch Definition wird festgelegt, daß die Reaktionskonstante für die formulierte Dissoziation meta- bzw. para-substituierter Benzoesäuren in Wasser bei 25°C gleich eins ist, das heißt, die relativen Dissoziationskonstanten (thermodynamische Werte) $\lg K_X - \lg K_H = pK_H - pK_X$ ergeben unmittelbar die Substituentenkonstanten σ der Substituenten X, die ihrerseits benutzt werden können, um weitere Reaktionskonstanten für beliebige Umsetzungen zu ermitteln.

Derartige aus thermodynamischen pK-Werten bestimmte Substituentenkonstanten sind in Tabelle 2.32 aufgeführt.

Wenn das Produkt $\varrho\sigma$ für die Umsetzung (2.31 a) positives Vorzeichen hat (ϱ, σ positiv), ist die Säurestärke der substituierten Verbindung gegenüber der Benzoesäure erhöht. Das ist — wie in (2.31 a) formuliert — bei elektronenanziehenden Substituenten der Fall (−I-, −M-Substituenten), d. h., ein positives Vorzeichen von σ entspricht einem negativen Vorzeichen des Induktions- bzw. Mesomerieeffekts. Das umgekehrte Vorzeichen rührt daher, daß beim Induktions- bzw. Mesomerieeffekt

---

[1] HAMMETT, L. P.: Chem. Reviews **17**, 125 (1953); Trans. Faraday Soc. **34**, 156 (1938); die oben gegebene Ableitung entspricht qualitativ etwa der von HINE, J.: J. Amer. chem. Soc. **82**, 4877 (1960); vgl. HINE, J.: Reaktivität und Mechanismus in der organischen Chemie, 2. Aufl., Georg Thieme Verlag, Stuttgart 1966, S. 82.
[2] Vgl. EXNER, O.: Collect. czechoslov. chem. Commun. **25**, 1044 (1960).

Tabelle 2.32
Substituentenkonstanten[1])

Nr.	Substituent	σ_m [2])	σ_p [2])	σ_p^+ [3])	σ_I [4,5])	σ^* [6,7])
1	H	0	0	0	0	+0,49
2	$O^\ominus$	−0,708*	−0,519*		−0,512	(−5,0)
3	$COO^\ominus$	−0,100	0,00	−0,023	−0,17	−1,45
4	Me	−0,069	−0,170	−0,311	−0,05	0,00
5	Et	−0,07	−0,151	−0,295	−0,05	−0,10
6	i-Pr		−0,151	−0,280	−0,03	−0,19
7	t-Bu	−0,10	−0,197	−0,256	−0,07	−0,30
8	Cyclopropyl	−0,07	−0,21	−0,41	−0,03	+0,11
9	CF_3	+0,43	+0,54	+0,612	+0,42	+2,6
10	Ph	+0,06	−0,01	−0,179	+0,10	+0,60
11	$CH=CH_2$				+0,05	+0,40
12	$C\equiv CH$	+0,205	+0,233	+0,179	+0,05	+1,43
13	OH	+0,121	−0,37	−0,92	+0,25	+1,55
14	OMe	+0,115	−0,268	−0,778	+0,26	+1,45
15	OPh	+0,252	−0,320	−0,5	+0,38	+2,38
16	OCOMe	+0,39	+0,31		+0,39	
17	NH_2	−0,16	−0,66	−1,3	+0,10	
18	NMe_2	−0,211*	−0,84	−1,7	+0,10	
19	NHCO Me	+0,21	−0,010	−0,6	+0,27	
20	F	+0,337	+0,062	−0,073	+0,52	+3,1
21	Cl	+0,373	+0,227	+0,114	+0,47	+2,9
22	Br	+0,391	+0,232	+0,150	+0,45	+2,8
23	J	+0,352	+0,18	+0,135	+0,40	+2,36
24	SMe	+0,15	0,00	−0,604	+0,19	
25	COMe	+0,376	+0,502		+0,29	+1,65
26	COOH	+0,37	+0,45		+0,28	+1,75
27	COOEt	+0,37	+0,45		+0,30	+1,85
28	$CONH_2$	+0,280*	+0,431		+0,34	+2,1
29	CN	+0,56	+0,660		+0,56	+3,6
30	SOMe	+0,52	+0,49		+0,56	
31	SO_2Me	+0,60	+0,72		+0,62	+3,7
32	NO_2	+0,710	+0,778		+0,63	+3,9
33	$N_2^\oplus$	+1,760	+1,910		+1,46	
34	$NH_3^\oplus$	+0,634*			+0,60	
35	$NMe_3^\oplus$	+0,88	+0,82		+0,90	+5,3
36	$SMe_2^\oplus$	+1,00	+0,90			
%R-Anteil		22 ± 0	53 ± 0	66 ± 5	0 ± 5	6 ± 4

[1]) Die Standardabweichungen betragen etwa ±0,02 ... 0,03.
[2]) McDaniel, D. H., u. H. C. Brown: J. org. Chemistry 23, 420 (1958).
(*) mit Sternchen markierte Werte: Jaffé, H. H.: Chem. Reviews 53, 191 (1953).
[3]) Brown, H. C., u. Y. Okamoto: J. Amer. chem. Soc. 80, 4979 (1958).
[4]) Charton, M.: J. org. Chemistry 29, 1222 (1964); Roberts, J. D., u. W. T. Moreland: J. Amer. chem. Soc. 75, 2167 (1953); Taft, R. W., u. Mitarb.: J. Amer. chem. Soc. 85, 709, 3146 (1963); Holtz, H. D., u. L. M. Stock: J. Amer. chem. Soc. 86, 5188 (1964).
[5]) $\sigma_I = 0,16\ \sigma^*$.
[6]) Taft, R. W.: J. Amer. chem. Soc. 74, 3120 (1952); 75, 4231 (1953).
[7]) Man beachte, daß die σ^*-Konstanten von substituierten Essigsäuren mit $\sigma^*_{CH_3} = 0$ abgeleitet sind. Es gilt $\sigma_I = 0,45 \times \sigma^*_{CH_2X} = 0,16 \cdot \sigma_X^*$, vgl. S. 90.

definitionsgemäß der vom Substituenten angenommene Ladungssinn angegeben wird, bei der Substituentenkonstante dagegen die Wirkung des Substituenten auf das Reaktionszentrum.

Umgekehrt haben die Substituentenkonstanten von +I- und +M-Substituenten ein negatives Vorzeichen; das Produkt $\varrho\sigma$ für die Dissoziation derartig substituierter Benzoesäuren wird dann negativ, d. h., sie sind schwächer sauer als Benzoesäure.

Eine analoge Definition des Vorzeichens gilt für die Reaktionskonstante: Reaktionen, die durch Positivierung (Negativierung) des Reaktionszentrums begünstigt werden, sind durch eine positive (negative) Reaktionskonstante gekennzeichnet. Da die Acidität der Benzoesäuren im Beispiel (2.31) durch Positivierung der Carboxyl-OH-Gruppe erhöht wird, muß ϱ also positiv sein.

Das Reagens R in (2.31) greift das Substrat nucleophil an. Der Reaktionsmechanismus ist damit global bestimmt. Das ist von größter Wichtigkeit, denn auf diese Weise läuft die Bestimmung von ϱ auf die Ermittlung von Reaktionsmechanismen hinaus: Positives ϱ entspricht einem nucleophilen Mechanismus, negatives ϱ einem elektrophilen Mechanismus.

Die HAMMETT-Beziehung und andere Freie-Energie-Beziehungen stellen Gleichungen für Geraden dar und werden deshalb zweckmäßig graphisch ausgewertet, indem man die experimentell ermittelten Werte für lg (k_{X_i}/k_H) gegen die zugehörigen σ_i-Werte der Substituenten X_i aufträgt. Die Steigung der Geraden ist die Reaktionskonstante. Die Auftragung nach (2.31f) gibt die gleiche Steigung; lg k_H erscheint dann als Ordinatenabschnitt.[1]

HAMMETT-Diagramme sind z. B. in den Bildern 4.25, 6.36 und 7.68 dargestellt. Generell sollten derartige Diagramme auf wenigstens vier bis fünf Meßpunkten beruhen, die einem möglichst großen Bereich der Substitutuentenkonstanten σ entsprechen, zweckmäßig m-NO$_2$, p-NO$_2$, m-Cl, H, p-Me-, p-MeO-.[2] Man spricht dann von einer Reaktionsserie.

Wie man aus der Formulierung (2.31a) leicht erkennt, sind Substituentenkonstante und Reaktionskonstante nicht völlig unabhängig voneinander, da Zug und Druck in den durch Pfeile dargestellten Wirkungen nicht unterschieden werden können. Der Substituenteneinfluß wirkt sich deshalb auf den Suszeptibilitätsfaktor β aus und umgekehrt ϱ auf α.

Bei sehr energischen Reagenzien ist keine große Mithilfe durch die auf das Reaktionszentrum wirkenden Substituenten erforderlich, und ϱ hat infolge des konstanten Wertes von σ einen kleinen absoluten Zahlenwert (unabhängig vom Vorzeichen); umgekehrt ist ϱ bei wenig reaktiven Reagenzien groß. Es stellt demzufolge ein Maß für den Elektronenbedarf der betreffenden Reaktion dar.

Die bisher besprochenen Definitionen und Zusammenhänge sind in der Übersicht 2.31 zusammengefaßt.

---

[1] Diese Auftragung ist häufig vorzuziehen, da die Bestimmung von k_H prinzipiell nicht genauer ist als die der anderen Werte und man außerdem den zusätzlichen Punkt für k_H gewinnt.

[2] Durch Einbeziehung von p-NO$_2$ bzw. p-CH$_3$O kann man feststellen, ob etwa σ^-- bzw. σ^+-Konstanten (siehe weiter unten) verwendet werden müssen.

2.6.2. Substituentenkonstanten [1]

2.6.2.1. Elektrophile Substituentenkonstanten σ^+. Nucleophile Substituentenkonstanten σ^-

Da wir den Suszeptibilitätsfaktor α mit in die Substituentenkonstante σ einbezogen haben, wird es notwendig, für den gleichen Substituenten verschiedene Substituentenkonstanten für die para- bzw. meta-Position (σ_p bzw. σ_m) zu benutzen, deren Entfernung und Dipolorientierung zum Reaktionszentrum unterschiedlich ist; auch im Übertragungsmechanismus gibt es Unterschiede (vgl. weiter unten).

Die O—H-Bindung der Carboxylgruppe im Modell (2.31) ist elektronisch vom aromatischen Kern im wesentlichen isoliert. Mesomerieeinflüsse eines Substituenten wirken sich deswegen hauptsächlich auf den aromatischen Kern aus. Bei anderen Reaktionszentren kann diese Isolierung aufgehoben sein, z. B. in Verbindungen vom Benzyltyp (2.33), bei denen ein im Verlauf der Reaktion entstehendes stärkeres Elektronendefizit (im Grenzfall entsteht ein Carboniumion oder ein Radikal) durch Resonanz eines geeigneten Substituenten X mehr oder weniger ausgeglichen werden kann:

$$\overset{\frown}{X}-\underset{R}{\overset{R}{\bigcirc}}-\overset{R}{\underset{R}{C}}-Y \longrightarrow \overset{\oplus}{X}=\bigcirc=C\overset{R}{\underset{R}{\diagdown}} \longleftrightarrow \overline{X}-\bigcirc-\overset{\oplus}{C}\overset{R}{\underset{R}{\diagdown}} \quad (2.33)$$

Das konjugationsfähige System wird also entsprechend verlängert, was sich — da ja ϱ für die gesamte Reaktionsserie gelten soll — auf das Suszeptibilitätsglied im Produkt $\alpha \cdot s$ auswirkt. Bei Verwendung der summarischen Konstanten σ ist es deshalb notwendig, der größeren Resonanzbeanspruchung durch Sonderkonstanten Rechnung zu tragen. Diese Konstanten werden *elektrophile Substituentenkonstanten* genannt und mit dem Symbol σ^+ bezeichnet. Sie sind schwächer positiv bzw. stärker negativ als die σ_p-Werte.

Die Elektronendelokalisierung vom Typ (2.33) ist natürlich nur aus der para-Position heraus und nur bei Substituenten mit Elektronendonatoreigenschaften möglich. σ^+-Konstanten gelten deshalb nur für para-Substituenten mit $+$M-Effekt, während para-Substituenten mit $-$M-Effekt und alle meta-Substituenten ihre üblichen HAMMETT-σ-Werte behalten.

σ_p^+-Konstanten wurden aus Geschwindigkeitskonstanten der Hydrolyse von tert.-Cumylchloriden (2,33, R = CH_3, Y = Cl) in 90%igem wäßrigem Aceton bei 25 °C bestimmt [2, 3]; eine Auswahl ist in Tabelle 2.32 mit aufgeführt.

---

[1] SCHOTT, G.: Z. Chem. **6**, 321 (1966).
[2] BROWN, H. C., u. Y. OKAMOTO: J. Amer. chem. Soc. **79**, 1913 (1957); **80**, 4979 (1958); J. org. Chemistry **22**, 485 (1957).
[3] STOCK, L. M., u. H. C. BROWN, in: Advances in Physical Organic Chemistry, Vol. 1, Academic Press, New York/London 1963, S. 35.

Die elektrophilen Substituentenkonstanten sind besonders wichtig für die Behandlung der elektrophilen Substitution an aromatischen Verbindungen, die mit den normalen HAMMETT-σ-Konstanten generell schlechte Korrelationen ergibt (vgl. Kapitel 7.). Die Notwendigkeit, in einer Reaktionsserie σ^+-Konstanten verwenden zu müssen, um eine gute Korrelation zu erhalten, läßt umgekehrt wichtige Rückschlüsse auf den elektronischen Charakter des Reaktionszentrums zu (vgl. z. B. Abschn. 4.7.1.).

Da die Mesomeriebeanspruchung durch das Reaktionszentrum in Verbindungen vom Typ (2.33) von Reaktion zu Reaktion variieren kann, je nachdem, wie stark sich das Elektronendefizit am Reaktionsort entwickelt, erhält man auch bei Verwendung der σ^+-Konstanten nicht immer gute Korrelationen.

Für diese Fälle wurde eine gleitende Skala des Substituenteneffekts vorgeschlagen [1]:

$$\lg (k/k_0) = \varrho(\sigma + r\Delta\sigma_{R^+}) \text{ mit } \Delta\sigma_{R^+} = \sigma^+ - \sigma \tag{2.34}$$

(YUKAWA-TSUNO-Beziehung)

Der Koeffizient r muß experimentell für jede Reaktionsserie besonders ermittelt werden; die Einfachheit der HAMMETT-Beziehung geht auf diese Weise verloren.

Die Deprotonierung von Phenolen bzw. Protonierung von Anilinen, die starke −M-Substituenten (z. B. COR, NO_2) in para-Stellung enthalten, kann andererseits nur gut korreliert werden, wenn man für diese Substituenten besonders stark positive σ-Werte verwendet (*nucleophile Substituentenkonstanten* σ^-), die der starken Mesomerie in den Ausgangsverbindungen Rechnung tragen [2]. Diese Konstanten haben jedoch geringere Bedeutung als die σ^+-Werte.

2.6.2.2. Induktive Substituentenkonstanten

Die bisher genannten σ-Konstanten geben die Substituentenwirkung global als Elektronendruck oder Elektronenzug wieder, wobei der Übertragungsmechanismus nicht spezifiziert wird.

Während die sichere Unterscheidung zwischen Induktionseffekt (im engeren Sinne) und Feldeffekt bisher noch nicht möglich ist, gelingt es, den Induktions-(Feld-)Effekt frei von Mesomerieanteilen zu bestimmen. Hierzu schaltet man entweder den bei kernsubstituierten Benzoesäuren nicht völlig unterbundenen Mesomerieeffekt (vgl. unten) aus, indem man gesättigte Gruppen (sp^3-hybridisierte Gruppen) zwischen Substituenten und Reaktionszentrum einbaut, oder man gliedert den globalen Effekt (gemessen durch die normale HAMMETT-σ-Konstante) rechnerisch in Induktions- und Mesomerieanteil auf.

---

[1] TSUNO, Y., T. IBATA u. Y. YUKAWA: Bull. chem. Soc. Japan **32**, 960 (1959); YUKAWA, Y., u. Y. TSUNO: Bull. chem. Soc. Japan **32**, 965, 971 (1959); Kritik an diesen Vorstellungen vgl. [3] S. 86.
[2] HAMMETT, L. P.: J. Amer. chem. Soc. **59**, 96 (1937); vgl. COHEN, L. A., u. W. M. JONES: J. Amer. chem. Soc. **85**, 3397 (1963); LEWIS, E. S., u. M. D. JOHNSON: J. Amer. chem. Soc. **81**, 2070 (1959).

2.6.2.2.1. σ_I-, σ^*-Konstanten. Die Taft-Beziehung [1]

4-substituierte Bicyclo-[2.2.2]-octan-1-carbonsäuren (2.35) haben eine ganz ähnliche Geometrie und den gleichen starren Bau wie 4-substituierte Benzoesäuren. Für die Dissoziationskonstanten einer Reaktionsserie kann deshalb die gleiche Reaktionskonstante eingesetzt werden wie für Benzoesäure.[^1])

$$X-\underset{}{\bigcirc}-COOH \;\xrightleftharpoons{50\%\text{iger EtOH}}\; X-\underset{}{\bigcirc}-COO^\ominus + H^\oplus \tag{2.35}$$

$$\sigma'\text{-Konstanten} \qquad \sigma' = \frac{1}{1{,}522}\lg\frac{k_x}{k_0}$$

Die auf diese Weise erhaltenen Konstanten, σ' [2], spiegeln den reinen Induktions-(Feld-)Effekt der 4-Substituenten wider, da konjugative Wechselwirkungen in diesem gesättigten System unmöglich sind. Sie sind praktisch identisch mit den auf anderen Wegen zu erhaltenden σ_I-Konstanten (siehe weiter unten).

Da die erforderlichen Verbindungen schwer herstellbar sind, konnten bisher nur 14 σ'-Konstanten bestimmt werden.

Bei der sauren Hydrolyse von substituierten Carbonsäureestern wird in einem vorgelagerten Gleichgewicht ein Proton und darauf im geschwindigkeitsbestimmenden Schritt Wasser angelagert (vgl. (2.36)):

$$
\begin{array}{l}
\text{a)}\; X-CH_2-C\!\!\begin{array}{c}\diagup O\\\diagdown OR\end{array} \;\;
\text{b)}\; +H^\oplus \rightleftharpoons X-CH_2-C\!\!\begin{array}{c}^\oplus\diagup OH\\\diagdown OR\end{array} \;\xrightleftharpoons[-H_2O]{+H_2O}\;
\text{c)}\; X-CH_2-C\!\!\begin{array}{c}\diagup OH\\\diagdown OR\end{array}\!OH_2^\oplus \rightarrow \text{Produkte}\\
\text{d)}\; +HO^\ominus \rightleftharpoons X-CH_2-C\!\!\begin{array}{c}\diagup \overline{O}|^\oplus\\\diagdown OR\end{array}\!OH \rightarrow \text{Produkte}
\end{array}
\tag{2.36}
$$

Der erste Schritt wird durch Elektronendonatoren, der zweite umgekehrt durch Elektronenakzeptoren begünstigt. Diese beiden Anforderungen an Substituenten, z. B. in meta- oder para-substituierten Benzoesäureestern, heben sich ungefähr auf, und man findet für die saure Hydrolyse derartiger Systeme meist eine Reaktionskonstante $\varrho \approx 0$. Die Reaktionsgeschwindigkeit wird demnach durch polare Einflüsse der Substituenten nicht beeinflußt, sondern hängt lediglich von den sterischen Verhältnissen ab.

---

[1] TAFT, R. W.: J. Amer. chem. Soc. 74, 2729, 3120 (1952); 75, 4231 (1953); Zusammenfassung: TAFT, R. W., in: Steric Effects in Organic Chemistry, John Wiley & Sons, Inc., New York 1956, Kap. 13.
[2] ROBERTS, J. D., u. W. T. MORELAND: J. Amer. chem. Soc. 75, 2167 (1953); vgl. HOLTZ, H. D., u. L. M. STOCK: J. Amer. chem. Soc. 86, 5188 (1964); BAKER, F. W., R. C. PARISH u. L. M. STOCK: J. Amer. chem. Soc. 89, 5677 (1967).

[^1]) Aus Löslichkeitsgründen muß in 50%igem Äthanol gearbeitet werden, so daß nicht $\varrho = 1$ gilt, sondern $\varrho = 1{,}522$.

2.6.2. Substituentenkonstanten

Im geschwindigkeitsbestimmenden Schritt sowohl der sauren wie auch der alkalischen Verseifung entsteht ein tetraedrisches Zwischenprodukt (2.36 c bzw. d), in dem keine Mesomeriewechselwirkung mit dem Substituenten möglich ist. Die beiden Zwischenprodukte unterscheiden sich nur durch zwei wenig raumfüllende Protonen, so daß die sterischen Verhältnisse sicher sehr ähnlich sind.

TAFT stellte eine erweiterte HAMMETT-Beziehung auf, in der die Wirkung der Substituenten in einen rein induktiven Teil (σ^*) und einen sterischen Teil (E_S) aufgegliedert wird:

$$\lg(k/k_0) = \varrho^*\sigma^* + \delta E_S. \tag{2.37}$$

Der Proportionalitätsfaktor δ stellt die „sterische" Reaktionskonstante dar.

Bei der Verseifung rein aliphatischer Ester, z. B. von α-substituierten Essigsäureestern, ist keine Resonanz möglich. Die sauer katalysierte Reaktion hängt — wie eben erläutert — nicht nennenswert vom Induktionseinfluß ab und liefert unmittelbar den sterischen Anteil δE_S:

$$\lg (k/k_0)_A = \delta E_S. \tag{2.38}$$

Da die sterischen Einflüsse bei der sauer (A) und alkalisch (B) katalysierten Reaktion ungefähr gleich sind, kann die folgende Beziehung aufgestellt werden, in der die sterischen Einflüsse eliminiert sind:

$$\lg (k/k_0)_B - \lg (k/k_0)_A = (\varrho_B - \varrho_A)\, \sigma^*. \tag{2.39}$$

Für ($\varrho_B - \varrho_A$) der Reaktion in wäßrigem Alkohol oder Aceton wird empirisch 2,48 gesetzt (das entspricht etwa der Reaktionskonstante der alkalischen Hydrolyse von Benzoesäureestern), wodurch der Anschluß an die HAMMETT-Reaktionskonstanten geschaffen wird. Man erhält so eine neue Substituentenkonstante

$$\sigma^* \equiv \frac{1}{2,48} \lg \left(\frac{k}{k_{CH_3}}\right)_B - \lg \left(\frac{k}{k_{CH_3}}\right)_A. \tag{2.40}$$

Durch das Sternchen wird angedeutet, daß σ^* weder nach Herkunft noch nach dem Zahlenwert mit den HAMMETT-σ-Konstanten identisch ist. In (2.40) wurde außerdem statt k_0 k_{CH_3} geschrieben, um auf den wichtigen Umstand hinzuweisen, daß als Standardverbindung die Essigsäure bzw. ihre Derivate gewählt wurden, das heißt, im Gegensatz zur HAMMETT-Beziehung ($\sigma_H = 0$) ist hier $\sigma^*_{CH_3} = 0$, und σ_H^* erhält deshalb einen von Null verschiedenen Wert ($\sigma_H^* = +0,49$). σ^*-Konstanten sind in Tabelle 2.32 mit aufgeführt.

Da die σ^*-Konstanten nach (2.40) bestimmt werden können, lassen sich damit beliebige ϱ^*-Werte ermitteln, wobei eine der HAMMETT-Gleichung analoge Beziehung gilt (TAFT-Gleichung):

$$\lg (k/k_0) = \varrho^*\sigma^* \quad \text{bzw.} \quad \lg (k/k_0) = \varrho^*\sum \sigma^* \tag{2.41}$$

TAFT-*Beziehung*

Für die Dissoziation α-substituierter Essigsäuren in Wasser bei 25 °C ergibt sich $\varrho^* = +1,72$. Der gegenüber den Benzoesäuren erhöhte Wert ist plausibel und mit der geringeren Entfernung zwischen Substituenten und Reaktionszentrum gut erklärbar.

Die σ^*-Werte sind zwar dem Maßstab der HAMMETT-Beziehung angepaßt, aber noch nicht unmittelbar vergleichbar. Die volle (empirische) Anpassung wird durch die induktiven Substituentenkonstanten σ_I hergestellt:

$$\sigma_\mathrm{I} = 0{,}45\ \sigma^*_{\mathrm{CH_2X}} = \frac{0{,}45}{2{,}8}\ \sigma_\mathrm{X}^* = 0{,}16\ \sigma_\mathrm{X}^* \tag{2.42}$$

induktive Substituentenkonstante σ_I

In (2.42) bedeutet $\sigma^*_{\mathrm{CH_2X}}$ Werte für Verbindungen vom Typ $\mathrm{XCH_2-CH_2COOR}$ und σ_X^* Werte für Verbindungen vom Typ $\mathrm{X-CH_2COOR}$. Der Faktor 1/2,8 bringt die Abschwächung des Induktions-(Feld)-Effekts durch eine Methylengruppe zum Ausdruck (vgl. S. 57 und Abschn. 2.6.3.). σ_I-Konstanten ließen sich auch aus den Dissoziationskonstanten α-substituierter Essigsäuren, α- oder β-substituierter Propionsäuren, α-substituierter Methylammonium- bzw. Äthylammoniumsalze und α-substituierter Methylphosphinsäuren ableiten [1], wobei im Gegensatz zur Methode (2.40) nur jeweils eine Messung erforderlich ist. Hierbei konnte erhärtet werden, daß sterische und konjugative Einflüsse keine Rolle spielen, die obengenannten Annahmen TAFTS also gerechtfertigt sind.

Auch die Dissoziationskonstanten α-substituierter meta- bzw. para-Tolylsäuren $\mathrm{X-CH_2-C_6H_4-COOH}$ konnten zur Ermittlung von σ_I-Werten herangezogen werden [2].

Schließlich lassen sich σ_I-Werte auch aus den chemischen $^{19}\mathrm{F}$-Verschiebungen im Kernresonanzspektrum meta-substituierter Fluorbenzole ermitteln [3]. Auf eine weitere Methode wird weiter unten kurz eingegangen. Die nach den genannten Methoden erhaltenen Werte stimmen gut überein, so daß sie als zuverlässig angesehen werden können.

Insgesamt gesehen stellt die σ_I-Konstante unter allen Substituentenkonstanten eine der wenigen einheitlichen Größen dar (vgl. die letzte Zeile der Tabelle 2.32), so daß sie im Gebäude der Freie-Energie-Beziehungen einen besonderen Wert hat.

Mit der TAFT-Gleichung wurde der Bereich der Freie-Energie-Beziehungen erheblich erweitert; allerdings ist bei aliphatischen, nicht starren Verbindungen die Möglichkeit für Abweichungen viel größer, sobald stärkere sterische Einflüsse und Nachbargruppenwirkungen eine Rolle spielen.

Es wurde auch versucht, mit Hilfe der TAFT-Gleichung ortho-substituierte Benzolderivate zu erfassen, bei denen ja Reaktionszentrum und Substituent weder sterisch noch elektronisch voneinander isoliert sind. Insgesamt ist die Situation recht kompliziert, da der Anteil an sterischen, induktiven und mesomeren Wechselwirkungen in den einzelnen Reaktionsserien nicht konstant ist, so daß die HAMMETT-Beziehung keinen großen Geltungsbereich besitzt [4].

---

[1] CHARTON, M.: J. org. Chemistry **29**, 1222 (1964).
[2] EXNER, O., u. J. JONÁS: Collect. czechoslov. chem. Commun. **27**, 2296 (1962).
[3] TAFT, R. W., u. Mitarb.: J. Amer. chem. Soc. **79**, 1045 (1957); **81**, 5352 (1959); **82**, 756 (1960); **85**, 709 (1963).
[4] Vgl. CHARTON, M.: J. Amer. chem. Soc. **91**, 624, 619, 615 (1969); **86**, 2033 (1964); Canad. J. Chem. **38**, 2493 (1960) und weitere in diesen Arbeiten zitierte Literatur.

2.6.2.3. Trennung von Induktions-(Feld-) und Mesomerieanteilen in den Hammett-σ-Konstanten [1]

Bei der Ableitung der HAMMETT-Beziehung wurde zunächst angenommen, daß zwischen dem Substituenten X und dem Sauerstoffatom der Carboxylgruppe, das durch zwei Einfachbindungen vom aromatischen Kern getrennt ist, keine nennenswerte Mesomerie möglich wäre. Das hat sich jedoch als nicht zutreffend erwiesen, sondern im Carboxylation para-substituierter Benzoesäuren (bzw. in der Säure) existiert die folgende Elektronendelokalisation:

$$\bar{X}-\bigcirc-C\overset{\bar{O}}{\underset{\bar{O}|\ominus}{{\Large\diagup\diagdown}}} \quad \longleftrightarrow \quad {}^{\oplus}X=\bigcirc=C\overset{\bar{O}|\ominus}{\underset{\bar{O}|\ominus}{{\Large\diagup\diagdown}}} \qquad (2.43)$$

Wenn man die plausible Annahme macht, daß die Substituentenwirkung nur aus einem Induktions-(Feld-) und einem Mesomerieanteil zusammengesetzt sei, gilt für para-Substituenten

$$\sigma_p = \sigma_I + \sigma_R \quad \text{bzw.} \quad \sigma_R = \sigma_p - \sigma_I. \qquad (2.44)$$

Der Resonanzanteil ist damit abtrennbar und durch eine neue Substituentenkonstante σ_R wiederzugeben.

Auch in meta-substituierten Benzoesäuren muß ein Mesomerieanteil im Spiel sein, denn die σ_m-Werte unterscheiden sich deutlich von den σ_I-Werten (vgl. Tab. 2.32). Das beruht darauf, daß mesomeriefähige meta-Substituenten in Mesomerie mit dem aromatischen Kern treten, ohne daß die funktionelle Gruppe primär davon betroffen wird[1]; sekundär verändert sich jedoch der Charakter der Bindung zwischen Kern und funktioneller Gruppe (hier COOH).

Unter der Annahme, daß der Induktions-(Feld-)Effekt für die meta- und die para-Position gleich ist[2]) und daß die Resonanzeffekte für die meta- bzw. para-Position einander proportional sind, $\psi_{meta} = \alpha \psi_{para}$, läßt sich die Zusammensetzung des Effekts von meta-Substituenten angeben [2]:

$$\sigma_m = \sigma_I + \alpha \sigma_R \quad (\sigma_R \text{ aus } (2.44)). \qquad (2.45)$$

---

[1] SHORTER, J.: Quart. Rev. (Chem. Soc., London) **24**, 433 (1970); Usp. Chim. **40**, 2081 (1971).
[2] TAFT, W., u. I. C. LEWIS: J. Amer. chem. Soc. **80**, 2436 (1958).

[1]) Dieser Anteil kann durch besondere Substituentenkonstanten zum Ausdruck gebracht werden („normale" Substituentenkonstanten σ^n): VAN BEKKUM, H., P. E. VERKADE u. B. M. WEPSTER: Recueil Trav. chim. Pays-Bas **78**, 815 (1959). Ähnliche Konstanten (σ°-Konstanten) erhält man aus Reaktionsparametern para-substituierter Phenylessigsäuren, bei denen die Konjugation zur COOR-Gruppe durch die CH_2-Gruppe unterbunden ist, so daß ebenfalls nur die Wirkung des Substituenten X auf den Kern übrig bleibt: TAFT, R. W.: J. physic. Chem. **64**, 1805 (1960).
[2]) Der para-Substituent ist zwar weiter vom Reaktionszentrum entfernt als der meta-Substituent, besitzt aber die günstigere Dipolorientierung (180° gegenüber 60° für die meta-Position). Häufig wirkt ein Substituent sogar etwas stärker aus der para-Position als aus der meta-Position ($\sigma_{I(para)} \approx 1{,}15\ \sigma_{I(meta)}$): EXNER, O.: Collect. czechoslov. chem. Commun. **31**, 65 (1966); Tetrahedron Letters [London] **1963**, 815; vgl. PAL'M, V. A., u. A. V. TUULMETS: Tartuskij gos. Univ., reakcionnaja Sposobnost' org. Soedinenij **1**, 33 (1964).

Die Festsetzung eines richtigen Wertes für $\alpha \equiv (\sigma_m - \sigma_I)/(\sigma_p - \sigma_I) \approx 0,1 \ldots 0,6$ ist heikel. Mit einem statistisch ermittelten Wert $\alpha = 0,33$ erhält man für normale HAMMETT-Reaktionsserien Werte für σ_m (bei gegebenem σ_I) bzw. σ_I (bei gegebenem σ_m), die gut mit experimentell ermittelten übereinstimmen. Bei Reaktionsserien mit stärkerer Konjugation zwischen Substituent und funktioneller Gruppe (so daß σ_p^+- oder σ_p^--Werte erforderlich werden) ist $\alpha \approx 0,1$.

Durch Verknüpfung von (2.44) mit (2.45) ergibt sich die Möglichkeit, σ_I- bzw. σ_R-Werte aus σ_p- und σ_m-Werten zu berechnen:

$$\sigma_I = (3\sigma_m - \sigma_p)/2 \qquad \sigma_R = 3(\sigma_p - \sigma_m)/2. \tag{2.46}$$

Die Übereinstimmung mit auf anderen Wegen erhaltenen Werten ist sehr gut.

Die Beziehungen (2.44) und (2.45) zeigen, daß σ_p und σ_m keine einheitlichen elektronischen Effekte wiedergeben. Das gilt noch stärker für σ_p^+- und σ_p^--Konstanten, die definitionsgemäß einen erheblichen Resonanzanteil enthalten.

Da das Verhältnis von Induktions-(Feld-) und Resonanzanteil für einzelne Reaktionen mit verschiedenen elektronischen Anforderungen verschieden ist und die einfache HAMMETT-Beziehung keine Suszeptibilitätsglieder (vgl. Übersicht 2.31) enthält, erwies es sich als notwendig, immer neue Substituenten-,,Konstanten" aufzustellen. Insgesamt sind zur Zeit über 40 derartiger Substituentenkonstanten bekannt. Es liegt auf der Hand, daß der Wert der Freie-Energie-Beziehungen außerordentlich eingeschränkt wird, wenn für verschiedene (häufig eng begrenzte) Systeme immer neue Konstanten benutzt werden müssen.

In neuester Zeit wurde eine mathematische Analyse der bisher vorgeschlagenen Substituentenkonstanten durchgeführt [1], wobei man analog (2.44) davon ausging, daß die Substituentenwirkung ausschließlich durch den Induktions-(Feld-) und den Resonanzanteil zustande kommt und alle Substituentenkonstanten nach

$$\sigma = f\mathfrak{F} + r\mathfrak{R} \tag{2.47}$$

zu berechnen sind.

Es ergaben sich Werte für den Feldeffekt $\mathfrak{F}$ bzw. den Resonanzeffekt $\mathfrak{R}$, die für den betreffenden Substituenten echte Konstanten darstellen, während die empirischen Parameter f und r für jeden *Typ* von Substituentenkonstanten typisch und konstant sind. Die Werte gestatten es, die meisten bekannten Substituentenkonstanten mit guter Genauigkeit zu berechnen und damit auf zwei Grundkonstanten zurückzuführen. Bezüglich der Einzelheiten muß auf die Originalliteratur verwiesen werden. Der mit Hilfe von (2.47) ermittelte prozentuale Anteil an Resonanzeffekt in den einzelnen Substituentenkonstanten ist in der letzten Zeile der Tabelle 2.32 mit angeführt.

Auf ein auf den gleichen Voraussetzungen beruhendes Verfahren zur Berechnung von HAMMETT-Substituentenkonstanten kann ebenfalls in diesem Rahmen nicht eingegangen werden [2].

Die Effekte typischer Substituenten sind in Bild 2.48 zusammenfassend graphisch ellt, wobei die $\mathfrak{F}$- bzw. $\mathfrak{R}$-Werte zugrunde gelegt sind.

Anstieg des Feldeffekts von $COO^\ominus$ zu $N_2^\oplus$ ist ohne weiteres plausibel. Man erkennt weiterhin fünf Klassen von Substituenten, die durch die verschiedenen Kombinatio-

---

[1] SWAIN, C. G., u. E. C. LUPTON: J. Amer. chem. Soc. 90, 4328 (1968).
[2] DEWAR, M. J. S., u. P. J. GRISDALE: J. Amer. chem. Soc. 84, 3548 (1962); vgl. aber CHARTON, M.: J. org. Chemistry 30, 3341 (1965).

nen von Induktions-(Feld-) und Mesomerie-(Resonanz-)Effekt zustande kommen:
a) −M-, +I-Effekt; b) +M-, +I-Effekt; c) +M-, −I-Effekt;
d) −M-, −I-Effekt; e) reiner −I-Effekt.

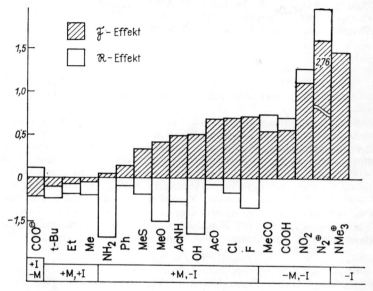

Bild 2.48
$\mathfrak{F}$- und $\mathfrak{R}$-Effekt typischer Substituenten

Die einzige Gruppe mit +I- und −M-Effekt ist COO$^\ominus$, übereinstimmend mit der Formulierung (2.43). Die $\mathfrak{R}$-Werte für Methyl-, Äthyl- und tert.-Butyl- sind annähernd gleich, was gegen Hyperkonjugation spricht. Unter den Gruppen mit +M- und −I-Effekt fällt auf, daß die Phenylgruppe einen relativ kleinen +M-Effekt aufweist, obwohl durch ihre Angliederung das konjugierte System doch wesentlich verlängert wird. Dies beruht darauf, daß im Diphenylsystem die beiden Phenylreste infolge sterischer Behinderung der ortho-ständigen Protonen gegeneinander verdrillt sind (Verdrillungswinkel etwa 30°). Wenn die koplanare Lage durch eine Brückengruppe zwischen beiden Kernen erzwungen wird (z. B. im Fluoren), steigt der Mesomerieeffekt stark an. Im übrigen ist der Mesomerieeffekt der Phenylgruppe nicht eindeutig und hängt empfindlich vom Bindungspartner ab: Gegenüber starken −M-Gruppen zeigt die Phenylgruppe einen +M-Effekt, gegenüber starken +M-Gruppen einen −M-Effekt. Das gleiche gilt für die C=C- und die C≡C-Gruppe. Beim Übergang $sp^3 \rightarrow sp^2 \rightarrow sp$ steigt der −I-Effekt allgemein an. Der Elektronenzug in den Gruppen mit −I- und −M-Effekt beruht ganz überwiegend auf dem Induktionseffekt, und es wurde mitunter angezweifelt, ob die Nitrogruppe überhaupt einen −M-Effekt besitzt. In der Gruppierung −O−COR und −NH−COR ist der +M-Charakter der OH- und NH-Gruppe sehr stark abgeschwächt, da das hierfür verantwortliche Elektronenpaar von der RC=O-Gruppe mitbeansprucht wird. Besonders interessant ist die Cyclopropylgruppe (vgl. Tab. 2.32): Nach dem σ_p^+-Wert ($-0{,}410$) ist sie viel stärker konjugationsfähig als die anderen Alkylgruppen und eher den ungesättigten Gruppen an die Seite zu stellen. Offenbar können die Bananenorbitale der Cyclopropylgruppe (vgl. Bild 1.42) mit den π-Orbitalen des Benzolkerns in Konjugation treten (wenn beide Gruppen *senkrecht* aufeinander stehen). Analoge Verhältnisse sind für Dreiringgruppen mit Heteroatomen anzunehmen.

2.6.2.4. Quantitative Ermittlung von sterischen Einflüssen (van-der-Waals-Einflüssen). Sterische Substituentenkonstanten E_S [1]

Die Freie-Energie-Beziehung (2.37) kann dazu dienen, die sterischen Einflüsse von Substituenten quantitativ zu ermitteln. Wenn man eine Reaktionsserie wählt, deren Reaktionskonstante nahezu Null ist ($\varrho \leq 0{,}4$), z. B. die saure Verseifung von Estern (vgl. S. 88), so wird das Glied $\varrho^*\sigma^*$ Null, und die Reaktion hängt ausschließlich vom sterischen Einfluß der Substituenten ab. Als Bezugssystem wird — wie bei der TAFT-Beziehung — das Essigsäuresystem gewählt und für die saure Verseifung von CH_3—COOEt bzw. R—COOEt die sterische Reaktionskonstante gleich eins gesetzt, so daß $\lg (k/k_0)$ entsprechend (2.38) unmittelbar die sterischen Substituentenkonstanten E_S der Substituenten R liefert [2]. Wie bei der TAFT-Beziehung dient die CH_3-Gruppe als Standard ($E_S = 0$). Eine Zusammenstellung von E_S-Werten enthält Tabelle 2.49.

Tabelle 2.49
E_S-Werte der Substituenten R aus der sauren Verseifung von R—COOR′[1])

R	E_S	R	E_S	R	E_S
H	$+1{,}24$				
Me	$0{,}00$	Et	$-0{,}07$	n-Pr	$-0{,}33$
				n-Amyl	$-0{,}40$
i-Pr	$-0{,}47$	i-PrCH$_2$ (i-Bu)	$-0{,}93$	Cyclopentyl	$-0{,}51$
sec-Bu	$-1{,}13$			Cyclohexyl	$-0{,}79$
t-Bu	$-1{,}54$	t-BuCH$_2$ (Neopentyl)	$-1{,}74$		
PhCH$_2$	$-0{,}38$	PhCH$_2$CH$_2$	$-0{,}38$	Ph$_2$CH	$-1{,}76$
MeOCH$_2$	$-0{,}19$	MeOCH$_2$CH$_2$	$-0{,}77$		
ClCH$_2$	$-0{,}24$	ClCH$_2$CH$_2$	$-0{,}90$		
		Cl$_2$CH	$-1{,}54$	Cl$_3$C	$-2{,}06$
BrCH$_2$	$-0{,}27$	Br$_2$CH	$-1{,}86$	Br$_3$C	$-2{,}43$

¹) [1b] S. 81

Ähnliche, aber nicht völlig gleiche Werte lassen sich aus der Reaktionsserie CH_3COOR erhalten, bei der die sterisch wirksame Gruppe R in den Alkoholteil des Esters verlegt wurde.

[1] Vgl. [1b] S. 81.
[2] TAFT, R. W.: J. Amer. chem. Soc. 74, 3120 (1952).

2.6.2. Substituentenkonstanten

Die Werte der Tabelle 2.49 zeigen, daß die sterischen Effekte nicht additiv sind. Sie sind mit Ausnahme des Wertes für H bzw. Methyl sämtlich negativ; bei positiven sterischen Reaktionskonstanten (das ist die Regel) ergibt sich also ein kleinerer Wert der Reaktionsgeschwindigkeits- bzw. Gleichgewichtskonstanten (sterische Hinderung).

Besonders interessant ist die starke Erhöhung von E_S beim Übergang von $X-CH_2$ zu $X-CH_2CH_2$ (vgl. die zweite Spalte der Tabelle). Wir werden auf diese Wirkung im Kapitel 4. erneut zu sprechen kommen.

Mit Hilfe der E_S-Werte können weitere Reaktionen quantitativ behandelt werden, indem man die Gleichung (2.37) maschinell unmittelbar auswertet oder in der Form (2.50a) oder (2.50b) graphisch aufträgt und die sterische Reaktionskonstante δ entweder als Ordinatenabschnitt oder aus der Steigung erhält:

$$\lg \frac{k}{k_0 \cdot E_S} = \frac{\varrho^*\sigma^*}{E_S} + \delta \qquad \lg \frac{k}{k_0 \cdot \sigma^*} = \varrho^* - \frac{\delta E_S}{\sigma^*}. \qquad (2.50)$$
a)   b)

Es muß jedoch darauf hingewiesen werden, daß die Konstanten E_S viel stärker von den einzelnen Reaktionstypen und vom angreifenden Reagens abhängen als die übrigen Substituentenkonstanten, so daß der Gültigkeitsbereich verhältnismäßig begrenzt ist.

Die E_S-Werte sind den VAN-DER-WAALS-Radien der betreffenden Substituenten proportional [1] und stellen deshalb ein echtes Maß für die sterischen Verhältnisse dar. Das gilt jedoch nur für die in der genannten Weise gewonnenen E_S-Werte und nicht für E_{ortho}^S-Konstanten, die mit Hilfe von (2.37) aus ortho-substituierten Benzolderivaten erhalten wurden und überwiegend elektronische Verhältnisse widerspiegeln [2].

Mit den E_S-Werten wird die bekannte Erscheinung erfaßt, daß voluminöse Substituenten am Reaktionszentrum oder in dessen räumlicher Nähe den Angriff des Reaktionspartners sterisch behindern können, und zwar um so stärker, je voluminöser das Reagens ist. Da sich dieser Effekt frontal auf den Reaktionspartner auswirkt, spricht man auch von *Front-Strain* [3]. Die Verhältnisse sind grundlegend für Additionsverbindungen von Basen mit LEWIS-Säuren untersucht worden [3].

Die sterische Hinderung kann natürlich nur bei Reaktionen wirksam werden, bei denen die räumliche Situation im Übergangszustand (vgl. Abschn. 3.3.) angespannter ist als im Ausgangszustand: nucleophile Substitution vom SN2-Typ, Carbonylreaktionen vom Typ B_{Ac^2}, A_{Ac^2}, B_{Al^2} und bei der bimolekularen Eliminierung (E2-Typ) [4], vgl. die entsprechenden Kapitel dieses Buches.

Bei den entsprechenden monomolekularen Typen greift das Reagens nicht im geschwindigkeitsbestimmenden Schritt, sondern erst danach ein, so daß im Über-

---

[1] CHARTON, M.: J. Amer. chem. Soc. **91**, 615 (1969); vgl. HANSCH, C.: J. org. Chemistry **35**, 620 (1970).
[2] CHARTON, M.: J. Amer. chem. Soc. **91**, 619, 624 (1969).
[3] Vgl. [1a] S. 99; BROWN, H. C., u. R. B. JOHANNESEN: J. Amer. chem. Soc. **75**, 16 (1953) und dort zitierte frühere Arbeiten.
[4] INGOLD, C. K.: Experientia [Basel], Suppl. II, Birkhäuser Verlag, Basel 1955, S. 69 und dort zitierte weitere Literatur.

gangszustand die räumlichen Verhältnisse sogar weniger angespannt sein können als im Ausgangszustand. In diesen Fällen führen voluminöse Substituenten im Reaktionszentrum zu sterischer Beschleunigung (vgl. z. B. Tab. 5.9).

2.6.3. Reaktionskonstante und Weiterleitungskoeffizient. Temperatureffekte

Die HAMMETT-Substituentenkonstanten enthalten in erster Linie den Einfluß des Substituenten und die Weiterleitungsmechanismen, berücksichtigen jedoch den Einfluß der Struktur des zwischen Substituenten und Reaktionszentrum angeordneten Molekülbereiches nur insofern, als zwischen meta- und para-Substitution unterschieden wird. Alle anderen Einflüsse müssen sich deshalb in der Reaktionskonstanten, d. h. im Faktor β der Beziehung (2.31b) wiederfinden. Von besonderem Interesse ist die Frage, in welchem Maße Substituenteneffekte zum Reaktionszentrum weitergeleitet werden, wenn man die dazwischenliegende Atomkette verkürzt oder verlängert. Zur Definition dienen die Reaktionsserien (2.51a und b) bzw. allgemein (2.51c):

$$X-\langle\bigcirc\rangle-Y \qquad X-\langle\bigcirc\rangle-Z-Y \qquad X-G-Z \qquad (2.51)$$

a) \qquad\qquad b) \qquad\qquad c)

In (2.51a) liegt das normale HAMMETT-System vor, in dem das Reaktionszentrum Y unmittelbar an den aromatischen Kern gebunden ist, während in (2.51b) eines oder mehrere gesättigte oder ungesättigte Kettenglieder Z zwischen aromatischem Ring und Reaktionszentrum geschaltet sind. Für jede der beiden Reaktionsserien wird ϱ bestimmt; der Quotient (2.52) stellt den *Weiterleitungskoeffizienten* dar [1]:

$$\gamma = \frac{\varrho_B}{\varrho_A} \equiv \frac{\varrho}{\varrho_0} \qquad \text{Weiterleitungskoeffizient.} \qquad (2.52)$$

Entsprechend der gegebenen Ableitung ist es üblich, den 1.4-Phenylenrest als Standardgruppe G zu wählen ($\gamma = 1{,}00$). Man erhält z. B. die folgenden Werte: CH_2 0,43, CH_2CH_2 0,20, OCH_2, $NHCH_2$ 0,30, trans-CH=CH 2,23, C≡C 1,98, trans-Cyclopropyl 1,98. Der große Weiterleitungskoeffizient der Cyclopropylgruppe erhärtet die weiter obengenannte Analogie zu Olefingruppen. Angliederung eines weiteren Phenylringes an das 1.4-Phenylsystem (d. h., es wird ein 4.4'-disubstituiertes Biphenyl betrachtet) setzt den Weiterleitungskoeffizienten stark herab ($\gamma = 0{,}34$), weil die beiden Phenylringe infolge sterischer Behinderung der orthoständigen Protonen nicht koplanar sind. Der Wert für CH_2 entspricht der auf Seite 57 diskutierten und in (2.42) als Umrechnungsfaktor benutzten Abschwächung des Induktionseffekts. Dort war auch bereits festgestellt worden, daß sich der Weiterleitungskoeffizient der Methylengruppe in Alkylgruppen multipliziert, d. h., der Wert für die Äthylengruppe läßt sich aus dem der Methylengruppe berechnen ($\gamma_{\text{Äthylen}} \approx \gamma^2_{\text{Methylen}}$).

Entsprechend dem kleinen Weiterleitungskoeffizienten können die ϱ-Werte von Reaktionen in der Seitenkette substituierter aromatischer Verbindungen ziemlich klein werden, so daß sehr genaue experimentelle Methoden herangezogen werden müssen, um hieraus σ-Werte, z. B. σ^0 oder σ_I, zu erhalten.

Das im Abschnitt 2.6.1. genannte Kriterium, wonach reaktionsfähige Reagenzien zu einem kleinen ϱ-Wert führen, ist demnach nur anwendbar, wenn der Weiterleitungskoeffizient groß ist oder rechnerisch berücksichtigt werden kann.

---

[1] JAFFÉ, H. H.: J. chem. Physics **21**, 415 (1953); [1a] S. 81.

Die Reaktionskonstanten werden mit steigender Temperatur kleiner, und es wurde eine Abhängigkeit $\varrho = 1/T + C$ aufgestellt. Diese Beziehung ist jedoch sehr schlecht erfüllt; wahrscheinlich liegt eine parabolische Abhängigkeit vor [1].

Bei einer bestimmten Temperatur wird demnach $\varrho = 0$, d. h., die Reaktionsgeschwindigkeit oder Gleichgewichtslage der betreffenden Reaktion wird unabhängig von Substituenteneinflüssen. Diese Temperatur wird deshalb als isokinetische Temperatur bezeichnet [2]. Sie kann bestimmt werden als Steigung der Geraden, wenn man $\Delta H^{\neq}$ gegen $\Delta S^{\neq}$ (vgl. Abschn. 3.3.) aufträgt, vgl. aber [3].

Oberhalb der isokinetischen Temperatur kehrt sich das Vorzeichen der Reaktionskonstante und damit die Substituentenwirkung um. Wenn die Reaktionskonstante zur Kennzeichnung von Mechanismen benutzt werden soll, ist es deshalb wichtig zu wissen, ob man sich diesseits oder jenseits der isokinetischen Temperatur befindet. Die Reaktionskonstanten werden schließlich durch das Lösungsmittel beeinflußt. Im allgemeinen nimmt ϱ mit wachsender Lösungsmittelpolarität ab und kann mitunter innerhalb enger Bereiche linear mit Lösungsmittelparametern, z. B. den BROWNSTEIN-Parametern (vgl. Abschn. 2.6.4.), korreliert werden [4]. Eine allgemeine Theorie für die Zusammenhänge existiert jedoch noch nicht.

2.6.4. Freie-Energie-Beziehungen für Lösungsmitteleffekte [5]

In den HAMMETT-Reaktionsserien muß das Lösungsmittel konstant gehalten werden, da seine Wirkung wenig übersichtlich in die Reaktionskonstante ϱ eingeht und für eine Reaktionsserie in verschiedenen Lösungsmitteln verschiedene ϱ-Werte gefunden werden.

Es liegt auf der Hand, daß umgekehrt die Wirkung des Lösungsmittels in einer Freie-Energie-Beziehung erfaßt werden kann, wenn die Reaktion konstant gehalten wird.

Für Reaktionen von Alkylhalogeniden bzw. -tosylaten mit Lösungsmitteln vom Typ ROH („Solvolysen"), die über Carboniumionen laufen, so daß im geschwindigkeitsbestimmenden Schritt kein Reagens eingreift (SN1-Reaktionen, vgl. Abschn. 4.2.), wurde die Beziehung (2.53) abgeleitet [6]:

$$\lg \frac{k_{RX(A)}}{k_{RX(B)}} = m(Y_A - Y_B) \quad \text{bzw.} \quad \lg \frac{k}{k_0} = mY \text{ (für } Y_B = 0\text{)}. \quad (2.53)$$

Darin bedeuten $k_{RX(A)}$ bzw. $k_{RX(B)}$ die Geschwindigkeitskonstanten der Ionisierungsreaktion im Lösungsmittel A bzw. B, Y_A und Y_B das Solvatationsvermögen des

---

[1] Vgl. [1] S. 90.
[2] LEFFLER, J. E.: J. org. Chemistry **20**, 1202 (1955).
[3] EXNER, O.: Nature [London] **201**, 488 (1964); **205**, 1101 (1965); Collect. czechoslov. chem. Commun. **29**, 1094 (1964).
[4] BROWN, R. F.: J. org. Chemistry **27**, 3015 (1962); M. CHARTON u. B. I. CHARTON: J. org. Chemistry **33**, 3872 (1968).
[5] Zusammenfassungen: REICHARDT, C.: Angew. Chem. **77**, 30 (1965); Fortschr. chem. Forsch. **11**, 1 (1968); C. REICHARDT: Lösungsmitteleffekte in der organischen Chemie, Verlag Chemie GmbH, Weinheim/Bergstr. 1969.
[6] GRUNWALD, E., u. S. WINSTEIN: J. Amer. chem. Soc. **70**, 846 (1948); WINSTEIN, S., E. GRUNWALD u. H. W. JONES: J. Amer. chem. Soc. **73**, 2700 (1951); FAINBERG, A. H., u. S. WINSTEIN: J. Amer. chem. Soc. **78**, 2770 (1956).

Lösungsmittels A bzw. B für das entstehende Carboniumion und m die Empfindlichkeit der betreffenden Reaktion gegenüber dem Solvatationseinfluß. Wie bei der HAMMETT-Beziehung muß ein Standard festgelegt werden. Als solchen wählt man einerseits die Solvolysereaktion von tert.-Butylchlorid, für die $m = 1,00$ gesetzt wird, und andererseits Äthanol/Wasser 80/20 (v/v), für das $Y_B = 0,00$ gesetzt wird. Mit Hilfe der Testreaktion (Solvolyse von tert.-Butylchlorid, $m = 1,00$) können Y-Werte für weitere Lösungsmittel festgelegt werden, die ihrerseits dazu dienen, m-Werte für weitere Verbindungen zu ermitteln. Als Lösungsmittel kommen nur solche vom Typ ROH in Frage, da sonst die Solvolysereaktion nicht abläuft. Die Beziehung (2.53) ist auf Reaktionen beschränkt, bei denen ein nucleophiler oder elektrophiler Angriff des Lösungsmittels (vgl. Kap. 4.) keine Rolle spielt oder sich in verschiedenen Lösungsmitteln gleichartig ändert, im wesentlichen auf die Solvolyse von tert.-Alkylhalogeniden oder sek.-Alkyltosylaten. Selbst bei den genannten Systemen ist diese Forderung nicht ganz erfüllt, und man erhält für verschiedene Lösungsmittel bzw. Lösungsmittelsysteme oft keine einheitliche Gerade. In analoger Weise wie bei den HAMMETT-Substituentenkonstanten kann man sich helfen, indem man verschiedene m-Werte für verschiedene Lösungsmittel benutzt.

Diese Schwierigkeiten können durch eine andere Standardreaktion verringert werden (Solvolyse von p-Methoxy-neophyltosylat [1]). Weiterhin wurden Mehrparametergleichungen vorgeschlagen, die jedoch theoretisch noch wenig fundiert sind.

Eine analoge Beziehung (BROWNSTEIN-Beziehung, 2.54a), die sich durch einen großen Anwendungsbereich auszeichnet (protonenhaltige und protonenfreie Lösungsmittel) beruht darauf, daß die Ladungsübertragungsbande des Farbstoffes (2.53b) nach kürzeren Wellenlängen verschoben wird, wenn das Lösungsmittel stärker polar wird (negative Solvatochromie) [2]. Die Skala ist durch Festsetzungen bestimmt: Für absolutes Äthanol gilt bei 25 °C S = 0,00; für den Farbstoff (2.54b) ist stets R = 1,00. Die Verschiebung des Absorptionsmaximums im Lösungsmittel SH relativ zu Äthanol ergibt also nach (2.54c) direkt die Solvensparameter S, aus denen nach (2.54a) neue Reagensparameter erhalten werden können und so fort. Insgesamt wurden 158 S-Werte und 78 R-Werte bestimmt [3]. Bei 14 untersuchten Solvolysen mit Geschwindigkeitsunterschieden bis zu dem Faktor 10000 betrug der Fehler etwa 20%. Die BROWNSTEIN-Beziehung kann demzufolge als sehr brauchbar eingeschätzt werden. Sie versagt naturgemäß, wenn weitere Effekte, wie z. B. Wasserstoffbrücken, Bildung definierter Solvat-Solvens-Komplexe usw., ins Spiel kommen. Derartige Fälle sind nicht mit Zwei-Parameter-Gleichungen erfaßbar.

$$\lg \frac{k_{SH}}{k_{EtOH}} = RS \qquad EtN{\overset{\oplus}{\diagup\!\!\!\diagdown}}\!\!-\!\!COOMe \quad J^{\ominus} \qquad \frac{\bar{\nu}_{SH} - \bar{\nu}_{EtOH}}{\bar{\nu}_{EtOH}} = RS \qquad (2.54)$$

a) b) c)

Auf weitere Freie-Energie-Beziehungen (BRÖNSTED-Beziehung, Skala für die Nucleophilie) wird an anderer Stelle eingegangen.

[1] SMITH, S. G., A. H. FAINBERG u. S. WINSTEIN: J. Amer. chem. Soc. **83**, 618 (1961).
[2] KOSOWER, E. M.: J. Amer. chem. Soc. 80, 3253 (1958); J. Chim. physique **61**, 230 (1964).
[3] BROWNSTEIN, S.: Canad. J. Chem. **38**, 1590 (1960).

2.7. Acidität und Basizität [1]

2.7.1. Allgemeine Grundlagen

Nach LOWRY und BRÖNSTED wird ein Stoff als Säure bezeichnet, wenn er Protonen zu liefern imstande ist, dagegen als Base, wenn er Protonen aufnehmen kann:

$$A-H \rightleftharpoons H^{\oplus} \quad + \; |A^{\ominus} \quad \text{bzw.}$$
$$^{\oplus}B-H \rightleftharpoons H^{\oplus} \quad + \; |B \quad\quad (2.55)$$
$$\text{Säure} \rightleftharpoons \text{Proton} + \text{Base}$$

Säure und Base sind demnach über das Proton miteinander verknüpft, und $A-H$ bzw. $BH^{\oplus}$ wird in diesem Sinne als die „konjugierte Säure" von $A^{\ominus}$ bzw. B bezeichnet. Wie in (2.55) angedeutet, ist der Ladungszustand der Säure bzw. Base nicht von Belang, und z. B. $NH_4^{\oplus}$ stellt ebenfalls eine Säure dar.

Durch die genannte Verknüpfung von Säure und Base ergibt sich ein wichtiger Zusammenhang: Eine hohe Acidität der Säure entspricht einer niedrigen Basizität der konjugierten Base und umgekehrt. Es ist demnach prinzipiell gleichgültig, ob man die Basenstärke durch ein unmittelbares Maß für die Basizität oder durch die Acidität der konjugierten Säure ausdrückt (vgl. weiter unten).

Nach LEWIS werden Verbindungen mit einem Elektronenunterschuß als Säuren, Verbindungen mit freien Elektronenpaaren (oder Doppelbindungen) als Basen definiert:

$$H^{\oplus} \quad F-B{\diagup F \atop \diagdown F} \quad Cl-Al{\diagup Cl \atop \diagdown Cl} \quad R-\overset{\oplus}{C}{\diagup R \atop \diagdown R} \quad R-\overline{N}{\diagup R \atop \diagdown R} \quad {\diagdown \atop \diagup}C=C{\diagup \atop \diagdown} \quad (2.56)$$

$$\text{Lewis-Säuren} \quad\quad\quad\quad\quad\quad \text{Lewis-Basen}$$

Der Elektronen-„Unterschuß" in den elektroneutralen Verbindungen Bortrifluorid, Aluminiumchlorid, Zinkchlorid usw. ist darin zu sehen, daß diese Verbindungen anstatt der stabilen Achterschale nur ein Elektronensextett aufweisen und das Bestreben haben, zwei weitere Elektronen (also eine Base) aufzunehmen und so das Elektronenoktett zu erreichen.

Nach LEWIS ist Säurecharakter im Gegensatz zur LOWRY-BRÖNSTED-Definition nicht an die Freisetzung eines Protons geknüpft, so daß die Acidität von $H-OH$, $H-Cl$ usw. durch die LEWIS-Definition nicht erklärt wird (nur das bereits abgespaltene Proton, nicht $H-A$ stellt die Säure dar). Beide Definitionen müssen also nebeneinander benutzt werden. Die LEWIS-Definition ist jedoch für die Betrachtung organisch-chemischer Probleme häufig vorzuziehen, weil sie unmittelbar mit den Begriffen Nucleophilie und Elektrophilie (vgl. Abschn. 3.1.) verbunden werden kann.

Acidität und Basizität an sich existieren nicht, sondern sind relative Eigenschaften, die nur dialektisch zu erfassen sind. Saurer Charakter kann sich nur in Gegenwart

---

[1a] BROWN, H. C., D. H. McDANIEL u. O. HÄFLIGER in: Determination of Organic Structures by Physical Methods, Vol. I, Academic Press, New York 1955, S. 567.
[1b] BELL, R. P.: The Proton in Chemistry, Methuen & Co., Ltd., London 1959.
[1c] SIMON, W.: Angew. Chem. **76**, 772 (1964).

einer Base manifestieren und umgekehrt basischer Charakter nur in Gegenwart einer Säure:

$$A-H \;+\; |B \;\rightleftharpoons\; |A^{\ominus} \;+\; {}^{\oplus}B-H$$
$$\text{Säure I} + \text{Base II} \rightleftharpoons \text{Base I} + \text{Säure II} \tag{2.57}$$

(2.55) gibt dagegen nur einen formalen, keinen realen Zusammenhang an. Gasförmiger Chlorwasserstoff ist demnach zunächst keine Säure, sondern wird erst dazu, wenn ein Protonenakzeptor (eine Base, z. B. Wasser) anwesend ist. Ob eine amphotere Verbindung (die also sowohl Protonen abspalten als auch eine basische Verbindung aufnehmen kann) als Säure oder Base fungiert, hängt demnach lediglich von der chemischen Umgebung ab:

B ist eine starke Base ($BH^{\oplus}$ ist eine schwache Säure):

$$HO-H \;+\; |B \rightleftharpoons HO^{\ominus} \;+\; {}^{\oplus}B-H \quad pK_A = 15{,}74 \;(H_2O) \tag{2.58a}$$

$$CH_3COO-H \;+\; |B \rightleftharpoons CH_3COO^{\ominus} \;+\; {}^{\oplus}B-H \quad pK_A = 4{,}75 \;(H_2O) \tag{2.58b}$$

B ist eine schwache Base ($BH^{\oplus}$ ist eine starke Säure):

$$H_3O^{\oplus} \;+\; |B \rightleftharpoons H_2O \;+\; {}^{\oplus}B-H \quad pK_{BH^{\oplus}} = -1{,}74 \;(H_2O) \tag{2.59a}$$

$$CH_3C\!\!\begin{array}{c}\overset{\oplus}{O}H\\OH\end{array}\!\! \;+\; |B \rightleftharpoons CH_3C\!\!\begin{array}{c}O\\OH\end{array}\!\! \;+\; {}^{\oplus}B-H \quad pK_{BH^{\oplus}} = -6{,}2 \;(H_2O) \tag{2.59b}$$

Gegenüber starken Basen fungiert z. B. Wasser als Säure und gibt ein Proton ab, gegenüber sehr schwachen Basen, die sehr starke konjugierte Säuren bilden, dagegen als Base. Es liegt auf der Hand, daß demnach im Prinzip jede Verbindung $R-H$, z. B. auch Kohlenwasserstoffe, Säuren sein können, wenn man nur eine hinreichend starke Base findet, die das Proton fester binden kann, als dies $R^{\ominus}$ vermag. Wir werden auf diese Verhältnisse im Kapitel 6. zurückkommen.

Amphotere Verbindungen, z. B. Wasser und Carbonsäuren, können ihren eigenen Protonenakzeptor stellen:

$$H_2O + H_2O \rightleftharpoons HO^{\ominus} + H_3O^{\oplus} \tag{2.60}$$

Das wird als *Autoprotolyse* bezeichnet.

Entsprechend (2.57) hängt die Acidität bzw. Basizität einer Verbindung von der Basizität bzw. Acidität des Lösungsmittels ab, das demnach stets angegeben werden muß, wenn Maßzahlen verglichen werden. In einem stark basischen Lösungsmittel sind starke und schwache Säuren ohne wesentliche Unterschiede weitgehend dissoziiert; das Lösungsmittel wirkt also nivellierend auf die Acidität. Das Analoge gilt für Basen in sauren Lösungsmitteln. Sehr schwache Säuren können deshalb nur in einem stärker basischen Lösungsmittel als Wasser (z. B. flüssiger Ammoniak, Amine), sehr schwache Basen in einem stärker sauren Lösungsmittel als Wasser (z. B. wasserfreie Essigsäure, konz. Schwefelsäure) gut untersucht werden, während umgekehrt zur Untersuchung sehr starker Säuren ein schwach basisches Lösungsmittel (z. B. wasserfreie Essigsäure) verwendet werden muß [1].

---

[1] Differenzierungsvermögen sauerstoffhaltiger Lösungsmittel: Dulova, V. I., N. V. Ličkova u. L. P. Ivleva: Usp. Chim. **37**, 1893 (1968); Acidität/Basizität in protonenfreien Lösungsmitteln: Parker, A. J.: Quart. Rev. (Chem. Soc., London) **16**, 163 (1962).

2.7.1. Allgemeine Grundlagen von Säure-Base-Gleichgewichten

Wenn eine hohe Acidität (Basizität) erwünscht ist, z. B. bei Verwendung der Säure (Base) als Katalysator, wird man ein wenig nivellierendes Lösungsmittel wählen. Zum Beispiel wirkt Chlorwasserstoff in Benzol viel stärker protonierend auf ein basisches Substrat als in Wasser; Kalium-tert.-butylat ist in dem ziemlich stark basischen Dimethylsulfoxid eine äußerst starke Base, während in Wasser durch die Reaktion (2.58a) Hydroxylionen entstehen, d. h. keine größere Basizität erreichbar ist als mit Kalilauge der gleichen Konzentration.

Trotz der unterschiedlichen Spreizung der Werte bleibt die Reihenfolge der Acidität bzw. Basizität auch in nichtwäßrigen Lösungsmitteln jedoch häufig bestehen.

Zur Definition der Säurestärke benutzt man die Gleichgewichtskonstanten für die Dissoziation der Säuren in Wasser, wobei die praktisch konstant bleibende Konzentration des Wassers (55 mol/l) in die Dissoziationskonstante einbezogen wird („konventionelle Aciditätskonstanten"), oder noch zweckmäßiger den negativen Logarithmus der Dissoziationskonstanten, der die Freie Enthalpie der Dissoziation angibt:

$$K_A = \frac{[A^\ominus][H^\oplus]}{[HA]} \quad \text{bzw.} \quad -\lg K_A = \frac{\Delta G^0}{2{,}3\,RT} \equiv pK_A \qquad (2.61)$$

Der pK_A-Wert ist um so kleiner bzw. negativer, je stärker die betreffende Säure ist.

Analog läßt sich für die Protonierung von Basen ein pK_B-Wert definieren. Da in wäßriger Lösung Acidität und Basizität über das Ionenprodukt des Wassers miteinander verknüpft sind, gilt

$$pK_A = 14 - pK_B \quad \text{bzw.} \quad pK_B = 14 - pK_A.$$

Indessen ist es zweckmäßiger, auch die Basizität als pK_A-Wert auszudrücken, d. h., man betrachtet die Dissoziation der protonierten Base.

Wie (2.58) und (2.59) zeigen, muß stets angegeben werden, für welchen Dissoziationsvorgang der gemessene pK-Wert gilt. Die Unterscheidung pK_A und $pK_{BH\oplus}$ für die Dissoziation einer ungeladenen bzw. einer geladenen Säure ist zweckmäßig.

pK-Werte lassen sich potentiometrisch oder spektrophotometrisch leicht bestimmen [1].

In ideal verdünnter Lösung ist der pH-Wert ein Maß für die Säurestärke einer Säure (2.62), er entspricht bei Halbneutralisation, für die $[A] = [HA]$ gilt, unmittelbar dem pK_A-Wert.

Die Benutzung von Konzentrationen ist nur in ideal verdünnter wäßriger Lösung statthaft, wo die Aktivitätskoeffizienten gleich eins gesetzt werden dürfen. Verdünnte wäßrige Lösungen sind jedoch in der organischen Chemie nicht der Normalfall. Für organische Lösungsmittel bzw. konzentrierte wäßrige Lösung ist die folgende Aciditätsfunktion H_0 aufgestellt worden, die der pH-Funktion ganz analog ist, aber auf Aktivitäten beruht [2].

[1] ALBERT, A., u. E. SERJEANT: Ionization Constants of Acids and Bases, John Wiley & Sons, Inc., New York 1962; BATES, R. G.: Determination of pH-Theory and Practice, John Wiley & Sons, Inc., New York 1964.
[2] HAMMETT, L. P., u. A. J. DEYRUP: J. Amer. chem. Soc. **54**, 2721 (1932); HAMMETT, L. P., u. M. A. PAUL: J. Amer. chem. Soc. **56**, 827 (1934); HAMMETT, L. P.: Chem. Reviews **16**, 67 (1935); PAUL, M. A., u. F. A. LONG: Chem. Reviews **57**, 1, 935 (1957); VINNIK, M. I.: Usp. Chim. **35**, 1922 (1966); vgl. [1 b] S. 106.

Die Säurestärke wird bei diesem Verfahren durch die klassische Methode bestimmt, indem man einen Farbindikator zusetzt, dessen Farbänderung als Maß für seine Protonierung, d. h. für die protonierende Wirkung der Säure herangezogen wird. Für das Protonierungsgleichgewicht des Indikators $I + H^\oplus \rightleftharpoons IH^\oplus$ gelten dann unter Benützung der Aktivitäten anstelle von Konzentrationen die Gleichungen (2.63 a bis c).

$$pH = pK_A + \lg \frac{[A]}{[AH]} \quad \text{ideal verdünnte wäßrige Lösung} \tag{2.62}$$

$$K_{IH^\oplus} = \frac{a_I \cdot a_{H^\oplus}}{a_{IH^\oplus}} \qquad -\lg K_{IH^\oplus} = -\lg a_{H^\oplus} + \lg \frac{[IH^\oplus]}{[I]} + \lg \frac{\gamma_{IH^\oplus}}{\gamma_I}$$
a) b)

$$-\lg a_{H^\oplus} \frac{\gamma_{IH^\oplus}}{\gamma_I} \equiv H_0 = pK_{IH^\oplus} + \lg \frac{[I]}{[IH^\oplus]} \quad \text{nichtideale Lösung} \tag{2.63}$$
c)

$$pK_{BH^\oplus} = H_0 + \lg \frac{[BH^\oplus]}{[B]}.$$
d)

Man nimmt an, daß sich das Glied $\gamma_{IH^\oplus}/\gamma_I$ in den verschiedenen Lösungsmitteln proportional ändert. Da es leicht möglich ist, das Verhältnis $[I]/[IH^\oplus]$ photometrisch zu bestimmen, ergibt sich unter Benutzung des $pK_{IH^\oplus}$-Wertes für die ideal verdünnte wäßrige Lösung die durch den Aktivitätenquotienten modifizierte Wasserstoffionenaktivität. Dieser Wert wird als H_c-Aciditätsfunktion bezeichnet, der Numerus von $-H_0$ mit h_0: $-H_0 = \lg h_0$.

Die H_0-Funktion gibt an, wie stark die protonierende Kraft der betreffenden Säure im betrachteten Medium ist, d. h., welcher Anteil der Indikatorbase bzw. einer beliebigen anderen Base in ihre konjugierte Säure übergeführt wird. In ideal verdünnter wäßriger Lösung werden die Aktivitätskoeffizienten gleich eins, und (2.63c) wird mit (2.62) identisch, d. h. $a_{H^\oplus} = h_0$.

Mit Hilfe verschiedener Indikatoren („HAMMETT-Indikatoren"), die zumeist der Anilin-Nitroanilin-Reihe angehören, ist ein lückenloser Anschluß an die wäßrige Lösung und andererseits die Messung auch sehr starker konzentrierter Säuren möglich. Es ergeben sich z. B. die folgenden H_0-Werte:

Wasser $+7,0$; 6-gewichtsmolare HNO_3 $-1,5$; 6,9-gewichtsmolare HCl $-2,0$; 8 M H_2SO_4 $-2,6$; 70%ige H_2SO_4 $-5,54$; 100%ige H_2SO_4 $-10,60$. Der Index in H_0 deutet an, daß von einer elektrisch neutralen Base (Ladung Null) ausgegangen wurde. Für eine einfach negativ geladene Base kann eine analoge H_--Funktion definiert und bestimmt werden [1].

Mit Hilfe dieser Aciditätsfunktionen läßt sich ein riesiger Bereich von Aciditäten (etwa 50 Zehnerpotenzen!) überstreichen. Für die Protonierung einer Base B in einem sauren Medium der (bekannten) Acidität H_0 ergibt sich (2.63d), und für den Fall der Halbprotonierung $[BH^\oplus]/[B] = 1$ wird $pK_{BH^\oplus} = H_0$.

Die H_0-Funktion hat eine große Bedeutung in der organischen Chemie erlangt, vor allem zur Erfassung von Katalysevorgängen, wobei weitere Rückschlüsse auf den Mechanismus möglich sind, je nachdem, ob die Kinetik des betreffenden Vorganges besser mit $[H^\oplus]$ oder h_0 korreliert werden kann.

Protonierungs-Deprotonierungs-Vorgänge an Sauerstoff-, Stickstoff- oder Schwefelatomen sind sehr rasch ablaufende Vorgänge, die erst mit Hilfe der modernen Re-

---

[1] DENO, N. C.: J. Amer. chem. Soc. 74, 2039 (1952); BOWDEN, K.: Chem. Reviews 66, 119 (1966); ROCHESTER, C. H.: Quart. Rev. (Chem. Soc., London) 20, 511 (1966).

laxationsverfahren [1] meßbar geworden sind und danach durch die Diffusion determiniert werden (diffusionskontrollierte Reaktionen mit Geschwindigkeitskonstanten $k_1 \approx 10^{10}$ s^{-1}. Im Gegensatz dazu liegen die Geschwindigkeiten für die Protonierung-Deprotonierung von Kohlenstoffatomen im Bereich der klassischen Reaktionen. Das hat wichtige Folgerungen (Kinetischer Isotopeneffekt, vgl. Abschn. 3.4).

2.7.2. Acidität typischer Säuren

In Tabelle 2.64 sind thermodynamische, d. h. auf Aktivitäten bezogene pK_A-Werte für eine Reihe von Carbonsäuren zusammengestellt, aus denen die weiter oben diskutierten Substituenteneinflüsse ersichtlich werden [2].

Tabelle 2.64
Thermodynamische pK_A-Werte von Carbonsäuren (in Wasser, 25°C)

Verbindung	pK_A	Verbindung	pK_A
H—COOH	3,77		
CH$_3$—COOH	4,76	CH$_2$=CH—COOH	4,25
CH$_3$CH$_2$—COOH	4,88	Ph—COOH	4,20
CH$_3$—(CH$_2$)$_4$—COOH	4,88	CH$_3$—C≡C—COOH	2,65
i-Pr—COOH	4,86		
t-Bu—COOH	5,05		
J—CH$_2$—COOH	3,12	HOOC—CH$_2$—COOH	2,83
Br—CH$_2$—COOH	2,86	NC—CH$_2$—COOH	2,31
Cl—CH$_2$—COOH	2,86	$^\oplus$H$_3$N—CH$_2$—COOH	2,31
F—CH$_2$—COOH	2,66	O$_2$N—CH$_2$—COOH	1,68
CH$_2$=CH—CH$_2$—COOH	4,35		
Ph—CH$_2$—COOH	4,31	Cl—CH$_2$—CH$_2$—COOH	4,08
HO—CH$_2$—COOH	3,83	Cl—CH$_2$—CH$_2$—CH$_2$—COOH	4,52
CH$_3$CO—CH$_2$—COOH	3,58		
		Cl$_2$CH—COOH	1,29[1])
		Cl$_3$C—COOH	0,65[1])

[1]) „scheinbarer" pK-Wert, nicht auf Aktivitäten bezogen

Die Alkylcarbonsäuren zeigen den schwachen +I-Effekt der Alkylgruppen, dessen Maximalwert bereits mit der Äthylgruppe erreicht ist und sich bei längeren Alkylketten nicht mehr nennenswert ändert. Eine Hyperkonjugationsreihenfolge tritt nicht auf. Der große Abfall von einer Zehnerpotenz in der Acidität von Ameisensäure zur Essigsäure beruht wahrscheinlich auf Solvatationseinflüssen.

---

[1] EIGEN, M.: Angew. Chem. 80, 892 (1968) und dort zitierte Literatur; BELL, R. P.: Quart. Rev. (Chem. Soc., London) 13, 169 (1959); POGORELYJ, V. K., u. I. P. GRAGEROV: Usp. Chim. 39, 1856 (1970).

[2] Zusammenstellungen von pK-Werten vgl. [1a] S. 99; KORTÜM, G., W. VOGEL u. K. ANDRUSSOW: Pure appl. Chem. 1, 190 (1960).

Die konjugiert ungesättigten Carbonsäuren (Acrylsäure, Benzoesäure, Tetrolsäure) sind stärker sauer als Alkylcarbonsäuren, weil der $-$I-Effekt den $+$M-Effekt der Mehrfachbindung überwiegt. Der Mesomerieeffekt ist nur voll wirksam, wenn die $p-\pi$-Orbitale der Doppelbindung und der C=O-Bindung in einer Ebene liegen. In der Tetrolsäure ist dies nur für ein π-Bindungsorbital der Dreifachbindung möglich, und die andere π-Bindung übt den ungeschwächten $-$I-Effekt aus, so daß eine stark erhöhte Acidität resultiert.

Die Säurestärken der monosubstituierten Essigsäuren ergeben das Bild, das nach den σ_I-Werten der Substituenten erwartet werden muß. Tatsächlich ist die TAFT-Beziehung sehr gut erfüllt [1]. Die Substituenteneffekte summieren sich ungefähr, wie die Werte von Chloressigsäure, Dichloressigsäure und Trichloressigsäure zeigen; Trichloressigsäure erreicht fast die Stärke einer Mineralsäure. Die Substituenteneffekte nehmen mit wachsender Entfernung des Substituenten vom Reaktionszentrum rasch ab, wie sich an den pK_A-Werten von Chloressigsäure, 3-Chlorpropionsäure und 4-Chlorbuttersäure erkennen läßt. Ein ähnliches Bild ergeben substituierte Benzoesäuren (Tabelle 2.65).

Tabelle 2.65
Thermodynamische pK_A-Werte substituierter Benzoesäuren (in Wasser, 25 °C)

Substituent	ortho	meta	para
H	4,20	4,20	4,20
Me	3,91	4,24	4,34
t-Bu	3,46[1])	4,28[1])	4,40
F	3,27	3,87	4,14
Cl	2,94	3,83	3,99
HO	2,98	4,08	4,58
MeO	4,09	4,09	4,47
NO_2	2,17	3,45	3,44
$Me_3N^\oplus$	1,37[1])	3,45[1])	3,43[1])

[1]) „scheinbare" pK_A-Werte, nicht auf Aktivitäten bezogen

Die Nitrogruppe ($-$I, $-$M) und die Trimethylammoniumgruppe ($-$I) senken die Acidität in ortho-Position viel stärker als in meta- oder para-Position, zwischen denen fast keine Unterschiede bestehen. Umgekehrt wirken Alkylgruppen ($+$I). Hier fällt aber der unerwartet niedrige pK_A-Wert für ortho-Methyl- bzw. ortho-tert.-Butylbenzoesäure auf. Der Grund ist eine sterische Hinderung vom Typ (2.14) im entsprechenden Säureanion, die auch an vielen anderen Verbindungen nachweisbar ist [2].

Der Vergleich der ortho- und para-Fluorbenzoesäuren und -Chlorbenzoesäuren läßt den stärkeren $+$M-Effekt des Fluors erkennen, der zu geringeren Aciditäten führt als die Chlorverbindungen aufweisen. In der 4-Hydroxybenzoesäure ergibt der

---

[1] Zusammenfassung über die Voraussage von Säurestärken: BARLIN, G. B., u. D. D. PERRIN: Quart. Rev. (Chem. Soc., London) 20, 75 (1966); Usp. Chim. 37, 1303 (1968).
[2] Vgl. [1] S. 68.

den Induktionseffekt ($-I$) überwiegende Mesomerieeffekt ($+M$) der Hydroxylgruppe eine verringerte Acidität, während die meta-Verbindung infolge des hier nur untergeordnet wirksamen Mesomerieeffekts stärker sauer ist als die Benzoesäure. In der Salicylsäure schließlich steigt die Acidität stark an, weil im Anion eine Wasserstoffbrücke vom Phenol-OH zur Carboxylgruppe existiert. Dadurch sinkt die Basizität der COO$^\ominus$-Gruppe, und die Acidität der konjugierten Säure steigt entsprechend. Aber auch in der Säure ist eine Wasserstoffbrücke zwischen COOH und OH möglich, die jedoch die Acidität senkt, weil das Proton von zwei basischen Zentren festgehalten wird. Die ortho-Methoxybenzoesäure ist deshalb schwächer sauer als die Salicylsäure, bei der die Wirkung der H-Brücke in der Säure durch die im Anion überkompensiert ist.

Die pK_A-Werte der meta- und para-substituierten Verbindungen lassen sich natürlich vorzüglich mit Hilfe der HAMMETT-Beziehung errechnen [1].

Bei den Dicarbonsäuren sind die Verhältnisse komplizierter, da sie in zwei Stufen dissoziieren. Thermodynamische pK_A-Werte für die erste (I) bzw. zweite (II) Dissoziationsstufe einiger Dicarbonsäuren sind in Tabelle 2.66 zusammengestellt.

Tabelle 2.66
Thermodynamische pK_A-Werte von Dicarbonsäuren (in Wasser, 25 °C)

Dicarbonsäure	pK_A (I)	pK_A (II)	K_I/K_{II}
(CH$_3$COOH)	(4,76)		
HOOC—COOH	1,23	4,19	925
HOOC—CH$_2$—COOH	2,83	5,69	735
HOOC—CH$_2$—CH$_2$—COOH	4,19	5,48	19
HOOC—CH=CH—COOH trans	3,02	4,32	20
HOOC—CH=CH+COOH cis	1,85	6,07	16 600
HOOC—CEt$_2$—COOH	2,21	7,29	121 000

Da zwei Carboxylgruppen im Molekül enthalten sind, deren jede ein Proton mit gleicher Wahrscheinlichkeit abspalten kann, sollte aus rein statistischen Gründen eine gegenüber den Monocarbonsäuren verdoppelte Acidität gefunden werden. Vom pK_A-Wert der Essigsäure müßte also lg 2 = 0,30 substrahiert werden. Von den angeführten Dicarbonsäuren erfüllen nur die höheren Dicarbonsäuren (etwa ab Pimelinsäure, HOOC—(CH$_2$)$_5$—COOH, pK_A(I) = 4,48) diese Forderung hinreichend, bei denen die beiden Carboxylgruppen weit voneinander entfernt sind und keine nennenswerte Wirkung aufeinander ausüben. In den anderen Fällen wirkt die zweite Carboxylgruppe als starker $-I$-Substituent aciditätssteigernd auf die erste Carboxylgruppe. Das wird besonders deutlich an den beiden cis-trans-isomeren Säuren Maleinsäure und Fumarsäure: Die Maleinsäure ist viel stärker sauer als die Fumarsäure, weil hier die beiden Carboxylgruppen durch die starre Äthylenbindung in relativ großer Nähe fixiert sind.

Bei der Dissoziation der zweiten Carboxylgruppe liegen die Verhältnisse umgekehrt, weil die Dissoziation der ersten Carboxylgruppe zu einem Anion führt, das den starken $+I$-Effekt der vollen Ionenladung aufweist und demzufolge einer Deprotonierung der zweiten Carboxylgruppe kräftig entgegenwirkt. Dieser Einfluß ist bei großer

[1] Vgl. [1] S. 104.

Nähe der beiden Carboxylgruppen besonders stark, und der Quotient K_I/K_{II} ist bei Oxalsäure und Malonsäure groß.
Der +I-Effekt der COO$^\ominus$-Gruppe nimmt mit der Entfernung relativ langsam ab, weil Polkräfte eine große Reichweite besitzen. Der Quotient K_I/K_{II} hat demzufolge bei der Bernsteinsäure immer noch den Wert 19 und bei Pimelinsäure den Wert 8,7. Der rein statistisch zu erwartende Wert wäre $K_I/K_{II} = 4$ (die erste Dissoziationsstufe ist mit dem statistischen Faktor 2 zu versehen, weil zwei COOH-Gruppen verfügbar sind, die zweite Dissoziationsstufe dagegen mit dem Faktor 0,5, weil das Proton in der Rückreaktion zwei gleichwertige COO$^\ominus$-Gruppen vorfindet). Der zu große gefundene Wert für K_I/K_{II} zeigt, daß der Induktionseffekt offenbar nicht oder nicht ausschließlich durch die Kette weitergeleitet wird (dann müßte er bei der Pimelinsäure nahezu Null geworden sein), sondern daß sich die Carboxylgruppen auch in den langkettigen Dicarbonsäuren nahekommen und durch den Raum aufeinander einwirken können (Feldeffekt). Die Berechnung nach dem elektrostatischen Modell (KIRKWOOD-WESTHEIMER, vgl. S. 57) hat jedoch bisher keine voll befriedigende Lösung gebracht.

Im Hinblick auf das K_I/K_{II}-Verhältnis sind wieder die sterisch fixierten Dicarbonsäuren besonders interessant. In der Fumarsäure wird die COO$^\ominus$-Gruppe der ersten Dissoziationsstufe durch die starre Äthylengruppierung in relativ großer Entfernung von der zweiten Carboxylgruppe festgehalten und deshalb nur ein K_I/K_{II}-Wert erreicht, der dem von Bernsteinsäure entspricht. Im Gegensatz dazu zeigt die Maleinsäure einen K_I/K_{II}-Wert, der sogar noch den hohen Wert der Oxalsäure beträchtlich übertrifft. Noch eindrucksvoller sind die Verhältnisse in der α,α-Diäthylmalonsäure, wo die beiden Carboxylgruppen durch die voluminösen Äthylgruppen zusammengepreßt werden, wodurch bereits der pK_A(I)-Wert absinkt, aber noch stärker die Dissoziation des zweiten Protons beeinträchtigt wird. Sowohl bei der Maleinsäure wie auch bei der α,α-Diäthylmalonsäure kommt der große K_I/K_{II}-Wert jedoch außerdem dadurch zustande, daß im Monoanion eine interne Wasserstoffbrücke zwischen COOH und COO$^\ominus$ möglich ist, durch welche die Basizität der Carboxylatgruppe herabgesetzt, d. h. die Acidität für die erste Dissoziationsstufe erhöht wird.

In den Phenolaten ist die Delokalisation der negativen Ladung weniger vollkommen als in den völlig symmetrischen Carboxylationen; sie sind deshalb stärker basisch und die konjugierten Säuren schwächer sauer. In Alkoholationen ist gar keine konjugative Elektronendelokalisierung möglich, so daß Alkohole sehr schwache Säuren darstellen [1]. Mercaptane sind stärker sauer als Alkohole, weil die Polarisierbarkeit des Schwefels größer ist, so daß die negative Ladung im Mercaptidion besser verteilt werden kann (vgl. die analogen Verhältnisse bei den Halogenwasserstoffsäuren). Einige pK_A-Werte für diese Verbindungsklassen sind in Tabelle 2.67 aufgeführt, die außerdem Autoprotolysekonstanten von Alkoholen enthält, die besonders interessant sind für Reaktionen von Alkoholaten in den betreffenden Alkoholen, z. B. bei Reaktionen vom Aldoltyp (vgl. Kap. 6.).

Die Acidität substituierter Phenole kann sehr gut mit Hilfe der HAMMETT-Gleichung berechnet werden, wobei die σ^--Werte benutzt werden müssen ($\varrho^- = 2{,}26$, H_2O,

---

[1a] Zusammenfassungen über pK-Werte schwacher Säuren und Basen: COLLUMEAU, A.: Bull. Soc. chim. France **1968**, 5087.

[1b] ARNETT, E. M., in: Progress in Physical Organic Chemistry, Interscience Publishers, New York/London, Vol. 1, 1963, S. 223.

Tabelle 2.67

pK_A-Werte von Verbindungen R—OH bzw. R—SH, bezogen auf Wasser (25 °C)[1] bzw. Autoprotolysekonstanten (25 °C; in Klammern)[2]

Verbindung	pK_A		Verbindung	pK_A
H_2O	15,74	(14,00)	$CH_2=CH-CH_2OH$	15,39
MeOH	15,22	(16,68)	$HO-CH_2-CH_2OH$	14,19
EtOH	15,84	(18,88)	Cl_3CH-CH_2OH	12,24
i-PrOH	16,94	(20,80)	$PhCH_2OH$	15,24
t-BuOH	19,2[3])		$EtO-CH_2-CH_2OH$	14,74
			Ph-OH	9,95
			Et-SH	10,50[4])

[1]) Die Werte wurden mit Hilfe der H_--Funktion in i-PrOH/i-PrO⁻ bestimmt und auf Wasser bezogen: HINE, J., u. M. HINE: J. Amer. chem. Soc. 74, 5266 (1952).
[2]) SCHAAL, R., u. A. TÉZÉ: Bull. Soc. chim. France 1961, 1783.
[3]) MURTO, J.: Acta chem. scand. 18, 1043 (1964).
[4]) 20 °C, DANEHY, J. P., u. C. J. NOEL: J. Amer. chem. Soc. 82, 2511 (1960); KREEVOY, M. M., E. T. HARPER, R. E. DUVALL, H. S. WILGUS u. L. T. DITSCH: J. Amer. chem. Soc. 82, 4899 (1960) (Aufstellung der TAFT-Beziehung für Mercaptane).

25 °C), die den besonders starken Einfluß z. B. der Nitrogruppe berücksichtigen. Entsprechend ist Pikrinsäure eine sehr starke Säure ($pK_A = 0,373$, H_2O, 25 °C). Die Acidität der Alkohole $R-CH_2OH$ läßt sich mittels der TAFT-Gleichung berechnen [1].

Auf die Aciditäten von C—H-Säuren („C—H-acide Verbindungen", z. B. Acetylen, Blausäure, Ketone usw.), wird im Kapitel 6. eingegangen. Im Hinblick auf die nucleophilen Eigenschaften von Halogenidionen (vgl. Kap. 4.) sei lediglich kurz erwähnt, daß die Stärke von Halogenwasserstoffen mit der Polarisierbarkeit der Halogenidionen ansteigt (pK_A HF: 3,18, HCl: —7, HBr: —9, HJ: —11); die Basizität der Halogenidionen wächst in der umgekehrten Reihenfolge.

Auf die Acidität von Carboniumionen, LEWIS-Säuren und C—H-aciden Verbindungen wird an anderer Stelle dieses Buches eingegangen.

2.7.3. Basizität typischer Basen

Als Prototyp organischer Basen sind zunächst die Amine zu besprechen. Da Alkylgruppen einen +I-Effekt besitzen, ist zu erwarten, daß Alkylamine stärker basisch sind als Ammoniak; die Basenstärke sollte vom Monoalkyl- zum Trialkylamin zunehmen, da sich die Wirkung der Alkylgruppen summieren muß.

In Tabelle 2.68 sind $Kp_{BH\oplus}$-Werte für Amine zusammengestellt, es wird also die Säurestärke der konjugierten Säuren (der Ammoniumverbindungen) angegeben. Die pK_B-Werte sind daraus nach $pK_B = 14 - pK_{BH\oplus}$ erhältlich.

---

[1] BALLINGER, P., u. F. A. LONG: J. Amer. chem. Soc. 82, 795 (1960).

Tabelle 2.68
$pK_{BH\oplus}$-Werte von Aminen (in Wasser, 25 °C)

Ammoniak 9,21

Primäre Amine		Sekundäre Amine		Tertiäre Amine	
MeNH$_2$	10,62	Me$_2$NH	10,71	Me$_3$N	9,76
EtNH$_2$	10,63	Et$_2$NH	10,98	Et$_3$N	10,65
i-PrNH$_2$	10,63	i-Pr$_2$NH	11,05	i-PrMe$_2$N	10,30
t-BuNH$_2$	10,68			t-BuMe$_2$N	10,52
Allylamin	9,49	Diallylamin	9,29	Triallylamin	8,31
		Piperidin	11,22		
Anilin	4,60	Morpholin	8,70	Pyridin	5,17

Die Alkylamine sind tatsächlich wie erwartet stärker basisch als Ammoniak. Dagegen steigt die Basizität nur vom Monoalkylamin bis zum Dialkylamin an, um dann zum Trialkylamin wieder zu fallen, was in Widerspruch zu den Erwartungen steht.

Die Allylgruppe (−I-Effekt) führt zwar zu keinen krassen Unregelmäßigkeiten, und die Basenstärke der Allylamine sinkt in Übereinstimmung mit der Summierung der Induktionseffekte vom primären zum tertiären Amin, aber der Sprung vom sekundären zum tertiären Amin ist unverhältnismäßig groß. Innerhalb der einzelnen Amintypen ergeben sich normale Substituenteneffekte, so daß primäre, sekundäre und tertiäre Amine ohne weiteres mit Hilfe der TAFT-Gleichung korreliert werden können, wobei sich allerdings jeweils eine besondere Gerade ergibt [1].

Zur Erklärung der Anomalie in den Basenstärken von sekundären und tertiären Aminen existieren zwei Hypothesen. H. C. BROWN [2] macht für die niedrige Basizität der tertiären Amine eine sterische Hinderung verantwortlich: Bei der Protonierung des Stickstoffatoms geht dieses aus der dreibindigen Form in die vierbindige über, das heißt, aus einer flachen Pyramide entsteht ein Tetraeder, in dem die Alkylgruppen enger zusammenrücken müssen. Diese Pressung der VAN-DER-WAALS-Radien der Alkylgruppen auf der „Rückseite" wirkt der Protonenanlagerung entgegen ("Back-Strain") und setzt die Basizität des Amins herab.

Gegen diese Erklärung sprechen die folgenden Befunde:

a) Die Basizität von Aminen in der Gasphase [3] oder in protonenfreien Lösungsmitteln steigt normal vom primären zum tertiären Amin an [4].

b) Die inzwischen bestimmten Bindungswinkel im Amin bzw. Ammoniumsalz unterscheiden sich nicht wesentlich.

c) Bei erheblichen sterischen Wechselwirkungen sollten Basenstärken keine lineare Korrelation mit den σ^*-Werten ergeben.

[1] HALL, H. K.: J. Amer. chem. Soc. **79**, 5441 (1957); Zusammenfassung über die Voraussage der Basenstärke von Aminen: CLARK, J., u. D. D. PERRIN: Quart. Rev. (Chem. Soc., London) **18**, 295 (1964); Usp. Chim. **36**, 288 (1967).
[2] BROWN, H. C., u. Mitarb.: J. Amer. chem. Soc. **66**, 431, 435 (1944).
[3] MUNSON, M. S. B.: J. Amer. chem. Soc. **87**, 2332 (1965).
[4] PEARSON, R. G., u. D. C. VOGELSONG: J. Amer. chem. Soc. **80**, 1038 (1958).

2.7.3. Basizität typischer Basen

Es ist deshalb viel wahrscheinlicher, daß die Anomalie sekundäres — tertiäres Amin auf Solvatationseffekten beruht: Das Ammoniumion ist eine Säure und bildet über die aciden Wasserstoffatome Wasserstoffbrücken zum basischen Sauerstoffatom des Wassers aus, die in der Reihenfolge $R_3NH^{\oplus}$, $R_2NH_2^{\oplus}$, $RNH_3^{\oplus}$ leichter entstehen können, wodurch das Ammoniumion zunehmend stabilisiert wird. Die Wasserstoffbrückenbildung wird in umgekehrter Reihenfolge zunehmend sterisch gehindert. Diese Effekte wirken demzufolge den Induktionseffekten der Alkylgruppen entgegen und überkompensieren sie schließlich [1].

Das Beispiel zeigt, wie man Eigenschaften von Verbindungen entweder nur auf den betrachteten Stoff oder aber auf das gesamte System zurückführen kann. Der erste Standpunkt ist häufig der bei einem bestimmten Stand der Experimentiertechnik allein mögliche, weil es nicht gelingt, das gesamte, komplizierte System in allen Wechselbeziehungen zu erfassen. Mit der gedanklichen Absonderung des Stoffes von seiner Umgebung bringt man jedoch Fehler in die Betrachtung, die nicht selten durch rein hypothetische Zusatzannahmen ausgeglichen werden. Im Grunde handelt es sich bei dem betrachteten Problem um den Unterschied zwischen metaphysischer und dialektischer Betrachtungsweise. Natürlich leistet die dialektische Methode mehr. Von dieser Warte aus muß man dem zweiten genannten Versuch, die Basizität von Aminen zu erklären, von vornherein mehr Wahrscheinlichkeit zubilligen.

Der Back-Strain-Effekt kann andererseits durchaus bedeutungsvoll werden, wenn stark verzweigte, voluminöse Alkylgruppen im Molekül vorhanden sind und die Solvatationseffekte überspielt werden. Die insgesamt komplizierten Verhältnisse sind zusammenfassend abgehandelt worden [2].

Aromatische Amine sind generell viel schwächer als aliphatische, da das freie Elektronenpaar des Stickstoffatoms in die Mesomerie des Kerns einbezogen wird (eine Elektronendelokalisation der π-Elektronen des Kerns zum Stickstoffatom ist nicht möglich, weil dann dessen Achterschale aufgeweitet werden müßte). Außerdem senkt der Kern die Basizität durch seinen −I-Effekt. Diese beiden Effekte ließen sich in ingeniöser Weise experimentell voneinander trennen [3]: Im Benzochinuclidin (2.69 b) ist die Mesomerie zwischen aromatischem Kern und Stickstoffatom vollkommen unterbunden, weil dessen p-Orbital (das das freie Elektronenpaar enthält) durch die Äthylenbrücken in senkrechter Lage zu den π-Elektronen des Kerns fixiert ist. Es wirkt dann nur noch der Induktionseffekt des Arylrestes. Die Basizitätsunterschiede zu N.N-Dimethylanilin bzw. zu Chinuclidin (2.69c) zeigen, daß Mesomerie- und Induktionseffekt jeweils zu etwa 50% an der Basizitätssenkung in aromatischen Aminen beteiligt sind.

(2.69)

	a)	b)	c)
$pK_{BXH^{\oplus}}$	5,06	7,79	10,58
$\Delta pK_{BH^{\oplus}}$		2,73	2,79

---

[1] TROTMAN-DICKENSON, A. F.: J. chem. Soc. [London] **1949**, 1293; [1] S. 108; CONDON, F. E.: J. Amer. chem. Soc. **87**, 4494 (1965) und dort zitierte weitere Arbeiten.
[2] GOLD, V., in: Progress in Stereochemistry, Vol. 3, Butterworths, London, 1962, S. 169; HAMMOND, G. S., in: Steric Effects in Organic Chemistry, John Wiley & Sons, Inc., New York 1956, Kap. 9.
[3] WEPSTER, B. M.: Recueil. Trav. chim. Pays-Bas **71**, 1159, 1171 (1952).

Die niedrige Basizität des Pyridins und analoger Heterocyclen beruht auf der veränderten Hybridisierung (sp^2) des Stickstoffatoms.

Entsprechend der Stellung des Sauerstoffs im Periodensystem sind Wasser, Alkohole, Äther usw. viel schwächer basisch als Amine (vgl. Tab. 2.70) [1].

Tabelle 2.70
$pK_{BH\oplus}$-Werte von Sauerstoffverbindungen

Verbindung	$pK_{BH\oplus}$	Verbindung	$pK_{BH\oplus}$
Wasser	−1,74	Et−O−Et	−3,59[3]
MeOH	−2,2[1]	Tetrahydrofuran	−2,08[3]
EtOH	−2,3[1]	Dioxan	−3,22[3]
i-PrOH	−3,2[1]	Ph−O−Me	−6,54[3]
t-BuOH	−3,8[1]	Ph−CO−Me	−6,04[4]
PhOH	−6,74[2]	Ph−CHO	−6,99[4]
		Ph−COOEt	−7,36[5]

[1]) DENO, N. C., u. M. J. WISOTSKY: J. Amer. chem. Soc. 85, 1735 (1963).
[2]) ARNETT, E. M., u. C. Y. WU: J. Amer. chem. Soc. 82, 5660 (1960).
[3]) ARNETT, E. M., C. Y. WU, J. N. ANDERSON u. R. D. BUSHICK: J. Amer. chem. Soc. 84, 1674 (1962).
[4]) CULBERTSON, G., u. R. PETTIT: J. Amer. chem. Soc. 85, 741 (1963).
[5]) HINE, J., u. R. P. BAYER: J. Amer. chem. Soc. 84, 1989 (1962).

Auf die Basizität von Carbonylverbindungen wird bei den Carbonylreaktionen nochmals zurückzukommen sein (vgl. Kap. 6.).

Olefine und Aromaten sind noch schwächere Basen, da hier die basischen Elektronenpaare nicht eigentlich frei vorliegen [2]. Hier wurden bisher nur wenige $pK_{BH\oplus}$-Werte bestimmt. Selbst das relativ stark basische Hexamethylbenzol hat erst den $pK_{BH\oplus}$-Wert −13,3 [3] und Anthracen −7,8 [4].

Möglicherweise beruhen auch die $pK_{BH\oplus}$-Werte von Phenol und Anisol bereits auf einer C-Protonierung [5].

2.7.4. Harte und weiche Säuren und Basen [6]

Es hat sich in neuester Zeit herausgestellt, daß die pK-Werte noch nicht genügen, um die chemischen Eigenschaften von Säuren und Basen zu beschreiben. So können

---

[1] Vgl. [1] S. 106.
[2] Zusammenfassung: PERKAMPUS, H.-H., in: Advances in Physical Organic Chemistry, Vol. 4, Academic Press, New York/London 1966, S. 195; vgl. PERKAMPUS, H.-H., u. E. BAUMGARTEN: Angew. Chem. 76, 965 (1964).
[3] DENO, N. C., P. T. GROVES u. G. SAINES: J. Amer. chem. Soc. 81, 5790 (1959).
[4] HANDA, T., u. M. KOBAYASHI: Yoki Gosei Kagaku Kyokai Shi 13, 580 (1955); C. A. 51, 8439 (1957).
[5] BIRCHALL, T., A. N. BOURNS, R. J. GILLESPIE u. P. J. SMITH: Canad. J. Chem. 42, 1433 (1964).
[6] PEARSON, R. G.: J. Amer. chem. Soc. 85, 3533 (1963); Science Washington 151, 172 (1966); J. chem. Educat. 45, 581, 643 (1968); Usp. Chim. 40, 1259 (1971); SEYDEN-PENNE, J.: Bull. Soc. chim. France 1968, 3871.

Metalle (bzw. Metallkationen, die als Säuren anzusehen sind) je nach ihrer Affinität zu Nichtmetallen (bzw. Nichtmetallanionen, die als Basen anzusehen sind) in zwei Klassen eingeteilt werden [1].

Klasse A

$Al^{3\oplus} > Mg^{2\oplus} > Na^{\oplus}$ u. a. zeigen Affinität zu Nichtmetallen in der Reihenfolge: $F > O > N > Cl > Br > J > S$.

Klasse B

$Ag^{\oplus} > Cd_2^{\oplus} > Au^{3\oplus} > Sn^{4\oplus}$ u. a. zeigen Affinität zu Nichtmetallen in der Reihenfolge: $S > J > Br > Cl > N > O > F$.

In der Klasse A entstehen besonders stabile Verbindungen, wenn stark elektronegative, wenig polarisierbare Partner zusammentreten, in der Klasse B, wenn umgekehrt wenig elektronegative und stark polarisierbare Partner reagieren.

Säuren und Basen der Klasse A werden entsprechend ihrer geringen Polarisierbarkeit als „hart", Säuren und Basen der Klasse B umgekehrt als „weich" bezeichnet.

Zur Klassifizierung wird das betreffende Molekül rein formal als „Komplex" aus einer Säure und einer Base betrachtet, die ihrerseits völlig hypothetisch sein können, z. B.

$$A-B = A^{\oplus} + |B^{\ominus} \quad \text{oder} \quad A-B = A|^{\ominus} + B^{\oplus}$$
$$CH_3-OH = CH_3^{\oplus} + |OH^{\ominus} \quad \text{oder} \quad CH_3O-H = H^{\oplus} + CH_3O|^{\ominus}$$
$$CH_3CO-Cl = CH_3CO^{\oplus} + Cl|^{\ominus}$$

Allgemeine Kriterien und Beispiele für harte bzw. weiche Säuren bzw. Basen sind in den Tabellen 2.71 und 2.72 zusammengestellt. Die einzelnen Kriterien sind nicht unabhängig voneinander, sondern stellen im wesentlichen lediglich verschiedene Aspekte der gleichen Eigenschaft dar. Bei den Basen sind die an der Peripherie des Atoms bzw. Moleküls liegenden, doppelt besetzten Orbitale besonders wichtig, da bei der Bindung an eine Säure aus ihnen zwei Elektronen in das neue Bindungsorbital gegeben werden müssen, zu dem die Säure ihr niedrigstes unbesetztes, an der Peripherie liegendes Orbital beisteuert. Diese Orbitale werden als Grenz- oder Frontorbitale bezeichnet (Englisch: frontier orbitals).

Die Härte (Weichheit) wird durch Bindung an harte (weiche) Basen gesteigert: $F_3C^{\oplus}$ ist härter als $H_3C^{\oplus}$; Ersatz von H durch Alkyl vergrößert die Härte, d. h., $(CH_3)_3C^{\oplus}$ ist härter als $H_3C^{\oplus}$. Da die Polarisierbarkeit von Doppelbindungen (sp^2-Zustand) höher liegt als von Einfachbindungen (sp^3-Zustand), ist $CH_3^{\oplus}$ härter als $CH_3CO^{\oplus}$.

Es kann die generelle Regel aufgestellt werden, daß die Reaktion einer harten (weichen) Säure mit einer harten (weichen) Base schneller verläuft bzw. zu einer günstigeren Gleichgewichtslage führt als die Reaktion einer harten (weichen) Säure mit einer weichen (harten) Base. Man spricht auch von „Symbiose". So ist CF_3J ($F^{\ominus}$ und demzufolge $^{\oplus}CF_3$ ist hart, $J^{\ominus}$ ist weich) weniger stabil als CF_4 (alle Liganden hart), CH_3F ($H^{\ominus}$ weich, $F^{\ominus}$ hart) weniger stabil als CH_3J (alle Partner weich), und CH_4 bzw. $(CH_3)_4C$ sind besonders stabile Verbindungen.

[1] AHRLAND, S., J. CHATT u. N. R. Davies: Quart. Rev. (Chem. Soc., London) 12, 265 (1958); SCHWARZENBACH, G.: Experientia [Basel], Suppl. V, 162 (1956); Advances inorg. Chem. Radiochem. 3, 257 (1961).

Tabelle 2.71

Harte Säuren	Weiche Säuren
kleine Polarisierbarkeit, hohe Elektronegativität, kleiner Atomradius, Härte steigt mit steigender Ladung, leere Frontorbitale haben hohe Energie	große Polarisierbarkeit, kleine Elektronegativität, großer Atomradius, Weichheit steigt mit fallender Ladung, leere Frontorbitale haben niedrige Energie
$H^\oplus$ $Li^\oplus$ $Na^\oplus$ $K^\oplus$ $Be^{2\oplus}$ $Mg^{2\oplus}$ $Ca^{2\oplus}$ $Sr^{2\oplus}$ $Mn^{2\oplus}$ $Al^{3\oplus}$ $Cr^{3\oplus}$ $Co^{3\oplus}$ $Fe^{3\oplus}$ $Si^{4\oplus}$ $Ti^{4\oplus}$ BF_3 $B(OR)_3$ AlR_3 $AlCl_3$ AlH_3 $RSO_2^\oplus$ $ROSO_2^\oplus$ SO_3 $RPO_2^\oplus$ $ROPO_2^\oplus$ $Cl^{7\oplus}$ $J^{7\oplus}$ $Cr^{6\oplus}$ $J^{5\oplus}$ $RCO^\oplus$ CO_2 $N\equiv C^\oplus$	$Cu^\oplus$ $Ag^\oplus$ $Au^\oplus$ $Tl^\oplus$ $Hg^\oplus$ $Pd^{2\oplus}$ $Cd^{2\oplus}$ $Pt^{2\oplus}$ $Hg^{2\oplus}$ $CH_3Hg^\oplus$ $Pt^{4\oplus}$ $Tl^{2\oplus}$ BH_3 $GaCl_3$ $RS^\oplus$ $RSe^\oplus$ $J^\oplus$ $Br^\oplus$ $HO^\oplus$ $RO^\oplus$ J_2 Br_2 $C=C$ in Trinitrobenzol, Chinonen, Tetracyanäthylen usw. (Akzeptoren in Ladungsübertragungskomplexen) Radikale Carbene nullwertige Metalle

Grenzfälle: $Fe^{2\oplus}$ $Co^{2\oplus}$ $Ni^{2\oplus}$ $Cu^{2\oplus}$ $Zn^{2\oplus}$ $Pb^{2\oplus}$ SO_2 $NO^\oplus$ $R_3C^\oplus$ $Ph^\oplus$

Tabelle 2.72

Harte Basen	Weiche Basen
kleine Polarisierbarkeit, große Elektronegativität, schwer oxydierbar, gute $H^\oplus$-Akzeptoren, besetzte Frontorbitale haben niedrige Energie	hohe Polarisierbarkeit, kleine Elektronegativität, leicht oxydierbar, besetzte Frontorbitale haben hohe Energie
H_2O $HO^\ominus$ $F^\ominus$ $CH_3COO^\ominus$ $PO_4^{2\ominus}$ $SO_4^{2\ominus}$ $Cl^\ominus$ $CO_3^{2\ominus}$ $ClO_4^\ominus$ $NO_3^\ominus$ ROH $RO^\ominus$ R_2O NH_3 RNH_2 NH_2NH_2 $NH_2^\ominus$	R_2S RSH $RS^\ominus$ $J^\ominus$ $SCN^\ominus$ $S_2O_3^{2\ominus}$ R_3P $(RO)_3P$ $CN^\ominus$ $N\equiv C$ CO Olefine, Aromaten $H^\ominus$ $R_3C^\ominus$

Grenzfälle: $PhNH_2$ Pyridin $N_3^\ominus$ $Br^\ominus$ $NO_2^\ominus$ $SO_3^{2\ominus}$

2.7.4. Harte und weiche Säuren und Basen

Umgekehrt lassen sich aus Gleichgewichtskonstanten bzw. Reaktionsgeschwindigkeitskonstanten der Bildung von Komplexen quantitative Parameter für die Härte bzw. Weichheit gewinnen, z. B. aus der Geschwindigkeit des Ligandenaustausches an trans-Pt(Pyridin)Cl_2-Komplexen (Platin ist eine weiche Säure) Weichheitsparameter von Basen [1].

Andere Möglichkeiten sind die Konkurrenz von $CH_3Hg^\oplus$ (weiche Säure) und $H^\oplus$ (harte Säure) um die zu bestimmende Base [2] und Bildungswärmen von Verbindungen im Gaszustand [3] bzw. in Lösung [4]. Durch Berechnung der Verhältnisse mit Hilfe der Störungsrechnung konnte das folgende allgemeine Prinzip gewonnen werden [5]: Wenn der Energieunterschied der Frontorbitale der beiden Reaktionspartner groß ist, wird die Reaktion praktisch ausschließlich durch COULOMB-Kräfte bestimmt, und man spricht von einer *ladungskontrollierten Reaktion*. Derartige Reaktionen sind vor allem für hochgeladene harte Säuren mit harten Basen zu erwarten.

Umgekehrt ist bei nahezu gleicher Energie (Entartung) der Frontorbitale der Reaktionspartner eine *frontorbitalkontrollierte Reaktion* zu erwarten, bei der der Elektronenübergang, d. h. also ein Polarisierungsvorgang, entscheidend ist. Mit Hilfe dieser Vorstellungen ließ sich aus den Energien der Frontorbitale, die quantenchemisch berechnet werden können, eine weitere Skala für die Härte bzw. Weichheit von Säuren und Basen aufstellen [5]. Mit Hilfe der Vorstellungen über harte bzw. weiche Säuren und Basen lassen sich zahlreiche Phänomene der Chemie zumindest qualitativ sehr befriedigend erklären.

So werden weiche Verbindungen, wie $Ag^\oplus$-, $Cu^\oplus$-Verbindungen, gut durch Acetonitril (weich) stabilisiert; $Pt^{2\oplus}$- und $Pd^{2\oplus}$-Komplexe koordinieren in Dimethylsulfoxid mit dem weichen Schwefelatom.

Umgekehrt solvatisieren harte Lösungsmittel, wie Wasser und Alkohole, bevorzugt kleine und harte Kationen und reagieren bevorzugt mit Protonen. Entsprechend steigt die Säurestärke in der Reihenfolge HF < HCl < HBr < HJ. Wird das Proton von protonenhaltigen Lösungsmitteln (Wasser, Alkohole, Carbonsäuren) in eine Wasserstoffbrückenbindung mit einer Base verwickelt, so sinkt die Härte der Base. Kleine Anionen, z. B. $F^\ominus$, $Cl^\ominus$, sind deshalb in Alkoholen viel schwächer basisch (= Reaktion gegenüber der harten Säure $H^\oplus$) als in Dimethylsulfoxid. Radikale (weich) werden durch Aromaten bzw. CS_2 (weich) stabilisiert (vgl. 9.2.3.3.). Olefine (weich) bilden Komplexe mit weichen Metallen, die in neuester Zeit große Bedeutung erlangt haben, da hier sehr spezifische Reaktionen möglich werden [6].

Die sehr reaktionsfähigen Carbene (vgl. Kap. 7) bilden als weiche Säuren leicht stabile Komplexe mit dem weichen CO. Wir werden auf spezielle Beispiele an anderen Stellen dieses Buches zurückkommen.

Es darf abschließend festgestellt werden: Das Konzept der harten und weichen Säuren und Basen bringt zwar keine grundsätzlich neuen Erkenntnisse, da man schon

---

[1] BELLUCO, U., L. CATTALINI, F. BASOLO, R. G PEARSON u. A. TURCO: J. Amer. chem. Soc. **87**, 241 (1965); R. G. Pearson, H. Sobel u. J. SONGSTAD: J. Amer. chem. Soc. **90**, 319 (1968).
[2] SCHWARZENBACH, G., u. M. SCHELLENBERG: Helv. chim. Acta **48**, 28 (1965).
[3] PEARSON, R. G., u. J. SONGSTAD: J. Amer. chem. Soc. **89**, 1827 (1967).
[4] DRAGO, R. S., u. B. B. WAYLAND: J. Amer. chem. Soc. **87**, 3571 (1965).
[5] KLOPMAN, G.: J. Amer. chem. Soc. **90**, 223 (1968).
[6] Zusammenfassungen vgl. z. B. WILKE, G., u. Mitarb.: Angew. Chem. **78**, 157 (1966); TSUTSUI, M., M. HANCOCK, J. ARIYOSHI u. M. N. LEVY: Angew. Chem. **81**, 453 (1969).

seit langem weiß, daß Reaktionen mehr oder weniger von der Polarität und/oder der Polarisierbarkeit der Reaktionspartner abhängen, es stellt jedoch ein außerordentlich fruchtbares heuristisches Prinzip dar. Es darf erwartet werden, daß die weitere Quantifizierung neue und tiefere Einsichten in komplizierte Verhältnisse und Reaktionen bringt.

2.8. Konformationsisomerie und Konformationsanalyse [1]

Bei der Diskussion der elektronischen Verhältnisse wurde der räumliche Bau der Moleküle weitgehend außer acht gelassen, obwohl er für die Reaktivität sehr wesentlich sein kann.

Wenn Stereoisomere durch hohe Energiebarrieren voneinander getrennt und entsprechend stabil sind wie z. B. cis- und trans-Olefine, liegen im Grunde zwei verschiedene Verbindungsklassen vor, deren unterschiedliche Eigenschaften und damit ihre Reaktivitäten experimentell leicht erfaßbar sind. Das wird aber anders, wenn es sich um sterisch labile Systeme handelt, bei denen die einzelnen Isomere nicht mehr isoliert und für sich untersucht werden können.

Nach der klassischen Auffassung (VAN'T HOFF 1894) sind C−C-Einfachbindungen um ihre gemeinsame Bindungsachse frei drehbar, so daß man jede beliebige Lage der beiden miteinander verbundenen Tetraeder für möglich halten könnte. Tatsächlich existieren unter den unendlich vielen möglichen Konstellationen gewisse Vorzugslagen. In Bild 2.73 sind derartige Vorzugslagen für ein substituiertes Äthan dargestellt, in dem X und Y die beiden größten Substituenten symbolisieren. In der oberen Reihe ist eine perspektivische Darstellung gewählt („Sägebock"-Schreibweise), in der unteren Reihe der gleiche Sachverhalt als Projektion dargestellt, indem man

[1a] BARTON, D. H. R.: Experientia [Basel] **6**, 316 (1950).
[1b] BARTON, D. H. R.: J. chem. Soc. [London] **1953**, 1027 (deutsche Übersetzung SVT-Schriftenreihe, VEB Verlag Technik 1954, Bd. 115).
[1c] ORLOFF, D.: Chem. Reviews **54**, 347 (1954).
[1d] KLYNE, W., in: Progress in Stereochemistry, Butterworths, London, 1954, Vol. 1, Kap. 3.
[1e] BARTON, D. H. R., u. R. COOKSON: Quart. Rev. (Chem. Soc., London) **10**, 44 (1956).
[1f] DAUBEN, W. G., u. K. S. PITZER, in: Steric Effects in Organic Chemistry, John Wiley & Sons, Inc., New York 1956, Kap. 1.
[1g] ELIEL, E. L.: J. chem. Educat. **37**, 126 (1960); ELIEL, E. L.: Stereochemie der Kohlenstoffverbindungen, Verlag Chemie GmbH, Weinheim/Bergstr. 1967.
[1h] LAU, H. H.: Angew. Chem. **73**, 423 (1961).
[1i] ELIEL, E. L., N. L. ALLINGER, S. J. ANGYAL u. G. A. MORRISON: Conformational Analysis, Interscience Publishers, New York/London 1965.
[1k] HANACK, M.: Conformation Theory, Academic Press, New York/London 1965.
[1l] RIDDELL, F. G.: Quart. Rev. (chem. Soc., London) **21**, 364 (1967) (Konformationsanalyse von Heterocyclen).
[1m] STEPANENKO, B. N.: Usp. Chim. **31**, 1437 (1962) (Konformation von Zuckern).

2.8. Konformationsisomerie und Konformationsanalyse

vom vorderen zum hinteren Zentralatom blickt; „vorn" und „hinten" wird gewissermaßen durch eine zwischen die beiden Zentralatome geschobene Scheibe unterscheidbar gemacht (NEWMAN-Projektion).

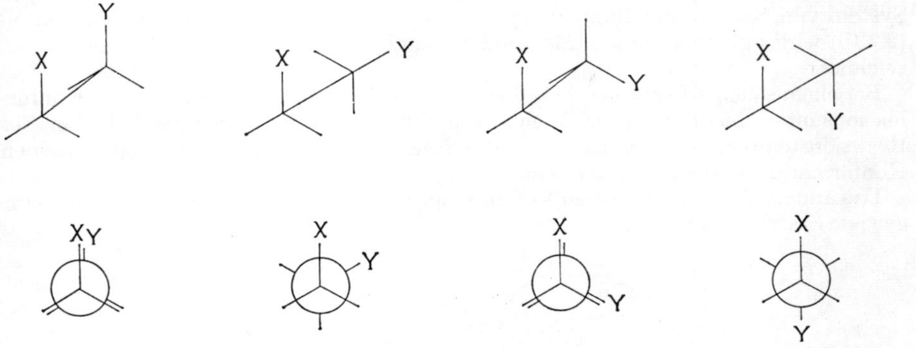

a)	b)	c)	d)
ekliptisch	gestaffelt	ekliptisch	gestaffelt
syn-periplanar	synclinal (schief)	anticlinal	anti-periplanar
etwa 5	0,9	3,5	0

ΔE in Butan (kcal/mol)

Bild 2.73
Konformationen

Die relative Lage der an den beiden benachbarten Kohlenstoffatomen befindlichen Substituenten zueinander wird als *Konformation* (auch: Konstellation) bezeichnet. In einem Molekül wie dem in Bild 2.73 dargestellten gibt es unendlich viele Konformationen, die sich jedoch durch unterschiedliche „Bevölkerungsdichte" („Populationsdichte") unterscheiden, d. h., die Vorzugslagen sind statistisch aufzufassen. Die einzelnen Formen stehen miteinander im Gleichgewicht, stellen also (labile) Isomere („Konformere") dar. Die verschiedenen Konformationen sind zunächst dadurch gekennzeichnet, daß die Substituenten entweder auf Lücke stehen (gestaffelte Konformation; englisch: staggered conformation) oder sich gegenseitig beschatten (ekliptische Konformation; abgeleitet von Eklipse = Sonnen- oder Mondfinsternis). Ekliptische Konformationen sind normalerweise energiereicher als gestaffelte.[1]

Unter den ekliptischen Formen von Bild 2.73a bzw. 2.73c ist 2.73a normalerweise[1] die energiereichere, da sich hier die Substituenten X und Y maximal beeinflussen. Ganz analog ist unter den beiden gestaffelten Konformationen 2.73b und d normalerweise 2.73d stabiler. Für Butan ($X = Y = CH_3$) ist die relative Energie der einzelnen Konformationsisomeren in Bild 2.73 mit angeführt, die durchlaufen werden müssen, wenn eine Konformation in die andere übergeht. Die Energien der ekliptischen Formen geben zugleich die Höhe der Rotationsbarriere an.

---

[1] Bei starken Wechselwirkungen, wie z. B. Wasserstoffbrücken zwischen X und Y, kann die ekliptische Form von Bild 2.73a am energieärmsten sein.

Beim Äthan ($X = Y = H$) ist die Rotationsbarriere niedriger (ca. 3 kcal/mol), weil sich hier nur die kleineren Wasserstoffatome gegenseitig beeinflussen (die Konformationen in Bild 2.73a und c bzw. b und d werden identisch).[1])
In Bild 2.73 sind die einzelnen Konformationen nach dem sehr zweckmäßigen System von KLYNE und PRELOG [1] benannt worden; die synclinale Konformation (2.73b) wird außerdem häufig als „schief" (englisch: skew, französisch: gauche) bezeichnet.

Bei chemischen Reaktionen offenkettiger Verbindungen machen sich die Konformationsunterschiede meistens nicht bemerkbar, weil der Energieinhalt bei der Reaktionstemperatur ausreicht, um die Energiebarrieren zwischen den einzelnen Konformationsisomeren zu überwinden.

Das ändert sich bei cyclischen Verbindungen, in denen durch die Ringbildung eine gewisse Starrheit entsteht.

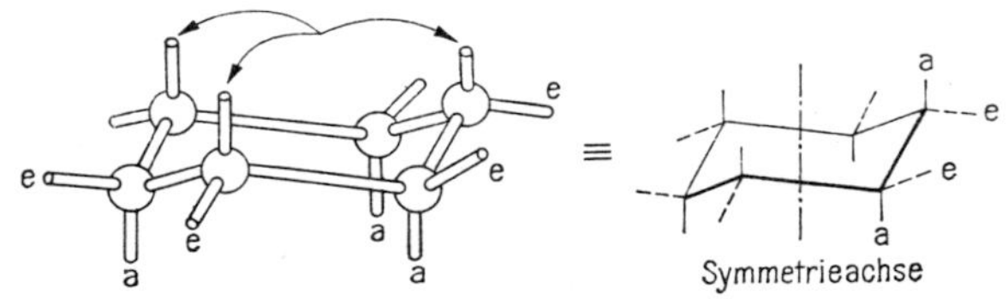

Bild 2.74
Sterische Verhältnisse im Cyclohexan (Sesselform)

Das Cyclohexan ist das Cycloalkan mit der niedrigsten Ringspannung (BAEYER-Spannung), die Tetraederwinkel sind nahezu erhalten geblieben (111,5°), und das Molekül ist demzufolge nicht eben gebaut. Cyclohexan liegt normalerweise überwiegend in der Sesselform (Bild 2.74) vor, die garantiert, daß alle Substituenten gestaffelt sein können. Die Substituenten lassen sich in zwei Gruppen einordnen: Sechs Bindungen sind der dreizähligen Symmetrieachse parallel, und die betreffenden Substituenten ordnen sich zu je drei oberhalb und unterhalb einer Ebene an. Sie werden als *axiale* Substituenten bezeichnet, Symbol a. Die übrigen sechs Substituenten liegen in einer Ebene, die gewissermaßen den Äquator des Moleküls darstellt. Sie werden als *äquatoriale* Substituenten bezeichnet, Symbol e.

Die Konformationsisomerie beim Cyclohexan besteht darin, daß der Sessel „umklappen" kann (Konversionsisomerie, vgl. Bild 2.75). Ein axialer Substituent geht dabei in die äquatoriale Lage über und umgekehrt. Die Entfernung axialer Substituenten voneinander ist geringer als die von äquatorialen Substituenten („axiale 1.3-Wechselwirkung"), und es stellt sich durch Sessel-Sessel-Konversion ein Gleichgewicht ein, das um so mehr äquatoriales Isomeres enthält, je größer der Substituent ist. Tert.-Butylcyclohexan liegt deshalb zu 100% als äquatoriales Isomeres vor. Die

---

[1] KLYNE, W., u. V. PRELOG: Experientia [Basel], **16**, 521 (1960).

[1]) Die Erscheinung der Konformationsisomerie ist jedoch durch VAN-DER-WAALS-Effekte nicht ausreichend zu erklären, sondern es müssen noch weitere Gründe eine Rolle spielen, vgl. z. B. DE COEN, J. L., G. ELEFANTE, A. M. LIQUORI u. A. DAMIANI: Nature [London] **216** 910 (1967); SCOTT, R. A., u. H. A. SCHERAGA: J. chem. Physics **42**, 2209 (1965); MILLEN, D. J., in: Progress in Stereochemistry, Vol. 3, Butterworths, London, 1962, Kap. 4.

betreffende Sesselform wird also durch große Substituenten fixiert, ihre Konversionsfähigkeit ist aufgehoben „(starre Systeme"; „Zwangskonformation").
Ein weiteres wichtiges starres System stellen trans-Decalin-Verbindungen dar (z. B. auch in Steroiden mit trans-Verknüpfung der Ringe A und B); cis-Decaline sind dagegen nicht konformationsstabil, hier existieren zwei Konformationen.

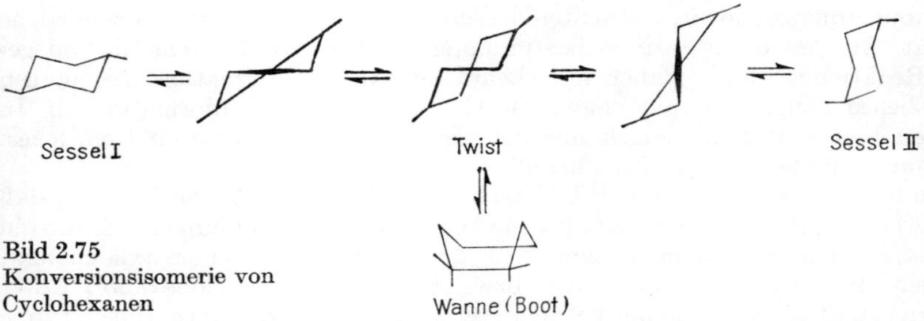

Sessel I   Twist   Sessel II

Bild 2.75
Konversionsisomerie von
Cyclohexanen   Wanne (Boot)

In Bild 2.75 wurden zwei weitere Konversionsisomere des Cyclohexans aufgenommen: Die *Wannen- oder Bootform* besitzt acht ekliptische Substituenten und ist deshalb etwa 7 kcal/mol energiereicher als die Sesselform (Rotationsbarriere ca. 10 kcal/mol). Die *Twistform* stellt eine verzerrte Wannenform dar, bei der die ekliptischen Wechselwirkungen gemindert sind (5,5 kcal/mol energiereicher als Cyclohexan). Beide Nicht-Sesselformen sind im Cyclohexan bzw. monosubstituierten Cyclohexan nicht nennenswert am Konformerengleichgewicht beteiligt (Twistform < 0,1%). Bei mehrfach substituierten Cyclohexanen kann die Twistform (oder vielleicht auch die Wannenform, die in der älteren Literatur als einzige Alternative zur Sesselform angesehen wurde) gegenüber der Sesselform bevorzugt sein, z. B. in di-tert.-Butylderivaten, sofern hier die Sesselform eine axiale tert.-Butylgruppe bedingen würde [1].

Bei äquatorial-äquatorial disubstituierten Cyclohexanen führt die Sessel-Sessel-Konversion zum axial-axial-Isomeren (vgl. Bild 2.75). Da die Konfiguration (die sterische Situation am betreffenden Kohlenstoffatom) im Gegensatz zur Konformation erhalten bleibt, stellen beide Konformere trans-Isomere dar, d. h., ein Substituent ist oberhalb, ein Substituent unterhalb einer gedachten Ringebene angeordnet.
Allgemein sind folgende Fälle zu unterscheiden:

		Energieunterschied für Dimethylverbindung (kcal/mol)
trans-1.2	a, a ⇌ e, e	3,6
trans-1.3	a, e ⇌ e, a	0
trans-1.4	a, a ⇌ e, e	3,6
cis-1.2	a, e ⇌ e, a	0
cis-1.3	a, a ⇌ e, e	3,7
cis-1.4	a, e ⇌ e, a	0

[1] LEVISALLES, J.: Bull. Soc. chim. France **1960**, 551; BALASUBRAMANIAN, M.: Chem. Reviews **62**, 591 (1962); ROBINSON, D. L., u. D. W. THEOBALD: Quart. Rev. (Chem. Soc., London) **21**, 314 (1967).

Die energieärmere Konformation wurde unterstrichen. Wenn die beiden Substituenten unterschiedlich sind, wird natürlich auch die Energie der a,e- bzw. e,a-Form unterschiedlich.

Es ist ein wichtiges Anliegen der theoretischen Chemie, die Energieunterschiede der verschiedenen Konformeren experimentell und theoretisch zu erfassen. Das wird als *Konformationsanalyse* bezeichnet [1].

Axiale und äquatoriale Substituenten haben im allgemeinen eine verschiedene Reaktivität. Aus der quantitativen Bestimmung der Reaktivität (Kinetik von geeigneten Reaktionen) kann daher umgekehrt auf die Konformation geschlossen werden. Ebenso hängen thermodynamische Größen von der Konformation ab. In allen Fällen bestimmt man jedoch nur die Eigenschaft eines binären Gemisches, dessen Zusammensetzung man nicht kennt.

Zur Eliminierung einer der beiden Unbekannten geht man prinzipiell so vor, daß die Grundwerte (z. B. IR-Absorption) für die betreffenden Verbindungen aus starren (fixierten) Systemen gewonnen werden, z. B. die Eigenschaften einer axialen bzw. äquatorialen Hydroxygruppe aus trans- bzw. cis-4-tert.-Butylcyclohexanol. Unter der Annahme, daß die weit von der betrachteten Gruppe entfernte tert.-Butylgruppe die chemischen bzw. physikalischen Eigenschaften der Verbindung nicht nennenswert ändert, kann man den ermittelten Grundwert für andere Systeme benutzen und die Gleichung (2.76) auflösen.

$$A \equiv -\Delta G° = RT \ln \frac{N_e}{N_a} = RT \ln \frac{N_e}{1 - N_e} = RT \ln \frac{k_a - k}{k - k_e}; \quad (2.76)$$

N_a, N_e = Molenbruch des axialen bzw. äquatorialen Konformeren, k_a, k_e = Reaktionsgeschwindigkeitskonstante des axialen bzw. äquatorialen Konformeren (Grundwerte, z. B. aus dem 4-tert.-Butylcyclohexylsystem), k = gemessene Reaktionsgeschwindigkeitskonstante für das Konformerengemisch, $A \equiv -\Delta G°$ stellt die freie Konformationsenergie des betreffenden Substituenten dar. Über Einzelheiten unterrichtet z. B. [1], wo auch A-Werte tabelliert sind [2].

Für einige typische Gruppen ergeben sich folgende Werte:

OH	0,6 kcal/mol (etwa 75% äquatoriales Isomeres)
Cl	0,4 kcal/mol (etwa 67% äquatoriales Isomeres)
COOEt	1,1 kcal/mol (etwa 86% äquatoriales Isomeres)
Methyl	1,7 kcal/mol (etwa 94% äquatoriales Isomeres)
NO_2	1,0 kcal/mol (etwa 84% äquatoriales Isomeres)
NH_2	1,2 kcal/mol (etwa 88% äquatoriales Isomeres)

Konformationsisomerie spielt auch bei Reaktionen am Cyclopentansystem eine Rolle. Da ein ebener Ring für alle zehn Substituenten ekliptische Anordnungen ergeben würde, ist das Cyclopentansystem nicht eben, sondern liegt in einer Art Sesselform (Halbsesselform) oder in einer Form vor, die einem geöffneten Briefumschlag

---

[1] Vgl. [1g, 1i, 1k] S. 114; ELIEL, E. L.: Angew. Chem. **77**, 784 (1965); FELTKAMP, H., u. N. C. FRANKLIN: Angew. Chem. **77**, 798 (1965); IVANOVA, T. M., u. G. P. KUGATOVA-ŠEMJAKINA: Usp. Chim. **39**, 1 095 (1970).

[2] Vgl. auch JENSEN, F. R., C. H. BUSHWELLER u. B. H. BECK: J. Amer. chem. Soc. **91**, 344 (1969).

ähnelt („Envelope-Form") [1]. Trotzdem bleiben erhebliche 1.2-Wechselwirkungen der Substituenten übrig, und das Cyclopentansystem zeigt deshalb Besonderheiten bei chemischen Reaktionen [2] (vgl. auch Abschn. 6.3.1.).
Auch das Cyclobutansystem ist nicht ganz eben, so daß auch hier Konformationseffekte möglich sein könnten.
Über die Reaktivität von äquatorialen bzw. axialen Substituenten im Cyclohexansystem bzw. analoger Konformerer im Cyclopentansystem lassen sich keine generellen Aussagen machen, da Reaktivität prinzipiell nur im Licht bestimmter Reaktionsmechanismen diskutiert werden kann. Diese Fragen werden deshalb in den späteren Kapiteln mit abgehandelt.

[1] BRUTCHER, F. V., u. W. BAUER: J. Amer. chem. Soc. 84, 2233 (1962).
[2] HÜCKEL, W.: Bull. Soc. chim. France 1963, 8.

3. Allgemeine Gesichtspunkte zum Ablauf organischer Reaktionen

3.1. Klassifizierung von Reaktionen und Reagenzien

Organisch-chemische Reaktionen lassen sich unter verschiedenen Aspekten klassifizieren.
Sehr häufig benennt man sie nach ihren Ergebnissen. Diese lassen sich auf drei Grundtypen zurückführen: Austausch (Substitution), Aufnahme (Addition) oder Abspaltung (Eliminierung) von Atomen oder Atomgruppen.

Auf der anderen Seite kann man von der Umsatzbilanz absehen und die Art der Elementarschritte in den Vordergrund rücken, das heißt nach den reagierenden molekularen Einheiten und ihrer Verknüpfung zu neuen Einheiten fragen. So kann ein Molekül im Ganzen reagieren oder im Verlauf der Reaktion in Bruchstücke zerfallen, die sich danach weiter umsetzen. Erfolgt diese Spaltung der Bindungen symmetrisch („Homolyse"), entstehen Radikale; erfolgt sie asymmetrisch („Heterolyse"), entstehen Ionen:

$$A\cdot + B\cdot \leftarrow A-B \rightarrow A^{\oplus}B^{\ominus} \rightarrow A^{\oplus} + B^{\ominus}.$$

Radikale   Ionenpaar   dissoziierte Ionen

Dementsprechend lassen sich Radikal-, Ionen- und Molekülreaktionen unterscheiden. Auch bei Molekülreaktionen erfolgt die Knüpfung neuer Bindungen über mehr oder weniger polarisierte Zustände hinweg, und der Übergang zu den Radikal- bzw. Ionenreaktionen ist fließend.

Einer der Reaktionspartner wird normalerweise als „Reagens" angesprochen, dessen Elektronenbedarf der Klassifizierung von Reaktionen zugrunde gelegt werden kann. Enthält das Reagens freie Elektronenpaare, kann es besonders mit einem Bindungspartner („Substrat") zusammentreten, der selbst Elektronenunterschuß hat, es ist „nucleophil" („kernsuchend"), und die betreffende Umsetzung wird als nucleophile Reaktion bezeichnet. Umgekehrt hat ein Reagens mit Elektronenunterschuß eine bevorzugte Affinität zu einem Substrat mit Elektronenüberschuß, es ist „elektrophil" („elektronensuchend") und die betreffende Umsetzung eine elektrophile Reaktion. Schließlich läßt sich eine Reaktion danach klassifizieren, wieviel Moleküle ihre kovalente Bindung im geschwindigkeitsbestimmenden (langsamsten) Schritt einer Reaktion ändern, der im allgemeinen relativ leicht meßbar ist. Entsprechend dieser Definition unterscheidet man „monomolekulare", „bimolekulare", „trimolekulare", „polymolekulare" Reaktionen.

Übersicht 3.1
Klassifizierung von Reaktionen

A) nach Reaktionsweg
1. Additionsreaktionen
2. Eliminierungsreaktionen
3. Substitutionsreaktionen

B) nach reagierenden Einheiten
1. Heterolytische (polare, ionische) Reaktionen
   a) Nucleophile Reaktionen
   b) Elektrophile Reaktionen
2. Homolytische (radikalische) Reaktionen
3. Molekülreaktionen

C) nach den geschwindigkeitsbestimmenden Elementarschritten
1. Monomolekulare Reaktionen
2. Bimolekulare Reaktionen
3. Höhermolekulare Reaktionen

Die Einordnung nach Gruppe A ist jedem Chemiker geläufig. Hier sei nur hinzugefügt, daß unter die Substitutionsreaktionen auch Umlagerungen einzureihen sind, während die Reduktion und die Oxydation je nach den Verhältnissen als Addition, Eliminierung oder Substitution zu betrachten sind.

Von den unter B angegebenen Typen wurde früher die Molekülreaktion als einzige Möglichkeit in der organischen Chemie angesehen. Das hat sich seit den grundlegenden Arbeiten von H. MEERWEIN [1] gewandelt, der feststellte, daß auch in der organischen Chemie Ionenreaktionen möglich sind. Die reagierenden Ionen liegen allerdings im Gegensatz zu anorganischen Ionen (Ionenkristallen) nicht von vornherein vor, sondern werden erst im Verlauf der Reaktion gebildet („Kryptoionen" = „verborgene Ionen").

Zur Bildung von Radikalen und Ionen muß annähernd die Bindungsenergie aufgebracht werden (Radikale etwa 80 bis 100 kcal/mol, vgl. Kap. 9.), zu der bei den Ionen noch die Energie zur Trennung der beiden Ladungen kommt, so daß in der Gasphase etwa 160 bis 260 kcal/mol erforderlich sind [2]. Ionenreaktionen sind trotz dieses sehr hohen Energiebedarfs möglich, weil Ionen durch polare Lösungsmittel gut stabilisiert werden; in Wasser werden dabei etwa 100 kcal/mol gewonnen.

Trotz ihrer hohen Energie und der entsprechend hohen Reaktivität gehören Carboniumionen heute zu den gut untersuchten Zwischenprodukten in der organischen Chemie, insbesondere seit es gelungen ist, ihre Lebensdauer durch extrem gut stabilisierende Medien (Fluorsulfonsäure/SbF_5/flüssiges SO_2) stark zu verlängern, so daß sie bequem spektroskopisch untersucht werden können (G. OLAH, H. HOGEVEEN) [3].

---

[1] Vgl. CRIEGEE, R.: Angew. Chem. 78, 347 (1966).
[2] Ionisationspotentiale organischer Verbindungen vgl. STREITWIESER, A., in: Progress in Physical Organic Chemistry, Vol. 1, John Wiley & Sons, Inc., New York 1963, Kap. 1; J. Amer. chem. Soc. 82, 4123 (1960); TURNER, D. W., in: Advances in Physical Organic Chemistry, Vol. 4, Academic Press, New York/London, 1966, S. 31.
[3] BETHELL, D., u. V. GOLD: Carbonium Ions, An Introduction, Academic Press, New York 1967; Quart. Rev. (Chem. Soc., London) 12, 173 (1958); Usp. Chim. 29, 106 (1960); DENO, N. C., in: Progress in Physical Organic Chemistry, Vol. 2, John Wiley & Sons, Inc., New York 1963, S. 129; OLAH, G. A., u. C. U. PITTMAN: Advances in Physical Organic Chemistry, Vol. 4, Academic Press, New York/London 1966, S. 305; OLAH, G. A., u. Mitarb.: J. Amer. chem. Soc. 85, 1328 (1963); HOGEVEEN, H.: Recueil Trav. chim. Pays-Bas 86, 1061 (1967) und dort zitierte weitere Arbeiten.

Radikalreaktionen sind vor allem in der Gasphase bevorzugt, während in polaren Lösungsmitteln infolge deren Solvatationskraft normalerweise die polare Reaktion begünstigt ist.

Die Klassifizierung einiger Reagenzien nach dem Elektronenbedarf zeigt Tabelle 3.2.

Tabelle 3.2
Klassifizierung von Reagenzien

Nucleophile Reagenzien		Elektrophile Reagenzien	
negative Ionen,		positive Ionen,	
Verbindungen mit freien Elektronenpaaren,	„Basen" bzw. „LEWIS-Basen"	Stoffe mit unvollständigen Elektronenschalen,	„Säuren" bzw. „LEWIS-Säuren"
olefinische Doppelbindungen,		Acetylene, Carbonylgruppen,	
Benzol und andere Aromaten		Halogene	

Wie aus der Formulierung (3.3) ersichtlich ist, sind nucleophile und elektrophile Reaktion stets miteinander gekoppelt:

$$\underset{\text{elektrophil}}{\overset{\text{nucleophil}}{R_2N| + R'-Cl}} \longrightarrow [R_2N-R']^{\oplus} \; Cl^{\ominus} \tag{3.3}$$

Man beachte die Festsetzung, daß die Benennung der betreffenden Reaktion auf das *Reagens* bezogen wird. Im obigen Beispiel wäre also von einer nucleophilen Substitution eines Alkylhalogenids zu sprechen.

Es sei an dieser Stelle erwähnt, daß man Substituenten als *nucleofug* bzw. *elektrofug*[1]) klassifizieren kann, je nachdem, ob sie bei der Spaltung einer Bindung C—X das Bindungselektronenpaar leicht mitnehmen oder zurücklassen [1]. In (3.3) wäre demnach Cl als nucleofuger Substituent zu bezeichnen.

Die in (3.3) zum Ausdruck kommenden Verhältnisse ähneln denen bei der Oxydation-Reduktion. Tatsächlich lassen sich die als nucleophil bzw. elektrophil bezeichneten Reaktionen auch als Reduktionen oder Oxydationen betrachten, da Oxydation Wegnahme von Elektronen und Reduktion Zuführung von Elektronen bedeutet. Auf diese Weise könnte man die Reaktionen fast der gesamten organischen Chemie als Redoxvorgänge darstellen. Dies ist aber nur in einer beschränkten Zahl von Fällen sinnvoll. Trotzdem soll die genannte Betrachtungsweise hier hervorgehoben werden,

---

[1] MATHIEU, J., A. ALLAIS u. J. VALLS: Angew. Chem. **72**, 71 (1960).

[1]) lateinisch: fugare = fliehen

da sie mitunter nützlich für das Verständnis von Vorgängen ist. Die Auffassung von Reaktionen als Redoxvorgänge geht über den Rahmen der Ionenreaktionen hinaus. So sind manche Radikale leicht in der Lage, ihr Radikalelektron abzugeben und in ein Kation überzugehen oder aber ein weiteres Elektron aufzunehmen und ein Anion zu bilden: Sie wirken als Reduktions- bzw. Oxydationsmittel.

Besonders zweckmäßig ist es, nucleophile bzw. elektrophile Reaktionen als Säure-Basen-Reaktionen aufzufassen. Dies ist möglich, weil jeder nucleophile Stoff nach der im zweiten Kapitel gegebenen Definition von LEWIS eine Base und dementsprechend ein elektrophiler Stoff eine Säure darstellt. Wir werden im folgenden von dieser Betrachtungsweise mehrfach Gebrauch machen.

Die einzelnen Reaktionstypen lassen sich miteinander und mit den in Übersicht 3.1 unter C angegebenen kinetischen Kriterien verknüpfen, so daß man z. B. monomolekulare bzw. bimolekulare nucleophile und elektrophile Substitutionen definiert, die nach einem Vorschlag von INGOLD durch die Symbole SN1, SN2 bzw. SE1, SE2 gekennzeichnet werden. Ganz entsprechend erhalten Eliminierungen die Symbole E1 bzw. E2, während für Additionsreaktionen besondere Symbole weniger gebräuchlich sind.

3.2. Zur Reaktionskinetik [1]

Die Erforschung des zeitlichen Ablaufes einer Reaktion stellt eines der wichtigsten Mittel zur Aufklärung von Reaktionsmechanismen dar.

Die Geschwindigkeit einer Reaktion ist im einfachsten Fall dem Produkt der Konzentrationen aller Reaktionspartner proportional. Der Proportionalitätsfaktor k ist eine für die betrachtete Reaktion typische Größe, die *Geschwindigkeitskonstante* oder *spezifische Geschwindigkeit*, das heißt die Geschwindigkeit der Umsetzung für die Konzentration 1 aller Reaktionspartner.

[1a] SCHWETLICK, K.: Kinetische Methoden zur Untersuchung von Reaktionsmechanismen, VEB Deutscher Verlag der Wissenschaften, Berlin 1971.
[1b] FROST, A. A., u. R. G. PEARSON: Kinetik und Mechanismen homogener chemischer Reaktionen, Verlag Chemie GmbH, Weinheim/Bergstr. 1964.
[1c] LAIDLER, K. J.: Reaction Kinetics, Vol. 1, 2, Pergamon Press, Oxford 1963.
[1d] LEFFLER, J. E., u. E. GRUNWALD: Rates and Equilibria of Organic Reactions, John Wiley & Sons, Inc., New York 1963.
[1e] HUISGEN, R., in: Houben-Weyl, Methoden der organischen Chemie, Bd. III/1, Georg Thieme Verlag, Stuttgart 1955, S. 99.
[1f] KUSCHMIERS, R., in: Ausgewählte physikalische Methoden der organischen Chemie, Bd. 1, Akademie-Verlag Berlin 1963, Kap. 3.
[1g] BUNNETT, J. F., in: Techniques of Organic Chemistry, 2. Aufl., Vol. VIII, Interscience Publishers, New York/London 1961.
[1h] EMANUEL, N. M., u. D. G. KNORRE: Kurs chimičeskoi kinetiki, Staatl. Hochschulverlag, Moskau 1962.
[1i] HUISGEN, R.: Zum kinetischen Nachweis reaktiver Zwischenstufen, Angew. Chem. **82**, 783 (1970).

Je nach der Zahl der in den geschwindigkeitsbestimmenden Schritt verwickelten Moleküle ergeben sich verschiedene Geschwindigkeitsgesetze:

Reaktion erster Ordnung[1]:

$$A \to B + C \qquad v = -\frac{d[A]}{dt} = k_1[A]; \tag{3.4a}$$

Auswertung (Integralgesetz):

$$2{,}3 \lg \frac{A_0}{A} = 2{,}3 \lg \frac{A_0}{A_0 - x} = k_1 t \; [\text{s}^{-1}]; \tag{3.4b}$$

Halbwertszeit:

$$t_{1/2} = \frac{1}{k_1} \ln 2 = \frac{0{,}693}{k_1} \; [\text{s}]. \tag{3.4c}$$

Reaktion zweiter Ordnung[1]:

$$A + B \to C \qquad v = -\frac{d[A]}{dt} = -\frac{d[B]}{dt} = k_2[A][B]; \tag{3.5a}$$

Auswertung (Integralgesetz):

$$A_0 = B_0: \quad \frac{1}{A_t} - \frac{1}{A_0} = \frac{1}{A_0 - x} - \frac{1}{A_0} = \frac{x}{A_0(A_0 - x)} = k_2 t; \tag{3.5b}$$

$$A_0 \neq B_0: \quad \frac{2{,}3}{A_0 - B_0} \lg \frac{B_0(A_0 - x)}{A_0(B_0 - x)} = k_2 t \; [\text{l/mol} \cdot \text{s}]. \tag{3.5c}$$

Die Auswertung der Versuchsergebnisse erfolgt zweckmäßig graphisch, indem man bei (3.4) lg $(A_0 - x)$, d. h. die Abnahme der Ausgangskonzentration oder eine beliebige konzentrationsproportionale Größe (z. B. Extinktion im UV-Gebiet), logarithmisch gegen die Zeit aufträgt.

Die Steigung der Geraden liefert k_1: $2{,}3 \tan \alpha = k_1$. Es empfiehlt sich, die Sekunde als Zeitmaß zu wählen, da hierdurch die Ermittlung der Aktivierungsentropie (vgl. Abschn. 3.3.) erleichtert wird.

Analog erhält man k_2, indem man im Fall (3.5b) (gleiche Ausgangskonzentrationen) $1/A_t - 1/A_0$ oder im Fall (3.5c) (verschiedene Ausgangskonzentrationen) den links stehenden Logarithmus gegen die Zeit aufträgt. Welches der drei Gesetze gilt, wird im allgemeinen durch Probieren ermittelt.

Die Summe der im Geschwindigkeitsgesetz auftretenden Konzentrationen wird als Ordnung der Reaktion bezeichnet.

Ordnung und Geschwindigkeitskonstante lassen sich auch aus dem Differential-ge̲ ʿ ̲ erhalten:

$$v = \frac{d[A]}{dt} = k[A]^n; \tag{3.6}$$

$$\lg v = \lg k + n \lg [A].$$

---

[1]) A_0, B_0, A_t = Konzentration von A bzw. B zur Zeit Null bzw. t; x = Konzentration eines Produkts zur Zeit t (Umsatzvariable); v = experimentell ermittelte Geschwindigkeit.

Hierzu bestimmt man die Geschwindigkeit als Tangente der Kurve für verschiedene Konzentrationen von A zur Zeit Null (Methode der Anfangsgeschwindigkeiten) oder für die Momentankonzentration an A zu verschiedenen Zeiten und trägt lg v gegen lg [A] auf. Die Steigung ist die Ordnung der Reaktion, der Ordinatenabschnitt liefert die Geschwindigkeitskonstante. Die Methode der Anfangsgeschwindigkeiten kann vorteilhaft sein, wenn eine Reaktion durch Rückreaktionen oder Folgereaktionen kompliziert wird, die am Anfang noch vernachlässigt werden dürfen.

Es muß betont werden, daß die Reaktionsordnung nur den mathematischen Formalismus wiedergibt und nicht mit der Molekularität, d. h. der Zahl der im geschwindigkeitsbestimmenden Schritt reagierenden Moleküle, übereinzustimmen braucht.

So wird z. B. für eine bimolekulare Reaktion häufig nur ein Geschwindigkeitsgesetz erster Ordnung gefunden, wenn nämlich ein Reaktionspartner in solch großem Überschuß vorhanden ist, daß seine Konzentration praktisch konstant bleibt und in die Geschwindigkeitskonstante eingeht (im allgemeinen genügt schon ein Molverhältnis 1:10). Man spricht dann von einer Pseudo-Ordnung (hier: Reaktion pseudoerster Ordnung). Dieser Fall ist typisch für die Wirkung von Katalysatoren. Er wird leicht daran erkannt, daß die experimentell gefundene Geschwindigkeitskonstante nicht konstant ist, sondern mit steigender Konzentration an Katalysator (bzw. Überschußkomponente) größer wird (3.7a). Für den Fall, daß eine katalysierte und eine unkatalysierte Reaktion gleichzeitig ablaufen, erhält man (3.7b).

$$v = k_{\text{pseudo}}[\text{A}] = k_2[\text{A}][\text{C}] \quad k_2 = k_{\text{pseudo}}/[\text{C}] \tag{3.7a}$$

$$v = k_{\text{pseudo}}[\text{A}] = (k_1 + k_2[\text{C}])[\text{A}] = k_1[\text{A}] + k_2[\text{A}][\text{C}]$$
$$k_{\text{pseudo}} = k_1 + k_2[\text{C}]. \tag{3.7b}$$

Man bestimmt die experimentelle Geschwindigkeitskonstante k_{pseudo} für mehrere Konzentrationen an Überschußkomponente (Katalysator) C und trägt k_{pseudo} gegen [C] auf. Die Steigung der Geraden ist die echte Geschwindigkeitskonstante der höheren Ordnung k_2, und im Fall (3.7b) läßt sich außerdem die Geschwindigkeitskonstante der unkatalysierten Reaktion k_1 als Ordinatenabschnitt erhalten [1].

Aus dem vorstehenden ergibt sich eine erweiterte, sehr zweckmäßige Definition: Ein Katalysator ist ein Stoff, der nicht in die Stöchiometriegleichung, dagegen in das Geschwindigkeitsgesetz der katalysierten Reaktion eingeht. Die Verhältnisse werden noch komplizierter, wenn eine Reaktion nicht vollständig verläuft, sondern zu einem Gleichgewicht führt, so daß auch die Geschwindigkeit der Rückreaktion berücksichtigt werden muß, oder wenn mehrere Konkurrenzreaktionen ablaufen oder wenn das Reaktionsprodukt weiterreagiert, so daß seine Konzentration nicht nur durch die Ausgangsprodukte bestimmt ist (Folgereaktionen). Da Gleichgewichts-, Konkurrenz- und Folgereaktionen gemeinsam auftreten können, ergeben sich schwer oder zur Zeit noch unlösbare kinetische Probleme. Die moderne Rechentechnik kann hier häufig mit Erfolg eingesetzt werden [2].

Es sind noch zwei wichtige Beispiele für kompliziertere kinetische Verhältnisse zu diskutieren: Wir nehmen an, daß ein Stoff A reversibel zu einem Produkt B und in einer Konkurrenzreaktion irreversibel zu einem anderen Produkt C reagieren kann,

---

[1] Vgl. auch LEISTEN, J. A.: J. chem. Educat. **41**, 23 (1964).
[2] FREI, K., u. H. H. GÜNTHARD: Helv. chim. Acta **50**, 1294 (1967); BURKHARD, C. A.: Ind. Engng. Chem. **52**, 678 (1960); DE LOS F. DE TAR: J. chem. Educat. **44**, 191, 193 (1967).

das gleichzeitig stabiler (thermodynamisch bevorzugt) sei. Die Geschwindigkeitskonstante k_1 der Reaktion zu B sei größer als die der Rückreaktion k_{-1}, beide jedoch größer als die der Konkurrenzreaktion k_2:

$$C \xleftarrow{k_2} A \underset{k_{-1}}{\overset{k_1}{\rightleftarrows}} B \quad (k_1 > k_{-1} > k_2).[1]) \tag{3.8}$$

Infolge der unterschiedlichen Reaktionsgeschwindigkeiten wird sich nach einer relativ kurzen Reaktionszeit das in der am schnellsten ablaufenden Reaktion entstehende Produkt B überwiegend gebildet haben, während nur wenig von dem langsam entstehenden Konkurrenzprodukt C vorliegt. Stoppt man den Umsatz jetzt ab, so läßt sich B als Hauptprodukt isolieren, obwohl es nicht das energieärmste der beiden möglichen Produkte darstellt, dagegen aber am schnellsten entsteht. Man spricht deswegen von einem *kinetisch kontrollierten* Reaktionsergebnis.

Bei längerer Laufzeit der Reaktion kann die in der langsameren Rückreaktion des Gleichgewichts A ⇌ B gebildete Menge A diesem irreversibel durch die ebenfalls langsame Reaktion A → C entzogen werden, so daß nach einer hinreichenden Reaktionsdauer ausschließlich das thermodynamisch stabilere Produkt C vorliegt und zu isolieren ist. Das Ergebnis der Reaktion ist jetzt *thermodynamisch kontrolliert*.

Die Kenntnis der kinetischen und thermodynamischen Verhältnisse gestattet es in vielen Fällen, das jeweils gewünschte Produkt in besserer Ausbeute und höherer Reinheit zu erhalten. Insbesondere werden die miteinander konkurrierenden Reaktionen häufig durch Temperaturänderungen verschieden beeinflußt, und unerwünschte Nebenreaktionen lassen sich durch geeignete Versuchsbedingungen weitgehend unterdrücken.

Bei Reaktionen, die in mehreren Teilschritten ablaufen, ist im allgemeinen nur der langsamste maßgebend für die Geschwindigkeit des gesamten Vorgangs, und nur er wird von der Messung erfaßt. Die Verhältnisse können dabei recht verwickelt sein.

Wir betrachten eine aus zwei jeweils für sich bimolekularen Teilreaktionen bestehende Reaktionsfolge:

$$A + B \underset{k_{-1}}{\overset{k_1}{\rightleftarrows}} C \qquad C + D \xrightarrow{k_2} E \qquad k_1 < k_{-1}, k_2.[1]) \tag{3.9}$$

Dabei sei die Hinreaktion k_1 der langsamste Teilschritt, während k_{-1} und k_2 rascher ablaufen sollen, s. auch weiter unten.

Die Zunahme bzw. Abnahme an C gehorcht dann den folgenden Gleichungen:

$$\frac{d[C]}{dt} = k_1[A][B], \tag{3.10}$$

$$\frac{-d[C]}{dt} = k_{-1}[C] + k_2[C][D]. \tag{3.11}$$

Da die Bildung von C entsprechend k_1 langsam erfolgen soll, die Rückreaktion (k_{-1}) und die Folgereaktion (k_2) dagegen schnell, ist die zu einem bestimmten Zeitpunkt vorhandene Konzentration an C sehr niedrig, näherungsweise sogar Null, und außerdem konstant, da laufend ebensoviel C verschwindet wie gebildet wird. Es stellt sich

---

[1]) Die Indizes an k bezeichnen keine Reaktionsordnungen, sondern beziffern die einzelnen Teilreaktionen.

demnach ein *stationärer Zustand* ein, für den gilt:

$$\frac{\mathrm{d}[C]}{\mathrm{d}t} + \frac{-\mathrm{d}[C]}{\mathrm{d}t} = 0. \tag{3.12}$$

Die aktuelle Konzentration an C erhält man dann entsprechend aus den rechten Seiten der Gleichungen (3.10) und (3.11):

$$[C] = \frac{k_1[A][B]}{k_{-1} + k_2[D]}. \tag{3.13}$$

Diese stationäre Konzentration steht also tatsächlich für die Folgereaktion zu E zur Verfügung, deren Bildungsgeschwindigkeit nun angegeben werden kann:

$$\frac{\mathrm{d}[E]}{\mathrm{d}t} = k_2[C][D] = \frac{k_1 k_2 [A][B][D]}{k_{-1} + k_2[D]}. \tag{3.14}$$

Man erhält so einen relativ komplizierten Ausdruck, der insbesondere keinen direkten Schluß auf die Molekularität der Reaktion zuläßt. Die Verhältnisse werden einfacher, wenn k_{-1} und k_2 nicht mehr in der gleichen Größenordnung liegen. Ist z. B. $k_2 \ll k_{-1}$, wird $k_{-1} + k_2[D] \approx k_{-1}$ und (3.14) geht über in

$$\frac{\mathrm{d}[E]}{\mathrm{d}t} = \frac{k_1 k_2 [A][B][D]}{k_{-1}}. \tag{3.15}$$

In diesem Falle ist also eine Reaktion dritter Ordnung zu erwarten. Ist umgekehrt $k_{-1} \ll k_2$, wird $k_{-1} + k_2[D] \approx k_2[D]$ und damit

$$\frac{\mathrm{d}[E]}{\mathrm{d}t} = k_1[A][B], \tag{3.16}$$

und die Reaktion gehorcht der zweiten Ordnung.

Das in den vorstehenden Beziehungen zum Ausduck kommende *„Stationäritätsprinzip"* [1] wird in steigendem Maße auf organisch-chemische Umsetzungen angewandt[1]), die häufig mehrstufig über instabile Zwischenprodukte ablaufen, die analytisch nicht unmittelbar erfaßt werden können. Insbesondere gelingt es dadurch in einer Reihe von Fällen, eine experimentell gefundene dritte Ordnung der Reaktion auf eine Folge von bimolekularen Reaktionsschritten zurückzuführen, so daß man auf die Annahme eines Dreierstoßes (trimolekulare Reaktion) verzichten kann, der statistisch wenig wahrscheinlich ist.

Das Stationäritätsprinzip zeigt, daß man bei der Kinetik zwar stets den langsamsten Teilschritt einer Reaktionsfolge bestimmt, in diesen jedoch die Ergebnisse früherer Teilschritte eingehen, so daß die Verhältnisse zwar komplizierter, jedoch zugleich aussagekräftiger werden. Da k_1/k_{-1} eine Gleichgewichtskonstante $K_{\text{Äqu}}$ darstellt, ist (3.15) formal identisch mit dem mathematischen Gesetz, das die schnelle Bildung eines Gleichgewichtsprodukts C aus A und B und dessen langsame Reaktion mit D wiedergibt. Der Unterschied besteht darin, daß [C] im Stationäritätsfall nahezu Null, im Gleichgewichtsfall dagegen viel größer ist. Welcher Fall vorliegt, hängt vom Verhältnis von k_1 zu den beiden anderen Konstanten k_{-1} und k_2 ab.

[1] BODENSTEIN, M.: Z. physik. Chem. **85**, 329 (1913).

[1]) Beispiele dafür werden später behandelt.

Die Schwierigkeit bei Reaktionen mit einem stationären Zwischenprodukt besteht darin, daß man nur k_1 und das *Verhältnis* k_2/k_{-1} messen kann, nicht aber k_2 oder k_{-1} für sich. Der tatsächliche Reaktionsablauf wäre eindeutig bestimmt, wenn es gelänge, alle Teilreaktionsgeschwindigkeiten zu messen.

Außerdem ist die mathematische Behandlung sehr schwierig; Gleichungen vom Typ (3.14) können jedoch mit Hilfe der modernen Rechentechnik bewältigt werden. Durch den Einsatz der heute verfügbaren technischen Mittel wird es schließlich möglich werden, die Kinetik der einzelnen Elementarschritte von Reaktionen weitgehend zu erfassen. Darüber hinaus gelingt es fast immer, das kinetisch erhaltene Ergebnis durch unabhängige Experimente zu stützen.

Das vorstehend betrachtete Beispiel zeigt deutlich, wie schwierig es ist, die errechnete Reaktionsordnung mit der Molekularität einer Reaktion in Verbindung zu bringen: Die Reaktionsgeschwindigkeit und demzufolge auch die Reaktionsordnung ist eine makroskopische Größe, die Molekularität bringt dagegen das molekulare Geschehen zum Ausdruck, durch das der ,,Mechanismus" einer Reaktion bedingt wird.

Es ist deshalb von größter Wichtigkeit, eine Verbindung zwischen dem molekularen Geschehen und den der Messung zugänglichen Größen herzustellen.

Bekanntlich gehorcht die Reaktionsgeschwindigkeit einer von S. ARRHENIUS gefundenen empirischen Beziehung:

$$k = A \cdot e^{-\frac{E_A}{RT}} \quad \text{bzw.} \quad \ln k = \ln A - \frac{E_A}{RT}$$

oder

$$k = PZ \cdot e^{-\frac{E_A}{RT}} \quad \text{bzw.} \quad \ln k = \ln PZ - \frac{E_A}{RT}.$$

(3.17)

Danach ist die Reaktionsgeschwindigkeit eine Funktion der Temperatur, der Aktivierungsenergie E_A und eines Faktors A (ARRHENIUS-Faktor, ,,Häufigkeitsfaktor", ,,Aktionskonstante"). Eine ganz ähnliche Beziehung ist auch mit Hilfe der kinetischen Gastheorie abzuleiten, wobei man die chemische Reaktion als durch die Zusammenstöße der miteinander reagierenden Moleküle bedingt betrachtet. Es können jedoch nur solche Moleküle erfolgreich miteinander kollidieren, die eine Mindestenergie mitbringen, die Aktivierungsenergie. Die ARRHENIUS-Konstante wird dabei zunächst mit der statistisch zu ermittelnden Zahl der Zusammenstöße zwischen den Reaktionspartnern identifiziert. Man erhält dadurch jedoch viel zu große Werte für die Reaktionsgeschwindigkeit und ist zu der Annahme gezwungen, daß ein Zusammenstoß nur dann zur chemischen Reaktion führt, wenn er an einem ,,sterisch empfindlichen Bezirk" des Moleküls erfolgt. Die ARRHENIUS-Konstante wird deshalb durch das Produkt aus Stoßzahl Z und Wahrscheinlichkeitsfaktor P (sterischer Faktor)[1] ersetzt. Wenn auch auf diese Weise eine gewisse Verbindung der makroskopischen Größen (Temperatur, Aktivierungsenergie und Reaktionsgeschwindigkeit) mit dem molekularen Geschehen erreicht wird, bleibt ihr Nutzen für mechanistische Probleme insofern beschränkt, als nicht einzelne Moleküle, sondern die Statistik einer Vielzahl betrachtet wird. Der Mechanismus einer Reaktion beruht aber eben auf der Wechselwirkung einzelner, diskreter Moleküle. Diese stehen im Vordergrund von Vorstellungen, die H. PELZER und E. WIGNER, insbesondere jedoch H. EYRING entwickelt haben.

---

[1] P kann nur aus experimentellen Daten berechnet werden.

3.3. Zur Theorie des Übergangszustandes

3.3.1. Synchrone Reaktion (z. B. SN2-Reaktion)

Wir betrachten die folgende nucleophile Umsetzung:

$$Y| + R-X \rightleftharpoons Y\cdots R\cdots X \rightleftharpoons Y-R + X|. \tag{3.18}$$

Dabei soll der Substituent X in dem Maße („gleitend") vom Rest R verdrängt werden, wie sich Y nähert. Die Verhältnisse lassen sich gut darstellen, wenn man die jeweiligen Abstände zwischen Y und R bzw. R und X gegeneinander aufträgt (Bild 3.19).

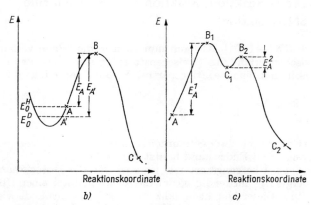

Bild 3.19
Schichtliniendiagramm und Reaktionskoordinate
  a) Schichtliniendiagramm für Reaktionen ohne Zwischenstufe
  b) Reaktionskoordinate für Reaktionen ohne Zwischenstufe
  c) Reaktionskoordinate für Reaktionen mit einer Zwischenstufe

9 Becker, Elektronentheorie

Im Ausgangszustand der Reaktion befindet sich Y in einem großen Abstand vom Molekül R−X, das somit praktisch unbeeinflußt ist (Punkt A). Im Verlaufe der Reaktion nähert sich Y immer weiter an R−X an. Dabei treten in steigendem Maße Wechselwirkungskräfte auf (Richtkräfte, Dispersionskräfte), die schließlich zu einem Komplex aus den beiden Partnern führen, in dem Y von der Rückseite her in das R−X-Bindungsorbital eingreift[1]) (Punkt B). Synchron mit diesem Überlappungsvorgang vergrößert sich der Abstand zwischen R und X. Nach Bild 1.33 bedeutet das aber gleichzeitig eine Vergrößerung der potentiellen Energie. In Bild 3.19 wird dieser Anstieg der potentiellen Energie in ähnlicher Weise durch Schichtlinien angedeutet wie auf Landkarten die Gebirge: Wir erhalten ein „Energiegebirge". Bei Näherung von Y an R−X bewegt sich das System entlang der gestrichelten Linie („*Reaktionskoordinate*") in einem Gebirgstal bis zum höchsten Punkt des Energiegebirges B, wo die Abstände zwischen Y und R und zwischen R und X annähernd gleich geworden sind.

Hier herrscht labiles Gleichgewicht, und das System kann mit gleicher Wahrscheinlichkeit von der „Wasserscheide" in jedes der beiden Täler hinabgleiten. Der dem Punkt B entsprechende Zustand wird deshalb *Übergangszustand* (transition state) genannt oder auch *aktivierter Komplex*, weil er die obengenannte vergrößerte potentielle Energie E_A (Aktivierungsenergie) enthält. Im Sinne der formulierten Umsetzung wird schließlich der Endzustand C erreicht, dessen Energie zwar niedriger liegt als die des Ausgangszustands, der aber trotzdem nur über den Energieberg des Übergangszustands erreicht werden kann. Das entsprechende Energieprofil entlang der Reaktionskoordinate ist in Bild 3.19b dargestellt; die im Ausgangszustand gezeichnete Energiemulde bleibt zunächst außerhalb der Betrachtung.

3.3.2. Asynchrone Reaktion; Reaktion mit Zwischenstufe (z. B. SN1-Reaktion)

Der Übergang Y| + RX → RY + X| kann nun auch in der Weise verlaufen, daß eine definierte Zwischenverbindung (Zwischenstufe) entsteht, die dann in einer Folgereaktion ihrerseits mit dem Reaktionspartner Y zum Endprodukt RY reagiert, z. B.:

$$R-X \rightarrow R^\oplus + X^\ominus \tag{3.20a}$$

$$R^\oplus + Y|^\ominus \rightarrow R-Y \tag{3.20b}$$

Man hat es also im Grunde mit zwei getrennten Reaktionen zu tun, von denen jede einen eigenen Ausgangs- und Endzustand besitzt (vgl. Bild 3.19c)

Nach der Theorie des Übergangszustands ist auch für die Dissoziation (3.20a) eine Aktivierungsenergie $E_A{}^1$ notwendig, so daß die Reaktion durch einen Übergangszustand B_1 laufen muß. Dieser kommt in ganz analoger Weise zustande wie bei der synchronen Reaktion, indem die (hier der Übersichtlichkeit halber außer acht gelassenen) Lösungsmittelmoleküle von der Rückseite her eingreifen und die Disso-

---

[1]) Vgl. auch Bild 4.7.

ziation erleichtern, ohne daß sie als direkte Reaktionspartner im Endprodukt erscheinen; sie wirken lediglich solvatisierend auf das entstehende energiereiche und elektrostatisch leicht beeinflußbare Carbeniumkation. Das solvatisierte Kation ist das mehr oder weniger stabile, als reale Verbindung (Zwischenverbindung) vorliegende Endprodukt C_1 der Reaktion (3.20a), dessen Energie allerdings sehr hoch liegt, so daß es leicht zum Ausgangsprodukt der Folgereaktion (3.20b) werden kann. Diese muß ebenfalls einen Übergangszustand B_2 (Aktivierungsenergie $E_A{}^2$) durchlaufen, der durch die Annäherung des Reaktionspartners Y unter gleichzeitiger Verdrängung der solvatisierenden Lösungsmittelmoleküle charakterisiert ist. Für den Gesamtablauf ergibt sich demnach das dargestellte typische Bild (3.19c).

Generell läßt sich für Reaktionen mit einer Zwischenstufe das folgende allgemeine Prinzip formulieren (HAMMOND-Prinzip [1]): Wenn entlang der Reaktionskoordinate ein Übergangszustand und ein Zwischenprodukt durchlaufen werden, die nahezu den gleichen Energieinhalt haben, ist ihre gegenseitige Umwandlung nur mit einer geringen Reorganisation der Molekülstruktur verbunden. Bei energiereichen Substraten (exotherme Reaktionen) hat der Übergangszustand eine ähnliche Struktur wie der Ausgangszustand, bei energiearmen Substraten (endotherme Reaktionen) ähnelt der Übergangszustand strukturell den Endprodukten.

Zur mathematischen Behandlung des Übergangszustands betrachtet man diesen als im Gleichgewicht mit dem Ausgangszustand befindlich. Es läßt sich dann die GIBBS-HELMHOLTZ-Gleichung anwenden, und es ergibt sich in hier nicht näher abzuhandelnder Weise die von H. EYRING angegebene Beziehung:

$$k = \frac{k_B T}{h} \cdot e^{\frac{\Delta S^{\neq}}{R}} \cdot e^{-\frac{\Delta H^{\neq}}{RT}} \text{^{1})} \quad (3.21\text{a})$$

bzw.
$$\lg \frac{k}{T} = \lg \frac{k_B}{h} + \frac{\Delta S^{\neq}}{2{,}3\,R} - \frac{\Delta H^{\neq}}{2{,}3\,RT}, \text{^{1})} \quad (3.21\text{b})$$

k = Geschwindigkeitskonstante, k_B = BOLTZMANN-Konstante, T = absolute Temperatur, h = PLANCK-Wirkungsquantum, $\Delta S^{\neq}$ = Aktivierungsentropie, $\Delta H^{\neq}$ = Aktivierungsenthalpie.

$\Delta H^{\neq}$ und $\Delta S^{\neq}$ werden als *Aktivierungsenthalpie* (Dimension: kcal/mol) bzw. *Aktivierungsentropie* (Dimension: cal/grd · mol)[2] bezeichnet, sie stellen die betreffenden Differenzen zwischen Übergangs- und Ausgangszustand dar. Der Faktor $k_B T/h$ hat bei Raumtemperatur einen Wert von etwa $6 \cdot 10^{12}$ und entspricht etwa der Stoßzahl Z in der Gleichung (3.17). Beim Vergleich von (3.21) mit (3.17) erkennt man weiterhin, daß negative Werte von $\Delta S^{\neq}$ mit kleinen Werten von P korrespondieren, also auf eine geringe Wahrscheinlichkeit der betreffenden Reaktion hindeuten. Nach der Stoßtheorie ist die Stoßzahl proportional $T^{1/2}$, während in der EYRING-Gleichung der

---

[1] HAMMOND, G. S.: J. Amer. chem. Soc. **77**, 334 (1955).

[1]) Das Glied ($k_B T/h$) muß eigentlich noch mit einem Faktor versehen werden, der kennzeichnet, welcher Anteil der Reaktion den Übergangszustand tatsächlich passiert (Transmissionskoeffizient). Er stellt den heikelsten Teil der gesamten Transition-State-Theorie dar und wird — mehr oder weniger gerechtfertigt — fast immer gleich eins gesetzt (Maximalwert).

[2]) Als Abkürzung wird benutzt: Cl (Clausius) oder e. u. (entropy units).

Faktor $k_B T/h$ auftritt. Aus diesem Grunde sind die Aktivierungsenergie E_A und die Aktivierungsenthalpie $\Delta H^{\neq}$ nicht gleich, sondern $\Delta H^{\neq} = E_A - RT$. Für praktische Zwecke kann der Unterschied (600 cal bei 25 °C) häufig vernachlässigt werden, da er meist kleiner ist als die Meßfehler der konventionellen experimentellen Methoden (etwa 1 kcal/mol). Man entnimmt der EYRINGschen Gleichung die oben bereits bildlich dargestellte Beziehung, nach der eine Reaktion um so rascher abläuft, je niedriger die Aktivierungswärme („Paßhöhe des Energiegebirges") ist. Außerdem wird die Reaktionsgeschwindigkeit erhöht, wenn die Entropie des Übergangszustandes größer ist als die des Ausgangszustandes, die Aktivierungsentropie $\Delta S^{\neq}$ also positiv ist. Diese läßt sich im Sinne des Bildes 3.19a anschaulich beschreiben als Weite des Passes, durch den die Reaktionskoordinate läuft — etwa wenn man sich einen Querschnitt an der durch eine punktierte Linie angedeuteten Stelle vorstellt. Danach verläuft eine Reaktion um so schneller, je geringer die Paßhöhe und je weiter der Sattel des Passes ist. Das Entropieglied der Gleichung (3.21) stellt, mit anderen Worten ausgedrückt, ein Maß dar für die sterischen Anforderungen des Übergangszustandes. Diese sind bei monomolekularen Substitutionen (SN1-Reaktionen) im allgemeinen gering ($\Delta S^{\neq}$ häufig etwa Null), bei bimolekularen Substitutionen (SN2-Reaktionen) dagegen meist recht erheblich[1]), so daß in diesen Fällen $\Delta S^{\neq}$ ziemlich stark negative Werte annimmt (häufig über -40 cal/grd·mol) und der Übergangszustand einen höheren Ordnungsgrad besitzt als der Ausgangszustand. Die Aktivierungsentropie gibt also gewisse Hinweise auf die Molekularität einer Reaktion.

Ähnliches gilt auch für die Aktivierungsenthalpie: Bei SN1-Reaktionen entstehen Ionen als Intermediärprodukte, zu deren Bildung trotz energiesenkender Effekte relativ große Energien nötig sind, so daß normalerweise hohe Aktivierungswärmen gefunden werden. SN2-Reaktionen durchlaufen den energiereichen Zustand der freien Ionen dagegen nicht, sondern den eben beschriebenen Übergangszustand. Dieser ist dadurch charakterisiert, daß Bindungsbruch und Bindungsbildung synchron verlaufen und in keiner Reaktionsphase freie Ionen entstehen. Es braucht also kein Energiebetrag von der Größe der Bindungsenergie aufgebracht zu werden, und die aufzuwendende Aktivierungsenergie liegt demzufolge normalerweise niedriger als bei SN1-Reaktionen.

Der Zusammenhang zwischen makroskopischen Meßdaten und molekularem Geschehen ist damit wenigstens halbquantitativ hergestellt, und Aktivierungswärmen und -entropien werden in neuerer Zeit häufig für die Deutung von Reaktionsmechanismen mit herangezogen [1].

Zur Ermittlung von $\Delta H^{\neq}$ und $\Delta S^{\neq}$ dient am besten die Form (3.21 b) der EYRING-Gleichung: Die Reaktionsgeschwindigkeitskonstante wird bei mindestens drei Temperaturen (Intervalle 10 bis 20 °C) bestimmt und $\lg (k/T)$ gegen T aufgetragen (Zeitdimension von k: Sekunden, T absolute Temperatur). $\Delta H^{\neq}$ wird aus der Steigung, $\Delta S^{\neq}$ aus dem Ordinatenabschnitt berechnet.

---

[1] BROWN, H. C., u. L. M. STOCK, in: Advances in Physical Organic Chemistry, Vol. 1, Academic Press, New York/London 1963, S. 35.

[1]) Der Grund hierfür wird im vierten Kapitel besprochen.

3.4. Kinetische Isotopeneffekte [1]

In das Energieprofil entlang der Reaktionskoordinate (Bild 3.19b) wurde beim Ausgangszustand außerdem noch eine Energiemulde mit eingezeichnet, die eine besondere Bedeutung hat. Moleküle besitzen nämlich auch im Grundzustande noch eine sogenannte Nullpunktenergie, die zur Anregung von Schwingungen um die Gleichgewichtslage (Nullage, tiefster Punkt der Energiemulde) dient. Zwei dieser Schwingungslagen, E_0^H und E_0^D, sind im Bild 3.19b mit eingezeichnet.

Die Frequenz und die Energie der Schwingung ist nach den Gesetzen der Mechanik der Bindungsfestigkeit x (Bindungskonstante)[1]) des Systems direkt und der reduzierten Masse μ [2]) umgekehrt proportional:

$$E = \mathbf{h} \cdot \nu = \frac{\mathbf{h}}{2\pi} \sqrt{\frac{x}{\mu}}. \tag{3.22}$$

Substituiert man eine Verbindung mit einem Isotop, ersetzt also z. B. den Wasserstoff einer C—H-Gruppe durch Deuterium, so besitzt die deuterierte Verbindung eine niedrigere Nullpunktenergie als die nicht isotop gekennzeichnete, weil beide Verbindungen zwar eine annähernd gleiche Bindungsfestigkeit aufweisen, die reduzierte Masse aber bei der C—D-Gruppe höher liegt. Nimmt die C—H- bzw. C—D-Bindung an der Reaktion teil, so wird ihr Bindungsabstand im Übergangszustand vergrößert, und die Bindungsfestigkeit zwischen Kohlenstoff und dem betreffenden Wasserstoffisotop muß im gleichen Maße abnehmen. Damit sinkt nach (3.22) auch der Einfluß der Masse auf die Schwingungsenergie, die im Grenzfall für beide Gruppen im Übergangszustand gleich wird. Dies ist in Bild 3.19b mit eingezeichnet. Man erkennt sofort, daß für die deuterierte Verbindung wegen der hier niedriger liegenden Nullpunktenergie eine höhere Aktivierungswärme E_A' aufzubringen ist, um den Übergangszustand zu erreichen, als bei der Verbindung mit normalem Wasserstoff. Nach der ARRHENIUS- bzw. EYRING-Gleichung muß die Reaktion bei der deuterierten Verbindung deshalb langsamer ablaufen als bei der normalen. Das Verhältnis der Reaktionsgeschwindigkeit von normaler zu isotopenhaltiger Verbindung, z. B. k_H/k_D,

---

[1] WIBERG, K.: Chem. Reviews **55**, 713 (1955); GOLD, V., u. D. P. N. SATCHELL: Quart. Rev. (Chem. Soc., London) **9**, 51 (1955); BIGELEISEN, J., u. W. WOLFSBERG: Advances in Chemical Physics, Vol. 1, Interscience Publishers, New York/London 1958, S. 15 (Theorie der Isotopeneffekte); MELANDER, L.: Isotope Effects on Reaction Rates, The Ronald Press Co., New York 1960; WESTHEIMER, F. H.: Chem. Reviews **61**, 265 (1961) (Theorie des Deuteriumeffekts); MIKLUCHIN, G. P.: Die Isotopen in der organischen Chemie (russisch); Verlag der Akad. der Wissensch. der Ukrainischen SSR, Kiew 1961; SAUNDERS, W. H., in: Techniques of Organic Chemistry, 2. Aufl., Vol. VIII, Interscience Publishers, New York/London 1961; JAKUŠIN, F. S.: Usp. Chim. **31**, 241 (1962); COLLINS, C. J.: Advances in Physical Organic Chemistry, Vol. 2, Academic Press, New York/London 1964, S. 1; SIMON, H., u. D. PALM: Angew. Chem. **78**, 993 (1966); KRUMBIEGEL, P., Isotopieeffekte, Akademie-Verlag, Berlin 1970; SCHEPPELE, S. E., Chem. Reviews **72**, 511 (1972).

[1]) entspricht der Federkonstante in mechanischen Systemen

[2]) $\mu = \dfrac{m_1 \cdot m_2}{m_1 + m_2}$; m_1 und m_2 sind die Massen der an der Schwingung beteiligten beiden Atome.

k_H/k_T, k_{13C}/k_{14C}, wird als *primärer kinetischer Isotopeneffekt* bezeichnet. Für mit Deuterium bzw. Tritium markierte Stoffe sind die Unterschiede zu den nicht isotopenhaltigen infolge der großen Massenunterschiede zum normalen Wasserstoff besonders groß:

k_H/k_D maximal etwa 7 (25 °C, Abfall mit steigender Temperatur);
k_H/k_T maximal etwa 16 (25 °C); $k_H/k_T = (k_H/k_D) = 1,44$.

Diese Isotopeneffekte lassen sich mit kinetischen Routinemethoden leicht hinreichend genau ermitteln.

Es werden weiterhin herangezogen: k_{13C}/k_{14C}, k_{12C}/k_{13C}, k_{14N}/k_{15N}, k_{16O}/k_{18O}, k_{32S}/k_{34S}, k_{35Cl}/k_{37Cl}. Da hier nur Werte von etwa 1,01 bis 1,06 auftreten, sind äußerst genaue kinetische Messungen notwendig, die nicht mehr routinemäßig durchgeführt werden können.

Ein primärer kinetischer Isotopeneffekt ist ein Zeichen dafür, daß die betreffende Bindung in den geschwindigkeitsbestimmenden Schritt der Reaktion verwickelt ist.

Im allgemeinen werden allerdings auch Isotopeneffekte gefunden, wenn die Reaktion nicht an der durch das Isotop markierten Stelle des Moleküls erfolgt (*„sekundärer kinetischer Isotopeneffekt"*) [1]. Dies ist möglich, wenn durch die Reaktion auch Bindungen von Nachbargruppen beeinflußt werden, z. B. dann, wenn ein tetraedrisches Kohlenstoffatom in den trigonalen Zustand übergeht, indem die Bindungswinkel, Bindungslängen und insbesondere die Bindungskonstanten der am betreffenden Kohlenstoff gebundenen Substituenten verändert sind.

Sekundäre kinetische Isotopeneffekte sind viel kleiner als primäre (k_H/k_D 1,1 bis 1,5, selten über 2), jedoch für Wasserstoffisotope noch gut meßbar. Bei den schwereren Atomen sind sekundäre kinetische Isotopeneffekte so klein, daß die Grenzen der heutigen kinetischen Methoden erreicht werden.

Kinetische Isotopeneffekte haben eine sehr große Bedeutung für die Feststellung feinerer Unterschiede im Mechanismus von organisch-chemischen Reaktionen. Sie stellen deshalb eine tragende Säule im Gebäude der theoretischen organischen Chemie dar. Wir werden an mehreren Stellen des Buches davon Gebrauch machen.

Auf kinetische Lösungsmittel-Isotopeneffekte kann hier nicht eingegangen werden (vgl. [1a] S. 123).

3.5. Zum Elementarakt von Reaktionen. Franck-Condon-Prinzip

Eine organisch-chemische Reaktion besteht zum mindesten aus zwei Teilvorgängen:
1. Beide Reaktionspartner müssen sich einander nähern und in bestimmte Orientierung zueinander gebracht werden.
2. Die an der Reaktion beteiligten Elektronen müssen umgruppiert werden.

---

[1] HALEVI, E. A.: Progr. phys. org. Chem. **1**, 109 (1963); THORNTON, E. R.: Ann. Rev. physic. Chem. **17**, 349 (1966); LASZLO, P., u. Z. WELVART: Bull. Soc. chim. France **1966**, 2412.

3.5. Zum Elementarakt von Reaktionen. Franck-Condon-Prinzip

Da normalerweise beide Bindungspartner eine mehr oder weniger große Polarität aufweisen, die auf Induktions- und Mesomerieeffekten beruht, sei hier nur der einfache Fall betrachtet, daß Dipole miteinander reagieren.[1]) Ihre Annäherung ist einerseits eine Funktion der Temperatur und zum anderen durch die von ihnen ausgehenden elektrostatischen Felder (Richtkräfte) bedingt. Im Endergebnis wird ein Potentialminimum erreicht, das durch eine Anordnung der Dipole entsprechend (a) (energieärmer) oder (b) charakterisiert ist:

Durch die Dipol-Dipol-Wechselwirkung werden die Reaktionspartner in einem kleinen Abstand festgehalten, so daß infolgedessen nunmehr verstärkte elektrokinetische Wechselwirkungen (LONDON-Kräfte) auftreten. Die Anziehung durch Dispersionskräfte ist um so größer, je höher die Polarisierbarkeit sowohl des Substrats wie auch des Reaktionspartners liegt. Anders ausgedrückt wird die elektrokinetische Wechselwirkung um so größer, je lockerer die Elektronen gebunden sind, das heißt, je größer die Amplitude der durch den Reaktionspartner erzwungenen Elektronenschwingungen ist. Diese kann schließlich so groß werden, daß der Molekülverband von einem Elektron verlassen wird, das auf das sehr nahe benachbarte Molekül des Reaktionspartners übergeht. Damit ist die chemische Reaktion vollzogen.

Es liegt auf der Hand, daß diese Reaktion nur dann leicht verläuft, wenn das neue Bindungsorbital im Sinne der maximalen Überlappung und der minimalen „Verbiegung" der Orbitale zustande kommen kann. Außerdem müssen die Stellen der Moleküle, an denen das reagierende Elektron den Molekülverband verlassen bzw. in den neuen eintreten kann, möglichst mit der durch die Richtkräfte am weitesten genäherten Stelle übereinstimmen. Das ist dann der Fall, wenn Dipolachse und größte Hauptpolarisierbarkeitsrichtung beider Moleküle zusammenfallen. Andernfalls wird dagegen vor der eigentlichen Umgruppierung des reagierenden Elektrons eine Ausrichtung der Reaktionspartner in die Richtung der größten Hauptpolarisierbarkeitsrichtung erforderlich. Das ist jedoch nur relativ schwer zu realisieren.

Man kennt ähnliche Fälle in der Spektroskopie. Bei der Anregung eines Moleküls z. B. durch ultraviolettes Licht werden ebenfalls sehr rasch wechselnde Dipole induziert. Arbeitet man in Lösung, so ist eine Solvatation der Moleküle sowohl im Grundzustand als auch im angeregten Zustand möglich. Es hat sich jedoch herausgestellt, daß die größeren und schwereren Lösungsmittelmoleküle den sehr kurzzeitig wechselnden Dipolen bei der Lichtanregung nicht zu folgen vermögen; sie behalten also im wesentlichen die im Grundzustand herrschende Orientierung während der Anregung der gelösten Substanz bei (FRANCK-CONDON-Prinzip).

Der Anregung eines Moleküls durch das elektromagnetische Feld des Lichts entspricht durchaus diejenige durch LONDON-Kräfte oder, anders ausgedrückt, durch das elektromagnetische Feld des Reaktionspartners. Das FRANCK-CONDON-Prinzip kann also auch auf chemische Reaktionen angewandt werden; es ist in diesem Falle als „Prinzip der kleinsten Richtungsänderung" bezeichnet worden ("principle of least motion", F. O. RICE und E. TELLER). Danach müssen sich die reagierenden Moleküle bereits vor der Umgruppierung des reagierenden Elektrons in der diesem Zweck am besten entsprechenden Lage befinden; eine Änderung ihrer Lage während des sehr kurzen Zeitraums des Elektronen-Umsprungs ist nicht möglich.

Aus diesem Grunde kommt einer Komplexbildung aus beiden Reaktionspartnern häufig eine sehr große Bedeutung zu (vgl. cyclische Übergangszustände bei Eliminierungen und Redoxreaktionen, Kapitel 5. und 6.), weil damit die für den Elektronenübergang optimale Orientierung der Reaktionspartner erreicht werden kann.

Leider sind die zwischenmolekularen Wechselwirkungen erst sehr wenig erforscht. Insbesondere lassen sich elektrostatische und elektrokinetische Anteile zur Zeit noch nicht experimentell ge-

---

[1]) Es kann sich natürlich auch um komplizierter gebaute Stoffe handeln, die Quadrupole oder Oktupole besitzen.

trennt bestimmen. Trotzdem kann man häufig aus den Polarisierbarkeitswerten gute Schlußfolgerungen ziehen, vor allem dann, wenn das Dipolmoment der reagierenden Stoffe klein ist [1].

Die hier angedeuteten Vorstellungen über die Anwendbarkeit des FRANCK-CONDON-Prinzips auf organisch-chemische Reaktionen in Verbindung mit Richt- und Dispersionseffekten als wichtige Voraussetzungen für eine erfolgreiche Reaktion lassen eine deutliche Parallele zum Stoßfaktor und dem Wahrscheinlichkeitsfaktor in der ARRHENIUS-Gleichung erkennen: Es können nur solche Moleküle reagieren, die miteinander kollidieren und außerdem dabei die für eine Reaktion günstige Lage einzunehmen imstande sind.

FRANCK-CONDON-Effekte auf chemische Reaktionen sind bisher erst vereinzelt untersucht worden, und auf Einzelheiten kann hier nicht eingegangen werden, vgl. [2].

---

[1] Vgl. in diesem Zusammenhang: SMITH, R. P., u. H. EYRING: J. Amer. chem. Soc. **74**, 229 (1952); **75**, 5183 (1953).

[2] MÜLLER, J. A., u. E. PEYTRAL: C. R. hebd. Séances Acad. Sci., **179**, 831 (1924); RICE, F. O., u. E. TELLER: J. chem. Physics **6**, 489 (1938); GEIB, K. H.: Z. Elektrochem. **47**, 761 (1941); WICKE, E.: Z. Elektrochem. **52**, 86 (1948); **53**, 279 (1949); LIBBY, W. F.: J. physic. Chem. **56**, 863 (1952); J. chem. Physics **38**, 420 (1963); MARCUS, R. A.: Canad. J. Chem. **37**, 155 (1959); J. chem. Physics **24**, 966 (1956); GOLD, V.: Proc. chem. Soc. [London] **1961**, 453; ZIMMERMANN, H., u. J. RUDOLPH: Angew. Chem. **77**, 65 (1965); HINE, J.: J. org. Chemistry **31**, 1236 (1966); J. Amer. chem. Soc. **88**, 5525 (1966).

4. Nucleophile Substitution am gesättigten Kohlenstoffatom [1]

4.1. Reagenzien und Reaktionen

Die nucleophile Substitution am gesättigten Kohlenstoffatom besteht in der Verdrängung eines elektronenaffinen (nucleofugen) Substituenten X durch ein nucleophiles Reagens Y:

$$Y|^p + R\underset{o}{-}\underset{}{X}^q \longrightarrow R-Y^{p+1} + X^{q-1}. \qquad (4.1)$$

Das Nucleophil Y muß ein verfügbares Elektronenpaar besitzen; seine (an sich nicht wesentliche) formale Ladung p ist im Endprodukt um eine Einheit positiver, die des verdrängten Substituenten X entsprechend um eine Einheit negativer als im Ausgangszustand. Natürlich muß die Summe der Ladungen auf beiden Seiten der Gleichung übereinstimmen. Als nucleophile Reagenzien können z. B. fungieren:

$$Y = \text{H-Hal, Hal}^\ominus, \text{ H-OH, HO}^\ominus, \text{ RO-H, RO}^\ominus, {}^\ominus|C\equiv N, \text{ RCOO}^\ominus,$$

$$R_3N|, \; R_3P|, \; (RO)_3P|, \; RS-H, \; RS^\ominus, \; \rangle C=C\langle \quad [1]$$

Der Substituent kann auch Bestandteil eines Ringsystems sein (Epoxide, Alkylenimine, Episulfide). Wenn das Nucleophil gleichzeitig das Lösungsmittel ist, spricht man von *Solvolyse-Reaktionen*. Die Reaktivität des Nucleophils steigt mit seinem „Elektronendruck", wie im Abschnitt 4.9. ausführlich behandelt wird.

Der zu ersetzende Substituent X muß elektronenanziehend sein, so daß die C—X-Bindung von vornherein polar, das heißt das reagierende Kohlenstoffatom elektro-

---

[1a] Zusammenfassungen:
STREITWIESER, A.: Solvolytic Displacement Reactions, McGraw-Hill Book Company, Inc., New York 1962; Chem. Reviews **56**, 571 (1956).
[1b] REUTOV, O. A.: Usp. Chim. **25**, 933 (1956).
[1c] BUNTON, C. A.: Nucleophilic Substitution at a Saturated Carbon Atom, Elsevier Publishing Company, Amsterdam 1963.
[1d] THORNTON, E. R.: Solvolysis Mechanism, The Ronald Press Co., New York 1964.

[1] z. B. Aromaten in FRIEDEL-CRAFTS-Reaktionen, Enamine, Enoläther, Enolate

phil ist, $\overset{\delta+}{C} \to \overset{\delta-}{X}$, z. B.

$X = -Hal, -OH^1), -\overset{\oplus}{O}H_2, -OR^1), -\overset{\oplus}{O}R_2, -OCOR, -OSO_2R,$
$-\overset{\oplus}{N}R_3, -\overset{\oplus}{S}R_2, -\overset{\oplus}{N}\equiv N.$

Im Hinblick auf die Ladungen der Reaktionspartner sind vier Typen denkbar und experimentell realisiert (Tab. 4.2).

Tabelle 4.2
Ladungstypen nucleophiler Substitutionen am gesättigten Kohlenstoffatom[1])

Typ		Beispiel
I	$Y\|^\ominus + R-X \to R-Y + X^\ominus$	$J\|^\ominus + R-Br \to R-J + Br^\ominus$
II	$Y\| + R-X \to R-Y^\oplus + X^\ominus$	$R_3N\| + R-Br \to R_4N^\oplus + Br^\ominus$
III	$Y\|^\ominus + R-X^\oplus \to R-Y + X\|$	$Br\|^\ominus + R-\overset{\oplus}{N}R_3{'} \to R-Br + R_3{'}N$
IV	$Y\| + R-X^\oplus \to R-Y^\oplus + X\|$	$R_3{'}N\| + R-\overset{\oplus}{S}R_2{''} \to R-\overset{\oplus}{N}R_3{'} + R_2{''}S$

[1]) INGOLD, C. K., u. E. ROTHSTEIN: J. chem. Soc. [London] **1928**, 1 217; HUGHES, E. D., C. K. INGOLD u. C. S. PATEL: J. chem. Soc. [London] **1933**, 526; HUGHES, E. D., u. C. K. INGOLD: J. chem. Soc. [London] **1935**, 244; HUGHES, E. D., u. D. J. WHITTINGHAM: J. chem. Soc. [London] **1960**, 806.

Die nucleophile Substitution stellt einen wichtigen und sehr häufig vorkommenden Reaktionstyp dar, z. B.:

$H-Hal + R-OH \rightleftharpoons R-Hal + H_2O$	Veresterung, Verseifung
$R\overline{O}-H + R-OH \to R-O-R + H_2O$	Verätherung
$R-\overline{O}\|^\ominus + R-Hal \to R-O-R + Hal^\ominus$	Williamson-Äthersynthese
$H_3N\| + R-Hal \to R-NH_2 \to R_2NH \to R_3N \to R_4N^\oplus$	Alkylierung und Quaternierung von Aminen
$J\|^\ominus + R-Cl \rightleftharpoons R-J + Cl^\ominus$	Finkelstein-Reaktion
$N\equiv C\|^\ominus + R-Hal \to R-C\equiv N + Hal^\ominus$	Kolbe-Nitrilsynthese
$R\overline{O}-H + CH_2\overset{O}{\underset{\diagup}{-}}CH_2 \to RO-CH_2-CH_2-OH$	Ringöffnung von Epoxiden
$CH_3-\underset{\underset{O}{\|}}{C}-\overset{\ominus}{\underline{C}H}-COOR + R-Hal \to CH_3-CO-\underset{\underset{R}{\|}}{CH}-COOR$	Alkylierung von β-Dicarbonylverbindungen
⟨⟩ $+ R-Hal \xrightarrow{AlCl_3}$ ⟨⟩$-R + Hal^\ominus + H^\oplus$	Friedel-Crafts-Reaktion

Die letzten beiden Reaktionen werden allerdings meist unter dem Aspekt der elektrophilen Reaktion abgehandelt, vgl. Abschn. 6.4. bzw. 7.8.4.4. Je nachdem, ob die Bindungsknüpfung (nucleophiler Schritt n in (4.1)) und die Bindungsspaltung (nu-

---
[1]) Vgl. aber S. 186.

cleofuger Schritt e in (4.1)) synchron oder asynchron ablaufen, lassen sich folgende (idealisierte) Reaktionstypen unterscheiden:

a) *asynchroner Eliminierungs-Additions-Mechanismus*[1])
(*Carbeniumion-Mechanismus, monomolekulare nucleophile Substitution, SN1-Mechanismus*)
Der Bindungsbruch (e) erfolgt ohne Beteiligung (n) des nucleophilen Partners. Das Substrat dissoziiert zu $R^{\oplus}$ und $X^{\ominus}$ und reagiert erst in dieser Form mit dem Nucleophil.

b) *Synchron-Mechanismus*
(*bimolekulare nucleophile Substitution, SN2-Mechanismus*)
Nucleophile (n) und nucleofuge Reaktion (e) erfolgen gleichzeitig. Die Mithilfe (der Elektronendruck) von $Y|$ ist notwendig, damit die $R-X$-Bindung gespalten werden kann.

c) *asynchroner Additions-Eliminierungs-Mechanismus*
In diesem Fall bildet sich die neue Bindung (Schritt n) voll aus, bevor die Bindung $R-X$ gespalten wird. Dieser Verlauf ist am gesättigten Kohlenstoffatom nicht realisierbar (die Oktettschale des C-Atoms müßte aufgeweitet werden), dagegen ist er möglich an Atomen der höheren Perioden des Periodensystems, z. B. den analogen Silicium- und Phosphorverbindungen. Vor allem fallen viele Reaktionen am sp^2-Kohlenstoffatom in diese Kategorie (Carbonylreaktionen, Reaktionen an vinylogen Carbonylverbindungen, vgl. Kapitel 6.).

Die nucleophile Substitution ist trotz der unterschiedlichen Reaktionsprodukte eng mit der ionischen Eliminierung und mit der nucleophilen 1.2-Umlagerung (Sextettumlagerung) verwandt, die gewissermaßen „innere" nucleophile Substitutionen darstellen. Diese häufigen Nebenreaktionen der nucleophilen Substitution werden im Kapitel 5. bzw. 8. für sich behandelt.

---

[1]) Es muß darauf hingewiesen werden, daß der Terminus „Asynchroner Eliminierungs-Additions-Mechanismus" nicht eindeutig ist und hier nur zur Erläuterung der Zeitfolge benutzt wird. Bei Verbindungen, in denen der Substituent X in β-Stellung zu einer konjugationsfähigen Gruppe steht (C=O, SO_2R, NO_2) existiert nämlich der folgende Mechanismus:

$$X-CH_2-CH_2-\underset{\underset{R}{|}}{C}=O + Y|^{\ominus} \underset{\text{langsam}}{\overset{\text{schnell}}{\rightleftharpoons}} CH_2=CH-\underset{\underset{R}{|}}{C}=O + Y-H + X|^{\ominus}$$

$$\xrightarrow{\phantom{\text{langsam}}} Y-CH_2-CH_2-\underset{\underset{R}{|}}{C}=O$$

Dieser Verlauf wird als „Eliminierungs-Additions-Mechanismus" klassifiziert.

4.2. Die monomolekulare nucleophile Substitution (SN1-Reaktion)

Die Reaktion verläuft in diesem Falle wie folgt:

$$R-\underset{R}{\underset{|}{C}}-X \xrightarrow[k_{-1}\text{(schnell)}]{k_1\text{(langsam)}} \underset{R}{\underset{|}{C}}\!\!\!\overset{R}{\overset{\oplus}{\diagup}}\!\!\!\overset{R}{\diagdown} + X|^{\ominus} \quad \text{geschwindigkeits-bestimmend} \quad (4.3)$$

$$\underset{R}{\underset{|}{C}}\!\!\!\overset{R}{\overset{\oplus}{\diagup}}\!\!\!\overset{R}{\diagdown} \xrightarrow{+Y|^{\ominus},\ k_2\text{(schnell)}} R-\underset{R}{\underset{|}{C}}-Y \quad \text{produktbestimmend} \quad (4.4\text{a})$$

$$\xrightarrow{-H^{\oplus}\ k_{E1}\text{(schnell)}} \text{Olefin} \quad (4.4\text{b})$$

$$\xrightarrow{k_{U}\text{(schnell)}} \text{umgelagertes Carbeniumion} \to \text{stabile Produkte} \quad (4.4\text{c})$$

Die Bindung R−X ionisiert (bzw. dissoziiert, vgl. weiter unten) im langsamsten, geschwindigkeitsbestimmenden Schritt der Reaktion: Die Reaktion ist monomolekular und wird daher mit SN1 bezeichnet. Das Carbeniumion ist prinzipiell ein nachweisbares, wenn auch sehr energiereiches Zwischenprodukt, dessen Reaktionen demzufolge nur eine geringe Aktivierungsenergie benötigen, das also schnell zum Ausgangsprodukt RX, zum Substitutionsprodukt RY oder zum Eliminierungs- bzw. Umlagerungsprodukt reagieren kann (vgl. die Reaktionskoordinate, Bild 3.19c). Geschwindigkeitsbestimmender und produktbestimmender Schritt der Gesamtreaktion fallen nicht zusammen, sondern das Carbeniumion hat sein eigenes, von der Art der Entstehung weitgehend unabhängiges Schicksal.

Zur Erkennung einer SN1-Reaktion können folgende Kriterien dienen:

1. In den Übergangszustand des geschwindigkeitsbestimmenden Schrittes ist nur die Spezies R−X verwickelt, während Y keinen Einfluß hat, und für die Anfangsperiode der Reaktion erhält man deshalb das Geschwindigkeitsgesetz 1. Ordnung $v = k[RX]$.[1])

Im weiteren Verlaufe der Reaktion häuft sich $X|^{\ominus}$ an, und durch die nun mehr oder weniger ausgeprägte Rückreaktion k_{-1} kann die Geschwindigkeitskonstante 1. Ordnung ständig kleiner werden. Nach Seite 127 gilt dann das Gesetz

---

[1]) Besonders stabile Carbeniumionen, z. B. das Benzhydryl- oder Tritylkation, können in manchen Fällen in *schnellen*, vorgelagerten Gleichgewicht gebildet werden und im *langsamsten* Schritt mit dem Nucleophil reagieren. Man findet dann eine Reaktion 2. Ordnung: BETHELL, D., u. V. GOLD: J. chem. Soc. [London] **1958**, 1905; BETHELL, D., V. GOLD u. T. RILEY: ibid. **1959**, 3134; CHEN, D. T. Y., u. K. J. LAIDLER: Canad. J. Chem. **37**, 599 (1959); DUYNSTEE, E. F. J., u. E. GRUNWALD: J. Amer. chem. Soc. **81**, 4540, 4542 (1959); GATZKE, A. L., u. R. STEWART: Canad. J. Chem. **39**, 1849 (1961).
Dieser Mechanismus ist als SN2C$^{\oplus}$-Reaktion (bimolekulare Reaktion eines Carbeniumions) klassifiziert worden: GELLES, E., E. D. HUGHES u. C. K. INGOLD: J. chem. Soc. [London] **1954**, 2918.

$$v = \frac{k_1 k_2 [\text{RX}][\text{Y}]}{k_{-1}[\text{X}] + k_2[\text{Y}]}.$$ Diese Depression der Geschwindigkeitskonstante durch das entstehende (oder zugesetzte) $X^\ominus$ wird als „Massenwirkungseffekt" („Common Ion Effect") bezeichnet. Zugesetzte Fremdanionen erhöhen dagegen — vor allem in schwach solvatisierenden (unpolaren) Lösungsmitteln — die Reaktionsgeschwindigkeit meistens etwas, da sie die entstehenden Carbeniumionen elektrostatisch stabilisieren können („Ionenstärke-Effekt") [1].

Die Bildung des Carbeniumions verläuft nicht so einfach, wie in (4.3) formuliert, sondern führt formal über folgende Stufen:

$$\text{R—X} \rightleftharpoons \text{R} \cdots \text{X} \rightleftharpoons \text{R}^\oplus \text{X}^\ominus \rightleftharpoons \text{R}^\oplus //\text{X}^\ominus \rightleftharpoons \text{R}^\oplus + \text{X}^\ominus \tag{4.5}$$

Übergangszustand — enges Ionenpaar — solvatisiertes Ionenpaar — freie (solvatisierte) Ionen

Man muß deshalb genau zwischen „Ionisation" und „Dissoziation" unterscheiden. Im allgemeinen liefert erst das freie, solvatisierte Ion oder allenfalls das solvatisierte Ionenpaar das Endprodukt der SN1-Reaktion. während das enge oder das solvatisierte Ionenpaar hauptsächlich nur mit dem bei der Ionisation gebildeten „eigenen" Gegenion zum Ausgangsprodukt zurückreagiert („innere Rückkehr", „internal return").

Die experimentell bestimmte Geschwindigkeitskonstante kann deshalb je nach der angewandten analytischen Methode und der von ihr erfaßten Spezies verschieden sein. So sind z. B. polarimetrisch bestimmte Geschwindigkeitskonstanten von SN1-Reaktionen (es wird das enge Ionenpaar analytisch erfaßt) oft größer als durch Titration des Ions $X^\ominus$ bestimmte (es wird das solvatisierte freie Ion analytisch erfaßt) [2].

2. Das Carbeniumion ist ein real existierendes, energiereiches Zwischenprodukt, das an seinen typischen Reaktionsprodukten erkannt werden kann (Substitutions-, Eliminierungs-, Umlagerungsprodukte, vgl. (4.4)). Es läßt sich entsprechend durch zugesetzte besonders wirksame Nucleophile abfangen, z. B. mit $N_3^\ominus$, $SCN^\ominus$, $Hal^\ominus$ [3], $H^\ominus$ (in Form von $NaBH_4$ [4]) oder HBr, wobei Br_2 entsteht [5].

3. Am Reaktionszentrum optisch aktive Verbindungen werden normalerweise mehr oder weniger weitgehend racemisiert (vgl. Abschn. 4.4.). Die Racemisierung erfolgt bereits auf der Stufe des engen Ionenpaares. Die unter 1. genannten Unterschiede der Geschwindigkeitskonstanten werden so verständlich.

4. Die Geschwindigkeit der SN1-Reaktion wächst mit steigender Stabilisierung des entstehenden Carbeniumions durch innere Effekte (polare und/oder sterische Sub-

---

[1] Die Theorie der Salzeffekte kann hier nicht abgehandelt werden, vgl. z. B. GLASSTONE, S., K. J. LAIDLER u. H. EYRING: The Theory of Rate Processes, McGraw-Hill Book Company, New York 1941, S. 427, 439; [1b] S. 123; [1] S. 137.
[2] WINSTEIN, S., u. Mitarb.: J. Amer. chem. Soc. 76, 2597 (1954) und zahlreiche spätere Arbeiten im gleichen Journal; Experientia [Basel], Suppl. II, Birkhäuser Verlag, Basel 1955, S. 137; Organic Reaction Mechanisms, Special Publication of The Chemical Society Nr. 19, 109 (1965); CRAM, D. J.: J. Amer. chem. Soc. 74, 2129 (1952).
[3] Vgl. [1a] S. 137.
[4] BROWN, H. C., u. H. M. BELL: J. org. Chemistry 27, 1928 (1962); J. Amer. chem. Soc. 86, 5006 (1964); 88, 1473 (1966).
[5] DENO, N. C., N. FRIEDMAN, J. D. HODGE, F. P. MACKAY u. G. SAINES: J. Amer. chem. Soc. 84, 4713 (1962).

stituenteneffekte) und äußere Effekte (Solvatation): Elektronenliefernde Substituenten setzen das Elektronendefizit des Carbeniumions herab, und die HAMMETT- oder TAFT-Reaktionskonstante ist demzufolge negativ und relativ groß ($\varrho \approx -3 \cdots -5$). Es ist kennzeichnend, daß bei monomolekular reagierenden Systemen vom Benzyltyp an Stelle der σ-Konstanten die σ^+-Konstanten (vgl. Abschn. 2.6.2.) verwendet werden müssen, um eine gute Korrelationsgerade für die Reaktionsserie zu erhalten. Ein typischer Fall ist in Bild 4.25 dargestellt.

5. Infolge des hohen Energieinhalts von Ionen erfordern SN1-Reaktionen meist eine hohe Aktivierungsenthalpie (> 20 kcal/mol). Die Aktivierungsentropie liegt dagegen häufig um 0 cal/grd · mol, weil die sterischen Anforderungen an den Übergangszustand nur gering sind. Die Aktivierungsentropien sind jedoch stark vom Lösungsmittel und vom Typ der SN1-Reaktion abhängig, vgl. Fußnoten S. 153.

6. Verbindungen, die am Reaktionszentrum durch Deuterium markiert wurden, ergeben infolge der Hybridisierungsänderung ($sp^3 \rightarrow sp^2$) am zentralen Kohlenstoffatom sekundäre kinetische Isotopeneffekte, $k_H/k_D \approx 1{,}1$ bis $1{,}2$ [1]. ^{14}C bzw. ^{13}C als Reaktionszentrum führt zu primären kinetischen Isotopeneffekten [2]. Auch der kinetische Isotopeneffekt des Substituenten X läßt sich zur Erkennung von SN1- (bzw. der analogen E1-)Reaktionen heranziehen, z. B. $^{35}Cl/^{37}Cl$ [3] und $^{32}S/^{34}S$ [4]. Diese Effekte sind jedoch sehr klein, vgl. S. 134, und nicht mit Routinemethoden erfaßbar.

4.3. Die bimolekulare nucleophile Substitution (SN2-Reaktion)

Diese Umsetzung verläuft als Synchronreaktion, und beide Reaktionspartner sind in den geschwindigkeitsbestimmenden Schritt verwickelt, der in der Ausbildung des Übergangszustands (aktivierter Komplex) besteht, in dem Y und X formal jeweils nur durch ein Elektron an R gebunden sind:

$$Y| + R-X \rightleftharpoons Y\cdots R\cdots X \rightleftharpoons Y-R + X| \tag{4.6}$$

Die Theorie des Übergangszustands wurde bereits im vorigen Kapitel abgehandelt.

[1a] HALEVI, E. A.: Progr. phys. org. Chem. 1, 109 (1963).
[1b] STREITWIESER, A., R. H. JAGOW, R. C. FAHEY u. S. SUZUKI: J. Amer. chem. Soc. 80, 2326 (1958).
[1c] LEFFEK, K. T., J. A. LLEWELLYN u. R. E. ROBERTSON: Canad. J. Chem. 38, 1505 (1960); vgl. J. Amer. chem. Soc. 82, 6315 (1960).
[1d] MILLER, S. I.: J. physic. Chem. 66, 978 (1962).
[2] BENDER, M. L., u. G. J. BUIST: J. Amer. chem. Soc. 80, 4304 (1958); STOTHERS, J. B., u. A. N. BOURNS: Canad. J. Chem. 38, 923 (1960).
[3] HILL, J. W., u. A. FRY: J. Amer. chem. Soc. 84, 2763 (1962).
[4] SAUNDERS, W. H., u. S. AŠPERGER: J. Amer. chem. Soc. 79, 1612 (1957); vgl. aber SAUNDERS, W. H., A. F. COCKERILL, S. AŠPERGER, L. KLASINC u. D. STEFANOVIC: J. Amer. chem. Soc. 88, 848 (1966).

4.3. Die bimolekulare nucleophile Substitution

Die Vorstellung einer Einelektronenbindung erlaubt zwar, die Vierbindigkeit des Kohlenstoffatoms zu wahren, zwingt aber dazu, eine „nichtklassische Bindung" anzunehmen. Diese läßt sich im wellenmechanischen Bild anschaulich darstellen [1]: Die Verbindung R—X liegt im Ausgangszustand tetraedrisch vor mit sp^3-Hybridisierung des Kohlenstoffatoms. In Bild 4.7 ist hiervon nur die C—X-Bindung herausgegriffen. Das Reagens Y nähert sich von der „Rückseite" her an. Infolge der vor allem durch Dispersionskräfte bewirkten Anziehung vergrößert sich der kleinere Ladungsraum des C—X-sp^3-Orbitals auf Kosten des größeren, so daß im Übergangszustand ein weitgehend symmetrisches quasi-p-Orbital entsteht und das zentrale

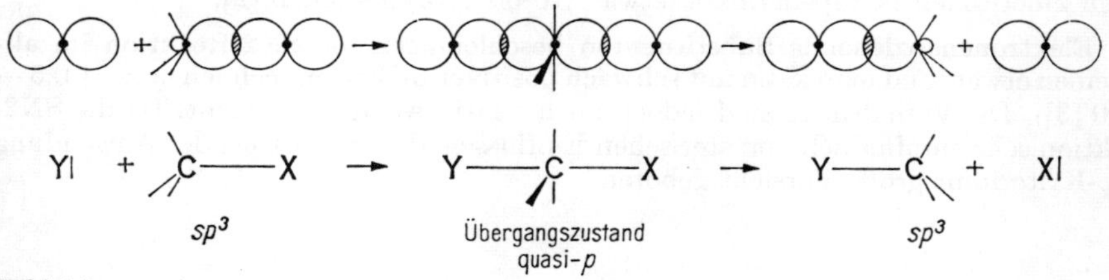

Bild 4.7
Überlappung im SN2-Übergangszustand

Kohlenstoffatom sp^2-Hybridisierung zeigt. Sowohl Y als X überlappen im Sinne einer $p\sigma$-Bindung, wobei jedoch die Gesamtzahl der im quasi-p-Orbital unterzubringenden Elektronen auf zwei beschränkt sein muß, jeder der beiden Überlappungspartner also im Mittel nur mit einem Elektron beteiligt sein kann. Entsprechend der sp^2-Hybridisierung des Kohlenstoffatoms liegen dessen drei verbleibende Valenzen in einer Ebene. Dieser Fall ist in Bild 4.7 dargestellt. Allerdings ist die völlig symmetrische Überlappung sicher der Idealfall, und in Wirklichkeit können alle denkbaren Übergänge vorkommen (in denen die übrigen drei Substituenten auch nicht völlig in einer Ebene liegen).

Eine maximale Überlappung der an der Reaktion beteiligten Orbitale im Übergangszustand ist nur möglich, wenn sich das Nucleophil von der „Rückseite" her und so annähert, daß Y, C und X im Übergangszustand auf einer Geraden liegen. Ist diese gestreckte Anordnung aus sterischen Gründen nicht möglich, verlaufen derartige Reaktionen mitunter um viele Zehnerpotenzen langsamer (vgl. Tab. 4.34) [2].

Zur Erkennung des SN2-Typs können folgende Kriterien dienen:

1. Das Nucleophil ist in den geschwindigkeitsbestimmenden Schritt verwickelt, der zugleich produktbestimmend ist. Im Idealfall findet man ein Geschwindigkeitsgesetz zweiter Ordnung: $v = k\,[\text{Y}]\,[\text{RX}]$, das heißt, die experimentell gefundene Reaktionsgeschwindigkeit steigt mit steigender Konzentration des Nucleophils an.

2. Bei Verbindungen mit optisch aktivem Reaktionszentrum bleibt normalerweise die optische Aktivität erhalten, jedoch bei Umkehr der Konfiguration (Inversion, WALDEN-Umkehr, vgl. Abschn. 4.4.).

[1] DOERING, W. v. E., u. H. H. ZEISS: J. Amer. chem. Soc. **75**, 4733 (1953).
[2] Zu diesem „Prinzip der minimalen Verbiegung von Orbitalen" vgl. STEWART, G., u. H. EYRING: J. chem. Educat. **35**, 550 (1958).

3. Die Aktivierungsenthalpie liegt im allgemeinen niedriger als bei SN1-Reaktionen, die Aktivierungsentropien sind wegen der hohen sterischen Anforderungen im Übergangszustand dagegen meistens viel negativer als bei SN1-Reaktionen ($\Delta S^{\neq}$ etwa $-15 \cdots -40$ cal/grd·mol).

4. Am Reaktionszentrum deuterierte Verbindungen geben nur sehr geringe sekundäre kinetische Isotopeneffekte (häufig inverse Effekte), d. h. $k_H/k_D < 1$, wobei der Wert offenbar um so kleiner ausfällt, je stärker das Nucleophil an der Ausbildung des Übergangszustands mitwirkt [1].

Bei Einbau von ^{13}C bzw. ^{14}C in das Reaktionszentrum werden die erwarteten primären kinetischen Isotopeneffekte (etwa 1,10 bis 1,15) gefunden [2].

5. Elektronenanziehende Substituenten beschleunigen die SN2-Reaktion im allgemeinen etwas, und man kann mit schwach positiven ϱ-Werten rechnen ($\varrho \approx +0,5 \cdots +1,0$ [3]). Die Verhältnisse sind jedoch noch relativ wenig untersucht. Da die SN2-Reaktion sehr empfindlich von sterischen Einflüssen abhängt, ist bei der Anwendung des ϱ-Kriteriums große Vorsicht geboten.

4.4. Der sterische Verlauf von SN1- und SN2-Reaktionen [4]

Die experimentell bestimmbare Kinetik einer Reaktion hat einen makroskopischen und statistischen Charakter. Man kann daraus zwar Rückschlüsse auf das mikroskopische Geschehen (den Elementarakt der betreffenden Reaktion) ziehen, muß sich dabei aber stets bewußt bleiben, daß dieses nicht unmittelbar und nicht immer adäquat wiedergegeben wird. Im Gegensatz dazu ist die optische Aktivität eine Eigenschaft des einzelnen Moleküls bzw. in den meisten Fällen sogar eines einzelnen Atoms (z. B. eines „asymmetrischen" Kohlenstoffatoms). Chemische Veränderungen, die an einem optisch aktiven Atom des Moleküls angreifen, sind deshalb unmittelbar über dessen optische Asymmetrie erfaßbar. Die Untersuchung optisch aktiver Systeme ist daher sehr gut geeignet, die kinetischen Befunde zu erhärten und zu verfeinern, und nimmt einen breiten Raum in der Erforschung nucleophiler Substitutionen ein.

Umgekehrt hat die Klassifizierung nucleophiler Reaktionen in SN1-und SN2-Typen erstmalig ermöglicht, die Phänomene der WALDEN-Umkehr zu verstehen und den sterischen Verlauf solcher Reaktionen in weitem Umfange vorauszusagen.

Die Verhältnisse sind besonders einfach bei der SN2-Substitution, weil der nucleophile Partner unmittelbar am intakten Tetraeder des sp^3-Kohlenstoffs angreift, was

---

[1] LLEWELLYN, J. A., R. E. ROBERTSON u. J. M. W. SCOTT: Canad. J. Chem. 38, 222 (1960); vgl. [1c] S. 142; JOHNSON, R. R., u. E. S. LEWIS: Proc. chem. Soc. [London] 1958, 52.

[2] LYNN, K. R., u. P. E. YANKWICH: J. Amer. chem. Soc. 83, 790, 3220 (1961); [2] S. 142.

[3] HOLTZ, H. D., u. L. M. STOCK: J. Amer. chem. Soc. 87, 2404 (1965); LAIRD, R. M., u. R. E. PARKER: J. Amer. chem. Soc. 83, 4277 (1961); BADDELEY, G., u. G. M. BENNETT: J. chem. Soc. [London] 1935, 1819.

[4] ELIEL, E. L., in: Steric Effects in Organic Chemistry, John Wiley & Sons, Inc., New York 1956, Kap. 2; vgl. auch [1] S. 114.

4.4. Sterischer Verlauf von SN1- und SN2-Reaktionen

verständlicherweise am leichtesten von der Seite her möglich ist, die dem abdissoziierenden Substituenten abgewandt ist (Bild 4.8 oben, vgl. auch Bild 4.7). Durch diesen Angriff von der „Rückseite" her werden die am Kohlenstoffatom gebundenen Reste R zunehmend in eine Ebene gedrängt, die senkrecht auf der Bindungslinie Y···C···X steht. In dem Maße, wie dieser Übergangszustand überschritten wird und sich X aus dem Komplex löst, klappen die C−R-Bindungen nach dieser Seite um, etwa

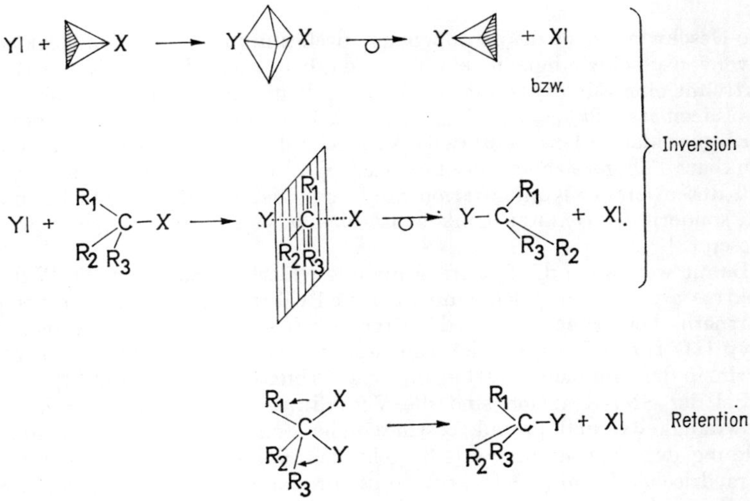

Bild 4.8
Sterischer Verlauf von SN2-Reaktionen
⇴ bedeutet „Inversion"

in gleicher Weise, wie ein aufgespannter Regenschirm vom Wind umgeschlagen wird. Im Endprodukt liegt wieder ein Tetraeder vor, das aber dem Tetraeder der Ausgangsverbindung spiegelbildlich analog ist. Bei optisch aktiven Verbindungen bleibt deshalb die optische Aktivität erhalten, die Konfiguration kehrt sich jedoch um (Inversion).[1]

---

[1] Man beachte, daß sich die Begriffe „Konfiguration", „Retention", „Inversion" auf die tatsächlichen räumlichen Verhältnisse (die Architektonik) des Moleküls beziehen, während der gefundene Drehsinn der optisch aktiven Verbindung in keiner einfachen Beziehung dazu steht. Die Konfiguration (bzw. Retention oder Inversion) muß deshalb stets besonders ermittelt werden, indem man die Verbindung durch chemische Reaktionen, die das Asymmetriezentrum nicht angreifen, auf eine Verbindung mit bewiesener Konfiguration (letztlich auf D-Glycerinaldehyd) zurückführt (Bestimmung der relativen Konfiguration). Es existieren jedoch seit einigen Jahren Methoden, um die absolute Konfiguration unmittelbar festzustellen, z. B. optische Rotationsdispersion, Circulardichroismus (vgl. SNATZKE, G.: Angew. Chem. **80**, 15 (1968)). Die oft mühsame Konfigurationsbestimmung kann umgangen werden, wenn man sich des Isotopenaustauschs bedient (vgl. nachstehend), oder mit Diastereomerenpaaren arbeitet (threo- bzw. erythro-Form), in denen das Molekül einen inneren Standard besitzt, auf den die Konfiguration bezogen werden kann, ohne daß man die optischen Antipoden herstellen muß.

Diese Inversion ist für die SN2-Reaktion so typisch, daß der stereochemische Begriff „WALDEN-Umkehr" als Ausdruck für den gesamten Mechanismus benutzt werden kann.

Die WALDEN-Umkehr ist kinetisch besonders leicht erfaßbar, wenn man als Nucleophil ein Isotop (*X) des bereits im Molekül vorhandenen Substituenten X benutzt:

$$^*X|^\ominus + {>}C-X \rightleftharpoons {^*X}-C{<} + X|^\ominus \qquad (4.9)$$

Die Geschwindigkeit des Isotopenaustausches muß bei der SN2-Reaktion gleich der Inversionsgeschwindigkeit sein bzw., da bei jedem Inversionsschritt die optische Aktivität eines Moleküls mit der Ausgangskonfiguration kompensiert wird (Bildung des Racemats): $2k_{\text{Austausch}} = k_{\text{Racemisierung}}$. Das wurde experimentell bestätigt und ist der bisher klarste Beweis für den SN2-Mechanismus [1]. In Bild 4.8 ist unten noch der denkbare Fall gezeichnet, daß das Nucleophil von der „Vorderseite" her angreift, so daß Retention der Konfiguration resultiert. Dieser Fall wurde bisher nicht beobachtet, sondern die WALDEN-Umkehr ist für alle vier Ladungstypen (vgl. Tab. 4.2) bewiesen [2].

Damit wird auch die frühere Annahme widerlegt, nach der die WALDEN-Umkehr elektrostatisch bedingt sei, denn auch für Reaktionen mit entgegengesetzt geladenen Partnern, bei denen der Vorderseitenangriff elektrostatisch begünstigt sein sollte (Typ III, Tab. 4.2), ergibt sich vollständige Inversion. Die Ursache liegt offenbar im „Prinzip der minimalen Verbiegung von Orbitalen", vgl. S. 143 [3].

Bei der SN1-Reaktion sind die Verhältnisse weniger übersichtlich, da hier geschwindigkeits- und produktbestimmender Schritt nicht zusammenfallen. Bei der Bildung des Carbeniumions (4.3) geht das Kohlenstoffatom aus der vierbindigen, tetraedrischen Form (sp^3-Hybrid) in die dreibindige über, die in erster Näherung als ein ebenes Dreieck betrachtet werden kann (sp^2-Hybrid; Bild 4.10).

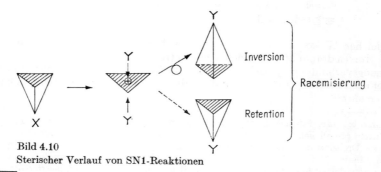

Bild 4.10
Sterischer Verlauf von SN1-Reaktionen

---

[1] HUGHES, E. D., u. Mitarb.: J. chem. Soc. [London] **1935**, 1525; **1936**, 1173; **1938**, 209
[2] *Typ I*: HOFFMANN, H. M. R., u. E. D. HUGHES: J. chem. Soc. [London] **1964**, 1244 und dor zitierte frühere Arbeiten; *Typ II*: HOFFMANN, H. M. R., u. E. D. HUGHES: J. chem. Soc. [London **1964**, 1252; *Typ III*: HARVEY, S. H., P. A. T. HOYE, E. D. HUGHES u. C. K. INGOLD: J. chem Soc. [London] **1960**, 800; *Typ IV*: HOFFMANN, H. M. R., u. E. D. HUGHES: J. chem. Soc. [London] **1964**, 1259.
[3] Die quantenchemische Rechnung führt zum gleichen Ergebnis: GILLESPIE, R. J.: J. chem. Soc. [London] **1952**, 1002; JAFFÉ, H. H.: J. chem. Physics **21**, 1618 (1953).

Der im zweiten Schritt reagierende nucleophile Reaktionspartner kann an das Carbeniumion von jeder der beiden Seiten her mit annähernd gleicher Wahrscheinlichkeit herantreten, wodurch wieder ein Tetraeder entsteht. Wurde eine optisch aktive Ausgangsverbindung benutzt ($R^1 \neq R^2 \neq R^3$), sollten demzufolge die der Ausgangsverbindung analoge Konfiguration und deren Spiegelbild zu etwa gleichen Teilen entstehen: die optische Aktivität geht verloren, und das Reaktionsprodukt fällt als Racemat an. Tatsächlich wird bei SN1-Reaktionen normalerweise weitgehende Racemisierung vorher am Reaktionszentrum optisch aktiver Verbindungen beobachtet. Einen Sonderfall dieses Verlaufs bildet die innere Rückkehr (internal return) enger Ionenpaare (vgl. S. 141), die — ohne makroskopisch erkennbaren stofflichen Umsatz — durch Racemisierung gekennzeichnet und so experimentell zugänglich ist.

Vorbedingung für eine vollständige Racemisierung ist jedoch, daß ein freies (symmetrisch solvatisiertes) Carboniumion gebildet wird (Endprodukt der Reaktionsfolge (4.5)), denn nur dann besteht für den Angriff des Nucleophils von jeder der beiden Seiten her die gleiche Wahrscheinlichkeit. In den der Dissoziation vorausgehenden Ionenpaaren übt das sich entfernende nucleofuge Partikel jedoch mehr oder weniger starke Kräfte auf das Carbeniumion aus, das demzufolge einseitig abgeschirmt wird bzw. noch nicht völlig eben ist und das Nucleophil leichter von der von X abgewandten Seite her aufnehmen kann, so daß oft überwiegend, mitunter sogar vollständig, die Verbindung mit invertierter Konfiguration entsteht.[1]

Die Ionisations-Dissoziations-Folge der Verbindung $R-X$ (4.5) ist durch eine vom engen über das solvatisierte Ionenpaar zum freien solvatisierten Carbeniumion zunehmende Lebensdauer von $R^{\oplus}$ gekennzeichet. Man findet um so stärkere Racemisierung, je größer die Lebensdauer des Carbeniumions, bzw. um so stärkere Inversion, je kleiner die Lebensdauer des Carbeniumions ist. Im Grenzfall (Lebensdauer des Carbeniumions Null) erhält man den SN2-Typ (vollständige Inversion) [1].

Im Zusammenhang damit sind folgende Befunde interessant: Optisch aktive Sulfonsäureester des 2-Octanols ergeben bei der Solvolyse in Wasser bzw. Methanol 2-Octanol bzw. Octyl-(2)-methyläther mit nahezu 100% optischer Reinheit und unter vollständiger Konfigurationsumkehr.

In Dioxan/Wasser, Aceton/Wasser, Dioxan/Methanol oder Aceton/Methanol erhält man dagegen die gleichen Produkte mit wesentlich geringerer optischer Reinheit, obwohl doch die Verhältnisse gerade umgekehrt sein und in den stärker ionisierenden Medien Wasser bzw. Methanol Carbeniumionen und damit die Racemisierung begünstigt sein sollten. Es wird angenommen, daß die Solvolyse über (nachgewiesene) Ionenpaare verläuft, die unsymmetrisch (von der „Rückseite" her) solvatisiert sind. Wasser und Alkohole können unmittelbar aus dieser Solvatationsstruktur heraus unter Abspaltung eines Protons eine echte kovalente Bindung schließen und unter Konfigurationsumkehr den optisch reinen Alkohol bzw. Äther

[1a] HUGHES, E. D., C. K. INGOLD u. S. MASTERMAN: J. chem. Soc. [London] **1937**, 1196.
[1b] BUNTON, C. A., u. a.: J. chem. Soc. [London] **1955**, 604; **1957**, 3402; **1958**, 403.
[1c] GRUNWALD, E., A. HELLER u. F. S. KLEIN: J. chem. Soc. [London] **1957**, 2604.

[1]) Da bei der Heterolyse einer geladenen Verbindung $R-X^{\oplus}$ offensichtlich kein Ionen*paar* entstehen kann, wurde auch die Bezeichnung „abgeschirmtes Carbeniumion" ("encumbered carbonium ion") vorgeschlagen: BOYD, R. H., R. W. TAFT, A. P. WOLF u. D. R. CHRISTMAN: J. Amer. chem. Soc. 82, 4729 (1960).

liefern (vgl. (4.11)). Dioxan oder Aceton dagegen fungieren lediglich als „kovalentes" Solvatationsmittel für das Carbeniumion bzw. Ionenpaar. Eine weitergehende Stabilisierungsreaktion ist hier nicht möglich, sondern muß durch ein Molekül Wasser oder Alkohol übernommen werden, das jedoch das durch Dioxan bzw. Aceton kovalent solvatisierte Ionenpaar nur von der „Vorderseite" her angreifen kann, so daß insgesamt ein Retentionsprodukt resultiert (vgl. (4.12)). Das Retentionsprodukt verringert die optische Reinheit des auf dem Wege (4.11) entstandenen Inversionsprodukts [1].

$$\underset{H}{\overset{R}{>}}\underline{\overline{O}} + {>}C-X \longrightarrow \underset{H}{\overset{R}{>}}\overset{\oplus}{\overline{O}}\cdots C{<} \longrightarrow RO-C{<} + XI^{\ominus} + H^{\oplus} \qquad (4.11)$$

$$\left.\begin{array}{l}\text{Inversionsprodukt}\\ \text{Retentionsprodukt}\end{array}\right\} \text{Racemat}$$

$$\underset{R}{\overset{R}{>}}\underline{\overline{O}} + {>}C-X \longrightarrow \underset{R}{\overset{R}{>}}\overset{\oplus}{\overline{O}}\cdots C{<} \overset{\overline{O}\overset{R}{<}_H}{\longrightarrow} {>}C-OR + ROR + XI^{\ominus}+H^{\oplus} \qquad (4.12)$$

Ganz ähnlich führt Dimethylsulfoxid bei der eindeutig nach SN2 ablaufenden Reaktion von (−)-2-Bromoctan mit Natriumthiocyanat ebenfalls teilweise zum Retentionsprodukt (22%) und dementsprechend zu 44% Racemat, das nach klassischen Vorstellungen in einer SN2-Reaktion nicht auftreten dürfte [2].

Auf Grund der geschilderten Ergebnisse wurde neuerdings postuliert, daß überhaupt alle nucleophilen Substitutionen am gesättigten Kohlenstoffatom über Ionenpaare verlaufen [3].

Bei der SN1-Reaktion soll die Bildung der Ionenpaare, bei der SN2-Reaktion dagegen die Weiterreaktion der Ionenpaare geschwindigkeitsbestimmend sein, während für Grenzgebietfälle Bildung und Weiterreaktion der Ionenpaare etwa gleich schnell verlaufen. Derartige Feststellungen müssen jedoch mit Vorsicht aufgenommen werden, da noch nicht genügend Material für umfassende Diskussionen existiert. Man bleibe sich jedoch stets bewußt, daß die Reaktionstypen SN1 und SN2 lediglich idealisierte Grenzfälle darstellen, zwischen denen ein Kontinuum von Möglichkeiten liegt.

Die konfigurationserhaltende temporäre Substitution („kovalente Solvatisierung") entsprechend (4.12) kann auch durch nucleophile Gruppen im eigenen Molekül R−X geleistet werden, und ein äußeres Reagens muß dann von der „Vorderseite" her angreifen, so daß ein Retentionsprodukt resultiert. Diese als Nachbargruppenwirkung bezeichnete Erscheinung wird im Abschnitt 4.7.2. gesondert abgehandelt.

---

[1] SNEEN, R. A., u. Mitarb.: J. Amer. chem. Soc. 88, 2593 (1966); 87, 292, 287 (1965); 85, 2181 (1963); 84, 3599 (1962); Tetrahedron Letters [London] 1963, 1309.
[2] FUCHS, R., G. E. McCRARY u. J. J. BLOOMFIELD: J. Amer. chem. Soc. 83, 4281 (1961); vgl. auch SMITH, S. G., u. S. WINSTEIN: Tetrahedron [London] 3, 317 (1958); OKAMOTO, K., M. HAYASHI u. H. SHINGU: Bull. chem. Soc. Japan 39, 408 (1966) und dort zitierte weitere Arbeiten.
[3] SNEEN, R. A., u. J. W. LARSEN: J. Amer. chem. Soc. 91, 362 (1969).

Substituenten am Brückenkopf bicyclischer Systeme vom Typ der in Tabelle 4.13 formulierten sind generell schwer oder gar nicht nucleophil ersetzbar [1]: Bei der SN2-Reaktion müßte das Reagens aus dem Inneren des Ringes her unter Überwindung äußerst starker sterischer Hinderung an das Reaktionszentrum herantreten; die mit der SN2-Reaktion verbundene Konfigurationsumkehr am Reaktionszentrum (WALDEN-Umkehr) wird durch die Brückengruppierung unmöglich gemacht (der Ring müßte gesprengt werden). Eine SN2-Reaktion ist deshalb nicht realisierbar.

Tabelle 4.13
Relativgeschwindigkeiten der Äthanolyse von 1-substituierten Brückenkopfverbindungen (80%iges Äthanol, bei 25 bis 75 °C)

$CH_3-\underset{CH_3}{\overset{CH_3}{C}}-X$	⟨adamantyl⟩–X	⟨bicyclo[2.2.2]octyl⟩–X	⟨bicyclo[2.2.1]heptyl⟩–X	
k_{rel} 1	10^{-3}	10^{-6}	10^{-14}	

Dagegen sind SN1-Reaktionen prinzipiell möglich, verlaufen jedoch nicht leicht, weil das Carbeniumion wegen der damit verbundenen großen Ringspannung keine ebene Konfiguration annehmen kann, so daß die Stabilisierung durch veränderte Hybridisierung des Kohlenstoffatoms ($sp^3 \rightarrow sp^2$) weitgehend entfällt. Diese Hinderung der Planarität ist natürlich im Bicyclo[2.2.1]heptan-System am größten und nimmt über das Bicyclo[2.2.2]octan- zum Bicyclo[3.3.1]nonan- (bzw. Adamantan-) System ab. Die in Tabelle 4.13 angegebenen Relativgeschwindigkeiten für die Solvolyse in 80%igem Äthanol bei 25 bis 75 °C stehen damit in Einklang und zeigen darüber hinaus die gegenüber dem tert.-Butylsystem drastisch verringerte Reaktivität.

Nucleophile Substitutionen am gesättigten Kohlenstoffatom hängen von der Konformation ab. In Cyclohexylverbindungen sind axiale Substituenten sowohl in SN2- [2] wie auch in SN1-Reaktionen [3] etwas reaktionsfähiger als äquatoriale (Faktor etwa 3···20 je nach Substrat und Reaktionsbedingungen).

Das beruht darauf, daß Nucleophile (bzw. Solvatationsmittel in SN1-Reaktionen) bei der Verdrängung axialer Substituenten von der Rückseite her ebenfalls aus axialer Richtung ungehindert angreifen können, während sie sich zur Verdrängung äquatorialer Substituenten gewissermaßen aus dem Ring heraus nähern müßten (4.14), was infolge der Wechselwirkung mit den axialen Substituenten in 3.5-Stellung sterisch sehr ungünstig ist (4.15).

---

[1] Zusammenfassungen: APPLEQUIST, D. E., u. J. D. ROBERTS: Chem. Reviews **54**, 1065 (1954); SCHÖLLKOPF, U.: Angew. Chem. **72**, 147 (1960); FORT, R. C., u. P. v. R. SCHLEYER: Chem. Reviews **64**, 277 (1964).
[2] ELIEL, E. L., u. R. S. Ro: Chem. and Ind. **1956**, 251.
[3] CAMPBELL, N. C. G., D. M. MUIR, R. R. HILL, J. H. PARISH, R. M. SOUTHAM u. M. C. WHITING: J. chem. Soc. [London], Sect. B **1968**, 355. In dieser Arbeit werden auch frühere Ergebnisse anderer Autoren angeführt und kritisch diskutiert.

4. Nucleophile Substitution am gesättigten Kohlenstoffatom

Allerdings erhält man bei nucleophilen Reaktionen an Cyclohexylsystemen häufig überhaupt nicht mehr überwiegend Substitutionsprodukte, sondern Eliminierungsprodukte und Produkte von Umlagerungsreaktionen, die besonders bei den äquatorialen Verbindungen dominieren. Besonders kompliziert sind die Verhältnisse bei Verbindungen mit starren äquatorialen Substituenten, da hier offensichtlich auch Nicht-Sesselkonformationen eine Rolle spielen [1].

Besonders große Unterschiede findet man in der Reaktivität von exo- und endoständigen Substituenten in Bicyclo[2.2.1]heptan-Systemen. Hierauf wird im Kapitel 8. eingegangen.

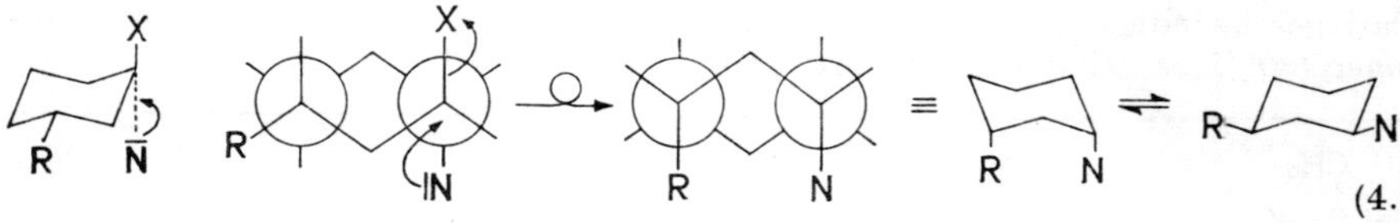

(4.14)

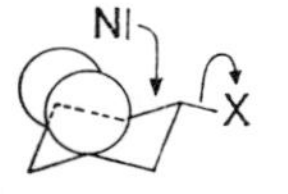

(4.15)

sterisch gehindert

Stereochemische Besonderheiten treten auch bei der Überführung von Alkoholen in Alkylhalogenide mit Hilfe von Phosphorhalogeniden, Thionylchlorid oder Phosgen und bei der Desaminierung von Aminen durch salpetrige Säure auf. Diese Reaktionen verlaufen sämtlich über primäre Kondensationsprodukte aus dem Substrat und dem Reagens, die mitunter isolierbar sind und erst im folgenden Schritt die eigentliche nucleophile Substitution eingehen.

Am bekanntesten Beispiel der Reaktion von Alkoholen mit Thionylchlorid (Bildung von Alkylhalogeniden) sind zwei Möglichkeiten zu konstatieren:

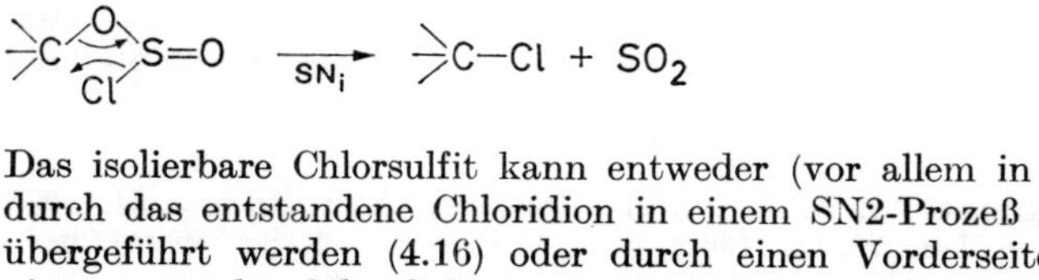

$$\text{>C-OH} + SOCl_2 \longrightarrow \text{>C-O-SOCl} + HCl$$

$$Cl^{\ominus} + \text{>C-O-S-Cl} \xrightarrow{S_N2} Cl-C\text{<} + SO_2 + Cl^{\ominus} \qquad \text{Inversion} \qquad (4.16)$$

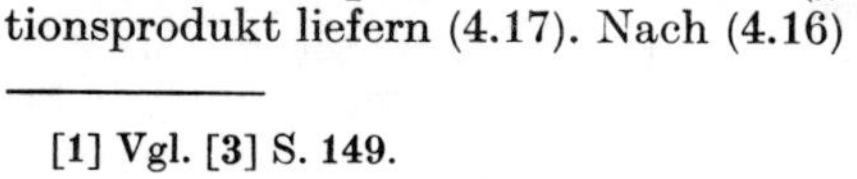

$$\text{>C-O-S=O} \xrightarrow{SN_i} \text{>C-Cl} + SO_2 \qquad \text{Retention} \qquad (4.17)$$

Das isolierbare Chlorsulfit kann entweder (vor allem in Gegenwart von Pyridin) durch das entstandene Chloridion in einem SN2-Prozeß in das Inversionsprodukt übergeführt werden (4.16) oder durch einen Vorderseitenangriff im Sinne einer „inneren nucleophilen Substitution" („SN$_i$"-Reaktion, vgl. auch Bild 4.8) das Retentionsprodukt liefern (4.17). Nach (4.16) reagieren alle Phosphorhalogenide und Thio-

---
[1] Vgl. [3] S. 149.

nylchlorid in Gegenwart von tertiären Aminen, wenn auch nicht immer sterisch ganz einheitlich, wie das früher angenommen wurde [1].

Die Pyrolyse von Chlorsulfiten [2] und Chlorcarbonaten (RO—COCl) [3] verläuft im allgemeinen unter weitgehender Retention, da kein starkes Nucleophil zur Realisierung eines Verlaufs analog (4.16) vorhanden ist.

Derartige Pyrolysen von Acyl-Zwischenprodukten zeigen stark negative ϱ-Werte [4]. SN_i-Reaktionen werden durch polare Lösungsmittel stark beschleunigt [5] bzw. durch unpolare Lösungsmittel gehemmt [1b]. Da außerdem Skelettumlagerungen auftreten [6], ist sehr wahrscheinlich, daß die Reaktion über Ionen abläuft und damit keine eigentliche „innere" nucleophile Substitution (analog der SN2-Reaktion) ist. Das wird erhärtet durch die Beobachtung, daß Brückenkopfalkohole, z. B. 1-Hydroxy-7.7-dimethylbicyclo[2.2.1]heptan, in denen die innere SN2-Reaktion eigentlich räumlich begünstigt sein sollte, unter den SN_i-Bedingungen keine nucleophile Substitution ergeben [7].

Die beobachtete Retention bei SN_i-Reaktionen zeigt, daß keine freien Ionen, sondern Ionenpaare als Zwischenprodukte angenommen werden müssen. Der Terminus „SN_i" sollte nach alledem nicht in Analogie zu „SN2" gebraucht werden.

Die Desaminierung von Aminen mit salpetriger Säure verläuft sterisch unübersichtlich und liefert häufig überwiegend den Alkohol mit erhaltener Konfiguration. Auf die Diskussion der noch nicht befriedigend geklärten Verhältnisse muß hier verzichtet werden [8].

Halogenwasserstoffe liefern mit sekundären Alkoholen in unpolaren Lösungsmitteln, in denen sie undissoziiert vorliegen, bei tiefer Temperatur Alkylhalogenide mit weitgehend erhaltener Konfiguration, wobei ein Vierzentrenmechanismus mit Vorderseitenangriff angenommen wird [9]. Mit wäßrigen Halogenwasserstoffsäuren und bei

[1a] COWDREY, W. A., E. D. HUGHES, C. K. INGOLD, S. MASTERMAN u. A. D. SCOTT: J. chem. Soc. [London] **1937**, 1252.
[1b] SKELL, P. S., R. G. ALLEN u. G. K. HELMKAMP: J. Amer. chem. Soc. **82**, 410 (1960).
[1c] COOK, T. W., E. J. COULSON, W. GERRARD u. H. R. HUDSON: Chem. and Ind. **1962**, 1506.
[1d] GERRARD, W., u. H. R. HUDSON: J. chem. Soc. [London] **1963**, 1059.
[2a] Vgl. [1a] S. 150.
[2b] LEWIS, E. S., u. C. E. BOOZER: J. Amer. chem. Soc. **74**, 308 (1952).
[2c] BOOZER, C. E., u. E. S. LEWIS: J. Amer. chem. Soc. **75**, 3182 (1953).
[3] HARFORD, M. B., J. KENYON u. H. PHILLIPS: J. chem. Soc. [London] **1933**, 179; LEWIS, E. S., u. W. C. HERNDON: J. Amer. chem. Soc. **83**, 1955, 1959, 1961 (1961); vgl. auch RHOADS, S. J., u. R. E. MICHEL: J. Amer. chem. Soc. **85**, 585 (1963).
[4] WIBERG, K. B., u. T. M. SHRYNE: J. Amer. chem. Soc. **77**, 2774 (1955).
[5] OLIVIER, K. L., u. W. G. YOUNG: J. Amer. chem. Soc. **81**, 5811 (1959).
[6] LEE, C. C., u. Mitarb.: Canad. J. Chem. **39**, 260 (1961), **41**, 620 (1963); **42**, 1130 (1964); PINES, H., u. F. SCHAPPELL: J. org. Chemistry **29**, 1503 (1964).
[7] BARTLETT, P. D., u. L. H. KNOX: J. Amer. chem. Soc. **61**, 3184 (1939).
[8] Vgl. z. B. RIDD, J. H.: Quart. Rev. (Chem. Soc., London) **15**, 418 (1961); HÜCKEL, W., u. Mitarb.: Chem. Ber. **96**, 220, 2514 (1963) und dort zitierte weitere Arbeiten; STREITWIESER, A., u. C. E. COVERDALE: J. Amer. chem. Soc. **81**, 4275 (1959); COHEN, T., u. E. JANKOWSKY: J. Amer. chem. Soc. **86**, 4217 (1964); CHÉREST, M., H. FELKIN, J. SICHER, F. ŠIPOŠ u. M. TICHÝ: J. chem. Soc. [London] **1965**, 2513.
[9] STEVENS, P. G., u. N. L. MCNIVEN: J. Amer. chem. Soc. **61**, 1295 (1939); LEVENE, P. A., u. A. ROTHEN: J. biol. Chemistry **127**, 237 (1939); ARCUS, C. L.: J. chem. Soc. [London] **1944**, 236.

höheren Temperaturen entstehen häufig keine sterisch einheitlichen Stoffe, sondern Stellungsisomere und im Gerüst umgelagerte Produkte [1].
Die Stereochemie nucleophiler Substitutionen an höheren Elementen des Periodensystems kann hier nicht abgehandelt werden [2].

4.5. Einfluß des Lösungsmittels auf den Reaktionstyp [3]

Die weiter oben formulierten Reaktionstypen der nucleophilen Substitution stellen idealisierte Grenzfälle eines Kontinuums von Möglichkeiten dar. In der Praxis kommen sie meist nicht rein ausgeprägt vor, und der tatsächliche Übergangszustand einer Reaktion innerhalb der Grenzen SN1 ... SN2 wird durch Effekte im Substrat, durch das Reagens, durch das Lösungsmittel und/oder elektrophile Katalysatoren bestimmt.

Ohne Wechselwirkung mit der Umgebung sind nucleophile Substitutionen wahrscheinlich überhaupt nicht möglich. Die in (3.3) formulierte Umsetzung von Alkylhalogeniden mit Aminen läuft in der Gasphase nicht ab [4], und C. G. Swain [5] prägte den Leitsatz: „Ohne Solvatation des austretenden Anions keine nucleophile Substitution!"

Es ist deshalb folgerichtig, das Lösungsmittel auf einer höheren Ebene der Theorie unmittelbar in die Reaktion einzubeziehen. Sein Einfluß läßt sich bereits auf der klassischen Stufe der Theorie einigermaßen voraussehen [3d]. Danach werden sowohl die Ausgangsprodukte als auch der Übergangszustand jeweils in einem bestimmten Ausmaß elektrostatisch stabilisiert. Wenn im Übergangszustand Ionenladungen bzw. partielle Ladungen entstehen oder zusammengedrängt werden, beschleunigt das Lösungsmittel die Umsetzung um so mehr, je polarer es ist. Wenn umgekehrt im Übergangszustand Ladungen verschwinden oder delokalisiert werden, sinkt die

---

[1] Gerrard W., u. H. R. Hudson: Chem. Reviews **65**, 697 (1965).
[2] Basolo, F., u. R. G. Pearson: Mechanisms of Inorganic Reactions, 2. Aufl., John Wiley & Sons, Inc., New York 1967; Ingold, C. K.: Substitution at Elements Other than Carbon, Weizman Science Press, Jerusalem 1959; Hudson, R. F., u. M. Green: Angew. Chem. **75**, 47 (1963); Hudson, R. F.: Structure and Mechanism in Organo-Phosphorus Chemistry, Academic Press, New York/London 1965; Sommer, L. H.: Angew. Chem. **74**, 176 (1962).
[3a] Parker, A. J.: Chem. Reviews **69**, 1 (1969).
[3b] Tschoubar, B.: Bull. Soc. chim. France **1964**, 2069; Usp. Chim. **34**, 1227 (1965).
[3c] Amis, E. S.: Solvent Effects on Reaction Rates and Mechanism, Academic Press, New York/London 1966.
[3d] Huges, E. D., u. C. K. Ingold: J. chem. Soc. [London] **1935**, 244; Ingold, C. K.: Structure and Mechanism in Organic Chemistry, Cornell University Press, Ithaca/New York 1953, S. 345ff.
[3e] Gutmann, V.: Angew. Chem. **82**, 858 (1970).
[4] Hinshelwood, C. N., u. Mitarb.: J. chem. Soc. [London] **1932**, 230; **1936**, 1354.
[5] Swain, C. G., u. R. E. Eddy: J. Amer. chem. Soc. **70**, 2989 (1948).

4.5. Einfluß des Lösungsmittels auf den Reaktionstyp

Reaktionsgeschwindigkeit mit steigender Polarität des Lösungsmittels. Für die in Tabelle 4.2 angegebenen Reaktionstypen läßt sich danach bei steigender Polarität des Lösungsmittels erwarten:

Typ I
schwacher Abfall der Reaktionsgeschwindigkeit (Stabilisierung von $Y^\ominus$ bzw. Dispersion der Ladung im Übergangszustand)

Typ II
starke Beschleunigung (Stabilisierung des relativ zu den Ausgangsprodukten stärker polaren Übergangszustandes)

Typ III
starker Abfall der Reaktionsgeschwindigkeit (Stabilisierung von $Y^\ominus$ und $RX^\oplus$)

Typ IV
schwacher Abfall der Reaktionsgeschwindigkeit (analog Typ I)

SN1-Reaktion von ungeladenen Molekülen $R-X$
starke Beschleunigung (Bildung von zwei Ionen)[1])

SN1-Reaktion von geladenen Molekülen $R-X^\oplus$
schwacher Abfall der Reaktionsgeschwindigkeit (Dispersion der Ladung im Übergangszustand)[2])

Diese Voraussagen können allerdings nur als Faustregel gelten, da der Begriff „Solvatationskraft" nicht klar definiert ist. Physikalische Kennzahlen, wie die Dielektrizitätskonstante und der Brechungsindex, stehen zwar in Beziehung dazu, haben aber einen makroskopisch-statistischen Charakter, so daß keine unmittelbare Aussage über die zwischen Lösungsmittel und Gelöstem herrschenden mikroskopischen Verhältnisse (z. B. die „innere" Dielektrizitätskonstante) möglich ist. An Hand der makroskopischen Dielektrizitätskonstante läßt sich jedoch die folgende Feststellung machen: Polare Lösungsmittel mit einer DK >40 sind in der Lage, vorgebildete Ionenpaare (z. B. auch Salze) in dissoziierte Ionen überzuführen (meßbar an der nun auftretenden elektrischen Leitfähigkeit). Anorganische Salze werden deshalb von ihnen häufig gut gelöst.

Mit Hilfe von Freie-Energie-Beziehungen aus chemischen Reaktionen bzw. Spektralübergängen lassen sich halbquantitative Beziehungen über die Solvatationseigenschaften von Lösungsmitteln gewinnen (vgl. Kap. 2.).

Man erfaßt indes auf diese Weise nur die Summe aller zwischenmolekularen Wechselwirkungen:

Physikalische Wechselwirkungen
Ion-Ion-, Ion-Dipol-, Dipol-Dipol-Kräfte, Dispersionswechselwirkung

---

[1]) Da in diesem Falle der Übergangszustand stärker solvatisiert ist (= höherer Ordnungsgrad) als der Grundzustand, können mitunter relativ stark negative Aktivierungsentropien auftreten, z. B. bei der Solvolyse von tert.-Butylchlorid in Wasser $\Delta S^{\neq} = +12{,}2$ cal/grd · mol, in 90%igem Aceton $\Delta S^{\neq} = -16{,}8$ cal/grd · mol.

[2]) Da in diesem Falle der Übergangszustand weniger solvatisiert ist als der geladene Ausgangszustand, nimmt der Ordnungsgrad im Verlauf der Reaktion durch Freisetzung von Lösungsmittelmolekülen stark ab, und man findet stark positive Aktivierungsentropien, z. B. bei der Solvolyse von tert.-Bu$\overset{\oplus}{S}$Me$_2$ $\Delta S^{\neq} = +20{,}1$ cal/grd · mol (in 80%igem Äthanol).

Chemische Wechselwirkungen
Bildung von Elektronen-Donator-Akzeptor-Komplexen, Bildung von Wasserstoffbrücken.

Bei organisch-chemischen Reaktionen sind die spezifischen (chemischen) Wechselwirkungen zwischen Substrat bzw. Übergangszustand und dem Lösungsmittel besonders bedeutungsvoll.

Wenn man die Solvatation als eine Folge der nucleophilen oder elektrophilen Eigenschaften des Lösungsmittels betrachtet, läßt sich folgende Gruppeneinteilung vornehmen:

1. Lösungsmittel mit nucleophilen und gleichzeitig elektrophilen Eigenschaften; protonische Lösungsmittel
2. Lösungsmittel mit nucleophilen Eigenschaften; aprotonische Lösungsmittel
3. Lösungsmittel mit elektrophilen Eigenschaften
4. Lösungsmittel ohne nennenswerte elektrophile oder nucleophile Eigenschaften (ohne Fähigkeit zur chemischen Wechselwirkung).

4.5.1. Protonische Lösungsmittel

Zur ersten Gruppe gehören Wasser, Alkohole, Carbonsäuren, Phenole, Ammoniak und Amine. Sie werden auch als *protonische Lösungsmittel* bezeichnet, da sie Wasserstoffatome besitzen, die leicht als Protonen abspaltbar sind oder wenigstens als H-Donatoren von Wasserstoffbrücken fungieren können.

Die betreffenden nucleophilen Partner werden dadurch stabilisiert. Durch die freien Elektronenpaare am Sauerstoff- oder Stickstoffatom können sie andererseits auch Stoffe mit Elektronenunterschuß solvatisieren. Elektrophile und nucleophile Eigenschaften werden auch daran deutlich, daß sich protonische Lösungsmittel in Abwesenheit anderer Moleküle selbst solvatisieren und als Assoziate vorliegen.

Generell sind die protonischen Lösungsmittel H_2O, ROH, RCOOH „harte" Säuren bzw. Basen; sie stabilisieren deshalb harte Säuren und Basen besonders gut, z. B. $H^\oplus$, $OH^\ominus$, $RSO_3^\ominus$, $RCOO^\ominus$, $F^\ominus$, $Cl^\ominus$, ($Br^\ominus$). Die Stärke von Basen (z. B. der Halogenidionen) wird in ihnen nivelliert.

Für die nucleophile Substitution an neutralen Substraten ist die Solvatisierung des abdissoziierenden Anions besonders wichtig, so daß der folgende Übergangszustand angenommen werden kann, in dem die zur Dissoziation der C—X-Bindung aufzuwendende Energie um den Betrag der X···H-Wechselwirkungsenergie erniedrigt ist [1]:

$$R\mathbin{\frown}X|\cdots H\cdots\mathbin{\frown}O-R \qquad (4.18)$$

[1a] BARTLETT, P. D., u. I. PÖCKEL: J. Amer. chem. Soc. **59**, 820 (1937).
[1b] MEERWEIN, H., u. K. VAN EMSTER: Ber. dtsch. chem. Ges. **55**, 2500 (1922).
[1c] PIMENTEL, G. C., u. A. L. MCCLELLAN: The Hydrogen Bond, Freeman Cooper & Company, San Francisco/New York 1960.

4.5.1. Protonische Lösungsmittel

Die Affinität des protonischen Lösungsmittels zum Substituenten X steigt mit seiner Acidität, z. B. in der Reihenfolge $CF_3COOH > HCOOH > F_3CCH_2OH > CH_3COOH > CH_3CH_2OH$ [1] und mit der „Härte" von X.

Die Wirkung von Phenolen auf die Solvolyse von tert.-Butylbromiden ergibt im HAMMETT-Diagramm erwartungsgemäß eine positive Reaktionskonstante ($\varrho = 0{,}27$) [2].

Durch die Wasserstoffbrückenbindung wird die Tendenz zur Ionisierung der R—X-Bindung gefördert, und protonische Lösungsmittel wirken mehr oder weniger ausgeprägt ionisierend auf R—X. Ob darüber hinaus Dissoziation eintritt, hängt von der Größe der Dielektrizitätskonstante des Lösungsmittels ab:

Eisessig wirkt infolge der relativ hohen Acidität ionisierend, führt jedoch infolge der kleinen Dielektrizitätskonstante (DK 6,15) nur zur Stufe der Ionenpaare, die durch äußere Nucleophile nicht angegriffen werden (vgl. S. 141), so daß als Hauptreaktion „innere Rückkehr" des Ionenpaares eintritt. Eisessig wird deshalb zum Studium der inneren Rückkehr häufig verwendet.

Im Gegensatz dazu wirkt Ameisensäure (DK 84) sowohl ionisierend als auch dissoziierend, und die innere Rückkehr ist fast vollständig unterbunden [3].

Aus der Formulierung (4.18) und dem eben Gesagten geht weiterhin hervor, daß mit der Stärke der Wasserstoffbrücke bzw. allgemein der elektrophilen Wechselwirkung auf X die Tendenz zur SN1-Reaktion zunimmt [4]. Da das entstehende Carbeniumion $R^{\oplus}$ andererseits durch das nucleophile Zentrum der protonischen Lösungsmittel stabilisiert wird, begünstigen diese die monomolekulare nucleophile Reaktion, sofern sie hinreichend sauer (ionisierend) und polar (dissoziierend) sind. Die nucleophile Wechselwirkung kann bis zur echten chemischen Reaktion gehen, man spricht dann von *Solvolyse*:

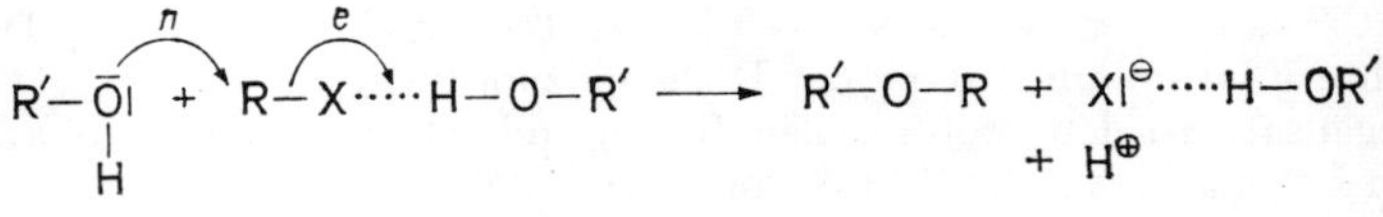

$$R'-\overset{|}{\underset{H}{\overline{O}}}| \;+\; R\overset{n}{\frown}X\cdots\overset{e}{\frown}H-O-R' \longrightarrow R'-O-R \;+\; X|^{\ominus}\cdots H-OR' \quad + H^{\oplus} \qquad (4.19)$$

Solvolyse

Die oft stillschweigend gemachte Annahme, daß Solvolysen stets einem SN1-Mechanismus folgen, ist jedoch nicht gerechtfertigt. Die in diesen Fällen gefundene erste Reaktionsordnung ist ohne Aussagekraft, da das Solvolysemedium in einem so großen Überschuß vorliegt, daß seine Konzentration im Verlauf der Reaktion praktisch konstant bleibt und in Wirklichkeit eine Reaktion pseudo-erster Ordnung vorliegen kann. Für den Mechanismus ist das Verhältnis von n zu e in (4.1) wichtig, über das die Kinetik der Solvolyse keine Auskunft gibt (vgl. S. 139).

[1a] BARTLETT, P. D., u. H. J. DAUBEN: J. Amer. chem. Soc. **62**, 1339 (1940).
[1b] PETERSON, P. E.: J. Amer. chem. Soc. **82**, 5834 (1960).
[1c] OKAMOTO, K., u. H. SHINGU: Bull. chem. Soc. Japan **34**, 1131 (1961).
[2] POCKER, Y.: J. chem. Soc. [London] **1959**, 1179.
[3] WINSTEIN, S., u. G. C. ROBINSON: J. Amer. chem. Soc. **80**, 169 (1958).
[4] STEIGMAN, J., u. L. P. HAMMETT: J. Amer. chem. Soc. **59**, 2536 (1937).

Die Solvatationseigenschaften protonischer Lösungsmittel vom Typ ROH werden für einen begrenzten Bereich von Solvolysereaktionen gut durch die Freie-Energie-Beziehung von WINSTEIN und GRUNWALD [1] wiedergegeben (vgl. auch Kap. 2.).

4.5.2. Nucleophile aprotonische Lösungsmittel [2]

Zur Gruppe der nucleophilen Lösungsmittel gehören (in Klammer: Dielektrizitätskonstante):
Dioxan (2,21), Diäthyläther (4,22), 1.2-Dimethoxyäthan „Monoglyme" (7,2), Tetrahydrofuran (7,39), Aceton (20,5), Hexamethylphosphorsäuretriamid „Hexametapol", „HMPT" (30), Dimethylformamid „DMF" (36,7), Acetonitril (37,5), Nitromethan (38,6), Tetramethylensulfon „Sulfolan" (44,0), Dimethylsulfoxid „DMSO" (48,9) und Äthylencarbonat (64,6).

Die Verbindungen mit einer Dielektrizitätskonstante >15 werden als *dipolare aprotonische Lösungsmittel* bezeichnet; sie sind als Reaktionsmedien besonders interessant [3]. Im Gegensatz zu den protonischen Lösungsmitteln wirken sie nicht ionisierend auf $R-X$, dagegen aber dissoziierend (bei DK $\gtrsim 40$) auf Ionenpaare $R^{\oplus}X^{\ominus}$. DMF, DMSO, HMPT, Acetonitril stellen verhältnismäßig „weiche" Verbindungen dar.

Anionen, die von protonischen Lösungsmitteln generell gut solvatisiert werden, weil sich Wasserstoffbrücken ausbilden können, sind durch dipolare aprotonische Lösungsmittel schlecht stabilisierbar. Da hier unspezifische Wechselwirkungen (vorzugsweise Dispersionskräfte) vorliegen, nimmt der Stabilisierungseffekt mit der Polarisierbarkeit der Anionen, das heißt mit ihrer „Weichheit" zu: $CH_3O^{\ominus} < CH_3COO^{\ominus} <$ $PhO^{\ominus} < Cl^{\ominus} \approx CN^{\ominus} < Br^{\ominus} \approx N_3^{\ominus} \approx PhS^{\ominus} < TsO^{\ominus} < J^{\ominus} \approx SCN^{\ominus}$ [4]. Das nicht mit untersuchte $F^{\ominus}$ wäre am Anfang der Reihe einzuordnen.

Im Gegensatz zu den protonischen Lösungsmitteln nivellieren die aprotonischen dipolaren Lösungsmittel die Stärke von Basen nicht.

[1] GRUNWALD, E., u. S. WINSTEIN: J. Amer. chem. Soc. **70**, 846 (1948); WINSTEIN, S., E. GRUNWALD u. H. W. JONES: J. Amer. chem. Soc. **73**, 2700 (1951); FAINBERG, A. H., u. S. WINSTEIN: J. Amer. chem. Soc. **78**, 2770 (1956); die Beziehung eignet sich nur für Reaktionen, bei denen „innere Rückkehr" bzw. Produktbildung kinetisch keine Rolle spielt, vgl. aber SMITH, S. G., A. H. FAINBERG u. S. WINSTEIN: J. Amer. chem. Soc. **83**, 618 (1961) (Übertragung der Beziehung auf hydroxylfreie Lösungsmittel).
[2] PARKER, A. J.: Quart. Rev. (Chem. Soc., London) **16**, 163 (1962); Usp. Chim. **32**, 1270 (1963); Advances in Organic Chemistry, Vol. 5, Interscience Publishers, New York/London 1965, S. 1; vgl. [3a] S. 152.
[3] Sammelartikel über interessante Vertreter: DMF: LANG, H. W.: Chemiker-Ztg. **84**, 239 (1960); DMSO: AGAMI, C.: Bull. Soc. chim. France **1965**, 1021; MARTIN, D., A. WEISE u. H.-J. NICLAS: Angew. Chem. **79**, 340 (1967); MARTIN, D., u. G. HAUTHAL, Dimethylsulfoxid, Akademie-Verlag, Berlin 1971; HMPT: NORMANT, H.: Angew. Chem. **79**, 1029 (1967); Bull. Soc. chim. France **1968**, 791; Usp. Chim. **39**, 990 (1970); Monoglyme: AGAMI, C.: Bull. Soc. chim. France **1968**, 1205.
[4] SCHLÄFER, H. L., u. W. SCHAFFERNICHT: Angew. Chem. **72**, 618 (1960); PARKER, A. J., u. Mitarb.: J. Amer. chem. Soc. **89**, 5549 (1967); **90**, 5049 (1968); vgl. [3a—c] S. 152; MADAULE-AUBRY, F.: Bull Soc. chim. France **1966**, 1456.

4.5.2. Nucleophile aprotonische Lösungsmittel

Umgekehrt werden Kationen in dipolaren aprotonischen Lösungsmitteln viel besser stabilisiert als in protonischen. Im allgemeinen steigt die Wirkung mit der „Weichheit" der Kationen an; DMF, DMSO und HMPT haben jedoch relativ „harte" basische Zentren (Sauerstoffatome), so daß von ihnen auch kleine Kationen wie $H^\oplus$, $Na^\oplus$ und $K^\oplus$ relativ gut stabilisiert werden [1].

Äther sind „harte" Basen; 1.2-Dimethoxyäthan hat besonders gute Solvatationseigenschaften für Kationen, da hier die Voraussetzungen bestehen, das Kation in einen Fünfring-Chelatkomplex einzubauen, der besonders energiearm ist.

Die Wirkung steigt mit der „Härte" der Metallionen: $Cs^\oplus < K^\oplus < Na^\oplus < Li^\oplus$ [2].

Da dipolare aprotonische Lösungsmittel Anionen nicht gut solvatisieren können und trotz ihrer hohen Polarität nicht ionisierend wirken, erschweren sie die SN1-Reaktion außerordentlich. Andererseits sind Ionenpaare, z. B. anorganische Salze, in ihnen löslich und liegen dann mehr oder weniger dissoziiert vor. Die Solvatisierung der Anionen erfolgt dabei vorzugsweise über unspezifische Wechselwirkungen (Dipolkräfte, Dispersionskräfte) und läßt die Bezirke der spezifischen Wechselwirkungen unbeeinflußt. In chemischer Hinsicht erweisen sich derartig solvatisierte Anionen als „nackt" und gegenüber Elektronenakzeptoren häufig extrem reaktionsfähig bzw. extrem stark basisch. Wir kommen im Abschnitt „Nucleophilie" auf diese Fragen zurück. SN2-Reaktionen sind deshalb in dipolaren aprotonischen Lösungsmitteln gegenüber den entsprechenden SN1-Reaktionen stark bevorzugt, während die Verhältnisse in protonischen Lösungsmitteln gerade umgekehrt liegen. Das wird in Tabelle 4.20 belegt. Die Unterschiede sind drastisch. In Ameisensäure verläuft z. B. die SN1-Reaktion über 10^4mal schneller als die SN2-Reaktion, während in Dimethylsulfoxid umgekehrt die SN1-Reaktion etwa 10mal langsamer ist als die SN2-Reaktion (das wird in Tab. 4.20 nicht sichtbar, weil die Relativgeschwindigkeiten auf DMSO = 1 bezogen sind).

Tabelle 4.20
Abhängigkeit des Reaktionstyps vom Lösungsmitteltyp
Relativgeschwindigkeiten der Solvolyse von p-Toluolsulfonaten bei 75 °C[1])

Verbindung	Reaktionstyp	Relativgeschwindigkeit			
		HCOOH	CH$_3$COOH	Äthanol	DMSO
CH$_3$O–⟨⟩–C(CH$_3$)$_2$–CH$_2$OTs	SN1[2])	1420	9,23	3,42	1
CH$_3$CH$_2$OTs	SN2	0,064[3])	0,0026	0,101	1

[1]) WINSTEIN, S., u. Mitarb.: J. Amer. chem. Soc. 74, 1120 (1952); 83, 618 (1961); Tetrahedron [London] 3, 317 (1958).
[2]) Eine SN2-Reaktion ist aus sterischen Gründen nicht möglich, vgl. S. 172.
[3]) Der Anstieg der Geschwindigkeit relativ zur Reaktion in Eisessig weist darauf hin, daß in Ameisensäure bereits SN1-Anteile ins Spiel kommen.

[1] Vgl. [4] S. 156.
[2] Vgl. [4] S. 156; HOGEN-ESCH, T. E., u. J. SMID: J. Amer. chem. Soc. 88, 307, 318 (1966); KEMPA, R. F., u. W. H. LEE: J. chem. Soc. [London] 1961, 100; Zusammenfassung: SMID, J. H., Angew. Chem. 84, 127 (1972).

Man hat es damit in der Hand, nucleophile Substitutionen (besonders im Grenzgebiet zwischen SN1- und SN2-Typ liegende) durch das Lösungsmittel in die Richtung des gewünschten Reaktionstyps zu drängen. Es versteht sich von selbst, daß die dipolaren aprotonischen Lösungsmittel kein Wasser enthalten dürfen, wenn der SN2-Typ erzwungen werden soll, da dieses die Anionensolvatation gewissermaßen „durch die Hintertüre" wieder ins Spiel bringen würde, was bereits bei geringen Konzentrationen ins Gewicht fällt, weil Ionen die Komponenten gemischter Lösungsmittel zu „sortieren" vermögen [1]: Bei Wasserzusatz fällt die Geschwindigkeit bimolekularer Substitutionen in aprotonischen Lösungsmitteln [2][1]) und der SN1-Anteil steigt an [3].

4.5.3. Lösungsmittel mit elektrophilen Eigenschaften

Die dritte Gruppe von Lösungsmitteln wird vor allem aus den LEWIS-Säuren gebildet, die in der Lage sind, mit Anionen bzw. Elektronenüberschußzentren in Wechselwirkung zu treten. Hierher gehören z. B. Schwefeldioxid, Bortrihalogenide, Aluminiumtrihalogenide, Zinkchlorid, Antimonpentahalogenide, Quecksilberchlorid, Kupferhalogenide und Silbersalze.

Obwohl formal zur Gruppe 1 gehörig, sind an dieser Stelle auch Trifluoressigsäure [4] und Fluorsulfonsäure FSO_3H („Supersäure", „magische Säure") [5] zu nennen, die infolge ihrer hohen Acidität äußerst wirkungsvoll in den Vorgang (4.18) eingreifen. Ihre Fähigkeit zur Stabilisierung von Kationen (nucleophile Wirkung) ist dagegen äußerst gering, weil die Basizität der Sauerstoffatome durch den starken $-I$-Effekt des Fluoratoms sehr stark herabgesetzt ist.

Die genannten Stoffe werden, mit Ausnahme von Schwefeldioxid und Trifluoressigsäure, meist nicht als Lösungsmittel angewandt, sondern vielmehr als Katalysatoren, z. B. in der FRIEDEL-CRAFTS-Alkylierung von Aromaten (vgl. Kap. 7.). Flüssiges Schwefeldioxid (DK = 14) ionisiert Alkylhalogenide [6], beim besonders energiearmen Triphenylmethylsystem (Tritylsystem) entstehen daneben bereits auch freie Ionen [7].

---

[1] HYNE, J. B.: J. Amer. chem. Soc. **82**, 5129 (1960).
[2] PARKER, A. J.: Austral. J. Chem. **16**, 585 (1963); TOMMILA, E., u. L. HÄMÄLÄINEN: Acta chem. scand. **17**, 1985 (1963).
[3] LE ROUX, L. J., u. S. SUGDEN: J. chem. Soc. [London] **1939**, 1279; ELIAS, H., O. CHRIST u. E. ROSENBAUM: Chem. Ber. **98**, 2725 (1965).
[4] PETERSON, P. E., R. E. KELLEY, R. BELLOLI u. K. A. SIPP: J. Amer. chem. Soc. **87**, 5169 (1965) und dort zitierte frühere Arbeiten.
[5] GILLESPIE, R. J.: Accounts chem. Res. **1**, 202 (1968).
[6] INGOLD, C. K., u. Mitarb: J. chem. Soc. [London] **1940**, 1011, 1017; **1954**, 634, 642.
[7] LICHTIN, N. N., u. P. D. BARTLETT: J. Amer. chem. Soc. **73**, 5530 (1951); Zusammenfassung: LICHTIN, N. N., in: Progress in Physical Organic Chemistry, Vol. 1, Interscience Publishers, New York 1963, S. 75.

---

[1]) Der eigentliche Grund hierfür wird in Abschnitt 4.9.1. behandelt.

Im Gegensatz zu den dipolaren aprotonischen Lösungsmitteln können die Lösungsmittel vom LEWIS-Säure-Typ SN1-Reaktionen auslösen bzw. unterstützen, obwohl auch sie nur eines der beiden aus $R-X$ entstehenden Ionen (das Anion) gut zu stabilisieren vermögen. Das verbleibende, durch Solvatation nur wenig stabilisierte Kation hat aber im Gegensatz zu den Anionen häufig die Möglichkeit zur internen Stabilisierung durch elektronische Substituenteneffekte des übrigen Moleküls oder Folgereaktionen (Umlagerungen oder Eliminierungen). Im übrigen ist dieser Punkt nicht sehr wichtig, weil die LEWIS-Säuren meist als Katalysatoren eingesetzt werden, die lediglich die Ablösung des Anions entsprechend (4.18) erleichtern sollen, während der eigentliche Reaktionspartner gerade mit dem vom Katalysator nicht beeinflußten Kation reagieren soll, z. B. bei der FRIEDEL-CRAFTS-Alkylierung.

Besonders drastisch wirkt die Kombination FSO_3H/SbF_5 in flüssigem SO_2. Halogenalkane werden in dieser Mischung bereits bei Temperaturen $< -60\,°C$ quantitativ in Carbeniumionen übergeführt, die bei den tiefen Temperaturen hinreichend stabil sind, um ihre Struktur (mit Hilfe der Kernresonanzspektroskopie) und Reaktivität untersuchen zu können (vgl. S. 121).

4.6. Vielzentrenmechanismen

Wenn man das Lösungsmittel unter dem Aspekt der elektrophilen bzw. nucleophilen Wechselwirkung mit dem Substrat in die Betrachtung der Reaktion einbezieht, lassen sich die folgenden Übergangszustände formulieren:

$$\underset{a)}{\overset{S}{\underset{H}{\diagdown}}\overset{n}{\underset{}{O}}\cdots\overset{e}{\underset{R}{C-X}}\cdots H-OS} \qquad \underset{b)}{N\overset{n}{\cdots}\overset{e}{\underset{R}{C-X}}\cdots E} \qquad \underset{c)}{E\cdots\overset{e_2}{\overline{N}}\cdots\overset{n}{\underset{R}{C-X}}\cdots E} \qquad (4.21)$$

Vielzentrenmechanismen (push-pull-Mechanismen)

Die Schlängellinien sollen andeuten, daß die drei am reagierenden Kohlenstoffatom verbleibenden Substituenten je nach der Stärke von n und e koplanar sein können, aber nicht sein müssen. Unter (a) ist die Solvolyse dargestellt, bei der das Lösungsmittel SOH einen Elektronenzug e auf den Substituenten X ausübt und gleichzeitig durch einen Elektronenschub (nucleophile Wirkung n) die Ablösung von X unterstützt. Die Bezeichnung "push-pull-Mechanismus" bringt die Dynamik dieses Reaktionstyps sinnfällig zum Ausdruck [1]. Da jedoch mehr als drei Moleküle beteiligt sein können, ist auch die Bezeichnung „Vielzentrenmechanismus" [2] vorgeschlagen worden (englisch: concerted reaction).

[1a] SWAIN, C. G.: J. Amer. chem. Soc. **70**, 1119 (1948).
[1b] SWAIN, C. G., u. W. P. LANGSDORF: J. Amer. chem. Soc. **73**, 2813 (1951).
[2] Vgl. [4] S. 155.

Daß auch klassische SN1-Reaktionen tatsächlich unter diesen Typ fallen, zeigt das folgende Beispiel sehr eindringlich [1]: Triphenylmethylchlorid (Tritylchlorid) reagiert bei der Solvolyse eindeutig über einen Carbeniumionen-Mechanismus, wie sich durch genauere Auswertung des auf S. 141 angegebenen kinetischen Gesetzes nachweisen läßt. Bei der Reaktion mit Methanol in vergleichbarer Konzentration in Benzol findet man jedoch eine dritte Ordnung:

$$-d[\text{Trityl-Cl}]/dt = k[\text{Trityl-Cl}] [\text{CH}_3\text{OH}]^2$$

Aktivierungsenthalpie ($\Delta H^{\neq} = 6,6$ kcal/mol) und Aktivierungsentropie ($\Delta S^{\neq} = -49$ cal/grd · mol) sind ebenfalls schlecht mit einer klassischen SN1-Reaktion vereinbar. Insbesondere läßt die äußerst stark negative Aktivierungsentropie auf einen hohen Ordnungsgrad des Übergangszustandes schließen, und die Reaktion läuft nur infolge der ungewöhnlich kleinen Aktivierungsenthalpie leicht ab. Mit Phenol anstelle von Methanol reagiert das Tritylchlorid ebenfalls nach der dritten Ordnung, jedoch mit verringerter Geschwindigkeit, obwohl man eher eine Beschleunigung erwarten sollte, da Phenol stärkere Wasserstoffbrücken bildet (einen stärkeren Zug auf X ausübt). Offensichtlich greift das dritte Solvensmolekül entsprechend (4.21a) mit einem Elektronenschub n in den Übergangszustand ein. Dieser Vorgang ist im Gegensatz zur Bildung der Wasserstoffbrücke vom Methanol zum Phenol ansteigend sterisch gehindert (man beachte, daß im Substrat ebenfalls drei Phenylgruppen enthalten sind), und der größere Elektronenzug e beim Phenol bringt keinen Nutzen. Bei der Reaktion von Tritylchlorid mit Methanol *und* Phenol in Benzol findet man bei erhaltener dritter Reaktionsordnung (1. Ordnung bezüglich jeder der drei Komponenten) eine gegenüber der Reaktion mit Methanol allein auf das Siebenfache gesteigerte Reaktionsgeschwindigkeit, ohne daß Phenol in das Endprodukt hineingeht; es entsteht reiner Tritylmethyläther. Das Phenol hat unter diesen Bedingungen also lediglich die Aufgabe, das Halogenidion abzuziehen und zu solvatisieren, was es infolge seiner höheren Acidität (Ausbildung einer Wasserstoffbrücke zu X) besser vermag als Methanol, das seinerseits weniger voluminös ist und leichter die Solvatationsfunktion „von der Rückseite" her übernehmen und aus dieser heraus das Endprodukt bilden kann. Die geschilderten Versuche stellen das kinetische Gegenstück zu den im Abschnitt 4.4. erörterten stereochemischen Befunden dar.

Diese Interpretation bedeutet nicht, daß die Schritte n und e in (4.21a) vollkommen gleichzeitig ablaufen müssen: Mit einer synchronen termolekularen Reaktion ist eine Reaktion kinetisch äquivalent, bei der unter elektrophiler Katalyse e in (4.21a) schnell Ionenpaare entstehen, die im langsamsten Schritt mit dem Nucleophil n in (4.21a) reagieren. Für die geschilderte Reaktion des Tritylchlorids ist dieser Fall tatsächlich anzunehmen [1].

Mit den Vorstellungen der Vielzentrenreaktionen lassen sich die nucleophilen Substitutionen am gesättigten Kohlenstoffatom in ihrer Gesamtheit einheitlich darstellen, vgl. die Übersicht (4.22), in der die Verhältnisse für die Solvolyse (Alkoholyse) betrachtet werden, vgl. [2]. Der als Nucleophil wirkende Alkohol kann durch ein beliebiges Nucleophil Y ersetzt sein.

---

[1] SWAIN, C. G., u. E. E. PEGUES: J. Amer. chem. Soc. **80**, 812 (1958) und dort zitierte weitere Literatur; vgl. INGOLD, C. K., u. Mitarb.: J. chem. Soc. [London] **1957**, 1265 und dort zitierte weitere Arbeiten.
[2] HÜCKEL, W., u. K. TOMOPULOS: Liebigs Ann. Chem. **610**, 78 (1957).

4.6. Vielzentrenmechanismen

Der Alkohol tritt in den Übergangszustand 1 sowohl als nucleophiler Reaktionspartner (von der Rückseite her) wie auch als Solvatationsmittel für den abdissoziierenden Substituenten X ein. Der Übergangszustand hat sowohl SN1- als auch SN2-Charakter.

Durch Übergang der Ionisation in eine Dissoziation unter Solvatisierung des entstehenden Anions und Solvatisierung des hinterbleibenden Kations durch (mindestens) ein weiteres Molekül Alkohol entsteht die solvatisierte Zwischenstufe $R^{\oplus}$ einer SN1-Reaktion (2). Das Kation kann verschieden weiterreagieren: Die kovalente Solvatisierung kann in eine kovalente Bindung übergehen, indem ein Proton und ein Molekül Solvatationsmittel abgespalten werden, so daß ein Äther entsteht (a). Bei optisch aktiven Systemen erfolgt dabei Racemisierung, da jedes der beiden Solvat-Alkoholmoleküle mit gleicher Wahrscheinlichkeit reagieren kann. Eine andere Stabilisierungsmöglichkeit (b) des solvatisierten Carbeniumions ist die Bildung eines Olefins (E1-Reaktion, vgl. Kap. 5.). Der Übergangszustand 1 kann aber auch entsprechend der klassischen SN2-Reaktion unter synchroner Verdrängung des solvatisierten nucleofugen Substituenten durch ROH den Äther mit umgekehrter Konfiguration liefern (c).

Schließlich sind vor allem stark basische Nucleophile in der Lage, ein Proton aus dem Kohlenwasserstoffteil des Substrats (β-Stellung) abzulösen, so daß ein Olefin entsteht (d, E2-Reaktion, vgl. Kap. 5.).

$$\overset{\delta^+}{\underset{}{>}}C-\overset{\delta^-}{X} \xrightleftharpoons[-ROH]{+ROH} \underset{H}{\overset{R}{>}}\bar{O}\cdots\underset{|}{\overset{|}{C}}\cdots X \cdots H \cdots OR$$

$$1$$

$$\underset{H}{\overset{R}{>}}\bar{O}\cdots\overset{\oplus}{\underset{|}{C}}\cdots \bar{O}\underset{H}{\overset{R}{<}} + R-O-H \cdots |X$$

$$2$$

Solvolysereaktionen: Racemisierung $+ROH+R\overset{\oplus}{O}H_2$; $>C=C<$ $+ROH+R\overset{\oplus}{O}H_2$; $R-O-C<$ WALDEN-Umkehr ; $>C=C<$ $+R\overset{\oplus}{O}H_2$

(4.22)

(4.21b) stellt die Verallgemeinerung dieser Verältnisse dar, eine beliebige, durch das elektrophile Lösungsmittel unterstützte nucleophile Substitution. Die Darstellung ist insofern unzulässig vereinfacht, als das elektrophile Lösungsmittel natürlich auf alle anwesenden Elektronenüberschußpartikel einwirkt, also auch auf das Nucleophil, dessen Affinität zu $R-X$ (Nucleophilie) um den Betrag dieser Wechselwirkung (e_2 in 4.21c) herabgesetzt wird. Hierüber wird in Abschnitt 4.9.1. ausführlicher zu sprechen sein. Die Wechselwirkungen e_1 und e_2 können durchaus verschieden stark sein. Zur Abschätzung dieser Verhältnisse verspricht das Konzept der „harten" und „weichen" Säuren und Basen wertvoll zu werden.

Der Grundmechanismus (4.21) kann in der folgenden Weise modifiziert sein:

a) Nachbargruppeneffekte   b)   c) Transanulare Reaktion   (4.23)

d)   e) Bifunktionelle Katalyse

Beim Nachbargruppeneffekt stabilisiert ein in geeigneter Entfernung im Substrat befindlicher Substituent entweder den abdissoziierenden Substituenten intern elektrophil (a) oder das entstehende Carbeniumion nucleophil (b). Nachbargruppeneffekte werden zusammenfassend im Abschnitt 4.7.2. abgehandelt. Ein Sonderfall der Nachbargruppenwirkung ist die transanulare Reaktion (4.23c), die bei günstigen geometrischen Verhältnissen verblüffend leicht abläuft, z. B. in zehngliedrigen Ringen, da sich hier die Positionen 1 und 6 fast berühren.

Schließlich sind bei den Nachbargruppeneffekten die „nichtklassischen Carbeniumionen" zu nennen, auf die im Abschnitt 8.7. kurz eingegangen wird.

Eng verwandt mit dem Nachbargruppeneffekt ist die bifunktionelle Katalyse (4.23d, e), bei der das Substrat in eine Struktur mit elektrophilem und nucleophilem Zentrum hineinpaßt wie ein Schlüssel in das Schloß [1]. Diese Wechselwirkung ist typisch für Reaktionen im biologischen Bereich, wo Fermentsysteme außerordentlich spezifisch auf bestimmte Substrate eingestellt sind.

Wir werden Übergangszuständen vom Typ (4.23e) bei einigen Carbonylreaktionen (CANNIZZARO-Reaktion, GRIGNARD-Reaktion) wieder begegnen.

Für die weitere Diskussion der nucleophilen Substitution sind nach (4.21b und c) folgende Effekte zu diskutieren:

1. polare und sterische Einflüsse des Restes R; Nachbargruppeneffekte
2. Abspaltungstendenz von X.
3. Einfluß e des Mediums E auf die Abspaltungstendenz von X (elektrophile Katalyse)
4. Nucleophilie von N und ihre Beeinflussung durch das Lösungsmittel.

---

[1] SWAIN, C. G., u. J. F. BROWN: J. Amer. chem. Soc. 74, 2538 (1952).

4.7. Polare und sterische Einflüsse von Substituenten im Kohlenwasserstoffteil von R—X

4.7.1. α- und β-Substituenten

Der Einfluß von Substituenten auf chemische Umsetzungen läßt sich grundsätzlich nur im Zusammenhang mit einem ganz bestimmten Reaktionsmechanismus diskutieren.

SN1- bzw. SN2-Reaktionen werden durch Substituenten am Reaktionszentrum ganz unterschiedlich beeinflußt:

Der SN1-Typ wird begünstigt, wenn das zentrale Kohlenstoffatom in $\rangle$C—X durch Elektronendonatoren (Substituenten mit +I- bzw. +M-Effekt) negativiert wird (ϱ ist nagativ) bzw., anders ausgedrückt, wenn die Substituenten einen Elektronenschub auf die Bindung C—X ausüben. Umgekehrt begünstigt eine Positivierung des zentralen Kohlenstoffatoms durch elektronenziehende Substituenten (Substituenten mit —I- bzw. —M-Effekt) den SN2-Verlauf (ϱ ist positiv).

Diese gegensätzliche Wirkung von Substituenten kann dazu führen, daß der Reaktionsmechanismus innerhalb einer Reaktionsserie wechselt oder wenigstens mehr oder weniger ausgeprägte Anteile des einen oder anderen Verlaufs besitzt.

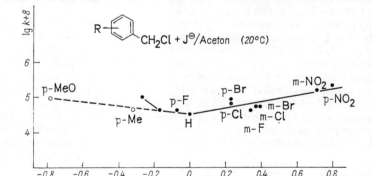

Bild 4.24
HAMMETT-Diagramm für die Reaktion

R—C$_6$H$_4$—CH$_2$Cl + JI$^\ominus$ ⟶ R—C$_6$H$_4$—CH$_2$—J + Cl$^\ominus$ (Aceton, 20°C) [1]

---o--- σ^+-Werte

——•—— σ-Werte

[1] BIVORT, P., u. P. J. C. FIERENS: Bull. Soc. chim. Belges **65**, 994 (1956).
BENNETT, G. M., u. B. JONES, J. chem. Soc. [London] **1935**, 1815.
EVANS, A. G., u. S. D. HAMAN, Trans. Faraday Soc. **47**, 25 (1951).

Ein hierfür typischer Fall ist das Benzylsystem (vgl. Bild 4.24). Durch den +M-Effekt des Phenylrestes ist der Übergangszustand innerhalb der gesamten Reaktionsserie bereits von vornherein in Richtung auf das Grenzgebiet zwischen SN2- und SN1-Mechanismus verschoben. Elektronenziehende Substituenten im Phenylrest verstärken den SN2-Charakter, und man findet für diesen Bereich ein positives Vorzeichen der Reaktionskonstante. Elektronendonatoren im Phenylrest verschieben den Übergangszustand dagegen in Richtung nach SN1, so daß die Reaktionskonstante in diesem Bereich negativ ist und außerdem eine lineare Korrelation nicht mehr mit den HAMMETT-σ-Werten, sondern nur noch mit den σ^+-Werten erreicht wird, was typisch für den SN1-Charakter ist. Für die gesamte Reaktionsserie wird überhaupt keine lineare Korrelation mit den Substituentenkonstanten mehr erhalten, sondern der in Bild 4.24 wiedergegebene Verlauf oder U-förmige Kurven. Das ist charakteristisch für Benzylsysteme [1].

Der SN1-Anteil ist jedoch nicht voll ausgeprägt, sondern lediglich dem SN2-Grundmechanismus überlagert, da sonst der Einfluß von +I- bzw. +M-Substituenten, das heißt der Zahlenwert von ϱ viel größer sein müßte.[1])

Man nimmt deshalb einen stark polaren SN2-Übergangszustand an. Der sich innerhalb der Reaktionsserie ändernde Übergangszustand läßt sich ebenfalls an den primären kinetischen Isotopeneffekten des abdissoziierenden Substituenten feststellen, die mit zunehmender Dehnung der $C-X$-Bindung im Übergangszustand (steigender SN1-Charakter) zunehmen [2].

Auf die unterschiedliche Wirkung von elektronenziehenden p- bzw. m-Substituenten auf die Reaktivität des Benzylsystems (zwei Korrelationsgeraden im rechten Teil von Bild 4.24) wird auf S. 168 kurz eingegangen.

Die Angliederung eines weiteren Arylrestes (+M-Wirkung) an das Benzylsystem verschiebt den Übergangszustand der gesamten Reaktionsserie vollständig in das SN1-Gebiet (vgl. Bild 4.25), ganz gleich, ob zusätzlich +I- bzw. +M- oder −I- bzw. −M-Substituenten in den Arylresten gebunden sind. Entsprechend dem SN1-Verlauf müssen im HAMMETT-Diagramm σ^+-Konstanten verwendet werden, die Reaktionskonstante ist negativ und hat einen relativ großen Zahlenwert. Bei der Äthanolyse von Benzhydrylchloriden bei 25 °C ($\varrho = -4{,}15$) wird ein Unterschied in den Reaktionsgeschwindigkeitskonstanten der Reaktionsserie von p-Nitro- bis p-Methoxybenzhydrylchlorid von sieben Zehnerpotenzen linear korreliert, was zugleich die Leistungsfähigkeit der Linearen-Freie-Energie-Beziehungen unter Beweis stellt.

---

[1] Vgl. [1b] S. 156; BIVORT, P., u. P. J. C. FIERENS: Bull. Soc. chim. Belges **65**, 975, 994 (1956); OKAMOTO, Y., u. H. C. BROWN: J. org. Chemistry **22**, 485 (1957); FUCHS, R., u. Mitarb.: J. Amer. chem. Soc. **81**, 2371 (1959); **85**, 104 (1963); J. org. Chemistry **27**, 1520 (1962); KLOPMAN, G.: Helv. chim. Acta **44**, 1908 (1961); KLOPMAN, G., u. R. F. HUDSON: Helv. chim. Acta **44**, 1914 (1961); HUDSON, R. F., u. G. KLOPMAN: J. chem. Soc. [London] **1962**, 1062; SHINER, V. J., M. W. RAPP u. H. R. PINNICK: J. Amer. chem. Soc. **92**, 232 (1970).

[2] SWAIN, C. G., u. E. R. THORNTON: J. org. Chemistry **26**, 2808 (1961) (k_{32_S}/k_{34_S}-Effekte); vgl. [3] S. 142 ($k_{35_{Cl}}/k_{37_{Cl}}$-Effekte).

---

[1]) Von einer „Überlagerung" der beiden Mechanismen kann nur im Sinne des SN1-SN2-Modells gesprochen werden. In Wirklichkeit existieren jeweils definierte Übergangszustände, in denen das Ausmaß von Bindungsbildung und Bindungsspaltung verschieden ist.

4.7.1. α- und β-Substituenten

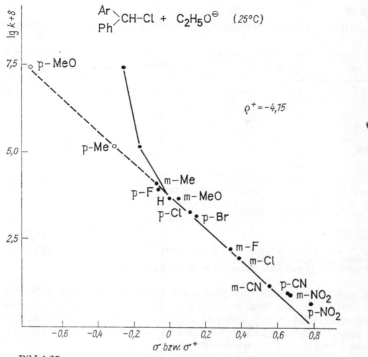

Bild 4.25
HAMMETT-Diagramm einer typischen SN1-Reaktion[1])
————•———— HAMMETT-σ-Werte
————◦———— σ^+-Werte

[1]) NISHIDA, S.: J. org. Chemistry 32, 2 692 (1967); vgl. auch PACKER, J., J. VAUGHAN u. A. F. WILSON: J. org. Chemistry 23, 1215 (1958).

Eine starke Zunahme der Reaktionsgeschwindigkeit von SN1-Reaktionen mit zunehmender +I- bzw. +M-Stabilisierung des Carbeniumions zeigt sich auch bei anderen Verbindungen, vor allem Allylsystemen, die den Benzylverbindungen elektronisch ähnlich sind (vgl. Tab. 4.26).

Die Werte zeigen, daß zwei Methylgruppen etwa die gleiche Stabilisierungswirkung haben wie eine Phenylgruppe. Deshalb solvolysieren auch alle kernsubstituierten Derivate des tert.-Cumylchlorids (Phenyl-dimethyl-carbinylchlorid $Ph-C(CH_3)-Cl$) ebenso wie die Derivate des Benzhydrylchlorids (vgl. Bild 4.25) nach einem SN1-Mechanismus. Die mit Hilfe der meta-Substituenten erhaltene Regressionsgerade (in 90%igem Aceton bei 25 °C: $\varrho = -4{,}620$) diente zur Ermittlung der σ^+-Konstanten (vgl. Kap. 2.).

Es sei an dieser Stelle darauf hingewiesen, daß p-Substituenten im Phenylrest das Elektronendefizitzentrum in der Reihenfolge $H \ll Me > Et > i\text{-}Pr > t\text{-}Bu$ stabilisieren, was nicht mit dem Induktionseffekt dieser Gruppen in Einklang steht, der

Tabelle 4.26
SN1-Reaktivität. Relative Solvolysegeschwindigkeiten in Aceton/Wasser (80 Vol.% Aceton) bei 0 °C[1])

Verbindungen	k_{rel}	Verbindungen	k_{rel}
Me_3C-Cl	1,00	$Me_2C(Cl)-CH=CH-CH_3$	1170
$PhCH_2-Cl$	0,03[2])	$CH_3-C_6H_4-CH(Cl)-CH=CH-CH_3$	9400
$PhCH(CH_3)-Cl$	0,3[3])		
Ph_2CH-Cl	65,0	$(CH_3-C_6H_4-)_2CH-Cl$	37200
$Ph-CH(Cl)-CH=CH-CH_3$	940,0	Ph_3C-Cl	2×10^7

[1]) SNEEN, R. A., J. V. CARTER u. P. S. KAY: J. Amer. chem. Soc. 88, 2594 (1966).
[2]) in 70 Vol.-% Aceton bei 25 °C, SN2-Typ
[3]) bei 25 °C, SN1-Gebiet noch nicht erreicht (Grenzgebietmechanismus)

von der Methyl- zur tert.-Butylgruppe zunimmt. Dieser Effekt („NATHAN-BAKER-Effekt") wird von manchen Autoren mit Hyperkonjugation erklärt (vgl. Kap. 2. und dort zitierte Literatur), während andere annehmen, daß die Solvatisierung von stark polaren Übergangszuständen von Me zu t-Bu zunehmend sterisch gehindert ist, so daß der Induktionseffekt überkompensiert wird [1].

Zusammenfassend kann gesagt werden: Allyl- und Benzylverbindungen stellen typische Grenzgebietfälle dar, die über einen stark polaren SN2-Übergangszustand reagieren [2], sofern keine SN1- oder SN2-Reaktion durch spezielle Reaktionsbedingungen erzwungen wird, vgl. Abschn. 4.5. Benzhydrylverbindungen [2, 3] und Tritylverbindungen [3] reagieren dagegen normalerweise nach SN1.

Auch andere Substituenten mit überwiegendem Elektronenschub begünstigen den SN1-Typ. So liefern α-Chloräther oder Acetale (diese nach Protonierung) leicht das mesomeriestabilisierte Carbenium-Oxoniumion 4 in (4.27), das in schnellen Folgereaktionen mit Wasser über ein protoniertes Halbacetal 5 bzw. 6 die Carbonylverbindung 8 bzw. mit einem Alkohol im Sinne der Reaktion 4 → 2 → 1 ein Acetal liefert. Während aus dem Chloräther 3 ein Chloridion unmittelbar abgespalten werden kann, wäre die Abspaltung des stark basischen $RO^\ominus$ aus dem Acetal 1 thermodynamisch sehr ungünstig. 1 addiert deshalb zunächst sehr schnell ein Proton zu 2, das nunmehr die energiearme Verbindung ROH eliminieren kann unter Bildung des Carbenium-Oxoniumions 4. Dieser Schritt ist geschwindigkeitsbestimmend (A1-

[1] SCHUBERT, W. M., u. Mitarb.: J. Amer. chem. Soc. **82**, 6188 (1960); **80**, 559 (1958); **79**, 910 (1957); J. org. Chemistry **14**, 943 (1959); CLEMENT, R. A., u. J. N. NAGHIZADEH: J. Amer. chem. Soc. **81**, 3154 (1959).
[2] ROBERTSON, R. E., u. J. M. W. SCOTT: J. chem. Soc. [London] **1961**, 1596; KOHNSTAM, G., u. Mitarb.: J. chem. Soc. [London] **1957**, 4747; **1963**, 1585, 1593.
[3] Vgl. [1]) S. 140.

4.7.1. α- und β-Substituenten

Reaktion, d. h. monomolekulare Spaltung einer protonierten Zwischenstufe) [1]. Bildung und Verseifung von Acetalen sind deshalb spezifisch säurekatalysierte Reaktionen.

Übereinstimmend mit diesem Mechanismus ergibt die Reaktion in $H_2^{18}O$ aus-, schließlich normalen Alkohol ROH [2].

Der SN1-Mechanismus wird auch durch stark negative TAFT-Reaktionskonstanten für die Hydrolyse von $RCH(OEt)_2$ in 50%igem wäßrigem Dioxan ($\varrho^* = -3{,}65$ [3]) bzw. von $CH_2(OR)_2$ in Wasser ($\varrho^* = -4{,}17$ [4]) bestätigt (zum Vergleich: SN1-Hydrolyse von tert.-Alkylbromiden in 80%igem wäßrigem Äthanol: $\varrho^* = -3{,}29$ [5]). Elektronendonatoren im Carbonyl- oder im Ätherteil von Acetalen erhöhen also die Reaktionsgeschwindigkeit.

Ganz analog reagieren Vinyläther und Vinylester, indem zunächst Wasser addiert wird unter Bildung von Halbacetalen bzw. deren O-Acylderivaten (Acylale), die dann analog 5 → 8 weiterreagieren [6].

Infolge dieses SN1-Verlaufs werden Acetale und Enoläther um 10 bis 14 Zehnerpotenzen schneller hydrolysiert als normale Äther.

$$(4.27)$$

[1] BUNNETT, J. F.: J. Amer. chem. Soc. **83**, 4978 (1961) und dort zitierte weitere Arbeiten; WHALLEY, E.: Trans. Faraday Soc. **55**, 798 (1959); KOSKIKALLIO, J., u. E. WHALLEY: Trans. Faraday Soc. **55**, 809 (1959); LONG, F. A., J. G. PRITCHARD u. F. E. STAFFORD: J. Amer. chem. Soc. **79**, 2362 (1957); KREEVOY, M. M., u. R. W. TAFT: J. Amer. chem. Soc. **77**, 3146 (1955); MCINTYRE, D., u. F. A. LONG: J. Amer. chem. Soc. **76**, 3240 (1954).
[2] STASIUK, F., W. A. SHEPPARD u. A. N. BOURNS: Canad. J. Chem. **34**, 123 (1956).
[3] KREEVOY, M. M., u. R. W. TAFT: J. Amer. chem. Soc. **77**, 5590 (1955).
[4] SKRABAL, A., u. H. H. EGER: Z. physik. Chem. **122**, 349 (1926).
[5] STREITWIESER, A.: J. Amer. chem. Soc. **78**, 4935 (1956).
[6] Zusammenfassung: REKAŠEVA, A. F.: Usp. Chim. **37**, 2272 (1968).

4. Nucleophile Substitution am gesättigten Kohlenstoffatom

Auch Halogenatome als Zweitsubstituent können den SN1-Typ hervorrufen, z. B. im 2.2-Dichlorpropan, im Benzalchlorid und im Benzotrichlorid:

$$|\overline{\underline{Cl}}|-\underset{|}{C}-Cl \rightleftharpoons |\overline{\underline{Cl}}|\cdots\overset{\oplus}{C}\!\!< + \ Cl|^{\ominus} \tag{4.28}$$

Der $+M$-Effekt des Halogenatoms ist viel schwächer als bei der Alkoxy- oder Dialkylaminogruppe:
Während $CH_3-CH_2-O-CH_2-Cl$ etwa 10^9mal schneller hydrolysiert wird als n-Butylchlorid [1], reagiert Benzotrichlorid $PhCCl_3$ nur etwa 500mal und Benzalchlorid $PhCHCl_2$ nur etwa 10mal so schnell wie Benzylchlorid [2].
In SN2-Reaktionen sind geminale Dihalogenverbindungen im allgemeinen weniger reaktionsfähig als vergleichbare Monohalogenverbindungen [3].

(4.29)

SN1-Typ SN2-Typ
a) b) c)

Man könnte nun denken, daß im Benzylchlorid nur der SN1-Übergangszustand durch den $+M$-Effekt des Phenylrings stabilisiert wird (vgl. (4.29a)), während der SN2-Übergangszustand stets gesättigt und damit nicht mesomeriefähig ist, so daß hier nur der $-I$-Effekt des Phenylringes wirkt. Tatsächlich scheint jedoch auch bei SN2-Reaktionen eine Überlappung des sich entwickelnden quasi-p-Orbitals des Übergangszustandes mit den p-π-Orbitalen benachbarter Doppelbindungen möglich zu sein (vgl. (4.29b, c)), und derartige Verbindungen zeichnen sich durch erhöhte Reaktionsfähigkeit in SN2-Reaktionen aus.[1]) Einige typische Fälle sind in Tabelle 4.30 zusammengestellt.

---

[1] BÖHME, H., u. W. SCHÜRHOFF: Chem. Ber. **64**, 28 (1951) und dort zitierte weitere Arbeiten; vgl. auch BALLINGER, P., P. B. D. DE LA MARE, G. KOHNSTAM u. B. M. PRESTT: J. chem. Soc. [London] **1955**, 3641.
[2] HINE, J., u. Mitarb.: J. Amer. chem. Soc. **73**, 22 (1951); **74**, 3182 (1952); vgl. auch OLIVIER, S. C. J., u. A. P. WEBER: Recueil Trav. chim. Pays-Bas **53**, 869 (1934); EVANS, A. G., u. S. D. HAMANN: Trans. Faraday Soc. **47**, 25 (1951); BENSLEY, B., u. G. KOHNSTAM: J. chem. Soc. [London] **1956**, 287; QUEEN, A., u. R. E. ROBERTSON: J. Amer. chem. Soc. **88**, 1363 (1966).
[3] Vgl. z. B. HINE, J., C. H. THOMAS u. S. J. EHRENSON: J. Amer. chem. Soc. **77**, 3886 (1955).

¹) Daß offensichtlich eine konjugative Wechselwirkung im Spiele ist, erkennt man auch daran, daß im HAMMETT-Diagramm für nucleophile Reaktionen an Benzylverbindungen (vgl. Bild 4.24) für elektronenanziehende meta- bzw. para-Substituenten zwei getrennte Regressionsgeraden erhalten werden, von denen die für para-Substituenten den größeren ϱ-Wert hat, d. h., diese stabilisieren den Übergangszutand besser als die meta-Substituenten.

Tabelle 4.30
SN2-Reaktivität. Relative Reaktionsgeschwindigkeiten von β,γ-ungesättigten Alkylchloriden (Reaktion mit $J^\ominus$ in Aceton bei 50 °C)[1]

Verbindungen	k_{rel}	Verbindungen	k_{rel}
$CH_3-CH_2-CH_2-Cl$	1	$EtO-CO-CH_2-Cl$	1600
$Ph-CH_2-Cl$	250[2])	$N\equiv C-CH_2-Cl$	2800
$CH_2=CH-CH_2-Cl$	90[2])	$CH_3-CO-CH_2-Cl$	35000[3])
		$Ph-CO-CH_2-Cl$	32000[3])

[1]) CONANT, J. B., W. R. KIRNER u. R. E. HUSSEY: J. Amer. chem. Soc. 47, 488 (1925).
[2]) bei 60 °C
[3]) bei 75 °C; vgl. BORDWELL, F. G., u. W. T. BRANNEN: J. Amer. chem. Soc. 86, 4645 (1964).

Besonders interessant ist, daß die rechts in der Tabelle stehenden Carbonylverbindungen sehr hohe Reaktivitäten zeigen, ohne daß das SN2-Gebiet verlassen würde, wie die für SN2-Reaktionen typischen Werte der Reaktionskonstanten an $Ar-CO-CH_2-X$-Systemen ($\varrho \approx 0{,}5 \cdots 1{,}0$ [1]) beweisen. Tatsächlich vermögen Carbonylgruppen mit ihrem ausgeprägten $-M$-Effekt Carbeniumionen nicht zu stabilisieren, so daß der SN2-Mechanismus auch vom polaren Effekt her begünstigt ist. Im Gegensatz dazu üben Allyl- und Benzylgruppen entweder einen $-M$- oder einen $+M$-Effekt aus. Bei Häufung dieser Gruppen an einem $C-X$-Zentrum wird der $+M$-Effekt in Anspruch genommen, und die Reaktion schwenkt in den SN1-Bereich hinüber (vgl. Tab. 4.26).

Die Werte der Tabelle 4.30 sind typisch für die angegebenen Systeme und treten größenordnungsmäßig ebenso bei anderen Substitutionstypen auf. Die nucleophile Substitution an Allylverbindungen muß nicht unbedingt an der $C-X$-Bindung eingreifen, sondern kann in Form einer vinylogen Substitution ablaufen („SN2'-Reaktion"), die zu einem Umlagerungsprodukt führt („Allylumlagerung") [2]:

$$Y^\ominus \curvearrowright \underset{CH=CH-R}{CH_2\!\!-\!\!X} \longrightarrow Y-CH_2-CH=CH-R \qquad \text{normale Substitution} \qquad (4.31)$$
$$\text{SN2-Reaktion}$$

$$Y^\ominus \curvearrowright \underset{R}{CH=CH}-\underset{}{CH_2\!\!-\!\!X} \longrightarrow Y-\underset{R}{CH}-CH=CH_2 \qquad \text{Allylumlagerung} \qquad (4.32)$$
$$\text{SN2'-Reaktion}$$

Natürlich kann die Allylumlagerung auch das Ergebnis einer SN1-Reaktion sein, bei der ein Allylkation mit delokalisierter Ladung entsteht, das an jedem Ende des Systems nucleophil angegriffen werden kann.

Die Verhältnisse werden noch komplizierter, wenn zusätzliche Substituenten unmittelbar an das Reaktionszentrum gebunden sind wie in der Reihe Methyl-, Äthyl-,

---

[1] SISTI, A. J., u. W. MEMEGER: J. org. Chemistry 30, 2102 (1965); JAFFÉ, H. H.: Chem. Reviews 53, 191 (1953).
[2] Sammelartikel: DE WOLFE, R. H., u. W. G. YOUNG: Chem. Reviews 56, 753 (1956); ANDRAC, M., u. C. PRÉVOST: Bull. Soc. chim. France, 1964, 2284; YOUNG, W. G.: J. chem. Educat. 39, 455 (1962).

iso-Propyl-, tert.-Butylverbindung. Während sich die $+$I-Effekte der Methylgruppen summieren und beim tert.-Butylsystem das Reaktionszentrum stark negativieren, d. h. eine SN1-Reaktion besonders begünstigen, wird das zentrale Kohlenstoffatom in der gleichen Reihenfolge immer stärker gegen einen SN2-Angriff (von der Rückseite her) abgeschirmt. Die experimentelle Untersuchung der Solvolyse in Gegenwart von Lösungsmittelanionen (d. h. in Gegenwart von Alkali) ergibt das gemischte Geschwindigkeitsgesetz $-d[RX]/dt = k_1[RX] + k_2[RX][SO^\ominus]$ ($SO^\ominus$ Lösungsmittelanion). Die Terme k_1 und k_2 lassen sich getrennt ermitteln, z. B. indem man die Reaktion bei einem Überschuß von $SO^\ominus$, d. h. im Gebiet einer Reaktion pseudoerster Ordnung durchführt. Beim Auftragen der Geschwindigkeitskonstanten pseudoerster Ordnung gegen $[SO^\ominus]$ erhält man eine Gerade, deren Ordinatenabschnitt k_1 entspricht. Das Ergebnis derartiger Bestimmungen gibt Tabelle 4.33 wieder.

Tabelle 4.33
SN1- und SN2-Anteile nucleophiler Substitutionen[1])

Substrat	Solvens[2])	[°C]	$10^5 k_1$[3])	$10^5 k_2$[4])	k_2/k_1
Methylbromid	80% Äthanol	55	0,349	2040	5840
Äthylbromid	80% Äthynol	55	0,139	171	1230
iso-Propylbromid	80% Äthanol	55	0,237	4,99	21
tert.-Butylbromid	80% Äthanol	55	1010	etwa 0	$\ll 1$
Ph$-$CO$-$CH$_2-$Br[5])	80% Äthanol	55	0,27	160	590
CH$_2=$CH$-$CH$_2-$Br	50% Dioxan	30	0,032	115	3600
Benzylchlorid	Äthanol	50	0,031	61	1950
Benzhydrylchlorid	Äthanol	25	5,75	etwa 0	$\ll 1$

[1]) BATEMAN, L. C., K. A. COOPER, D. E. HUGHES u. C. K. INGOLD: J. chem. Soc. [London] **1940**, 925.
[2]) 80% Äthanol bedeutet Äthanol/Wasser = 80/20 (Vol.-%) usw.
[3]) in s^{-1}
[4]) in l/mol · s
[5]) PASTO, D. J., u. Mitarb.: J. org. Chemistry **32**, 774, 778 (1967).

Man unterscheidet in Tabelle 4.33 deutlich drei verschiedene Gebiete, die durch ein k_2/k_1-Verhältnis von (a) praktisch Null, (b) etwa 10^1 und (c) etwa 10^3 gekennzeichnet sind und dem klassischen SN1-Gebiet (a), dem Grenzgebiet zwischen SN1 und SN2 (polare SN2-Übergangszustände; b) und dem reinen SN2-Gebiet (c) entsprechen. Die weiter oben angeführten Klassifikationen für die einzelnen Verbindungsklassen werden durch die Zahlenwerte bestätigt. Wie erwartet, nimmt der SN1-Anteil vom Methyl- zum tert.-Butylsystem stark zu und der SN2-Anteil in der umgekehrten Reihenfolge stark ab. Beim Auftragen der summarischen Geschwindigkeitskonstanten der Solvolyse gegen die Zahl der Methylgruppen erhält man einen ähnlichen U-förmigen Verlauf wie bei den Benzylverbindungen, da der Mechanismus innerhalb der Reaktionsserie nicht konstant bleibt.

Beim iso-Propylbromid bestehen unter den angewandten Reaktionsbedingungen weder für die SN1- noch für die SN2-Reaktion gute Voraussetzungen, und die Verbindung reagiert innerhalb der Reaktionsserie am langsamsten. Natürlich spielt das angewandte Lösungsmittel eine wesentliche Rolle: In Dimethylformamid reagieren Isopropylchlorid und Benzylchlorid mit Radiochlorid ausschließlich nach SN2,

4.7.1. α- und β-Substituenten

während die Reaktion des Benzhydrylchlorids in das Grenzgebiet zwischen SN1 und SN2 verschoben wird (k_2/k_1 bei 30 °C = 200) [1].

Da das zentrale Kohlenstoffatom von Methyl- über Äthyl- zum Isopropyl halogenid zunehmend „härter" wird (vgl. Abschn. 2.7.4.), nimmt die Beschleunigung der Reaktion beim Übergang von einem protonischen zu einem dipolaren aprotonischen Lösungsmittel in der gleichen Reihenfolge ab [2].

Für den Abfall der SN2-Reaktivität vom Methyl- zum tert.-Butylsystem muß einerseits der sich summierende +I-Effekt der Methylgruppen, zum anderen die Abschirmung des Reaktionszentrums, also ein sterischer Effekt, verantwortlich gemacht werden.[1])

Die experimentelle Trennung der beiden Effekte war bisher noch nicht möglich. Dagegen gelang es, die Verhältnisse bei FINKELSTEIN-Reaktionen

$$Hal^\ominus + R\text{-}Hal' \rightleftharpoons R\text{-}Hal + Hal'^\ominus$$

(Hal, Hal' unterschiedliche Halogene bzw. Halogenisotope) mit guter Annäherung an die experimentellen Ergebnisse zu berechnen [3].

Obwohl die Absolutgeschwindigkeiten des FINKEL'STEJN-Austauschs von $Cl^\ominus$ zu $J^\ominus$ und von $R-Cl$ zu $R-J$ stark ansteigen (vgl. Tab. 4.61), sind die Relativgeschwindigkeiten beachtlich konstant, und die Angaben k_{rel} in Tabelle 4.34 sind repräsentativ für SN2-Reaktionen der tabellierten Alkylsysteme überhaupt. Die Differenzen in den Aktivierungsenergien der einzelnen Verbindungstypen setzen sich aus einem polaren Anteil E_p (Induktionseffekt der Substituenten) und einem sterischen Anteil zusammen, der daher rührt, daß ein Teil der Attraktionskräfte im Übergangszustand verbraucht wird, um die sterische Hinderung zu überwinden, so daß die Orbitalüberlappung geringer, d. h. die neue Partialbindung länger ist als im sterisch nicht gehinderten Übergangszustand. Der polare Anteil zur Aktivierungsenergie konnte allerdings nur abgeschätzt werden (Werte vgl. Tab. 4.34). Er nimmt in der Reihe Methyl-, Äthyl-, iso-Propyl-, tert.-Butylgruppe linear zu (Summation der Induktionseffekte der Methylgruppen).

Demnach erhöht eine α-Methylgruppe die Aktivierungsenergie infolge ihres polaren Effekts um etwa 1 kcal/mol. Das entspricht bei 25 °C einer Senkung der Reaktionsgeschwindigkeit um den Faktor 5.[2]) Der über diesen Betrag hinausgehende Teil der

---

[1] CASAPIERI, P., u. E. R. SWART: J. chem. Soc. [London] **1961**, 4342; ELIAS, H., u. H. STRECKER: Chem. Ber. **99**, 1019 (1966); vgl. LE ROUX, L. J., u. E. R. SWART: J. chem. Soc. [London] **1955**, 1475 (analoge Ergebnisse in Aceton); POCKER, Y., W. A. MUELLER, F. NASO u. G. TOCCHI: J. Amer. chem. Soc. **86**, 5011 (1964) (analoge Ergebnisse in Nitromethan).
[2] Vgl. [3a] S. 152.
[3] INGOLD, C. K.: Quart. Rev. (Chem. Soc., London) **11**, 1 (1957); Experientia [Basel], Suppl. II, Birkhäuser Verlag, Basel 1955, S. 69; DE LA MARE, P. B. D., L. FOWDEN, E. D. HUGHES, C. K. INGOLD u. J. D. H. MACKIE: J. chem. Soc. [London] **1955**, 3200.

[1]) Außerdem scheint die Änderung der Hybridisierung von sp^3 nach sp^2 beim Übergang zu einem Carbeniumion von den Alkylgruppen begünstigt zu werden, so daß das tert.-Butylkation auch von dieser Seite her besonders energiearm ist (vgl. HOFFMAN, R.: J. chem. Physics **40**, 2480 (1964)).
[2]) Dieser Wert dürfte an der oberen Grenze liegen, denn aus dem HAMMETT-Diagramm Bild 4.24 ergibt sich mit $\varrho \approx 1,0$ für den polaren Effekt einer Methylgruppe lg $k_{rel} \approx -0,3 \times 1,0 \approx -0,3$, d. h. eine Senkung der Reaktionsgeschwindigkeit um den Faktor 2.

Gesamtaktivierungsenergie repräsentiert den Einfluß der sterischen Hinderung der SN2-Reaktion auf die Aktivierungsenergie. Die sterische Hinderung wirkt sich außerdem auf das Entropieglied aus, das vom Methyl- zum iso-Propylsystem steigend negativer wird.[1]) Die Werte für das tert.-Butylsystem müssen mit Vorsicht betrachtet werden, da hier bereits ein Eliminierungs-Additions-Mechanismus der nucleophilen Substitution im Spiele sein kann.

Tabelle 4.34
Relativgeschwindigkeiten und relative Aktivierungsparameter von FINKEL'STEJN-Austauschreaktionen $Hal^{\ominus} + R-Hal' \to Hal\text{-}R + Hal'^{\ominus}$[1]) in Aceton bei 25°C (Durchschnittswerte)[2])

	α-Reihe				β-Reihe		
	Me	Et	i-Pr	t-Bu	n-Pr	i-Bu	neo-Pentyl
k_{rel}	1	0,03	0,001	10^{-5}	0,01	0,001	10^{-7}
ΔE_A[3])	0	1,7	3,1	6,0	1,9	2,7	6,6
$\Delta\Delta S^{\neq}$[4])	0	−2,1	−5,1	−1,1	−3,2	−5,1	−7,3
ΔE_p[5])	0	1	2	3	1	1	1

[1]) unterschiedliches Halogen oder Halogenisotop
[2]) Vgl. [3] S. 171. [3]) kcal/mol [4]) cal/grd · mol
[5]) Anteil an polarer Wirkung der Methylgruppen, in ΔE_A mit enthalten

In der β-Methyl-substituierten Reihe

$CH_3-CH_2-CH_2X$ $\begin{array}{c}CH_3\\ \\ CH_3\end{array}\!\!>\!\!CH-CH_2X$ $\begin{array}{c}CH_3\\ CH_3\!-\!\!\\ CH_3\end{array}\!\!C-CH_2-X$

n-Propyl-   iso-Butyl-   neo-Pentyl-

bleibt der polare Einfluß der Substituenten auf die Aktivierungsenergie konstant (je 1 kcal/mol), da sich die +I-Effekte der Äthyl-iso-Propyl- bzw. tert.-Butylgruppe nicht nennenswert unterscheiden (vgl. die σ-Werte in Tab. 2.32).

Die vom n-Propyl- zum neo-Pentylsystem zunehmenden Aktivierungsenergien und ebenso die in der gleichen Reihenfolge negativer werdenden Aktivierungsentropien beruhen demnach auf zunehmender sterischer Hinderung der SN2-Reaktion.

Das erscheint zunächst erstaunlich, da doch bei allen drei Verbindungstypen primäre Verbindungen ($R-CH_2-X$) vorliegen, in denen die unmittelbare Umgebung des zentralen Kohlenstoffatoms annähernd gleichartig sein sollte. Während die sterische Hinderung bei der α-substituierten Reihe Methyl-, Äthyl-, iso-Propyl-, tert.-Butyl- unmittelbar plausibel ist, läßt sich die durch β-Alkylgruppen ausgeübte sterische

---

[1]) Die Aktivierungsentropie repräsentiert allerdings nicht ausschließlich den sterischen Effekt, sondern enthält außerdem einen Masseneffekt, vgl. [3] S. 171.

4.7.1. α- und β-Substituenten

Hinderung erst verstehen, wenn man Molekülmodelle betrachtet: In Bild 4.35 ist der Übergangszustand einer FINKEL'STEJN-Reaktion an einer Monomethylverbindung (2-Brombutan) dargestellt.

Eintretender und austretender Substituent ($Br^\ominus$ bzw. $*Br^\ominus$) ordnen sich so auf einer Geraden an, daß möglichst wenig Kollisionsmöglichkeiten mit anderen Molekülteilen bestehen. Da sich die β-Methylgruppe und die Bromatome in einigen Konformationen behindern, von denen eine in Bild 4.35 gezeichnet ist, wird die freie Drehbarkeit der $C_\alpha-C_\beta$-Bindung eingeschränkt. Im gezeichneten Falle ist diese Hinderung relativ geringfügig, da weitere Konformationen für die β-Methylgruppe möglich sind. Die Behinderung wächst jedoch stark, wenn man zwei oder drei Methylgruppen (bzw. allgemein Alkylgruppen) in β-Stellung einführt. In der β-Trimethylverbindung gibt es

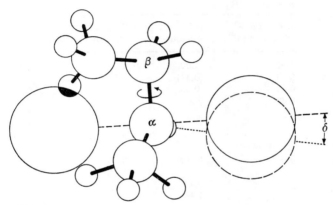

Bild 4.35
Übergangszustand Br···R···*Br der FINKEL'STEJN-Reaktion von Bromidion mit 2-Brombutan

überhaupt keine Konformation ohne starke Pressung der VAN-DER-WAALS-Radien, und das System weicht dadurch aus, daß eintretender und austretender Substituent sich nicht mehr entlang einer Geraden bewegen, sondern ein „verbogener" Übergangszustand (Winkel zur Geraden δ) durchlaufen wird, in dem die Überlappung der Orbitale außerdem geringer bleibt, so daß die Aktivierungsenthalpie steigt. Die stark reduzierte Zahl der möglichen Konformationen führt zu stark negativen Aktivierungsentropien.

Die sterische Hinderung infolge der α- oder β-Substitution ist bei der SN2-Reaktion sehr ausgeprägt und — wie die Zahlenwerte der Tabelle 4.34 belegen — der Hauptgrund für die Abnahme der SN2-Reaktivität mit steigender Substitution.

Daß auch andere Substituenten in β-Stellung die SN2-Reaktivität herabsetzen, zeigt Tabelle 4.36 (vgl. auch die E_S-Werte in Tabelle 2.49). Während der durch die relativ großen Gruppen Phenyl-, Methoxy-, Phenoxy- hervorgerufene Reaktivitätsabfall plausibel ist, setzt der Wert für β-Fluor in Erstaunen, da das Fluoratom nur wenig größer ist als ein Wasserstoffatom. Eine exakte Begründung für den Einfluß von β-Halogenatomen kann bisher nicht gegeben werden. Möglicherweise wird die Annäherung des ionischen Reaktionspartners durch einen Feldeffekt des Halogenatoms erschwert.

Die reaktionsfördernde Wirkung der Äthylthio-, der Phenylthio- und der Sulfoxidgruppe wird im Abschnitt „Nachbargruppenwirkung" behandelt.

Tabelle 4.36
Einfluß von β-Substituenten in $R-CH_2-CH_2-X$ auf die SN2-Reaktivität (Relativgeschwindigkeiten $CH_3-CH_2-X = 1$)

Nr.	R	$R-CH_2-CH_2-Cl$			$R-CH_2-CH_2-Br$
		$AcO^{\ominus}$, 120 °C 25% Aceton[1])	KJ, 25 °C Aceton[2])	20 M H_2O in Dioxan, 100 °C [3])	$PhS^{\ominus}$, 25 °C MeOH [4])
1	H	1,00	1,00	1,00	1,00
2	Me	0,63	(0,44)	0,48	0,66
3	Et	0,44	0,55	0,60	0,39
4	Ph	0,36	(0,48)		
5	F				0,19
6	Cl				0,21
7	Br				0,19[7])
8	MeO	0,12[5])			
9	PhO	0,04[6])	(0,12)	0,56	
10	EtS			1 700	
11	PhS		0,43	53	
12	PhSO		1,48		
13	PhSO$_2$		0,21	0,84	

[1]) Vgl. [1] S. 174.
[2]) BORDWELL, F. G., u. W. T. BRANNEN: J. Amer. chem. Soc. 86, 4645 (1964); in Klammern: bei 50 °C.
[3]) BÖHME, H., u. K. SELL: Chem. Ber. 81, 123 (1948). Wert für R = H geschätzt (aus n-Butylchlorid).
[4]) HINE, J., u. W. H. BRADER: J. Amer. chem. Soc. 75, 3964 (1953).
[5]) In Wasser; OKAMOTO, K., T. KITA, K. ARAKI u. H. SHINGU: Bull. chem. Soc. Japan 40, 1913 (1967).
[6]) In 50%igem Äthanol; l. c. [5]).
[7]) pro Bromatom (statistisch korrigiert)

Eine Substitution in größerer Entfernung vom Reaktionszentrum ergibt keine zusätzliche sterische Hinderung, die Verbindungen haben etwa die gleiche Reaktivität wie die entsprechenden n-Propylverbindungen, vgl. die Zusammenstellung in [1].

Auf die Reaktivität von Cycloalkylverbindungen verschiedener Ringgröße wird im Abschnitt 6.3.1. kurz eingegangen.

Bei der SN1-Reaktion bringt der geschwindigkeitsbestimmende Reaktionsschritt — Dissoziation zum Carbeniumion — keine besonderen sterischen Anforderungen mit sich, sondern im Gegenteil einen Verlust an „sterischer Spannung": Da aus dem Tetraeder der Ausgangsverbindung eine ebene, trigonale Zwischenstufe entsteht, ver-

[1] OKAMOTO, K., T. KITA u. H. SHINGU: Bull. chem. Soc. Japan 40, 1908 (1967).

größert sich der Bindungswinkel von etwa 110° auf 120°, d. h., die am Kohlenstoffatom gebundenen Substituenten rücken im Carbeniumion weiter auseinander. Wenn am Reaktionszentrum mehrere sehr voluminöse Substituenten gebunden sind, kann die Bildung eines Carbeniumions deshalb sterisch beschleunigt sein; allerdings weicht die weitere Reaktion meist in eine Umlagerung oder Eliminierung aus, da der SN1-Verlauf (Aufnahme eines Nucleophils Y im zweiten, schnellen Schritt) die ungünstigen sterischen Verhältnisse wiederherstellen würde. Beispiele für derartige sterische Beschleunigungen werden im nächsten Kapitel behandelt.

Tabelle 4.37
Nucleophile Substitution und sterische Hinderung.
Lösungsmitteleinfluß auf die relativen Reaktionsgeschwindigkeiten von Alkylbromiden[1])

Reaktionsbedingungen	Methyl	Äthyl	i-Propyl	i-Butyl	neo-Pentyl
EtO$^\ominus$/EtOH (55°C)	17,6	1	0,28	0,030	0,0000042
EtOH/Wasser 50/50 (95°C)	2,03	1	0,58	0,080	0,0064
AgNO$_3$/EtOH/Wasser 70/30 (64°C)	0,81	1	0,55	0,084	0,013
feuchte HCOOH (95°C)	0,64	1	0,69	–	0,57

[1]) DOSTROVSKY, I., u. E. D. HUGHES: J. chem. Soc. [London] 1946, 166, 169, 171; DOSTROVSKY, I., E. D. HUGHES u. C. K. INGOLD: J. chem. Soc. [London] 1946, 173; vgl. WINSTEIN, S., u. H. MARSHALL: J. Amer. chem. Soc. 74, 1120 (1952).

Man wird umgekehrt bei sterisch gehinderten Systemen nach Möglichkeit Reaktionsbedingungen wählen, die den SN1-Typ erleichtern. Die Beispiele der Tabelle 4.37 zeigen, daß die sterisch stark gehinderte SN2-Reaktion mit Äthylat/Äthanol sehr große Geschwindigkeitsunterschiede zwischen Methylbromid und neo-Pentylbromid ergibt. Wenn die Solvatationskraft des Lösungsmittels erhöht und damit der Übergangszustand in Richtung der SN1-Reaktion verschoben wird, nivellieren sich die Reaktionsgeschwindigkeiten der einzelnen Systeme, und das in der SN2-Reaktion äußerst stark sterisch gehinderte neo-Pentylbromid reagiert in Ameisensäure ebenso schnell wie die anderen Verbindungen. Das intermediäre Carbeniumion hat allerdings sein eigenes, vom Reagens im wesentlichen unabhängiges Schicksal, und man erhält Produkte, die aus WAGNER-MEERWEIN-Umlagerungen herrühren (vgl. Kap. 8.).

Die für die SN1- und die SN2-Reaktion diskutierten elektronischen und sterischen Verhältnisse bestimmen auch den Verlauf von Ringöffnungsreaktionen an 1.2-Epoxiden (Äthylenoxiden) [1] und ähnlichen Verbindungen (Äthyleniminen, Episulfiden).
Im neutralen oder alkalischen Bereich greift das nucleophile Reagens Y im Sinne einer SN2-Reaktion bevorzugt das weniger substituierte Kohlenstoffatom des Heteroringes an, das heißt den Ort der geringeren sterischen Hinderung durch α-Substituenten („normale Reaktion"); vgl. (4.38)). Die „anomale" Substitution am stärker substituierten Kohlenstoffatom läuft meistens

[1] Sammelreferat: PARKER, R. E., u. N. S. ISAACS: Chem. Reviews 59, 737 (1959).

nur in ganz untergeordnetem Maße ab (bei der Reaktion von Propylenoxid mit $RO^\ominus$ z. B. nur zu etwa 2%).

$$R-CH-CH_2 \xrightarrow[H_2O]{a} R-CH-CH_2-Y \quad \text{normale Reaktion}$$
$$ \overset{|}{OH}$$
$$\xrightarrow[H_2O]{b} R-CH-CH_2OH \quad \text{anomale Reaktion}$$
$$ \overset{|}{Y}$$

(4.38)

An kernsubstituierten Styroloxiden konnte die Reaktionskonstante der beiden Konkurrenzwege für die Reaktion mit Benzylamin bestimmt werden [1]: normale Reaktion $\varrho = +0{,}87$; anomale Reaktion $\varrho = -1{,}15$. Der ϱ-Wert für die normale Reaktion entspricht ganz dem für SN2-Reaktionen typischen Wert, während der ϱ-Wert der anomalen Reaktion einen Grenzgebietsfall anzeigt (vgl. die Verhältnisse am Benzylsystem S. 163 und Bild 4.24). Ein SN1-Verlauf der anomalen Reaktion ist dagegen ausgeschlossen, da beide Konkurrenzreaktionen strikt bimolekular sind.

Die Verhältnisse sind tatsächlich komplizierter als in (4.38) formuliert, weil auch das Lösungsmittel (Wasser) als Nucleophil wirkt und in Konkurrenz mit dem Nucleophil Y tritt, so daß außerdem das betreffende 1.2-Diol (substituiertes Glykol) entsteht; die normale bzw. anomale Reaktion führen hier natürlich zum gleichen Produkt. Das Ausmaß dieser Konkurrenzreaktion wird von der Nucleophilie von Y bestimmt (vgl. Abschn. 4.10.).

Entsprechend dem SN2-Verlauf sind derartige Ringöffnungen streng stereoselektiv[1]) und ergeben trans-Produkte (trans bezüglich der Gruppen Y und OH) [2].

So liefert die Reaktion von trans-2.3-Epoxy-butan mit Ammoniak ausschließlich erythro-2-Amino-3-hydroxy-butan [3]:

(4.39)

Analog gehen Epoxide von Cyclohexanderivaten in trans-1.2-disubstituierte Cyclohexane über.

Im sauren Medium werden Epoxide in einem vorgelagerten Gleichgewicht zunächst protoniert. Dadurch steigt die Nucleofugie des Sauerstoffs, das heißt die Ringspaltungstendenz, stark an. So wird Äthylenoxid in Salzsäure etwa 10^4mal schneller zum β-Chloräthanol gespalten als durch Chloridionen in neutraler wäßriger Lösung [4].

Im Gegensatz zum SN2-Verlauf ist bei unsymmetrischen Epoxiden die Spaltung der Bindung zum stärker substituierten Kohlenstoffatom bevorzugt, weil das im Extremfall entstehende Carbeniumion von diesem besser stabilisiert werden kann (vgl. (4.40)).

[1] LAIRD, R. M., u. R. E. PARKER: J. Amer. chem. Soc. 83, 4277 (1961).
[2] Zusammenfassung über die Stereochemie der Epoxid-Ringöffnung: ACHREM, A. A., A. M. MOISEENKOV u. V. N. DOBRYNIN: Usp. Chim. 37, 1025 (1968).
[3] Vgl. [1] S. 176.
[4] Zusammenfassung der kinetischen Verhältnisse: FROST, A. A., u. R. G. PEARSON: Kinetik und Mechanismen homogener chemischer Reaktionen, Verlag Chemie GmbH, Weinheim/Bergstr. 1964, Kap. 12.

[1]) Das gilt nur, wenn keine konfigurationserhaltenden Nachbargruppen, z. B. Phenylgruppen, anwesend sind.

Das SN1-Gebiet wird indessen normalerweise nicht voll erreicht, sondern die Mithilfe des Nucleophils Y ist bei der Ringspaltung nötig (bimolekulare Reaktion einer protonierten Zwischenstufe: „A2-Reaktion"). Der Übergangszustand ist jedoch stark unsymmetrisch, wodurch die Reaktionsrichtung bestimmt wird. Infolge des A2-Charakters verlaufen andererseits auch sauer katalysierte Ringöffnungen von Epoxiden häufig stereoselektiv und liefern die trans-Verbindungen.[1])

Die Zusammenhänge zwischen Kinetik und Mechanismus sind bei der sauer katalysierten Ringöffnung von Epoxiden sehr kompliziert, worauf hier nicht eingegangen werden kann [1].

Bei den Episulfiden lassen sich kationische Zwischenprodukte isolieren (Alkyl-epi-Sulfoniumverbindungen, Thiiraniumionen), so daß hier die zweite Stufe des A2-Mechanismus für sich untersucht werden kann [2].

$$\text{R--CH--CH}_2 + \text{H--X} \underset{}{\overset{\text{schnell}}{\rightleftharpoons}} \text{R--CH--CH}_2 \leftrightarrow \text{R--}\overset{\oplus}{\text{CH}}\text{--CH}_2 \equiv \text{R--CH--CH}_2$$

$$\text{X}^{\ominus} \;\; \text{R--CH--CH}_2 \xrightarrow{\text{langsam}} \text{R--CH--CH}_2\text{OH} \quad \text{A2-Verlauf}$$

(4.40)

4.7.2. Nachbargruppeneffekte[2]) [3]

Eine nucleophile Gruppe Z innerhalb des Moleküls in geeigneter Entfernung vom Reaktionszentrum kann durch einen Elektronenschub die Ablösung des Substituenten X begünstigen und die nucleophile Wirkung des Lösungsmittels bzw. des äußeren Reaktionspartners Y zeitweilig stellvertretend übernehmen (vgl. (4.23)). Intermediär

---

[1] Vgl. [1] S. 175; BUNNETT, J. F.: J. Amer. chem. Soc. 83, 4978 (1961) (H_0-Funktion); BUNTON, C. A., u. V. J. SHINER: J. Amer. chem. Soc. 83, 3207 (1961); SWAIN, C. G., u. E. R. THORNTON: J. Amer. chem. Soc. 83, 3890 (1961) (Lösungsmittelisotopeneffekte); KOSKIKALLIO, J., u. E. WHALLEY: Trans. Faraday Soc. 55, 815 (1959); LE NOBLE, W. J., u. M. DUFFY: J. physic. Chem. 68, 619 (1964) (Einfluß des Druckes auf die Reaktionsgeschwindigkeit).
[2] MUELLER, W. H.: Angew. Chem. 81, 475 (1969).
Zusammenfassungen:
[3a] LWOWSKI, W.: Angew. Chem. 70, 483 (1958).
[3b] CAPON, B.: Quart. Rev. (Chem. Soc., London) 18, 45 (1964); Usp. chim. 35, 1062, 2020 (1966).
[3c] WINSTEIN, S.: Bull. Soc. chim. France 1951, C 55; Experimentia [Basel] Suppl. II, Birkhäuser Verlag, Basel 1955, S. 137.
[3d] GUNDERMANN, K.-D.: Angew. Chem. 75, 1194 (1963) (Nachbargruppeneffekte durch schwefelhaltige Gruppen).
[3e] Vgl. [1d] S. 137.

[1]) Vgl. Fußnote [1]) S. 176.
[2]) Englisch: neighboring group effect; anchimeric assistance; anchimeric participation.

wird auf diese Weise ein Ring zwischen dem Reaktionszentrum (C_α) und der nucleophil wirkenden „Nachbargruppe" Z gebildet:

$$\text{(4.41)}$$

5   6
Retention c_α, c_β Umlagerung und
(2×Inversion c_α)   Inversion c_α, c_β

$\dfrac{O}{C_\alpha}$ = WALDEN-Umkehr an c_α;   ~Z = Wanderung von Z

$$\text{(4.42)}$$

Das äußere nucleophile Reagens Y reagiert erst mit diesem monomolekular gebildeten Zwischenprodukt. Dieser Ablauf führt zu wichtigen Konsequenzen für die Stereochemie, für die Struktur der Reaktionsprodukte und für die Kinetik. Umgekehrt wird ein Nachbargruppeneffekt mit Hilfe der Stereochemie, der Struktur der Produkte und der Kinetik nachweisbar.

Als wichtige Nachbargruppen sind zu nennen: J, Br, Cl (allenfalls schwach wirksam), HO, RO, $O^\ominus$, OCOR, HS, RS, $S^\ominus$, NH_2, NHCOR, COOH ($COO^\ominus$), COOR, C=C von Olefinen und Aromaten.

Neben dieser durch Nachbargruppen unterstützten Reaktion läuft im allgemeinen die direkte nucleophile Substitution bzw. Solvolyse (4.42) als unabhängige Konkurrenzreaktion ab.

Konsequenzen für die Stereochemie

Das unsymmetrisch verbrückte Carbeniumion 2 kann durch das äußere Nucleophil Y an C_α nur von der „Vorderseite" her angegriffen werden, weil die Nachbargruppe die „Rückseite" kovalent abschirmt. Im Endprodukt 5 ist deshalb sowohl die Konfiguration an C_β (das im klassischen Sinne nicht in Reaktion tritt) als auch an C_α (durch den Nachbargruppeneffekt von Z) erhalten geblieben. Die nucleophile Wirkung der Gruppe Z kann bis zur Ausbildung einer ringförmigen Zwischenstufe 3

4.7.2. Nachbargruppeneffekte

gehen (symmetrisch verbrücktes Carbeniumion, in der angelsächsischen Literatur häufig als „synarthetic ion" bezeichnet). Im Gegensatz zum „kovalent solvatisierten" Carbeniumion 2 ist hier an C_α eine regelrechte Bindung geschlossen worden, und zwar im Sinne einer inneren SN2-Reaktion, wobei an C_α Inversion der Konfiguration (WALDEN-Umkehr) eintritt. Das äußere Nucleophil Y kann das Zwischenprodukt 3 entweder an C_α (Weg a) oder C_β (Weg b) angreifen. Unter erneuter WALDEN-Umkehr liefert Weg a das Produkt 5, das an C_α die gleiche Konfiguration wie das Ausgangsprodukt aufweist, weil zwei Inversionsschritte (2 $\xrightarrow{\text{o}}$ 3 und 3 $\xrightarrow{\text{o}}$ 4) natürlich insgesamt Retention ergeben müssen.

Der Angriff von Y entsprechend Weg b ergibt dagegen das strukturell umgelagerte Produkt 6, in dem außerdem sowohl an C_α (im Schritt 2 $\xrightarrow{\text{o}}$ 3) als auch an C_β (im Schritt 3 $\xrightarrow{\text{o}}$ 6) Inversion der Konfiguration eingetreten ist. Das gleiche Produkt 6 entsteht auch aus dem unsymmetrisch verbrückten, umgelagerten Carbeniumion 4. Wenn in einer durch Nachbargruppenwirkung unterstützten Reaktion sowohl Produkte vom Typ 5 (Retentionsprodukt) wie auch 6 (strukturell umgelagertes Produkt mit Inversion an C_α und C_β) auftreten, kann dies als Beweis für die symmetrisch verbrückte Zwischenstufe 3 gelten.

Die Retention der Konfiguration in den strukturell nicht umgelagerten Produkten (Weg 2 → 5 bzw. 3 → 5) ist ganz typisch und beweisend für die Nachbargruppenwirkung.

Ein klassisches Beispiel ist alkalische Verseifung von optisch aktiver α-Brompropionsäure (4.43). Mit verdünntem Alkali wird die Säure sehr schnell zum Säureanion deprotoniert, das dann monomolekular Bromid abspaltet. Das im langsamsten Schritt entstandene Carbeniumion 2, dessen Konfiguration durch die Wechselwirkung mit dem Carboxylat-Sauerstoffatom festgehalten wird [1], reagiert dann schnell mit Lauge unter Vorderseitenangriff zu Milchsäure mit erhaltener Konfiguration. Als Zwischenprodukt wird auch ein Dreiringlacton (Propiolacton) 3 diskutiert [2], das unter Inversion langsam gebildet und ebenfalls unter Inversion schnell durch $HO^\ominus$ angegriffen wird, so daß insgesamt ebenfalls Retention resultiert.

Mit starker Lauge wird die Nachbargruppenwirkung überspielt; die $OH^\ominus$-Ionen greifen nach SN2 an der C—Br-Bindung an, und es entsteht Milchsäure unter Inversion der Konfiguration.

(4.43)

---

[1] COWDREY, W. A., E. D. HUGHES u. C. K. INGOLD: J. chem. Soc. [London] **1937**, 1208.
[2a] WINSTEIN, S., u. Mitarb.: J. Amer. chem. Soc. **61**, 1576, 1635 (1939).
[2b] LANE, C. F., u. H. W. HEINE: J. Amer. chem. Soc. **73**, 1348 (1951); CHAPMAN, O. L., u. Mitarb.: J. Amer. chem. Soc. **94**, 1365) 1972).

Die Reaktion ohne Beteiligung der Nachbargruppe wurde bereits in (4.42) allgemein formuliert. Sie stellt je nach der Nucleophilie des Lösungsmittels bzw. äußeren Reaktionspartners eine mehr oder weniger stark ins Gewicht fallende Konkurrenzreaktion zur Nachbargruppenwirkung dar und ist bei primären bzw. sekundären Verbindungen normalerweise mit Inversion, bei tertiären mit Racemisierung verknüpft.

Infolge dieser Konkurrenz zur Solvolyse sind Nachbargruppeneffekte um so besser zu beobachten, je weniger nucleophil das Lösungsmittel ist, z. B. in der Reihe abfallender Nucleophilie $EtOH > CH_3COOH > HCOOH > CF_3COOH$ [1].

Die stereochemischen Kriterien sind natürlich nur dann vorhanden, wenn $R^1 \neq R^2 \neq R^3 \neq R^4$ oder wenigstens $(R^1 = R^3) \neq (R^2 = R^4)$ (threo-Isomere) bzw. $(R^1 = R^4) \neq (R^2 = R^3)$ (erythro-Isomere) ist.

Die Verhältnisse bei den threo-erythro-Isomeren sind besonders interessant (4.44, 4.45): Natürlich muß die durch eine Nachbargruppe unterstützte Reaktion unter Retention der Konfiguration ablaufen, so daß aus den threo- bzw. erythro-Isomeren wiederum threo- bzw. erythro-Produkte entstehen.

Auch die Tatsache, daß das symmetrische verbrückte Ion an beiden Kohlenstoffatomen C_α bzw. C_β mit gleicher Wahrscheinlichkeit angegriffen werden kann, ändert daran nichts, wie man in den Formeln (4.44) bzw. (4.45) leicht erkennt.

Die Information über den Ablauf der Reaktion wird jedoch detaillierter, wenn man die beiden Diastereomeren in optisch aktiver Form einsetzt: Aus dem optisch aktiven threo-Isomeren entstehen die beiden Konkurrenzprodukte (entsprechend 5 bzw. 6 in (4.41)) unter Retention bzw. Inversion, so daß insgesamt ein racemisches Produkt erhalten wird, vgl. (4.45). Eine vollständige Racemisierung ist umgekehrt ein Beweis für eine symmetrische Zwischenstufe vom Typ (4.41, 3). Beim erythro-Isomeren ist das strukturell umgelagerte Produkt (entsprechend 6 in (4.42)) sterisch mit dem strukturell nicht umgelagerten Produkt (entsprechend 5 in (4.42)) identisch, und die optische Aktivität im entstandenen erythro-Produkt bleibt erhalten (vgl. (4.44)).

---

[1] NORDLANDER, J. E., u. W. G. DEADMAN: Tetrahedron Letters [London] **1967**, 4409; J. Amer. chem. Soc. **90**, 1590 (1968).

Da die Nachbargruppenwirkung eine Art innere SN2-Reaktion ist, muß ein linearer Übergangszustand besonders günstig für den Verlauf sein; die Nachbargruppe muß also relativ zum Substituenten X die anti-periplanare Lage einnehmen können, wie dies auch in (4.41,1) bzw. (4.44) und (4.45) gezeichnet wurde. In Cyclohexansystemen müssen entsprechend beide Substituenten axiale Konformation haben. Ein Beispiel ist weiter unten formuliert (4.48).

Konsequenzen für die Struktur der Produkte
Jede Nachbargruppenwirkung, die über ein symmetrisch verbrücktes Kation läuft, muß auch umgelagerte Produkte liefern. Das ist natürlich nur bei geeigneter Substitution beobachtbar, z. B. wenn R^1 oder R^2 von R^3 oder R^4 verschieden ist. Im Falle $R^1 = R^2 = R^3$ ist es immer möglich, eine strukturelle Umlagerung festzustellen, während dagegen kein stereochemisches Kriterium an C_β mehr existiert. Die Strukturumlagerung bei allen Substitutionstypen kann nachgewiesen werden, indem man an C_α oder C_β ^{14}C einbaut. Die Bildung einer symmetrischen Zwischenstufe (3 in 4.41) wird dann durch die Gleichverteilung des ^{14}C-Gehalts über C_α und C_β im Reaktionsprodukt bewiesen. Die Strukturumlagerung bei der Nachbargruppenwirkung leitet zu den Sextettumlagerungen hinüber, die in Kapitel 8. eingehender besprochen werden.

Konsequenzen für die Kinetik
Wie (4.41, 1) sinnfällig zeigt, muß der durch die Nachbargruppe Z auf die nucleofuge Gruppe X ausgeübte Elektronenschub zu einer Erhöhung der Reaktionsgeschwindigkeit gegenüber der reinen Solvolyse (4.42) führen. Das wird als „anchimere Unterstützung" bezeichnet. Sie beruht meist nicht auf einer kleineren Aktivierungsenthalpie, sondern auf einer weniger stark negativen Aktivierungsentropie, da kein Substituent unter Verminderung von Freiheitsgraden von außen herangebracht werden muß [1]. Die Gesamtgeschwindigkeit ist die Summe aus der Geschwindigkeit der reinen Solvolyse k_S und der Geschwindigkeit der anchimer unterstützten Reaktion k_Δ. Als Maß für die anchimere Beschleunigung kann man den Quotienten $k_\Delta/k_S = (k_{total}/k_S) - 1$ angeben. Die Schwierigkeit besteht darin, daß man die Geschwindigkeit der nicht durch Nachbargruppen beschleunigten Solvolyse nicht kennt. Diese läßt sich jedoch abschätzen, indem man eine gesamte Reaktionsserie kinetisch mißt, bei der Substituenten ohne Nachbargruppeneffekt, z. B. stark wirksame −I- und −M-Gruppen, dazu dienen, die Regressionsgerade nach HAMMETT oder TAFT festzulegen. Verbindungen mit wirksamen Nachbargruppen ergeben Geschwindigkeitskonstanten, die in diesem Diagramm oberhalb der Regressionsgerade liegen, weil die Wirkung der Nachbargruppen stärker ist als ihrem σ-Wert entspricht.[1] Die Verlängerung der Regressionsgerade liefert den reinen k_S-Wert auch für diese Substituenten [2].

Meistens gibt man jedoch einfacher die Relativgeschwindigkeit der anchimer unterstützten Reaktion an, bezogen auf die Grundverbindung, in der die Nachbargruppe

---

[1] LANCELOT, C. D., u. P. v. R. SCHLEYER: J. Amer. chem. Soc. **91**, 4291 (1969).
[2] SCHLEYER, P. v. R., u. Mitarb.: J.Amer. chem. Soc. **91**, 4291, 4294, 4296 (1969); KIM, C. J., u. H. C. BROWN: J. Amer. chem. Soc. **91**, 4289 (1969); STREITWIESER, A.: Chem. Reviews **56**, 694 (1956).

[1] Da die Beteiligung der Nachbargruppe eine Art Konjugation darstellt, erhält man dagegen meist gute Korrelationen gegen die σ^+-Werte [1].

durch ein Wasserstoffatom ersetzt ist. Hierbei können Fehler auftreten, wenn die Nachbargruppe außerdem einen starken Induktionseffekt besitzt oder sterische Effekte und Konformationseffekte ins Molekül bringt. In Tabelle 4.46 sind für eine Reihe von Nachbargruppen Relativgeschwindigkeiten (bezogen auf Y = H) für die Wirkung über einen Dreiring-Übergangszustand („Y-3") analog (4.41 bzw. 4.43) bzw. über einen Fünfring-Übergangszustand („Y-5") analog (4.48) zusammengestellt.

Tabelle 4.46
Nachbargruppenwirkung bei Solvolysen für Dreiring- bzw. Fünfring-Übergangszustände ($k_{Y-(CH_2)_n-X}/k_{H-(CH_2)_n-X}$)

Nachbargruppe Y		Lösungsmittel	Y-3		Y-5	Literatur
$^{\ominus}$O-	Cl	EtOH	5100		780	[1]
HO-	Cl	H_2O	0,043		1900	[2]
MeO-	OBs[3]	AcOH	0,28		657	[4]
Cl-	OTs[3]	CF_3COOH	10^{-4}		2,8	[5]
H_2N-	Br	H_2O	1000		10^6	[6]
PhS-	Cl	MeOH	540		3,1	[7]
HOOC-	Br	$H_2O/NaHCO_3$	0,33		3300	[8]
Phenyl	OTs[3]	HCOOH	2,1	(3040)	0,06	[9]
p-Methoxyphenyl	OBs[3]	HCOOH	70		0,5	[10]

[1] GRANT, C. H., u. C. N. HINSHELWOOD: J. chem. Soc. [London] 1933, 258; STEVENS, J. E., C. I. MCCABE u. J. C. WARNER: J. Amer. chem. Soc. 70, 2449 (1948); HEINE, H. W., u. W. SIEGFRIED: J. Amer. chem. Soc. 76, 489 (1954).
[2] LAUGHTON, P. M., u. R. E. ROBERTSON: Canad. J. Chem. 39, 2155 (1961).
[3] OBs = p-Brombenzolsulfonat; OTs = p-Toluolsulfonat
[4] WINSTEIN, S., E. ALLRED, R. HECK u. R. GLICK: Tetrahedron [London] 3, 1 (1958).
[5] Y-5 für erythro-2-Chlor-5-tosyloxy-hexan (besonders günstiger Fall); bei 5-Tosyloxy-1-chlorpentan keine Beschleunigung; PETERSON, P. E., R. J. BOPP, D. M. CHEVLI, E. L. CURRAN, D. E. DILLARD u. R. J. KAMAT: J. Amer. chem. Soc. 89, 5902 (1967).
[6] SALOMON, G.: Helv. chim. Acta 19, 743 (1936).
[7] BORDWELL, F. G., u. W. T. BRANNEN: J. Amer. chem. Soc. 86, 4645 (1964).
[8] Vgl. [2b] S. 179.
[9] WINSTEIN, S., u. Mitarb.: J. Amer. chem. Soc. 75, 147 (1953); 74, 1120 (1952); Wert für Y-3 in Klammern: In Trifluoressigsäure [1] S. 180.
[10] HECK, R., u. S. WINSTEIN: J. Amer. chem. Soc. 79, 3105 (1957).

Ob ein Dreiring- oder Fünfring-Übergangszustand bevorzugt ist, hängt von verschiedenen Faktoren ab:
Für die Bildung eines Dreiring-Übergangszustandes ist die Entropiebilanz günstig, die Enthalpiebilanz dagegen wegen der hohen Ringspannung ungünstig. Beim Fünfring-Übergangszustand liegen die Verhältnisse umgekehrt.
Die Werte der Tabelle 4.46 und weiteres Material [1] lassen erkennen, daß stark nucleophile, leicht polarisierbare Nachbargruppen, also „weiche" Substituenten, bevorzugt den Dreiring-Übergangszustand liefern. Diese Reaktion verläuft offenbar unter Frontorbitalkontrolle. Derartige Gruppen sind: Arylgruppen, besonders p-Methoxyphenyl und p-Hydroxyphenyl (bzw. das entsprechende Phenolat-Ion), Carbanionen, Thioäthergruppen, Brom und besonders Jod.
Im Gegensatz dazu bevorzugen „harte" Substituenten den Fünfring-Übergangszustand, z. B. Hydroxy (bzw. das entsprechende Anion), Alkoxy, Amino. Die

[1] STIRLING, C. J. M.: Angew. Chem. 80, 634 (1968); KNIPE, A. C., u. C. J. M. STIRLING: J. chem. Soc. [London] Sect. B 1968, 67; [3b] S. 177; vgl. [1] S. 174.

O$^{\ominus}$-Gruppe ist weicher als OH, so daß der Ringschluß von 2-Hydroxyäthylchlorid (Äthylenchlorhydrin) zum Äthylenoxid nur im alkalischen Bereich gelingt, während im neutralen oder sauren Gebiet überhaupt keine Nachbargruppenwirkung mehr vorhanden ist, die Hydrolyse also nicht über Äthylenoxid abläuft [1].

Von den Halogenen bilden lediglich Jod und Brom leicht Dreiring-Übergangszustände, während beim Chlor der große Induktionseffekt in Verbindung mit der größeren „Härte" zu viel geringeren Reaktionsgeschwindigkeiten führt, als der Grundkörper (H anstatt Cl) aufweist. 1.2-Nachbargruppenwirkungen des Chlors sind indessen möglich, wenn das Reaktionszentrum ein besonders hohes Elektronendefizit aufweist, z. B. bei elektrophilen Additionen an Olefine (vgl. Kap. 7.).

Ein beim Austausch von Y = H gegen die betreffende Nachbargruppe ins Spiel gebrachter —I-Effekt dieses Substituenten, der dem Nachbargruppeneffekt entgegenwirkt, kann in sehr eleganter Weise ausgeschaltet werden, indem man trans- und cis-1.2-disubstituierte Cyclohexane vergleicht: Ein Nachbargruppeneffekt tritt nur im trans-Derivat auf, während das cis-Derivat den um die Induktionswirkung korrigierten Wert der reinen Solvolyse liefert [2].

Auf diese Weise ließen sich die nachstehend aufgeführten Werte für die Nachbargruppenbeteiligung ermitteln ($k'_\Delta = k_{trans}/k_{cis}$).

k'_Δ	OTs / OCOCH$_3$	OTs / Cl	OTs / Br	OTs / J	Cl / SAr	OTs / NHCOPh	
	2300	≈1	383	$1{,}7\times10^6$	$10^6\cdots10^5$ [3]	9100 [4]	(4.47)

Für die ersten vier Verbindungen wurde willkürlich die allein wirksame diaxiale Form geschrieben, die natürlich erst in der Reaktion aus der diäquatorialen Form durch Sessel-Sessel-Konversion entstehen muß, bei der Benzamidoverbindung hingegen durch die Wirkung der tert.-Butylgruppe von vornherein vorliegt.

Die Acyloxyverbindung führt zu einem vollkommen symmetrischen Übergangszustand, wie das folgende ^{18}O-Experiment beweist (Gleichverteilung des ^{18}O-Gehaltes in den Reaktionsprodukten) [5]:

(4.48)

$*O = {}^{18}O$

---

[1] Vgl. [4] S. 176.
[2] WINSTEIN, S., u. Mitarb.: Amer. chem. Soc. 70, 816, 821 (1948).
[3] GOERING, H. L., u. K. L. HOWE: J. Amer. chem. Soc. 79, 6542 (1957).
[4] SICHER, J., M. TICHÝ, F. SIPOS u. M. PÁNKOVÁ: Collect. czechoslov. chem. Commun. 26, 2418 (1961).
[5] GASH, K. B., u. G. U. YUEN: J. org. Chemistry 31, 4234 (1966).

Bei der Solvolyse von β-Acylaminoverbindungen stellen die Zwischenprodukte der Nachbargruppenwirkung stabile Moleküle dar, die isoliert werden können (Oxazoliniumverbindungen) [1].

Es muß festgestellt werden, daß die Kinetik viel weniger empfindlich auf Nachbargruppeneffekte anspricht als die Stereochemie, z. B. bei COOH (vgl. Tabelle 4.46). In schwierigen Fällen kann der Einsatz eines sehr wenig nucleophilen Lösungsmittels (CF_3COOH) Aufklärung bringen (vgl. die Werte für die Phenylgruppe in Tab. 4.46).

Eine kleinere Reaktionskonstante als für eine SN1-Reaktion erwartet würde, ist ein Hinweis auf eine symmetrische Zwischenstufe (4.41, 3); allerdings ist bei dieser Feststellung Vorsicht am Platze.

Nachbargruppenwirkungen von π-Bindungen und sogar auch von σ-C−H-Bindungen spielen eine große Rolle in der Chemie der Bicyclo-[2.2.1]heptanderivate; wir werden hierauf im Kapitel 8. zurückkommen.

Nachbargruppenwirkungen sind auch durch den Ring von mittleren Ringen (C_8 bis C_{12}) hindurch leicht möglich („transanulare Reaktionen"; vgl. (4.23c)). Auf Einzelheiten kann hier nicht eingegangen werden [2].

Schließlich muß festgestellt werden, daß Nachbargruppenwirkungen nicht auf die in diesem Kapitel besprochenen Reaktionen beschränkt sind, sondern bei allen anderen Reaktionstypen auftreten.

4.8. Abspaltungstendenz des nucleofugen Substituenten und elektrophile Katalyse

Die Fähigkeit eines Substituenten X, unter Lösung der Bindung R−X die Bindungselektronen voll an sich zu ziehen (vgl. (4.1)), wird als Abspaltungstendenz bzw. Nucleofugie bezeichnet. Sie hängt ab von der Bindungsenergie, dem Elektronenzug des Substituenten, elektronischen und sterischen Effekten in R, von dem angewandten Lösungsmittel bzw. den elektrophilen Katalysatoren und beim SN2-Typ auch vom nucleophilen Einfluß des Reaktionspartners.

Infolge dieser vielfältigen Einflüsse ist es nicht möglich, absolute Abspaltungstendenzen zu definieren, sondern man muß sich mit relativen Werten begnügen, die auf einen bestimmten Substitutionstyp von R und ein bestimmtes Lösungsmittel bezogen und nur für diesen Bereich gültig sind. Das Lösungsmittel hat einen besonders großen Einfluß: In aprotonischen dipolaren Lösungsmitteln werden abgespaltene Substituenten unter anderem durch Dispersionswechselwirkungen, d. h. entsprechend ihrer Polarisierbarkeit bzw. ihrer „Weichheit" stabilisiert (vgl. Abschn. 4.5.2.). In protonischen Lösungsmitteln dagegen existiert die Möglichkeit, Wasserstoffbrücken

---

[1] POCKER, Y., J. chem. Soc. [London] **1959**, 2319.
[2] COPE, A. C., M. M. MARTIN u. M. A. MCKERVEY: Quart. Rev. (Chem. Soc., London) **20**, 119 (1966); PRELOG, V., Experientia [Basel], Suppl. VII, Birkhäuser Verlag, Basel 1957, S. 261; Angew. Chem. **70**, 145 (1958); SICHER, J., in: Progress in Stereochemistry, Vol. 3, Butterworths, London 1962, Kap. 6.

zum Substituenten X in R—X bzw. zum abgespaltenen Substituenten auszubilden. Die Tendenz hierfür steigt mit der „Härte" des Substituenten X an, also in der Reihe J < Br < Cl < F < OR [1]. Die unspezifische Stabilisierung über Polarisierbarkeitseffekte bleibt außerdem bestehen, so daß sich zwei gegenläufige Effekte überlagern.

Man erhält deshalb in aprotonischen Lösungsmitteln die erwartete, mit steigender Polarisierbarkeit des Substituenten ansteigende Abspaltungstendenz $F \ll Cl < Br < J$, in protonischen Lösungsmitteln dagegen häufig $F \ll Cl < J < Br$. Leicht polarisierbare, „weiche" Substituenten werden von protonischen Lösungsmitteln wenig beeinflußt. Beim Übergang von einem aprotonischen dipolaren zu einem protonischen Lösungsmittel verändern sich deshalb vor allem die relativen Abspaltungstendenzen der „harten" Substituenten. Das ist bei den Werten der Tabelle 4.49 zu beachten, in der relative Abspaltungstendenzen für einige Substituenten (bezogen auf Alkylchlorid) zusammengestellt sind.

Tabelle 4.49
Relative Abspaltungstendenzen von Substituenten in nucleophilen Substitutionen

CH_3-X

Lösungs-mittel	X						
	F	Cl	Br	$^{\oplus}OH_2$	J	OTs	$^{\oplus}SMe_2$
ROH [1])	10^{-3}	1	50	50 [3])	100	200	10^{-2}
DMF [1])		1	250		3 000	30	10^{-2}

X—⟨ ⟩—SO₂O—

Lösungs-mittel	X				
	NO_2	Br	H	CH_3	CH_3O
H_2O 50°C [2])	5,9	1,7	1	0,69	0,5 $\varrho = 0,90$

[1]) 25°C; [4] S. 156.
[2]) HEPPOLETTE, R. L., u. R. E. ROBERTSON: Canad. J. chem. 44, 677 (1966).
[3]) Werte aus anderen Quellen

Eine wesentliche Größe für die Abspaltungstendenz eines Substituenten scheint seine Polarisierbarkeit zu sein. Fluor ist deshalb trotz seiner großen Elektronegativität eine schlechte Abgangsgruppe. Im übrigen begünstigt natürlich ein hoher —I-Effekt des Substituenten seine Abspaltung. Das zeigen die Abspaltungstendenzen der Arylsulfonylgruppen, die im HAMMETT-Diagramm eine gute Korrelationsgerade mit der erwarteten positiven Reaktionskonstante ergeben. Einen Extremfall stellt die Trifluormethylsulfonylgruppe dar: Infolge des großen —I-Effekts der CF_3-Gruppe reagiert $CH_3CH_2OSO_2CF_3$ bei der Acetolyse (25°C) 30000mal schneller als Äthyltosylat [2].

[1] WEST, R., D. L. POWELL, L. S. WHATLEY, M. K. T. LEE u. P. v. R. SCHLEYER: J. Amer. chem. Soc. **84**, 3221 (1962).
[2] STREITWIESER, A., C. L. WILKINS u. E. KIEHLMANN: J. Amer. chem. Soc. **90**, 1598 (1968).

Aus dem gleichen Grunde sind kationische Substituenten, wie z. B. $^{\oplus}OH_2$, $^{\oplus}OHR$, $^{\oplus}SR_2$, $^{\oplus}NR_3$, viel leichter abspaltbar als die entsprechenden neutralen Gruppen.

Eine weitere Möglichkeit zur inneren Stabilisierung des nucleofugen Substituenten ist die Umverteilung der beim abdissoziierten Substituenten verbleibenden Bindungselektronen durch konjugative Wechselwirkungen (Mesomerie). Aus diesem Grunde besitzen Sulfonylgruppen eine relativ hohe Abspaltungstendenz:

$$R-\underset{\underset{|\underline{O}|}{\|}}{\overset{\overset{|\underline{O}|}{\|}}{\underline{O}}}-S-Ar \xrightarrow{SOH} \overset{\oplus}{R} \underset{\underset{|\underline{O}|}{\|}}{\overset{\overset{|\underline{O}|}{\|}}{|\underline{\overset{\ominus}{O}}|}}-S-Ar \leftrightarrow \overset{\oplus}{R} \underset{\underset{|\underline{O}|}{}}{\overset{\overset{|\underline{\overset{\ominus}{O}}|}{|}}{\underline{O}}}=S-Ar \equiv \overset{\oplus}{R} \underset{\underset{O}{\downarrow}}{\overset{\overset{\ominus}{O}}{}}\cdots S-Ar \quad (4.50)$$

$$ROS + HO_3S-Ar$$

Mit der Elektronendelokalisierung ist auch eine Änderung der Hybridisierung des ursprünglich an das Reaktionszentrum gebundenen Sauerstoffatoms verbunden. Rehybridisierungsvorgänge können einen wichtigen Beitrag zur Triebkraft nucleophiler Substitutionen liefern, wie besonders eindrucksvoll an Verbindungen des Typs R—Hg—X gezeigt wurde [1].

Da nucleophile Substitutionen im Prinzip reversibel sind, kann der abgespaltene Substituent als Nucleophil in der Rückreaktion wirken. Seine Abspaltungstendenz sollte deshalb seiner Nucleophilie umgekehrt proportional sein. Das ist im allgemeinen auch der Fall [2].

Die Diazoniumgruppe ist deshalb eine der am leichtesten abspaltbaren Gruppen, denn der abgespaltene elementare Stickstoff hat eine äußerst geringe Nucleophilie. Allerdings wird auch bei dieser Gruppe in Lösung das klassische SN1-Gebiet nicht erreicht, sondern bei der Desaminierung von Diazoniumsalzen in Wasser ist dieses in den Übergangszustand verwickelt [3].

Umgekehrt ist es nicht möglich, die Hydroxyl- oder Alkoxygruppe als Anion $HO^{\ominus}$ bzw. $RO^{\ominus}$ in einer SN1- oder SN2-Reaktion abzuspalten, denn diese Gruppen haben eine sehr große Nucleophilie (vgl. Abschn. 4.9.2.), so daß die Kombinationsreaktion um viele Zehnerpotenzen überwiegt. Alkohole können deshalb nur in saurer Lösung in Ester anorganischer Säuren übergeführt bzw. Äther nur in saurer Lösung gespalten werden. Durch eine vorgelagerte Gleichgewichtsreaktion mit einer BRÖNSTED- oder LEWIS-Säure bildet sich ein Oxoniumion, dessen geladene Gruppe nunmehr eine wesentlich höhere Abspaltungstendenz aufweist und unter Umständen monomolekular reagieren und ein Carbeniumion liefern kann (SN1-/A1-Verlauf). In vielen Fällen reicht aber der Elektronenzug noch nicht aus, und die Reaktion bedarf der Mithilfe durch ein nucleophiles Reagens (SN2-/A2-Verlauf, vgl. (4.51))[1]. Jod-

---

[1] JENSEN, F. R., u. R. J. QUELLETTE: J. Amer. chem. Soc. **85**, 363 (1963).
[2] DAVIS, R. E.: J. Amer. chem. Soc. **87**, 3010 (1965).
[3] LEWIS, E. S., L. D. HARTUNG u. B. M. MCKAY: J. Amer. chem. Soc. **91**, 419 (1969) und weitere dort zitierte Arbeiten.

[1]) Der Mechanismus ist außerdem konzentrationsabhängig: Die Reaktion von aliphatischen primären, sekundären und tertiären Alkoholen mit HCl folgt bei kleinen HCl-Konzentrationen dem A1-, bei hohen Konzentrationen an HCl dagegen dem A2-Mechanismus: CVETKOVA, V. I., A. P. FIRSOV u. N. M. ČIRKOV: Ž. fiz. Chim. **34**, 2066 (1960). Zur Lösungsmittelabhängigkeit vgl. PAL'M, V. A., u. A. O. KYRGESAAR: Reakcionnaja Sposobnost' org. Soedinenij **1**, 157 (1964).

4.8. Abspaltungstendenz des nucleofugen Substituenten

wasserstoff ist deshalb ein besonders geeignetes Reagens zur Spaltung von Äthern: Durch die hohe Acidität wird ein relativ großer Anteil des nur schwach basischen Äthers (vgl. Tab. 2.70) in das Oxoniumion verwandelt, das andererseits besonders gut durch die stark nucleophilen Jodatome des Jodwasserstoffs angegriffen werden kann.

$$R-\overline{O}-H + H^{\oplus} \underset{\text{schnell}}{\overset{\text{schnell}}{\rightleftharpoons}} R-\overset{\oplus}{\underline{O}}\!\!<^{H}_{H} \quad K_{\text{Äqu}}$$

$$R-\overset{\oplus}{\underline{O}}\!\!<^{H}_{H} + HX \underset{\text{schnell}}{\overset{\text{langsam}}{\rightleftharpoons}} R^{\oplus} + H_2O \xrightarrow{\text{schnell}} R-X + H_3\overset{\oplus}{O} \quad (SN1/A1)$$

$$\xrightarrow{\text{langsam}} R-X + H_3\overset{\oplus}{O} \quad (SN2/A2)$$

$$R-\overline{O}-R + H^{\oplus} \rightleftharpoons R-\overset{\oplus}{\underline{O}}\!\!<^{H}_{R} \quad (4.51)$$

$$R-\overset{\oplus}{\underline{O}}\!\!<^{H}_{R} + H-X \rightleftharpoons R^{\oplus} + R-O-H \rightarrow R-X + R-\overset{\oplus}{O}H_2 \quad (SN1/A1)$$

$$\rightarrow R-X + R-\overset{\oplus}{O}H_2 \quad (SN2/A2)$$

Alkyl-aryl-äther werden in Schwefelsäure nach dem A1-Mechanismus gespalten, während sich bei Dialkyläthern gewöhnlich ein A2-Verlauf ergibt. Der Unterschied beruht auf der höheren Abspaltungstendenz des Phenols [1].

Ganz ähnlich sind z. B. $-C\equiv N$, $-OPh$ und Acyloxygruppen $-OCOR$ normalerweise nicht als Anionen abspaltbar, dagegen aber die elektronisch stark stabilisierten, sehr schwach basischen Sulfonyloxygruppen.

Die Katalyse der R—X-Spaltung durch elektrophile Stoffe steigt mit deren Säurestärke an, wie bereits im Abschnitt 4.5.1. erörtert wurde. Da Protonen „hart" sind, werden vor allem „harte" Substituenten durch Protonierung bzw. durch Bildung von Wasserstoffbrücken leichter abspaltbar, so besonders Fluor [2] und Sulfonyloxygruppen [3].

Bei den Estern von starken Säuren, in denen der Substituent X also nur sehr schwach basisch ist, sind wäßrige Säuren nicht brauchbar, weil in protonenhaltigen Lösungsmitteln die Reaktivität des Protons durch Solvatation herabgesetzt ist (wodurch es „weicher" wird). Die Reaktionsgeschwindigkeit ist deshalb proportional h_0 und nicht proportional der Wasserstoffionenkonzentration $[H^{\oplus}]$, was dahingehend interpretiert wird, daß im Übergangszustand der Reaktion kein Wassermolekül enthalten ist [2]. Bei intramolekularen elektrophilen Katalysen wurden erhebliche anchimere Beschleunigungen gefunden: trans-2-Bromcyclohexancarbonsäure reagiert in 80%igem Äthanol bei 62°C 570mal schneller als die cis-Verbindung [4]; ortho-Carboxy-benzylbromid wird in 80%igem Dioxan bei 71°C 87mal schneller verseift als die para-Carbonsäure [5] (vgl. auch Tab. 4.46).

---

[1] JAQUES, D., u. J. A. LEISTEN: J. chem. Soc. [London] **1961**, 4963; Zusammenfassung über Ätherspaltung: BURWELL, R. L.: Chem. Reviews, **54**, 615 (1954).
[2] SWAIN, C. G., u. R. E. T. SPALDING: J. Amer. chem. Soc. 82, 6104 (1960); vgl. BUNNETT, J. F.: J. Amer. chem. Soc. **83**, 4968 (1961).
[3] SMITH, S. G., A. H. FAINBERG u. S. WINSTEIN: J. Amer. chem. Soc. **83**, 618 (1961).
[4] VAUGHAN, W. R., R. CAPLE, J. CSAPILLA u. P. SCHEINER: J. Amer. chem. Soc. **87**, 2204 (1965).
[5] SINGH, A., L. J. ANDREWS u. R. M. KEEFER: J. Amer. chem. Soc. **84**, 1179 (1962).

Ähnlich wie Protonen können auch LEWIS-Säuren die Ablösung des Substituenten X in nucleophilen Substitutionen von R—X katalysieren. Der bekannteste Fall hierfür ist die FRIEDEL-CRAFTS-Reaktion. Die Wirkung der LEWIS-Säure kann vereinfachend wie folgt formuliert werden ($AlCl_3$ anstelle von Al_2Cl_6):

$$R-Cl + AlCl_3 \rightleftarrows \overset{\delta+}{R}\cdots\overset{\delta-}{Cl}\cdots AlCl_3 \rightleftarrows R^{\oplus}AlCl_4^{\ominus}. \qquad (4.52)$$

Es entstehen Ionenpaare (vgl. weiter unten), das heißt, die LEWIS-Säure hat eine sehr ausgeprägte Wirkung, die höher liegt als die von Wasser, Carbonsäuren oder Phenolen.

Für die Ionisierung von p-Tolyl-benzhydrylchlorid $p-CH_3C_6H_4-CPh_2Cl$ in Eisessig bei 20 °C wurden die folgenden Ionisierungskonstanten bestimmt [1]:

$SbCl_3$	$HgCl_2$	$BiCl_3$	$SnCl_4$	$FeCl_3$	$SbCl_5$
0,0083	0,021	0,088	7,55	238	437

(4.53a)

Eine analoge Reihenfolge ergab sich aus H/D-Austauschgeschwindigkeiten von Alkylchlorid/LEWIS-Säure-Komplexen in Nitrobenzol [2]:

$SnCl_4$	BF_3	$AlCl_3$	$FeCl_3$	$SbCl_5$
$\ll 1$	1	75	220	440

(4.53b)

Man erkennt klar, daß die ionisierenden Wirkungen gegenüber dem Alkylchlorid (relativ harter Substituent) mit der Härte der LEWIS-Säure ansteigt, vgl. z. B. $SbCl_3$ und $SbCl_5$. Das ebenfalls wirksame Silberion $Ag^{\oplus}$ wäre in der Reihe (4.53) etwa in der Gegend von $HgCl_2$ einzuordnen.

Die Verbindungen von Alkylhalogeniden und Aluminiumhalogeniden stellen 1:1-Komplexe dar [3], die offensichtlich als Ionenpaare vorliegen (vgl. (4.52)), denn der Komplex aus n-Propylbromid und Aluminiumbromid geht bereits bei −20 °C in den Isopropylbromidkomplex über, was für das Carbeniumion typisch ist. Ein Verlauf über eine Dehydrohalogenierung und erneute Addition von HBr in MARKOWNIKOW-Richtung wird dadurch ausgeschlossen, daß in Gegenwart von DBr kein Deuterium in das Produkt eingebaut wird [4]. Auch die Erfahrungen bei FRIEDEL-CRAFTS-Alkylierungen führen zum Schluß, daß in den Verbindungen aus Alkylhalogeniden und Aluminiumhalogeniden Ionenpaare vorliegen (vgl. Kap. 7.).

Obwohl Quecksilberchlorid nach (4.53) nur mäßig wirksam ist, geht die Reaktion mit Alkylchloriden offensichtlich ebenfalls bis zum Ionenpaar: Optisch aktives p-Chlorbenzhydrylchlorid wird in Aceton bei 25 °C in Gegenwart von 0,01 mol $HgCl_2$ etwa 60000mal schneller racemisiert als ohne den Zusatz. Die Racemisierung erfolgt in der Stufe des Ionenpaars, denn die innere Rückkehr (gemessen durch Austausch

---

[1] COTTER, J. L., u. A. G. EVANS: J. chem. Soc. [London] **1959**, 2988. Zusammenfassung über LEWIS-Acidität: SATCHELL, D. P. N., u. R. S. SATCHELL: Chem. Reviews **69**, 251 (1969); STONE, F. G. A.: Chem. Reviews **58**, 101 (1958) (Gasphase-Aciditäten).
[2] SETKINA, V. N., u. D. N. KURSANOV: Doklady Akad. Nauk SSSR **136**, 1345 (1961); vgl. auch [3e] S. 152.
[3] ADEMA, E. H., A. J. J. M. TEUNISSEN u. M. J. J. THOLEN: Recueil Trav. chim. Pays-Bas **85**, 377 (1966).
[4] DOUWES, H. S. A., u. E. C. KOOYMAN: Recueil Trav. chim. Pays-Bas **83**, 276 (1964); vgl. die analogen Ergebnisse an n-Propylchlorid: NASH, L. M., T. I. TAYLOR u. W. v. E. DOERING: J. Amer. chem. Soc. **71**, 1516 (1949).

von Radiochlorid) ergibt praktisch die gleiche Geschwindigkeitskonstante $k_{Rac}/k_{Austausch} = 1,5$, wenn man berücksichtigt, daß im gebildeten $Cl-HgCl_2^x$ ($Cl^x = {}^{37}Cl$) das Verhältnis von ${}^{37}Cl$ zum Gesamt-Chlorgehalt 3:2 ist [1].

Übereinstimmend damit wurde bei der Solvolyse von n-Propylbromid in 90%iger Ameisensäure in Gegenwart von HgO stets auch Isopropanol erhalten [2].

Ähnliche Ergebnisse wie mit Quecksilbersalzen erhielt man auch mit Silbersalzen [3].

Es muß hervorgehoben werden, daß $FeCl_3$, $SnCl_4$, $SbCl_5$ und $ZnCl_2$ auch in wäßriger Lösung wirksam sind [4], so daß sie auch als Katalysatoren für Verseifungsreaktionen von Trichlormethylverbindungen und Tetrachlorkohlenstoff eingesetzt werden können (Bildung von Carbonsäuren bzw. Kohlensäuredichlorid, $COCl_2$) [5]. Wie bereits S. 155 dargelegt wurde, nimmt der Übergangszustand einer nucleophilen Substitution um so mehr SN1-Charakter an, je größer die Abspaltungstendenz des Substituenten (gegebenenfalls in Verbindung mit elektrophiler Katalyse) ist. Da das Reaktionszentrum mit steigender Abspaltungstendenz positiver wird, sollte auch die SN2-Reaktion begünstigt werden, jedoch in viel geringerem Ausmaß als die SN1-Reaktion, weil bei der SN2-Reaktion die Nucleophilie des Reaktionspartners Y die ausschlaggebende Rolle spielt.

Umgekehrt sollten sich die Abspaltungstendenzen verschiedener Substituenten in typischen SN2-Reaktionen mehr oder weniger nivellieren. So stellt die p-Toluolsulfonylgruppe bei Solvolysen in protonischen Lösungsmitteln eine wesentlich bessere Abgangsgruppe als Br dar, während umgekehrt Br unter SN2-Bedingungen infolge seiner hohen Polarisierbarkeit reaktionsfähiger ist als die Tosylgruppe [6] (vgl. Tab. 4.49). Das Geschwindigkeitsverhältnis k_{ROTs}/k_{RBr} sollte also bei SN1-Reaktionen groß, bei SN2-Reaktionen ≈ 1 sein.

Man erhält damit die folgenden Kriterien für den SN2- bzw. SN1-Charakter bzw. für das Ausmaß der Ladungstrennung zwischen R und X im Übergangszustand von nucleophilen Substitutionen und Eliminierungen [7]:

	SN2	SN1	
k_{OTs}/k_{Br}	≈ 1	$\gg 1$	(4.54)
Einfluß des Nucleophils	stark	schwach	
Ausmaß der Ladungstrennung (Ionisierung)	klein	groß	

k_{OTs}/k_{Br}-Werte für einige Substrate und Reaktionen sind in Tabelle 4.55 zusammengestellt.

---

[1] LEDWITH, A., M. HOJO u. S. WINSTEIN: Proc. chem. Soc. [London] **1961**, 241; vgl. SATCHELL, R. S.: J. chem. Soc. [London] **1964**, 5464; **1963**, 5963.
[2] COE, J. S., u. V. GOLD: J. chem. Soc. [London] **1960**, 4940.
[3] HAMMOND, G. S., M. F. HAWTHORNE, J. H. WATERS u. B. M. GRAYBILL: J. Amer. chem. Soc. 82, 704 (1960); COLCLEUGH, D. W., u. E. A. MOELWYN-HUGHES: J. chem. Soc. [London] **1964**, 2542; POCKER, Y., u. D. N. KEVILL: J. Amer. chem. Soc. 87, 4778 (1965) und zitierte frühere Arbeiten; KEVILL, D. N., u. V. V. LIKHITE: Chem. Commun. **1967**, 247.
[4] JENNY, R.: C. R. hebd. Séances Acad. Sci. 250, 1659 (1960).
[5] HILL, M. E.: J. org. Chemistry 25, 1115 (1960).
[6] BISHOP, C. A., u. C. H. DEPUY: Chem. and Ind. **1959**, 297; DEPUY, C. H., u. C. A. BISHOP: J. Amer. chem. Soc. 82, 2532 (1960).
[7] HOFFMANN, H. M. R.: J. chem. Soc. [London] **1965**, 6753, 6762.

Tabelle 4.55
k_{OTs}/k_{Br}-Verhältnisse nucleophiler Substituenten[1])

R	p-CH$_3$C$_6$H$_4$S$^\ominus$ in EtOH, 25°C	Solvolyse EtOH, 50°C	Solvolyse HCOOH[2])
Me	0,36[3])	16	24
Et	0,40[3])	15	41
i-Bu			58
neo-Pentyl			90
i-Pr		73	360
sec.-Bu	2,3		
t-Bu		40000	
p-NO$_2$—C$_6$H$_4$CH$_2$	0,4[4])	20	
p-CH$_3$—C$_6$H$_4$CH$_2$		223	
PhCHCH$_3$		845	

[1]) Vgl. [1] S. 189.
[2]) k_{OTs} bei 75°C; k_{Br} bei 95°C
[3]) Bei 0°C
[4]) 40% DMF/60% EtOH

Bei der typischen SN2-Reaktion mit p-Thiokresolationen liegen die Werte sämtlich um eins; die Reaktion von p-Nitrobenzylbromid bzw. -tosylat befindet sich völlig im SN2-Gebiet, und auch im sek.-Butylsystem ist die Ladungstrennung im Übergangszustand nur ganz geringfügig erhöht.

Bei der Acetolyse und noch stärker bei der Formolyse ist der Übergangszustand der Tosylate in Richtung zum SN1-Typ verschoben, und die k_{OTs}/k_{Br} hängen empfindlich von der Struktur ab. In der Formolyse des Isopropylsystems liegt der Übergangszustand weiter in Richtung zum SN1-Fall als bei der Acetolyse, wenn auch die äußerste, durch den Wert für tert.-Butyl- gekennzeichnete Grenze nicht erreicht ist.

Die Acetolyse der beiden Benzylsysteme bestätigt die im Abschnitt 4.7.1. gemachten Feststellungen: Während p-Nitrobenzyl- im wesentlichen noch im SN2-Gebiet liegt, erhält man bei p-Methylbenzyl- bereits einen stark in Richtung SN1 verschobenen Übergangszustand.

Für einen schnellen Verlauf ist sowohl eine elektrophile als auch nucleophile Wirkung des Lösungsmittels günstig. Für die richtige Auswahl kann als Faustregel gelten, daß jeweils harte (weiche) Zentren von R—X mit harten (weichen) Bezirken des Lösungsmittels in Wechselwirkung treten müssen, um eine optimale Wirkung zu erhalten [1]:

$$\begin{array}{cccccccc}
H-A & R-X & H-A & & H-B & R-X & H-B & \\
\text{hart weich} & \text{weich hart} & \text{hart weich} & \text{bzw.} & \text{hart hart} & \text{hart hart} & \text{hart hart} & (4.56)\\
H-J & CH_3-O-R & H-J & & R-O-H & R_3C-O-Ts & H-OR &
\end{array}$$

---

[1] SAVILLE, R.: Angew. Chem. **79**, 966 (1967).

Verbindungen mit weichen Gruppen (Jodide, Alkylverbindungen der Übergangsmetalle) reagieren besonders gut in weichen (dipolaren aprotonischen) Lösungsmitteln, Verbindungen mit harten Gruppen (Alkohole, Äther, Fluoride, Chloride) dagegen besonders gut in harten Lösungsmitteln (Wasser, Alkohole, Carbonsäuren).

4.9. Einfluß des nucleophilen Reaktionspartners [1]

Nucleophile Substitutionen hängen vom nucleophilen Partner um so stärker ab, je „enger" der Übergangszustand der Reaktion ist. Bei der SN1-Reaktion ist die Dehnung der $R-X$-Bindung schon weit fortgeschritten, ehe das nucleophile Reagens nennenswert in Wechselwirkung mit dem zentralen Kohlenstoffatom tritt; der Übergangszustand ist „locker". Im Gegensatz dazu wird die Dehnung der $R-X$-Bindung bei der SN2-Reaktion durch die Wechselwirkung mit dem nucleophilen Reagens (durch dessen Elektronenschub) erzwungen; der Übergangszustand ist „eng" [2].

Ein lockerer Übergangszustand spricht demzufolge wenig empfindlich auf verschiedene Nucleophile an (geringe Selektivität gegenüber Nucleophilen), ein enger Übergangszustand besitzt dagegen hohe Selektivität.

Die Reaktivität eines Nucleophils, seine Nucleophilie, kann definiert werden als seine Fähigkeit, ein Elektronenpaar in eine Bindung zu einem elektrophilen Partner zu geben. Sie hängt von sterischen und elektronischen Faktoren ab. Die elektronischen Faktoren werden erheblich durch das Lösungsmittel beeinflußt, das häufig eine ausschlaggebende Rolle spielt. Die Nucleophilie stellt gewissermaßen den kinetischen Aspekt der Basizität gegenüber dem betreffenden Elektronenunterschußzentrum dar und ist unter gewissen Voraussetzungen (s. u.) der Basizität gegenüber Protonen proportional.

4.9.1. Elektronische Faktoren der Nucleophilie

Wir betrachten eine nucleophile Substitution mit einem „engen" Übergangszustand (SN2-Typ) in einem Lösungsmittel S:

$$S\cdots\overset{n}{N}\overset{\frown}{}C\overset{e}{\overset{\frown}{-}}X \tag{4.57}$$

---

[1] HUDSON, R. F.: Chimia [Basel] 16, 173 (1962), Usp. Chim. 35, 1448 (1966); BUNNETT, J. F.: Ann. Rev. physic. Chem. 14, 271 (1963); [3a—c] S. 152; [2] S. 156.
[2] THORNTON, E. R.: J. Amer. chem. Soc. 89, 2915 (1967); FRISONE, G. J., u. E. R. THORNTON: J. Amer. chem. Soc. 90, 1211 (1968).

Mit der Bildung des Übergangszustandes sind die folgenden Energieumsätze verknüpft:

a) Energiezufuhr zur partiellen Desolvatisierung des Nucleophils,

b) Energiezufuhr, um ein Elektron partiell aus der Valenzschale des Nucleophils zu entfernen,

c) Energiegewinn durch die Bildung einer partiellen Bindung zwischen dem Nucleophil und dem Elektrophil.

Die beiden ersten Faktoren („Kostenfaktoren") hängen vor allem von der Polarisierbarkeit des Nucleophils ab, der dritte Faktor („Einnahmefaktor") dagegen im wesentlichen von den elektrostatischen Wechselwirkungen und der thermodynamischen Affinität des Nucleophils zum Elektrophil, die eine Funktion seiner Basizität ist. Der Einnahmefaktor wird besonders groß, wenn nucleophiles und elektrophiles Zentrum hoch geladen sind und die Bindung im Übergangszustand schon sehr weitgehend gebildet werden kann (z. B. an einem sp^2-Kohlenstoffatom wie in C=O- oder C=C-Verbindungen). In diesem Fall werden die Kostenfaktoren überspielt, und die Reaktion hängt wenig von der Polarisierbarkeit des Nucleophils, stark dagegen von seiner Basizität ab: Die Reaktion ist ladungskontrolliert[1]. Leicht polarisierbare Nucleophile führen andererseits zu kleineren Bindungsenergien und reagieren bevorzugt mit leicht polarisierbaren elektrophilen Zentren (Frontorbitalkontrolle)[1] [1].

In dipolaren aprotonischen Lösungsmitteln sind Nucleophile nur unspezifisch solvatisiert, so daß der Energieaufwand für die Desolvatisierung verhältnismäßig klein ist. Bei ionischen Nucleophilen wird deshalb der Energiegewinn bei der Bindungsbildung entscheidend, und die unmittelbar gefundenen Geschwindigkeitskonstanten k für die Reaktion ionischer Nucleophile mit einem gegebenen Substrat in dipolaren Lösungsmitteln ergeben eine ähnliche Reihe wie ihre Basizitäten, z. B. in DMF [2]:

$$CN^\ominus > AcO^\ominus > F^\ominus > N_3^\ominus > Cl^\ominus > Br^\ominus > J^\ominus > SCN^\ominus \qquad (4.58)$$

Die Auftragung von lg k dieser Umsetzungen gegen die pK_A-Werte der betreffenden Nucleophile ergibt jedoch keineswegs eine Gerade, wie dies erwartet werden müßte, wenn die Basizität des Nucleophils allein bestimmend wäre.

Es zeigte sich, daß die Geschwindigkeitskonstanten außerdem auch vom Kation abhängen, mit dem das nucleophile Anion koordiniert ist. Die Ergebnisse für die Umsetzung von n-Butyl-p-brombenzolsulfonat mit Lithium- bzw. tetra-n-Butylammoniumhalogeniden in wasserfreiem Aceton zeigt Tabelle 4.59 [3].

Man erkennt, daß für die Ammoniumhalogenide eine relative Reaktivität $J^\ominus < Br^\ominus < Cl^\ominus$ herauskommt, für die Lithiumsalze dagegen $Cl^\ominus < Br^\ominus \approx J^\ominus$ (zweite Spalte in Tab. 4.59).

---

[1] Vgl. auch EDWARDS, J. O., u. R. G. PEARSON: J. Amer. chem. Soc. **84**, 16 (1962).
[2] COOK, D., I. P. EVANS, E. C. F. KO u. A. J. PARKER: J. chem. Soc. [London] Sect. B **1966**, 404 und dort zitierte weitere Literatur.
[3] WINSTEIN, S., L. G. SAVEDOFF, S. SMITH, I. D. R. STEVENS u. J. S. GALL: Tetrahedron Letters [London] **1960**, 24.

[1]) Zu diesem Begriff vgl. S. 113.

Tabelle 4.59
Nucleophilie von Halogenidionen in Abhängigkeit vom Dissoziationsgrad in dipolaren aprotonischen Lösungsmitteln. Reaktion mit n-Butyl-p-brombenzolsulfonat in wasserfreiem Aceton bei 25 °C[1])

$M^{\oplus}X^{\ominus}$	$k_{\text{rel}(M^{\oplus}X^{\ominus})}$	$10^4 K_D{}^2$)	$k'_{\text{rel}(X^{\ominus},\text{frei})}$
$(\text{n-Bu})_4 N^{\oplus} Cl^{\ominus}$	11,3	22,8	18
$Li^{\oplus} Cl^{\ominus}$		0,16	0,027	
$(\text{n-Bu})_4 N^{\oplus} Br^{\ominus}$	3,0	32,9	4
$Li^{\oplus} Br^{\ominus}$		0,92	5,22	
$(\text{n-Bu})_4 N^{\oplus} J^{\ominus}$	0,6	64,8	1
$Li^{\oplus} J^{\ominus}$		1	69	

[1]) Vgl. [3] S. 192.
[2]) Dissoziationskonstante

Dies beruht darauf, daß die einzelnen Salze im gegebenen Lösungsmittel unterschiedlich dissoziieren und daß nur dissoziierte Ionen, nicht dagegen Ionenpaare in der SN2-Reaktion wirksam sind [1].

Wenn man die Dissoziation der Ionenpaare berücksichtigt und die Konzentration der freien, solvatisierten Ionen zugrunde legt, erhält man für die Lithium- und die Tetrabutylammoniumhalogenide übereinstimmende k'_{rel}-Werte, die in der letzten Spalte der Tabelle 4.59 angegeben sind. Die Reihenfolge steigender Nucleophilie ist ganz klar der von $J^{\ominus}$ zu $Cl^{\ominus}$ steigenden Basizität analog, und die Auftragung lg k'_{rel} gegen pK_A ergibt eine Gerade.

Ganz ähnliche Ergebnisse wurden auch bei der Reaktion von Methyltosylat mit Lithiumhalogeniden in Dimethylformamid erhalten [2]. Da Dimethylformamid viel stärker polar ist als Aceton, ist hier der Anteil an freien Ionen bei allen Lithiumhalogeniden größer, und die beobachteten Reaktionsgeschwindigkeiten fallen in der Reihenfolge $Cl^- > Br^- > J^-$. Konstante k_{rel}-Werte erhält man natürlich auch hier erst unter Berücksichtigung der Konzentration an freien Ionen.

Wie die Dissoziationskonstanten in Tabelle 4.59 zeigen, steigt die Dissoziation der Halogenwasserstoffsalze sowohl mit der Polarisierbarkeit der Halogenidionen ($Cl^{\ominus} < Br^{\ominus} < J^{\ominus}$) als auch mit der Größe, d. h. Polarisierbarkeit des Kations an. Die Bildung der Ionenpaare ist elektrostatisch bedingt und um so weniger bevorzugt, je stärker polarisierbar die beiden Ionen sind, da deren Ladungen dann um so stärker im Ion selbst delokalisiert werden können (je „weicher" sie sind): LiCl < NaCl < KCl und LiF < LiCl < LiBr < LiJ. Lithiumchlorid liegt in Aceton überwiegend als Ionenpaar, Lithiumjodid dagegen überwiegend in Form solvatisierter Ionen $Li^{\oplus}$ und $J^{\ominus}$ vor [3].

[1] LICHTIN, N. N., u. K. N. RAO: J. Amer. chem. Soc. 83, 2417 (1961); SNEEN, R. A., u. F. R. ROLLE: J. Amer. chem. Soc. 91, 2140 (1969).
[2] WEAVER, W. M., u. J. D. HUTCHISON: J. Amer. chem. Soc. 86, 261 (1964).
[3] SAVEDOFF, L. G.: J. Amer. chem. Soc. 88, 664 (1966).

Das Lösungsmittel kann die Ionenpaare um so besser aufbrechen und freie, solvatisierte Ionen liefern, je stärker polar es ist.

Sofern man freie, solvatisierte Ionen von Nucleophilen in dipolaren aprotonischen Lösungsmitteln betrachtet, ist deren Nucleophilie ihrer Basizität streng proportional, und das Ergebnis nucleophiler Substitutionen läßt sich dahingehend voraussagen, daß die stärkere Base die schwächere verdrängt, z. B.

$$R-OSO_2Ar + KF \xrightarrow{\text{dipol. aprot. Lösungsmittel}} R-F + ArSO_3^{\ominus}K^{\oplus} \quad [1]$$

$$n\text{-Bu}-J + LiCl \xrightarrow{\text{DMF}} n\text{-Bu}-Cl + Li^{\oplus} + J^{\ominus}. \quad [2]$$

Die letzte Reaktion ist nur in dem hochpolaren Dimethylformamid erfolgreich durchführbar. In Aceton liegt Lithiumchlorid praktisch ausschließlich als nucleophil inaktives Ionenpaar vor, so daß hier nur die umgekehrte Reaktion abläuft [3].

Wenn der Anteil an freien solvatisierten Ionen nicht bekannt ist, läßt sich im allgemeinen keine Reihenfolge der (beobachteten) Nucleophilie voraussagen, da dann sowohl die Basizität wie auch die Polarisierbarkeit des Nucleophils in einem nicht bekannten Verhältnis in die Nucleophilie eingehen. Das gilt besonders in den schwächer dipolaren aprotonischen Lösungsmitteln.

Die Verhältnisse ändern sich drastisch, wenn man zu protonischen Lösungsmitteln übergeht. Hier existieren spezifische Wechselwirkungen zwischen dem Nucleophil und dem Solvens (Wasserstoffbrücken). Durch die Wasserstoffbrücke $^{\ominus}N \cdots H \cdots OR$ sinkt die effektive Ladung der ionischen Nucleophile stark und deshalb auch die bei der Bildung der Bindung $N-C$ effektiv gewinnbare Energie, da ein erheblicher Energieaufwand zur Desolvatisierung notwendig ist. Bei nucleophilen Reaktionen in protonischen Lösungsmitteln ist deshalb nicht mehr die Basizität, sondern die Polarisierbarkeit des Nucleophils entscheidend, und die für dipolare aprotonische Lösungsmittel gültige Reihenfolge (4.58) kehrt sich in protonischen Lösungsmitteln etwa um [4]:

$$S_2O_3^{2\ominus} \gg SCN^{\ominus} > CN^{\ominus} \approx J^{\ominus} > Br^{\ominus} \approx HO^{\ominus} > Cl^{\ominus} > F^{\ominus} \approx AcO^{\ominus}. \quad (4.60)$$

In protonischen Lösungsmitteln liegen im allgemeinen freie solvatisierte Ionen vor, und die Abstufung der Nucleophilie kommt in erster Linie dadurch zustande, daß die Wasserstoffbrücke zum nucleophilen Ion um so stabiler ist, je kleiner und je weniger polarisierbar, also je „härter" dieses ist. Das wirkt sich besonders stark auf $AcO^{\ominus}$, $F^{\ominus}$, $HO^{\ominus}$ und $Cl^{\ominus}$ aus, während die hochpolarisierbaren Anionen vom Wechsel des Lösungsmittels wenig beeinflußt werden.

Man kann die Bildung eines H-Brücken-Komplexes aus Nucleophil und protonischem Lösungsmittel auch als eine nucleophile Konkurrenzreaktion ansehen. Bei der Reaktion mit dem elektrophilen Substrat $R-X$ muß die Energie zur Verdrängung des konkurrierenden Elektrophils (ROH) zusätzlich aufgebracht werden, und die Aktivierungsenergie für die gewünschte Reaktion steigt an, d. h. die Reaktionsgeschwindigkeit sinkt entsprechend.

[1] SHAHAK, I., u. E. D. BERGMANN: Chem. and Ind. **1958**, 157; Chem. Commun. **1965**, 122.
[2] Vgl. [2] S. 193.
[3] CONANT, J. B., u. R. E. HUSSEY: J. Amer. chem. Soc. **47**, 476 (1925).
[4] LALOR, G. C., u. E. A. MOELWYN-HUGHES: J. chem. Soc. [London] **1965**, 2201; vgl. [2] S. 192.

4.9.1. Elektronische Faktoren der Nucleophilie

In Tabelle 4.61 sind Geschwindigkeitskonstanten für FINKELSTEIN-Austauschreaktionen in Aceton (dipolares aprotonisches Lösungsmittel) bzw. Wasser angeführt, die zeigen, welche großen Unterschiede sich in den beiden Lösungsmittelklassen ergeben. Die Werte für die Reaktion in Aceton sind zwar auf freie Ionen bezogen, jedoch infolge der hohen Reaktivität der Methylhalogenide mit einem verhältnismäßig großen Fehler behaftet. Die herauskommende Nucleophilie $Br^\ominus > J^\ominus$, die den in Tabelle 4.59 angegebenen Verhältnissen widerspricht, darf deshalb nicht überbewertet werden. Insgesamt liegen die Geschwindigkeitskonstanten der Reaktionen in Aceton viel höher als in Wasser, und zwar besonders ausgeprägt bei den „harten" Nucleophilen, deren Reaktivität in Wasser besonders stark durch Wasserstoffbrücken gesenkt ist. Die Reaktivitäten der einzelnen Halogenidionen sind aus dem gleichen Grund in Wasser stärker unterschiedlich als in Aceton; es ist deshalb richtiger von einer diskriminierenden Wirkung des Wassers zu sprechen als von einer nivellierenden Wirkung des aprotonischen dipolaren Lösungsmittels.

Tabelle 4.61
Geschwindigkeiten von FINKELSTEIN-Austauschreaktionen (25°C)[1]

Reaktion[2])	in Aceton $10^5 \, k_2$ (l/mol · s)	in Wasser $10^5 \, k_2$ (l/mol · s)	k_{Ac}/k_W
*$Cl^\ominus$ + R–Cl	140	0,055	2500
$Br^\ominus$ + R–Cl	340	1,7	200
$J^\ominus$ + R–Cl	160	2,0	80
$F^\ominus$ + R–Br	>34000	$4,6 \times 10^{-3}$	$>8 \times 10^6$
$Cl^\ominus$ + R–Br	59500	0,46	$1,3 \times 10^4$
*$Br^\ominus$ + R–Br	130000	—	—
$J^\ominus$ + R–Br	70000	70,2	1×10^3
$Cl^\ominus$ + R–J	470000	0,32	$1,5 \times 10^6$
$Br^\ominus$ + R–J	900000	4,4	$2,1 \times 10^5$
*$J^\ominus$ + R–J	800000	33,0	$2,5 \times 10^4$
$CN^\ominus$ + R–J	>100000[3])	2,3[4])	$5 \times 10^{4\,5}$)

[1]) PARKER, A. J.: J. chem. Soc. [London] **1961**, 1328; die Reaktionen in Aceton sind auf freie Ionen bezogen.
[2]) R = CH_3, *$Cl^\ominus$, *$Br^\ominus$, *$J^\ominus$: radioaktive Isotope
[3]) in Dimethylformamid bei 0°C
[4]) bei 0°C
[5]) Quotient: k_{DMF}/k_W

Die Reaktionsgeschwindigkeiten in dipolaren aprotonischen Lösungsmitteln sinken stark ab, wenn protonische Lösungsmittel zugesetzt werden, wobei bereits kleine Konzentrationen stark wirksam sind [1] (vgl. auch S. 158). Die Geschwindigkeit der Reaktion von Methyljodid mit Methylat in Methanol steigt umgekehrt bei Zusatz von Dioxan [2], DMF oder DMSO [3]. Bei neutralen Nucleophilen ergeben

[1] LEARY, J. A., u. M. KAHN: J. Amer. chem. Soc. **81**, 4173 (1959); CAVELL, E. A. S., u. Mitarb.: J. chem. Soc. [London] **1958**, 4217; **1960**, 1453; **1961**, 226.
[2] WIDEQVIST, S.: Ark. Kemi **9**, 475 (1956).
[3] MURTO, J.: Suomen Kemistilehti B **34**, 92 (1961).

sich keine großen Unterschiede der Reaktivität in protonischen bzw. dipolaren aprotonischen Lösungsmitteln, sofern die Dielektrizitätskonstante annähernd gleich ist [1].

4.9.2. Quantitative Beziehungen für die Nucleophilie

Infolge der komplizierten Einflüsse ist es nicht möglich, eine für alle Substrate und Lösungsmittel gültige Skala der Nucleophilie aufzustellen.

Für relativ beschränkte Bereiche können dagegen Freie-Energiebeziehungen der Nucleophilie nützlich sein. Die bisher aufgestellten Beziehungen gelten jedoch nur für protonische Lösungsmittel und berücksichtigen den Einfluß des Lösungsmittels generell ungenügend. In der SWAIN-SCOTT-Beziehung wird der Logarithmus der auf die Solvolyse in Wasser bezogenen relativen Geschwindigkeitskonstanten als Produkt eines Nucleophiliefaktors n und eines vom Substrat abhängigen Suszeptibilitätsfaktors s dargestellt [2]:

$$\lg (k_N/k_{H_2O}) = n \cdot s. \tag{4.62}$$

Als Bezugssubstanz dient Methylbromid, für dessen Reaktionen in Wasser bei 25 °C $s = 1,00$ gesetzt wird, so daß die Umsetzungen nucleophiler Stoffe mit Methylbromid direkt n-Werte liefern, die dann ihrerseits die s-Werte für andere Substrate zu ermitteln gestatten.

Eine Reihe von n-Werten sind in Tabelle 4.64 aufgeführt.

Die s-Werte für typische nach SN2 reagierende Substrate liegen bei Raumtemperatur nahe bei 1,0.

Die n-Werte lassen keine Parallele zu den Säure-Basen-Eigenschaften der Nucleophile erkennen, wie die in Tabelle 4.64 mit aufgeführten Werte für die Aciditäten der Nucleophile zeigen (H $\equiv pK_A + 1{,}74$). Der thermodynamische Aspekt tritt also für nucleophile Substitutionen am gesättigten Kohlenstoffatom zurück. Der Gültigkeitsbereich der SWAIN-SCOTT-Beziehung ist recht begrenzt.

EDWARDS stellte deshalb eine Vier-Parametergleichung auf, in der eine gewisse Verbindung zwischen thermodynamischen und kinetischen Einflüssen geschaffen wurde [3]:

$$\lg (k_N/k_{H_2O}) = \alpha E_N + \beta H = AP + BH. \tag{4.63}$$

Die Nucleophiliewerte E_N können aus dem Elektrodenpotential von oxydativen Dimerisierungsreaktionen experimentell ermittelt oder aus der relativen Polarisierbarkeit $P \equiv \lg (R_\infty/R_{H_2O})$ (R_∞ = Refraktion) und der auf das $H_3O^\oplus$-Ion bezogenen Basizität (H $\equiv pK_A + 1{,}74$) berechnet werden. Die Faktoren α und β bzw. A und B wurden durch die Methode der kleinsten Quadrate statistisch ermittelt. Für die nucleophile Substitution am gesättigten Kohlenstoffatom gelten $\alpha = 3{,}60$ und

---

[1] PARKER, A. J.: J. chem. Soc. [London] **1961**, 4398.
[2] SWAIN, C. G., u. C. B. SCOTT: J. Amer. chem. Soc. **75**, 141 (1953); Anwendung auf Amine: HALL, H. K.: J. org. Chemistry **29**, 3539 (1964).
[3] EDWARDS, J. O.: J. Amer. chem. Soc. **76**, 1540 (1954); **78**, 1819 (1956); [1] S. 192.

4.9.2. Quantitative Beziehungen für die Nucleophilie

Tabelle 4.64
Nucleophilieparameter und ihr Zusammenhang mit der Basizität bzw. Polarisierbarkeit

Reagens	H[1])	R[2])	E_N[3])	n[4])	lg $k_{rel\,(C=O)}$[5])
$F^\ominus$	4,9	2,6	−0,23[6])	2,0	4
H_2O (Standard)	0,0	3,67	0,00	0,00	0
$CH_3COO^\ominus$	6,46		0,95	2,72	3
Pyridin	7,40		1,20	3,60	6
$Cl^\ominus$	−3,0	9,0	1,21[6])	3,04	keine Reaktion
$PhO^\ominus$	11,74		1,46	−	9
$Br^\ominus$	−6,0	12,7	1,57[6])	3,89	keine Reaktion
$N_3^\ominus$	6,46		1,58	4,00	−
$HO^\ominus$	17,48	5,1	1,60[6])	4,20	10
$PhNH_2$	6,28		1,78	4,49	5
NH_3	11,22	5,61	1,84	−	8
$CN^\ominus$	10,88	8,66	2,01[6])	5,1[7])	8
$J^\ominus$	−9,00	19,2	2,02[6])	5,04	keine Reaktion
$S_2O_3^{2\ominus}$	3,60		2,52	6,36	4
$CH_3O^\ominus$	16,7	10,9	2,74[6,7])	−	−
$CH_3CH_2O^\ominus$	18,3	14,4	3,28[6,7])	5,86[7])	−

[1]) H = pK_A + 1,74
[2]) R = Refraktion
[3]) Vgl. [3]; S. 196.
[4]) Vgl. [2]; S. 196.
[5]) JENCKS, W. P. u. J. CARRIUOLO: J. Amer. chem. Soc. 82, 1778 (1960).
[6]) nach (4.63) berechneter Wert
[7]) Werte aus anderen Quellen

$\beta = 0,0624$, d. h. die Reaktion ist fast ausschließlich durch die Polarisierbarkeit bestimmt. Für den Fall $\beta = 0$ geht die EDWARDS-Beziehung formal in die SWAIN-SCOTT-Beziehung über. Sofern stets das gleiche nucleophile Zentrum vorliegt, liefert die EDWARDS-Beziehung oft gute Ergebnisse für Reaktionen in protonischen Lösungsmitteln [1].

Bei nucleophilen Substitutionen an ungesättigten Kohlenstoffatomen (sp^2-Kohlenstoffatom in aktivierten Aromaten oder Carbonylverbindungen) liegen die Verhältnisse insofern anders, als dabei kein Übergangszustand, sondern eine definierte Zwischenstufe durchlaufen wird (vgl. Kap. 6.):

$$Y^\ominus + =C{<}^X \underset{k_{-1}}{\overset{k_1}{\rightleftharpoons}} Y-C-X \overset{k_2}{\longrightarrow} =C{<}^Y + X^\ominus. \quad (4.65)$$

Die Reaktion k_2 ist im allgemeinen langsam, während k_{-1} oft einen großen Wert hat, so daß $k_{-1} \gg k_2$ werden kann und nach dem Stationaritätsprinzip (vgl. Abschn. 3.2.) für die spezifische Gesamtgeschwindigkeit k_{ges} gilt: $k_{ges} = (k_1/k_{-1}) \cdot k_2 = K_{Äqu} k_2$.

[1] DAVIS, R. E., in: Survey of Progress in Chemistry, Vol. 2, Academic Press, New York/London 1964, S. 189; DAVIS, R. E., u. Mitarb.: Tetrahedron Letters [London] **1966**, 5021; J. org. Chemistry **31**, 2702 (1966) und zahlreiche weitere Arbeiten.

Die Gesamtgeschwindigkeit hängt also von einer Gleichgewichtskonstanten $K_{\text{Äqu}}$ und einer Geschwindigkeitskonstanten k_2 ab. $K_{\text{Äqu}}$ ist ein Maß für die Affinität von $Y^\ominus$, das heißt auch für seine Basizität, die deshalb bei diesen Reaktionen einen viel größeren Einfluß ausübt als in nucleophilen Substitutionen am gesättigten Kohlenstoffatom. In der Tabelle 4.64 sind in der letzten Spalte einige Werte für $\lg k_{\text{rel}}$ der Reaktion von Essigsäure-p-nitro-phenylester mit Nucleophilen mit angeführt, die das unterstreichen: Man erkennt eine deutliche Parallele zur Basizität, während keine Übereinstimmung mit den E_N- bzw. n-Werten besteht. Von den Halogenidionen ist interessanterweise nur das am stärksten basische, das Fluoridion, imstande, die p-Nitrophenoxygruppe vom Carbonylkohlenstoffatom zu verdrängen, während die anderen Halogenidionen keine Reaktion eingehen.

Elektronische Einflüsse innerhalb eines Nucleophils, z. B. eines kernsubstituierten Phenolats oder Anilins können natürlich mit Hilfe der HAMMETT- oder TAFT-Beziehung untersucht werden. Von größerem Anwendungsbereich ist aber die BRÖNSTED-Beziehung

$$\lg k = \alpha p K_A + C. \tag{4.66}$$

Wenn das Reaktionszentrum gleich bleibt, werden die Einflüsse des Substrats und des Lösungsmittels innerhalb einer Reaktionsserie eliminiert, und die Geschwindigkeitskonstante der nucleophilen Substitution ist der Säure-Basen-Dissoziationskonstante des Nucleophils proportional [1]. Wenn man eine statistische Korrektur für die unterschiedliche Zahl von Wasserstoffatomen z. B. in primären, sekundären bzw. tertiären Aminen anbringt [2], können diese gemeinsam ausgewertet werden.

Der Faktor α, der der Reaktionskonstante in der HAMMETT-Beziehung vergleichbar ist (im vorliegenden Falle im Gegensatz zu dieser jedoch positives Vorzeichen besitzt) hat eine sehr wichtige Beziehung zur Struktur des Übergangszustandes: Für die typische SN2-Reaktion (ideal 50% Bindungsknüpfung im Übergangszustand) ist $\alpha \approx 0{,}3$ bis $0{,}5$. Für Reaktionen, in denen das Nucleophil im Übergangszustand bereits voll gebunden ist (Additions-Eliminierungsmechanismus, c) S. 139 ist $\alpha \approx 0{,}8$ bis $0{,}9$ (z. B. in Carbonylreaktionen) [3].

Weiterhin erhält man um so größere α-Werte, je aktiver das angreifende Nucleophil ist, wobei die Zunahme vor allem dann sehr deutlich ist, wenn ein lockerer Übergangszustand vorliegt und eine verstärkte Bindungsbildung eine erhebliche Änderung der Struktur des Übergangszustandes ergibt. Wenn dagegen die Bindungsbildung ohnehin nahezu vollständig ist, bringt die Erhöhung der Nucleophilie keinen nennenswerten Gewinn mehr. Für den reinen SN1-Typ muß natürlich gelten $\alpha \approx 0$.

4.9.3. Sterische Einflüsse auf die Nucleophilie

Da sich die Zahl der Liganden am Nucleophil im Verlauf der nucleophilen Substitution erhöht, können Front-Strain-Effekte auftreten.

[1] HUDSON, R. F.: Chim. e Ind. [Milano] **46**, 1177 (1964); [1] S. 191.
[2] BRÖNSTED, J. N.: Chem. Reviews **5**, 231 (1928).
[3] HUDSON, R. F., u. G. LOVEDAY: J. chem. Soc. [London] **1962**, 1068.

4.9.3. Sterische Einflüsse auf die Nucleophilie

In Tabelle 4.67 sind einige Angaben für die Quaternierung (MENSCHUTKIN-Reaktion) von Pyridinderivaten mit Alkyljodiden zusammengestellt, die dies unterstreichen. Da sich das Reaktionszentrum nicht ändert, sollte die Reaktivität der Pyridinderivate mit ihrer Basizität ansteigen (vgl. (4.66)). Die in Tabelle 4.67 mit angegebenen pK_A-Werte gelten für wäßrige Lösungen, können als Relativmaß jedoch auch für das als Lösungsmittel benutzte Nitrobenzol verwendet werden.

Man entnimmt der Tabelle, daß der Grundkörper Pyridin in der Reaktionsgeschwindigkeit nur vom 3-Picolin übertroffen wird, obwohl Pyridin der am schwächsten basische Stoff der ganzen Reihe ist. Die alkylsubstituierten Pyridine unterscheiden sich in ihrer Basizität nur unwesentlich, sehr erheblich dagegen in der Reaktionsgeschwindigkeit. Die Reaktion verläuft um so langsamer, je sperriger der in der Nähe des Pyridinstickstoffatoms gebundene Alkylrest gebaut ist, und 2.6-di(tert.Butyl)-pyridin reagiert mit Methyljodid überhaupt nicht mehr [1].

Tabelle 4.67
Geschwindigkeiten der Quaternierung von Pyridinderivaten mit Alkyljodiden in Nitrobenzol (25 °C)[1])

R	pK_A	Methyljodid $10^6\,k_2$ [2])	Äthyljodid $10^6\,k_2$ [2])	Isopropyljodid $10^6\,k_2$ [2])
H	5,23	343	18,3	0,941
2-Me	5,97	162	4,27	0,051
3-Me	5,68	712	40,0	
2-Et	5,97	76,4	1,95	
2-i-Pr	5,83	24,5	0,56	
2-t-Bu	5,76	0,08		

[1]) BROWN, H. C., u. A. CAHN: J. Amer. chem. Soc. 77, 1715 (1955).
[2]) l/mol·s

Im 3-Picolin ist die Methylgruppe so weit vom Reaktionszentrum entfernt, daß keine sterische Hinderung mehr auftritt und die durch den +I-Effekt der Methylgruppe erhöhte Basizität tatsächlich zu einer Erhöhung der Quaternierungsgeschwindigkeit führt. In Übereinstimmung damit ergeben 3- bzw. 4-substituierte Pyridine bei der Quaternierung mit Äthyljodid in Nitrobenzol bei 60°C eine einwandfreie HAMMETT-Korrelation ($\varrho = 2{,}94$) [2].

Wenn außerdem das Reaktionszentrum am Substrat schwerer zugänglich wird, wie in der Reihe vom Methyljodid zum Isopropyljodid, potenzieren sich die sterischen Effekte. Die Reihenfolge der Reaktionsgeschwindigkeiten innerhalb der Reaktionsserie bleibt dabei bestehen, die Spreizung der Werte ändert sich jedoch unter Umständen drastisch. Zahlenwerte für die relative Nucleophilie sollten deshalb nur für genau definierte Systeme angegeben werden, in denen die sterischen Verhältnisse konstant bleiben.

---

[1] BROWN, H. C., u. B. KANNER: J. Amer. chem. Soc. 88, 986 (1966).
[2] FISCHER, A., W. J. GALLOWAY u. J. VAUGHAN: J. chem. Soc. [London] 1964, 3596; vgl. COPPENS, G., F. DECLERCK, C. GILLET u. J. NASIELSKI: Bull. Soc. chim. Belges 72, 25 (1963).

4.10. Beziehungen zwischen Reaktionstyp und Endprodukten nucleophiler Substitutionen

Bei organisch-chemischen Reaktionen entstehen häufig mehrere Endprodukte nebeneinander.
Die theoretische organische Chemie gestattet es fast immer, alle auftretenden Endprodukte vorauszusagen. Es gelingt aber bisher kaum, die prozentuale Verteilung der Konkurrenzprodukte für die betreffende Reaktion bzw. für verschiedene Reaktionsbedingungen im voraus anzugeben.
Am einfachsten liegen die Verhältnisse bei Reaktionen, die über einen einfachen Übergangszustand führen, z. B. bei bimolekularen nucleophilen Substitutionen. Die miteinander um das Substrat konkurrierenden Reagenzien (z. B. Nucleophile) greifen im geschwindigkeitsbestimmenden Schritt an, und der Übergangszustand enthält das betreffende Reagens in eindeutiger Weise, so daß nur das Endprodukt oder in der Rückreaktion das Ausgangsprodukt entstehen kann. Die Gesamtgeschwindigkeit setzt sich aus den Teilgeschwindigkeiten der einzelnen Konkurrenzreaktionen zusammen [1]:

$$v_{ges} = v_A + v_B = k_A\,[A]\,[C] + k_B\,[B]\,[C]. \tag{4.68}$$

Die Zusammensetzung des Reaktionsproduktes ist also eindeutig durch die Reaktivitäten (k_i) und die Konzentrationen der konkurrierenden Reagenzien bestimmt. Sie kann deshalb auch mit Hilfe der Werte in Tabelle 4.64 abgeschätzt werden.
Die Beziehung (4.68) hat noch eine andere wichtige Bedeutung: Wenn ein Konkurrenzexperiment die nach (4.68) aus den Einzelreaktivitäten zu erwartende Zusammensetzung der Reaktionsprodukte ergibt, kann dies als Beweis dafür dienen, daß die Reaktion über einen einfachen Übergangszustand (Reaktionskoordinate wie Bild 3.19b) abläuft und kein Zwischenprodukt gebildet wird [2]. Die Beziehung (4.68) versagt dagegen, wenn im geschwindigkeitsbestimmenden Schritt ein Zwischenprodukt gebildet wird (monomolekulare Reaktionen, z. B. SN1-Reaktion), da hier die Reaktionsprodukte erst nach dem geschwindigkeitsbestimmenden Schritt entstehen und die Zwischenstufe eine andere Reaktivität gegenüber den konkurrierenden Reagenzien besitzt als die Ausgangsverbindung. Die Nichterfüllung der Beziehung (4.68) kann als sicherer Beweis für Reaktionen mit Zwischenstufe gewertet werden [2]. Diese Beweisführung wird in neuerer Zeit oft herangezogen, um Mechanismen mit einem energiereichen und deshalb anderweitig schwer faßbaren Zwischenprodukt aufzuklären (vgl. z. B. S. 237).
Bei nucleophilen Substitutionen vom SN1-Typ wird die Zusammensetzung des Reaktionsprodukts von zwei Faktoren bestimmt: Einerseits reagieren nucleophile Anionen leichter mit dem Carbeniumion als neutrale Nucleophile, wobei Reaktionsgeschwindigkeiten wie bei Reaktionen anorganischer Ionen erreicht werden können. Diese Bevorzugung ionischer Nucleophile ist der Grund dafür, daß Carbeniumionen

---

[1] OLSON, A. R., u. R. S. HALFORD: J. Amer. chem. Soc. **59**, 2644 (1937); BARTLETT, P. D.: J. Amer. chem. Soc. **61**, 1630 (1939).
[2] INGOLD, C. K., u. Mitarb.: J. chem. Soc. [London] **1938**, 881; **1940**, 353; **1943**, 255; HUISGEN, R.: Angew. Chem. **82**, 783 (1970).

in Solvolysereaktionen durch Zusatz von Azidionen usw. abgefangen werden können (vgl. S. 141).

Andererseits besitzen Carboniumionen eine hohe Energie, so daß die von unterschiedlichen nucleophilen Partnern repräsentierte Energie für die Bildung der Reaktionsprodukte nur wenig ins Gewicht fällt: Carbeniumionen „unterscheiden" wenig zwischen Partnern verschiedener Reaktivität; sie zeigen dabei eine um so geringere Selektivität, je energiereicher sie sind. Anders ausgedrückt spricht der Übergangszustand einer nucleophilen Substitution um so weniger empfindlich auf unterschiedliche Nucleophile an, je „lockerer" er ist. Die Selektivität nimmt deshalb von den typischen SN1-Reaktionen zu den typischen SN2-Reaktionen zu. Als Maß für die Selektivität kann die Relativgeschwindigkeit genommen werden, mit der ein Carbeniumion in einer Solvolyse das Lösungsmittel SOH bzw. ein zugesetztes Nucleophil $Y^{\ominus}$ angreift:

$$R-X \xrightarrow[k_t]{\text{langsam}} R^{\oplus} \xrightarrow{\substack{k_S[SOH] \\ k_Y[Y^{\ominus}]}} \begin{matrix} R-OS \\ R-Y \end{matrix}$$

Aus dem analytisch bestimmten Produktverhältnis ROS/RY, das der Relativgeschwindigkeit k_S [SOH]/k_Y [$Y^{\ominus}$] entspricht, kann die Relativgeschwindigkeit k_S/k_Y berechnet werden. Einige derartige Werte sind in Tabelle 4.69 zusammengestellt.

Tabelle 4.69
Selektivität von Carbeniumionen gegenüber Nucleophilen

R—Cl	$k_{N_3^{\ominus}}/k_{H_2O}$ [1])	$k_{Cl^{\ominus}}/k_{H_2O}$ [2])
Me$_3$C—Cl	14,5	180
Ph$_2$CH—Cl	61	600
Ph—CH—CH=CHCH$_3$ | Cl	210	
Me$_2$C—CH=CH$_2$ | Cl	390	
(CH$_3$—⟨⟩)$_2$CH—Cl	870	
Ph$_3$C—Cl	11 200	3 000
SN2-Reaktion nach SWAIN-SCOTT (Tab. 4.64)	~10 000	~1 000

[1]) Vgl. Tabelle 4.26, wo die Relativgeschwindigkeiten der Gesamtreaktion (k_t) zusammengestellt sind.
[2]) SWAIN, C. G., C. B. SCOTT u. K. H. LOHMANN: J. Amer. chem. Soc. 75, 136 (1953).

Zum Vergleich sind die entsprechenden Selektivitäten für typische SN2-Reaktionen angegeben, wie sie aus den SWAIN-SCOTT-Parametern (Tab. 4.64) nach lg ($k_{Y^{\ominus}}/k_{H_2O}$) = $s(n_Y - n_{H_2O})$ abgeschätzt werden können (für s wurde der Wert für CH$_3$Br, $s = 1$

eingesetzt). Das Triphenylmethylcarbeniumion ist bereits so energiearm, daß es wieder ähnliche Selektivitäten erreicht, wie in SN2-Reaktionen beobachtet werden (vgl. Fußnote [1]), S. 140).

Infolge der geringen Selektivität von Carbeniumionen tritt der im geschwindigkeitsbestimmenden Schritt von SN1-Reaktionen abgespaltene Substituent X in merkliche Konkurrenz mit dem nucleophilen Reagens Y, das heißt, die Rückreaktion kann — abgesehen von der Anfangsperiode der Reaktion — kinetisch nicht mehr vernachlässigt werden. Das Carbeniumion stellt in diesem Falle häufig ein stationäres Zwischenprodukt dar, und die Anwendung des Stationäritätsprinzips führt zu dem auf Seite 141 angegebenen komplizierteren Ausdruck, der für viele SN1-Reaktionen typisch ist.

Die unterschiedliche Selektivität bei SN1- bzw. SN2-Reaktionen läßt sich in der folgenden Regel zusammenfassen (N. KORNBLUM) [1]:

In der SN1-Reaktion reagiert das Carbeniumion bevorzugt mit dem Nucleophil, das die größte Elektronendichte aufweist; in der SN2-Reaktion reagiert bevorzugt das Nucleophil mit der größten Nucleophilie (das ist im allgemeinen der Stoff mit der geringeren Elektronendichte bzw. der größeren Polarisierbarkeit). Die Regel erweist sich als nützlich, um die Reaktionsprodukte von Anionen vorauszusagen, die zwei reaktionsfähige Stellen im Molekül aufweisen wie z. B. $CN^\ominus$, $SCN^\ominus$, $NO_2^\ominus$ usw. („bifunktionelle", „ambidente" oder „ambifunktionelle" Verbindungen) [2]. Als Beispiel wird die Umsetzung von Alkylhalogeniden mit Nitrit besprochen [3]:

$$R-J + \overline{O}=\underline{N}-\overline{O}|^\ominus \rightarrow R-NO_2 + (R-O-N=O) + J^\ominus. \tag{4.70}$$

In Anlehnung an das klassische Verfahren (V. MEYER) kann Silbernitrit eingesetzt werden, das in absolutem Äther bei tiefen Temperaturen vor allem mit primären Alkylhalogeniden gute Ausbeuten an Nitroalkanen neben wenig Alkylnitriten liefert. Die Reaktionsmischung ist heterogen; es darf allerdings angenommen werden, daß nur der geringe gelöste Anteil an Silbernitrit reagiert. Das Silberion wirkt als elektrophiler Katalysator, wodurch der Übergangszustand der Reaktion in Richtung zum SN1-Gebiet verschoben wird. Die Reaktion zeigt einen Substituenteneinfluß, wie er für SN1-Mechanismen typisch ist (Beschleunigung in der Reihe n-Butylchlorid — sek.-Butylchlorid — tert.-Butylchlorid: 1 : 4 : 1500) [1a].

Da andererseits optisch aktive sekundäre Alkylverbindungen unter Inversion, 1-Phenyläthylchlorid in Äther unter Retention reagieren (wobei der Äther in der im Abschn. 4.4. beschriebenen Weise konfigurationserhaltend wirkt), wird angenommen, daß der Übergangszustand im Grenzgebiet zwischen SN1- und SN2-Mechanismus liegt (push-pull-Mechanismus) [4] und je nach Reaktionsbedingungen und Substituenteneffekten im Substrat mehr oder weniger SN1- bzw. SN2-Anteil enthält. Entsprechend der oben angegebenen Regel muß bei überwiegendem SN2-Charakter das Zentrum der

---

[1a] KORNBLUM, N., R. A. SMILEY, R. K. BLACKWOOD. u D. C. IFFLAND: J. Amer. chem. Soc. **77**, 6269 (1955). SAGER, W. F., u. C. D. RITCHIE: J. Amer. chem. Soc. **83**, 3498 (1961) (Ableitung der Regel aus Freie-Energiebeziehungen).
[2] GOMPPER, R.: Angew. Chem. **76**, 412 (1964); ŠEVELEV, S. A.: Usp. Chim. **39**, 1773 (1970).
[3] KORNBLUM, N.: Org. Reactions **12**, 101 (1962).
[4] KORNBLUM, N., u. Mitarb.: J. Amer. chem. Soc. **88**, 1707, 1704 (1966); KORNBLUM, N., L. FISHBEIN u. R. A. SMILEY: J. Amer. chem. Soc. **77**, 6261 (1955).

größeren Polarisierbarkeit bzw. geringeren Elektronendichte im Nitrition, das heißt das Stickstoffatom, angegriffen werden, so daß überwiegend ein Nitroalkan entsteht. Umgekehrt muß bei überwiegendem SN1-Charakter vorzugsweise eine Isonitroverbindung (Salpetrigsäureester, Alkylnitrit) gebildet werden.

In Äther, das als schlecht solvatisierendes Lösungsmittel einen Carbeniummechanismus nicht begünstigt, liefern primäre Alkylhalogenide mit Silbernitrit überwiegend das SN2-Produkt (70 bis 80% Nitroalkane) neben etwa 10% SN1-Produkt (Alkylnitrite) [1]. Beim Übergang zu sekundären und tertiären Alkylhalogeniden wird der Übergangszustand durch die Substituenteneffekte der Alkylgruppen weiter in das SN1-Gebiet verschoben: sekundäre Alkylhalogenide geben nur noch 10 bis 20% Nitroalkane neben etwa 30% Alkylnitriten, und tertiäre Alkylhalogenide liefern überhaupt keine Nitroverbindungen mehr, sondern etwa 60% tert.-Alkylnitrite [2]. In beiden Fällen entstehen außerdem erhebliche Mengen Olefin, was ebenfalls auf einen wesentlichen SN1-Anteil der Reaktion hinweist.

Tabelle 4.71
Substituenteneinfluß auf die Produktzusammensetzung der Reaktion von Benzylbromiden mit Silbernitrit in Äther bei 0 °C[1]) (KORNBLUM-Regel)

R—Br	Halbwertszeit [min]	R—NO$_2$ [%]	R—ONO [%]
p-Nitrobenzylbromid	180	84	16
Benzylbromid	16	70	30
p-Methylbenzylbromid	1	52	48
p-Methoxybenzylbromid	sehr klein	39	61

[1]) Vgl. [1a] S. 202.

Noch klarer kommen die Verhältnisse bei den Umsetzungen von kernsubstituierten Benzylbromiden zum Ausdruck, weil hier das Reaktionszentrum unverändert bleibt und der Übergangszustand durch die Substituenten im Kern gezielt verändert werden kann (vgl. Tab. 4.71 [3]). Die elektronenziehende Nitrogruppe wirkt einem SN1-Übergangszustand entgegen, so daß die Reaktion überwiegend im SN2-Gebiet liegt und überwiegend das Nitroprodukt liefert. In dem Maße, wie ein SN1-ähnlicher Übergangszustand durch elektronenliefernde Substituenten begünstigt wird (p-Methyl-, p-Methoxy-) entsteht mehr Alkylnitrit auf Kosten der Nitroverbindungen. Wie bereits weiter oben konstatiert wurde, nimmt die Gesamtgeschwindigkeit der Reaktion gleichzeitig zu. Offensichtlich wird jedoch das SN1-Gebiet in dem schlecht hierfür geeigneten unpolaren Lösungsmittel nicht erreicht.

Bei Erhöhung der Lösungsmittelpolarität erhält man infolge des dann höheren SN1-Anteils mehr Alkylnitrit: 1-Jodheptan liefert mit AgNO$_2$ in absolutem Äther

[1] KORNBLUM, N., B. TAUB u. H. E. UNGNADE: J. Amer. chem. Soc. 76, 3209 (1954).
[2] KORNBLUM, N., R. A. SMILEY, H. E. UNGNADE, A. M. WHITE, B. TAUB u. S. A. HERBERT: J. Amer. chem. Soc. 77, 5528 (1955).
[3] Vgl. [1a] S. 202.

1-Nitroheptan und 1-Heptylnitrit im Verhältnis 90:10, in Acetonitril dagegen im Verhältnis 70:30 [1].
Umgekehrt können die Nitroverbindungen zum praktisch ausschließlich entstehenden Endprodukt gemacht werden, wenn man die Reaktion in das reine SN2-Gebiet zwingt, indem man Natriumnitrit (Wegfall der elektrophilen Katalyse) in Dimethylformamid oder Dimethylsulfoxid einsetzt, vgl. S. 157 [2].
Die Reaktion ist in diesen Fällen eindeutig bimolekular, was durch die Reaktionsordnung in Verbindung mit vollständiger WALDEN-Umkehr bei optisch aktiven Systemen bewiesen wird [1]. Ganz ähnliche Verhältnisse herrschen bei der KOLBE-Synthese von Nitrilen [1]:

$$R-Cl + |\overset{\ominus}{C}\equiv N| \rightarrow R-C\equiv N| \quad (+R-\overset{\oplus}{N}\equiv C|^{\ominus}). \tag{4.72}$$

In stark solvatisierenden Lösungsmitteln, z. B. Wasser-Alkohol-Gemischen kann der Übergangszustand erhebliche SN1-Anteile enthalten. In Gegenwart elektrophiler Katalysatoren wie Silberionen (Einsatz des Cyanids als Silbercyanid) wird sogar das SN1-Gebiet weitgehend erreicht. Das entstehende Carbeniumion reagiert dann mit dem Ort der größten Elektronendichte im Cyanidion, dem stärker elektronegativen Stickstoffatom, und es entsteht überwiegend ein Isonitril, das auch beim Umsatz mit Alkalicyaniden in Alkohol/Wasser meist als Nebenprodukt auftritt und am unangenehmen Geruch der Rohprodukte erkennbar ist.
In trockenem Aceton oder Dimethylformamid wird die monomolekulare Reaktion verhindert. Man erhält einen reinen SN2-Übergangszustand und damit Orientierung auf das Zentrum der größten Polarisierbarkeit (geringerer Elektronendichte), das Kohlenstoffatom im Cyanidion, so daß reines Nitril entsteht.
Ein weiteres Beispiel zur KORNBLUM-Regel ist die technische Darstellung von Alkylfluoriden aus Alkylchloriden. Der normale FINKELSTEIN-Austausch von Chlorid durch Fluorid ist in protonenhaltigen Lösungsmitteln nicht möglich (vgl. S. 194). Zwingt man dagegen die Reaktion in das SN1-Gebiet, so reagiert das intermediär entstehende Carbeniumion mit dem Halogenidion, das die größte Elektronendichte besitzt, also dem Fluoridion. Das kann erreicht werden, wenn man SbF_5 als besonders stark wirkenden elektrophilen Katalysator zusetzt (vgl. (4.53)):

$$\begin{aligned}Cl_3C-Cl + SbF_5 &\rightleftharpoons Cl_3C^{\oplus} + Cl-SbF_5^{\ominus} \\ Cl_3C^{\oplus} + H-F &\rightarrow Cl_3C-F + H^{\oplus}.\end{aligned} \tag{4.73}$$

Auf diese Weise lassen sich die als Kältemittel wichtigen Chlorfluoralkane (z. B. „Frigedohn", „Freon") herstellen.
Das gleiche Prinzip liegt auch einem Laborverfahren zur Darstellung von Alkylfluoriden zugrunde, das im Umsatz von Sulfonsäurealkylestern mit Alkalifluorid in Glykol oder noch besser Diglykol oder Triglykol bei 150 bis 200 °C besteht [3].
Die Sulfonsäureester reagieren infolge der hohen Abspaltungstendenz des Sulfonatanions leicht monomolekular, wenn dies durch ein stark solvatisierendes Lösungsmittel

---

[1] Vgl. [1a] S. 202.
[2] KORNBLUM, N., u. J. W. POWERS: J. org. Chemistry **22**, 455 (1957); KORNBLUM, N., H. O. LARSON, R. K. BLACKWOOD, D. D. MOOBERRY, E. P. OLIVETO u. G. E. GRAHAM: J. Amer. chem. Soc. **78**, 1497 (1956).
[3] PATTISON, F. L. M., u. J. E. MILLINGTON: Canad. J. Chem. **34**, 757 (1956).

unterstützt wird. Glykole sind als protonische Lösungsmittel hierfür sehr geeignet. Begünstigt durch die hohe Temperatur kann ein Carbeniumion entstehen, das sich auf den Partner mit der größten Elektronendichte, das Fluoridion, orientiert und das Alkylfluorid liefert.

Die KORNBLUM-Regel kann nicht mehr unverändert auf Systeme angewandt werden, bei denen beide Konkurrenzreaktionen des bifunktionellen Reaktionspartners eindeutig bimolekular ablaufen, z. B. auf Alkylierungen von Phenolaten bzw. Enolaten.

In diesen Fällen läßt sich das Konzept der harten und weichen Säuren und Basen heranziehen, nach dem eine harte (weiche) Säure bevorzugt mit einer harten (weichen) Base reagiert (vgl. Abschn. 2.7.4.), das heißt, die Reaktion entweder ladungskontrolliert oder frontorbital-kontrolliert ist [1].

So werden Ketone im alkalischen Medium (wo das Enolat entsteht) von weichen Reagenzien wie Alkyljodiden oder Alkylbromiden am weichen Kohlenstoffatom angegriffen [2], von harten Reagenzien wie Dimethylsulfat oder Alkyltosylaten in Dimethylsulfoxid dagegen am harten Sauerstoffatom [3]:

(4.74)

Das aprotonische dipolare Lösungsmittel ist in diesem Falle notwendig, da protonische Lösungsmittel eine Wasserstoffbrücke zum Enolat-Sauerstoffatom ausbilden, durch die dessen Härte und Nucleophilie sinkt.

Da das Proton hart ist, bleibt das weiche Zentrum in Enolaten (das β-Kohlenstoffatom) praktisch unbeeinflußt, während die Reaktivität des Enolat-Sauerstoffatoms um so stärker sinkt, je acider das protonische Lösungsmittel ist. Bei der Alkylierung von Phenolat mit Allylbromid zu Phenylallyläther bzw. o-Allylphenol spielt das Lösungsmittel deshalb eine große Rolle, wie die Werte in Tabelle 4.75 zeigen.

Das Verhältnis von O-Alkylierung zu C-Alkylierung ist allerdings der Tendenz zur Wasserstoffbrückenbindung nicht streng proportional, da auch dielektrische Effekte eine Rolle spielen. So begünstigt eine kleine Dielektrizitätskonstante des Mediums die C-Alkylierung, eine hohe DK dagegen die O-Alkylierung [4].

---

[1] HUDSON, R. F., u. G. KLOPMAN: Tetrahedron Letters [London] **1967**, 1103; KLOPMAN, G.: J. Amer. chem. Soc. **90**, 223 (1968).
[2] CAINE, D.: J. org. Chemistry **29**, 1868 (1964); BRIEGER, G., u. W. M. PELLETIER: Tetrahedron Letters [London] **1965**, 3555; vgl. KORNBLUM, N., R. E. MICHEL u. R. C. KERBER: J. Amer. chem. Soc. **88**, 5660 (1966).
[3] HEISZWOLF, G. J., u. H. KLOOSTERZIEL: Chem. Commun. **1966**, 51; JOHNSON, W. S., u. Mitarb.: J. Amer. chem. Soc. **84**, 2181 (1962).
[4] KORNBLUM, N., R. SELTZER u. P. HABERFIELD: J. Amer. chem. Soc. **85**, 1148 (1963).

Bei der Alkylierung von Enolaten spielt weiterhin eine Rolle, ob die Reaktion homogen oder heterogen abläuft. Schließlich kann die Art des mit dem Enolat assoziierten Kations wichtig sein. Wir werden hierauf im Kapitel 6. zurückkommen.

Tabelle 4.75
Abhängigkeit der Alkylierung von Phenolat mit Allylbromid vom Lösungsmittel[1])

Lösungsmittel	%-O-Allylierung (Allylphenyläther)	%-C-Allylierung (ortho- und para-Allylphenol)
Methanol	100	0
Wasser	51	38
Phenol	23	77
Trifluoräthanol	37	42

[1]) KORNBLUM, N., P. J. BERRIGAN u. W. J. LENOBLE: J. Amer. chem. Soc. 85, 1141 (1963); 82, 1257 (1960).

5. Eliminierung [1]

5.1. Klassifizierung ionischer 1.2-Eliminierungen

Ionische 1.2-Eliminierungen laufen nach dem Grundschema der Übersicht 5.1 ab, indem ein elektronenaffiner Substituent X als $X^\ominus$ (bzw. $X^\oplus$ als X) und ein Wasserstoffatom aus der β-Stellung als $H^\oplus$ abgespalten werden. Das Proton benötigt hierzu einen Akzeptor (eine Base), $X^\ominus$ muß durch elektrophile Wechselwirkung des Lösungsmittels stabilisiert werden, wie dies im vorigen Kapitel diskutiert wurde (in Übersicht 5.1 nicht formuliert). Die Elektronenbewegungen können als nucleophiler Schritt n, Konjugationsschritt k und elektrophiler Schritt e symbolisiert werden.

Übersicht 5.1
Grundtypen ionischer 1.2-Eliminierungen[1])

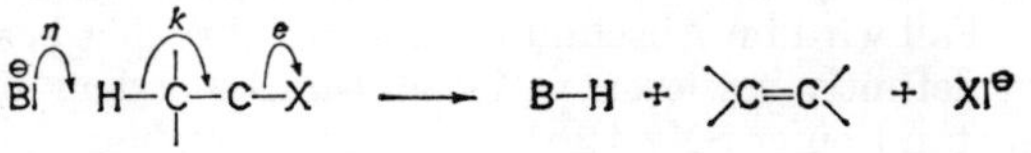

$$B^\ominus \overset{n}{\frown} H-\underset{|}{\overset{|}{C}}-\underset{|}{\overset{|}{C}}\overset{e}{\frown} X \longrightarrow B-H + \underset{}{\overset{}{>}}C=C\underset{}{\overset{}{<}} + X^\ominus$$

E1: Asynchron $e > k \approx n$ Zwischenprodukt: $H-\underset{|}{\overset{|}{C}}-\overset{|}{C}{}^\oplus$

E2: Synchron $e \approx k \approx n$ Übergangszustand: $B\cdots H\cdots C\text{---}C\cdots X$

E1cB: Asynchron $e \approx k < n$ Zwischenprodukt: $^\ominus|\underset{|}{\overset{|}{C}}-\underset{|}{\overset{|}{C}}-X$

[1]) $e > n$ bedeutet, daß Schritt e zeitlich vorangeht usw.

Wenn X abgespalten wird, ehe die $\beta-C-H$-Bindung nennenswert angegriffen ist, entsteht ein Carbeniumion, das in einer schnellen Folgereaktion zum Olefin deprotoniert wird. Die Gesamtreaktion ist demnach asynchron. Dieser Mechanismus wird als E1-Mechanismus, als monomolekulare (ionische) Eliminierung klassifiziert. Wenn

---

[1] BANTHORPE, D. V.: Elimination Reactions, Elsevier Publishing Company, Amsterdam 1963.

umgekehrt die Abspaltung des Protons vorrangig ist, entsteht zunächst ein Carbanion (im allgemeinen in einer schnellen vorgelagerten Gleichgewichtsreaktion), das dann den Substituenten X unter Bildung der Doppelbindung abspaltet. Dieser ebenfalls asynchrone Verlauf wird als E1cB-Mechanismus klassifiziert, geschwindigkeitsbestimmende monomolekulare Abspaltung von X aus der konjugierten Base (conjugated Base) der Ausgangsverbindung. Schließlich können alle drei Schritte synchron ablaufen (E2-Mechanismus, bimolekulare (ionische) Eliminierung).[1])
Die drei Mechanismen sind idealisierte Grenzfälle, zwischen denen ein Kontinuum realer Möglichkeiten liegt.

Der Schwerpunkt der folgenden Diskussion wird auf dem E1- und dem E2-Mechanismus liegen, die in der Praxis wesentlich mehr Bedeutung haben als der E1cB-Mechanismus [1].

Bei Anwendung besonders starker Basen ist es auch möglich, daß zunächst ein Proton aus der α-Stellung abgespalten wird (α-Eliminierung).

Das entstandene Carbanion kann $X^\ominus$ eliminieren, so daß ein Carben entsteht, das sich unter anderem durch Wanderung von Wasserstoff zum Olefin umlagert (Carben-Mechanismus [2]):

$$\text{H}-\overset{|}{\underset{\underset{\text{H}}{|}}{\text{C}}}-\overset{|}{\underset{|}{\text{C}}}-\text{X} + \text{B}|^\ominus \rightleftharpoons \text{H}-\overset{|}{\underset{|}{\text{C}}}-\overset{|}{\underset{\ominus}{\text{C}}}-\text{X} \rightarrow \text{H}-\overset{|}{\underset{|}{\text{C}}}-\overset{\diagup}{\underset{\diagdown}{\text{C}}} + \text{X}|^\ominus \xrightarrow{\sim \text{H}} \overset{\diagup}{\underset{\diagdown}{\text{C}}}=\overset{\diagdown}{\underset{\text{H}}{\text{C}}} \quad (5.2$$

$\qquad\qquad\qquad\qquad\qquad +\text{H}-\text{B}\qquad\text{Carben}$

Das Carbanion kann jedoch auch die Funktion der Base in einer Art inneren E2-Eliminierung übernehmen und eine geeignete $\beta-\text{C}-\text{H}$-Bindung im Molekül angreifen (α', β-Eliminierung). Dieser Fall wird im Abschnitt 5.4.3. ausführlicher besprochen.

Auf einen weiteren, nicht definitiv bewiesenen Mechanismus, bei dem die Eliminierung aus dem Übergangszustand einer SN2-Reaktion heraus erfolgen soll, das heißt durch Primärangriff der Base nicht auf das β-Wasserstoffatom, sondern auf das Kohlenstoffatom der C−X-Bindung ("merged mechanism of elimination and substitution", „E2C-Mechanismus") [3] wird nicht eingegangen.

---

[1] Zusammenfassung: McLennan, D. J.: Quart. Rev. (chem. Soc., London) **21**, 490 (1967); vgl. aber: Bordwell, F. G.: Accounts chem. Res. **5**, 374 (1972).
[2] Zusammenfassungen: Kirmse, W.: Angew. Chem. **77**, 1 (1965); Köbrich, G.: Angew. Chem. **79**, 15 (1967); Köbrich, G.: Angew. Chem. **77**, 75 (1965) (α-Eliminierungen an Olefinen).
[3] Winstein, S., D. Darwish u. N. J. Holness: J. Amer. chem. Soc. 78, 2915 (1956); Parker, A. J., M. Ruane, G. Biale u. S. Winstein: Tetrahedron Letters [London] **1968**, 2113; vgl. aber [7a] S. 215; Eliel, E. L., u. R. S. Ro: Tetrahedron [London] **2**, 353 (1958); Cromwell, N. H., u. Mitarb.: J. Amer. chem. Soc. **83**, 3815 (1961); **84**, 983 (1962); Cook, D., u. A. J. Parker: Tetrahedron Letters [London] **1969**, 4901 und dort zitierte weitere Arbeiten; Zusammenfassung: Csapilla, J.: Chimia [Aarau, Schweiz] **18**, 37 (1964).

[1]) Zur Unterscheidung von dem unten genannten E2C-Verlauf neuerdings gelegentlich auch als E2H-Mechanismus bezeichnet.

5.2. Monomolekulare bzw. bimolekulare ionische Eliminierung E1 und E2 und ihre Beziehungen zu den nucleophilen Substitutionen SN1 und SN2

Bei nucleophilen Substitutionen am gesättigten Kohlenstoffatom treten meist auch Eliminierungsreaktionen mit auf, die zu Olefinen führen. Da die beiden Typen nucleophiler Substitutionen häufig gleichzeitig ablaufen (Grenzgebietmechanismen), hat man sowohl bei der ionischen Substitution als auch bei der ionischen Eliminierung im allgemeinen mit mindestens vier Konkurrenzreaktionen zu rechnen:
1. Monomolekulare nucleophile Substitution SN1.
2. Monomolekulare Eliminierung E1.
3. Bimolekulare nucleophile Substitution SN2.
4. Bimolekulare Eliminierung E2.

Hierzu kommen vor allem bei den monomolekularen Typen noch Umlagerungsreaktionen, die später zu besprechen sind.

Die monomolekulare Eliminierung ist im langsamsten, geschwindigkeitsbestimmenden Schritt mit der SN1-Reaktion identisch: Es entsteht ein Carbeniumion, dessen Schicksal (SN1- oder E1-Verlauf) erst im zweiten Schritt entschieden wird, der sehr rasch abläuft und deswegen die Bruttogeschwindigkeit nicht beeinflußt:

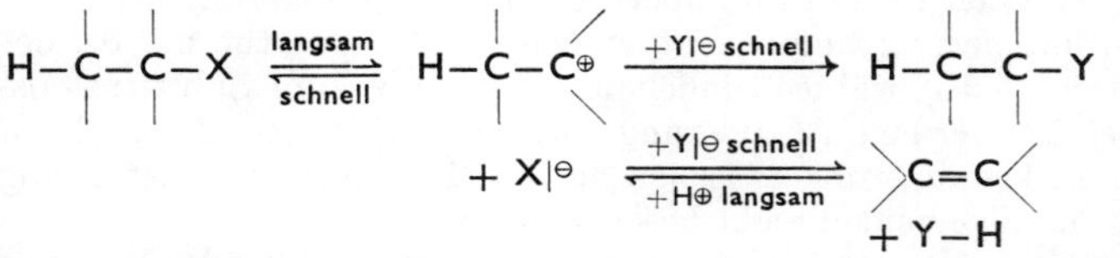

$$H-C-C-X \underset{\text{schnell}}{\overset{\text{langsam}}{\rightleftarrows}} H-C-C^{\oplus} \quad \overset{+Y|^{\ominus} \text{ schnell}}{\longrightarrow} H-C-C-Y \quad \textbf{SN1} \quad (5.3\text{a})$$

$$+ X|^{\ominus} \quad \overset{+Y|^{\ominus} \text{ schnell}}{\underset{+H^{\oplus} \text{ langsam}}{\rightleftarrows}} \quad \begin{array}{c} \diagdown \\ C=C \\ \diagup \end{array} \quad (5.3\text{b})$$
$$+ Y-H \quad \textbf{E1}$$

Im Idealfall (vgl. aber S. 140) wird ein Geschwindigkeitsgesetz erster Ordnung gefunden:

$$\text{SN1, E1:} \quad -\frac{d[RX]}{dt} = k_1[RX]. \quad (5.4)$$

Da die $\beta-C-H$-Bindung erst nach dem geschwindigkeitsbestimmenden Schritt gespalten wird, ergeben β-deuterierte Verbindungen keinen primären kinetischen Isotopeneffekt, sondern nur einen sekundären kinetischen Isotopeneffekt $k_H/k_D \approx 1,4$ bis 2 (in besonderen Fällen bis 3), der aber mit dem Ionisierungsschritt verknüpft ist, während der produktbildende Schritt (Deprotonierung) keinen Isotopeneffekt aufweist [1].

Als typische Substituenten X kommen für die E1-Reaktion vor allem in Frage:

$OH_2^{\oplus}$ (sauer katalysierte Dehydratisierung von Alkoholen),
Cl, Br, J (Dehydrohalogenierung von Alkylhalogeniden),
$-OSO_2R$ (Olefinbildung aus Schwefelsäure- und Sulfonsäureestern),
$-\overset{\oplus}{N}\equiv N$ (Desaminierung von Aminen mit salpetriger Säure).

---

[1] SHINER, V. J.: J. Amer. chem. Soc. **75**, 2925 (1953); **76**, 1603 (1954); LEWIS, E. S., u. C. E. BOOZER: J. Amer. chem. Soc. **76**, 791, 794 (1954); SILVER, M. S.: J. Amer. chem. Soc. **83**, 3487 (1961).

Nach dem Schema (5.3) sollte das Verhältnis von Substitution zu Eliminierung, das heißt das weitere Schicksal des Carbeniumions nicht vom Substituenten X abhängen, da dieser lediglich die Bildung des Carbeniumions beeinflußt. Das wurde auch bestätigt, und sekundäre bzw. tertiäre Alkylsysteme lieferten in wasserhaltigen Lösungsmitteln unabhängig vom Substituenten (Cl, Br, J, $\overset{\oplus}{S}(CH_3)_2$) jeweils das gleiche Verhältnis von Substitutionsprodukt zu Olefin [1].

Das ändert sich jedoch, wenn man zu Lösungsmitteln übergeht, die das sich bildende Anion nicht gut stabilisieren können (dipolare aprotonische Lösungsmittel) oder eine geringe Polarität besitzen, so daß die entstehenden Ionenpaare nicht dissoziiert werden können (z. B. Eisessig, tert.-Butanol).

So liefern tert.-Butylchlorid, -bromid bzw. -dimethylsulfoniumperchlorat in Wasser bei 75 °C unabhängig vom Substituenten stets etwa 7% Olefin neben Substitutionsprodukt, in Eisessig bei 75 °C dagegen 73%, 70% bzw. 12% Olefin (in der obigen Reihenfolge) [2]. Man nimmt an, daß der abgespaltene (ionisierte) Substituent $X|^\ominus$ in Kontakt mit dem gebildeten Carbeniumion bleibt und so in Abhängigkeit von seiner Basizität mehr oder weniger leicht die Funktion des Protonenakzeptors ($Y|^\ominus$ in (5.3b)) übernehmen kann. Es liegt auf der Hand, daß auf diese Weise besonders leicht das Proton abgespalten werden kann, das auf der gleichen Seite des Moleküls R−X liegt wie der Substituent X. Es resultiert also syn-Eliminierung, und es entsteht häufig ein cis-Olefin [3].[1])

Wie auch die oben gegebenen Zahlenwerte zeigen, kann man generell feststellen: Dissoziation des Ionenpaars in SN1/E1-Reaktionen führt überwiegend zu Substitution; Assoziation der gebildeten Ionen führt überwiegend zu Eliminierung [4].

Der Anteil der E1-Eliminierung nimmt mit steigender Temperatur zu, da der Deprotonierungsschritt in (5.3b) wahrscheinlich im Gegensatz zum Substitutionsschritt (5.3a) ein Prozeß ist, der eine Aktivierungsenergie benötigt (ca. 2 bis 4 kcal/mol). Trotzdem ist die Diskriminierung zwischen beiden Mechanismen meist gering und das Olefin deshalb im allgemeinen nicht besonders bevorzugt.

Schließlich hängt der Prozentsatz an Olefin natürlich von der Struktur des Moleküls ab; er ist um so höher, je energieärmer das entstehende Olefin ist (vgl. Tab. 5.9.) und steigt entsprechend vom primären zum tertiären Alkylsystem und α-Arylverbindungen an. Ein praktisch wichtiges Beispiel für die E1-Eliminierung ist die saure

[1] INGOLD, C. K., u. Mitarb.: J. chem. Soc. [London] **1937**, 1277, 1280, 1283; **1948**, 2038; **1953**, 3839; **1960**, 4094.
[2] COCIVERA, M., u. S. WINSTEIN: J. Amer. chem. Soc. **85**, 1702 (1963).
[3a] CRAM, D. J., u. M. R. V. SAHYUN: J. Amer. chem. Soc. **85**, 1257 (1963).
[3b] SKELL, P. S., u. W. L. HALL: J. Amer. chem. Soc. **85**, 2851 (1963).
[3c] SYNDER, C. H., u. A. R. SOTO: J. org. Chemistry **30**, 673 (1965) und dort zitierte weitere Literatur.
[3d] SVOBODA, M., J. ZÁVADA u. J. SICHER: Collect. czechoslov. chem. Commun. **32**, 2104 (1967).
[4] BUCKSON, R. L., u. S. G. SMITH: J. org. Chemistry **32**, 634 (1967).

[1]) Um Konfusionen zwischen Abspaltungsrichtung und der Stereochemie der entstehenden Olefine zu vermeiden, wird in diesem Buch die Stereochemie der Eliminierungsreaktion mit „syn" und „anti" bezeichnet (in der Literatur meist „cis" und „trans"), die Stereochemie der Olefine dagegen in gewohnter Weise mit „cis" und „trans". „syn" bzw. „anti" beziehen sich also auf den Mechanismus, „cis" bzw. „trans" auf die Molekülstruktur.

5.2. Monomolekulare bzw. bimolekulare ionische Eliminierung

Dehydratisierung von primären, sekundären oder tertiären Alkoholen. Durch die Einwirkung einer Brönsted-Säure (Mineralsäure, Oxalsäure, Toluolsulfonsäure, wasserhaltiges Aluminiumoxid, das Brönsted-Säurezentrum enthält) oder einer Lewis-Säure (Jod, Zinkchlorid) auf das basische Sauerstoffatom des Alkohols entsteht ein Oxoniumion, das leicht monomolekular zerfällt und ein Carbeniumion liefern kann, das sich — vor allem bei höherer Temperatur — zum Olefin stabilisiert [1]:

$$\begin{array}{c}\text{H}-\overset{|}{\underset{|}{\text{C}}}-\overset{|}{\underset{|}{\text{C}}}-\underline{\text{O}}\text{H} + \text{H}^\oplus \underset{\text{schnell}}{\overset{\text{schnell}}{\rightleftarrows}} \text{H}-\overset{|}{\underset{|}{\text{C}}}-\overset{|}{\underset{|}{\text{C}}}-\overset{\oplus}{\text{O}}\diagdown^{\text{H}}_{\text{H}} \quad K_{\text{Äqu}}\\[2ex]
\text{H}-\overset{|}{\underset{|}{\text{C}}}-\overset{|}{\underset{|}{\text{C}}}-\overset{\oplus}{\text{O}}\diagdown^{\text{H}}_{\text{H}} \underset{\text{schnell}}{\overset{\text{langsam}}{\rightleftarrows}} \text{H}-\overset{|}{\underset{|}{\text{C}}}-\overset{\oplus}{\text{C}}\diagdown + \text{H}_2\text{O} \underset{\text{langsam}}{\overset{\text{schnell}}{\rightleftarrows}} \diagup\text{C}=\text{C}\diagdown + \text{H}^\oplus\end{array}$$

(5.5)

Wie bereits früher erörtert wurde, besitzen tertiäre Carbeniumionen eine niedrigere Energie als primäre oder sekundäre. Die Tendenz zur Wasserabspaltung nimmt deshalb vom primären zum tertiären Alkohol zu: Äthanol ergibt in konz. Schwefelsäure erst bei etwa 200 °C Äthylen, während tert.-Butanol bereits beim Siedepunkt (etwa 80 °C) mit der weniger aggressiven Oxalsäure glatt in Isobuten übergeht.

Insgesamt ist die E1-Reaktion präparativ im allgemeinen nicht günstig. Während die Eliminierung (5.3b) eine Gleichgewichtsreaktion darstellt[1]), ist die konkurrierende Substitution (Solvolyse) häufig irreversibel. Es entsteht also meistens überwiegend das Substitutionsprodukt, sofern nicht besondere Verhältnisse vorliegen.

Ganz ähnlich wie E1-Reaktionen in Lösung scheinen Dehydratisierungen an wasserhaltigem Aluminiumoxid in der Gasphase zu verlaufen. Für die Dehydratisierungsreaktion sind vor allem die relativ schwach sauren Brönsted-Zentren am hydratisierten Aluminiumoxid maßgebend, während die stärker sauren Lewis-Säurezentren für Umlagerungen des Kohlenstoffgerüstes verantwortlich gemacht werden. Die Lewis-Säurezentren können durch Reaktion mit Basen (Ammoniak, Amine) abgesättigt werden; ein derartig vergifteter Katalysator ergibt dann nur noch Dehydratisierungsprodukte ohne nennenswerte Isomerisierung [2]. (Zu Eliminierungen an Halogenalkanen an festen salzartigen Katalysatoren vgl. [3].)

Bei der bimolekularen ionischen 1.2-Eliminierung greift die für den Ablauf der Reaktion notwendige Base in den geschwindigkeitsbestimmenden Schritt ein und erscheint deshalb im Geschwindigkeitsgesetz. Sie kann entweder den Substituenten X verdrängen, so daß eine SN2-Reaktion zustande kommt, oder aber ein Wasserstoffion aus dem Substrat — und zwar normalerweise aus der β-Stellung — übernehmen

---

[1] Klein, F. S., u. Mitarb.: J. chem. Soc. [London] **1955**, 791, 4401; **1957**, 2604; **1960**, 4203; Bunton, C. A., u. D. R. Llewellyn: J. chem. Soc. [London] **1957**, 3402; Roček, J.: Collect. czechoslov. chem. Commun. **25**, 375 (1960).

[2] Pines, H., u. W. O. Haag: J. Amer. chem. Soc. **82**, 2471 (1960) und zahlreiche spätere Arbeiten; Zusammenfassung: Pines, H., u. J. Manassen: Advances in Catalysis and related Subjects **16**, 49 (1966); vgl. aber Beránek, L., M. Kraus, K. Kochloefl u. V. Bažant: Collect. czechoslov. chem. Commun. **25**, 2513 (1960); Andrews, A. C., u. J. S. Cantrell: J. physic. Chem. **65**, 1089 (1961).

[3] Noller, H., P. Andréu u. M. Hunger: Angew. Chem. **83**, 185 (1971).

[1]) Die Rückreaktion (sauer katalysierte Addition) wird im Kapitel 7. besprochen.

unter gleichzeitiger Abspaltung des Substituenten X und Entstehung eines Olefins:

$$Y|^{\ominus} + H-\underset{|}{\overset{|}{C}}-\underset{|}{\overset{H}{C}}-X \rightleftarrows \left[Y|\cdots\underset{|}{\overset{|}{C}}\cdots\underset{\triangle}{\overset{|}{C}}\cdots X \right] \rightleftarrows Y-\underset{|}{\overset{|}{C}}-\underset{|}{\overset{|}{C}}-H + X|^{\ominus} \quad \text{SN 2} \quad (5.6a)$$

Übergangszustand

$$Y|^{\ominus} + H-\underset{|}{\overset{|}{C}}-\underset{|}{\overset{|}{C}}-X \rightleftarrows \left[Y|\cdots H\cdots\underset{|}{\overset{|}{C}}\cdots\underset{|}{\overset{|}{C}}\cdots X \right] \longrightarrow Y-H + \rangle C=C\langle + X|^{\ominus} \quad \text{E 2}$$

Übergangszustand
(5.6b)

$Y|^{\ominus}$ = Base (z.B. $HO|^{\ominus}$)

Die E2-Reaktion ist gewissermaßen eine innere nucleophile Substitution durch ein erst in der Reaktion freigemachtes Nucleophil (die Bindungselektronen aus der $\beta-C-H$-Bindung).

Im Idealfall ergibt sich für beide Vorgänge eine Reaktion zweiter Ordnung:

$$\text{SN2, E2:} \quad -\frac{d[RX]}{dt} = k_2[RX][Y].^1) \quad (5.7)$$

Da die $\beta-C-H$-Bindung im geschwindigkeitsbestimmenden Schritt gespalten wird, ergeben β-deuterierte oder tritiierte Verbindungen primäre kinetische Wasserstoffisotopeneffekte, die häufig den maximalen Wert erreichen (k_H/k_D etwa 7). Hierauf wird weiter unten ausführlicher eingegangen.

Die E2-Eliminierung ist mit der entsprechenden SN2-Substitution nicht so eng verwandt wie die E1-Reaktion mit der SN1-Reaktion, sondern beide Reaktionen durchlaufen einen unterschiedlichen Übergangszustand. Bei der bimolekularen Substitution greift die reagierende Base an dem Kohlenstoffatom an, das den abdissoziierenden Substituenten trägt, bei der bimolekularen Eliminierung dagegen an der Peripherie des Moleküls (an einem Wasserstoffatom). Die Abspaltung von X und des β-Protons verlaufen normalerweise annähernd gleichzeitig; auf Einzelheiten wird weiter unten eingegangen.

Im Gegensatz zur E1-Reaktion ist die E2-Reaktion im allgemeinen nicht reversibel, ebenso wie die SN2-Reaktion mit den betreffenden Hilfsbasen; beide Reaktionen sind kinetisch kontrolliert und Komplikationen für das Verhältnis der Eliminierungs- zu den Substitutionsprodukten durch thermodynamische Kontrolle treten im Gegensatz zur SN1/E1-Reaktion also nicht auf.

Als wirksame Basen Y kommen für E2-Reaktionen in Frage:

H_2O, R_3N, $RCOO^{\ominus}$, $PhO^{\ominus}$, $PhS^{\ominus}$, $HO^{\ominus}$, $RO^{\ominus}$, $NH_2^{\ominus}$.[2]

---

[1] Bei hohen Konzentrationen an Hilfsbasen, wie sie oft angewandt werden, muß anstelle der Basenkonzentration eine Basenfunktion (h_), vgl. S. 102, eingesetzt werden: ALLISON, A., C. BAMFORD u. J. H. RIDD: Chem. and Ind. 1958, 718.

[2] Die GRIGNARD-Eliminierung wird im Kapitel 6. besprochen.

5.2. Monomolekulare bzw. bimolekulare ionische Eliminierung

Als Substituenten X interessieren vor allem:

- $-\overset{\oplus}{N}R_3$, $-\overset{\oplus}{P}R_3$, $-\overset{\oplus}{S}R_2$ (HOFMANN-Abbau von Ammonium-, Phosphonium- und Sulfoniumsalzen),
- $-Cl$, $-Br$, $-J$ (Dehydrohalogenierung von Alkylhalogeniden),
- $-OSO_2R$ (Bildung von Olefinen aus Schwefelsäure- und Sulfonsäureestern).

Wohl das typischste Beispiel für die E2-Eliminierung ist der HOFMANN-Abbau quartärer Ammoniumbasen. Hierzu führt man ein Amin zunächst in das quartäre Ammoniumsalz über („erschöpfende Methylierung"), das dann in Gegenwart einer starken Base thermisch zersetzt wird, wobei Trialkylamin und Olefin entstehen [1]:

$$R-CH_2-CH_2-NH_2 \xrightarrow{CH_3J} R-CH_2-CH_2-\overset{\oplus}{\underset{CH_3}{\overset{CH_3}{N}}}-CH_3 \quad J^\ominus \xrightarrow{NaOH}$$

$$R-CH_2-CH_2-\overset{\oplus}{\underset{CH_3}{\overset{CH_3}{N}}}-CH_3 \quad OH^\ominus \quad R-\underset{H}{\overset{}{CH}}-CH_2-\overset{\oplus}{\underset{CH_3}{\overset{CH_3}{N}}}-CH_3 \xrightarrow{150°} R-CH=CH_2$$
$$H-\overset{\ominus}{O|} \qquad + N(CH_3)_3$$
$$+ H_2O$$

(5.8)

Analog reagieren Trialkylsulfonium- und Tetra-alkylphosphonium-Verbindungen. Durch die positive Ladung des Ammoniumstickstoffatoms wird auf das übrige Molekül ein starker Elektronenzug ($-I$-Effekt) ausgeübt, so daß am α- bzw. β-Kohlenstoffatom gebundene Wasserstoffatome acidifiziert und leicht als Proton abspaltbar werden. Die Frage, ob bei der HOFMANN-Reaktion bevorzugt ein α- oder ein β-Proton eliminiert wird, ist durch Einbau von Deuterium geklärt worden. Danach verläuft die HOFMANN-Reaktion normalerweise als β-Eliminierung, entsprechend der oben gegebenen Formulierung (5.8). Auf Einzelheiten kommen wir weiter unten zurück.

Das Ausmaß der beiden Konkurrenzreaktionen — nucleophile Substitution bzw. Eliminierung — und die kinetischen Grenzfälle E1 bzw. E2 hängen von den folgenden Faktoren ab:

a) Konzentration und Stärke der angreifenden Base,
b) Polarität und Solvatationseigenschaften des Lösungsmittels,
c) Temperatur,
d) Struktur des Substrats und der angreifenden Base.

Die einzelnen Einflüsse können allerdings häufig nicht strikt voneinander getrennt werden.

Für die Diskussion des Baseneinflusses sei vorausgesetzt, daß das Substrat prinzipiell sowohl nach dem SN1/E1- wie auch nach dem SN2/E2-Mechanismus reagieren kann, z. B. ein sekundäres Alkylhalogenid vorliegt, dessen Reaktionen von vornherein im Grenzgebiet zwischen SN1- und SN2-Typ ablaufen.

---

[1] Zusammenfassung: COPE, A. C., u. E. R. TRUMBULL: Org. Reactions 11, 317 (1960).

Wird die Konzentration der Base, z. B. OH⁻, sehr niedrig gehalten, sinkt nach (5.7) der SN2- und demzufolge auch der E2-Anteil auf einen kleinen Wert. Die Reaktion läuft dann weitgehend als reine Solvolyse ab und nähert sich in einem stark polaren, gut solvatisierenden protonischen Lösungsmittel, z. B. Wasser, dem monomolekularen Typ. Als Intermediärprodukt entsteht dann ein Carbeniumion, das in einem bestimmten Verhältnis das Substitutions- und das Eliminierungsprodukt liefert. Die zugesetzte Base ist hierbei nicht von Bedeutung, da die Deprotonierung des Carbeniumions zum Olefin auch mit der schwachen Base Wasser rasch verläuft, weil das Carbeniumion eine sehr hohe Energie besitzt. Das Verhältnis von Eliminierungs- zu Substitutionsprodukt ist dann nur noch von der Struktur des Carbeniumions bzw. des entstehenden Olefins und der Temperatur abhängig und für Wasser als Lösungsmittel jeweils konstant (vgl. S. 210).

Durch Verwendung stark solvatisierender aber schwach nucleophiler Lösungsmittel wie Trifluoressigsäure kann die Substitution gering gehalten und eine erhöhte Ausbeute an Olefin erzielt werden, allerdings oft verbunden mit Umlagerungen des Kohlenstoffgerüsts [1].

Ist die Basenkonzentration dagegen hoch, wird nach (5.7) der SN2- bzw. E2-Anteil bestimmend. Nach dem Kinetikgesetz (5.7) müßte man annehmen, daß die Base die Reaktionen (5.6a) und (5.6b) gleich beeinflußt, so daß der Prozentsatz an Olefin ebenfalls eine nur von Temperatur und Molekülstruktur abhängige Konstante würde. Das ist jedoch nicht der Fall. In der bimolekularen nucleophilen Substitution (5.6a) bestimmt die Reaktivität der Base $Y|^{\ominus}$ gegenüber dem *Kohlenstoffatom* das Geschehen, die im vorigen Kapitel als ,,Nucleophilie'' definiert und in Tabelle 4.64 für einige Stoffe tabelliert wurde. Bei der Nucleophilie gegenüber SN2-Substraten spielt die Polarisierbarkeit eine große Rolle. In der bimolekularen Eliminierung dagegen muß ein *Proton* durch die eingesetzte Base aus der β-Stellung des Substrats abgelöst werden, das heißt, in diesem Falle ist die Reaktivität der Base gegenüber dem Wasserstoffatom wesentlich oder mit anderen Worten die eigentliche Basizität. Basizität und Nucleophilie sind einander zwar mitunter proportional, häufig jedoch recht verschieden (vgl. Tab. 4.64). Für einige repräsentative Basen ergeben sich in protonischen Lösungsmitteln die folgenden Reihen:

Basizität (gegen H⊕)
$RO^{\ominus} > HO^{\ominus} > PhO^{\ominus} > CH_3COO^{\ominus} > Br^{\ominus}$

Nucleophilie (gegen $\overset{\delta+}{C}$)
$RO^{\ominus} > HO^{\ominus} \approx Br^{\ominus} > PhO^{\ominus} > CH_3COO^{\ominus}$

Danach ist z. B. das leicht polarisierbare Bromidion dem OH-Ion in der nucleophilen Wirkung fast gleich, stellt aber eine weitaus schwächere Base dar. Aus diesem Grunde geht das Bromidion leicht SN2-Reaktionen ein, ist aber als Base für E2-Eliminierungen in protonischen Lösungsmitteln unbrauchbar.

Die E2-Reaktion ist gegenüber der Basizität des Nucleophils empfindlicher als die SN2-Reaktion und der Basizität proportional (lineare BRÖNSTED-Korrelation von lg k_{E2} gegen pK_A der Base) [2, 3]. Die Verhältnisse können qualitativ gut mit Hilfe

---

[1] PETERSON, P. E.: J. Amer. chem. Soc. 82, 5834 (1960).
[2] HUDSON, R. F., u. G. KLOPMAN: J. chem. Soc. [London] **1964**, 5.
[3] OKAMOTO, K., H. MATSUDA, H. KAWASAKI u. H. SHINGU: Bull. chem. Soc. Japan, **40**, 1917 (1967).

des Konzepts der harten und weichen Säuren und Basen abgeschätzt werden. Danach ist die C−X-Bindung in H−CR$_2$−CR$_2$X relativ weich, die β−C−H-Bindung dagegen relativ hart. Harte Basen reagieren bevorzugt mit der harten β−C−-Bindung und ergeben auf diese Weise Eliminierung, weiche Basen reagieren mit der weichen C−X-Bindung und liefern bevorzugt das Substitutionsprodukt [1]. Primäre Alkylbromide ergeben deshalb mit dem weniger harten Natriummethylat nahezu ausschließlich die entsprechenden Methyläther, mit dem härteren Kalium-tert.-butylat dagegen fast ausschließlich Olefine. In den primären Alkyltosylaten dagegen ist die C−X-Gruppierung (C−OTs) viel härter als in den Bromiden, und sowohl Natriummethylat wie auch Kalium-tert.-butylat liefern damit ganz überwiegend Substitutionsprodukte (Methyl- bzw. tert.-Butyläther) [2].

Um die E2-Reaktion gegenüber der SN2-Reaktion zur Hauptreaktion zu machen, muß eine möglichst harte, das heißt starke Base eingesetzt werden, und man erhält steigende Wirksamkeit in der Reihe: HO$^\ominus$ < MeO$^\ominus$ < EtO$^\ominus$ < i-PrO$^\ominus$ < t-BuO$^\ominus$.

Andererseits sollte die Gruppierung C−X möglichst weich sein (Alkylbromid, Alkyljodid), damit die SN2-Reaktion mit einer harten Base zurückgedrängt wird. Es ist klar, daß diese Bedingungen besonders gut in dipolaren aprotonischen Lösungsmitteln realisierbar sind, in denen ionische Basen extrem stark sind, während die Abspaltung weicher Substituenten X$^\ominus$ infolge der starken Richtkräfte und Dispersionswechselwirkungen nicht nennenswert beeinträchtigt ist.

Tatsächlich läßt sich die HOFMANN-Eliminierung an Sulfoniumsalzen im System Dimethylsulfoxid/Kalium-tert.-butylat bereits bei Raumtemperatur durchführen [3].

Die Wirkung von Natriummethylat als Hilfsbase in E2-Reaktionen steigt in verschiedenen Lösungsmitteln wie folgt: CH$_3$OH < DMF $\approx$ CH$_3$CN $\ll$ Aceton $\ll$ Dioxan [4].

In Dimethylsulfoxid steigt die Basizität gegenüber Wasserstoff in der Reihenfolge: CH$_3$SO$_2\overline{C}$H$_2^\ominus$ > Ph$_3$C|$^\ominus$ > t-BuO$^\ominus$ > t-BuS$^\ominus$ [5].

Da in aprotonischen dipolaren Lösungsmitteln (zumindest am Beginn der Reaktion) keine Wasserstoffbrücken zu anionischen Basen möglich sind, erhält man eine andere Reihenfolge der Basizität als in protonischen Lösungsmitteln (vgl. Abschn. 4.9.). Aus diesem Grunde können in aprotonischen dipolaren Lösungsmitteln auch Halogenidionen als Hilfsbasen für E2-Reaktionen verwendet werden [6]. Infolge der bereits diskutierten Verhältnisse (vgl. Abschn. 4.9.) steigt die Wirkung in der Reihe Br$^\ominus$ < Cl$^\ominus$ < F$^\ominus$ an [7]. Da sich in diesen Fällen Halogenwasserstoff bildet, kann die Reaktion reversibel werden; man arbeitet deshalb zweckmäßigerweise in einem basischen

---

[1] PEARSON, R. G., u. J. SONGSTAD: J. Amer. chem. Soc. **89**, 1827 (1967).
[2] VEERAVAGU, P., R. T. ARNOLD u. E. W. EIGENMANN: J. Amer. chem. Soc. **86**, 3072 (1964).
[3] FRANZEN, V., u. C. MERTZ: Chem. Ber. **93**, 2819 (1960); FRANZEN, V., u. H.-J. SCHMIDT: Chem. Ber. **94**, 2937 (1961).
[4] MEERWEIN, H., in: Houben-Weyl: Methoden der organischen Chemie, Band V/4, Georg Thieme Verlag, Stuttgart 1960, S. 730.
[5] MAC, Y. C., u. A. J. PARKER: Austral. J. Chem. **19**, 517 (1966).
[6] PARKER, A. J.: Quart. Rev. (chem. Soc., London) **16**, 183 (1962); KEVILL, D. N., G. A. COPPENS u. N. H. CROMWELL: J. Amer. chem. Soc. **86**, 1553 (1964).
[7] a) BIALE, G., A. J. PARKER, S. G. SMITH, I. D. R. STEVENS u. S. WINSTEIN: J. Amer. chem. Soc. **92**, 115 (1970); b) MILLER, W. T., J. H. FRIED u. H. GOLDWHITE: J. Amer. chem. Soc. **82**, 3091 (1960); c) HAYAMI, J., N. ONO u. A. KAJI: Tetrahedron Letters [London] **1968**, 1385.

dipolaren aprotonischen Lösungsmittel, z. B. Dimethylformamid. In protonischen Lösungsmitteln ergeben sich die bereits im vorigen Kapitel diskutierten Abhängigkeiten: Bei Erhöhung der Lösungsmittelpolarität wird die SN1/E1-Reaktion begünstigt. Da jedoch der Übergangszustand für die Eliminierung eines Protons aus dem Carbeniumion und ebenso der Übergangszustand der E2-Reaktion stärker verteilte Ladungen aufweisen als die entsprechenden nucleophilen Substitutionen, ergibt sich außerdem der gegenläufige Effekt, daß die Eliminierungsreaktion mit steigendem Wassergehalt im Lösungsmittelgemisch (z. B. Äthanol/Wasser) etwas zurückgedrängt wird [1].

Über den Einfluß der Reaktionstemperatur auf die E1-Eliminierung wurde bereits S. 210 einiges gesagt. Auch die bimolekulare Eliminierung wird durch Erhöhung der Reaktionstemperatur gegenüber der konkurrierenden SN2-Reaktion begünstigt. Das beruht darauf, daß die E2-Reaktion eine etwas höhere Aktivierungsenergie (wenige kcal) als die SN2-Reaktion aufweist und dadurch einen größeren Temperaturkoeffizienten erhält, wovon man sich an Hand der ARRHENIUS-Gleichung (3.17) leicht überzeugen kann. Die Aktivierungsentropien von E2-Reaktionen sind durchweg etwas positiver als die der entsprechenden SN2-Reaktionen; der Einfluß der Aktivierungsenthalpie wird aber im allgemeinen nicht völlig kompensiert.

Die größere Temperaturabhängigkeit von Eliminierungsreaktionen gegenüber den entsprechenden Substitutionen hat praktische Bedeutung: Falls ein Olefin als Reaktionsprodukt gewünscht wird, arbeitet man zweckmäßigerweise bei höherer Temperatur, bei der die Substitutionsreaktion weniger leicht erfolgt. Ein bekanntes Beispiel für diese Regel stellt die Synthese von Diäthyläther bzw. von Äthylen aus Äthanol unter der Einwirkung von konzentrierter Schwefelsäure dar: Bei 130 °C dominiert die nucleophile Substitution der intermediär gebildeten Äthylschwefelsäure durch Alkohol (Bildung des Äthers), bei 200 °C dagegen die Eliminierung unter Bildung von Äthylen.

Das Ausmaß der Olefinbildung hängt außerdem noch von konstitutionellen Faktoren ab, die elektronischer und/oder sterischer Art sein können. Der Hauptteil dieser Fragen wird später im Zusammenhang mit der Eliminierungsrichtung zu besprechen sein.

Zunächst ist festzustellen, daß die Tendenz zur Olefinbildung unabhängig vom Mechanismus vom primären zum tertiären Alkylsystem zunimmt. Bei der E1-Reaktion kann dabei das Phänomen der sterischen Beschleunigung auftreten: Im Verlauf der SN1/E1-Reaktion entsteht am Reaktionszentrum aus einem sp^3-hybridisierten tetraedrischen Kohlenstoffatom ein sp^2-hybridisiertes, trigonales Kohlenstoffatom. Falls die am Reaktionszentrum gebundenen drei Alkylgruppen sehr voluminös sind, kann es in der Ausgangsverbindung (Bindungswinkel etwa 109°) zu einer Pressung der VAN-DER-WAALS-Radien kommen ("Back Strain-Effect"). Beim Übergang zum trigonalen Kohlenstoffatom (Bindungswinkel 120°) können diese Gruppen etwas weiter auseinanderrücken, wobei die Pressung verringert wird. Die Eliminierung eines Protons gestattet es, diese energetisch günstigere Lage beizubehalten (Bindungswinkel im Olefin 120°), während die Rückbildung eines tetraedrischen Systems in einer konkurrierenden SN2-Reaktion die Pressung wieder voll herstellen würde. Die Reaktion weicht deshalb in derartigen Fällen bevorzugt in die Eliminie-

---

[1] COOPER, K. A., M. L. DHAR, E. D. HUGHES, C. K. INGOLD, B. J. MAC NULTY u. L. I. WOOLF: J. chem. Soc. [London] **1948**, 2043.

Tabelle 5.9
Sterische Erleichterung der monomolekularen Eliminierung (Solvolyse bei 25 °C)[1]

Verbindung	Solvens	k_{rel}	% Olefin
CH$_3$–C(Cl)(CH$_3$)–CH$_2$–CH$_3$	Äthanol/Wasser 80 Vol.-%	1	34
CH$_3$–C(CH$_3$)$_2$–CH$_2$–C(Cl)(CH$_3$)–CH$_3$	,,	12,4	65
CH$_3$–C(CH$_3$)$_2$–CH$_2$–C(Cl)(CH$_3$)–CH$_2$–C(CH$_3$)$_2$–CH$_3$	Wasser	322	100

[1]) BROWN, H. C., u. H. L. BERNEIS: J. Amer. chem. Soc. **75**, 10 (1953); BROWN, H. C., u. R. S. FLETCHER: J. Amer. chem. Soc. **71**, 1845 (1949).

rung aus, wobei die Reaktionsgeschwindigkeit außerdem zunimmt („sterische Beschleunigung"). Die Tabelle 5.9 gibt einige Beispiele hierfür. Auch vom Reagens her läßt sich das Verhältnis von Eliminierung zu Substitution sterisch beeinflussen: Sowohl bei der E1- als auch bei der E2-Eliminierung muß dem Substrat in dem für das Reaktionsprodukt verantwortlichen Schritt ein Proton entzogen werden. Hierzu ist eine Base erforderlich. Das Proton befindet sich normalerweise weiter an der Peripherie des Moleküls als das zentrale Kohlenstoffatom, an dem die konkurrierende Substitutionsreaktion einsetzen würde. Wählt man eine hinreichend starke Base (Bedingung für die Reaktion mit der β–C–H-Bindung), die andererseits so voluminös gebaut ist, daß ihre nucleophilen Eigenschaften gegenüber dem Kohlenstoffatom aus sterischen Gründen stark herabgesetzt sind, so muß die Eliminierung sowohl nach E1 als auch nach E2 zur Hauptreaktion werden. Als gut brauchbar hat sich Äthyl-dicyclohexylamin erwiesen [1]. Die Reaktionszeiten sind zwar mit dieser Base teilweise lang, die Olefinbildung ist aber die einzige, quantitativ verlaufende Reaktion, da der Übergangszustand einer Substitutionsreaktion sterisch nicht mehr möglich ist. So liefert n-Ocylbromid bei 180 °C 99% Octen-(1) und n-Dodecylbromid 98% Dodecen-(1) [1]. Noch bessere Eigenschaften haben in dieser Hinsicht die nachstehend formulierten, leicht herstellbaren bicyclischen Basen [2]:

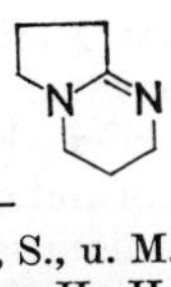

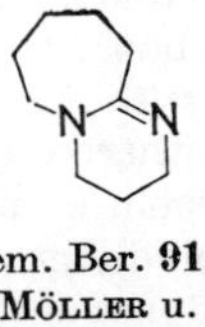

[1] HÜNIG, S., u. M. KIESSEL: Chem. Ber. **91**, 380 (1958).
[2] OEDIGER, H., H. J. KABBE, F. MÖLLER u. K. EITER: Chem. Ber. **99**, 2012 (1966); OEDIGER, H., u. F. MÖLLER: Angew. Chem. **79**, 53 (1967).

Es sei abschließend festgestellt, daß primäre Alkylverbindungen normalerweise nach dem E2-Mechanismus, tertiäre dagegen bevorzugt nach E1 reagieren, während bei den sekundären häufig die äußeren Bedingungen den Mechanismus bestimmen. Im übrigen gelten die bereits bei der Besprechung der verwandten Substitutionsreaktionen gemachten Feststellungen sinngemäß. Auf einen wichtigen Unterschied sei hingewiesen: Während tertiäre Verbindungen im allgemeinen nur unter den Bedingungen einer monomolekularen Reaktion substituierbar sind, die entsprechende bimolekulare Substitution dagegen sterisch gehindert ist (vgl. S. 170), fällt diese Einschränkung bei der Eliminierung weg. Bei dieser greift ja die Hilfsbase nicht am zentralen Kohlenstoffatom an, sondern an einem Proton an der Peripherie des Moleküls. Tertiäre Verbindungen, die bei Substitutionen nach SN1 reagieren, sind deshalb sehr wohl in der Lage, bimolekulare Eliminierungen einzugehen, wenn sie dem Angriff einer starken Base unterworfen werden. Die bei stark verzweigten Systemen unter SN1/E1-Bedingungen häufig auftretenden Umlagerungen werden so vermieden. Aus diesem und aus den weiter oben diskutierten Gründen wählt man für die präparative Darstellung eines Olefins durch ionische 1.2-Eliminierung praktisch immer E2-Bedingungen, das heißt, man arbeitet mit einer starken Base (Alkoholat, Ätzalkali) bei höherer Temperatur, zweckmäßigerweise in einem nichtprotonischen Lösungsmittel.

5.3. Sayzew- und Hofmann-Orientierung

Während bei primären Alkylverbindungen — nachträgliche Umlagerung ausgeschlossen — immer nur das Δ^1-Olefin entstehen kann, bilden sich aus sekundären und tertiären Alkylverbindungen häufig mehrere isomere Olefine, z. B.:

$$\underset{\substack{\Delta^2 \\ \text{,,Sayzew-Eliminierung''}}}{\text{C}-\overset{|}{\text{C}}=\text{C}-\text{C}} \xleftarrow{-\text{HX}} \underset{\text{X}}{\text{C}-\overset{|}{\underset{|}{\text{C}}}-\text{C}-\text{C}} \xrightarrow{-\text{HX}} \underset{\substack{\Delta^1 \\ \text{,,Hofmann-Eliminierung''}}}{\text{C}=\overset{|}{\text{C}}-\text{C}-\text{C}} \quad (5.10)$$

Die beiden Abspaltungsrichtungen wurden schon vor langer Zeit festgestellt und durch empirische Regeln gekennzeichnet. Nach A. SAYZEW (1875) entsteht aus sekundären oder tertiären Halogeniden und Alkoholen bevorzugt das Olefin mit der *größten Anzahl Alkylgruppen*, das Proton wird also vom wasserstoffärmeren Kohlenstoffatom abgespalten. Die SAYZEW-Regel ist demnach der MARKOWNIKOW-Regel komplementär.

A. W. HOFMANN hatte dagegen 1851 gefunden, daß die thermische Zersetzung quartärer Ammoniumbasen („HOFMANN-Abbau durch erschöpfende Methylierung", vgl. (5.8)) bevorzugt das Olefin mit der *geringsten Anzahl Alkylgruppen* liefert.

Das SAYZEW-Produkt ist im allgemeinen thermodynamisch stabiler als das HOFMANN-Produkt (vgl. Tab. 2.27), und die Regeln können auch so formuliert werden, daß bei sekundären bzw. tertiären Alkylverbindungen das thermodynamisch stabilere Olefin, beim HOFMANN-Abbau das thermodynamisch weniger stabile Olefin bevorzugt entsteht.

5.3. Sayzew- und Hofmann-Orientierung

Die theoretische Erklärung dieser Orientierungsphänomene ist sehr schwierig und noch nicht vollständig abgeschlossen [1, 2]. Lediglich für E1-Eliminierungen ist der Sachverhalt klar: Infolge der hohen Energie des Carbeniumions, seines sterisch unkomplizierten Baus und seiner endlichen Lebensdauer wird normalerweise das Proton abgespalten, das zum energieärmsten Olefin führt, das heißt, es resultiert SAYZEW-Orientierung.

Bei E2-Eliminierungen hängt das Verhältnis von SAYZEW- zu HOFMANN-Eliminierung in komplizierter Weise von den folgenden Faktoren ab:

a) Konstitution der Alkylgruppe (Substituenten in α- und/oder β-Stellung;
b) Abspaltungstendenz des Substituenten;
c) Bau und Stärke der Hilfsbase,
d) Lösungsmittel,
e) Faktoren der Stereochemie, vor allem der Konformation.

Insgesamt bestimmen diese Faktoren, an welcher Stelle des gesamten Spektrums möglicher Übergangszustände zwischen E1cB und E1 der tatsächliche Übergangszustand liegt, der seinerseits für das entstehende Isomerenverhältnis verantwortlich ist. Die entsprechenden Zusammenhänge sind in Bild 5.11 dargestellt.

Der E1-Typ und damit die SAYZEW-Orientierung ist begünstigt, wenn der Substituent X eine hohe Abspaltungstendenz besitzt, in Verbindung mit einem gut ionisieren-

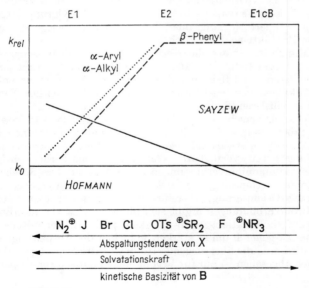

Bild 5.11
Einflüsse von Substituenten und des Reaktionsmediums auf die Geschwindigkeit und Orientierung ionischer 1.2-Eliminierungen [1]

---

[1] BUNNETT, J. F.: Angew. Chem. **74**, 731 (1962).
[2] INGOLD, C. K.: Proc. chem. Soc. [London] **1962**, 265.

den Lösungsmittel, vgl. Abschnitte 4.5. und 4.8., und wenn α-ständige Substituenten mit einem +I- oder +M-Effekt anwesend sind, die ein Carbeniumion zu stabilisieren vermögen. Umgekehrt wirken α-ständige Substituenten mit einem −I- oder −M-Effekt und schlecht abspaltbare Substituenten (z. B. Fluor, Ammonium- oder Sulfoniumgruppen) dem E1-Typ entgegen, und bewirken eine Verschiebung des Übergangszustandes in Richtung zum E2-Typ. Auf der anderen Seite erleichtern −I- und −M-Substituenten in β-Stellung die Bildung eines Carbanions (E1cB-Übergangszustand), da sie dessen negative Ladung induktiv oder konjugativ stabilisieren können. Sofern nicht extreme Verhältnisse vorliegen, reicht die Wirkung eines β-Substituenten im allgemeinen nicht aus, um den vollen E1cB-Typ zu erzwingen, sondern man findet meist den E2-Typ mit einem mehr oder weniger großen Anteil aus dem Carbaniongebiet, vgl. aber [1].

β-ständige +I- und +M-Substituenten destabilisieren eine negative Ladung am β-Kohlenstoffatom und erschweren demzufolge den E1cB-Typ. Schließlich begünstigen konjugationsfähige Gruppen in α- oder in β-Stellung einen Übergangszustand, in dem die Doppelbindung schon relativ weit entwickelt ist, also den E2-Typ. Auch α- oder β-Alkylgruppen zeigen einen gleichartigen Effekt, der auch für die Stabilität alkylsubstituierter Olefine verantwortlich ist (vgl. Tab. 2.27).

In Bild 5.11 sind zwei Gebiete gekennzeichnet, die durch die k_0-Linie getrennt werden (k_0 = Geschwindigkeit der Reaktion von CH_3CH_2X) und überwiegender SAYZEW- bzw. überwiegender HOFMANN-Orientierung entsprechen. Reagiert in Verbindungen vom Typ (5.10) die längere Seitenkette schneller als die Äthylgruppe, resultiert SAYZEW-Orientierung, reagiert sie langsamer, erhält man überwiegend das HOFMANN-Produkt. Beide Produkte sind kinetisch bedingt.

Nach INGOLD und Mitarbeitern hängt die Geschwindigkeit, mit der eine *unverzweigte* Seitenkette reagiert, nur vom Induktionseffekt der am β-Kohlenstoffatom gebundenen Alkylgruppe ab, deren +I-Effekt der Abspaltung eines β-Protons entgegenwirkt. Verzweigte α-Alkylgruppen beschleunigen die Reaktion durch ihre Fähigkeit, Doppelbindungen zu stabilisieren [2, 3].

Einige typische Werte für verschiedene Substrate sind in Tabelle 5.12 zusammengestellt [2]. Aus den tabellierten, auf jeweils eine C−H-Bindung bezogenen Werten kann die bei E2-Reaktionen zu erwartende Isomerenverteilung abgeschätzt werden, indem man die Zahl der jeweils verfügbaren Wasserstoffatome berücksichtigt. Die Werte für die Trimethylammoniumverbindungen zeigen eine größere Spreizung als die der Dimethylsulfoniumverbindung; die Stickstoffverbindungen ergeben also die ausgeprägtere HOFMANN-Orientierung, übereinstimmend mit der experimentellen Erfahrung. Für die Bromverbindungen ergibt sich klare SAYZEW-Orientierung. Der Substituenteneinfluß auf die Reaktionsgeschwindigkeit (positiv in der α-Reihe, negativ in der β-Alkylreihe) ist generell um so stärker, je kleiner die Abspaltungstendenz des Substituenten X wird, und die überwiegende HOFMANN-Orientierung wird — von besonderen Ausnahmen abgesehen — nur für Verbindungen mit schwer abspaltbaren

---

[1] BORDWELL, F. G.: Accounts chem. Res. **5**, 374 (1972).
[2] HANHART, W., u. C. K. INGOLD: J. chem. Soc. [London] **1927**, 997; HUGHES, E. D., C. K. INGOLD u. G. A. MAW: J. chem. Soc. [London] **1948**, 2072.
[3] BANTHORPE, D. V., E. D. HUGHES u. C. K. INGOLD: J. chem. Soc. [London] **1960**, 4054; Bull. Soc. chim. France **1960**, 1373.

Gruppen in Gegenwart starker Basen und in Lösungsmitteln geringer Solvatationskraft erreicht, sofern die Verbindung keine α- oder β-Phenylgruppen und/ oder keine α-Alkylgruppen enthält. Der Gültigkeitsbereich der HOFMANN-Regel ist also verhältnismäßig klein. Im Hinblick auf die Form des Übergangszustandes sind die Verhältnisse wie folgt zu diskutieren: Eine β-Alkylgruppe senkt die Energie von E1- und von E2-Übergangszuständen durch Elektronenabgabe an die sich entwickelnde Doppelbindung bzw. zum entstehenden Carbeniumion. In der Gegend des E1cB-Übergangszustandes ist der Doppelbindungscharakter stark abgeschwächt, und die Spaltung der $\beta-C-H$-Bindung wird entscheidend. Eine β-Alkylgruppe erschwert dies, und es resultiert HOFMANN-Orientierung. Die in Bild 5.11 zum Ausdruck kommende Begünstigung der HOFMANN-Orientierung mit sinkender Abspaltungstendenz des Substituenten X ist in neuer Zeit mehrfach belegt worden. Die Ergebnisse für ein besonders eingehend untersuchtes Beispiel zeigt Tabelle 5.13 [1].

Tabelle 5.12
Relativgeschwindigkeiten ionischer 1.2-Eliminierungen $R-X + EtO^{\ominus}/EtOH$, berechnet pro $\beta-C-H$-Bindung[1])

R	X		R	X		
	α-Reihe			β-Reihe		
	$^{\oplus}SMe_2$ (45°C)	Br (25°C)		$^{\oplus}SMe_2$ (64°C)	$^{\oplus}NMe_3$ (104°C)	Br (55°C)
CH_3CH_2-	1	1	CH_3CH_2-	1	1	1
$(CH_3)_2CH-$	23	5	$CH_3-CH_2-CH_2-$	0,55	0,11	5,0
$(CH_3)_3C-$	585	40	$CH_3CH_2-CH_2CH_2-$	0,40	0,06	4,1
CH_3CH | Ph	95	32	$(CH_3)_2-CHCH_2-$	0,38	0,35	8,0
			$Ph-CH_2CH_2-$	645[2])	—	527

[1]) DHAR, M. L., E. D. HUGHES, C. K. INGOLD, A. M. M. MANDOUR, G. A. MAW u. L. I. WOLF: J. chem. Soc. [London] 1948, 2093; [3] S. 220.
[2]) bei 60°C

Tabelle 5.13
Abspaltungstendenz und Olefinzusammensetzung für die Reaktion von 2-Hexylverbindungen mit $NaOCH_3$ in Methanol (100°C) [1]

X	% 1-Hexen	$\Delta S^{\neq 1})$	Δ^2/Δ^1	trans-Δ^2/cis-Δ^2
F	69,9	−13,5	0,43	2,3
Cl	33,3	− 9,0	2,0	2,9
Br	27,6	− 6,2	2,6	3,0
J	19,3	− 6,0	4,2	3,6
OBs[2])	41,7	− 4,7	1,4	1,7
OBs[2,3])	0,85		11,7	1,9

[1]) cal/grd.mol, Wert für die Bildung von 1-Hexen
[2]) p-Brombenzolsulfonat
[3]) reine Solvolyse in Methanol; Hauptprodukt ist 2-Hexyl-methyläther (84,3%)

[1] BARTSCH, R. A., J. F. BUNNETT: J. Amer. chem. Soc. **90**, 408 (1968).

Ähnliche Ergebnisse wurden an den vier 2-Halogen-pentanen und 2-Halogen-2-methyl-butanen [1], 2-Butylchlorid, -bromid und -jodid und tert.-Amylchlorid, -bromid und -jodid [2] erhalten.

Die Arylsulfonate fallen besonders durch ihre gegenüber der nucleophilen Substitution niedrigen Abspaltungstendenz auf und geben außerdem fast keine Änderung des Δ^1-Olefin-Anteils beim Übergang von p-Nitrobenzolsulfonyl- bis p-Aminobenzolsulfonyl-Sulfonat [3]. Offensichtlich ist der Substituent im Arylrest nur noch schwach wirksam (ϱ-Wert für Pentyl-(2)-arylsulfonate 1,35, für 2.2-Diphenyläthyl-arylsulfonate 1,11 [4]), das heißt die Abspaltungstendenz des Sulfonatrestes stellt hier keinen für die Eliminierung wesentlichen Faktor mehr dar. Das wird durch das niedrige trans/cis-Verhältnis unterstrichen (Erklärung s. weiter unten).

Die Geschwindigkeitskonstanten für die Bildung von cis- bzw. trans-Hexen-2 und von Hexen (1) für die in Tabelle 5.13 angeführte Reaktion korrelieren linear miteinander. Dadurch wird mit ziemlicher Sicherheit ausgeschlossen, daß der Substituent X das Isomerenverhältnis durch seinen Raumanspruch bedingt, wie dies von H. C. BROWN postuliert wurde [2,5], denn sterische Effekte zeigen keinen regelmäßigen Gang.

Die in Tabelle 5.13 mit angegebenen Aktivierungsentropien lassen allerdings erkennen, daß die Ablösung von Fluoridionen sterisch anspruchsvoller ist als die von z. B. Jodid. Der Unterschied entspricht aber nicht der drastischen Änderung von HOFMANN-Eliminierung beim Fluorid zur SAYZEW-Orientierung beim Jodid, sondern spiegelt wahrscheinlich wider, daß bei einer schlecht abspaltbaren Gruppe Wechselwirkungen mit dem Lösungsmittel (hier: Methanol) besonders wichtig und notwendig sind.

Auch das Lösungsmittel und die Hilfsbase haben einen erheblichen Einfluß auf die Isomerenverteilung. In Tabelle 5.14 sind einige Ergebnisse zusammengestellt [6]. Nach H. C. BROWN kann das Wasserstoffatom im Inneren des Moleküls (für die SAYZEW-Orientierung) immer schwerer erreicht werden, wenn man vom sterisch relativ anspruchslosen Äthylat zu tert.-Butylat bzw. zu noch stärker verzweigten Basen übergeht [6].

Es entsteht deshalb in steigender Menge das HOFMANN-Produkt.

In den Ergebnissen der Tabelle 5.14 sind aber wahrscheinlich im Gegensatz zur Auffassung von H. C. BROWN noch zwei weitere wichtige Einflüsse enthalten: Außer der Raumfüllung steigt auch die Basenstärke vom Äthylat zu den verzweigten Basen an, und die Solvatationskraft des betreffenden zugehörigen Alkohols sinkt in der gleichen Richtung, so daß der abdissoziierende Substituent zunehmend schwerer abspaltbar wird und nach Tabelle 5.13 dadurch mehr Δ^1-Olefin entstehen muß. Diese Wirkung des Lösungsmittels ist anderweitig bestätigt worden: 2-Butyltosylat gibt mit Kalium-

---

[1] SAUNDERS, W. H., S. R. FAHRENHOLTZ u. J. P. LOWE: Tetrahedron Letters [London] **1960**, 1; SAUNDERS, W. H., S. R. FAHRENHOLTZ, E. A. CARESS, J. P. LOWE u. M. SCHREIBER: J. Amer. chem. Soc. **87**, 3401 (1965).
[2] BROWN, H. C., u. R. L. KLIMISCH: J. Amer. chem. Soc. **88**, 1425 (1966).
[3] COLTER, A. K., u. R. D. JOHNSON: J. Amer. chem. Soc. **84**, 3289 (1962); COLTER, A. K., u. D. R. MCKELVEY: Canad. J. Chem. **43**, 1282 (1965).
[4] WILLI, A. V.: Helv. chim. Acta **49**, 1725 (1966).
[5] BROWN, H. C.: J. chem. Soc. [London] **1956**, 1248.
[6] BROWN, H. C., u. I. MORITANI: J. Amer. chem. Soc. **75**, 4112 (1953); BROWN, H. C., I. MORITANI u. Y. OKAMOTO: J. Amer. chem. Soc. **78**, 2193 (1956); BROWN, H. C., I. MORITANI u. M. NAKAGAWA: J. Amer. chem. Soc. **78**, 2190 (1956).

äthylat in Äthanol 35% Buten-(1), in Dimethylsulfoxid, Dimethylformamid oder t-Butanol dagegen etwa 54% [1]. In der gleichen Arbeit wird nachgewiesen, daß der Anteil an Buten-(1) (HOFMANN-Produkt) annähernd linear von der Dissoziationskonstante der Hilfsbase abhängt: Während mit Kalium-tert.-Butylat in DMSO 61% Buten-(1) entsteht, liefert Kalium-phenolat/DMSO nur noch 31%. Diese Zahlen sind durchaus mit denen in Tabelle 5.14 vergleichbar und legen einige Vorsicht bei der theoretischen Interpretation der Ergebnisse der Tabelle 5.14 nahe, deren präparativer Wert natürlich unbestritten ist.

Tabelle 5.14
Anteil (%) Δ^1-Olefin (HOFMANN-Produkt) in Abhängigkeit von Hilfsbase und Lösungsmittel (70 °C)[1,2]

Alkylbromid	EtO$^\ominus$	s-BuO$^\ominus$	t-AmO$^\ominus$	Et$_3$CO$^\ominus$
CH$_3$CH$_2$CHBrCH$_3$	19	53		
CH$_3$CH$_2$CH$_2$CHBrCH$_3$	29	66		
CH$_3$CH$_2$CBr(CH$_3$)$_2$	30	73	78	89
(CH$_3$)$_2$CHCBr(CH$_3$)$_2$	21	73	81	92
(CH$_3$)$_3$CCH$_2$CBr(CH$_3$)$_2$	86	98		97

[1]) Vgl. [6] S. 222.
[2]) jeweils im Alkohol, der dem betreffenden Alkoholat entspricht

Zur Feststellung, an welcher Stelle im Spektrum E1 – E2 – E1cB sich der tatsächliche Übergangszustand einer ionischen Eliminierung befindet, können die folgenden Möglichkeiten genutzt werden:

a) *Kinetik*
Die E1-Reaktion kann leicht dadurch erkannt werden, daß die Konzentration der Base nicht in das Geschwindigkeitsgesetz eingeht. Eine Unterscheidung zwischen E2 und E1cB ist kinetisch nicht möglich, da beide Mechanismen eine zweite Ordnung ergeben:
E2: $v = k[\text{RX}][\text{B}]$ E1cB: $v = K_{\text{Äqu}}k[\text{RX}][\text{B}]$.[1]

b) *Kinetische Isotopeneffekte* [2]
In β-Stellung deuterierte oder tritierte Verbindungen ergeben bei der E1-Reaktion nur einen sekundären kinetischen Isotopeneffekt, der dem der SN1-Reaktion entspricht. Beim Vorliegen eines E2-Übergangszustandes wird das β-Proton im geschwindigkeitsbestimmenden Schritt gelöst, und man erhält große primäre kinetische Isotopeneffekte, die den maximalen Wert erreichen, wenn das Proton im Übergangszustand sich gerade in der Mitte zwischen Base und Substrat befindet („Halblösung";

---

[1] FROEMSDORF, D. H., u. M. D. ROBBINS: J. Amer. chem. Soc. 89, 1737 (1967); vgl. FROEMSDORF, D. H., u. Mitarb.: J. Amer. chem. Soc. 87, 3983, 3984 (1965); 88, 2345 (1966).
[2] Vgl. [1, 2] S. 519; BUNCEL, E., u. A. N. BOURNS: Canad. J. Chem. 38, 2457 (1960); SIMON, H., u. D. PALM: Angew. Chem. 78, 993 (1966); FRY, A.: Chem. soz. Reviews 1, 163 (1972)

[1]) für den normalerweise vorliegenden Fall, daß die protonierte Base das Lösungsmittel ist

für diesen Fall ist k_H/k_D bei 25 °C etwa 7 [1]). Der E1cB-Mechanismus mit vorgelagerter schneller Abspaltung des Protons zeigt keinen kinetischen Wasserstoffisotopeneffekt.

Analog können ^{14}C-Isotopeneffekte für die in die Reaktion verwickelten Kohlenstoffatome und kinetische Isotopeneffekte für den abdissoziierenden Substituenten herangezogen werden.

Bei einem idealen E2-Übergangszustand müssen die β-H/D-, β-$^{12}C/^{14}C$-, α-$^{12}C/^{14}C$- und $^mX/^nX$-Effekte prozentual zum Maximalwert etwa gleich sein. Im bisher am besten untersuchten Fall, der HOFMANN-Eliminierung an quartären Stickstoffverbindungen, hat sich gezeigt, daß bei aliphatischen quartären Ammoniumverbindungen keine Synchronie besteht, sondern die C—X-Bindung im Übergangszustand bereits weiter gespalten als die Doppelbindung entwickelt ist, das heißt im Übergangszustand noch E1-Anteile enthalten sind. Eine Synchronreaktion bzw. ein bereits zum E1cB-Typ verschobener Übergangszustand ist nach den Isotopeneffekten dagegen bei β-Aryläthylammoniumverbindungen anzunehmen, da hier die β-Arylgruppe die Abspaltung des β-Protons begünstigt [2].

c) *H/D-Austausch*

In der E1cB-Reaktion wird das Substrat in β-Stellung rasch und reversibel deprotoniert und reagiert aus dem Anion heraus langsam zum Olefin. Wenn die Reaktion der β—H-Verbindung in D_2O oder ROD bzw. β—D-Verbindung in H_2O bzw. ROH nach unvollständigem Umsatz abgebrochen wird, muß infolge der raschen Protonierung bzw. Deuterierung des Carbanions im zurückgewonnenen Ausgangsprodukt Isotopenaustausch H gegen D festzustellen sein.[1])

d) *Reaktionskonstanten*

Aus den Reaktionskonstanten von β-Aryläthylverbindungen lassen sich wertvolle Aufschlüsse über den Grad der β-Deprotonierung im Übergangszustand erhalten. Während für die E1-Reaktion eine negative Reaktionskonstante zu erwarten ist, läßt sich bei der E2-Reaktion nicht ohne weiteres sagen, ob die Unterstützung der β-Deprotonierung oder die Stabilisierung der entstehenden Doppelbindunr entscheidend sind. Es werden durchwegs positive Reaktionskonstanten gefunden, degen Zahlenwert um so größer ist, je weiter der Übergangszustand der E2-Reaktion in Richtung zum E1cB-Typ verschoben ist. Für die Bildung eines Carbanions läßt sich ja ganz klar eine positive Reaktionskonstante erwarten (geschätzt: $\varrho \approx 4-5$ [3]). In einem E1cB-ähnlichen Fall wurde interessanterweise gefunden, daß σ^--Konstanten benutzt werden mußten, um eine gute Korrelation im HAMMETT-Diagramm zu erhalten [4]. Das kann als zusätzliche Stütze für E1cB-Typen gelten.

---

[1] WESTHEIMER, F. H.: Chem. Reviews **61**, 265 (1961).
[2] SIMON, H., u. G. MÜLLHOFER: Chem. Ber. **96**, 3167 (1963); **97**, 2202 (1964); vgl. aber [1, 2] S. 519; AYREY, G., A. N. BOURNS u. V. A. VYAS: Canad. J. Chem. **41**, 1759 (1963).
[3] DEPUY, C. H., G. F. MORRIS, J. S. SMITH u. R. J. SMAT: J. Amer. chem. Soc. **87**, 2421 (1965).
[4] SAUNDERS, W. H., u. R. A. WILLIAMS: J. Amer. chem. Soc. **79**, 3712 (1957).

[1]) Zur Frage, ob H/D-Austausch als Nebenreaktion zu einer E2-Reaktion auftreten kann, vgl. HOFFMANN, H. R. M.: Tetrahedron Letters [London] **1967**, 4393.

e) Isomerenverhältnisse

Wie weiter oben ausführlich diskutiert, ist ein kleines (<1) Δ^2/Δ^1-Verhältnis (HOFMANN-Orientierung) ein Anzeichen dafür, daß der Übergangszustand der betreffenden ionischen 1.2-Eliminierung im Gebiet zwischen dem E2- und dem E1cB-Fall oder sogar im E1cB-Gebiet liegt. Für den reinen E2-Fall ist dieses Verhältnis variabel, für E1-Eliminierungen dagegen groß (SAYZEW-Orientierung, vgl. den Wert für die Solvolyse von 2-Hexylbrosylat in Tab. 5.13).

Ein empfindliches Kriterium scheint auch das trans/cis-Verhältnis im gebildeten nicht endständigen Olefin (SAYZEW-Produkt) zu sein (vgl. Tab. 5.13). HOFMANN-Orientierung, das heißt ein Übergangszustand zwischen E2 und E1cB (z. B. 2-Hexylfluorid in Tab. 5.13), ist mit einem kleinen trans/cis-Verhältnis, SAYZEW-Orientierung, das heißt ein Übergangszustand zwischen E2 und E1 (z. B. 2-Hexyljodid in Tab. 5.13), dagegen mit einem größeren trans/cis-Verhältnis verknüpft. Die Größe der Werte hängt allerdings außerdem stark von der Raumfüllung der Substituenten in 1- und 2-Stellung ab. Für reine E1-Reaktionen (Solvolysen) können die trans/cis-Werte stark schwanken, z. B. 2-Butyltosylat: trans/cis-$\Delta^2 = 1,1$; 4.4-Dimethylpentyl(2)-tosylat: trans/cis-$\Delta^2 = 83$ [1] (vgl. auch die letzte Zeile in Tab. 5.13). Die genauere Erklärung werden wir im Zusammenhang mit stereochemischen Fragen geben, vgl. weiter unten.

Tab. 5.15
Kinetische Daten für die ionische Eliminierung von HX aus p-substituierten 2-Phenyläthylderivaten Ar—CH_2—CH_2—X bei 30°C[1])

X	EtO$^\ominus$/EtOH				t-BuO$^\ominus$/t-BuOH		
	k_{rel}[2])	ϱ	k_H/k_D[3])	$k_X/k_{X'}$[2])	k_{rel}[3])	ϱ	k_H/k_D[4])
J	26600	2,1			1030	1,9	
Br	4100	2,1	7,1		233	2,1	7,9
OTs	392	2,3	5,7		52	3,4	8,0
Cl	68	2,6					
$^\oplus$SMe$_2$	8[7])	2,8	5,1[5])	1,0064[5])			
F	1	3,1					
$^\oplus$NMe$_3$		3,8	3,0[6])	1,012[6])			

[1]) SAUNDERS, W. H., u. Mitarb.: J. Amer. chem. Soc. **79**, 3712 (1957); **80**, 4099 (1958); **82**, 138 (1960); **88** 848 (1966); DEPUY C. H., u. Mitarb.: J. Amer. chem. Soc. **79**, 3710 (1957); **82**, 2532, 2535 (1960); AYREY, G., A. N. BOURNS u. V. A. VYAS: Canad. J. Chem. **41**, 1759 (1963).
[2]) für p—R = H
[3]) für PhCH$_2$CH$_2$X bzw. PhCD$_2$CH$_2$X
[4]) für p—R = H, bezogen auf ROTs in EtOH/EtO$^-$ = 1
[5]) k_H/k_D entspricht etwa 74%, k_{32S}/k_{34S} etwa 30 bis 40% des Maximaleffektes.
[6]) k_H/k_D entspricht etwa 50%, k_{14N}/k_{15N} etwa 35% des Maximaleffektes.
[7]) durch Division mit 4900 korrigierter Wert, um dem besonderen Ladungstyp der Reaktion Rechnung zu tragen

Einige wesentliche Punkte der vorangegangenen Diskussion kommen in den Werten der Tabelle 5.15 zum Ausdruck, in der Relativgeschwindigkeiten, kinetische β—H/D-

---

[1] BROWN, H. C., u. M. NAKAGAWA: J. Amer. chem. Soc. **77**, 3614 (1955).

Effekte bzw. Isotopeneffekte für den Substituenten X und Reaktionskonstanten für ionische Eliminierungen an β-Aryläthylverbindungen zusammengestellt sind. Die Werte der Tabelle 5.15 zeigen, daß die Eliminierungsgeschwindigkeit um so größer wird, je stärker sich der Übergangszustand dem E2-Typ nähert, der durch k_H/k_D-Werte von etwa 7 und relativ kleine Reaktionskonstanten charakterisiert wird. Mit sinkender Abspaltungstendenz des Substituenten X wird der Übergangszustand „enger", die Spaltung der $\beta-C-H$-Bindung gewinnt an Bedeutung (ansteigende ϱ-Werte), und die Reaktion erhält einen erheblichen E1cB-Anteil. Das kommt in den Isotopeneffekten für die Dimethylsulfonium- bzw. Trimethylammoniumverbindungen klar zum Ausdruck, die anzeigen, daß die Spaltung der $\beta-C-H$-Bindung im Übergangszustand weiter fortgeschritten ist als die Spaltung der $C-X$-Bindung.

Leicht abspaltbare Gruppen wie J, Br, OTs führen zu einem „lockeren" Übergangszustand. Die bei der Spaltung der $\beta-C-H$-Bindung freigesetzten Elektronen brauchen deshalb nicht vorzugsweise vom β-Arylrest stabilisiert zu werden, sondern fließen unter gleichzeitiger Abspaltung des Substituenten X in das sich bildende Olefinsystem ein. Dieses System kann auch einen höheren Anteil freigesetzter β-Elektronen ohne weiteres verkraften, und die Reaktionsgeschwindigkeit steigt deshalb bei Einsatz der stärkeren Base tert.-Butylat an.

Bei schwer abspaltbaren Substituenten X ist der Übergangszustand dagegen „eng" und schwerer polarisierbar, so daß die β-Arylgruppe für die Stabilisierung der am β-Kohlenstoffatom freigesetzten Ladung wesentlich wird.

5.4. Stereochemie von bimolekularen Eliminierungen [1—3]

5.4.1. Anti-Eliminierung

Die bisher wiedergegebenen experimentellen Ergebnisse und theoretischen Interpretationen lassen eine wichtige Eigenschaft der bimolekularen ionischen Eliminierung nicht erkennen: E2-Reaktionen verlaufen stereospezifisch.

So liefert die Dehydrohalogenierung von erythro- bzw. threo-1.2-Diphenyl-1-deutero-2-bromäthan (5.16, 1) bzw. (5.16, 4) mit Alkalialkoholat in beiden Fällen trans-Stilben 3, wobei die erythro-Form das gesamte Deuterium verliert, während bei der threo-Form das gesamte Deuterium im Endprodukt enthalten ist [4].

---

[1] CRAM, D. J., in: Steric Effects in Organic Chemistry, John Wiley, & Sons, Inc., New York 1956, Kap. 6.
[2] GRIGOR'EVA, N. J., u. V. F. KUČEROV: Usp. Chim. **31**, 39 (1962).
[3] WEINGES, K., W. KALTENHÄUSER u. F. NADER: Fortschr. chem. Forsch. **6**, 383 (1966).
[4] GREENE, F. D., W. A. REMERS u. J. W. WILSON: J. Amer. chem. Soc. **79**, 1416 (1957).

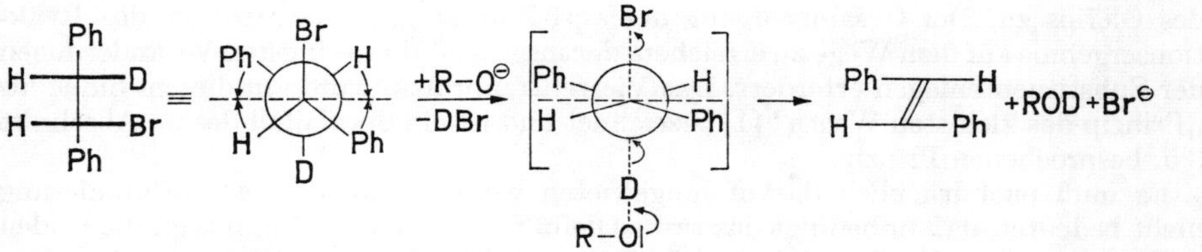

5.4.1. Anti-Eliminierung

[Reaction scheme 5.16:]

1a erythro → 1b → 2 → 3 trans-Stilben (91% D-Verlust) +ROD +Br$^\ominus$

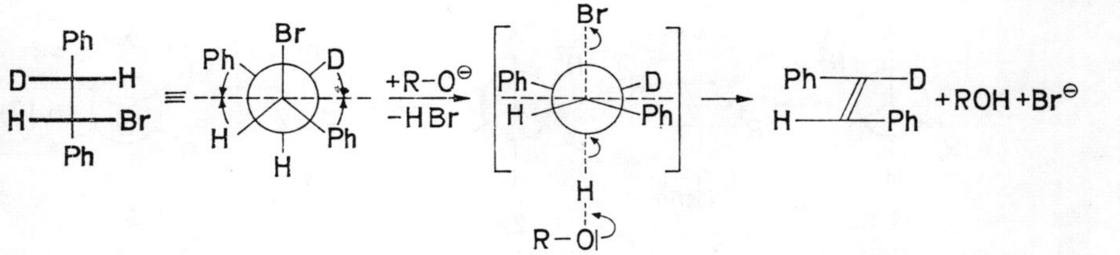

4a threo → 4b → 5 → 3 trans-Stilben (87% D-Erhalt) +ROH +Br$^\ominus$

(5.16)

Beide Ausgangsverbindungen liegen ganz überwiegend in den energieärmsten gestaffelten Konformationen vor, in denen die größten Gruppen (Phenyl und Brom) möglichst weit voneinander entfernt sind. Auf diese Weise geraten in der erythro-Form das Bromatom und das Deuteriumatom, in der threo-Form das Bromatom und ein Wasserstoffatom in die anti-periplanare Lage.

Analog der bimolekularen Substitution greift die Base das Wasserstoffatom bzw. Deuteriumatom so an, daß ein gestreckter Übergangszustand resultiert; das freiwerdende Elektronenpaar aus der C—H- bzw. C—D-Bindung greift ebenso das Kohlenstoffatom der C—X-Bindung an. Insgesamt entsteht so ein Übergangszustand, in dem alle in die Elektronenverschiebung verwickelten Atome in einer Ebene angeordnet sind („Vierzentrenprinzip" [1]).

Da der in einer Ebene liegende Übergangszustand der E2-Reaktion durch die Orbitalverhältnisse der Bindungen (Überlappung von sich entwickelnden p-Orbitalen) bestimmt wird, spricht man von *stereoelektronischer Kontrolle* derartiger Reaktionen. Das führt im vorliegenden Falle ausschließlich zu anti-Eliminierung, wie durch die Einheitlichkeit der Reaktionsprodukte bewiesen wird.

Das kann auf alle E2-Reaktionen verallgemeinert werden, sofern die Ausgangsverbindung einen anti-periplanaren Übergangszustand überhaupt ermöglicht (vgl. weiter unten), und ist durch ein umfangreiches experimentelles Material gesichert [2].

Bei der Ausbildung des Übergangszustandes (5.16, 2 bzw. 4) werden die β—C—H- und die α—C—Br-Bindungen verlängert, und gleichzeitig damit rücken die übrigen Substituenten in Richtung der gefiederten Pfeile auf die spätere Substituentenebene

---

[1] DHAR, M. L., E. D. HUGHES, C. K. INGOLD, A. M. M. MANDOUR, G. A. MAW u. L. I. WOOLF: J. chem. Soc. [London] **1948**, 2093.
[2] HÜCKEL, W., W. TAPPE u. G. LEGUTKE: Liebigs Ann. Chem. **543**, 191 (1940); [1] S. 226.

des Olefins zu. Der Gesamtvorgang der anti-Eliminierung gestattet es, das Reaktionsergebnis auf dem Wege zu erreichen, der insgesamt die geringsten Veränderungen der Substituentenlagen erfordert. Das Vierzentrenprinzip wurde in diesem Sinne als „Prinzip des kleinsten Weges" [1] bezeichnet und ist ein Spezialfall des im Abschnitt 3.5. besprochenen Prinzips.

Es muß nachdrücklich darauf hingewiesen werden, daß eine anti-Eliminierung nicht bedeutet, daß unbedingt das trans-Olefin dabei entstehen muß (vgl. die beiden anti-periplanaren Konformationen (5.17, 1 und 2)). Natürlich ist bei großen Substituenten R^1 und R^2 die Konformation 1 begünstigt und das trans-Olefin bevorzugt wie bereits das Beispiel (5.16) zeigte.

$$\underset{\underset{\text{1}}{\text{H}}}{\overset{\overset{\text{X}}{|}}{R^1}}\!\!\!\!\!\!\!\!\!\!\!\!\!\!R^2 \longrightarrow \underset{\text{trans-Olefin}}{R^1\!\!=\!\!R^2} \quad \underset{\underset{\text{2}}{\text{H}}}{\overset{\overset{\text{X}}{|}}{R^1}}\!\!\!\!\!\!\!\!\!\!\!\!\!\!R^2 \longrightarrow \underset{\text{cis-Olefin}}{R^1\!\!=\!\!R^2} \quad \underset{3}{\overset{\overset{\text{X}}{|}}{R^1}}\!\!\!\!\!\!\!\!\!\!\!\!\!\!R^2_\ominus \quad (5.17)$$

Da die Substituenten R^1 und R^2 in (5.17, 2) im Übergangszustand einer E2-Reaktion näher in Richtung auf die spätere Olefinebene zusammenrücken müssen (vgl. (5.16)), steigert sich die ungünstige sterische Beeinflussung der beiden Substituenten im Verlauf dieser Reaktion, und die von Konformation (5.17, 1) ausgehende Reaktion ist auch aus diesem Grunde bevorzugt. In einer Reaktion vom E1cB-Typ entsteht dagegen ein Carbanion, das stereochemisch der Ausgangsverbindung gleicht, ausgehend von (5.17, 2) also durch (5.17, 3) darzustellen ist. Die Substituenten R^1 und R^2 sind hier nicht stärker gehindert als im Ausgangszustand, und die E1cB-Reaktion kann demzufolge das cis-Olefin etwas leichter liefern als eine E2-Reaktion. Das ist der Grund für das mit stärkerem E1cB-Anteil abnehmende trans-Δ^2/cis-Δ^2-Verhältnis (vgl. Tab. 5.13). Bei 1.2-disubstituierten Cyclohexanderivaten ist der anti-periplanare Übergangszustand nur möglich, wenn beide abzuspaltenden Substituenten die axiale Konformation einnehmen können. Das soll an einigen Beispielen erläutert werden. So fanden W. HÜCKEL und Mitarbeiter [2], daß sich 2-Methyl-cyclohexanol-tosylate in Abhängigkeit von ihrem sterischen Bau zu 2- oder 3-Methylcyclohexenen umsetzen, wenn man sie den Bedingungen einer E2-Eliminierung unterwirft (Einwirkung von Natrium-isopropylat). Das trans-2-Methyl-cyclohexanol-tosylat (5.18,1) liegt als Gleichgewichtsgemisch von e, e- (1a) und a, a-Form (1b) vor.

Wenn man die Konformation in Richtung $C^1 \to C^2$ aufzeichnet, ergibt sich weder für die e, e- (1c) noch für die a, a,-Form (1d) eine Möglichkeit der Eliminierung von Tosylation und $H^\oplus$ aus der antiperiplanaren Lage. Es entsteht deshalb kein 2-Methylcyclohexen 3. Die Konformation in Richtung $C^1 \to C^6$ (1e, 1f) läßt dagegen eine Eliminierung von Toluolsulfonsäure aus der a, a-Form (1f) erwarten, da in ihr die antiperiplanare Lage verwirklicht ist. Tatsächlich liefert das trans-2-Methyl-cyclohexanol-tosylat in Gegenwart von Na-Isopropylat ausschließlich das 3-Methyl-cyclo-

---

[1] HINE, J.: J. Amer. chem. Soc. 88, 5525 (1966).
[2] HÜCKEL, W., u. Mitarb.: Liebigs Ann. Chem. 624, 142 (1959).

5.4.1. Anti-Eliminierung

hexen 2, d. h. die Reaktion erfolgt vollständig im Sinne der HOFMANN-Orientierung.

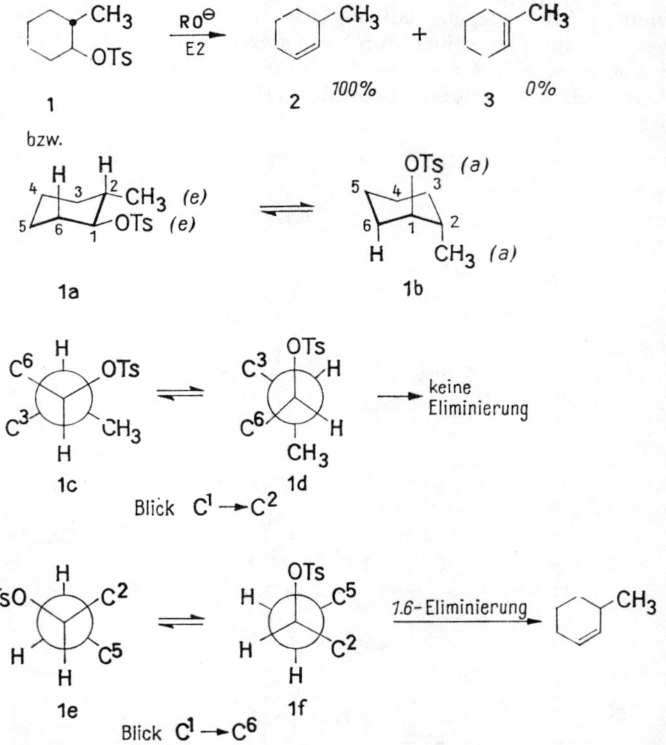

$$\underset{1}{\text{[Cyclohexyl-CH}_3\text{/OTs]}} \xrightarrow[E2]{RO^\ominus} \underset{2 \quad 100\%}{\text{[3-Methylcyclohexen]}} + \underset{3 \quad 0\%}{\text{[1-Methylcyclohexen]}}$$

bzw.

$$\underset{1a}{\text{CH}_3\text{ (e), OTs (e)}} \rightleftharpoons \underset{1b}{\text{OTs (a), CH}_3\text{ (a)}}$$

(5.18)

$$\underset{1c}{\text{Newman 1c}} \rightleftharpoons \underset{1d}{\text{Newman 1d}} \longrightarrow \text{keine Eliminierung}$$

Blick $C^1 \rightarrow C^2$

$$\underset{1e}{\text{Newman 1e}} \rightleftharpoons \underset{1f}{\text{Newman 1f}} \xrightarrow{1.6\text{-Eliminierung}} \text{[3-Methylcyclohexen]}$$

Blick $C^1 \rightarrow C^6$

Aus cis-2-Methyl-cyclohexanol-tosylat entsteht dagegen bei der E2-Eliminierung ein Gemisch von 36% 3-Methyl-cyclohexen und 64% 2-Methyl-cyclohexen, es überwiegt also hier die SAYZEW-Orientierung (5.19).

Im cis-2-Methyl-cyclohexanol-tosylat muß jeweils ein Substituent die axiale und einer die äquatoriale Konformation einnehmen. Es liegt ein Gleichgewicht vor, in dem einmal der Tosylrest die axiale Konstellation (1b), in der anderen Form dagegen die äquatoriale Lage (1a) besetzt.

Die Konformation bei Blickrichtung $C^1 \rightarrow C^2$ ergibt für die Form mit axialer Tosylgruppe (1d) leichte Eliminierbarkeit von Toluolsulfonsäure, da ein Wasserstoffatom in anti-periplanarer Lage zur Verfügung steht. Dabei wird 2-Methylcyclohexen 3 gebildet.

Aber nicht nur C^1, C^2-Eliminierung ist möglich. Die Konformation in Richtung $C^1 \rightarrow C^6$ zeigt nämlich in gleicher Weise eine antiperiplanare Anordnung von axialer Tosylgruppe und β-Wasserstoffatom (1f), so daß auch in dieser Richtung Toluolsulfonsäure abgespalten und 3-Methylcyclohexen gebildet werden kann. Da die stereoelektronischen Faktoren für beide Abspaltungsrichtungen gleich sind, entscheiden die energetischen Verhältnisse, welche Richtung vorzugsweise beschritten wird. Das

2-Methylcyclohexen ist als stärker verzweigtes Olefin energieärmer und überwiegt deshalb im Isomerengemisch.

Die beiden Beispiele zeigen, daß die Orientierung von E2-Reaktionen in relativ starren Systemen im allgemeinen durch die stereoelektronischen Einflüsse bestimmt wird, und erst innerhalb der stereo-elektronischen Möglichkeiten kommen die normalen elektronischen Substituenteneinflüsse (HOFMANN- bzw. SAYZEW-Orientierung) zur Geltung.

Auch die Dehalogenierung von 1.2-Dibromverbindungen unter der Einwirkung von Jodidionen in Alkohol bei mäßig erhöhter Temperatur (in n-Propanol bei 95 °C) verläuft stereospezifisch als trans-Eliminierung. So entsteht aus trans-Dibromcyclohexan in glatter Reaktion Cyclohexen [1].

---

[1] WEINSTOCK, J., S. N. LEWIS u. F. G. BORDWELL: J. Amer. chem. Soc. 78, 6072 (1956).

Das cis-1.2-Dibromcyclohexan reagiert dagegen nicht, weil nur eines der Bromatome jeweils die axiale Konformation einnehmen kann. Der hohe Grad an Stereospezifität kommt auch bei der analogen Dehalogenierung der stereoisomeren 2.3-Dibrombutane zum Ausdruck. Die räumlichen Verhältnisse entsprechen dabei genau der unter (5.16) formulierten Reaktion, so daß wir uns hier auf die Wiedergabe der Konformationen beschränken können (die meso-Form entspricht der erythro-Form in (5.16) [1].

$$
\begin{array}{c}
\text{meso-}(\equiv\text{erythro}) \longrightarrow \text{trans-Buten-(2)} \ 96\% + J-Br + Br^\ominus \\
\\
D,L-(\equiv\text{threo}) \longrightarrow \text{cis-Buten-(2)} \ 91\% + J-Br + Br^\ominus
\end{array}
\tag{5.21}
$$

Es existieren allerdings auch Fälle, in denen die Dehalogenierung scheinbar als syn-Eliminierung verläuft, indem die zunächst aus stereo-elektronischen Gründen nicht eliminierungsfähige Dihalogenverbindung in einem normalen SN2-Prozeß ein Halogenatom unter Inversion gegen ein Jodatom austauscht und so die stereoelektronischen Voraussetzungen für die anti-Eliminierung hergestellt werden [2].

Die zur Reinigung von Olefinen (nach Bromaddition) häufig angewandte Dehalogenierung von 1.2-Dibromverbindungen durch Metalle, z. B. Zink, verläuft je nach den vorhandenen Alkyl- bzw. Arylgruppen mit unterschiedlicher Stereospezifität. Auf Einzelheiten kann hier nicht eingegangen werden [3].

5.4.2. Syn-Eliminierung

Es hat sich nach 1960 herausgestellt, daß die bimolekulare ionische Eliminierung nicht ausschließlich nach einem anti-Mechanismus ablaufen muß, wie man bis dahin angenommen hatte, sondern daß auch ein syn-Mechanismus möglich ist. So liefern

---

[1] WINSTEIN, S., D. PRESSMAN u. W. G. YOUNG: J. Amer. chem. Soc. **61**, 1645 (1939); LEE, W. G., u. S. I. MILLER: J. physic. Chem. **66**, 655 (1962).
[2] HINE, J., u. W. H. BRADER: J. Amer. chem. Soc. **77**, 361 (1955); SCHUBERT, W. M., u. Mitarb.: J. Amer. chem. Soc. **79**, 381 (1957); **77**, 5755 (1955).
[3] Vgl. [1] S. 205, Kap. 6.

trans- bzw. cis-2-Aryl-cyclopentyl-tosylat 1 bzw. 2 bei der Eliminierung in Gegenwart von Kalium-tert.-butylat in tert.-Butanol bei 50 °C das gleiche Olefin, 1-Arylcyclopenten [1]:

$$\underset{1}{\overset{H\diagdown Ar}{\underset{OTs}{\bigtriangleup}\diagup H}} \xrightarrow[\varrho=2{,}76]{70-90\%} \underset{3}{\bigcirc\!\!-Ar} \xleftarrow[\varrho=1{,}48]{100\%} \underset{2}{\overset{H\diagdown H}{\underset{OTs}{\bigtriangleup}\diagup Ar}} \qquad (5.22)$$

Für das trans-2-Phenyl-2-deuterio-cyclopentyl-tosylat 1−D wird bei 50 °C ein primärer kinetischer Isotopeneffekt k_H/k_D 5,6 gefunden, der nahe am Maximum liegt und „Halblösung" des β-Wasserstoffatoms im Übergangszustand widerspiegelt. Im Zusammenhang mit dem ϱ-Wert läßt das auf einen Synchronmechanismus schließen (E2-Übergangszustand). Da kein H/D-Austausch eintritt, liegt kein E1cB-Typ vor.

Das cis-2-Aryl-cyclopentyl-tosylat 2 reagiert mit Kalium-tert.-butylat/tert.-Butanol nach einem Synchronmechanismus, dessen Übergangszustand bereits etwas in Richtung zum E1-Typ verschoben ist, wie der kleinere ϱ-Wert ausweist. Diese Tendenz verstärkt sich noch, wenn mit Natriumäthylat/Äthanol gearbeitet wird ($\varrho = 0{,}99$), übereinstimmend mit den Angaben in Bild 5.11 (geringere Basizität des Äthylats, höhere Solvatationskraft des Äthanols).

Aus den Ergebnissen wird geschlossen, daß nicht nur ein anti-periplanarer (Diederwinkel HC−CX 180°), sondern auch ein syn-periplanarer (Diederwinkel HC−CX 0°) Übergangszustand der E2-Eliminierung möglich ist (ekliptische Konformation von X und β−H, die im Cyclopentylsystem annähernd verwirklicht ist). Die normale anti-Eliminierung verläuft allerdings auch im System (5.22) bevorzugt (k_{anti}/k_{syn} = etwa 10 bis 14), aber doch nur verhältnismäßig wenig schneller, denn im analogen 2-Aryl-cyclohexyl-System ist $k_{anti}/k_{syn} > 10^4$, da ekliptische Konformationen dort nur mit erheblichem Energieaufwand realisierbar sind.

Ähnliche Ergebnisse wie (5.22) sind an den besonders starren Bicyclo-2.2.1-heptansystemen gefunden worden (5.23) [2−6]. Hier ergaben sich die folgenden Relativgeschwindigkeiten: exo-syn- > anti > endo-syn-Eliminierung [6].

Der endo-syn-Mechanismus ist offensichtlich sterisch erschwert; bei der anti-Eliminierung ist Energie aufzuwenden, um die im Fünfring zunächst nicht in einer

---

[1] DePuy, C. H., R. D. Thurn u. G. F. Morris: J. Amer. chem. Soc. 84, 1314 (1962); [3] S. 224.
[2] Cristol, S. J., u. E. F. Hoegger: J. Amer. chem. Soc. 79, 3438 (1957) (Dehydrochlorierungen).
[3] LeBel, N. A., u. Mitarb.: J. Amer. chem. Soc. 85, 3199 (1963); 86, 4144 (1964) (Dehydrohalogenierungen).
[4] Kwart, H., T. Takeshita u. J. L. Nyce: J. Amer. chem. Soc. 86, 2606 (1964) (Dehydrobromierung, Tosylateliminierung).
[5] Bird, C. W., R. C. Cookson, J. Hudec u. R. O. Williams: J. chem. Soc. [London] 1963, 410 (Hofmann-Abbau quartärer Ammoniumsalze); Coke, J. L., u. M. P. Cooke: J. Amer. chem. Soc. 89, 2779 (1967) (Nachweis, daß kein Ylidmechanismus des Hofmann-Abbaus vorliegt).
[6] Stille, J. K., u. Mitarb.: Tetrahedron Letters [London] 1966, 4587; J. Amer. chem. Soc. 88, 4922 (1966) (Dehydrohalogenierungen); Brown, H. C., u. K. T. Liu: J. Amer. chem. Soc. 92, 200 (1970) (Tosylateliminierung).

Ebene liegenden 1.2-trans-Substituenten $\beta-$H und X in den ebenen Übergangszustand der anti-Eliminierung zu bringen.

exo-syn   anti   endo-syn (5.23)

Daß bei trans-1.2-Cyclohexylverbindungen trotz der normalerweise stark begünstigten anti-Eliminierung [1] auch syn-Eliminierungen möglich sind, wird durch folgende Befunde bewiesen: Die Solvolyse von trans-2-Phenyl-1-deuterio-cyclohexyl-trimethyl-ammoniumsalz liefert 1-Phenyl-cyclohexen ohne Verlust an Deuterium, was vorgelagerten H/D-Austausch und damit Stereoisomerisierung an C−1 und anschließende anti-Eliminierung ausschließt [2]. Da auch Deuterium in 6-Stellung nicht entfernt wird, ist eine Eliminierung in diese Richtung und nachträgliche Isomerisierung ebenfalls nicht eingetreten [3]. Schließlich enthält das aus dem 2-Deuterioderivat abgespaltene Trimethylamin kein Deuterium, was für einen Ylid-Mechanismus (vgl. Abschn. 5.4.3) zu fordern wäre [4].

J. SICHER und Mitarbeiter [5] haben durch stereochemische Experimente und Untersuchungen an β-Deuteriumverbindungen eindrucksvoll bewiesen, daß syn- und anti-Eliminierungen *nebeneinander* möglich sind, und die syn-Eliminierung ebenfalls als „normaler" Weg bei ionischen 1.2-Eliminierungen angesehen werden muß.

Es wurde festgestellt, daß sich die Geschwindigkeiten für die Bildung von trans-Olefinen von den Cyclopentyl- bis zu den Cyclohexadecylverbindungen („Ringgröße/Reaktivitäts-Profil", vgl. Abschn. 6.3.1. und Bild 6.25) in völlig gleicher Weise ändern wie bei der COPE-Eliminierung (vgl. Abschn. 5.4.3), für die ein syn-Mechanismus mit ekliptischem Übergangszustand bewiesen ist. Umgekehrt erhielt man keine Entsprechung mit dem Ringgröße/Reaktivitäts-Profil der SN2-Reaktion, die als typischer Modellfall eines anti-periplanaren Übergangszustandes zu gelten hat. Die Bildung der trans-Olefine ist demnach eine syn-Eliminierung. Das Ringgröße/Reaktivitäts-Profil für die gleichzeitig mit entstehenden cis-Cycloolefine korreliert dagegen mit dem SN2-Profil, so daß dieser Anteil der Gesamtreaktion als anti-Eliminierung angesehen werden muß.

Durch Bestimmung der Kinetik, des sterischen Verlaufs und der Veränderungen im Isotopengehalt bei Eliminierungen an β-Deuterioverbindungen von Ringsystemen ließen sich die Anteile an syn- und anti-Eliminierungen quantitativ erfassen.

Danach wird die syn-Eliminierung durch folgende Faktoren begünstigt:

a) Wenn die Verbindung besonders leicht oder ausschließlich eine ekliptische Anordnung des nucleofugen Substituenten X und des β-ständigen Wasserstoffatoms einnimmt. Aus diesem Grunde sind syn-Eliminierungen häufig bei Bicyclo[2.2.1] heptanderivaten und ähnlich starren Systemen, sowie bei Cyclopentanderivaten, während

---

[1] CRISTOL, S. J., F. R. STERMITZ: J. Amer. chem. Soc. **82**, 4692 (1960).
[2] CRISTOL, S. J., u. D. I. DAVIES: J. org. Chemistry **27**, 293 (1962).
[3] COPE, A. C., G. A. BERCHTOLD u. D. L. ROSS: J. Amer. chem. Soc. **83**, 3859 (1961).
[4] AYREY, G., E. BUNCEL u. A. N. BOURNS: Proc. chem. Soc. [London] **1961**, 458.
[5] Zusammenfassung: SICHER, J.: Angew. Chem. **84**, 177 (1972).

Cyclohexanverbindungen strikt ekliptische Formen nur in der energetisch ungünstigen Wannenkonformation erreichen können. Da hier andererseits 1.2-diaxiale Konformationen im allgemeinen gut möglich sind, reagieren Cyclohexanderivate normalerweise ganz überwiegend nach dem anti-Eliminierungsmechanismus. Beim HOFMANN-Abbau alicyclischer Amine wurden dementsprechend mit Hilfe der oben genannten Methode an deuterierten Verbindungen die folgenden Anteile an syn-Mechanismus gefunden:
Cyclobutyl-: 90%, Cyclopentyl-: 46%, Cyclohexyl-: 4%, Cycloheptyl-: 31%, Cyclooctyl-: 51% [1]. Der erneute Anstieg bei den mittleren Ringen wird weiter unten erläutert.

Offenkettige Verbindungen reagieren normalerweise überwiegend oder sogar ausschließlich im Sinne der anti-Eliminierung, da hier keine starren Konformationen vorliegen.

b) Syn-Eliminierungen sind leichter möglich, wenn die nucleofuge Gruppe X eine niedrige Abspaltungstendenz hat wie die Trialkylammonium- und die Dialkylsulfoniumgruppe. Halogenide und Tosylate ergeben deshalb meist überwiegend anti-Eliminierung.

c) Die Tendenz zur syn-Eliminierung steigt mit der Raumfüllung der Abgangsgruppe X und der angreifenden Base an: Eine sperrige Gruppe X prägt dem Molekül eine Konformation auf, in der sich ein voluminöser Substituent R in β'-Stellung möglichst weit von X entfernt (vgl. (5.24, 1)). Auf diese Weise entsteht eine synperiplanare Konformation von R und β − H, und der Angriff der sperrigen Base auf dieses β-Wasserstoffatom im Sinne einer anti-Eliminierung ist sterisch gehindert, so daß die syn-Reaktion als günstiger Ausweg zum Zuge kommt (vgl. (5.24, 1)). Eine ähnliche Situation existiert in mittleren Ringen. Die voluminöse Gruppe X erzwingt die Konformation (5.24, 2), und die Hilfsbase müßte bei einer anti-Eliminierung aus dem Innern des Ringes heraus angreifen, was natürlich nicht möglich ist. In mittleren Ringen wurde deshalb weitgehend oder vollständig syn-Eliminierung beobachtet, wenn X = NR_3 ist, weniger ausgeprägt dagegen bei X = Halogen oder O-Tosyl.

Es sei lediglich vermerkt, daß in mittleren Ringen syn-Eliminierung eindeutig trans-Olefine und anti-Eliminierung cis-Olefine liefert. Eine bündige Erklärung für die Bildung der cis-Olefine steht noch aus (vgl. z. B. die Diskussion in [5] S. 233.

d) Die syn-Eliminierung wird durch Lösungsmittel gefördert, die nicht oder nur schwach dissoziierend wirken, wie z. B. Benzol oder tert.-Butanol [2]. Dissoziierend wirkende Lösungsmittel wie Methanol oder Dimethylsulfoxid fördern dagegen die anti-Eliminierung. So liefert Cyclononyl-trimethylammoniumchlorid in einer syn-Eliminierung mit t-BuOK/t-BuOH 98%, mit EtOK/EtOH 68%, mit MeOK/MeOH 45% und mit Kaliumglykolat/Äthylenglykol 43% trans-Cyclononen [3]. Es wird angenommen, daß bevorzugt Ionenpaare vom Typ (5.24, 3), (im Falle anionisch abdissoziierender Substituenten X) bzw. (5.24, 4) (im Falle neutral abdissoziierender Substituenten X) entstehen [3, 4], durch die der Angriff auf das cis-ständige

---

[1] COKE, J. L., M. P. COOKE u. M. C. MOURNING: Tetrahedron Letters [London] 1968, 2247; vgl. FINLEY, K. T., u. W. H. SAUNDERS: J. Amer. chem. Soc. **89**, 898 (1967).

[2] CRAM, D. J., F. D. GREENE u. C. H. DEPUY: J. Amer. chem. Soc. **78**, 790 (1956).

[3] ZÁVADA, J., u. J. SICHER: Collect. czechoslov. chem. Commun. **32**, 3701 (1967); vgl. auch FEIT, I. N., u. W. H. SAUNDERS: Chem. Commun. **1967**, 610.

[4] CRAM, D. J.: Fundamentals of Carbanion Chemistry, Academic Press, New York 1965.

5.4.2. Syn-Eliminierung

β-Wasserstoffatom präformiert ist. Die ekliptische Anordnung der reagierenden Substituenten ist demnach nicht unbedingt erforderlich, sondern es können auch synclinale Konformationen (Diederwinkel 60°) wie (5.24, 3 bzw. 4) hinreichend reaktiv sein; das Maximum der Reaktivität liegt allerdings bei strikt ekliptischen Anordnungen.

$$\text{(5.24)}$$

1   2   3 X = Halogen   4 $X^{\oplus} = {}^{\oplus}NMe_3, {}^{\oplus}SMe_2$

Die syn-Eliminierung scheint auch bei der Dehydrohalogenierung von Halogenäthylenen möglich zu sein (5.25):

$$\text{(5.25)}$$

Die trans-Verbindungen, die dem für die E2-Reaktion gültigen Vierzentrenprinzip ideal entsprechen, reagieren jedoch im allgemeinen schneller als die cis-Verbindungen (vgl. Tab. 5.26).

Tabelle 5.26
Relative Reaktionsgeschwindigkeiten von cis-trans-isomeren Chlorolefinen bei der Dehydrohalogenierung mit $CH_3O^{\ominus}/CH_3OH$[1])

	Chlorolefin	k_{trans}/k_{cis}
1.	$Cl-CH=CH-Cl$	$10^3 - 10^4$
2.	$CH_3-CH=CH-Cl$	10^3
3.	$CH_3CCl=CH-Cl$	10
4.	$^{\ominus}OOC-CH=CCl-COO^{\ominus}$[2])	10
5.	$CH_3-CCl=CH-COOEt$[3])	2

[1]) MILLER, S. I: J. org. Chemistry 26, 2619 (1961).
[2]) In EtOH/NaOH: CRISTOL, S., u. Mitarb.: J. Amer. chem. Soc. 74, 5025 (1952), 77, 2891 (1955).
[3]) In EtOH/EtO$^{\ominus}$: JONES, D. E., R. O. MORRIS, C. A. VERNON u. R. F. M. WHITE: J. chem. Soc. [London] 1960, 2349.

Wenn das β-Proton durch einen weiteren β-Substituenten acidifiziert, das heißt ein Carbanion stabilisiert wird, wie in den Beispielen der Tabelle 5.26, 3 und 5, reagiert die cis-Form mit größerer relativer Geschwindigkeit als im umgekehrten Falle (Beispiel 2). Im Beispiel 4 wird wahrscheinlich in der trans-Form der Angriff der ionischen Base elektrostatisch gehemmt.

Für beide Reaktionstypen wurden nur kleine kinetische H/D-Isotopeneffekte und andererseits leichter H/D-Austausch gefunden — besonders für die cis-Verbindungen — so daß für beide Reihen ein E1cB-Mechanismus möglich erscheint [1, 2]. Da jedoch auch das α-Proton leicht austauschbar bzw. durch Alkalimetall ersetzbar ist, sind auch andere Mechanismen diskutabel [2]. So ergab die Reaktion von cis- bzw. trans-β-Chlorstyrol mit Phenyllithium zu Phenylacetylen einen kinetischen $\alpha - $H/D-Effekt von 15 für die trans-Verbindung bzw. 8 für die cis-Verbindung, und es wird angenommen, daß unter der Einwirkung eines zweiten Moleküls Lithiumphenyl eine geschwindigkeitsbestimmende Eliminierung von HCl aus der intermediär gebildeten Verbindung Ph—CH=CLiCl stattfindet („E2cB-Mechanismus"). Analog reagiert Vinylchlorid [3]. Ob ein derartiger Mechanismus auch mit weniger starken Basen als Lithiumalkylen abläuft, ist nicht bekannt.

Analog lassen sich nur trans- (anti)-Oxime, nicht dagegen die stereoisomeren cis-(syn)-Oxime zu Nitrilen dehydratisieren:

$$\underset{\text{anti-Oxim}}{\underset{\|}{\overset{H-C-R}{\underset{N-OH}{}}}} \xrightarrow{\text{leicht}} R-C\equiv N \xleftarrow{\quad //\quad} \underset{\text{syn-Oxim}}{\underset{\|}{\overset{R-C-H}{\underset{N-OH}{}}}} \qquad \text{keine Reaktion}$$
(5.27)

Bei der Interpretation derartiger Reaktionen an C=N-Bindungen ist jedoch große Vorsicht am Platze, denn bei der alkalischen Eliminierung von Nitrilen aus 4-(Arylidenamino)-1.2.4-triazolen wurde gefunden, daß die Reaktion eine positive Reaktionskonstante, keinen primären, sondern nur einen sekundären kinetischen H/D-Isotopeneffekt und keinen H/D-Austausch zeigt und demzufolge über eine vorgelagerte Addition der Base an das carbonylanaloge System verläuft [4].

Schließlich muß als besonders wichtige und interessante syn-Eliminierung die Bildung von Arinen aus Halogenbenzolen bei Einwirkung besonders starker Basen genannt werden [5], z. B.:

(5.28)

Arin-Mechanismus der nucleophilen aromatischen Substitution

---

[1] MILLER, S. I., u. W. G. LEE: J. Amer. chem. Soc. **81**, 6313 (1959).
[2] Vgl. [2] S. 208; KÖBRICH, G., u. K. FLORY: Chem. Ber. **99**, 1773 (1966).
[3] SCHLOSSER, M., u. V. LADENBERGER: Chem. Ber. **100**, 3877, 3893 (1967); SCHLOSSER, M., u. Mitarb.: Chem. Ber. **104**, 2873, 2885 (1971).
[4] BECKER, H. G. O., H. HÜBNER, H.-J. TIMPE u. M. WAHREN: Tetrahedron [London] **24**, 1031 (1968).
[5a] Zusammenfassungen: WITTIG, G.: Angew. Chem. **69**, 245 (1957); **77**, 752 (1965).
[5b] HUISGEN, R., u. J. SAUER: Angew. Chem. **72**, 91 (1960).
[5c] BUNNETT, J. F.: J. chem. Educat. **38**, 278 (1961).
[5d] HEANEY, H.: Chem. Reviews **62**, 81 (1962).
[5e] HOFFMANN, R. W.: Dehydrobenzene and Cycloalkynes, Verlag Chemie GmbH, Weinheim/Bergstr. 1967.

5.4.2. Syn-Eliminierung

Wenn man 1—^{14}C-Chlorbenzol mit Kaliumamid in flüssigem Ammoniak umsetzt, entsteht Anilin, das den ^{14}C-Gehalt etwa zu gleichen Teilen auf C-1 und C-2 verteilt enthält. Da o-deuteriertes Chlorbenzol langsamer reagiert, während das Chlor in 2.6-disubstituierten Derivaten nicht ausgetauscht wird, muß eine geschwindigkeitsbestimmende syn-Eliminierung von Chlorwasserstoff unter Bildung einer acetylenartigen Zwischenstufe („Arin", „Dehydrobenzol") angenommen werden, die mit dem Ammoniak positionell unspezifisch reagiert und auf diese Weise zur beobachteten Isotopenverteilung führt [1]. Der vollständige und zugleich methodisch sehr interessante und typische Beweis für eine Zwischenstufe wurde auf dem folgenden Wege geführt: Fluorbenzol reagiert mit Lithiumpiperidid 27mal schneller als mit Phenyllithium. Setzt man mit einem Gemisch der beiden Basen in verschiedenen definierten Molverhältnissen um, so resultiert jedoch keine Isomerenverteilung (N-Phenylpiperidin bzw. Diphenyl), die diesem Geschwindigkeitsverhältnis entsprechen und bei einem einstufigen Verlauf zu fordern wäre, sondern das Zwischenprodukt hat sein eigenes Schicksal und reagiert 4,4mal leichter mit Phenyllithium unter Bildung von Diphenyl [2]. Das Dehydrobenzol kann über Dienaddition, z. B. mit Furanen, abgefangen (5.29) [3] und sogar mit einem Gasstrom aus der Reaktionszone ausgetrieben und getrennt (durch Dienaddition) nachgewiesen werden, wobei sich eine Lebensdauer von ca. 0,02 Sekunden ergab [4].

$$\bigcirc\!\!\!| \quad + \quad \bigcirc\!\!\!\!O \quad \longrightarrow \quad \bigcirc\!\!\!\!\bigcirc\!\!\!\!O \tag{5.29}$$

Die nucleophile Substitution des Chlors in Chlorbenzol nach (5.28) verläuft also im Gegensatz zu der nucleophilen Substitution an aktivierten Halogenaromaten (vgl. Kap. 6.) nach einem Eliminierungs-Additions-Mechanismus.

Da o-Deuterio-fluorbenzol mit Kaliumamid/flüssigem Ammoniak das Deuterium viel schneller austauscht als Anilin gebildet wird, ist als weiteres Zwischenprodukt vor der Arinbildung ein Carbanion anzunehmen, das heißt es liegt ein E1cB-Mechanismus der Eliminierung vor [5]. Übereinstimmend damit gelang es, o-Lithiumderivate des Fluorbenzols, Chlorbenzols und Brombenzols zu fassen [6], nicht dagegen beim Jodbenzol, da hier die Abspaltung des Jodids (das nach Tab. 4.49 eine hohe Abspaltungstendenz hat) sehr schnell verläuft.

Die kinetischen Verhältnisse bei der Bildung von Dehydrobenzol können mit Hilfe der Mechanismen ionischer Eliminierungen diskutiert werden (vgl. (5.30)).

$$\underset{H}{\bigcirc\!\!\!-X} \quad \underset{+BH}{\overset{+B^{\ominus}}{\underset{k_{-1}}{\overset{k_1}{\rightleftarrows}}}} \quad \underset{\ominus}{\bigcirc\!\!\!-X} \quad \xrightarrow{k_2} \quad \bigcirc\!\!\! \quad + \; XI^{\ominus} \qquad v = \frac{k_1 k_2 [\text{RX}][\text{B}^{\ominus}]}{k_{-1} [\text{BH}] + k_2} \; .$$

(5.30)

---

[1] Roberts, J. D., u. Mitarb.: J. Amer. chem. Soc. **75**, 3290 (1953); **78**, 601, 611 (1956).
[2] Huisgen, R., W. Mack u. L. Möbius: Tetrahedron [London] **9**, 29 (1960): zur Methode vgl. Huisgen, R.: Angew. Chem. **82**, 783 (1970).
[3] Vgl. [5a] S. 236.
[4] Ebel, H. F., u. R. W. Hoffmann: Liebigs Ann. Chem. **673**, 1 (1964).
[5] Hall, G. E., R. Piccolini u. J. D. Roberts: J. Amer. chem. Soc. **77**, 4540 (1955).
[6] Gilman, H., u. R. D. Gorsich: J. Amer. chem. Soc. **78**, 2217 (1956); **79**, 2625 (1957).

Für den Fall, daß die Abspaltungstendenz von $X^\ominus$, das heißt k_2, klein ist wie bei Fluorid, Chlorid und allenfalls noch Bromid, und daß die Konzentration an protonierter Base groß ist, also z. B. in flüssigem Ammoniak oder einem Amin gearbeitet wird, ist $k_{-1}[BH]$ viel größer als k_2, und es resultiert ein Geschwindigkeitsgesetz $v = K_{Aqu} \cdot k_2 \dfrac{[RX][B^\ominus]}{[BH]}$. Die Abspaltung des Halogenidions aus dem in einer Gleichgewichtsreaktion entstehenden ortho-Halogenbenzolanion wird also geschwindigkeitsbestimmend, und es liegt ein E1cB-Mechanismus vor. Die Reaktionsgeschwindigkeit hängt dann von der Konzentration der protonierten Base ab, und man kann je nach deren Konzentration unterschiedliche Reaktivitätsfolgen der einzelnen Halogenbenzole einstellen [1]. In Übereinstimmung damit gelingt die Darstellung von Anilin durch Umsetzung von Fluorbenzol mit Alkaliamid in flüssigem Ammoniak nicht, weil $k_{-1}[BH]$ sehr groß ist und so das ortho-Fluorbenzol-Anion viel schneller zu Fluorbenzol reprotoniert wird, als daß es das schwer abspaltbare Fluoridion verliert.

Wenn man umgekehrt in Abwesenheit der protonierten Base arbeitet (Reaktion mit Phenyllithium bzw. Lithiumperidid in absolutem Äther), läßt sich die Reaktivität der Halogenbenzole bestimmen, und man findet einen Anstieg mit steigender Acidifizierung des ortho-Protons durch den —I-Effekt des Halogenatoms in der Reihe $F \gg Cl > Br > J$ [1].

Wenn man das ortho-Halogenbenzolanion unter Bedingungen erzeugt, bei denen keine starke Base notwendig ist, so daß die Reaktion k_1 in (5.30) nicht möglich ist, läßt sich aus der Geschwindigkeit, mit der Fragment protonierten Benzol (Reaktion k_{-1}) bzw. Halogenidion (Reaktion k_2) entsteht, das Verhältnis k_{-1}/k_2 bestimmen. Das gelingt durch Fragmentierung von ortho-Halogenaryl-azoverbindungen (vgl. (5.65)). Für das ortho-Brombenzolanion ergab sich auf diese Weise ein Wert k_{-1}/k_2 von etwa 10 [2].

Das Carbanion ist also eben noch nachweisbar; im Falle von Jodbenzol überwiegt dagegen infolge der großen Abspaltungstendenz von Jodid (Cl:Br:J $\approx$ 1:20:50 [2]) k_2 über $k_{-1}[BH]$ und man findet keine Carbanion-Zwischenstufe mehr ($v = k_1$ [Halogenbenzol] [Base]).

Die relative Stabilität der gebildeten Arylanionen hängt natürlich noch von weiterhin vorhandenen Substituenten ab: Es wurde die folgende Reihenfolge gefunden, die im wesentlichen mit den Induktionseffekten übereinstimmt [3]:

o—F > o—CF$_3$ > o—OMe $\approx$ m—CF$_3$ $\approx$ p—CF$_3$ > m—F > p—F > m—OMe > H > p—OMe

Es sei abschließend festgestellt, daß die Arinbindung nicht unbedingt mit der klassischen Acetylenbindung gleichzusetzen ist, die infolge ihres gestreckten Baues eine starke Verzerrung des Aromatengerüstes erfordern würde. Das Infrarotspektrum ist tatsächlich in Einklang mit einer stark verzerrten Cyclohexatrien-Struktur [4].

Obwohl nicht zu diesem Kapitel gehörig, sei noch festgestellt, daß die abschließende Addition im Verlaufe der nucleophilen aromatischen Substitution nach dem Arinmechanismus offensichtlich ebenfalls über Carbanionen geht, wodurch die Additions-

[1] HUISGEN, R., u. J. SAUER: Chem. Ber. **92**, 192 (1959).
[2] HOFFMANN, R. W.: Chem. Ber. **98**, 222 (1965).
[3] Vgl. [5] S. 237.

richtung im Sinne der oben gegebenen Reihenfolge der Carbanion-Stabilitäten festliegt: Da z. B. ein ortho-Methoxybenzolanion stabiler ist als das entsprechende para-Carbanion, entsteht z. B. beim Umsatz von m-Methoxybrombenzol mit Kaliumamid in flüssigem Ammoniak über das 1-Methoxy-2.3-dehydro-benzol ausschließlich m-Methoxyanilin [1]. Das Verhältnis von para- zu meta-Addition hängt vom Induktionseffekt des im Kern vorhandenen Substituenten ab, und die Auftragung von lg (para/meta) gegen σ_I ergibt eine Gerade [2].

Auch bei Heterocyclen kann die nucleophile aromatische Substitution über Arine ablaufen („Hetarine") [3].

5.4.3. Syn-Eliminierung durch modifizierten Hofmann-Abbau über Ylide nach Wittig (α',β-Eliminierung) [4], Eliminierung nach COPE [5]

Neben dem normalen HOFMANN-Abbau ist noch eine Variante möglich, bei der im ersten Reaktionsschritt aus der α'-Position der quartären Ammoniumbase ein Proton herausgespalten wird.

Diese Art der Eliminierung gelingt nur mit extrem starken Basen, wie z. B. Lithiumphenyl oder Lithiummethyl [6].

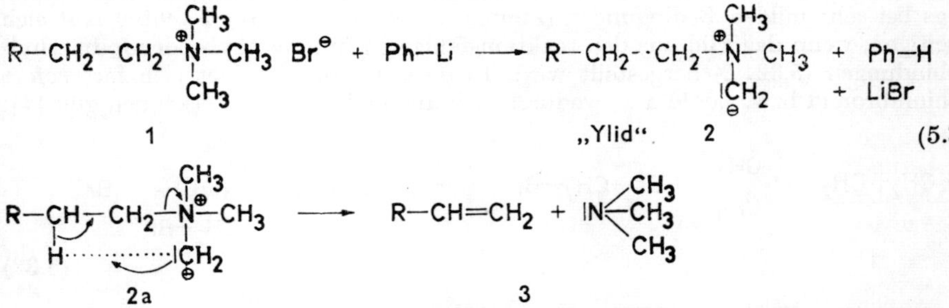

$$R-CH_2-CH_2-\overset{\oplus}{N}(CH_3)_3\ Br^{\ominus} + Ph-Li \longrightarrow R-CH_2\cdots CH_2-\overset{\oplus}{N}(CH_3)_2-CH_2^{\ominus} + Ph-H + LiBr$$

1 „Ylid" 2 (5.31)

$$R-\underset{H}{CH}-CH_2-\overset{\oplus}{N}(CH_3)_2-CH_2^{\ominus} \longrightarrow R-CH=CH_2 + :N(CH_3)_3$$

2a 3

Mit der Entfernung des α'-Wasserstoffs wird das Halogenanion durch Lithium gebunden, so daß aus dem äußeren Salz (5.31, 1) ein inneres Salz 2 entsteht. Solche Verbindungen haben wegen der gleichzeitig vorhandenen homöopolaren Bindung (die in der üblichen Nomenklatur durch die an den Kohlenstoffrest angehängte Endsilbe

---

[1] Vgl. [1] S. 237, dort weitere Angaben zur Orientierung der Addition.
[2] HOFFMANN, R. W., G. E. VARGAS-NÚÑEZ, G. GUHN u. W. SIEBER: Chem. Ber. **98**, 2074 (1965).
[3] Zusammenfassungen: KAUFFMANN, T.: Angew. Chem. **77**, 557 (1965); **83**, 21 (1971).
[4] Zusammenfassungen: WITTIG, G.: Angew. Chem. **63**, 15 (1951); **66**, 10 (1954).
[5a] Vgl. [1] S. 213.
[5b] DEPUY, C. H., u. R. W. KING: Chem. Reviews **60**, 431 (1960).
[6a] WITTIG, G., u. R. POLSTER: Liebigs Ann. Chem. **599**, 13 (1956).
[6b] WITTIG, G., u. R. POLSTER: Liebigs Ann. Chem. **612**, 102 (1958).
[6c] WITTIG, G., u. T. F. BURGER: Liebigs Ann. Chem. **632**, 85 (1960).

„yl" bezeichnet wird) und außerdem einer im Molekül enthaltenen Salzbindung (Endung „-id") die Benennung *Ylide* erhalten. Die Verbindung 2 ist danach als „Methylid" zu bezeichnen. Das sehr aktive Elektronenpaar der negativen α'-Methylengruppe wirkt als Base auf ein Wasserstoffatom einer β-Methylengruppe, so daß unter gleichzeitiger Elektronenverlagerung entsprechend den Pfeilen in (5.31, 2a) und Abspaltung von Trimethylamin ein Olefin entsteht. Dieser Mechanismus läßt sich durch Einbau von Deuterium in die β-Stellung beweisen: Das abgespaltene Trialkylamin muß dann das gesamte Deuterium enthalten, während das entstandene Olefin frei von Deuterium ist. Dabei wurde gefunden, daß eine α', β-Eliminierung unter den Bedingungen der normalen HOFMANN-Reaktion nicht eintritt, sondern nur in aprotonischen Lösungsmitteln unter den von WITTIG mitgeteilten Bedingungen (Lithiumalkyle als Basen) [1, 2]. Lediglich wenn der Übergangszustand der normalen HOFMANN-Reaktion sterisch stark gehindert ist, kann der Ylidmechanismus als Ausweg auch unter normalen HOFMANN-Bedingungen beschritten werden, z. B. beim Trimethyl-(2-tert.-butyl-3.3-dimethylbutyl)-ammoniumhydroxid [3].

Der cyclische Übergangszustand ist naturgemäß nur dann möglich, wenn die räumlichen Verhältnisse die Annäherung von Wasserstoff und Methylenanion gestatten. Aus diesem Grunde wird ein β-Wasserstoffatom eliminiert, da der für diesen Vorgang notwendige Fünfring spannungsarm ist.

Außerdem müssen Wasserstoffatom und Methylenanion in cis-ständig sein bzw. im Übergangszustand syn-periplanar (ekliptisch) zueinander stehen, d. h. die WITTIG-Eliminierung ist eine syn-Eliminierung. Bei der vorstehend beschriebenen Eliminierungsreaktion werden relativ lange Reaktionszeiten benötigt (mehrere Tage), allerdings bei sehr milden Bedingungen (Zimmertemperatur). Dieser Nachteil läßt sich beseitigen, wenn das Ylid aus den reaktionsfähigeren Brommethyl- oder Jodmethylverbindungen (5.32, 2) hergestellt wird. In diesem Falle scheidet sich fast sofort Lithiumbromid bzw. -jodid aus, wodurch sich die Ylidbildung zu erkennen gibt [4]:

$$\text{R—CH}_2\text{—CH}_2\text{—N}\begin{smallmatrix}\text{CH}_3\\\text{CH}_3\end{smallmatrix} + \text{Br—CH}_2\text{—Br} \longrightarrow \text{R—CH}_2\text{—CH}_2\text{—}\overset{\oplus}{\text{N}}\begin{smallmatrix}\text{CH}_3\\\text{CH}_3\\\text{CH}_2\text{—Br}\end{smallmatrix} \quad \text{Br}^{\ominus}$$

1   2   (5.32)

$$\text{R—CH}_2\text{—CH}_2\text{—}\overset{\oplus}{\text{N}}\begin{smallmatrix}\text{CH}_3\\\text{CH}_3\\\text{CH}_2\text{—Br}\end{smallmatrix} \quad \text{Br}^{\ominus} + \text{Ph—Li} \longrightarrow \text{R—CH—CH}_2\text{—}\overset{\oplus}{\text{N}}\begin{smallmatrix}\text{CH}_3\\\text{CH}_3\\\text{CH}_2^{\ominus}\end{smallmatrix} \quad + \text{LiBr} + \text{Ph—Br}$$

2   3

$$\longrightarrow \text{R—CH=CH}_2 + \text{IN}\begin{smallmatrix}\text{CH}_3\\\text{CH}_3\\\text{CH}_3\end{smallmatrix}$$

---

[1] COPE, A. C., N. A. LEBEL, P. T. MOORE u. W. R. MOORE: J. Amer. chem. Soc. **83**, 3861 (1961); die entgegengesetzte Auffassung von WEYGAND, F., H. DANIEL u. H. SIMON: Chem. Ber. **91**, 1691 (1958) beruht auf Versuchsfehlern und ist unzutreffend.
[2] Vgl. [4] S. 233.
[3] COPE, A. C., u. A. S. MEHTA: J. Amer. chem. Soc. **85**, 1949 (1963).
[4] RABIANT, J., u. G. WITTIG: Bull. Soc. chim. France **1957**, 798.

5.4.3. Syn-Eliminierung durch modifizierten Hofmann-Abbau

Das Ylid zerfällt dann in der weiter oben bereits besprochenen Weise in Olefin und tertiäres Amin. Die gesamte Reaktion ist in einigen Stunden beendet.
Die Eliminierung über Ylide ist auf Verbindungen beschränkt, in denen ein β-Wasserstoffatom cis-ständig vorhanden ist. Ist dies nicht der Fall, weicht die Reaktion entweder in eine Umlagerung aus (SOMMELET-Umlagerung), auf die hier nicht eingegangen werden kann, oder das Ylid reagiert überhaupt nicht weiter.
Im Gegensatz zur Eliminierung über Ylide geht der normale HOFMANN-Abbau im allgemeinen nur glatt, wenn das β-Wasserstoffatom trans-ständig angeordnet ist. Aus diesem Grunde sind für die Ylideliminierung bei mittleren Ringen cis-Olefine und für den normalen HOFMANN-Abbau trans-Olefine zu erwarten. In Tabelle 5.33 werden einige Beispiele hierfür gegeben.

Tabelle 5.33
Sterischer Verlauf von HOFMANN- bzw. Ylideliminierung (WITTIG-Eliminierung)

Ausgangspunkt	Reagens	Temp. [°C]	Std.	Olefin-ausbeute [%]	% cis-Olefin	% trans-Olefin	Typ[1])
Cyclooctyl-$\overset{\oplus}{\text{N}}$(CH$_3$)$_3$	PhLi/Ä[2])	20	24	64	81	19	W[3])
,, ,,	KNH$_2$/NH$_3$	−30	24	68	15	85	H[3])
,, ,,	—	120		89	40	60	H[4])

Cyclooctyl-$\overset{\oplus}{\text{N}}$(CH$_3$)$_2$
  |
  CH$_2$Br
	CH$_3$Li/Ä	20	24	74	80	10	W[3])

[1]) W = WITTIG-Eliminierung (Ylidreaktion), H = HOFMANN-Eliminierung
[2]) Ph−Li/Ä = Phenyllithium in abs. Äther
[3]) Vgl. [6a] S. 239.
[4]) COPE, A. C., R. A. PIKE u. C. F. SPENCER: J. Amer. chem. Soc. 75, 3212 (1953).

Der Hauptvorteil der Eliminierung über Ylide liegt in den außerordentlich milden Reaktionsbedingungen, unter denen der normale HOFMANN-Abbau häufig nicht durchführbar ist. Allerdings muß wegen der großen Reaktionsfähigkeit der Lithiumalkyle bzw. -aryle im SCHLENK-Rohr unter trockenem Stickstoff gearbeitet werden, was einige Unbequemlichkeit mit sich bringt und größere Ansätze erschwert.

α', β-Eliminierungen über Ylide sind auch bei Dimethylsulfoniumverbindungen möglich, wenn in aprotonischen Lösungsmitteln mit sehr starken Basen (z. B. Triphenylmethyl-Natrium) gearbeitet wird [1].
Außer den Stickstoff- und Schwefelyliden aus Ammonium- bzw. Sulfoniumsalzen sind in den letzten Jahren Dimethylsulfoxoniummethylid (5.34, 1) und vor allem Phosphorylide (auch „Phosphorylene") (5.34, 2) wichtig geworden.

$$\underset{1}{\overset{\text{CH}_3}{\underset{\text{CH}_3}{>}}\overset{|\text{O}|}{\underset{\oplus}{\overset{\|}{\text{S}}}}-\overset{\ominus}{\text{CH}_2}} \leftrightarrow \underset{}{\overset{\text{CH}_3}{\underset{\text{CH}_3}{>}}\overset{|\text{O}|^{\ominus}}{\underset{\oplus}{\overset{|}{\text{S}}}}=\text{CH}_2} \qquad \underset{2}{\overset{\ominus}{\text{R}-\text{CH}}-\overset{\oplus}{\text{PR}_3}} \leftrightarrow \text{R}-\text{CH}=\text{PR}_3 \qquad (5.34)$$

[1] Vgl. [3] S. 215.

Infolge der Möglichkeit, die Achterschale beim Schwefel oder Phosphor aufzuweiten, nimmt die Stabilität der Ylide von der Stickstoff- über die Schwefel- zur Phosphorreihe zu. Die Phosphorylide haben für Synthesen von Δ^1-Olefinen erhebliche Bedeutung gewonnen; wir kommen im nächsten Kapitel darauf zurück.

Das Sauerstoffanalogon der WITTIG-Eliminierung über Ylide ist eine von A. C. COPE eingehend untersuchte Eliminierung, bei der Aminoxide (aus tertiären Aminen und Wasserstoffperoxid) unter relativ milden Bedingungen pyrolysiert werden (5.35) [1].

$$R-CH_2-CH_2-N\begin{matrix}CH_3\\CH_3\end{matrix} \xrightarrow{H_2O_2} R-CH_2-CH_2-\overset{\overset{|\underset{\ominus}{O}|}{|}}{\underset{\oplus}{N}}\begin{matrix}CH_3\\CH_3\end{matrix}$$

1   2

$$R-\overset{H}{\underset{CH_2}{C}}\overset{|\overset{\ominus}{O}|}{\underset{\oplus}{N}}\begin{matrix}CH_3\\CH_3\end{matrix} \xrightarrow{120-150°C} R-CH=CH_2 + \begin{matrix}CH_3\\CH_3\end{matrix}N-OH \quad (5.35)$$

Bei Anwendung von Dimethylsulfoxid läßt sich die Reaktionstemperatur auf etwa 25 °C senken [2]. Die Reaktion verläuft vollkommen stereospezifisch als syn-Eliminierung und entsprechend dem internen Charakter nach einem Geschwindigkeitsgesetz erster Ordnung [2, 3]. Da ein Fünfring-Übergangszustand durchlaufen wird, müssen ähnliche Verhältnisse herrschen wie im Cyclopentan und das β-Wasserstoffatom und das Stickstoffatom in ekliptischer Konformation angeordnet sein. Diese Forderung ist strenger als bei der syn-HOFMANN-Eliminierung (vgl. Abschn. 5.4.2.), bei der auch eine gestaffelte syn-periplanare Konformation reagieren kann. Aus diesem Grunde entsteht aus dem N-Oxid des 1-Dimethylamino-1-methylcyclopentans (5.36), in dem sich die Aminogruppe von vornherein in ekliptischer Konformation

$$\text{(Cyclopentan mit } H, CH_3, N^{\oplus}, |\overset{\ominus}{O}|) \rightarrow \text{Cyclopenten-CH}_3 \quad 97\% \qquad \text{(Cyclopentan mit } H, CH_2H, N^{\oplus}-\overset{\ominus}{O}|) \rightarrow \text{Cyclopentan}=CH_2 \quad 3\% \quad (5.36)$$

mit je einem benachbarten Wasserstoffatom des Ringes befindet, 97% 1-Methylcyclopenten und nur 3% Methylencyclopentan. Beim analogen N-Oxid des 1-Dimethyl-amino-1-methyl-cyclohexans befinden sich dagegen alle Substituenten in gestaffelten Konformationen und der für die Eliminierung eines Wasserstoffatoms aus dem Cyclohexanring notwendige starre Übergangszustand kann nur dadurch er-

---

[1] COPE, A. C., T. T. FOSTER u. P. H. TOWLE: J. Amer. chem. Soc. **71**, 3929 (1949); [1] S. 213; [5b] S. 239.

[2] SAHYUN, M. R. V., u. D. C. CRAM: J. Amer. chem. Soc. **85**, 1263 (1963); **84**, 1734 (1962).

[3] ZÁVADA, J., J. KRUPIČKA u. J. SICHER: Collect. czechoslov. chem. Commun. **31**, 4273 (1966).

5.4.3. Syn-Eliminierung durch modifizierten Hofmann-Abbau

zwungen werden, daß der Cyclohexanring in die energetisch ungünstige Wannenform übergeht (5.37). Die Reaktion weicht deshalb auf die Methylgruppe aus, deren konformative Festlegung in die ekliptische Position von N-Oxidgruppe und Wasserstoffatom viel weniger Energie erfordert, und es entstehen nur 3% 1-Methylcyclohexen und 97% Methylencyclohexan [1]. Entsprechend der Konformationsunterschiede reagiert das Cyclopentansystem etwa 1000mal schneller als das Cyclohexansystem [2]. Ein weiteres Beispiel ist in (5.49) angegeben.

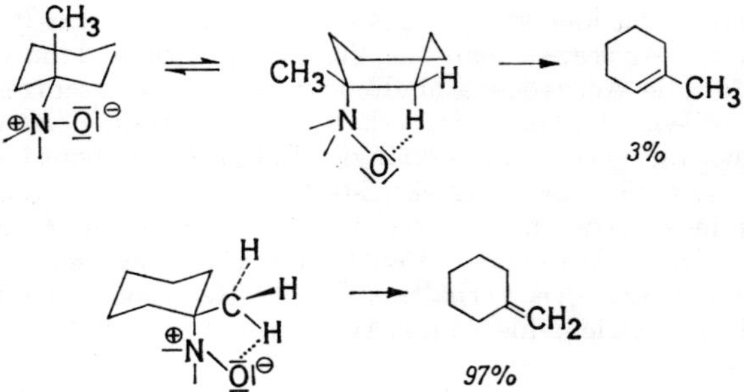

(5.37)

Bei offenkettigen Verbindungen, in denen sich die einzelnen Konformationen leicht ineinander umwandeln können, verläuft die COPE-Reaktion annähernd statistisch entsprechend den in β-Stellung verfügbaren Wasserstoffatomen. So liefert 2-Butyldimethylamin-N-oxid 67% Buten-(1), 21% trans-Buten-(2) und 12% cis-Buten-(2) [3].

Eine der COPE-Eliminierung ganz ähnliche Reaktion ist auch bei den Sulfoxiden möglich, deren S—O-Bindung ebenfalls überwiegend semipolar ist. Unter Abspaltung von Sulfensäure R—SOH verläuft die Reaktion unterhalb 120°C im wesentlichen stereospezifisch als syn-Eliminierung [4]. Da sich Sulfoxide in optisch aktiver Form herstellen lassen, gelang es, durch „asymmetrische Induktion" (vgl. Abschn. 6.5.3.) optisch aktive Olefine aus inaktivem Material mit zum Teil sehr hohen optischen Ausbeuten (bis 70%) zu synthetisieren [5]. In unsymmetrischen Dialkylsulfoxiden wird eine sekundäre Alkylgruppe leichter als Olefin abgespalten als eine primäre; das Verhältnis von HOFMANN- zu SAYZEW-Produkt in der α-verzweigten Alkylgruppe entspricht ungefähr den statistischen Verhältnissen [6] (5.38):

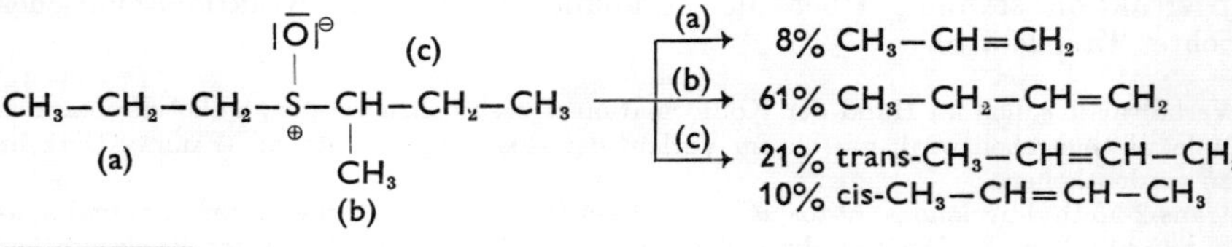

(5.38)

---

[1] COPE, A. C., C. L. BUMGARDNER u. E. E. SCHWEIZER: J. Amer. chem. Soc. **79**, 4729 (1957).
[2] Vgl. [3] S. 242.
[3] COPE, A. C., u. Mitarb.: J. Amer. chem. Soc. **79**, 4720 (1957); **83**, 3854 (1961).
[4] KINGSBURY, C. A., u. D. J. CRAM: J. Amer. chem. Soc. **82**, 1810 (1960).
[5] GOLDBERG, S. I., u. M. S. SAHLI: J. org. Chemistry **32**, 2059 (1967).
[6] EMERSON, D. W., A. P. CRAIG u. F. W. POTTS: J. org. Chemistry **32**, 102 (1967).

5.4.4. Stereoelektronische Einflüsse bei der E1-Eliminierung

Wie im Kapitel 4. ausgeführt wurde, geht die monomolekulare Substitution SN1 bei abnehmender Lebensdauer des Carbeniumions in das stereochemische Bild der SN2-Reaktion über. Dasselbe gilt für die Eliminierung. Bei sehr kleiner Lebensdauer des Carbeniumions können für die Abspaltung des benachbarten Protons keine schwereren Molekülteile umgruppiert werden, sondern es reagiert nur das Proton, dessen sp^3-Orbital nach dem Prinzip des kleinsten Weges in ein p-Orbital der π-Bindung übergehen kann (5.39, 1, 2). Der stereochemische Verlauf entspricht dann dem der E2-Reaktion und wird für die Ausgangsverbindung durch das Vierzentrenprinzip beschrieben. In diesem Falle ist das trans/cis-Verhältnis im entstandenen Olefin von der Konformation der Ausgangsverbindung abhängig. Bei großer Lebensdauer des Carbeniumions dagegen kann sich die energieärmste Konformation einstellen (5.39, 1), in der sich die voluminösen Gruppen möglichst wenig behindern. In diesem Falle überwiegt das trans-Olefin. Zwischen diesen beiden Extremen sind alle Möglichkeiten denkbar, und das trans/cis-Verhältnis bei E1-Reaktionen kann in weiten Grenzen variieren. Man vergleiche hierzu die Angaben auf Seite 225.

(5.39)

Das folgende Beispiel soll einen Einblick in das verwickelte Geschehen einer gut untersuchten E1-Eliminierung vermitteln, die insbesondere nach der Art der Nebenprodukte als typisch bezeichnet werden darf [1]. Es handelt sich um die Solvolyse von cis- bzw. trans-2-Methyl-cyclohexanoltoluolsulfonat in Methanol, die in beiden Fällen zu zwei isomeren Eliminierungsprodukten (1-Methylcyclohexen bzw. 3-Methylcyclohexen) sowie drei Substitutionsprodukten führt. Zwei der Substitutionsprodukte, cis- bzw. trans-2-Methyl-cyclohexanolmethyläther sind in der normalen nucleophilen Substitutionsreaktion entstanden, während das dritte, 1-Methyl-cyclohexanol-(1)-methyläther, aus einer Umlagerungsreaktion stammt. Über die Zusammensetzung des Reaktionsgemisches unterrichtet Tabelle 5.40.

Die Verhältnisse sollen an Hand der Konformationen besprochen werden, wobei diesmal das ganze Molekül angegeben wird, um die im Verlauf der Reaktion auftretende WALDEN-Umkehr besser zu verdeutlichen.
Das trans-2-Methyl-cyclohexanol-tosylat 1 stellt ein Gleichgewichtsgemisch von e, e- und a, a-Form dar (5.41a bzw. f). Die Solvolyse setzt in beiden Fällen sowohl von der Rückseite her ein (Wechselwirkung des Alkohols mit dem Kohlenstoffatom) als auch von der Vorderseite her ein (Solvatisierung des abdissoziierenden Tosylatanions (b), (g). Von Interesse ist in erster Linie die Solvatisierung des Kohlenstoffatoms, weil hier die räumlichen Verhältnisse zu Komplikationen führen können.

---

[1] Vgl. [2] S. 228.

Tabelle 5.40
Reaktionsprodukte bei der Solvolyse von cis- bzw. trans-2-Methyl-cyclohexanol-toluolsulfonat in Methanol (in %)

Ausgangsverbindung	Produkt					
	Olefin		Äther			
	⌬CH₃	⌬CH₃	⌬CH₃/OCH₃	⌬CH₃/OCH₃	⌬CH₃/OCH₃	
	3 (Δ^1)	4 (Δ^2)	5	6	7	
1 cis CH₃/O-Tos	13,3	33,8	45,5	4,2	3,2	
	⎵ 47,1 ⎵		⎵ 52,9 ⎵			
2 trans CH₃/O-Tos	72,7	0,8	0,3	3,8	22,9	
	⎵ 73,0 ⎵		⎵ 27,0 ⎵			

So erkennt man, daß der Alkohol an die bis-äquatoriale Form (b) relativ schwer herantreten kann, da er praktisch aus dem Inneren des Ringes heraus kommen müßte. Die bis-axiale Form (g) ist dagegen leichter solvatisierbar, da das Lösungsmittel von der axialen Stellung der anderen Ringseite her gut angreifen kann. Eine geringe Hinderung bringt lediglich die axiale Methylgruppe hervor.[1]) Das durch die Dissoziation gebildete solvatisierte Carbeniumion wäre dann etwa durch die Formeln (c) bzw. (h) darzustellen, in denen das Kohlenstoffkation im sp^2-Zustand, das heißt in trigonaler, ebener Form zu zeichnen ist. Eine mögliche Beeinflussung der übrigen Ringglieder (Verzerrung) wurde nicht wiedergegeben. Man erkennt, daß in dem aus der e,e-Form entstandenen Kation (c) sowohl in 2- als auch in 6-Stellung Wasserstoffatome in einer für die Abspaltung günstigen Lage angeordnet sind (mit eingezeichnet). Die Doppelbindung kann dann, ähnlich wie anhand von Bild 5.16 erörtert, auf dem denkbar kürzesten Wege zustandekommen, und die Bildung beider isomerer Olefine 3 bzw. 4 ist deshalb plausibel. In dem von der bis-axialen Form herrührenden Kation (h) erfüllt dagegen das Wasserstoffatom an C² die Forderung eines möglichst kleinen Weges der Substituenten in die Ebene des Olefins nicht. Die Abspaltung eines Protons ist deshalb nur aus der 6-Stellung heraus zu erwarten, wobei das Δ^2-Olefin entsteht. Zum gleichen Ergebnis kommt man, wenn angenommen wird, daß die Konformationsumkehr auf der Stufe der Carbeniumionen (c) ⇌ (h) erfolgt, d. h. entsprechend (5.39).

Rein statistisch sollte also im vorliegenden Falle das Isomerenverhältnis $\Delta^1 : \Delta^2 = 1/3 : 2/3$ betragen. Man erkennt aus Tabelle 5.40, daß dies annähernd der Fall ist.

In dem Maße, wie in einem 2-Alkyl-cyclohexanol-tosylat der 2-Alkylrest stärker raumfüllend wird, ist die bis-axiale Form (analog (f)) immer schwerer zugänglich, weil die 1.3-Wechselwirkungen eine voluminöse Gruppe in der axialen Stellung stark behindern.[2])

---

[1]) Der mit der Solvatisierung verbundene Energiegewinn kann umgekehrt zu einem größeren Anteil an bis-axialer Form im Gleichgewichtsgemisch e, e ⇌ a, a führen.

[2]) trans-2-tert.-Butyl-cyclohexanol-tosylat kann praktisch nur noch in der e, e-Form vorliegen, analog (5.41a).

Ganz entsprechend wird dann der Anteil an Δ^2-Olefin aus der bis-axialen Form kleiner, so daß schließlich ein Isomerenverhältnis $\Delta^1 : \Delta^2 = 1 : 1$ zu erwarten ist, das für die bis-äquatoriale Form analog (a) bzw. (c) zutrifft.

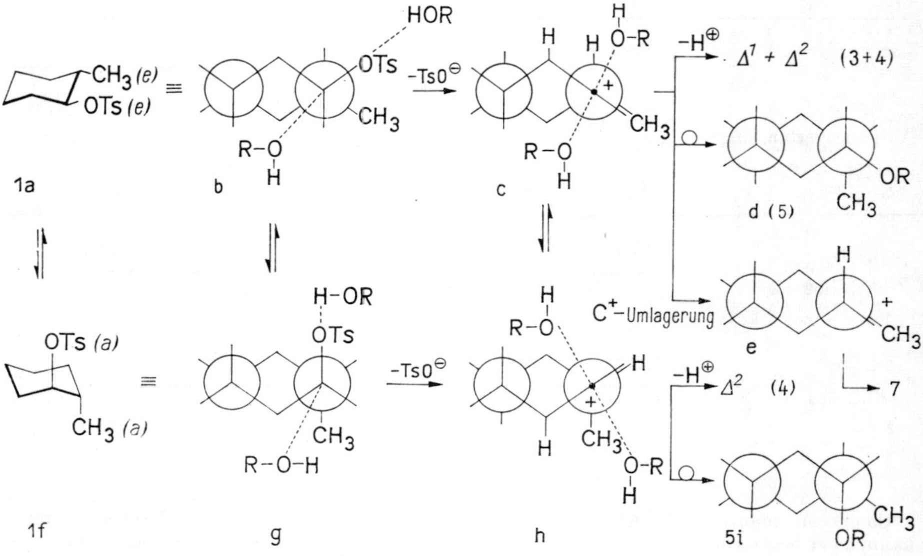

(5.41)

Die Tabelle 5.42 zeigt, daß diese Erwartung weitgehend erfüllt wird und bereits bei der Isopropylgruppe Δ^1- und Δ^2-Olefin zu fast gleichen Teilen entstehen, während bei der Methylgruppe noch die oben genannte Proportion 1:2 gefunden wird.

Tabelle 5.42

Prozentualer Anteil an Δ^1- und Δ^2-Olefin bei der Solvolyse von trans-2-Alkyl-cyclohexanol-toluolsulfonaten[1])

Olefin	2-CH_3	2-Isopropyl	2-t-Butyl-	2-Cyclohexyl
Δ^1	32	47,5	53	51
Δ^2	68	52,5	47	49

[1]) Vgl. [2] S. 228.

Was die Bildung der Äther aus dem trans-2-Methyl-cyclohexanol-tosylat anlangt, so ist zunächst festzustellen, daß freie solvatisierte Carbeniumionen wie unter (5.41c bzw. h) gezeichnet nur Idealfälle darstellen. Vielmehr besteht eine größere Tendenz für die Anlagerung des solvatisierenden Alkohols von der Rückseite her, weil auf der Vorderseite das abdissoziierende Tosylatanion einer Annäherung des Alkohols entgegenwirkt[1]). Monomolekulare Substitutionen zeigen aus diesem Grunde normalerweise gewisse Anklänge an die SN2-Reaktion, die vor allem darin zum Ausdruck kommen, daß häufig keine vollständige Racemisierung optisch aktiver Systeme am Verlauf von SN1-Reaktionen eintritt, sondern die Inversion etwas überwiegt (vgl. auch Kapitel 4.). Die Ätherbildung „von der Rückseite" her ist jedoch bei der bisäquatorialen Form (5.41a) sterisch erheblich gehindert (b). Außerdem müßte dabei die WALDEN-Umkehr eintreten, wodurch die Methylgruppe aus der äquatorialen Lage in die axiale gedrängt würde (d), was zusätzlich Energie erfordert. Bei der bis axialen Form (f) kann dagegen der Alkohol ohne wesentliche sterische Hinderung von der Rückseite her an das Kohlenstoffatom herantreten (g). Die Substitutionsreaktion unter Abspaltung eines Protons vom Alkohol-Sauerstoffatom und gleichzeitiger WALDEN-Umkehr bringt zudem die Methylgruppe aus der axialen in die äquatoriale Lage. Das ist energetisch begünstigt. Es entsteht der cis-2-Methyl-cyclohexanol-methyläther, dessen hoher Prozentsatz (45,5%) auf diese Weise voll gerechtfertigt erscheint.

Auf die Umlagerungsreaktionen kann hier nicht eingegangen werden; derartige Reaktionen werden für sich im Kapitel 8. abgehandelt.

Auch für die Solvolyse des cis-2-Methyl-cyclohexanol-tosylats läßt sich der Gang der Reaktion plausibel darstellen (5.43). Die Verbindung liegt ebenfalls als Gleichgewichtsgemisch e,a $\rightleftharpoons$ a,e vor. Da in diesem Falle jeweils einer der beiden Substituenten die axiale Konformation einnehmen muß, sind die Energieunterschiede zwischen beiden Formen nicht so groß wie bei der trans-Verbindung (e,e $\rightleftharpoons$ a,a). Das Konformationsisomere mit axialer Tosylgruppe kann viel leichter solvatisiert werden (b) als das Isomere mit äquatorialer Tosylgruppe (f), bei dem der Alkohol gewissermaßen vom Innern des Ringes her angreifen muß. Im Kation (c) steht sowohl an C^2 als auch an C^6 ein Wasserstoffatom in einer für die Eliminierung günstigen Lage zur Verfügung. Die Abspaltung in Richtung zum $\varDelta^1$-Olefin ist energetisch bevorzugt, denn es entsteht das stärker verzweigte, energieärmere Olefin. Zum anderen kann die Eliminierung infolge der bisaxialen Stellung von Tosylgruppe und Wasserstoff an C^2 bereits einsetzen, noch ehe das freie, solvatisierte Carbeniumion voll gebildet worden ist. Die Reaktion erhält dann einen gewissen E2-Charakter, verbunden mit stärkerer Wirksamkeit des Vierzentrenprinzips, dem aber nur gleichermaßen das axiale Wasserstoffatom C^6 gehorchen kann. Bei allgemein begünstigter Abspaltungsreaktion ist jedoch überwiegend das $\varDelta^1$-Olefin (2) zu erwarten. Zum gleichen Ergebnis führt auch eine Konformationsumkehr auf der Stufe der Carbeniumionen (c) $\rightleftharpoons$ (h). Als Konkurrenzreaktion kann die normale nucleophile Substitution eintreten, bei der sich Alkohol unter WALDEN-Umkehr anlagert (d). Dabei muß jedoch die Methylgruppe aus der äquatorialen Lage in die axiale Stellung rücken, was zusätzliche Energie erfordert. Der Anteil an trans-Äther 6 bleibt deshalb relativ gering. Infolge der günstigen Lage des Wasserstoffatoms an C^1 kann das Kation (c) in das energieärmere Kation (e) umgelagert werden. Diese „interne Substitution" des Kations (c) erreicht offenbar ein so erhebliches Ausmaß (23% tertiärer Äther, vgl. Tab. 5.40), weil die „externe Substitution" aus dem eben genannten Grunde erschwert ist.

Das Konformationsisomere des cis-2-Methyl-cyclohexanol-tosylats 2 mit äquatorialer Tosylgruppe (f) führt bei erschwerter Solvatisierung (g) zum Carbeniumion (h). Dieses läßt eine Eliminierung lediglich nach C^6 erwarten, wo ein Wasserstoffatom in räumlich günstiger Position zur Verfügung steht, was an C^2 nicht der Fall ist. Eine nucleophile Substitution unter WALDEN-Umkehr bedingt erhebliche Veränderungen in der Lage der einzelnen Substituenten und ist deshalb unwahrscheinlich.

Der Hauptteil der Reaktionsprodukte stammt deshalb aus der Reaktion des Isomeren mit axialer Tosylgruppe (a) bzw. aus dem Carbeniumion (c), das durch Konformationsumkehr aus dem Ion (h) entstanden ist. Übereinstimmend damit steigt die Reaktionsgeschwindigkeit bei Solvolysen von cis-2-Alkyl-cyclohexanol-tosylaten in dem Maße an, wie die Alkylgruppe volumi-

---

[1]) Das ist sehr plastisch, wenn auch wissenschaftlich nicht klar fundiert, als „Scheibenwischer-Effekt" bezeichnet worden: BROWN, H. C., K. J. MORGAN u. F. J. CHLOUPEK: J. Amer. chem. Soc. 87, 2137 (1965).

nöser wird, d. h. nur noch in der äquatorialen Lage vorliegen kann, so daß die Tosylgruppe in die axiale Lage gedrängt wird. So verhalten sich die Solvolysegeschwindigkeiten von Cyclohexanoltosylat-, cis-2-Methyl-, cis-2-Isopropyl- und cis-2-tert.-Butyl-cyclohexanol-tosylat wie 1:20:60:300.

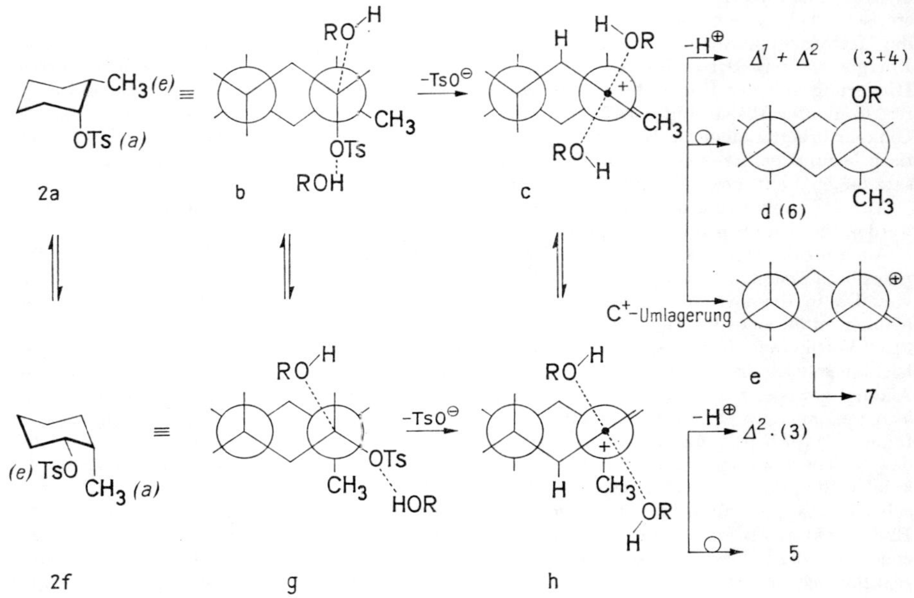

(5.43)

5.5. Pyrolyse von Estern [1]

Die Pyrolyse von Estern schließt sich eng an die WITTIG- und COPE-Eliminierungen an, die weiter oben besprochen wurden.

Im bekannten Fall der TSCHUGAEW-Eliminierung wird zunächst aus einem Alkohol durch Einwirkung von Schwefelkohlenstoff in Gegenwart von Natronlauge das Natriumsalz eines sauren Xanthogensäureesters (5.44, 2) dargestellt, das ohne Isolierung mit einem Alkylhalogenid den Ester 3 (Xanthogenat) liefert. Dieser Ester wird normalerweise ebenfalls im ungereinigten Zustand bei Temperaturen zwischen 100 und 200 °C thermisch gespalten. Analoge Eliminierungen sind bei 300 bis 500 °C

---

[1] Vgl. [5b] S. 239. MACCOLL, A., in: Advances in Physical Organic Chemistry, Vol. 3, Academic Press, New York/London 1965, S. 91.

auch an Carbonsäureestern, z. B. den Acetaten möglich, die als bestuntersuchte Klasse hier in erster Linie für die Diskussion herangezogen werden (5.45, 2).

$$R-CH_2-CH_2-OH \xrightarrow{CS_2/OH^\ominus} R-CH_2-CH_2-O-C\overset{S}{\underset{\underline{S}|^\ominus}{\diagup}} \xrightarrow{R'J} R-CH_2-CH_2-O-C\overset{S}{\underset{SR'}{\diagup}}$$

$$\qquad 1 \qquad\qquad\qquad\qquad 2 \qquad\qquad\qquad\qquad 3$$

$$\xrightarrow{100-200°C} R-CH=CH_2 + O=C\overset{SH}{\underset{SR'}{\diagup}} \longrightarrow R'SH + COS \qquad (5.44)$$

$$\text{1} \qquad\qquad \xrightarrow[-COS]{-RSH} \quad \diagdown C=C \diagup \xleftarrow{-RCOOH} \qquad \text{2} \qquad\qquad (5.45)$$

Es wird generell ein cyclischer Übergangszustand entsprechend (5.45) angenommen [1], da die aufzuwendenden Aktivierungsenergien (etwa 35 bis 50 kcal/mol) die Dissoziationsenergie für eine Radikal- oder Ionenreaktion (etwa 85 kcal/mol bei Acetaten) nicht decken können [2]. Es muß jedoch festgestellt werden, daß bei cyclischen Übergangszuständen bisher nicht entschieden werden kann, ob jeweils nur ein Elektron wandert oder zwei und in welcher Richtung die Elektronenverschiebung abläuft. Die derzeitigen Formulierungen sind deshalb ohne Beweise aus den bekannten Elektrophilien bzw. Nucleophilien der einzelnen Partner abgeleitet.

Acetate, die in der β-Stellung des Alkoholteils deuteriert sind, ergeben primäre H/D-Isotopeneffekte k_H/k_D etwa 2 bis 3, was bei den hohen Reaktionstemperaturen etwa dem Maximalwert entspricht und „Halblösung" des Protons im Übergangszustand anzeigt [3]. Am S-Methyl-trans-2-methylindanyl-(1)-xanthogenat sind die kinetischen Isotopeneffekte $^{32}S/^{34}S$ für die C=S- und die CH_3S-Gruppe und der Isotopeneffekt $^{12}C/^{13}C$ für die C=O-Gruppe bestimmt worden [4]. In Übereinstimmung mit den H/D-Effekten ergab sich, daß die C=S-Gruppe im geschwindigkeitsbestimmenden Schritt das β-Wasserstoffatom angreift, während andererseits aus der —O—C-Bindung (aus dem Ätherteil des Esters) Elektronen zur Stabilisierung der entstehenden O=C-Bindung nachgeliefert werden. Das Ergebnis entspricht also völlig der Formulierung (5.45, 1).

Entsprechend dem cyclischen Übergangszustand mit weitgehend synchronen Elektronenübergängen haben Substituenten im Alkoholteil des Esters einen relativ

---

[1] Erstmalig formuliert von HURD, C. D., u. F. H. BLUNCK: J. Amer. chem. Soc. **60**, 2419 (1938) bzw. [2] S. 227.
[2] RUMMENS, F. H. A.: Recueil Trav. chim. Pays-Bas **83**, 901 (1964).
[3a] CURTIN, D. Y., u. D. B. KELLOM: J. Amer. chem. Soc. **75**, 6011 (1953).
[3b] DEPUY, C. H., R. W. KING u. D. H. FROEMSDORF: Tetrahedron [London] **7**, 123 (1959).
[3c] BLADES, A. T., u. P. W. GILDERSON: Canad. J. Chem. **38**, 1401, 1407 (1960).
[3d] SKELL, P. S., u. W. L. HALL: J. Amer. chem. Soc. **86**, 1557 (1964).
[4] BADER, R. F. W., u. A. N. BOURNS: Canad. J. Chem. **39**, 348 (1961).

geringen Einfluß auf die Reaktionsgeschwindigkeit, der meist keine Zehnerpotenz erreicht. So reagiert 1-Phenyl-äthylacetat nur ca. sieben mal schneller als 2-Phenyl-äthylacetat [1]. Das spricht gegen einen Ionenmechanismus, bei dem die Substituenteneffekte viel größer sein müßten. Trotzdem ist die Reaktion nicht völlig synchron: An Verbindungen des Typs (5.46) läßt sich durch Variation des Substituenten X bzw. Y der Einfluß auf die C—O- bzw. β—C—H-Spaltung gesondert ermitteln. Danach erhält man $\varrho_X = -0{,}71$, $\varrho_Y = 0{,}08$, das heißt die Spaltung der C—O-Bindung ist im Übergangszustand erheblich weiter fortgeschritten als die der β—C—H-Bindung [2].

Da das Benzyl-Kohlenstoffatom, das die Estergruppe trägt, dabei einen geringen Carbeniumionen-Charakter erhält, ist es in manchen Fällen notwendig, σ^+-Konstanten zu benutzen, um eine gute Korrelation zu erhalten [3].

Die β—C—H-Acidität spielt zwar im allgemeinen keine Rolle, sie kann aber bestimmend werden, wenn der β—C—H-Gruppe eine C=O-Gruppe benachbart ist; die Geschwindigkeit der Esterpyrolyse steigt dann etwa um den Faktor 100 [4].

Die Pyrolysegeschwindigkeit steigt außerdem etwas an, wenn die Acidität der abgespaltenen Säure ansteigt, und tert.-Butyl-dichloracetat reagiert bei 250°C etwa 19mal schneller als tert.butylacetat, wobei sich eine lineare Korrelation zwischen lg k und pK_A ergibt [5]. Das Isomerenverhältnis bei Eliminierungen mit mehreren Abspaltungsrichtungen wird jedoch dadurch nicht verändert [6]. Auch bei den Xanthogenaten steigt die Reaktionsgeschwindigkeit linear mit der Stärke der entsprechenden Xanthogensäure an [7].

$$X\text{—}\underset{}{\bigcirc}\text{—CH—CH}_2\text{—}\underset{}{\bigcirc}\text{—Y} \qquad (5.46)$$
$$\overset{}{\underset{O-COCH_3}{}}$$

$\varrho_X = -0{,}71$ $\qquad$ $\varrho_Y = 0{,}08$

Esterpyrolysen stellen eindeutig syn-Eliminierungen dar. So liefert das Acetat des erythro-2-Deuterio-1.2-diphenyläthanols (5.47, 1) trans-Stilben, das noch das gesamte Deuterium enthält, das threo-Isomere (5.47, 3) dagegen ebenfalls trans-Stilben, jedoch unter weitgehendem Verlust des Deuteriums [8]. Man vergleiche mit der analogen anti-Eliminierung (5.16), wo gerade das umgekehrte Ergebnis auftrat.

Die Orientierung des Estercarbonyls auf das Wasserstoffatom in (5.47, 1) ist günstiger als die auf das Deuteriumatom, weil die voluminösen Phenylgruppen dadurch im Verlauf der Reaktion weiter auseinanderrücken können. Das Entsprechende gilt für 5.47, 3). Es entsteht demzufolge das trans-Stilben.

[1] WILLIAMS, J. L. R., K. R. DUNHAM u. T. M. LAAKSO: J. org. Chemistry 23, 676 (1958).
[2] SMITH, G. G., F. D. BAGLEY u. R. TAYLOR: J. Amer. chem. Soc. 83, 3647 (1961).
[3] SMITH, G. G., u. Mitarb.: J. Amer. chem. Soc. 84, 4817 (1962), J. org. Chemistry 30, 434 (1965).
[4] EMOVON, E. U., u. A. MACCOLL: J. chem. Soc. [London] 1964, 227.
[5] EMOVON, E. U.: J. chem. Soc. [London] 1963, 1246; BAILEY, W. J., u. J. J. HEWITT: J. org. Chemistry 21, 543 (1956).
[6] DEPUY, C. H., C. A. BISHOP u. C. N. GOEDERS: J. Amer. chem. Soc. 83, 2151 (1961).
[7] O'CONNOR, G. L., u. H. R. NACE: J. Amer. chem. Soc. 75, 2118 (1953).
[8] [3a] S. 249.

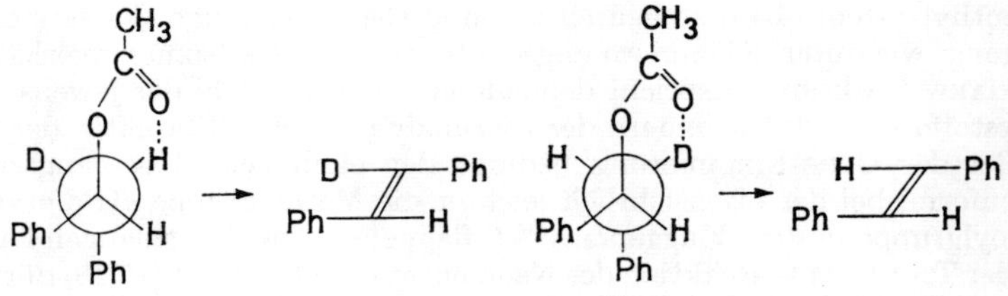

5.5. Pyrolyse von Estern

erythro → threo (5.47)

1 2 3 4

Noch eindeutigere Beweise wurden analog an 2-Butylacetat erhalten [1]. Ganz offensichtlich erfordert die Esterpyrolyse jedoch keinen Übergangszustand mit ekliptischer Anordnung von C—O- und β—C—H-Bindung, denn die Pyrolyse von 1-Methyl-cyclohexanolacetat liefert 75% endo-Olefin (1-Methyl-cyclohexen) und nur 25% exo-Olefin (Methylen-cyclohexan), während das Verhältnis bei voller Eklipse umgekehrt sein müßte, wie anhand von (5.37) bereits erläutert wurde [2]. Bei Cyclohexanolacetaten reagiert eine axiale Acetatgruppe geringfügig schneller als eine äquatoriale [3].

Wenn mehrere Eliminierungsrichtungen mit gleichen sterischen Voraussetzungen bestehen, wie z. B. in offenkettigen Verbindungen ohne Konformationshemmungen, sind die Mengen der gebildeten Olefine im allgemeinen rein statistisch bedingt. Schließlich ist auch möglich, daß die thermodynamische Stabilität der gebildeten Olefine eine Rolle spielt, so z. B. bei der TSCHUGAEW-Reaktion an Menthol (5.48).

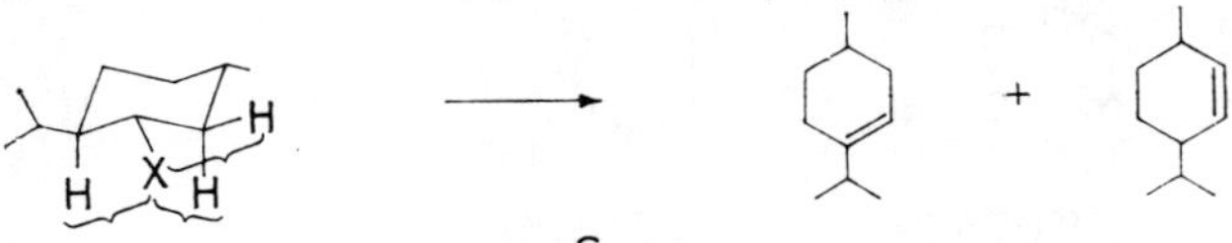

(5.48)

Menthyl-	$X = O-C\overset{S}{\underset{SCH_3}{}}$	66%	34%	[4]
	$X = \underset{\ominus}{O}-\underset{\oplus}{N}Me_2$	36%	64%	[5]
Neomenthyl-	$X = O-C\overset{S}{\underset{SCH_3}{}}$	20%	80%	[4] (5.49)
	$X = \underset{\ominus}{O}-\underset{\oplus}{N}Me_2$	0%	100%	[5]

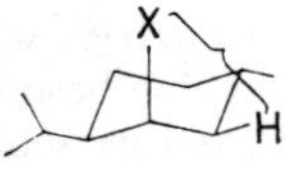

---

[1] SKELL, P. S., u. W. L. HALL: J. Amer. chem. Soc. **86**, 1557 (1964); hier wird auch das Verhältnis von trans- zu cis-2-Buten diskutiert.
[2] FROEMSDORF, D. H., C. H. COLLINS, G. S. HAMMOND u. C. H. DEPUY: J. Amer. chem. Soc. **81**, 643 (1959); analoge Ergebnisse an Xanthogenaten: BENKESER, R. A., u. J. J. HAZDRA: J. Amer. chem. Soc. **81**, 228 (1959).
[3] DEPUY, C. H., u. R. W. KING: J. Amer. chem. Soc. **83**, 2743 (1961).
[4] Vgl. [2] S. 227.
[5] COPE, A. C., u. E. M. ACTON: J. Amer. chem. Soc. **80**, 355 (1958).

Im Menthylsystem (5.48) stehen an C-2 und C-4 cis-ständige Wasserstoffatome zur Verfügung, wie durch Klammern angedeutet wird.[1]) Das Isomerenverhältnis bei der TSCHUGAEW-Reaktion entspricht demzufolge nicht der Zahl der jeweils verfügbaren Wasserstoffatome (2:1), sondern der thermodynamischen Stabilität der beiden Olefine. Bei der COPE-Eliminierung bedingt der ekliptische Übergangszustand eine Wannenform, bei der offensichtlich leichter die Methylgruppe als die voluminösere Isopropylgruppe in die „Flaggenmast"-(„flagpole")-Position gelangen kann.

Bei der TSCHUGAEW-Reaktion des Neomenthyl-xanthogenats (5.49) dürfte andererseits überhaupt kein Menthen-(3) auftreten, da an C-4 kein cis-ständiges Wasserstoffatom verfügbar ist. Derartige Anteile einer anti-Eliminierung wurden bei Esterpyrolysen gelegentlich beobachtet und auf eine nebenher gehende Radikalreaktion zurückgeführt.

Analog wie die Xanthogensäureester und die Acetate lassen sich auch andere Ester thermisch zu Olefinen zersetzen. Einige Beispiele (Derivate des Cholesterins) sind unter (5.50) mit Geschwindigkeitskonstanten der Pyrolyse aufgeführt [1].

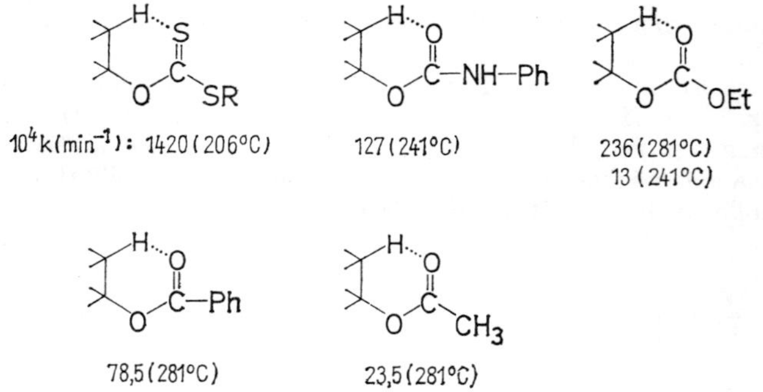

$10^4 k (\text{min}^{-1})$: 1420 (206°C)   127 (241°C)   236 (281°C)
                                                              13 (241°C)

                          78,5 (281°C)   23,5 (281°C)

(5.50)

Die Abnahme der Reaktionsgeschwindigkeit entspricht auch hier der von Xanthogensäuremonoalkylester zu Essigsäure abnehmenden Acidität der abgespaltenen Säure. Eine allgemeine Regel ist von DEPUY und BISHOP angegeben worden [2]. Bei den Xanthogenaten tritt außerdem ein Energiegewinn beim Übergang des Strukturelements $-O-C=S$ in $O=C-S$ von etwa 20 kcal/mol (berechnet aus den Bindungsenergien) ein, so daß die Aktivierungsenergie entsprechend erniedrigt wird.

Abschließend ist festzustellen, daß die Pyrolyse von Estern eine besonders vorteilhafte Methode zur Darstellung von Olefinen ist, da die Prozedur sehr einfach ist und ausgezeichnete Ausbeuten und eine hohe Reinheit der Produkte erreicht werden.

---

[1] Vgl. [7] S. 250.
[2] DEPUY, C. H., u. C. A. BISHOP: Tetrahedron Letters [London] **1963**, 239.

[1]) Auch das äquatoriale Wasserstoffatom an C-2 ist in diesem Sinne cis-ständig, da beide Wasserstoffatome an C-2 gegenüber der Gruppe X die gauche-Konformation einnehmen.

5.6. Der Esterpyrolyse verwandte thermische Eliminiergruppen

Die thermische Spaltung von Verbindungen über einen cyclischen Übergangszustand ist ein weit verbreiteter Reaktionstyp. Nachstehend sollen deshalb einige bekannte Fälle ohne ausführliche Erklärung zusammengestellt werden. Allen in der genannten Weise reagierenden Verbindungen ist ein gelockertes β-Wasserstoffatom und eine protonenanziehende Gruppe gemeinsam. Das Wasserstoffatom kann dabei ebenso wie an einem Kohlenstoffatom auch an einem Heteroatom (Sauerstoff, Stickstoff usw.) gebunden sein. Voraussetzung für die Eliminierung ist stets die Möglichkeit zur Ausbildung einer Doppelbindung zwischen den beiden Stellen, an denen die Spaltung stattfindet.

Pyrolyse von Acetanhydrid zu Keten [1]

$$\underset{O}{\overset{H}{\underset{|}{C}}}\overset{H}{\underset{O}{\overset{|}{C}}}-CH_3 \xrightarrow{700°C} \underset{O}{\overset{CH_2}{\underset{||}{C}}} + \underset{O}{\overset{H\diagdown O}{\underset{}{C}}}-CH_3 \qquad (5.51)$$

Decarboxylierung von β-Ketocarbonsäuren und β-Dicarbonsäuren [2]
In diesem Falle kommt das zu eliminierende Proton von der Säuregruppe, die eine weitere Doppelbindung aufnehmen kann und dabei in Kohlendioxid übergeht, analog zur Bildung einer C=C-Bindung.

$$\underset{1}{\underset{O\diagdown}{\overset{}{C}}\underset{CH_2}{\overset{}{C}}R} \longrightarrow \underset{O}{\overset{O}{\underset{||}{C}}} + \underset{2}{\underset{CH_2}{\overset{H\diagdown O}{C}}R} \rightleftharpoons \underset{3}{\underset{CH_3}{\overset{O}{\underset{||}{C}}}R} \qquad (5.52)$$

β-Ketosäuren, die in der Carboxylgruppe deuteriert sind, geben einen primären kinetischen Isotopeneffekt, der nur mit der Übertragung eines Protons analog (5.52) vereinbar ist [3] und durch einen gleichartigen $^{12}C/^{14}C$-Effekt der Ketocarbonylgruppe erhärtet wird [4]. Da die Reaktion sehr wenig vom angewandten Lösungsmittel abhängig ist, wird ein cyclischer Übergangszustand angenommen [3].

Die Spaltung verläuft bei β-Ketosäuren unter sehr milden Bedingungen (oft unter 100°C), weil die Carbonylgruppe eine große Affinität zum Proton besitzt. Die Reaktion geht eindeutig über die Enolform 2 des Ketons 3. Ist eine solche nicht möglich, wie am Brückenkopf bicyclischer Systeme, die dadurch zu große Spannung erhalten würden

---

[1] SZWARC, M., u. J MURAWSKI: Trans Faraday Soc **47**, 269 (1951)
[2] FRANZEN, V.: Chemiker-Ztg. **81**, 424 (1957).
[3] SWAIN, C. G., R. F. W. BADER, R. M. ESTEVE u. R. N. GRIFFIN: J. Amer. chem. Soc. **83**, 1951 (1961); vgl. BIGLEY, D. B., u. J. C. THURMAN: Tetrahedron Letters [London] **1967**, 2377.
[4] WOOD, A.: Trans. Faraday Soc. **62**, 1231 (1966).

(BREDT-Regel), bleibt die Decarboxylierung aus. So ist die Camphercarbonsäure noch bei 300 °C völlig beständig gegen Decarboxylierung:

$$\text{Struktur} \quad -\!/\!\!\!/\!\!\to \quad \text{Struktur} \qquad \text{keine Decarboxylierung bei 300°C} \qquad (5.53)$$

Eine Reihe von β-Keto-bicyclo[3.3.1]nonan-(1)-carbonsäuren bzw. β-Keto-bicyclo-[3.2.1]octan-(1)-carbonsäuren lassen sich allerdings im Widerspruch zur vorstehenden Feststellung doch thermisch zersetzen, und zwar um so leichter, je mehr sich der Winkel zwischen COOH und C=O 90° nähert (der Winkel zwischen den Orbitalen beträgt dann 0°). Allerdings liegt möglicherweise kein Synchronmechanismus mehr vor [1].

Die Enolform des Ketons kann auch aus α,α-disubstituierten Acetessigsäuren ohne weiteres entstehen, die demzufolge normal decarboxylieren.

Analog den β-Ketosäuren zersetzen sich Malonsäuren thermisch, allerdings erst bei wesentlich höherer Temperatur (etwa 140 °C), da das Säurecarbonyl viel weniger aktiv gegenüber dem Proton ist als die Keton-Carbonylgruppe [2].

$$\text{Struktur} \longrightarrow \text{Struktur} + \text{Struktur} \longrightarrow \text{Struktur} \qquad (5.54)$$

Ein cyclischer Übergangszustand ist in diesem Falle jedoch auf Grund von Isotopeneffekten auch angezweifelt worden [3].

Decarboxylierung von β-Iminosäuren

Als Protonenakzeptor fungiert in ihnen der Stickstoff. Ein bekannter Fall ist die thermische Decarboxylierung von Pyridin-2-essigsäure:

$$\text{Struktur} \longrightarrow \text{Struktur} + \text{Struktur} \longrightarrow \text{Struktur} \qquad (5.55)$$

Decarboxylierung β, γ- und α, β-ungesättigter Carbonsäuren

Auch die C=C-Doppelbindung ist als Protonenakzeptor geeignet, und β,γ-ungesättigte Säuren werden oberhalb 200 °C glatt decarboxyliert [4].

Ein cyclischer Übergangszustand ist mit den Kinetikparametern vereinbar [5]. β,γ-ungesättigte Carbonsäuren, die in der Carboxylgruppe deuteriert sind, ergeben die erwarteten deuterierten Olefine, die außerdem endständig sind, wenn in (5.56)

---

[1] FERRIS, J. P., u. N. C. MILLER: J. Amer. chem. Soc. **88**, 3522 (1966); **85**, 1325 (1963).
[2] FRAENKEL, G., R. C. BEDFORD u. P. E. YANKWICH: J. Amer. chem. Soc. **76**, 15 (1954).
[3] BLADES, A. T., u. M. G. H. WALLBRIDGE: J. chem. Soc. [London] **1965**, 792.
[4] ARNOLD, R. T., u. Mitarb.: J. Amer. chem. Soc. **72**, 4359 (1950); **79**, 892 (1957).
[5] SMITH, G. G., u. S. E. BLAU: J. physic. Chem. **68**, 1231 (1964).

R' = H ist, das heißt, es kann das thermodynamisch weniger stabile Produkt entstehen. Weiterhin erhält man übereinstimmend mit dem cyclischen Übergangszustand das entsprechende trans-Olefin, wenn R = R' = Alkyl ist [1]. α,β-ungesättigte Carbonsäuren werden offensichtlich nicht ohne weiteres decarboxyliert, denn β-tert.-Butyl-acrylsäure ist bis über 300 °C stabil. Man nimmt deshalb an, daß α, β-ungesättigte Carbonsäuren nur dann decarboxylierbar sind, wenn sich ein Gleichgewicht zwischen α, β- und β, γ-ungesättigter Säure einstellen kann.

$$R-CH_2-CH=C(R')-COOH \rightleftharpoons \text{[cyclic TS]} \longrightarrow R-CH_2-CH=CH-R' + CO_2 \quad (5.56)$$

$$CH_3-C(CH_3)_2-CH=CH-COOH \xrightarrow{300°C} \text{keine Decarboxylierung}$$

Pyrolyse von β-Hydroxyolefinen

Ganz ähnlich wie die vorstehende Reaktion verläuft die Pyrolyse von β-Hydroxyolefinen, wobei anstelle von CO_2 eine Carbonylverbindung (Aldehyd oder Keton) entsteht [2].

Bei Verwendung des deuterierten Alkohols (ROD) findet sich das Deuterium nach der Pyrolyse im Olefin wieder. Das deutet auf einen cyclischen Übergangszustand der Reaktion hin, der andererseits bei der Pyrolyse von Cyclohexenol-(1) unmöglich ist, das sich dementsprechend unter den Pyrolysebedingungen nicht zersetzt [2]. Die Ergebnisse der kinetischen Messungen an 3-Äthyl-6-phenylhexen-(5)-ol-(3) sind ebenfalls mit einem cyclischen Übergangszustand vereinbar [3].

$$\text{Ph-CH=CH-CH}_2\text{-C(Et)}_2\text{-OD} \xrightarrow{500°C} \text{Ph-CD(CH}_2\text{)-CH=CH}_2 + Et_2C=O \quad (5.57)$$

5.7. Ionische Fragmentierung [4]

Eine weit verbreitete Klasse ionischer 1.2-Eliminierungen sind Fragmentierungsreaktionen, die sich von den einfachen 1.2-Eliminierungen dadurch unterscheiden,

---

[1] BIGLEY, D. B.: J. chem. Soc. [London] **1964**, 3897.
[2] ARNOLD, R. T., u. G. SMOLINSKY: J. org. Chemistry **25**, 129 (1960).
[3] SMITH, G. G., u. R. TAYLOR: Chem. and Ind. **1961**, 949.
[4a] GROB, C. A.: Angew. Chem. **81**, 543 (1969).
[4b] GROB, C. A., u. P. W. SCHIESS: Angew. Chem. **79**, 1 (1967).
[4c] GROB, C. A.: Bull. Soc. chim. France **1960**, 1360.

daß der zu eliminierende β-Substituent kein Proton (bzw. anderes einfaches Atom) ist, sondern eine kompliziertere Atomgruppe:

1.2-Eliminierung **Fragmentierung**

H—c—d—X → H$^\oplus$ + c=d + X$^\ominus$ a—b—c—d—X → a—b + c=d + X

Das Fragment a—b ist um eine Einheit positiver, der abgespaltene Substituent X um eine Einheit negativer als in der Ausgangsverbindung.

In der Tabelle 5.58 sind die einzelnen Gruppen a—b („elektrofuge Gruppe"), c—d und X („nucleofuge Gruppe") zusammengestellt, zwischen denen zahlreiche Kombinationen möglich bzw. bereits untersucht sind.

Tabelle 5.58
Grundbausteine für den Aufbau fragmentierbarer Verbindungen
a—b—c—d[1])

a—b (elektrofuge Gruppe)	c—d	X (nucleofuge Gruppe)
HO—CR$_2$	CR$_2$—CR$_2$	Cl
RO—CR$_2$	CR=CR	Br
HOOC	CR$_2$—NR	J
R$_2$N—CR$_2$	CR$_2$—O	SO$_3$R
R$_3$C	CO—O	OCOR
R—C⟨$_\text{O}^\text{O}$	C=N	OH$_2^\oplus$
R$_2$C—CR$_2$	N=N	NR$_3^\oplus$
H$_2$N—NH	CO	SR$_2^\oplus$
HN=N		N$_2^\oplus$
		=O

[1]) Vgl. [4a] S. 225.

Analog zu den einfachen 1.2-Eliminierungen sind auch bei Fragmentierungen drei Grundmechanismen bekannt, die den in der Übersicht 5.1 aufgeführten Typen völlig entsprechen: a) vorrangige Eliminierung des Substituenten X (als X$^\ominus$) unter Bildung eines Carbeniumions, das im zweiten Schritt weiter zerfällt; b) vorrangige Eliminierung der elektrofugen Gruppe unter Bildung eines Anions, das ebenfalls im zweiten Schritt weiter zerfällt; c) synchrone Eliminierung sämtlicher Fragmente.

Als elektrofuge Fragmente kommen Gruppen in Frage, die durch Mesomerie-, Induktions- und/oder Hybridisierungseffekte stabilisiert sind.

Die nucleofugen Gruppen sind die gleichen wie bei der normalen 1.2-Eliminierung bzw. nucleophilen Substitution.

Die Gruppen c—d gehen bei der Fragmentierung in das jeweils um eine Einheit stärker ungesättigte System über, so daß Olefine, Acetylene, Azomethine, Nitrile, Carbonylverbindungen, Kohlendioxid, Kohlenmonoxid und Stickstoff entstehen können.

Nachstehend sind einige Beispiele ohne weiteren Kommentar formuliert [1], die außerdem zeigen, daß die Fragmentierung häufig durch Basen ausgelöst wird.

Spaltung von β-Halogencarbonsäuren und γ-Halogenalkoholen:

$$^{\ominus}|\underline{O}-C-C-C-Br \longrightarrow CO_2 + {>}C{=}C{<} + Br^{\ominus} \tag{5.59}$$

$$HO-CH_2-CH_2-CH_2-Br \xrightarrow{HO^{\ominus}} {}^{\ominus}|\underline{O}-CH_2-CH_2-CH_2-Br \longrightarrow O{=}CH_2 + {>}C{=}C{<} + Br^{\ominus} \tag{5.60}$$

Spaltung von Glycidsäureanionen (letzter Schritt der DARZENS-CLAISEN-Synthese von Carbonylverbindungen):

$$^{\ominus}|\underline{O}-C-CH-CH-R \longrightarrow CO_2 + R-CH{=}CH-\underline{\bar{O}}|^{\ominus} \xrightarrow{H_2O} R-CH_2-CH{=}O \tag{5.61}$$

Retro-MICHAEL-Reaktion:

$$R-\overset{H}{\underset{|}{C}}-\overset{|}{\underset{|}{C}}-\overset{|}{\underset{|}{C}}-C{\overset{R}{\underset{\underline{\bar{O}}}{\diagup}}} \xrightleftharpoons{B^{\ominus}} R-\overset{\ominus}{\underset{|}{C}}-\overset{|}{\underset{|}{C}}-\overset{|}{\underset{|}{C}}-C{\overset{R}{\underset{\underline{\bar{O}}}{\diagup}}} \rightleftharpoons {}^{R}{>}C{=}C{<} + {>}C{=}C{\overset{R}{\underset{\underline{\bar{O}}|^{\ominus}}{\diagup}}} \tag{5.62}$$

$$BH \updownarrow$$

$$H-\underset{|}{C}-C{\overset{R}{\underset{\underline{\bar{O}}}{\diagup}}}$$

Säurespaltung von β-Dicarbonylverbindungen:

$$R-\underset{|\underline{O}|}{C}-\underset{|}{C}-C{\overset{R}{\underset{\underline{\bar{O}}}{\diagup}}} \xrightarrow{HO^{\ominus}} R-\underset{|\underline{O}|^{\ominus}}{\overset{OH}{\underset{|}{C}}}-\underset{|}{C}-C{\overset{R}{\underset{\underline{\bar{O}}}{\diagup}}} \longrightarrow R-COOH + {>}C{=}C{\overset{R}{\underset{\underline{\bar{O}}|^{\ominus}}{\diagup}}} \tag{5.63}$$

$$\downarrow H_2O$$

$$H-\underset{|}{C}-C{\overset{R}{\underset{\underline{\bar{O}}}{\diagup}}}$$

Spaltung von N-Nitroso-methylamiden:

$$R-C{\overset{O}{\underset{\underset{CH_3}{N-\bar{N}{=}\underline{\bar{O}}}}{\diagup}}} \xrightarrow{HO^{\ominus}} R-\underset{|\underline{O}|^{\ominus}}{\overset{OH}{\underset{|}{C}}}-\underset{CH_3}{\bar{N}}-\bar{N}{=}\underline{\bar{O}} \longrightarrow R-COOH + CH_3-\bar{N}{=}\bar{N}-\underline{\bar{O}}|^{\ominus} \tag{5.64}$$

$$\downarrow$$

$$^{\ominus}|CH_2-\overset{\oplus}{N}{\equiv}N| + HO^{\ominus}$$

---

[1] GROB, C. A., u. W. BAUMANN: Helv. chim. Acta **38**, 594 (1955).

Spaltung von Carbonylazoverbindungen zu Dehydrobenzol [1]:

$$\underset{\text{Br}}{\text{C}_6\text{H}_4}\text{-N=N-C}\overset{\overset{\ominus}{\text{O}}}{\underset{\text{OR}}{}} \quad \xrightarrow{\text{HO}^\ominus} \quad \underset{\text{Br}}{\text{C}_6\text{H}_4}\text{-N=N-C}\overset{\overset{\ominus}{\text{O}}}{\underset{\text{OR}}{\text{-OH}}} \quad \longrightarrow \quad \text{C}_6\text{H}_4 + \text{Br}^\ominus \quad (5.65)$$

Die Stereochemie synchroner Fragmentierungen, die den E2-Reaktionen analog sind, unterliegen einem gleichartigen Prinzip wie diese dem Vierzentrenprinzip: Sämtliche in die Fragmentierung verwickelten Bindungen bzw. Orbinale müssen antiperiplanar angeordnet sein (in (5.66) fett gezeichnet).
Demzufolge fragmentiert z. B. nur das cis-3-Dimethylamino-cyclohexyltosylat (5.66, 1) in einer Synchronreaktion, nicht dagegen die trans-Verbindung (5.66, 2).

$$\begin{array}{cccc} \underset{k_1/k_3=39}{\underset{1}{\text{N}\cdots\text{OTs}}} & \underset{k_2/k_4=0{,}64}{\underset{2}{\text{N}\cdots\text{OTs}}} & \underset{3}{\text{OTs}} & \underset{4}{\text{OTs}} \end{array} \quad (5.66)$$

$$\underset{5}{\overset{\text{CH}_3}{\underset{\text{CH}_3}{>}}\overset{\oplus}{\text{N}}\text{=CH-(CH}_2)_3\text{-CH=CH}_2}$$

Bei den synchronen Fragmentierungen tritt stets eine Beschleunigung der Reaktion gegenüber der „homomorphen" Verbindung ein, die den betreffenden elektrofugen Substituenten nicht enthält. Im Beispiel (5.66) wurden die Relativgeschwindigkeiten der Solvolyse in wäßrigem Alkohol mit angegeben, die das belegen. Bei anderen Systemen werden Beschleunigungen von 3 bis 5 Zehnerpotenzen gefunden. Man kann diese Wirkung als eine Art Nachbargruppenwirkung durch das am Fragmentierungsprozeß beteiligte System von Bindungen hindurch ansehen; sie wird als „frangomerer Effekt" bezeichnet und kann für eng begrenzte Substanzklassen als Zahlenwert definiert werden (vgl. hierzu [1a] S. 255).
Die fragmentierbare Verbindung (5.66, 1) liefert nur das Fragmentierungsprodukt (5.66, 5), während das nicht fragmentierbare (5.66, 2) zunächst das 3-Dimethylamino-cyclohexylcarbeniumion liefert, das außer dem (nicht synchron gebildeten) Fragmentierungsprodukt 5 noch die erwarteten Substitutions-Eliminierungs- und Umlagerungsprodukte ergibt, auf die hier nicht näher einzugehen ist.

---

[1] HOFFMANN, R. W.: Angew. Chem. **75**, 168 (1963); Chem. Ber. **97**, 2763, 2772 (1964).

6. Nucleophile Reaktionen an polaren Doppelbindungen

Die nucleophile Reaktion an polaren Doppelbindungen ist ein sehr wichtiger Reaktionstyp.

Eine Doppelbindung zeichnet sich durch einen relativ hohen Energieinhalt aus, der eine entsprechend große Reaktivität garantiert. Diese Eigenschaft kommt um so stärker zur Geltung, je polarer die Doppelbindung ist, weil dann die Annäherung des Reaktionspartners elektrostatisch begünstigt wird und außerdem die während der Reaktion notwendige Verschiebung der Elektronen schon im Ausgangsprodukt teilweise erfolgt ist.

Als wichtigste Gruppe sind die Reaktionen an der Carbonylgruppe zu nennen, wie sie in Ketonen, Aldehyden und allen Carboxylderivaten vorliegt. Sie sollen in erster Linie hier behandelt werden. Die Verhältnisse sind auf Analoge der Carbonylverbindungen übertragbar, wie z. B. die Nitril-, Azomethin-, Nitroso-, Sulfonylgruppe $\left(-C\equiv N, -C=N-, -N=O, -S{\Large\lessgtr}{\small\begin{array}{c}O\\O\end{array}}\right)$, die wir hier als „heteroanaloge Carbonylverbindungen" bezeichnen wollen. Die an der Carbonylgruppe gewonnenen Erkenntnisse lassen sich ebenfalls auf ungesättigte Verbindungen anwenden, deren Doppelbindung in Konjugation zu einer Carbonylgruppe oder einer heteroanalogen Carbonylgruppe steht (vinylanaloge Carbonylverbindungen bzw. kürzer „vinyloge Carbonylverbindungen"). Dieser letzte Typ gestattet es schließlich, nucleophile Substitutionen an aktivierten Aromaten mit Hilfe der gleichen Grundvorstellungen zu verstehen.

Die genannten vinylogen bzw. analogen Systeme sollen deshalb im folgenden kurz mit behandelt werden.

6.1. Allgemeiner Überblick über Carbonylreaktionen [1]

Die Reaktionen der Carbonylgruppe lassen sich eng an die nucleophile Substitution des gesättigten Kohlenstoffs anschließen. In beiden Fällen greift ein nucleophiler

[1] PATAI, S.: The Chemistry of the Carbonyl Group, Interscience Publishers, New York London 1966.

6. Nucleophile Reaktionen an polaren Doppelbindungen

Partner (N|) mit einem freien Elektronenpaar an der Stelle geringster Elektronendichte des Substrats an, indem er gleichzeitig von dort ein Bindungselektronenpaar herausdrängt. Im Falle des gesättigten Kohlenstoffatoms ist damit eine Ablösung eines Substituenten X mit dem Bindungselektronenpaar verbunden, der von der elektrophilen Umgebung (z. B. Lösungsmittel) E solvatisiert oder chemisch gebunden wird. Im Falle der Carbonylverbindung bedingt die Verdrängung eines Bindungselektronenpaares durch den nucleophilen Reaktionspartner keine Dissoziation des Moleküls, da das vorher doppelt gebundene Sauerstoffatom der Carbonylgruppe das Elektronenpaar aufnehmen kann, wobei es eine negative Ladung erhält. Diese muß ebenfalls durch elektrophile Einwirkung stabilisiert werden, die von der rein elektrostatischen Beeinflussung bis zur echten chemischen Bindung gehen kann.

$$\text{N|} \overset{n}{\curvearrowright} \overset{\delta^+}{R} \underset{e}{-\!\!\!-\!\!\!-} \overset{\delta^-}{X} \curvearrowleft E \qquad \text{N|} \overset{n}{\curvearrowright} \overset{\delta^+}{\underset{e}{C}} = \overset{\delta^-}{O} \curvearrowleft E \qquad (6.1)$$

Als Beispiel sei die Reaktion eines Alkohols mit einem Alkylhalogenid (6.2a) oder einem Aldehyd (b) genannt. Der Alkohol wirkt infolge seiner freien Elektronenpaare am Sauerstoffatom als nucleophiler Partner, gleichzeitig jedoch auch als elektrophiler Stoff, da er leicht ein Proton abspalten kann.

$$(6.2)$$

a)   b)

In beiden Fällen entsteht ein Äther, denn auch das Halbacetal des Aldehyds darf als solcher aufgefaßt werden.[1])

Nach den Ausführungen im vierten Kapitel steigt die Reaktionsfähigkeit einer Verbindung gegenüber einem nucleophilen Reagens in dem Maße an, wie die Bindung C—X polarisiert ist. Das hohe Dipolmoment von Carbonylverbindungen (vgl. Seite 59) läßt deshalb eine leichte Substituierbarkeit erwarten. Außer der statischen Polarisation (ausgedrückt durch das Dipolmoment) ist aber auch die Polarisierbarkeit bedeutungsvoll für die Leichtigkeit, mit der nucleophile Substitutionen ablaufen. Die relativ leicht verschiebbaren π-Elektronen der Carbonyldoppelbindung bedingen eine hohe Polarisierbarkeit, so daß auch von der Dynamik her eine hohe Reaktionsfähigkeit für die Carbonylverbindungen erwartet werden muß.

---

[1]) Die in (6.1) und (6.2) geschriebenen Pfeile sollen nicht unbedingt einen synchronen Ablauf aller Elektronenübergänge wiedergeben.

6.1. Allgemeiner Überblick über Carbonylreaktionen

In diesem Zusammenhang ist auf einen fundamentalen Unterschied zur bimolekularen nucleophilen Substitution am gesättigten Kohlenstoff hinzuweisen: Infolge des PAULI-Prinzips muß bei der normalen SN2-Reaktion ein Elektron aus einem C—X-Orbital in dem Maße verdrängt werden, wie vom Reaktionspartner Y in das neue Y—C-Orbital hineingeliefert wird, so daß bei der Reaktion nur ein Übergangszustand durchlaufen werden kann.

Bei der nucleophilen Reaktion am ungesättigten Kohlenstoffatom ist dagegen die Bildung einer Zwischenstufe möglich, da das verdrängte Elektron von dem am ungesättigten Kohlenstoff gebundenen Substituenten (z. B. dem Sauerstoffatom der Carbonylgruppe) übernommen werden kann. Die Zwischenstufe besitzt eine gegenüber dem Übergangszustand erniedrigte Energie und ist für die meisten nucleophilen Reaktionen an Carbonylgruppen wahrscheinlich bzw. nachgewiesen.

Aus den genannten Gründen verlaufen nucleophile Substitutionen an Carbonylverbindungen im allgemeinen leichter als am gesättigten Kohlenstoffatom.

Man erkennt aus dem Schema der nucleophilen Substitution (6.1), daß die Leichtigkeit, mit der eine Reaktion erfolgt, eine Funktion aller beteiligten Partner ist. Die Reaktionsgeschwindigkeit steigt deshalb an:

1. Je stärker der Elektronendruck des nucleophilen Partners (seine „nucleophile Kraft" bzw. Basizität) ist. Die damit zusammenhängenden Fragen werden in diesem Kapitel nicht behandelt (vgl. Kap. 2. und [1]).

2. Je stärker die elektrophile Wirkung der Umgebung auf die Carbonylgruppe ist.

3. Je stärker die Carbonylgruppe intern polarisiert, d. h. je positiver das Kohlenstoffatom ist, und je höher die Polarisierbarkeit liegt.

Die genannten Faktoren wirken in komplizierter, nicht rein additiver Weise zusammen und bestimmen die Reaktivität des Systems. Es ist aus diesem Grunde insbesondere nicht möglich, Absolutwerte für die Reaktivität der Carbonylgruppe aufzustellen. Die folgenden Betrachtungen der einzelnen Einflüsse können deshalb nur relative Maßstäbe ergeben.

Da der mit der Carbonylverbindung reagierende nucleophile Stoff stets ein freies Elektronenpaar enthält und solche Verbindungen als Basen aufzufassen sind, lassen sich die Umsetzungen der Carbonylverbindungen auch als Säure-Basen-Reaktionen darstellen. Eine Einteilung der für Carbonylreaktionen in Frage kommenden Reaktionspartner kann dann nach dem Charakter der Base erfolgen. Die erste Gruppe bilden Basen bzw. LEWIS-Basen, d. h. Verbindungen, die von vornherein ein freies Elektronenpaar aufweisen (vgl. Tab. 6.3a). Die zweite Gruppe wird von den Pseudosäuren gebildet. Das sind Stoffe, die erst durch Abspaltung eines Protons in Gegenwart eines Protonenakzeptors Basen bilden. Hierzu gehören z. B. Blausäure, Malonester, Nitroalkane (vgl. Tab. 6.3b).

Eine dritte Gruppe enthält Verbindungen, aus denen gewisse Atome oder Atomgruppen mit den Bindungselektronen auf Carbonylgruppen übertragen werden können, ohne daß im klassischen Sinne freie Anionen auftreten. Sie sollen deshalb

---

[1] GREEN, M., u. R. F. HUDSON: Proc. chem. Soc. [London] **1959**, 149; J. chem. Soc. [London] **1962**, 1055; JENCKS, W. P., u. Mitarb.: J. Amer. chem. Soc. **82**, 1778 (1960); **84**, 2910 (1962); BRUICE, T. C., u. S. J. BENKOVIC: J. Amer. chem. Soc. **85**, 1 (1963) und zahlreiche frühere Arbeiten.

Tabelle 6.3
Einige nucleophile Reaktionspartner in Carbonylreaktionen[1])

a) Basen	Kat.[2])	b) Pseudosäuren	Kat.[2])	c) Kryptobasenreaktionen
$H-\underline{O}H$	alle	$H-C\equiv N$	B	$R-MgX$, $R-Li$ (GRIGNARD-Reaktion)
$H-\underline{S}H$	S	$H-C\equiv CH$	B	
$R-\underline{O}H$		$H-CR_2-COR$ [6])	B S	$ROOC-CHR-ZnX$ (REFORMATSKY-Reaktion)
$R-\underline{S}H$		$H-CR_2-NO_2$	B	CANNIZZARO-Reaktion
$\overline{N}H_3$, $R-\overline{N}H_2$, $H\overline{N}R_2$		$H-CHR-COOR$ [7])	(B S)	MEERWEIN-PONNDORF-VERLEY-Reduktion
$\overline{N}H_2\underline{O}H$		$H-CHR-CO$		
$\overline{N}H_2-\overline{N}H_2$		$\rangle O$ [8])	(B)	CLAISEN-TIŠČENKO-Reduktion
$R-\overline{N}H-\overline{N}H_2$ [3])		$R-CO$		
$NaH\overline{S}O_3$		$H-CH\langle\begin{smallmatrix}X\\Y\end{smallmatrix}$ [9])	B	OPPENAUER-Oxydation
$R-CH=\underline{\overline{O}}$				
$R-\overset{\ominus}{\underset{}{C}H}-N\equiv\overset{\oplus}{N}\|$ (Diazoalkane)		$H-CH\langle\begin{smallmatrix}Y\\N\\\oplus\end{smallmatrix}$ [10])	B	Reduktion mit komplexen Hydriden, z. B. $LiAlH_4$, $NaBH_4$
$\rangle C=C\langle$ [4])		$H-CH\langle\begin{smallmatrix}Y\\Y\end{smallmatrix}\rangle$ [11])	B	
$Ph_3P=CHR$ [5])				
		$H-\bigcirc-OH$	B S	

[1]) Die Tabelle enthält nur eine Auswahl von Reaktionspartnern. Die einzelnen Reaktionen stellen relativ bekannte Typen dar, die im folgenden nicht alle im einzelnen behandelt werden können.
[2]) wirksamer Katalysator: B = Base, S = Säure; (B) bzw. (S) äquimolare Menge notwendig
[3]) beispielsweise Phenylhydrazin und Derivate, Semicarbazid, Thiosemicarbazid
[4]) PRINS-Reaktion, Chlormethylierung, saure Phenol-Formaldehyd-Kondensation (vgl. auch Kapitel 7. und 8.)
[5]) WITTIG-Olefinierung, vgl. S. 315.
[6]) Aldolkondensationen im engeren Sinne
[7]) CLAISEN-Kondensation, DARZENS-CLAISEN-Kondensation (R = Cl), STOBBE-Kondensation. Der CLAISEN-Typ ist auch im sauren Bereich realisierbar.
[8]) PERKIN-Kondensation
[9]) Reaktionen vom Typ der KNOEVENAGEL-Kondensation
X, Y = COOR, COOH, C≡N, NO_2 z. B. Malonester; Malonhalbester, Malonsäure (KNOEVENAGEL-DOEBNER-Kondensation); Malodinitril; Cyanessigester; Cyanessigsäure
[10]) KRÖHNKE-Reaktion, z. B. Y = Phenyl, $C\langle\begin{smallmatrix}O\\R\end{smallmatrix}$, COOR, C≡N
[11]) Reaktionen vom Typ der ERLENMEYER-Kondensation mit Azlactonen

$\begin{smallmatrix}CH_2-C=O\\||\\NO\\\diagdown C\diagup\\|\\R\end{smallmatrix}$, Hydantoin $\begin{smallmatrix}CH_2-CO\\||\\NHNH\\\diagdown CO\diagup\end{smallmatrix}$, GRÄNACHER-Reaktion mit Rhodanin $\begin{smallmatrix}CH_2-C=O\\||\\SNH\\\diagdown C\diagup\\\|\\S\end{smallmatrix}$

Kondensationen mit Cyclopentadien (Synthese von Fulvenen)

als Kryptobasen bezeichnet werden. Es handelt sich vor allem um metallorganische Verbindungen sowie um Stoffe, die Hydridionen (H|$^\ominus$) abspalten können (Tab. 6.3c). Die Grenze zwischen den drei Gruppen ist nicht scharf zu ziehen. Trotzdem bleibt die vorgenommene Einteilung für praktische Zwecke sinnvoll, da sie gleichzeitig bestimmten Reaktionstypen entspricht.

6.2. Reaktionen der Carbonylgruppe mit Basen. Allgemeine Reaktionsmechanismen. Säure-Base-Katalyse [1]

Die Reaktionen der Carbonylgruppe mit Basen (Gruppe a in Tab. 6.3) werden sämtlich durch Säuren katalysiert.

Der Grund hierfür ist leicht einzusehen: Carbonylverbindungen stellen schwache Basen dar, und durch Addition eines Protons an das Sauerstoffatom entsteht ein mesomeres Kation (Carbenium-Oxoniumion) (6.4, 2), das als starke Säure eine erhöhte Affinität gegenüber dem nucleophilen Reaktionspartner B−H besitzt.[1])

Die Addition des Nucleophils ergibt ein neues Kation (6.4, 3), das in einer raschen Austauschreaktion ein Proton an das vom ersten Reaktionsschritt zurückgebliebene Säureanion (oder das Lösungsmittel) abgibt.

Alle Teilreaktionen sind Gleichgewichtsreaktionen; die Protonenübertragungsreaktionen vom und zum Sauerstoffatom erfolgen sehr rasch (diffusionskontrolliert). Als typisches Geschwindigkeitsgesetz erhält man (6.5).

$$\diagup\!\!\!\!C=\overline{\underline{O}} + H^\oplus \underset{\text{schnell}}{\overset{\text{schnell}}{\rightleftarrows}} \diagup\!\!\!\!C=\underline{\underline{O}}-H \leftrightarrow \diagup\!\!\!\!\overset{\oplus}{C}-\underline{\overline{O}}-H \equiv \diagup\!\!\!\!\overset{\oplus}{C\!\!\cdots\!\!\underline{O}}-H \quad (6.4\text{a})$$
$$\mathbf{1} \qquad\qquad\qquad\qquad\qquad \mathbf{2}$$

$$H-B| + \diagup\!\!\!\!\overset{\oplus}{C\!\!\cdots\!\!\underline{O}}-H \underset{\text{langsam}}{\overset{\text{langsam}}{\rightleftarrows}} H-\overset{\oplus}{B}-\overset{|}{\underset{|}{C}}-\underline{\overline{O}}-H \quad (6.4\text{b})$$
$$\qquad\qquad \mathbf{2} \qquad\qquad\qquad\qquad \mathbf{3}$$

$$H-\overset{\oplus}{B}-\overset{|}{\underset{|}{C}}-\underline{\overline{O}}-H \underset{\text{schnell}}{\overset{\text{schnell}}{\rightleftarrows}} B-\overset{|}{\underset{|}{C}}-OH + H^\oplus \quad (6.4\text{c})$$
$$\mathbf{3} \qquad\qquad\qquad\qquad \mathbf{4}$$

$$-\frac{d\left[\diagup\!\!\!\!C=O\right]}{dt} = k[H^\oplus]\left[\diagup\!\!\!\!C=O\right][B-H] \quad (6.5)$$

[1a] FELKIN, H.: Bull. Soc. chim. France **1956**, 1510.
[1b] JENCKS, W. P.: Progress in Physical Organic Chemistry, Vol. 3, Interscience Publishers, New York/London 1964, S. 63; Chem. Reviews **72**, 705 (1972).

---

[1]) In protonierten Aldehyden ist die Doppelbindung weitgehend erhalten, die Struktur ähnelt also einem Oxoniumion: HOGEVEEN, H.: Recueil Trav. chim. Pays-Bas **86**, 696 (1967).

Im Mechanismus (6.4) wirken Protonen (bzw. $H_3O^{\oplus}$) als Katalysator. Die Reaktionsgeschwindigkeit steigt demnach entsprechend (6.5) linear mit der Wasserstoffionenaktivität, bzw. lg v linear mit dem pH-Wert der Reaktionslösung an. Man spricht in diesem Falle von *spezifischer Säurekatalyse*.

Spezifische Säurekatalyse läßt sich weiterhin dadurch nachweisen, daß die Reaktion in D_2O 1,5 bis 3mal schneller abläuft als in H_2O (inverser Lösungsmittelisotopeneffekt $k_{H_2O}/k_{D_2O} < 1$) [1], da $D_3O^{\oplus}$ in D_2O stärker sauer ist als $H_3O^{\oplus}$ in H_2O.

Es ist jedoch auch möglich, daß die Reaktion nicht durch Protonen, also durch die dissoziierte Säure katalysiert wird, sondern durch alle anwesenden undissoziierten Säuren. In diesem Falle bildet sich ein Wasserstoffbrückenkomplex (6.6a) aus, in dem die Carbonylgruppe ebenfalls positiviert und damit reaktionsfähiger gegenüber dem Nucleophil ist, wenn auch nicht so stark wie im Fall des Carbenium-Oxoniumions (6.4, 2).

Das Proton wird in diesem Falle langsam und erst mit dem Angriff des Nucleophils auf das Carbonylsauerstoffatom übertragen [2].

$$\text{\Large$>$}C=\bar{\underline{O}} + H-A \rightleftharpoons \text{\Large$>$}C=O\cdots H\cdots A \qquad (6.6a)$$

$$H-B\overset{\frown}{(+} \text{\Large$>$}C\overset{\frown}{=}\underline{\bar{O}}\cdots H\cdots A \rightleftharpoons H-\overset{\oplus}{B}-\overset{|}{C}-\underline{\bar{O}}-H + Al^{\ominus} \quad \text{usw.} \qquad (6.6b)$$

Als Geschwindigkeitsgesetz erhält man (6.7). Die Geschwindigkeitskonstante k_{HA} ist typisch für die katalytische Wirkung der betreffenden Säure und wird als deren Katalysekonstante bezeichnet.

$$-\frac{d[\text{\Large$>$}C=O]}{dt} = [\text{\Large$>$}C=O][B-H]\sum_{i} k_{HA_i}[HA_i] . \qquad (6.7)$$

In diesem Sinne sind bereits relativ schwache Säuren wirksam, z. B. auch Lösungsmittel wie Wasser oder Alkohole (vgl. z. B. (6.2)). Die kinetische Gesetzmäßigkeit (6.7) wird als *allgemeine Säurekatalyse* bezeichnet.

Sie läßt sich experimentell daran erkennen, daß die Reaktionsgeschwindigkeit von der Gesamtkonzentration der anwesenden Säure (bzw. Säuren) abhängt und bei konstant gehaltenem pH-Wert (Pufferlösung) ansteigt, wenn die Konzentration des Puffers erhöht wird. Weiterhin beobachtet man einen Lösungsmittelisotopeneffekt $k_{H_2O}/k_{D_2O} > 1$ (meist 1,5 – 2) [2b].

Wenn allgemeine Säurekatalyse vorliegt, wird häufig das Katalysegesetz von J. N. BRÖNSTED erfüllt [3]. Danach ist die Katalysekonstante K_{HA_i} der Dissoziationskon-

---

[1] BUNTON, C. A., u. V. J. SHINER: J. Amer. chem. Soc. 83, 42, 3207, 3214 (1961); HALEVI, E. A., F. A. LONG u. M. A. PAUL: J. Amer. chem. Soc. 83, 305 (1961); SWAIN, C. G., R. F. W. BADER, u. E. R. THORNTON: Tetrahedron [London] 10, 200 (1960).
[2a] BUNNETT, J. F., u. G. T. DAVIS: J. Amer. chem. Soc. 82, 665 (1960).
[2b] CORDES, E. H., u. W. P. JENCKS: J. Amer. chem. Soc. 84, 4319 (1962).
[2c] SWAIN, C. G., u. Mitarb.: Tetrahedron Letters [London] 1965, 3199; J. Amer. chem. Soc. 87, 1553 (1965).
[3] BRÖNSTED, J. N.: Chem. Reviews 5, 231 (1928).

stante der betreffenden Säure proportional:

$$\lg k_{HA_i} = \alpha \lg K_{HA_i} + C = -\alpha p K_{HA_i} + C. \tag{6.8}$$

Die Auswertung erfolgt graphisch wie bei anderen Freie-Energie-Beziehungen, indem man $\lg k_{HA_i}$ gegen die konventionellen pK_A-Werte der betreffenden Katalysatorsäuren aufträgt. Die erhaltene Steigung ist ein Maß für die Empfindlichkeit der betreffenden Carbonylverbindungen gegenüber dem katalytischen Einfluß der Säuren. Der Anwendungsbereich der BRÖNSTED-Beziehung ist auf Säuren ähnlicher Struktur beschränkt.

Die Notwendigkeit des Elektronenzuges auf die Carbonylgruppe durch eine Katalysatorsäure wird um so größer, je schwächer nucleophil die Base ist. Aus diesem Grunde reagieren die stärker basischen Stickstoffverbindungen (Ammoniak, Amine, Hydroxylamin, Hydrazin usw.) ohne weiteres in der Gegend des Neutralpunktes oder sogar im schwach basischen Gebiet mit Aldehyden und Ketonen, wobei nicht selten allgemeine Säurekatalyse durch protonische Lösungsmittel vorliegt. Die nur schwach basischen Alkohole und schwache Stickstoffbasen wie z. B. 2.4-Dinitrophenylhydrazin erfordern dagegen einen Zusatz von Säuren.

Die Geschwindigkeit spezifisch säurekatalysierter Carbonylreaktionen (6.4) steigt mit steigender $H^\oplus$-Konzentration an, bis die Carbonylverbindung vollständig protoniert ist, wozu allerdings infolge der geringen Basizität der Carbonylgruppe (vgl. Tab. 2.70) hohe Aciditäten erforderlich sind. Von diesem Punkt an wird die Reaktion unabhängig vom pH-Wert, das heißt die Kurve $\lg k$ gegen pH erreicht ein Plateau.

Die als Katalysator fungierende Säure protoniert jedoch nicht nur das basische Sauerstoffatom der Carbonylgruppe, sondern auch den nucleophilen Reaktionspartner:

$$\text{H}-\text{B}| + \text{H}-\text{A} \rightleftarrows \text{H}-\overset{\oplus}{\text{B}}-\text{H} + \text{A}|^\ominus \quad \text{bzw.}$$
$$\text{H}-\text{B}| + \text{H}_3\text{O}^\oplus \rightleftarrows \text{H}-\overset{\oplus}{\text{B}}-\text{H} + \text{H}_2\text{O} \tag{6.9}$$

Die Überführung der Base in ein Salz („konjugierte Säure") vermindert die wirksame Konzentration des nucleophilen Partners, und zwar bereits bei um so niedrigerer Konzentration an $H^\oplus$-Ionen, je stärker die reagierende Base ist. Der optimale pH-Wert für eine durch Säuren katalysierte Carbonylreaktion liegt deshalb in einer Region, in der die Carbonylgruppe hinreichend stark protoniert wird, der basische Reaktionspartner jedoch noch nicht überwiegend durch Blockierung des freien Elektronenpaares seine nucleophile Wirkung verliert.

Bei allgemein säurekatalysierten Reaktionen wirkt auch die protonierte Base $BH_2^\oplus$ katalytisch ((6.7), für HA_i ist $BH_2^\oplus$ zu setzen). Die Maximalgeschwindigkeit muß in diesem Fall erreicht werden, wenn $[BH_2^\oplus] = [BH]$ wird, das heißt beim $pK_{BH\oplus}$-Wert der protonierten Base (vgl. S. 101). Das wird auch häufig beobachtet, z. B. bei nucleophilen Reaktionspartnern die wesentlich stärker basisch sind als das Carbonyl-Sauerstoffatom. Das nucleophile Reagens wird hier infolge seiner höheren Basizität bei weiterem Aciditätsanstieg bevorzugt protoniert, und die Konzentration an Reaktionspartner mit nicht blockiertem freiem Elektronenpaar sinkt stärker, als die Aktivierung der Carbonylgruppe durch Protonierung ansteigt.

Sind dagegen Reaktionspartner und Substrat von vergleichbarer Basizität (z. B. Aldehyde und Alkohole), beobachtet man bei hohen Konzentrationen an Wasserstoffionen im allgemeinen einen Sättigungswert, das heißt gleichbleibende Reaktionsgeschwindigkeit bei weiterer Erniedrigung des pH-Wertes.

Analoge Erscheinungen finden sich auch im alkalischen Gebiet, weil dort die Carbonylaktivität durch Anlagerung von $HO^{\ominus}$-Ionen an die Carbonylgruppe absinkt, während die Reaktivität protonenhaltiger Nucleophile durch Deprotonierung (z. B. $RO-H \to RO|^{\ominus}$) ansteigt.

Meistens wird eine der Beziehung (6.7) analoge kinetische Abhängigkeit gefunden, wobei anstelle $\sum^{i} HA_i$ die Summe der anwesenden (undissoziierten) Basen $\sum^{i} HB_i$ zu setzen ist (*allgemeine Basenkatalyse*). Für den experimentellen Nachweis gelten die Feststellungen S. 264 sinngemäß. Eine allgemeine Basenkatalyse kann weiterhin durch einen Lösungsmittelisotopeneffekt $k_{H_2O}/k_{D_2O} \approx 2$ bis 3 erkannt werden [1].

Infolge dieser Einflüsse ist es zur Festlegung der Mechanismen von Carbonylreaktionen stets zweckmäßig, das „pH-Profil" (d. h. die Änderung der Reaktionsgeschwindigkeit bzw. Gleichgewichtslage bei Änderung des pH-Wertes) aufzunehmen. Typische pH-Profile sind in [2, 3] zusammengestellt.

Nach dem Schema (6.4) bzw. (6.6) erfolgen die bekannten Reaktionen von Aldehyden bzw. Ketonen mit Wasser, Schwefelwasserstoff, Alkoholen und Mercaptanen zu Hydraten, Halbacetalen bzw. den analogen Thioverbindungen. Ein interessanter Fall liegt bei der Polymerisation von Aldehyden vor, die entweder zu ringförmigen Oligomeren oder kettenförmigen Verbindungen mit hohem Molekulargewicht führen kann. So reagiert bekanntlich Acetaldehyd in Gegenwart einer Spur Schwefelsäure zum trimeren cyclischen Paraldehyd bzw. dem entsprechenden Tetrameren („Metaldehyd"). Analog gibt Formaldehyd das trimere Trioxan bzw. den technisch sehr interessanten Polyformaldehyd (offenkettig). Bei dieser Reaktion wirkt der basische Carbonylsauerstoff als nucleophiles Reagens auf das durch elektrophilen Zug auf die Carbonylgruppe eines zweiten Moleküls positivierte Carbonylkohlenstoffatom ein:

$$\underset{1}{\begin{array}{c}R\\ _{CH}\\ OOH^{\oplus}\\ R-CHCH-R\\ O\end{array}} \rightleftharpoons \underset{2}{\begin{array}{c}R\\ CH\\ OO-H\\ CHCH-R\\ O^{\oplus}\end{array}} \rightleftharpoons \underset{3}{\begin{array}{c}R\\ CH\\ OO\\ CHCH-R\\ O\end{array}} + H^{\oplus} \quad (6.10)$$

Das Intermediärprodukt 2 vermag als starke Säure das Proton vom nahe gelegenen Sauerstoffatom zu verdrängen, oder aber weitere Moleküle Aldehyd anzulagern.

Bei Ketonen, Estern usw. reicht die Carbonylaktivität meist nicht mehr zu derartigen Polymerisationen aus. Darüber hinaus sind bei ihnen die sterischen Verhältnisse ungünstiger, da an der Carbonylgruppe ein weiterer voluminöser Substituent gebunden ist. Diese letzte Hinderung besteht dagegen weniger bei den Stickstoffanalogen der Aldehyde, wie Azomethinen, Nitrilen, Blausäure und Cyansäure, die relativ leicht in cyclische Trimere übergehen, die dem Produkt (6.10, 3) analog gebaut sind.

Die Additionen stellen stets Gleichgewichtsreaktionen dar. Die gebildeten Verbindungen sind also auf dem gleichen Wege wieder spaltbar, wobei der Mechanismus der

---

[1] BENDER, M. L., E. J. POLLOCK u. M. C. NEVEU: J. Amer. chem. Soc. **84**, 595 (1962) und dort zitierte weitere Literatur.
[2] Vgl. [1b] S. 263.
[3] GARRETT, E. R.: Arzneimittel-Forsch. **17**, 795 (1967).

Rückreaktion mit dem der Hinreaktion identisch ist („*Prinzip der mikroskopischen Reversibilität*").

Die Polymerisationsprodukte von Aldehyden und den anderen genannten Verbindungen sind deswegen ebenfalls wieder in die Ausgangsprodukte zerlegbar, wobei Säuren und Basen katalytisch wirken.

Die Additionsreaktionen der anderen in Tabelle 6.3 A aufgeführten Basen ergeben sich nach dem Gesagten von selbst.

Man beachte, daß im Natriumbisulfit der *Schwefel* als das am stärksten polarisierbare Atom sich an die Carbonylgruppe anlagert, die Bisulfitverbindungen demzufolge echte Sulfonsäurederivate darstellen:

$$H-O-\overset{O}{\underset{|\overline{O}|_\ominus}{S}}| \quad Na^\oplus \quad + \quad R-C\overset{O}{\underset{R}{\diagup}} \quad \rightleftharpoons \quad R-\overset{OH}{\underset{R}{C}}-\overset{O}{\underset{O}{S}}-\overline{O}|^\ominus \quad Na^\oplus \quad {}^1) \quad (6.11)$$

Die Reaktion mit Diazoalkanen wird im Zusammenhang mit Molekülumlagerungen besprochen werden.

Es ist schließlich interessant, daß vor allem bei dem besonders aktiven Formaldehyd bereits die Basenstärke von olefinischen oder aromatischen Doppelbindungen hinreicht, um in Gegenwart saurer Katalysatoren eine Carbonylreaktion zu ermöglichen (PRINS-Reaktion, Halogenmethylierung von Aromaten). Wir werden auf diese Reaktionen später zurückkommen.

Additionsprodukte vom Typ B$-\overset{|}{\underset{|}{C}}-$OH stellen relativ energiereiche Stoffe dar, die häufig weniger stabil sind als die Ausgangscarbonylverbindung. Dies liegt daran, daß eine Doppelbindung energetisch nicht der Summe von zwei Einfachbindungen entspricht, sondern etwas energieärmer ist. Es ist deshalb verständlich, wenn Additionsverbindungen vom Typ (6.4, 3) oft nur Zwischenprodukte einer Reaktion darstellen und durch Abspaltung von Atomgruppen wieder leicht in ein ungesättigtes System übergehen.

Die Tendenz zur Zurückbildung des ungesättigten Carbonylsystems ist besonders ausgeprägt bei den stickstoffhaltigen Additionsprodukten der Aldehyde und Ketone. So addieren sich Amine, Hydroxylamine und Hydrazine infolge ihrer relativ großen Basizität sehr leicht und schnell an Aldehyde oder Ketone.

Die Addukte 3 (6.12a) (Aminohydroxyverbindungen) entsprechen der Formulierung (6.4, 4). In Gegenwart von Säuren werden diese energiereichen Verbindungen

---

[1] Im wesentlichen addiert sich allerdings das neutrale Sulfit $^\ominus|\overline{O}-\underset{\underset{O}{\parallel}}{S}-\overline{O}|^\ominus$, in dem die nucleophile Potenz so weit vergrößert ist, daß Benzaldehyd damit etwa 10000mal schneller reagiert als mit Bisulfit. Das Bisulfit scheint demnach lediglich zur Protonierung des aus dem Carbonylsauerstoff intermediär entstehenden Sauerstoffanions notwendig zu sein. Dieser Vorgang verhindert die Rückreaktion zu den Komponenten.

STEWART, T. D., u. L. H. DONNALLY: J. Amer. chem. Soc. **54**, 3559 (1932);
GUBAREVA, M. A.: Ž. obšč. Chim. **17**, 2259 (1947);
BLACKADDER, D. A., u. C. HINSHELWOOD: J. chem. Soc. [London] **1958**, 2720;
SOUSA, J. A., u. J. D. MARGERUM: J. Amer. chem. Soc. **82**, 3013 (1960).

erneut protoniert, wobei zunächst der Stickstoff und der Sauerstoff um das Proton konkurrieren. Aus der an sich energetisch nicht bevorzugten Oxoniumstruktur 6 heraus kann sich das Molekül jedoch leichter unter Abspaltung von Wasser stabilisieren, wobei in langsamer Reaktion ein energiearmes Kation 7 mit delokalisierter Ladung entsteht (protoniertes Azomethin)[1]), das in einem raschen Austausch ein Proton verliert (Rückbildung des Katalysators).

$$R-\bar{N}H_2 + {\Large\rangle}C=\bar{O} \xrightarrow{\text{mehrere Stufen}} R-\bar{N}H-\underset{|}{\overset{|}{C}}-\bar{O}H \qquad \text{6.12a)}$$
$$\phantom{R-\bar{N}H_2}1 2 \phantom{\xrightarrow{\text{mehrere Stufen}}} 3$$

$$R-\bar{N}H-\underset{|}{\overset{|}{C}}-\bar{O}H + H^\oplus \rightleftarrows \begin{array}{c} R-\overset{\oplus}{N}H_2-\underset{|}{\overset{|}{C}}-\bar{O}-H \rightleftarrows R-NH_2 + {\Large\rangle}\overset{\oplus}{C\cdots\bar{O}}-H \rightleftarrows {\Large\rangle}C=\bar{O} + H^\oplus \\ 4 \qquad\qquad\qquad 5 \end{array} \quad (6.12\,\text{b})$$

$$3 R-NH-\underset{|}{\overset{|}{C}}-\overset{\oplus}{\underset{H}{O}}{<}^{H} \rightleftarrows H_2O + {\Large\rangle}\overset{\oplus}{C\cdots NH}-R \rightleftarrows {\Large\rangle}C=NR + H^\oplus \qquad (6.12\,\text{c})$$
$$ 6 7$$

Es entstehen auf diese Weise Verbindungen mit Azomethinstruktur (Oxime, Hydrazone, Azine, Phenylhydrazone, Semicarbazone, Azomethine usw.). Die Konkurrenzreaktion bei der Protonierung des Adduktes 3 stellt zugleich den Weg der Spaltung bzw. Synthese unter dem Einfluß von Säure als Katalysator dar.

Das Intermediärprodukt 7 in (6.12) ist eine starke Protonsäure. Der gleiche Typ kann jedoch auch als LEWIS-Säure existieren, das heißt, auch sekundäre Amine gehen die Reaktion (6.12) ein. Den wichtigsten und bekanntesten Fall bildet die MANNICH-*Reaktion*, bei der eine C−H-acide Komponente (z. B. ein Keton) mit Formaldehyd und dem Salz eines sekundären Amins umgesetzt wird. Als zentrales Zwischenprodukt entsteht analog 7 in (6.12) ein durch Delokalisierung der positiven Ladung stabilisiertes Kation [1].

$$\underset{R}{\overset{R}{\diagdown}}\overset{\oplus}{N}{\cdots}CH_2 \quad \text{bzw.} \quad \underset{R}{\overset{R}{\diagdown}}\bar{N}-\overset{\oplus}{C}H_2 \leftrightarrow \underset{R}{\overset{R}{\diagdown}}\overset{\oplus}{N}=CH_2. \qquad (6.13)$$

Dieses Kation kann natürlich nicht wie das Kation (6.12, 7) zu einem Azomethin dissoziieren. Als starke Säure ist es jedoch imstande, aus C−H-aciden Verbindungen ein Proton zu verdrängen, z. B.

$$\underset{R}{\overset{R}{\diagdown}}\overset{\oplus}{N}{\cdots}CH_2 + H-CH_2-\overset{O}{\overset{\|}{C}}-R \rightarrow \underset{R}{\overset{R}{\diagdown}}N-CH_2-CH_2-\overset{O}{\overset{\|}{C}}-R + H^\oplus \qquad (6.14)$$

[1a] ALEXANDER, E. R., u. E. J. UNDERHILL: J. Amer. chem. Soc. **71**, 4014 (1949).
[1b] HELLMANN, H.: Angew. Chem. **65**, 475 (1953).
[1c] CUMMINGS, T. F., u. J. R. SHELTON: J. org. Chemistry **25**, 419 (1960).

[1]) 7 ist infolge des größeren +M-Effektes des Stickstoffs (vgl. S. 63) energieärmer als das Kation 5.

Über den speziellen Mechanismus des letzten Schrittes ist später noch einiges zu sagen (vgl. Abschn. 6.6.2.).
In gleichartiger Weise wie die Hydroxyaminoverbindungen können auch Halbacetale unter Wasserabspaltung weiterreagieren, wobei eine dem Kation der MANNICH-Reaktion analoge LEWIS-Säure (6.15, 3) entsteht, die sich mit weiterem Alkohol als Basenkomponente zum Acetal umsetzt:

$$R-\overline{O}H + \rangle C=\overline{O} + H^\oplus \rightleftarrows R-\overset{\oplus}{\overline{O}}-\overset{|}{\underset{H}{C}}-\overline{O}H \rightleftarrows R-\overset{\oplus}{\overline{O}{\cdots}C}\langle + H_2O$$

$$\quad 1 \qquad\qquad\qquad 2 \qquad\qquad 3$$

$$R-\overset{\oplus}{\overline{O}{\cdots}C}\langle + R-\overline{O}-H \rightleftarrows R-\overline{O}-\overset{|}{\underset{H}{C}}-\overset{\oplus}{\overline{O}}-R \rightleftarrows R\overline{O}-\overset{|}{\underset{|}{C}}-\overline{O}R + H^\oplus$$

$$\quad 3 \qquad\qquad 4 \qquad\qquad\qquad 5$$

(6.15)

Der geschwindigkeitsbestimmende (langsamste) Schritt des gesamten Ablaufes sowohl der Hin- wie auch der Rückreaktion besteht normalerweise in der Bildung des Kations 3. Acetalisierungen und Acetalhydrolysen verlaufen in diesen Fällen monomolekular (A1-Verlauf), wie dies bereits Seite 166 diskutiert wurde.
Die Katalyse durch Säuren ist für beide Reaktionsrichtungen ganz charakteristisch: Acetale sind normalerweise nur in Gegenwart von Säure darzustellen und gegen Basen vollkommen beständig. Im Gegensatz zur Azomethinbildung entsteht bei der Acetalbildung ein energetisch weniger günstiges Produkt mit tetraedrischem zentralem Kohlenstoffatom. Die Folge ist deshalb häufig eine ungünstige Gleichgewichtslage, das heißt, eine große Tendenz zur Zurückbildung des thermodynamisch beständigeren Carbonylsystems. Es macht sich deshalb bei Synthesen notwendig, das Reaktionswasser aus dem Gleichgewicht zu entfernen, etwa durch azeotrope Destillation. Eine interessante Möglichkeit zur chemischen Bindung des Reaktionswassers stellt der Zusatz von Orthoameisensäureester dar. Dieser Stoff ist nämlich ebenfalls ein Acetal, jedoch ausgezeichnet durch besonders große Empfindlichkeit gegenüber saurer Hydrolyse, weil der dabei entstehende Ameisensäureester infolge der mesomeriefähigen Alkoxygruppe energieärmer ist als Aldehyde und Ketone [1]. Übereinstimmend mit der Acetalnatur zeigt der Orthoameisensäureester (und andere Orthoester) große Stabilität gegenüber Alkalien.
Das Reaktionsschema (6.4) gilt auch für die Umsetzungen der Säurecarbonylgruppe in Gegenwart von Mineralsäure als Katalysator [2].

$$\text{a)} \quad R''-\overset{X}{\underset{|}{C}}=\overline{O} + H^\oplus \underset{\text{schnell}}{\overset{\text{schnell}}{\rightleftarrows}} R''-\overset{X}{\underset{|}{C}}\overset{\oplus}{{\cdots}\overline{O}}-H \qquad \text{AAc2-Mechanismus}$$

$$\quad\quad 1 \qquad\qquad\qquad\qquad\qquad 2$$

---

[1] BUNTON, C. A., u. R. H. DEWOLFE: J. org. Chemistry **30**, 1371 (1965).
[2] Zusammenfassungen von Reaktionen der Carboxylgruppe: BENDER, M. L.: Chem. Reviews **60**, 53 (1960); SYRKIN, J. K., u. I. I. MOISSEJEV: Usp. Chim. **27**, 717 (1958); HUDSON, R. F.: Chimia [Aarau, Schweiz] **15**, 394 (1961) (Säurehalogenide); SATCHELL, D. P. N.: Quart. Rev. (chem. Soc., London) **17**, 160 (1963).

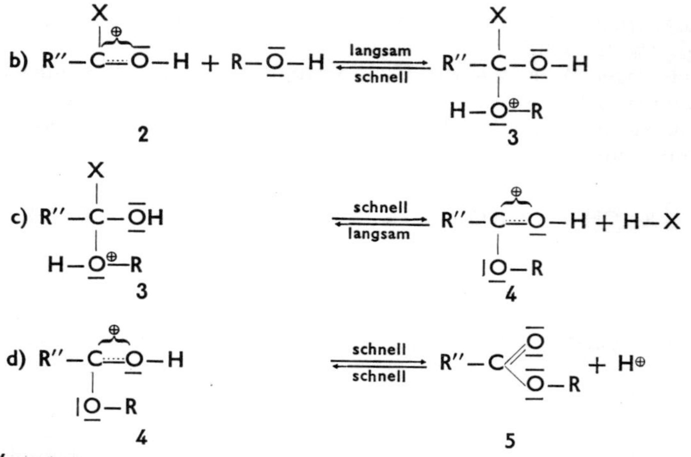

b) $R''-\overset{X}{\underset{|}{C}}\!\!\!\overset{\oplus}{=}\!\!\!O-H + R-\overset{\ominus}{O}-H \underset{\text{schnell}}{\overset{\text{langsam}}{\rightleftarrows}} R''-\overset{X}{\underset{|}{C}}-\overset{\ominus}{O}-H$
$\qquad\qquad\qquad\qquad\qquad\qquad\qquad\qquad\quad\; H-\overset{\oplus}{O}-R$

$\qquad$ **2** $\qquad\qquad\qquad\qquad\qquad\qquad\qquad$ **3** $\qquad\qquad$ (6.16)

c) $R''-\overset{X}{\underset{|}{C}}-\overset{\ominus}{O}H \underset{\text{langsam}}{\overset{\text{schnell}}{\rightleftarrows}} R''-\overset{\oplus}{\underset{|}{C}}\!\!\!=\!\!\!O-H + H-X$
$\quad\; H-\overset{\oplus}{O}-R \qquad\qquad\qquad\qquad |O-R$

$\qquad$ **3** $\qquad\qquad\qquad\qquad\qquad\qquad$ **4**

d) $R''-\overset{\oplus}{C}\!\!\!=\!\!\!O-H \underset{\text{schnell}}{\overset{\text{schnell}}{\rightleftarrows}} R''-C\!\!\!\underset{O-R}{\overset{O}{\diagdown\!\!\!\!\diagup}} + H^\oplus$
$\quad\; |O-R$

$\qquad$ **4** $\qquad\qquad\qquad\qquad\qquad$ **5**

X = OH Verestern,
X = OR′ Umesterung, Verseifen (R=H)
X = Cl, —O—CO—R Umsetzungen von Säurechloriden und -anhydriden.

Da die Bildung des tetraedrischen Zwischenprodukts sowohl in der Hinreaktion (Veresterung) als auch in der Rückreaktion (Verseifung) geschwindigkeitsbestimmend und bimolekular ist und der Acylrest der Ausgangsverbindung (die Gruppe R″—C=O) erhalten bleibt, klassifiziert man diesen Mechanismus als *sauer katalysierte bimolekulare Acylspaltung* AAc2 (bzw. allgemein: A2-Mechanismus). Im Gegensatz zu den durch Basen katalysierten Reaktionen der Carboxylgruppenverbindungen sind die sauer katalysierten Umsetzungen reversibel.

Bei den besonders energiereichen Säurechloriden und -anhydriden (vgl. auch (2.12)) liegt das Gleichgewicht so weit auf der rechten Seite, daß unter normalen Bedingungen praktisch keine Rückreaktion beobachtet wird.

Das gleiche Schema ist auch auf andere Carboxylgruppenreaktionen anwendbar, wie z. B. von Säuren, Estern, Säurechloriden und Säureanhydriden mit Ammoniak bzw. Aminen zu Säureamiden und deren Verseifung und Umamidierung.

Daß bei der Bildung bzw. Verseifung von Estern Acyl-Sauerstoff-Spaltung vorliegt, läßt sich leicht mit Hilfe von ^{18}O beweisen [1]:

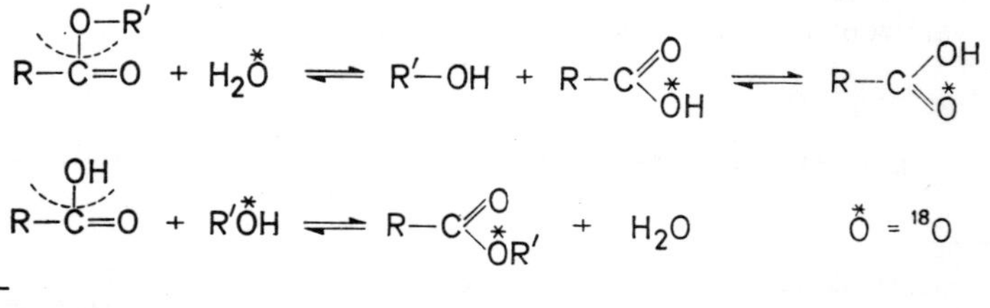

$R-\overset{O-R'}{\underset{|}{C}}\!\!=\!\!O + H_2\overset{*}{O} \rightleftharpoons R'-OH + R-C\!\!\underset{\overset{*}{O}H}{\overset{O}{\diagdown\!\!\!\!\diagup}} \rightleftharpoons R-C\!\!\underset{\overset{*}{O}}{\overset{OH}{\diagdown\!\!\!\!\diagup}}$

$\qquad\qquad\qquad\qquad\qquad\qquad\qquad\qquad\qquad\qquad\qquad\qquad$ (6.17)

$R-\overset{OH}{\underset{|}{C}}\!\!=\!\!O + R'\overset{*}{O}H \rightleftharpoons R-C\!\!\underset{\overset{*}{O}R'}{\overset{O}{\diagdown\!\!\!\!\diagup}} + H_2O \qquad\quad \overset{*}{O} = {}^{18}O$

---

[1] KURSANOV, D. N., u. R. V. KUDRJAVCEV: Ž. obšč. Chim. **26**, 1040 (1956); DATTA, S. C., J. N. E. DAY u. C. K. INGOLD: J. chem. Soc. [London] **1939**, 838; ROBERTS, I., u. H. C. UREY: J. Amer. chem. Soc. **60**, 2391 (1938).

6.2. Reaktionen der Carbonylgruppe mit Basen

Im ersten Fall enthält der gebildete Alkohol kein ^{18}O, im zweiten Fall der entstehende Ester das gesamte ^{18}O.
Die Beweisführung ist auch für die entsprechend alkalisch katalysierte Reaktion gültig.
Gegenüber den mesomeriestabilisierten Carbonsäuren, Carbonsäureestern usw. sind die tetraedrischen Zwischenprodukte (6.16, 3) relativ energiereich, so daß sie nicht isoliert werden können. Es erhebt sich deshalb die Frage, ob bei den Reaktionen der Carboxylgruppe überhaupt echte Zwischenverbindungen vom Typ (6.16, 3) entstehen, oder ob lediglich ein Übergangszustand durchlaufen wird. Auch diese Frage hat sich mit Hilfe von Isotopen entscheiden lassen [1]. Setzt man nämlich Benzoesäureester in Gegenwart von Perchlorsäure als Katalysator mit $H_2{}^{18}O$ um und bricht die Verseifung vorzeitig ab, so findet sich ^{18}O sowohl in der partiell gebildeten Säure als auch im noch nicht verseiften Ester, während andererseits normales Wasser entstanden ist. Danach muß die Lebensdauer des Zwischenprodukts in (6.18) größer sein als der Austauschgeschwindigkeit des Protons entspricht. Das Verhältnis von Hydrolyse- zu Austauschgeschwindigkeit ist nach diesem Experiment $k_H/k_A = 5$ [1], bei der entsprechenden Verseifung von Isobornylacetat $k_H/k_A = 0,4$ [2]. Damit ist eindeutig nachgewiesen, daß ein echtes Zwischenprodukt existiert.

$$R-C\underset{OR}{\overset{\overline{O}}{=}} + H^\oplus + H_2{}^*O \rightarrow$$

$$\begin{array}{ccccc}
{}^*OH & & {}^*OH_2{}^\oplus & & {}^*OH \\
| & & | & & | \\
R-C-OH_2{}^\oplus & \rightleftarrows & R-C-OH & \rightleftarrows & R-C-OH \\
| & & | & & | \\
OR & & OR & & HOR \\
& & & & \oplus
\end{array} \quad (6.18)$$

$$\updownarrow \qquad\qquad \updownarrow$$

$$\begin{array}{ccc}
R-C\overset{{}^*O}{\underset{OR}{\diagdown}} & R-C\overset{O}{\underset{OR}{\diagdown}} & R-C\overset{{}^*O}{\underset{{}^*OH}{\diagdown}} \\
+H_3O^\oplus & +H_3{}^*O^\oplus & +ROH_2{}^\oplus
\end{array}$$

Der AAc2-Mechanismus ist der Normalfall bei sauer katalysierten Carboxylreaktionen. Der Substituent X wird hierbei erst nach dem geschwindigkeitsbestimmenden Schritt eliminiert.
Es existiert jedoch auch die Möglichkeit einer langsamen, geschwindigkeitsbestimmenden Abspaltung des Substituenten X aus der protonierten Carboxylverbindung. Dabei entsteht ein Acylkation, das mit dem anwesenden Nucleophil rasch weiter reagiert. Es handelt sich demnach um eine Acylspaltung, die monomolekular abläuft und als *sauer katalysierte monomolekulare Acylspaltung AAc1* bezeichnet wird (bzw. allgemein: A1-Mechanismus).

---

[1] BENDER, M. L.: J. Amer. chem. Soc. **73**, 1626 (1951).
[2] BUNTON, C. A., K. KHALEELUDDIN u. D. WHITTAKER: J. chem. Soc. [London] **1965**, 3290.

AAc1-Mechanismus (A1-Mechanismus)

$$R-\underset{X|}{C}=\overline{\underline{O}} + H^\oplus \underset{\text{schnell}}{\overset{\text{schnell}}{\rightleftarrows}} R-\underset{\underset{H}{\overset{\oplus X}{|}}}{C}=\overline{\underline{O}} \underset{\text{langsam}}{\overset{\text{langsam}}{\rightleftarrows}} R-\overset{\oplus}{C}=\overline{\underline{O}} \leftrightarrow R-C\equiv\overline{O}|^{\oplus} + H-X$$

$$\qquad\quad 1 \qquad\qquad\qquad\qquad 2 \qquad\qquad\qquad\quad 3 \qquad\qquad\qquad\qquad\quad (6.19)$$

$$R-\overset{\oplus}{C}\!\!\equiv\!\overline{O}| + R-\overline{\underline{O}}H \underset{\text{schnell}}{\overset{\text{schnell}}{\rightleftarrows}} R-C\!\!\underset{\underset{H}{\overset{\oplus|}{O}-R}}{\overset{\overline{\underline{O}}}{\diagdown}} \underset{\text{schnell}}{\overset{\text{schnell}}{\rightleftarrows}} R-C\!\!\underset{OR}{\overset{\overline{\underline{O}}}{\diagdown}} + H^\oplus$$

$$\qquad\qquad\qquad\qquad\qquad\qquad\quad 4 \qquad\qquad\qquad\qquad 5$$

X = OH, Halogen, OR.

Die sehr reaktionsfähigen Acyliumionen [1] sind im IR-Spektrum durch eine Bande im Gebiet der Dreifachbindung (etwa 2200 cm^{-1}) [2], durch Kernresonanzspektroskopie [3], sowie kryoskopisch (Erhöhung der Teilchenzahl) nachweisbar [4]. Die Aktivierungsentropien der A1-Reaktionen liegen meist bei $\Delta S^\pm$ 0 bis −10 cal/grd.mol, die der A2-Reaktionen dagegen bei $\Delta S^\pm$ −15 bis −30 cal/grd · mol [5]; allerdings ist bei Anwendung dieses Kriteriums einige Vorsicht geboten.

Zur Erzeugung der Acylkationen aus Säuren oder Estern ist eine hohe Säurekonzentration erforderlich (meist angewandt 85 bis 100%ige Schwefelsäure) [6]. Die Acyliumionspaltung der Säurehalogenide wird vor allem durch LEWIS-Säuren begünstigt (vgl. Kap. 7., FRIEDEL-CRAFTS-Reaktion); Protonsäuren sind besonders wirksam bei Säurefluoriden, weil die Tendenz zur Ausbildung einer Halogenoniumstruktur (6.19, 2) beim Säurefluorid am größten ist [7].

Die Tendenz zum AAc1-Mechanismus steigt an, wenn das entstehende Acylkation durch elektronenabgebende Substituenten stabilisiert werden kann (+I, +M-Substituenten); die HAMMETT-Reaktionskonstanten sind deshalb stark negativ ($\varrho \approx$ −3 bis −4) [6a, 6c, 8]. In den Derivaten der 2.6-Dimethylbenzoesäure und 2.4.6-Trimethylbenzoesäure (Mesitoesäure) ist der sonst bevorzugte AAc2-Mechanismus durch die voluminösen ortho-ständigen Methylgruppen sterisch außerordentlich erschwert, so daß Veresterungen oder Esterverseifungen in Gegenwart katalytischer Mengen Säure

---

[1] Zusammenfassung: BETHELL, D., u. V. GOLD: Carbonium Ions, Academic Press, New York/London: 1967, Kap. 8.
[2] OULEVEY, G., u. B. P. SUSZ: Helv. chim. Acta 48, 630 (1965) und dort zitierte weitere Arbeiten.
[3] OLAH, G. A., S. J. KUHN, W. S. TOLGYESI u. E. B. BAKER: J. Amer. chem. Soc. 84, 2733 (1962); DENO, N. C., C. U. PITTMAN u. M. J. WISOTSKY: J. Amer. chem. Soc. 86, 4370 (1964).
[4] TREFFERS, H. P., u. L. P. HAMMETT: J. Amer. chem. Soc. 59, 1708 (1937).
[5] SCHALEGER, L. L., F. A. LONG, in: Advances in Physical Organic Chemistry, Vol. 1, Academic Press, New York/London 1963, S. 1.
[6a] KERSHAW, D. N., u. J. A. LEISTEN: Proc. chem. Soc. [London] 1960, 84.
[6b] JAQUES, D.: J. chem. Soc. [London] 1965, 3874.
[6c] VAN BEKKUM, H., H. M. A. BUURMANS, B. M. WEPSTER u. A. M. VAN WIJK: Recueil Trav. chim. Pays-Bas 88, 301 (1969).
[7] SATCHELL, D. P. N.: J. chem. Soc. [London] 1963, 555.
[8] BENDER, M. L., u. M. C. CHEN: J. Amer. chem. Soc. 85, 30 (1963).

sehr langsam ablaufen [1]. In konzentrierter Schwefelsäure ist dagegen ein AAc1-Verlauf leicht möglich, bei dem keine sterische Hinderung existiert, und Veresterungen bzw. Verseifungen verlaufen an den oben genannten Verbindungsklassen sehr glatt [2].

Verseifungsreaktionen an Carbonsäurederivaten (Estern, Amiden, Säurehalogeniden und -anhydriden) werden nicht nur durch Säuren, sondern auch durch Hydroxylionen beschleunigt. Dabei fungiert die Base zunächst als normaler nucleophiler Partner von besonders kleinem Raumbedarf und hoher Aktivität (vgl. Tab. 4.64). Aus dem auf diese Weise entstehenden Zwischenprodukt (6.20, 2) kann der ursprünglich an das Säurecarbonyl gebundene Substituent X um so leichter anionisch abdissoziieren, je niedriger seine Basizität liegt. Die entstandene Säure setzt sich schließlich mit der stärksten der anwesenden Basen zum Säureanion und zu protonierter Base um. Dieser letzte Schritt ist energetisch bevorzugt wegen der sehr niedrigen Energie des Säureanions, dessen Elektronen vollständig delokalisiert sind. Der Gesamtablauf wird bei den alkalisch katalysierten Verseifungen dadurch irreversibel. Umgekehrt ist es deswegen auch unmöglich, eine Carbonsäure mit einem Alkohol in Gegenwart von Alkali als Katalysator in den Ester zu überführen.

Im Fall (6.20) liefert das nucleophile Agens (HO$^\ominus$) durch unmittelbaren Angriff am Substrat ein Zwischenprodukt, das reaktionsfähiger ist als das Ausgangsprodukt und spontan zu den Endprodukten zerfällt. Dies wird als *nucleophile Katalyse* be-

Basisch katalysierte Acylspaltung (BAc2)

$$R-C\begin{subarray}{c}O^-\\X\end{subarray} + |\bar{O}-H \underset{\text{schnell}}{\overset{\text{langsam}}{\rightleftharpoons}} R-C(X)(OH)\bar{O}|^\ominus \underset{\text{langsam}}{\overset{\text{schnell}}{\rightleftharpoons}} R-C\begin{subarray}{c}O^-\\OH\end{subarray} + X|^\ominus$$

$$\text{(B}_1\text{)} \qquad\qquad\qquad\qquad\qquad\qquad\qquad\qquad\qquad\qquad \text{(B}_2\text{)}$$

$$1 \qquad\qquad\qquad\qquad 2 \qquad\qquad\qquad 3 \qquad\qquad 4 \qquad (6.20)$$

bzw.

$$R-C\begin{subarray}{c}O\\OH\end{subarray} + |\bar{O}H \xrightarrow{\text{schnell}} R-C\begin{subarray}{c}O\\O\end{subarray}\}^\ominus + H_2O \quad (\text{für } B_1 > B_2)^{1)}$$

$$(B_1)$$

$$+ X|^\ominus \to R-C\begin{subarray}{c}O\\O\end{subarray}\}^\ominus + H-X \quad (\text{für } B_2 > B_1)$$

$$(B_2)$$

$X = OR'$	Verseifung von Estern ($B_2 > B_1$)
$X = Cl$	Verseifung von Säurehalogeniden ($B_1 > B_2$)
$X = NH_2$ NHR NR_2	Verseifung von Säureamiden ($B_1 > B_2$)
$X = R'-O; B_1 = R''-O$	Umesterung (Alkoholyse)
$X = R'-O; B_1 = R_2NH$ $R-NH_2$ NH_3	Aminolyse bzw. Ammonolyse (Bildung von Säureamiden)

---

[1] MEYER, V.: Ber. dtsch. chem. Ges. **27**, 510 (1894); **28**, 182, 1254, 2773, 3197 (1895).
[2] Vgl. [4] S. 272; NEWMAN, M. S.: J. Amer. chem. Soc. **63**, 2431 (1941).

1) $B_1 > B_2$ bedeutet: B_1 ist die stärkere Base.

zeichnet. Sie ist durch einen relativ kleinen Lösungsmittelisotopeneffekt $k_{H_2O}/k_{D_2O} \approx$ 1,1 bis 1,8 gekennzeichnet [1].

Der basische Katalysator kann jedoch auch in einem raschen Vorgleichgewicht mit dem eigentlichen Nucleophil reagieren (z. B.: $HO|^{\ominus} + ROH \rightleftharpoons H_2O + RO|^{\ominus}$) und dadurch dessen Reaktivität gegenüber der Carbonylgruppe erhöhen. Diese allgemeine Basenkatalyse der Carbonylreaktion ist mit Lösungsmittelisotopeneffekten von $k_{H_2O}/k_{D_2O} \approx 1,5$ bis 3,0 verbunden und dadurch einigermaßen von der nucleophilen Katalyse unterscheidbar [1].

Auch für den in (6.20) formulierten Mechanismus der alkalisch katalysierten Verseifung von Säurederivaten hat sich beweisen lassen, daß die Additionsverbindung (6.20, 2) eine echte Zwischenverbindung darstellt und nicht einen Übergangszustand. Die Beweisführung entspricht der weiter oben für die sauer katalysierte Reaktion bereits besprochenen. Anstelle des dort angewandten isotop gekennzeichneten Wassers fungiert hier das ^{18}OH-Ion ($H-\overline{\underline{O}}|^{\ominus} + H_2^{18}O \rightleftharpoons H^{18}\overline{\underline{O}}|^{\ominus} + H_2O$) [2]. Weiterhin ist die Acylspaltung durch Isotopenexperimente vom Typ (6.17) gesichert.

Da der geschwindigkeitsbestimmende Schritt der Reaktionsfolge (6.20) bimolekular ist, wird dieser Reaktionstyp als *basisch katalysierte bimolekulare Acylspaltung BAc2* klassifiziert.

Unter gewissen Umständen können Carbonsäureester auch zwischen dem Äthersauerstoffatom und dem Alkylrest gespalten werden (Sauerstoff-Alkyl-Spaltung; Symbol für die sauer bzw. alkalisch katalysierte monomolekulare bzw. bimolekulare Spaltung: AAl1, BAl1, BAl2) [3]:

$$R'-C\overset{O}{\underset{O-R}{\diagdown}} + H_3^{18}O^{\oplus} \xrightleftharpoons[\text{schnell}]{\text{schnell}} R'-C\overset{O-H}{\underset{\overset{\oplus}{O}-R}{\diagdown}} \xrightarrow[\text{schnell}]{\text{langsam}} R'-C\overset{O-H}{\underset{O}{\diagdown}} + R^{\oplus} + H_2^{18}O \qquad (6.21\,a)$$

$$+ H_2^{18}O \qquad\qquad\qquad \text{schnell} \Updownarrow \text{langsam}$$

$$R-^{18}OH + H^{\oplus} \qquad \textbf{AAl 1}$$

$$R'-C\overset{O}{\underset{\underset{\frown}{O-R}}{\diagdown}} \xrightleftharpoons[\text{schnell}]{\text{langsam}} R'-C\overset{O}{\underset{\overline{O}|^{\ominus}}{\diagdown}} + R^{\oplus} \xrightarrow{H_2^{18}O} R'-C\overset{O}{\underset{O-H}{\diagdown}} + R-^{18}OH \qquad (6.21\,b)$$

$$\textbf{BAl 1}$$

$$R'-C\overset{O}{\underset{\underset{\frown}{\overline{O}-R}}{\diagdown}} + Y|^{\ominus} \rightleftharpoons R'-C\overset{O}{\underset{\overline{O}|^{\ominus}}{\diagdown}} + R-Y \qquad (6.21\,c)$$

$$\textbf{BAl 2}$$

Bei diesem Reaktionstyp handelt es sich im Grunde um nucleophile Substitutionen am gesättigten Kohlenstoffatom (SN1- bzw. SN2-Reaktionen) und nicht um eigent-

---

[1] Vgl. [1] S. 266; [2a] S. 269; Zusammenfassung zur allgemeinen Basenkatalyse und zur nucleophilen Katalyse von Esterhydrolysen: JOHNSON, S. L., in: Advances in Physical Organic Chemistry, Academic Press, New York/London 1967, S. 237.
[2] Vgl. [1] S. 270.
[3] Zusammenfassung: DAVIES, A. G., u. J. KENYON: Quart. Rev. (chem. Soc., London) **9**, 203 (1955).

liche Carbonylreaktionen. Er wird durch besondere Substituenteneffekte möglich. Man könnte annehmen, daß sehr stark elektronenziehende Substituenten in R' von R'—COOR zu einer Spaltung im Sinne von (6.21) führen sollten. Das ist jedoch meist nicht der Fall, da gleichlaufend mit der Erleichterung der in (6.21) durch gebogene Pfeile angegebenen Elektronenbewegung in der O—R-Bindung (Stabilisierung des entstehenden Carboxylations bzw. der Carbonsäure) das Carbonyl-Kohlenstoffatom positiviert wird, so daß der normale Ac2-Mechanismus ebenfalls begünstigt ist. Trifluoressigsäuremethylester z. B. wird deshalb sowohl in saurer wie auch neutraler oder basischer Lösung ausschließlich nach dem Ac2-Mechanismus verseift [1].

Liegt dem Ester dagegen eine sehr starke Säure zugrunde, die ein extrem schwach basisches Anion besitzt, und ist außerdem der Angriff an der Carbonylgruppe nicht sehr günstig, kann die Alkyl-Sauerstoff-Spaltung dominierend werden. Das ist vor allem bei den Estern der Schwefelsäure und der Sulfonsäuren der Fall [2], deren „Carbonyl"-Aktivität sehr gering ist. Es sei in diesem Zusammenhang daran erinnert, daß Sulfonyloxygruppen zu den typischen Abgangsgruppen in nucleophilen Substitutionen am gesättigten Kohlenstoffatom gehören (vgl. Kap. 4.).

Die Ester der schwächeren schwefligen Säure [3], Alkylnitrate [4] und Alkylphosphate [5] werden dagegen überwiegend unter Acyl-Sauerstoff-Spaltung hydrolysiert.

Bei Carbonsäureestern ist die Alkyl-Sauerstoff-Spaltung möglich, wenn im Alkoholteil des Esters Substituenten mit einem starken +I- oder/und +M-Effekt die Abspaltung von R als Kation erleichtern.

Die Ester des tert.-Butanols und ähnlicher Alkohole erfordern jedoch meist noch Katalyse durch Säuren (d. h. es erfolgt AAl1-Spaltung). Bei den Estern des Benzhydrols kann sich ein sehr energiearmes Carbeniumion bilden, so daß im neutralen Medium eine monomolekulare Alkyl-Sauerstoff-Spaltung (BAl1) abläuft (6.22). Die Reaktion gehorcht dem Kinetikgesetz für eine Reaktion 1. Ordnung und liefert in $H_2^{18}O$ das Benzhydrol-^{18}O. Daß ein Carbeniumion als Zwischenprodukt entsteht, wurde durch Abfang mit NaN_3 nachgewiesen sowie durch den Einsatz eines optisch aktiven Ausgangsprodukts (p-Methoxyderivat), das auf der Stufe des Carbeniumions racemisiert und optisch inaktives Benzhydrolderivat liefert [6]. Im alkalischen Bereich schwenkt die Reaktion in die normale bimolekulare Acyl-Sauerstoff-Spaltung (BAc2) hinüber [6] (vgl. (6.23)).

---

[1] BUNTON, C. A., u. T. HADWICK: J. chem. Soc. [London] **1958**, 3248; KURSANOV, D. N., u. R. V. KUDRJAVCEV: Ž. obšč. Chim. **26**, 2987 (1956).
[2] GRAGEROV, I. P., u. A. M. TARASENKO: Ž. obšč. Chim. **31**, 3878 (1961); VIZGERT, R. V.: Ž. obšč. Chim. **32**, 633 (1962); KAISER, E. T., M. PANAR u. F. H. WESTHEIMER: J. Amer. chem. Soc. **85**, 602 (1963); OAE, S., u. Mitarb.: Bull. chem. Soc. Japan **38**, 765 (1965) und frühere dort zitierte Arbeiten.
[3] TILLETT, J. G.: J. chem. Soc. [London] **1960**, 37; KERR, D., u. I. LAUDER: Austral. J. Chem. **15**, 561 (1962).
[4] ALLEN, A. D.: J. chem. Soc. [London] **1954**, 1968.
[5] BLUMENTHAL, E., u. J. B. M. HERBERT: Trans. Faraday Soc. **41**, 611 (1945); HUDSON, R. F.: Structure and Mechanism in Organo-Phosphorus Chemistry, Academic Press, New York/London 1965.
[6] BUNTON, C. A., u. T. HADWICK: J. chem. Soc. [London] **1957**, 3043.

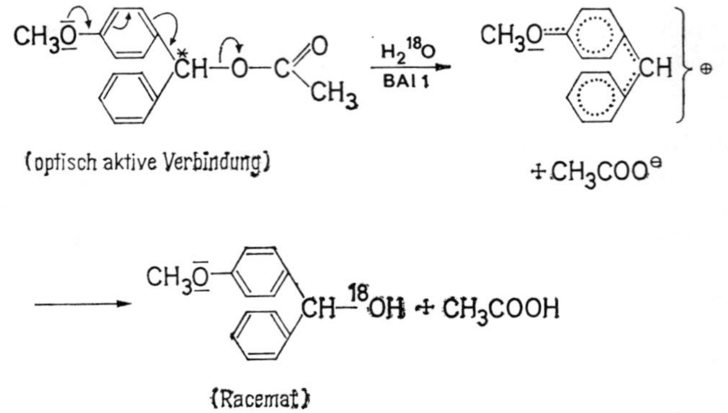

$$CH_3\underline{O}\!\!-\!\!\overset{*}{C}H\!\!-\!\!O\!\!-\!\!C\overset{O}{\underset{CH_3}{\diagdown}} \xrightarrow{H_2{}^{18}O \atop BAl\,1} \left\{ CH_3\underline{O}\!\!-\!\!\underset{CH}{\cdots} \right\} \oplus$$

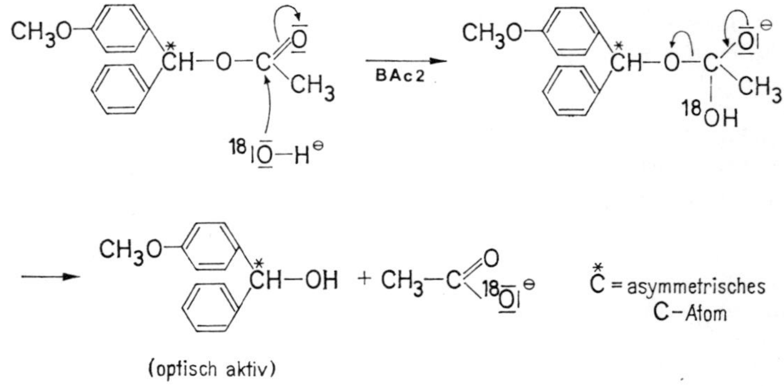

(optisch aktive Verbindung) $+ CH_3COO^{\ominus}$

$$\longrightarrow CH_3\underline{O}\!\!-\!\!\overset{*}{C}H\!\!-\!\!{}^{18}OH + CH_3COOH \qquad (6.22)$$

(Racemat)

$$CH_3O\!\!-\!\!\overset{*}{C}H\!\!-\!\!O\!\!-\!\!C\overset{O}{\underset{CH_3}{\diagdown}} \xrightarrow{BAc\,2} CH_3O\!\!-\!\!\overset{*}{C}H\!\!-\!\!O\!\!-\!\!\underset{{}^{18}OH}{\overset{\underline{O}|^{\ominus}}{C}}\!\!\overset{}{\diagdown} CH_3$$
$${}^{18}|\underline{O}\!\!-\!\!H^{\ominus}$$

$$\longrightarrow CH_3O\!\!-\!\!\overset{*}{C}H\!\!-\!\!OH + CH_3\!\!-\!\!C\overset{O}{\underset{{}^{18}\underline{O}|}{\diagdown}}{}^{\ominus} \quad \overset{*}{C} = \text{asymmetrisches} \quad (6.23)$$
$$\text{C-Atom}$$

(optisch aktiv)

Die bimolekulare O-Alkyl-Spaltung BAl2 ist noch seltener und vor allem dann zu finden, wenn der normale BAc2-Angriff am Carbonyl-Kohlenstoffatom sterisch gehindert ist, z. B. im 2.4.6-Tri-tert.-butyl-benzoesäuremethylester [1]. Da es sich um eine SN2-Reaktion handelt, muß die *Nucleophilie* und nicht die Basizität der angreifenden Base hoch gewählt werden (vgl. Abschn. 4.9.). Gute Ergebnisse sind mit Lithiumjodid in Pyridin [2] oder Natriumphenolat in Dimethylformamid [3] erzielbar.

Der besondere Vorzug der AAl1- und BAl1-Reaktion ist, daß diese Mechanismen unempfindlich gegen sterische Hinderung sind, die bei den bimolekularen Reaktionen mitunter beträchtlich ist und zu kleinen Reaktionsgeschwindigkeiten führt.

[1] BARCLAY, L. R. C., N. D. HALL u. G. A. COOKE: Canad. J. Chem. 40, 1981 (1962).
[2] TASCHNER, E., u. B. LIBEREK: Roczniki Chem. [Ann. Soc. chim. Polonorum] 30, 323 (1956); ELSINGER, F., J. SCHREIBER u. A. ESCHENMOSER: Helv. chim. Acta 43, 113 (1960).
[3] SHEEHAN, J. C., u. G. D. DAVES: J. org. Chemistry 29, 2006 (1964).

6.3. Zur Reaktivität von Carbonylgruppen

6.3.1. Sterische Einflüsse [1]

Entsprechend dem Schema (6.1) hängt die Leichtigkeit, mit der sich eine Base an die Carbonylgruppe anlagern kann, unter anderem sowohl vom Raumbedarf der Base als auch von der Zugänglichkeit des positivierten Kohlenstoffatoms der Carbonylgruppe ab. Die Reaktionsgeschwindigkeit bei bimolekularen Carbonylreaktionen muß absinken, wenn das Reagens oder die Umgebung der Carbonylgruppe voluminöse Gruppen darstellen.

In Tabelle 6.24 sind die relativen Geschwindigkeiten für einige Reaktionen an Carbonylverbindungen aufgeführt. Die Spalten I und II enthalten Angaben über die basisch bzw. sauer katalysierte Verseifung von Estern in Abhängigkeit vom Raumbedarf der Alkoholkomponente. Unter III und IV findet sich die Verseifung bzw. die Bildung der Äthylester von Carbonsäuren, die in Nachbarstellung zur Carbonylgruppe Alkylreste von verschieden großem Raumbedarf tragen.

Tabelle 6.24
Relative Geschwindigkeiten von Reaktionen an der Carboxylgruppe in Abhängigkeit von den räumlichen Verhältnissen

R	Verseifung von CH_3COOR (in Wasser, 25 °C)[1]		Verseifung von $R-COOC_2H_5$ (in 80%igem EtOH/W, 30 °C)[2]	Veresterung von $R-COOH$ mit Methanol (40 °C)[3]
	I basisch „B_{Ac}^2"	II sauer „A_{Ac}^2"	III basisch „B_{Ac}^2"	IV sauer „A_{Ac}^2"
Methyl	1	1	1	1
Äthyl	0,601	0,97	0,470	0,84
i-Propyl	0,146	0,53	0,100	0,33
t.-Butyl	0,0084	1,15[4]	0,011	0,038

[1] INGOLD, C. K., u. W. S. NATHAN: J. chem. Soc. [London] **1936**, 222.
[2] KINDLER, K.: Ber. dtsch. chem. Ges. **69**B, 2792 (1936).
[3] LOENING, K. L., A. B. GARRETT u. M. S. NEWMAN: J. Amer. chem. Soc. **74**, 3929 (1952).
[4] enthält bereits einen aus O-Alkyl-Spaltung stammenden Anteil und ist deshalb nicht typisch

Man erkennt, daß in allen Fällen ein nennenswerter Abfall der Reaktionsgeschwindigkeit von der Methylgruppe zur tertiären Butylgruppe eintritt, wobei es praktisch gleichgültig ist, ob die räumlich abschirmende Gruppe im Kohlenwasserstoffteil oder im Alkoholteil des Esters gebunden ist.

Allerdings fällt an den Werten der Tabelle 6.24 auf, daß die sauer katalysierten Reaktionen II und IV eine deutlich geringere Senkung der Reaktionsgeschwindigkeit ergeben. Das läßt sich nicht aus dem Raumbedarf des angreifenden Reaktionspart-

---

[1] Zusammenfassung: NEWMAN, M. S., in: Steric Effects in Organic Chemistry, John Wiley & Sons, Inc., New York 1956, Kap. 4.

ners erklären, da die OH-Gruppe der alkalisch katalysierten Reaktion zweifelsohne weniger voluminös ist als das bei der sauer katalysierten Reaktion in die protonierte Carbonylgruppe eintretende Wasser. Wie bereits im Abschnitt 2.6.2.2.1. ausführlich besprochen wurde, kompensiert sich bei der Säurehydrolyse der gegenläufige polare Einfluß von Substituenten auf die Basizität des Carbonyl-Sauerstoffatoms und die Reaktivität des Carbonyl-Kohlenstoffatoms gegenüber Nucleophilen ungefähr, und sauer katalysierte Hydrolysen von Estern haben normalerweise Reaktionskonstanten $\varrho \approx 0$.

Der Einfluß des Substituenten ist in diesem Falle praktisch ausschließlich sterisch bedingt. Sauer katalysierte Verseifungen können deshalb zur Ermittlung von sterischen Substituentenkonstanten E_S dienen (vgl. Abschn. 2.6.2.2.1.).

Bei den alkalisch katalysierten Reaktionen der Tabelle 6.24 ist diesem sterischen Einfluß der ebenfalls reaktivitätssenkende +I-Effekt der Alkylgruppen überlagert, so daß sich eine größere Spreizung der Werte innerhalb der Reaktionsserie ergibt als bei den sauer katalysierten Reaktionen.

In Cyclohexylsystemen unterliegen axiale Substituenten in 1-Stellung starken sterischen Einflüssen durch axiale Substituenten in 3- und 5-Stellung (1.3-diaxiale Wechselwirkungen) (vgl. Abschn. 2.8.). Aus diesem Grunde werden die Ester axialer Cyclohexanole bzw. die Alkylester axialer Cyclohexan-Carbonsäuren langsamer gebildet oder verseift als die entsprechenden äquatorialen Vertreter, bei denen die sterische Hinderung durch 1.3-diaxiale Wechselwirkungen wegfällt [1]. So findet man für die alkalische Verseifung von 4-tert.-Butyl-cyclohexanoncarbonsäureäthylester $k_e/k_a \approx 17$ [2]. Wie im Kapitel 2. erörtert wurde, können die Reaktivitätsunterschiede zwischen den äquatorialen und axialen Verbindungen benutzt werden, um Konformationsenergien für die betreffenden Gruppen zu berechnen [3].

Eine Abhängigkeit der Reaktionsgeschwindigkeit von der Raumfüllung benachbarter Substituenten findet sich erwartungsgemäß auch bei Aldehyden und Ketonen.

Für Aceton, Diisopropylketon und Di-tert.-butylketon betragen die relativen Bildungsgeschwindigkeiten der Cyanhydrine 1, 0,67 und 0,03 [4] bzw. der entsprechenden Alkohole bei der Reduktion mit Natriumborhydrid 1, 0,006, 0,0002 [5]. Die Unterschiede sind dabei um so größer, je sperriger das Reagens wird: Während Diisopropylketon mit dem linear gebauten, sterisch wenig anspruchsvollen Cyanidion[1]) noch fast ebenso schnell reagiert wie Aceton, ist es gegen das voluminöse $BH_4^\ominus$-Ion etwa 200mal weniger reaktionsfähig. Entsprechend große Unterschiede ergeben sich für die Bildung von Halbacetalen [6] und Acetalen [6a, 7].

[1] ELIEL, E. L., u. Mitarb.: Experientia [Basel] **9**, 91 (1953); J. Amer. chem. Soc. **79**, 5986 (1957); **83**, 2351 (1961); **88**, 3334 (1966); vgl. ELIEL, E. L.: Angew. Chem. **77**, 784 (1965); CHAPMAN, N. B., J. SHORTER u. K. J. TOYNE: J. chem. Soc. [London] **1964**, 1077.
[2] CAVELL, E. A. S., N. B. CHAPMAN u. M. D. JOHNSON: J. chem. Soc. [London] **1960**, 1413.
[3] CHAPMAN, N. B., R. E. PARKER u. P. J. A. SMITH: J. chem. Soc. [London] **1960**, 3634.
[4] JULLIEN, J., M. MOUSSERON u. P. FAUCHÉ: Bull. Soc. chim. France **1956**, 401.
[5] BROWN, H. C., u. K. ICHIKAWA: J. Amer. chem. Soc. **84**, 373 (1962).
[6a] GARRETT, R., u. D. G. KUBLER: J. org. Chemistry **31**, 2665 (1966) und dort zitierte weitere Literatur.
[6b] HOOPER, D. L.: J. chem. Soc. [London] Sect. B **1967**, 169.
[7] BELL, J. M., D. G. KUBLER, P. SARTWELL u. R. G. ZEPP: J. org. Chemistry **30**, 4284 (1965).

[1]) Einzelheiten zum Mechanismus vgl. S. 293.

Es sei in diesem Zusammenhang an die bekannte Tatsache erinnert, daß Ketone vom Typ des Isopropylketons (z. B. auch Benzophenon) mit voluminösen Ketonreagenzien (Phenylhydrazin und dessen Derivaten) keine Kondensationsprodukte mehr liefern, während sich mit Hydroxylamin ohne weiteres noch die Oxime erhalten lassen. Die Tendenz zu Additionsreaktionen hängt bei cyclischen Ketonen außerdem in sehr typischer Weise von der Ringweite ab, wie in Bild 6.25 dargestellt ist.

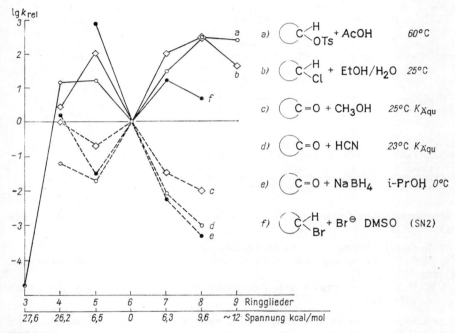

Bild 6.25
Abhängigkeit verschiedener Reaktionen von der Ringgröße
Relativwerte, bezogen auf das Cyclohexansystem
Ausgezogene Kurven: Reaktionen $sp^3 \rightarrow sp^2$
Gestrichelte Kurven: Reaktionen $sp^2 \rightarrow sp^3$

a) ROBERTS, J. D., u. V. C. CHAMBERS: J. Amer. chem. Soc. **73**, 5034 (1951).
b) BROWN, H. C., u. Mitarb.: J. Amer. chem. Soc. **73**, 212 (1951); **74**, 1894 (1952); vgl. auch die Zusammenstellung BROWN, H. C., u. MIN-HON REI: J. Amer. chem. Soc. **86**, 5008 (1964).
c) Vgl. [6a] S. 278.
d) WHEELER, O. H., u. E. G. DE RODRIGUEZ: J. org. Chemistry **29**, 718 (1964).
e) Vgl. [3] S. 282.
f) CHANG, W. S., u. H. ELIAS: Chem. Ber. **103**, 842 (1970).

Da bei den aufgeführten Ketonen die Carbonylgruppe stets von zwei Methylengruppen flankiert wird, kann eine sterische Beeinflussung der Reaktion nicht ohne weiteres auf einen unterschiedlichen Raumbedarf der benachbarten Substituenten zurückgeführt werden.

Die Verhältnisse lassen sich dagegen verstehen, wenn man die räumliche Verteilung der einzelnen Substituenten in den Ringsystemen betrachtet, wie in Bild 6.26 für die entsprechenden gesättigten Systeme wiedergegeben wird [1].

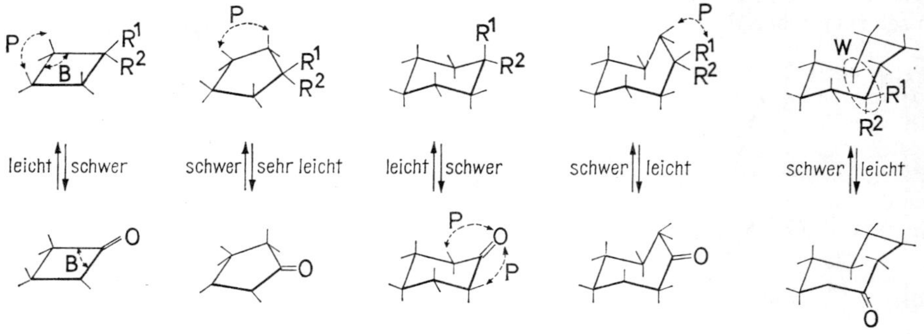

Bild 6.26
Sterische Faktoren bei der Bildung von Ketonen in cyclischen Systemen
P = Spannung durch ekliptische Konformationen („PITZER-Spannung")
B = Klassische Ringspannung durch Winkeldeformation („BAEYER-Spannung")
W = Spannung durch Pressung der VAN-DER-WAALS-Radien

Die dargestellten Verbindungen sind dabei unter drei Gesichtspunkten zu betrachten:

a) Einfluß der Ringspannung („BAEYER-Spannung");
b) Einfluß der Konformation (erhöhte Energie durch ekliptische Konformationen, „PITZER-Spannung");
c) Einfluß der VAN-DER-WAALS-Abstoßung zwischen räumlich stark genäherten Kohlenstoffatomen.

Diese Effekte wirken in komplizierter und nicht völlig voneinander unabhängiger Weise auf die Reaktivität der Ringverbindungen und werden unter dem Ausdruck „Innere Spannung" („Internal Strain", „I-Strain") zusammengefaßt [2].
Im Cyclopropan (Bindungswinkel 60°) und Cyclobutan (Bindungswinkel 90°) liegen Ringsysteme mit hoher klassischer Spannung (BAEYER-Spannung) vor, da die Bindungswinkel im Ring gegenüber dem normalen Tetraederwinkel (109°) stark verkleinert sind. Außerdem befinden sich sämtliche Wasserstoffatome in ekliptischen

---

[1] Zusammenfassungen zur Stereochemie von Ringsystemen: DALE, J.: Angew. Chem. **78**, 1070 (1966); RAPHAEL, R. A.: Proc. chem. Soc. [London] **1962**, 97; PRELOG, V.: Pure appl. Chem. **6**, 545 (1963); DUNITZ, J. D., u. V. PRELOG: Angew. Chem. **72**, 896 (1960).
[2a] BROWN, H. C., u. Mitarb.: J. Amer. chem. Soc. **72**, 2926 (1950); **73**, 212 (1951); **78**, 2735 (1956); J. chem. Soc. [London] **1956**, 1248; Tetrahedron [London] **1**, 221 (1957). TANIDA, H., u. T. TSUSHIMA: J. Amer. chem. Soc. **92**, 3397 (1970).
[2b] FERGUSON, L. N.: J. chem. Educat. **47**, 46 (1970).
[2c] SICHER, J., in: Progress in Stereochemistry, Vol. 3, Butterworth, & Co. (Publishers) Ltd., London 1962, Kap. 6.
[2d] GOLDFARB, J. L., u. L. I. BELEN'KIJ: Usp. Chim. **29**, 470 (1960).

6.3.1. Sterische Einflüsse

Konformationen, so daß auch von dieser Seite her eine Erhöhung des Energieinhaltes resultiert (PITZER-Spannung). Die Gesamtspannung beträgt beim Cyclopropan 27,6 kcal/mol und beim Cyclobutan 26,2 kcal/mol. Im Cyclopropanon bzw. Cyclopropylkation und im Cyclobutanon bzw. Cyclobutylkation verringert sich die PITZER-Spannung, weil die Carbonylgruppe bzw. das $C^{\oplus}$—H-Wasserstoffatom in der Ringebene liegen, so daß vier 1.2—H—H-Wechselwirkungen wegfallen. Andererseits ist der Bindungswinkel an dem sp^2-hybridisierten Atom normalerweise 120°, und die Differenzen zu den tatsächlichen Bindungswinkeln im Drei- bzw. Vierring werden noch größer.

Im Dreiring überwiegt der Ringspannungseffekt stark, so daß Additionsreaktionen an die Carbonylgruppe sehr schnell ablaufen bzw. günstige Gleichgewichtslagen haben. Umgekehrt erfolgen Reaktionen sehr schwer, bei denen ein Kohlenstoffatom aus dem sp^3- in den sp^2-Zustand übergehen muß, z. B. SN1-Reaktionen, in denen ja ein sp^2-hybridisiertes Carbeniumion entsteht (vgl. Bild 6.25).

Auch im Vierring überwiegt noch der Einfluß der Ringspannung, und Additionen an die Carbonylgruppe sind meist leicht möglich, während die umgekehrte Richtung $sp^3 \rightarrow sp^2$ (z. B. Bildung von Carbeniumionen) weniger günstig ist[1]).

Im Fünfring liegt ein fast ebenes System vor, das praktisch keine Ringspannung aufweist. Dagegen befinden sich alle Substituenten in ekliptischen Lagen, was zu einer beträchtlichen konformationellen Spannung führt, der das System nur teilweise nachgeben kann, indem eine geringe Faltung („Buckelung") des Ringes eintritt (in Bild 6.26 nicht gezeichnet, Gesamtspannung 6,5 kcal/mol). Durch den Übergang eines tetraedrischen Kohlenstoffatoms in die trigonale Form des Ketons oder Carbeniumions gelangt der verbleibende Substituent in die gestaffelte Lage, so daß die PITZER-Spannung zu den Substituenten der beiden Nachbar-Kohlenstoffatome aufgehoben wird. Das Keton oder Carbeniumion ist also relativ stabil zur entsprechenden tetraedrischen Verbindung und die Tendenz zur Halbacetal- und Cyanhydrinbildung und zur Reduktion gering. Umgekehrt zeigen Halbacetale eine hohe Dissoziationskonstante und das 1-Methyl-1-chlor-cyclopentan, Cyclopentyltosylat und ähnliche Verbindungen eine hohe Solvolysegeschwindigkeit.

Der Sechsring ist infolge der gefalteten Sesselform ebenfalls spannungsfrei. Alle Substituenten befinden sich in energiearmen gestaffelten Konformationen. Sowohl BAEYER- wie auch PITZER-Spannung besitzen deshalb einen Minimalwert (Gesamtspannung 0 kcal/mol). Beim Übergang in das Keton oder das Carbeniumion erhält der Substituent am trigonalen Kohlenstoffatom eine Lage, die ihn in der Opposition zu je einem Substituenten der beiden Nachbaratome nähert, so daß die konformationelle Spannung vergrößert wird. Aus diesem Grunde ist das Cyclohexansystem gegenüber dem Cyclohexanon bzw. dem Cyclohexylkation energetisch bevorzugt: Alle Carbonylreaktionen des Cyclohexanons verlaufen mit großer Leichtigkeit, während die Solvolyse von 1-Methyl-1-chlorcyclohexan und ähnlichen Verbindungen nur eine geringe Reaktionsgeschwindigkeit besitzen.[1]) Das analog gebaute Halbacetal hat demzufolge ebenfalls eine kleine Dissoziationskonstante. Cyclohexyl- und Cyclobutylsysteme besitzen eine ähnliche Reaktivität, und Cyclobutanon und Cyclohexanon sind relativ reaktionsfähige Verbindungen.

---

[1]) Dieser Sachverhalt kommt in Bild 6.25 nicht zum Ausdruck, weil dort Relativwerte dargestellt wurden, die auf das Cyclohexylsystem bezogen sind, in dem ebenfalls die Reaktion $sp^2 \rightarrow sp^3$ gegenüber dem umgekehrten Weg begünstigt ist.

Im Cycloheptansystem (Gesamtspannung 6,3 kcal/mol) erleichtern die in ekliptischer Lage angeordneten Substituenten einen Übergang in das Cycloheptanon bzw. Cycloheptylkation, in dem diese PITZER-Spannung eliminiert ist. Durch die stärkere Faltung des Cycloheptanringes rücken außerdem einzelne Kohlenstoffatome bereits in so große Nähe, daß die VAN-DER-WAALS-Radien eine Pressung erfahren, die ebenfalls durch Ausbildung eines ebenen trigonalen sp^2-Kohlenstoffatoms im Keton bzw. Kation vermindert werden kann.[1]) Aus den beiden Gründen zeigt das Cycloheptansystem eine große Tendenz zur Bildung des Cycloheptanons bzw. Cycloheptylkations (vgl. Bild 6.25).

Im Achtring lassen sich zwar alle Substituenten formal in der energiearmen gestaffelten Konformation zeichnen. In Wirklichkeit liegt aber eine andere Konstellation vor. In den mittleren Ringen (8—12 Ringglieder) ist die freie Drehbarkeit der Kohlenstoff-Kohlenstoffbindung weitgehend erhalten und die zum Ring geschlossene Zick-Zack-Kette kann leicht die günstigste Lage einnehmen. Dadurch besitzen die mittleren Ringe kein nennenswertes „Loch" in der Mitte mehr, die Kohlenstoffatome kommen sich vielmehr auf einen geringen Abstand nahe, was zu erheblicher Pressung der VAN-DER-WAALS-Radien und einer entsprechenden Energieerhöhung führt. Dieser weicht dem System durch andere Faltung der Kette teilweise aus, unter Umständen auch auf Kosten von zusätzlicher PITZER-Spannung (Gesamtspannung 9,6 kcal/mol). Beim Übergang in das Keton oder Kation können beide Spannungen verringert werden, so daß Reaktionen in dieser Richtung sehr leicht ablaufen. Das Keton ist andererseits sehr reaktionsträge. Beim Übergang zu den mittleren und großen Ringen ändert sich das Bild nicht mehr wesentlich. Das Minimum der Carbonylreaktivität liegt etwa beim Cyclodecanon, um dann wieder leicht anzusteigen. Die günstigste Konformation für das Keton kann bei mittleren und großen Ringen interessanterweise diejenige sein, bei der die Carbonylgruppe im Gerüst der Kohlenstoffatome begraben ist, so daß sie von Reagenzien sehr schwer erreicht werden kann und demzufolge äußerst geringe Reaktivität aufweist.

Die Kurvenzüge in Bild 6.25 sind so charakteristisch für die einzelnen Reaktionstypen, daß durch das „Spektrum" der Ringgrößeneffekte Reaktionsmechanismen und Formen von Übergangszuständen ermittelt werden können. Die Entwicklung dieser Methodik ist vor allem J. SICHER zu verdanken [1, 2].

Im vorliegenden Falle ergeben sich für die komplementären Reaktionstypen mit einem $sp^3 \to sp^2$- bzw. $sp^2 \to sp^3$-Übergang entsprechend auch komplementäre Kurvenzüge.

Die Methode erfordert zwar einen hohen Arbeitsaufwand, ist jedoch sehr leistungsfähig, um feinere Unterschiede im Übergangszustand aufzudecken, vgl. [2].

Die gemeinsame Ursache der in Bild 6.25 wiedergegebenen Reaktivitätsunterschiede wird dadurch bewiesen, daß die Reaktionsgeschwindigkeiten der $NaBH_4$-Reduktion bei der Auftragung gegen die Cyanhydrin-Dissoziationskonstanten oder die Geschwindigkeitskonstanten der Tosylat-Acetolyse Geraden ergeben [3].

---

[1] Vgl. [2c, 1] S. 280.
[2] Anwendung auf Radikalreaktionen vgl. RÜCHARDT, C.: Angew. Chem. 82, 845 (1970).
[3] BROWN, H. C., u. K. ICHIKAWA: Tetrahedron [London] 1, 221 (1957).

---

[1]) Die energieärmste Konformation ist — anders als in Bild 6.26 dargestellt — allerdings ein Twist-Sessel: HENDRICKSON, J. B.: J. Amer. chem. Soc. 83, 4537 (1961). Die vorstehende Diskussion wird dadurch nicht beeinträchtigt.

Abschließend sei noch vermerkt, daß sich die Reaktionsgeschwindigkeiten der Cyanhydrinbildung bzw. Natriumborhydridreduktion ganz in der gleichen Weise bewegen wie die jeweilige Lage des thermodynamischen Gleichgewichts: Eine Verbindung, die sich rasch bildet, überwiegt ebenfalls im Gleichgewicht. Die Freie-Energie-Beziehung (vgl. Kap. 2.) hat also Gültigkeit. Das gilt jedoch nur für Additionsreaktionen der Carbonylverbindungen, während bei Kondensationsreaktionen erhebliche Unterschiede zwischen den beiden Größen auftreten können (vgl. weiter unten).

6.3.2. Induktions- und Mesomerieeinflüsse von Substituenten auf die Reaktivität der Carbonylgruppe

Nach dem Schema (6.1) läßt sich qualitativ voraussagen, welchen Einfluß mesomeriefähige oder induktiv wirksame Substituenten auf die Reaktivität der Carbonylgruppe ausüben (6.27). Danach müssen Substituenten, die die Elektronendichte am Carbonylkohlenstoffatom erhöhen, die Reaktionsfähigkeit gegenüber einem nucleophilen Angriff (N, n) verringern. Da aber andererseits das π-Elektronensystem in der C=O-Doppelbindung leicht longitudinal polarisierbar ist, wird ein Teil der durch +M- bzw. +I-Substituenten erhöhten Elektronendichte des Carbonylkohlenstoffatoms bis zum Sauerstoffatom weitergeleitet, dessen Elektronendichte deshalb ebenfalls ansteigt. Die Folge ist eine ebenfalls erhöhte Reaktionsfähigkeit des Carbonylsauerstoffatoms gegenüber einem elektrophilen Angriff (E, e), z. B. durch das Wasserstoffion von Säuren:

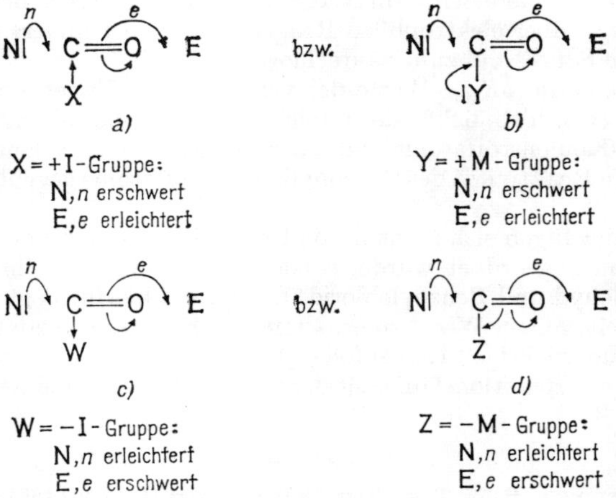

a)
$X = +I$-Gruppe:
N,n erschwert
E,e erleichtert

b)
$Y = +M$-Gruppe:
N,n erschwert
E,e erleichtert

(6.27)

c)
$W = -I$-Gruppe:
N,n erleichtert
E,e erschwert

d)
$Z = -M$-Gruppe:
N,n erleichtert
E,e erschwert

Umgekehrt verringern $-I$- bzw. $-M$-Substituenten die Elektronendichte sowohl am Carbonylkohlenstoffatom wie auch am Carbonylsauerstoffatom, so daß die Empfindlichkeit gegenüber einem nucleophilen Angriff (N, n) steigt und die gegenüber einem elektrophilen Angriff (E, e) abfällt (vgl. (6.27c, d)).

Die Fälle (a), (b) und (c) sind in der bereits früher gegebenen Reihe von Carbonylderivaten verwirklicht:

$$R-C\overset{O}{\underset{\bar{O}|^{\ominus}}{}} \quad R-C\overset{O}{\underset{NR_2}{}} \quad R-C\overset{O}{\underset{\bar{O}R}{}} \quad R-C\overset{O}{\underset{\bar{O}H}{}} \quad R-C\overset{O}{\underset{R}{}} \quad R-C\overset{O}{\underset{H}{}} \quad R-C\overset{O}{\underset{Cl}{}}$$

Fall a) + b)   Fall b) + c)   Fall a)   Standard   Fall c) + b)

(6.28)

Reaktivität gegenüber nucleophilem Angriff steigt →
← Basizität steigt

Im Säureanion besitzt das Sauerstoffanion sowohl einen starken Induktionseffekt (+I) wie auch einen starken Mesomerieeffekt (+M), so daß gleichzeitig Fall (a) und (b) vorliegt. Im Säureamid, der Carboxylgruppe und dem Ester sind Substituenten mit der Carbonylgruppe verbunden, die neben einem geringeren −I-Effekt (nicht eingezeichnet) einen stärkeren +M-Effekt aufweisen (Fall (b) mit geringerem Anteil (c)). Die Alkylgruppe im Keton wirkt durch ihren +I-Effekt in gleicher Richtung auf die Carbonylgruppe ein (Fall (a)). Das Wasserstoffatom im Aldehyd ist in erster Näherung indifferent; die Gruppe dient hier als Standard. Im Säurechlorid schließlich setzt das Chloratom durch seinen den +M-Effekt (nicht gezeichnet) überwiegenden −I-Effekt die Elektronendichte in der Carbonylgruppe herab (Fall (c) mit geringerem Anteil (b)).[1])

Der Fall (d) ist seltener und liegt z. B. im p-Nitrobenzaldehyd usw. vor. Die Reaktivität der Carbonylgruppe gegenüber nucleophilen Agentien nimmt in der in (6.28) angegebenen Reihe zu. Andererseits sinkt die Reaktionsfähigkeit des Carbonylsauerstoffatoms gegenüber elektrophilen Reagenzien — oder anders ausgedrückt seine Basizität — vom Säureamid zum Säurechlorid ab.

Als Maß dafür können die $pK_{BH\oplus}$-Werte der verschiedenen Typen von Carbonylverbindungen dienen (vgl. Tab. 6.29), die infolge der engen Beziehungen zwischen Acidität des Carbonyl-Kohlenstoffatoms und Basizität des Carbonyl-Sauerstoffatoms zugleich als Maß für die Reaktivität des Carbonylkohlenstoffatoms gegenüber Nucleophilen gelten können.

Benzoesäureäthylester fügen sich nicht in die Reihe ein, die nach den Induktionsund Mesomerieeffekten angeordnet wurde, sondern rangieren nach ihrer Basizität erst zwischen Benzaldehyd und Benzoylchlorid. Der Grund hierfür liegt wahrscheinlich in der Schwierigkeit, genaue Werte zu erhalten; aus Kernresonanzdaten und UV-Spektren ergibt sich die „richtige" Reihenfolge [1].

Die Abstufungen in der Reaktionsfähigkeit der Carbonylgruppe sind dem Chemiker wohlbekannt.

---

[1] Fox, I. R., P. L. Levine u. R. W. Taft: Tetrahedron Letters [London] **1961**, 249 und dort zitierte Literatur.

[1]) Nach infrarotspektroskopischen Befunden spielt der +M-Effekt des Chlors in Säurechloriden keine Rolle:
Cook, D.: J. Amer. chem. Soc. **80**, 49 (1958).

Tabelle 6.29
Basizität verschiedener Carbonylverbindungen[1])

	Ph−C(=O)(O⁻)	Ph−C(=O)(NH₂)	Ph−C(=O)(OH)	Ph−C(=O)(OEt)	Ph−C(=O)(CH₃)
$pK_{BH^\oplus}$	4,20	−2,20	−7,3	−7,4	−6,2

	Ph−C(=O)(H)	Ph−C(=O)(Cl)	Ph−C(=O)(F)
$pK_{BH^\ominus}$	−7,1	−11,15[2])	−13,8[3])

[1]) COLLUMEAU, A.: Bull. Soc. chim. France **1968**, 5087.
[2]) LILER, M.: J. chem. Soc. [London] Sect. B **1966**, 205.
[3]) berechneter Wert [1] S. 284

Die Tatsachen stehen dabei mit der aus (6.27a bis d) abzuleitenden Notwendigkeit in Einklang, daß eine durch Substituenteneffekte verringerte Reaktivität der Carbonylverbindung (= Vergrößerung der Elektronendichte am Carbonylkohlenstoffatom) durch stärkere nucleophile Aktivität des Reaktionspartners oder verstärkte elektrophile Beeinflussung (= Elektronenzug auf das Sauerstoffatom) wieder ausgeglichen werden muß, damit eine Reaktion zustande kommt [1].

Aus diesem Grunde reagiert z. B. ein Säureamid (geringe Reaktivität) normalerweise nicht mit einer schwachen Base wie Alkohol zu einem Ester, glatt dagegen unter Verseifung mit dem stark basischen Hydroxylion:

$$\text{R}-\overline{\text{O}}\text{I} + \text{C}=\text{O} \xrightarrow{\text{\textbackslash\textbackslash}} \text{keine Reaktion} \qquad \text{H}-\overline{\text{O}}\overset{\ominus}{\text{I}} + \text{C}=\overline{\text{O}} \longrightarrow \text{H}-\text{O}-\overset{|}{\underset{|}{\text{C}}}-\overline{\text{O}}\text{I}^{\ominus} \longrightarrow \text{R}_2\text{NH} + \text{R}-\text{C}\overset{\text{O}}{\underset{\overline{\text{O}}\text{I}^\ominus}{\diagdown}}$$
(6.30)

Auch die reaktionsfähigere Carbonsäure setzt sich mit Alkoholen nur langsam unter Bildung von Estern um. Die Reaktionsgeschwindigkeit steigt aber stark an, wenn man die Polarität der Carbonylgruppe durch Zusatz eines elektrophilen Katalysators (H⊕-Ionen) verstärkt:

$$\text{R}-\overline{\text{O}}\text{I} + \text{C}=\overline{\text{O}} \xrightarrow{\text{langsam}} \text{R}-\overset{\oplus}{\text{O}}-\overset{|}{\underset{|}{\text{C}}}-\overline{\text{O}}\text{I}^{\ominus}; \quad \text{R}-\overline{\text{O}}\text{I} + \text{C}=\text{O}\cdots\text{H}^{\oplus} \xrightarrow{\text{schnell}} \text{R}-\overset{\oplus}{\text{O}}-\overset{|}{\underset{|}{\text{C}}}-\text{OH}$$

$$\longrightarrow \text{RO}-\text{C}=\text{O} + \text{H}_2\text{O} \qquad \longrightarrow \text{RO}-\text{C}=\text{O} + \text{H}_3\text{O}^\oplus$$
(6.31)

---

[1] WIBERG, K. B.: J. Amer. chem. Soc. **77**, 2519 (1955); vgl. HUDSON, R. F.: Chimia [Aarau, Schweiz] **16**, 173 (1962).

Während Carbonsäuren in der Kälte nicht mit Ammoniak oder Aminen unter Substitution reagieren, lassen sich Ester nicht selten auf diese Weise in Säureamide überführen

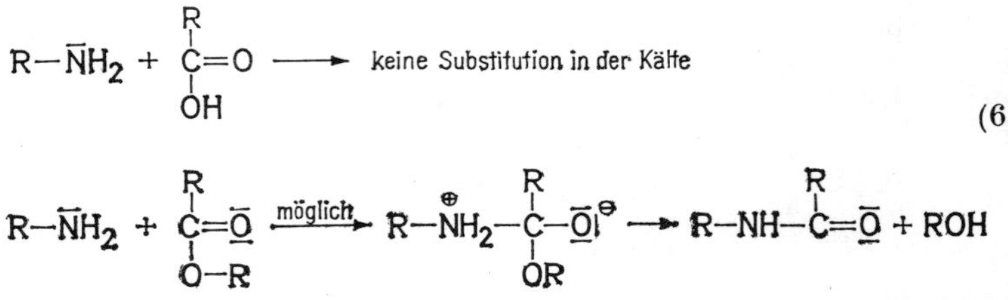

$$R-\overline{N}H_2 + \underset{OH}{\overset{R}{C=O}} \longrightarrow \text{keine Substitution in der Kälte}$$

(6.32)

$$R-\overline{N}H_2 + \underset{O-R}{\overset{R}{C=\overline{O}}} \xrightarrow{\text{möglich}} R-\overset{\oplus}{N}H_2-\underset{OR}{\overset{R}{C}}-\overline{\underline{O}}|^{\ominus} \longrightarrow R-NH-\overset{R}{C=\overline{O}} + ROH$$

Die Wirkung von Substituenten auf die Reaktivität läßt sich sehr gut aus der HAMMETT- bzw. TAFT-Beziehung entnehmen.

Sofern das Nucleophil im geschwindigkeitsbestimmenden Schritt die im wesentlichen unveränderte Carbonylgruppe angreift (das heißt, wenn keine spezifische Säurekatalyse wirksam ist), wie bei der alkalischen Verseifung von Estern oder Säureamiden und bei Additionsreaktionen an die Aldehyd- oder Ketongruppe, werden durchweg positive Reaktionskonstanten gefunden:

Alkalische Verseifung von Benzoesäureestern $\varrho \approx 2{,}5$ [1];
Alkalische Verseifung von Essigsäureestern $\varrho^* \approx 2\cdots 2{,}5$ [2];
Addition von Semicarbazid an aromatische Aldehyde $\varrho = 1{,}81$ [3] (vgl. aber S. 292).
Bildung von Cyanhydrinen $\varrho = 1{,}49$ [1, 4];
WITTIG-Reaktion von ArCHO mit $Ph_3P{=}CH{-}COOEt$ $\varrho = 2{,}7$ [5].

Bei sauer katalysierten Reaktionen ist die Gesamtgeschwindigkeit dem Produkt aus der Gleichgewichtskonstante für das Protonierungsgleichgewicht und der Geschwindigkeitskonstante für den Angriff des Nucleophils auf die protonierte Carbonylverbindung proportional. Die Protonierung des Carbonyl-Sauerstoffatoms wird durch elektronenliefernde Substituenten (+I, +M) begünstigt, die nucleophile Reaktion am Carbonyl-Kohlenstoffatom dagegen erschwert (6.27). Es läßt sich nicht ohne weiteres voraussagen, welche der beiden Wirkungen überwiegt, und die ϱ-Werte derartiger Reaktionen können unterschiedliches Vorzeichen haben.

Bei der sauer katalysierten Verseifung von Estern heben sich die beiden Einflüsse annähernd auf, so daß Reaktionskonstanten $\varrho \approx 0$ gefunden werden. Der betreffende Substituent übt dann lediglich noch einen sterischen Effekt auf die Reaktion aus.[1]) Das kommt in den sauer katalysierten Reaktionen der Tabelle 6.24 zum Ausdruck.

---

[1] JAFFÉ, H. H.: Chem. Reviews **53**, 191 (1953); VAN BEKKUM, H., P. E. VERKADE u. B. M. WEPSTER: Recueil Trav. chim. Pays-Bas **78**, 815 (1959).
[2] TAFT, R. W., in: Steric Effects in Organic Chemistry, John Wiley & Sons, Inc., New York 1956, Kap. 13.
[3] ANDERSON, B. M., u. W. P. JENCKS: J. Amer. chem. Soc. **82**, 1773 (1960).
[4] LAPWORTH, A., u. R. H. F. MANSKE: J. chem. Soc. [London] **1928**, 2533; BAKER, J. W., u. Mitarb.: J. chem. Soc. [London] **1942**, 191; **1949**, 1089; **1952**, 2831; **1956**, 404.
[5] SPEZIALE, A. J., u. D. E. BISSING: J. Amer. chem. Soc. **85**, 3878 (1963); vgl. [1] S. 317.

[1]) Das ist die Basis für die Ableitung sterischer Substituentenkonstanten E_S (vgl. Kap. 2.).

6.3.2. Induktions- und Mesomerieeinflüsse von Substituenten

Im Zusammenhang mit der Wirkung des Induktionseffekts von Nachbarsubstituenten auf die Reaktivität der Carbonylgruppe sei noch auf die bekannte Erscheinung hingewiesen, daß gewisse durch —I- oder —M-Gruppen substituierte Ketone oder Aldehyde stabile Hydrate oder Halbacetale bilden. Durch den Elektronenzug des elektrophilen Substituenten wird das Sauerstoffatom des Wassers oder Alkohols gewissermaßen fester in die Wirkungssphäre des Carbonylkohlenstoffs hineingezogen, d. h. fester gebunden:

$$\begin{array}{ccc}
\text{Cl}_3\text{C}-\text{CH(OH)}_2 & \text{R}-\text{CO}-\text{CH(OH)}_2 & (\text{R}-\text{O}-\text{CO})_2\text{C(OH)}_2
\end{array} \qquad (6.33)$$

Chloralhydrat   Hydrate von α-Keto-aldehyden   Mesoxalsäure-esterhydrat

Über Gleichgewichtskonstanten für die Bildung von Halbacetalen aus Acetaldehyd bzw. Chloracetaldehyden mit Äthanol bzw. Chloräthanolen (vgl. [1]).
In Tabelle 6.34 sind schließlich noch einige Esterverseifungen zusammengestellt, aus denen die Induktions- bzw. Mesomerieeinflüsse erkennbar sind.

Tabelle 6.34
Relative Geschwindigkeiten der alkalischen Verseifung von Carbonsäureestern (25 °C)

In Wasser[1])		In 85%igem Alkohol[2])	
CH_3COOCH_3	1	$CH_3-COOC_2H_5$	1
$CH_3OOC-COOCH_3$	170000	$CH_3-CH=CH-COOC_2H_5$	0,09
$^{\ominus}OOC-COOCH_3$	8,4	$CH_3-C\equiv C-COOC_2H_5$	0,02[3])
$CH_3OOC-CH_2-COOCH_3$	13,7		
$^{\ominus}OOC-CH_2-COOCH_3$	0,19	$CH_2=CH-COOC_2H_5$	0,67
$ClCH_2-COOCH_3$	761		
$Cl_2CH-COOCH_3$	16000		

[1]) INGOLD, C. K., u. W. S. NATHAN: J. chem. Soc. [London] **1936**, 222; EVANS, D. P., J. J. GORDON u. H. B. WATSON: J. chem. Soc. [London] **1937**, 1430; TOMMILA, E., u. C. N. HINSHELWOOD: J. chem. Soc. [London] **1938**, 1801.
[2]) THOMAS, J. D. R., u. H. B. WATSON: J. chem. Soc. [London] **1956**, 3958.
[3]) In 50%igem wäßrigem Aceton: HALONEN, E. A.: Acta chem. scand. **10**, 1355 (1956).

Im Anion des Oxalsäure-monomethylesters wirkt der +I- und +M-Effekt des anionischen Sauerstoffatoms reaktivitätssenkend auf die Estercarbonylgruppe, so daß die Verbindung nur noch wenig schneller als der Essigsäuremethylester alkalisch verseift wird. Möglicherweise spielt bei der enormen Steigerung der Hydrolysegeschwindigkeit des Oxalsäuredimethylesters gegenüber dem Essigsäuremethylester auch die Ausbildung eines Chelatkomplexes mit Wasser eine Rolle.

[1] KIRRMANN, A., u. J. CANTACUZÈNE: C. R. hebd. Séances Acad. Sci. **250**, 2714 (1960).

Das gleiche Bild wiederholt sich infolge größerer Entfernung der beiden Carbonestergruppen abgeschwächt beim Malonsäureester, dessen erste Estergruppe ebenfalls leicht verseifbar ist, während die dabei entstehende anionische Ladung durch ihren +I-Effekt einer weiteren Verseifung entgegenwirkt.

Die Doppel- bzw. Dreifachbindungen im Crotonsäureester bzw. Tetrolsäureester, fungieren als +M-Gruppen, die zu einer Erhöhung der Elektronendichte des Carbonyl-Kohlenstoffatoms führen. Die Acetylengruppierung ist dabei stärker wirksam, weil der π-Elektronen-,,Schlauch" in jeder Lage mit der Carbonylfunktion überlappen kann (vgl. Bild 1.40). Die Eigenschaft der Olefin -und Acetylengruppe, als −I-Substituent zu wirken, tritt nicht in Erscheinung, weil die am Ende des Systems gebundene Methylgruppe den genannten Effekt durch ihren +I-Effekt etwa ausgleicht. Dies wird an dem Wert für den Acrylsäureäthylester deutlich, wo die Doppelbindung neben ihrem Mesomerieeffekt (+M) den vollen, nicht kompensierten Induktionseffekt (−I) entfaltet und der Ester demzufolge leichter hydrolysiert wird als Crotonsäureester. Die Verhältnisse sind in Tabelle 6.34 durch Pfeile angedeutet worden.

Eine gewisse praktische Bedeutung haben Substituenteneffekte im Alkoholteil von Carbonsäureestern bzw. im Aminteil von Säureamiden (6.27 Fall (a) bzw. (c)), da sich die Reaktivität der entsprechenden Carbonylverbindungen dadurch in ziemlich weiten Grenzen verändern läßt. So steigt die Geschwindigkeit der alkalisch katalysierten Verseifung von Essigsäureäthylester, -benzylester und -phenylester infolge des zunehmenden Elektronenzuges im Alkoholteil an (k_{rel} 1:2,7:18,6) [1]. An den Estern kernsubstituierter Phenole läßt sich nachweisen, daß die Hydrolysegeschwindigkeit mit steigender Dissoziationskonstante (d. h. mit abnehmender Basizität) des Phenols linear ansteigt. Die Geschwindigkeitskonstanten der durch Acetationen katalysierten Hydrolyse von 2.6-Dinitrophenylacetat, 4-Nitrophenylacetat, Phenylacetat, 4-Methylphenylacetat verhalten sich wie 3200:15:1:0,7 ($\varrho = 1,85$) [2].

4-Nitrophenylester werden infolge ihrer relativ hohen Reaktivität häufig in Reaktivitätsstudien eingesetzt (vgl. z. B. [3]). In analoger Weise sind Cyanmethylester infolge der starken −I-Wirkung der Cyangruppe viel reaktionsfähiger als einfache Alkylester und gehen z. B. mit Aminen oder Aminosäureestern leicht in die entsprechenden Säureamide bzw. Peptide über [4]. Sie finden deshalb als ,,aktivierte Ester" in der Synthese von Peptiden Anwendung.

Die Carbonylreaktivität von Säureamiden läßt sich außerordentlich steigern, wenn als Aminteil heterocyclische Amine wie Imidazol, Triazole oder Tetrazol Verwendung finden. Durch die Einbeziehung des einsamen Elektronenpaars am Stickstoffatom in den aromatischen Ring und die −I-Wirkung der zusätzlichen Stickstoffatome im Azolring sinkt die Basizität in der angegebenen Reihenfolge stark ab, und die entsprechenden Säureamide (,,Azolide") sind zunehmend reaktionsfähig, wobei Reaktivitäten erreicht werden wie bei den Säurechloriden [5].

---

[1] BARANOV, S. N., u. R. V. VIZGERT: Ž. obšč. Chim. **27**, 909 (1957) und dort zitierte weitere Arbeiten.
[2] OAKENFULL, D. G., T. RILEY u. V. GOLD: Chem. Commun. **1966**, 385.
[3] BRUICE, T. C., u. M. F. MAYAHI: J. Amer. chem. Soc. **82**, 3067 (1960).
[4] SCHWYZER, R., B. ISELIN u. M. FEURER: Helv. chim. Acta **38**, 69 (1955).
[5] Zusammenfassung: STAAB, H. A.: Angew. Chem. **74**, 407 (1962).

Aus dem gleichen Grunde wirkt Imidazol als starker nucleophiler Katalysator bei der Esterverseifung (es bildet sich intermediär N-Acetyl-imidazol). Die gleiche Reaktion spielt eine wichtige Rolle im biologischen Geschehen bei Hydrolysen und Transacylierungen, die durch das Ferment Chymotrypsin katalysiert werden, das eine Imidazolgruppierung enthält [1].

6.3.3. Polare Einflüsse auf Kondensationsreaktionen der Carbonylgruppe

Reaktionen der Carbonylgruppe, die unter Abspaltung eines Moleküls (z. B. Wasser) ablaufen („Kondensationsreaktionen"), unterliegen den polaren Einflüssen von mesomeriefähigen oder induktiv wirksamen Substituenten in ziemlich komplizierter Weise, weil die Addition des nucleophilen Partners und die Abspaltung irgendeines anderen Moleküls entgegengesetzte Reaktionstypen sind. Die Verhältnisse lassen sich besonders gut an den entsprechenden aromatischen Verbindungen darstellen, da hier halbquantitative Aussagen mit Hilfe der HAMMETT-Beziehung möglich sind. Wir betrachten hierzu verschiedene in meta- oder para-Stellung substituierte Acetophenone. Ein Substituent kann aus der meta-Position in erster Näherung nur induktiv auf die Carbonylgruppe wirken, da der Mesomerieeinfluß die Konjugation beider Gruppen zur Voraussetzung hat, die hier nicht besteht.

Dabei setzen −I-Substituenten (σ-Wert ist positiv) die Elektronendichte sowohl am Carbonyl-Kohlenstoffatom wie auch am Carbonyl-Sauerstoffatom herab. Die Basizität der betreffenden Verbindung sinkt deshalb und der $pK_{BH\oplus}$-Wert ist stärker negativ als bei der unsubstituierten Vergleichsverbindung (die konjugierte Säure dissoziiert stärker).

Den umgekehrten Einfluß haben +I-Substituenten (Erhöhung der Elektronendichte in der Carbonylgruppe, σ negativ). Aus der para-Stellung heraus können Substituenten sowohl durch Induktionseffekte auf die Carbonylgruppe einwirken als auch infolge der hier bestehenden Konjugation der Bindungen durch Mesomerieeffekte. Über einige Möglichkeiten informieren die folgenden Formulierungen.

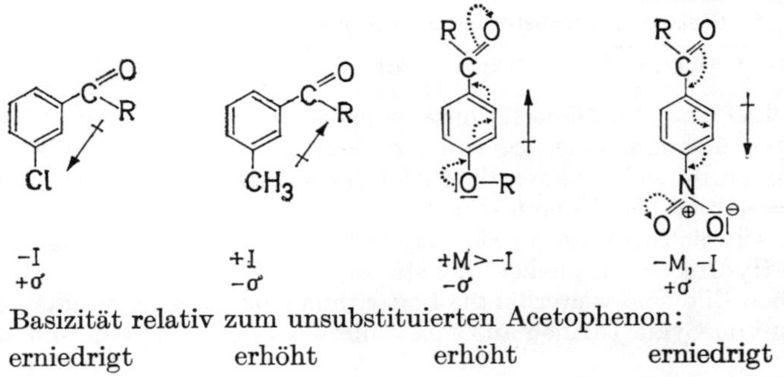

(6.35)

−I   +I   +M > −I   −M, −I
+σ   −σ   −σ   +σ

Basizität relativ zum unsubstituierten Acetophenon:
erniedrigt   erhöht   erhöht   erniedrigt

---

[1] BENDER, M. L.: Chem. Reviews **60**, 53 (1960).

Die ortho-Derivate, für die formelmäßig gleiche Abhängigkeiten gelten, können durch die HAMMETT-Beziehung nicht gut erfaßt werden, da durch die große Nähe der aufeinander einwirkenden Gruppen Fehler entstehen.

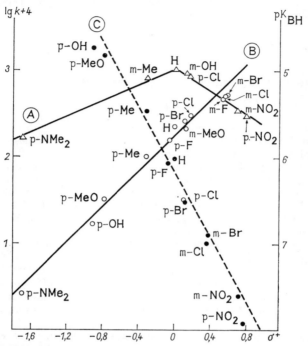

Bild 6.36
Abhängigkeit einiger Carbonylreaktionen vom Einfluß polarer Substituenten
A: Bildung von Azomethinen aus substituierten Benzaldehyden und n-Butylamin.[1])
B: Bildung von Cyanhydrinen aus subst. Benzaldehyden, vgl. (6.39) in 95%igem EtOH, 20°C.[2])
C: Basizität kernsubstituierter Acetophenone.[3])

---
[1]) Vgl. [1] S. 291.   [2]) Vgl. [4] S. 286.   [3]) Vgl. [1] S. 290.

In Bild 6.36 sind die Dissoziationsexponenten der konjugierten Säuren ($pK_{BH^\oplus}$) substituierter Acetophenone gegen die σ^+-Werte der einzelnen Substituenten aufgetragen. Es ergibt sich eine relativ gute Regressionsgerade und eine Reaktionskonstante $\varrho^+ = -2{,}17$ [1]. Übereinstimmend mit der Erwartung stellt p-Nitroacetophenon die schwächste Base (= stärkste konjugierte Säure) der Reaktionsserie dar, während p-Hydroxy-acetophenon viel stärker basisch ist.

Im gleichen Bild sind weiterhin die Logarithmen der Gleichgewichtskonstanten für die Bildung von Cyanhydrinen aus substituierten Benzaldehyden und Blausäure [2]

---
[1] STEWART, R., u. K. YATES: J. Amer. chem. Soc. **80**, 6355 (1958).
[2] Vgl. [4] S. 286.

6.3.3. Polare Einflüsse auf Kondensationsreaktionen

gegen die Substituentenkonstanten aufgetragen. Die Reaktivität des Carbonylsystems steigt mit wachsendem Elektronendefizit des Carbonyl-Kohlenstoffatoms (vgl. (6.28)), so daß sich eine der Basizität des Carbonyl-Sauerstoffatoms entgegengesetzte Abhängigkeit von den Substituenteneffekten ergeben muß. Die Reaktionskonstante hat demzufolge das entgegengesetzte Vorzeichen, $\varrho^+ = +1{,}35$.

In gleicher Weise soll die Kondensationsreaktion von substituierten Benzaldehyden mit n-Butylamin behandelt werden [1]. Die Umsetzung führt entsprechend dem in (6.4) bzw. (6.12) gegebenen Schema über die nachstehenden Reaktionsstufen zum Azomethin:

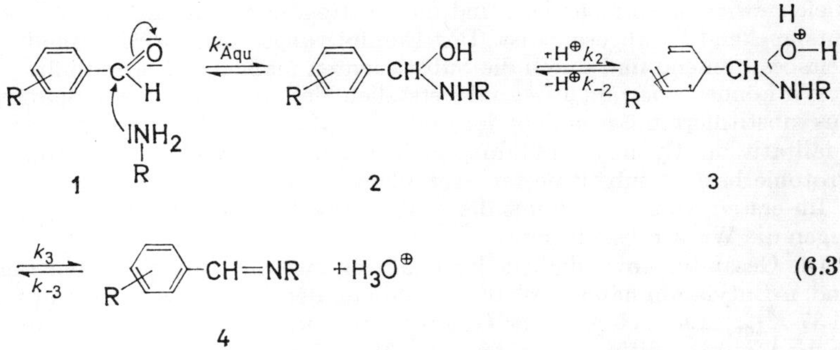

$$
\begin{array}{c}
\underset{1}{R{-}C_6H_4{-}C(=O)H \; \cdot NH_2R} \xrightleftharpoons{k_{\text{Äqu}}} \underset{2}{R{-}C_6H_4{-}CH(OH)(NHR)} \xrightleftharpoons[-H^\oplus k_{-2}]{+H^\oplus k_2} \underset{3}{R{-}C_6H_4{-}CH(O^\oplus\!-\!H)(NHR)} \\[4pt]
\xrightleftharpoons[k_{-3}]{k_3} \underset{4}{R{-}C_6H_4{-}CH{=}NR} + H_3O^\oplus \quad (6.37)
\end{array}
$$

Die logarithmische Auftragung der Reaktionsgeschwindigkeitskonstanten gegen die σ^+-Werte der im Arylrest vorhandenen Substituenten ergibt interessanterweise nicht eine einheitliche Gerade, sondern zwei Geraden, die sich im Punkt für Benzaldehyd schneiden. Im Bereich elektronenliefernder Substituenten (linker Teil der Kurve A von Bild 6.36) entspricht der Elektroneneinfluß qualitativ dem bei der Cyanhydrinbildung, im Bereich elektronenziehender Substituenten (rechter Teil der Kurve A) dagegen dem Elektroneneinfluß bei der Protonierung von Arylmethylketonen. Da das Vorzeichen der Reaktionskonstante eine enge Beziehung zum Reaktionsmechanismus besitzt (vgl. Kap. 2.), kann gefolgert werden:

Bei den Verbindungen im linken Teil der Kurve A von Bild 6.36 (positive Reaktionskonstante) stellt offensichtlich die Additionsreaktion $1 \to 2$ den entscheidenden Schritt der gesamten Umsetzung dar; bei den Verbindungen im rechten Teil der Kurve A (negative Reaktionskonstante) bestimmt dagegen die mit der Protonierung (die sehr schnell, diffusionskontrolliert abläuft) zusammenhängende Reaktion, die Dehydratisierung $3 \to 4$, den Gesamtverlauf.

Das ist ganz verständlich. Die p-Dimethylaminogruppe übt einen starken Mesomerieeffekt (+M) auf das Carbonyl-Kohlenstoffatom aus, die p-Methylgruppe einen gleichgerichteten +I-Effekt. Dadurch wird die Reaktivität des Carbonyl-Kohlenstoffatoms gegenüber n-Butylamin herabgesetzt, so daß das Gleichgewicht $1 \rightleftarrows 2$ ziemlich weit auf der Seite der Ausgangsstoffe liegt. Die gleichen Effekte vergrößern aber ebenfalls die Elektronendichte (Basizität) des Carbonyl-Sauerstoffatoms, so daß die Protonierung zu 3 und die nachfolgende Wasserabspaltung erleichtert (beschleunigt) werden und gegenüber Schritt $1 \to 2$ kinetisch nicht mehr ins Gewicht fallen.

---

[1] SANTERRE, G. M., C. J. HANSROTE u. T. I. CROWELL: J. Amer. chem. Soc. **80**, 1254 (1958).

Das Umgekehrte gilt für die Azomethinbildung von Benzaldehyden, die einen $+\sigma$-Substituenten im Kern enthalten ($-$I-, $-$M-Gruppen), rechte Seite in Bild 6.36 A. Die Reaktionskonstante ϱ ist hier negativ und die Reaktion deshalb um so schneller, je weniger positiv das Reaktionszentrum, das heißt, je weniger die Elektronendichte erniedrigt ist. In diesem Falle stellt die Addition des Nucleophils an das Carbonyl-Kohlenstoffatom infolge des generell wirkenden Elektronenzuges der $-$I- und $-$M-Substituenten eine schnelle Reaktion dar, die auf die Gesamtgeschwindigkeit keinen bestimmenden Einfluß hat. Durch die Negativierung wird andererseits die Basizität des Carbonyl-Sauerstoffatoms herabgesetzt, so daß die Protonierung keine günstige Gleichgewichtslage mehr hat, und die Bruttogeschwindigkeit der Wasserabspaltung entsprechend herabgesetzt ist. Der Eliminierungsschritt wird deshalb geschwindigkeitsbestimmend und durch die Substituenten maßgebend beeinflußt.

Wir können zusammenfassend feststellen, daß die Bildung von SCHIFFschen Basen aus substituierten Benzaldehyden und n-Butylamin im Bereich der $-\sigma$-Substituenten qualitativ der Cyanhydrinbildung gleicht und im Bereich der $+\sigma$-Substituenten der Protonierbarkeit substituierter Acetophenone entspricht.

Im ersten Gebiet bestimmt die Additionsreaktion das Geschehen, im zweiten dagegen die Wasserabspaltung.

Die Gesamtgeschwindigkeit der Reaktion zwischen substituierten Benzaldehyden und n-Butylamin hängt deshalb sowohl von der Lage des Gleichgewichts $1 \rightleftarrows 2$ (6.37 $K_{\text{Äqu}}$) als auch von der Geschwindigkeit der Wasserabspaltung k_3 ab (k_2 und k_{-2} sind diffusionskontrollierte Reaktionen).

$$-\frac{d[X-Ph-CHO]}{dt} = K_{\text{Äqu}} \cdot k_3[H^\oplus] = \frac{[X-Ph-CHOH-NHR][H^\oplus]}{[X-Ph-CHO][R-NH_2]} \cdot k_3 \qquad (6.38)$$

(die Gleichgewichte k_2/k_{-2} und k_3/k_{-3} wurden nicht berücksichtigt).

Eine günstige Lage des Gleichgewichts (hohe Konzentration an Aminohydroxyverbindung 2) kann dabei einer niedrig liegenden Dehydratisierungsgeschwindigkeit gegenüberstehen oder umgekehrt, so daß sich die beiden Einflüsse auf die Gesamtgeschwindigkeit mehr oder weniger ausgleichen. In unserem Beispiel ist dies sowohl für $-\sigma$-Gruppen wie auch für $+\sigma$-Substituenten der Fall, während der unsubstituierte Benzaldehyd das optimale Verhältnis der beiden Faktoren ergibt.

Die in Bild 6.36 dargestellten Verhältnisse sind für zahlreiche Kondensationsreaktionen der Carbonylverbindungen typisch und werden z. B. bei der Bildung von Oximen, Hydrazonen, Semicarbazonen sowie gewissen Aldolkondensationen beobachtet [1, 2]. In einer Reihe von Fällen ließen sich die Substituenteneffekte auf die einzelnen Schritte entsprechend k_2/k_{-2} und k_3 in (6.37) getrennt ermitteln. Die Gesamtgeschwindigkeit setzt sich dann in folgender Weise zusammen:

$$\lg k_{\text{rel}} = \sigma(\varrho_{\text{Addition}} + \varrho_{\text{Dehydratisierung}}).$$

Für die Bildung von Semicarbazonen wurde auf diese Weise gefunden: Additionsgleichgewicht: $\varrho = +1{,}81$; Geschwindigkeit der Dehydratisierung: $\varrho = -1{,}74$; Gesamtgeschwindigkeitskonstante: $k_{\text{ges}} = K_{\text{Äqu}}k_3$: $\varrho = 0{,}07$ [1].

---

[1] Vgl. [3] S. 286.
[2] NOYCE, D. S., A. T. BOTTINI u. S. G. SMITH: J. org. Chemistry **23**, 752 (1958); DICKINSON, J. D., u. C. EABORN: J. chem. Soc. [London] **1959**, 3036; PRATT, E. F., u. M. J. KAMLET: J. org. Chemistry **26**, 4029 (1961); OGATA, Y., A. KAWASAKI u. N. OKUMURA: J. org. Chemistry **29**, 1985 (1964).

Es ist in diesen Fällen nicht mehr ohne weiteres möglich, den Einfluß von Substituenten auf Reaktionsgeschwindigkeit und Gleichgewichtslage mit Sicherheit vorauszusagen. Insbesondere ist häufig kein Zusammenhang zwischen den beiden Größen mehr ersichtlich, und von einer hohen Gesamtgeschwindigkeit der Reaktion darf nicht mehr unbedingt auf eine günstige Gleichgewichtslage geschlossen werden und umgekehrt.

6.4. Reaktionen von Carbonylverbindungen mit Pseudosäuren

6.4.1. Reaktionsmechanismen, C—H-Acidität, Enolisierung

Im vorstehenden sind Reaktionen von Carbonylverbindungen mit Basen bzw. Lewis-Basen (Gruppe A in Tab. 6.3) behandelt worden. Carbonylgruppen reagieren jedoch auch mit Verbindungen, die zunächst überhaupt keine Basen darstellen, sondern schwache Säuren oder sogar neutrale Stoffe (Pseudosäuren, Gruppe B in Tab. 6.3). Am bekanntesten ist die Umsetzung von Aldehyden oder Ketonen mit Cyanwasserstoff, die zu den Cyanhydrinen führt. Die Reaktion wird durch Säuren verhindert, während Basen stark katalytisch wirken [1].

Es kann also keine Aktivierung der Carbonylkomponente vorliegen, weil deren Polarität (Reaktionsfähigkeit) durch Säuren verstärkt wird (Protonierung des Carbonyl-Sauerstoffatoms). Eine Base dagegen setzt die Reaktivität herab, indem sie sich mehr oder weniger stark am Carbonyl-Kohlenstoffatom anlagert, dessen Angreifbarkeit gegenüber anderen nucleophilen Agenzier dadurch sinkt.

Die katalytisch wirkende Base kann deshalb nur an der Cyanwasserstoffsäure angreifen, die dabei teilweise in ihr Anion übergeführt wird, das heißt einen Stoff mit höherem nucleophilen Potential. Das Cyanidion addiert sich dann in der weiter oben angegebenen Weise an die Carbonylgruppe:

$$H-C\equiv N| + HO|^{\ominus} \underset{\text{schnell}}{\overset{\text{schnell}}{\rightleftarrows}} H_2O + |\overset{\ominus}{C}\equiv N|$$

$$|N\equiv C|^{\ominus} + \diagup C=\underline{\overline{O}} \underset{\text{schnell}}{\overset{\text{langsam}}{\rightleftarrows}} |N\equiv C-\underset{|}{\overset{|}{C}}-\underline{\overline{O}}|^{\ominus}\ ^{1)} \qquad (6.39)$$

$$|N\equiv C-\underset{|}{\overset{|}{C}}-\underline{\overline{O}}|^{\ominus} + H_2O \underset{\text{schnell}}{\overset{\text{schnell}}{\rightleftarrows}} |N\equiv C-\underset{|}{\overset{|}{C}}-OH + HO|^{\ominus}.$$

---

[1] LAPWORTH, A.: J. chem. Soc. [London] **83**, 995 (1903); **85**, 1206 (1904).

[1]) Dieser Schritt unterliegt einer allgemeinen Säurekatalyse, die bei Verwendung von Wasser oder Alkohol als Lösungsmittel kinetisch nicht in Erscheinung tritt:
SVIRBELY, W. J., u. J. F. ROTH: J. Amer. chem. Soc. **75**, 3106 (1953);
HUSTEDT, H.-H., u. E. PFEIL: Liebigs Ann. Chem. **640**, 15 (1961).

Das intermediär entstehende Cyanhydrinanion entreißt als starke Base schließlich entweder dem Lösungsmittel oder der Blausäure ein Proton und geht in das Cyanhydrin über, während auf der anderen Seite entweder der Katalysator zurückgebildet oder neues additionsfähiges Cyanidanion erzeugt wird.

Die Reaktionsgeschwindigkeit entspricht einer schnellen Bildung des Cyanidanions gefolgt von dessen langsamer Addition an die Carbonylgruppe (geschwindigkeitsbestimmend) und einem abermals raschen Protonenaustausch:

$$-\frac{d[\text{>C=O}]}{dt} = k_2 [\text{>C=O}][|\overset{\ominus}{C}\equiv N] \tag{6.40}$$

Sowohl die Reaktionsgeschwindigkeit wie auch die Gleichgewichtskonstante der Cyanhydrinbildung steigen mit der Größe der am Carbonyl-Kohlenstoffatom herrschenden positiven Teilladung an. Alle −I- oder −M-Substituenten wirken reaktionserleichternd. Die HAMMETT-Beziehung wird gut erfüllt; die Verhältnisse sind aus Bild 6.36 zu entnehmen.

Das speziell für Cyanhydrinbildung gegebene Schema läßt sich auf die Additionen auch der anderen Pseudosäureanionen verallgemeinern. **Als wesentliche Reaktion erfolgt dabei stets eine Aktivierung der Pseudosäure:** Überführung in eine Base, die höhere nucleophile Aktivität besitzt und sich deshalb auch an eine katalytisch nicht aktivierte Carbonylgruppe zu addieren vermag. Dies ist der wichtige Unterschied zu den sauer katalysierten Additionen der echten Basen und LEWIS-Basen (Gruppe A der Tabelle 6.3), wo der Katalysator stets die *Carbonylkomponente aktiviert.*

$$\text{H}-\text{A} + \text{B}| \underset{\text{schnell}}{\overset{\text{schnell}}{\rightleftharpoons}} \text{A}|^{\ominus} + \overset{\oplus}{\text{B}}-\text{H} \qquad \text{a)}$$

Pseudosäure   Base
(Pseudobase)

$$\text{A}|^{\ominus} + \text{>C}=\overline{\underline{O}} \underset{\text{langsam}}{\overset{\text{langsam}}{\rightleftharpoons}} \text{A}-\overset{|}{\underset{|}{\text{C}}}-\overline{\underline{O}}|^{\ominus} \qquad \text{b) [1)} \tag{6.41}$$

$$\text{A}-\overset{|}{\underset{|}{\text{C}}}-\overline{\underline{O}}|^{\ominus} + \overset{\oplus}{\text{B}}-\text{H} \underset{\text{schnell}}{\overset{\text{schnell}}{\rightleftharpoons}} \text{A}-\overset{|}{\underset{|}{\text{C}}}-\text{OH} + \text{B}| \qquad \text{c)}$$

Es muß betont werden, daß alle drei Schritte reversibel sind und zu Gleichgewichten führen. Das Endprodukt kann deshalb durch Zusatz von Basen wieder gespalten werden. Umgekehrt läuft die Additionsreaktion nur dann ab, wenn eine Säure wie z. B. die protonierte Katalysatorbase oder ein protonenhaltiges Lösungsmittel wie Alkohol oder Wasser gegenwärtig ist, so daß das im zweiten Reaktionsschritt entstehende anionische Sauerstoffatom in eine Hydroxylfunktion übergeführt werden kann.

Die Additionsreaktion des gebildeten Anions (Schritt b) unterscheidet sich praktisch nicht von den Additionen der weiter oben behandelten Basen, sondern unterliegt den gleichen Einflüssen. Wir brauchen deshalb an dieser Stelle kein besonderes Augenmerk auf diesen Schritt mehr zu legen. Dagegen muß die Bildung der Base aus der Pseudosäure etwas eingehender erörtert werden. Während die Überführung der schwachen Cyanwasserstoffsäure in das Cyanidanion dem Chemiker auch vom

---
[1]) unterliegt wahrscheinlich einer allgemeinen Säurekatalyse

6.4.1. Reaktionsmechanismen, C—H-Acidität, Enolisierung

klassischen Standpunkt her vertraut ist, lassen Ketone, Aldehyde, Ester usw. in diesem Sinne zunächst keine sauren Eigenschaften erkennen.

Es handelt sich bei diesen Stoffen um Verbindungen, die erst in Gegenwart einer stärkeren Base zu dissoziieren vermögen. Man nennt sie deshalb *Pseudosäuren*. Im Gegensatz zu den echten Säuren stellt sich bei ihnen das Dissoziationsgleichgewicht nicht „unmeßbar rasch" (diffusionskontrolliert) ein, sondern wird erst nach einer mehr oder weniger langen Zeit erreicht.

Im allgemeinen sind die Deprotonierungsgeschwindigkeiten um so kleiner, je schwächer die Pseudosäure ist; eine strenge Proportionalität besteht jedoch nicht [1].

Im Gegensatz zu den N—H- oder O—H-Säuren tritt bei der Dissoziation der C—H-Säuren normalerweise ein kinetischer H/D-Isotopeneffekt auf [2]. Der Übergang zwischen den „echten" Säuren und den Pseudosäuren ist fließend.

Mitunter wird die Fähigkeit etwa des Acetaldehyds, in Gegenwart von Lauge ein Proton aus der Methylgruppe abzuspalten, auf den Elektronenzug (Induktionseffekt) des Carbonyl-Sauerstoffatoms zurückgeführt, der zweifellos die C—H-Bindungen in einer für die Dissoziation günstigen Richtung beeinflußt.

$$\text{HO}^{\ominus} + \text{H}-\underset{\underset{H}{|}}{\overset{\overset{H}{|}}{C}}-\text{C}\underset{H}{\overset{O}{\diagup}} \rightleftharpoons \text{H}-\text{O}-\text{H} + \underset{H}{\overset{H}{\diagdown}}\overset{\ominus}{C}-\text{C}\underset{H}{\overset{O}{\diagup}} \qquad (6.42)$$

$$\qquad 1 \qquad\qquad 2 \qquad\qquad\qquad 3 \qquad\qquad 4$$

Diese Deutung läßt aber unerklärt, warum dann nicht das an der Carbonylgruppe gebundene Wasserstoffatom bevorzugt als Proton abgespalten wird, ist doch der Elektronenzug hier infolge der geringeren Entfernung von der induktiv wirksamen Carbonylgruppe stärker als an der weiter entfernten Methylgruppe. Das Carbonyl-Wasserstoffatom kann aber erfahrungsgemäß nicht als Proton (eher als Anion) abdissoziieren. Die wahren Verhältnisse lassen sich aus (6.42) ableiten.

Die Gleichung besagt im Grunde, daß zwei Basen (1 und 4) um ein Proton konkurrieren. Es liegt auf der Hand, daß die stärkere der beiden Basen bevorzugt protoniert wird. Kohlenstoffanionen (Carbeniatbasen) gehören jedoch zu den stärksten Basen, die wir kennen (vgl. Tab. 6.45). Das Gleichgewicht der Umsetzung sollte deshalb sehr weit auf der linken Seite liegen. Indessen liegt die Carbeniatbase 4 gar nicht in der angegebenen Form vor, weil die beiden freien sp^3-Elektronen leicht p-Charakter annehmen und mit der konjugierten π-Bindung der Carbonylgruppe in Wechselwirkung treten können, so daß ein über das ganze Molekül reichendes delokalisiertes Elektronensystem entsteht [3]:

$$\text{B}^{\ominus} + \text{H}-\underset{\underset{H}{|}}{\overset{\overset{H}{|}}{C}}-\text{C}\underset{H}{\overset{O}{\diagup}} \rightleftharpoons \text{B}-\text{H} + {}^{\ominus}\underset{H}{\overset{H}{|}}C-\text{C}\underset{H}{\overset{\overline{O}}{\diagup}} \longleftrightarrow \underset{H}{\overset{H}{\diagdown}}C=C\underset{H}{\overset{\overline{O}|^{\ominus}}{\diagup}} \equiv \underset{H}{\overset{H}{\diagdown}}C\cdots C\overset{\ominus}{\underset{H}{\diagup}}\overline{O}|\cdot$$

$$\qquad\qquad\qquad\qquad\qquad\qquad\qquad\qquad\qquad\qquad\qquad\qquad (6.43)$$

---

[1] Vgl. z. B. ZOOK, H. D., W. L. KELLY u. I. Y. POSEY: J. org. Chemistry **33**, 3477 (1968).
[2] Vgl. [1] S. 305.
[3] Zusammenfassungen: LEWIS, E. S., u. M. C. R. SYMONS: Quart. Rev. (chem. Soc., London) **12**, 230 (1958); GAUTIER, J. A.: Bull. Soc. chim. France **1960**, 1263.

Die Delokalisierung in diesem Enolation ist mit Energiesenkung verbunden, so daß seine Bildung nicht so unwahrscheinlich ist, wie das für ein Anion mit lokalisierter negativer Ladung zu erwarten war. Anders ausgedrückt, wird das freie Elektronenpaar unmittelbar während seiner Entstehung in das Aldehydmolekül hineingezogen. Die Basizität des Anions sinkt also ab und wird derjenigen der Base 1 vergleichbar, so daß die Konkurrenz um das Proton nunmehr ausgeglichener ist.

Die Enolatbildung im alkalischen Medium ist der E2-Reaktion an die Seite zu stellen, wobei anstelle des abdissoziierenden Substituenten X die Elektronen der C=O-Bindung verlagert werden.

Bei einer Dissoziation des unmittelbar an die Carbonylgruppe gebundenen Wasserstoffs würde das Schwingungssystem der Elektronen nicht verlängert, so daß die Energiesenkung durch Elektronendelokalisation ausbleibt. Das gleiche gilt für Alkylgruppen, die nicht unmittelbar an die Carbonylgruppe gebunden sind: Im Propionaldehyd z. B. besteht die Möglichkeit zur Delokalisierung der Elektronen im Pseudosäureanion nur für die Methylengruppe.

$$^{\ominus}|CH_2-CH_2-C\overset{O}{\underset{H}{\diagdown}} \qquad CH_3-\overset{\ominus}{CH}-C\overset{O}{\underset{H}{\diagdown}} \equiv CH_3-\overset{\frown}{CH\cdots C\cdots O}| \qquad (6.44)$$

Keine Elektronendelokalisierung möglich Elektronendelokalisierung möglich
wird sehr schwer gebildet   wird leicht gebildet

Übereinstimmend damit wird z. B. in D_2O bei Gegenwart von Alkali nur das Wasserstoffatom am α-Kohlenstoffatom einer Carbonylverbindung gegen Deuterium ausgetauscht.

Die Säurestärke von Pseudosäuren steigt (pK_A sinkt) mit steigendem $-I$-Effekt und mit steigender Konjugationsfähigkeit ($-M$-Wirkung) des an die C—H-Gruppe gebundenen Substituenten, und zwar etwa in der Reihenfolge $Cl < COOR < C \equiv N < COCH_3 < CHO < NO_2$ [1].

Für die (sehr schwachen) nachstehenden Pseudosäuren ohne zusätzliche Konjugationsmöglichkeit erhöht sich die Acidität in der Reihenfolge

$R-C\equiv C-H > NH_2-H > CH_2=CH-H > Ph-H > Alkyl-CH_2-H$ [2].

In Tabelle 6.45 sind pK_A-Werte für eine Anzahl von Pseudosäuren angegeben; ein großer Zahlenwert entspricht einer geringen Acidität; Zusammenfassungen vgl. [3].

[1] Hashimoto, F., J. Tanaka u. S. Nagakura: J. molecular Spectroscopy 10, 401 (1963).
[2] Wooding, N. S., u. W. C. E. Higginson: J. chem. Soc. [London] 1952, 774; Benkeser, R. A., D. J. Foster, D. M. Sauve u. J. F. Nobis: Chem. Reviews 57, 867 (1957).
[3a] Ebel, H. F., in: Houben-Weyl: Methoden der organischen Chemie, Bd. XIII/1, Georg Thieme Verlag, Stuttgart 1970, S. 27; Die Acidität der CH-Säuren, Georg Thieme Verlag, Stuttgart 1969.
[3b] Collumeau, A.: Bull. Soc. chim. France 1968, 5087.
[3c] Bell, R. P.: The Proton in Chemistry, Methuen & Co., Ltd, New York 1969.
[3d] Cram, D. J.: Chem. Engng. News 41, Nr. 33, 92 (1963) (Liste von pK_A-Werten).
[3e] Zur Acidität von Aromaten: Schafenstein, A. I.: Isotopenaustausch und Substitution des Wasserstoffs in organischen Verbindungen, VEB Deutscher Verlag der Wissenschaften, Berlin 1963; Advances in Physical Organic Chemistry, Vol. 1, Academic Press New York/London 1963, S. 155; Usp. Chim. 37, 1946 (1968); Streitwieser, A., u. J. H. Hammons: Progress in Physical Organic Chemistry, Vol. 3, Interscience Publishers, New York/London 1965, S. 41.
[3f] Reutov, O. A., K. P. Butin, T. P. Beleckaja: Usp. Chim. 42, 35 (1974).

Tabelle 6.45
pK_A-Werte von Pseudosäuren (in Wasser[1]), 25°C)

Säure	Anion	pK_A
$CH_3-CH_2-CH_3$	$CH_3-\overset{\ominus}{C}H-CH_3$	60[2])
	$CH_3-CH_2-\overline{C}H_2^\ominus$	49[2])
$Ph-H$	$Ph|^\ominus$	37[2,3])
$CH_2=CH_2$	$CH_2=\overline{C}H^\ominus$	36[2,3])
Ph–CH_3	Ph–$CH_2^\ominus$	35[2,3])
CH_3O-CHO	$CH_3O-C_\ominus^{\,O}$	35[2,3])
$CH_2=CH-CH_3$	$CH_2\text{---}CH\text{---}CH_2^\ominus$	35[2,3])
Ph–CH_2–Ph	Ph–CH–Ph $^\ominus$	34[4])
$CH_3-SO-CH_3$	$CH_3-\underset{O}{\overset{\|}{S}}\text{---}CH_2^\ominus$	33[5])
Ph$_2$CH–Ph	Ph$_3$C$^\ominus$	32[4])
F_3CH	$F_3C|^\ominus$	31[6])
$CH_3-C\equiv N|$	$CH_2\text{---}C\equiv N|^\ominus$	25[7])
$CH_3-COOCH_3$	$CH_2\text{---}C\text{---}O^\ominus$; OCH_3	24[2,3])
$CH_3-CO-CH_3$	$CH_3-\underset{O}{\overset{\|}{C}}\text{---}CH_2^\ominus$	20[8,9])
$Ph-C\equiv C-H$	$Ph\text{---}C\equiv C|^\ominus$	18,3[2,3])
Ph–CH_2–COOEt	Ph–CH=C–O$^\ominus$; OEt	17[2,3])
H_2O	$HO|^\ominus$	15,7
Cyclopentadien	Cyclopentadienyl$^\ominus$	15,5[2,3])
$CH_3-CO-CH_2-Cl$	$CH_3-\underset{O}{\overset{\|}{C}}\text{---}CH-Cl^\ominus$	14[11])

Tabelle 6.45 (Fortsetzung)

Säure	Anion	pK_A
CH_3-CH_2-CHO	$CH_3-CH\cdots CH\cdots O^\ominus$	13,3[12])
$EtOOC-CH_2-COOEt$	$O\cdots C\cdots CH\cdots C\cdots O^\ominus$, OEt, OEt	13,2[8])
$HPO_4^{2\ominus}$	$PO_4^{3\ominus}$	12,3
$\|N\equiv C-CH_2-C\equiv N\|$	$\|N\cdots C\cdots CH\cdots C\equiv N\|^\ominus$	11,2[8])
$CH_3-CO-CH_2-COOEt$	$CH_3-C\cdots CH\cdots C\cdots O^\ominus$ (OEt, O)	10,7[8])
$HCO_3^\ominus$	$CO_3^{2\ominus}$	10,25
CH_3-NO_2	$CH_2\cdots N\cdots O^\ominus$ (O)	10,2[8])
$H-C\equiv N\|$	$\|C\equiv N\|^\ominus$	9,5[2,3])
$CH_3-CO-CH_2-CO-CH_3$	$CH_3-C\cdots CH\cdots C-CH_3^\ominus$ (O, O)	9,0[8,10])
5,5-Dimethyl-cyclohexan-1,3-dion	Anion davon	5,2[13])
CH_3COOH	$CH_3C\cdots O^\ominus$ (O)	4,76
$O_2N-CH_2-NO_2$	$O\cdots N\cdots CH\cdots N\cdots O^\ominus$ (O, O)	3,6[8])

[1]) In Wasser ist nur der Bereich von $pK_A -1,7$ (H_3O^+) bis pK_A 15,7 (H_2O) meßbar. Die anderen Werte sind, wenn nicht anders angegeben, rechnerisch auf Wasser als Lösungsmittel bezogen.
[2]) BUTIN, K. P., I. P. BELECKAJA, A. N. KAŠIN u. O. A. REUTOV: Doklady Akademii Nauk SSSR 175, 1055 (1967); J. organometallic Chem. [Amsterdam] 10, 197 (1967). In DMF; Werte nicht auf Wasser bezogen.
[3]) In 60%igem DMF/Wasser; die Werte entsprechen etwa denen in Wasser.
[4]) STREITWIESER, A., J. I. BRAUMAN, J. H. HAMMONS u. A. H. PUDJAATMAKA: J. Amer. chem. Soc. 87, 384 (1965).
[5]) STEWART, R., u. J. R. JONES: J. Amer. chem. Soc. 89, 5069 (1967).
[6]) ANDREADES, S.: J. Amer. chem. Soc. 86, 2003 (1964).
[7]) Vgl. [3e] S. 296.
[8]) PEARSON, R. G., u. R. L. DILLON: J. Amer. chem. Soc. 75, 2439 (1953).
[9]) pK_A-Werte weiterer Ketone vgl. [1] S. 295
[10]) pK_A-Werte weiterer β-Diketone vgl. RUMPF, P., u. LA RIVIÈRE (E. d'INCAN): C. R. hebd. Séances Acad. Sci. 244, 902 (1957).
[11]) Vgl. [1] S. 296.
[12]) SCHAAL, R., u. C. GADET: Bull. Soc. chim. France 1961, 2154.
[13]) SCHWARZENBACH, G., u. Mitarb.: Helv. chim. Acta 23, 1162 (1940); 27, 1701 (1944).

6.4.1. Reaktionsmechanismen, C—H-Acidität, Enolisierung

Die Tabelle 6.45 bedarf keines ausgedehnten Kommentars. Man erkennt, daß ganz allgemein die Dissoziation der Pseudosäure um so leichter vonstatten geht, je stärker die p-Elektronen im Anion delokalisiert werden können. Auf diese Weise sinkt die Basizität von den äußerst starken Kohlenwasserstoffanionen bis auf Werte ab, die denen der konventionellen Basen durchaus vergleichbar werden. Bereits Malonesteranion erreicht etwa die Basizität von 1-n-Lauge. Der Induktionseffekt hat demgegenüber einen geringeren Einfluß, vgl. die geringe Acidität von Fluoroform. —I-Substituenten erhöhen und +I-Substituenten erniedrigen die Acidität, wie dies zu erwarten ist. In den α-Sulfonylverbindungen beruht die Stabilisierung des Anions möglicherweise nicht auf einer Konjugation zwischen dem Kohlenstoff-sp^2-Orbital und einem Schwefel-d-Orbital, sondern vielleicht auf einer Stabilisierung des sp^3-hybridisierten Anions durch 3d-Orbitale des Schwefels und dem Feldeffekt des Sulfonyl-Sauerstoffatoms. Auf Einzelheiten kann hier nicht eingegangen werden [1]. Zur weiteren Orientierung wurden einige bekannte Säuren mit in die Tabelle aufgenommen, deren Anionen demnach ebenfalls die gleiche Basenstärke aufweisen wie die entsprechenden Pseudosäureanionen.

Additionen von Kohlenstoffpseudosäuren („C—H-acide Verbindungen") an Carbonylverbindungen werden im weitesten Sinne als *Aldolreaktionen* (*Aldoladditionen*) bezeichnet [2].

Unterliegt die β-Hydroxyverbindung im weiteren Reaktionsverlauf einer Dehydratisierung und geht in die α, β-ungesättigte Carbonylverbindung über, spricht man von *Aldolkondensation*. Man klassifiziert dabei den Partner mit der additionsfähigen Carbonylgruppe als „*Carbonylkomponente*" und die das Pseudosäureanion liefernde Verbindung als „*Methylenkomponente*".

Ganz allgemein laufen Aldoladditionen um so schneller ab, je stärker positiviert das Carbonyl-Kohlenstoffatom und je stärker basisch das Anion der Pseudobase ist.

Die Reaktivität von Nucleophilen gegenüber Carbonylgruppen geht ihrer Basizität im eigentlichen Sinne und nicht ihrer „kinetischen Basizität" (Nucleophilie) parallel, wie dies im zweiten Kapitel bereits erörtert wurde (vgl. auch [1] S. 261). Die an der Spitze der Tabelle 6.45 stehenden sehr starken Pseudosäureanionen sollten deshalb besonders rasch reagieren. Das ist auch der Fall, vorausgesetzt, daß die Pseudosäure tatsächlich weitgehend als Anion vorliegt: Das aus Toluol mit Natrium in Gegenwart von etwas Natriumperoxid erhältliche Benzylnatrium reagiert selbst mit dem reaktionsträgen Kohlendioxid bei $-70\,°C$ praktisch sofort und quantitativ zur Phenylessigsäure.

Die bei Aldoladditionen herrschenden Verhältnisse sind aber normalerweise anders: Die zur Überführung der Pseudobase in ihr Anion verwendete Base wird im allgemeinen nur in relativ kleiner Konzentration als Katalysator eingesetzt und ist außerdem meistens wesentlich schwächer basisch als das Pseudosäureanion. Das Dissoziationsgleichgewicht liegt also sehr weit auf der Seite der undissoziierten Pseudosäure, und deren Anion steht nur in sehr kleiner Konzentration für die eigentliche Aldoladdition zur Verfügung.

---

[1] CRAM, D. J.: Fundamentals of Carbanion Chemistry, Academic Press, New York/London 1965.
[2] Zusammenfassung: NIELSEN, A. T., u. W. J. HOULIHAN: Org. Reactions **16**, 1 (1968).

Bezeichnen wir die Pseudosäure mit $X-CH_2-Y$, so ergeben sich für die Aldoladdition die nachstehenden Teilreaktionen:

$$B|^\ominus + X-CH_2-Y \underset{k_{-1}}{\overset{k_1}{\rightleftharpoons}} X-\overset{\ominus}{C}H-Y + B-H \qquad K_{\text{Äqu}} \qquad (6.46\text{a})$$

$$\!\!>\!\!C=\underset{}{\overset{\ominus}{\underline{O}}} + X-\overset{\ominus}{C}H-Y \underset{k_{-2}}{\overset{k_2}{\rightleftharpoons}} \!\!>\!\!\underset{\underset{|\underline{O}|\,\ominus}{|}}{C}-CH\!\!<\!\!\overset{X}{\underset{Y}{}} \qquad (6.46\text{b})$$

$$\!\!>\!\!\underset{\underset{|\underline{O}|^\ominus}{|}}{C}-CH\!\!<\!\!\overset{X}{\underset{Y}{}} + B-H \underset{-3}{\overset{k_3}{\rightleftharpoons}} \!\!>\!\!\underset{\underset{OH}{|}}{C}-CH\!\!<\!\!\overset{X}{\underset{Y}{}} + B|^\ominus \quad (\text{„Aldol"}) \qquad (6.46\text{c})$$

Die Schritte k_3 und k_{-3} verlaufen mit Sicherheit sehr schnell (diffusionskontrolliert) und können außer Betracht bleiben. Wenn k_{-2} nicht berücksichtigt wird, läßt sich das allgemeine Geschwindigkeitsgesetz (6.47) angeben (Ableitung vgl. Abschn. 3.2.).

$$+\frac{d\,[\text{Aldol}]}{dt} = \frac{k_1 \cdot k_2\,[X-CH_2-Y]\,[B^\ominus]\,\big[\!\!>\!\!C=O\big]}{k_{-1}\,[BH] + k_2\,\big[\!\!>\!\!C=O\big]} \qquad (6.47)$$

Es ergeben sich zwei Grenzfälle:

Fall A: Wenn das Produkt $k_2\big[\!\!>\!\!C=O\big]$ viel größer ist als $k_{-1}\,[BH]$, das heißt im Falle einer sehr schnellen Aldoladdition k_2, erhält man $v = k_1\,[X-CH_2-Y]\,[B^\ominus]$: Die Bildung des Pseudosäureanions stellt den langsamsten, geschwindigkeitsbestimmenden Schritt dar, und nur die Konzentration der Methylenkomponente, nicht aber die der Carbonylkomponente, geht in das Kinetikgesetz ein.

Fall B: Wenn $k_{-1}\,[BH]$ viel größer ist als $k_2\big[\!\!>\!\!C=O\big]$, erhält man (6.48), und die Gesamtgeschwindigkeit ist der Konzentration an Methylenkomponente und Carbonylkomponente proportional.[1])

$$+\frac{d\,[\text{Aldol}]}{dt} = k_2[X-\overset{\ominus}{C}H-Y]\big[\!\!>\!\!C=O\big] = \frac{K_{\text{Äqu}} \cdot k_2[X-CH_2-Y]\,[B^\ominus]\,\big[\!\!>\!\!C=O\big]}{[BH]}. \qquad (6.48)$$

In diesem Fall hängt die Gesamtgeschwindigkeit sowohl von der Lage des Deprotonierungsgleichgewichts der Pseudosäure wie auch von der Geschwindigkeitskonstante der eigentlichen Aldoladdition ab.

Da die stark sauren Pseudosäuren besonders schnell deprotoniert werden bzw. das in die Gesamtgeschwindigkeit (6.48) im Fall B eingehende Deprotonierungsgleichgewicht (6.46a) bei ihnen weiter auf der rechten Seite liegt, sind es gerade die **schwach basischen** Pseudosäureanionen (die stark sauren Pseudosäuren), die besonders leicht in basenkatalysierten Aldolreaktionen vom Typ (6.46) reagieren.

Die dem Fall B entsprechende Abhängigkeit (6.48) findet man z. B. bei der Addition zweier Moleküle Aceton zum Diacetonalkohol, bei der die Anlagerung des rasch

---

[1]) Falls BH zugleich Lösungsmittel ist, wie z. B. bei Verwendung von wäßriger Lauge, geht [BH] in die Konstanten ein.

gebildeten Pseudosäureanions an die sterisch abgeschirmte, relativ wenig reaktive Carbonylgruppe den geschwindigkeitsbestimmenden Schritt darstellt.

$$CH_3-CO-CH_3 + CH_3-CO-CH_3 \xrightleftharpoons[(OH^\ominus)]{(OH^\ominus)} \underset{CH_3}{\overset{CH_3}{>}}\!\!C(OH)\!-\!CH_2\!-\!COCH_3 \quad (6.49)$$

$$+\frac{d\,[\text{Aldol}]}{dt} = k\,[CH_3COCH_3]^2\,[OH^\ominus]$$

Da das Gleichgewicht der Reaktion weit auf der linken Seite liegt, ist die experimentelle Untersuchung schwierig, und die Beweisführung beruht auf der basenkatalysierten Spaltung des Diacetonalkohols; ausführliche Diskussion vgl. [1].

Bei der eigentlichen Aldolreaktion, Dimerisation von zwei Molekülen Acetaldehyd in Gegenwart von Alkali (6.50), erfolgt dagegen die Addition des Pseudosäureanions an die Carbonylgruppe sehr schnell, weil diese viel reaktionsfähiger ist als im Aceton. Es gilt dann Fall A ($k_2 \gg k_{-1}$): Das Pseudosäureanion wird im Augenblick seiner Entstehung verbraucht, und die Reaktion hängt praktisch nur noch von der vorhandenen Menge des Anions ab, so daß angenähert (6.50b) gefunden wird.

$$CH_3-CHO + CH_3-CHO \xrightleftharpoons[(OH^\ominus)]{(OH^\ominus)} \underset{\underset{OH}{|}}{CH_3-CH-CH_2-CHO} \quad (6.50\text{a})$$

$$+\frac{d\,[\text{Aldol}]}{dt} = k[CH_3CHO]\,[HO^\ominus] \quad (6.50\text{b})$$

Die Rückreaktion k_{-1} (Reprotonierung des Acetaldehydanions) wird vollständig von der schnellen Aldoladdition überspielt, wie sich daran zeigt, daß die Reaktion in D_2O Acetaldol liefert, das keine nennenswerte Menge Deuterium an Kohlenstoff gebunden enthält. Die insgesamt etwas komplizierteren Verhältnisse sind in [1] ausführlich diskutiert.

Bei Aldoladditionen vom Typ (6.46) spielt die Konzentration an Pseudosäureanion eine wesentliche Rolle. Sie steigt jedoch nur etwa bis zu dem Punkt proportional zur Konzentration der Hilfsbase an, wo $pK_{HA} \approx pH$ geworden ist, um danach rasch einen Sättigungswert zu erreichen.

So hat die alkalisch katalysierte Hydroxymethylierung von Phenol ($pK_A = 9{,}9$) ihre höchste Geschwindigkeit beim pH-Wert von etwa 10 [2]. Ganz analog liegt das Maximum der Reaktionsgeschwindigkeit für die Sulfit-Bisulfit-Addition beim pH etwa 7 (pK_A des neutralen Sulfits 6,99) [3] und für die Bildung von Dimedonderivaten beim pH eta 7 (pK_A des Dimedons 5,2) [4]. Oberhalb $pH = 14$ fällt die Reaktionsgeschwindigkeit bei vielen Carbonylreaktionen wieder ab, weil dann der Katalysator (z. B. Hydroxylion) selbst mit der Carbonylgruppe reagiert, so daß sich die Konzentration an Carbonylkomponente verringert (vgl. [4]). Als Katalysatoren für Aldolreaktionen sind deshalb häufig Basen günstig, die einen ähnlichen pK-Wert

---

[1] Frost, A. A., u. R. G. Pearson: Kinetik und Mechanismen homogener chemischer Reaktionen, Verlag Chemie GmbH, Weinheim/Bergstr. **1964**, Kap. 12.
[2] DeJonge, J., u. Mitarb.: Recueil Trav. chim. Pays-Bas **72**, 497 (1953); Bull. Soc. chim. France **1955**, 136.
[3] Stewart, T. D., u. L. H. Donnally: J. Amer. chem. Soc. **54**, 3559 (1932).
[4] Spencer, D., u. T. Henshall: J. Amer. chem. Soc. **77**, 1943 (1955).

haben wie die Pseudosäure. In wäßriger Lösung lassen sich keine weit über pH 14 hinausgehenden Werte erreichen; die schwächeren Pseudosäuren müssen deshalb im wasserfreien Medium in Gegenwart starker Basen umgesetzt werden. Besonders hohe Basizitäten lassen sich mit Metallalkoholaten in Dimethylformamid oder Dimethylsulfoxid erreichen [1] bzw. mit Natriumamid, Triphenylmethylnatrium oder Natriumhydrid in protonenfreien Lösungsmitteln (Kohlenwasserstoffe oder Äther).

Eine Kombination von Cyanhydrinreaktion und Aldoladdition stellt die Benzoinaddition dar[1]) [2].

Im ersten Schritt lagert sich das Cyanidanion an ein Molekül Benzaldehyd an. Auf diese Weise entsteht eine Verbindung 2, in der das ursprünglich sehr fest an der Carbonylgruppe gebundene Wasserstoffatom als Proton abspaltbar wird, weil die beiden zurückbleibenden Bindungselektronen nunmehr mit den π-Elektronen der Cyangruppe und des aromatischen Kerns[2]) in Wechselwirkung treten können (3), so daß die notwendige Energiesenkung garantiert wird.

Hierfür spricht, daß die Reaktion nur durch das Cyanidion, nicht dagegen durch HO$^-$ bzw. RO$^-$ katalysiert wird, in deren Addukten keine nennenswerte Steigerung der C—H-Acidität auftreten würde. Das Pseudosäureanion addiert sich in einer Reaktion vom Aldoltyp an die Carbonylgruppe eines weiteren Moleküls Benzaldehyd zu 4, aus dem sich schließlich das Cyanidion wieder abspaltet, das insgesamt als nucleophiler Katalysator fungiert.

Die Gesamtreaktion gehorcht dem Geschwindigkeitsgesetz dritter Ordnung $v = k$ [PhCHO]^2 [CN$^{\ominus}$] [2].

Da ein Dreierstoß unwahrscheinlich ist, nimmt man ein sich rasch einstellendes Gleichgewicht 1 ⇌ 2 an, gefolgt von langsamer Deprotonierung und etwa gleichschneller Aldoladdition 3 → 4 [3].

(6.51)

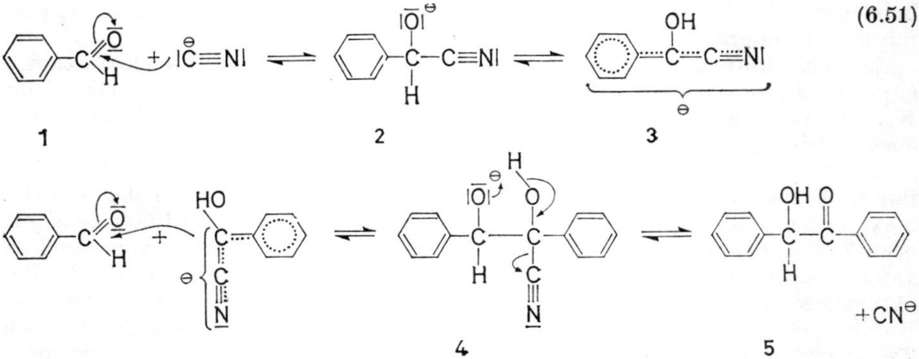

---

[1] CRAM, D. J., B. RICKBORN u. G. R. KNOX: J. Amer. chem. Soc. 82, 6412 (1960).
[2] STERN, E.: Z. physik. Chem. 50, 513 (1905).
[3] WIBERG, K. B.: J. Amer. chem. Soc. 76, 5371 (1954).

[1]) Der Ausdruck „Benzoinkondensation" bzw. „Acyloin-Kondensation" sollte besser vermieden werden.
[2]) Die acidifizierende Wirkung des aromatischen Kerns allein ist relativ gering, vgl. den Wert für Toluol in Tabelle 6.45.

6.4.1. Reaktionsmechanismen, C—H-Acidität, Enolisierung

Nach den vorangegangenen Formulierungen für Aldoladditionen könnte es scheinen, daß die Methylenkomponente im wesentlichen als Carbanion reagiert. Eine derartige Annahme ist jedoch unnötig und wahrscheinlich auch unrichtig. So können Aldoladditionen in vielen Fällen auch durch Säuren katalysiert werden, also unter Bedingungen, wo Carbanionen nicht existenzfähig sind.

Als eigentliche Zwischenstufen sind vielmehr Enole bzw. Enolate anzusehen, die zu den sogenannten elektronenreichen Olefinen gehören, Verbindungen, die infolge des +M-Effekts des Heteroatoms eine große Nucleophilie aufweisen und demzufolge leicht mit elektrophilen Partnern wie der Carbonylgruppe reagieren. Weitere typische Vertreter der elektronenreichen Olefine sind die Enamine (Stickstoffanaloga der Enole).

Die Enolisierung ist eine typische Mehrzentrenreaktion, bei der sowohl Säuren als auch Basen als Katalysatoren anwesend sein müssen [1]:

$$B|^{\ominus}\frown H-\overset{|}{\underset{|}{C}}-C\overset{\frown}{\underset{\underline{\overline{O}}}{\diagup}} \quad H-B \rightleftharpoons B-H + \diagup C=C\diagdown_{O-H} + B|^{\ominus} \quad (6.52)$$

Sie ist ein Sonderfall der elektrophilen Substitution am gesättigten Kohlenstoffatom, die hier nicht abgehandelt wird (vgl. [2]). Zwischen den beiden Extremen der basenkatalysierten und der säurekatalysierten Enolisierung liegt ein breites Spektrum von Übergangszuständen, die durch ein verschiedenes Ausmaß der C—H-Bindungsspaltung bzw. O—H-Bindungsbildung gekennzeichnet sind und demzufolge verschieden auf Substituenteneinflüsse ansprechen.

Die Verhältnisse ähneln im Grunde denen bei der ionischen 1.2-Eliminierung (E1cB-, E2-, E1-Typ).

Entsprechend der Formulierung (6.52) findet man in Carbonylreaktionen häufig nicht nur die zu erwartende Abhängigkeit der Reaktionsgeschwindigkeit von der Stärke der Katalysatorbase, sondern außerdem noch einen Einfluß des mit der Base koordinierten Metallkations [3], der offensichtlich auf einer Komplexbildung beruht, die sich spektroskopisch nachweisen läßt [4]. Dies legt es nahe, die Dissoziation der Pseudoesäure bzw. die Bildung von Enolaten folgendermaßen zu formulieren [5]:

$$R-\overset{C}{\underset{O}{\overset{|}{C}}}\overset{H}{\underset{|\overline{O}^{\ominus}-R}{\diagdown}} \rightleftharpoons R\diagdown_{\underset{O\diagdown M}{C}}^{C} \equiv R\diagdown_{\underset{O\cdots M}{C}}^{C} + ROH \quad (6.53)$$

M = Metall, R = H, Alkyl

---

[1] Dawson, H. M., E. Spivey: J. chem. Soc. [London] **1930**, 2180; Swain, C. G.: J. Amer. chem. Soc., **72**, 4578 (1950).
[2] Köbrich, G.: Angew. Chem. **74**, 453 (1962).
[3a] Zusammenfassungen: Kresze, G., u. B. Gnauck: Z. Elektrochem., Ber. Bunsenges. physik. Chem. **60**, 174 (1956).
[3b] House, H. O.: Rec. chem. Progr. **28**, 98 (1967); Usp. Chim. **38**, 1874 (1969).
[3c] Bender, M. L.: Advances Chem. Ser. Nr. 37, 19 (1963).
[4] Yamada, M.: Bull. chem. Soc. Japan **33**, 780 (1960).
[5] Toromanoff, E.: Bull. Soc. chim. France **1961**, 799; Mathieu, J., u. J. Valls: Bull. Soc. chim. France **1957**, 1509; Usp. Chim. **28**, 1216 (1959).

Der Einfluß des Metallions ist besonders ausgeprägt in nicht basischen Lösungsmitteln kleiner Dielektrizitätskonstante, da die dann vorliegenden Ionenpaare einen verhältnismäßig großen Anteil echter kovalenter Bindungen zwischen dem Enolat-Sauerstoffatom und dem Metallatom aufweisen. Dieser Anteil steigt mit sinkendem Ionenradius des Kations an, also von $K^{\oplus}$ zu $Li^{\oplus}$ [1] und bewirkt, daß der Enolgehalt erheblich vom koordinierten Kation abhängen kann, was für freie Enolationen nicht plausibel wäre [2].

Die Bildung des Enolats entsprechend (6.53) wird hauptsächlich durch den Elektronendruck des stark basischen $RO^{\ominus}$-Ions erzwungen, dessen günstige Orientierung durch die Wechselwirkung zwischen dem Metallkation und der Carbonylgruppe gewährleistet ist.

Es ist jedoch auch der umgekehrte Fall möglich, daß die Reaktion durch den Elektronenzug des elektrophilen Partners eingeleitet wird, der dann eine starke Säure bzw. Lewis-Säure sein muß, z. B.

$$(6.54)$$

Die Reaktion mit Protonsäuren ist nicht synchron, sondern es wird zunächst sehr schnell ein Proton an das Carbonyl-Sauerstoffatom angelagert, und durch eine nachfolgende langsame Reaktion mit dem anwesenden Nucleophil (z. B. Wasser) entsteht ein Enol. Die Beweisführung war mit Hilfe von Lösungsmittelisotopeneffekten möglich [3, 4].

Enole bzw. Enolate stellen nun tatsächlich reaktionsfähige Zwischenstufen in Reaktionen von Pseudosäuren (C—H-aciden Verbindungen) dar. So wurde gefunden, daß die Halogenierung (Chlorierung, Bromierung und Jodierung) [5], der H/D-Isotopenaustausch an der α-Position von Ketonen [6] bzw. die Racemisierung des am α-Kohlenstoffatom optisch aktiven Ketons [7] in Gegenwart von basischen bzw. sauren Katalysatoren jeweils mit der gleichen Geschwindigkeit verlaufen.

---

[1] Vgl. [4] S. 303, vgl. auch [5] S. 309.
[2] Vgl. [3 b] S. 303.
[3] Reitz, O., u. Mitarb.: Z. physik. Chem. A **179**, 119 (1937); A **184**, 429 (1939); Swain, C. G., u. Mitarb.: J. Amer. chem. Soc. **80**, 5983 (1958); **83**, 2154 (1961). Baliga, B. T., u. E. Whalley: Canad. J. Chem. **42**, 1835 (1964).
[4] Bunton, C. A., u. V. J. S. Shiner: J. Amer. chem. Soc. **83**, 3216 (1961).
[5] Lapworth, A.: J. chem. Soc. [London] **85**, 30 (1904) (Bromierung); Bartlett, P. D.: J. Amer. chem. Soc. **56**, 967 (1934); Hsü, S. K., u. C. L. Wilson: J. chem. Soc. [London] **1936**, 623.
[6] Hsü, S. K., C. K. Ingold u. C. L. Wilson: J. chem. Soc. [London] **1938**, 78; Ives, D. J. G., u. G. C. Wilks: J. chem. Soc. [London] **1938**, 1455.
[7] Bartlett, P. D., u. C. H. Stauffer: J. Amer. chem. Soc. **57**, 2580 (1935). Cram, D. J., B. Rickborn, C. A. Kingsbury u. P. Haberfield: J. Amer. chem. Soc. **83**, 3678 (1961).

6.4.1. Reaktionsmechanismen, C—H-Acidität, Enolisierung

$$\underset{\substack{R^1 \\ \bar{O}}}{\overset{R^2}{C}} - \underset{R^3}{\overset{|}{C}} - H \underset{k_{-1} \text{ langsam}}{\overset{k_1 \text{ langsam}}{\rightleftarrows}} \underset{H-\bar{O}}{\overset{R^1}{C}} = \underset{R^3}{\overset{R^2}{C}} \xrightarrow{k_2 \text{ schnell}} \begin{cases} X_2 \to \underset{O}{\overset{R^1}{C}} - \underset{R^3}{\overset{R^2}{\underset{|}{C}}} - X + HX \\ D_2O \to \underset{O}{\overset{R^1}{C}} - \underset{R^3}{\overset{R^2}{\underset{|}{C}}} - D + HOD \\ HA \atop =k_{-1} \underset{O}{\overset{R^1}{C}} - \underset{R^3}{\overset{R^2}{\underset{|}{C}}} - H \end{cases}$$

(optisch aktiv)   (6.55 a)

(racemisch)

$X = Cl_2, Br_2, J_2$

$v = k_2 [\text{>}C=O][HA]$ bzw. $v = k_2 [\text{>}C=O][B]$ (6.55 b)

In das Geschwindigkeitsgesetz (6.55 b) geht nur die Konzentration des Ketons und des Katalysators ein, nicht jedoch die des Halogens, das heißt, der produktbestimmende Schritt liegt erst nach dem geschwindigkeitsbestimmenden Schritt, der nur die Enolisierung des Ketons sein kann. Das α-Kohlenstoffatom ist im Enol bzw. Enolat sp^2-hybridisiert, so daß die optische Aktivität an dieser Stelle der Reaktion verlorengeht. Da das α-Proton in die geschwindigkeitsbestimmende Enolisierung verwickelt ist, ergeben sich relativ große kinetische H/D- bzw. H/T-Isotopeneffekte (k_H/k_D etwa 5 bis 7), vgl. z. B. [1].

Wenn man die Halogenierung bei äußerst kleiner Konzentration an Halogen durchführt, läßt sich der Halogenierungsschritt infolge der dann kleinen effektiven Halogenierungsgeschwindigkeit ($v = k_2$ [Enol] [X$_2$]) messen. Es ergab sich auf diese Weise, daß Aceton über 12 Zehnerpotenzen schneller bromiert wird als das Enol entsteht [2]. Während bei Ketonen das Enol und das Enolat ähnliche Reaktivitäten besitzen [3], reagiert beim Malonester das Enolat etwa 10^6mal schneller als das Enol [4]. Es sei am Rande vermerkt, daß die α-Halogenierung von Carbonsäuren in Gegenwart von rotem Phosphor (VOLHARD-ZELINSKY-Reaktion) nach einem ähnlichen Mechanismus abläuft. Zunächst bildet sich unter dem Einfluß des Phosphors (über PX$_3$) das entsprechende Säurehalogenid, in dem eine sehr reaktionsfähige Carbonylgruppe vorliegt (vgl. Abschn. 6.3.2.).

---

[1] SWAIN, C. G., E. C. STIVERS, J. F. REUWER u. L. J. SCHAAD: J. Amer. chem. Soc. **80**, 5885 (1958); RILEY, T., u. F. A. LONG: J. Amer. chem. Soc. **84**, 522 (1962); HULETT, J. R.: J. chem. Soc. [London] **1960**, 468; JONES, J. R.: Trans. Faraday Soc. **61**, 95 (1965); BELL, R. P., F. R. S. CROOKS u. J. E. CROOKS: Proc. Roy. Soc. [London] Ser. A **286**, 285 (1965).
[2] BELL, R. P., u. Mitarb.: J. chem. Soc. [London] **1964**, 902; **1962**, 1927; DUBOIS, J.-E., u. G. BARBIER: Bull. Soc. chim. France **1965**, 682.
[3] BELL, R. P., u. G. G. DAVIS: J. chem. Soc. [London] **1965**, 353.
[4] BELL, R. P., u. K. YATES: J. chem. Soc. [London] **1962**, 2285.

Das Säurehalogenid enolisiert deshalb — anders als bei den Ketonen — sehr rasch, und die Reaktion des Enols mit dem Halogen stellt den langsamen, geschwindigkeitsbestimmenden Schritt dar [1].

Die Darstellung der Dissoziation von Pseudosäuren als Enolisierungsreaktion bedingt eine wichtige Folgerung für die Addition des Enols oder Enolats an Carbonylgruppen: Sowohl das Metall in (6.53) als auch der Wasserstoff der Hydroxylgruppe in (6.54) können unter Umständen in eine Chelatbindung mit der zu addierenden Carbonylkomponente treten. Das Reaktionsschema (6.41) muß dann für den zweiten und dritten Schritt in der folgenden Weise modifiziert werden:

$$\text{(6.56)}$$

alkalisch katalysierte Aldoladdition

$$\text{(6.57)}$$

sauer katalysierte Aldoladdition

In dem gebildeten Komplex werden die beiden Reaktionspartner in einer für die Reaktion günstigen Lage und Entfernung fixiert, so daß die Elektronenumgruppierung der eigentlichen Reaktion leichter vonstatten gehen kann [2].

Dabei ist außerdem mit der Anlagerung der Carbonylkomponente ein zusätzlicher Elektronenzug auf die Carbonylgruppe verbunden, deren Polarität bzw. Reaktionsfähigkeit vergrößert wird.

Der wiedergegebene Chelatmechanismus stellt einen für viele Carbonylreaktionen äußerst wichtigen Typus dar [3]. Derartige Reaktionen sind vor allem in Lösungsmitteln zu erwarten, in denen das Metallkation nicht gut stabilisiert werden kann, so daß als Koordinationspartner nur Methylen- und Carbonylkomponente verfügbar sind.

Bei den Chelatmechanismen wird die Unterscheidung zwischen polaren und unpolaren, nucleophilen und elektrophilen Reaktionen im Grunde gegenstandslos, wenn die Elektronenübergänge synchron erfolgen. Trotzdem bestehen innerhalb der Komplexe Unterschiede in der Elektronendichte, so daß es zweckmäßig ist, das Reaktionsgeschehen als gleichzeitig durch nucleophile und elektrophile, sich gegenseitig verstärkende Effekte bedingt zu betrachten. Damit stellt der gegebene Chelatmechanismus eine Form der bifunktionell katalysierten Reaktion dar (vgl. Abschn. 4.6.), deren Übergangszustand infolge der großen Elektronendelokalisation relativ energiearm ist. Auch das Endprodukt der Reaktion ist stabiler, falls eine Chelatisierung möglich ist.

---

[1] CICERO, C., u. D. MATHEWS: J. physic. Chem. **68**, 469 (1964); KWART, H., u. F. V. SCALZI: J. Amer. chem. Soc. **86**, 5497 (1964).
[2] Zusammenfassung über Koordinationskatalyse: SILING, M. I., u. A. I. GEL'BŠTEJN: Usp. Chim. **38**, 479 (1969).
[3] Vgl. [3] S. 303.

6.4.1. Reaktionsmechanismen, C—H-Acidität, Enolisierung

Als Beispiel für eine Reaktion vom Aldoltyp, die für Chelatmechanismen typische Merkmale aufweist, sei die alkalische Hydroxymethylierung von Phenol mit Formaldehyd angeführt.

Das Phenol liegt im alkalischen Reaktionsmedium als Phenolat vor, dessen negativ geladener Sauerstoff als starker +I- und +M-Substituent die Elektronendichte im Kern erheblich vergrößert. Der Mesomerieeffekt wirkt nur auf die ortho- bzw. para-Stellung ein, da die meta-Stellung nicht in Konjugation steht. Diese Stellen werden also besonders stark negativiert, d. h. in ihrem nucleophilen Potential erhöht.

In Tabelle 6.58 ist das ortho/para-Verhältnis bei der Hydroxymethylierung von Phenol in Abhängigkeit von der verwendeten Hilfsbase zusammengestellt [1].

Tabelle 6.58
Verhältnis von ortho/para-Produkt bei der alkalischen Hydroxylmethylierung von Phenol

$Mg(OH)_2$	4,39	LiOH	1,75	$(CH_3)_4N^{\oplus}OH^{\ominus}$	0,88
$Ca(OH)_2$	3,08	NaOH	1,56		
		KOH	1,33		

Die para-Stellung ist an sich etwa 1,5- bis 2mal so reaktionsfähig wie eine ortho-Position [1], wofür der Wert für Trimethylammoniumhydroxid gelten kann. Die ortho-Substitution wird um so mehr begünstigt, je stärker das Metallatom der Base zur Bildung von Komplexen befähigt ist [2, 3].

Diese Tendenz ist für das Magnesium am größten und unter den aufgeführten Alkalihydroxiden für das Kaliumion am kleinsten. Das Trimethylammoniumhydroxid kann überhaupt keinen Chelatkomplex mehr bilden, da das Stickstoffatom keine freie Koordinationsstelle mehr besitzt.

Die ortho-Hydroxymethylierung des Phenols in alkalischer Lösung wird deshalb am besten durch den folgenden Chelatmechanismus wiedergegeben:

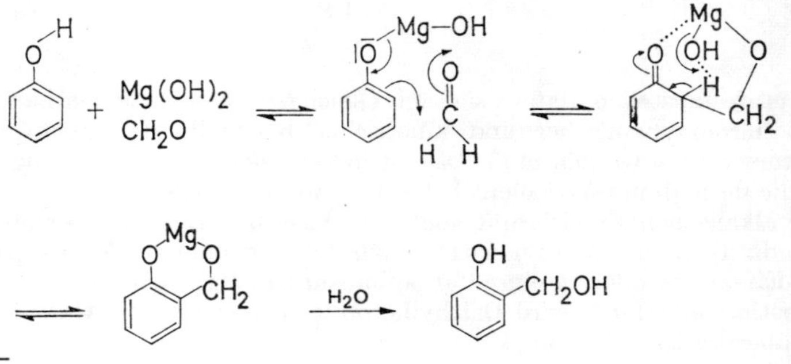

(6.59)

---

[1] Seto, S., u. H. Horiuchi: J. chem. Soc. Japan, ind. Chem. Sect. [Kōgyō Kagaku Zassi] **60**, 653 (1957) (C. **1959**, 4746).
[2] Peer, H. G.: Recueil Trav. chim. Pays-Bas **78**, 851 (1959).
[3] Peer, H. G.: Recueil Trav. chim. Pays-Bas **79**, 825 (1960).

Die Hydroxymethylierung in der para-Stellung kann nicht über einen Chelatmechanismus, sondern muß ionisch ablaufen. Die gleiche Abhängigkeit des Substitutionsortes von der Chelatbildungstendenz des angewandten Kations wird auch bei der KOLBE-Salicylsäuresynthese gefunden, die man sich ebenfalls als Aldolreaktion vorstellen kann. Während das Lithium- oder Natriumsalz des Phenols über einen Chelatmechanismus ausschließlich Salicylsäure ergeben, liefert das weniger zu Chelatkomplexen neigende Kaliumsalz überwiegend die p-Hydroxybenzoesäure (vgl. auch Abschn. 7.8.4.5.).

6.4.2. Regiospezifität[1]) von Aldoladditionen und Aldolkondensationen

Bei unsymmetrischen Ketonen wie z. B. dem Methyläthylketon sind zwei Reaktionsrichtungen möglich, die durch die Richtung der Enolisierung unter den jeweiligen Bedingungen determiniert werden. Butanon liefert bei der alkalisch oder sauer katalysierten Enolisierung das Δ^1-Enol 3 und das Δ^2-Enol 4 (bei den basenkatalysierten Reaktionen im Gleichgewicht mit den entsprechenden Enolaten):

Alkalische Enolisierung   Saure Enolisierung

$$^{\ominus}B| + \overset{A}{H-CH_2}-\overset{B}{\underset{\underset{O}{\|}}{C}}-\overset{B}{CH}-H \; |B^{\ominus} \qquad CH_3-\underset{\underset{O}{\|}}{C}-CH_2-CH_3 \; \underset{}{\overset{H^\oplus}{\rightleftharpoons}} \; CH_3-\underset{\oplus\{\underset{OH}{\|}}{C}-CH_2-CH_3$$

$$\qquad \qquad 1 \qquad\qquad\qquad\qquad\qquad 1 \qquad\qquad\qquad\qquad 2$$

$$CH_2=\underset{OH}{C}-CH_2-CH_3 \qquad CH_3-\underset{OH}{C}=CH-CH_3 \qquad CH_2=\underset{OH}{C}-CH_2-CH_3 \quad (6.60)$$

$$\qquad 3 \qquad\qquad\qquad\qquad 4 \qquad\qquad\qquad\qquad 3$$

Zunächst ist festzustellen, daß es sich um Gleichgewichtsreaktionen handelt, so daß zwischen thermodynamischer und kinetischer Kontrolle der Reaktionsprodukte streng unterschieden werden muß. Das ist in zahlreichen Untersuchungen nicht geschehen, die deshalb mit Vorbehalt betrachtet werden müssen.

Bei der alkalischen Enolisierung sollte die Base bevorzugt an der Methylgruppe angreifen, da die an der Methylengruppe zusätzlich gebundene Methylgruppe durch ihren +I-Effekt die Bildung eines Carbanions ungünstig beeinflußt.

Übereinstimmend damit wird Diäthylketon in Gegenwart von Alkali langsamer in das Enol überführt als Aceton [1].

---

[1] BOTHNER-BY, A. A., u. C. SUN: J. org. Chemistry **32**, 492 (1967).

[1]) bevorzugte Orientierung bei mehreren möglichen Reaktionszentren

Eine Hemmung der basenkatalysierten Enolisierung durch +I- und eine Beschleunigung durch —I-Substituenten im aromatischen Kern ergibt sich auch bei Arylmethyl-phenylketonen ($\varrho° = 1{,}73$ in 87%iger wäßriger Essigsäure in Gegenwart von Natriumacetat bei 25 °C) [1].

Die basenkatalysierte Enolisierung läßt sich mit der bimolekularen Eliminierung vergleichen, und ebenso wie dort sollten verschiedene Übergangszustände zwischen E1cB und E2 möglich sein (vgl. (6.52)). Tatsächlich ergab sich beim Butanon, daß die Enolisierungsgeschwindigkeit in Richtung zur CH_2- bzw. CH_3-Gruppe durch die Stärke der Base beeinflußt wird: Mit $DO^{\ominus}/D_2O$ erhielt man bei 54,8 °C das Geschwindigkeitsverhältnis $k_{CH_2}/k_{CH_3} = 0{,}86$ [2, 3], mit dem schwächer basischen System $CH_3COO^{\ominus}/D_2O$ dagegen $k_{CH_2}/k_{CH_3} = 1{,}27$ [2]. Mit der stärkeren Base liegt der Übergangszustand weiter in Richtung zum E1cB-Typ, und ein +I-Substituent hemmt die Deprotonierung stärker als beim synchronen E2-Typ, so daß die Methylgruppe bevorzugt vor der Methylengruppe reagiert. Ähnliche Verhältnisse ergaben sich auch in nichtwäßrigen Systemen [4].

Die Richtung von Aldoladditionen an unsymmetrische Ketone und ähnlichen Reaktionen (z. B. Alkylierung) hängt dementsprechend — mitunter drastisch — vom Lösungsmittel ab, vgl. weiter unten. Darüber hinaus ist ein sterischer Einfluß nachweisbar: Ketone vom Typ $R-CH_2-CO-CH_3$ mit unverzweigtem Rest R liefern in 1.2-Dimethoxyäthan in Gegenwart von $Na^{\oplus}$ oder $K^{\oplus}$ die beiden Enole etwa im Verhältnis 1:1. Bei Verzweigung der Alkylgruppe R oder in Ketonen vom Typ $R_2CH-CO-CH_3$ wird das Δ^1-Enolat überwiegend gebildet [5].

Die säurekatalysierte Enolisierung führt über das Carbenium-Oxoniumion (6.60, 2) und ist damit dem E1-Typ vergleichbar, so daß bevorzugt das Δ^2-Enol („SAYZEW"-Produkt) entsteht. Beim Butanon erhielt man entsprechend $k_{CH_2}/k_{CH_3} = 2{,}5$ (DCl/D_2O bei 40 °C) [6].

Bei Aldolreaktionen unsymmetrischer Ketone sind die Verhältnisse sehr kompliziert, da zum Enolisierungsgleichgewicht die Aldoladdition hinzukommt, die ebenfalls kinetisch oder thermodynamisch kontrolliert ist. Bei Aldolkondensationen schließt sich daran noch eine Dehydratisierung an, die bei basisch katalysierten Reaktionen geschwindigkeitsbestimmend sein kann. Die Verhältnisse für die Aldolkondensation von Butanon mit Benzaldehyd (vgl. Übersicht 6.61) wurden genauer untersucht [7].

Zunächst bilden sich aus dem Butanon unter dem Einfluß des basischen Katalysators *beide* Enolformen (vgl. (6.60)), deren jede das ihr entsprechende Aldol liefert, 3 bzw. 4. Diese lassen sich in einem ähnlichen Falle isolieren oder auch auf einem unabhängigen Wege einheitlich gewinnen.

---

[1] FISCHER, A., J. PACKER u. J. VAUGHAN: J. chem. Soc. [London] **1963**, 226.
[2] WARKENTIN, J., u. Mitarb.: J. org. Chemistry **33**, 1301 (1968); J. Amer. chem. Soc. **88**, 5540 (1966); Chem. Commun. **1966**, 190; vgl. aber [3c].
[3a] RAPPE, C.: Acta chem. scand. **20**, 2236 (1966).
[3b] RAPPE, C.: Acta chem. scand. **20**, 2305 (1966).
[3c] RAPPE, C., u. W. H. SACHS: J. org. Chemistry **32**, 4127 (1967).
[4] HOUSE, H. O., W. L. ROELOFS u. B. M. TROST: J. org. Chemistry **31**, 646 (1966).
[5] HOUSE, H. O., u. V. KRAMAR: J. org. Chemistry **28**, 3363 (1963).
[6] Vgl. [3a]; RAPPE, C., u. W. H. SACHS: J. org. Chemistry **32**, 3700 (1967).
[7] STILES, M., D. WOLF u. G. V. HUDSON: J. Amer. chem. Soc. **81**, 628 (1959); NOYCE, D. S., u. L. R. SNYDER: J. Amer. chem. Soc. **80**, 4033, 4324 (1958).

Übersicht 6.61
Aldolkondensation von Benzaldehyd mit Methyläthylketon in alkalischer Lösung

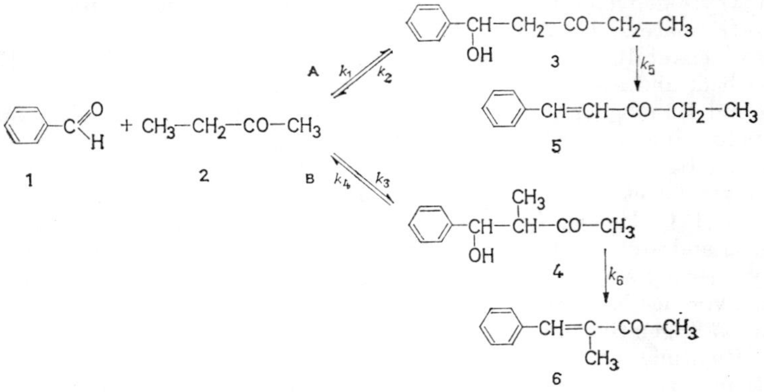

$$\underset{1}{\text{C}_6\text{H}_5-\text{CHO}} + \underset{2}{\text{CH}_3-\text{CH}_2-\text{CO}-\text{CH}_3} \underset{B}{\overset{A}{\rightleftarrows}} \begin{array}{c} \underset{3}{\text{C}_6\text{H}_5-\underset{\text{OH}}{\text{CH}}-\text{CH}_2-\text{CO}-\text{CH}_2-\text{CH}_3} \xrightarrow{k_5} \underset{5}{\text{C}_6\text{H}_5-\text{CH}=\text{CH}-\text{CO}-\text{CH}_2-\text{CH}_3} \\ \underset{4}{\text{C}_6\text{H}_5-\underset{\text{OH}}{\text{CH}}-\underset{\text{CH}_3}{\text{CH}}-\text{CO}-\text{CH}_3} \xrightarrow{k_6} \underset{6}{\text{C}_6\text{H}_5-\text{CH}=\underset{\text{CH}_3}{\text{C}}-\text{CO}-\text{CH}_3} \end{array}$$

Basenkatalyse: $k_2 \approx k_5 \gg k_6$; $k_6 \ll k_4$; $k_3 > k_1$

Säurekatalyse: $k_6 \gg k_3$; $k_3 \gg k_1$ (siehe Text)

Im allgemeinen ist *unter kinetischer Kontrolle* das verzweigte Aldolisierungsprodukt entsprechend (6.61, 4) gegenüber dem C^1-Produkt bevorzugt: $k_3 > k_1$. Das ist experimentell häufig schwer feststellbar, da das Aldol vom Typ 4 unter Umständen sehr schnell (bei der Reaktion von Butanon mit aliphatischen Aldehyden in 10^{-2} Sekunden bis 2 Minuten) wieder abgebaut wird und in das thermodynamisch kontrollierte C^1-Aldol übergeht [1].

Behandelt man das Aldol 3 für sich mit verdünnter Lauge (1%ige NaOH), so entstehen mit etwa gleicher spezifischer Geschwindigkeit infolge Retroaldolreaktion die Ausgangsstoffe 1 + 2 und infolge Dehydratisierung das ungesättigte Keton 5. In dem Maße, wie das Aldolisierungsgleichgewicht durch den Entzug von 5 gestört wird, reagieren die aus der Retroreaktion stammenden Ausgangsprodukte wieder zum Aldol 3 (+4, s. u.), so daß letzten Endes praktisch ausschließlich 5 entsteht. Die Verhältnisse sind aus Bild 6.62 A zu entnehmen, in dem die Konzentration an Benzaldehyd bzw. an ungesättigtem Keton 5 in Abhängigkeit von der Reaktionsdauer dargestellt ist. Die einzelnen Geschwindigkeiten der oben formulierten Reaktion verhalten sich etwa wie $k_2 \approx k_5 > k_1$.

Das Aldol 3 liegt demnach nur als stationäres Zwischenprodukt vor, so daß die bereits im Zusammenhang mit dem Stationäritätsprinzip besprochenen Verhältnisse gelten.

Unterwirft man das verzweigte Aldol 4 der gleichen Alkalibehandlung, entsteht in rascher Reaktion Benzaldehyd und Butanon, während zunächst praktisch kein ungesättigtes Keton zu finden ist. Es herrscht somit die Retroaldolreaktion (k_4) vor. Im Laufe der Zeit geht die Konzentration an den beiden Spaltprodukten wieder zurück, und es läßt sich nunmehr im steigenden Maße ein ungesättigtes Keton nachweisen, das jedoch nicht das *verzweigte Keton 6, sondern das unverzweigte Keton 5 darstellt*. Ganz offensichtlich erfolgt die Dehydratisierung von 4 zu 5 (spezifische Ge-

---

[1] DUBOIS, J.-E., u. P. FELLMANN: C. R. hebd. Séances Acad. Sci. **266**, 139 (1968).

schwindigkeit k_6) in alkalischer Lösung so langsam, daß die Retroaldolreaktion und von dort aus der Konkurrenzweg über das unverzweigte Aldol 3 zum Olefinketon 5 bevorzugt ist. Die Verhältnisse sind in Bild 6.62 B dargestellt.

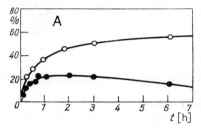 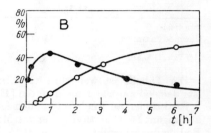

Bild 6.62
Menge an Benzaldehyd (*1*) bzw. 1-Phenyl-1-pentenon(3) (*5*) bei der Reaktion von 1-Phenylpentanol-(1)-on-(3) *3* bzw. 4-Phenyl-3-methylbutanol-(4)-on-(2) (*4*) mit 0,25 m-NaOH bei 27°C in Abhängigkeit von der Reaktionsdauer
—•— Benzaldehyd (*1*)   —o— Ph—CH=CH—CO—CH$_2$—CH$_3$ (*5*)

Die Reaktionsgeschwindigkeiten für den Weg B in Bild 6.62 entsprechen demnach $k_6 \ll k_4$, während die ausschließliche Bildung des unverzweigten ungesättigten Ketons bei der basisch katalysierten Aldolkondensation von Benzaldehyd und Butanon auf der viel höheren Geschwindigkeit der Dehydratisierung $3 \to 5$ ($k_5 \gg k_6$) beruht. Voraussetzung hierfür ist die reversible Bildung der Aldole 3 und 4. Das ist in den zur Zeit genauer untersuchten Beispielen der Fall.

In *saurer* Lösung werden sowohl das unverzweigte wie auch das verzweigte Aldol 3 bzw. 4 schnell dehydratisiert [1]. Die Geschwindigkeiten der sauer katalysierten Dehydratisierung liegen viel höher als die Geschwindigkeiten der beiden konkurrierenden Aldolisierungsprozesse, das Aldol wird also unmittelbar im Augenblick seiner Entstehung irreversibel verbraucht. In saurer Lösung stellt demnach die Addition zum Aldol mit anschließendem Übergang in das ungesättigte Keton in summa keine reversible Reaktion mehr dar, und das überwiegend gebildete energieärmere der beiden möglichen Enole reagiert eindeutig zum verzweigten α,β-ungesättigten Carbonylsystem 6 ($k_6 \gg k_4$ und $k_3 \gg k_1$).

Bei *thermodynamischer Kontrolle* der Aldoladdition hängt das Verhältnis der beiden Endprodukte nicht von einer bestimmten Enolisierungsrichtung ab. Dagegen spielen sterische Einflüsse eine erhebliche Rolle. Von vornherein ist im Butanon die Methylgruppe leichter für das Reagens zugänglich als die Methylengruppe, und es entsteht um so mehr C^1-Aldol, je voluminöser die angreifende Carbonylkomponente ist [2].

Die Verhältnisse für die Reaktion von Butanon mit aliphatischen Aldehyden sind in Tabelle 6.63 zusammengestellt. Im Gegensatz zu früheren Untersuchungen [2] wird hier zwischen kinetischer und thermodynamischer Kontrolle unterschieden, und es zeigt sich, daß die sterischen Einflüsse nur im letzten Fall bestimmend werden.

---

[1] NOYCE, D. S., u. L. R. SNYDER: J. Amer. chem. Soc. **81**, 620 (1959) und weiter dort zitierte Literatur.
[2] HAEUSSLER, H., u. C. BRUGGER: Ber. dtsch. chem. Ges. **77**, 152 (1944). POWELL, S. G., u. F. HAGEMANN: J. Amer. chem. Soc. **66**, 372 (1944).

Tabelle 6.63
Orientierung von Aldoladditionen aliphatischer Aldehyde an Butanon[1])

Kontrolle	Et-CHO C^3/C^1	i-Pr-CHO C^3/C^1	t.-Bu-CHO C^3/C^1
kinetisch	>75/<25	77/23	65/35
thermodynamisch	75/25	26/74	0/100

[1]) Vgl. [1] S. 310.

Der Tabelle ist weiterhin zu entnehmen, daß $([C^3]/[C^1])_{kinet} > ([C^3]/[C^1])_{thermodyn}$ ist; das soll ganz allgemein gelten [1].
Reaktionen an Enolaten können jedoch außerdem empfindlich vom Lösungsmittel abhängen: Die C-Methylierung von Methyl-isobutylketon-Na-enolat unter kinetischen Bedingungen ergibt z. B. bei 0°C die folgenden C^3/C^1-Verhältnisse: Diäthyläther 51/49, Tetrahydrofuran 41/59, 1.2-Dimethoxyäthan 13/87, Hexan 60/20 [2].

6.4.3. Zur Stereochemie von Reaktionen vom Aldoltyp. Die Wittig-Reaktion

Bei der Aldoladdition greift ein p-π-Orbital des Enols bzw. Enolats in das p-π-Orbital der C=O-Gruppe der Carbonylkomponente ein, und es liegt auf der Hand, daß dies am leichtesten im Sinne der maximalen Überlappung (in Richtung der größten Ausdehnung der π-Orbitale) möglich ist. Die Carbonylgruppe wird demnach senkrecht zu der Substituentenebene angegriffen [3]. Wenn die Bedingungen einer alkalischen Aldoladdition die Bildung eines Chelatkomplexes zulassen (vgl. weiter unten), sind zwei Übergangszustände und entsprechende Reaktionsrichtungen zu erwarten:

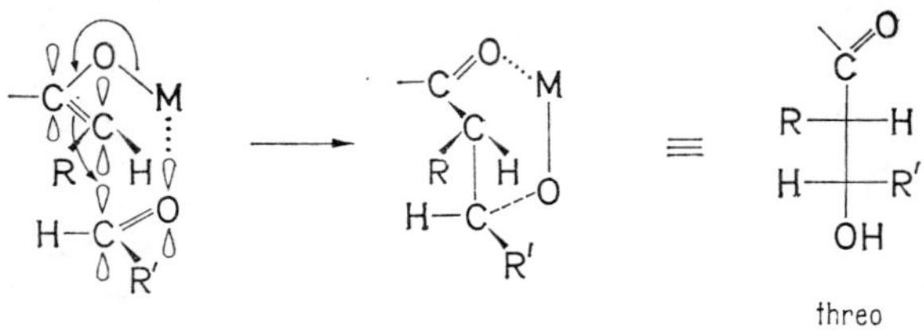

(6.64) threo

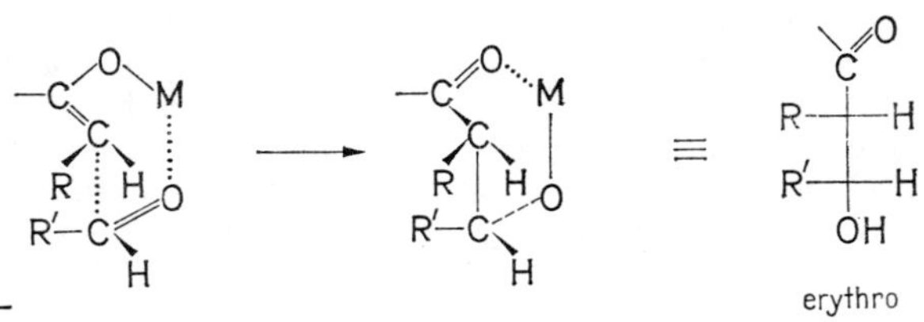

(6.65) erythro

---

[1] Vgl. [1] S. 310.
[2] DUBOIS, J.-E., M. CHASTRETTE u. A. PANAYE: C. R. hebd. Séances Acad. Sci. **267**, 1413 (1968).
[3] TOROMANOFF, E.: Bull. Soc. chim. France **1962**, 1190.

6.4.3. Zur Stereochemie von Reaktionen vom Aldoltyp

Infolge der Verankerung der beiden Reaktanten durch das Metallkation sind die Übergangszustände (6.64) und (6.65) relativ eng und wandeln sich nicht leicht ineinander um (wozu eine Drehung der Carbonylkomponente um die C=O-Achse erforderlich wäre). Das Reaktionsergebnis ist deshalb bei kurzen Reaktionszeiten und tiefen Reaktionstemperaturen kinetisch und nicht thermodynamisch bedingt.

Da sich im Übergangszustand von (6.64) die großen Substituenten R und R' weniger behindern als in (6.65), ist ein Verhältnis threo/erythro > 1 zu erwarten [1]. Das wird tatsächlich beobachtet: Cyclopentanon liefert mit 0,1 M LiOH, NaOH oder KOH in *Cyclopentanon* als Lösungsmittel mit Isobutyraldehyd $> 95\%$ threo-Produkt, mit dem zur Komplexbildung ungeeigneten Tetramethylammoniumhydroxid dagegen 30% threo- und 70% erythro-Isomeres. Dieses letzte Verhältnis entsteht auch mit LiOH, NaOH oder KOH in *Methanol* und entspricht dem ohne besondere Vorsichtsmaßregeln erhaltenen und demzufolge thermodynamisch kontrollierten Produktverhältnis [2].

Das ist wie folgt zu erklären: Methanol ist ein gut solvatisierendes Lösungsmittel für das Metallkation, so daß das Metall-Enolat (bzw. Ionenpaar) dissoziiert wird und ein Komplex analog (6.64) bzw. (6.65) nicht entstehen kann. Infolge der fehlenden Ankergruppe zwischen den beiden Reaktanten ist der Übergangszustand verhältnismäßig locker und zwischen den sterisch am wenigsten anspruchsvollen Übergangszuständen (6.66 1 bzw. 2) liegt nur eine niedrige Energiebarriere, so daß sich ein Gleichgewicht zwischen 1 und 2 leicht ausbilden kann. Die Stereoselektivität der Reaktion kommt deshalb dem thermodynamischen Verhältnis nahe.

threo ⟵ **1** ⇌ **2** ⟶ erythro (6.66)

Da 2 energieärmer ist als 1, wird die überwiegende Bildung des erythro-Isomeren unter diesen Bedingungen plausibel.

In Cyclopentanon als Lösungsmittel kann die Enolat-Metallbindung nicht gespalten werden, so daß die Reaktion mit hoher Stereoselektivität verläuft[1]). Das threo-erythro-Verhältnis kann umgekehrt als „Indikator" für die Feststellung kinetischer

---

[1] Vgl. [3] S. 313.
[2a] DUBOIS, J.-E., u. M. DUBOIS: Chem. Commun. **1968**, 1567; vgl. auch Tetrahedron Letters **1967**, 4215.
[2b] STILES, M., R. R. WINKLER, Y. L. CHANG u. L. TRAYNOR: J. Amer. chem. Soc. **86**, 3337 (1964).

[1]) Stereoselektivität: Entstehung eines einheitlichen Stereoisomeren aus stereochemisch uneinheitlichen Ausgangsprodukten; Stereospezifität: Entstehung eines Produkts mit einer Konfiguration, die spezifisch für Konfiguration des Ausgangsproduktes ist.
Alle stereospezifischen Prozesse sind stereoselektiv, aber stereoselektive Prozesse sind nicht unbedingt stereospezifisch.

oder thermodynamischer Kontrolle derartiger Reaktionen benutzt werden. Analog ist der stereochemische Verlauf der Iwanow-Reaktion, z. B. die Aldoladdition des Magnesiumenolats der Phenylessigsäure Ph—CH=CH—C (OMgBr)$_2$ an Benzaldehyd, bei der das threo- und erythro-Isomere im Verhältnis 76:24 entstehen [1].

Bei Aldolkondensationen sind die stereochemischen Verhältnisse wesentlich einfacher. So gehen die auf unabhängigem Wege stereochemisch einheitlich dargestellten Zwischenprodukte der Perkin-Synthese von α-Phenylzimtsäure aus Benzaldehyd und Phenylessigsäureanhydrid (6.67, 1 bzw. 2) unter den Bedingungen der Perkin-Reaktion (Erhitzen mit Triäthylamin/Acetanhydrid) in die *gleiche* trans-α-Phenylzimtsäure (trans bezüglich β-Phenylgruppe und Carboxylgruppe) über [2]:

$$\begin{array}{ccccc}
\text{Ph}\!-\!\!\!\underset{\text{Ph}\!-\!\!\!\underset{\text{H}}{|}\!\!\!-\!\text{COOH}}{\overset{\text{H}}{|}}\!\!\!-\!\text{OH} & \xrightarrow{\text{Ac}_2\text{O}/\text{Et}_3\text{N}} & \underset{\text{Ph}}{\overset{\text{Ph}}{\diagdown}}\!\!\text{C}\!=\!\text{C}\!\!\underset{\text{COOH}}{\overset{\text{H}}{\diagup}} & \xleftarrow{\text{Ac}_2\text{O}/\text{Et}_3\text{N}} & \text{Ph}\!-\!\!\!\underset{\text{HOOC}\!-\!\!\!\underset{\text{H}}{|}\!\!\!-\!\text{Ph}}{\overset{\text{H}}{|}}\!\!\!-\!\text{OH} \\
\mathbf{1} & & \mathbf{2} & & \mathbf{3} \\
\text{erythro} & & 98 \pm 2\% & & \text{threo}
\end{array}$$ (6.67)

Die Dehydratisierung ist demnach nicht *stereospezifisch*, jedoch vollständig *stereoselektiv*:
Die erythro-Verbindung muß einer anti-Eliminierung, die threo-Verbindung dagegen einer syn-Eliminierung unterliegen. Die syn-Eliminierung sollte nach den Erörterungen im 5. Kapitel im wesentlichen E1cB-Chrakter haben, das heißt entsprechend (6.68) verlaufen.

$$\text{R}-\!\!\underset{|}{\overset{\text{OH}}{\text{CH}}}\!\!-\!\text{CH}_2\!-\!\text{C}\!\!\underset{\text{R}}{\overset{\diagup\!\!\text{O}}{\diagdown}} + \text{B}|\; \underset{\text{schnell}}{\overset{\text{schnell}}{\rightleftarrows}}\; \text{R}-\!\!\underset{|}{\overset{\text{OH}}{\text{CH}}}\!\!-\!\overset{\ominus}{\text{CH}}\!\cdots\!\text{C}\!\!\underset{\text{R}}{\overset{\diagup\!\!\text{O}}{\diagdown}}\; \underset{\text{langsam}}{\overset{\text{langsam}}{\rightleftarrows}}\; \text{R}-\text{CH}\!=\!\text{CH}-\text{C}\!\!\underset{\text{R}}{\overset{\diagup\!\!\text{O}}{\diagdown}}$$
$$+\; \text{BH}^{\oplus} \qquad\qquad\qquad\qquad +\text{H}_2\text{O} + \text{B}| \quad (6.68)$$

Das ist durchaus plausibel, da das anionische Zwischenprodukt als Anion einer Pseudosäure leicht gebildet wird. Tatsächlich konnte für die Reaktion (6.67) nachgewiesen werden, daß ein vorgelagertes Deprotonierungsgleichgewicht durchlaufen wird [3], und für einen ähnlichen Fall ließ sich der E1cB-Typ durch alle Kriterien belegen (H/D-Austausch, $k_{\text{H}_2\text{O}}/k_{\text{D}_2\text{O}}$, Aktivierungsprameter) [4].

Da die Abspaltung des Hydroxylions aus dem Pseudosäureanion in (6.68) langsam verläuft, kann die Retro-Aldolreaktion unter Umständen zur dominierenden Reaktion werden, wie dies bereits in der Übersicht 6.61 vermerkt wurde ($k_6 \ll k_4$). Auch bei der erythro-Verbindung ist der E1cB-Verlauf bevorzugt [3], obwohl hier auch eine E2-Synchronreaktion prinzipiell nicht ausgeschlossen wäre.

---

[1] Zimmerman, H. E., u. M. D. Traxler: J. Amer. chem. Soc. **79**, 1920 (1957); vgl. Gault, Y., u. H. Felkin: Bull. Soc. chim. France **1960**, 1342.
[2] Buckles, R. E., M. P. Bellis u. W. D. Coder: J. Amer. chem. Soc. **73**, 4972 (1951); Zimmerman, H. E., u. L. Ahramjian: J. Amer. chem. Soc. **81**, 2086 (1959); vgl. auch Noyce, D. S., u. S. K. Brauman: J. Amer. chem. Soc. **90**, 5218 (1968).
[3] Kratchanov, C. G., u. B. J. Kurtev: Tetrahedron Letters [London] **1966**, 5537.
[4] Fedor, L. R.: J. Amer. chem. Soc. **91**, 908 (1969); **89**, 4479 (1967).

6.4.3. Zur Stereochemie von Reaktionen vom Aldoltyp

Auch bei der sauer katalysierten Dehydratisierung von Aldoladdukten entsteht normalerweise das trans-Olefin stereoselektiv (vgl. z. B. [1]). Bei sauer katalysierten Aldolkondensationen spielt die Geschwindigkeit der (schnellen) Dehydratisierung jedoch insgesamt keine Rolle, sondern dieser Schritt bestimmt lediglich den stereochemischen Verlauf.

Bei der Aldolkondensation von Aldehyden mit β-Dicarbonylverbindungen, die eine freie COOH-Gruppe enthalten (Acetessigsäure, Malonsäure, Malonsäurehalbester, Cyanessigsäure), kann die abschließende Eliminierung als Fragmentierung unter gleichzeitiger Abspaltung von Wasser und Kohlendioxid ablaufen:

$$R-\overset{O}{\underset{H}{C}} + CH_2\overset{COOR}{\underset{COO^\ominus}{}} \rightleftharpoons R-\overset{OH}{\underset{}{CH}}-\overset{COOR}{\underset{\underset{\underset{|O|^\ominus}{|}}{C=O}}{CH}} \longrightarrow R-CH=CH-COOR + CO_2 + HO^\ominus \qquad (6.69)$$

In Pyridin in Gegenwart katalytischer Mengen Piperidin (KNOEVENAGEL-Reaktion) ist dabei die Bildung des threo-Übergangszustandes analog (6.64) anzunehmen, in dem die beiden in die Fragmentierung verwickelten Gruppen COO⁻ und OH die erforderliche anti-periplanare Konformation besitzen. Es wurde nachgewiesen, daß die für sich meßbare Decarboxylierungsgeschwindigkeit meistens kleiner ist als die Gesamtgeschwindigkeit der Aldolkondensation; das macht einen Fragmentierungsmechanismus sehr wahrscheinlich [2].

Es sei am Rande vermerkt, daß KNOEVENAGEL-Kondensationen auch durch Alkalifluoride in dipolaren aprotonischen Lösungsmitteln katalysiert werden, in denen das Fluoridion hohe Basizität aufweist [3].

Ganz ähnliche Verhältnisse wie bei der Aldolkondensation herrschen bei der WITTIG-*Reaktion* [4]. Diese Reaktion zur Synthese von Olefinen — vor allem auch von endständigen Olefinen R—CH=CH$_2$ hat große präparative Bedeutung und findet auch technisch Anwendung (Synthese von Carotinoiden). Durch Einwirkung einer Base wird ein Phosphoniumsalz der Struktur (6.70, 1) in ein Phosphor-Ylid (Phosphorylen, Alkylidenphosphoran) überführt, das sich ähnlich wie ein Enolat an

---

[1] Vgl. [2b] S. 313.
[2] PATAI, S., u. T. GOLDMAN-RAGER: Bull. Res. Councel Israel, Sect. A, **7A**, 59 (1958); Zusammenfassung zur KNOEVENAGEL-Reaktion: JONES, G.: Org. Reactions **15**, 204 (1967).
[3] SAKURAI, A.: Sci. Pap. Inst. physic. chem. Res. [Tokyo] **53**, Nr. 1522, 250 (1959) (C. 35-**1964**, 806); AOYAMA, S., u. Mitarb.: J. sci. Res. Inst. [Tokyo] **52**, Nr. 1478/85, 99, 105, 112 (1958) (C. **1960**, 91, 92); RAND, L., D. HAIDUKEWYCH u. R. J. DOLINSKI: J. org. Chemistry **31**, 1272 (1966).
[4] WITTIG, G., u. G. GEISSLER: Liebigs Ann. Chem. **580**, 44 (1953); WITTIG, G., u. U. SCHÖLLKOPF: Chem. Ber. **87**, 1318 (1954); Zusammenfassungen: LEVISALLES, J.: Bull. Soc. chim. France **1958**, 1021; SCHÖLLKOPF, U.: Angew. Chem. **71**, 260 (1959); TRIPPETT, S., in: Advances in Organic Chemistry, Vol. 1, Interscience Publishers, New York/London 1960, S. 83; Quart. Rev. (chem. Soc., London) **17**, 406 (1963); Pure appl. Chem. **9**, 255 (1964); JANOVSKAJA, L. A.: Usp. Chim. **30**, 813 (1961); WITTIG, G.: Pure appl. Chem. **9**, 245 (1964); BERGELSON, L. D., u. M. M. SCHEMJAKIN: Angew. Chem. **76**, 113 (1964); MAERCKER, A.: Org. Reactions **14**, 270 (1965); JOHNSON, A. W.: Ylid Chemistry, Academic Press, New York/London 1966, S. 132. Reincroft, J., u. P. G. SAMMERS: Quart. Rev. (chem. Soc., London) **25**, 135 (1971).

Carbonylverbindungen addiert zu einem Zwitterion 2 bzw. 5, welches schließlich unter Verlust des entsprechenden Phosphinoxids in ein Olefin übergeht.

$$\begin{array}{c}
R_2R P^\oplus{-}CH_2{-}X \xrightarrow[+BH]{+B^\ominus} \mathbf{1a} \\
\\
R_3P^\oplus{-}\overset{\ominus}{C}H{-}X \\
\\
\mathbf{1b}\ R_3P{=}CH{-}X
\end{array} \quad +R'CHO \longrightarrow$$

(6.70)

In 1 überwiegt die Ylidstruktur 1a, wenn X = H oder Alkyl und R Elektronendonatoren (Alkylgruppen) sind. Derartige Ylide müssen in aprotonischen Lösungsmitteln mit Lithiumbutyl oder Lithiumphenyl hergestellt werden; sie sind besonders reaktiv gegenüber Carbonylverbindungen. Wenn X ein Elektronenakzeptor ist, vorzugsweise ein —M-Substituent (CN, COR, COOR, Ph), läßt sich das betreffende Ylid auch mit Alkoholat in Alkohol oder mitunter sogar mit wäßriger Lauge herstellen; es ist allerdings weniger reaktiv gegenüber Carbonylverbindungen.

Besonders interessant ist die Möglichkeit, durch den Einsatz von Phosphoniumfluoriden in einem dipolaren aprotonischen Lösungsmittel überhaupt ohne Hilfsbase auszukommen, da Fluoridionen in diesen Medien eine hohe Basizität aufweisen (vgl. Abschn. 4.9.), und demzufolge das Gegenion unter Bildung des Ylids anzugreifen vermögen [1].

Im allgemeinen reagieren nur Aldehyde, nicht dagegen Ketone mit den Phosphorylenen. Die stabileren Phosphorylene addieren sich in einer langsamen Gleichgewichtsreaktion an die Carbonylverbindung, während der Eliminierungsschritt schnell verläuft. Die Reaktion ist deshalb erster Ordnung bezüglich jedes der beiden Partner.

[1] SCHIEMENZ, G. P., J. BECKER u. J. STÖCKIGT: Chem. Ber. 103, 2077 (1970).

Elektronendonatoren am Phosphoratom des Phosphorylens und Elektronenakzeptoren im Aldehydmolekül begünstigen die Reaktion, und für $Ar_3P=CH-COOEt$ wurde erhalten $\varrho = -0,06$ (pro Arylgruppe) bzw. für $Ar-CHO$ $\varrho = +2,9$ [1].
Die Stereochemie der Addition entspricht der bei Aldoladditionen mit nicht chelatisiertem Übergangszustand (6.66). Im Gegensatz zur Aldolkondensation verläuft die abschließende Eliminierung von Trialkyl- bzw. Triarylphosphinoxid stereospezifisch, das heißt, das erythro-Zwitterion 2 gibt ausschließlich cis-Olefin und das threo-Zwitterion 5 ausschließlich trans-Olefin. Der stereochemische Verlauf der Gesamtreaktion wird also durch die Konfiguration der zwitterionischen Zwischenprodukte determiniert [2].

Wenn man salzfrei arbeitet (das bei der Darstellung der Ylide 1 gebildete Metallsalz entfernt), reagieren energiereiche Ylide (X = H oder Alkyl) nahezu irreversibel ganz überwiegend zum erythro-Zwischenprodukt, so daß gilt $k_1 \gg k_{-1}$ und $k_1 > k_3$. Die Eliminierung von Phosphinoxid verläuft im salzfreien Medium wahrscheinlich schnell, $k_3 > k_1$ und $k_3 \gg k_{-1}$, so daß kinetisch kontrolliert das cis-Olefin gebildet wird [3, 4b].

Bei energiearmen Phosphorylenen (X = CN, COR, COOR und weniger ausgeprägt bei X = Ph) entsteht das Addukt 2 bzw. 5 langsamer, zerfällt jedoch sehr rasch in die Komponenten und die Eliminierungsprodukte, es gilt also $k_1 < k_{-1}$, k_3 bzw. $k_2 < k_{-2}$, k_4. Außerdem geht das threo-Addukt besonders rasch in die Endprodukte über, da das stabilere trans-Olefin entsteht $(k_{-1}/k_3 > k_{-2}/k_4)$ [3, 4].

Infolge der schnellen Spaltungsreaktionen k_{-1} und k_{-2} stellt sich durch Spaltung und Readdition ein Gleichgewicht zwischen erythro- und threo-Addukt ein, in dem die threo-Form überwiegt und außerdem durch die schnellere Eliminierungsreaktion k_4 unter Bildung des trans-Olefins ständig entfernt wird.

Lithiumhalogenide, wie sie bei nicht salzfreiem Arbeiten von der Darstellung des Ylids her anwesend sind, setzen die Geschwindigkeit der Eliminierungsreaktion k_2 bzw. k_4 herab, so daß die Rückreaktionen k_{-1} bzw. k_{-2} stärker zum Zuge kommen und demzufolge die Umwandlungsrate erythro $\rightleftarrows$ threo erhöht wird. Außerdem wird die Lage des erythro-threo-Gleichgewichts verändert. Bei den aktiven Yliden nimmt deshalb das erythro/threo-Verhältnis ab, bei den wenig aktiven dagegen zu. Besonders wirksam ist Lithiumjodid [3].

Ähnliche Reaktionen sind nach HORNER mit Yliden aus Phosphinoxiden $R_2P(O)$ $=CH-X$ oder Phosphonsäureestern $(RO)_2P(O)=CH-X$ möglich [5]. Bei dieser „PO-aktivierten Olefinierung" reagieren auch Ketone gut.

---

[1] RÜCHARDT, C., P. PANSE u. S. EICHLER: Chem. Ber. **100**, 1144 (1967).
[2] SCHLOSSER, M., K. F. CHRISTMANN: Angew. Chem. **77**, 682 (1965).
[3] BERGELSON, L. D., L. I. BARSUKOV u. M. M. SHEMYAKIN: Tetrahedron [London] **23**, 2709 (1967); SCHLOSSER, M., u. Mitarb.: Angew. Chem. **78**, 677 (1966); Liebigs Ann. Chem. **708**, 1 (1967); Chem. Ber. **103**, 2814 (1970); SCHLOSSER, M., in: Topics in Stereochemistry, Vol. 5, Interscience Publishers, New York/London 1970.
[4a] GOETZ, H., F. NERDEL u. H. MICHAELIS: Naturwissenschaften **50**, 496 (1963).
[4b] FLISZÁR, S., R. F. HUDSON u. G. SALVADORI: Helv. chim. Acta **46**, 1580 (1963).
[4c] SPEZIALE, A. J., u. D. E. BISSING: J. Amer. chem. Soc. **85**, 1888, 3878 (1963); **87**, 2683 (1965).
[5] HORNER, L., H. HOFFMANN u. H. G. WIPPEL: Chem. Ber. **91**, 61 (1958); Zusammenfassung: DOMBROVSKIJ, A. V., u. V. A. DOMBROVSKIJ: Usp. Chim. **35**, 1771 (1966).

Die Schwefelylide $(CH_3)_2\overset{\oplus}{S}-\overset{\ominus}{C}H_2$ (Dimethylsulfonium-methylid) und $(CH_3)_2S(O)=CH_2$ addieren sich zwar an Aldehyde, Ketone und weitere Carbonylverbindungen, liefern jedoch unter Abspaltung von Dimethylsulfid bzw. Dimethylsulfoxid im allgemeinen nur Derivate des Äthylenoxids (Oxirane) und nicht vorzugsweise Olefine [1].

6.4.4. β-Dicarbonylverbindungen. Claisen-Kondensation, Spaltungsreaktionen, Alkylierung

Der Prototyp dieser Reaktionen ist die Kondensation zweier Moleküle Essigester zum Acetessigester oder von Essigester mit Aceton zum Acetylaceton.

Sofern man in Gegenwart von Alkalialkoholat arbeitet, spricht man von CLAISEN-Kondensationen. Es handelt sich ebenfalls um eine Reaktion vom Aldoltyp. Durch Einwirkung des stark basischen Alkoholats wird Essigester bzw. das Keton in das Enolat überführt, das sich als Methylenkomponente an ein Molekül Essigester (Carbonylkomponente) addiert. Das aldolartige Zwischenprodukt 3 geht unter Abspaltung von ROH schließlich in das Endprodukt über [2]. Dieser Schritt erfordert ein weiteres Molekül Base und verläuft als E1cB-Eliminierung [3] (nicht formuliert, da es sich um eine katalytische Reaktion handelt).

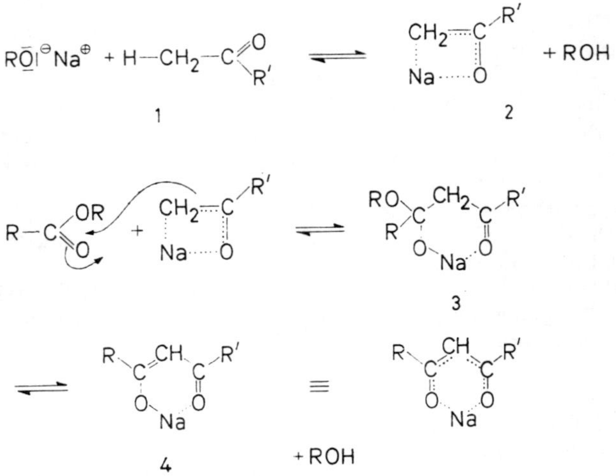

$R' = $ Alkyl, Aryl, OR

(6.71)

---

[1] COREY, E. J., u. M. CHAYKOVSKY: J. Amer. chem. Soc. **84**, 867 (1962), **87**, 1353 (1965); KÖNIG, H., u. H. METZGER u. a.: Chem. Ber. **98**, 3733 (1965) und zahlreiche frühere Arbeiten; Zusammenfassungen DURST, T., in: Advances in Organic Chemistry, Vol. 6, Interscience Publishers, New York/London 1969, S. 285; KÖNIG, H.: Fortschr. chem. Forsch. **9**, 487 (1968); JOHNSON, A. W.: Ylid Chemistry, Academic Press, New York/London 1966.
[2] HAUSER, C. R., u. W. B. RENFROW: J. Amer. chem. Soc. **59**, 1823 (1937).
[3] Vgl. [4] S. 314.

6.4.4. β-Dicarbonylverbindungen. Claisen-Kondensation

Nach den Tabellen 2.67 und 6.45 ist Essigest-Erenolat um etwa acht Zehnerpotenzen und Aceton-Enolat um etwa vier Zehnerpotenzen stärker basisch als Äthylat. Das Gleichgewicht 1 ⇌ 2 liegt also in Gegenwart von Äthylat ganz weit auf der linken Seite, und es muß grundsätzlich in wasserfreiem Medium gearbeitet werden, um überhaupt nennenswerte Mengen an Enolat zu produzieren. Auch die Addition 2 ⇌ 3 hat eine ungünstige Gleichgewichtslage, weil das Estercarbonyl nur geringe Aktivität besitzt (vgl. Abschn. 6.3.2.). Daß die Reaktion überhaupt abläuft, beruht auf der Bildung des sehr stabilen β-Dicarbonyl-Metallkomplexes, den man als quasi-aromatisches System ansehen kann. Die Meinungen über diesen Punkt gehen allerdings auseinander [1].

Demzufolge gelingen Kondensationen von Estern der Struktur $R_2CH-COOR$ bzw. von Estern mit Ketonen der Struktur $R-CO-CHR_2$ mit Alkoholat (Bedingungen der CLAISEN-Kondensation) überhaupt nicht mehr, da die entsprechenden Dicarbonylverbindungen $R-CO-CR_2-COR'$ nicht mehr enolisierungsfähig sind und die Mesomeriestabilisierung wegfällt.

Die Triebkraft durch Chelatisierung ist so ausgeprägt, daß es gelingt, Ketone oder Nitroalkane mit CO_2 in Gegenwart von Mg-Methylat in die entsprechenden β-Ketosäuremethylester bzw. α-Nitrocarbonsäuremethylester zu überführen, obwohl die Carbonylaktivität von CO_2 sehr gering ist [2]. Die Reaktion stellt die Umkehrung der Ketonspaltung (5.52) dar.

Im Gegensatz zu den Aldolkondensationen von Aldehyden und Ketonen ist die Synthese von β-Dicarbonylverbindungen keine katalytische Reaktion, sondern erfordert molare Mengen an Hilfsbase. Das liegt an der niedrigen Basenstärke der entstehenden mesomeriestabilisierten Enolate: Acetessigester ist etwa 10^4-mal, Acetylaceton etwa 10^6-mal schwächer basisch als Äthanol. Das in der Reaktion entstandene Äthanol kann deshalb durch das β-Dicarbonyl-Enolat nicht wieder in Äthylat zurückverwandelt werden.

Die Reaktion folgt der zweiten Ordnung (jeweils erste Ordnung bezüglich Methylen- und Carbonylkomponente) [3], so daß als geschwindigkeitsbestimmender Schritt die Aldoladdition anzusehen ist. Das wurde in sehr eleganter Form mit Hilfe kinetischer $^{12}C/^{14}C$-Isotopeneffekte an der Cyclisierung (DIECKMANN-Kondensation) von ortho-Phenylen-diessigsäure-diäthylester bewiesen:

$$*C = {}^{14}C \tag{6.72}$$

---

[1] MUSSO, H., u. Mitarb.: Angew. Chem. **81**, 150 (1969); **83**, 239 (1971) und dort zitierte Literatur; Zusammenfassungen: FACKLER, J. P., in: Progress in Inorganic Chemistry, Vol. 7, Interscience Publishers, New York/London 1966, S. 374; BOCK, B., K. FLATAU, H. JUNGE, M. KUHR u. H. MUSSO: Angew. Chem. **83**, 239 (1971).

[2] STILES, M., u. Mitarb.: J. Amer. chem. Soc. **81**, 505, 2598 (1959); **85**, 616 (1963); FINKBEINER, H., u. G. W. WAGNER: J. org. Chemistry **28**, 215 (1963); FINKBEINER, H.: J. Amer. chem. Soc. **86**, 961 (1964).

[3] HILL, D. G., J. BURKUS u. C. R. HAUSER: J. Amer. chem. Soc. **81**, 602 (1959).

Der kinetische Isotopeneffekt k_{12C}/k_{14C} für die α-Position ist innerhalb der Fehlergrenzen dem Effekt für die β-Position gleich; die beiden Kohlenstoffatome müssen also in den gleichen geschwindigkeitsbestimmenden Schritt (die Aldoladdition) verwickelt sein [1].

Im Gegensatz zu häufig gebrauchten ionischen Formulierungen ist der in (6.71) dargestellte Chelatmechanismus wahrscheinlicher. Die Natriumenolate von Ketonen und β-Diketonen leiten nämlich in Äther den elektrischen Strom nicht und sind demnach nicht dissoziiert, obwohl sie in Äther ziemlich gut löslich sind, was auf Organometallbindungen hinweist [2]. Weiterhin wurde gezeigt, daß die Esterkondensation in Alkohol nicht durch dissoziiertes Alkalialkoholat, sondern durch $RO^\ominus Li^\oplus$-, $RO^\ominus Na^\oplus$- bzw. $RO^\ominus K^\oplus$-Ionenpaare bewirkt wird [3]. Schließlich hängt die Kondensationsgeschwindigkeit vom angewandten Kation ab: Methylisobutylketon reagiert mit Äthylacetat in Gegenwart von Triphenylmethyl-Natrium (Trityl-Na, zu diesem Kondensationsmitteltyp vgl. weiter unten) in absolutem Äther bei 30 °C etwa 3,6mal so schnell wie in Gegenwart von Trityl-Lithium, was damit übereinstimmt, daß die Stabilität der β-Dicarbonylchelate in Methanol oder Äthanol vom Lithium- zum Kaliumchelat zunimmt [4].

Die CLAISEN-Kondensation ist eine Gleichgewichtsreaktion. Die Ausbeute an β-Dicarbonylverbindung läßt sich demzufolge steigern, wenn man den gebildeten Alkohol während der Reaktion abdestilliert. Eine ähnliche Wirkung ist erzielbar, wenn Natriummetall als Kondensationsmittel dient, das allerdings zunächst keine Base ist und erst in Gegenwart einer Spur Alkohol als Katalysator wirkt, so daß als eigentliches Kondensationsmittel das stark basische Äthylation entstehen kann. Der entstehende Alkohol wird dann vollständig in Alkoholat übergeführt und somit dem Gleichgewicht entzogen. Da zwei Mole Alkohol entstehen, sind zwei Äquivalente Natrium erforderlich. Schließlich läßt sich die Bildung des Enolats (Teilschritt 6.71, 1 → 2) irreversibel gestalten, wenn man sehr stark basische Hilfsbasen einsetzt, deren pK_A-Werte weit über denen der Methylenkomponente liegen, so daß sie diese praktisch vollständig in das Pseudosäureanion überführen, vgl. z. B. [5]. Über einige derartige Kondensationsmittel unterrichtet Tabelle 6.73.

Von den GRIGNARD-Verbindungen lassen sich nur solche Typen verwenden, bei denen durch ihren sperrigen Bau die normale GRIGNARD-Addition an die Carbonylgruppe praktisch verhindert ist; vgl. die Ausführungen bei der GRIGNARD-Reaktion. Die Magnesiumenolate bieten häufig Vorteile, weil sie in Äther leicht löslich sind. Ganz allgemein kann man bei den genannten sehr starken Hilfsbasen nur noch ein protonenfreies Lösungsmittel verwenden, dessen Acidität niedriger liegt als die der umzusetzenden Pseudosäure, da im anderen Fall lediglich das Anion des Lösungsmittels entsteht.

---

[1] CARRICK, W. L., u. A. FRY: J. Amer. chem. Soc. **77**, 4381 (1955).
[2] HILL, D. G., J. BURKUS, S. M. LUCK u. C. R. HAUSER: J. Amer. chem. Soc. **81**, 2787 (1959); wahrscheinlich liegen dimere Formen der Keton-enolate vor: ZOOK, H. D., u. W. L. RELLAHAN: J. Amer. chem. Soc. **79**, 881 (1957).
[3] BRÄNDSTRÖM, A.: Ark. Kemi **11**, 527 (1957).
[4] LUEHRS, D. C., R. T. IWAMOTO u. J. KLEINBERG: Inorg. Chem. [Washington] **4**, 1739 (1965).
[5] HAUSER, C. R., u. Mitarb.: J. Amer. chem. Soc. **68**, 2647 (1946); **69**, 2649 (1947); **71**, 1350 (1949); [3] S. 319.

6.4.4. β-Dicarbonylverbindungen. Claisen-Kondensation

Tabelle 6.73
Hilfsbasen für die quantitative Überführung von Pseudosäuren in ihre Anionen

Base	Methylen-komponente		Enolat	BH	pK_A von BH
$Na^{\oplus}NH_2^{\ominus}$	$+R-H$	→	$R^{\ominus}Na^{\oplus}$	$+ NH_3$	36[1]
$Na^{\oplus}H^{\ominus}$	$+R-H$	→	$R^{\ominus}Na^{\oplus}$	$+ H_2$	40[2]
$Ph_3C^{\ominus}Na^{\oplus}$	$+R-H$	→	$R^{\ominus}Na^{\oplus}$	$+ Ph_3C-H$	32[3]
$CH_3\underset{CH_3}{\overset{CH_3}{-}}\!\!-MgBr$	$+R-H$	→	$R^{\ominus}\overset{\oplus}{M}gBr$	$+ CH_3\underset{CH_3}{\overset{CH_3}{-}}\!\!-H$	37[2]
$\underset{CH_3}{\overset{CH_3}{>}}CH-\underset{\underset{MgBr}{\mid}}{N}-CH\underset{CH_3}{\overset{CH_3}{<}}$	$+R-H$	→	$R^{\ominus}\overset{\oplus}{M}gBr$	$+ iPr-NH-iPr$	36[2]

[1]) WOODING, N. S., u. W. C. E. HIGGINSON: J. chem. Soc. [London] **1952**, 774.
[2]) geschätzt bzw. extrapoliert
[3]) Vgl. Tab. 6.45.

Mit den genannten Kondensationsmitteln lassen sich auch Ester vom Typ $R_2CH-COOR$ umsetzen, da dann die Gesamtreaktion nicht mehr von der (hier nicht möglichen) Bildung des β-Dicarbonyl-Enolats abhängt, sondern gewissermaßen durch den ersten irreversiblen Schritt „geschoben" wird.

Entsprechend der Umkehrbarkeit der Bildungsreaktion (6.71) werden β-Dicarbonylverbindungen alkalisch wieder in die Ausgangsverbindungen gespalten.

Die Reaktion von Acetylaceton mit Äthylat ist jeweils erster Ordnung bezüglich jedes der beiden Reaktionspartner, und man nimmt eine langsame Spaltung des Addukts (6.74, 2) an, wenn auch andere Mechanismen nicht ausgeschlossen werden können [1]. Für den formulierten Verlauf spricht vor allem, daß α, α-Dialkyl-β-diketone oder —β-ketoester besonders schnell durch Alkoholyse gespalten werden, bei denen ein Basenangriff an anderer Stelle nicht denkbar ist [2]. Es sei daran erinnert, daß es sich hier um Verbindungen handelt, die durch CLAISEN-Kondensation nicht erhalten werden können.

(6.74)

[1] PEARSON, R. G., u. A. C. SANDY: J. Amer. chem. Soc. **73**, 931 (1951).
[2] PEARSON, R. G., u. E. A. MAYERLE: J. Amer. chem. Soc. **73**, 926 (1951).

Bei der analogen Reaktion von β-Diketonen mit wäßriger Lauge erhielt man das Geschwindigkeitsgesetz [1, 2]:

$$v = k_2 \, [\text{Diketon}] \, [\text{OH}^\ominus] + k_3 \, [\text{Diketon}] \, [\text{OH}^\ominus]^2.$$

Der Term zweiter Ordnung überwiegt bei niedrigen Basizitäten (pH 8 bis 10), der Term dritter Ordnung bei hohen Basizitäten (pH 13 bis 14) [2]. Der bimolekulare Anteil kann durch einen langsamen Angriff von OH⁻-Ionen auf das Diketon, durch langsame Spaltung des Zwischenprodukts (6.75, 2) oder durch langsame synchrone Deprotonierung/Spaltung eines schnell gebildeten β-Diketonhydrats erklärt werden [2] (vgl. auch [3]); die endgültige Entscheidung steht noch aus. Der Anteil dritter Ordnung beruht auf einer synchronen Deprotonierung/Spaltung des Addukts (6.75, 2) durch die Base, nachgewiesen durch einen Lösungsmittel-Isotopeneffekt $k_{\text{H}_2\text{O}}/k_{\text{D}_2\text{O}} = 3{,}8$ (bei 25 °C), der nur mit allgemeiner Basenkatalyse, nicht aber mit nucleophiler Katalyse vereinbar ist [4] (vgl. Abschn. 6.2.).

Der Übergangszustand 3 für den Anteil dritter Ordnung in (6.75) ist hochgeordnet, o daß eine sehr stark negative Aktivierungsentropie resultiert.

(6.75)

Da das Anion der Carbonsäure entsteht, das infolge der Mesomeriestabilisierung eine außerordentlich niedrige Carbonylaktivität besitzt, wird die Gesamtreaktion irreversibel. Ebenso reagieren β-Ketoester unter Bildung von zwei Molekülen Säureanion (unter gleichzeitiger Verseifung); diese Spaltung wird als *Säurespaltung* bezeichnet.

Aus dem Mechanismus (6.75) ergibt sich zwanglos, in welcher Richtung unsymmetrische Diketone gespalten werden: Das HO⁻-Ion addiert sich vorzugsweise an die stärker elektrophile der beiden Carbonylgruppen, z. B. im Sinne (6.75, 1), sofern R stärker elektronenanziehend ist als R'. Da das bei der Enolisierung wandernde Proton umgekehrt bevorzugt an dem stärker basischen der beiden Sauerstoffatome angelagert wird, läßt sich dies auch dahingehend ausdrücken, daß die schwerer enolisierbare der beiden Carbonylgruppen bevorzugt das Carboxylation liefert [5].

[1] Vgl. [2] S. 321.
[2] CALMON, J.-P., u. P. MARONI: Bull. Soc. chim. France **1968**, 3761; vgl. CALMON, J.-P., u. P. MARONI: Bull. Soc. chim. France **1968**, 3772 (Einfluß der Substituenten R).
[3] LIENHARD, G. E., u. W. P. JENCKS: J. Amer. chem. Soc. **87**, 3855 (1965).
[4] CALMON, J.-P.: C. R. hebd. Séances Acad. Sci. **268**, 1256 (1969).
[5] BRADLEY, W., u. R. ROBINSON: J. chem. Soc. [London] **1926**, 2356; KUTZ, W. M., u. H. ADKINS: J. Amer. chem. Soc. **52**, 4036 (1930).

6.4.4. β-Dicarbonylverbindungen. Claisen-Kondensation

Im schwach basischen Medium überwiegt bei den β-Ketoestern die normale Verseifungsreaktion. Die entstehende β-Ketosäure geht in einer Fragmentierungsreaktion unter Verlust von CO_2 in ein Keton über („*Ketonspaltung*"). Dieser Verlauf wurde bereits im Kapitel 5. besprochen.

β-Dicarbonylverbindungen sind relativ starke C—H-Säuren, die mit Basen wesentlich leichter als die einfachen Ketone in ihre Enolatanionen übergehen, vgl. Tabelle 6.45. Die Enolate stellen relativ gute Nucleophile dar, sie werden von Alkylhalogeniden leicht alkyliert und von Acylhalogeniden acyliert.

Die Enolisierungsrichtung ist bei β-Ketoestern und Malonestern eindeutig, so daß die Richtung der C-Alkylierung bzw. C-Acylierung klar bestimmt ist. Dagegen wirft die Möglichkeit der C- bzw. O-Alkylierung bzw. -Acylierung zusätzliche Probleme auf (was natürlich für die einfachen Ketone gleichfalls gilt):

$$X^{\ominus} + R-C(OR')=CHR \xleftarrow{+R'-X} R-C(\bar{O}|^{\ominus})=CHR \xrightarrow{+R'-X} R-C(=O)-CH(R)(R') + X^{\ominus} \quad (6.76)$$

O-Alkylierung   C-Alkylierung

Die besonders eingehend untersuchte Alkylierung ist im Normalfall eine SN2-Reaktion. Wie im Kapitel 4. bereits erörtert wurde, sind in SN2-Reaktionen nur freie Anionen stark nucleophil, nicht dagegen Ionenpaare des anionischen Nucleophils. Aus diesem Grunde nimmt die Alkylierungsgeschwindigkeit stark zu, wenn man von unpolaren zu dipolaren aprotonischen Lösungsmitteln übergeht, in denen die Ionenpaare dissoziieren und die Anionen im wesentlichen „nackt" vorliegen, während die zugehörigen Kationen gut solvatisiert werden. Für die Alkylierung von Butylmalonsäure-diäthylester mit n-Butylbromid wurden z. B. die folgenden typischen Relativgeschwindigkeiten ermittelt: Benzol 1, Tetrahydrofuran 14, 1.2-Dimethoxyäthan 80, Dimethylformamid 970, Dimethylsulfoxid 1420 [1]; ähnliche Ergebnisse vgl, [2, 3]. In unpolaren Lösungsmitteln existieren die Enolate außerdem als höhermolekulare Aggregate, die nur schwer durch Alkylierungs- oder Acylierungsmittel angegriffen werden. In den Ionenpaaren bzw. höhermolekularen Assoziaten, das heißt in schwach polaren, wenig solvatisierenden Lösungsmitteln ist das Metallkation eng mit dem Sauerstoffanion des Enolats koordiniert, wobei vom $K^{\oplus}$- zum $Li^{\oplus}$-Kation steigende Anteile an homöopolarer O-Metallbindung enthalten sind [4].

Im gleichen Maße sinkt die Nucleophilie des Sauerstoffanions, so daß vorzugsweise das Enolat-Kohlenstoffatom angegriffen wird [5, 6], wobei der Übergangszustand (6.77, 2) anzunehmen ist [5].

In ähnlicher Weise wird in protonischen Lösungsmitteln die Nucleophilie des Enolat-Sauerstoffatoms durch Bildung von Wasserstoffbrücken herabgesetzt und dadurch ebenfalls die C-Alkylierung begünstigt [5, 7].

$$\underset{1}{H\text{-}C(R)=C(R)(OM)} + R'-X \xrightleftharpoons{R-O-R} \underset{2}{\text{[cyclic complex]}} \longrightarrow \underset{3}{R_2C(=O)-C(R)(R')H} + MX \quad (6.77)$$

M = Metallatom

---

[1] ZAUGG, H. E., B. W. HORROM u. S. BORGWARDT: J. Amer. chem. Soc. **82**, 2895 (1960).
[2] ZOOK, H. D., u. W. L. GUMBY: J. Amer. chem. Soc. **82**, 1386 (1960).
[3] ZAUGG, H. E.: J. Amer. chem. Soc. **81**, 837 (1961).
[4] Vgl. [4] S. 303.
[5] KORNBLUM, N., R. SELTZER u. P. HABERFIELD: J. Amer. chem. Soc. **85**, 1148 (1963).
[6] KORNBLUM, N., u. A. P. LURIE: J. Amer. chem. Soc. **81**, 2705 (1959).
[7] ZOOK, H. D., T. J. RUSSO, E. F. FERRAND u. D. S. STOTZ: J. org. Chemistry **33**, 2222 (1968).

In den basischen dipolaren aprotonischen Lösungsmitteln kann das mit dem Enolat koordinierte Kation sehr gut solvatisiert werden. Im gleichen Maße dissoziiert die O-Metallbeziehung, nachweisbar an der nunmehr auftretenden elektrischen Leitfähigkeit [1], so daß das Enolat-Sauerstoffanion mehr oder weniger frei vorliegt und gegenüber dem elektrophilen Partner als Nucleophil wirkt unter Bildung der O-Alkylverbindung; das Verhältnis O-Alkyl/C-Alkylprodukt steigt also an [1].

Im Gegensatz zu den Metallenolaten einfacher Ketone wird dagegen die Metall-Sauerstoffbindung von β-Dicarbonylmetallchelaten auch in dipolaren aprotonischen Lösungsmitteln nicht gespalten, da das Chelatsystem sehr energiearm ist (es tritt praktisch keine elektrische Leitfähigkeit auf [2]): Die Blockierung der Sauerstoffnucleophilie bleibt bestehen, und derartige Metallchelate reagieren normalerweise über einen Übergangszustand vom Typ (6.78, 2) zum C-Alkylprodukt [2, 3, 4].

$$\underset{1}{\overset{H}{\underset{O\cdot_{M}\cdot O}{R\diagdown\diagup R}}} + R'-X \rightleftarrows \underset{2}{\overset{H}{\underset{O\cdot_{M}\cdot O}{R\diagdown\underset{X}{\overset{R'}{C}}\diagup R}}} \longrightarrow \underset{3}{\overset{H\;R'}{\underset{O\;\;\;O}{R\diagdown\underset{}{C}\diagup R}}} \rightleftarrows \underset{4}{\overset{R'}{\underset{O\cdot_{H'}\cdot O}{R\diagdown\diagup R}}} \qquad (6.78)$$
$$+MX$$

Dipolare aprotonische Lösungsmittel, z. B. Dimethylformamid, sind deshalb für C-Alkylierungen von β-Dicarbonylverbindungen gut geeignet [5].

Ganz analoge Verhältnisse herrschen bei der Acylierung von β-Dicarbonylmetallchelaten (überwiegend C-Acylierung) [4, 6]. Auch vom Reagens her wird das Verhältnis von O- zu C-Substitution beeinflußt: „Weiche" Reagenzien ergeben vorzugsweise Substitution am „weichen" C-Atom des Enolats, „harte" Reagenzien vorzugsweise am „harten" O-Atom, vgl. hierzu die Ausführungen im Kapitel 2. Hier ist lediglich zuzufügen, daß das Enolatsystem in Chelaten von β-Dicarbonylverbindungen besonders weich und auch aus diesem Grunde besonders leicht am Kohlenstoffatom angreifbar ist. Sofern sterische Effekte den Aufbau eines Übergangszustandes vom Typ (6.78, 2) nicht erlauben, weicht die Reaktion in O-Substitution aus [7, 4].

Mit Alkaliamiden in flüssigem Ammoniak lassen sich β-Diketone in ihre α, α'-Dianionen überführen. Nach den Werten der Tabelle 6.45 ist das aus der Methylgruppe herrührende Pseudosäureanion um viele Zehnerpotenzen stärker basisch als das aus der Methylengruppe entstandene, stark mesomeriestabilisierte Anion. Säurechloride, Alkylhalogenide oder Kohlendioxid reagieren damit übereinstimmend praktisch ausschließlich an der Methylgruppe und führen zum unverzweigten Produkt [8].

$$CH_3-\underset{O}{C}-CH_2-\underset{O}{C}-CH_3 \xrightarrow{2\,NaNH_2} CH_3-\underset{\underset{Na}{O}}{C}\text{---}CH\text{---}\underset{\underset{Na}{O}}{C}\text{---}CH_2 \qquad (6.79)$$

$$\begin{array}{l} \xrightarrow{CO_2} CH_3-CO-CH_2-CO-CH_2-COOH \\ \xrightarrow{R-Br} CH_3-CO-CH_2-CO-CH_2-R \\ \xrightarrow{RCOCl} CH_3-CO-CH_2-CO-CH_2-CO-R \end{array}$$

[1] Vgl. [7] S. 323.
[2] BRÄNDSTRÖM, A.: Ark. Kemi **13**, 51 (1958).
[3] BRÄNDSTRÖM, A.: Ark. Kemi **7**, 81 (1954).
[4] Zusammenfassungen: BRÄNDSTRÖM, A.: Ark. Kemi **6**, 155 (1954); Svensk. kem. Tidskr. **73**, 93 (1961).
[5] ZAUGG, H. E., D. A. DUNNIGAN, R. J. MICHAELS, L. R. SWETT, T. S. WANG, A. H. SOMMERS u. R. W. DENET: J. org. Chemistry **26**, 644 (1961).
[6] MURDOCH, H. D., u. D. C. NONHEBEL: J. chem. Soc. [London] **1962**, 2153.
[7] Vgl. [3] S. 323.
[8] HAUSER, C. R., u. T. M. HARRIS: J. Amer. chem. Soc. **80**, 6360 (1958); Zusammenfassung: HARRIS, T. M., u. C. M. HARRIS: Org. Reactions **17**, 155 (1969).

6.5. Reaktionen der Carbonylgruppe mit Kryptobasen

6.5.1. Meerwein-Ponndorf-Verley-Oppenauer-Reaktion, Claisen-Tiščenko-Reaktion, Cannizzaro-Reaktion, Benzilsäureumlagerung

Die Reaktionen der Carbonylgruppe mit Kryptobasen (Gruppe C in Tabelle 6.3) schließen sich eng an das bisher Behandelte an, vor allem bestehen enge Beziehungen zu den Reaktionen, die über Chelatkomplexe ablaufen.

Betrachten wir nochmals eine Aldoladdition, die nach einem Chelatmechanismus formuliert sei:

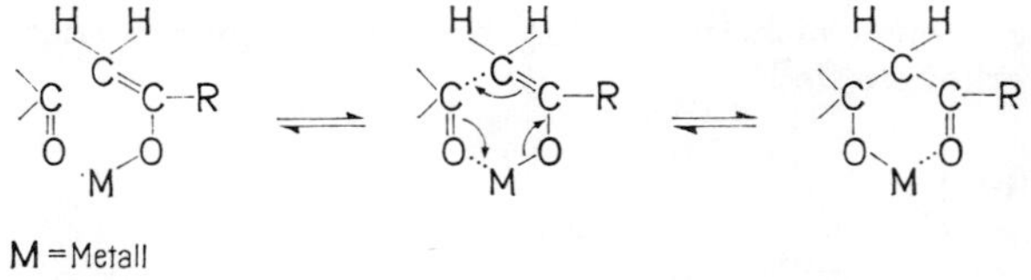

$$\tag{6.80}$$

M = Metall

bzw.

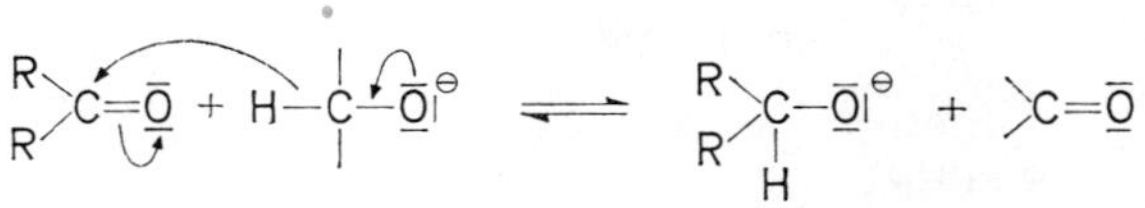

$$\tag{6.81}$$

Sieht man von der Knüpfung der neuen C—C-Bindung ab, so besteht das wesentliche Ergebnis der Reaktion (6.80) darin, daß eine Alkoholfunktion (im Enolat) in eine Carbonylgruppe übergeht, während auf der anderen Seite aus einer Carbonylgruppe ein sekundärer Alkohol gebildet wird. Die Aldoladdition ist also im Prinzip eine Redoxreaktion.

Während aber Aldoladditionen normalerweise nicht unter diesem Aspekt betrachtet werden, sind die Reaktionen vom Typ (6.81) zwischen Kryptobasen und Carbonylverbindungen sehr sinnfällig Redoxvorgänge.

So ist schon lange bekannt, daß Aldehyde oder Ketone durch Metallalkoholate reduziert werden können (MEERWEIN-PONNDORF-VERLEY-Reaktion) [1]. Umgekehrt lassen sich Alkohole in Form ihrer Alkaliverbindungen thermisch relativ leicht dehydrieren (GUERBET-Reaktion) oder noch besser als Aluminiumverbindungen durch Carbonylverbindungen oxydieren (OPPENAUER-Oxydation) [2]. Das oben formulierte Gleichgewicht (6.81) zwischen Carbonylverbindung und Alkohol (Carbonyl-Carbinolgleichgewicht) hat also allgemeine Bedeutung. Die Einstellung des Gleichgewichts erfolgt am besten an Aluminiumalkoxiden. Im Gegensatz zum

---

[1] Zusammenfassungen: WILDS, A. L.: Org. Reactions **2**, 178 (1944).
[2] DJERASSI, C.: Org. Reactions **6**, 207 (1951).

Natriumalkoholat sind Aluminiumalkoholate in organischen Lösungsmitteln löslich und ohne Zersetzung destillierbar. Sie liegen im allgemeinen als trimere oder tetramere homöopolar gebaute Verbindungen vor [1]. Die Alkoxygruppen sind aus dem gleichen Grunde ziemlich fest an das Aluminium gebunden und stehen nicht leicht als freie Anionen für Reaktionen zur Verfügung, das heißt, die Basizität der Verbindung liegt relativ niedrig. Übereinstimmend damit ist das Aluminiumalkoholat normalerweise nicht mehr in der Lage, Carbonylverbindungen in ihre Enolate überzuführen, es katalysiert also die Aldoladdition nicht mehr.

Andererseits besitzt das Aluminium im Alkoholat $Al(OR)_3$ nur ein Elektronensextett und deshalb die Fähigkeit, noch zwei weitere Elektronen aufzunehmen unter Ausbildung der stabilen Achterschale. Aluminiumalkoxide sind deshalb LEWIS-Säuren und infolge der hohen formalen Ladung des Zentralatoms „hart". Sie vermögen deshalb das schwach basische Sauerstoffatom von Carbonylverbindungen zu Komplexen anzulagern, die ganz den oben formulierten entsprechen. Der Redoxvorgang ist dem bei der Aldoladdition analog mit dem Unterschied, daß bei der MEERWEIN-PONNDORF-VERLEY-Reduktion die zum Carbonylkohlenstoff wandernden (reduzierenden) Elektronen nicht mit einem Kohlenstoffatom, sondern mit einem Wasserstoffatom verknüpft sind.

$$Al(OCHR'_2)_3 + R_2C=O \rightleftharpoons 2 \rightleftharpoons 3 \quad (6.82)$$

$R'' = CHR'_2$

Die Koordination der Carbonylverbindungen an das Aluminium verändert die jeweils an den einzelnen Atomen herrschende Elektronendichte: Das Carbonyl-Kohlenstoffatom wird stärker positiviert und somit additionsfähiger, das Aluminium negativiert, wodurch auf den Alkoxyrest ein größerer Elektronendruck entsteht, der ein Wasserstoffatom befähigt, mit den Bindungselektronen zum Carbonyl-Kohlenstoffatom zu wandern. Mit anderen Worten ist der gesamte Redoxvorgang eine bifunktionelle Katalyse: Die Komplexbildung mit der LEWIS-Säure garantiert die für die Reaktion richtige Anordnung und Entfernung der einzelnen Moleküle, so daß die aufeinander wirkenden Kräfte infolge der geringen Entfernung der beiden Partner groß sind und die Elektronen demzufolge leicht „umspringen" können. Die Richtung dieser Elektronenbewegung ist in (6.82) durch Pfeile symbolisiert worden.

Die vom klassischen Standpunkt her ungewohnte Formulierung einer Reaktion als durch ein Wasserstoffanion bedingt, ist trotzdem durchaus plausibel. Insbesondere kann eine Wanderung des Wasserstoffs als Proton mit Sicherheit ausgeschlossen werden, weil dann bei einer Reaktion in einem Alkohol ROD Deuterium ausgetauscht

---

[1] SHINER, V. J., D. WHITTAKER u. V. P. FERNANDEZ: J. Amer. chem. Soc. **85**, 2318 (1963); Zusammenfassung: PENKOS, R.: Usp. Chim. **37**, 647 (1968).

werden müßte, was nicht geschieht [1]. Entsprechend enthält der entstehende Alkohol dagegen Deuterium in α-Stellung, wenn als Reduktionsmittel deuteriertes Isopropanol $(CH_3)_2CD-OH$ angewandt wird [2].
Wie sich aus NMR-Spektren ergibt, wird das Addukt (6.82, 2) in einem schnellen vorgelagerten Gleichgewicht gebildet [3], wobei trimeres Aluminiumalkoxid bedeutend schneller reagiert als die entsprechende tetramere Spezies [4]. Die Hydridübertragung ist normalerweise geschwindigkeitsbestimmend, wie durch einen kinetischen H/D-Isotopeneffekt bewiesen wird (Benzophenon/Aluminiumisopropylat bei 100°C: $k_H/k_D = 1{,}8$; Benzaldehyd/Aluminiumisopropylat bei 100°C: $k_H/k_D = 1{,}9$) [5]. Dieser Wert ist gegenüber dem maximalen Wert für Protonenübertragungen (k_H/k_D etwa 7) klein; er wird als typisch angesehen für Übergangszustände, die gewinkelt sind, so daß er als zusätzlicher Hinweis auf einen cyclischen Übergangszustand herangezogen werden kann [6].
Es muß betont werden, daß in keiner Reaktionsphase freie Hydridionen auftreten, sondern es muß ein cyclischer Übergangszustand angenommen werden. Dafür sprechen die stark negativen Aktivierungsentropien der Reaktion, z. B. bei der Reduktion von Benzophenon mit Aluminium-isopropylat $\Delta S^{\neq} = -31$ cal/grd · mol [7]. Von besonderer Beweiskraft ist jedoch die Tatsache, daß optisch aktive Ketone zu optisch aktiven Reduktionsprodukten führen, was ohne eine relativ starre Anordnung des Übergangszustandes schwer verständlich wäre [8] (vgl. auch Abschn. 6.5.3.).
Die MEERWEIN-PONNDORF-VERLEY-Reaktion stellt im Grunde eine normale nucleophile Addition einer Base an das Carbonyl-Kohlenstoffatom dar. Demzufolge steigt die Reaktionsgeschwindigkeit und Ausbeute an, wenn $-I-$ bzw. $-M$-Substituenten die Elektrophilie der Carbonylgruppe erhöhen. Übereinstimmend damit werden positive Reaktionskonstanten für Reaktionsserien substituierter Ketone gefunden. z. B. für Arylacetophenone $\varrho = 1.66$ [9]. Dieser relativ kleine Wert ist ebenfalls gut mit einem cyclischen Übergangszustand d. h. bifunktioneller Katalyse vereinbar. Umgekehrt erleichtern $+I$-Substituenten im Alkoxylrest des Aluminiumalkoholats die Ablösung des Wasserstoffatoms mit den Bindungselektronen. Aus diesem Grunde ist Aluminiumisopropylat ein besonders wirksames Reduktionsmittel.

---

[1] REKAŠEVA, A. F., u. G. P. MIKLUCHIN: Ž. obšč. Chim. **24**, 106 (1954).
[2] WILLIAMS, E. D., K. A. KRIEGER u. A. R. DAY: J. Amer. chem. Soc. **75**, 2404 (1953); DOERING, W. V. E., u. T. C. ASCHNER: J. Amer. chem. Soc. **75**, 393 (1953).
[3] SHINER, V. J., u. D. WHITTAKER: J. Amer. chem. Soc. **85**, 2337 (1963).
[4] SHINER, V. J., u. D. WHITTAKER: J. Amer. chem. Soc. **91**, 394 (1969).
[5] DAR'EVA, E. P., G. P. MIKLUCHIN u. A. F. REKAŠEVA: Ž. obšč. Chim. **29**, 269 (1959).
[6] HAWTHORNE, M. F., u. E. S. LEWIS: J. Amer. chem. Soc. **80**, 4296 (1958). SAUNDERS, W. H., in: Techniques of Organic Chemistry, Vol. VIII, Part I, Interscience Publishers, New York/London 1961, S. 389.
[7] MOULTON, W. N., R. E. VAN ATTA u. R. R. RUCH: J. org. Chemistry **26**, 290 (1961).
[8] YAMASHITA, S.: J. organometallic Chem. [Amsterdam] **11**, 377 (1968). STREITWIESER, A., J. R. WOLFE u. W. D. SCHAEFFER: Tetrahedron [London] **6**, 340 (1959); vgl. aber MOSHER, H. S., u. Mitarb.: J. org. Chemistry **29**, 37 (1964), Fußnote 7); DOERING, W. V. E., u. R. W. YOUNG: J. Amer. chem. Soc. **72**, 631 (1950); JACKMAN, L. M., A. K. MACBETH u. J. A. MILLS: J. chem. Soc. [London] **1949**, 2641.
[9] YAGER, B. J., u. C. K. HANCOCK: J. org. Chemistry **30**, 1174 (1965); PICKART, D. E., u. C. K. HANCOCK: J. Amer. chem. Soc. **77**, 4642 (1955).

Die Tendenz zur Komplexbildung und damit das Ausmaß, in dem die Carbonylgruppe polarisiert wird, steigt mit der Elektronenaffinität des Metalls an, so daß Aluminiumalkoholate stärker wirksam sind als Borsäureester oder Magnesiumalkoholate. Eine gewisse Steigerung der Komplexbildungstendenz läßt sich außerdem durch Einbau elektronenaffiner (−I−)-Substituenten erzielen, wie z. B. Halogen im Magnesium-chloralkoholat Cl—Mg—OR [1].

Die MEERWEIN-PONNDORF-VERLEY-Reaktion ist wie viele Carbonylreaktionen reversibel und führt zu einem Gleichgewicht. Die entstehende Carbonylverbindung (Aceton bei Einsatz von Aluminiumisopropylat) muß also laufend entfernt werden.

Umgekehrt läßt sich die gleiche Reaktion natürlich auch zur Oxydation eines Alkohols ausnützen, wenn man ein Keton mit möglichst hohem Oxydationspotential verwendet, z. B. Chinon oder Cyclohexanon (OPPENAUER-Oxydation) [2]. Das Aluminium wird in diesem Falle am besten in Form von Aluminium-tert.-butylat in die Reaktion eingebracht, weil tert.-Butanol unter den Bedingungen der Reaktion selbst nicht oxydierbar ist.

Die Basizität der Aluminiumalkoxide ist im allgemeinen zu gering, um die Carbonylverbindungen enolisieren zu können. In sterisch wenig anspruchsvollen Aluminiumalkoxiden ist jedoch noch eine gewisse Nucleophilie vorhanden, so daß eine Alkoxylgruppe auf die besonders aktive Carbonylgruppe des Komplexes aus einem Aldehyd und dem Aluminiumalkoxid übertragen werden kann (6.83). In dem so entstehenden Komplex (6.83, 2) bestehen nun dieselben Bedingungen für die Wanderung eines Wasserstoffatoms mit den beiden Bindungselektronen wie bei der MEERWEIN-PONNDORF-VERLEY-Reduktion. Ein Addukt von Aluminium-tert.-butylat und Chloral ließ sich bei der Reaktion von Trichloracetaldehyd mit Aluminium-tert.-butylat fassen [3].

Die Reaktion ist jeweils erster Ordnung bezüglich Aldehyd und Aluminiumalkoholat, und es wird angenommen, daß der Schritt 1 → 2 geschwindigkeitsbestimmend ist [4].

$$\text{(6.83)}$$

1 2 3 4

Im Ergebnis sind zwei Moleküle des Aldehyds in die jeweils höhere bzw. tiefere Oxydationsstufe umgewandelt worden, einen primären Alkohol bzw. einen Carbonsäureester, während andererseits das Aluminiumalkoxid durch den gebildeten Alkohol regeneriert wird. Man sieht leicht ein, daß zweckmäßigerweise der Alkohol verwendet wird, der dem in der Reaktion entstehenden entspricht.

---

[1] GÁL, G., G. TOKAR u. I. SIMONYI: Magyar Kém. Folyóirat **61**, 268 (1955); Acta chim. Acad. Sci. Hung. 8, 163 (1955).
[2] Vgl. [2] S. 325.
[3] SAEGUSA, T., T. UESHIMA, K. KAUCHI u. S. KITAGAWA: J. org. Chemistry **33**, 3657 (1968).
[4] OGATA, Y., A. KAWASAKI u. I. KISHI: Tetrahedron [London] **23**, 825 (1967).

Die formulierte Disproportionierung (CLAISEN-TIŠČENKO-Reaktion) ist sehr wichtig; sie wird in der Technik zur Darstellung von Essigester aus Acetaldehyd verwendet.

Tab. 6.84
Basizität des Metallalkoholats und Reaktionsweg beim Umsatz mit n-Butyraldehyd[1])

Metallalkoholat	Basizität	% Ester (I)	% Glykolester (II)
$NaOC_2H_5$	stark	0	0 (88,5% Aldol III)
$Ca(OC_2H_5)_2$	mittelstark	6,8	50,3
$Mg(OC_2H_5)_2$	mittelstark	7,1	32,1
$Al(OC_2H_5)_3$	schwach	81,6	0

I = CH$_3$−CH$_2$−CH$_2$−CO−O−CH$_2$−CH$_2$−CH$_2$−CH$_3$ (CLAISEN-TIŠČENKO-Produkt)

II = CH$_3$−CH$_2$−CH$_2$−CO−O−CH$_2$−CH−CHOH−CH$_2$−CH$_2$−CH$_3$ (Aldolisierung +
                                               | CLAISEN-TIŠČENKO-
                                              CH$_2$−CH$_3$ Reaktion)

III = CH$_3$−CH$_2$−CH$_2$−CH−CH−CH=O   (Aldolisierungsprodukt)
                               | |
                              OH CH$_2$−CH$_3$

[1]) VILLANI, F. J., u. F. F. NORD: J. Amer. chem. Soc. 69, 2605 (1947).

Das Ergebnis solcher Carbonyl-Carbinolreaktionen hängt sehr empfindlich von der Basizität des verwendeten Metallalkoholats ab. Die Verhältnisse am n-Butyraldehyd gibt Tabelle 6.84 wieder. Das stark basische Natriumäthylat führt n-Butyraldehyd ausschließlich in das Aldoladdukt, 2-Äthyl-3-hydroxy-hexanal über. Auch die mittelstarken Basen Magnesiumäthylat bzw. Calciumäthylat bewirken zunächst in erster Linie Aldoladdition zum gleichen Produkt, daneben jedoch bereits eine untergeordnete CLAISEN-TIŠČENKO-Disproportionierung zum Buttersäurebutylester. Im weiteren Verlauf wird auch das 2-Äthyl-3-hydroxy-hexanal durch noch anwesenden Butyraldehyd im Sinne einer CLAISEN-TIŠČENKO-Reaktion zum Glykolester umgewandelt, wobei es ausschließlich die Alkoholkomponente des Esters stellt, weil eine Anlagerung von Butylatanion an den verzweigten Aldehyd räumlich weniger günstig ist als an den unverzweigten Butyraldehyd.[1])

Das nur schwach basische Aluminiumäthylat vermag keine Aldoladdition mehr zu katalysieren und führt ausschließlich zum CLAISEN-TIŠČENKO-Ester.

Die Tatsache, daß die CLAISEN-TIŠČENKO-Reaktion nur mit schwachen Basen eintritt, hat eine praktisch wichtige Folgerung: Auch der Aldoladdition so leicht zugängliche Aldehyde wie Acetaldehyd können glatt in Gegenwart von Aluminiumalkoholat in den Ester überführt werden, während die Aldoladdition erst durch stärkere Basen katalysiert wird.

In prinzipiell gleicher Weise wie die CLAISEN-TIŠČENKO-Reaktion läuft auch die CANNIZZARO-Reaktion ab, bei der lediglich das Metallalkoholat durch wäßrige Basen ersetzt ist, so daß direkt eine Carbonsäure und ein Alkohol entstehen.

---

[1]) α-substituierte Aldehyde sind generell nicht mehr reaktionsfähig genug, um in Gegenwart mittelstarker Basen noch zum Aldoladdukt reagieren zu können. Die CLAISEN-TIŠČENKO-Reaktion läuft in diesem Falle praktisch ausschließlich ab.

Auch hier sind es wieder die **schwächeren** Basen, die besonders gut wirken, weil bei ihnen die Tendenz zur Ausbildung einer homöopolaren Bindung zwischen Metall und Sauerstoff größer ist als bei den vollständig dissoziierten starken Basen [1]:

$Ca(OH)_2 > TlOH > Ba(OH)_2 > LiOH > NaOH > KOH > (CH_3)_4N-OH$ (in Wasser).

Es wurde jedoch auch die Reihenfolge gefunden [2]:

$CsOH > RbOH > KOH > NaOH > LiOH$ (in CH_3OH/Wasser 50/50).

Die Bedeutung des Metalls als Komplexbildner geht daraus hervor, daß ein Zusatz des gleichen Metallkations in Form eines Salzes die Wirkung des betreffenden Hydroxids steigert [1]. Außerdem drängen organische Lösungsmittel niedriger Dielektrizitätskonstante wie Dioxan oder Tetrahydrofuran die Dissoziation des Metallhydroxids zurück und führen deshalb zu besserer Komplexbildung mit dem betreffenden Aldehyd, dessen Disproportionierung in Wasser-Dioxan- oder Wasser-Tetrahydrofuranmischungen schneller abläuft [1]. Umgekehrt hemmen Methanol oder Äthanol die Reaktion, weil sie als Komplexbildner mit dem Aldehyd um das Metallkation konkurrieren [1]. Der kinetische Verlauf der CANNIZZARO-Reaktion ist in einer Reihe von Fällen ermittelt worden. Dabei wurde neben der nach (6.83) zu erwartenden dritten Ordnung (Geschwindigkeit proportional dem Quadrat der Aldehydkonzentration und der Basenkonzentration) häufig eine vierte Ordnung gefunden (Geschwindigkeit proportional dem Quadrat der Aldehydkonzentration und dem Quadrat der Basenkonzentration) [3]. Diese letzte Tatsache legt es nahe, den Übergangszustand für die CANNIZZARO-Reaktion in der folgenden Weise zu formulieren:

$$\underset{\substack{H \\ R-C-O \\ O-M \\ O \\ H}}{\overset{H}{\underset{M}{\overset{R}{C-OH}}}} \longrightarrow R-CH_2 + \underset{O}{\overset{R}{C-OH}} \longrightarrow \begin{array}{c} RCH_2OH \\ + \\ RCOO^\ominus \end{array} \quad (6.85)$$

Es sind dann zwei Ringstrukturen ineinandergeschachtelt, und das zweite Mol der Base wird durch den Chelatkomplex in eine für die Addition der Hydroxylgruppe an die Carbonylgruppe besonders günstige Lage und Entfernung gebracht.

Die Halbacetalstruktur liegt beim Formaldehyd praktisch von vornherein vor, da dieser in wäßriger Lösung weitgehend als Hydrat existiert. In gemischten CANNIZZARO-Reaktionen („gekreuzten CANNIZZARO-Reaktionen") zwischen einem höheren Aldehyd und Formaldehyd, stellt aus diesem Grunde der Formaldehyd das Reduktionsmittel dar, und es wird praktisch ausschließlich der höhere Alkohol und Ameisensäure gebildet.

Im übrigen ergaben sich ganz ähnliche Befunde wie bei der eng verwandten MEERWEIN-PONNDORF-VERLEY-Reaktion: Die Reaktion verläuft in D_2O ohne Einbau von

---

[1] PFEIL, E.: Chem. Ber. **84**, 229 (1951).
[2] LUTHER, D., u. H. KOCH: Chem. Ber. **99**, 2227 (1966).
[3] GEIB, K. H.: Z. physik. Chem. **169 A**, 41 (1934) (Furfurol); v. EULER, H., u. T. LÖVGREN: Z. anorg. Chem. **147**, 123 (1925); MARTIN, H. J. L.: Austral. J. Chem. **7**, 335 (1954) (Formaldehyd); ŠILOV, E. A., u. G. I. KUDRJAVTSEV: Doklady Akad. Nauk SSSR **63**, 681 (1948) (Benzaldehyd-m-sulfonsäure).

Deuterium, so daß die Wanderung eines Protons ausgeschlossen ist [1]; es wurden kinetische Isotopeneffekte k_H/k_D 1,4 bis 1,8 (100°C) [2] gefunden, deren kleine Werte für einen cyclischen Übergangszustand sprechen (vgl. S. 327); elektronenanziehende Substituenten im Aldehyd steigern die Reaktionsgeschwindigkeit stark [3], und für kernsubstituierte Benzaldehyde ergibt sich bei 50°C $\varrho^+ = 2{,}58$ (50%iges Methanol/Wasser [4].

Auch der kinetische Isotopeneffekt k_{12C}/k_{14C} steht mit dem formulierten Mechanismus in Einklang und schließt insbesondere einen Verlauf über einen intermediär entstehenden Ester $R-COOCH_2R$ aus [5].

Es muß jedoch festgestellt werden, daß ein cyclischer Mechanismus (6.85) nicht definitiv bewiesen ist, und die einzelnen Schritte in (6.85) müssen nicht unbedingt gleichzeitig erfolgen.

Da in der CANNIZZARO-Reaktion im Gegensatz zur CLAISEN-TIŠČENKO-Reaktion normalerweise starke Basen (KOH, NaOH) verwendet werden[1]), lassen sich nur solche Aldehyde erfolgreich umsetzen, die nicht oder nur schwer einer Aldolkondensation unterliegen können, weil diese schneller ablaufen würde. Die CANNIZZARO-Reaktion ist deshalb in erster Linie auf aromatische Aldehyde, aliphatische Aldehyde mit tertiärem α-Kohlenstoffatom sowie auf den Formaldehyd beschränkt.

Eine intramolekulare CANNIZZARO-Reaktion tritt leicht bei α-Dialdehyden bzw. bei α-Ketoaldehyden ein, z. B. beim Phenylglyoxal (6.86). Die Reaktion ist jeweils erster Ordnung bezüglich Ketoaldehyd und Metallhydroxid [6]. Daß ein Wasserstoffanion wandert und nicht die Phenylgruppe, ließ sich durch Einbau von Deuterium in die Aldehydgruppe [1 c, 7] bzw. ^{14}C an derin (6.86) durch ein Sternchen gekennzeichneten Stelle beweisen [8].

M = Metall

[1 a] FREDENHAGEN, K., u. K. F. BONHOEFFER: Naturwissenschaften **25**, 459 (1937); Z. physik. Chem. **181 A**, 379 (1938).
[1 b] HAUSER, C. R., P. J. HAMRICK u. A. T. STEWART: J. org. Chemistry **21**, 260 (1956).
[1 c] DOERING, W. v. E., T. J. TAYLOR u. E. F. SCHOENEWALDT: J. Amer. chem. Soc. **70**, 455 (1948).
[2] WIBERG, K. B.: J. Amer. chem. Soc. **76**, 5371 (1954); MIKLUCHIN, G. P., u. A. F. REKAŠEVA: Ž. obšč. Chim. **25**, 1 146 (1955).
[3] MOLT, E. L.: Recueil Trav. chim. Pays-Bas **56**, 233 (1937); EITEL, A., u. G. LOCK: Mh. Chem. **72**, 392 (1939).
[4] LUTHER, D.: Dissertation, Techn. Hochschule Chem. Leuna-Merseburg 1965.
[5] Vgl. [2] S. 330.
[6] ALEXANDER, E. R.: J. Amer. chem. Soc. **69**, 289 (1947); HINE, J., u. G. F. KOSER: J. org. Chemistry **36**, 3 591 (1971).
[7] HEYNS, K., W. WALTER u. H. SCHARMANN: Chem. Ber. **93**, 2 057 (1960).
[8] NEVILLE, O. K.: J. Amer. chem. Soc. **70**, 3499 (1948).

[1]) Nach den Ergebnissen von E. PFEIL, s. o., ist es fraglich, ob diese konventionellen Bedingungen optimal sind.

Übereinstimmend damit führt die Reaktion in D_2O nicht zu einer am β-Kohlenstoffatom deuterierten Hydroxysäure, das heißt, der reduzierende Wasserstoff kann nicht aus dem Lösungsmittel stammen [1]. Bei der Reaktion von Glyoxal ergab sich ein erheblicher Anstieg der Reaktionsgeschwindigkeit in der Reihenfolge der Kationen $Li^\oplus < Ba^{2\oplus} < Tl^{2\oplus} < Ca^{2\oplus}$, so daß der formulierte Chelatmechanismus gestützt wird [2].

Eng verwandt mit der intramolekularen CANNIZZARO-Reaktion ist die Benzilsäureumlagerung (6.87) [3]. Auch in diesem Falle bildet sich das umlagerungsfähige Zwischenprodukt erst durch Anlagerung von $HO^\ominus$ (bzw. $RO^\ominus$, vgl. unten). Da die basenkatalysierte Isotopenaustauschreaktion mit $^{18}OH^\ominus$, die über die gleiche Addition abläuft, viel schneller ist als die Gesamtgeschwindigkeit der Umlagerung, muß das Zwischenprodukt in einem schnellen Vorgleichgewicht entstehen [4].

Übereinstimmend damit erhält man mit $OD^\ominus/D_2O$ eine schnellere Reaktion als mit $OH^\ominus/H_2O$ ($k_{H_2O}/k_{D_2O} = 0{,}55$) [5], was nucleophile Katalyse ausschließt, für die ein Wert >1 zu erwarten wäre, dagegen mit einer günstigeren Gleichgewichtslage der Addition erklärbar ist, die auf der höheren Basizität von $DO^\ominus$ beruht. Entsprechend wird eine erste Reaktionsordnung bezüglich des Diketons und $OR^\ominus$ gefunden, die beide im Addukt 2 enthalten sind [6]. Da ein Wasserstoffatom als inneres Reduktionsmittel nicht verfügbar ist, wandert eine Phenylgruppe mit den Bindungselektronen und „reduziert" die Carbonylfunktion. Die Gesamtreaktion ist irreversibel 7].

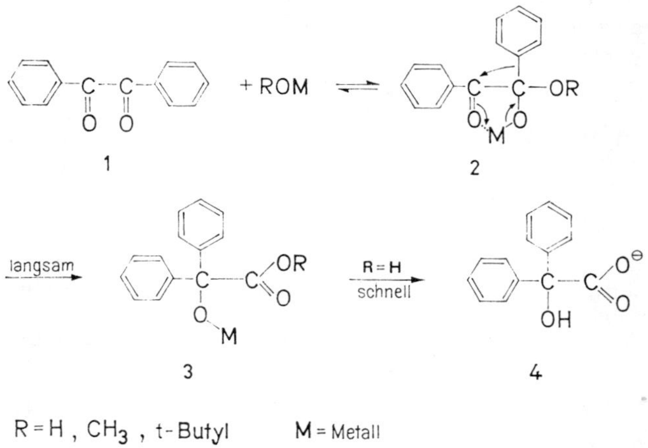

$R = H$, CH_3, t-Butyl M = Metall

(6.87)

---

[1] Vgl. [1 c] S. 331.
[2] O'MEARA, D., u. G. N. RICHARDS: J. chem. Soc. [London] **1960**, 1944.
[3] Zusammenfassungen: SHEMYAKIN, M. M., u. L. A. SHIHUKINA: Quart. Rev. (chem. Soc., London) **10**, 261 (1956); SELMAN, S., u. J. F. EASTHAM: Quart. Rev. (chem. Soc., London) **14**, 221 (1960).
[4] ROBERTS, I., u. H. C. UREY: J. Amer. chem. Soc. **60**, 880 (1938).
[5] HINE, J., u. H. W. HAWORTH: J. Amer. chem. Soc. **80**, 2274 (1958).
[6] WESTHEIMER, F. H.: J. Amer. chem. Soc. **58**, 2209 (1936).
[7] EASTHAM, J. F., u. S. SELMAN: J. org. Chemistry **26**, 293 (1961).

6.5.1. Meerwein-Ponndorf-Verley-Oppenauer-Claisen-Tiščenko-Cannizzaro-Rk.

Eine geschwindigkeitsbestimmende Umprotonierung 3 → 4 ist von vornherein unwahrscheinlich, weil Diffusionskontrolle zu erwarten ist, und wird außerdem dadurch widerlegt, daß die Benzilsäureumlagerung auch mit Methylat oder tert.-Butylat mit guten Ausbeuten durchführbar ist [1]. Alkalisalze leicht oxydierbarer Alkohole versagen, da sie oxydiert werden.

Das Metallkation beeinflußt die Reaktionsgeschwindigkeit ($Li^\oplus > Na^\oplus > K^\oplus \approx Cs^\oplus > Me_4N^\oplus$), so daß der formulierte Chelatmechanismus plausibel ist [2].

Der Mechanismus (6.87) läßt voraussehen, welcher Rest bei der Umlagerung unsymmetrischer Benzilderivate bevorzugt wandert: Trägt einer der Phenylreste einen —I- oder —M-Substituenten, so erhöht sich die Nucleophilie des benachbarten Carbonyl-Kohlenstoffatoms, und das Hydroxylion bzw. Alkoxylion lagert sich deshalb bevorzugt an dieser Stelle an und verdrängt den betreffenden substituierten Phenylrest. Es wandert also der stärker negativierte Phenylrest (vgl. Tab. 6.88). Analog wandert in $PhCH_2-CO-CO-CONH_2$ bzw. $PhCH_2-CO-CO-COOR$ die Gruppe $CONH_2$ bzw. $COOR$ [3]. Das ist bemerkenswert, weil bei anderen Umlagerungen (vgl. Kap. 8.) die Verhältnisse gerade umgekehrt liegen. Der Substituenteneinfluß ist allerdings gering, wie der in Tabelle 6.88 mit angeführte ϱ-Wert zeigt. Das beruht sicher auf dem entgegengesetzten Einfluß des Substituenten auf Additions- und Umlagerungsschritt.

Tabelle 6.88
Relative Wanderungsgeschwindigkeiten substituierter Phenylreste bei der Benzilsäureumlagerung[1])

$\varrho = +0{,}14$

X	k_{rel}	X	k_{rel}
H	1,0	4-F	0,96
4-Me	0,5	3-F	2,7
4-MeO	0,4	4-Cl	1,8
		3-Cl	3,7

[1]) SMITH, G. G,. u. G. O. LARSON: J. Amer. chem. Soc. 82, 99 (1960).

Die Benzilsäureumlagerung leitet zu den GRIGNARD-Reaktionen über, bei denen ebenfalls Alkyl- oder Arylanionen die Funktion des Reduktionsmittels übernehmen.

[1] DOERING, W. v. E., u. R. S. URBAN: J. Amer. chem. Soc. 78, 5938 (1956).
[2] PUTERBAUGH, W. H., u. W. S. GAUGH: J. org. Chemistry 26, 3513 (1961).
[3] DAHN, H., M. BALLENEGGER u. H.-P. SCHLUNKE: Chimia [Aarau, Schweiz] 18, 59 (1964).

6.5.2. Grignard-Reaktionen [1]

Die Entstehung von GRIGNARD-Verbindungen wird in Lehrbüchern stark vereinfacht formuliert: $R-X + Mg \rightarrow R-Mg-X$ (X = Halogen). Es handelt sich um eine Reaktion an der Oberfläche des Magnesiums, für die man einen radikalischen Verlauf annimmt [2]. Optisch aktive Alkylhalogenide gehen deshalb in racemische GRIGNARD-Verbindungen über [3], wenn auch die Darstellung von optisch aktiven GRIGNARD-Verbindungen mit geringen optischen Ausbeuten und Reinheiten gelang. Analog entsteht aus exo- und endo-Norbornylchlorid ein GRIGNARD-Reagens gleicher Zusammensetzung (54% endo, 46% exo) [4]. Der als Lösungsmittel angewandte Äther spielt eine wichtige Rolle, indem er das GRIGNARD-Reagens solvatisiert und dadurch von der Oberfläche ablöst.

Die Struktur der GRIGNARD-Verbindungen ist noch nicht vollständig geklärt, und wohl auch gar nicht mit einer einzigen Formel erfaßbar. Nach dem jetzigen Stand unserer Kenntnisse liegen bei GRIGNARD-Verbindungen in Lösung die folgenden Gleichgewichte vor:

$$R_2Mg + MgX_2 \rightleftharpoons \underset{1}{R_2Mg{\cdot}{\cdot}{\cdot}MgX_2} \rightleftharpoons \underset{2}{R-Mg{\cdot}{\cdot}{\cdot}MgX-R} \rightleftharpoons 2R-Mg-X \qquad (6.89)$$

Übereinstimmend damit entsteht Äthylmagnesiumbromid $Et-Mg-Br$ momentan und exotherm beim Mischen äquimolarer Mengen Diäthylmagnesium Et_2Mg und Magnesiumbromid in Äther, wobei das Gleichgewicht (6.89) unter diesen Bedingungen weit auf der rechten Seite liegt [5]. Die Kernresonanzspektren zeigen praktisch keinen Unterschied für Mischungen von $R_2Mg + MgX_2$ bzw. für $R-Mg-X$ [6].

[1a] Zusammenfassungen: KHARASCH, M. S., O. REINMUTH: Grignard Reactions of Nonmetallic Substances, Prentic/Hall International, London 1954.
[1b] ROCHOW, E. G., D. T. HURD u. R. N. LEWIS: The Chemistry of Organometallic Compounds, John Wiley & Sons, Inc., New York 1957.
[1c] COATES, G. E.: Organometallic Compounds, Methuen & Co., Ltd., London 1960; Principles of Organometallic Chemistry, Methuen & Co., Ltd., London 1968.
[1d] WAKEFIELD, B. J., in: Organometallic Chemistry Reviews **1**, 131 (1966); Usp. Chim. **37**, 36 (1968).
[1e] DESSY, R. E., u. W. KITCHING: Advances in Organometallic Chemistry, Vol. 4, Academic Press, New York/London 1966, S. 280.
[1f] ASHBY, E. C.: Quart. Rev. (chem. Soc., London) **21**, 259 (1967).
[1g] EBEL, H. F.: Fortschr. chem. Forsch. **12**, 387 (1969). (Einordnung der GRIGNARD-Verbindungen in den Gesamtbereich alkali- und erdalkali-organischer Verbindungen.)
[2] PAL'M, V. A., u. M. P. CHYRAK: Doklady Akad. Nauk SSSR **130**, 1260 (1960); WALBORSKY, H. M., u. A. E. YOUNG: J. Amer. chem. Soc. **86**, 3288 (1964); BODEWITZ, H. W. H. J., C. BLOMBERG u. F. BICKELHAUPT: Tetrahedron Letters [London] **1972**, 281.
[3] GOERING, H. L., u. F. H. McCARRON: J. Amer. chem. Soc. **80**, 2287 (1958).
[4] KRIEGHOFF, N. G., u. D. O. COWAN: J. Amer. chem. Soc. **88**, 1322 (1966).
[5] SMITH, M. B., u. W. E. BECKER: Tetrahedron Letters [London] **1965**, 3843; Tetrahedron [London] **22**, 3027 (1966).
[6] ROOS, H., u. W. ZEIL: Ber. Bunsenges. physik. Chem. **67**, 28 (1963).

Schließlich tauschen $Et^{24}MgBr$ und $Et_2{}^{25}Mg$ das Magnesiumisotop in Äther bei Raumtemperatur innerhalb 90 Minuten vollständig aus [1]. In (6.89) wurde die Rolle des Lösungsmittels vernachlässigt, das in Wirklichkeit eine äußerst wichtige Rolle spielt. Da das Magnesium in den formulierten Verbindungen nicht über Elektronenoktette verfügt und damit Eigenschaften einer LEWIS-Säure hat, werden basische Lösungsmittel — in der Praxis im allgemeinen Äther — koordiniert unter Bildung relativ stabiler Di-ätherate (6.90, 1), in denen das Magnesium tetraedrische Struktur hat [2]. Analog werden auch die anderen Verbindungen in (6.89) solvatisiert, wobei auch oktaedrische Strukturen möglich sind (3).

$$\underset{1}{\underset{R\diagdown O\diagup R}{\overset{R\diagdown O\diagup R}{R-Mg-X}}} \quad \underset{2}{\underset{R\diagdown O\diagup R}{\overset{R\diagdown O\diagup R}{Mg\underset{X}{\overset{X}{\diagup\diagdown}}Mg}}} \quad \underset{3}{\underset{R\diagdown X\diagup OR_2}{\overset{R\diagdown X\diagup OR_2}{Mg\underset{X}{\overset{X}{\diagup\diagdown}}Mg\diagdown OR_2}}} \qquad (6.90)$$

Die Solvatisierung hat einen starken Einfluß auf die Lage der Gleichgewichte (6.89).

Äthylmagnesiumbromid oder -jodid liegen in Diäthyläther oder Tetrahydrofuran bei Konzentrationen <0,1 mol/Liter monomer vor, Äthylmagnesiumchlorid dagegen in Äther dimer, in Tetrahydrofuran monomer [3]. Die Solvatation nimmt mit sinkender Basizität der Äther ab [4]. Durch Zusatz von Dioxan zu Ätherlösungen von GRIGNARD-Verbindungen wird das im Gleichgewicht in geringer Menge vorhandene MgX_2 ausgefällt und dadurch das Gleichgewicht (6.89) verschoben, so daß schließlich reines solvatisiertes R_2Mg in Lösung bleibt [5]. Monomere GRIGNARD-Verbindungen sind um so stärker bevorzugt, je niedriger die Konzentration ist und je bessere Elektronendonatoreigenschaften der als Lösungsmittel fungierende Äther besitzt [3b].

Darüber hinaus hängt die Struktur der GRIGNARD-Reagenzien vom Halogenatom, von der Natur des Substituenten R ab; ArMgX-Verbindungen sind stärker assoziiert als Alkyl-MgX.

Stark basische Äther, z. B. Tetrahydrofuran, ergeben stabilere Ätherate [b] und gestatten die Darstellung von GRIGNARD-Verbindungen, die in Äther nur schwer erhältlich sind, können aber für die weitere Reaktion der GRIGNARD-Verbindungen ungünstig sein, weil sie durch das angreifende Reagens wieder verdrängt werden müssen.

Aus diesem Grunde reagieren Verbindungen mit „aktivem" Wasserstoff (R—O—H, R_2N—H, R—C≡C—H, β-Dicarbonylverbindungen) mit GRIGNARD-Verbindungen

[1] COWAN, D. O., J. HSU u. J. D. ROBERTS: J. org. Chemistry **29**, 3688 (1964).
[2a] RUNDLE, R. E., u. Mitarb.: J. Amer. chem. Soc. **85**, 1002 (1963); **86**, 4825, 5344 (1964).
[2b] VINK, P., C. BLOMBERG, A. D. VREUGDENHIL u. F. BICKELHAUPT: Tetrahedron Letters [London] **1966**, 6419.
[3a] VREUGDENHIL, A. D., u. C. BLOMBERG: Receueil Trav. chim. Pays-Bas **82**, 453, 461 (1963).
[3b] ASHBY, E. C., u. Mitarb.: J. Amer. chem. Soc. **86**, 4364 (1964); **91**, 3845 (1969).
[4] HAMELIN, R., u. Mitarb.: C. R. hebd. Séances Acad. Sci. **251**, 2990 (1960); Bull. Soc. chim. France **1961**, 684, 692.
[5] STROHMEIER, W., u. F. SEIFERT: Chem. Ber. **94**, 2356 (1961).

nicht deshalb, weil sie Säuren, sondern weil sie LEWIS-Basen sind und ein Molekül des Solvatäthers aus der GRIGNARD-Verbindung verdrängen können. Über einen Vierringübergangszustand oder ein entsprechendes Addukt entsteht schließlich der dem GRIGNARD-Reagens R—MgX entsprechende Kohlenwasserstoff und die MgX-Verbindung der Säure bzw. Pseudosäure (6.91), (6.92). Am besten sind die Reaktionen mit Alkinen untersucht. Die Reaktion ist normalerweise je erster Ordnung bezüglich GRIGNARD-Verbindung mit Alkin [1]. Da ein primärer kinetischer H/D-Isotopeneffekt auftritt (für EtMgBr und $D_{(1)}$-Hexin-(1) $k_H/k_D = 4{,}35$ [2]) und eine negative Reaktionskonstante bezüglich RMgX gefunden wurde (1-Hexin mit Ar—MgBr $\varrho = -2{,}5$ [3]), muß der zweite Schritt (6.91) geschwindigkeitsbestimmend sein. Das vorgelagerte Gleichgewicht kommt dadurch zum Ausdruck, daß die Geschwindigkeit mit steigender Basizität des Solvatäthers abnimmt [4], das heißt mit steigender Schwierigkeit, diesen durch das Alkin zu verdrängen.

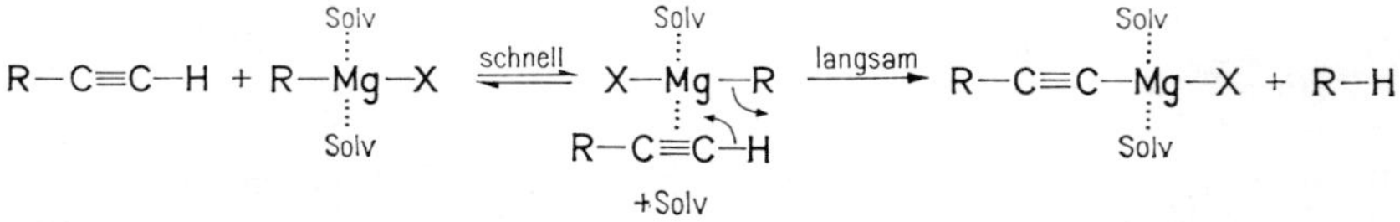

$$R-C\equiv C-H + R-Mg-X \underset{}{\overset{schnell}{\rightleftharpoons}} \begin{array}{c} Solv \\ X-Mg-R \\ R-C\equiv C-H \\ +Solv \end{array} \overset{langsam}{\longrightarrow} R-C\equiv C-Mg-X + R-H \quad (6.91)$$

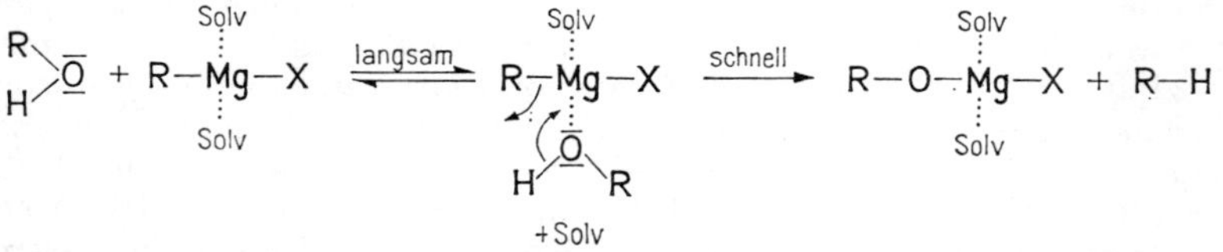

$$\begin{array}{c} R \\ H \end{array}\!\!\!\overline{O} + R-Mg-X \overset{langsam}{\rightleftharpoons} \begin{array}{c} Solv \\ R-Mg-X \\ \overline{O} \\ H \quad R \\ +Solv \end{array} \overset{schnell}{\longrightarrow} R-O-Mg-X + R-H \quad (6.92)$$

Ganz ähnlich hat man sich die Reaktion mit Wasser [5] oder Alkoholen vorzustellen. Da diese Verbindungen im Gegensatz zu den „weichen" Alkinen „harte" Basen sind und demzufolge zum „weichen" Magnesium keine sehr hohe Koordinationstendenz aufweisen, kann hier der erste Schritt (Bildung des Addukts) geschwindigkeitsbestimmend werden, und man beobachtet demzufolge bei der Reaktion mit Methanol keinen primären kinetischen H/T-Effekt [6]. Die GRIGNARD-Addition von RMgX an Ketone verläuft ebenfalls über einen Komplex aus den beiden Partnern (6.93, 3), der in einem schnellen vorgelagerten Gleichgewicht entsteht und spektroskopisch nachweisbar ist [7, 8]. Auch hier muß ein Molekül des Solvatäthers verdrängt werden:

[1] HOLLINGSWORTH, C. A., u. Mitarb.: J. org. Chemistry **27**, 760, 762 (1962); vgl. aber HASHIMOTO, H., T. NAKANO u. H. OKADA: J. org. Chemistry **30**, 1234 (1965).
[2] DESSY, R. E., J. H. WOTIZ u. C. A. HOLLINGSWORTH: J. Amer. chem. Soc. **79**, 358 (1957).
[3] DESSY, R. E., u. R. M. SALINGER: J. org. Chemistry **26**, 3519 (1961).
[4] WOTIZ, J. H., u. G. L. PROFFITT: J. org. Chemistry **30**, 1240 (1965).
[5] HAMELIN, R.: Bull. Soc. chim. France **1961**, 698.
[6] ASSARSSON, L. O.: Acta chem. scand. **11**, 1283 (1957); vgl. WIBERG, K. B.: J. Amer. chem. Soc. **77**, 5987 (1955).
[7] SMITH, S. G., u. Mitarb.: Tetrahedron Letters [London] **1963**, 409; J. Amer. chem. Soc. **86**, 2750 (1964); **88**, 3995 (1966); **90**, 4108 (1968); HOLM, T.: Acta chem. scand. **19**, 1819 (1965); **20**, 1139 (1966).
[8] HOLM, T.: Acta chem. scand. **20**, 2821 (1966).

6.5.2. Grignard-Reaktionen

Schwach basische Carbonylverbindungen wie Trifluormethylketone [1] oder Trifluoressigsäuremethylester [2] reagieren deshalb nicht mehr unter GRIGNARD-Addition, bzw. Aceton setzt sich zwar in Äther mit Butylmagnesiumchlorid um, nicht aber im stärker solvatisierenden Tetrahydrofuran [2].

GRIGNARD-Addition

$$\begin{array}{c}
\text{Solv} \\
\searrow=\bar{O} + R-Mg-X \underset{k_{-1}}{\overset{k_1}{\rightleftarrows}} \searrow=\bar{O} \underset{}{\overset{k_2}{\rightleftarrows}} \searrow\!\!\!\searrow\!\!O-Mg-X \\
1 \qquad 2 \qquad\qquad 3 \qquad\qquad 4
\end{array} \qquad (6.93)$$

$$\xrightarrow{H_2O} \searrow\!\!\!\!\!\!\!\!R \atop OH + X-Mg-OH$$

$$v = \frac{k_1 k_2 \left[\searrow=O \right] [RMgX]}{k_{-1}} = K_{\text{Äqu}} \cdot k_2 \left[\searrow=O \right] [RMgX] \quad (\text{für } k_2 \ll k_{-1})$$

Das Addukt (6.93, 3) lagert sich im langsamen, geschwindigkeitsbestimmenden Schritt monomolekular in das GRIGNARD-Additionsprodukt 4 um, das heißt, die Gesamtreaktion gehorcht dem Kinetikgesetz $k_{\text{ges}} = K_{\text{Äqu}} \cdot k_2$ und ist demzufolge je erster Ordnung bezüglich der beiden Partner $v = k \left[\searrow C=O \right] [RMgX]$ [2, 3]. Da das vorgelagerte Additionsgleichgewicht, das in die Gesamtreaktion eingeht, durch Elektronendonatoren in der Carbonylverbindung begünstigt, die Umlagerung zum Endprodukt dagegen behindert wird, findet man ziemlich kleine Reaktionskonstanten (Ar—CO—CH$_3$ + Ph—Mg—Br in Äther bei 25 °C $\varrho = 0{,}41$ [4]).

Möglicherweise wird bei der Umlagerung des Additionskomplexes (6.93, 3) in das Endprodukt 4 ein Vierringübergangszustand analog dem der Reaktion mit Alkinen (6.91) bzw. Alkoholen (6.92) durchlaufen; das experimentelle Material läßt keine Entscheidung dieser Frage zu.

Das Zwischenprodukt 4 kann sich ebenfalls mit weiterer Carbonylverbindung im Sinne einer GRIGNARD-Addition umsetzen, jedoch mit stark verringerter Geschwindigkeit. Das wird als Grund dafür angesehen, daß GRIGNARD-Additionen nach etwa 50% Umsatz nicht mehr dem einfachen, oben genannten Geschwindigkeitsgesetz gehorchen. Nicht selten beobachtet man — vor allem bei höheren Konzentrationen, das heißt auch unter den Bedingungen präparativer Reaktionen — eine dritte Reaktions-

---

[1] McBee, E. T., O. R. Pierce u. D. D. Meyer: J. Amer. chem. Soc. 77, 83 (1955).
[2] Vgl. [8] S. 336.
[3] Vgl. [7] S. 336.
[4] Anteunis, M., u. J. van Schoote: Bull. Soc. chim. Belges 72, 776 (1963); vgl. Lewis, R. N., u. J. R. Wright: J. Amer. chem. Soc. 74, 1257 (1952); vgl. Tuulmets, A. V.: Tartuskij gos. Univ., reakcionnaja sposobnost' org. soedinenij 2, 76 (1965).

ordnung: $v = k\left[\!\!>\!\!C\!=\!O\right][RMgX]^2$ [1]. Das kann damit erklärt werden, daß die Überführung des Additionskomplexes (6.93, 3) in das Endprodukt 4 die Mithilfe eines weiteren Moleküls der GRIGNARD-Verbindung erfordert [1c], oder daß von vornherein die dimere Spezies der GRIGNARD-Verbindung $(RMgX)_2$ angreift.

Für den letzten Fall kann die GRIGNARD-Addition wie folgt formuliert werden [2]:

$$>=\bar{\underline{O}} + \underset{Solv}{R}\!\!\underset{Mg}{\diagdown}\!\!\underset{X}{\diagdown}\!\!\underset{Mg}{\diagdown}\!\!\underset{R}{Solv} \longrightarrow \cdots \longrightarrow \cdots + MgX_2 \qquad (6.94)$$

1   2   3   4

Das dimere GRIGNARD-Reagens $(RMgX)_2$ soll reaktionsfähiger sein als die monomere Spezies RMgX [1c], während andererseits der Typ $R_2Mg \cdot MgX_2$ (6.89, 1) geringere Additionsfähigkeit besitzen soll; übereinstimmend damit senkt ein Zusatz von MgX_2 die Reaktivität von RMgX [3].

Der Übergangszustand der GRIGNARD-Addition — besonders der cyclische Übergangszustand (6.94, 3) — ist jedoch ein Gebilde hoher Symmetrie und nur möglich, wenn keine voluminösen Alkylgruppen die Ringstruktur sterisch beeinträchtigen. Bei erheblicher sterischer Hinderung, sei es durch die Carbonylverbindung oder das GRIGNARD-Reagens, hat nur noch ein Molekül RMgX im cyclischen Übergangszustand Platz.

In diesem Falle wandert häufig ein (kleineres) β-Wasserstoffanion vom Alkylrest der GRIGNARD-Verbindung zum Carbonyl-Kohlenstoffatom, das somit normal (nicht „aufbauend") hydriert wird auf Kosten des Alkylrestes der GRIGNARD-Verbindung, der in das Olefin übergeht.

GRIGNARD-*Reduktion*

$$\underset{R}{\overset{R}{\diagdown}}C\!=\!O \cdots \longrightarrow \underset{R}{\overset{R}{\diagdown}}C\!\!\underset{O}{\diagdown}\!\!\underset{Mg}{\diagdown}\!\!_X^H + \underset{H}{\overset{H}{\diagdown}}C\!=\!C\!\!\underset{R'}{\overset{R'}{\diagdown}} \qquad (6.95)$$

R, R′ = Alkylgruppen

Das reduzierend wirkende Wasserstoffanion kommt stets von der β-Stellung des GRIGNARD-Alkylrestes: Bei der Reduktion von Benzophenon mit in α-, β- oder

---

[1a] ANTEUNIS, M.: J. org. Chemistry **26**, 4214 (1961); **27**, 596 (1962); Bull. Soc. chim. Belges **73**, 655 (1964).
[1b] ASHBY, E. C., R. B. DUKE u. H. M. NEUMANN: J. Amer. chem. Soc. **89**, 1964 (1967).
[1c] BILLET, J., u. S. G. SMITH: J. Amer. chem. Soc. **90**, 4108 (1968).
[2] SWAIN, C. G., u. H. B. BOYLES: J. Amer. chem. Soc. **73**, 870 (1951).
[3a] BIKALES, N. M., u. E. I. BECKER: Chem. and Ind. **1961**, 1831; Canad. J. Chem. **41**, 1329 (1963).
[3b] HOUSE, H. O., u. D. D. TRAFICANTE: J. org. Chemistry **28**, 355 (1963).
[3c] D'HOLLANDER, R., u. M. ANTEUNIS: Bull. Soc. chim. Belges **74**, 71 (1965).

γ-Stellung deuteriertem Isobutylmagnesiumbromid enthielt das gebildete Benzhydrol nur dann Deuterium am Alkohol-Kohlenstoffatom, wenn β-Deutero- isobutylmagnesiumbromid eingesetzt worden war [1].

Auch in diesem Fall ist die Umlagerung des Additionskomplexes (der Hydridionübergang) der geschwindigkeitsbestimmende Schritt, wie sich aus dem kinetischen Isotopeneffekt $k_H/k_D = 2$ ergibt [2], dessen Zahlenwert mit einem cyclischen Übergangszustand vereinbar ist (vgl. S. 327). Auch der in (6.95) formulierte stereochemische Verlauf spricht klar für den cyclischen Übergangszustand. Der Übergangszustand der Reduktionsreaktion stellt immer noch erhebliche sterische Anforderungen: Mit zunehmender Größe der Reste R am Keton entsteht aus Hexyl-2-magnesiumbromid in steigendem Maße cis-Hexen-(2) neben trans-Hexen-(2), und das Verhältnis von Hexen-(1) zu Δ^2-Hexenen nimmt zu [2].

Enthält eine sterisch gehinderte GRIGNARD-Verbindung, die also nur einen Übergangszustand analog (6.95) zuläßt, kein Wasserstoffatom in der β-Stellung, so ist überhaupt keine Reduktion der Carbonylgruppe mehr möglich, sondern in diesem Falle löst sich ein sehr stark basisches Alkylanion vom Magnesium und bewirkt eine Enolisierung der Carbonylverbindungen:

GRIGNARD-*Enolisierung*

$$\begin{array}{c}\text{(Reaktionsschema 6.96)}\end{array}$$
(6.96)

GRIGNARD-Verbindungen dieses Typs lassen sich als stark wirksame Kondensationsmittel in CLAISEN-Kondensationen verwenden (vgl. auch Tab. 6.73).

Über die strukturellen Voraussetzungen für die einzelnen Typen von GRIGNARD-Reaktionen unterrichtet die Tabelle 6.97. Man erkennt, daß selbst von den unverzweigten GRIGNARD-Verbindungen nur das Methylmagnesiumbromid ungehindert in den cyclischen Übergangszustand eintreten kann, während bereits beim n-Propylsystem die Ausweichreaktion (Reduktion) stark überwiegt, die auch bei den β-verzweigten GRIGNARD-Verbindungen 4 und 5 dominiert. Die Reduktion erfolgt dabei am leichtesten, wenn das wandernde Hydridion an einem tertiären Kohlenstoffatom gebunden ist, was sich ohne weiteres mit den Induktionseffekten (+I) der benachbarten Alkylgruppen erklären läßt.

Der relativ hohe Prozentsatz an Reduktion beim tert.-Butylmagnesiumbromid beruht auf der gegenüber Äthylmagnesiumbromid verdreifachten Zahl verfügbarer β-Wasserstoffatome.

Die Enolisierung schließlich erreicht erst dann ein großes Ausmaß, wenn weder Addition noch Reduktion gut möglich sind, wie im Neopentylmagnesiumchlorid 6, das außerordentlich stark verzweigt gebaut ist und außerdem kein β-Wasserstoffatom für eine Reduktion verfügbar hat. Sie ist also die am schwersten zu realisierende der drei möglichen Konkurrenzreaktionen.

---

[1] DUNN, G. E., u. J. WARKENTIN: Canad. J. Chem. **34**, 75 (1956).
[2] VITT, S. V., u. N. S. MARTINKOVA: Izvest. Akad. Nauk SSSR, Ser. chim. **1966**, 1185.

Tabelle 6.97
Reaktionsweg in Abhängigkeit vom Substitutionstyp der GRIGNARD-Verbindungen bei Umsetzungen mit Di-isopropylketon[1])

GRIGNARD-Verbindungen	% Gesamtausbeute	% Addukt	% Reduktion	% Enol
1. CH_3-MgBr	95	95	0	0
2. CH_3-CH_2-MgBr	100	77	21	2
3. $CH_3-CH_2-CH_2-MgBr$	98	36	60	2
4. $(CH_3)_2CH-MgBr$	94	0	65	29
5. $(CH_3)_2CH-CH_2-MgBr$	97	8	78[2])	11
6. $(CH_3)_3C-CH_2-MgCl$	94	4	0	90

[1]) WHITMORE, F. C., u. R. S. GEORGE: J. Amer. chem. Soc. **64**, 1239 (1942).
[2]) Tert.-Butylmagnesiumbromid bewirkt 65% Reduktion.

Nach neueren Untersuchungen erhält man die in Tabelle 6.97 angeführten Produktverhältnisse nur, wenn die GRIGNARD-Verbindung gegenüber dem Keton im Überschuß ist, so daß überwiegend dimeres RMgX vorliegt und der Übergangszustand für die Additionsreaktion (6.94) gut aufgebaut werden kann, nicht jedoch der Übergangszustand für die Reduktion (6.95), der monomeres RMgX erfordert. Bei Ketonüberschuß wird das Produktverhältnis dagegen zugunsten des Reduktionsproduktes verschoben, weil dann umgekehrt der Übergangszustand für die Addition schwerer erreichbar ist als der für die Reduktion [1].

Die sterische Hinderung des cyclischen, zwei Moleküle GRIGNARD-Verbindung enthaltenden Übergangszustandes kann auch von der Carbonylverbindung ausgehen: Während Acetophenon mit Methylmagnesiumjodid nur 2,5% Enolisierung (meßbar an der Methanbildung) ergibt, verhindern die beiden ortho-Methylgruppen im 2.6-Dimethyl-acetophenon die normale GRIGNARD-Addition vollständig und führen ausschließlich zum Enol [2].

Die bei normalen GRIGNARD-Additionen nicht gewünschte am leichtesten ablaufende Nebenreaktion — die Reduktion — läßt sich interessanterweise erheblich zurückdrängen, wenn man zunächst die Carbonylverbindungen lediglich mit der äquimolaren Menge Magnesiumdihalogenid versetzt. Dieses ist infolge der —I-Wirkung des Halogens eine etwas stärkere LEWIS-Säure als die GRIGNARD-Verbindung und bildet einen 1:1-Komplex mit der Carbonylverbindung. Diese vermag nun-

---

[1] MILLER, J., G. GREGORIOU u. H. S. MOSHER: J. Amer. chem. Soc. **83**, 3966 (1961); COWAN, D. O., u. H. S. MOSHER: J. org. Chemistry **27**, 1 (1962); vgl. auch KIRRMANN, A., M. VALLINO u. J.-F. FAUVARQUE: C. R. hebd. Séances Acad. Sci. **254**, 2995 (1962).
[2] SMITH, L. I., u. C. GUSS: J. Amer. chem. Soc. **59**, 804 (1937).

mehr die GRIGNARD-Verbindung nur noch in sehr untergeordnetem Maße zum Übergangszustand der Reduktionsreaktion anzulagern, weil hierzu die stärkere LEWIS-Säure durch die schwächere verdrängt werden müßte. Infolge der verstärkten Polarisierung der C=O-Bindung und des relativ kleinen Raumbedarfs des Magnesiumdihalogenids wird ein normaler GRIGNARD-Übergangszustand erleichtert, und die Addition der GRIGNARD-Verbindung kann zur Hauptreaktion werden [1]:

$$\text{\Large>}=O + MgX_2 \rightleftharpoons \text{\Large>}=\underline{O}\cdots\cdots MgX_2$$

$$\text{\Large>}=\underline{O}\cdots\cdots MgX_2 + RMgX \longrightarrow \text{ }\longrightarrow \quad \begin{matrix}OMgX\\R\end{matrix} + MgX_2 \qquad (6.98)$$

·Zur Illustrierung sind in Tabelle 6.99 die Ergebnisse der Reaktion von Di-isopropylketon mit n-Propylmagnesiumbromid in An- oder Abwesenheit von Magnesiumbromid wiedergegeben.

Tabelle 6.99
Anteil von Additions- und Reduktionsprodukt bei der Umsetzung von n-Propylmagnesiumbromid *1* mit Di-isopropylketon *2* in An- oder Abwesenheit von MgBr₂ [1])

	1 + 2 (2:1)	*1 + 2* + MgBr$_2$ (2:1:2,2)
Reduktionsprodukt %	63	26
Additionsprodukt %	30	65
Enolisierungsprodukt %	3	1

[1]) Vgl. [2] S. 338.

Der Einfluß des Magnesiumdihalogenids ließ sich auch bei der GRIGNARD-Addition von CH₃MgBr an Cyclohexanon bestätigen (Erhöhung des Anteils an schwerer zugänglichem axialen tertiären Alkohol) [2].

6.5.3. Asymmetrische Induktion und Stereochemie von Carbonylreaktionen

Die Carbonylgruppe ist infolge der sp^2-Hybridisierung des Kohlenstoffatoms ebentrigonal gebaut, und ein nucleophiler Reaktionspartner kann von jeder der beiden

[1] Vgl. [2] S. 338; ANTEUNIS, M.: J. org. Chemistry **27**, 596 (1962); [3c] S. 338; HAMELIN, R.: Bull. Soc. chim. France **1961**, 915; [3a] S. 338.
[2] HOULIHAN, W. J.: J. org. Chemistry **27**, 3860 (1962).

Seiten senkrecht zur Substituentenebene (in Richtung der größten Ausdehnung der
π-Elektronen) angreifen (6.100).

$$\underset{1}{\underset{\text{G}}{\overset{\text{M}}{\diagdown}}\overset{\text{K}}{\underset{\text{R}}{\diagup}}\text{C}-\text{C}\overset{\overset{\text{O}}{\diagdown}\text{A}}{\underset{\text{B}}{\diagup}}} + \text{R}'-\text{Z} \longrightarrow \underset{\underset{\text{Weg A}}{\text{Hauptprodukt}}}{\underset{2}{\underset{\text{G}}{\overset{\text{M}}{\diagdown}}\overset{\text{K}}{\underset{\text{R}}{\diagup}}\text{C}-\text{C}\overset{\text{R}'}{\underset{\text{OZ}}{\diagup}}}} + \underset{\underset{\text{Weg B}}{\text{Nebenprodukt}}}{\underset{\text{G}}{\overset{\text{M}}{\diagdown}}\overset{\text{K}}{\underset{\text{R}}{\diagup}}\text{C}-\text{C}\overset{\text{OZ}}{\underset{\text{R}'}{\diagup}}} \quad (6.100)$$

Wenn jedoch das α-Kohlenstoffatom Substituenten verschiedener Größe trägt (G = groß, M = mittelgroß, K = klein), sind die einzelnen Konformationen nicht mehr gleichberechtigt, sondern die Konformation (6.101, 1) herrscht vor [1]. Das Nucleophil greift bevorzugt von der sterisch am wenigsten gehinderten Seite an, so daß überwiegend (6.101, 3) entsteht, entsprechend Weg A in (6.100).

(6.101)

Diese Beeinflussung wurde von CRAM als *asymmetrische Induktion* bezeichnet und an zahlreichen Beispielen untersucht [1, 2]. Eine analoge Regel wurde von PRELOG angegeben [3].

Der Übergangszustand derartiger Reaktionen ähnelt den Reaktanten, und der stereochemische Verlauf wird durch die Annäherung des nucleophilen Partners bestimmt („steric approachment control"). Richtige Voraussagen werden dadurch erschwert, daß oft nicht willkürfrei entschieden werden kann, welche Relation in der effektiven Größe der α-ständigen Substituenten besteht, so daß die wahrscheinlichste Konformation nicht sicher festgelegt werden kann. Abweichungen treten außerdem bei Substituenten mit starken elektronischen Effekten auf, vgl. auch weiter unten.

Das Modell ist schließlich nur für kinetisch kontrollierte Reaktionen anwendbar; eine zur Erklärung scheinbarer Ausnahmen von CRAM geforderte „product development control" wird heute abgelehnt.

---

[1] CHÉREST, M., H. FELKIN u. N. PRUDENT: Tetrahedron Letters [London] **1968**, 2199 und dort zitierte weitere Literatur.
[2a] CRAM, D. J., u. Mitarb.: J. Amer. chem. Soc. **74**, 5828, 5835 (1952); **75**, 6005 (1953); **85**, 1245 (1963) und dort zitierte weitere Arbeiten.
[2b] CURTIN. D. Y., E. E. HARRIS u. E. K. MEISLICH: J. Amer. chem. Soc. **74**, 2901 (1952).
[2c] Zusammenfassungen: BOYD, D. R., u. M. A. MCKERVEY: Quart. Rev. (chem. Soc., London) **22**, 95 (1968).
MATTHIEU, J., u. J. WEILL-RAYNAL: Bull. Soc. chim. France **1968**, 1211.
PRACEJUS, H.: Fortschr. chem. Forsch. 8, 493 (1967).
GAULT, Y., u. H. FELKIN: Bull. Soc. chim. France **1960**, 1342.
[3] PRELOG, V.: Helv. chim. Acta **36**, 308 (1953).

6.5.3. Asymmetrische Induktion und Stereochemie

Bei GRIGNARD-Additionen entsteht der nach (6.101) vorausgesagte stereoisomere Alkohol tatsächlich überwiegend mit einem Stereoselektivitätsfaktor 2—15 [1], dessen Größe mit den Größenunterschieden der α-Substituenten, dem Raumbedarf des Substituenten R in der Carbonylverbindung und dem Raumbedarf des Nucleophils ansteigt. Der Selektivitätsfaktor ist interessanterweise dem bei MEERWEIN-PONNDORF-VERLEY-Reduktionen gefundenen sehr ähnlich, was die Annahme eines cyclischen Übergangszustandes der GRIGNARD-Addition stützt.

Das α-Kohlenstoffatom muß in diesen Fällen drei verschiedene Substituenten tragen, um die asymmetrische Induktion nachweisbar zu machen. Es ist aber nicht nötig, daß optisch aktive Verbindungen vorliegen, weil die Reaktion an der Carbonylgruppe ein zweites Asymmetriezentrum liefert. Die entsprechend (6.100) möglichen beiden Reaktionsprodukte stehen im Verhältnis von Diastereomeren (threo- und erythro-), die verschiedenen Energieinhalt haben und relativ leicht voneinander trennbar bzw. nebeneinander quantitativ bestimmbar sind.

Die eben genannte Einschränkung entfällt bei cyclischen Ketonen, da hier relativ starre Konformationen vorliegen und die entstehenden äquatorialen bzw. axialen OH-Gruppen auch bei nicht diastereomeren Verbindungspaaren unterscheidbar sind. Die asymmetrische Induktion hat deshalb eine große Bedeutung für die Konformationsanalyse.

Die genaue Untersuchung der Molekülgeometrie hat ergeben, daß die Ketogruppe im Cyclohexanon nahezu in einer Ebene mit den beiden α-ständigen **äquatorialen** Wasserstoffatomen liegt, während die α-ständigen **axialen** Wasserstoffatome nahezu senkrecht auf dieser Ebene stehen (vgl. Bild 6.102). Ein Angriff des Nucleophils aus

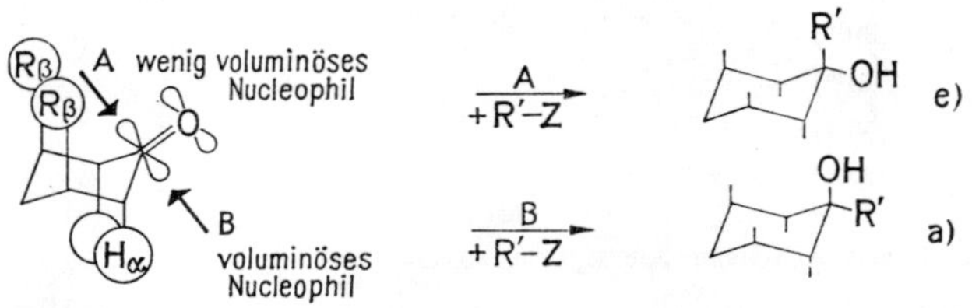

Bild 6.102
Asymmetrische Induktion an Cyclohexanonen

der äquatorialen Richtung (Weg B in Bild 6.102), der zu einer axialen Hydroxygruppe im Produkt führt, ist erschwert, weil der Übergangszustand der Reaktion die ekliptische Anordnung der beiden axialen α-Wasserstoffatome und des angreifenden Nucleophils erfordert (große PITZER-Spannung) [2]. Der Angriff des Nucleophils aus der axialen Richtung, der eine äquatoriale Hydroxylgruppe im Produkt ergibt (Weg A in Bild 6.102), unterliegt keiner PITZER-Spannung und ist solange begünstigt, wie keine starken sterischen Wechselwirkungen mit den axialen 3- und 5-Substituenten ins Spiel kommen, das heißt, wenn diese oder/und das Reagens einen geringen Raum-

---

[1] Vgl. [2a] S. 342.
[2] CHÉREST, M., u. H. FELKIN: Tetrahedron Letters [London] **1968**, 2205; vgl. auch [1] S. 342.

Tabelle 6.103
Stereochemie von Carbonylreaktionen an Cyclohexanonderivaten

Ausgangsverbindung	4-Me-cyclohexanon	3-Me-cyclohexanon	3,3,5-Me₃-cyclohexanon	N-Me-4-piperidon	2-iPr-cyclohexanon
Reagens	% äquatoriale OH-Verbindung im Produkt				
MeMgBr/Et$_2$O (Add.)	42[1])				
MeMgJ/Et$_2$O (Add.)	50[1])	60[2])			
n-PrMgBr/Et$_2$O (Add.)	26[3])				
LiAlH$_4$/Et$_2$O oder THF	88—92[1,4])	84[5,6])	45—50[7,8])	54[9])	48—69[22])
LiAlH(t-BuO)$_3$	90[10])	83[10])	12[10])		
NaBH$_4$/i-PrOH	76—87[11,12])	78—85[6,11])	45[13])	67[9])	
NaBH$_4$/MeOH	82[6])	82[6])	19[13])	48[9])	
Al(i-PrO)$_3$ (Meerwein-Ponndorf)		64—68[7,11,14])		29[9,15])	14[22,23])
t-BuMgBr (Grignard-Reduktion)		100[16])			
Na/EtOH		83[7])		85[9])	79[22])
Pt/H$_2$		25[17])		15[18])	11[22])
HCN	90[10])				
H—C≡C—H[19])	89[20])				
CH$_3$NO$_2$[19])	90[21])				

[1]) Vgl. [2] S. 341.
[2]) Kamernickij, A. V., u. A. A. Achrem: Ž. obšč. Chim. **30**, 754 (1960).
[3]) Vgl. [2] S. 343.
[4]) Dauben, W. G., u. Mitarb.: Rev. chim. Acad. Rep. Pop. Roum. **7**, 803 (1962); Eliel, E. L., u. R. S. Ro: J. Amer. chem. Soc. **79**, 5992 (1957).
[5]) Dauben, W. G., u. R. E. Bozak: J. org. Chemistry **24**, 1596 (1959).
[6]) Combe, M. G., u. H. B. Henbest: Tetrahedron Letters [London] **1961**, 404.
[7]) Hardy, K. D., u. R. J. Wicker: J. Amer. chem. Soc. **80**, 640 (1958).
[8]) Haubenstock, H., u. E. L. Eliel: J. Amer. chem. Soc. **84**, 2363 (1962).
[9]) Beckett A. H., N. J. Harper, A. D. J. Balon u. T. H. E. Watts: Tetrahedron [London] **6**, 319 (1959).
[10]) Vgl. [1a] S. 345.
[11]) Vgl. [1] S. 342.
[12]) Lansbury, P. T., u. R. E. MacLeay: J. org. Chemistry **28**, 1940 (1963).
[13]) Haubenstock, H., u. E. L. Eliel: J. Amer. chem. Soc. **84**, 2368 (1962).
[14]) Es ist nicht sicher, daß der angegebene Wert unter kinetischer Kontrolle erhalten wurde; das Gleichgewicht liegt bei 71 bis 73% e-OH[a,c]).
[15]) Kinetische Kontrolle; das Gleichgewicht liegt bei 84% e-OH[a]).
[16]) Anziani, P., A. Aubry, G. Barraud, M.-M. Claudon u. R. Cornubert: Bull. Soc. chim. France **1955**, 408.
[17]) Calas, R., M.-L. Josien, J. Valade u. M. Villanneau: C. R. hebd. Séances Acad. Sci. **247**, 2008 (1958).
[18]) Keagle, L. C., u. W. H. Hartung: J. Amer. chem. Soc. **68**, 1608 (1946); vgl. Zirkle, C. L., F. R. Gerns, A. M. Pavloff u. A. Burger: J. org. Chemistry **26**, 395 (1961).
[19]) basisch katalysierte Aldoladdition
[20]) Hennion, G. F., u. F. X. O'Shea: J. Amer. chem. Soc. **80**, 614 (1958).
[21]) Favre, H., u. D. Gravel: Canad. J. Chem. **39**, 1548 (1961).
[22]) Hückel, W., u. R. Neidlein: Chem. Ber. **91**, 1391 (1958).
[23]) Kinetische Kontrolle; das Gleichgewicht liegt bei 69% e-OH.

bedarf haben [1]. Da Repulsionskräfte bei kleinen Abständen sehr steil ansteigen, überwiegt die sterische Hinderung bei großen Substituenten in 3- und/oder 5-Stellung des Cyclohexanons und/oder großem Raumbedarf des Nucleophils, so daß in diesen Fällen die konformativ bedingte Hinderung das kleinere Übel ist und das Reagens bevorzugt aus äquatorialer Richtung angreift.

Die Verhältnisse für verschiedene Reaktionen von Cyclohexanonderivaten sind in Tabelle 6.103 zusammengestellt [2].

Vor der Diskussion der Tabelle 6.103 sind noch einige Worte über die Reduktion durch komplexe Hydride (LiAlH$_4$, NaBH$_4$) erforderlich. Der Mechanismus dieser Reaktionen ist noch nicht in allen Einzelheiten geklärt, erschwert durch die Tatsache, daß die vier Wasserstoffatome des Hydrids nacheinander in Reaktion treten und der Mechanismus dieser einzelnen Schritte nicht gleich sein muß. In allen bisher untersuchten Fällen folgt die Reaktion dem Geschwindigkeitsgesetz $v = k \left[\diagup\!\!\!\diagdown \mathrm{C{=}O} \right]$ [Hydrid], vgl. z. B. [3, 4]. Da die Reduktion durch elektronenanziehende Substituenten in der Carbonylverbindung erheblich beschleunigt wird [4], nimmt man an, daß im geschwindigkeitsbestimmenden Schritt ein Hydridion auf die Carbonylgruppe übertragen wird. Die Reaktionskonstante der Reaktion von substituierten Fluorenonen mit NaBH$_4$ in Isopropanol liegt dementsprechend ganz im Bereich der für Carbonyladditionen typischen Werte ($\varrho = 2{,}65$ bis 2,95) [4].

Es werden durchweg stark negative Aktivierungsentropien ($\varDelta S^{\ne} = -28 \cdots -44$ cal/grd·mol) gefunden [3, 4], der Übergangszustand ist also hochgeordnet. Da die komplexen Hydride Komplexe mit Äthern und mit Alkoholen oder Wasser bilden [5, 6] und auch das mit dem komplexen Hydrid verbundene Metallkation die Geschwindigkeit und Stereochemie der Reduktionsreaktion beeinflußt [7], wird der Verlauf (6.104) den Tatsachen am besten gerecht, vor allem für Lösungsmittel, die nicht dissoziierend auf das komplexe Hydridionenpaar wirken. Ein nicht cyclischer Verlauf kann jedoch nicht ausgeschlossen werden.

$$\diagup\!\!\!\diagdown\!\!{=}\mathrm{O} + \mathrm{Na}^{\oplus}\mathrm{BH}_4^{\ominus} \rightleftharpoons \underset{\substack{\mathrm{O}\cdots\mathrm{Na}}}{\diagup\!\!\!\diagdown}\!\!\mathrm{C}\overset{\mathrm{H}}{\underset{\mathrm{H}}{\diagdown\!\!\!\diagup}}\mathrm{B}\overset{\mathrm{H}}{\underset{\mathrm{H}}{\diagdown\!\!\!\diagup}} \longrightarrow \underset{\mathrm{Na}^{\cdot}}{\diagup\!\!\!\diagdown}\overset{\mathrm{H}}{\underset{\mathrm{O}\cdots\mathrm{BH}_3}{}} \rightleftharpoons \diagup\!\!\!\diagdown\overset{\mathrm{H}}{\underset{\mathrm{O}-\mathrm{BH}_3\mathrm{Na}^{\oplus}}{}} \qquad (6.104)$$

Die Werte der Tabelle 6.103 für die einzelnen Reaktionen des 4-tert.-Butylcyclohexanons und des 4-Methylcyclohexanons zeigen, daß LiAlH$_4$ und NaBH$_4$ etwa die

---

[1a] RICHER, J. C.: J. org. Chemistry **30**, 324 (1965).
[1b] MARSHALL, J. A., u. R. D. CARROLL: J. org. Chemistry **30**, 2748 (1965). Die beiden Autorengruppen postulieren auch für die beiden axialen α-Substituenten eine rein sterische Wirkung.
[2] Zusammenfassungen früherer Ergebnisse: KAMERNITZKY, A. V., u. AKHREM, A. A.: Tetrahedron [London] **18**, 705 (1962); Usp. Chim. **30**, 145 (1961).
[3] BROWN, H. C., O. H. WHEELER u. K. ICHIKAWA: Tetrahedron [London] **1**, 214 (1957).
[4a] PARRY, J. A., u. K. D. WARREN: J. chem. Soc. [London] **1965**, 4049.
[4b] SMITH, G. G., u. R. P. BAYER: Tetrahedron [London] **18**, 323 (1962).
[4c] BROWN, H. C., u. K. ICHIKAWA: J. Amer. chem. Soc. **84**, 373 (1962).
[5] KOLSKI, T. L., H. B. MOORE, L. E. ROTH, K. J. MARTIN u. G. W. SCHAEFFER: J. Amer. chem. Soc. **80**, 549 (1958).
[6] DAVIS, R. E., u. Mitarb.: J. Amer. chem. Soc. **84**, 895, 892, 885 (1962).
[7a] JONES, W. M., u. H. E. WISE: J. Amer. chem. Soc. **84**, 997 (1962).
[7b] BROWN, H. C., u. K. ICHIKAWA: J. Amer. chem. Soc. **83**, 4372 (1961).

gleichen, relativ geringen sterischen Anforderungen stellen und überwiegend zum äquatorialen Alkohol führen.

Im Gegensatz dazu durchlaufen die GRIGNARD-Addition und die MEERWEIN-PONNDORF-VERLEY-Reaktion Übergangszustände, in denen erhebliche diaxiale 1.3-Wechselwirkungen auftreten, so daß der äquatoriale Angriff (Bildung des axialen Alkohols) erheblich oder sogar begünstigt sein kann. Man beachte in diesem Zusammenhang den ziemlich großen Unterschied im Raumbedarf von CH_3MgBr und n-PrMgBr, der ganz den Angaben der Tabelle 6.97 entspricht. Weiterhin läßt die ähnliche Stereoorientierung von GRIGNARD-Addition und MEERWEIN-Reduktion auf einen cyclischen Übergangszustand der GRIGNARD-Addition schließen. In Übereinstimmung mit dem Seite 338ff. Gesagten, sind die sterischen Anforderungen bei der GRIGNARD-Reduktion viel geringer als bei der GRIGNARD-Addition. Die Werte für die Reduktion mit Natrium in Alkohol sind insofern atypisch, als hier das thermodynamische Gleichgewicht eingestellt wird, das auf der Seite des äquatorialen Alkohols liegt. Die katalytische Hydrierung ist eine heterogene Reaktion am Katalysatormetall (Pt), das demnach als ein Reagens mit sehr großem Raumbedarf anzusehen ist und deshalb nicht gut aus der axialen Richtung angreifen kann. Blausäure bzw. Acetylen sind gestreckte Moleküle mit sehr geringem Raumbedarf, so daß der überwiegende Angriff aus der axialen Richtung gut verständlich ist.

$LiAlH(t-BuO)_3$ sollte einen größeren Raumbedarf haben als $LiAlH_4$. Das wird bei den räumlich unkomplizierten Verbindungen 4-tert. Butylcyclohexanon und 4-Methylcyclohexanon nicht erkennbar, sehr gut dagegen im 3.3.5-Trimethylcyclohexanon (Dihydro-isophoron), dessen axiale 3-Methylgruppe einen axialen Angriff bereits bei dem kleineren $LiAlH_4$ bzw. $NaBH_4$ beeinträchtigt.[1])

An dieser Stelle ist auf die scheinbar paradoxe Tatsache hinzuweisen, daß $NaBH_4$ in Methanol einen viel größeren Raumbedarf hat als in Isopropanol. Der Grund hierfür ist, daß $NaBH_4$ in Methanol (ebenso in Wasser) ziemlich rasch solvolysiert wird, so daß $NaBH(OCH_3)_3$ entsteht. Im Gegensatz dazu erfolgt in Isopropanol keine Hydrolyse, sondern $NaBH_4$ liegt tatsächlich als Reduktionsmittel vor, das natürlich einen geringeren Raumbedarf hat als $NaBH(OCH_3)_3$ [1].

Die Ergebnisse an dem besonders eingehend untersuchten Tropinon (vorletzte Spalte der Tab. 6.103) sind denen am Dihydrophoron sehr ähnlich. Insbesondere erkennt man hier den sehr großen Raumbedarf des Aluminiumisopropylats sehr deutlich.

Schließlich ist festzustellen, daß voluminöse 2-Substituenten am Cyclohexanon trotz ihrer äquatorialen Konformation den Angriff aus der äquatorialen Richtung hindern.

Die vorstehend abgeleiteten und durch experimentelle Daten belegten Regeln der asymmetrischen Induktion gelten nicht mehr für Carbonylverbindungen mit stark polaren Substituenten. Da das Sauerstoffatom der Carbonylgruppe im Übergangs-

---

[1] Vgl. [7b] S. 345.

[1]) Es ist möglich, daß $LiAlH(t-BuO)_3$ nicht in dieser Form wirkt, sondern über das Gleichgewicht
$$LiAlH(t-BuO)_3 \rightleftharpoons LiO\text{-}t\text{-}Bu + AlH(t-BuO)_2.$$
BROWN, H. C., u. H. R. DECK: J. Amer. chem. Soc. **87**, 5620 (1965).

6.5.3. Asymmetrische Induktion und Stereochemie

zustand der Reduktionsreaktionen eine negative Teilladung erhält, begünstigen stark elektronenanziehende Substituenten in 4-Stellung des Cyclohexanons elektrostatisch eine cis-Orientierung der beiden Gruppen, so daß 4-MeO-, 4-COOEt, 4-OCOPh, 4-Cl zunehmend mehr axialen Alkohol liefern [1].

Voraussagen über den sterischen Verlauf von Carbonylreaktionen werden um so sicherer, je starrer die Konformation der Carbonylverbindung ist. Die Konformation kann insbesondere dann festgelegt werden, wenn in α- oder β-Stellung zur Carbonylgruppe Substituenten vorhanden sind, die mit dem Nucleophil in Bindung treten können [2].

Beispiele finden sich vor allem bei GRIGNARD-Reaktionen und MEERWEIN-PONNDORF-VERLEY-Reduktionen.

Bei der Umsetzung von (α-Hydroxybenzyl)-p-tolylketon (6.105, 1) mit Phenylmagnesiumbromid reagiert das GRIGNARD-Reagens zunächst mit der Hydroxylgruppe unter Bildung des Chelatkomplexes (6.105, 2), in dem die Konformation der Carbonylverbindung vollständig fixiert ist. Ein zweites Mol der GRIGNARD-Verbindung setzt sich nunmehr normal im Sinne der asymmetrischen Induktion um und liefert nahezu ausschließlich die threo-Verbindung 5 (threo : erythro = 64 : 1) [3].

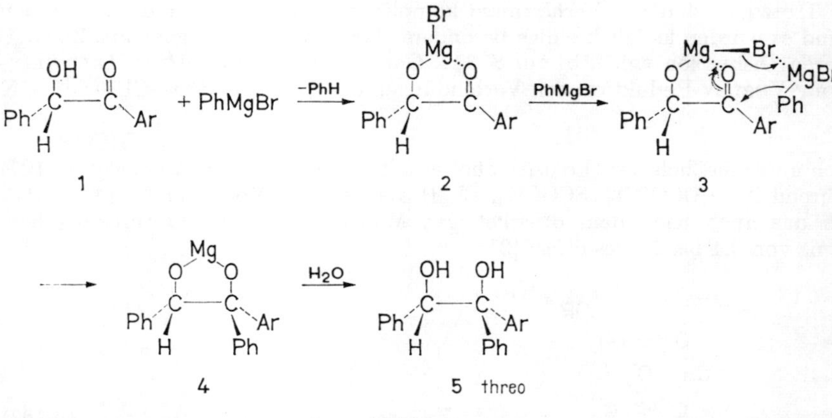

(6.105)

Eine ähnlich drastische Wirkung übt die Aminogruppe im 2-Aminopropiophenon aus (mit p-Tolylmagnesiumbromid 99% erythro) [4].[1]

---

[1] KWART, H., u. T. TAKESHITA: J. Amer. chem. Soc. 84, 2833 (1962); vgl. ACHREM, A. A., A. V. KAMERNICKIJ u. A. M. PROCHODÁ: Ž. org. Chim. 3, 50, 57 (1957).
[2a] CRAM, D. J., u. K. R. KOPECKY: J. Amer. chem. Soc. 81, 2748 (1959); [2a] S. 342.
[2b] CRAM, D. J., u. Mitarb.: J. Amer. chem. Soc. 85, 1245 (1963); 90, 4019 (1968).
[3a] BENJAMIN, B. M., u. C. J. COLLINS: J. Amer. chem. Soc. 78, 4329 (1956).
[3b] Zusammenstellung weiterer Ergebnisse vgl. STOCKER, J. H., P. SIDISUNTHORN, B. M. BENJAMIN u. C. J. COLLINS: J Amer. chem. Soc. 82, 3913 (1960).
[4] BENJAMIN, B. M., H. J. SCHAEFFER u. C. J. COLLINS: J. Amer. chem. Soc. 79, 6160 (1957).

[1]) Der stereochemische Verlauf entspricht völlig (6.105); das andere Diastereomere entsteht, weil die Reihenfolge der Einführung von Ar bzw. Ph gegenüber (6.105) vertauscht ist.

Es ist jedoch zur Ausbildung der starren Konformation gar keine Salzbildung notwendig, sondern auch die Methoxygruppe in 3-Phenyl-3-methoxy-butanon-(2) kann das starre Modell bewirken (vgl. (6.106)) [1].

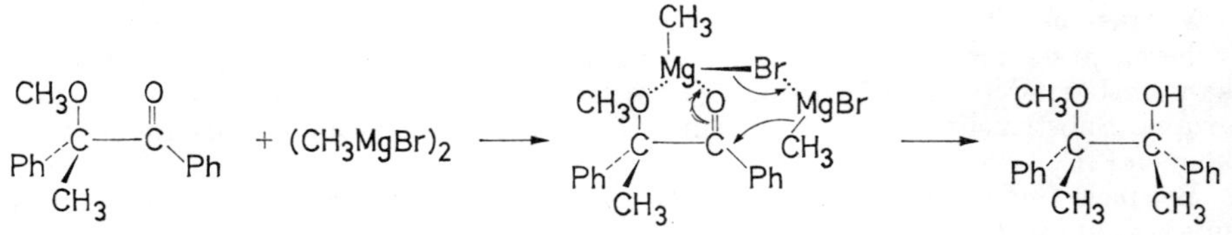

$$
\underset{\underset{\text{erythro : threo = 2:1}}{1}}{\overset{CH_3O}{\underset{Ph}{\diagup}}\overset{O}{\underset{CH_3}{C-C}}\diagdown Ph} + (CH_3MgBr)_2 \longrightarrow \underset{2}{\overset{CH_3}{\underset{CH_3}{\overset{Mg-Br}{\underset{Ph}{\diagup}}\overset{CH_3O}{C}\overset{O}{\underset{Ph}{C}}\overset{MgBr}{\diagdown}CH_3}}} \longrightarrow \underset{\underset{\text{erythro}}{3}}{\overset{CH_3O}{\underset{Ph}{\diagup}}\overset{OH}{\underset{CH_3}{C-C}}\overset{}{\underset{CH_3}{\diagdown Ph}}}
$$

(6.106)

Die Wirkung der zusätzlichen Substituenten sinkt in der Reihe $NH_2 > OH > CH_3O$)
Im allgemeinen ergibt sich aus dem starren Modell gerade das umgekehrte Verhältnis der beiden Stereoisomeren im Vergleich zur Voraussage nach dem offenkettigen Modell. Trotzdem sind die Verhältnisse komplizierter, als hier dargestellt werden kann, und es wurden lediglich einige besonders klar liegende Fälle genannt. Zur eingehenderen Diskussion vgl. [2b] auf S. 347. Ganz ähnlich wird bei der MEERWEIN-PONNDORF-VERLEY-Reduktion von Verbindungen des Typs Ar—CO—CH—CH$_2$—X
$$\hspace{7cm} |$$
$$\hspace{7cm} NHCOR$$
praktisch ausschließlich der threo-Alkohol erhalten, wenn X = OH ist, vgl. (6.107) [2], während X = OCOCH$_3$, SCOCH$_3$, Cl, H kein starres Modell erzwingt, so daß lediglich das auch nach dem offenkettigen Modell voraussehbare threo/erythro-Verhältnis von 2,4 bis 2,8 resultiert [3].

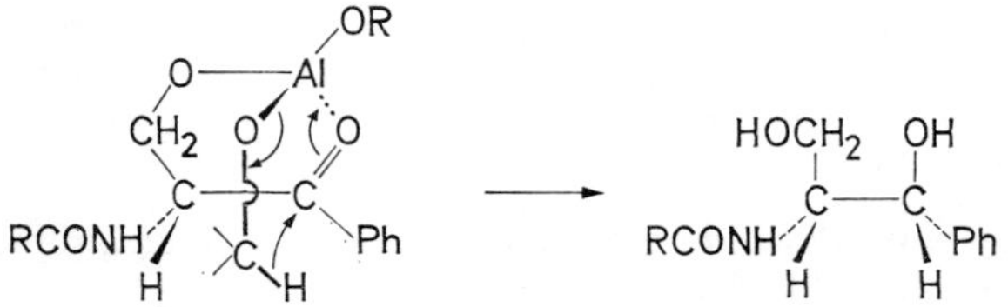

(6.107)

Wenn schließlich die Carbonylverbindung überhaupt kein Asymmetriezentrum enthält, so daß kein Diastereomerenpaar entstehen kann und wenn auch keine starre Konformation vorliegt wie im Cyclohexanon, dann ist eine asymmetrische Induktion nur vom Reagens aus möglich. So wurde eine deutliche Bevorzugung des

---

[1] Vgl. [2b] S. 347.
[2] S CHER, J., M. SVOBODA, M. HRDÁ, J. RUDINGER u. F. ŠORM: Collect. czechoslov. chem. Commun. **18**, 487 (1953).
[3] FLEŠ, D., B. MAJHOFER u. M. KOVAČ: Tetrahedron [London] **24**, 3053 (1968).

6.5.3. Asymmetrische Induktion und Stereochemie

Spiegelbildstereoisomeren (6.108, 2a) gefunden, wenn man tert.-Butylmethylketon mit optisch aktivem 2-Methyl-butylmagnesiumchlorid reduziert [1].

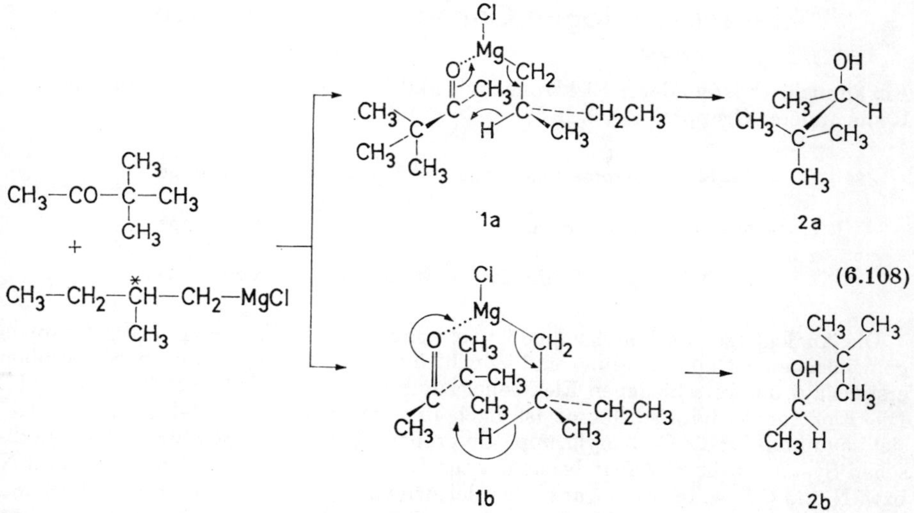

(6.108)

Der Übergangszustand 1a ist wahrscheinlicher, weil die beiden voluminösen Gruppen, tert.-Butyl- und Äthyl-, so weit wie möglich voneinander entfernt sind, während in 1b eine sterische Beeinflussung vorliegt, die die Energie des Übergangszustandes erhöht. Da die asymmetrische Induktion von einem optisch aktiven Stoff ausgeht, entsteht ein optisch aktives Endprodukt.

Die optischen Ausbeuten (prozentualer Anteil des bevorzugt entstehenden Antipoden), hier etwa 15%, steigen an, wenn die Raumfüllung der beiden sich behindernden Substituenten ansteigt. Bei Reduktionen mit optisch aktivem Bornylmagnesiumhalogeniden wurden optische Ausbeuten bis 70% erhalten [2]. Normalerweise bleiben sie jedoch ziemlich bescheiden.

Es muß abschließend erwähnt werden, daß es gelang, das offenkettige Modell der asymmetrischen Induktion zu mathematisieren und mit Hilfe einer Freie-Energie-Beziehung quantitative Voraussagen über den Ablauf derartiger Reaktionen zu machen [3].

---

[1] MOSHER, H. S., u. E. LACOMBE: J. Amer. chem. Soc. 72, 3994 (1950); vgl. auch MOSHER, H. S., u. Mitarb.: J. Amer. chem. Soc. 82, 880 (1960) und dort zitierte weitere Arbeiten.
[2] VAVON, G., B. ANGELO, C. R. hebd. Séances Acad. Sci. 224, 1435 (1947); weitere Beispiele für z. T. hohe optische Ausbeuten vgl. BIRTWISTLE, I. S., K. LEE, J. D. MORRISON, W. A. SANDERSON u. H. S. MOSHER: J. org. Chemistry 29, 37 (1964).
[3] RUCH, E., u. I. UGI: Theoret. chim. Acta [Berlin] 4, 287 (1966); eine ausgezeichnete Übersicht findet sich in: LÜTTRINGHAUS, A., u. R. CRUSE, in: E. L. ELIEL: Stereochemie der Kohlenstoffverbindungen, Verlag Chemie GmbH, Weinheim/Bergstr. 1966, Kap. 16; zum theoretischmathematischen Hintergrund vgl. UGI, I., D. MARQUARDING, H. KLUSACEK, G. GOKEL u. P. GILLESPIE: Angew. Chem. 82, 741 (1970).

6.6. Reaktionen an hetero-analogen Carbonylverbindungen

Ein ähnliches System der π-Elektronen wie in der Carbonylgruppe liegt auch in einer Reihe anderer Gruppen vor, z. B.:

$-C=N-$ Azomethingruppe $\qquad -C\equiv N$ Nitrilgruppe

$-N=O$ Nitrosogruppe $\qquad -\overset{\oplus}{N}\underset{O^\ominus}{\overset{O}{\diagdown}}$ Nitrogruppe

$-S=O$-Gruppe in Sulfoxiden, Sulfonen, Sulfonsäurederivaten.

Die Analogie zur Carbonylgruppe ist sehr sinnfällig. Trotz der all diesen Gruppen gemeinsamen π-Doppelbindung sind jedoch Unterschiede vorauszusehen. Sie beruhen erstens auf der verschiedenen Elektronegativität der beiden verknüpften Elemente. Die Elektronegativitätsdifferenz ist nach den im zweiten Kapitel gegebenen Gesichtspunkten für die Carbonylgruppe am größten, kleiner dagegen für die im periodischen System in unmittelbar benachbarten Gruppen stehenden Elemente C und N bzw. N und O bzw. für die sogar in der gleichen Gruppe befindlichen Elemente S und O. Es ist deshalb von der Elektrostatik her für die oben angeführten Gruppen eine geringere Reaktionsfähigkeit als für die Carbonylgruppe zu erwarten.

Zweitens spielt auch die Polarisierbarkeit des Systems eine große Rolle für die Reaktivität. Sie steigt in der Reihenfolge $C=O < C=N < NO_2 < C\equiv N$ an. Weiterhin liegt in der $S=O$-Gruppe im Gegensatz zur $p_\pi-p_\pi$-Bindung der Carbonylgruppe eine $p_\pi-d_\pi$-Doppelbindung vor.

Schließlich ist die sterische Situation in den genannten Gruppen unterschiedlich. Die genannten Einflüsse wirken zusammen, und es ist nicht möglich, eine allgemeingültige Reihe der Reaktivität gegenüber Nucleophilen aufzustellen.

Nachstehend werden die stickstoffanalogen Carbonylverbindungen behandelt; über die Eigenschaften von Schwefelsäure- und Sulfonsäurederivaten wurden Seite 275 einige Ausführungen gemacht.

6.6.1. Nitrile

Die Nitrilgruppe ist stärker polar und leichter polarisierbar als die Carbonylgruppe. Da am Kohlenstoffatom nur ein weiterer Substituent gebunden ist, sollten Additionsreaktionen weniger der sterischen Hinderung unterliegen als die entsprechenden Carbonylreaktionen. Trotzdem sind Nitrile gegenüber Wasser, Alkoholen und Aminen relativ wenig reaktionsfähig oder sogar ausgesprochen reaktionsträge. Der Grund ist offenbar darin zu suchen, daß die Nitrilgruppe eine ziemlich „weiche" Gruppierung darstellt: Nitrile reagieren bekanntlich leichter mit Schwefelwasserstoff als mit Wasser (Bildung von Thioamiden) und bilden Komplexe mit weichen Metallionen, z. B. $Ag^\oplus$ und $Cu^\oplus$ [1]. Ihre Affinität zu harten Metallionen ist dagegen gering [2]. Sie sind demzufolge viel weniger basisch als Ketone oder Aldehyde (CH_3CN: $pK_A = -10,8$; $PhCN$: $pK_A = -10,8$; $ClCH_2CN$: $pK_A = -12,8$ [3]).

Die Reaktionen mit Säuren — vorwiegend wurden Halogenwasserstoffe untersucht [4] — sind sehr kompliziert. Zunächst bildet sich nur ein Komplex 2, der den Strom nicht leitet und erst langsam in eine salzartige leitende Bindung (Nitriliumsalz 3 bzw. 4) übergeht [5], das häufig ein komplexes Anion HX_2^- enthält:

$$R-C\equiv N| + H-X \xrightleftharpoons{\text{schnell}} R-C\equiv N\cdots H\cdots X \xrightarrow{\text{langsam}} R-\overset{\oplus}{C}\equiv N-H \quad X^\ominus$$
$$\quad\quad 1 \quad\quad\quad\quad\quad\quad\quad\quad 2 \quad\quad\quad\quad\quad\quad\quad\quad\quad 3$$

$$\xrightarrow{HX} R-\overset{\oplus}{C}\equiv N-H \ HX_2^\ominus \xrightarrow{\text{langsam}} R-\underset{\underset{X}{|}}{\overset{\oplus}{C}}=NH_2 \ X^\ominus \quad\quad (6.109)$$
$$\quad\quad\quad\quad\quad 4 \quad\quad\quad\quad\quad\quad\quad\quad\quad\quad 5$$

Die Salzbildung wird sehr gefördert, wenn ein *weiches* komplexes Anion entstehen kann. So ergibt selbst die äußerst starke Fluorsulfonsäure (FSO_3H) bei $-78\,°C$ kein Nitriliumsalz, leicht dagegen in Gegenwart von SbF_5/SO_2 [6].

Die genaue Struktur der Primäraddukte 2 ist nicht bekannt. Da aber selbst die Komplexe mit Übergangsmetallhalogeniden über das Stickstoffatom gebunden sind [7], ist die angegebene Struktur wahrscheinlich.

In Abwesenheit guter Nucleophile lagern die Nitril-Säurekomplexe weiteres Nitril an und liefern vorzugsweise symmetrische Triazine, analog wie in (6.10) für Aldehyde formuliert.

Besitzt die Säure dagegen ein weiches, stark nucleophiles Anion, wie z. B. HBr oder HJ, werden Imidhalogenid-Oniumsalze 5 gebildet [8]. Ähnlich verläuft die sauer katalysierte Hydrolyse von Nitrilen, bei der ein Nitril-Protonsäurekomplex bimolekular angegriffen wird, wie sich aus der beschleunigenden Wirkung von Elektronenakzeptoren im kernsubstituierten Benzonitrilen ergibt [9].

---

[1] KOLTHOFF, I. M., u. J. F. COETZEE: J. Amer. chem. Soc. **79**, 1852 (1957).
[2] ALEXANDER, R., A. J. PARKER: J. Amer. chem. Soc. **89**, 5549 (1967).
[3] DENO, N. C., R. W. GAUGLER u. M. J. WISOTSKY: J. org. Chemistry **31**, 1967 (1966).
[4] Zusammenfassung: ZIL'BERMAN, E. N.: Usp. Chim. **31**, 1309 (1962).
[5] POPOV, A. I., u. W. A. DESKIN: J. Amer. chem. Soc. **80**, 2976 (1958); C. REID, R. S. MULLIKEN: J. Amer. chem. Soc. **76**, 3869 (1954).
[6] OLAH, G. A., u. T. E. KIOVSKY: J. Amer. chem. Soc. **90**, 4666 (1968); vgl. HOGEVEEN, H.: Recueil Trav. chim. Pays-Bas **86**, 1288 (1967) (HF/BF_3); vgl. auch KLAGES, F., R. RUHNAU u. W. HAUSER: Llebigs Ann. Chem. **626**, 60 (1959).
[7] Zusammenfassung: WALTON, R. A.: Quart. Rev. (chem. Soc., London) **19**, 126 (1965).
[8] JANZ, G. J., u. S. S. DANYLUK: J. Amer. chem. Soc. **81**, 3850 (1959).
[9] ZIL'BERMAN, E. N., u. A. J. LAZARIS: Ž. obšč. Chim. **31**, 980 (1961); vgl. LILER, M., u. D. KOSANOVIC: J. chem. Soc. [London] **1958**, 1084; vgl. TRAVAGLI, G.: Gazz. chim. ital. **87**, 830 (1957) (Katalyse durch HgO).

Ob der Komplex (6.109, 2) oder (6.109, 3 bzw. 4) in die Reaktionen verwickelt ist, kann zur Zeit nicht sicher entschieden werden.

$$R-C\equiv N + H-X \longrightarrow R-C=N-H \xrightarrow{-HX} R-C=NH \rightleftharpoons R-C-NH_2$$
$$\underset{H\ \ H}{|\underline{O}|} \qquad \underset{H\ \oplus\ H}{\overset{|}{O}} X^{\ominus} \qquad \underset{}{\overset{|}{OH}} \qquad \underset{}{\overset{\|}{O}}$$

(6.110)

$$R-C\equiv N + H-X \longrightarrow R-C=N-H \rightleftharpoons R-C=\overset{\oplus}{N}H_2 \ X^{\ominus}$$
$$\underset{R\ \ H}{|\underline{O}|} \qquad \underset{R\ \oplus\ H}{\overset{|}{O}} X^{\ominus} \qquad \underset{}{\overset{|}{OR}}$$

Es ist bemerkenswert, daß bei der Hydrolyse von Imidchloriden zu Amiden nicht direkt Wasser an (6.109, 5) angelagert wird, sondern zunächst in einem vorgelagerten Gleichgewicht ein Nitriliumchloridionenpaar (6.109, 3) entsteht, das im geschwindigkeitsbestimmenden Schritt mit Wasser analog (6.110) reagiert [1].

Die Synthese von Imidestern aus Nitrilen und Alkoholen in Gegenwart von Halogenwasserstoff (PINNER-Reaktion) gleicht im Mechanismus der Verseifung; da im Oxoniumzwischenprodukt nur ein Wasserstoffatom verfügbar ist, bleibt die Reaktion auf der Stufe der Iminoverbindung stehen, obwohl durch Umlagerung auch Säureamide entstehen können [2].

Die reaktionsfähigeren, durch —I- oder —M-Gruppen aktivierten Nitrile lagern Alkohole auch in Gegenwart von Alkoholat an, wobei die freien Imidester entstehen.

Diese Reaktion wird erwartungsgemäß durch elektronenanziehende Substituenten im Nitril begünstigt, und man erhielt für substituierte Acetonitrile $\varrho^* = 1{,}32$ [3] und für kernsubstituierte Benzonitrile $\varrho = 1{,}9$ [4]. Da es sich um eine Gleichgewichtsreaktion handelt, sind brauchbare Ausbeuten jedoch nur bei den durch —I- und/oder —M-Gruppen substituierten Vertretern erhältlich, z. B. bei Cl_3C-CN oder Nitrobenzonitrilen [4].

$$R-C\equiv N| + R\underline{O}|^{\ominus} \rightleftharpoons R-C=\overline{N}^{\ominus} \xrightarrow{+ROH,\ -RO^{\ominus}} R-C=N-H$$
$$\underset{}{\overset{|}{RO}} \qquad \underset{}{\overset{|}{OR}}$$

$$R-C\equiv N| + |\underline{O}H^{\ominus} \rightleftharpoons R-C=\overline{N}^{\ominus} \xrightarrow{+H_2O,\ -HO^{\ominus}}$$
$$\underset{}{\overset{|}{OH}}$$

$$R-C=N-H \rightleftharpoons R-C-NH_2$$
$$\underset{}{\overset{|}{OH}} \qquad \underset{}{\overset{\|}{O}}$$

(6.111)

---

[1] UGI, I., F. BECK u. U. FETZER: Chem. Ber. **95**, 126 (1962).
[2] Zusammenfassung unter präparativem Aspekt: ROGER, R., u. D. G. NEILSON: Chem. Reviews **61**, 179 (1961).
[3] CHIANG, M.-C., u. T. -C. TAI: Acta chim. Sinica **30**, 312 (1964).
[4] SCHAEFER, F. C., u. G. A. PETERS: J. org. Chemistry **26**, 412 (1961).

6.6.1. Nitrile

Analog wird die alkalische katalysierte Hydrolyse von Nitrilen ebenfalls durch elektronenanziehende Substituenten beschleunigt [1]. Es ist bemerkenswert, daß $HOO^{\ominus}$ besonders gut reagiert, obwohl es etwa 10^4mal weniger basisch ist als $OH^{\ominus}$; die eingangs gemachten Feststellungen über die „Weichheit" von Nitrilen werden dadurch bestätigt. Die Reaktion liefert über eine Iminoperoxyverbindung ebenfalls das Säureamid [2].

Nitrile setzen sich sehr glatt mit GRIGNARD-Reagenzien um, die ja ebenfalls „weiche" Verbindungen darstellen. Im Prinzip sind die gleichen Reaktionen möglich wie bei den Carbonylverbindungen: Addition, Enolisierung und Reduktion [3]. Die GRIGNARD-Addition verläuft — zumindest im Anfangsstadium — als Reaktion zweiter Ordnung (je erster Ordnung bezüglich Nitril und RMgX) [4]. Da sich um so kleinere Reaktionsgeschwindigkeiten ergeben, je basischer das Lösungsmittel ist, muß das Nitril offenbar ebenso wie bei den Carbonylverbindungen zunächst einen Additionskomplex unter Verdrängung von Lösungsmolekülen liefern, der auch spektroskopisch nachweisbar ist [3]. Allerdings ist Benzonitril gegenüber $(CH_3)_2Mg$ etwa 6000mal weniger reaktionsfähig als Benzophenon [5]. Gute Ausbeuten werden nur bei Einsatz von zwei Molen RMgX pro Mol Nitril erhalten, und man nimmt deshalb einen analogen Übergangszustand an wie bei den entsprechenden GRIGNARD-Additionen der Ketone [5, 6].

GRIGNARD-*Addition*

$$R-C\equiv N| + (RMgX)_2 \rightleftarrows \underset{2}{\begin{array}{c}R\diagdown\,\diagup N\diagdown \\ C \quad Mg-R \\ R\diagup \quad X \\ \diagdown Mg \\ | \\ X\end{array}} \rightarrow \underset{3}{\begin{array}{c}R\diagdown \quad (X)\\ \diagup C=NMgR\\R\end{array}} + RMgX\ (MgX_2) \quad (6.112)$$

$$\xrightarrow{H_2O} \begin{array}{c}R\diagdown\\ \diagup C=O\\R\end{array} + RMgOH\ (XMgOH)$$

Übereinstimmend damit fand man bei der Reaktion von Benzonitril mit Phenylmagnesium Ph_2Mg stark negative Aktivierungsentropien ($\Delta S^{\neq} = -40$ cal/grd · mol), die um so weniger negativ werden, je mehr $MgBr_2$ man der Reaktion zusetzt, da dann offenbar zunächst das sterisch weniger anspruchsvolle $MgBr_2$ an das Nitril-Stickstoffatom koordiniert wird [7], wie dies in (6.112, 2) in Klammern angedeutet ist. Elektronenanziehende Substituenten in Arylcyaniden beschleunigen die Reaktion mit Et_2Mg ($\varrho = +1{,}57$) [5]. Andererseits ergibt sich aus der Umsetzung von Benzo-

---

[1] KINDLER, K.: Liebigs Ann. Chem. **450**, 1 (1926).
[2] MCISAAC, J. E., R. E. BALL u. E. J. BEHRMAN: J. org. Chemistry **36**, 3048 (1971).
[3] Zusammenfassung: BRUYLANTS, A.: Bull. Soc. chim. France **1958**, 1291.
[4] SCALA, A. A., u. E. I. BECKER: J. org. Chemistry **30**, 3491 (1965); vgl. BECKER, E. I.: Trans. New York Acad. Aci. **25**, 513 (1963).
[5] CITRON, J. D., u. E. I. BECKER: Canad. J. Chem. **41**, 1260 (1963).
[6] STORFER, S. J., u. E. I. BECKER: J. org. Chemistry **27**, 1868 (1962).
[7] EDELSTEIN, H., u. E. I. BECKER: J. org. Chemistry **31**, 3375 (1966).

nitril mit Arylmagnesiumbromiden $\varrho = -2,85$, was auf einen erheblichen Carbanioncharakter der Reaktion hinweist [1].

Der GRIGNARD-Reduktion entspricht der nachstehende Verlauf der Reaktion von Benzylmagnesiumchlorid mit Triphenylacetonitril. Dabei wandert außerdem die Nitrilgruppe zum Alkylrest der GRIGNARD-Verbindung [2].

GRIGNARD-Reduktion

$$\begin{array}{c}\text{Ph}\\ \text{Ph}\!-\!\text{C}\!-\!\text{C}\!\equiv\!\text{N} \;+\; \text{Ph}\!-\!\text{CH}_2\!-\!\text{Mg}\!-\!\text{Cl} \;\longrightarrow\; \begin{array}{c}\text{Ph}\;\text{Ph}\\ \text{C}\\ \text{C}\;\;\text{H}\\ \text{N}\cdots\;\text{CH}\!-\!\text{Ph}\\ \text{Mg}\\ \text{Cl}\end{array}\end{array}$$

(6.113)

$$\longrightarrow \begin{array}{c}\text{Ph}\;\text{Ph}\\ \text{C}\\ \text{H}\end{array} \;+\; \begin{array}{c}\text{N}\!\equiv\!\text{C}\!-\!\text{CH}\!-\!\text{Ph}\\ \text{Mg}\\ \text{Cl}\end{array} \xrightarrow{H_2O} \;\text{Ph}\!-\!\text{CH}_2\!-\!\text{CN}$$

Der Vorgang ist nicht genau der gleiche wie bei Carbonylverbindungen, sondern als eine reduktive Verdrängung der Nitrilgruppe zu bezeichnen. Als Beweis für die obige Formulierung darf gelten, daß sich Tritium im Triphenylmethan wiederfindet, wenn man α-ständig mit Tritium markiertes Benzylmagnesiumchlorid verwendet.

In ähnlicher Weise wie bei den Carbonylverbindungen kann auch bei Nitrilen vom Typ R—CH$_2$—CN unter dem Einfluß von GRIGNARD-Reagens „Enolisierung" eintreten („*Keteniminierung*"):

$$\text{R}\!-\!\text{CH}_2\!-\!\overset{\text{R}}{\text{C}}\!=\!\text{O} \xrightarrow{RMgX} \text{R}\!-\!\text{CH}\!=\!\overset{\text{R}}{\text{C}}\!-\!\text{OMgX} \;+\; \text{RH}$$
Enolisierung

(6.114)

$$\text{R}\!-\!\text{CH}_2\!-\!\text{C}\!\equiv\!\text{N} \xrightarrow{RMgX} \text{R}\!-\!\text{CH}\!=\!\text{C}\!=\!\text{N}\!-\!\text{MgX} \;+\; \text{RH}$$
Keteniminierung

Diese Konkurrenzreaktion ist ziemlich ausgeprägt und um so leichter möglich, je stärker der α-ständige Wasserstoff durch weitere Gruppen gelockert wird (Phenyl- und noch stärker p-Nitrophenylgruppen). Auf der anderen Seite bewirken GRIGNARD-Reagenzien um so leichter Keteniminierung, je basischer sie selbst sind und je schwerer sie infolge ihres räumlichen Baues an der Nitrilgruppe addiert werden können (z. B. tert.-Butylmagnesiumhalogenid ≫ Methylmagnesiumhalogenid) [3].

Die Folgereaktion der Keteniminierung ist eine der CLAISEN-Kondensation analoge Umsetzung mit weiterem Nitril, wobei ein Enaminnitril entsteht. Sind beide Nitrilgruppen im gleichen Molekül enthalten (Dinitrile), erhält man entsprechende

---

[1] Vgl. [7] S. 353.
[2] RAAEN, V. F., u. J. F. EASTHAM: J. Amer. chem. Soc. **79**, 6088 (1957).
[3] Vgl. [3] S. 353.

ringförmige Enaminnitrile. Diese Synthese hat eine gewisse Bedeutung zur Darstellung von mittleren und großen Ringen erlangt (K. ZIEGLER) [1]:

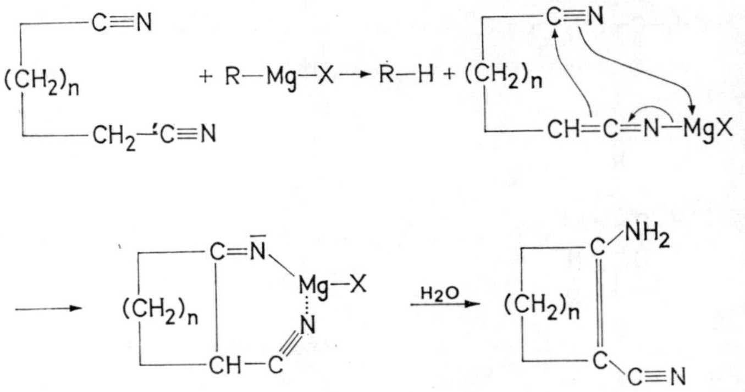

$$
\begin{array}{c}
\underset{(CH_2)_n}{\overset{C\equiv N}{\diagdown}}\! \\ CH_2-C\equiv N
\end{array}
+ R-Mg-X \longrightarrow R-H +
\begin{array}{c}
(CH_2)_n \\ CH=C=N-MgX
\end{array}
$$

(6.115)

$$
\longrightarrow
\begin{array}{c}
(CH_2)_n \\ C=\bar{N} \\ Mg-X \\ CH-C\equiv N
\end{array}
\xrightarrow{H_2O}
\begin{array}{c}
(CH_2)_n \\ C-NH_2 \\ C-C\equiv N
\end{array}
$$

Derartige Ringschlüsse müssen in hoher Verdünnung durchgeführt werden, damit die Wahrscheinlichkeit für einen intermolekularen Zusammenstoß der reaktionsfähigen Gruppen zugunsten des intramolekularen herabgesetzt wird („Verdünnungsprinzip").

Enaminnitrile sind ganz analog auch mittels Natriumalkoholat oder Natriumamid darstellbar („Dinitrile" nach E. v. MEYER).

6.6.2. Azomethine

Die Azomethingruppe hat als Carbonylanalogon eine erhebliche Bedeutung.

Bereits weiter oben wurde im Zusammenhang mit der Entstehung von Azomethinen auch deren Verseifung besprochen. Als wichtigstes Azomethin ist das Zwischenprodukt der MANNICH-Reaktion zu nennen, das als ein stickstoff-analoger Formaldehyd aufgefaßt werden kann:

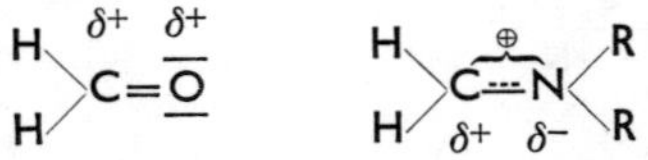

$$\underset{H}{\overset{H}{\diagdown}}\!C\overset{\delta+}{=}\overset{\delta+}{\underline{O}} \qquad \underset{H}{\overset{H}{\diagdown}}\!\underset{\delta+}{C}\overset{\oplus}{=}\!\underset{\delta-}{N}\!\!\diagup\!\overset{R}{\diagdown}\!R$$

Infolge der positiven Ladung, die zwischen Kohlenstoff- und Stickstoffatom delokalisiert ist, liegt die elektrophile Reaktivität des MANNICH-Kations viel höher als im ungeladenen Azomethin und entspricht etwa der des Formaldehyds. Es können sich deshalb selbst relativ schwach nucleophile Stoffe wie Ketone leicht an das Kation addieren, wobei der Mechanismus einer durch Säuren katalysierten Aldoladdition

---

[1] ZIEGLER, K., in: HOUBEN-WEYL: Methoden der organischen Chemie, Bd. IV/2, Georg Thieme Verlag, Stuttgart 1955, S. 729; vgl. ALLINGER, N. L., u. Mitarb.: J. Amer. chem. Soc. **81**, 4074, 5733 (1959); **83**, 1664, 1144 (1961).

entspricht. Übereinstimmend damit erfolgt die MANNICH-Reaktion höheren Methylketonen nicht an der Methyl-, sondern an der Methylengruppe (vgl. auch Abschn. 6.4.2.):

$$CH_3-\underset{\underset{O}{\|}}{C}-CH_2-R + H^\oplus \rightleftharpoons CH_3-\underset{\underset{\underset{H}{|}}{\overset{\oplus}{O}}}{C}-CH_2-R \rightleftharpoons CH_3-\underset{\underset{OH}{|}}{C}=CH-R + H^\oplus$$

$$CH_3-\underset{\underset{H}{\overset{O}{\underset{|}{\searrow}}}}{\overset{\overset{R}{|}}{\underset{|}{C}}}\overset{CH}{\underset{\underset{R}{|}}{\underset{N}{\cdot\cdot}}}CH_2\}\oplus \longrightarrow CH_3-\underset{\underset{O}{\|}}{C}-\underset{\underset{R}{|}}{C}H-CH_2-\underset{\underset{H}{|}}{\overset{\oplus}{N}}\overset{R}{\underset{R}{\diagdown}} \tag{6.116}$$

„MANNICH–Base" (Salz)

Im Gegensatz zur Formulierung (6.116) liegt bei der MANNICH-Reaktion nicht das reaktionsfähige Kation $CH_2NR_2^\oplus$ fertig vor, sondern man setzt sekundäres Amin (seltener primäres Amin oder Ammoniak) als Hydrochlorid und Formaldehyd gemeinsam mit dem Keton ein. Unter diesen Umständen folgt die Reaktion einem Geschwindigkeitsgesetz dritter Ordnung (je erster Ordnung bezüglich jedes genannten Reaktionspartners) [1, 2]. Da das MANNICH-Kation nur aus *freiem*, im Gleichgewicht mit seinem Salz vorliegenden Amin entstehen kann (vgl. S. 265), sinkt die Reaktionsgeschwindigkeit unterhalb pH 3 stark ab. Als geschwindigkeitsbestimmend wird der (6.116) formulierte Aldoladditionsschritt angesehen, in den natürlich das vorgelagerte Gleichgewicht für die Bildung des MANNICH-Kations eingeht [2, 3].

Bei der Reaktion von Methylenbis-(aminen), die in Gegenwart von Säure unter Abspaltung von Dialkylammoniumsalz ebenfalls leicht MANNICH-Kationen liefern, mit Nitromethan wurde dementsprechend nur eine Reaktion zweiter Ordnung (erste Ordnung bezüglich jedes der beiden Partner) gefunden [4].

Wahrscheinlich geht auch die bekannte Synthese von α-Aminosäurenitrilen nach A. STRECKER analog vonstatten, bei der man Alkalicyanid und Ammonium- bzw. Alkylammoniumsalz auf einen Aldehyd einwirken läßt.

$$R-CHO + R-\overset{\oplus}{N}H_3 \rightleftharpoons R-CH\overset{\oplus}{\cdots}N\overset{R}{\underset{H}{\diagdown}}$$

$$\oplus\{\underset{\underset{R}{|}}{\overset{R}{\underset{N}{\diagdown}}}\overset{CH}{\underset{H}{\diagup}} + {}^\ominus|C\equiv N \longrightarrow \underset{R-\underline{N}H}{R-CH-C\equiv N} \tag{6.117}$$

---

[1] Vgl. [1a] S. 268.
[2] Vgl. [1c] S. 268; vgl. auch FARBEROV, M. I., u. G. C. MIRONOV: Kinetika i Kataliz **4**, 526 (1963).
[3] LIEBERMANN, S. V., u. E. C. WAGNER: J. org. Chemistry **14**, 1001 (1949).
[4] FERNANDEZ, J. E., u. J. S. FOWLER: J. org. Chemistry **29**, 402 (1964).

6.6.2. Azomethine

Azomethine lagern allgemein leicht Blausäure an. Übereinstimmend damit erhält man aus Alkylcyclohexanonen nach der Verseifung Aminosäuren, die die Carboxylgruppe in axialer Position enthalten (vgl. auch Tab. 6.103) [1]. Wenn die Reaktion über das Ketoncyanhydrin verliefe, wäre dagegen das Isomere mit äquatorialer Nitril- bzw. Carboxylgruppe zu erwarten [2]. Das ist bei der Hydantoinvariante (Umsatz im alkalischen Bereich mit KCN/K_2CO_3) wirklich der Fall [1].

Die weniger reaktionsfähigen Azomethine der höheren Aldehyde lagern insbesondere stärkere Pseudosäuren, z. B. β-Dicarbonylverbindungen relativ leicht an. In diesem Fall geht die Reaktion aber normalerweise über die Addition hinaus, und es entsteht unter Eliminierung des Amins das bei den β-Dicarbonylverbindungen besonders energiearme System einer α,β-ungesättigten Carbonylverbindung.

Besonders glatt setzt sich Malonsäure um. So entstehen z. B. beim Erhitzen von Benzalmethylamin mit Malonsäure in Alkohol Zimtsäure und β-Methylamino-β-phenyl-propionsäure zu etwa gleichen Teilen. Dabei wird zunächst ein Proton von der Malonsäure auf das Azomethin übertragen, dessen Reaktionsfähigkeit dadurch steigt. Das Malonsäureanion kann andererseits in die tautomere Enolform übergehen, die sich addiert. Die Decarboxylierung entspricht der bereits in (5.54) formulierten Reaktion:

$$Ph-CH=NCH_3 + HOOC-CH_2-COOH \rightleftharpoons Ph-CH\overset{\oplus}{-}\underset{H}{N}-CH_3 + CH_2\begin{matrix}COOH\\C\underset{\bar{O}|^{\ominus}}{\overset{O}{\diagup}}\end{matrix}$$

(6.118)

$$Ph-CH=CH-COOH + CH_3-NH_2 + CO_2$$

Einen ähnlichen Verlauf nimmt möglicherweise auch die KNOEVENAGEL- bzw. KNOEVENAGEL-DOEBNER-Reaktion (Umsatz von — meist aromatischen — Aldehyden mit Malonsäureester bzw. Malonsäure in Gegenwart primärer oder sekundärer Amine).

Die Verhältnisse sind jedoch weitaus komplizierter als hier dargestellt werden kann; ein ausgezeichneter Überblick über das bisher publizierte experimentelle Material und die daraus gezogenen Schlußfolgerungen findet sich in [3].

Die Fähigkeit zu carbonylanalogen Aldolreaktionen ist insbesondere auch in ringförmigen Azomethinstrukturen vom Typ des Pyridins vorhanden. Entsprechend der

---

[1] MUNDAY, L.: J. chem. Soc. [London] **1961**, 4372; BRIMELOW, H. C., H. C. CARRINGTON, C. H. VASEY u. W. S. WARING: J. chem. Soc. [London] **1962**, 2789; vgl. aber CHISHOLM, M., u. R. J. W. CREMLYN: Tetrahedron Letters [London] **1967**, 1373.
[2] MOUSSERON, M., J.-M. KAMENKA u. M. R. DARVICH: Bull. Soc. chim. France **1970**, 208.
[3] JONES, G.: Org. Reactions **15**, 204 (1967).

durch das aromatische System bewirkten Stabilisierung der C=N-Doppelbindungen sind relativ scharfe Reaktionsbedingungen und reaktionsfähige Reagenzien (sehr starke Basen) notwendig. Den bekanntesten Fall stellt die Aminierung von Pyridinen und Chinolinen durch Alkaliamid dar (Tschitschibabin-Reaktion). Im wahrscheinlich geschwindigkeitsbestimmenden Schritt lagert sich Alkaliamid an die Azomethinbindung an, analog der Entstehung von Aldehyd-Ammoniakaddukten. Das Addukt enthält das Metallion entweder homöopolar oder stellt ein Ionenpaar dar. Im weiteren Verlauf wird durch das Metallion oder das entstandene Aminoprodukt ein Hydridion abgespalten, begünstigt durch die Rückbildung des aromatischen Systems, so daß direkt bzw. über eine Deprotonierung des entstandenen Amins das Alkalisalz (6.119, 4) entsteht.

$$(6.119)$$

3-Methylpyridin liefert mit Natriumamid in Toluol bevorzugt das 2-Amino-3-methylpyridin und nur wenig 6-Aminoverbindung (90:10). Da außerdem die 2-Deuterioverbindung weder H/D-Austausch, noch einen kinetischen H/D-Isotopeneffekt zeigt, ist ein Verlauf über ein heterocyclisches Arin („Hetarin") ebenso wie eine langsame Abspaltung des Hydridions ausgeschlossen [1].

Ein analoger Mechanismus ist für die Arylierung durch Lithiumaryle bzw. Alkylierung durch Alkyllithium anzunehmen [2]. In diesem Fall läßt sich bei tiefer Temperatur das bei der TSCHITSCHIBABIN-Reaktion nicht faßbare Addukt isolieren, das bei höherer Temperatur oder durch Oxydation mit Luftsauerstoff das aromatische Reaktionsprodukt bildet [3]. Das Lithiumkation ist offenbar in die Reaktion einbezogen, die demnach ganz der Addition von GRIGNARD-Verbindungen an Carbonylgruppen an die Seite zu stellen ist. Es läßt sich allerdings nicht entscheiden, ob eine homöopolare N—Li-Bindung oder ein Ionenpaar vorliegt [4].

$$(6.120)$$

[1] ABRAMOVITCH, R. A., F. HELMER u. J. G. SAHA: Canad. J. Chem. **43**, 725 (1965).
[2] ABRAMOVITCH, R. A., u. CHOO-SENG GIAM: Canad. J. Chem. **42**, 1627 (1964) und dort zitierte weitere Literatur; Chem. Commun. **1967**, 274.
[3] ZIEGLER, K., u. H. ZEISER: Ber. dtsch. chem. Ges. **63**, 1847 (1930).
[4] FRAENKEL, G., u. J. C. COOPER: Tetrahedron Letters [London] **1968**, 1825 und dort zitierte weitere Literatur.

6.6.2. Azomethine

In Stickstoffheterocyclen mit mehreren Stickstoffatomen im Ring ist die Affinität der C=N-Doppelbindung gegenüber Nucleophilen infolge des —I-Effektes des weiteren Stickstoffatoms erhöht, und derartige Verbindungen können in wäßriger Lösung kovalent hydratisiert werden [1]. Chinazolin (1.3-Diaza-naphthalin) liegt in wäßriger Lösung bei 20 °C zu etwa 10^{-2} % kovalent hydratisiert vor. Im sauren Gebiet steigert sich dieser Anteil auf etwa 22%, da die Salzbildung den Elektronenzug auf die C=N-Gruppe weiter verstärkt.

Auch durch Quaternierung wird die Azomethinbindung in Stickstoffheterocyclen stärker polar und damit leichter nucleophil angreifbar. Die freien quartären Basen gehen deshalb in einer schnellen Gleichgewichtsreaktion leicht in die sogenannten Pseudobasen über [2]. Diese stellen stickstoffanaloge Halbacetale dar und werden unter der Einwirkung von Alkali leicht aufgespalten, wobei Formylverbindungen (bzw. allgemeiner Acylverbindungen) entstehen. Daß die Deprotonierung/Ringspaltung geschwindigkeitsbestimmend ist, wurde in einigen Fällen nachgewiesen.

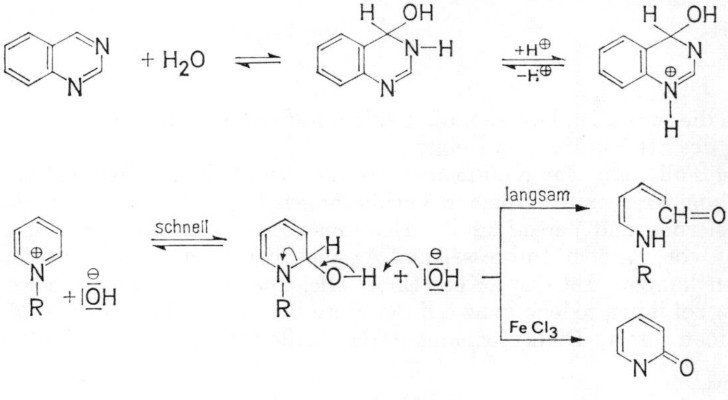

(6.121)

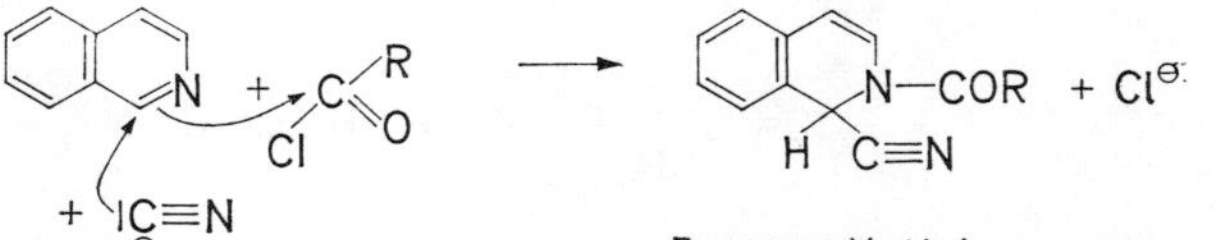

(6.122)

REISSERT-Verbindung

Die Pseudobasen lassen sich andererseits leicht zu Lactamen oxydieren. Schließlich läßt sich die Reaktivität aromatischer C=N-Bindungen auch durch Einwirkung eines Säurechlorids steigern; in Gegenwart von CN^- erhält man auf diese Weise leicht REISSERT-Verbindungen, die wertvolle Synthesezwischenprodukte darstellen [3].

---

[1] Zusammenfassung: ALBERT, A.: Angew. Chem. 79, 913 (1967). ALBERT, A., u. W. L. F. ARMAREGO, in: Advances in Heterocyclic Chemistry Vol. 4, Academic Press, New York/London 1965, S. 1; D. D. PERRIN, ibid. S. 43.

[2] Zusammenfassung: BEKE, D.: Advances in Heterocyclic Chemistry, Vol. 1, Academic Press, New York/London, 1963, S. 167.

[3] Zusammenfassungen: McEWEN, W. E., u. R. L. COBB: Chem. Reviews 55, 511 (1955), POPP, F. D.: Advances in Heterocyclic Chemistry, Vol. 9, Academic Press, New York/London 1968, S. 1.

Die Fähigkeit von Azomethinen, als C—H-acide Verbindungen am α-Kohlenstoffatom zu reagieren, ist naturgemäß weniger ausgeprägt als bei Carbonylverbindungen, weil der Elektronenzug des Stickstoffatoms kleiner ist. Trotzdem sind Aldolreaktionen möglich, z. B. beim α- oder γ-Picolin.[1]) Von Interesse sind insbesondere die Aldoladdukte des Formaldehyds, da diese leicht in Vinylpyridine übergehen, die als Komponenten für Mischpolymerisate geeignet sind.

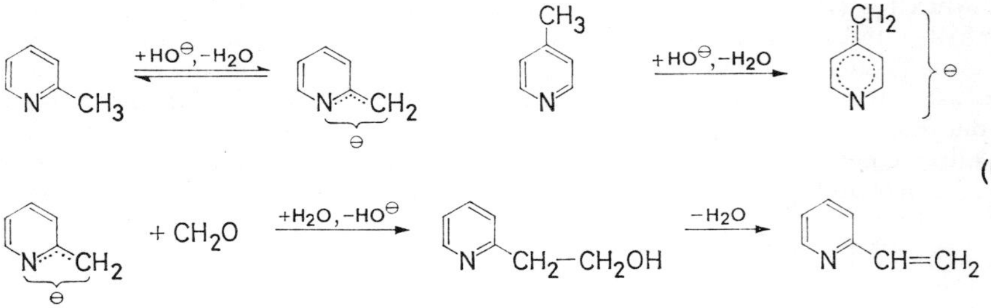

(6.123)

Auch in diesen Fällen läßt sich die Reaktivität der α-Methylengruppe durch Quaternierung des Stickstoffatoms steigern.

Dieser Fall ist in der KRÖHNKE-Reaktion verwirklicht, Umsatz von Arylmethylpyridiniumsalzen und ähnlichen Verbindungen (vgl. Tab. 6.3) mit Aldehyden, Dehydratisierung und Verseifung des Enamins zum entsprechenden Keton [1].

Es ist von großem Interesse, daß Azomethine auch als stickstoffanaloge Enole vorliegen können. Da das „Keto-Enol"-Gleichgewicht (Azomethin-Enamin-Gleichgewicht) bei ihnen jedoch ganz auf der Seite der Azomethine liegt, sind Enamine im allgemeinen nur als Dialkyl-Enamine, das heißt als Analoga der Enoläther existenzfähig.

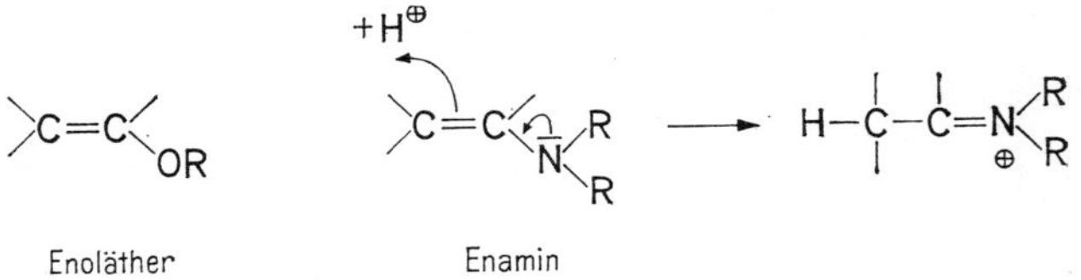

(6.124)

Enoläther   Enamin

Enamine werden unter anderem leicht durch Umsetzung von Aldehyden oder Ketonen mit sekundären Aminen in alkalischem Medium erhalten, wobei zunächst ein Alkyliden-bisamin entsteht, das bei der Destillation ein Molekül Amin abspaltet [2].

---

[1] Zusammenfassung: KRÖHNKE, F.: Angew. Chem. **65**, 605 (1953).
[2] Zusammenfassungen über Darstellung und Reaktionen: SZMUSZKOVICZ, J.: Advances in Organic Chemistry, Vol. 4, Interscience Publishers, New York/ London, 1963, S. 1. COOK, A. G. (Herausgeber): Enamines, Marcel Dekker Inc., New York/London 1969.

[1]) Das γ-Picolin ist ein vinyloges Azomethin.

6.6.2. Azomethine

Es ist für die Elektronenstruktur der Enamine charakteristisch, daß sie im allgemeinen nicht am Stickstoffatom protoniert werden, sondern am β-Kohlenstoffatom. Da Enamine ebenso wie Enole zu den elektronenreichen Olefinen gehören und das Stickstoffatom ein stärkerer Elektronendonator ist als die Carbonylgruppe, ergibt sich die paradoxe Situation, daß Azomethine zwar schlechtere C—H-acide Verbindungen darstellen als Ketone oder Aldehyde, die Enamine jedoch gegenüber Elektrophilen reaktionsfähiger sind als die Enole. Da die C=O-Gruppe andererseits leichter mit Nucleophilen reagiert als die C=N-Gruppe, läßt sich die Reaktionsrichtung von Aldolreaktionen in der folgenden Weise vertauschen: Während Aldehyde bei der gemischten Aldoladdition mit Ketonen stets die Carbonylkomponente stellen (höhere Reaktivität der Aldehyd-Carbonylgruppe, vgl. Abschn. 6.3.2.), kehrt sich das Verhältnis um, wenn man den Aldehyd als Azomethin bzw. Enamin in die Reaktion einsetzt [1]:

$$R-CH_2-CH=O \xrightarrow{+RNH_2} R-CH_2-CH=NR \xrightarrow[-HNR_2]{+LiNR_2}$$

$$R-CH=CH-\overset{\ominus}{N}-R \longleftrightarrow R-\overset{\ominus}{CH}-CH=NR \equiv R-\overset{\ominus}{CH\cdots CH\cdots NR}$$

$$R-\overset{\ominus}{CH\cdots CH\cdots NR} + \underset{CH_3}{\overset{R}{>}}C=\overset{-}{O} \rightarrow R-\underset{\underset{NR}{\overset{\parallel}{CH}}}{\overset{R}{\underset{|}{C}}}-\overset{-}{\underset{CH_3}{O}}|^{\ominus} \xrightarrow{H_2O} R-\underset{\underset{NR}{\overset{\parallel}{CH}}}{\overset{R}{\underset{|}{C}}}-\underset{CH_3}{\overset{|}{O}H}$$

$$\xrightarrow{+H^{\oplus}/H_2O} R-\underset{\underset{CHO}{|}}{\overset{R}{\underset{|}{CH}}}-\underset{CH_3}{\overset{|}{C}}-OH \tag{6.125}$$

Enamine sind weiterhin leicht alkylierbar oder acylierbar:

$$\overset{\frown}{>N}-\overset{\frown}{C}\overset{\frown}{=}C< + R\overset{\frown}{-}X \longrightarrow >\overset{\oplus}{N}=C-C<R \xrightarrow{H_2O} O=C-C-R$$
$$\underset{1}{} \qquad\qquad\qquad\qquad X^{\ominus}$$

(6.126)

$$1 + \underset{X}{\overset{R}{>}}C=O \longrightarrow >\overset{\oplus}{N}=C-C-COR \xrightarrow{H_2O} O=C-C-COR$$
$$\qquad\qquad\qquad X^{\ominus}$$

Die Verhältnisse sind allerdings insofern etwas komplizierter als formuliert, da Enamine ebenso wie Carbonylverbindungen ambidente Verbindungen darstellen, die sowohl am β-Kohlenstoffatom wie auch am Stickstoffatom angegriffen werden können (Einzelheiten vgl. [1] S. 360).

---

[1] WITTIG, G., u. H.-D. FROMMELD: Chem. Ber. **97**, 3548 (1964); vgl. VOLKOVA, N. V., u. A. A. JASNIKOV: Doklady Akad. Nauk SSSR **149**, 94 (1963).

6.6.3. Nitroverbindungen [1]

Die Nitrogruppe kann allenfalls formal mit der Carbonylgruppe verglichen werden, da nicht eigentlich eine carbonylanaloge N=O-Gruppierung vorliegt, sondern nach den Ergebnissen quantenchemischer Berechnungen herrscht völliger Ladungsausgleich zwischen den beiden Sauerstoffatomen [2]. Als Vergleichspartner ist dann das Carboxylation geeigneter, in dem jedoch keine Carbonyleigenschaften mehr vorhanden sind.

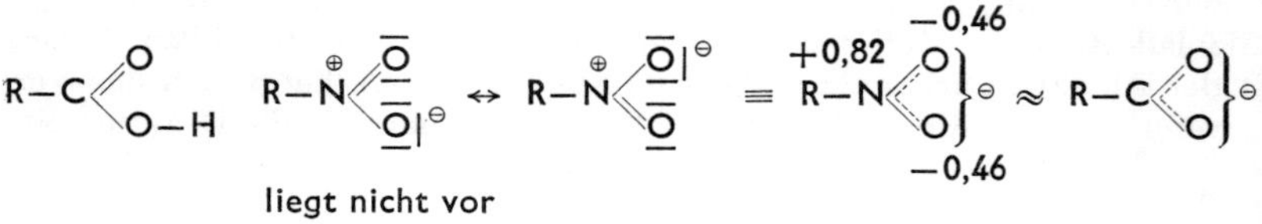

$$R-C\overset{O}{\underset{O-H}{\diagdown}} \quad R-N\overset{\overline{\underline{O}}}{\underset{\overline{|\underline{O}|}^{\ominus}}{\diagdown}}^{\oplus} \leftrightarrow R-N\overset{\overline{\underline{|O|}}^{\ominus}}{\underset{\overline{\underline{O}}}{\diagdown}}^{\oplus} \equiv R-N\overset{\substack{-0,46\\+0,82\\O}}{\underset{\substack{O\\-0,46}}{\diagdown}}^{\ominus} \approx R-C\overset{O}{\underset{O}{\diagdown}}^{\ominus} \quad (6.127)$$

liegt nicht vor

Im Gegensatz zu den Carbonsäuren tauschen demzufolge Nitroverbindungen keinen Sauerstoff beim Behandeln mit $H_2^{18}O$ in saurer oder alkalischer Lösung aus [3], obwohl das wenig voluminöse Reagens noch am leichtesten eine mögliche sterische Hinderung des nucleophilen Angriffs am Stickstoffatom überwinden sollte.

Tatsächlich sind jedoch Reaktionen bekannt, die als Analoga von Aldolkondensation aufgefaßt werden könnten, z. B. [4]:

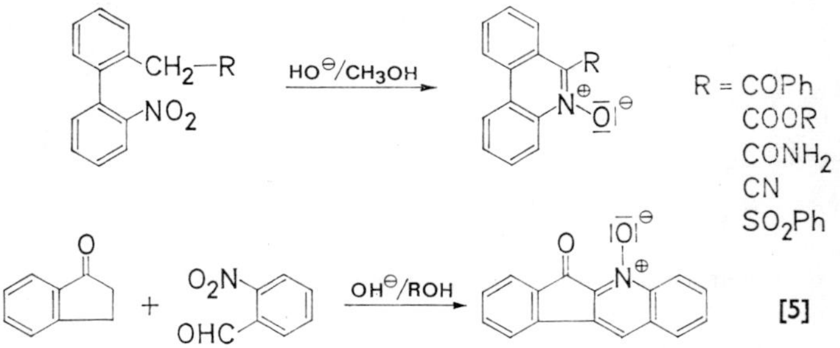

$$\text{(Reaktionsschema)} \quad R = COPh, COOR, CONH_2, CN, SO_2Ph \quad (6.128)$$

[5]

Der Mechanismus derartiger Umsetzungen ist jedoch ungeklärt und nicht unbedingt vom Aldoltyp. Offenbar sind nur Synthesen von cyclischen Nitronen möglich, denn offenkettige solvolysieren unter den Reaktionsbedingungen zu den Ausgangsverbindungen, z. B. das Nitron $Ph-CH=\overset{\oplus}{\underset{|\underline{O}|^{\ominus}}{N}}-Ph$ zu Benzaldehyd und Nitrobenzol [5].

---

[1] Zusammenfassung über die Möglichkeit carbonylanaloger Reaktionen: BUCK, P.: Angew. Chem. **81**, 136 (1969).
[2] OWEN, A. J.: Tetrahedron [London] **23**, 1857 (1967).
[3] ROBERTS, I.: J. chem. Physics **6**, 294 (1938); GRAGEROV, I. P., u. A. F. LEVIT, Ž. obšč. Chim. **30**, 3726 (1960); FRY, A., u. M. LUSSER: J. org. Chemistry **31**, 3422 (1966).
[4] Zusammenfassung: LOUDON, J. D., u. G. TENNANT: Quart. Rev. (chem. Soc., London) **18**, 389 (1964).
[5] HASSNER, A., u. D. R. FITCHMUN: Tetrahedron Letters [London] **1966**, 1991.

6.6.3. Nitroverbindungen

Auch für die Sauerstoffatome der Nitrogruppe besteht keine sehr enge Analogie zur Carboxylatgruppe; ihre Basizität ist im Gegensatz zur Formulierung (6.127) äußerst niedrig: Die $pK_{BH^\oplus}$-Werte aromatischer Nitroverbindungen liegen im Bereich von $-10 \cdots -14$ [1]. Im Gegensatz dazu ist die Reaktivität primärer und sekundärer Nitroverbindungen als C—H-acide Verbindungen und damit als Methylenkomponenten in Aldolreaktionen sehr ausgeprägt. Wie bereits in Tabelle 6.45 zum Ausdruck kam, sind Nitroverbindungen sehr starke C—H-Säuren, und Dinitromethan ($pK_A = 3,6$) erreicht bereits die Stärke der Ameisensäure.

Die Deprotonierung ist demzufolge bereits durch relativ schwache Basen möglich. Das gebildete Anion wird analog wie in (6.44) durch Mesomerie und außerdem den großen Induktionseffekt der Nitrogruppe stabilisiert. Das Anion liegt offensichtlich weitgehend als Salz einer ,,Aciform" vor und wird beim Ansäuern auch zunächst an einem der beiden Sauerstoffatome protoniert; die gebildete Aciform ist im Gegensatz zu den einfachen Enolen häufig geraume Zeit nachweisbar und lagert sich nur langsam in die Nitroform um.

In neutralem Medium liegt das Nitro-Acinitro-Gleichgewicht fast völlig auf der linken Seite [2].

$$
\begin{aligned}
&\text{R—CH}_2\text{—N}^{\oplus}(\overline{\text{O}})(\overline{\text{O}}|^{\ominus}) + \text{B}|^{\ominus} \rightleftarrows \text{BH} + \text{R—CH=N}^{\oplus}(\overline{\text{O}}|^{\ominus})(\overline{\text{O}}|^{\ominus}) \\
&\text{R—CH=N}(\overline{\text{O}}|^{\ominus})(\overline{\text{O}}|^{\ominus}) + \text{H}^{\oplus} \rightleftarrows \text{R—CH=N}^{\oplus}(\text{O—H})(\overline{\text{O}}|^{\ominus}) \rightleftarrows \text{R—CH}_2\text{—N}^{\oplus}(\overline{\text{O}})(\overline{\text{O}}|^{\ominus})
\end{aligned}
\tag{6.129}
$$

Infolge der hohen C—H-Acidität von Nitroverbindungen verläuft die gemischte Adolreaktion mit Aldehyden stets so, daß die Nitroverbindung die Methylenkomponente stellt, während andererseits sogar der sehr stark zur Aldoladdition mit sich selbst neigende Acetaldehyd praktisch ausschließlich mit dem leichter entstehenden Acinitrosystem reagiert:

$$
\begin{aligned}
&\text{R—CH}_2\text{—N}^{\oplus}(\overline{\text{O}})(\overline{\text{O}}|^{\ominus}) + \text{B}|^{\ominus} \rightleftarrows \text{R—CH=N}^{\oplus}(\overline{\text{O}}|^{\ominus})(\overline{\text{O}}|^{\ominus}) + \text{B—H} \\
&\text{R—CH=O} + \text{R—CH=N}^{\oplus}(\overline{\text{O}}|^{\ominus})(\overline{\text{O}}|^{\ominus}) \rightleftarrows \text{R—CH(}\overline{\text{O}}|^{\ominus}\text{)—CH(R)—N}^{\oplus}(\overline{\text{O}})(\overline{\text{O}}|^{\ominus}) \\
&\xrightarrow{+\text{BH}} \text{R—CH(OH)—CH(R)—NO}_2 \xrightarrow{+\text{H}^{\oplus}} \text{R—CH=C(R)(NO}_2)
\end{aligned}
\tag{6.130}
$$

In Analogie zur Alkylierung von Enolaten besteht auch bei den Anionen der Nitroverbindungen die Möglichkeit zur Alkylierung bzw. Acylierung an jeder der

---

[1] COLLUMEAU, A.: Bull. Soc. chim. France **1968**, 5087.
[2] TURNBULL, D., u. S. H. MARON: J. Amer. chem. Soc. **65**, 212 (1943).

beiden reaktionsfähigen Positionen, dem „Enol"-Kohlenstoffatom oder dem Acinitro-Sauerstoffatom. Auf die komplizierten Verhältnisse kann hier nicht näher eingegangen werden [1].

An der oben formulierten Aciform ist noch eine interessante Feststellung zu machen: Die Gruppierung C=N stellt ihrerseits ebenfalls wieder eine stickstoffanaloge Carbonylgruppe dar. Aus diesem Grunde gehen Salze der Aciform beim Ansäuern in wäßriger Lösung nur sehr unvollständig in die tautomere Nitroform über, sondern werden vielmehr (oft mit hohen Ausbeuten) hydratisiert und schließlich zu einem Aldehyd oder Keton und N_2O gespalten (NEF-Reaktion) [2].

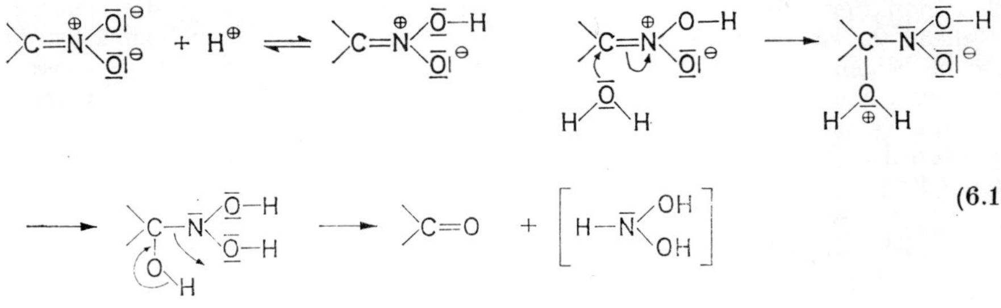

(6.131)

Der formulierte Mechanismus [3] wird dadurch erhärtet, daß aus deuteriertem Nitroäthan $CH_3CD_2NO_2$ ausschließlich Acetaldehyd-$D_{(1)}$ entsteht [4]. Die Verhältnisse sind jedoch insgesamt komplizierter, vgl. [5].

Schließlich ergibt sich die erstaunliche Tatsache, daß die Aciform gleichzeitig „Carbonyl"- und Methylenkomponente darstellen kann, wie bei der Bildung von Methazonsäure aus Nitromethan, für die ein bimolekularer Verlauf nachgewiesen ist [6]:

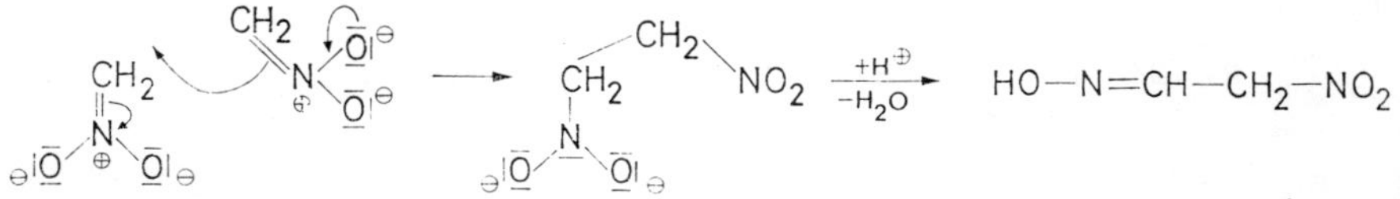

(6.132)

---

[1] Zusammenfassung: ERASKO, V. I., S. A. ŠEVELEV u. A. A. FAJNSIL'BERG: Usp. Chim. **35**, 1740 (1966).
[2] Zusammenfassung: NOLAND, W. E.: Chem. Reviews **55**, 137 (1955).
[3] TAMELEN, E. E. v., u. R. J. THIEDE: J. Amer. chem. Soc. **74**, 2615 (1952).
[4] LEITCH, L. C.: Canad. J. Chem. **33**, 400 (1955).
[5] SOUCHAY, P., u. J. ARMAND: C. R. hebd. Séances Acad. Sci. **253**, 460 (1961); KORNBLUM, N., u. R. A. BROWN: J. Amer. chem. Soc. **87**, 1742 (1965); ZAJCEV, P. M., J. I. TUR'JAN u. Z. V. ZAJCEVA: Kinetika i Kataliz **4**, 434 (1963).
[6] DREW, C. M., J. R. MCNESBY u. A. S. GORDON: J. Amer. chem. Soc. **77**, 2622 (1955); RUDRA, L., u. M. N. DAS: Z. physik. Chem. [Frankfurt/M] **45**, 224 (1965).

6.6.4. Nitrosierung und Diazotierung [1]

Im Gegensatz zur Nitrogruppe ist die Nitrosogruppe ein Analogon der Carbonylgruppe.
Bei Nitrosoverbindungen vom Typ $>$CH—N=O bzw. —NH—N=O sind C—H- bzw. N—H-Acidität und die Basizität des „Carbonyl"-Sauerstoffatoms so stark ausgeprägt, daß derartige Verbindungen normalerweise nicht mehr in der Nitrosoform, sondern überwiegend oder vollständig in der Oximform $>$C=N—O—H bzw. —N=N—O—H vorliegen [2].

Als Beispiel für eine Carbonylreaktion vom Aldoltyp sei die Kondensation von Arylnitrosoverbindungen mit Anilinderivaten formuliert [3].

(6.133)

Die Reaktion folgt dem Zeitgesetz $v = k_2[\text{ArNO}][\text{ArNH}_2]$ oder $v = k_3[\text{ArNO}][\text{H}^\oplus][\text{ArNH}_2]$; es wird also ebenso wie bei Carbonylreaktionen spezifische H-Ionenkatalyse beobachtet, die ohne Zweifel eine Aktivierung der N=O-Gruppe durch Protonierung des Sauerstoffatoms darstellt. Elektronenanziehende Substituenten im Arylrest der Nitrosoverbindung beschleunigen die Reaktion infolge Positivierung des N=O-Stickstoffatoms ($\varrho_X = +1{,}22$), während sie im Anilinrest infolge Abschwächung der Basizität reaktivitätssenkend wirken ($\varrho_Y = -2{,}14$).

Ein analoger Verlauf ist für die Aldolkondensation von Nitrosoverbindungen mit C—H-aciden Verbindungen anzunehmen.

Es muß darauf hingewiesen werden, daß die viele Jahre nach dem gleichen Mechanismus formulierte Reaktion von Arylnitrosoverbindungen und Arylhydroxylaminen zu den entsprechenden Nitronen anders abläuft: Durch eine Redoxreaktion zwischen den beiden Partnern bilden sich Anionradikale $\text{Ar}—\dot{\text{N}}—\overline{\text{O}}|^\ominus$, die durch Dimerisierung, Protonierung und Wasserabspaltung das Nitron liefern; unsymmetrische Kombinationen von Reaktanten ($\text{Ar}—\text{NO} + \text{PhNHOH}$ bzw. $\text{PhNO} + \text{ArNHOH}$) ergeben

---

[1a] Zusammenfassungen: RIDD, J. H.: Quart. Rev. (chem. Soc., London) **15**, 418 (1961).
[1b] SCHMID, H.: Chemiker-Ztg/Chem. Apparatur **86**, 809 (1962).
[1c] PÜTTER, R.: Methoden der organischen Chemie (HOUBEN-WEYL), 4. Aufl., Bd. X/3, Georg Thieme Verlag, Stuttgart 1965, S. 1.
[1d] BELOV, B. I., u. V. V. KOZLOV: Usp. Chim. **32**, 121 (1963).
[2] Zusammenfassung über Struktur und Eigenschaften von C-Nitrosoverbindungen: GOWENLOCK, B. G., u. W. LÜTTKE: Quart. Rev. (chem. Soc., London) **12**, 321 (1958).
[3] OGATA, Y., u. Y. TAKAGI: J. Amer. chem. Soc. **80**, 3591 (1958).

deshalb stets alle denkbaren Kombinationen der Endprodukte

$$(Ar-\overset{\oplus}{\underset{|}{N}}=N-Ph, \quad Ar-\overset{\oplus}{\underset{|}{N}}=N-Ar, \quad Ph-\overset{\oplus}{\underset{|}{N}}=N-Ph) \qquad Ar-\overset{\oplus}{\underset{|}{N}}=N-Ph \quad [1]$$
$$O^{\ominus} O^{\ominus} O^{\ominus} O^{\ominus}$$

Die größte Bedeutung haben Reaktionen der salpetrigen Säure mit Aminen, vor allem mit primären aromatischen Aminen [2, 4].

Aus der Substituentenabhängigkeit ergab sich, daß normalerweise nur das *freie* Amin reagiert: Für die Diazotierung von primären aromatischen Aminen bei 0°C in wäßriger Perchlorsäure wurde gefunden: $\varrho = -1{,}6$ [3]; die Reaktivität des Amins steigt also mit steigender Basizität an. Andererseits ist die Reaktionsgeschwindigkeit relativ stark basischer Amine, z. B. Anilin in schwach saurem Medium unabhängig von der Aminkonzentration, dagegen abhängig vom Quadrat der HNO_2-Konzentration. Es muß also aus HNO_2 langsam das eigentliche Reagens entstehen, das sehr schnell vom Amin verbraucht wird. Die folgenden Gleichgewichte sind hierfür von Bedeutung [3]:

$$H-\underline{\overline{O}}-\underline{N}=\underline{\overline{O}} + H^{\oplus} \rightleftarrows \underset{H}{\overset{H}{\diagdown}}\overset{\oplus}{\underline{\overline{O}}}-\underline{N}=\underline{\overline{O}} \rightleftarrows H_2O + \overset{\oplus}{\underline{N}}=\underline{\overline{O}}$$
$$1 2 3$$

(6.134)

$$\underset{H}{\overset{H}{\diagdown}}\overset{\oplus}{\underline{\overline{O}}}-\underline{N}=\underline{\overline{O}} + X|^{\ominus} \rightleftarrows X-\underline{N}=\underline{\overline{O}} \qquad X = O=N-O^{\ominus}, \; R-COO^{\ominus}, \; Cl^{\ominus}, \; Br^{\ominus}, \; J^{\ominus}.$$
$$4$$

HNO_2 und $RCOONO_2$ haben eine geringe Reaktivität. Das Nitrosylkation N=O entsteht erst bei hoher Protonenkonzentration (>70%ige Schwefelsäure) [5], wobei nur noch sehr schwach basische Aminen nennenswerte Anteile an freier Base enthalten sind, so daß dieser Säurebereich meist außerhalb der praktisch angewandten Reaktionsbedingungen liegt.

Für die Reaktivität der einzelnen Spezies gegenüber freien Aminen läßt sich angeben: $H_2\overset{\oplus}{O}-N=O < O=N-O-N=O < Cl-O-N=O < \overset{\oplus}{N}=O$ [6] $Cl-O-N=O < Br-O-N=O < J-O-N=O$ [3].

In verdünnten wäßrigen Lösungen wird entweder das Nitritacidiumion (6.134, 2) direkt von dem freien Amin angegriffen (das ist der seltenere Fall) oder liefert zunächst schnell mit einem anwesenden Anion $NO_2^{\ominus}$, $Cl^{\ominus}$, $Br^{\ominus}$ usw. das reaktionsfähigere

---

[1] RUSSELL, G. A., u. E. J. GEELS: J. Amer. chem. Soc. **87**, 122 (1965) und dort zitierte Literatur.
[2] RIDD, J. H., u. Mitarb.: J. chem. Soc. [London] **1958**, 58, 65, 70, 77, 82.
[3] LARKWORTHY, L. F.: J. chem. Soc. [London] **1959**, 3116.
[4] HUGHES, E. D., C. K. INGOLD u. J. H. RIDD: J. chem. Soc. [London] **1958**, 88.
[5a] BAYLISS, N. S., u. D. W. WATTS: Austral. J. Chem. **9**, 319 (1956); vgl. SEEL, F., u. R. WINKLER: Z. physik. Chem. [Frankfurt/M] **25**, 217 (1960).
[5b] BAYLISS, N. S., R. DINGLE, D. W. WATTS u. R. J. WILKIE: Austral. J. Chem. **16**, 933 (1963).
[6] SCHMID, H., u. C. ESSLER: Mh. Chem. **91**, 484 (1960).

6.6.4. Nitrosierung und Diazotierung

Acylierungsmittel X—N=O, das dann langsam mit dem Amin reagiert; in Gegenwart von verdünnter Schwefelsäure oder Perchlorsäure ist Salpetrigsäureanhydrid das meist allein wirksame Agens. Distickstofftrioxid ist bifunktionell und kann zugleich die Funktion eines elektrophilen Katalysators ausüben.

$$\underset{R}{\overset{R'}{>}}\!\!\overset{\oplus}{N}H_2 \rightleftharpoons \underset{R}{\overset{R'}{>}}\!\!\bar{N}\!-\!H + H^{\oplus}$$

$$\underset{R}{\overset{R'}{>}}\!\!\bar{N}H + X\!-\!\underline{N}\!=\!\bar{O} \longrightarrow \underset{R}{\overset{R'}{>}}\!\!\overset{\oplus}{\underset{H}{N}}\!-\!N\!\!\overset{\bar{O}|^{\ominus}}{\underset{X}{<}} \longrightarrow \underset{R}{\overset{R'}{>}}\!\!N\!-\!N\!=\!O + HX \qquad (6.135)$$

bzw.

$$\underset{R}{\overset{R'}{>}}\!\!\underset{\underset{O}{\overset{\|}{N}}}{\overset{H\,\,\,O}{\underset{\underset{O}{N}}{\overset{\diagdown\,\,\diagup}{N}}}} \longrightarrow \underset{R}{\overset{R'}{>}}\!\!N\!-\!N\!=\!O + HO\!-\!N\!=\!O$$

Die Kinetik derartiger Reaktionen folgt dem Gesetz:
$v = k_2[\text{RNH}_2][\text{XNO}]$ oder $v = k_3[\text{RNH}_2][\text{HNO}_2][\text{HX}]$ bzw. analog mit R_2NH.[1])

Nitrosamine können nur aus sekundären Aminen entstehen, in denen am Stickstoffatom nur ein Wasserstoffatom verfügbar ist. Bei den primären Aminen bildet sich die Oximform (Diazohydroxid), die protoniert und zum Diazoniumion dehydratisiert wird. Gesättigte aliphatische Diazoniumverbindungen sind unter diesen Bedingungen instabil und zerfallen monomolekular zu Stickstoff und einem Carboniumion, das in der üblichen Weise mit dem Lösungsmittel reagiert (Bildung von Alkoholen, Äthern, Carbonsäureestern oder Olefinen) bzw. Umlagerungsprodukte liefert (vgl. Kap. 8.).

Diazoniumverbindungen sind unter den Diazotierungsbedingungen nur dann stabil, wenn Konjugation mit einem Phenylrest (Aryl-diazoniumsalze) oder einem Carbeniat-Carbonylsystem (Diazoessigester, α-Diazomethylketone) möglich ist. Diese Diazoverbindungen verlieren den Stickstoff erst bei erhöhter Temperatur oder bei Bestrahlung mit Ultraviolettstrahlung (Photolyse).

Diazotierung primärer aromatischer Amine:

$$\text{Ar}\!-\!\underset{\underset{O}{\overset{\|}{N}}}{\overset{H\,\,\,O}{\underset{\underset{O}{N}}{\overset{\diagdown\,\,\diagup}{N}}}}\!\!H \longrightarrow \text{Ar}\!-\!NH\!-\!N\!=\!O \rightleftharpoons \text{Ar}\!-\!N\!=\!N\!-\!OH \xrightarrow[-H_2O]{+HX} \underbrace{\langle\!\!\bigcirc\!\!\rangle\!\cdots\!N\!\!\equiv\!\!N}_{\oplus} \, X^{\ominus}$$

Diazoniumsalz

(6.136)

---

[1]) [RNH_2] bedeutet die *aktuelle*, nicht die in die Reaktion eingesetzte Konzentration an freiem Amin.

Diazotierung von α-Amino-carbonylverbindungen:

$$\underset{RO}{\overset{O}{\diagdown}}C-CH_2-\underset{H}{\overset{H}{N}}\overset{\curvearrowright}{\underset{N}{\overset{N}{\diagdown}}}\overset{O}{\underset{O}{\diagdown}} \longrightarrow \underset{RO}{\overset{O}{\diagdown}}C-CH_2-NH-N=O \longrightarrow \underset{RO}{\overset{O}{\diagdown}}C-CH_2-N=N-OH$$

(6.137)

$$\overset{-H_2O}{\longrightarrow} \underset{RO}{\overset{\overline{O}}{\diagdown}}C-\overset{\ominus}{CH}-\overset{\oplus}{N}\equiv N| \longleftarrow \underset{RO}{\overset{\overline{O}}{\diagdown}}C-CH=\overset{\oplus}{N}=\overset{\ominus}{N}| \longleftarrow \underset{RO}{\overset{|\overline{O}^{\ominus}}{\diagdown}}C=CH-\overset{\oplus}{N}\equiv N|$$

$$\equiv \underset{RO}{\overset{O}{\diagdown}}C\cdots CH\cdots N\equiv N \quad \text{Diazoester}$$

Die Stickstoffabspaltung aus Diazoessigestern und Diazomethylketonen wird im Kapitel 8. näher besprochen. Die Denitrifizierung von aromatischen Diazoniumverbindungen ist kompliziert und noch nicht völlig aufgeklärt, obwohl diese Stoffklasse seit über hundert Jahren bekannt ist [1]. Für den thermischen Zerfall in Wasser oder Alkoholen wird in Übereinstimmung mit der großen Abspaltungstendenz von molekularem Stickstoff ein SN1-Verlauf angenommen (vgl. (6.138)) [2]. Elektronendonatoren steigern die Geschwindigkeit, sofern sie nicht mit der Diazoniumgruppe in Konjugation treten und dadurch den Ausgangszustand stabilisieren; die HAMMETT-Beziehung wird infolgedessen nur schlecht erfüllt [2c].

$$Ar-\overset{\oplus}{N}\equiv N| \begin{array}{l} \xrightarrow[\text{langsam}]{SN1} N_2 + Ar^{\oplus} \xrightarrow[\text{schnell}]{ROH} Ar-OR \\ \xrightarrow[+R\cdot]{} N_2 + Ar\cdot \xrightarrow{H-\overset{|}{C}-OH} Ar-H + \overset{\diagdown}{\diagup}C-OH \end{array}$$

(6.138)

$$\overset{\diagdown}{\diagup}C-OH + Ar-\overset{\oplus}{N}\equiv N| \rightarrow Ar\cdot + N_2 + \overset{\diagdown}{\diagup}C=O + H^{\oplus}$$

Die Solvolyse führt zur Phenolen bzw. in Alkoholen zu Arylalkyläthern, allerdings nur dann ausgeprägt, wenn in Gegenwart von Sauerstoff gearbeitet wird. In Abwesenheit von Sauerstoff (z. B. unter Stickstoff) erhält man bei der Reaktion in Alkoholen erhebliche Mengen von Reduktionsprodukten Ar—H, was auf einer Radikalkettenreaktion beruht, die durch Sauerstoff oder Radikalfänger stark gehemmt wird [3]. Die Photolyse von Aryldiazoniumsalzen zeigt die gleiche Abhängigkeit vom Sauerstoff [3a] und einen ähnlichen Substituenteneinfluß [4] und soll prinzi-

[1] Zusammenfassungen: vgl. [1d] S. 365; PORAJ-KOSIC B. A.: Usp. Chim. **39**, 608 (1970); RÜCHARDT, C., E. MERZ, B. FREUDENBERG, H. J. OPGENORTH, C. C. TAN u. R. WERNER: Special Publ., The Chemical Soc. [London] No. **24**, 51 (1970); ZOLLINGER, H.: Accounts chem. Res. **6**, 335 (1973).
[2a] MOELWYN-HUGHES, E. A., u. P. JOHNSON: Trans. Faraday Soc. **36**, 948 (1940).
[2b] CROSSLEY, M. L., R. H. KIENLE u. C. H. BENBROOK: J. Amer. chem. Soc. **62**, 1450 (1940).
[2c] SCHULTE-FROHLINDE, D., u. H. BLUME: Z. Chem. [Frankfurt/M] **59**, 299 (1968); vgl. aber LEWIS, E. S., L. D. HARTUNG u. B. M. McKAY: J. Amer. chem. Soc. **91**, 419 (1969) (Hinweise für einen SN2-Verlauf der Solvolyse in Wasser).
[3a] HORNER, L., u. H. STÖHR: Chem. Ber. **85**, 993 (1952).
[3b] DELOS F. DETAR, u. T. KOSUGE: J. Amer. chem. Soc. **80**, 6072 (1958).
[3c] BUNNETT, J. F., T. J. BROXTON u. C. H. PAIK: Chem. Commun. **1970**, 1363.
[4] SCHULTE-FROHLINDE, D., u. H. BLUME: Z. physik. Chem. [Frankfurt/M] **59**, 282 (1968).

piell nach gleichartigen Mechanismen verlaufen wie die Thermolyse [2]; allerdings ist ein andersartiger Verlauf über Triplettzustände nicht ausgeschlossen [1].

Alkohole reagieren mit salpetriger Säure analog wie sekundäre Amine, wobei Ester entstehen.

Auch die Nitrosierung von Ketonen und β-Dicarbonylverbindungen verläuft nach einem ähnlichen Mechanismus. Es ist von Interesse, daß man die Reaktion in diesem Falle auch nach einem CLAISEN-Typ durchführen kann, indem ein Ester der salpetrigen Säure in Gegenwart von Natriumalkoholat eingesetzt wird. Dabei findet insbesondere bei cyclischen Verbindungen oder α-substituierten β-Dicarbonylverbindungen normalerweise eine der Säure- bzw. Esterspaltung von β-Dicarbonylverbindungen analoge Spaltung der nitrosierten Verbindung statt, die häufige präparative Anwendung gefunden hat [2]:

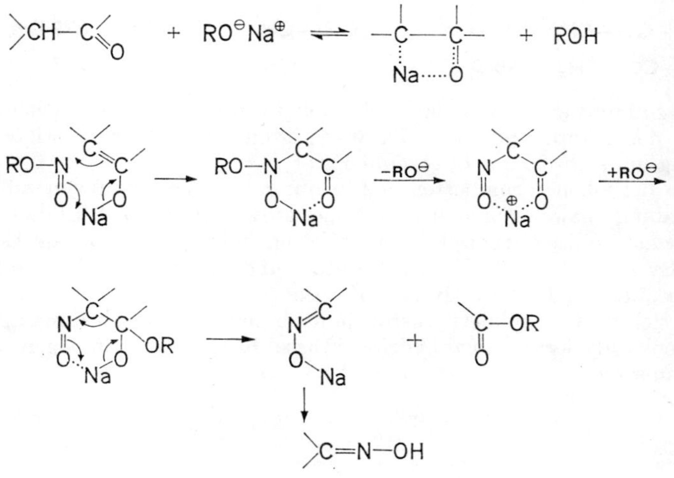

(6.139)

6.6.5. Nucleophile Addition an vinyloger Carbonylverbindung. Michael-Addition [3]

Im ersten und zweiten Kapitel wurde mehrfach festgestellt, daß sich in konjugiert ungesättigten Verbindungen eine mehr oder weniger gleichmäßige Delokalisierung der π-Elektronen über das ganze ungesättigte System findet. Das ist auch in α, β-

---

[1] LEE, W. E., J. G. CALVERT u. E. W. MALMBERG: J. Amer. chem. Soc. **83**, 1928 (1961).
[2] Zusammenfassung: TOUSTER, O.: Org. Reactions **7**, 327 (1953).
[3] Zusammenfassung: BERGMANN, E. D., D. GINSBURG u. R. PAPPO: Org. Reactions **10**, 179 (1959); NESMEJANOV, A. N., M. I. RYBINSKAJA u. L. V. RYBIN: Usp. Chim. **36**, 1089 (1967); SUMINOV, S. I., u. A. N. KOST: Usp. Chim. **38**, 1933 (1969).

ungesättigten Carbonylverbindungen der Fall und stimmt überein mit den Ergebnissen quantenchemischer Berechnungen, die in (6.140) mit angeführt sind [1].

$$CH_3-\overset{\delta^+}{CH}=CH-\overset{\delta^-}{\underset{R}{C}}=O \equiv CH_3-\overset{\delta^+}{CH}\cdots CH\cdots\overset{\delta^-}{\underset{R}{C}}\cdots O \qquad CH_3-\overset{\delta^+}{\underset{R}{C}}=\overset{\delta^-}{O} \qquad (6.140)$$

$$\overset{+0,08\ \ -0,01\ -0,34\ -1,39}{CH_2=CH-\underset{|}{C}=O}$$

Die Elektronendichte verteilt sich dabei entsprechend der angeschriebenen Ladungssymbole. Übereinstimmend mit dieser Verlagerung vergrößert sich das Dipolmoment der Verbindungen

$CH_3-CH_2-CO-CH_3$ 2,75 D	$CH_3-CH_2-CH_2-CHO$ 2,72 D	
$CH_2=CH-CO-CH_3$ 2,98 D	$CH_3-CH=CH-CHO$ 3,67 D.	(6.141)

Gleichzeitig nimmt auch die Polarisierbarkeit zu, wie sich an der bathochromen Verschiebung der Hauptbande von der gesättigten zur α,β-ungesättigten Carbonylverbindung um etwa 30 nm zu erkennen gibt.

Systeme der oben formulierten Art nennt man „Verbindungen mit aktivierter Doppelbindung" bzw. *„Vinylhomologe"* oder kürzer *„Vinyloge"*. In ihnen finden sich die Eigenschaften des Carbonylkohlenstoffatoms teilweise auf das am Ende des konjugierten Systems stehende Kohlenstoffatom übertragen, so daß beide Stellen etwa die gleiche „Carbonyl-" Reaktivität aufweisen.

So läßt sich z. B. Vinylmethylketon je nach den Reaktionsbedingungen im Sinne einer basenkatalysierten Cyanhydrinsynthese bzw. einer vinylogen Cyanhydrinsynthese umsetzen.

$$H-C\equiv N| + B|^{\ominus} \rightleftharpoons |\overset{\ominus}{C}\equiv N| + H-B$$

$$|N\equiv \overset{\ominus}{C}| + CH_2=CH-\underset{R}{C}=O \xrightarrow{80°C} |N\equiv C-CH_2-CH=\underset{R}{C}-\overset{\ominus}{O}| \xrightarrow{+HB} N\equiv C-CH_2-CH_2-\underset{R}{C}=\overset{-}{O}$$

$$CH_2=CH-\underset{R}{\overset{|O|}{C}} + |\overset{\ominus}{C}\equiv N| \xrightarrow{10°C} CH_2=CH-\underset{R}{\overset{|\overset{\ominus}{O}|}{C}}-C\equiv N| \xrightarrow{+HB} CH_2=CH-\underset{R}{\overset{OH}{C}}-C\equiv N|$$

(6.142)

Von den beiden Konkurrenzreaktionen besitzt die am vinylogen System eine etwas höhere Aktivierungswärme, das heißt, die Carbonylgruppe ist noch etwas reaktionsfähiger als das Kohlenstoffatom C[4].

---

[1] ZIMMERMAN, H. E.: R. W. BINKLEY, J. J. MCCULLOUGH u. G. A. ZIMMERMAN: J. Amer. chem. Soc. **89**, 6589 (1967).

6.6.5. Nucleophile Addition an vinyloger Carbonylverbindung

In analoger Weise, wie vorstehend für das Cyanidanion summarisch formuliert, addieren sich praktisch alle in Tabelle 6.3 A aufgeführten Basen und diejenigen der dort unter B tabellierten Pseudosäuren, deren Reaktivität als Methylenkomponente mindestens den Ketonen vergleichbar ist ($pK_a \lesssim 20$, vgl. Tab. 6.45). Als nucleophile Reaktionspartner sind zu nennen: Alkohole, Amine, Mercaptane, C—H-acide Verbindungen („MICHAEL-Addition") und mit einer gewissen Einschränkung GRIGNARD-Verbindung (hier folgt die Addition einem Radikalmechanismus).

Als reaktionsfähige vinyloge Carbonylverbindungen kommen in erster Linie α, β-ungesättigte Aldehyde und Ketone, Ester und Nitrile in Frage, deren wichtigste und reaktionsfähigste Vertreter die ersten Glieder der homologen Reihe sind: Acrolein, Methylvinylketon, Acrylester, Acrylnitril.

Die Additionen an die aktivierte Doppelbindung werden ganz wie die Reaktionen an der Carbonylgruppe selbst sowohl durch Säuren wie auch durch Basen katalysiert, wobei Basen die Reaktivität des Nucleophils erhöhen, Säuren dagegen die Additionsfähigkeit der α, β-ungesättigten Verbindung steigern:

$$R-\underline{\overline{O}}-H + B|^{\ominus} \underset{\text{schnell}}{\overset{\text{schnell}}{\rightleftarrows}} R-\underline{\overline{O}}|^{\ominus} + B-H$$

$$R-\underline{\overline{O}}|^{\ominus} + CH_2=CH-\underset{|}{C}=\overline{\underline{O}} \underset{\text{langsam}}{\overset{\text{langsam}}{\rightleftarrows}} R-\underline{\overline{O}}-CH_2-\underset{|}{C}=\underline{\overline{O}}|^{\ominus} \quad (6.143)$$

$$R-\underline{\overline{O}}-CH_2-CH=\underset{|}{C}-\underline{\overline{O}}|^{\ominus} + B-H \overset{\text{schnell}}{\rightleftarrows} R-O-CH_2-CH=\underset{|}{C}-O-H$$

$$\rightleftarrows R-O-CH_2-CH_2-\underset{|}{C}=O + B|^{\ominus}$$

bzw.

$$CH_2=CH-\underset{|}{C}=\overline{\underline{O}} + H^{\oplus} \underset{\text{schnell}}{\overset{\text{schnell}}{\rightleftarrows}} CH_2=CH-\overset{\oplus}{C}{\equiv}OH \leftrightarrow \overset{\oplus}{C}H_2-CH=C-\overline{\underline{O}}H$$

$$R-\overline{\underline{O}}| + \overbrace{CH_2{\equiv}CH{\equiv}C{\equiv}OH}^{\oplus} \underset{\text{langsam}}{\overset{\text{langsam}}{\rightleftarrows}} R-\overset{\oplus}{\underline{O}}-CH_2-CH=\underset{|}{C}-OH \quad (6.144)$$
$$\underset{H}{|} \qquad\qquad\qquad\qquad\qquad\qquad \underset{H}{|}$$

$$\rightleftarrows H^{\oplus} + R-O-CH_2-CH=\underset{|}{C}-O-H \rightleftarrows R-O-CH_2-CH_2-\underset{|}{C}=O$$

Die alkalisch katalysierte Reaktion von Acrylnitril mit Alkoholen (Cyanäthylierung) ist gut untersucht [1].

Man erhält das Geschwindigkeitsgesetz $v = k_2[RO^{\ominus}]$ [Acrylnitril]. Da jedoch $RO^{\ominus}$ in das Deprotonierungsgleichgewicht von ROH verwickelt ist, wird die gesamte Konzentrationsabhängigkeit der Reaktion komplizierter.

[1a] OGATA, Y., M. OKANO, Y. FURUYA u. I. TABUSHI: J. Amer. chem. Soc. 78, 5426 (1956).
[1b] FEIT, B.-A., u. Mitarb.: J. org. Chemistry 28, 406, 3245 (1963); 32, 2570 (1967).

Die im Gleichgewicht aktuell wirksamen Konzentrationen sind mit der Ausgangskonzentration $[ROH]_0$ verbunden durch:

$$[ROH] + [RO^\ominus] = [ROH]_0 \qquad (a)$$

$$K_{ROH} = \frac{[RO^\ominus][BH]}{[ROH][B^\ominus]} = \frac{[RO^\ominus][BH]}{([ROH]_0 - [RO^\ominus])[B^\ominus]} \qquad (b) \qquad (6.145)$$

$$[RO^\ominus] = \frac{K_{ROH}[ROH]_0}{K_{ROH} + \frac{[BH]}{[B]^\ominus}} = \frac{[ROH]_0}{1 + \frac{[BH]}{K_{ROH}[B^\ominus]}} \qquad (c)$$

Das Geschwindigkeitsgesetz wird damit

$$v = \frac{k_2[ROH]_0}{1 + \frac{[BH]}{K_{ROH}[B^\ominus]}} \qquad (d)$$

Ein derartiges Gesetz ist typisch für Reaktionen mit einem vorgelagerten Säure-Base-Gleichgewicht und liefert die basenunabhängige bzw. säureunabhängige Geschwindigkeitskonstante.

Analoge Abhängigkeiten werden auch für die MICHAEL-Additionen C—H-acider Verbindungen gefunden [1].

Man erkennt aus (6.143/44), daß die nucleophile Addition *entgegen der* MARKOWNIKOW-*Regel* verläuft. Diese Anti-MARKOWNIKOW-Orientierung ist ein grundlegender Unterschied zu den elektrophilen Additionen an einfache, nichtaktivierte Olefine, die im nächsten Kapitel behandelt werden; sie beruht natürlich auf dem entgegengesetzten Mechanismus.

Es sei darauf verwiesen, daß β-Halogenäthyl-carbonylverbindungen oder -nitrile mit basischen Nucleophilen nicht direkt alkyliert werden, wie dies oft angenommen wird, sondern zunächst das entsprechende α,β-ungesättigte Carbonyl- bzw. Nitrilderivat liefern, welches schließlich das Nucleophil addiert. Es liegt also ein Eliminierungs-Additionsmechanismus vor [2]. Die in präparativen Arbeiten mitunter zu findende Reaktionsfolge $H-X + CH_2=CH-COR \rightarrow X-CH_2-CH_2-COR$, $R-H + X-CH_2-CH_2-COR \rightarrow R-CH_2-CH_2-COR + HX$ bringt keinen Gewinn.

Die Reaktivität verschiedener Verbindungen mit aktivierter Doppelbindung für die Addition von Glycinatanion $H_2N-CH_2-COO^\ominus$ (additionsfähige Gruppe ist die Aminogruppe) bzw. Methanol in Gegenwart von Methylat ist in Tabelle 6.146 zusammengestellt.

Die Tabelle bedarf keines ausgedehnten Kommentars. Die Werte spiegeln im wesentlichen die Abstufung der Reaktivitäten wider, die auch bei normalen Carbonylreaktionen bzw. Reaktionen heteroanaloger Carbonylverbindungen gefunden wird.

---

[1] BECKER, H. G. O., G. BERGMANN u. L. SZABÓ: J. prakt. Chem. **37**, 47 (1968) und dort zitierte weitere Literatur.

[2] PRITZKOW, W., u. Mitarb.: Wiss. Z. Techn. Hochschule Chem. Leuna-Merseburg **10**, 116 (1968); Z. Chem. **10**, 330 (1970).

Tabelle 6.146
Relative Reaktionsgeschwindigkeiten für die Addition von
$H_2N-CH_2-COO^\ominus$ (im Wasser, pH 8,75, 30 °C)[1]) bzw. CH_3OH/CH_3ONa
(bei 24 °C)[2]) an vinyloge Carbonylverbindungen (aktivierte Olefine)

Olefin	$H_2NCH_2COO^-$	CH_3OH/CH_3ONa
$CH_2=CH-CN$	1	1
$CH_2=CH-CONH_2$	0,126	0[3])
$CH_2=CH-C_5H_4N$ (pyridyl)	0,840	
$CH_2=CH-COOCH_3$	3,64	0,29
$CH_2=CH-SO_2CH_3$	6,12	3,5[4])
$CH_2=CH-CO-CH_3$	80,0	36
$CH_2=C(CH_3)-COOCH_3$	0,0116	
trans-$CH_3-CH=CH-CN$	0,0400	
cis-$CH_3-CH=CH-CN$	0,0486	
trans-$CH_3-CH=CH-CONH_2$	0,006	
trans-$CH_3-CH=CH-COOCH_3$	0,240	

[1]) Friedman, M., u. J. S. Wall: J. org. Chemistry 31, 2888 (1966).
[2]) Ring, R. N., G. C. Tesoro u. D. R. Moore: J. org. Chemistry 32, 1091 (1967).
[3]) für i-PrOH/i-PrONa $k_{rel} = 0,001$
[4]) Wert für $CH_2=CH-SO_2-Et$

Die Additionsfähigkeit der Nucleophile steigt mit ihrer Basizität an und läßt sich durch Freie-Energie-Beziehungen korrelieren [1]. Die Reaktivität von Alkoholen nimmt dementsprechend in der folgenden Reihe zu (relative Reaktionsgeschwindigkeiten für die alkalisch katalysierte Addition an Acrylnitril bei 20 °C): $CH_3OH(1)$, CH_3CH_2OH (9), n-PrOH (16.5), n-BuOH (16.5), i-PrO H(49) [2]. Tert.-Butanol addiert sich aus sterischen Gründen nicht mehr. Bei Aminen überwiegen häufig die sterischen Einflüsse [3].
Die Additionen von Pseudosäuren werden als Michael-Additionen bezeichnet. Sie sind sehr wichtig, weil es auf diese Weise gelingt, in einem Reaktionsschritt mehrere Kohlenstoffatome anzugliedern. Besonders große Bedeutung haben Michael-Additionen in der Synthese von Steroiden erlangt. Als Modell für die Synthese der Ringe A und B in Steroiden kann das nachstehende Beispiel dienen (6.147).
Ein 2-substituiertes Cyclohexanon (R = Alkyl, COOR) liefert bei der Einwirkung von Alkalien vorzugsweise das stärker verzweigte Enolat 2a) (vgl. Abschn. 6.4.2.), das sich leicht an Methylvinylketon (bzw. ähnliche vinyloge Verbindungen wie Acrylnitril oder Acrylester) addiert. Die Enolatdoppelbindung wird ebenso wie eine Carbonylgruppe aus der Richtung der größten Ausdehnung der π-Orbitale angegriffen und zwar aus axialer Richtung. Unter dem Einfluß der Katalysatorbase kann interne Aldoladdition eintreten, die infolge der axialen Position der Butanonkette nur das Bicyclo[3.3.1]-nonanderivat 5 (Butanonrest als Carbonylkomponente, Cyclohexanonrest als Methylenkomponente) oder das cis-Decalinsystem 6 liefern kann (Butanon-

[1] Friedman, M., u. J. S. Wall: J. Amer. chem. Soc. 86, 3735 (1964).
[2] Vgl. [1 b] S. 371.
[3] McDowell, S. T., u. C. I. M. Stirling: J. chem. Soc. [London] Sect. B 1967, 351.

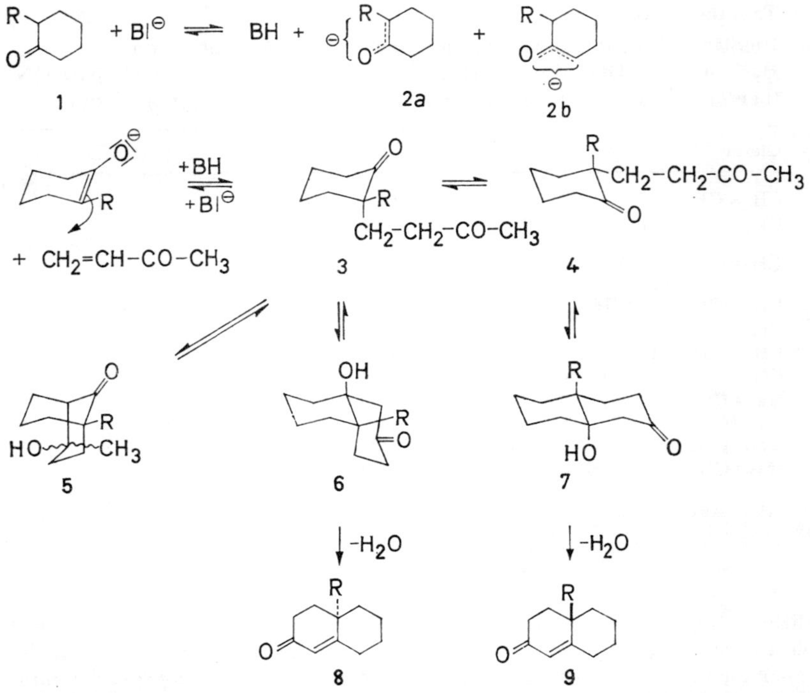

6. Nucleophile Reaktionen an polaren Doppelbindungen

(6.147)

rest als Methylenkomponente, Cyclohexanonrest als Carbonylkomponente). Bicyclo-[3.3.1]-nonanderivate wurden in zahlreichen Fällen nachgewiesen, vgl. die in [1] zitierten Beispiele; sie sind ein Beweis für die axiale MICHAEL-Addition; denn das Cyclohexanonsystem kann durch eine dreigliedrige Kette nur bis-axial überbrückt werden. Die Bicyclo[3.3.1]-nonanderivate entstehen kinetisch kontrolliert, die Decalone thermodynamisch kontrolliert [2].

Die cis-Decalinverbindungen *6* sind in der Steroidsynthese meist unerwünscht, weil sie im sterischen Bau nicht den natürlichen Steroiden entsprechen [3]. Sofern der Cyclohexanring keine voluminösen Gruppen enthält, die bei der Sessel-Sessel-Konversion 3 → 4 in die energetisch ungünstige axiale Position gelangen würden, ist die Konformationsumkehr 3 → 4 möglich. In 4 ist die Butanonseitenkette nunmehr äquatorial angeordnet und kann demzufolge durch interne Aldolreaktion das trans-Decalin 7 liefern. Beide Decalole sind zu den α,β-ungesättigten Ketonen 8 bzw. 9 dehydratisierbar. Das Octalinketon 9 (R = CH_3) ist mit den Ringen A und B vieler Steroide identisch. Es wurde nachgewiesen, daß MICHAEL-Additionen vollkommen stereoselektiv verlaufen [1]. Sie sind deshalb für Vielstufensynthesen, bei denen möglichst eindeutige Teilreaktionen zu fordern sind, hervorragend geeignet. Die beschriebene Kon-

---

[1] BECKER, H. G. O., U. FRATZ, G. KLOSE u. K. HELLER: J. prakt. Chem. **29**, 142 (1965) und dort zitierte Literatur.
[2] Vgl. [1] S. 372.
[3] VELLUZ, L., G. NOMINÉ u. J. MATHIEU: Angew. Chem. **72**, 725 (1960).

6.6.5. Nucleophile Addition an vinyloger Carbonylverbindung

formationsumkehr des Cyclohexansystems (6.147, 3, 4) erfolgt häufig allerdings nicht leicht, und es sind weitere Kunstgriffe in der Synthese notwendig, vgl. [1].

Eine Variante der beschriebenen MICHAEL-Addition besteht darin, eine quaternierte MANNICH-Base, z. B. $Me_3\overset{\oplus}{N}-CH_2-CH_2-CO-CH_3$, in Gegenwart von molaren Mengen Alkalialkoholat einzusetzen. Durch HOFMANN-Eliminierung entsteht hierbei intermediär ebenfalls Methylvinylketon, das dann entsprechend der Formulierung (6.147) reagiert (ROBINSON-Ringschluß [2]). Schließlich verlaufen MICHAEL-Additionen besonders glatt, wenn die C—H-aciden Verbindungen (Ketone, Aldehyde) in Form von Enaminen eingesetzt werden [3], da die Enamine stärker elektrophil sind als Enole und Enolate.

Aus dem tertiären Enamin des Cyclohexanons entsteht mit Methylvinylketon ebenfalls ein Octalin:

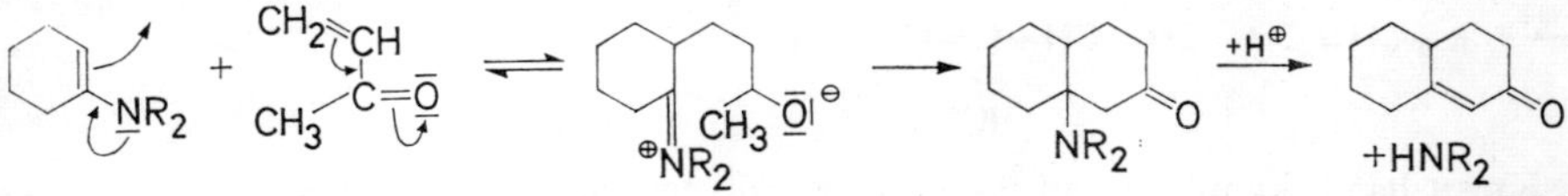

(6.148)

Wenn sich das Enamin von einem Aldehyd herleitet, kann sich das Primäraddukt interessanterweise zu einem Cyclobutanderivat stabilisieren: Die Addition von Acetylenderivaten liefert analog Derivate des Cyclobutens, die mitunter faßbar sind und sich leicht in Ringsysteme mit zusätzlichen zwei Ringkohlenstoffatomen umlagern; diese Reaktion stellt deshalb eine interessante Methode zur Ringerweiterung dar. Maleinsäureester reagieren analog [4.5].

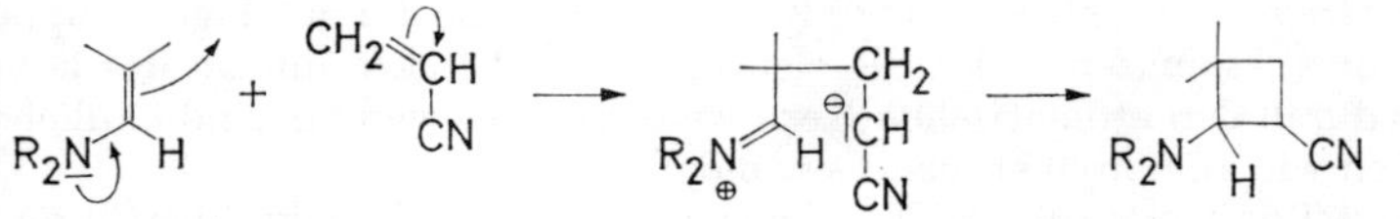

(6.149)

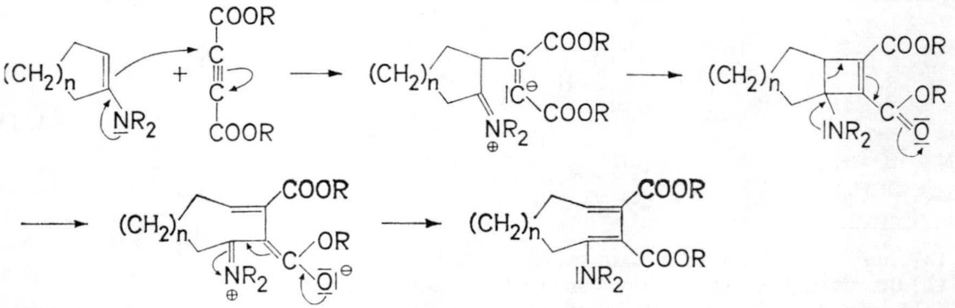

---

[1] Vgl. [3] S. 374.
[2] FERRY, N., u. F. J. McQUILLIN: J. chem. Soc. [London] **1962**, 103; [3] S. 369; Zusammenfassung: BREWSTER, J. H.: Org. Reactions 7, 99 (1953).
[3] Zusammenfassung: vgl. [2] S. 360.
[4] FLEMING, I., u. J. HARLEY-MASON: J. chem. Soc. [London] **1964**, 2165.
[5] BERCHTOLD, G. A., u. G. F. UHLIG: J. org. Chemistry 28, 1459 (1963); BRANNOCK, K. C., u. Mitarb.: J. org. Chemistry 28, 1462, 1464, (1963); **29**, 801, 813, 818 (1964).

Es sei abschließend erwähnt, daß durch das vinyloge System nicht nur die Eigenschaften der Carbonylgruppe weitergeleitet werden, sondern ebenso die der α-Alkylgruppe. Aus diesem Grunde gehen Crotylverbindungen Aldolreaktionen an der Methylgruppe ein, z. B.

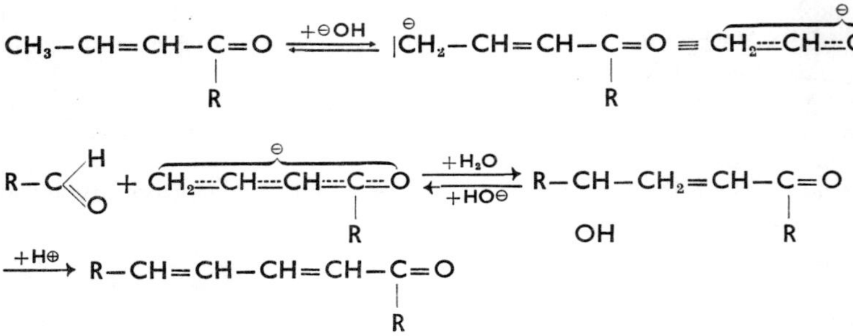

$$CH_3-CH=CH-C=O \underset{}{\overset{+\ominus OH}{\rightleftarrows}} |\overset{\ominus}{CH_2}-CH=CH-C=O \equiv \overbrace{CH_2\!=\!\!=\!CH\!=\!\!=\!CH\!=\!\!=\!C\!=\!\!=\!O}^{\ominus}$$
$$\underset{R}{} \qquad \underset{R}{} \qquad \underset{R}{}$$

$$R-C\overset{H}{\underset{O}{\diagdown}} + \overbrace{CH_2\!=\!\!=\!CH\!=\!\!=\!CH\!=\!\!=\!C\!=\!\!=\!O}^{\ominus} \underset{+HO^{\ominus}}{\overset{+H_2O}{\rightleftarrows}} R-CH-CH_2=CH-C=O \qquad (6.150)$$
$$\underset{R}{} \qquad \underset{OH}{} \qquad \underset{R}{}$$
$$\overset{+H^{\oplus}}{\longrightarrow} R-CH=CH-CH=CH-C=O$$
$$\underset{R}{}$$

H. KUHN hat bekanntlich auf diese Weise Polyene darstellen können.

6.6.6. Nucleophile Substitution an aktivierten Aromaten [1]

Das oben dargelegte Vinylogie- und Analogieprinzip läßt sich auch auf aromatische Verbindungen übertragen, die eine Carbonylgruppe oder eine ihr analoge Gruppe enthalten („aktivierte Aromaten"). Da die elektronischen Effekte infolge des konjugierten Systems durch den aromatischen Kern weitergeleitet werden, sind ähnliche Additionsreaktionen wie an Vinylketonen usw. möglich.

So läßt sich 2.4.6-Trinitroanisol mit Natriumäthylat in ein Addukt überführen, das ebenfalls aus 2.4.6-Trinitrophenetol und Natriummethylat entsteht [2].

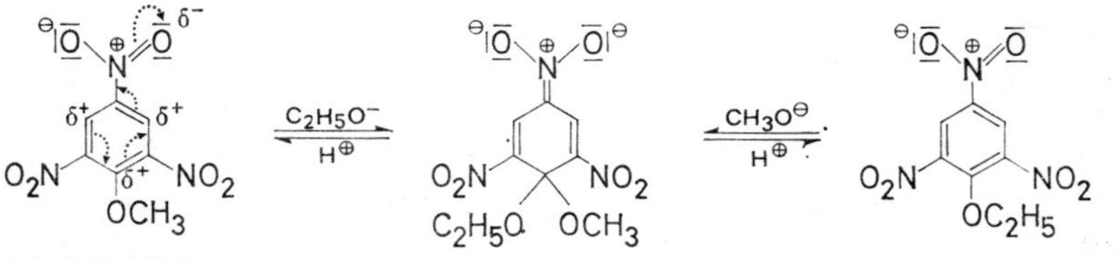

(6.151)

[1a] BUNNETT, J. F., u. R. E. ZAHLER: Chem. Reviews **49**, 273 (1951).
[1b] BUNNETT, J. F.: Quart. Rev. (chem. Soc., London) **12**, 1 (1958).
[1c] SAUER, J., u. R. HUISGEN: Angew. Chem. **72**, 294 (1960).
[1d] ROSS, S. D., in: Progress in Physical Organic Chemistry, Vol. 1, Interscience Publishers, New York/London 1963, S. 31.
[1e] ILLUMINATI, G., in: Advances in Heterocyclic Chemistry, Vol. 3, Academic Press, New York/London 1964, S. 285.
[1f] FOSTER, R., u. C. A. FYFE: Rev. pure appl. Chem. **16**, 61 (1966).
[1g] PIETRA, F.: Quart. Rev. (chem. Soc., London) **23**, 504 (1969).
[2] MEISENHEIMER, J.: Liebigs Ann. Chem. **323**, 205 (1902).

Der entscheidende Beweis, daß in diesen sogenannten MEISENHEIMER-Verbindungen beide Äthergruppen durch σ-Bindungen mit dem Kern verbunden sind („σ-Komplexe"), wurde durch das Kernresonanzspektrum der analogen 1.1-Dimethoxyverbindung erbracht. Danach sind die beiden Methylgruppen vollständig gleich und ununterscheidbar (man erhält nur ein Signal für die CH_3-Protonen, das gegenüber der Ausgangsverbindung die doppelte Intensität besitzt) [1].

Auch aus Infrarot- [2] und Ultraviolettspektren [3] wird das gleiche Ergebnis erhalten.

Wenn die im Aromaten vorhandene und die als Nucleophil eintretende Gruppe eine sehr ähnliche Nucleophilie besitzen und der Aromat durch mehrere Nitrogruppen aktiviert ist, stellen die MEISENHEIMER-Verbindungen stabile Endprodukte der Reaktion dar.

In anderen Fällen wird jedoch unter Rückbildung des aromatischen Systems der ursprünglich an der Additionsstelle gebundene Substituent verdrängt, z. B.:

$$Y|^{\ominus} + \underset{1}{\text{ArCl}} \underset{k_{-1}}{\overset{k_1}{\rightleftharpoons}} \left\{ \underset{2}{\text{Intermediate}} \right\} \overset{k_2}{\longrightarrow} \underset{3}{\text{ArY}} + Cl|^{\ominus} \quad (6.152)$$

$Y = HO^{\ominus}, RO^{\ominus}, PhO^{\ominus}, Br^{\ominus}, J^{\ominus}, N_3^{\ominus}, RS^{\ominus}$ ($R = H$, Alkyl, Aryl)

Für geladene Nucleophile $Y^{\ominus}$ erhält man normalerweise eine Reaktion zweiter Ordnung (je erster Ordnung bezüglich ArX und $Y^{\ominus}$).

Die para-Nitrogruppe aktiviert den Aromaten etwa um den Faktor 10^5 bis 10^{10} (relativ zur para-H-Verbindung), die para-Acetylgruppe etwa um den Faktor 10^3 und die para-Diazoniumgruppe etwa um den Faktor 10^8 bis 10^{16} [4].

In theoretischer Hinsicht interessiert nun die Frage, ob die Substitution, wie formuliert, über eine Zwischenstufe oder nur über einen Übergangszustand als SN2-Reaktion verläuft.

Wenn die Reaktion entsprechend (6.152) über ein energiereiches, nur in sehr kleiner stationärer Konzentration vorliegendes Zwischenprodukt führt, kann das Stationaritätsprinzip angewandt werden und man erhält das Kinetikgesetz:

$$v = -\frac{d[\text{ArX}]}{dt} = \frac{k_1 k_2 [\text{ArX}] [Y^{\ominus}]}{k_{-1} + k_2} \quad (6.153)$$

Fall A: $k_2 \gg k_{-1}$: $v = k_1[\text{ArX}]/Y^{\ominus}]$
Fall B: $k_2 \ll k_{-1}$: $v = (k_1 k_2/k_{-1}) [\text{ArX}] [Y^{\ominus}] = K_{\text{Äqu}} k_2 [\text{ArX}] [Y^{\ominus}]$

---

[1] CRAMPTON, M. R., u. V. GOLD: J. chem. Soc. [London] **1964**, 4293; vgl. GRIFFIN, C. E., E. J. FENDLER u. W. E. BYRNE: Tetrahedron Letters [London] **1967**, 4473; [1] d), f) S. 376.
[2] DYALL, L. K.: J. chem. Soc. [London] **1960**, 5160
[3] FOSTER, R.: Nature [London] **176**, 746 (1955); POLLITT, R. J., u. B. C. SAUNDERS: J. chem. Soc. [London] **1964**, 1132.
[4] MILLER, J., u. Mitarb.: Austral. J. Chem. **11**, 302 (1958); J. chem. Soc. [London] **1956**, 750.

Für den Fall A, daß der zum Produkt führende Schritt k_2 (Ablösung von $Y^\ominus$) viel schneller ist als die Rückreaktion k_{-1}, hängt die Gesamtgeschwindigkeit nur davon ab, wie schnell sich $Y^\ominus$ an den Aromaten addiert. Ebenso ergibt sich für den Fall B ($k_{-1} \gg k_2$) eine Reaktion zweiter Ordnung.

Durch das Kinetikgesetz ist der Reaktionsverlauf über ein Zwischenprodukt analog (6.152) demnach prinzipiell nicht von einem Synchronverlauf (SN2-Reaktion) unterscheidbar.

Es hat sich jedoch in einer Reihe von Fällen gezeigt, daß die Reaktionsgeschwindigkeit etwa in der folgenden Weise vom zu ersetzenden Substituenten X abhängt [1]:

$$\overset{\oplus}{S}Me_2 > \overset{\oplus}{N}Me_3 > NO_2 \lesssim F \gg OTs > Cl \approx Br \approx J \approx SOPh \approx SO_2Ph$$
$$\approx \text{p-Nitrophenoxy}.$$

Das spricht klar gegen einen SN2-Typ, der die Substituentenabhängigkeit $J > Br \approx OTs > Cl \gg F$ fordern würde (vgl. Kap. 4.).

Der zu ersetzende Substituent beschleunigt die Reaktion demnach etwa in dem Maße, wie er durch seine Elektronegativität die Elektronendichte am benachbarten Kohlenstoffatom verringert und damit dessen Affinität zum betreffenden Nucleophil steigert.

Weiterhin muß festgestellt werden, daß die Wirkung zusätzlicher Substituenten in 3- bzw. 4-Stellung von 2-Nitrohalogenbenzolen häufig gut durch die HAMMETT-Beziehung korreliert werden kann. Es ergeben sich relativ große Reaktionskonstanten ($\varrho = 3$ bis 5) [2], das heißt die Reaktivität des Halogenaromaten wird durch elektronenziehende Substituenten viel stärker erhöht, als für einen SN2-Typ zu erwarten wäre ($\varrho \approx 1$).

Schließlich sind Substituenten in aktivierten Aromaten nur dann leicht durch Nucleophile ersetzbar, wenn sie in Konjugation zu der betreffenden aktivierenden Gruppe stehen, also z. B. nur in ortho- oder para-Stellung zu einer Nitrogruppe, nicht dagegen in meta-Position. Auch dies spricht gegen einen SN2-Verlauf.

Die Existenz von MEISENHEIMER-Verbindungen kann als ein Hinweis für den Zweistufenmechanismus gewertet werden, allerdings nicht als strikter Beweis, weil die Addukte auch im Nebenschluß zur eigentlichen nucleophilen Substitution entstanden sein könnten [3].

Dagegen wird das Zwischenprodukt durch das folgende Ergebnis bewiesen: Bei der Reaktion von p-Fluornitrobenzol mit Natriumazid in trockenem Dimethylformamid verschwindet das Azid vollständig, ohne daß Fluoridionen entstehen. Das in der Lösung vorhandene Produkt hat ein Spektrum, das dem der Ausgangsverbindungen

---

[1a] BUNNETT, J. F., E. W. GARBISCH u. K. M. PRUITT: J. Amer. chem. Soc. **79**, 385 (1957).
[1b] PARKER, R. E., u. T. O. READ: J. chem. Soc. [London] **1962**, 9.
[1c] SUHR, H.: Chem. Ber. **97**, 3268 (1964) und dort zitierte weitere Literatur.
[1d] BOLTO, B. A., u. J. MILLER: Austral. J. Chem. **9**, 74 (1956) (Werte für die genannten kationischen Gruppen).
[2] BERLINER, E., u. L. C. MONACK: J. Amer. chem. Soc. **74**, 1574 (1952); BUNNETT, J. F., u. Mitarb.: J. Amer. chem. Soc. **75**, 642 (1953); **76**, 3936 (1954); **77**, 5422 (1955); PARKER, A. J., u. Mitarb.: J. Amer. chem. Soc. **79**, 93 (1957); Austral. J. Chem. **11**, 302 (1958); GREIZERSTEIN, W., R. A. BONELLI u. J. A. BRIEUX: J. Amer. chem. Soc. **84**, 1026 (1962).
[3] Diskussion dieses Problems vgl. CAVENG, P., u. H. ZOLLINGER: Helv. chim. Acta **50**, 861 (1967).

nicht, dagegen dem von p-chinoiden Verbindungen gleicht. Offensichtlich liegt ein Zwischenprodukt vom Typ der Gleichung (6.152, 2) vor, aus dem kein Fluorid abgespalten werden kann, weil DMF dieses nicht solvatisieren kann. Durch Zusatz von Wasser wird die Solvatisierung $F^{\ominus}\cdots H-OH$ möglich, und es entsteht nunmehr das Endprodukt der nucleophilen Substitution, p-Azidonitrobenzol [1].

Das gewichtigste Argument für einen Additions-Eliminierungsmechanismus stellt die Tatsache dar, daß die Reaktionen von aktivierten Aromaten mit primären oder sekundären Aminen häufig einer allgemeinen Basenkatalyse unterliegen, wobei als Base z. B. das Amin selbst, Natriumacetat oder tertiäre Amine fungieren können [2]. Unter diesen Umständen ergibt sich der folgende Gesamtverlauf:

$$B = RNH_2, R_3N, AcO^{\ominus}, ROH \qquad (6.154)$$

Durch Anwendung des Stationäritätsprinzips erhält man für diesen Verlauf (B = Nucleophil und Hilfsbase; k_3 oder k_4 sehr schnell, global als k_3 bezeichnet):

$$v = \frac{k_1 k_2 [\text{ArX}][\text{B}] + k_1 k_3 [\text{ArX}][\text{B}]^2}{k_{-1} + k_2 + k_3[\text{B}]}. \qquad (6.155)$$

Es ergeben sich die speziellen Fälle:

a) $k_2 + k_3[\text{B}] \approx k_{-1}$: Die Gesamtgeschwindigkeit hängt nicht linear von [B] ab. Das wird in einer Reihe von Reaktionen tatsächlich gefunden.

b) $k_3[\text{B}]$ ist klein gegen $k_{-1} + k_2$: Im Nenner von (6.155) kann $k_3[\text{B}]$ vernachlässigt werden, und man erhält durch Einbeziehung von $k_{-1} + k_2$ in die Konstanten im Zähler

$$v = k[\text{ArX}][\text{B}] + k'[\text{ArX}][\text{B}]^2.$$

[1] BOLTON, R., J. MILLER u. A. J. PARKER: Chem. and Ind. **1960**, 1026; MILLER, J., u. A. J. PARKER: J. Amer. chem. Soc. **83**, 117 (1961).
[2a] BRADY, O. L., u. F. R. CROPPER: J. chem. Soc. [London] **1950**, 507.
[2b] ROSS, S. D., u. Mitarb.: J. Amer. chem. Soc. **79**, 6547 (1957); **80**, 2447, 5319 (1958); **81**, 2113, 5336 (1959); **83**, 2133 (1961).
[2c] BUNNETT, J. F., u. J. J. RANDALL: J. Amer. chem. Soc. **80**, 6020 (1958).
[2d] Vgl. [1c] S. 378.
[2e] KIRBY, A. J., u. W. P. JENCKS: J. Amer. chem. Soc. **87**, 3217 (1965).
[2f] PIETRA, F., u. Mitarb.: Chim. e Ind. [Milano] **47**, 890 (1965); J. chem. Soc. [London] Sect. B **1968**, 1200.
[2g] BERNASCONI, C. F., u. Mitarb.: Helv. chim. Acta **50**, 3 (1967); J. org. Chemistry **32**, 2947, 2953 (1967); [6c] S. 380.

Im Term dritter Ordnung kommt zum Ausdruck, daß der Zerfall des Additionsprodukts geschwindigkeitsbestimmend wird. Experimentell ergibt sich eine Gerade, wenn man $k_{exp}/[B]$ gegen [B] aufträgt; die Steigung ist k', der Ordinatenabschnitt k. Dieses Geschwindigkeitsgesetz wird erhalten, wenn entweder [B] oder k_3 klein ist. Der zweite Fall ist vor allem bei Substituenten mit kleiner Abspaltungstendenz verwirklicht [1].

Der gleiche Verlauf ergibt sich mit schwach nucleophilen Basen, weil dann k_{-1} (Rückspaltung des Addukts) gegenüber $k_3[B]$ sehr groß wird [2].

c) $k_3[B]$ ist groß gegen $k_{-1} + k_2$; $k_{-1} + k_2$ können vernachlässigt werden, und man erhält $v = k[ArX][B]$, das heißt, die Bildung des Additionsproduktes wird geschwindigkeitsbestimmend. Eine für diesen Fall verantwortliche hohe Basenkonzentration kann auch durch ein basisches Lösungsmittel zustande kommen, das ebenfalls zur allgemeinen Basenkatalyse befähigt ist, z. B. durch Alkohole [3].

Die katalytische Wirkung von Piperidin, 1.4-Diazabicyclo[2.2.2]-octan, Methanol und Pyridin verhält sich bei der Reaktion von 2.4-Dinitrofluorbenzol mit Piperidin in Benzol wie 250:27:10:1 [4]. Übereinstimmend damit wird das unter b) genannte Geschwindigkeitsgesetz vorzugsweise in schwach- oder nichtbasischen Lösungsmitteln gefunden, vor allem in aromatischen Kohlenwasserstoffen.

d) k_2 ist groß gegen $k_{-1} + k_3[B]$: Die Reaktion wird unempfindlich gegen Basenkatalyse. Das ist vor allem der Fall bei Substituenten X mit hoher Abspaltungstendenz bzw. bei Erhöhung der Abspaltungstendenz durch ein besser elektrophil solvatisierendes Lösungsmittel, z. B. beim Übergang von Benzol zu Dioxan/Wasser [1].

Nach allen genannten Befunden gilt als gesichert, daß die nucleophile Substitution am aktivierten Aromaten normalerweise als Zweistufenreaktion, das heißt nach dem Additions-Eliminierungsmechanismus verläuft. In der Mehrzahl der Fälle — vor allem in protonischen Lösungsmitteln — ist die Addition des Nucleophils geschwindigkeitsbestimmend.

Auf der Basis dieses Mechanismus gelang es, die Aktivierungsenergien zahlreicher nucleophiler Substitutionen an aktivierten Aromaten in guter Übereinstimmung mit den experimentellen Werten zu berechnen [5], wobei beide Grenzfälle — geschwindigkeitsbestimmende Bildung oder Zersetzung des Zwischenprodukts — gleichermaßen gut bewältigt werden.

Überraschenderweise ergaben sich jedoch mit RNH_2 bzw. RND_2 [6] bzw. mit ^{36}Cl-Nitroaromaten [7] keine kinetischen Isotopeneffekte, die für die basenkatalysierte Reaktion zunächst erwartet würden. Man nimmt an, daß die katalysierende Base über eine schnell gebildete Wasserstoffbrücke auf das Zwischenprodukt (6.154, 2) wirkt, so daß nicht eigentlich ein kinetischer, sondern ein thermodynamischer Effekt vor-

[1] BUNNETT, J. F., u. R. H. GARST: J. Amer. chem. Soc. **87**, 3879 (1965); [2] S. 379.
[2] BUNNETT, J. F., u. C. BERNASCONI: J. Amer. chem. Soc. **87**, 5209 (1965).
[3] PIETRA, F., u. A. FAVA: Tetrahedron Letters [London] **1963**, 1535; SBARBATI, N. E., T. H. SUAREZ u. J. A. BRIEUX: Chem. and Ind. **1964**, 1754.
[4] BERNASCONI, C., u. H. ZOLLINGER: Tetrahedron Letters [London] **1965**, 1083.
[5] MILLER, J.: J. Amer. chem. Soc. **85**, 1628 (1963).
[6a] HAWTHORNE, M. F.: J. Amer. chem. Soc. **76**, 6358 (1954).
[6b] PIETRA, F.: Tetrahedron Letters [London] **1965**, 2405.
[6c] BERNASCONI, C. F., u. H. ZOLLINGER: Helv. chim. Acta **49**, 2570 (1966).
[7] LAMM, B.: Acta chem. scand. **16**, 768 (1962).

6.6.6. Nucleophile Substitution an aktivierten Aromaten

liegt. Wenn sich aus diesem Komplex heraus das Proton und das Chloridion gleichzeitig ablösen (synchrone Bildung des Oniumsalzes des katalysierenden Amins) wird auch verständlich, daß kein Chlorisotopeneffekt auftritt.

Auch die Nitrogruppe ist fähig, als Elektronendonator in einer Wasserstoffbrücke zu fungieren. Aus diesem Grunde wird ein Substituent X in ortho-Stellung zu einer Nitrogruppe leichter durch ein primäres oder sekundäres Amin ersetzt als in para-Stellung [1]:

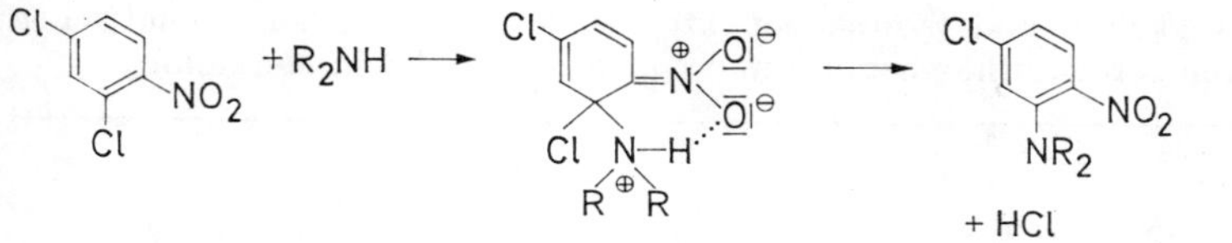

$$\text{Cl-C}_6\text{H}_3(\text{Cl})\text{NO}_2 + R_2NH \longrightarrow [\text{Komplex}] \longrightarrow \text{Cl-C}_6\text{H}_3(\text{NR}_2)\text{NO}_2 + HCl \tag{6.156}$$

Das ortho/para-Verhältnis bei der Reaktion von 2.4-Dichlor-nitrobenzol ist dementsprechend in unpolaren Lösungsmitteln groß (in aromatischen Kohlenwasserstoffen 50—80) und fällt in dem Maße, wie das Lösungsmittel zur Bildung von Wasserstoffbrückenbindung befähigt ist und somit wirkungsvoller mit der ortho-Nitrogruppe um das abzulösende Proton konkurrieren kann [2].

Mit Alkoholaten oder Phenolaten usw. reagiert das para-ständige Halogenatom leichter; allerdings soll auch hier ein Chelateffekt durch das mit dem Nucleophil verbundene Kation in der Reihenfolge Li $<$ Na$^+<$ K möglich sein [3].

Die Reaktivität der am aktivierten Aromaten angreifenden Nucleophile wird durch mehrere Faktoren bestimmt, so daß sich keine für alle Fälle gültige Reihenfolge angeben läßt.

Wie bereits im Abschnitt 4.9.2. abgehandelt wurde, gehen bei dem Additions-Eliminierungsmechanismus der nucleophilen Substitution am Aromaten die Gleichgewichtskonstante für den Additionsschritt und die Geschwindigkeitskonstante des Eliminierungsschrittes in die Gesamtgeschwindigkeit ein.

Wenn $k_2 \gg k_{-1}$ ist (Fall A in 6.153), wird die Geschwindigkeit durch den Additionsschritt bestimmt, das heißt die Affinität zwischen dem Reagens und dem reagierenden Kohlenstoffatom. Die Reaktion ist dann ladungskontrolliert und sollte der Basizität des Nucleophils proportional sein. Das ist tatsächlich der Fall, wenn der zu ersetzende Substituent und das Nucleophil „hart" sind.

Übereinstimmend damit lassen sich die folgenden Reaktionen durch die HAMMETT-Beziehung gut korrelieren, die den Zusammenhang zwischen Geschwindigkeitskonstanten und Basizität herstellt:

Phenolate und 2.4-Dinitro-fluorbenzol, $\varrho = -1{,}8$ [4];
Phenolate und 2.4-Dinitro-chlorbenzol, $\varrho = -2{,}03$ [5];
Arylamine und 2.4.6-Trinitro-chlorbenzol, $\varrho = -4{,}79$ [6].

---

[1] ZOLLINGER, H., u. Mitarb.: Helv. chim. Acta **44**, 812 (1961); **49**, 103 (1966); GREIZERSTEIN, W., u. J. A. BRIEUX: J. Amer. chem. Soc. **84**, 1032 (1962); Ross, S. D., u. M. FINKELSTEIN: J. Amer. chem. Soc. **85**, 2603 (1963).
[2] BUNNETT, J. F., u. R. J. MORATH: J. Amer. chem. Soc. **77**, 5051 (1955).
[3] REINHEIMER, J. D., J. T. GERIG u. J. C. COCHRAN: J. Amer. chem. Soc. **83**, 2873 (1961).
[4] KNOWLES, J. R., R. O. C. NORMAN u. J. H. PROSSER: Proc. chem. Soc. [London] **1961**, 341.
[5] LEAHY, G. D., M. LIVERIS, J. MILLER u. A. J. PARKER: Austral. J. Chem. **9**, 382 (1956).
[6] LITVINENKO, L. M., I. G. SYROVATKA, T. S. SKOROPISOVA u. S. V. OSTROVSKAJA: Ukrainskij chim. Ž. **25**, 189 (1959).

Beim Angriff harter Nucleophile, z. B. von Aminen, Phenolaten, Alkoholaten sind Arylfluoride meistens besonders reaktiv ($k_{ArF} : k_{ArCl}$ 10^2 bis 10^3 : 1), während sich Arylchloride, -bromide und -jodide nicht mehr stark unterscheiden, vgl. auch die Werte der dritten Spalte in Tabelle 6.157.

Tabelle 6.157
Relativgeschwindigkeiten und Symbioseeffekte bei der nucleophilen aromatischen Substitution durch Natriumthiophenolat und Natriummethylat in Methanol[1])

X	k_{rel} PhS$^\ominus$ bei 0°C	k_{rel} MeO$^\ominus$ bei 0°C	$\dfrac{k_{PhS^\ominus}}{k_{MeO^\ominus}}$	k_{rel} PhS$^\ominus$ bei 49°C	$\dfrac{k_{PhS^\ominus}}{k_{MeO^\ominus}}$
	$O_2N{-}\langle\ \rangle{-}X$ mit NO_2			$O_2N{-}\langle\ \rangle{-}X$	
F	26,6	880	59	7,2	1
Cl	1 (3,98)[2])	1 (2,0·10⁻³)[2])	1950	1 (3,2)[2])	38
Br	1,72	0,69	4850	2,28	
J	1,35	0,15	16800	2,47	

[1]) BUNNETT, J. F., u. W. D. MERRITT: J. Amer. chem. Soc. 79, 5967 (1957).
[2]) In Klammer: Absolutgeschwindigkeit in l/mol.s.

Im Fall B (6.153) geht außerdem die Abspaltungstendenz des Substituenten Y (k_2) in die Gesamtgeschwindigkeit ein, die erheblich von seiner Polarisierbarkeit abhängt. Der Übergangszustand der Reaktion ist dann „locker" und leicht polarisierbare „weiche" Nucleophile wie RS$^\ominus$, SCN$^\ominus$, J$^\ominus$ reagieren besonders gut und zwar um so schneller, je leichter polarisierbar der zu ersetzende Substituent ist. Das kommt in den Werten für die Relativgeschwindigkeiten von Natriumthiophenolat in Tabelle 6.157 zum Ausdruck, die eine viel geringere Spreizung von ArF zu ArJ zeigen als bei der Reaktion mit dem harten Natriummethylat, besonders drastisch aber in den Quotienten PhS$^\ominus$/MeO$^\ominus$ (Spalte 4 und 6 in Tab. 6.157).

Dieser „Symbiose"-Effekt läßt sich in einer linearen Freie-Energiebeziehung darstellen, indem man lg(RS$^\ominus$/RO$^\ominus$) gegen die Polarisierbarkeit (Brechungsindex) der C-Halogenbindung aufträgt; es ergeben sich ausgezeichnete Geraden [1].

Der aromatische Reaktionspartner wird offenbar um so weicher, je ausgeprägtere Mesomeriemöglichkeiten existieren, so daß 2.4-Dinitrohalogenbenzole gegenüber weichen Nucleophilen reaktionsfähiger sind als 4-Nitrohalogenbenzole. Die $k_{PhS^\ominus}/k_{MeO^\ominus}$-Werte für diese beiden Typen in Tabelle 6.157 zeigen dies sehr klar. Entsprechend wird in den weniger polarisierbaren 4-Nitrohalogenbenzolen nur eine geringe Spreizung der relativen Geschwindigkeiten für die Reaktion mit Natriumphenolat gefunden.

---

[1] TODESCO, P. E., u. Mitarb.: Tetrahedron Letters [London] **1967**, 2899; **1964**, 3703; Gazz. chim. ital. **95**, 101 (1965).

6.6.6. Nucleophile Substitution an aktivierten Aromaten

Die Reaktivität des angreifenden Nucleophils wird außerdem durch sterische Effekte beeinträchtigt: 2.6-Dimethyl-piperidin reagiert z. B. etwa 10^5mal langsamer als Piperidin [1].

Schließlich ergeben sich starke Lösungsmitteleinflüsse. In protonischen Lösungsmitteln erhält man etwa die Reihenfolge steigender Nucleophilie

$$PhS^\ominus > MeO^\ominus > N_3^\ominus > SCN^\ominus > J^\ominus > Br^\ominus > Cl^\ominus > F^\ominus \quad [2],$$

in aprotonischen Lösungsmitteln dagegen

$$Cl^\ominus \approx SCN^\ominus > Br^\ominus > J^\ominus \text{ und } F^\ominus \gg SCN^\ominus \quad [3].$$

Die Reaktionsgeschwindigkeiten der nucleophilen aromatischen Substitution liegen in dipolaren aprotonischen Lösungsmitteln wie DMSO und DMF etwa vier Zehnerpotenzen höher als in protonischen Lösungsmitteln, weil ungeladene Nucleophile zu einem stark polaren Übergangszustand führen bzw. geladene Nucleophile im aprotonischen Lösungsmittel „nackt" vorliegen [3, 4].

Generell kann ein Substituent in der nucleophilen aromatischen Substitution nur dann leicht ersetzt werden, wenn er ein hinreichend stabiles, schwach basisches Anion zu bilden vermag. Aus diesem Grunde wird Wasserstoff erst bei relativ scharfen Bedingungen substituiert. Da in diesem Falle ein Hydridion austreten muß, das eine sehr hohe Nucleophilie besitzt, ist der Zusatz eines Oxydationsmittels erforderlich. Im Falle der Nitroverbindungen kann die Nitrogruppe als solches wirken. Das bekannteste Beispiel stellt die Reaktion von Nitrobenzol mit gepulvertem Ätzkali bei etwa 50 °C dar, die zu ortho-Nitrophenol neben wenig p-Nitrophenol führt, während das abgespaltene Hydridion andererseits auf Nitrobenzol reduzierend wirkt. In dem alkalischen Medium kondensiert das erste Reduktionsprodukt, Nitrosobenzol, entweder mit sich selbst (über Radikalanionen, vgl. S. 365) oder dem Folgereduktionsprodukt, Phenylhydroxylamin, zu Azoxybenzol, das teilweise weiter zu Azobenzol reduziert wird. Die Bevorzugung der ortho-Substitution legt einen Chelatmechanismus nahe.

(6.158)

$$6HI^\ominus + 2PhNO_2 \longrightarrow Ph-\overset{\oplus}{\underset{|\underline{O}|^\ominus}{N}}=N-Ph + 3H_2O$$

---

[1] PIETRA, F., u. Mitarb.: J. org. Chemistry **33**, 1411 (1968); Tetrahedron Letters [London] **1966**, 1925; 4453; vgl. SUHR, H.: Z. Naturforsch **19**b, 171 (1964); Liebigs Ann. Chem. **689**, 109 (1965).
[2] HILL, D. L., K. C. Ho u. J. MILLER: J. chem. Soc. [London] Sect. B **1966**, 299; [5] S. 380.
[3] MILLER, J., u. A. J. PARKER: J. Amer. chem. Soc. **83**, 117 (1961); CONIGLIO, B. O., D. E. GILES, W. R. McDONALD u. A. J. PARKER: J. chem. Soc. [London] Sect. B **1966**, 152, vgl. die umfassenden Arbeiten über Lösungsmitteleffekte: ALEXANDER, R., E. C. F. KO, A. J. PARKER u. T. J. BROXTON: J. Amer. chem. Soc. **90**, 5049 (1968); PARKER, A. J.: Chem. Reviews **69**, 1 (1969).
[4] SUHR, H.: Chem . Ber. **97**, 3277 (1964).

Zum gleichen Reaktionstyp sind Reaktionen von der Art der TSCHITSCHIBABIN-Reaktion zu rechnen, vgl. (6.119); weitere Beispiele vgl. [1c] S. 376.

Außer dem vorstehend besprochenen Additions-Eliminierungsmechanismus existieren noch zwei weitere Mechanismen der nucleophilen aromatischen Substitution:

1. SN1-Mechanismus (monomolekularer Eliminierungs-Additionsmechanismus). Dieser Typ ist bei der Thermolyse von Aryldiazoniumsalzen verwirklicht (vgl. (6.138)).

2. Arin-Mechanismus (bimolekularer Eliminierungs-Additionsmechanismus).

Die Grundzüge wurden bereits im Kapitel 5. besprochen. Voraussetzung für den Arinverlauf ist offenbar ein leicht nucleofug abspaltbarer Substituent (Abspaltung von Halogenid, elementarem Stickstoff, SO_2, CO) und ein leicht elektrofug abspaltbarer ortho-Substituent.

Ist die letzte Bedingung nicht erfüllt, wie im Falle von ortho-Wasserstoff, müssen meistens sehr starke Basen wie Alkaliamide oder lithiumorganische Verbindungen als Nucleophile eingesetzt werden. Die wichtigsten Kombinationen sind Halogenaromaten/Alkaliamide bzw. Halogenaromaten/Lithiumorganyle. Im Gegensatz dazu werden aktivierte Aromaten nicht leicht deprotoniert, so daß hier Arinmechanismen nicht bevorzugt sind. Ebenso verläuft die bekannte Ätzalkalischmelze von Sulfonsäuren nicht nach dem Arinmechanismus, sondern als Additions-Eliminierungsmechanismus [1].

---

[1] PRITZKOW, W., P. GROTHKOPF, R. HÖRING, H. GROSS u. W. FÜHRLING: Z. Chem. 5, 300 (1965).

7. Elektrophile Reaktionen an olefinischen und aromatischen Doppelbindungen

7.1. Säure-Base-Beziehungen und Reaktivität

Die C—C-Doppelbindung stellt wegen ihrer leicht verfügbaren (polarisierbaren) π-Elektronen eine LEWIS-Base dar und reagiert dementsprechend mit Säuren bzw. LEWIS-Säuren, wobei entweder lockere Addukte („π-Komplexe", (7.1.), (7.2.)) oder Carbeniumionen („σ-Komplexe", (7.3.)) entstehen können.

In den π-Komplexen überlappt die π-Bindung als Ganzes in Richtung ihrer größten Ausdehnung senkrecht zur Substituentenebene mit einem s- oder p-Orbital der Säure (7.1, 1), so daß eine Art diffuse σ-Bindung entsteht (Symbolisierung 7.1, 2 bzw. 3). Da die Doppelbindung als Elektronendonator und die Säure als Elektronenakzeptor fungiert, spricht man auch von Elektronendonator-Akzeptor-Verbindungen („EDA-Komplexen") oder Ladungsübertragungskomplexen (englisch: Charge transfer complex) [1].

Infolge dieser Ladungsübertragung besitzen π-Komplexe gegenüber den Ausgangsverbindungen vergrößerte Dipolmomente. Der Schwingungsraum der π-Elektronen ist vergrößert, und es tritt eine neue Bande im UV oder Sichtbaren bei längerer Wellenlänge auf, die allerdings oft schwach und nur bei hohen Konzentrationen der Bindungspartner beobachtbar ist („Ladungsübertragungsbande"); sie kann zur Messung der Komplexbildungskonstanten benutzt werden. Der Bindungsabstand ist viel größer als bei normalen σ-Bindungen und nur wenig kleiner, als den Kovalenzradien der Bindungspartner entspricht.

Die Bindungsenergie beträgt deshalb meistens nur wenige kcal/mol, und die Molekülgeometrie des Olefins (Bindungsabstände, Bindungswinkel) ist nicht nennenswert verändert [1, 2].

Im Gegensatz zu den Carbeniumionen (σ-Komplexen, (7.3)) liefern die π-Komplexe beim Verdünnen die Ausgangsprodukte unverändert zurück.

π-Komplexe der Art (7.1) kommen vor allem mit Akzeptoren zustande, deren Zentralatom keine tiefliegenden d-Orbitale besitzt, z. B. mit Halogenwasserstoffen und anderen Protonsäuren. Wenn das Zentralatom der Säure tiefliegende, im Ausgangszustande leere d-Orbitale enthält, so werden diese bei der Ladungsübertragung teil-

---

[1] BRIEGLEB, G.: Elektronen-Donator-Acceptor-Komplexe, Springer-Verlag, Berlin/Göttingen/Heidelberg 1961; ANDREWS, L. J., u. R. M. KEEFER: Molecular Complexes in Organic Chemistry, Holden-Day, Inc., San Francisco/London/Amsterdam 1964.
[2] PROUT, C. K., u. J. D. WRIGHT: Angew. Chem. 80, 688 (1968).

weise mit Elektronen gefüllt, die sie nunmehr wiederum auf ein angeregtes (antibindendes) π-Orbital des Olefins übertragen können. Diese „Rückbindung" („backdonation") führt zu einer Art π-Bindung („retrodative π-Bindung"), die der σ-Bindung überlagert ist und durch (7.2, 2) wiedergegeben wird.

Bei aromatischen Verbindungen existieren dementsprechend außer den „lokalisierten" π-Komplexen (7.1, 4) solche vom Typ (7.2, 3), vor allem mit den Ionen oder den nullwertigen Stufen von „weichen" Übergangsmetallen wie Hg, Ag, Fe, Co, Ni, Pt, Pd, Rh, Mo [1].

In den Komplexen von Aromaten mit Chinonen, Nitroaromaten oder Tetracyanäthylen, wo Donator und Akzeptor zusätzliche π-Bindungen enthalten, sind zusätzliche $\pi-\pi$-Überlappungen möglich [2], indem sich die Partner analog (7.2, 3) flach aufeinander lagern.

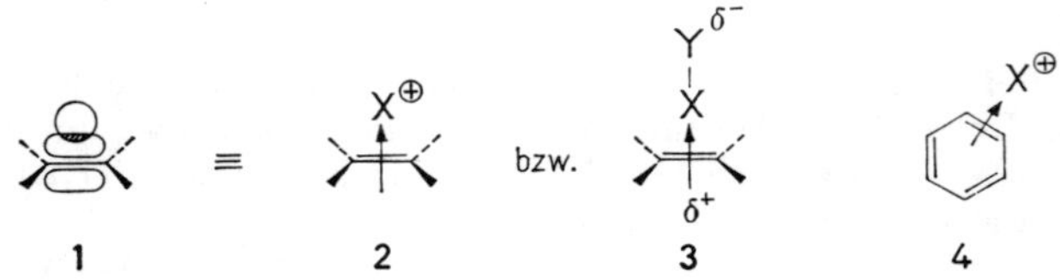

$$\tag{7.1}$$

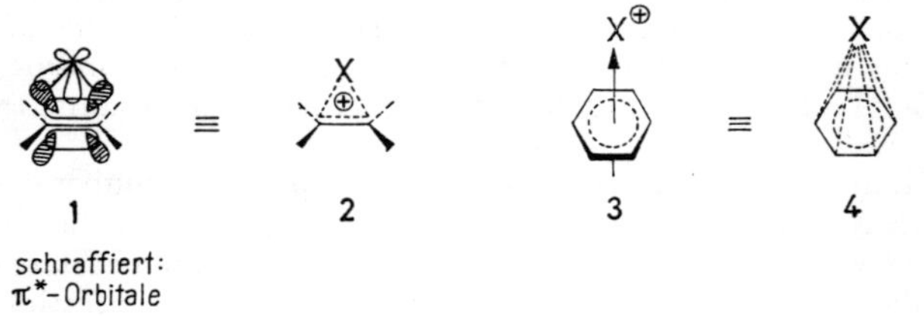

$$\tag{7.2}$$

schraffiert:
π^*-Orbitale

$$\tag{7.3}$$

Von Allylsystemen existieren π-Komplexe mit delokalisierter Ladung, die dem Typ (7.2, 3) entsprechen [3].

Komplexe der Übergangsmetalle mit Olefinen und Acetylenen haben in neuester Zeit eine große Bedeutung für die organische Synthese erlangt [4], z. B. für Homogen-

---

[1] Zusammenfassungen über π-Komplexe von Aromaten: ANDREWS, L. J.: Chem. Reviews **54**, 713 (1954); FISCHER, E. O., u. H. P. FRITZ: Angew. Chem. **73**, 353 (1961).
[2] Vgl. [2] S. 385.
[3] FISCHER, E. O., u. H. WERNER: Angew. Chem. **75**, 57 (1963); BENNETT, M. A.,: Chem. Reviews **62**, 611 (1962).
[4] BIRD, C. W.: Transition Metal Intermediates in Organic Synthesis, Academic Press, New York/London 1967; HENRICI-OLIVÉ, G., u. S. OLIVÉ: Angew. Chem. **83**, 121 (1971) und dort zitierte weitere Literatur; TSUJI, J.: Fortschr. chem. Forsch. **28**, 41 (1972).

hydrierungen [1], Dimerisierung und Oligomerisierung von Olefinen bzw. Diolefinen [2], Carbonylierung und Hydroformylierung [3] und für die Direktoxydation von Olefinen (speziell für Äthylen zu Acetaldehyd) [4].

In den π-Komplexen vom Typ (7.1) kann der Akzeptor X—Y entweder nur polarisiert (7.1, 3) oder ionisiert (7.1, 2) vorliegen; die ionisierte Form wird durch hohe Basizität der C=C-Bindung und durch hohe Solvatationsfähigkeit des Mediums begünstigt.

Zwischen π-Komplexen (7.1) und (7.2) und σ-Komplexen (7.3) sind Übergänge in beiden Richtungen möglich [5]. Im allgemeinen entstehen σ-Komplexe, wenn das Anion Y der Säure X—Y besonders energiearm ist. So bilden sich aus Aromaten und wasserfreiem Fluorwasserstoff nur π-Komplexe, mit HF in Gegenwart von BF_3 dagegen σ-Komplexe (Carbeniumionen).

Die Gleichgewichtskonstante für die Bildung von σ-Komplexen mit Protonsäuren (Carbeniumionen) kann unmittelbar als Basizität der betreffenden ungesättigten Verbindung angesehen werden.

Die entsprechenden pK-Werte von Olefinen sind bisher nur in wenigen Fällen experimentell bestimmt worden, da sich die Carbeniumionen zu schnell weiter verändern und außerdem nicht sicher ist, ob sich die H_0-Aciditätsfunktion (vgl. Abschn. 2.7.1.) auf diese Fälle anwenden läßt [6, 7].

Bei den Aromaten, wo sowohl π- wie auch σ-Komplexe zugänglich sind, hat sich gezeigt, daß die Substituentenabhängigkeit der Bildungskonstanten von σ-Komplexen denen der π-Komplexe proportional ist; die π-Komplexe können also für die Ermittlung relativer Basizitäten herangezogen werden. Infolge der nur lockeren Bindung hängen die Stabilitätskonstanten von π-Komplexen jedoch viel weniger von den Substituenten an der C=C-Bindung ab als bei den σ-Komplexen und stellen kein sehr gutes Maß für die Reaktivität von Olefinen und Aromaten dar.

Aus den Bildungskonstanten von π-Komplexen mit J_2 [8] bzw. SO_2 [9] ergibt sich die folgende Reihe zunehmender Basizität, die nach den Induktions- und Mesomerie-

---

[1] VOL'PIN, M. E., u. I. S. KOLOMNIKOV: Usp. Chim. **38**, 561 (1969).
[2] WILKE, G., u. Mitarb.: Angew. Chem. **78**, 157 (1966); **75**, 10 (1963); **85**, 1002, 1024, 1035 (1973).
[3] EJDUS, J. T., u. Mitarb.: Usp. Chim. **40**, 806 (1971); **33**, 991 (1964); TSUJI, J.: Accounts chem. Res. **2**, 144 (1969); BIRD, C. W.: Chem. Reviews **62**, 283 (1962); Usp. Chim. **33**, 1304 (1964); BITTLER, K., N. v. KUTEPOW, D. NEUBAUER u. H. REIS: Angew. Chem. **80**, 352 (1968).
[4] SMIDT, J., W. HAFNER, R. JIRA, R. SIEBER, J. SEDLMEIER u. A. SABEL: Angew. Chem. **74**, 93 (1962).
[5] Zusammenfassung über $\sigma-\pi$-Umlagerungen von Übergangsmetallkomplexen: TSUTSUI, M., M. HANCOCK, J. ARIYOSHI u. M. N. LEVY: Angew. Chem. **81**, 453 (1969).
[6] BETHELL, D., u. V. GOLD: Carbonium Ions: an Introduction, Academic Press, New York/London 1967.
[7] Zusammenfassung über Basizität von Olefinen und Aromaten: ARNETT, E. M., in: Progress in Physical Organic Chemistry, Vol. 1, Interscience Publishers, New York/London 1963, S. 223; PERKAMPUS, H.-H., in: Advances in Physical Organic Chemistry, Vol. 4, Academic Press, New York/London 1966, S. 195.
[8] BENESI, H. A., u. J. H. HILDEBRAND: J. Amer. chem. Soc. **71**, 2703 (1949); KETELAAR, J. A. A., u. Mitarb.: Recueil Trav. chim. Pays-Bas **71**, 1104 (1952); TRAYNHAM, J. G., u. J. R. OLECHOWSKI: J. Amer. chem. Soc. **81**, 571 (1959); CVETANOVIĆ, R. J., F. J. DUNCAN, W. E. FALCONER u. W. A. SUNDER: J. Amer. chem. Soc. **88**, 1602 (1966).
[9] BOOTH, D., F. S. DAINTON u. K. J. IVIN: Trans. Faraday Soc. **55**, 1293 (1959).

effekten der an der Doppelbindung gebundenen Substituenten auch zu erwarten ist:

$Cl_2C=CCl_2$ < $Cl_2C=CHCl$ < trans-$ClCH=CHCl$ ≈ cis-$ClCH=CHCl$
< $CH_3-CH=CHBr$ < $R-CH=CH_2$ ≈ Benzol < cis-$RCH=CHR$
< trans-$RCH=CHR$ < $R_2C=CHR$ < $R_2C=CR_2$ < Norbornen.

Danach sind Olefine im allgemeinen basischer als Benzol. Die Zunahme der Basizität mit steigender Substitution durch Alkylgruppen wird jedoch in einer Reihe von Fällen durch die in gleicher Richtung zunehmende sterische Hinderung für den Angriff des Elektronenakzeptors kompensiert. Das Bicyclo[2.2.1]hepten-(2) (Norbonen) ist infolge des gespannten Ringes besonders basisch und wird in Reaktivitätsstudien häufig eingesetzt.[1]) Eine hohe Basizität besitzen weiterhin Enoläther und Enamine, was mit dem großen +M-Effekt des Heteroatoms leicht erklärbar ist.

Bekanntlich lagern sich Säuren (z. B. Halogenwasserstoffe und andere Mineralsäuren bzw. Carbonsäuren) oder LEWIS-Säuren (z. B. elementare Halogene) leicht an Olefine an, während Basen normalerweise nicht reagieren. Da die Additionen auch unter Bedingungen ablaufen, die eine Radikalreaktion ausschließen, ist ein ionischer Mechanismus anzunehmen, der einer Säure-Base-Reaktion entspricht. Tatsächlich sind die Additionsgeschwindigkeiten den in der eben genannten Weise ermittelten Basizitäten der Olefine gut proportional.[2])

In Erweiterung der Formulierungen (7.1) bis (7.3) lassen sich ionische Additionen an Olefine global wie folgt formulieren:

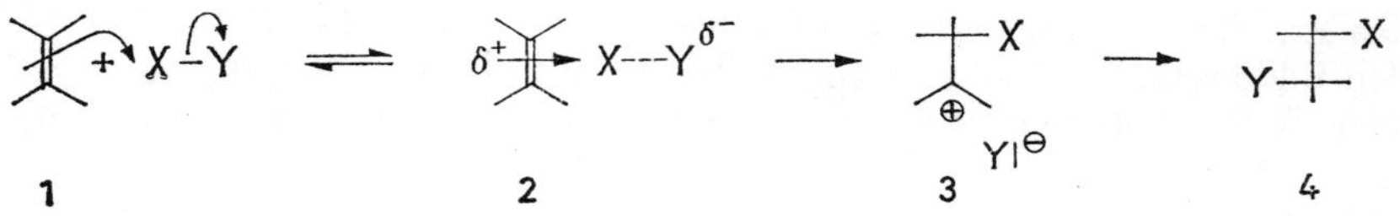

$$\underset{1}{\overset{}{\diagup\!\!\!\!\diagdown}+X\!-\!Y} \rightleftharpoons \underset{2}{\overset{\delta^+}{\diagup\!\!\!\!\diagdown}X\!-\!-\!-Y^{\delta^-}} \longrightarrow \underset{3}{\overset{\oplus}{\diagup\!\!\!\!\diagdown}\!\!-\!X \quad Y^{\ominus}} \longrightarrow \underset{4}{Y\diagup\!\!\!\!\diagdown\!X} \quad (7.4)$$

Als Elektrophile können z. B. fungieren:

$X-Y$ = $H-Hal$, $H-OSO_3H$, $H-ONO_2$, $H-OCOR$, $H-OH^{3)}$, $H-OR^{3)}$), Hal-Hal, Br—Cl und andere Interhalogene, Cl—CN, J—SCN, ON—Cl, ArS—Cl (Arylsulfenylchloride).

Entsprechend dem Säure-Base-Charakter der Reaktion handelt es sich um eine elektrophile Addition von X—Y. Übereinstimmend damit haben sämtliche hier zu besprechenden Additionsreaktionen an verschieden substituierte Olefine negative Reaktionskonstanten, d. h. sie werden durch Elektronendonatoren im Olefin beschleunigt.

---

[1]) Auf die Angabe von Zahlenwerten für die Geschwindigkeit elektrophiler Additionen wird verzichtet, da diese stark von der betrachteten Reaktion abhängen. Zusammenstellungen vgl. [4] S. 391; [3] S. 391; [3] S. 402.
[2]) Proportionalität ergibt sich auch gegen andere Größen, die ein Maß für die Verfügbarkeit der π-Elektronen des Olefins darstellen, wie UV-Exzitationsenergien und Ionisierungspotentiale.
[3]) nur in Gegenwart von Protonen reaktiv

Das als Zwischenprodukt entstehende Carbeniumion (7.4, 3) hat sein eigenes Schicksal und kann ebenso wie das Nucleophil Y (aus dem Reagens X—Y) andere anwesende Nucleophile, z. B. Lösungsmittel ROH addieren, sich umlagern oder ein Proton zu einem neuen Olefin eliminieren, z. B.:

$$\underset{CH_3}{\overset{CH_3}{>}}C=CH_2 + Cl-Cl \longrightarrow \underset{CH_3}{\overset{CH_3}{>}}\overset{\oplus}{C}-CH_2-Cl \quad Cl^{\ominus} \xrightarrow{-H^{\oplus}} \underset{CH_3}{\overset{CH_2}{>}}C-CH_2-Cl$$

$$+ \underset{CH_3}{\overset{CH_3}{>}}C=CH-Cl$$

(7.5)

(7.6)

Im letzten Fall ergibt sich insgesamt eine Substitutionsreaktion. Ob die Reaktion zum Additions- oder Substitutionsprodukt führt, hängt von der Energielage der Endprodukte ab. So reagiert die aromatische Doppelbindung ebenso wie die Olefine mit Halogenen zunächst unter Bildung eines Carbeniumions. Die anschließende Eliminierung eines Protons liefert jedoch das energiearme aromatische System zurück und ist deswegen die Regel. Auch bei Olefinen kann das Substitutionsprodukt bevorzugt sein wie z. B. beim Isobuten (vgl. (7.5)).

Es ist deshalb unrichtig, die Bevorzugung der Substitutionsreaktion gegenüber der Additionsreaktion als Kennzeichen des aromatischen Zustandes anzusehen.

Da der entscheidende Schritt der elektrophilen Addition (7.4) und der elektrophilen Substitution an Aromaten (7.6) gleich ist (Bildung eines Carbeniumions), werden diese in diesem Buch unter einem gemeinsamen Aspekt abgehandelt.

Es muß erwähnt werden, daß noch keine volle Klarheit über die Rolle von π-Komplexen in der elektrophilen Addition bzw. Substitution besteht. Bei der Addition von Brom an Olefine wurden in neuester Zeit erstmalig π-Komplexe als kurzlebige Spezies spektroskopisch nachgewiesen [1].

Danach ist die Bildung des π-Komplexes eine schnelle Gleichgewichtsreaktion, die der Bildung des Carbeniumions vorgelagert ist. Die Geschwindigkeit wird jedoch durch diesen letzten Schritt bestimmt, so daß dem π-Komplex möglicherweise lediglich die Rolle zukommt, die beiden Reaktanten in einer räumlich günstigen Weise zu orientieren. Wir werden deshalb π-Komplexe nur gelegentlich für die Formulierung von Reaktionen heranziehen.

Da die Geschwindigkeit der Umsetzung elektrophiler Reagenzien mit Doppelbindungen offenbar von der Stärke der Säure-Base-Beziehung abhängt, muß auch ein erheblicher Einfluß vom Reagens ausgeübt werden. Je höher dessen Säurestärke liegt, desto leichter muß sich aus einer gegebenen Doppelbindung der π-Komplex und das Carbeniumion bilden.

[1] GARNIER, F., u. J.-E. DUBOIS: Bull. Soc. chim. France **1968**, 3797; Spectrochim. Acta **23 A**, 2279 (1967); Zusammenfassung: SERGEEV, G. B., J. A. SERGUČEV u. V. V. SMIRNOV: Usp. chem. **42**, 1545 (1973).

Unter den Halogenen steigt die Stärke der LEWIS-Säure mit der Elektronegativität an, so daß Fluor die höchste Reaktivität besitzt. Das entspricht durchaus der Erfahrung. Auch die Reaktivität einiger anderer Halogene und Interhalogenverbindungen bewegt sich in der erwarteten Richtung, wie sich aus den nachstehenden relativen Geschwindigkeiten ergibt [1]:

J—J: 1 J—Br: 3000 J—Cl: 100000

Br—Br: 10000 Br—Cl: 4000000

Man erkennt, daß die Säurestärke des Jods in den Interhalogenverbindungen durch Brom und noch stärker durch Chlor gesteigert wird, übereinstimmend mit der Elektronegativität dieser Halogene.

In beiden Fällen bildet das Jod den π-Komplex bzw. das Carbeniumkation. Brom ist eine viel stärkere LEWIS-Säure als Jod, so daß auch die Säurestärke des Bromchlors höher liegt als die des Chlorjods, wobei das Chloratom in beiden Fällen einen Einfluß in der gleichen Größenordnung ausübt.

Generell steigt die Reaktivität des Elektrophils, je stärker die positive Ladung oder Teilladung lokalisiert ist, z. B. HO—Br < $Br_3^\ominus$ (Tribromidion) < Br—Br $\ll$ Br—Cl $\ll$ $Br^\oplus$ (in Wasser) [2]. Jod ist eine schwache LEWIS-Säure, weshalb normalerweise noch ein Katalysator notwendig ist, um die Addition an Olefine überhaupt zu gewährleisten. In unpolaren Lösungsmitteln kann dies nur das Jod selbst sein, das infolge seiner nicht voll besetzten Außenschale bekanntlich leicht einen $J_2 \cdot J^\ominus = J_3^\ominus$-Komplex liefert;

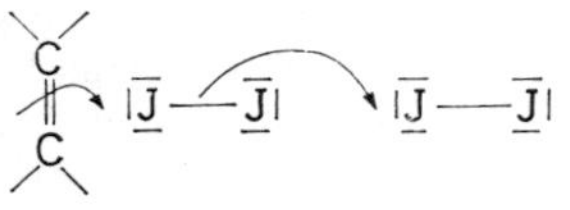

bzw. (7.7)

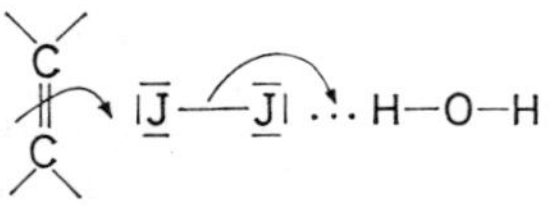

Übereinstimmend damit findet man in diesen Fällen eine Reaktion dritter (oder sogar vierter) Ordnung: $dx/dt = k$ [Olefin] $[J_2]^2$ (a). Wird dagegen ein polares Lösungsmittel zugesetzt, z. B. Wasser, so geht die Addition in eine Reaktion zweiter Ordnung über, weil nun über eine Wasserstoffbrücke ein elektrophiler Zug auf das Jodmolekül ausgeübt werden kann (b).

Bei den schwächeren Nucleophilen ist die Beschleunigung durch die elektrophile Wirkung des Lösungsmittels enorm: Penten-(1) reagiert z. B. mit Brom mit folgenden

---

[1] WHITE, E. P., u. P. W. ROBERTSON: J. chem. Soc. [London] **1939**, 1509.
[2] KANJAJEV, N. P.: Ž. obšč. Chim. **26**, 2726 (1956).

Relativgeschwindigkeiten: In $CFCl_2-CFCl_2$ (Freon 112) 1, in Methanol 10^6, in Wasser 10^{11} [1]. Die katalytische Wirkung von Carbonsäuren steigt mit ihrer Acidität [2].

Eine Reaktion dritter Ordnung ist auch bei höheren Konzentrationen von Brom in unpolaren Lösungsmitteln zu beobachten, nicht mehr dagegen beim Chlor [3].

Es darf als ziemlich sicher gelten, daß das zweite Molekül Jod oder Brom in der oben angegebenen Weise auf das Halogen einwirkt und nicht etwa im Sinne einer Vielzentrenreaktion (push-pull-Reaktion) (vgl. Abschn. 4.6) auf die durch Bildung eines π-Komplexes mit Jod positivierte Doppelbindung.

Die Säurestärke aller Halogene (und Halogenwasserstoffsäuren) läßt sich schließlich durch die bekannten „Halogenüberträger" Aluminiumtrihalogenid, Eisentrihalogenid und andere starke LEWIS-Säuren erheblich steigern, die vor allem bei elektrophilen Substitutionen an Aromaten verwendet werden. Ihre Wirkung beruht auf den gleichen Elektronen-Akzeptor-Eigenschaften wie in den vorangegangenen Beispielen:

$$\text{Benzol} \cdots Cl-Cl \cdots \underset{\underset{Cl}{|}}{\overset{\overset{Cl}{|}}{Al}}-Cl \tag{7.8}$$

In ganz analoger Weise wie bei den Halogenen steigt auch bei den Protonsäuren die Reaktionsfähigkeit mit ihrer Acidität an, z. B. $H-Cl < HBr < H-J$. bzw. $CH_3COOH < HCOOH < CF_3COOH$. LEWIS-Säuren steigern das Reaktionsvermögen der Halogenwasserstoffe gegenüber Doppelbindungen ebenfalls.

7.2. Zum Reaktionsmechanismus der elektrophilen Addition an Olefine [3, 4]

7.2.1. Zwischenprodukte und Endprodukte

Die elektrophile Addition an Olefine ist eine zweistufige Reaktion, in deren langsamstem, geschwindigkeitsbestimmendem Schritt ein Carbeniumion entsteht. Die Reaktionskoordinate entspricht also dem in Bild 3.19c dargestellten Fall. An welcher Stelle der Reaktionskoordinate ein möglicherweise auftretender π-Komplex anzuordnen wäre, ist nicht bekannt.

Die Zwischenbildung eines Carbeniumions wird dadurch bewiesen, daß dieses als sehr reaktionsfähiges Zwischenprodukt in der Lage ist, mit allen im Reaktions-

---

[1] DUBOIS, J.-E., F. GARNIER u. H. VIELLARD: Tetrahedron Letters [London] **1965**, 1227.
[2] SERGUČEV, J. A., u. E. A. ŠILOV: Ukrainskij chim. Ž. **32**, 34 (1966).
[3] Zusammenfassung vgl. DE LAMARE, P. B.: Quart. Rev. (chem. Soc., London) **3**, 126 (1949).
[4] DE LAMARE, P. B. D., u. R. BOLTON: Electrophilic Additions to Unsaturated Systems, Elsevier Publishing Company, Amsterdam 1966.

medium anwesenden Nucleophilen zu reagieren, z. B.:

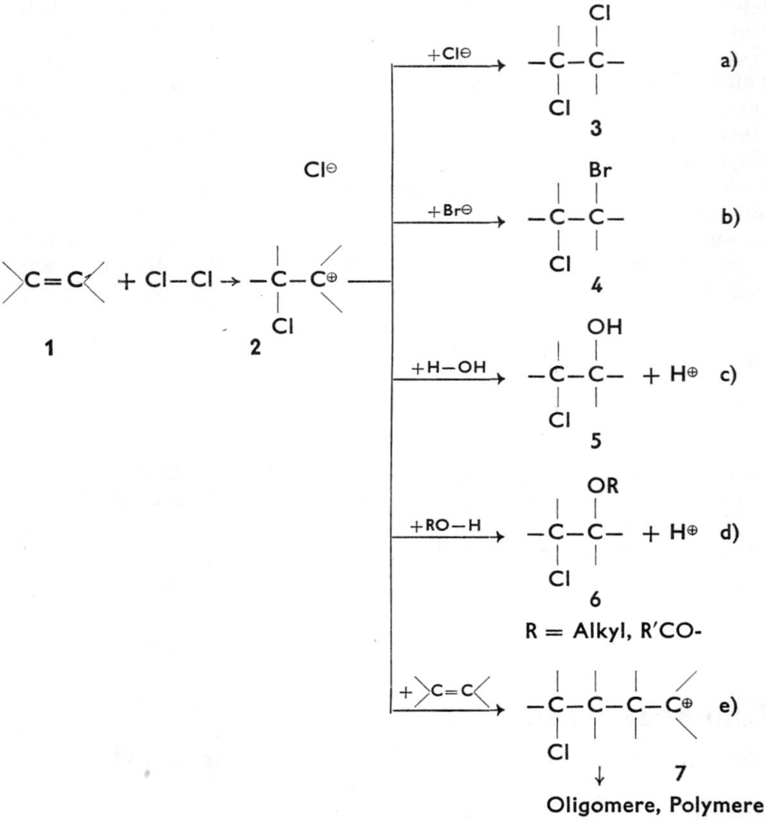

$$\begin{array}{c}
\diagup C=C\diagdown + Cl-Cl \rightarrow -\underset{Cl}{\overset{Cl^{\ominus}}{C}}-\overset{}{C}^{\oplus}\diagdown \\
1 \qquad\qquad 2
\end{array}
\begin{cases}
\xrightarrow{+Cl^{\ominus}} & -\underset{Cl}{\overset{Cl}{C}}-\underset{}{\overset{}{C}}- \qquad \text{a)} \\
 & \quad 3 \\
\xrightarrow{+Br^{\ominus}} & -\underset{Cl}{\overset{Br}{C}}-\underset{}{\overset{}{C}}- \qquad \text{b)} \\
 & \quad 4 \\
\xrightarrow{+H-OH} & -\underset{Cl}{\overset{OH}{C}}-\underset{}{\overset{}{C}}- + H^{\oplus} \text{ c)} \\
 & \quad 5 \\
\xrightarrow{+RO-H} & -\underset{Cl}{\overset{OR}{C}}-\underset{}{\overset{}{C}}- + H^{\oplus} \text{ d)} \\
 & \quad 6 \\
 & R = \text{Alkyl, R'CO-} \\
\xrightarrow{+\diagup C=C\diagdown} & -\underset{Cl}{\overset{}{C}}-\overset{}{C}-\overset{}{C}-C^{\oplus} \text{ e)} \\
 & \quad\quad\quad\downarrow \;\; 7 \\
 & \text{Oligomere, Polymere}
\end{cases}$$

(7.9)

Wenn der Beweis schlüssig sein soll, muß natürlich ausgeschlossen werden, daß die gemischten Addukte (7.9, 4 bis 6) aus dem symmetrischen Addukt 3 oder über ein gemischtes Reagens Cl—OH, Cl—Br bzw. Cl—OR entstehen. Tatsächlich reagiert die Dichlorverbindung 2 unter den Reaktionsbedingungen nicht mit Br$^{\ominus}$ bzw. den genannten Lösungsmitteln. Weiterhin ist die Zusammensetzung des Produkts der Reaktion in Wasser oder Alkohol von der Acidität des Mediums unabhängig, was unvereinbar ist mit Reagenzien wie Cl—OH bzw. Cl—OR, deren Konzentration nach Cl—Cl + ROH $\rightleftarrows$ Cl—OR + Cl$^{\ominus}$ + H$^{\oplus}$ pH-abhängig ist [1].

Der überzeugendste Beweis für die Carbeniumzwischenstufe wurde bei der sauer katalysierten Addition von Wasser bzw. Essigsäure an optisch-aktives **Menthen-(3)** gewonnen (vgl. (7.10)) [2]. Die Reaktionsgeschwindigkeit ist unabhängig vom Nucleo-

---

[1] BARTLETT, P. D., u. D. S. TARBELL: J. Amer. chem. Soc. **58**, 466 (1936).
[2] KWART, H., u. L. B. WEISFELD: J. Amer. chem. Soc. **80**, 4670 (1958).

7.2.1. Zwischenprodukte und Endprodukte

phil (Wasser bzw. Essigsäure), so daß der produktbestimmende Schritt (die Addition des Nucleophils an das Zwischenprodukt) nicht geschwindigkeitsbestimmend sein kann.

Bei der Reaktion verschwindet die optische Aktivität mit der gleichen Geschwindigkeit wie das Olefin verbraucht wird. Genau das ist zu erwarten, wenn sich im geschwindigkeitsbestimmenden Schritt das Carbeniumion (7.10, 2) bildet: Obwohl das Asymmetriezentrum überhaupt nicht angegriffen wird, geht die optische Aktivität trotzdem verloren, weil die beiden vom Ring gebildeten Substituenten durch die Addition des Protons identisch werden (vgl. Pfeile in (7.10, 2)[1]).

$$\text{optisch aktiv} \quad \text{optisch inaktiv}$$

1   2   3

R = H ; CH_3CO

(7.10)

Weitere Beweise für das Carbeniumionzwischenprodukt ergeben sich aus der Stereochemie (vgl. weiter unten) und der Tatsache, daß häufig im Gerüst umgelagerte Produkte entstehen, ganz besonders bei den sehr zu Umlagerungen neigenden Bicyclo[2.2.1]-heptanverbindungen (vgl. Kap. 8.).

Schließlich liegen die ϱ-Werte für Additionen von Brom bzw. Wasser an Styrole bei -3 bis $-4,5$, also ganz im Bereich der Werte für Carbeniumionenreaktionen (vgl. Kap. 4.), und ebenso wie dort ergeben sich bessere Korrelationen gegen die σ^+-Werte.

Übereinstimmend damit steigt die Additionsgeschwindigkeit mit steigender Solvatationskraft des Lösungsmittels stark an, und die für Carbeniumionreaktionen gültige und typische WINSTEIN-GRUNWALD-Beziehung (2.53) wird erfüllt [1].

Große Schwierigkeiten machte die Aufklärung der Hydratisierung von Olefinen. Der inzwischen bewiesene Mechanismus (7.11) fordert einen langsamen Protonenübergang auf das Olefin. Das erschien zunächst ungewöhnlich, da man Protonenübergänge allgemein als schnelle (diffusionskontrollierte) Reaktionen anzusehen pflegte. Tatsächlich gilt das nicht für Übergänge vom und zum Kohlenstoffatom in Olefinen, sondern es ließ sich durch kinetische Lösungsmittelisotopeneffekte k_{H_2O}/k_{D_2O} bzw. k_{RCOOH}/k_{RCOOD} von etwa 1,2 bis 4,5 nachweisen, daß das Proton langsam, das heißt im geschwindigkeitsbestimmenden Schritt mit dem Olefin reagiert [2].

(7.11)

---

[1] GARNIER, F., u. J.-E. DUBOIS: Bull. Soc. chim. France **1968**, 3797.
[2] COE, J. S., u. V. GOLD: J. chem. Soc. [London] **1960**, 4571; MANASSEN, J., u. F. S. KLEIN: J. chem. Soc. [London] **1960**, 4203; SCHUBERT, W. M., B. LAMM u. J. R. KEEFFE: J. Amer. chem. Soc. **86**, 4727 (1964), vgl. MATESICH, M. A.: J. org. Chemistry **32**, 1258 (1967) (Zusammenstellung zahlreicher Beispiele).

[1]) Die Autoren diskutieren allerdings eine langsame Umlagerung eines π-Komplexes in das Carbeniumion, weil zu dieser Zeit noch nicht bekannt war, daß die Protonierung von Olefinen langsam und nicht „unmeßbar rasch" (diffusionskontrolliert) verläuft, vgl. weiter unten.

Bei der Hydratisierung von α-Methylstyrol bzw. Styrol wurde weiterhin gezeigt, daß die BRÖNSTEDT-Beziehung (6.8.) mit $\alpha \approx 0{,}5$ erfüllt wird. Das Proton befindet sich demnach im Übergangszustand der Reaktion etwa in der Mitte zwischen der Säure und dem Olefin, was gut mit dem gefundenen kinetischen Isotopeneffekt übereinstimmt. Anders ausgedrückt liegt eine allgemeine Säurekatalyse vor, während spezifische Säurekatalyse $\alpha = 1$ fordern würde [1]. Damit wird die frühere Annahme überflüssig, nach der sich zunächst ein π-Komplex bilden sollte, der in der geschwindigkeitsbestimmenden Stufe in das Carbeniumion übergeht [2], so daß kein kinetischer Isotopeneffekt auftritt.

Man sollte nun erwarten, daß das gebildete Carbeniumion wieder zum Olefin deprotoniert werden kann und demnach im Gleichgewicht mit diesem steht. Wenn man z. B. die Hydratisierung von 2-Methylbuten-(1) bzw. 2-Methylbuten-(2) nach etwa 50% Umsatz abbricht, sollte aus dem Δ^1-Olefin teilweise Δ^2-Olefin entstanden sein und umgekehrt, denn das bekannte Gleichgewicht zwischen diesen beiden Olefinen liegt bei 11% Δ^1- und 89% Δ^2-Olefin. Ganz entsprechend sollte die Reaktion in D_2O nach unvollständigem Umsatz die teilweise deuterierten Olefine (7.12, 5 und 6) liefern:

$$
\begin{array}{c}
\text{CH}_2=\overset{\text{CH}_3}{\underset{}{\text{C}}}-\text{CH}_2-\text{CH}_3 + \text{H}_3\text{O}^{\oplus} \\
(\text{D}_3\text{O}^{\oplus}) \\
1
\end{array}
\qquad
\begin{array}{c}
\text{CH}_3-\overset{\text{CH}_3}{\underset{\oplus}{\text{C}}}-\text{CH}_2-\text{CH}_3 \\
(\text{D}) \qquad (\text{D}) \\
3
\end{array}
\qquad
\begin{array}{c}
\text{CHD}=\overset{\text{CH}_3}{\underset{}{\text{C}}}-\text{CH}_2-\text{CH}_3 \\
5
\end{array}
$$

$$
\begin{array}{c}
\text{CH}_3-\overset{\text{CH}_3}{\underset{}{\text{C}}}=\text{CH}-\text{CH}_3 + \text{H}_3\text{O}^{\oplus} \\
(\text{D}_3\text{O}^{\oplus}) \\
2
\end{array}
\qquad
\begin{array}{c}
\text{CH}_3-\overset{\text{CH}_3}{\underset{\text{OH}}{\text{C}}}-\text{CH}_2-\text{CH}_3 \\
(\text{D}) \quad (\text{D}) \\
4
\end{array}
\qquad
\begin{array}{c}
\text{CH}_3-\overset{\text{CH}_3}{\underset{}{\text{C}}}=\text{CD}-\text{CH}_3 \\
6
\end{array}
$$

(7.12)

Tatsächlich tritt keine Isomerisierung ein, obwohl die beiden Olefine das gleiche Endprodukt, 2-Methylbutanol-(2) liefern, also das gleiche Carbeniumion (7.12, 3) bilden müssen [3]. Ebenso enthält das nach 50%igem Umsatz zurückgewonnene Olefin bei der Reaktion in D_2O kein Deuterium [4].

Man muß also annehmen, daß der Übergangszustand bzw. das Carbeniumion der Hydratisierungsreaktion eng mit Wassermolekülen koordiniert ist, so daß sich das Endprodukt sehr schnell und ohne zusätzliche Transportprobleme bilden kann.

---

[1] SIMANDOUX, J.-C., B. TORCK, M. HELLIN u. F. COUSSEMANT: Tetrahedron Letters [London] **1967**, 2971; SCHUBERT, W. M., u. B. LAMM: J. chem. Amer. Soc. 88, 120 (1966).
[2] BOYD, R. H., R. W. TAFT, A. P. WOLF u. D. R. CHRISTMAN: J. Amer. chem. Soc. 82, 4729 (1960) und dort zitierte weitere Arbeiten.
[3] LEVY, J. B., R. W. TAFT u. L. P. HAMMETT: J. Amer. chem. Soc. 75, 1253 (1953).
[4] PURLEE, E. L., u. R. W. TAFT: J. Amer. chem. Soc. 78, 5807 (1956).

Tatsächlich ergeben kinetische Experimente unter hohem Druck (100 bis 3000 at), daß Wasser im Übergangszustand enthalten ist [1]. Bei der Reaktion von optisch aktivem 1-Phenyläthanol mit $H_3^{18}O^{\oplus}$ (7.13) entspricht die leicht meßbare Geschwindigkeit der Racemisierung der Bildungsgeschwindigkeit des Carbeniumions, das $H_2^{18}O$ anlagern kann, so daß optisch inaktives Ausgangsprodukt entsteht, in dem die Hydroxylgruppe nunmehr durch ^{18}OH ersetzt ist. Die ^{18}O-Austauschreaktion ist etwa gleichschnell wie die Bildung des Carbeniumions, entsprechend dem in (7.13) angegebenen Geschwindigkeitsverlauf, was ganz dem Verlauf (7.11) entspricht.

Das mit dem Carbeniumion verknüpfte Olefin, Styrol, entsteht dagegen etwa 100mal langsamer [2].

$$\underset{\substack{\text{optisch aktiv} \\ K_{Rac} \approx K_{Aust}}}{\text{Ph}-\overset{*}{\underset{\text{OH}}{\overset{H}{C}}}-\text{CH}_3} \xrightarrow{\underset{\text{langsam}}{K_{Rac}}} \underset{\text{optisch inaktiv}}{\text{Ph}-\overset{\oplus}{C}\underset{\text{CH}_3}{\overset{H}{\diagdown}}} \quad \underset{K_{Aust} : K_{Elim} \approx 100 : 1}{\left[\begin{array}{l} \xrightarrow[H_2^{18}O]{K_{Aust}, \text{schnell}} \text{Ph}-\overset{^{18}OH}{\underset{H}{\overset{|}{C}}}-\text{CH}_3 \\ \xrightarrow[-H^{\oplus}]{K_{Elim}, \text{langsam}} \text{Ph}-\text{CH}=\text{CH}_2 \end{array}\right]} \quad (7.13)$$

Die Olefinbildung (= Rückreaktion bzw. H/D-Austausch bei der Hydratisierung von Olefinen) kommt also gegen die Addition von Wasser nicht zum Zuge, und das Alken steht bei elektrophilen Additionen normalerweise nicht im Gleichgewicht mit dem Carbeniumion. Isomerisierungen und H/D-Austauschreaktionen analog (7.12) werden deshalb erst bei langen Reaktionszeiten merklich [3].

Es muß abschließend darauf hingewiesen werden, daß Halogene in unpolaren Lösungsmitteln, in denen die Ionenreaktion nur langsam verläuft, in Abwesenheit von Radikalfängern (z. B. Luftsauerstoff) auch nach einem Radikalmechanismus an Olefine addiert werden können [4].

7.2.2. Zur Markownikow-Regel

Bei der Addition von Protonsäuren an unsymmetrische Olefine bildet sich das energieärmere der beiden möglichen Kationen bevorzugt, bei endständigen Olefinen sogar ausschließlich:

$$\begin{array}{l} \text{CH}_3 \rightarrow \text{CH}=\text{CH}_2 + \text{H}-\text{X} \longrightarrow \overset{\oplus}{\text{CH}_3} \rightarrow \text{CH} \leftarrow \text{CH}_3 \longrightarrow \text{CH}_3-\overset{\overset{X}{|}}{\text{CH}}-\text{CH}_3 \\ \underset{\text{CH}_3}{\overset{\text{CH}_3}{\diagdown}}\text{C}=\text{CH}_2 + \text{HX} \longrightarrow \underset{\text{CH}_3}{\overset{\text{CH}_3}{\diagdown}}\overset{\oplus}{\text{C}} \leftarrow \text{CH}_3 \longrightarrow \underset{\text{CH}_3}{\overset{\text{CH}_3}{\diagdown}}\text{C}\underset{\text{CH}_3}{\overset{X}{\diagdown}} \end{array} \quad (7.14)$$

---

[1] BALIGA, B. T., u. E. WHALLEY: Canad. J. Chem. **43**, 2453 (1965).
[2] GRUNWALD, E., A. HELLER u. F. S. KLEIN: J. chem. Soc. [London] **1957**, 2604.
[3] DENO, N. C., F. A. KISH u. H. J. PETERSON: J. Amer. chem. Soc. **87**, 2157 (1965); KRAMER, G. M.: J. org. Chemistry **33**, 3453 (1968).
[4] POUTSMA, M. L.: J. Amer. chem. Soc. **87**, 2172 (1965) und weitere zitierte Arbeiten; MAYEUR, G., J. C. KURIACOSE, F. ESCHARD u. G. E. LIMIDO: Bull. Soc. chim. France **1961**, 625.

Diese Regiospezifität ist als MARKOWNIKOW-Regel bekannt, nach der das Wasserstoffatom der Säure an das Kohlenstoffatom des Olefins angelagert wird, das die meisten Wasserstoffatome trägt. Im übertragenen Sinne läßt sich auch für andere Reagenzien eine MARKOWNIKOW-Orientierung angeben (vgl. (7.15)).

Die MARKOWNIKOW-Orientierung beruht praktisch ausschließlich auf der niedrigeren Aktivierungsenergie gegenüber der Anti-MARKOWNIKOW-Richtung (etwa 6 bis 7 kcal/mol bei Gasphasereaktionen) und läßt sich mit einem einfachen elektrostatischen Modell des Übergangszustands abschätzen [1]. Im Gegensatz dazu lassen die Eigenschaften des Grundzustands des Olefins (z. B. Ladungsanteile der einzelnen Atome) keinen Schluß auf die Additionsrichtung zu [2]; die gelegentlich herangezogene „Hyperkonjugation" (vgl. Abschn. 2.5.), bietet also keine akzeptable Erklärung des Phänomens.

An Trifluormethyläthylen $CH_2=CH-CF_3$ und Vinyl-trimethylammoniumchlorid $CH_2=CH-\overset{\oplus}{N}Me_3$ werden Halogenwasserstoffe nicht mehr in der MARKOWNIKOW-Richtung addiert, weil die stark elektronenziehenden Substituenten im Olefin das Kation des Anti-MARKOWNIKOW-Produkts energieärmer machen [3].

$CH_3 \rightarrow CH=CH_2$

X—H	(H—Hal, H—$\overset{\oplus}{O}H_2$, H—OSO_3H, H—OCOR)	
HO—Hal	(HOCl, HOBr, HOJ)	
Cl—J	(Cl—Br, Br—J)	(7.15)
X—Hg—X	(Cl—Hg—Cl, AcO—Hg—OAc)	
H—BH_2	(Hydroborierung, vgl. Abschn. 7.7.)	

Bei nichtendständigen Olefinen ist die Additionsrichtung wenig ausgeprägt, so daß die entsprechende „WAGNER-SAYZEW-Regel" keinen praktischen Wert hat. Auch bei der MARKOWNIKOW-Regel sind nicht selten Ausnahmen festzustellen. Über einige typische Fälle unterrichtet Tabelle 7.16.

Die in 7.16 tabellierten Additionen von Halogenwasserstoffsäuren sind in Gegenwart eines elektrophilen Katalysators durchgeführt worden, der beim wenig reaktionsfähigen Chlorwasserstoff notwendig ist (LEWIS-Säure wie Eisen- oder Aluminiumtrihalogenid). Beim Bromwasserstoff wird dadurch außerdem die anderenfalls leicht mögliche radikalische Addition überspielt (vgl. weiter unten).

Bei den Additionen von Halogenwasserstoffen wird — wenn wir zunächst vom 1-Chlor- bzw. 1-Brompropen absehen — die MARKOWNIKOW-Richtung streng befolgt; der Induktionseinfluß der $ClCH_2$- bzw. $BrCH_2$-Gruppe im Allylchlorid bzw. -bromid reicht also noch nicht aus, um die Bildung des Kations der MARKOWNIKOW-Addition entscheidend zu beeinträchtigen. Auch beim 1.1-Dichlorpropen-(2) erhält man noch MARKOWNIKOW-Orientierung, und erst beim 1.1.1-Trichlorpropen-(2) entsteht teilweise das Anti-MARKOWNIKOW-Produkt (mit HJ 3-Jod-1.1.1-trichlorpropan) [4].

---

[1] BENSON, S. W., u. G. R. HAUGEN: J. Amer. chem. Soc. **87**, 4036 (1965).
[2] BODOT, H., u. J. JULLIEN: Bull. Soc. chim. France **1962**, 1488.
[3] HENNE, A. L., u. S. KAYE: J. Amer. chem. Soc. **72**, 3369 (1950); SCHMIDT, E.: Liebigs Ann. Chem. **267**, 300 (1891).
[4] SHELTON, J. R., u. L.-H. LEE: J. org. Chemistry **23**, 1876 (1958).

7.2.2. Zur Markownikow-Regel

Tabelle 7.16
Zur MARKOWNIKOW-Regel. % MARKOWNIKOW-Addukt bei der Addition an Olefine
Die im Druck hervorgehobenen Atome lagern sich aneinander, während die nichtunterstrichenen Atome der Reagenzien das verbleibende Kohlenstoffatom der Doppelbindung angreifen.

Olefin	$\underline{H}$-Hal[1,3])	$\underline{Cl}$—OH[2])	$\underline{Br}$—OH[2])	$\underline{Br}$—Cl[2])
$CH_3CH=\underline{C}H_2$	100	91	79	54
$HOCH_2CH=\underline{C}H_2$	100	73	66	36
$ClCH_2CH=\underline{C}H_2$	100	30	27	23
$BrCH_2CH=\underline{C}H_2$	100	32	20	22
$CH_3CH=\underline{C}HBr$	67			
$CH_3CH=\underline{C}HCl$	90			
$CH_3-\underset{\underset{Br}{|}}{C}=\underline{C}H_2$	100			
$Cl_2C=\underline{C}HCl$	100			

[1]) KHARASCH, M. S., S. C. KLEIGER u. R. F. MAYO: J. org. Chemistry 4, 428 (1939).
[2]) DELAMARE, P. B. D., u. Mitarb.: J. chem. Soc. [London] 1958, 36; [3] S. 398; [1, 2] S. 399.
[3]) SHELTON, J. R., u. L.-H. LEE: J. org. Chemistry 25, 907 (1960) und dort zitierte frühere Arbeiten.

Der Anteil an Anti-MARKOWNIKOW-Produkt bei der Addition von Halogenwasserstoff an 1-Brompropen bzw. 1-Chlorpropen könnte darauf beruhen, daß die Halogene durch ihren +M-Effekt das Kation der Anti-MARKOWNIKOW-Addition zu stabilisieren vermögen (7.17), was beim entsprechenden Allylsystem (3-Chlor- bzw. 3-Brompropen) nicht möglich ist, weil Halogenatom und Carbenium-Kohlenstoff-Atom nicht konjugiert sind (7.18):

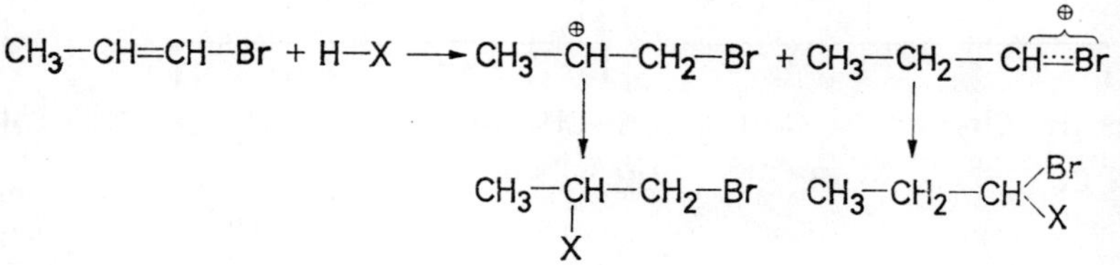

$$CH_3-CH=CH-Br + H-X \longrightarrow CH_3-\overset{\oplus}{C}H-CH_2-Br + CH_3-CH_2-\overset{\oplus}{CH\cdots Br}$$

$$\downarrow \qquad\qquad\qquad \downarrow$$

$$CH_3-\underset{X}{\overset{|}{C}H}-CH_2-Br \qquad CH_3-CH_2-CH\overset{Br}{\underset{X}{\diagdown}}$$

(7.17)

$$Br-CH_2-CH_2-\overset{\oplus}{CH_2} \xleftarrow{\;\;/\!\!/\;\;} Br-CH_2-CH=CH_2 + H-X \longrightarrow Br-CH_2-\overset{\oplus}{C}H-CH_3$$

$$\downarrow$$

$$Br-CH_2-\underset{X}{\overset{|}{C}H}-CH_3$$

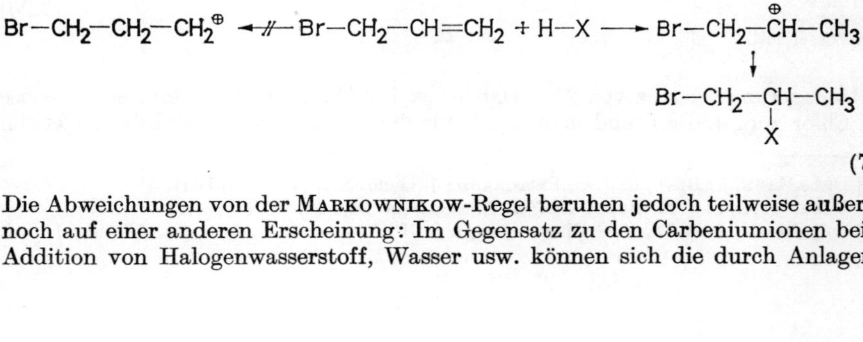

(7.18)

Die Abweichungen von der MARKOWNIKOW-Regel beruhen jedoch teilweise außerdem noch auf einer anderen Erscheinung: Im Gegensatz zu den Carbeniumionen bei der Addition von Halogenwasserstoff, Wasser usw. können sich die durch Anlagerung eines Halogenkations entstandenen Carbeniumionen relativ leicht zu isomeren Kationen umlagern, weil das Halogen zur Nachbargruppenwirkung befähigt ist, die unter den Bedingungen der Reaktion in eine Art inneren SN2-Übergangszustand (allerdings mit gebogenen Bindungen) bzw. eine Zwischenstufe (Halogen-oniumion), (7.19, 2b), übergehen kann.

Jedes der so entstehenden Zwischenprodukte bildet das ihr entsprechende Endprodukt, wobei auch das symmetrische Halogen-oniumion 2b am endständigen Kohlenstoffatom angegriffen werden dürfte, wie das von den analogen Epoxiden bekannt ist (vgl. S. 175) [1]: Halogen-oniumionen vom Typ (7.19, 2b) haben sich tatsächlich in SbF_5/flüssiges SO_2 in Substanz herstellen lassen; ihre Struktur ließ sich mit Hilfe der magnetischen Kernresonanz bestimmen [2].

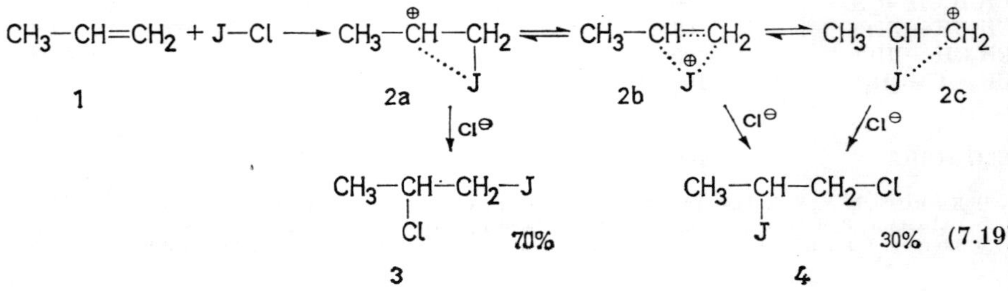

$$CH_3-CH=CH_2 + J-Cl \longrightarrow CH_3-\overset{\oplus}{CH}-CH_2 \rightleftharpoons CH_3-CH\cdots CH_2 \rightleftharpoons CH_3-CH-\overset{\oplus}{CH_2}$$

1   2a   2b   2c

$$CH_3-CH-CH_2-J \qquad CH_3-CH-CH_2-Cl$$
$$\ \ \ \ \ \ \ \ Cl \qquad\qquad\qquad\qquad J$$

3   70%   4   30%   (7.19)

Auch ein bereits im Olefin vorhandenes Halogenatom kann über Nachbargruppeneffekte Umlagerungen bewirken, z. B. [3]:

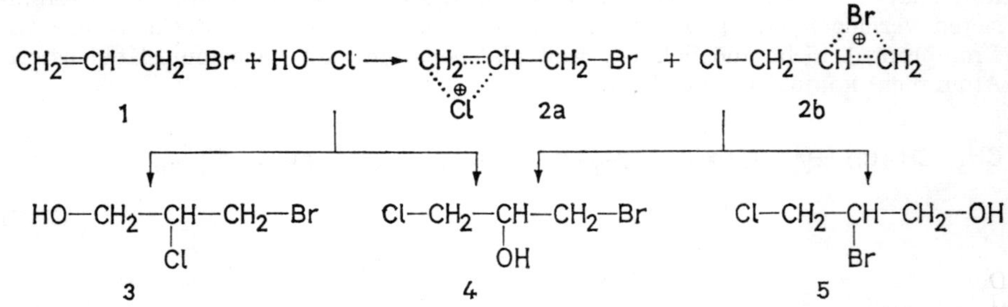

$$CH_2=CH-CH_2-Br + HO-Cl \longrightarrow CH_2\cdots CH-CH_2-Br + Cl-CH_2-CH\cdots CH_2$$

1   2a   2b (Br)

$$HO-CH_2-CH-CH_2-Br \qquad Cl-CH_2-CH-CH_2-Br \qquad Cl-CH_2-CH-CH_2-OH$$
$$\ \ \ \ \ \ \ \ \ \ \ Cl \qquad\qquad\qquad\qquad OH \qquad\qquad\qquad\qquad Br$$

3   4   5

	3	4	5	
in Wasser 20°C	40%	32%	28%	
in 70%igem Dioxan/Wasser 20°C	50%	44%	11%	(7.20)

Die Umlagerungstendenz von 2b steigt in der im Abschnitt 4.7.2. erörterten Weise vom Chlor zum Jod an, und man erhält für die Reaktion mit HOCl die folgenden

---

[1] DeLaMare, P. B. D., u. J. G. Pritchard: J. chem. Soc. [London] **1954**, 3990.
[2] Olah, G. A., u. J. M. Bollinger: J. Amer. chem. Soc. **90**, 947 (1968).
[3] DeLaMare, P. B. D., P. G. Naylor u. D. L. H. Williams: J. chem. Soc. [London] **1962**, 443.

Prozentsätze an Umlagerungsprodukt (entsprechend 5) $CH_2=CH-CH_2-Cl$ 4%, $CH_2=CH-CH_2-Br$ 28% (vgl. (7.20)), $CH_2=CH-CH_2-J$ 48% [1].
Das Ausmaß der Umlagerung ist außerdem vom Lösungsmittel abhängig und steigt mit der Lebensdauer des Carbeniumions an, wie das auch erwartet werden muß. Das Verhältnis von MARKOWNIKOW- zu Anti-MARKOWNIKOW-Produkt wird dagegen vom Lösungsmittel nur wenig beeinflußt.

Aus der Tatsache, daß bei der Reaktion (7.20) 40% Anti-MARKOWNIKOW-Produkt 3 nur 28% Umlagerungsprodukt 5 gegenüberstehen, muß man schließen, daß das neu eintretende Halogenatom mehr Umlagerung hervorruft, als das bereits im Molekül befindliche. Bei der entsprechenden Reaktion von Allylchlorid (eingesetzt als $CH_2=CH-CH_2-{}^{35}Cl$) mit HOCl ergibt sich analog 70% Anti-MARKOWNIKOW-Produkt neben nur 4% Umlagerungsprodukt [2].

Zur Erklärung kann man annehmen, daß das eintretende Halogenkation einen delokalisierten π-Komplex (verbrücktes Carbeniumion) 2a liefert, der bevorzugt unmittelbar mit dem Nucleophil reagiert. Das Anti-MARKOWNIKOW-Produkt wäre dann ein Kennzeichen für ein verbrücktes Carbeniumion als Zwischenprodukt der Reaktion, während MARKOWNIKOW-Orientierung ein nicht verbrücktes Carbeniumion anzeigt.

Die Addition von Bromwasserstoff an Olefine verläuft häufig anomal und führt dann ausschließlich zum Anti-MARKOWNIKOW-Produkt. Es handelt sich dabei um eine Reaktion mit völlig anderem Mechanismus, der von M. S. KHARASCH aufgeklärt worden ist [3]. Die abnorme Reaktion tritt nämlich stets ein, wenn Licht, Sauerstoff oder Peroxide anwesend sind, deren Ausschluß andererseits die normale MARKOWNIKOW-Produkt entstehen läßt, das auch in Gegenwart von LEWIS-Säuren (Halogenüberträgern) gebildet wird. Der „Peroxideffekt" ist zwanglos mit einen Radikalmechanismus erklärbar:

Startreaktion: $2H-Br + \cdot\bar{O}-\bar{O}\cdot \rightarrow H_2O_2 + 2\,Br\cdot$ bzw.

$H-Br \xrightarrow{h\nu} H\cdot + Br\cdot$

Kette: $CH_3-CH=CH_2 + Br\cdot \rightarrow CH_3-\dot{C}H-CH_2-Br$

$CH_3-\dot{C}H-CH_2-Br + H-Br \rightarrow CH_3-CH_2-CH_2-Br + Br\cdot$

usw.

(7.21)

Da das Startradikal zurückgebildet wird, genügt eine sehr geringe Menge an Sauerstoff in der Reaktionslösung, um die Anti-MARKOWNIKOW-Addition zu bewirken. Ein Teil der widersprüchlichen älteren Angaben in der Literatur ist sicher darauf zurückzuführen, daß Sauerstoffspuren nicht sorgfältig genug ausgeschlossen wurden. Will man andererseits die Radikaladdition vermeiden, setzt man am besten eine LEWIS-Säure zu ($AlBr_3$), wodurch die Ionenreaktion stark beschleunigt wird. Von den Halogenwasserstoffsäuren zeigt nur Bromwasserstoff den Peroxideffekt: Chlorradikale

---

[1] DELAMARE, P. P. D., P. G. NAYLOR u. D. L. H. WILLIAMS: J. chem. Soc. [London] **1963**, 3429.
[2] DELAMARE, P. B. D., u. Mitarb.: J. chem. Soc. [London] **1954**, 3910, 3990.
[3] KHARASCH, M. S., u. F. R. MAYO: J. Amer. chem. Soc. **55**, 2468 (1933); **60**, 3097 (1938); Zusammenfassungen über den Peroxideffekt: MAYO, F. R., u. C. WALLING: Chem. Reviews **27**, 351 (1940); HEY, D. H., u. W. A. WATERS: Chem. Reviews **21**, 169 (1937).

haben eine höhere Energie und werden deshalb unter den bei Additionen üblichen Bedingungen nicht zurückgebildet, während die relativ leicht entstehenden Jodradikale andererseits zu energiearm sind, um eine gegenüber der ionischen Addition konkurrenzfähige Radikalkette bilden zu können.

Additionsreaktionen der vorstehend behandelten und anderer Reagenzien an durch Carbonyl- bzw. hetero-analoge Carbonylgruppen aktivierte Doppelbindungen geben stets Anti-MARKOWNIKOW-Orientierung, weil hier keine elektrophile, sondern eine nucleophile Reaktion, das heißt ein grundsätzlich anderer Mechanismus vorliegt. Dieser Typ wurde bereits im Kapitel 6. besprochen.

7.2.3. Stereochemie elektrophiler Additionen [1]

Elektrophile Additionen verlaufen häufig stereoselektiv als anti- oder syn-Additionen, und es ergaben sich beträchtliche Schwierigkeiten, diese Stereoselektivität mit der Zwischenbildung eines Carbeniumions in Einklang zu bringen, das bekanntlich normalerweise nicht stereoselektiv reagiert (vgl. Kapitel 4.).[1]) Nachdem verbrückte Halogen-oniumionen eindeutig nachgewiesen sind und mit Hilfe moderner Methoden festgestellt werden konnte, daß viele Additionen an Olefine nicht so weitgehend stereoselektiv sind, wie man früher annahm, hat das Problem etwas von seiner Schwierigkeit verloren.

Man muß danach die folgenden Möglichkeiten für Zwischenprodukte annehmen:

$$\text{(7.22)}$$

1   2   3   4

(7.22, 1) stellt ein symmetrisch verbrücktes Kation oder einen delokalisierten π-Komplex dar, in dem die „Vorderseite" durch die X-Brücke abgeschirmt ist, so daß der nucleophile Partner Y nur von der „Rückseite" her angreifen kann. Es resultiert streng eine anti-Addition, die zugleich eine Verletzung der MARKOWNIKOW-Regel möglich macht. Eine ähnliche, weniger strenge Situation herrscht in dem unsymmetrisch verbrückten Carbeniumion 2, in dem der erste Additionspartner infolge einer Nachbargruppenwirkung das Carbeniumion einseitig abschirmt. Die MARKOWNIKOW-Orientierung ist dabei nicht beeinträchtigt.

Ein π-Komplex vom Typ (7.1, 3) sollte sich leicht zum Vierringübergangszustand der elektrophilen Addition (7.22, 3) umlagern, so daß reine syn-Addition resultiert. Ein derartiger Verlauf muß begünstigt sein, wenn die polare Spaltung der Bindung

---

[1] DOLBIER, W. R.: J. chem. Educat. 46, 342 (1969).

[1]) Um Konfusionen mit der Stereochemie der eingesetzten Olefine (cis- bzw. trans-) zu vermeiden, ist die hier benutzte Charakterisierung des sterischen Verlaufs (syn- bzw. anti-) vorzuziehen.

7.2.3. Stereochemie elektrophiler Additionen

zwischen X und Y viel Energie erfordert. Die Heterolyse erfolgt dann erst unter der Nachbargruppenwirkung des π-Systems[1]) und liefert kein freies Carbeniumion, sondern ein Ionenpaar, das nur eine kleine Lebensdauer hat (vgl. das Phänomen der „inneren Rückkehr", Kap. 4.). Dadurch bleibt für das Nucleophil Y zu wenig Zeit, um auf die „Rückseite" des Moleküls gelangen zu können, und es resultiert syn-Addition. Nach den bisherigen Kenntnissen wird die MARKOWNIKOW-Regel befolgt.

Schließlich ist für das klassische Carbeniumion (7.22, 4) keine Stereospezifität der Addition mehr zu erwarten, dagegen strenge Gültigkeit der MARKOWNIKOW-Regel.

Ein verbrücktes Carbeniumion (7.22, 1) wird bei den Additionen von Chlor, Brom oder Jod angenommen [1], die in der genannten Reihenfolge zunehmend zur Nachbargruppenwechselwirkung befähigt sind und damit zunehmend anti-Addition ergeben. Ein typisches Beispiel ist die Addition von Brom an cis- oder trans-Stilben [2]. Das cis-Stilben liefert in wenig polaren Lösungsmitteln wie Benzol oder Tetrachlorkohlenstoff (DK $<$ 3) praktisch ausschließlich das D,L-Produkt (7.23, 3). Es erfolgt also nur anti-Addition und als Zwischenprodukt wird das unsymmetrisch verbrückte Carbeniumion 2 angenommen. Analog ergibt trans-Stilben 6 ebenfalls in reiner anti-

[1] ROBERTS, I., u. G. E. KIMBALL: J. Amer. chem. Soc. **59**, 947 (1937); Zusammenfassung über Halogeniumionen: TRAYNHAM, J. G.: J. chem. Educat. **40**, 392 (1963); [1] S. 393 und dort zitierte frühere Arbeiten.
[2] BUCKLES, R. E., J. M. BADER u. R. J. THURMAIER: J. org. Chemistry **27**, 4523 (1962); HEUBLEIN. G.: J. prakt. Chem. **31**, 84 (1966); Analoge Ergebnisse an 1-Phenylpropen und Buten-(2): ROLSTON, J. H., u. K. YATES: J. Amer. chem. Soc. **91**, 1477 (1969).

[1]) Die in [1] S. 396 genannten Berechnungen ergeben in der Tat überraschend niedrige Aktivierungsenergien für den Vierring-Prozeß.

Addition meso-Dibromstilben 8. In Lösungsmitteln hoher Dielektrizitätskonstante (>35) erhält man dagegen nur das energieärmere der beiden Produkte, das meso-Produkt 8. In diesem Falle wird offensichtlich die innere Stabilisierung des Carbeniumions, die auf der Nachbargruppenwirkung des Broms beruht, durch das stark solvatisierende Lösungsmittel überspielt, so daß nunmehr das solvatisierte klassische Carbeniumion 4 energieärmer ist als das verbrückte Carbeniumion 2. Während jedoch im verbrückten Carbeniumion 2 die freie Drehbarkeit um die C—C-Bindung nicht möglich ist, kann sich das klassische Carbeniumion 4 leicht in die energieärmere Konformation 5 umlagern, in der die beiden voluminösen Phenylgruppen weiter voneinander entfernt sind. Durch Angriff von $Br^\ominus$ von der weniger abgeschirmten Seite her oder über 7 entsteht dann ausschließlich das meso-Produkt 8.

Die syn-Addition von cis-Stilben in Lösungsmitteln hoher Dielektrizitätskonstante zum meso-Produkt 8 ist demzufolge nur scheinbar und in Wahrheit auch eine anti-Addition. Dieses Ergebnis stellt zugleich einen zusätzlichen Beweis für die Carbeniumzwischenstufe elektrophiler Additionen, das heißt für ein Zwischenprodukt endlicher Lebensdauer dar.

Das Beispiel (7.23) ist relativ ungünstig, weil hier durch den +M-Effekt der Phenylgruppe auch ein klassisches Carbeniumion relativ gut stabilisiert und damit die Notwendigkeit der Stabilisierung durch Halogengruppenwirkung herabgesetzt wird. Bei rein aliphatischen Olefinen ist deshalb die Gefahr einer Umlagerung über die Stufe des freien Carbeniumions geringer, und man erhält bei der Reaktion mit Brom ein symmetrisch verbrücktes Carbeniumion und auch in Lösungsmitteln höherer Dielktrizitätskonstante klare anti-Additionen [1,2].

Cis-Olefine sind zwar infolge ihres höheren Energieinhalts generell reaktionsfähiger als die entsprechenden trans-Olefine. In einem symmetrisch verbrückten Carbeniumion vom Typ (7.22, 1) müssen jedoch die benachbarten großen Substituenten (Phenyl in (7.23, 2)) noch weiter zusammenrücken, so daß die Energie dieses Zwischenprodukts höher liegen sollte als beim entsprechenden trans-Produkt (7.23, 7).
Man sollte demnach für Additionen, die über einen Dreiringübergangszustand verlaufen, ein Verhältnis $k_{cis}/k_{trans} < 1$ finden. Im Gegensatz dazu erhält man bei der Addition von Reagenzien, die nach diesem Mechanismus addiert werden: Br_2 1,5 bis 2,5, JSCN etwa 2, ArSCl 9 bis 15 und $Hg(OAc)_2$ 4 bis 7 [3]. Offenbar ähnelt also der Dreiringübergangszustand weniger der ekliptischen Struktur (7.22, 1), sondern eher einem π-Komplex, in dem die Geometrie des Olefins wenig verändert ist, so daß keine ernsthaften Pressungen der Substituenten durch ekliptische Anordnungen entstehen.

In Übereinstimmung mit den vorangegangenen Erörterungen wird bei Additionen, die nach den stereochemischen Ergebnissen über ein verbrücktes Carbeniumion verlaufen, häufig Anti-MARKOWNIKOW-Orientierung gefunden, z. B. bei der Addition von HOBr [4], ArSCl [5] und bei der Brommethoxylierung ($Br^\oplus + CH_3OH$) [5].

---

[1] ROLSTON, J. H., u. K. YATES: J. Amer. chem. Soc. **91**, 1469, 1477, 1483 (1969); [2] S. 401.
[2] Malein-/Fumarsäure: McKENZIE, A.: J. chem. Soc. [London] **1912**, 1196. NOZAKI, K., u. R. A. OGG: J. Amer. chem. Soc. **64**, 697 (1942); cis-/trans-Buten-(2): YOUNG, W. G., R. T. DILLON u. H. J. LUCAS: J. Amer. chem. Soc. **51**, 2528 (1929); **52**, 1953 (1930); [2] S. 401.
[3] PRITZKOW, W., u. Mitarb., J. prakt. Chem. **311**, 238 (1969).
[4] TRAYNHAM, J. G., u. Mitarb.: J. Amer. chem. Soc. **79**, 2341 (1957); Tetrahedron [London] **7**, 165 (1959); J. org. Chemistry **27**, 3189 (1962).
[5] PUTERBAUGH, W. H., u. M. S. NEWMAN: J. Amer. chem. Soc. **79**, 3469 (1957).

7.2.3. Stereochemie elektrophiler Additionen

Der Mechanismus für die anti-Addition bedingt, daß bei cyclischen Verbindungen vom Typ des Cyclohexens das Reagens senkrecht zur Ringebene (entsprechend der größten Ausdehnung der π-Orbitale) angreifen muß. Man erhält demzufolge bisaxiale Produkte bei allen Reagenzien, die verbrückte Carbeniumionen liefern [1], z. B.:

$$\text{Cyclohexen} + \text{HOBr} \xrightarrow{H^\oplus} \text{Bromoniumion} \xrightarrow{-H^\oplus} \text{Dibromid} \left(\xrightarrow{HO^\ominus} \text{Epoxid} \right) \quad (7.24)$$

Besonders klare Verhältnisse ergeben sich bei starren Systemen vom Typ der Octaline (Teilsysteme von Steroidsystemen) [2]. Ob das Reagens den Ring von oben oder unten angreift, hängt von den zusätzlich im Ring vorhandenen Substituenten ab [2,3].

Halogenwasserstoffe reagieren mit Olefinen — vor allem in unpolaren Lösungsmitteln — vorwiegend in einer syn-Addition, wobei ein Vierringübergangszustand (7.22, 3) anzunehmen ist [4]. In einigen Fällen wurden anti-Additionen beobachtet [5, 6], die sich jedoch auf der Basis von Konformationseffekten erklären lassen [4] (vgl. jedoch S. 417).

Eine wichtige syn-Addition mit einem Vierringübergangszustand ist die Reaktion von Boranen mit Olefinen, die weiter unten besprochen wird.

Die Stereochemie der Addition von Wasser, Alkoholen oder Carbonsäuren ist nur wenig untersucht. Die Reaktion scheint danach normalerweise über freie Carbeniumionen vom Typ (7.22, 4) zu gehen, so daß syn- und anti-Additionsprodukte in vergleichbaren Mengen entstehen [7].

In Tabelle 7.25 sind nochmals einige Fälle der vorstehend besprochenen Reaktionen zusammengestellt, die eine Vorstellung von den Abstufungen in der Stereoselektivität der einzelnen Reagenzien vermitteln. Danach ist die Fähigkeit zur Ausbildung eines Oniumions am größten beim Schwefel (Addition von Arylsulfenylchlorid), was ganz mit dessen Nachbargruppeneffekt übereinstimmt (vgl. Kap. 4.).

Hinweise auf die Form des Übergangszustands von elektrophilen Additionen lassen sich aus Freie-Energie-Beziehungen gewinnen. Danach wird im Carbeniumion die Beanspruchung an zusätzliche im Olefin vorhandene Substituenten durch eine Nachbargruppenwirkung des eintretenden Reaktionspartners X herabgesetzt, das heißt, die Reaktionskonstante ϱ sollte um so kleiner werden, je symmetrischer verbrückt das Carbeniumion ist. Tatsächlich erhält man bei der Addition von 2.4-Dinitrobenzolsulfenylchlorid an kernsubstituierte Styrole den recht kleinen Wert

---

[1] WINSTEIN, S.: J. Amer. chem. Soc. **64**, 2792 (1942); SWERN, D.: J. Amer. chem. Soc. **70**, 1235 (1948); ELIEL, E. L., u. R. G. HABER: J. org. Chemistry **24**, 143 (1959); STEVENS, C. L., u. J. A. VALICENTI: J. Amer. chem. Soc. **87**, 838 (1965); Zusammenfassungen: HENBEST, H. B.: Proc. chem. Soc. [London] **1963**, 159; VALLS, J., u. E. TOROMANOFF: Bull. Soc. chim. France **1961**, 758; WEINGES, K., W. KALTENHÄUSER u. F. NADER: Fortschr. chem. Forsch. **6**, 383 (1966).
[2] BARTON, D. H. R., u. Mitarb.: J. chem. Soc. **72**, 1066 (1950); J. chem. Soc. [London] **1951**, 1048; **1954**, 4284.
[3] PASTO, D. J., u. F. M. KLEIN: J. org. Chemistry **33**, 1468 (1968).
[4] Zusammenfassung: DEWAR, M. J. S., u. R. C. FAHEY: Angew. Chem. **76**, 320 (1964).
[5] HAMMOND, G. S., u. Mitarb.: J. Amer. chem. Soc. **76**, 4121 (1954); **82**, 4323 (1960).
[6] FAHEY, R. C., u. R. A. SMITH: J. Amer. chem. Soc. **86**, 5035 (1964).
[7] COLLINS, C. H., u. G. S. HAMMOND: J. org. Chemistry **25**, 911 (1960).

Tab. 7.25
Stereochemie elektrophiler Additionen an cis- bzw. trans-1-Phenylpropen

Reagens	Bedingungen		cis-1-Phenylpropen % syn-Addition	trans-1-Phenylpropen % syn-Addition	
DBr	CH_2Cl_2	0 °C	88	88	[1]
F—F	CCl_3F	−126 °C	78	73	[2]
Cl—Cl	CCl_4	0 °C	62	46	[3]
HO—Cl				37	[4]
Br—Br	CCl_4	5 °C	17	12	[5]
ArS—Cl	CCl_4	25 °C	0[6]	0[6]	[7]

[1] DEWAR, M. J. S., u. R. C. FAHEY: J. Amer. chem. Soc. **85**, 3645 (1963).
[2] MERRITT, R. F.: J. Amer. chem. Soc. **89**, 609 (1967).
[3] FAHEY, R. C., u. C. SCHUBERT: J. Amer. chem. Soc. **87**, 5172 (1965).
[4] BODOT, H., E. DIEUZEIDE u. J. JULLIEN: Bull. Soc. chim. France **1960**, 1086.
[5] FAHEY, R. C., u. H.-J. SCHNEIDER: J. Amer. chem. Soc. **90**, 4429 (1968). Ar = p-Chlorphenyl- oder 2.4-Dinitrophenyl-.
[6] sterischer Bau des Olefins nicht spezifiziert
[7] G. H. SCHMID, zitiert in 4).

$\varrho = -2,2$ [1], für die Hydratisierung (offenes Carbeniumion) dagegen $\varrho = -3,4 \cdots 4,0$ [2]. Analog überwiegt in der erweiterten HAMMETT-Beziehung $\lg k = \alpha\sigma_I + \beta\sigma_R + k_0$ das erste Glied ($\alpha > \beta$, „lokalisierter Effekt") bei Reaktionen, die über einen Dreiringübergangszustand führen, bei Reaktionen über klassische Carbeniumionen dagegen das zweite Glied ($\beta > \alpha$, „delokalisierter Effekt") [3]. Eine sehr interessante Möglichkeit, die Form des Übergangszustandes über eine Freie-Energie-Beziehung zu erschließen, besteht darin, in Reaktionen an Äthylenen vom Typ $R^1R^2C{=}CR^3R^4$ die Substituenteneinflüsse nicht als Summe, sondern für jedes C-Atom getrennt zu erfassen, was mit Hilfe einer Fünf-Parameter-TAFT-Beziehung

$$\lg k = \lg k_0 + \varrho_1^*(\sigma_1^* + \sigma_2^*) + \delta_1(E_s^1 + E_s^2) + \varrho_2^*(\sigma_3^* + \sigma_4^*) + \delta_2(E_s^3 + E_s^4)$$

möglich ist. Bei klassischen oder unsymmetrisch verbrückten Carbeniumionen ist $\varrho_1^* > \varrho_2^*$ oder $\varrho_2^* > \varrho_1^*$, bei symmetrisch verbrückten dagegen $\varrho_1^* \approx \varrho_2^*$ [4].

7.3. Einige spezielle Additionsreaktionen

Nach den vorstehend diskutierten Mechanismen werden eine ganze Reihe von Säuren bzw. LEWIS-Säuren an Olefine addiert. Ganz ähnlich wie Wasser reagieren Alkohole unter Bildung von Äthern und Carbonsäuren unter Bildung von Estern.

[1] ORR, W. L., u. N. KHARASCH: J. Amer. chem. Soc. **78**, 1201 (1956).
[2] SCHUBERT, W. M., B. LAMM u. J. R. KEEFFE: J. Amer. chem. Soc. **86**, 4727 (1964); DURAND, J. P., M. DAVIDSON, M. HELLIN u. F. COUSSEMANT: Bull. Soc. chim. France **1966**, 52.
[3] CHARTON, M., u. B. CHARTON: J. org. Chemistry **38**, 1631 (1973).
[4] BERGMANN, H. J., G. COLLIN, G. JUST, G. MÜLLER-HAGEN u. W. PRITZKOW: J. prakt. Chem. **314**, 285 (1972).

Die Reaktion ist besonders geeignet zur Darstellung von Estern des tert.-Butanols, die durch direkte Veresterung häufig nicht glatt erhalten werden, während Isobuten nach dem weiter oben Gesagten gerade besonders reaktionsfähig ist. Analog können Ester anderer tertiärer Alkohole erhalten werden.

$$\text{C=C} + H^\oplus \rightarrow -\overset{|}{\underset{H}{C}}-\overset{\oplus}{C}\!\!< \xrightarrow{+ROH} -\overset{|}{\underset{H}{C}}-\overset{|}{C}-OR + H^\oplus$$

$$CH_3-\underset{CH_3}{\overset{CH_3}{|}}{C}=CH_2 + H^\oplus \rightarrow CH_3-\underset{CH_3}{\overset{CH_3}{|}}{C^\oplus} \xrightarrow{+R-C\overset{O}{\underset{OH}{\diagdown}}} R-\overset{O}{\overset{\|}{C}}-O-\underset{CH_3}{\overset{CH_3}{\overset{|}{C}}}-CH_3 + H^\oplus \qquad (7.26)$$

Die letzte Reaktion ist umkehrbar, so daß Ester des tert.-Butanols in Gegenwart saurer Katalysatoren wieder in Isobuten und die Carbonsäure zerfallen, deren Hydroxylfunktion demnach in Form der tert.-Butylester reversibel blockiert werden kann.

Ähnlich wie die Halogenwasserstoffsäuren addieren sich auch andere anorganische Säuren an Olefine. Den bekanntesten Fall stellt die Synthese von Alkylschwefelsäuren dar, die entweder nur als Neben- und Durchgangsprodukt bei der Hydratisierung, mitunter jedoch auch als Hauptprodukte hergestellt werden, z. B. im Fall des Propylens, dessen saures Sulfat mit der stöchiometrischen Menge Wasser bei 130°C direkt auf Di-isopropyläther verarbeitet werden kann.

Auch Salpetersäure addiert sich glatt — am besten in Gegenwart von Schwefelsäure. Dabei reagieren nicht etwa die formalen Bruchstücke $H^\oplus$ und $NO_3^\ominus$, wie man nach der Dissoziation dieser Säure erwarten könnte, sondern die Salpetersäure dissoziiert nach vorheriger Protonierung in ein $NO_2^\oplus$-Kation und Wasser, so daß z. B. aus Äthylen β-Nitroäthanol entsteht, das unter den Reaktionsbedingungen sofort verestert wird. Der genannte Zerfall der Salpetersäure wird uns später bei der aromatischen Substitution wieder beschäftigen und soll hier deshalb ohne Kommentar formuliert werden.

$$H^\oplus + H-O-N\overset{O}{\underset{O^\ominus}{\diagdown\!\!\!/}} \rightleftarrows H-\overset{\oplus}{\underset{H}{O}}-N\overset{O}{\underset{O^\ominus}{\diagdown\!\!\!/}} \rightleftarrows H_2O + \overset{\oplus}{N}\overset{O}{\diagdown\!\!\!/\!\!O}$$

$$CH_2=CH_2 + NO_2^\oplus \rightarrow \underset{NO_2}{\overset{\overset{\oplus}{CH_2}-CH_2}{|}}{N}\overset{O}{\underset{O^\ominus}{\diagdown\!\!\!/}} + H_2O \rightarrow CH_2-CH_2-OH + H^\oplus \qquad (7.27)$$

$$\xrightarrow[-H_2O]{+HNO_2} \underset{NO_2}{\overset{|}{CH_2}}-CH_2-O-NO_2$$

Unter den gemischten Addukten sind insbesondere die Chlorhydrine wichtig, die in der weiter oben formulierten Weise aus Olefinen und unterchloriger Säure in hohen Ausbeuten erhalten werden. In der Technik setzt man jedoch mit Chlor und Wasser um, wobei zunächst unter Aufnahme eines Chlorkations ein Carbeniumion entsteht, das mit dem im großen Überschuß anwesenden Wasser bevorzugt reagiert vgl. (7.9c)). Mit fortschreitender Reaktion reichern sich die nicht verbrauchten Chloridionen an und konkurrieren infolge ihrer größeren nucleophilen Potenz (vgl. Tab. 4.64) bereits bei relativ niedrigen Konzentrationen erfolgreich mit dem Wasser um das Carbeniumion, so daß z. B. bei der Hypohalogenierung von Äthylen oberhalb einer gewissen Konzentration (etwa 10 bis 15% Chlorhydrin) praktisch nur noch 1.2-Dichloräthan entsteht. Man bricht deshalb an dieser Stelle ab und verarbeitet auf Äthylenoxid (Erhitzen mit Kalkmilch).

Eine interessante Anwendung der Dreikomponentenaddition ist die RITTER-Reaktion, bei der als Nucleophil ein Nitril fungiert [1]:

$$\ce{>=<} + H_3O^{\oplus} \longrightarrow H-|-|-\overset{\oplus}{<} + H_2O \xrightarrow{R-C\equiv N|} H-|-|-\underline{N}=\overset{\oplus}{C}-R$$

$$\xrightarrow{H_2O} H-|-|-\underset{\underset{H}{|}}{\underset{|}{N}}=\underset{\underset{OH}{|}}{C}-R \rightleftharpoons H-|-|-NH-\underset{\underset{O}{\|}}{C}-R$$

(7.28)

Es entstehen Acylamine, aus denen Amine erhältlich sind. Im Gegensatz dazu gelingt die direkte Aminierung von Olefinen mit Ammoniak nicht. Analoge Reaktionen mit Chlor und Nitrilen bzw. Cyanaten RO−CN oder Thiocyanaten RS−CN, Cyanamiden R_2N−CN und Chlorcyan sind ebenfalls durchführbar [2].

In Gegenwart starker Säuren oder LEWIS-Säuren (FRIEDEL-CRAFTS-Katalysatoren) können sogar Benzol und andere Aromaten in der zweiten Reaktionsstufe der Additionsreaktion nucleophil mit Olefinen reagieren, wobei Alkylaromaten entstehen.

$$CH_3-CH=CH_2 \xrightarrow[(H_2SO_4)]{H^{\oplus}} CH_3-\overset{\overset{CH_3}{|}}{C}H^{\oplus} \xrightarrow[-H^{\oplus}]{+PhH} \underset{}{\bigcirc}-CH\overset{CH_3}{\underset{CH_3}{<}} \quad (7.29)$$

(vgl. FRIEDEL-CRAFTS-Alkylierung, Abschn. 7.8.4.4.)

Auch Carbonylverbindungen stellen LEWIS-Säuren dar, deren Stärke durch elektrophile Katalysatoren noch gesteigert werden kann. So entsteht aus Formaldehyd bei der Einwirkung von starker Schwefelsäure weitgehend ein Hydroxymethylkation, das sich glatt an Olefine addiert (PRINS-Reaktion) [3]. Die Reaktion mit dem reaktionsfähigen Isobuten besitzt als Weg zum Isopren technisches Interesse. Die Stabilisierung der im ersten Schritt gebildeten Carbeniumionzwischenstufe erfolgt in diesem Falle durch die Eliminierung eines Protons, wobei der unten formulierte cyclische Übergangszustand durchlaufen wird. Das stöchiometrische Ergebnis ist also eine Kondensationsreaktion. Außerdem kann der gebildete ungesättigte Alkohol mit weiterem Formaldehyd reagieren. Über das Halbacetal entsteht schließlich ein cyclisches Acetal (m-Dioxan). Beide Produkte gehen bei saurer Dehydratisierung in

---

[1] Zusammenfassungen: ZIL'BERMAN, E. N.: Usp. Chim. **29**, 709 (1960); KRIMEN, L. I., u. D. J. COTA: Org. Reactions **17**, 213 (1969).
[2] BEGER, J., K. GÜNTHER u. J. VOGEL: J. pralt. Chem. **311**, 15 (1969) und dort zitierte weitere Arbeiten.
[3] Zusammenfassungen: ROBERTS, C. W., in: FRIEDEL-CRAFTS and Related Reactions, John Wiley & Sons, Inc., New York/London 1964, Vol. II/2, S. 1175; ISAGULJANC, V. I., T. G. CHAIMOVA, V. R. MELIKJAN u. S. V. POKROVSKAJA: Usp. Chem. **37**, 61 (1968); ARUNDALE, E., u. L. A. MIKESKA: Chem. Reviews **51**, 505 (1952).

7.3. Einige spezielle Additionsreaktionen

Isopren über:

$$H_2C=O + H^\oplus \rightleftharpoons H_2\overset{\oplus}{C}\text{-----}O-H$$

$$CH_3-\underset{CH_3}{\underset{|}{C}}=CH_2 + \overset{\oplus}{C}H_2OH \longrightarrow CH_3-\overset{\oplus}{C}\underset{CH_2}{\overset{CH_2}{\diagdown}}CH_2 \longrightarrow CH_2=\underset{CH_3}{\underset{|}{C}}-CH_2-CH_2OH$$

$$\xrightarrow[-H_2O]{+H^\oplus} CH_2=\underset{CH_3}{\underset{|}{C}}-CH=CH_2$$

$$CH_3-\underset{CH_2}{\underset{\|}{C}}\underset{OH}{\overset{CH_2}{\diagdown}}CH_2 + \overset{\oplus}{C}H_2OH \longrightarrow CH_3-\underset{\underset{HO}{CH_2}}{\underset{|}{C}}\underset{\overset{\oplus}{O}H}{\overset{CH_2}{\diagdown}}CH_2 \longrightarrow CH_3-\underset{HO}{\underset{|}{C_\oplus}}\underset{O}{\overset{CH_2}{\diagdown}}\underset{CH_2}{\overset{CH_3}{|}}CH_2 \qquad (7.30)$$

$$\downarrow$$

$$CH_3-\underset{O}{\underset{|}{C}}\underset{CH_2}{\overset{CH_2}{\diagdown}}\underset{O}{\overset{CH_3}{|}}CH_2$$

$$+ H^\oplus$$

Wie Untersuchungen an cyclischen Olefinen ergaben, verläuft die PRINS-Reaktion normalerweise als reine anti-Addition [1].

Der Gesamtverlauf ist recht kompliziert, weil außer den oben formulierten Reaktionsprodukten noch weitere Verbindungen im Ergebnis von Umlagerungsreaktionen vom WAGNER-MEERWEIN-Typ (vgl. Kap. 8.) entstehen, auf die hier nicht eingegangen werden kann.

Ganz ähnlich lassen sich auch die besonders reaktionsfähigen Säurechloride mit Olefinen in Gegenwart von Aluminiumchlorid umsetzen (DARZENS-Reaktion):

$$\underset{R}{\overset{}{\underset{|}{C}}}+\underset{R}{\overset{O}{\underset{|}{C}}}-Cl\quad\underset{Cl}{\overset{Cl}{\underset{|}{Al}}}-Cl \longrightarrow \underset{}{\overset{\oplus}{C}}\overset{}{\underset{O}{\underset{\|}{C}}}-R + Cl-\underset{Cl}{\overset{Cl}{\underset{|}{Al}^\ominus}}-Cl \longrightarrow \underset{-C-COR}{\overset{-C-Cl}{|}} + AlCl_3 \quad ^1) \qquad (7.31)$$

[1] SMISSMAN, E. E., u. Mitarb.: J. Amer. chem. Soc. **79**, 3447 (1957); J. org. Chemistry **25**, 471 (1960); BLOOMQUIST, A. T., J. WOLINSKY: J. Amer. chem. Soc. **79**, 6025 (1957); LEBEL, N. A., R. N. LIESEMER u. E. MEHMEDBASICH: J. org. Chemistry **28**, 615 (1963); vgl. aber DOLBY, L. J., C. WILKINS u. T. G. FREY: J. org. Chemistry **31**, 1110 (1966).

¹) Wahrscheinlich greift das Aluminiumchlorid zunächst am Carbonyl-Sauerstoffatom an (vgl. auch Seite 457).

Die Reaktion entspricht der in der aromatischen Reihe möglichen FRIEDEL-CRAFTS-Acylierung (Abschn. 7.8.4.4) mit dem Unterschied, daß die DARZENS-Reaktion auf der Stufe der Addition stehen bleibt und die Eliminierung des Halogens im allgemeinen durch Erhitzen mit Basen erzwungen werden muß.

7.4. Polymerisation über Kationketten [1]

Bei der Umsetzung von Olefinen mit starken Säuren entsteht in der beschriebenen Weise ein Carbeniumion. Dieses stellt jedoch selbst eine starke LEWIS-Säure dar und kann sich deshalb an ein weiteres Molekül des Olefins ebenso anlagern wie das Wasserstoffion. Isobuten ergibt mit Schwefelsäure das tert.-Butylkation, das mit weiterem Isobuten reagiert, wobei entsprechend der MARKOWNIKOW-Regel ein 2.2.4-Trimethylpentankation entsteht (7.32). Dieses kann sich wiederum in gleicher Weise an ein weiteres Molekül Isobuten addieren. Bei höheren Säurekonzentrationen geht dieser Vorgang im allgemeinen nicht wesentlich über diese beiden Schritte hinaus. Die entstandenen Carbeniumionen stabilisieren sich hauptsächlich unter Eliminierung eines Protons zu jeweils zwei isomeren Olefinen; aus dem Trimethylpentankation entstehen so 2.4.4-Trimethylpenten-(1) (80%) und 2.4.4-Trimethylpenten-(2) (20%). Dieses Isomerenverhältnis entspricht dem auch bei der sauren Dehydratisierung von 2.4.4-Trimethylpentanol-(2) gefundenen.

$$CH_3-\underset{\underset{}{}}{\overset{CH_3}{C}}=CH_2 + H^\oplus \longrightarrow CH_3-\underset{CH_3}{\overset{CH_3}{\underset{|}{C^\oplus}}}$$

$$CH_3-\underset{CH_3}{\overset{CH_3}{\underset{|}{C^\oplus}}} + CH_2=\overset{CH_3}{\underset{|}{C}}-CH_3 \longrightarrow CH_3-\underset{CH_3}{\overset{CH_3}{\underset{|}{C}}}-CH_2-\underset{\oplus}{\overset{CH_3}{\underset{|}{C}}}-CH_3 \quad (7.32)$$

$$CH_3-\underset{CH_3}{\overset{CH_3}{\underset{|}{C}}}-CH=\overset{CH_3}{\underset{|}{C}}-CH_3 + H^\oplus \qquad CH_3-\underset{CH_3}{\overset{CH_3}{\underset{|}{C}}}-CH_2-\overset{CH_3}{\underset{|}{C}}=CH_2 + H^\oplus$$

20%   80%

Die formulierte Umsetzung besitzt erhebliches technisches Interesse für die Synthese hochklopffester Vergasertreibstoffe. Ganz eng verwandt mit der Dimerisierung von

---

[1] HAMANN, K.: Angew. Chem. **63**, 231 (1951); Z. Elektrochem. **60**, 317 (1956); PLESCH, P. H.: Z. Elektrochem. **60**, 325 (1956); ERUSALIMSKIJ, B. L.: Usp. Chim. **32**, 1458 (1963); KENNEDY, J. P., A. W. LANGER: Fortschr. Hochpolymeren-Forsch. **3**, 508 (1964), Usp. Chim. **36**, 77 (1967); PLESCH, P. H. (Herausg.): The Chemistry of Cationic Polymerisation, Pergamon Press, New York/London 1964.

7.4. Polymerisation über Kationketten

Olefinen ist der durch Mineralsäure katalysierte Ringschluß von geeignet gebauten Dienen. Als Beispiel sei die Cyclisierung von Citral zum Cyclocitral genannt, das als Ausgangsprodukt für die Synthese von Vitamin A dienen kann.

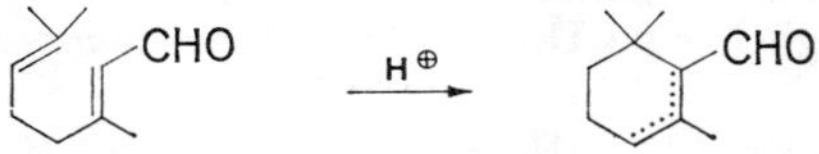

$$\text{Citral} \xrightarrow{H^{\oplus}} \text{Cyclocitral} \quad {}^{1)} \tag{7.33}$$

Ringschlüsse von terpenoiden Polyenen verlaufen übrigens in einer Reihe von Fällen streng stereoselektiv unter Bildung der trans-Verbindungen. Es scheinen also auch bei diesen Reaktionen ähnliche Verhältnisse zu herrschen wie bei der anti-Addition einfacher Addenden an Olefine.

Während mit höheren Konzentrationen an Schwefel- oder Phosphorsäure im wesentlichen Di- und Triisobutene erhalten werden, gelingt es durch Einwirkung von LEWIS-Säuren wie BF_3, $SnCl_4$, $AlCl_3$ usw., bei tiefen Temperaturen (-70 bis $-100\,°C$) in prinzipiell gleicher Weise Isobuten zu Hochpolymeren vom Molekulargewicht 25000 bis 400000 zu polymerisieren.

Dabei hat sich gezeigt, daß die LEWIS-Säuren allein mit hochgereinigtem Isobuten nicht reagieren, sondern nur in Gegenwart geringer Mengen eines Katalysators, z. B. Wasser, Alkoholen, Carbonsäuren oder Mineralsäuren. Man muß deshalb annehmen, daß auch bei der Polymerisation nur Protonsäuren nicht aber LEWIS-Säuren wirksam sind:

$$BF_3 + H_2O \rightarrow [BF_3OH]^{\ominus}\, H^{\oplus}. \tag{7.34}$$

Wenn wir hierfür allgemein $BX_4^{\ominus}\, H^{\oplus}$ schreiben, lassen sich die folgenden Phasen der Reaktion unterscheiden:

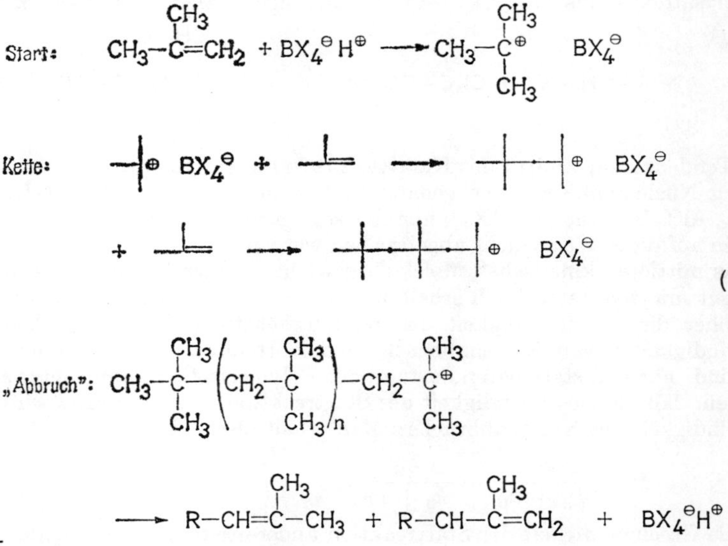

Start: $CH_3-\underset{\underset{CH_3}{|}}{\overset{\overset{CH_3}{|}}{C}}=CH_2 + BX_4^{\ominus} H^{\oplus} \longrightarrow CH_3-\underset{\underset{CH_3}{|}}{\overset{\overset{CH_3}{|}}{C^{\oplus}}}\;\; BX_4^{\ominus}$

Kette:

$$\tag{7.35}$$

„Abbruch": $CH_3-\underset{\underset{CH_3}{|}}{\overset{\overset{CH_3}{|}}{C}}-\left(CH_2-\underset{\underset{CH_3}{|}}{\overset{\overset{CH_3}{|}}{C}}\right)_n-CH_2-\underset{\underset{CH_3}{|}}{\overset{\overset{CH_3}{|}}{C^{\oplus}}}$

$$\longrightarrow R-CH=\underset{\underset{CH_3}{|}}{C}-CH_3 + R-CH-\underset{\underset{CH_3}{|}}{C}=CH_2 + BX_4^{\ominus} H^{\oplus}$$

---

[1]) Gemisch von α- und β-Verbindung ($\Delta^1 + \Delta^2$)

Die Bezeichnung „Kettenabbruch" ist nicht ganz treffend, da im Gegensatz zu Polymerisationen über Radikalketten bei Kationenketten keine endgültige Desaktivierung des Makromoleküls einzutreten braucht. So liefert die als Abbruch formulierte Reaktion wiederum ein Olefin und den regenerierten Katalysator, so daß kein „totes" Polymeres entsteht, sondern lediglich eine Umkehr der Auslösungsreaktion stattfindet.

Außerdem kann die Reaktionskette (die Kationeigenschaft) auch auf das Lösungsmittel oder das Substrat übertragen werden:

a) $HP^\oplus + S \rightarrow P + HS^\oplus$ $HP^\oplus$ protoniertes Polymeres
                                            S   Lösungsmittel
                                            P   Polymeres   (7.36)
b) $HP^\oplus + M \rightarrow MH^\oplus + P$ M   monomeres Olefin

Das protonierte Lösungsmittel kann weiteres Monomeres protonieren, also eine neue Kette starten:

$$HS^\oplus + M \rightarrow HM^\oplus + S \qquad (7.37)$$

Schließlich ist auch die Reaktion des protonierten Polymeren oder Monomeren mit dem Lösungsmittel möglich:

$$HP^\oplus + S \rightarrow HPS^\oplus; \quad HPS^\oplus + M \rightarrow PS + MH^\oplus \qquad (7.38)$$

Diese Umsetzung stellt für den Fall, daß S ein Aromat ist, dessen FRIEDEL-CRAFTS-Alkylierung entweder durch das monomere oder polymere Olefin dar.

Neben den nicht unbedingt zu toten Polymeren führenden Abbruchreaktionen scheinen aber auch echte Kettenabbrüche zu erfolgen. So wird der Katalysator im Verlauf der Polymerisation oft verbraucht, was darauf schließen läßt, daß er als Endgruppe in das Polymere eingebaut wird, wie dies für die Trichloressigsäure des Katalysatorsystems $TiCl_4/Cl_3C-COOH$ in einigen Fällen nachgewiesen wurde:

$$R-CH_2-\underset{\underset{CH_3}{|}}{\overset{\overset{CH_3}{|}}{C^\oplus}} + Cl_3C-COOH \rightarrow R-CH_2-\underset{\underset{CH_3}{|}}{\overset{\overset{CH_3}{|}}{C}}-O-\overset{\overset{O}{\|}}{C}-CCl_3 + H^\oplus \qquad (7.39)$$

Die Tendenz zum Einbau des Katalysators in das Polymerisat wächst natürlich mit dessen Nucleophilie an. Die genannten besonders wirksamen Katalysatoren BF_3, $SnCl_4$, $AlCl_3$ besitzen (als $MX_4^\ominus$) nur eine sehr geringe Nucleophilie, so daß die Kationketten auf diese Weise nicht abgebrochen werden.

Das mittlere „kinetische" Molekulargewicht $\bar{P}$ eines Polymerisats (das nicht unbedingt mit dem tatsächlich erhaltenen übereinstimmt) ist allgemein um so größer, je höher die Geschwindigkeit des Kettenwachstums k_W und je kleiner die Geschwindigkeiten von Kettenabbruch- und Kettenübertragungsreaktionen (k_A bzw. k_U) sind. Für den stationären Zustand der Polymerisation kann weiter angenommen werden, daß die Geschwindigkeit der Startreaktion k_S ebenso groß wird wie die Geschwindigkeit des Kettenabbruches. Man erhält also

$$\bar{P} = \frac{k_W}{k_A + k_U} = \frac{k_W}{k_S + k_U}. \qquad (7.40)$$

Da die Geschwindigkeit der Startreaktion andererseits der Konzentration an Monomeren und Katalysator proportional ist: $k_S \sim [M][Kat]$, muß die Erhöhung der

Konzentration an Katalysator den Polymerisationsgrad herabsetzen. Das ist unmittelbar verständlich, da die Kettenlänge um so stärker sinken muß, je mehr gestartete Ketten um die vorhandenen Monomerenmoleküle konkurrieren. Das ist einer der Gründe, weshalb die Polymerisation in Gegenwart von Schwefelsäure (die in höheren Konzentrationen angewandt werden muß als z. B. BF_3) nur Dimere bzw. Oligomere liefert.

Außerdem läuft die Polymerisation in Gegenwart sehr geringer Mengen von LEWIS-Säuren wahrscheinlich — wie formuliert — über Ionenpaare, für deren Dissoziation in freie Ionen ein Lösungsmittel der Dielektrizitätskonstante von ungefähr >10 nötig wäre. Bei der Dimerisierung dagegen, die bereits in 50%iger Schwefelsäure durchführbar ist (einem stark solvatisierendem Medium), kommen solvatisierte Carbeniumionen als Zwischenprodukte in Frage. Es ist denkbar, daß innerhalb eines Lösungsmittel-„Käfigs" die Eliminierungsreaktion als Kettenabbruch verhältnismäßig leicht erfolgt.

Die kationische Polymerisation von Olefinen tritt um so leichter ein, je basischer die Doppelbindung ist, so daß Isobuten einen besonders günstigen Fall darstellt. Umgekehrt lassen sich Olefine mit schwach basischen Doppelbindungen wie Acrylester, Acrylnitril usw. nicht kationisch polymerisieren. Die Aktivierungsenergie liegt bei leichter kationisch polymerisierbaren Olefinen meist erheblich unter 15 kcal/mol, während in diesen Fällen die radikalische Polymerisation schwer verläuft und Aktivierungsenergien von über 15 kcal/mol benötigt. Isobuten ist gegen radikalische Polymerisation besonders träge. Es ist von besonderer Bedeutung, daß auch kationische Mischpolymerisationen möglich sind. So gelingt es, Isobuten mit Isopren zusammen zu polymerisieren, wobei ein Polymerisat entsteht, das noch Doppelbindungen enthält und dadurch vulkanisierbar wird (Butylkautschuk), im Gegensatz zum reinen Isobutenpolymerisat, das keine Doppelbindungen im Inneren des Moleküls aufweist.

Analog dem Isobuten kann Äthylen kationisch polymerisiert werden, wobei allerdings keine festen Polymerisate entstehen, sondern Öle, die als Schmiermittel Bedeutung haben.

Für einige weitere kationisch polymerisierbare Verbindungen sei nachstehend lediglich das in der Startreaktion gebildete Kation formuliert. Am wichtigsten in dieser Reihe sind die Polyäthylenoxide (nicht ionenaktive Waschmittel).

$CH_2=CH-O-R \xrightarrow{H^{\oplus}} CH_3-\overset{\oplus}{CH}-OR$ Enoläther

$\underset{\underset{H}{N}}{CH_2-CH_2} \xrightarrow{H^{\oplus}} {}^{\oplus}CH_2-CH_2-NH_2$ Äthylenimin

(7.41)

$\underset{O}{CH_2-CH_2} \xrightarrow{H^{\oplus}} {}^{\oplus}CH_2-CH_2-OH$ Äthylenoxid

$\underset{O}{\square} \xrightarrow{H^{\oplus}} {}^{\oplus}CH_2\text{---}OH$ Tetrahydrofuran

Es sei abschließend noch auf eine interessante Abwandlung der kationischen Polymerisation hingewiesen.

Versetzt man ein Paraffin, z. B. n-Butan mit einem Polymerisationskatalysator wie $AlBr_3/HBr$, so verändert sich das n-Butan innerhalb von 24 Stunden überhaupt nicht [1]. Der Zusatz einer sehr kleinen Menge von n-Buten (bereits 0,01% genügen) löst dagegen eine Isomerisierung des n-Butans zum Isobutan aus, die innerhalb 24 Stunden etwa 40% erreicht [1, 2].

Zur Erklärung ist anzunehmen, daß aus dem n-Buten zunächst ein sekundäres n-Butylkation entsteht, das Sextettumlagerungen (vgl. Kap. 8.) zum Isobutylkation und tert.-Butylkation erleidet. Das tert.-Butylkation entreißt dem n-Butan seinerseits ein Wasserstoff*anion* und stabilisiert sich so zum Isobutan, während das 2-Butylkation als Träger der Reaktionskette zurückgebildet wird:

$$CH_3-CH_2-CH=CH_2 + H^\oplus \rightleftarrows CH_3-CH_2-\overset{\oplus}{C}H-CH_3$$

$$\rightleftarrows {}^\oplus CH_2-\underset{\underset{CH_3}{|}}{CH}-CH_3 \rightleftarrows CH_3-\underset{\underset{\oplus}{|}}{\overset{\overset{CH_3}{|}}{C}}-CH_3 \quad (7.42)$$

$$CH_3-\underset{\underset{CH_3}{|}}{\overset{\oplus}{C}}-CH_3 + CH_3-CH_2-CH_2-CH_3 \rightleftarrows C\dot{H}_3-\underset{\underset{CH_3}{|}}{\overset{\overset{H}{|}}{C}}-CH_3 + CH_3-CH_2-\overset{\oplus}{C}H-CH_3$$

In Übereinstimmung mit diesem Verlauf findet man in Gegenwart von $AlBr_3/DBr$ etwa 90% H/D-Austausch [2].

Sind größere Mengen Olefin anwesend, so kann dieses durch das aus dem gesättigten Kohlenwasserstoff entstehende Alkylkation alkyliert werden. Da die Reaktion verständlicherweise bevorzugt in Richtung auf das energieärmste Kation abläuft, entsteht so aus Äthylen das Äthylkation und daraus mit Isobutan Äthan und tert.-Butylkation, das sich an weiteres Äthylen addieren kann. Eine abschließende Hydridionübertragung liefert etwa 41% isomere Hexane und erneut das tert.-Butylkation (7.43).

Die Reaktion ist recht kompliziert, weil die intermediär entstehenden Carbeniumionen sich umlagern können und dadurch eine Reihe Isomere auftreten, im genannten Fall z. B. 70 bis 90% 2.3-Dimethylbutan, 10 bis 25% 2-Metylpentan und etwa 3% 2.2-Dimethylbutan:

$$CH_2=CH_2 \xrightarrow{AlCl_3, HCl} \underset{1}{CH_3-CH_2^\oplus}; \quad CH_3-CH_2^\oplus + H-\underset{\underset{CH_3}{|}}{\overset{\overset{CH_3}{|}}{C}}-CH_3$$

$$\rightarrow \underset{2}{CH_3-CH_3} + CH_3-\underset{\underset{CH_3}{|}}{\overset{\overset{CH_3}{|}}{C}}{}^\oplus \quad (7.43)$$

---

[1] PINES, H., R. C. WACKHER: J. Amer. chem. Soc. **68**, 595 (1946).
[2] PINES, H., R. C. WACKHER: J. Amer. chem. Soc. **68**, 2518 (1946).

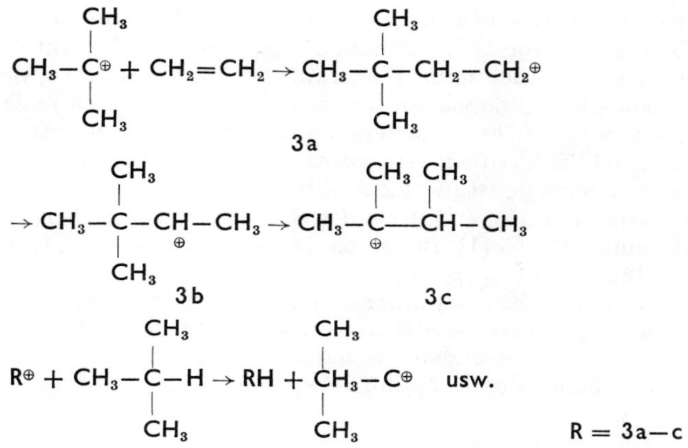

$$CH_3-\underset{\underset{CH_3}{|}}{\overset{\overset{CH_3}{|}}{C}}{}^{\oplus} + CH_2=CH_2 \rightarrow CH_3-\underset{\underset{CH_3}{|}}{\overset{\overset{CH_3}{|}}{C}}-CH_2-CH_2{}^{\oplus}$$

3a

$$\rightarrow CH_3-\underset{\underset{CH_3}{|}}{\overset{\overset{CH_3}{|}}{C}}-\overset{\oplus}{C}H-CH_3 \rightarrow CH_3-\overset{\overset{CH_3}{|}}{\underset{\oplus}{C}}{-\!\!\!-\!\!\!-}\overset{\overset{CH_3}{|}}{C}H-CH_3$$

3b 3c

$$R^{\oplus} + CH_3-\underset{\underset{CH_3}{|}}{\overset{\overset{CH_3}{|}}{C}}-H \rightarrow RH + \underset{\underset{CH_3}{|}}{\overset{\overset{CH_3}{|}}{C}}H_3-C^{\oplus} \quad \text{usw.}$$

R = 3a—c

Es genügt eine kleine Menge Olefin, um die Reaktion auszulösen, weil aus den drei isomeren Kationen 3a—c durch Umsetzung mit weiterem Isobutan stets wieder Isobutylkation gebildet wird. Die Umlagerung von 3a in 3b und 3c stellt eine WAGNER-MEERWEIN-Umlagerung dar, über die im nächsten Kapitel zu sprechen sein wird.

In gleicher Weise kann Isobuten auch mit n-Butenen, Isobuten und Propen umgesetzt werden [1].

Die Reaktion hat technische Bedeutung zur Herstellung hochklopffester Treibstoffe (Alkylatbenzine).

7.5. Elektrophile Addition an konjugierte Diene

Es ist seit langer Zeit bekannt, daß 1.3-Diene mit elektrophilen Reagenzien sowohl 1.2- wie auch 1.4-Addukte geben können. Diese Tatsache hat J. THIELE in seiner bekannten Hypothese der Partialvalenzen zu erklären versucht.

Ebenso wie bei den Monoolefinen führt auch bei den 1.3-Dienen der erste Schritt der elektrophilen Addition zu einem Carbeniumion, dessen Ladung jedoch über das gesamte verbleibende ungesättigte System verteilt werden kann. Der im zweiten Schritt der Addition reagierende nucleophile Partner wird meistens sowohl am Kohlenstoff C^2 als auch an C^4 gebunden, so daß ein Gemisch von 1.2- und 1.4-Addukt entsteht, z. B.:

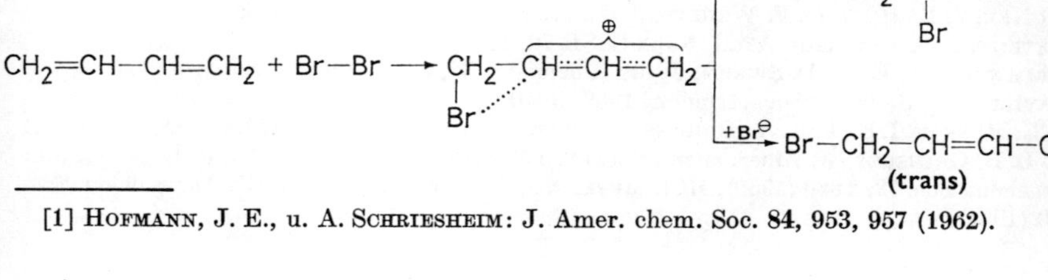

$$CH_2{=}CH-CH{=}CH_2 + Br-Br \longrightarrow \underset{\underset{Br}{|}}{CH_2}-\overbrace{CH\overset{\oplus}{\cdots}CH\cdots CH_2}- \begin{cases} \xrightarrow{+Br^{\ominus}} Br-CH_2-\underset{\underset{Br}{|}}{CH}-CH{=}CH_2 \\ \\ \xrightarrow{+Br^{\ominus}} Br-CH_2-CH{=}CH-CH_2-Br \\ \quad\quad\quad\quad\quad\quad\quad \textbf{(trans)} \end{cases} \quad (7.44)$$

---

[1] HOFMANN, J. E., u. A. SCHRIESHEIM: J. Amer. chem. Soc. **84**, 953, 957 (1962).

Das 1.4-Addukt ist im allgemeinen thermodynamisch stabiler als das 1.2-Addukt, so daß bei allen Reaktionen sorgfältig zwischen kinetischer und thermodynamischer Kontrolle unterschieden werden muß. Weiterhin enthält die Addition von Chlor [1] oder Brom [2] — vor allem in unpolaren Lösungsmitteln — starke Anteile einer radikalischen Reaktion, wenn nicht besondere Vorsichtsmaßnahmen getroffen werden (Gegenwart von Radikalfängern wie Sauerstoff, kleine Konzentrationen des Diens).

Unter kinetischer Kontrolle ist die 1.2-Addition meistens etwas bevorzugt gegenüber der 1.4-Addition, und man erhält bei der Reaktion mit Butadien die folgenden Anteile an 1.2-Produkt: Cl_2 55 [1], Br_2 50 bis 54 [3], HCl 75 bis 80 [4], HOCl 67 [5] $Br_2 + CH_3OH$ 67 [2], $Hg(OAc)_2$ 100 [6].

Im Gegensatz dazu entsteht auch unter den üblichen Bedingungen für kinetische Kontrolle das thermodynamisch kontrollierte 1.4-Addukt dann überwiegend, wenn sich das durch 1.2-Addition gebildete Allylsystem leicht umlagern kann, weil der Substituent in 3-Stellung durch Nachbargruppenwirkung auf das verbleibende π-System einwirkt, z. B.:

$$CH_2=CH-CH=CH_2 + J_2 \rightarrow J-CH_2-CH-CH \rightarrow J-CH_2-CH=CH-CH_2-J \qquad (7.45)$$
$$ |||$$
$$ J\cdots\cdots CH_2$$

Auf diese Weise erhält man überwiegend die 1.4-Addukte in den folgenden Fällen: J_2 [7], JOCN [8], HBr [4], $RSH/H^\oplus$ [9].

Bei der Addition an 1-Phenylbutadien beginnt die Addition normalerweise am Kohlenstoffatom C^4, da auf diese Weise ein Carbeniumion gebildet werden kann, das durch Einbeziehung der π-Elektronen des Benzolringes besonders energiearm ist; infolge Abschirmung des Kohlenstoffatoms C-1 durch die Phenylgruppe bilden sich überwiegend die 3.4-Addukte [10]:

$$Ph-CH=CH-CH=CH_2 + Cl_2 \rightarrow Ph-CH=CH-\overset{\oplus}{CH}-CH_2-Cl$$
$$\xrightarrow{Cl^\ominus} Ph-CH=CH-CH-CH_2-Cl \qquad (7.46)$$
$$\phantom{\xrightarrow{Cl^\ominus} Ph-CH=CH-}|$$
$$\phantom{\xrightarrow{Cl^\ominus} Ph-CH=CH-}Cl$$

Die Reaktivität des Butadiens liegt niedriger als die von Monoolefinen. Infolge der Mesomeriestabilisierung des im ersten Schritt der elektrophilen Addition gebildeten

---

[1] POUTSMA, M. L.: J. org. Chemistry **31**, 4167 (1960).
[2] HEASLEY, V. L., u. P. H. CHAMBERLAIN: J. org. Chemistry **35**, 539 (1970).
[3] HATCH, L. F., P. D. GARDNER u. R. E. GILBERT: J. Amer. chem. Soc. **81**, 5943 (1959).
[4] KHARASCH, M. S., J. KRITCHEVSKY u. F. R. MAYO: J. org. Chemistry **2**, 489 (1937).
[5] EVANS, R. M., u. L. N. OWEN: J. chem. Soc. [London] **1949**, 240; vgl. PETROV, A. A.: Ž. obšč. Chim. 8, 141, 208 (1938); **19**, 1046 (1949).
[6] MCNEELY, K. H., u. G. F. WRIGHT: J. Amer. chem. Soc. **77**, 2553 (1955).
[7] PETROV, A. A.: Doklady Akad. Nauk SSSR **72**, 515 (1950).
[8] GRIMWOOD, B. E., u. D. SWERN: J. org. Chemistry **32**, 3665 (1967).
[9] SAVILLE, B.: J. chem. Soc. [London] **1962**, 5040.
[10] Cl_2: MUSKAT, I. E., u. K. A. HUGGINS: J. Amer. chem. Soc. **51**, 2496 (1929); HOCl: MUSKAT, I. E., u. L. B. GRIMSLEY: J. Amer. chem. Soc. **52**, 1574 (1930); GRUMMITT, O., u. R. M. VANCE: J. Amer. chem. Soc. **72**, 2669 (1950); HCl: MUSKAT, I. E., u. K. A. HUGGINS: J. Amer. chem. Soc. **56**, 1239 (1934).

Allylkations ist die Notwendigkeit der Stabilisierung durch eine Nachbargruppenwirkung des Additionspartners geringer als bei Monoolefinen, so daß auch bei Agenzien mit hoher Nachbargruppeneffektivität kein symmetrisch verbrücktes, sondern nur ein unsymmetrisch verbrücktes Carbeniumion entsteht. Brom in Methanol, unterhalogenige Säuren und Quecksilberacetat liefern deshalb Addukte, in denen der nucleophile Teil des Elektrophils die 2-Stellung angreift und nicht in 1-Stellung, wie für ein symmetrisch verbrücktes Carbeniumion zu erwarten wäre, z. B. [1]:

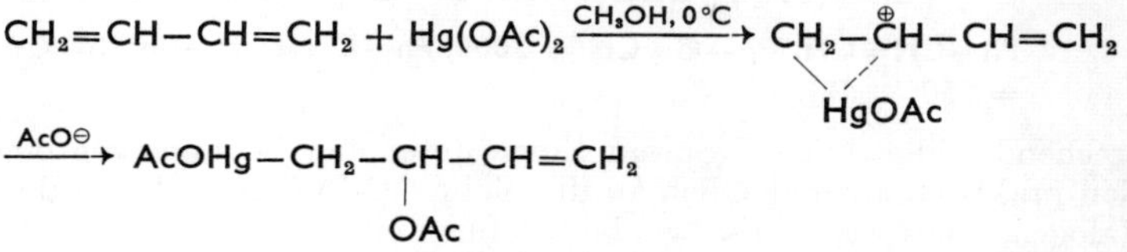

$$CH_2=CH-CH=CH_2 + Hg(OAc)_2 \xrightarrow{CH_3OH,\ 0\,°C} CH_2-\overset{\oplus}{C}H-CH=CH_2$$
$$\underset{HgOAc}{}$$

$$\xrightarrow{AcO^\ominus} AcOHg-CH_2-CH-CH=CH_2 \qquad (7.47)$$
$$\underset{OAc}{|}$$

Analog entsteht mit Brom in Methanol überwiegend 1-Brom-2-methoxybuten-(3) [2].

Wie in (7.44) angegeben, fällt das 1.4-Addukt von Brom (und analog von Chlor) an Butadien praktisch ausschließlich als trans-1.4-Dibrombuten-(2) an [3], was den Übergangszustand (7.48) für die 1.4-Addition ausschließt.

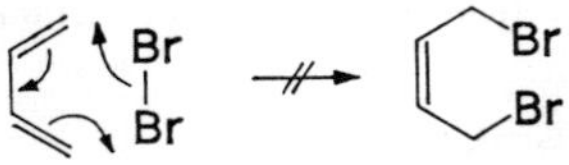

(7.48)

In cyclischen 1.3-Dienen wie im Cyclopentadien und Cyclohexadien-(1.3) ist die s-cis-Form des Diens von vornherein festgelegt. Bei einer 1.4-Synchronaddition sollte man aus stereoelektronischen Gründen anti-Addition erwarten. Das ist jedoch nicht der Fall, sondern Cyclopentadien liefert mit Brom neben trans-1.2-Dibrom-cyclopenten-(3) etwa 20% cis-1.4-Dibrom-cyclopenten-(2) [4] und Cyclohexadien-(1.3) mit DBr 20% trans-1-Deuterio-2-brom-cyclohexen-(3) und 80% cis-1-Deuterio-4-brom-cyclohexen-(2) [5].

Die Verhältnisse bei der elektrophilen Addition an 1.3-Diene sind also recht kompliziert und für die theoretische Durchdringung ist mehr experimentelles, mit modernen analytischen Methoden gewonnenes Material erforderlich. Die Quantenchemie erwies sich bei einfachen Systemen als erfolgversprechend einsetzbar [6].

---

[1] Vgl. [6] S. 414.
[2] Vgl. [2] S. 414.
[3] MISLOW, K., u. H. M. HELLMAN: J. Amer. chem. Soc. **73**, 244 (1951); **76**, 1175 (1954); [3] S. 414.
[4] YOUNG, W. G., H. K. HALL u. S. WINSTEIN: J. Amer. chem. Soc. **78**, 4338 (1956).
[5] HAMMOND, G. S., u. J. WARKENTIN: J. Amer. chem. Soc. **83**, 2554 (1961).
[6] PILAR, F. L.: J. chem. Physics **29**, 1119 (1958).

7.6. Elektrophile Addition an Acetylene [1]

Infolge der größeren Elektronegativität des sp-hybridisierten Kohlenstoffatoms (vgl. Kap. 2.) sind Acetylene gegenüber elektrophilen Agenzien weniger reaktionsfähig als Olefine. Der Reaktivitätsunterschied beträgt z. B. gegenüber Brom:

$$CH_2=CH-(CH_2)_8-COOH/HC\equiv C-(CH_2)_8-COOH = 9000,$$
$$Ph-CH=CH_2/Ph-C\equiv CH = 3000, \quad Ph-CH=CH-Ph/Ph-C\equiv C-Ph = 250 \quad [2].$$

Entsprechend addiert sich Brom an Enine unter den Bedingungen einer ionischen Addition praktisch ausschließlich an die Olefin—C-Bindung [3]. Bei der Anlagerung von Halogenen besteht ebenso wie bei Olefinen eine ausgeprägte Tendenz zur radikalischen Reaktion [4], die beim Jod dominiert, so daß konjugierte Enine auf diesem Wege 1.4-Addukte (1.4-Dijod-butadiene) liefern [5].

Infolge ihrer geringen Basizität neigen die Acetylene im Gegensatz zu den Olefinen zu nucleophilen Additionen, z. B. von Alkoholen, Mercaptanen und Carbonsäuren in Gegenwart basischer Katalysatoren, wobei Vinyläther, Vinylthioäther bzw. Vinylester entstehen [6]. Die ionische Addition elektrophiler Reagenzien verläuft analog wie bei Olefinen: Im ersten Schritt bildet sich ein Vinylcarbeniumion, das in der zweiten Stufe durch das verbleibende oder ein fremdes Nucleophil abgesättigt wird [7], z. B.:

$$Ar-C\equiv CH + H_3O^\oplus \xrightarrow{langsam} Ar-\overset{\oplus}{C}=CH_2 + H_2O$$

$$\xrightarrow{schnell} Ar-\underset{OH}{C}=CH_2 + H^\oplus \xrightarrow{schnell} Ar-CO-CH_3 \tag{7.49}$$

Der Ionenmechanismus (7.49) wird durch die gefundene stark negative Reaktionskonstante gestützt ($\varrho = -4{,}8$) [7a]).

---

[1] RAPHAEL, R. A.: Acetylenic Compounds in Organic Synthesis, Academic Press, New York/London 1955.
[2] ROBERTSON, P. W., W. E. DASENT, R. M. MILBURN u. W. H. OLIVER: J. chem. Soc. [London] **1950**, 1628.
[3] PREVOST, C., P. SOUCHAY u. J. CHAUVELIER: Bull. Soc. chim. France **1951**, 714; PETROV, A. A., u. J. I. PORFIR'EVA: Ž, obšč. Chim. **23**, 1867 (1953).
[4] SMIRNOV-ZAMKOV, I. V., u. G. A. PISKOVITINA: Ukrainskij chim. Ž. **23**, 208 (1957).
[5] PETROV, A. A., J. I. PORFIR'EVA, T. V. JAKOVLEVA u. K. S. MINGALEVA: Ž. obšč, Chim. **28**, 2320 (1958).
[6] Zusammenfassungen: REPPE, W., u. Mitarb.: Liebigs Ann. Chem. **601**, 81 (1956); ŠOSTAKOVSKIJ, M. V., A. V. BOGDANOVA u. G. I. PLOMNIKOVA: Usp. Chim. **33**, 129 (1964).
[7a] NOYCE, D. S., u. Mitarb.: J. Amer. chem. Soc. **87**, 2295 (1965); **90**, 1020, 1023 (1968); J. org. Chemistry **33**, 845 (1968). vgl. BOTT, R. W., C. EABORN u. D. R. M. WALTON: J. chem. Soc. [London] **1956**, 384; KRISHNAMURTHY, G. S., u. S. I. MILLER: J. Amer. chem. Soc. **83**, 3961 (1961).
[7b] JACOBS, T. L., u. S. SEARLES: J. Amer. chem. Soc. **66**, 686 (1944).
[7c] DRENTH, W., u. Mitarb.: Recueil Trav. chim. Pays-Bas **79**, 1002 (1960); **80**, 797 (1961).
[7d] PETERSON, R. E., u. J. E. DUDDEY: J. Amer. chem. Soc. **85**, 2865 (1963).

Daß die Protonenübertragung der langsamste Schritt ist, wird durch einen kinetischen Isotopeneffekt $k_{H_2O}/k_{D_2O} = 2$ bis 4 bewiesen [1]. Weiterhin verlaufen elektrophile Additionen an Acetylene — übereinstimmend mit dem Ionenmechanismus — unter MARKOWNIKOW-Orientierung [1, 2].
Während Brom mit Acetylenen praktisch ausschließlich anti-Addition ergibt [3], sind die Verhältnisse bei der Anlagerung von Halogenwasserstoffen und Carbonsäuren nicht einheitlich. Wegen der geringen Reaktivität der Acetylene ist offenbar bei der Addition von H—X die Mithilfe eines Nucleophils notwendig, so daß die Reaktionen einen gewissen Synchroncharakter besitzen können und dann trans-Produkte liefern, z. B. [4]:

$$-C{\equiv}C- \ + \ HCl + H-Y \to \left[\begin{array}{c} {}_{X\cdots Y}{\diagdown}C{\equiv}C{\diagup}^{H\cdots Cl} \end{array} \right] \to {}_{Y}{\diagdown}C{=}C{\diagup}^{H} \quad (7.50)$$

$X = H \quad Y = Cl, OAc$

$X = Me_4\overset{\oplus}{N} \quad Y = Cl^{\ominus}$

Ein analoger Mechanismus wurde auch für anti-Additionen von Halogenwasserstoffen an Olefine formuliert, [5].
Je schwächer nucleophil das Hilfsreagens X—Y oder das Anion der Säure ist, desto weniger stereoselektiv wird die Addition, und CF_3COOH reagiert infolge ihres äußerst schwach nucleophilen Anions nicht mehr stereoselektiv [6]. Übereinstimmend mit (7.50) wurde für die Addition von HBr an Acetylendicarbonsäuredimethylester gefunden $v = k \ [-C{\equiv}C-] \ [HBr]^2$ [7].
Zur Erklärung des vom zugesetzten Nucleophil X—Y ausgehenden Einflusses wurde die Addition von Halogenwasserstoffen überhaupt als nucleophile Reaktion angesprochen [8]. Die endgültige Klärung steht noch aus.
Ein Sonderfall ist die durch $Hg^{2\oplus}$-Salze katalysierte Hydratisierung von Acetylen zu Acetaldehyd, die erhebliche technische Bedeutung hat. Nach neueren Auffassungen handelt es sich um eine π-Komplex-Katalyse, die auch bei Olefinen sehr wichtig geworden ist (vgl. S. 386). Danach bildet sich aus Acetylen und HgX_2 (das möglicherweise bereits Wasser in der Komplexsphäre enthält [9]) ein π-Komplex aus,

---

[1] Vgl. [7a] S. 416.
[2] HUNZIKER, H., R. MEYER u. H. H. GÜNTHARD: Helv. chim. Acta **49**, 497 (1966) BURNELLE, L.: Tetrahedron [London] **20**, 2403 (1964). VAUGHAN, W. R., R. L. CRAVEN, R. Q. LITTLE u. A. C. SCHOENTHALER: J. Amer. chem. Soc. **77**, 1594 (1955).
[3] BERGEL'SON, L. D., u. Mitarb.: Izvest. Akad. Nauk SSSR; Otd. chim. Nauk, **1960**, 896, 1066.
[4] FAHEY, R. C., u. D.-J. LEE: J. Amer. chem. Soc. **89**, 2780 (1967) und dort zitierte weitere Arbeiten.
[5] Vgl. [5] S. 403.
[6] PETERSON, P. E., u. J. E. DUDDEY: J. Amer. chem. Soc. **88**, 4990 (1966).
[7] SMIRNOV-ZAMKOV, I. V., u. G. A. PISKOVITINA: Doklady Akad. Nauk SSSR **130**, 1264 (1960).
[8] DVORKO, G. F., u. E. A. ŠILOV: Ukrainskij chim. Ž. **28**, 1073 (1962) und zahlreiche frühere Arbeiten.
[9] HALPERN, J., B. R. JAMES u. A. L. W. KEMP: J. Amer. chem. Soc. **83**, 4097 (1961) (Ruthenium(III)-chlorid als Katalysator); VARTANJAN, S. A., S. K. PIRENJAN u. N. G. MANASJAN: Ž. obšč. Chim. **31**, 1269 (1961).

der langsam hydratisiert bzw. umgelagert wird. Übereinstimmend damit erhält man in D_2O einen großen kinetischen Isotopeneffekt $k_{H_2O}/k_{D_2O} = 7,6$ [1], und Deuterium wird nur in die Methylgruppe eingebaut.

$$H-C\equiv C-H + HgX_2 \underset{k_{-1}}{\overset{k_1}{\rightleftarrows}} H-C\overset{\overset{HgX_2}{\uparrow}}{\equiv}C-H \qquad \text{schnell}$$

$$H-C\overset{\overset{HgX_2}{\uparrow}}{\equiv}C-H + H_2O \xrightarrow{k_2} \underset{H}{\overset{XHg}{>}}C=C\underset{OH}{\overset{H}{<}} + HX \qquad \text{langsam} \qquad (7.51)$$

$$\underset{H}{\overset{XHg}{>}}C=C\underset{OH}{\overset{H}{<}} + H-X \longrightarrow HgX_2 + H_2C=C\underset{H}{\overset{OH}{<}} \rightleftarrows CH_3-C\underset{H}{\overset{O}{<}} \qquad \text{schnell}$$

Dem Verlauf (7.51) entspricht das bei tiefen Temperaturen (20 bis 40 °C) gefundene Geschwindigkeitsgesetz $v = K_{\text{Äqu}} \cdot k_2 \, [C_2H_2]$; bei 95 bis 100 °C ist k_2 dagegen schnell und man findet $v = k_1 \, [C_2H_2]$ [2]. Einen analogen Verlauf hat man sich für die Addition von HCl an Acetylen (Bildung von Vinylchlorid) und von Blausäure (Bildung von Acrylnitril) vorzustellen, die ebenfalls von Nebengruppenmetallionen katalysiert werden. In allen diesen Fällen steigt die Reaktionsgeschwindigkeit mit dem Oxydationspotential des Metallions an, was ein weiterer Hinweis auf die Zwischenbildung der genannten π-Komplexe ist [3].

7.7. Epoxydierung, Carbenadditionen, Hydroborierung, Hydroxylierung

Peroxycarbonsäuren, Carbene, Borane, $KMnO_4$, Bleitetraacetat und OsO_4 addieren sich elektrophil an Olefine und zum Teil auch an Acetylene, wobei cyclische Übergangszustände durchlaufen werden. Mit Peroxycarbonsäuren (PRILEŽAEV-Reaktion) entstehen aus Olefinen 1.2-Epoxide [4]. Die Reaktion ist je erster Ordnung bezüglich Olefin und Peroxycarbonsäure [5] und unterliegt im allgemeinen keiner allgemeinen

---

[1] REKAŠEVA, A. F., u. I. P. SAMČENKO: Doklady Akad. Nauk SSSR **133**, 1340 (1960).
[2] FLID, R. M., u. Mitarb.: Ž. fiz. Chim. **33**, 119 (1959).
[3] FLID, R. M.: Ž. fiz. Chim. **34**, 1773 (1960); **32**, 2339 (1958).
[4] SWERN, D.: Chem. Reviews **45**, 1 (1949); Org. Reactions **7**, 378 (1953); METELICA, D. I.: Usp. Chim. **41**, 1737 (1972).
[5] LYNCH, B. M., u. K. H. PAUSACKER: J. chem. Soc. [London] **1955**, 1525; SCHWARTZ, N. N., u. J. H. BLUMBERGS: J. org. Chemistry **29**, 1976 (1964); VILKAS, M.: Bull. Soc. chim. France **1959**, 1401; STEVENS, H. C., u. A. J. KAMAN: J. Amer. chem. Soc. **87**, 734 (1965); OGATA, Y., u. I. TABUSHI: J. Amer. chem. Soc. **83**, 3440, 3444 (1961).

Säurekatalyse und keinen Salzeffekten. Da Persäuren bei Umsetzung von R—COOOH + R—COO$^{\ominus}$ keinen Isotopenaustausch zeigen [1], ist unwahrscheinlich, daß die Epoxydierung über HO$^{\oplus}$-Kationen verläuft, und in Übereinstimmung mit den vorstehend genannten Befunden wird der Synchronmechanismus (7.52) angenommen [2].

$$\text{(7.52)}$$

1 2 3 4 5

Danach ist das elektrophile Peroxy-Sauerstoffatom infolge seiner „Weichheit" zugleich eine sehr stark wirksame Nachbargruppe, so daß kein ausgeprägtes Carbeniumion entsteht.

Die Reaktionskonstante von Epoxydierungen ist negativ, was die elektrophile Addition beweist, und ziemlich klein ($\varrho = -0,8 \cdots -1,2$) [1, 3, 4], was in Verbindung mit den stark negativen Aktivierungsentropien (z. B. bei der Reaktion von Stilbenen mit Perbenzoesäure $\Delta S^{\pm} = -18$ bis -25 cal/grd · mol [3]) die Formulierung über ein symmetrisch verbrücktes Zwischenprodukt (7.52, 3) stützt. Übereinstimmend damit ist die Reaktion streng stereospezifisch und das erhaltene Epoxid entspricht vollständig der cis- bzw. trans-Struktur des eingesetzten Olefins.

Die Reaktivität von Peroxycarbonsäuren ähnelt der von Brom: 2-Methylbuten-(2) wird in Methanol bei 25 °C etwa 10^5mal so schnell bromiert wie Äthylen, während Acetopersäure etwa 10^4mal so schnell reagiert [6].

Da Epoxide in Gegenwart von Säuren oder Basen stereoselektiv zu trans-Glykolen hydrolysiert werden (vgl. Kap. 4.), kann die Reaktionsfolge Epoxydierung — Hydrolyse zur stereoselektiven trans-Hydroxylierung von Olefinen benutzt werden.

Ähnlich wie die Epoxydierung verläuft die Addition von Carbenen, wobei Cyclopropane entstehen.

Carbene sind Derivate des zweibindigen Kohlenstoffs [7]. Der Grundkörper, Carben oder Methylen, ist durch Photolyse von Diazomethan oder Ketan darstellbar (7.53). Bei der nicht sensibilisierten Photolyse entsteht das Methylen im energiereicheren Singulettzustand; der H—C—H-Bindungswinkel von 103° deutet auf sp^3-Hybridi-

---

[1] LEVEY, G., D. R. CAMPBELL, J. O. EDWARDS u. J. MACLACHLAN: J. Amer. chem. Soc. **79**, 1797 (1957).
[2] Vgl. [5] S. 418.
[3] LYNCH, B. M., u. K. H. PAUSACKER: J. chem. Soc. [London] **1955**, 1525.
[4] ISHII, Y., u. Y. INAMOTO: J. Chem. Soc. Japan, ind. Chem. Sect. [Kogyo Kagaku Zassi] **63**, 765 (1960) C. **1963**, 18413.
[5] KHALIL, M. M., u. W. PRITZKOW: J. prakt. chem. **315**, 58 (1973).
[6] SWERN, D.: J. Amer. chem. Soc. **69**, 1692 (1947); vgl. DUBOIS, J.-E., u. G. MOUVIER: J. Chim. physique Physico-Chim. biol. **62**, 696 (1965).
[7] Zusammenfassungen: KIRMSE, W.: Angew. Chem. **73**, 161 (1961); Carbene Chemistry, Academic Press, New York/London 1964; Carbene, Carbenoide und Carbenanaloge, Verlag Chemie, Weinhein/Bergstr. 1969; HINOPOROS, E.: Chem. Reviews, 63, 235 (1963); ROZANCEV, G. G., A. A. FAJNZIL'BERG u. S. S. NOVIKOV: Usp. Chim. **34**, 177, (1965).

sierung des Kohlenstoffatoms hin [1]. Durch strahlungslose Desaktivierung (z. B. durch Stöße mit Inertgasen unter erhöhtem Druck) kann das um 14,3 kcal/mol energieärmere Triplett-Methylen (Grundzustand des Moleküls, H—C—H— Bindungswinkel 136°) entstehen [1, 2]. Der Triplettzustand kann auch durch Photolyse in Gegenwart von Triplettgeneratoren direkt erzeugt werden [3].

$$\overset{\ominus}{|CH_2}-\overset{\oplus}{N}\equiv N| \xrightarrow[-N_2]{h\nu} \underset{H}{\overset{H}{>}}C\overset{\uparrow\downarrow}{<} \xleftarrow[-CO]{h\nu} CH_2=C=O \qquad (7.53)$$

Singulett

$$H-\underset{\uparrow\circ}{\overset{\uparrow\circ}{C}}-H$$

Triplett

Das Singulett-Methylen gehört zu den reaktionsfähigsten Stoffen der organischen Chemie und kann sich unmittelbar ohne Zwischenbildung von Radikalen in C—H-Bindungen einschieben [4] (englisch: insertion reaction):

$$>C-H + |C\underset{H}{\overset{H}{<}} \to \left[>C\cdot \quad \cdot CH_3\right] \to >C-CH_3 \qquad (7.54)$$

Infolge der hohen Reaktivität ist die Einschiebung des Methylens unselektiv und liefert z. B. aus Pentan die zu erwartenden Produkte (n-Hexan, 2-Methylpentan, 3-Methylpentan) im statistischen Verhältnis [4]. Die Einschiebungsreaktion kann als Beweis für das Singulett-Methylen dienen.

Sowohl Singulett- als auch Triplett-Methylen addieren sich leicht an Olefine: Die Reaktion von cis- oder trans-Olefinen mit Singulett-Methylen durchläuft entweder ein durch Nachbargruppenwirkung stabilisiertes Carbeniumion oder wahrscheinlicher einen symmetrischen Dreiringübergangszustand, in denen die C—C-Bindung des ehemaligen Olefins in keiner Phase frei drehbar wird, so daß stereospezifisch aus trans-Olefinen trans-1.2-Dialkylcyclopropane, aus cis-Olefinen dagegen cis-1.2-Dialkylcyclopropane entstehen (vgl. (7.55)) [5]. Diese Sterospezifität kann umgekehrt als Beweis dafür dienen, daß Singulett-Methylen vorlag.

Die Reaktion von Olefinen mit Triplett-Methylen führt dagegen zu einem diradikalischen Zwischenprodukt, dessen freie Elektronen nicht ohne weiteres zu einer Bindung zusammentreten können, weil dies Spinumkehr eines Radikalelektrons erfordert, der streng symmetrieverboten ist (vgl. Kap. 1). Aus diesem Grund lebt das Zwischenprodukt hinreichend lange, um eine Drehung um die ehemalige C—C-Bin-

---

[1a] DOERING, W. v. E., u. P. LaFLAMME: J. Amer. chem. Soc. 78, 5447 (1956).
[1b] ETTER, R. M., H. S. SKOVRONEK u. P. S. SKELL: J. Amer. chem. Soc. 81, 1008 (1959).
[1c] SKELL, P. S., u. J. KLEBE: J. Amer. chem. Soc. 82, 247 (1960).
[2] ANET, F. A. L., R. F. W. BADER u. A.-M. VAN DER AUWERA: J. Amer. chem. Soc. 82, 3217 (1960); FREY, H. M.: J. Amer. chem. Soc. 82, 5947 (1960).
[3] HAMMOND, G. S., u. MITARB.: J. Amer. chem. Soc. 83, 2397 (1961); 84, 1015 (1962).
[4] DOERING, W. v. E., u. Mitarb.: Tetrahedron [London] 6, 24 (1959); J. Amer. chem. Soc. 78, 3224 (1956).
[5] SKELL, P. S., u. R. C. WOODWORTH: J. Amer. chem. Soc. 78, 4496 (1956); 81, 3383 (1959).

7.7. Epoxydierung, Carbenadditionen, Hydroborierung, Hydroxylierung

dung des Olefins zu ermöglichen. Es entsteht demzufolge ein Gemisch aus cis- und trans-1.2-Dialkylcyclopropan, ungeachtet, ob vom cis- oder trans-Olefin ausgegangen wurde (vgl. (7.56)) [1,2].

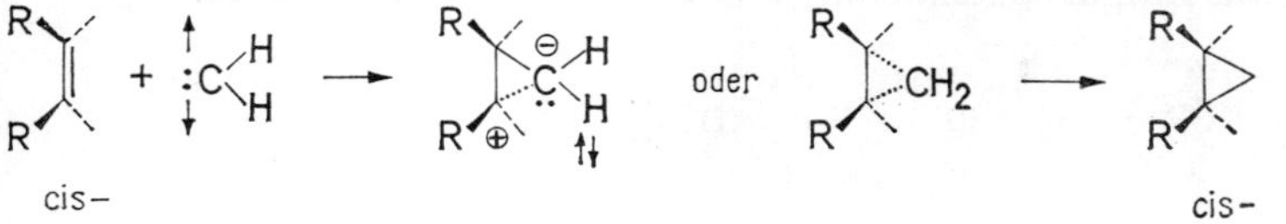

(7.55)

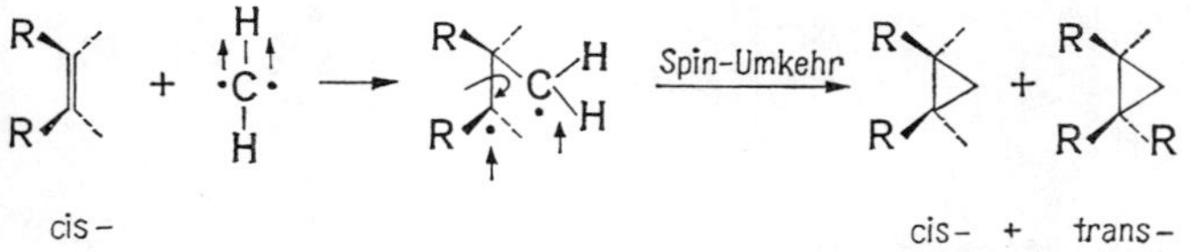

(7.56)

Diese Isomerisierung kann zugleich als Beweis dafür dienen, daß Triplett-Methylen vorlag.

Analog reagieren Halocarbene, z. B. $H-\ddot{C}-Hal$ oder $Hal-\ddot{C}-Hal$, die durch alkalische Dehydrohalogenierung aus Di- oder Trihalogenmethanen oder Di- oder Trihalogenessigsäuren (unter gleichzeitiger Decarboxylierung) leicht zugänglich sind [3]. Infolge der (besonders bei Fluorcarbenen) möglichen Mesomeriestabilisierung sind sie reaktionsträger als Methylen [4].

Auch Aromaten reagieren mit Carbenen, wobei Norcaradien bzw. seine Derivate entstehen, die als Valenztautomere des pseudo-aromatischen Cycloheptatrienylsystems aufzufassen sind (7.57) (vgl. [5]):

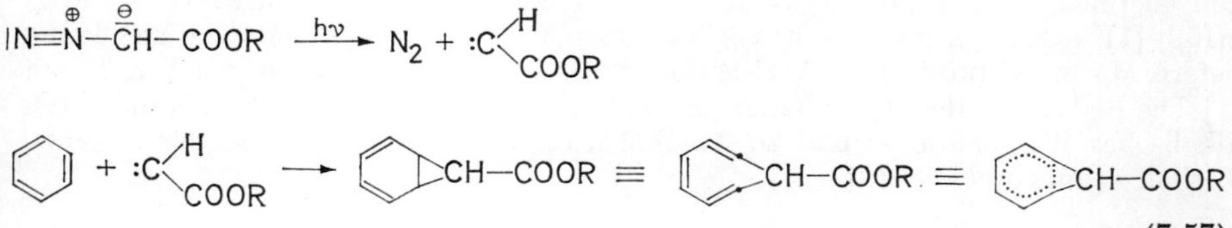

(7.57)

Alkine mit nicht endständigen Dreifachbindungen liefern mit Carbenen Cyclopropene [6], die unter Umständen weiteres Carben zu Bicyclo-[1.1.0]-Butanen addieren können.

---

[1] Vgl. [2, 3, 5] S. 420; DUNCAN. F. J., u. R. J. CVETANOVIC: J. Amer. chem. Soc. **84**, 3593 (1962); BADER, R. F. W., u. J. I. GENEROSA: Canad. J. Chem. **43**, 1631 (1965).
[2] Vgl. [5] S. 420.
[3] Zusammenfassung: PARHAM, W. E., u. E. E. SCHWEIZER: Org. Reactions **13**, 55 (1963).
[4] MOSS, R. A., u. R. GERSTL: J. org. Chemistry **32**, 2268 (1967).
[5] CIGANEK, E.: J. Amer. chem. Soc. **87**, 652, 1149 (1965), vgl. auch MAIER, G.: Chem. Ber. **98**, 2446 (1964); Angew. Chem. **79**, 446 (1967).
[6] VOL'PIN, M. E., u. Mitarb.: Izvest. Akad. Nauk SSSR, Odel. chim. Nauk **1959**, 560; Ž. obšč. Chim. **30**, 2877 (1960); BRESLOW, R., u. R. PETERSON: J. Amer. chem. Soc. **82**, 4426 (1960); MAHLER, W.: J. Amer. chem. Soc. **84**, 4600 (1962).

Ein Übergangszustand mit vier Ringgliedern wird bei der syn-Addition von Boran an Olefine durchlaufen, die man als *Hydroborierung* bezeichnet [1]. Boran entsteht aus Diboran in Gegenwart von LEWIS-Basen (Äther, Amine); das Diboran wird seinerseits leicht aus Lithiumaluminiumhydrid und Bortrifluorid erhalten.

$$H_2B\cdots H \cdots BH_2 + R\bar{O}R \longrightarrow H_2B-H + H_2B\cdots OR_2$$

$$RCH=CH_2 + BH_3 \longrightarrow [\text{Übergangszustand}] \longrightarrow R-CH_2-CH_2-BH_2 \xrightarrow{RCH=CH_2} B(CH_2-CH_2-R)_3$$

$$\xrightarrow{H_2O_2/HO^{\ominus}} 3\,R-CH_2-CH_2-OH + B(OH)_3 \qquad (7.58)$$

Die Addition erfolgt scheinbar entgegen der MARKOWNIKOW-Regel, da das Wasserstoffatom nicht an das wasserstoffreichste Kohlenstoffatom geht. Tatsächlich ist die MARKOWNIKOW-Regel erfüllt, weil als elektrophiler Partner das Boratom fungiert, als Nucleophil dagegen das Wasserstoffatom, das *mit den Bindungselektronen* auf das Olefin übertragen wird. Übereinstimmend damit und mit einem Vierringübergangszustand erhält man bei der Addition von D_2BCl an Styrol bzw. Hexen kinetische H/D-Effekte, $k_H/k_D = 1,8$ bis $2,4$ [2]. Der Übergangszustand ist nur sehr wenig polar, wie aus der sehr kleinen Reaktionskonstante für die Boran-Addition an kernsubstituierte Styrole hervorgeht ($\varrho \approx -0,7$) [3]. Demzufolge ist zwar bei endständigen Olefinen die MARKOWNIKOW-Regel weitgehend (wenn auch nicht vollständig) erfüllt [1], dagegen nur eingeschränkt bei Styrolen [3], und nicht endständige Olefine liefern MARKOWNIKOW- und Anti-MARKOWNIKOW-Produkt etwa zu gleichen Teilen [1]. Die Bedeutung der Hydroborierung liegt darin, daß sich die Trialkylborane durch alkalisches Wasserstoffperoxid zu Alkoholen oxydieren lassen, wobei der folgende Verlauf anzunehmen ist [4]:

$$>B-C< + HOO^{\ominus} \longrightarrow >B-C< \longrightarrow HO^{\ominus} + >B-O-C< \xrightarrow{H_2O} HO-C< \qquad (7.59)$$

Die Umlagerung der Hydroperoxyverbindung erfolgt unter Retention am wandernden Kohlenstoffatom. Die Anti-MARKOWNIKOW-Hydratisierung ist demzufolge eine stereospezifische syn-Reaktion.

---

[1] Zusammenfassungen: BROWN, H. C.: Hydroboration, W. A. Benjamin, Inc., New York 1962; ZWEIFEL, G., u. H. C. BROWN: Org. Reactions 13, 1 (1963).
[2] PASTO, D. J., u. S.-Z. KANG: J. Amer. chem. Soc. 90, 3797 (1968).
[3] BROWN, H. C., u. R. L. SHARP: J. Amer. chem. Soc. 88, 5851 (1966).
[4] BROWN, H. C., u. G. ZWEIFEL: J. Amer. chem. Soc. 83, 2544 (1961), 81, 247, 1512 (1959).

7.7. Epoxydierung, Carbenadditionen, Hydroborierung, Hydroxylierung

Wenn das sterisch anspruchsvolle optisch aktive Di-isopinocamphylboran (7.60)[1]) mit Olefinen umgesetzt wird, lassen sich mit verblüffend hohen optischen Ausbeuten optische aktive Alkohole aus Olefinen erzeugen (optische Reinheit 70 bis 90%!) [1].

$$2 \quad \text{[Struktur]} + BH_3 \longrightarrow \text{[Struktur]} \tag{7.60}$$

Als syn-Additionen sind schließlich noch die Reaktionen der Olefine mit Bleitetraacetat, Kaliumpermanganat und Osmiumtetroxid zu nennen. Das Bleitetraacetat ist in der Lage, Acetat*kationen* zu liefern, die als LEWIS-Säuren mit der Doppelbindung reagieren. Die Nachbargruppenwirkung des Carbonyl-Sauerstoffatoms ist besonders stark, weil ein spannungsfreier Fünfring entstehen kann (vgl. auch (4.48)). Das energiearme Kation (7.61, 2a) reagiert je nach den Reaktionsbedingungen in verschiedener Weise. Wasser oder Eisessig greifen an dem Carbenium-Kohlenstoffatom an, ohne daß die Glykolstruktur beeinträchtigt wird. Über das einem Orthoester ähnelnde Zwischenprodukt 3 entsteht schließlich das cis-Glykol 4.

In Gegenwart von Natriumacetat, das eine wesentlich höhere nucleophile Kraft besitzt als Wasser oder Eisessig, erfolgt dagegen eine normale SN2-Reaktion, die unter WALDEN-Umkehr das trans-Glykol 5 liefert [2].

$$\text{[Reaktionsschema 7.61]}$$

---

[1] BROWN, H. C., N. R. AYYANGAR u. G. ZWEIFEL: J. Amer. chem. Soc. **84**, 4341 (1962).
[2] BRUTCHER, F. V., F. J. VARA: J. Amer. chem. Soc. **78**, 5695 (1956); zur Stereochemie vgl. WIBERG, K. B., u. K. A. SAEGEBARTH: J. Amer. chem. Soc. **79**, 6256 (1957).

[1]) Das Camphen reagiert infolge seiner starken Verzweigung mit Boran im wesentlichen nur zum Di-Addukt.

Die Hydroxylierung mit alkalischem Kaliumpermanganat [1] oder mit Osmiumtetroxid [2] führt über die Stufe normaler Ester zu den cis-Glykolen:

$$\text{C=C} + MnO_4^\ominus \longrightarrow \text{Zyklischer Mn-Ester} \xrightarrow{HO^\ominus} \text{C(OH)-C(OH)} + MnO_3^{2\ominus} \quad (7.62)$$

$$\text{C=C} + OsO_4 \longrightarrow \text{Zyklischer Os-Ester} \xrightarrow{H_2O} \text{C(OH)-C(OH)} + OsO_2 \quad (7.63)$$

Dabei braucht das kostspielige Osmiumtetroxid nicht in stöchiometrischer Menge eingesetzt zu werden, da das gebildete Osmiumdioxid durch zugesetztes Wasserstoffperoxid laufend wieder zum Tetroxid oxydiert werden kann. Der Reaktionsablauf ist im einzelnen etwas komplizierter als oben dargestellt. Hierauf soll nicht eingegangen werden.

7.8. Elektrophile Substitution an Aromaten [3]

Aromaten reagieren normalerweise mit elektrophilen Reagenzien unter Substitution, wie dies bereits in (7.6) formuliert wurde.

Als wichtige Reaktionen sind zu nennen:

ArH + Halogen	→	Ar—Hal + H-Hal	Halogenierung
ArH + HNO_3	→	Ar—NO_2 + H_2O	Nitrierung
Ar—SO_3H + HNO_3	→	Ar—NO_2 + H_2SO_4	Nitrierung
ArH + H_2SO_4	⇌	Ar—SO_3H + H_2O	Sulfonierung
ArH + $D^\oplus$	⇌	Ar—D + $H^\oplus$	Isotopenaustausch
ArH + R-Hal	$\xrightarrow{AlCl_3}$	Ar—R + H-Hal	Friedel-Crafts-Alkylierung
ArH + RCOHal	$\xrightarrow{AlCl_3}$	Ar—COR + H-Hal	Friedel-Crafts-Acylierung

[1] WIBERG, K. B., u. K. A. SAEGEBARTH: J. Amer. chem. Soc. **79**, 2822 (1957).
[2] MILAS, N. A., J. H. TREPAGNIER, J. T. NOLAN u. M. I. ILIOPULOS: J. Amer. chem. Soc. **81**, 4730 (1959).
[3a] DELAMARE, P. B. D., u. J. H. RIDD: Aromatic Substitution, Nitration and Halogenation, Butterworth & Co (Publishers) Ltd., London 1959.
[3b] NORMAN, R. O. C., u. R. TAYLOR: Elektrophilic Substitution in Benzenoid Compounds, Elsevier Publishing Company, Amsterdam 1965.
[3c] WILLI, A. V.: Chimia [Aarau, Schweiz] **15**, 239 (1961) (Protonenaustausch)
[3d] BERLINER, E.: Progress in Physical Organic Chemistry, Vol. 2, Interscience Publishers, New York/London 1964, S. 253.
[3e] Quantenchemische Behandlung: BROWN, R. D.: Quart. Rev. (chem. Soc., London) **6**, 63 (1952).
[3f] DUEWELL, H.: J. chem. Educat. **43**, 138 (1966).

ArH + CH₂O + HCl → Ar—CH₂Cl + H₂O   Chlormethylierung
ArH + CH₂O → Ar—CH₂OH   Hydroxymethylierung
ArH + Hg(OAc)₂ → Ar—HgOAc + AcOH   Mercurierung
ArH + ArN⁺≡N → Ar—N=N—Ar   Azokupplung

Gewöhnlich wird ein Proton des Aromaten durch das elektrophile Reagens verdrängt; es sind jedoch auch zahlreiche andere Substituenten ersetzbar, wie oben am Beispiel der Sulfonsäuregruppe formuliert wurde.

7.8.1. Zum Reaktionsmechanismus

Die elektrophile Substitution am Aromaten ist im allgemeinen eine Reaktion zweiter Ordnung (je erster Ordnung bezüglich Aromat und elektrophilem Reagens). Sie könnte demnach als einstufige, synchrone Substitution analog einer SN2-Reaktion oder als zweistufiger Additions-Eliminierungs-Mechanismus ablaufen:

$$X^\oplus + Ar-H + |B \to \overset{\delta+}{X}....Ar....\overset{\delta+}{H}....B \to X-Ar + HB^\oplus \quad (7.64\text{a})$$
Übergangszustand

$$X^\oplus + Ar-H \to X-\overset{\oplus}{Ar}-H \quad (7.64\text{b})$$

$$X-\overset{\oplus}{Ar}-H + |B \to X-Ar + HB^\oplus \quad B = \text{Base (Lösungsmittel)}$$

Sofern im Fall (7.64a) die Hilfsbase nicht Bestandteil des Lösungsmittels ist, würde sich eine Reaktion dritter Ordnung ergeben (SE3-Reaktion). Dieser Synchronmechanismus (7.64a) müßte mit einem kinetischen H/D- oder H/T-Effekt verbunden sein. Tatsächlich werden aber z. B. bei der Nitrierung und Bromierung von Aromaten normalerweise keine primären kinetischen Wasserstoffisotopeneffekte gefunden [1], und es ist der nachstehende Zweistufenmechanismus anzunehmen (SE2-Reaktion):

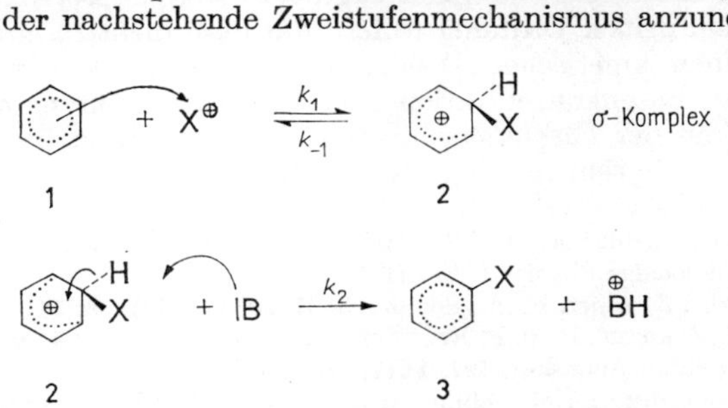

(7.65)

[1a] Zusammenfassungen: MELANDER L.: Isotope Effects on Reaction Rates, The Ronald Press, New York 1960.
[1b] JAKUSIN, F. S.: Usp. Chim. **31**, 241 (1962).
[1c] ZOLLINGER, H.: Advances in Physical Organic Chemistry, Vol. 2, Academic Press, New York/London 1964, S. 163; ZOLLINGER, H.: Angew. Chem. **70**, 204 (1958).

Das als Zwischenprodukt auftretende Carbeniumion 2 wird auch als „σ-Komplex" oder „Phenoniumion" oder „Benzeniumion" bezeichnet. Es handelt sich bei 2 nicht um einen Übergangszustand, sondern um eine echte Zwischenstufe, so daß die Reaktionskoordinate die allgemeine Form hat, wie in Bild 3.19c dargestellt. Das Zwischenprodukt ließ sich in einigen Fällen spektroskopisch nachweisen [1, 2] oder sogar isolieren [2].

Die Zwischenstufe hat im allgemeinen eine relativ hohe Energie, so daß ihre Konzentration klein ist, das heißt k_{-1} und k_2 in (7.65) sind groß. Auf den Gesamtverlauf läßt sich deshalb das Stationaritätsprinzip anwenden, und man erhält

$$v = \frac{k_1 k_2 [\text{ArH}] [\text{X}^\oplus] [\text{B}]}{k_{-1} + k_2 [\text{B}]}. \tag{7.66}$$

Es ergeben sich die folgenden Grenzfälle:

a) $k_2[\text{B}] \gg k_1$; $k_2[\text{B}] > k_{-1}$

Im Nenner von (7.66) kann dann k_{-1} gegen $k_2[\text{B}]$ vernachlässigt werden, so daß sich $[k_2\text{B}]$ heraushebt, und für die Gesamtgeschwindigkeit gilt $v = k_1[\text{ArH}] [\text{X}^\oplus]$.

Das ist der Normalfall der elektrophilen Substitution am Aromaten, das heißt eine Reaktion zweiter Ordnung ohne H/D-Effekt und ohne Basenkatalyse.

b) $k_{-1} \approx k_2 [\text{B}] > k_1$

Der Nenner in (7.66) kann nicht vereinfacht werden, und k_2 bleibt in der Kinetikgleichung erhalten. Das bedeutet, daß ein kinetischer H/D- oder H/T-Effekt auftreten muß, der jedoch ebenso wie die Gesamtgeschwindigkeit *nicht* linear von der Basenkonzentration abhängt. Das ist tatsächlich in einer Reihe von Fällen (Azokupplungen) gefunden worden [3] und stellt den strengen Beweis für den Zweistufenmechanismus dar, während ein kinetischer Isotopeneffekt allein noch kein hinreichendes Kriterium für den Zweistufenmechanismus wäre (vgl. [4]).

c) $k_{-1} \gg k_1$; $k_{-1} > k_2 [\text{B}]$

In diesem Falle kann $k_2[\text{B}]$ im Nenner von (7.66) gegen k_{-1} vernachlässigt werden, so daß sich für die Gesamtgeschwindigkeit ergibt $v = (k_1/k_{-1})k_2 [\text{ArH}] [\text{X}^\oplus] [\text{B}]$. Man findet eine Reaktion dritter Ordnung (sofern die Base nicht im großen Überschuß vorliegt) und einen kinetischen Wasserstoffisotopeneffekt, der jedoch im Gegensatz zu (b) von der Basenkonzentration unabhängig ist, während andererseits die Gesamtgeschwindigkeit der Basenkonzentration proportional ist (vgl. z. B. [5]).

Der σ-Komplex liegt nur in sehr niedriger Konzentration vor.

[1] UV: REID, C.: J. Amer. chem. Soc. **76**, 3264 (1954); NMR: MACLEAN, C., J. H. VAN DER WAALS u. E. L. MACKOR: Molecular Physics **1**, 247 (1958).
[2] OLAH, G. A., u. Mitarb.: J. Amer. chem. Soc. **94**, 3667, 2034 (1972); **89**, 711, 5259 (1967); **80**, 6535, 6540, 6541 (1958); MENZEL, P., u. F. EFFENBERGER: Angew. Chem. **84**, 954 (1972).
[3] ZOLLINGER, H.: Helv. chim. Acta **38**, 1597, 1617, 1623 (1955).
[4] CAVENG, P., u. H. ZOLLINGER: Helv. chim. Acta **50**, 861 (1967); VAJNSTEJN, F. M., u. E. A. ŠILOV: Doklady Akad. Nauk SSSR **133**, 581 (1960).
[5] JERMINI, C., S. KOLLER u. H. ZOLLINGER: Helv. chim. Acta **53**, 72 (1970) (Kupplung von 2-Diazophenylsulfonsäure mit 1-Naphthol-2-sulfonsäure); GROVESTEIN, E., u. N. S. APRAHAMIAN: J. Amer. chem. Soc. **84**, 212 (1962); KRESGE, A. J., u. J. F. BRENNAN: Proc. chem. Soc. [London] **1963**, 215; J. org. Chemistry **32**, 752 (1967) (Jodierung von p-Nitrophenol, Mercurierung von Benzol).

d) $k_1 \approx k_{-1} > k_2[\text{B}]$

In diesem Falle reichert sich das Zwischenprodukt an, und die Reaktionsgeschwindigkeit hängt im Extremfall vom Produkt $k_2[\text{B}]$ und der Konzentration der Komponente der ersten Stufe ab, die im Überschuß vorliegt. Dieser Verlauf ist relativ selten; einige Beispiele vgl. [1].

Die Reaktionskoordinate der elektrophilen Substitution am Aromaten ohne kinetischen Isotopeneffekt (Normalfall) entspricht der in Bild 3.19c dargestellten, während bei Vorliegen eines Isotopeneffektes das Energiemaximum B_2 in Bild 3.19c höher liegt als B_1.

Während es über die in der Energiemulde der Reaktionskoordinate liegende Spezies (Carbeniumion, σ-Komplex) keine Unklarheit gibt, erhebt sich die Frage, ob der vorgelagerte Übergangszustand eher einem π-Komplex oder dem σ-Komplex ähnelt. So wurde postuliert, daß zunächst nur ein Elektron vom Aromaten (Elektronendonator) auf das elektrophile Reagens (Elektronenakzeptor) übergeht und ein Ladungsübertragungskomplex entsteht, der sich erst im weiteren Verlauf zum σ-Komplex umordnet [2, 3]. Übereinstimmend damit verläuft die Substitution um so leichter, je niedriger das Ionisierungspotential des Aromaten und je größer die Elektronenaffinität des elektrophilen Partners ist bzw. anders ausgedrückt, je höhere Energie das oberste besetzte Orbital des Aromaten und je niedrigere Energie das niedrigste freie Orbital des Elektrophils besitzen [3]. Auf diese Weise entsteht ein Energiegefälle, das durch den gebogenen Pfeil in (7.65) gut symbolisiert wird.

Der gleiche Sachverhalt kann jedoch auch als Säure-Base-Beziehung dargestellt werden, das heißt, als Modell für den Übergangszustand der elektrophilen Reaktion wird das Carbeniumion (σ-Komplex) verwendet. Es ergibt sich tatsächlich eine gute Proportionalität zwischen der Basizität des Aromaten und der Substitutionsgeschwindigkeit (vgl. Bild 7.67) und natürlich auch zwischen Basizitäten und Ionisierungspotentialen [4].

Zur Entscheidung, ob Ladungsübertragungskomplexe (π-Komplexe) oder σ-Komplexe (7.65, 2) das bessere Modell sind, wurde in Bild 7.67 die Korrelation zwischen der Gleichgewichtskonstante der π-Komplexe (Ladungsübertragungskomplexe) mit HCl und der Chlorierungsgeschwindigkeit eingezeichnet. Die beiden Größen sind zwar einander proportional, aber die Komplexbildungskonstanten sind um Größenordnungen weniger von den Substituenten im Benzolkern abhängig als die Reaktionsgeschwindigkeiten.

Der π-Komplex mag also zwar eine Durchgangsstufe der Reaktion darstellen, ist aber im allgemeinen ein viel schlechteres Modell für den Übergangszustand als der σ-Komplex, denn hier ergibt sich nahezu vollkommene Übereinstimmung in der Substituentenabhängigkeit der Basizität mit der bei der elektrophilen Substitution (die Gerade in Bild 7.67 hat eine Steigung von etwa 1).

---

[1] CHRISTEN, M., u. H. ZOLLINGER: Helv. chim. Acta **45**, 2057, 2066 (1962) (Bromierung von 2-Naphthol-6.8-disulfonsäure); KOLLER, S., u. H. ZOLLINGER: Helv. chim. Acta **53**, 78 (1970) (Bildung von π-Komplexen von o- und p-Nitrobenzoldiazoniumsalzen mit Naphthalinderivaten).
[2] DEWAR, M. J. S.: J. chem. Soc. [London] **1946**, 777.
[3] NAGAKURA, S., u. J. TANAKA: Bull. chem. Soc. Japan **32**, 734 (1959); NAGAKURA, S.: Tetrahedron [London] **19**, 361 (1963).
[4] CHOI, S. U., u. H. C. BROWN: J. Amer. chem. Soc. **88**, 903 (1966); RYS, P., P. SKABAL u. H. ZOLLINGER: Angew. Chem. **84**, 921 (1972).

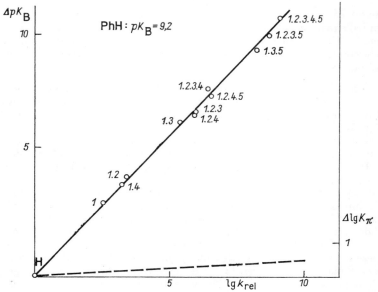

Bild 7.67
Korrelation zwischen der Geschwindigkeit der Chlorierung (in Essigsäure 0 °C [1]) und der Basizität[2]) bzw. π-Komplex-Stabilität (Bildungskonstanten von HCl-Komplexen[3]), gestrichelte Gerade), von Benzol und Methylaromaten. Die Zahlen an der Geraden geben Zahl und Stellung der Methylgruppen an.

[1]) BROWN, H. C., u. L. M. STOCK: J. Amer. chem. Soc. **79**, 5175 (1957).
[2]) MACKOR, E. L., A. HOFSTRA u. J. H. VAN DER WAALS: Trans. Faraday Soc. **54**, 186 (1958).
[3]) BROWN, H. C., u. J. D. BRADY: J. Amer. chem. Soc. **74**, 3570 (1952).

7.8.2. Polare Einflüsse auf die Reaktionsgeschwindigkeit und Orientierung [1]

Bei der elektrophilen Substitution am Aromaten muß ein Elektron aus dem aromatischen System auf das angreifende Elektrophil übertragen werden (vgl. (7.65)). Die Geschwindigkeit der Umsetzung mit einem gegebenen Elektrophil steigt deshalb mit steigender Elektronendichte im aromatischen Kern an, wie dies in Bild 7.67 zum Ausdruck kommt. Beim Benzol sind alle sechs angreifbaren Positionen gleichwertig und die Monosubstitution liefert nur ein einziges Produkt. Bei monosubstituierten

[1a] Zusammenfassungen: INGOLD, C. K.: Structure and Mechanism in Organic Chemistry, Cornell University Press, Ithaca/New York 1953, Kap. VI.
[1b] LEROINELSON, K.: J. org. Chemistry **21**, 145 (1956).
[1c] STOCK, L. M., u. H. C. BROWN, in: Advances in Physical Organic Chemistry, Vol. 1, Academic Press, New York/London 1963, Kap. 2.

7.8.2. Polare Einflüsse auf die Reaktionsgeschwindigkeit

Aromaten können dagegen drei Isomere entstehen, ortho-, meta- und para-Derivat. Rein statistisch wären 40% ortho-, 40% meta- und 20% para-Produkt zu erwarten. Das ist jedoch erfahrungsgemäß nicht der Fall, sondern der Erstsubstituent beeinflußt die Elektronendichte an den einzelnen Positionen des Kerns unterschiedlich. Aus dem elektronischen Effekt des Erstsubstituenten läßt sich die Reaktivität des Aromaten im Ganzen und die relative Reaktivität der einzelnen Positionen qualitativ abschätzen:

$+I$-*Gruppen*
Alkylgruppen

Allgemeine Erhöhung der Elektronendichte; Reaktivität in der Folge ortho > meta > para.

$-I$-*Gruppen*
$-CH_2Hal$
$-CH(Hal)_2$
$-C(Hal)_3$
$-CH_2OH$, $-CH_2OR$
$-CH_2NH_2$, $-CH_2NHR$,
$-CH_2-NR_2$, $-CH_2\overset{\oplus}{N}R_3$
$-\overset{\oplus}{N}R_3$

Allgemeine Erniedrigung der Elektronendichte; Reaktivität in der Folge ortho < meta < para.

$-M$-, $-I$-*Gruppen*
$-NO_2$
$-COOH$, $-COOR$
$-CHO$, $-COR$
$-CN$
$-SO_2R$, $-SO_2OR$ usw.

Allgemeine Verringerung der Elektronendichte und Reaktivität, besonders ausgeprägt in ortho- und para-Position durch gleichsinnige Überlagerung von $-I$- und $-M$-Effekt. Die meta-Position wird nur induktiv beeinflußt.

$+M$-, $-I$-*Gruppen*
($-I$-Effekt überwiegt)
$-F$, $-Cl$, $-Br$, $-J$

Allgemeine Verringerung der Elektronendichte und Reaktivität. $-I$-Effekt in ortho- und para-Position durch gegenläufigen $+M$-Effekt abgeschwächt.

$+M$-, $-I$-*Gruppen*
($+M$-Effekt überwiegt)
$-OH$, $-OR$
$-NH_2$, $-NHR$, $-NR_2$

Durch starken $+M$-Effekt starke Erhöhung der Elektronendichte und Reaktivität. Der gegenläufige $-I$-Effekt macht sich am meisten in der meta-Position bemerkbar, die vom $+M$-Effekt nicht erreicht wird.

Dieser Sachverhalt entspricht der bekannten Faustregel, nach der Erstsubstituenten, die keine Doppelbindung enthalten („Substituenten erster Ordnung") den Zweitsubstituenten nach der ortho- und para-Position dirigieren, während ungesättigte Gruppen („Substituenten zweiter Ordnung") vorzugsweise zu meta-Derivaten führen. Die Orientierung des eintretenden Substituenten ist normalerweise kinetisch bedingt, das heißt, es existieren drei Konkurrenzreaktionen (ortho-, meta- und para-Substitution), die mit unterschiedlicher Geschwindigkeit ablaufen. Für die Orientierungsphänomene kann demzufolge die Elektronendichte des Grundzustandes nur bedingt Aussagen liefern, vielmehr müssen die freien Energien der Aktivierung herangezogen werden.[1])

---

[1]) Die Unterschiede der Aktivierungsentropien für die einzelnen Konkurrenzreaktionen sind gering, so daß die Orientierung praktisch ausschließlich durch die Aktivierungsenthalpie bestimmt wird: LeNoble, W. J., u. G. W. Wheland: J. Amer. chem. Soc. 80, 5397 (1958); Brown, H. C., u. Mitarb.: J. Amer. chem. Soc. 77, 2306, 2310 (1955); 81, 5608 (1959).

Übereinstimmend damit lassen sich elektrophile Substituenten am Aromaten ausgezeichnet mit Hilfe der HAMMETT-Beziehung erfassen. Da das Reaktionszentrum elektronisch nicht vom Erstsubstituenten isoliert ist, müssen σ^+-Werte benutzt werden (vgl. Kap. 2.) [1].
In Bild 7.68 sind derartige Auswertungen von Reaktionsserien für die Nitrierung und Chlorierung dargestellt.

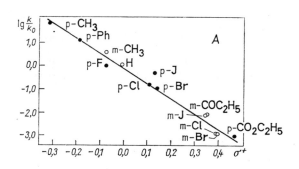

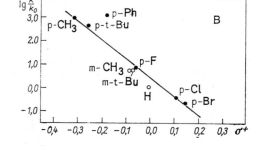

Bild 7.68
HAMMETT-Auswertung elektrophiler Substituenten am Aromaten.[1]
A: Nitrierung in Acetanhydrid bei 25°C, $\varrho = -6.2$.
B: Chlorierung mit Cl_2 in Eisessig bei 25°C, $\varrho = -8.1$

[1] Vgl. [1c].

Die Reaktionskonstanten aller elektrophilen Substitutionen am Aromaten haben ein negatives Vorzeichen, übereinstimmend mit einem Mechanismus, in dem der Aromat als Elektronendonator fungiert. Die Zahlenwerte von ϱ sind relativ groß, was auf der fehlenden Isolierung zwischen Reaktionszentrum und Erstsubstituent beruht; auf die Beziehung zur Reaktivität werden wir weiter unten eingehen. Mit der HAMMETT-Beziehung läßt sich ein sehr großer Geschwindigkeitsbereich quantitativ erfassen. So unterscheiden sich z. B. die Geschwindigkeiten der para-Substitution von Toluol bzw. Benzoesäure bei der Chlorierung um 7, bei der Nitrierung um 4 Zehnerpotenzen (vgl. Bild 7.68).

[1a] Zusammenfassungen: vgl. [1c] S. 420.
[1b] WILLI, A. V.: Chimia **13**, 257, 285 (1959).
[1c] OKAMOTO, Y., u. H. C. BROWN: J. org. Chemistry **22**, 485 (1957); J. Amer. chem. Soc. **80**, 4979 (1958).

7.8.2. Polare Einflüsse auf die Reaktionsgeschwindigkeit

Bei bekannter Reaktionskonstante der betreffenden Substitutionsreaktion lassen sich die Partialgeschwindigkeiten für die Substitution der einzelnen Positionen wie folgt berechnen:

$$\lg k_{\text{ortho}} = \varrho \sigma^+_{\text{ortho}} + \lg k_0 \qquad \lg k_{\text{meta}} = \varrho \sigma_{\text{meta}} + \lg k_0$$
$$\lg k_{\text{para}} = \varrho \sigma^+_{\text{para}} + \lg k_0 \tag{7.69}$$

bzw. analog die entsprechenden Relativgeschwindigkeiten, die als *partielle Geschwindigkeitsfaktoren* bezeichnet werden (o_f, m_f, p_f; im englischen Schrifttum auch meist durch F_o, F_m und F_p symbolisiert).

$$\lg \frac{k_{\text{ortho}}}{k_0} = \varrho \sigma^+_{\text{ortho}} \equiv \lg o_f \qquad \lg \frac{k_{\text{meta}}}{k_0} = \varrho \sigma_{\text{meta}} \equiv \lg m_f$$
$$\lg \frac{k_{\text{para}}}{k_0} = \varrho \sigma^+_{\text{para}} \equiv \lg p_f \tag{7.70}$$

Die k-Werte enthalten statistische Faktoren, da im Benzol 6 gleichwertige Positionen verfügbar sind, im monosubstituierten Aromaten dagegen nur 2-ortho-, 2-meta- und 1-para-Position. Bei entsprechender Korrektur ergeben sich die nachstehenden Beziehungen:

$$\text{Relativgeschwindigkeit} = \frac{2o_f + 2m_f + p_f}{6} = \frac{k_{\text{ArX}}}{k_{\text{ArH}}} \tag{7.71}$$

$$\% \text{ ortho-Produkt} = \frac{2o_f \cdot 100}{2o_f + 2m_f + p_f};$$

$$\% \text{ meta-Produkt} = \frac{2m_f \cdot 100}{2p_f + 2m_f + p_f}$$

$$\% \text{ para-Produkt} = \frac{p_f \cdot 100}{2p_f + 2m_f + p_f}$$

$$o_f = \frac{\% \text{ ortho} \cdot 3k_{\text{rel}}}{100} \quad m_f = \frac{\% \text{ meta} \cdot 3k_{\text{rel}}}{100} \quad p_f = \frac{\% \text{ para} \cdot 6k_{\text{rel}}}{100} \tag{7.72}$$

Die Beziehung (7.72) dient dazu, partielle Geschwindigkeitsfaktoren aus der gemessenen Geschwindigkeit und der Isomerenverteilung zu berechnen.

Die partiellen Geschwindigkeitsfaktoren sind für Reaktivitätsvergleiche sehr gut geeignet, da sie statistisch korrigiert sind und eine durchsichtigere Beziehung zu Kinetik haben als die Ausbeuten.

Nach den vorausgegangenen Erörterungen ist es relativ einfach, den Einfluß der verschiedenen Substituenten auf die Isomerenverteilung bzw. die partiellen Geschwindigkeitsfaktoren auch formelmäßig darzustellen. Man hat zu ermitteln, in welcher Weise und in welchem Ausmaß der betreffende Substituent durch Induktions- und Mesomerieeinflüsse die Energie des Übergangszustandes beeinflußt. Dabei muß eine viel stärkere Wechselwirkung erwartet werden als im Grundzustand des Moleküls, weil der Übergangszustand dem Carbeniumion (σ-Komplex) ähnelt und damit hoch geladen ist, so daß der Anspruch an die stabilisierende Wirkung der Substituenten groß ist.

Die Verteilung der Elektronendichte im σ-Komplex ist für die drei Konkurrenzreaktionen des Toluols in (7.73) dargestellt. Die bei der Anlagerung des elektrophilen Reaktionspartners $X^\oplus$ im Ring entstehende positive Ladung wird über das gesamte konjugierte System delokalisiert, wodurch die Energie des Carbeniumions zunächst um den gleichen Betrag absinken kann wie in der entsprechenden Reaktion des Benzols. Die Delokalisierung der positiven Ladungen erfolgt in erster Linie über die leicht polarisierbaren π-Elektronen, so daß entsprechend deren Konjugationsmöglichkeiten positive Teilladungen in ortho- und para-Stellung zum Reaktionszentrum hervorgerufen werden. Diese Stellen erhöhter positiver Ladung treten nun um so stärker mit dem Erstsubstituenten in Wechselwirkung, je näher dieser einem der positivierten Zentren steht. Man erkennt an den Formulierungen sofort, daß die Konkurrenzreaktionen in ortho- bzw. para-Stellung zur Alkylgruppe durch eine niedrigere Energie des Carbeniumions ausgezeichnet sind als für die meta-Reaktion und die Anteile an ortho- und para-Produkt überwiegen, Zahlenwerte vgl. z. B. Tabelle 7.82.

Im Hinblick auf das Verhältnis von ortho- zu para-Substitution ist zu erwarten, daß die Alkylgruppe eine an der para-Stellung entstehende positive Teilladung etwas besser zu stabilisieren vermag als an der ortho-Position, da die Polarisierbarkeit in Richtung der größten Ausdehnung des Moleküls am größten ist.

Voluminöse Erstsubstituenten oder solche mit freien Elektronenpaaren können außerdem durch Abstoßung der π-Elektronen des Kerns zu einer Verzerrung des Ringes und einer Neuverteilung der π-Elektronen führen, wobei die para-Position negativiert und damit reaktionsfähiger wird [1].

Die Ladungsverteilung im σ-Komplex ist durch ^{13}C-NMR-Spektroskopie für das protonierte 1.3.5-Trimethylbenzol direkt nachgewiesen worden (Ladungsdichte: ortho +0,31, para +0,27) [2].

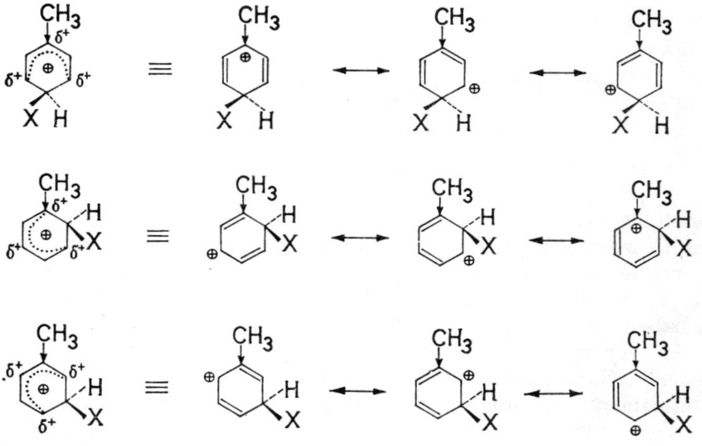

(7.73)

---

[1] KATRITZKY, A. R., u. R. D. TOPSOM: Angew. Chem. 82, 106 (1970).
[2] KOPTYUG, V., A. REZVUKHIN, E. LIPPMAA, u. T. PEHK: Tetrahedron Letters [London] 1968, 4009; vgl. C. MACLEAN, u. E. L. MACKOR: Molecular Physics 4, 241 (1961); J. chem. Physics 34, 2208 (1961).

7.8.2. Polare Einflüsse auf die Reaktionsgeschwindigkeit

Unabhängig von der Beeinflussung der einzelnen Positionen erhöht ein elektronenliefernder Substituent (+I-, +M-Substituenten) die Elektronendichte und Reaktivität des Aromaten allgemein, so daß genau zwischen der globalen Reaktivität des Aromaten und der relativen Reaktivität der einzelnen Positionen unterschieden werden muß.

Ebenso wie für Alkylgruppen läßt sich auch für Aromaten mit −I-Substituenten (z. B. −$\overset{\oplus}{\text{N}}\text{R}_3$) die Stabilität der den einzelnen Konkurrenzreaktionen entsprechenden Carbeniumionen abschätzen. Durch den Induktionseffekt wird das Carbeniumion in jedem Falle destabilisiert, und zwar am stärksten, wenn durch Delokalisierung der π-Elektronen entstandene positive Teilladungen dem −I-Substituenten unmittelbar benachbart sind. Das ist bei der ortho- und para-Reaktion der Fall. Die meta-Reaktion erfordert deswegen eine geringere Aktivierungsenergie und läuft bei allgemein herabgesetzter Elektronendichte (Reaktivität) noch am leichtesten ab. Im formulierten Fall (7.74) entsteht das meta-Produkt ganz überwiegend.

(7.74)

Substituenten mit schwächerem −I-Effekt verhalten sich ähnlich, wobei je nach der Stärke der Induktionswirkung entweder meta- oder ortho/para-Direktion herrschen kann.

Tabelle 7.75
Produktverteilung bei der Nitrierung (HNO_3/H_2SO_4) von Aromaten PhX, die −I-Gruppen enthalten

X in PhX	k_{rel}	% o-	% m-	% p-	Literatur
$\overset{\oplus}{\text{N}}\text{Me}_3$	etwa 10^{-5}	0	89	11	[1]
CCl_3		6,8	64,5	28,7	[2]
CH_2NO_2	0,12	22,2	53,1	24,7	[3]
$CHCl_2$		23,3	33,8	42,9	[4]
CH_2CN	0,35	22,0	20,7	57,3	[3]
CH_2OCH_3	6,45	28,6	18,1	53,3	[3]
CH_2Cl	0,72	34,4	14,1	51,5	[3]

[1] RIDD, J. H., u. J. H. P. UTLEY: Proc. chem. Soc. [London] **1964**, 24; vgl. GILOW, H. M., u. G. L. WALKER: J. org. Chemistry **32**, 2580 (1967).
[2] HOLLEMAN, A. F., J. VERMEULEN u. W. J. DEMOOY: Rec. Trav. chim Pays-Bas **33**, 1 (1914); FLÜRSCHEIM, B., u. E. L. HOLMES: J. chem. Soc. [London] **1928**, S. 1607.
[3] Vgl.]1] S. 434.
[4] Mit Acetylnitrat in Acetanhydrid: KNOWLES, J. R., u. R. O. C. NORMAN: J. chem. Soc. [London] **1961**, 2938.

In Tabelle 7.75 sind einige Ergebnisse für die Nitrierung zusammengestellt. Übereinstimmend mit (7.74) nimmt der Anteil an ortho- und para-Produkt in dem Maße ab, wie der Erstsubstituent durch seinen Induktionseffekt Elektronen anzieht. Tatsächlich erhält man eine befriedigende lineare Korrelation, wenn der Logarithmus der Ausbeute an meta-Produkt gegen die induktiven Substituentenkonstanten aufgetragen wird. Bei den stärkeren —I-Gruppen ($\overset{\oplus}{\text{N}}\text{Me}_3$, CCl_3, CH_2NO_2) erreicht die Desaktivierung der ortho- und para-Substitution ein solches Ausmaß, daß die Substitution in meta-Position energetisch günstiger wird. Die Beispiele zeigen zugleich, daß auch bei „Substituenten erster Ordnung" durchaus meta-Substitutionsprodukte überwiegen können; die oben genannte Faustregel gilt also nur recht unvollkommen.

Die Gesamtreaktivität ist beim Benzylmethyläther gegenüber Benzol noch etwas erhöht, das heißt, der reaktivitätssteigernde Einfluß der Methylgruppe (Toluol: $k_{rel} = 25{,}2$) wird durch die —I-Wirkung der CH_3O-Gruppe noch nicht völlig kompensiert. Das ist dagegen im Benzylchlorid der Fall, und das Trimethylammoniumderivat reagiert schließlich sehr langsam.

Ungesättigte Gruppen, die einen —I- und einen —M-Effekt ausüben, wirken gleichartig. Die Gesamtreaktivität liegt viel niedriger als im Benzol, z. B. wird Nitrobenzol etwa 10^5 mal langsamer bromiert als Benzol. Das intermediär entstehende Kation der meta-Substitution wird vergleichsweise am wenigsten desaktiviert.

(7.76)

In Tabelle 7.77 sind einige experimentelle Ergebnisse zusammengestellt. Die unerwartet großen Anteile an ortho-Substitutionsprodukt bei der Nitrierung von Benzaldehyd, Benzoesäureester und Benzonitril beruhen wahrscheinlich auf der Fähigkeit dieser Substituenten, das Reagens primär anzulagern (am Sauerstoffatom der Nitro- bzw. Carbonylgruppe usw.), so daß dieses über einen cyclischen Übergangszustand die ortho-Position begünstigt angreifen kann. Derartige „ortho-Effekte" sind auch bei Phenolen und Phenoläthern zu beobachten, besonders wenn ein spannungsfreier Übergangszustand möglich ist wie im Benzylmethyläther und im β-Phenäthylmethyläther [1].

Tabelle 7.77
Produktverteilung bei der Nitrierung (HNO_3/H_2SO_4) von Aromaten PhX, die durch —I-, —M-Gruppen substituiert sind

X in PhX	k_{rel}	% o-	% m-	% p-	Literatur
NO_2	10^{-6}	6,4	93,3	0,3	[1]
CHO		19,0	72,0	9,0	[2]
COOEt	0,004	28,3	68,4	3,3	[1]
CN		17,0	81,0	2,0	[3]

[1] HOLLEMAN, A. F.: Chem. Reviews 1, 218 (1925).
[2] BRADY, O. L., u. S. HARRIS: J. chem. Soc. [London] 1923, 484; BAKER, J. W., u. W. G. MOFFIT: J. chem. Soc. [London] 1931, 314.
[3] WIBAUT, J. P., u. R. VAN STRIK: Recueil Trav. chim. Pays-Bas 77, 316 (1958); BAKER, J. W., K. E. COOPER 1. C. K. INGOLD: J. chem. Soc. [London] 1928, 426.

[1] KNOWLES, J. R., u. R. O. C. NORMAN: J. chem. Soc. [London] 1961, 3888; vgl. PAUL, M. A.: J. Amer. chem. Soc. 80, 5332 (1958).

7.8.2. Polare Einflüsse auf die Reaktionsgeschwindigkeit

In den Halogenbenzolen [1], Phenolen, Phenoläthern und aromatischen Aminen bzw. ihren Derivaten wirkt der Substituent induktiv destabilisierend, durch den Mesomerieeffekt dagegen aktivierend, wobei die ortho- und para-Substitution selektiv begünstigt werden:

(7.78)

Angaben über die Ergebnisse bei der Nitrierung derartiger Verbindungen sind in Tabelle 7.79 zusammengestellt. In die Tabelle sind partielle Geschwindigkeitsfaktoren aufgenommen worden, in denen Orientierungs- und Geschwindigkeitsphänomene gleichermaßen zum Ausdruck kommen. Auf die Selektivitätsfaktoren S_f wird später eingegangen.

Tabelle 7.79
Nitrierung ($CH_3CO-O-NO_2/Ac_2O$ 25°C) von Aromaten PhX, die durch $-I-/+M$-Gruppen substituiert sind

X	k_{rel}	% o-	% m-	% p-	o_f	m_f	p_f	S_f	Literatur
F	0,14	50	—	50	0,037	—	0,77	—	[1])
Cl	0,031[2])	29,6	0,9	69,5	0,0277	0,00084	0,130	2,190	[3])
Br	0,028[2])	36,5	1,2	62,4	0,030	0,00098	0,103	2,020	[3])
J	0,22[2])	38,3	1,8	59,7	0,253	0,0112	0,776	1,844	[3])
OPh	157	50	—	50	117	—	230	—	[4])
OH[5])	$6,2 \times 10^{11}$	—	—	100	—	—	$3,7 \times 10^{12}$	—	[5])
NHPh	$4,43 \times 10^6$	71	—	29	831000	—	575000	—	[4])

[1]) Knowles, J. R., R. O. C. Norman u. G. K. Radda: J. chem. Soc. [London] 1960, 4885.
[2]) Mit HNO_3 in Nitromethan bei 25°C: Bird, M. L., u. C. K. Ingold: J. chem. Soc. [London] **1938**, 918.
[3]) Roberts, J. D., J. K. Sanford, F. L. J. Sixma, H. Cerfontain u. R. Zagt: J. Amer. chem. Soc. **76**, 4525 (1954).
[4]) Dewar, M. J. S., u. D. S. Urch: J. chem. Soc. [London] **1958**, 3079.
[5]) Bromierung mit Br_2 in AcOH/Wasser (25°C): Robertson, P. W., P. B. D. Dela Mare u. B. E. Swedlund: J. chem. Soc. [London] **1953**, 782.

Die Werte für die Halogenbenzole zeigen, daß ortho-para-Direktion durchaus mit genereller Desaktivierung des Kerns einhergehen kann. Im Fluorbenzol kompensiert der relativ große $+M$-Effekt den reaktivitätssenkenden $-I$-Effekt zum Teil, vor allem in der weiter entfernten para-Position. Bei den anderen Halogenbenzolen läßt sich der gefundene Gang noch nicht ganz befriedigend erklären, denn sowohl der $-I$- wie auch der $+M$-Effekt nehmen gleichsinnig vom Chlor zum Jod ab. Wahrscheinlich spielt außerdem die in Richtung vom Fluorbenzol zum Jodbenzol ansteigende Polarisierbarkeit des Systems eine Rolle.[1])

---

[1] Zusammenfassung über die Reaktivität von Halogenbenzolen: Stock, L. M., u. H. C. Brown: J. Amer. chem. Soc. **84**, 1668 (1962).

[1]) Dieser Sachverhalt läßt sich mit einer Freie-Energiebeziehung erfassen, in der der partielle Geschwindigkeitsfaktor für die para-Substitution mit der Elektronendichte der para-Position, der Polarisierbarkeit des Aromaten und dem Ladungsanspruch des elektrophilen Partners in Beziehung gesetzt wird (vgl. [1]) in Tab. 7.79), vgl. aber [1].

Bei Phenolen, ihren Anionen und ihren Derivaten sind die Verhältnisse ähnlich wie bei Halogenbenzolen mit dem Unterschied, daß hier der +M-Effekt den —I-Effekt stark überwiegt und die Reaktivität des gesamten Aromaten stark erhöht ist, vgl. die großen Relativgeschwindigkeiten in Tabelle 7.79. Infolge dieses starken +M-Effektes liefern Phenole und Aniline praktisch ausschließlich ortho- und para-Derivate, wobei der ortho-Anteil relativ groß ist, weil hier der oben genannte „ortho-Effekt" mitspielt.

Die Verhältnisse komplizieren sich insofern, als die HO-, RO-, R_2N-Gruppen usw. relativ stark basisch sind und ihre Induktions- und Mesomerieeffekte vom pH-Wert des Reaktionsmediums abhängen: In stark sauren Lösungen werden in mehr oder weniger großem Ausmaß Oxonium- bzw. Ammoniumsalze gebildet, in denen das Heteroatom einen starken —I-Effekt besitzt und ein für die Mesomerie mit den π-Elektronen des Kerns notwendiges Elektronenpaar mehr oder weniger vollständig durch die Salzbildung blockiert ist.

Bei den aromatischen Aminen sinkt deshalb mit steigender Salzbildung die allgemeine Reaktionsgeschwindigkeit stark ab (vgl. die Trialkylammoniumverbindung in Tab. 7.75), und die Reaktion schwenkt von der ortho-para-Direktion zur ausschließlichen meta-Direktion um [1]. Ganz entsprechend mißlingen FRIEDEL-CRAFTS-Reaktionen mit aromatischen Aminen, die mit dem Katalysator (AlCl$_3$) Komplexe an der Aminogruppe bilden [2], so daß deren aktivierende Wirkung in Desaktivierung umfunktioniert wird. Entsprechend liefert Anilin bei der Halogenierung in Gegenwart von AlCl$_3$ überwiegend das meta-Produkt [3].

Bei Phenolen und Phenoläthern, die nicht so stark basisch sind wie Aniline werden nicht so drastische Einflüsse der Acidität beobachtet, und das saure Milieu wirkt sich meist nicht erheblich auf die Isomerenverteilung und Reaktionsgeschwindigkeit aus [4]. Außerdem ist in Phenolen oder Phenoläthern nicht unbedingt das Sauerstoffatom das am stärksten basische Zentrum im Molekül, sondern häufig ein Ring-Kohlenstoffatom [5], so daß dann der σ-Komplex der elektrophilen aromatischen Substitution unter allen Bedingungen bevorzugt entsteht.

In den Acylderivaten von Phenolen und aromatischen Aminen ist die Reaktivität etwas vermindert, weil ein Elektronenpaar des Sauerstoffs bzw. Stickstoffs für die Mesomerie nach der Acylcarbonylgruppe hin beansprucht wird. Die ortho-para-Direktion bleibt in diesem Falle allerdings normalerweise erhalten. Mitunter läßt sich dies präparativ auswerten, wie die nachstehenden Formeln zeigen, in denen durch einen Pfeil angedeutet ist, an welcher Stelle die Nitrierung stattfindet [6]:

(7.80)

[1] RIDD, J. H., u. Mitarb.: J. chem. Soc. [London] **1965**, 6845, 6851.
[2] MOHAMMAD, A., u. D. P. N. SATCHELL: J. chem. Soc. [London] Sect. B. **1968**, 331.
[3] SUTHERS, B. R., P. H. RIGGINS u. D. E. PEARSON: J. org. Chemistry 27, 447 (1962).
[4] BELL, R. P., u. Mitarb.: J. chem. Soc. [London] **1959**, 1156; **1961**, 63.
[5] BROUWER, D. M., E. L. MACKOR u. C. MACLEAN: Recueil Trav. chim. Pays-Bas **85**, 109 (1966).
[6] BRADY, O. L., W. G. E. QUICK u. W. F. WELLING: J. chem. Soc. [London] **1925**, 2264.

So vermag die Acetaminogruppe im 4-Methylacetanilid die Energie für den Übergangszustand der Reaktion in 2-Stellung immer noch stärker zu senken als die Methylgruppen denjenigen für die 3-Substitution. Im entsprechenden Phthalimidoderivat wird das Elektronenpaar am Stickstoff in einem solch starken Maße in das Carbonyl-System einbezogen, daß die Methylgruppe nunmehr zum energieärmsten Übergangszustand für die Reaktion in 3-Stellung führt.

Beim Phenol schließlich ändern sich die Verhältnisse nochmals im alkalischen Gebiet, weil hier die Hydroxylgruppe in ihr Anion übergeführt wird, in dem der Mesomerieeffekt wesentlich verstärkt ist, und der Induktionseffekt das Vorzeichen gewechselt hat ($-I \rightarrow +I$). Bei weit gesteigerter Reaktionsfähigkeit findet praktisch ausschließlich, ebenso wie in neutraler bzw. schwach saurer Lösung, ortho/para-Substitution statt.

Ähnliche Verhältnisse wie bei der elektrophilen Substitution an Phenolen und aromatischen Aminen herrschen bei den entsprechenden Reaktionen von Heterocyclen [1, 2].

Beim Pyridin kommt entweder das in Gegenwart des elektrophilen Reaktionspartners (z. B. HNO_3/H_2SO_4) entstehende Pyridiniumion oder aber das dann nur in kleiner Konzentration vorliegende freie Pyridin als nucleophiler Partner in Frage. In jedem Falle erwartet man nur eine geringe Reaktionsgeschwindigkeit. Wahrscheinlich reagiert das Pyridiniumsalz, wobei die Reaktivität gegenüber Benzol um den Faktor von etwa 10^{18} herabgesetzt ist [1a]. Da die β-Position des Pyridins nicht durch einen konjugativen Effekt des Stickstoffatoms erreicht werden kann, ist diese relativ noch am reaktionsfähigsten, und man erhält normalerweise nur das β-Derivat.

Eine Erhöhung der Reaktivität von Pyridinen und Chinolinen kann man erreichen, wenn man die N-Oxide einsetzt, da hier die positive Ladung auf dem Stickstoffatom teilweise intern kompensiert ist (es liegt ein Ylid vor) [3]. Wie in (7.81) zum Ausdruck kommt, erhält man vorzugsweise das 4-Derivat (neben weniger 2-Verbindung); bei der Nitrierung reagiert das freie N-Oxid.

(7.81)

Furan, Thiophen und Pyrrol sind viel schwächer basisch als Pyridin, so daß eine reaktivitätssenkende Addition des Elektrophils am Heteroatom keine entscheidende Rolle spielt. Diese Heterocyclen werden deshalb sehr leicht elektrophil substituiert;

[1a] Zusammenfassungen: KATRITZKY, A. R., C. D. JOHNSON, u. Mitarb.: Angew. Chem. **79**, 629 (1967) (Pyridine, Chinoline).
[1b] AXEL'ROD, Z. I., u. V. M. BEREZOVSKIJ: Usp. Chim. **39**, 1337 (1970) (stickstoffhaltige Sechsring-Heterocyclen).
[2] GOLDFARB, J. L., J. B. VOLKENŠTEIN u. L. I. BELENKIJ: Angew. Chem. **80**, 547 (1968) (Thiophen- und Furan-Derivate).
[3] Zusammenfassungen: KATRITZKY, A. R.: Quart. Rev. (chem. Soc., London) **10**, 395 (1956); KATRITZKY, A. R., u. J. M. LAGOWSKI: N-Oxides, Methuen & Co., Ltd., London 1968.

infolge des vom Heteroatom ausgehenden +M-Effektes ist 2-Substitution vor der 3-Substitution stark bevorzugt (beim Thiophen um 3 bis 6 Zehnerpotenzen, im Furan um 3 Zehnerpotenzen) [1].

7.8.3. Sterische Einflüsse der am Aromaten gebundenen Substituenten

Substituenten am aromatischen Kern können außer ihrem polaren Einfluß auch einen sterischen Effekt auf die elektrophile aromatische Substitution haben. Dabei ist zwischen der sterischen Wirkung auf die allgemeine Reaktivität und der speziellen Beeinflussung einer bestimmten Position zu unterscheiden. In Tabelle 7.82 sind Relativgeschwindigkeiten und Isomerenverteilungen für einige elektrophile Substitutionen an Alkylaromaten zusammengestellt.

Tab. 7.82
Relativgeschwindigkeiten (Benzol = 1,0) und Isomerenverteilung bei elektrophilen Substitutionen an Alkylbenzolen

Reaktion	Toluol		Äthylbenzol		i-Propylbenzol		t-Butylbenzol	
	k_{rel}	% o- % m- % p-	k_{rel}	% o- % m- % p-	k_{rel}	% o- % m- % p-	k_{rel}	% o- % m- % p-
HNO_3/Ac_2O (0 °C)[1]	27,2	61,4 1,6 37,0	22,8	45,9 3,3 50,8	17,7	28,0 4,5 67,5	15,1	10,0 6,8 83,2
Br_2/CF_3COOH (25 °C)[2,3]	2580	17,6 0 82,4	3780	13,0 0 87,0	4530	8,1 0 91,9	3220	0 0 100
$CH_3COCl/AlCl_3$ 1.2-Dichloräthan (25 °C)[4]	128	1,1 1,3 97,6	129	0,3 2,7 97,0	128	0 3,0 97,0	114	0 3,8 96,2
$Hg(OAc)_2/$ CF_3COOH (25 °C)[3]	9,9	12,2 8,6 79,2	8,6	7,6 9,2 83,2	7,4	2,4 9,8 87,8	6,0	0 10,9 89,1

[1] KNOWLES, J. R., R. O. C. NORMAN u. G. K. RADDA: J. chem. Soc. [London] 1960, 4885.
[2] Mit Brom in Eisessig/Wasser werden die folgenden Relativgeschwindigkeiten erhalten: PhMe 605, PhEt 460, Ph-i-Pr 260, Ph-t-Bu 138. Dabei entstehen wesentlich weniger ortho-Produkte. Diese Ergebnisse sind infolge kinetischer Komplikationen weniger genau, vgl. BROWN, H. C., u. R. A. WIRKKALA: J. Amer. chem. Soc. 88, 1447 (1966).
[3] BROWN, H. C., u. R. A. WIRKKALA: J. Amer. chem. Soc. 88, 1453 (1966).
[4] BROWN, H. C., u. G. MARINO: J. Amer. chem. Soc. 81, 5611 (1959).

[1] Vgl. [2] S. 437.

7.8.3. Sterische Einflüsse der am Aromaten gebundenen Substituenten

Die tabellierten Reagenzien unterscheiden sich in ihrer Raumfüllung und ihrer Reaktivität stark. Bei der Mercurierung ist außerdem nicht die Addition zum σ-Komplex, sondern die Deprotonierung geschwindigkeitsbestimmend, wie durch einen kinetischen Isotopeneffekt $k_H/k_D = 6,0$ [1] ausgewiesen wird.

Trotzdem findet man bei allen Reaktionen mit den angeführten Alkylbenzolen eine ähnliche Reihenfolge der relativen Reaktionsgeschwindigkeiten, und zwar meistens eine den Induktionseffekten der Erstsubstituenten zuwiderlaufende Abstufung (NATHAN-BAKER-Effekt, vgl. Abschn. 2.5.). Man könnte deshalb auch im vorliegenden Falle ,,Hyperkonjugation" für den Gang der Reaktionsgeschwindigkeiten verantwortlich machen. Dann sollte aber die FRIEDEL-CRAFTS-Acetylierung (Reaktion mit $CH_3COCl/AlCl_3$) nicht herausfallen, und bei der Nitrierung von Toluol bzw. tert.-Butylbenzol findet man $p_f(\text{t-Bu})/p_f(\text{Me}) > 1$, das heißt, die tert.-Butylgruppe aktiviert die para-Stellung entsprechend ihrem höheren Induktionseffekt stärker [2]. Die Verhältnisse können noch nicht befriedigend erklärt werden, haben aber wahrscheinlich sterische Ursachen.

Die Erstsubstituenten schirmen außerdem die beiden ortho-Positionen sterisch um so stärker ab, je voluminöser sie sind (Me < Et < i-Pr < t-Bu) und je größeren Raumbedarf das angreifende Reagens hat. Der Raumbedarf ist beim Nitrierungsreagens, das als $NO_2^{\oplus}$ angreift, am kleinsten (ähnliche Verhältnisse gelten für $Cl^{\oplus}$), bei der Bromierung in Trifluoressigsäure liegt wahrscheinlich CF_3COOBr vor bzw. analog bei der Mercurierung $CF_3COOHgOAc$ und bei der FRIEDEL-CRAFTS-Acylierung ein voluminöses Reagens aus $RCOCl$ und $AlCl_3$. Entsprechend sinkt der Anteil an ortho-Produkten in der Reihe dieser Reagenzien vom Toluol zum tert.-Butylbenzol stark ab.

Die Abschirmung der beiden ortho-Positionen durch die tert.-Butylgruppe hat praktische Bedeutung. Da die tert.-Butylgruppe durch FRIEDEL-CRAFTS-Reaktion leicht in Aromaten eingeführt und ebenso leicht wieder als Isobuten herausgespalten werden kann, lassen sich mit ihrer Hilfe gleichzeitig drei benachbarte Kohlenstoffatome eines Aromaten gegenüber einem elektrophilen Angriff reversibel blockieren. Einen ähnlichen Gang der sterischen Einflüsse wie bei den Alkylgruppen findet man auch für die Halogenmethylgruppen usw., die in Tabelle 7.75 aufgeführt sind. Auch die Nitrogruppe behindert die ortho-Substitution nicht unerheblich (vgl. Tab. 7.77), da sie infolge der Mesomerie coplanar mit dem Kern ist und dadurch ihre größte Ausdehnung in Richtung der ortho-Positionen hat.

Schließlich kann sterische Hinderung der Mesomerie die elektrophile Substitution am Aromaten beeinflussen. So ist z. B. im 2.6-Dimethylacetanilid keine coplanare Einstellung der Acetamidogruppe und des aromatischen Ringes mehr möglich, weil dies durch die beiden ortho-Methylgruppen verhindert wird (vgl. auch Abschn. 2.3.). Der +M-Effekt der Acetaminogruppe kommt deswegen nicht voll zur Geltung, während der Induktionseffekt (−I) durch die Verdrillung des Kerns gegen die Aminogruppe nicht beeinflußt wird. Das Ergebnis ist eine wesentlich herabgesetzte Reaktionsfähigkeit. Bei der Chlorierung wird deshalb nur noch 2,6% para-Chlorderivat erhalten [3].

Ganz analoge Einflüsse beobachtet man auch bei Diphenylderivaten. Die Phenylgruppe (−I, +M) führt überwiegend zu ortho- und para-Produkten. Da sich jedoch

---

[1] KRESGE, A. J., u. J. F. BRENNAN: J. org. Chemistry **32**, 752 (1967).
[2] STOCK, L. M.: J. org. Chemistry **26**, 4120 (1961).
[3] DELAMARE, P. B. D., u. M. HASSAN: J. chem. Soc. [London] **1958**, 1519.

die vier ortho-ständigen Wasserstoffe gegenseitig behindern, sind die beiden Phenylreste um etwa 20° bis 30° gegeneinander verdrillt, so daß der Mesomerieeffekt sehr geschwächt wird. Zwingt man dagegen die Phenylreste in die coplanare Lage, indem man sie zusätzlich in ortho-Stellung durch eine Methylengruppe verbindet (Fluoren), so steigt der durch den zweiten Phenylrest ausgeübte +M-Effekt und damit die o, p-Reaktivität des ersten Phenylrestes stark an, wie die Relativgeschwindigkeiten und partiellen Geschwindigkeitsfaktoren der Chlorierung mit molekularem Chlor in Eisessig bei 25 °C zeigen (Benzol $k_{rel} = 1,0$) [1]:

(7.83)

Zahlen an den Formeln: Partielle Geschwindigkeitsfaktoren

7.8.4. Reagenzien und Reaktionen

In diesem Abschnitt werden Beispiele für die elektrophile aromatische Substitution abgehandelt.

Insbesondere ist zu erörtern, in welcher Form die Reagenzien am Aromaten angreifen, da ihre Reaktivität mit dem Ausmaß des Elektronendefizits der reagierenden Spezies ansteigt.

7.8.4.1. Nitrierung [2, 3]

Als eigentliches Reagens fungiert bei der Nitrierung das Nitrylkation $\overset{\oplus}{N}O_2$, das durch Dehydratisierung des Nitratacidiumions 2 entsteht [4].

$$H-\underline{\overline{O}}-NO_2 + H^\oplus \rightleftarrows H-\underline{\overset{\oplus}{O}}-NO_2 \quad K_{\text{Äqu}}, \text{ schnell} \quad a)$$
$$\quad\quad 1 \quad\quad\quad\quad\quad\quad\quad\quad\quad | \quad\quad$$
$$\quad\quad\quad\quad\quad\quad\quad\quad\quad\quad\quad H \quad 2$$

$$H-\underline{\overset{\oplus}{O}}-NO_2 \rightleftarrows H_2O + {}^\oplus NO_2 \quad\quad \text{langsam} \quad b) \quad (7.84)$$
$$|$$
$$H \quad 2 \quad\quad\quad\quad\quad 3$$

$$Ar-H + {}^\oplus NO_2 \xrightarrow{2\,\text{Stufen}} ArNO_2 + H^\oplus \quad\quad \text{langsam} \quad c)$$

[1] DeLaMare, P. B. D., u. Mitarb.: J. chem. Soc. [London] **1964**, 5317; **1963**, 4076; **1962**, 3784; Stock, L. M., u. H. C. Brown: J. Amer. chem. Soc. **84**, 1242 (1962); vgl. aber: Eaborn, C., u. Mitarb.: J. chem. Soc. [London] **1964**, 627 und dort zitierte frühere Arbeiten.
[2] [3a] S. 424; Titov, A. I.: Usp. Chim. **27**, 845 (1958).
[3] Moodie, R. B., J. R. Penton u. K. Schofield: Nitration and Aromatic Reactivity, University Press, London 1971; Ridd, J. H.: Accounts chem. Res. **4**, 248 (1971).
[4] Westheimer, F. H., u. M. S. Kharasch: J. Amer. chem. Soc. **68**, 1871 (1946); Bennett, G. M., J. C. D. Brand u. G. Williams: J. chem. Soc. [London] **1946**, 869, 875.

7.8.4. Reagenzien und Reaktionen

Das Nitrylkation ist experimentell gesichert durch RAMAN-Spektroskopie [1], Röntgenstrukturanalyse des isolierbaren Perchlorats $NO_2^{\oplus}ClO_4^{\ominus}$ [2] und Kryoskopie, wobei infolge der Reaktion

$$HNO_3 + 2H_2SO_4 \rightleftharpoons NO_2^{\oplus} + H_3O^{\oplus} + 2HSO_4^{\ominus}$$

eine Schmelzpunktdepression gefunden wird, die anzeigt, daß vier Teilchen entstanden sind [3].

Stabile Nitrylkatsalze, die aus HNO_3, HF und BF_3 leicht zugänglich sind, wurden seit 1961 vielfach für Nitrierungen eingesetzt [4]. Mit dem Schema (7.84) stehen folgende Befunde in Einklang: Nitriert man z. B. mit Salpetersäure in Eisessig, so muß das Nitratacidiumion durch Autoprotolyse entstehen, da die Essigsäure zu schwach ist, um HNO_3 protonieren zu können, und das erforderliche Proton kommt von einem zweiten Molekül Salpetersäure. Übereinstimmend findet man in diesem Falle das Geschwindigkeitsgesetz $v = k\,[ArH]\,[HNO_3]^2$ [5]. Allerdings wird normalerweise mit einem großen Überschuß an Salpetersäure gearbeitet. Mit weniger reaktionsfähigen Aromaten, wie p-Dichlorbenzol oder Benzoesäureäthylester wird dann eine pseudoerste Ordnung $v = k\,[ArH]$ beobachtet. Reaktionsfähige Aromaten, wie z. B. Toluol, reagieren dagegen unter diesen Bedingungen nach der nullten Ordnung; die Geschwindigkeit ist unabhängig von der Konzentration an Salpetersäure und Aromat, die Reaktion verläuft mit gleichbleibender Geschwindigkeit und bricht plötzlich ab, wenn der im Unterschuß eingesetzte Aromat verbraucht ist. Das ist ein Beweis für den Mechanismus (7.84): Reaktionsfähige Aromaten reagieren mit dem Nitrylkation in dem Maße, wie es nach (7.84a, b) entsteht, das heißt, (7.84b) wird geschwindigkeitsbestimmend, tritt aber im Kinetikgesetz nicht in Erscheinung, weil die Salpetersäure im Überschuß vorliegt und ihre Konzentration praktisch konstant bleibt [6].

Bei den weniger reaktionsfähigen Aromaten ist dagegen die Nitrierung (7.84c) langsam, so daß die Konzentration des Aromaten in die Kinetik eingeht.

Das Nitrylkation liegt in Abwesenheit von Schwefelsäure nur in einer sehr geringen Gleichgewichtskonzentration vor (etwa 3 bis 4%). Entsprechend hemmt zugesetztes Nitrat die Reaktion stark, da es das Gleichgewicht $2\,HNO_3 \rightleftharpoons NO_2^{\oplus} + NO_3^{\ominus} + H_2O$ nach links verschiebt [6].

In Salpetersäure/Schwefelsäure (Nitriergemisch) liefert die Schwefelsäure das für die Bildung von $NO_2^{\oplus}$ notwendige Proton, und die Nitrierung gehorcht normalerweise der zweiten Ordnung $v = k\,[ArH]\,[HNO_3]$ [7].

---

[1] MILLEN, D. J.: J. chem. Soc. [London] **1950**, 2600, 2606.
MEDARD, L.: C. R. hebd. Seances Acad. Sci. **199**, 1615 (1934).
[2] COX, J. C., G. H. JEFFREY u. M. R. TRUTER: Nature [London] **162**, 258 (1948).
[3] GILLESPIE, R. J., u. Mitarb.: J. chem. Soc. [London] **1950**, 2473, 2493 und dort zitierte Literatur.
[4] KUHN, S. J., u. G. A. OLAH: J. Amer. chem. Soc. **83**, 4564 (1961) und zahlreiche spätere Arbeiten von G. A. OLAH u. Mitarbeitern.
[5] PAUL, M. A.: J. Amer. chem. Soc. **80**, 5329 (1958).
[6] INGOLD, C. K., u. Mitarb.: J. chem. Soc. [London] **1938**, 929; **1950**, 2400; Nature [London] **158**, 448 (1946).
[7] MARTINSEN, H.: Z. physik. Chem. **50**, 385 (1904); **59**, 605 (1907); [2] S. 440.

Durch die Schwefelsäure wird das Gleichgewicht (7.84a, b) nach rechts verschoben, so daß Nitrierungsgeschwindigkeiten höher sind als in Eisessig [1]. Das Maximum wird bei etwa 90%iger Schwefelsäure erreicht, da stärkere Säure die Konzentration des Aromaten durch Protonierung herabsetzt.

In ähnlicher Weise wie aus Salpetersäure bildet sich auch aus N_2O_5 und den gemischten Anhydriden wie Acetylnitrat, Benzoylnitrat ($RCO-O-NO_2$) in saurer Lösung das Nitrylkation, so daß annähernd die gleichen Reaktionsgeschwindigkeiten und Isomerenverteilungen gefunden werden wie mit HNO_3/H_2SO_4 [2].

Mit Nitryl-tetrafluoroborat ($NO_2^{\oplus}BF_4^{\ominus}$) in Sulfolan (Tetramethylensulfon) wurde in Konkurrenzexperimenten eine sehr geringe Selektivität gefunden (z. B. $k_{Toluol}k_{Benzol}$ 1,70, vgl. dagegen Tab. 7.82), die auf einen veränderten Mechanismus (Nitrierung über π- und nicht über σ-Komplexe [1,3]) schließen lassen. Bei derartig reaktionsfähigen Systemen kann jedoch die Kinetik durch Diffusionsvorgänge beeinträchtigt sein: Am Ort der Mischung der Reagenzien verarmt die Lösung an dem reaktionsfähigeren Konkurrenzpartner, der nicht schnell genug nachdiffundieren kann, so daß der andere Partner aus Konzentrationsgründen schneller reagiert, als dem eingesetzten Konzentrationsverhältnis entspricht, also scheinbar reaktionsfähiger wird. Die Reaktion ist dann „mischungskontrolliert". Dieser makroskopische Diffusionseffekt läßt sich durch schnelles Rühren und besonders niedrige Konzentration an dem hochreaktiven Reagens ausschalten [4]. Ein anderer (mikroskopischer Diffusionseffekt besteht darin, daß die Annäherung der Partner unter Ausbildung des dem σ-Komplex vorausgehenden Stoßkomplexes geschwindigkeitsbestimmend werden kann („stoßkontrollierte Reaktion") [5]. Diffusionseffekte sind auch bei Bromierungen und Chlorierungen beobachtet worden [6].

7.8.4.2. Halogenierung [7]

Die Verhältnisse bei der Halogenierung sind wesentlich komplizierter als bei der Nitrierung.

Die Tendenz zu einer polaren Spaltung $X_2 \rightleftarrows X^{\oplus} + X^{\ominus}$ ist bei den Halogenen äußerst gering, und bei Halogenierungen mit den elementaren Halogenen müssen Lösungsmittel oder Katalysatoren (E) mitwirken, die das entstehende Halogenidion solvatisieren, so daß Übergangszustände vom Typ (7.85, 2) anzunehmen sind [8].

(7.85)

[1] OLAH, G. A., S. J. KUHN, S. H. FLOOD u. J. C. EVANS: J. Amer. chem. Soc. **84**, 3687 (1962).
[2] CIACCIO, L. L., u. R. A. MARCUS: J. Amer. chem. Soc. **84**, 1838 (1962).
[3] OLAH, G. A., S. J. KUHN u. S. H. FLOOD: J. Amer. chem. Soc. **83**, 4571 (1961).
[4] TOLGYESI, W. S.: Canad. J. Chem. **43**, 343 (1965); [3] S. 440.
[5] SCHOFIELD, K., u. Mitarb.: J. chem. Soc. [London] Sect. B **1969**, 1; Sect. B **1968**, 800; [3] S. 440.
[6] CAILLE, S. Y., R. J. P. CORRIU: Chem. Commun. **1967**, 1251.
[7] Vgl. [3a] S. 424.
[8] ANDREWS, L. J., u. R. M. KEEFER: J. Amer. chem. Soc. **79**, 5169 (1957).

Die Bildung von 3 ist im allgemeinen geschwindigkeitsbestimmend, so daß keine kinetischen Isotopeneffekte auftreten. In Tabelle 7.86 sind einige Ergebnisse zusammengestellt, die die drastische Wirkung des Lösungsmittels zeigen.

Tabelle 7.86
Reaktion von Toluol mit molekularem Chlor in Abhängigkeit vom Lösungsmittel bei 25 °C

Lösungsmittel	$10^3\ k_2{}^3$)	($^1/_2$ o-)/p	$E_A{}^4$)	$\Delta S^{\neq 5}$)	ϱ^+
PhCl[1])	0,0013	0,575			
PhNO$_2$[1])	0,055	0,80			
Acetanhydrid[1,2])	0,25	0,48	9,1	−45	
CH$_3$CN[1,2])	1,5	0,30	7,9	−46	−13,6
CH$_3$NO$_2$[1,2])	13,1	0,25	5,6	−50	−13,8
Essigsäure[1,2])	0,53	0,75	13,0	−30	−10,0
Essigsäure/Wasser[1,6])	2700	0,86			
PhNO$_2$/HCl[1])	4,5				
HOCl/HClO$_4$/Wasser[7])	23,4[8])	1,64			− 7,7

[1]) Vgl. [4] S. 444.
[2]) ANDREWS, L. J., u. R. M. KEEFER: J. Amer. chem. Soc. 81, 1063 (1959).
[3]) l/mol · s   [4]) kcal/mol   [5]) cal/grd · mol
[6]) 27,6 mol/l Wasser, 1,2 mol/l HCl
[7]) DELA MARE, P. B. D., u. Mitarb.: J. chem. Soc. [London] 1958, 2756.
[8]) Wert für HClO$_4$ = 1,0 mol/l

Danach sind die Reaktionsgeschwindigkeiten nicht entscheidend von der Dielektrizitätskonstante des Lösungsmittels abhängig. Auch mit den bekannten Lösungsmittelparametern (vgl. Kap. 2.) ergibt sich keine Proportionalität. Die Erhöhung der Reaktionsgeschwindigkeit beruht im allgemeinen vor allem auf der Senkung der Aktivierungsenergie. Die stark negativen Aktivierungsentropien zeigen, daß die Reaktion einen sterisch anspruchsvollen Übergangszustand durchläuft, in dem andererseits die einzelnen Bindungen stark aufgelockert sein müssen, woraus die niedrige Aktivierungsenergie resultiert. Das ist ganz mit (7.85, 2) vereinbar.

Die mit tabellierten sehr ähnlichen Verhältnissen für den Angriff an *einer* ortho-Position zum Angriff an der para-Position (1/2 o)/p können als Hinweis darauf gewertet werden, daß die betreffenden Reaktionen über das gleiche Reagens, Cl−Cl, gehen. Im Gegensatz dazu ergibt die Reaktion mit HOCl/HClO$_4$ ein ganz anderes Verhältnis, da hier wahrscheinlich Cl$^\oplus$ als Reagens wirkt.

Auch die Chlorierung bzw. Bromierung mit elementarem Halogen in Gegenwart von „Halogenüberträgern" wie AlCl$_3$, FeCl$_3$ und anderen LEWIS-Säuren scheint über einen Übergangszustand vom Typ (7.85, 2) zu gehen, denn die (1/2 ortho)/para-Verhältnisse z. B. der Chlorierung betragen etwa 0,9 bis 1,2, was eher mit dem Angriff von molekularem Halogen als mit dem von Halogenkationen vereinbar ist (vgl. auch Abschn. 7.8.6.). Die in Lehrbüchern häufig formulierte Bildung von Halogenkationen in Gegenwart von „Halogenüberträgern" ist bisher nicht definitiv bewiesen worden.

Wahrscheinlich greift die LEWIS-Säure erst an, wenn das Halogen bereits in Wechselwirkung mit dem Aromaten getreten ist, indem es den zunächst gebildeten π-Komplex in einen σ-Komplex mit dem energiearmen Anion $AlCl_4^\ominus$ usw. umwandelt [1]. Die Geschwindigkeit der Reaktion wird dadurch erhöht, und die Relativgeschwindigkeit k_{Toluol}/k_{Benzol} herabgesetzt:

Cl_2 in 85%iger Essigsäure, 25°C: k_T/k_B = 344 (vgl. Tab. 7.108)
Cl_2 + $AlCl_3$ in CCl_4, 10°C: k_T/k_B = 76 [2]
HOCl, $HClO_4$ in Wasser 30°C: k_T/k_B = 60 (vgl. Tab. 7.108)

Man hat es demnach mit Reaktionen zu tun, die durch eine hohe Positionsselektivität mit geringer Substratselektivität charakterisiert sind [3].

Es muß jedoch darauf hingewiesen werden, daß Halogenbenzole in Gegenwart von LEWIS-Säuren wie $AlCl_3$ disproportionieren oder sich umlagern können [3], so daß auf kinetische Kontrolle zu achten ist, die bei den oben genannten Versuchen erfüllt war.

Die Kinetik von Halogenierungen in Gegenwart von „Halogenüberträgern" folgt einem Geschwindigkeitsgesetz $v = k$ [ArH] [Hal_2] [Katalysator] [1], was allerdings auch mit einem Dreierstoß vereinbar wäre.[1]) Als elektrophile Katalysatoren können auch Mineralsäuren [4], Trifluoressigsäure [5] und schließlich die Halogene selbst oder Pseudohalogene wie JBr und JCl [6] fungieren.

Die Halogenierung mit molekularen Halogenen unter polarer Spaltung des Halogenmoleküls erfordert eine ungewöhnlich starke Mitwirkung des Aromaten, so daß elektronenliefernde Substituenten die Reaktionsgeschwindigkeit sehr stark erhöhen, vgl. die oben genannten k_T/k_B-Werte. Das kommt auch in den großen Zahlenwerten für die Reaktionskonstanten (vgl. Tab. 7.86) zum Ausdruck.

Auch bei den ϱ-Werten zeigt sich die Sonderstellung des Systems $HOCl/HClO_3$, wo offensichtlich die Spaltung der HO—Cl-Bindung weniger vom Aromaten beeinflußt wird als bei molekularem Chlor.

Bei Halogenierungen in wäßriger Lösung könnte auch die nach (7.87a) entstehende unterhalogenige Säure als Halogenierungsmittel wirken. Abgesehen von der ungünstigen Gleichgewichtslage ist jedoch HOX viel weniger reaktionsfähig als X_2, da die OH-Gruppe eine geringe Abspaltungstendenz hat (vgl. Kap. 4.).

---

[1] LEPAGE, J., u. J.-C. JUNGERS: Bull. Soc. chim. France **1960**, 525; KEEFER, R. M., u. Mitarb.: J. Amer. chem. Soc. 78, 255, 4549 (1956); **83**, 3562 (1961).
[2] LEBEDEV, N. N., u. I. I. BALTADŽI: Kinetika i Kataliz **5**, 305 (1964).
[3] OLAH, G. A., u. Mitarb.: J. Amer. chem. Soc. **86**, 1039, 1055 (1964).
[4] STOCK, L. M., u. A. HIMOE: Tetrahedron Letters [London] **1960**, 9; J. Amer. chem. Soc. **83**, 4605 (1961); [7] S. 442.
[5a] ANDREWS, L. J., u. R. M. KEEFER: J. Amer. chem. Soc. 80, 5350 (1958); **81**, 1063 (1959); **82**, 4547, 5823 (1960).
[5b] BROWN, H. C., u. R. A. WIRKKALA: J. Amer. chem. Soc. **88**, 1447 (1966).
[6] KEEFER, R. M., u. L. J. ANDREWS: J. Amer. chem. Soc. 78, 255, 5623 (1956); **79**, 5169 (1957); **83**, 2128 (1961); ROBERTSON, P. W., u. Mitarb.: J. chem. Soc. [London] **1943**, 276; **1954**, 1276.

[1]) In einer Reihe von Fällen werden gebrochene Ordnungen bezüglich des Katalysators gefunden, da offensichtlich weitere Assoziations- bzw. Entassoziations-Phänomene eine Rolle spielen.

7.8.4. Reagenzien und Reaktionen

Dagegen sind unterhalogenige Säuren in Gegenwart von Mineralsäuren kräftige Halogenierungsmittel, und man findet bei der Reaktion mit weniger reaktionsfähigen Aromaten das Geschwindigkeitsgesetz (7.87b), bei reaktionsfähigen Aromaten dagegen (7.87c). [1]

$$X-X + H_2O \rightleftarrows X-OH + H-X \tag{7.87a}$$

$$v = k\,[\text{ArH}]\,[X-OH]\,[H^\oplus] \quad \text{reaktionsträge Aromaten} \tag{7.87b}$$
$$\text{(z. B. Nitrophenole)}$$

$$v = k\,[X-OH]\,[H^\oplus] \quad \text{reaktionsfähige Aromaten} \tag{7.87c}$$
$$\text{(z. B. Phenol)}$$

Das erinnert an die Verhältnisse bei der Nitrierung, und man kann die Reaktionsfolge (7.88) annehmen.

$$\begin{array}{c}
X-\underline{O}H + H^\oplus \rightleftarrows X-\overset{\oplus}{O}\!\!\begin{array}{c}H\\ \underline{\ }H\end{array} \quad \text{schnell, } K_{\text{Äqu}}\\
1 2 \\[4pt]
X-\overset{\oplus}{O}\!\!\begin{array}{c}H\\ \underline{\ }H\end{array} \rightleftarrows X^\oplus + H_2O \quad \text{langsam}\\
3
\end{array} \tag{7.88}$$

Reaktionsfähige Aromaten verbrauchen ein langsam entstehendes Zwischenprodukt aus X_2 in dem Maße, wie es nach (7.88) entsteht und gehen deshalb mit der nullten Ordnung in das Geschwindigkeitsgesetz ein (7.87c).

Da Protonenübertragungen auf Sauerstoffatome sehr rasch erfolgen, ist (7.88, 2) als eigentliches Reagens nicht wahrscheinlich, sondern vielmehr das Halogenkation (7.88, 3). Bei der Halogenierung waren Halogenkationen allerdings bisher nicht unmittelbar nachweisbar und dürften allenfalls als Komplexe mit dem Lösungsmittel existenzfähig sein [2]. Auch die gegenüber der Halogenierung mit elementarem Halogen veränderte Isomerenzusammensetzung und der kleinere ϱ-Wert, der auf eine erhöhte Reaktivität des angreifenden Halogenierungsmittels hinweist, stehen damit in Einklang. Trotzdem sind die Verhältnisse kompliziert und von Fall zu Fall besonders zu klären, und in manchen Fällen ist wahrscheinlicher, daß die protonierte unterhalogenige Säure das eigentliche Halogenierungsreagens darstellt [3].

Halogenkationen sind natürlich infolge der höheren LEWIS-Acidität viel reaktionsfähiger als die elementaren Halogene, so daß bei der Halogenierung eine geringere Mithilfe des Aromaten notwendig ist und elektronendrückende Substituenten einen geringeren Einfluß haben. Das wird aus den folgenden Relativgeschwindigkeiten

---

[1] DELAMARE, B. P. D., E. D. HUGHES u. C. A. VERNON: Research **3**, 192, 242 (1950); SWAIN, C. G., u. A. D. KETLEY: J. Amer. chem. Soc. **77**, 3410 (1955).
[2] ŠILOV, J. A., F. M. VAJNSTAJN u. A. A. JAČNIKOV: Kinetika i Kataliz, **2**, 214 (1961).
[3] DELAMARE, P. B. D., u. I. C. HILTON: J. chem. Soc. [London] **1962**, 997; Zusammenfassung über Halogenkationen: AROTSKY, J., u. M. C. R. SYMONS: Quart. Rev. (chem. Soc., London) **16**, 282 (1962).

für die Halogenierung von Diphenyl deutlich (Benzol = 1) [1]:

k_{rel}

HOBr/HClO$_4$/50%iges Dioxan, 25°C	12,5
NO$_2^{\oplus}$/Acetanhydrid, 0°C	35
CH$_3$COOBr/74%ige CH$_3$COOH, 1°C	1270
Br$_2$, 50%ige CH$_3$COOH, 25°C	1400
Cl$_2$, CH$_3$COOH, 25°C	422

Analoge Ergebnisse wurden an Toluol erhalten (vgl. Tab. 7.108). Danach ist das Reagens HOBr/HOCl$_4$ dem Nitrylkation an die Seite zu stellen, und man darf annehmen, daß Br$^{\oplus}$ als echtes Zwischenprodukt entsteht.

Auf die Abhängigkeit der Isomerenverteilung von der Reaktivität des Halogenierungsmittels wird im Abschnitt 7.8.5. nochmals eingegangen.

Die Reaktivität der Halogene nimmt vom Jod zum Fluor zu. Wegen der geringen Koordinationstendenz von J$^{\ominus}$ mit elektrophilen Stoffen wird zweckmäßigerweise J—Cl eingesetzt; Fluor reagiert infolge der geringen Dissoziationsenergie der Homolyse zu Fluorradikalen (vgl. Kap. 9.) nicht mehr nach einem ionischen Mechanismus, sondern greift Aromaten in einer Radikalreaktion an [2].

7.8.4.3. Sulfonierung

Trotz der großen technischen Bedeutung der Sulfonierung von Aromaten ist der Mechanismus dieser Reaktion bisher noch nicht voll geklärt. Die Untersuchung wird insbesondere durch die Tatsache erschwert, daß die Sulfonierung eine reversible Reaktion darstellt; bekanntlich läßt sich die Sulfonsäuregruppe auch präparativ durch Hydrolyse in verdünnter Schwefelsäure relativ leicht aus sulfonierten Aromaten herausspalten oder auch durch Reaktion mit konzentrierter Salpetersäure durch die Nitrogruppe ersetzen. Es muß jedoch festgestellt werden, daß diese Reversibilität auch bei zahlreichen anderen substituierten Aromaten auftritt und selbst bei Verbindungen erzwungen werden kann, die normalerweise in irreversiblen Reaktionen entstehen.

Die Geschwindigkeit von Sulfonierungen steigt mit der Konzentration der verwendeten Schwefelsäure an [3], und es wurde Proportionalität zwischen lg k und H$_0$ gefunden [4]. In rauchender Schwefelsäure ist wahrscheinlich SO$_3$ das eigentliche Sulfonierungsreagens [3b, 5], möglicherweise in Form des Addukts an Schwefelsäure (H$_2$S$_2$O$_7$) [6]. In Übereinstimmung damit wurden bei Sulfonierungen Ladungsüber-

---

[1] DeLaMare, P. B. D., u. J. L. Maxwell: J. chem. Soc. [London] **1962**, 4829.
[2] Bigelow, L. A.: Chem. Reviews **40**, 51 (1947).
[3a] Kaandorp, A. W., H. Cerfontain u. F. L. J. Sixma: Recueil Trav. chim. Pays-Bas **82**, 113 (1963).
[3b] Kaandorp, A. W., H. Cerfontain u. F. L. J. Sixma: Recueil Trav. chim. Pays-Bas **81**, 969 (1962).
[4] Kilpatrick, M., M. W. Meyer u. M. L. Kilpatrick: J. physic. Chem. **64**, 1433 (1960).
[5] Gold, V., u. D. P. N. Satchell: J. chem. Soc. [London] **1956**, 1635.
[6] Kort, C. W. F., u. H. Cerfontain: Recueil Trav. chim. Pays-Bas **87**, 24 (1968).

tragungskomplexe zwischen SO_3 und Aromaten beobachtet [1]. Der Reaktionsverlauf kann demnach wie folgt formuliert werden:

$$\text{C}_6\text{H}_6 + O=S{\stackrel{O}{\stackrel{\|}{\diagdown}}}O \underset{\text{schnell}}{\overset{\text{schnell}}{\rightleftharpoons}} [\text{C}_6\text{H}_6\text{-SO}_3]^{\ominus}$$

1   2

$$[\text{ArH-SO}_3\text{H}]^{\ominus} + \text{SOH} \underset{\text{langsam}}{\overset{\text{langsam}}{\rightleftharpoons}} \text{SOH}_2^{\oplus} + \text{ArSO}_3^{\ominus} \underset{\text{schnell}}{\overset{\text{schnell}}{\rightleftharpoons}} \text{ArSO}_3\text{H} + \text{SOH}$$

(7.89)

2   3   4

SOH = Lösungsmittel, Reagenz

Da in einer Reihe von Fällen primäre kinetische H/D-Isotopeneffekte $k_H/k_D \approx 1{,}4$ bis 2,1 beobachtet wurden [2], nimmt man an, daß die Zwischenverbindung (7.89, 2) rasch und reversibel entsteht und im langsamen, geschwindigkeitsbestimmenden Schritt ein Proton auf das Lösungsmittel übertragen wird [3]. In aprotonischen Lösungsmitteln, z. B. in Nitrobenzol folgt die Reaktion von Benzol, Chlorbenzol und anderen Aromaten mit SO_3 der dritten Ordnung: $v = k\,[\text{ArH}]\,[SO_3]^2$ [4]. Möglicherweise wird hier das zweite Molekül SO_3 als Base für die Ablösung des Protons benötigt.

In weniger konzentrierter Schwefelsäure wird das eigentliche Reagens offensichtlich erst durch Autoprotolyse gebildet, und man findet das Geschwindigkeitsgesetz [5]:

$$v = k\,\frac{[\text{ArH}]\,[H_2SO_4]^2_{st}}{a_{H_2O}} \quad [H_2SO_4]_{st} = \text{Konzentration der molekularen Schwefelsäure in der } H_2SO_4\text{-Wasser-Mischung.}$$

Wahrscheinlich spielen sich folgende Vorgänge ab:

$$\begin{array}{c}\text{HO}\\\text{HO}\end{array}\!\!S\!\!\begin{array}{c}O\\O\end{array} + \begin{array}{c}\text{HO}\\\text{HO}\end{array}\!\!S\!\!\begin{array}{c}O\\O\end{array} \rightleftharpoons \begin{array}{c}\text{HO}\\O\end{array}\!\!S\!\!\begin{array}{c}O\\O\end{array}\!\!S\!\!\begin{array}{c}\text{OH}\\O\end{array} \equiv H_2SO_4 \cdot SO_3 + H_2O$$

$$H_2SO_4 \cdot SO_3 \rightleftharpoons \begin{array}{c}\text{HO}\\O\end{array}\!\!S\!\!\begin{array}{c}\overset{\ominus}{O}\\O\end{array} + \overset{O}{\underset{O}{\|}}\!S\text{-OH}^{\oplus}$$

(7.90)

Das eigentliche Reagens könnte demnach SO_3, $H_3SO_4^{\oplus}$ [6] oder $HSO_3^{\oplus}$ sein. Die letzte Spezies entspricht dem Nitroniumion. Die Hemmwirkung von Wasser bzw. von $HSO_4^{\ominus}$ [7] ist ohne weiteres verständlich. Die Analogie zur Nitrierung kommt in

---

[1] CHRISTENSEN, N. H.: Acta chem. scand. **17**, 2253 (1963).
[2] MELANDER, L.: Acta chem. scand. **3**, 95 (1949), Ark. Kemi **2**, 211 (1950); BERGLUND-LARSSON, U.: Ark. Kemi **10**, 549 (1957); vgl. aber andere Auffassung über die Herkunft der Isotopeneffekte: CERFONTAIN, H., u. A. TELDER: Proc. chem. Soc. [London] **1964**, 14; Recueil Trav. chim. Pays-Bas **84**, 1613 (1965).
[3] BRAND, J. C. D., u. Mitarb.: J. chem. Soc. [London] **1950**, 997, 1004; **1952**, 3922; **1959**, 3844.
[4] HINSHELWOOD, C. N., u. Mitarb.: J. chem. Soc. [London] **1939**, 1372; **1944**, 469, 649.
[5] Vgl. [4] S. 446.   [6] Vgl. [5] S. 446.   [7] Vgl. [3b] S. 446.

ähnlichen Relativgeschwindigkeiten der Sulfonierung bzw. Nitrierung von Toluol zum Ausdruck; für die Sulfonierung in 83%iger H_2SO_4 wurde gefunden k_{Toluol}/k_{Benzol} = 66 [1].

Da die Sulfonierung eine reversible Reaktion ist, hängt die Isomerenverteilung von der Reaktionszeit ab und kann kinetisch oder thermodynamisch kontrolliert sein.

So entsteht bei der Sulfonierung von Chlorbenzol [2] oder Toluol [3] mit steigender Reaktionszeit steigend mehr m-Produkt, bis zum Gleichgewicht der drei Isomeren. Die Verhältnisse sind ganz ähnlich wie bei der FRIEDEL-CRAFTS-Isomerisierung von Alkylaromaten. Isotopenexperimente mit $H_2^{35}SO_4$ beweisen den überwiegend intermolekularen Charakter dieser Isomerisierung, die also eine Rückspaltung und erneute Sulfonierung darstellt, wobei sich die weniger zur Spaltung neigenden m-Produkte anreichern [4].

In gleicher Weise ist zu verstehen, daß Naphthalin bei tiefer Temperatur vorzugsweise die Naphthalin-1-sulfonsäure, bei höherer Temperatur dagegen die 2-Sulfonsäure liefert: Unterhalb 30 °C entstehen die beiden Sulfonsäuren unter kinetischer Kontrolle in praktisch nicht umkehrbaren Konkurrenzreaktionen [5]. Die oberhalb 100 °C ablaufende Umlagerung der 1-Sulfonsäure in die thermodynamisch stabilere 2-Sulfonsäure ist zum Teil eine intramolekulare Reaktion, wahrscheinlich eine Umlagerung innerhalb eines π-Komplexes, zum Teil jedoch intermolekular (Hydrolyse und erneute Sulfonierung), wie durch Isotopenexperimente mit $H_2^{35}SO_4$ nachweisbar war [6].

7.8.4.4. Friedel-Crafts-Reaktion [7]

Die FRIEDEL-CRAFTS-Alkylierung und -Acylierung sind typische elektrophile Substitutionen am Aromaten.

---

[1] CERFONTAIN, H., A. W. KAANDORP u. F. L. J. SIXMA: Recueil Trav. chim. Pays-Bas **79**, 935 (1960); EABORN, C., u. R. TAYLOR: J. chem. Soc. [London] **1960**, 1480; die Autoren finden einen Wert von 31, der allerdings weniger genau zu sein scheint.
[2] SPRYSKOV, A. A., u. O. I. KAČURIN: Ž. obšč. Chim. **28**, 2213 (1958).
[3] SPRYSKOV, A. A.: Hochschulnachr. [Ivanovo] **4**, 981 (1961.)
[4] KAČURIN, O. I., A. A. SPRYSKOV u. L. P. MELNIKOVA: Hochschulnachr. [Ivanovo] **3**, 669 (1960); SYRKIN, J. K., V. I. JAKERSON u. S. E. ŠNOL: Ž. obšč. Chim. **29**, 187 (1959).
[5] ITÔ, A.: J. chem. Soc. Japan, ind. Chem. Sect. [Kogyo Kagaku Zassi] **62**, 549 (1959) C. **1960**, 6100.
[6] VAJNSTEJN, F. M., u. E. A. ŠILOV: Ž. obšč. Chim. **27**, 2559 (1957); VOROŽCOV, N. N., V. A. KOPTJUG u. A. M. KOMAGOROV: Ž. obšč. Chim. **31**, 3330 (1961).
[7a] OLAH, G. A.: FRIEDEL-CRAFTS- and Related Reactions, John Wiley & Sons, Inc., New York/London 1963.
[7b] BADDELEY, G.: Quart. Rev. (chem. Soc., London) **8**, 355 (1954).
[7c] ŠUIKIN, N. I., u. E. A. VIKTOROVA: Usp. Chim. **29**, 1229 (1960).
[7d] SATCHELL, D. P. N.: Quart. Rev. (chem. Soc., London) **17**, 160 (1963) (Acylierung).
[7e] JENSEN, F. R., u. G. GOLDMAN, in: FRIEDEL-CRAFTS and Related reactions, Vol. III, John Wiley & Sons, Inc., New York **1965**, S. 1003 (Acylierung).
[7f] GORE, P. H.: Chem. Reviews **55**, 229 (1955) (Acylierung).

7.8.4. Reagenzien und Reaktionen

Als wirksame Formen der Reagenzien R—X bzw. RCOX können in erster Näherung Alkylcarbeniumionen $R^\oplus$ bzw. Acyliumionen $R\overset{\oplus}{C}O$ angenommen werden, die durch E1-Eliminierung oder aus Olefinen durch Addition eines Protons entstehen. Die Wirksamkeit der typischen FRIEDEL-CRAFTS-Katalysatoren wie $FeCl_3$, $AlCl_3$, $SbCl_5$ usw. beruht darauf, daß sie nicht ihre maximale Bindigkeit aufweisen und unter Aufnahme von zwei Elektronen eine stabilere Schalenbesetzung erreichen können, z. B.:

$$R-X \;+\; \underset{Cl}{\overset{Cl}{>}}Al-Cl \;\rightleftarrows\; \overset{\delta+}{R}\cdots\overset{\delta-}{X}\cdots\underset{\underset{Cl}{|}}{\overset{\overset{Cl}{|}}{Al}}-Cl \;\rightleftarrows\; R^\oplus \; X-\underset{\underset{Cl}{|}}{\overset{\overset{Cl}{|}}{Al}}-Cl^\ominus$$

$$\quad 1 \qquad\qquad 2 \qquad\qquad\qquad 3 \qquad\qquad\qquad\qquad 4$$

(7.91)

$$R-X \;+\; \underset{F\;\;\;F}{\overset{F\;\;\;F}{\diagdown\;\diagup}}Sb-F \;\rightleftarrows\; \overset{\delta+}{R}\cdots\overset{\delta-}{X}\cdots\underset{F\;\;\;F}{\overset{F\;\;\;F}{\diagdown\;\diagup}}Sb-F \;\rightleftarrows\; R^\oplus \; X-SbF_5^\ominus$$

$$\quad 1 \qquad\qquad 5 \qquad\qquad\qquad 6 \qquad\qquad\qquad\qquad 7$$

Komplexe aus Alkylhalogeniden und FRIEDEL-CRAFTS-Katalysatoren sind durch ihr stark erhöhtes Dipolmoment [1], durch Dampfdruckmessungen [2], durch UV- und IR-Spektroskopie [3, 4] nachgewiesen worden. Die IR-Spektroskopie ergab, daß die C-Halogenbindung bereits bei $-100\,°C$ stark geschwächt ist (etwa 20%) [4]. Es kann nicht global entschieden werden, ob lediglich Ladungsübertragungskomplexe 3 bzw. 6 oder Ionenpaare 4 bzw. 7 entstehen. Da jedoch z. B. n-Propylbromid durch die Einwirkung von $AlBr_3$ in CS_2 schnell zu Isopropylbromid isomerisiert wird [5], darf angenommen werden, daß im allgemeinen Ionenpaare gebildet werden, und zwar mit steigender Leichtigkeit in der Reihenfolge primäres, sekundäres, tertiäres Alkylhalogenid. Mit den besonders aktiven Systemen SbF_5 (im Überschuß als Lösungsmittel) bzw. SbF_5/flüssiges SO_2 ließen sich zahlreiche Alkylcarbeniumionen aus Alkylhalogeniden bei tiefen Temperaturen darstellen und durch Kernresonanzspektroskopie untersuchen, vgl. z. B. [6]. Von Methylhalogeniden, z. B. CH_3F ließen sich jedoch bisher nur Ladungsübertragungskomplexe nachweisen.

Freie Carbeniumionen können in FRIEDEL-CRAFTS-Reaktionen ausgeschlossen werden, da unter den üblichen Reaktionsbedingungen keine nennenswerte Leitfähigkeit auftritt.

---

[1] FAIRBROTHER, F.: Trans. Faraday Soc. **37**, 763 (1941).
[2] WALKER, D. G.: J. physic. Chem. **64**, 939 (1960).
[3] SIXMA, F. L. J., u. Mitarb.: Recueil Trav. chim. Pays-Bas **79**, 179, 1111 (1960).
[4] PERKAMPUS, H.-H., u. E. BAUMGARTEN: Ber. Bunsenges. physik. Chem. **68**, 496 (1964).
[5] DOUWES, H. S. A., u. E. C. KOOYMAN: Recueil Trav. chim. Pays-Bas **83**, 276 (1964); ADEMA, E. H.: A. L. J. M. TEUNISSEN, u. M. J. J. THOLEN: Recueil Trav. chim. Pays-Bas **85**, 377 (1966).
[6] OLAH, G. A., u. Mitarb.: J. Amer. chem. Soc. **86**, 1360 (1964); **87**, 2997 (1965); **88**, 361, 5571 (1966); Zusammenfassung: OLAH, G. A., u. C. U. PITTMAN, in: Advances in Physical Organic Chemistry, Vol. 4, Academic Press, New York/ London 1966, S. 305.

In den Ionenpaaren üben jedoch die Gegenionen noch einen starken Einfluß aus, so daß Systeme aus RCl, RBr bzw. RJ und FRIEDEL-CRAFTS-Katalysatoren bei der FRIEDEL-CRAFTS-Reaktion mit Toluol unterschiedliche Isomerenverhältnisse liefern, was bei der Reaktion von freien Carbeniumionen nicht der Fall sein dürfte [1].
Die Tendenz der Halogenatome in den Alkylhalogeniden zur Koordination an die LEWIS-Säure sinkt mit steigender Polarisierbarkeit des betreffenden Halogenatoms, so daß die Koordinationstendenz vom Fluorid zum Jodid abnimmt. Offensichtlich gilt das Prinzip, nach dem „harte" Basen (z. B. Alkylfluoride) bevorzugt mit „harten" Säuren (AlX_3) kombinieren, (vgl. Kap. 2.).
So reagiert z. B. Methylbromid in Gegenwart von Aluminiumbromid etwa 200 mal schneller mit Toluol als Methyljodid. Alkyljodide sind deshalb für FRIEDEL-CRAFTS-Alkylierungen schlecht geeignet. Die Akzeptorstärke der FRIEDEL-CRAFTS-Katalysatoren hängt empfindlich von Verunreinigungen, z. B. Wasserspuren und Kokatalysatoren (Säuren, Basen) und vom Lösungsmittel ab, so daß keine allgemeingültige Aktivitätsreihe angegeben werden kann.[1]) Qualitativ ergibt sich etwa die folgende Reihe abnehmender Wirksamkeit [2]:

$$Al_2Br_6 > Al_2Cl_6 > Ga_2Br_6 > Ga_2Cl_6 > Fe_2Cl_6 > SbCl_5 > SnCl_4$$

$$BF_3 > TiCl_4 > ZnCl_2$$

$$HF > H_2SO_4 > P_2O_5 > H_3PO_4.$$

In allen bisher untersuchten FRIEDEL-CRAFTS-Alkylierungen geht die Konzentration des Aromaten in das Geschwindigkeitsgesetz ein: $v = k$ [ArH] [R—X] [Katalysator]. Man nimmt deshalb an, daß Alkylhalogenid und FRIEDEL-CRAFTS-Katalysator in einer schnellen Gleichgewichtsreaktion [3] zunächst das eigentliche Reagens liefern, das langsam mit dem Aromaten reagiert. Ob die aktive Form des elektrophilen Partners nur ein Komplex R...X...Katalysator oder ein Ionenpaar darstellt, kann von der Kinetik her nicht entschieden werden.
FRIEDEL-CRAFTS-Alkylierungen zeigen keine primären kinetischen H/D-Effekte [4]; die Bildung des σ-Komplexes (7.92, 4) ist demnach geschwindigkeitsbestimmend, das heißt, die Deprotonierung von 4 erfolgt rasch.[2]) Arbeitet man ohne Lösungsmittel oder in einem sehr schwach basischen Lösungsmittel, so fungiert die stärkste anwesende Base, das Alkylierungsprodukt selbst, als Protonenakzeptor und der σ-Komplex 4 entsteht als Endprodukt; er zerfällt erst bei der Aufarbeitung. In diesem Falle erhält man pro Mol Katalysator nur ein Mol Alkylierungsprodukt,

---

[1] BROWN, H. C., u. H. JUNGK: J. Amer. chem. Soc. **77**, 5586 (1955).
[2] Zusammenfassungen: SATCHELL, D. P. N., u. R. S. SATCHELL: Chem. Reviews **69**, 251 (1969); Quart. Rev. (chem. Soc., London) **25**, 171 (1971); STONE, F. G. A.: Chem. Reviews **58**, 101 (1958).
[3] Vgl. [3] S. 449.
[4] OLAH, G. A., u. Mitarb.: J. Amer. chem. Soc. **86**, 1046, 1060 (1964); **87**, 2997 (1965); BETHELL, D., u. V. GOLD: J. chem. Soc. [London] **1958**, 1905; Zusammenfassungen: [3] S. 121.

[1]) Einige Angaben finden sich auf S. 188.
[2]) Nach einer anderen Auffassung liegen die Zwischenprodukte (die isolierbar waren) nicht als σ-Komplexe, sondern als lokalisierte π-Komplexe vor, vgl. [1] S. 453. Der Unterschied ist für die Kinetik ohne Belang.

während stärker basische Lösungsmittel den Katalysator wieder freisetzen, so daß katalytische Mengen genügen [1].

Insgesamt ist die Reaktion in unpolaren Lösungsmitteln komplizierter, und der Katalysator geht häufig mit der zweiten Potenz in das Geschwindigkeitsgesetz ein [2], was aber auch darauf beruhen könnte, daß der Katalysator in dimerer Form angreift (z. B. Al_2X_6).

$$R-X + AlX_3 \underset{k_{-1}}{\overset{k_1}{\rightleftarrows}} R^{\oplus} \; AlX_4^{\ominus} \quad \text{schnell}$$
$$1 \qquad\qquad\qquad 2$$

$$\underset{3}{\bigcirc} + R^{\oplus} \; AlX_4^{\ominus} \underset{k_{-2}}{\overset{k_2}{\rightleftarrows}} \underset{4}{\bigcirc\!\!\!\!-\!\!\overset{H}{\underset{R}{}}} AlX_4^{\ominus}$$

(7.92)

$$\bigcirc\!\!\!\!-\!\!\overset{H}{\underset{R}{}} AlX_4^{\ominus} + IB \underset{k_{-3}}{\overset{k_3}{\rightleftarrows}} \underset{5}{\bigcirc\!\!\!\!-\!R} + \overset{\oplus}{B}H + AlX_4^{\ominus}$$
$$\qquad\qquad\qquad\qquad\qquad\qquad\downarrow$$
$$\qquad\qquad\qquad\qquad\qquad IB + H-X + AlX_3$$

Eine Reihe von Befunden spricht dafür, daß als eigentliche Reagenzien Alkylcarbeniumionen (in Form von Ionenpaaren) fungieren. So erhielt man bei der FRIEDEL-CRAFTS-Alkylierung von Benzol mit Benzolsulfonsäurebenzylestern, die im Benzolkern des Benzylalkohols substituiert waren, stark negative Reaktionskonstanten, $\varrho = -4{,}17$ [3]. Das ist unvereinbar mit einer Art SN2-Angriff des Benzols an das Benzylsulfonat, stimmt dagegen gut mit Werten überein, die für SN1-Reaktionen gefunden wurden (vgl. Kap. 4.). Im Unterschied zu SN1-Reaktionen verläuft allerdings die Addition des Aromaten an das Alkylcarbeniumion stets langsam, selbst wenn der Aromat sehr reaktionsfähig ist [4]. Die spezifische Gesamtgeschwindigkeit der FRIEDEL-CRAFTS-Alkylierung folgt demnach dem Geschwindigkeitsgesetz $k_{ges} = (k_1/k_{-1}) k_2 = K_{Äqu} \cdot k_2$ (Indizes entsprechend 7.92), und hängt sowohl vom Ionisierungsgleichgewicht des Alkylhalogenid-LEWIS-Säurekomplexes wie auch von der Addition des Aromaten an das Carbeniumion ab. Eine hohe Reaktionsgeschwindigkeit kann also auf jedem der beiden Faktoren beruhen, vgl. weiter unten.

In Übereinstimmung mit der Bildung von Alkylcarbeniumionen als Zwischenprodukte liefern primäre Alkylhalogenide, außer n-Alkylaromaten, auch iso-Alkylaromaten, z. B. Benzol mit n-Butylchlorid/AlCl$_3$ bei 0 °C 32 bis 36% n-Butylbenzol

---

[1] BROWN, H. C., u. H. JUNGK: J. Amer. chem. Soc. **78**, 2182 (1956); H. JUNGK, C. R. SMOOT, H. C. BROWN: J. Amer. chem. Soc. **78**, 2185 (1956).
[2] SMOOT, C. R., u. H. C. BROWN: J. Amer. chem. Soc. **78**, 6245 (1956), vgl. auch IOAN, V., D. SANDULESCU, S. TITEICA u. C. D. NENITZESCU: Tetrahedron [London] **19**, 323 (1963) und dort zitierte weitere Arbeiten.
[3] NENITZESCU, C. D., u. Mitarb.: Studii cercetari Chim. [Bucuresti] **4**, 207 (1956); Acta chim. Acad. Sci. hung. **12**, 195 (1957).
[4] GOLD, V., u. Mitarb.: J. chem. Soc. [London] **1960**, 2973; **1959**, 3134; **1958**, 1930, 1905.

und 64 bis 68% sec-Butylbenzol, bei 80°C dagegen nur 20 bis 22% n-Butylbenzol und 80 bis 78% sec-Butylbenzol. Ähnliche Werte wurden mit n-Propylchlorid/AlCl$_3$ gefunden; iso-Butylchlorid gibt bei $-18\,°C$, $0\,°C$ und $80\,°C$ nur tert.-Butylbenzol. Beim 2-Butylchlorid entsteht von vornherein das stabilere 2-Butylkation, das eine wesentlich geringere Umlagerungstendenz hat als 1-Butylkation: Bei 0°C wird deshalb 100% 2-Phenylbutan, bei 80°C 35 bis 36% 2-Phenylbutan und 64 bis 65% iso-Butylbenzol gebildet [1].

Die Temperaturabhängigkeit der Isomerenverhältnisse läßt darauf schließen, daß die Umlagerung unabhängig von der FRIEDEL-CRAFTS-Alkylierung bereits im Reagens R—X/AlX$_3$ erfolgt (WAGNER-MEERWEIN-Umlagerung, vgl. Kap. 8.) und durch eine größere Aktivierungsenergie charakterisiert ist. Bei der für sich untersuchten Umlagerung von CH$_3$—^{14}CH$_2$—^{82}Br/AlBr$_3$ wurde z. B. eine Aktivierungsenergie von 19,1 kcal/mol gefunden [2], was die Aktivierungsenergien von FRIEDEL-CRAFTS-Alkylierungen erheblich übertrifft (vgl. Tab. 7.93).

Tabelle 7.93
Relativgeschwindigkeiten und Aktivierungsparameter für die Alkylierung von Benzol und Toluol mit Alkylbromiden in Gegenwart von GaCl$_3$ bei 25°C[1])

R—Br	Benzol			Toluol			
	k_{rel}	$\Delta H^{\neq}$[2])	$\Delta S^{\neq}$[3])	k_{rel}	$\Delta H^{\neq}$[2])	$\Delta S^{\neq}$[3])	k_T/k_B
CH$_3$—Br	1,0	11,9	−29,3	5,7	13,4	−20,0	5,7
CH$_3$CH$_2$—Br	32	11,8	−22,6	78	11,6	−21,5	2,5
n-Pr—Br	67	12,4	−19,2	90	11,2		
i-Pr—Br	6,4 × 10^4			11,4 × 10^4	7,9	−19,3	1,8

[1]) [1]. SANG UP CHOI u. H. C. BROWN: J. Amer. chem. Soc. 81, 3315 (1959).
[2]) kcal/mol
[3]) cal/grd · mol

Daß die Umlagerung eine von der Alkylierungsreaktion unabhängige, im Reagens ablaufende Reaktion ist, geht schließlich daraus hervor, daß um so weniger Umlagerungsprodukt auftritt, je reaktionsfähiger der Aromat ist, weil dann infolge der rascheren Alkylierung des Carbeniumions weniger Zeit für dessen Umlagerung zur Verfügung steht. So erhält man bei der Alkylierung von n-Propylchlorid in Gegenwart von GaCl$_3$ oder AlCl$_3$ mit Benzol 28% n-Propyl- und 72% Isopropylbenzol [3, 4], mit dem reaktiveren Toluol dagegen 47% n-Propyltoluol und 53% Isopropyltoluol [3] und mit Mesitylen schließlich 99% n-Propylmesitylen und 1% Isopropylmesitylen [4]. Die Abhängigkeit der Alkylierungsgeschwindigkeit von der Struktur der Alkylcarbeniumionen geht aus Tabelle 7.93 hervor.

[1] ROBERTS, R. M., u. D. SHIENGTHONG: J. Amer. chem. Soc. 82, 732 (1960).
[2] SIXMA, F. L. J., u. H. HENDRIKS: Proc., Kon. nederl. Akad. Wetensch. Ser. B 59, 61 (1956), C. 1958, 7081.
[3] SMOOT, C. R., u. H. C. BROWN: J. Amer. chem. Soc. 78, 6249 (1956).
[4] ROBERTS, R. M., u. D. SHIENGTHONG: J. Amer. chem. Soc. 86, 2851 (1964).

Die enorme Beschleunigung der Reaktion vom Methyl- zum Isopropylbromid ist praktisch ausschließlich durch die abnehmende Aktivierungsenthalpie bedingt. Die stark negativen Aktivierungsentropien sind komplex; ihre Konstanz schließt jedoch einen Wechsel im Mechanismus vom Methyl- zum Isopropylbromid aus.

Die Reaktivgeschwindigkeiten k_{Toluol}/k_{Benzol} sind ein Maß für die Reaktivität der einzelnen Reagenzien: Je reaktionsfähiger das betreffende Alkylcarbeniumion ist, desto weniger wirkt sich die vom Benzol zum Toluol zunehmende Reaktivität des Aromaten aus.

Der sich ergebende Reaktivitätsanstieg vom Methylbromid zum Isopropylbromid entspricht nicht der Erwartung, nach der das durch Substituenteneffekte besser stabilisierte Isopropylkation weniger reaktionsfähig sein sollte. Das liegt offenbar daran, daß die spezifische Gesamtgeschwindigkeit der Alkylierung das Produkt aus der Gleichgewichtskonstante für die Bildung des Alkylcarbeniumions und der Geschwindigkeitskonstante des eigentlichen Alkylierungsschrittes ist (vgl. S. 451).

Die Reaktivität der genannten Reagenzien liegt generell sehr hoch, wie aus den relativ kleinen ϱ-Werten von etwa $-2{,}5$ bis -3 für die kernsubstituierten Aromaten hervorgeht (vgl. Tab. 7.108).

Die Aktivierungsparameter der Tabelle 7.93 lassen auf einen relativ lockeren Übergangszustand schließen, und es wurde sogar postuliert, daß das Zwischenprodukt der FRIEDEL-CRAFTS-Alkylierung eher einem lokalisierten π-Komplex als einem σ-Komplex ähnelt [1].

Übereinstimmend damit ist die FRIEDEL-CRAFTS-Alkylierung reversibel. Sowohl die Hinreaktion wie auch die Rückreaktion laufen um so leichter ab, je besser die positive Ladung im betreffenden Alkylcarbeniumion stabilisiert werden kann, und man findet für die Leichtigkeit der Synthese und der Spaltung die Reihenfolge Methyl- < höheres n-Alkyl- < Isopropyl- < tert.-Butyl- [2]. Die abgespaltene Alkylgruppe kann entweder im Wirkungsbereich des Ausgangsmoleküls bleiben und dort an einer anderen Stelle wieder angelagert werden, so daß eine Umlagerung resultiert, oder aber ein anderes Molekül alkylieren. Ist nur eine einzige aromatische Verbindung anwesend, so stellt diese Transalkylierung zugleich eine Disproportionierung dar, die z. B. von einem Monoalkylbenzol zu einem Dialkylbenzol und Benzol führen kann.

Nach den bisherigen Untersuchungen wandert die Methylgruppe stets intramolekular, höhere Alkylgruppen dagegen teilweise oder völlig intermolekular. Für die Umlagerung bzw. Disproportionierung von Alkyltoluolen wurden die folgenden Prozentsätze intramolekularer Isomerisierung bzw. (intermolekularer) Transalkylierung (Werte in Klammern) gefunden [3]:

Methyl-: 100 (0) Äthyl-: >84 (<16) Isopropyl-: >14 (<86) tert.-Butyl-: 0 (100).

Zur Auslösung von Isomerisierungen müssen ein FRIEDEL-CRAFTS-Katalysator *und* ein Protonendonator anwesend sein, z. B. AlX_3/HX, BF_3/HF oder AlX_3/H_2O, so daß der Alkylaromat in einen σ-Komplex übergeführt werden kann.

---

[1] OLAH, G. A., u. Mitarb.: J. Amer. chem. Soc. **80**, 6541 (1958); **86**, 1046 (1964); NAKANE, R., T. OYAMA u. A. NATSUBORI: J. org. Chemistry **33**, 275 (1968).
[2] PRITZKOW, W., u. G. MAHLER: J. prakt. Chem. [4] **20**, 125 (1963).
[3] ALLEN, R. H.: J. Amer. chem. Soc. **82**, 4856 (1960); vgl. aber OLAH, G. A., S. H. FLOOD u. M. E. MOFFATT: J. Amer. chem. Soc. **86**, 1060 (1964), die an p-tert.-Butyltoluol etwa 10% intermolekulare Wanderung der tert.-Butylgruppe fanden.

Auf diese Weise entstehen z. B. aus ortho-Xylol durch Addition eines Protons an einer der besonders stark basischen Positionen die σ-Komplexe (7.94, 1a und 1b), in denen die positive Ladung am besten stabilisiert werden kann.[1]) Aus para-Xylol bildet sich entsprechend der σ-Komplex (7.94, 2a). In diesen Komplexen wandert eine Methylgruppe an ein Nachbarkohlenstoffatom, das eine positive Teilladung trägt und tauscht ihren Platz mit dem dort befindlichen Wasserstoffatom. Dabei entsteht ein σ-Komplex des meta-Xylols (3a, 3b), dessen positive Ladung durch den +I-Effekt beider Methylgruppen teilweise kompensiert wird, so daß ein besonders energiearmes Gebilde vorliegt, dessen Entstehung bevorzugt ist. Demgegenüber ist eine Umlagerung einer Methylgruppe in den σ-Komplexen (3a und 3b) nicht begünstigt, da ein energiereicheres Carbeniumion entstehen müßte. Das meta-Xylol wird daher allenfalls über andere, energiereichere, nicht formulierte Komplexe langsam umgelagert. Generell fällt die Umlagerungsgeschwindigkeit in dem Maße, wie die positive Ladung im σ-Komplex durch Substituenteneinflüsse stabilisiert wird [1].

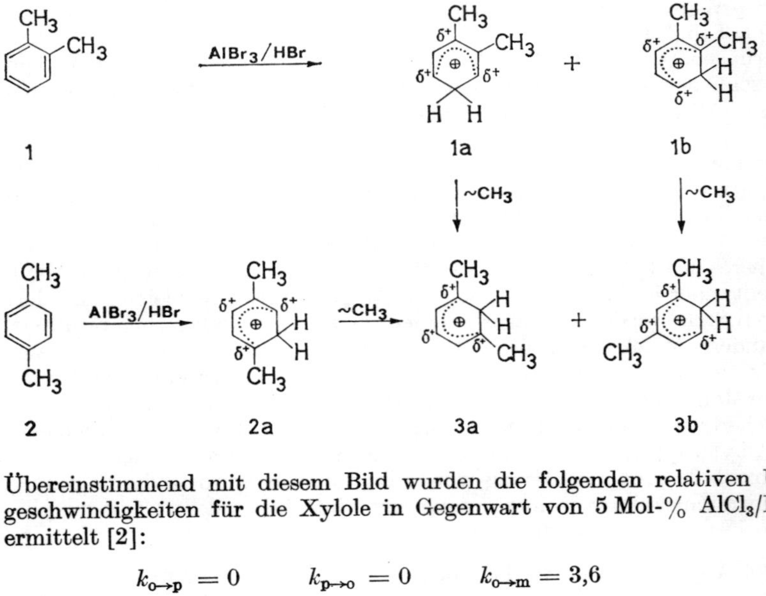

(7.94)

Übereinstimmend mit diesem Bild wurden die folgenden relativen Umlagerungsgeschwindigkeiten für die Xylole in Gegenwart von 5 Mol-% $AlCl_3/HCl$ bei 50 °C ermittelt [2]:

$$k_{o \to p} = 0 \qquad k_{p \to o} = 0 \qquad k_{o \to m} = 3{,}6$$
$$k_{m \to o} = 1{,}0 \qquad k_{p \to m} = 6{,}0 \qquad k_{m \to p} = 2{,}1$$

---

[1] BROUWER, D. M., C. MACLEAN u. E. L. MACKOR: Discuss. Faraday Soc. **39**, 121 (1965).
[2a] ALLEN, R. H., u. L. D. YATS: J. Amer. chem. Soc. **81**, 5289 (1959).
[2b] BROWN, H. C., u. H. JUNGK: J. Amer. chem. Soc. **77**, 5579 (1955).

[1]) Die Struktur der in (7.94) formulierten σ-Komplexe ist spektroskopisch bewiesen. Zusammenfassungen: PERKAMPUS, H. H., u. E. BAUMGARTEN: Angew. Chem. **76**, 965 (1964); PERKAMPUS, H. H., in: Advances in Physical Organic Chemistry, Vol. 4, Academic Press, New York/London 1966, S. 195.

Das Gleichgewicht liegt unter diesen Bedingungen bei 17% ortho-, 62% meta- und 21% para-Xylol.

Die Ergebnisse zeigen weiterhin, daß offensichtlich nur 1.2-Umlagerungen erfolgen. Das macht einen Verlauf über einen nichtlokalisierten π-Komplex unwahrscheinlich und ist mit einer Reaktion über den formulierten σ-Komplex (analog der in Kap. 8. abzuhandelnden WAGNER-MEERWEIN-Umlagerungen) oder allenfalls über einen lokalisierten π-Komplex vereinbar, vgl. auch [1].

Eine mit 1.2-Wanderung übereinstimmend abgestufte Verschiebung des Isotopengehalts wurde bei der Umlagerung von $^{14}C_{(1)}$-Toluol in Gegenwart von $AlBr_3/HBr$ gefunden:

$$C^1: 75,9\%, \quad C^2: 22,1\%, \quad C^3: 1,9\%, \quad C^4: 0,07\% \ [2].$$

Auch bei der Umlagerung von höheren Alkylgruppen (Äthyl-, Isopropyl-, tert.-Butyl-) kommt der intramolekulare Anteil durch 1.2-Verschiebungen zustande [3]. Die Zusammensetzung des Isomerisierungsgemisches hängt erheblich von der Konzentration an LEWIS-Säure und Kokatalysator ab, weil die Konzentration der einzelnen σ-Komplexe davon bestimmt wird [4]. In Gegenwart molarer Mengen BF_3/HF bzw. $AlBr_3/HBr$ entsteht aus ortho- und para-Xylol praktisch 100% meta-Xylol, da dieses als am stärksten basisches Isomeres vollständig in den σ-Komplex übergeht und eine Umprotonierung zu den σ-Komplexen des ortho- und para-Xylols energetisch ungünstig ist [5, 6].

Aus dem gleichen Grunde isomerisiert sich 1.2.4.5-Tetramethylbenzol (Durol) in Gegenwart molarer Mengen Katalysator langsamer als p-Xylol (es bildet den stabileren σ-Komplex), mit einem Überschuß an Katalysator dagegen schneller, weil dann praktisch nur der Durolkomplex entsteht [3].

Die häufig unerwünschte Isomerisierung kann vermieden werden, wenn man besonders milde FRIEDEL-CRAFTS-Katalysatoren, z. B. $SnCl_4$ oder ein Lösungsmittel verwendet, das die Aktivität des Katalysators durch Konkurrenzkomplexbildung herabsetzt, z. B. Nitromethan [7].

Die Transalkylierung (Disproportionierung) von-Alkylaromaten verläuft langsamer als die Isomerisierung und erfordert höhere Katalysatorkonzentrationen.

Da die Methylgruppe z. B. aus Toluol nur sehr langsam auf andere Aromaten übertragen wird, ist unwahrscheinlich, daß eine Art SN2-Verdrängung des Phenylrestes aus einem σ- oder π-Komplex stattfindet [8].

In einem ingeniösen Experiment wurde außerdem gefunden, daß optisch aktives $^{14}C_{(Ring)}$-α-d-Äthylbenzol (7.95, 1) in Gegenwart von $GaBr_3/HBr$ in inaktivem Benzol die optische Aktivität und die Radioaktivität mit der gleichen Geschwindigkeit verliert. Diesem Befund trägt der Mechanismus (7.95) Rechnung, dessen erster Schritt der auf Seite 412 besprochenen Reaktion des Isobutans entspricht. Die Bildung des

---

[1] MACKOR, E. L., u. C. MACLEAN: Pure appl. Chem. 8, 393 (1964).
[2] STEINBERG, H., u. F. L. J. SIXMA: Recueil Trav. chim. Pays-Bas 81, 185 (1962); KOPTJUG, V. A., I. S. ISAEV u. N. N. VOROŽCOV: Doklady Akad. Nauk SSSR 149, 100 (1963).
[3] OLAH, G. A., u. Mitarb.: J. org. Chemistry 29, 2687, 2315, 2313 (1964).
[4] BADDELEY, G., G. HOLT u. D. VOSS: J. chem. Soc. [London] 1952, 100.
[5] Vgl. [2b] S. 454.
[6] MCCAULAY, D. A., u. A. P. LIEN: J. Amer. chem. Soc. 74, 6246 (1952).
[7] OLAH, G. A., u. Mitarb. : J. Amer. chem. Soc. 86, 1046, 1060 (1964).
[8] BROWN, H. C., u. C. R. SMOOT: J. Amer. chem. Soc. 78, 2176 (1956).

Phenyläthylkations, die für den Verlust der optischen Aktivität verantwortlich ist, soll durch Spuren von Styrol ausgelöst werden, das nach Protonierung ein Wasserstoffanion aus dem Äthylbenzol übernimmt [1]. Offenbar können aber bereits die bei der Umlagerung eingesetzten sehr starken Säuren, die näherungsweise als $H^{\oplus}AlX_4^{\ominus}$ usw. anzusprechen sind, die Abspaltung von Hydridionen erzwingen, denn in ähnlichen Fällen ließ sich elementarer Wasserstoff nachweisen [2]. Zwischenprodukte vom Typ (7.95, 3) wurden tatsächlich isoliert [3].

$$\overset{*}{Ph}-\underset{D}{\overset{H}{\underset{|}{C}}}-CH_3 \rightleftarrows \overset{*}{Ph}-\overset{\oplus}{C}\overset{H\,(D)}{\underset{CH_3}{\diagdown}} \xrightarrow{+PhH} \overset{*}{Ph}-\underset{Ph}{\overset{H\,(D)}{\underset{|}{C}}}-CH_3 \qquad (7.95)$$

1a optisch aktiv   2a optisch inaktiv   3

$$3 \rightarrow Ph-\overset{\oplus}{C}\overset{H\,(D)}{\underset{CH_3}{\diagdown}} + \overset{*}{Ph}H \qquad 2b + 1a \rightarrow Ph-\underset{H\,(D)}{\overset{H\,(D)}{\underset{|}{C}}}-CH_3 + 2a$$

2b   1b (optisch inaktiv)

Schließlich ergaben Transalkylierungen an $^{14}C_{(1)}$-Äthylbenzol, daß die Radioaktivität bereits nach kurzer Reaktionszeit überwiegend in 1- und 4-Position auftritt, was im Gegensatz zu sukzessiven 1.2-Alkylwanderungen bei der intramolekularen Isomerisierung steht (vgl. S. 455), dagegen gut mit dem Mechanismus (7.95) vereinbar ist [4].

Unter der Einwirkung von LEWIS-Säuren sind auch Isomerierungen von Seitenketten in Alkylbenzolen möglich, wobei sowohl n-Alkylketten in iso-Ketten übergehen können wie auch umgekehrt iso-Alkylketten in n-Ketten [5]. Diese Reaktion ist von den hier abgehandelten Isomerisierungen am schwersten realisierbar und erfordert kräftige Bedingungen. Der Mechanismus entspricht dem Verlauf (7.95) [2, 6]. Da der Phenylring zur Nachbargruppenwirkung befähigt ist, können Hydridionen auch aus der β-Stellung der Seitenkette abgespalten werden, das heißt, auch Verbindungen vom Typ des tert.-Butylbenzols können Seitenkettenisomerisierung erleiden [7].

---

[1] STREITWIESER, A., u. L. REIF: J. Amer. chem. Soc. **82**, 5 003 (1960); **86**, 1 988 (1964).
[2] NENITZESCU, C. D., I. NECSOIU, A. GLATZ u. M. ZALMAN: Chem. Ber. **92**, 10 (1959), vgl. HOGEVEEN, H., u. A. F. BICKEL: Recueil Trav. chim. Pays-Bas **86**, 1 313 (1967).
[3] KOVACIC, P., C.WU u. R. W. STEWART: J. Amer. chem. Soc. **82**, 1 917 (1960). ROBERTS, u. Mitarb.: J. Amer. chem. Soc. **85**, 1 168, 3 454 (1963); **86**, 2 846 (1964).
[4] WOLF, A. P., und Mitarb.: Tetrahedron Letters [London] **1961**, 691; J. org. Chemistry **27**, 1 509 (1962); **31**, 1 106 (1966).
[5] Zusammenstellung vgl. [2] S. 453.
ROBERTS, R. M., u. Mitarb.: J. org. Chemistry **28**, 1 229, 1 225 (1963) und zahlreiche frühere Arbeiten.
[6] NENITZESCU, C. D.: Experientia [Basel] **16**, 332 (1960).
[7] DALLINGA, G., u. G. TER MATEN: Recueil Trav. chim. Pays-Bas **79**, 737 (1960); ROBERTS, R. M., u. Y. W. HAN: J. Amer. chem. Soc. **85**, 1 168 (1963).

7.8.4. Reagenzien und Reaktionen

Die Alkylierung läßt sich bekanntlich auch durch Olefine in Gegenwart von FRIEDEL-CRAFTS-Katalysatoren bewerkstelligen, ein Verfahren, das größte technische Bedeutung besitzt. Als Katalysator finden vor allem Fluorwasserstoff, Schwefelsäure und Phosphorsäure Anwendung. Man hat in der früher besprochenen Weise zunächst die Addition eines Protons an das Olefin anzunehmen. Dabei entsteht ein Alkylkation, das ohne zusätzlichen FRIEDEL-CRAFTS-Katalysator mit dem Aromaten reagiert, ohne daß zuvor erst noch ein Anion addiert werden müßte. Da die Addition von Säuren streng der MARKOWNIKOW-Regel folgt, liefert Propylen ausschließlich das Isopropylderivat des betreffenden Aromaten.

Die Alkylierung von Aromaten erhöht im allgemeinen deren Basizität und damit ihre Reaktionsfähigkeit. Es ist daher unter Laboratoriumsbedingungen häufig nicht einfach, die Reaktion auf der gewünschten Alkylierungsstufe zu stoppen. So bildet sich aus Benzol, Methylbromid und Aluminiumbromid bevorzugt 1.2.4.5-Tetramethylbenzol, das zwar basischer ist als die niedrigeren Alkylierungsprodukte, jedoch trotzdem nicht sehr leicht weiterreagiert, weil die beiden freien Positionen am aromatischen Ring jeweils von zwei ortho-Methylgruppen flankiert werden, die den Angriff des elektrophilen Reaktionspartners sterisch erschweren. Für die Synthese niedriger Alkylierungsprodukte muß zweckmäßigerweise ein mild wirkender FRIEDEL-CRAFTS-Katalysator gewählt werden. Dabei hat sich insbesondere Galliumbromid bewährt.

Schließlich sei festgestellt, daß FRIEDEL-CRAFTS-Reaktionen vom Typ der Alkylierungen auch mit Heteroverbindungen möglich sind. So lassen sich Aromaten mit Hydroxylamin bzw. dessen Derivaten (NH_2Cl, NH_2OSO_3H u. a.) in Gegenwart von FRIEDEL-CRAFTS-Katalysatoren aminieren [1].

Die FRIEDEL-CRAFTS-Acylierung [2] ist der Alkylierung ganz ähnlich. Säurehalogenide bilden Komplexe mit LEWIS-Säuren (7.93, 2), die in Acyliumionenpaare (7.94, 3) übergehen können, wenn die LEWIS-Säure hinreichend elektrophil ist.

$$R-C\!\!\begin{array}{c}O\\X\end{array} + AlX_3 \rightleftarrows R-C\!\!\begin{array}{c}O\cdots AlX_3\\X\end{array} \rightleftarrows R-\overset{\oplus}{C}=O\ \overset{\ominus}{AlX_4}$$
$$\quad 1 \qquad\qquad\qquad\qquad 2 \qquad\qquad\qquad 3$$

$$\rightleftarrows R-\overset{\oplus}{C}=O + \overset{\ominus}{AlX_4} \tag{7.96}$$

$$R-\overset{\oplus}{C}=\overline{O} \leftrightarrow R-\overset{\oplus}{C}\equiv O| \equiv R-\overset{\frown}{C\!\!\equiv\!\!O}|$$

In den Komplexen (7.96, 2) koordiniert die LEWIS-Säure mit dem Carbonyl-Sauerstoffatom, wie mit Hilfe von IR-Spektren [3] und durch Röntgenstrukturanalyse [4] bewiesen wurde. Acyliumionen 3 sind leicht an der IR-Absorption im Dreifachbindungsgebiet (2200 bis 2300 cm^{-1}) erkennbar [3].

[1] KOVACIC, P., u. Mitarb.: J. Amer. chem. Soc. **83**, 221, 743 (1961); **84**, 759 (1962); **88**, 3819 (1966) und weitere Arbeiten; BOCK, H., u. K. L. KOMPA: Chem. Ber. **99**, 1361 (1966) und dort zitierte weitere Arbeiten.
[2] Vgl. [7d—f] S. 448.
[3] Zusammenfassungen: BETHELL, D., u. V. GOLD: Carbonium Ions, Academic Press, New York/London 1967, S. 283; LINDNER, E.: Angew. Chem. **82**, 143 (1970); CHEVRIER, B., u. R. WEISS: Angew. Chem. **86**, 12 (1974).
[4] RASMUSSEN, S. E., u. N. C. BROCH: Acta chem. scand. **20**, 1351 (1966).

Das Gleichgewicht (7.96) wird durch stark polare Lösungsmittel (z. B. Nitrobenzol, DK = 36,1) in Richtung auf die Acyliumionen verschoben; so liegt das System $CH_3COCl/AlCl_3$ in Nitrobenzol als Gemisch von 2 und 3 vor, in Chloroform (DK = 5,05) dagegen praktisch ausschließlich als Ladungsübertragungskomplex 2 [1]. Die Acylierungsgeschwindigkeit steigt entsprechend im stärker polaren Medium [2].

Die FRIEDEL-CRAFTS-Acylierung geht offensichtlich stets über Acyliumionenpaare, wie sich daraus ergibt, daß CH_3COF, CH_3COCl, CH_3COBr und Acetanhydrid in Gegenwart verschiedener FRIEDEL-CRAFTS-Katalysatoren und Lösungsmittel mit Toluol mit der gleichen Geschwindigkeit reagieren und zur gleichen Isomerenverteilung führen (etwa 1% ortho-, etwa 1% meta- und etwa 98% para-Methylacetophenon) [3].

FRIEDEL-CRAFTS-Acylierungen folgen im allgemeinen dem Geschwindigkeitsgesetz

$$v = k\,[\text{ArH}]\,[\text{RCOX}]\,[\text{Katalysator}].$$

Bei der Sulfonylierung (Reaktion mit $PhSO_2Cl/AlCl_3$) reaktionsfähiger Aromaten (Alkylbenzole) wurde aber auch das Gesetz

$$v = k\,[PhSO_2Cl]\,[AlCl_3]$$

gefunden [4], was klar darauf hinweist, daß hier zunächst das eigentliche Reagens aus dem Säurederivat und dem FRIEDEL-CRAFTS-Katalysator langsam entsteht (Bildung eines Acyliumions). Weniger reaktive Aromaten reagieren mit dem System $PhSO_2Cl/AlCl_3$ dagegen nach der dritten Ordnung, da hier der Angriff des Aromaten an das Acyliumion geschwindigkeitsbestimmend wird. Für die FRIEDEL-CRAFTS-Acylierung läßt sich demnach der Mechanismus (7.97) formulieren. Als geschwindigkeitsbestimmender Schritt ist normalerweise die Addition des Aromaten an das Acyliumionenpaar anzusehen, wie sich daraus ergibt, daß keine primären kinetischen Isotopeneffekte auftreten [5]. Freie Acyliumionen spielen keine Rolle. Unterschiedlich zu Alkylgruppen sind Acylgruppen im Reaktionsprodukt so stark basisch, daß der FRIEDEL-CRAFTS-Katalysator fest gebunden bleibt und erst bei der Zersetzung der Reaktionsmischung mit Wasser abgespalten (hydrolysiert) wird; die FRIEDEL-CRAFTS-Acylierung ist also keine katalytische Reaktion. Im Falle von Säureanhydriden bindet die entstehende Carbonsäure noch ein weiteres Mol Katalysator.

$$X = F,\ Cl,\ Br,\ J,\ R-CO-O- \qquad (7.97)$$

---

[1] COOK, D.: Canad. J. Chem. **37**, 48 (1959).
[2] JENSEN, F. R., G. MARINO u. H. C. BROWN: J. Amer. chem. Soc. **81**, 3303 (1959).
[3] OLAH, G. A., u. Mitarb.: J. Amer. chem. Soc. **86**, 2198, 2203 (1964). BROWN, H. C., u. G. MARINO: J. Amer. chem. Soc. **81**, 3308, 5611 (1959).
[4] JENSEN, F. R., u. H. C. BROWN: J. Amer. chem. Soc. **80**, 4038 (1958).
[5] Zusammenfassungen: [1] S. 425.

Die Acyliumionen sind mesomeriestabilisiert und deshalb relativ wenig reaktionsfähig: FRIEDEL-CRAFTS-Acylierungen mit RCOCl haben große Reaktionskonstanten ϱ etwa -10, vgl. Tab. 7.108), und die Geschwindigkeit der Reaktion hängt sehr wesentlich von der Basizität des Aromaten ab. Für die Benzoylierung in Gegenwart von AlCl$_3$ bei 25°C findet man z. B. die folgenden Relativgeschwindigkeiten [1].

Benzol	Toluol	tert.-Butylbenzol	p-Xylol	o-Xylol	m-Xylol	Chlorbenzol
1	110	73	140	1120	3940	0,0115

Man vergleiche hiermit das viel kleinere Verhältnis k_{Toluol}/k_{Benzol} bei der Alkylierung (Tab. 7.93).

Da die Acylgruppe im Endprodukt der FRIEDEL-CRAFTS-Acylierung durch ihren $-I$- und $-M$-Effekt die Elektronendichte im Grundzustand des Aromaten herabsetzt und aus dem gleichen Grunde auch nicht zur Stabilisierung eines Carbeniumions beiträgt, ist der acylierte Aromat nicht mehr zur weiteren Reaktion mit dem elektrophilen Komplex aus LEWIS-Säure und Säurederivat in der Lage. Es entstehen deshalb stets Monoacylverbindungen. Aber auch die Substitution des Acylrestes durch ein Wasserstoffion bleibt aus und eine Isomerisierung oder Disproportionierung von acylierten Aromaten ist normalerweise nicht möglich. Lediglich in Polyalkylacylaromaten wird der die Reaktivität vermindernde Einfluß der Acylgruppe durch die umgekehrte Wirkung der Alkylgruppen überkompensiert, so daß nunmehr die Reaktivität des Aromaten trotz der Acylgruppe noch hoch genug ist, um das Proton zu einem Komplex anzulagern, aus dem dann in der oben geschilderten Weise die Acylgruppe verdrängt bzw. umgelagert werden kann (wenn nicht auch in diesem Fall die Alkylgruppe wandert, was wahrscheinlicher ist).

Als Säurederivate bei FRIEDEL-CRAFTS-Reaktionen lassen sich auch Carbonsäureester einsetzen. Hierbei ergeben sich interessante Unterschiede je nach der Struktur des Esters. Phenylester werden nämlich im Verlauf der Reaktion im allgemeinen im Sinne einer Acyl-Sauerstoffspaltung umgesetzt, begünstigt durch das auf diese Weise entstehende energiearme Phenolat:

(7.98)

Sie wirken also als Acylierungsmittel. Da Phenolester bzw. Phenole relativ reaktionsfähige Aromaten darstellen, können sie selbst acyliert werden, wobei entsprechend der Stabilisierungswirkung der Hydroxyl- oder Acyloxygruppe ortho- und para-Acylphenole entstehen. Diese Reaktion ist als FRIESS-Verschiebung bekannt [2].

---

[1] BROWN, H. C., u. F. R. JENSEN: J. Amer. chem. Soc. **80**, 2296 (1958); vgl. BROWN, H. C., u. G. MARINO: J. Amer. chem. Soc. **84** 1658 (1962).
[2] Zusammenfassungen: GERECS, A., in: FRIEDEL-CRAFTS and Related Reactions, Vol. III, John Wiley & Sons, Inc., New York/London 1964, S. 499.

Es besteht noch keine volle Klarheit, ob es sich dabei um eine intramolekulare Reaktion (Umlagerung) oder eine Acylierung eines weiteren Moleküls Phenolester handelt. Wahrscheinlich sind beide Wege möglich: In dem Maße, wie das zunächst gebildete Ionenpaar dissoziieren kann, nimmt das Ausmaß der intermolekularen Reaktion zu [1].

Die FRIES-Verschiebung ist deutlich temperaturabhängig: Bei tiefen Temperaturen (Raumtemperatur) sind die para-Acylphenole, bei hohen (150°C) dagegen die entsprechenden ortho-Derivate bevorzugt. Der Grund hierfür liegt offenbar in der höheren thermischen Beständigkeit der durch eine Wasserstoffbrücke stabilisierten ortho-Acylphenole. Die Verhältnisse sind denen bei der ortho- und para-Hydroxybenzoesäure analog, über die weiter unten gesprochen wird.

Ester aliphatischer Alkohole reagieren mit Aromaten in Gegenwart von FRIEDEL-CRAFTS-Katalysatoren dagegen als Alkylierungsmittel: Auch andere Derivate von Carbonsäure können in FRIEDEL-CRAFTS-Reaktionen eingesetzt werden. Am bekanntesten sind die Nitrile bzw. die Blausäure selbst (Nitril der Ameisensäure), die in Gegenwart von trockenem Chlorwasserstoff und einem FRIEDEL-CRAFTS-Katalysator ($AlCl_3$, $ZnCl_2$) acylierend auf stärker basische Aromaten (Phenole, Phenoläther) wirken, sowie über die den Säurechloridaddukten ganz ähnlichen Komplexe aus Imidchlorid und LEWIS-Säure:

$$R-C\equiv N + HCl + AlCl_3 \rightarrow R-\overset{\oplus}{\underset{\underset{Cl}{|}\ \underset{H}{|}}{C}}\cdots N-AlCl_3^{\ominus} \quad bzw. \quad R-\overset{\oplus}{C}\equiv NH\ AlCl_4^{\ominus} \qquad (7.99)$$

Die Reaktion ist recht kompliziert und noch nicht in allen Einzelheiten aufgeklärt, vgl. [2].

Unter den Säureamiden lassen sich insbesondere die tertiären Amide der Ameisensäure, z. B. Dimethylformamid und N-Phenyl-N-methylformamid, nach FRIEDEL-CRAFTS umsetzen, wobei als Katalysatoren $POCl_3$ oder $COCl_2$ dienen (VILSMEIER-Reaktion) [3]. Die Reaktion ist ebenfalls auf aktive Aromaten beschränkt, wie N.N-Dimethylanilin, Phenoläther, Thiophen, Indol, die in Formylderivate übergehen.

Daß aromatische Amine reagieren, ist insofern interessant, als mit aktiveren Katalysatoren wie Aluminiumchlorid im allgemeinen keine FRIEDEL-CRAFTS-Reaktionen eintreten, weil die Amine starke Komplexe mit der LEWIS-Säure bilden und dadurch desaktiviert werden.

Als Reagens fungiert nach neueren spektroskopischen Befunden (IR, NMR) [4] das Imidsäurechlorid (7.100, 4); die früher angenommenen Komplexe 2 und 3 spielen keine Rolle:

---

[1] BALTZLY, R., u. A. P. PHILLIPS: J. Amer. chem. Soc. **70**, 4191 (1948).
[2] JEFFERY, E. A., u. D. P. N. SATCHELL: J. chem. Soc. [London] **1966**, Sect. B, 579.
[3] VILSMEIER, A., u. A. HAACK: Ber. dtsch. chem. Ges. **60**, 119 (1927); Zusammenfassungen: VILSMEIER, A.: Chemiker-Ztg. **75**, 133 (1951); MINKIN, V. I., u. G. N. DOROFEJENKO: Usp. Chim. **29**, 1301 (1960); DEMAHEAS, M.-R.: Bull. Soc. chim. France **1962**, 1989.
[4] ARNOLD, Z., u. A. HOLY: Collect. czechoslov. chem. commun. **27**, 2886 (1962); MARTIN, G., u. M. MARTIN: Bull. Soc. chim. France **1963**, 1637.

$$\underset{1}{\overset{}{\text{N}-\text{C}\overset{\text{O}}{\underset{\text{H}}{}}}} + \text{POCl}_3 \longrightarrow \underset{2}{\overset{\oplus}{\text{N}=\text{C}\overset{\text{O}^{\ominus}|}{\underset{\text{H}}{-\text{O}-\text{P}\overset{\text{Cl}}{\underset{\text{Cl}}{-\text{Cl}}}}}}} \longrightarrow \overset{\oplus}{\text{N}=\text{C}\overset{}{\underset{\text{H}}{}}}\overset{\text{O}}{\underset{\text{Cl}}{-\text{O}-\text{P}-\text{Cl}}} \quad \text{Cl}^{\ominus}$$

$$\longrightarrow \underset{4}{\overset{\oplus}{\text{N}=\text{C}\overset{\text{Cl}}{\underset{\text{H}}{}}}} \quad \text{PO}_2\text{Cl}_2^{\ominus}$$

(7.100)

[structure: N,N-dimethylaniline] $+ \overset{\oplus}{\text{N}=\text{C}\overset{\text{Cl}}{\underset{\text{H}}{}}} \quad \text{PO}_2\text{Cl}_2^{\ominus} \longrightarrow$ [4-substituted aryl-$\text{CH}=\overset{\oplus}{\text{N}}\langle$] $+ \text{HCl} + \text{PO}_2\text{Cl}_2^{\varepsilon}$

$\downarrow \text{H}_2\text{O}$

[4-substituted aryl-CHO]

7.8.4.5. Halogenalkylierung, Hydroxymethylierung, Carboxylierung

Auch die Carbonylgruppe von Aldehyden oder Ketonen vermag Aromaten elektrophil anzugreifen. Säuren bzw. LEWIS-Säuren wirken als Katalysatoren, wie dies bereits im vorigen Kapitel besprochen wurde. Am wichtigsten ist die Chlormethylierung [1], wobei Formaldehyd, Salzsäure und mitunter noch eine die Acidität der Salzsäure verstärkende LEWIS-Säure, z. B. Zinkchlorid, eingesetzt werden. Der protonierte Formaldehyd ist reaktionsfähig genug, um aktivere Aromaten wie Benzol, Toluol usw. glatt anzugreifen, während Halogenbenzole nur noch schwierig, Carbonsäuren, Carbonsäureester, Nitrobenzol usw. nicht mehr reagieren.

Die Reaktionsgeschwindigkeit folgt dem Kinetikgesetz $v = k\,[\text{ArH}]\,[\text{CH}_2\text{O}]\,[\text{H}^{\oplus}]$, der Angriff des Aromaten an das in einer schnellen Gleichgewichtsreaktion gebildete Hydroxymethylkation bestimmt also die Geschwindigkeit [2].

In Gegenwart von HBr entstehen analog Brommethylverbindungen. Das Benzylkation als weiteres Zwischenprodukt wird dadurch wahrscheinlich gemacht, daß es sein eigenes Schicksal hat und demzufolge auch mit weiteren anwesenden Nucleophilen reagiert (Bildung von Diphenylmethanderivaten und von Dibenzyläthern) [3].

---

[1] Zusammenfassungen unter präparativen Gesichtspunkten: FUSON, R. C., u. C. H. MCKEEVER: Org. Reactions 1, 63 (1942); STROH, R., in: HOUBEN-WEYL, Bd.V/3, Georg Thieme Verlag, Stuttgart 1962, S. 1001.
[2] OGATA, Y., u. M. OKANO: J. Amer. chem. Soc. 78, 5423 (1956) vgl. NAZAROV, I. N., u. Mitarb.: Izvest. Akad. Nauk SSSR, Otd. chim. Nauk 1957, 100, 972.
[3] RODIA, J. S., u. J. H. FREEMAN: J. org. Chemistry 24, 21 (1959).

Die Diphenylmethanderivate haben bekanntlich Bedeutung als Polykondensationsvorstufen der Phenol-Formaldehydreaktion („Novolake").

$$CH_2{=}O + H^{\oplus} \rightleftharpoons \overset{\oplus}{CH_2}{-}OH \quad \text{schnell, } K'_{\text{Äqu}}$$

$$\bigcirc + \overset{\oplus}{CH_2}{-}OH \xrightarrow{\text{langsam}} \overset{H}{\underset{\oplus}{\bigcirc}}{-}CH_2OH \qquad (7.101)$$

$$\xrightarrow{-H_2O} \underset{\oplus}{\bigcirc}{-}CH_2 \begin{array}{c} \xrightarrow{+Cl^{\ominus}} \\ \xrightarrow{+ArH} \end{array} \begin{array}{c} \bigcirc{-}CH_2{-}Cl \\ \bigcirc{-}CH_2{-}Ar \end{array}$$

Die Bildung von Diphenylmethanderivaten ist besonders ausgeprägt, wenn reaktionsfähige Aromaten wie Phenole oder Phenoläther eingesetzt werden; für eine befriedigende Chlormethylierung sind in diesen Fällen besonders hohe Konzentrationen an HCl erforderlich. Höhere Aldehyde geben infolge ihrer geringeren Reaktivität meist nur schlechte Ausbeuten an Halogenalkylierungsprodukten bzw. Diphenylmethanderivaten. Dagegen reagiert Chloral glatt mit Chlorbenzol zu Di-(p-chlorphenyl)-β-trichloräthan (DDT) und Aceton mit Phenol zu 4.4-Dihydroxy-diphenylmethan („Dian"), das als Ausgangsstoff für Epoxidharze und Polycarbonate große Bedeutung hat.

In alkalischer Lösung ist die Reaktivität des Formaldehyds natürlich geringer, weil die reaktivitätssteigernde Protonierung ausbleibt. Unter diesen Bedingungen werden nur noch besonders reaktionsfähige Aromaten wie Phenole und Amine elektrophil zu Hydroxymethylverbindungen substituiert. Die Reaktion wurde bereits Seite 659 unter dem Aspekt einer Carbonylreaktion diskutiert.

Die Reaktion zwischen Phenol und Formaldehyd ist erster Ordnung bezüglich jedes der beiden Partner und im Bereich pH 7 bis 9 der OH-Konzentration proportional [1]. Als geschwindigkeitsbestimmender Schritt ist demnach die Addition von CH_2O an das Phenolat anzunehmen.

In den Phenolaten ist die Nucleophilie so stark erhöht, daß sie sogar mit dem sehr schwach elektrophilen Kohlendioxid reagieren. Als wichtigste Umsetzung ist die Synthese der Salicylsäure aus Phenolat und CO_2 zu nennen (KOLBE-SCHMITT-Reaktion) [2]. Es wird der folgende Mechanismus angenommen (vgl. (7.102)): Phenolat und Kohlendioxid reagieren zunächst zu 2, das durch Chelatisierung stabilisiert ist. Aus diesem σ-Komplex entzieht ein weiteres Molekül des Phenolats ein Proton, wobei es in Phenol übergeht, während andererseits das Dinatriumsalz der Sali-

---

[1] YEDDANAPALLI, L. M., u. V. V. GOPALAKRISHNA: Makromolekulare Chem. **32**, 112, 124, 130 (1959).
[2] Zusammenfassung: LINDSEY, A. S., u. H. JESKEY: Chem. Reviews **57**, 583 (1957).

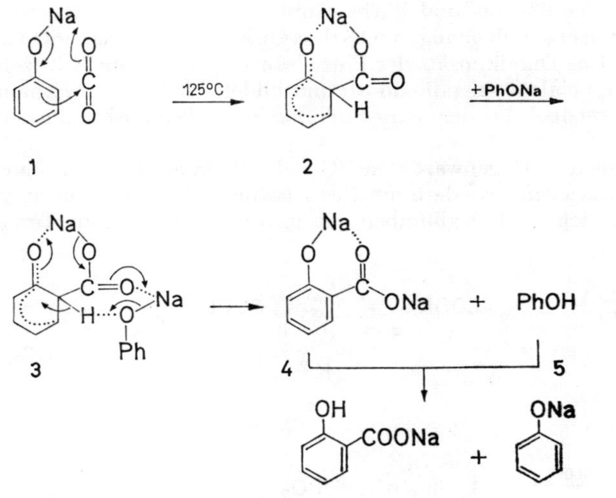

(7.102)

cylsäure entsteht, das bei der SCHMITT-Variante (Reaktion unter Druck) schließlich wieder mit Phenol zu Phenolat und Salicylsäure-mono-natriumsalz reagiert [1]. Dieser Austausch kann in anderen Fällen ausbleiben, z. B. bei der Synthese von 2-Hydroxy-3-naphthoesäure, so daß die Ausbeute dann nur etwa 50%, bezogen auf das Phenolat, ausmacht [1]. Die Chelatisierung im σ-Komplex 2 ist sehr wichtig, da hierdurch die ortho-Direktion erzwungen wird. Sie steht in Einklang mit der geringen Leitfähigkeit, die für das Lithium- und Natriumsalz der Salicylsäure gefunden wurde [2]. Im Gegensatz dazu leiten die Kalium-, Rubidium- und Cäsiumsalze den elektrischen Strom gut und führen demnach offenbar zu keiner erheblichen Chelatisierung. Bei der KOLBE-Synthese mit Kaliumphenolat bleibt deshalb der mit der Chelatisierung verbundene Energiegewinn aus, und die Carboxylierungsreaktion liefert überwiegend para-Hydroxybenzoesäure. Übereinstimmend damit ist das Natrium- bzw. Dinatriumsalz der Salicylsäure thermisch beständiger als das Kaliumsalz und die Na-Salze der p-Hydroxybenzoesäure, und Kaliumsalicylat liefert bei 200 °C bevorzugt p-Hydroxybenzoesäure, während das Natriumsalz der p-Hydroxybenzoesäure umgekehrt bei 200 °C in Natriumsalicylat übergeht [3].

Die früher als Durchgangsprodukte formulierten und bei tiefer Temperatur tatsächlich entstehenden Arylkohlensäure-Alkalisalze spielen für die KOLBE-Synthese keine Rolle, sondern dissoziieren bei höherer Temperatur wieder in Phenolat und Kohlensäure, wie sich durch Austauschexperimente mit $^{14}CO_2$ feststellen ließ [4].

---

[1] ŠILOV, E. A., I. V. SMIRNOV-ZAMKOV u. K. I. MATSOVSKIJ: Ukrainskij chim. Ž. **21**, 600 (1955).
[2] WIDEQVIST, S.: Ark. Kemi **7**, 229 (1954); vgl. HALES, J. L., J. I. JONES u. A. S. LINDSEY: Chem. and Ind. **1954**, 54.
[3] HUNT, S. E., J. I. JONES u. A. S. LINDSEY: J. chem. Soc. [London] **1958**, 3152.
[4] ŠILOV, E. A., I. V. SMIRNOV-ZAMKOV u. K. I. MATKOWSKIJ: Ukrainskij chim. Ž. **21**, 484 (1955).

Auch die Salze der Benzoe- und Phthalsäure sind infolge des starken +I-Effekts des Sauerstoffanions basisch genug, um Carboxylierungsreaktionen mit Kohlendioxid zu ermöglichen: Das Dikaliumsalz der Phthalsäure spaltet beim Erhitzen auf 400°C eine Carboxylgruppe als Kohlendioxid ab und bildet dabei ein Arylanion, das dann erneut und irreversibel in der para-Stellung zum Terephthalsäure-dikaliumsalz reagiert [1].

Wie Umsetzungen in Gegenwart von ^{14}C wahrscheinlich machen, handelt es sich nicht um eine Umlagerung, sondern um Dissoziation und erneute Carboxylierung [2]. Demzufolge läßt sich auch ·Kaliumbenzoat mit Kohlendioxid zu Terephthalsäure umsetzen.

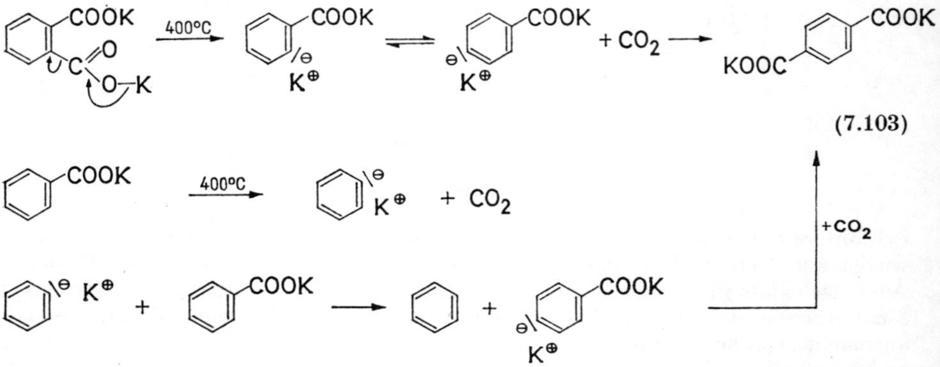

(7.103)

Die Reaktion hat Bedeutung als Verfahren zur Herstellung der für Synthesefasern sehr wichtigen Terephthalsäure, ist allerdings verfahrenstechnisch schwer beherrschbar (Feststoffreaktion bei relativ hoher Temperatur).

7.8.4.6. Azokupplung [3]

Das Diazoniumkation reagiert als LEWIS-Säure in der erwarteten Weise mit Aromaten. Infolge der stark delokalisierten positiven Ladung ist die Reaktivität des Diazoniumions nicht sehr groß, so daß im allgemeinen nur reaktionsfähige Aromaten wie Phenole (vorzugsweise in alkalischer Lösung als Phenolation) oder Amine angegriffen werden.

---

[1] RAECKE, B.: Angew. Chem. **70**, 1 (1958).
[2] ŠORM, F., u. J. RATUSKÝ: Chem. and Ind. **1958**, 294; Collect. czechoslov. chem. Commun. **24**, 2553 (1959); RIEDEL, O., u. H. KIENITZ: Angew. Chem. **72**, 738 (1960); vgl. aber OGATA, Y., M. HOJO u. M. MORIKAWA: J. org. Chemistry **25**, 2082 (1960); OGATA, Y., u. K. NAKAJIMA: Tetrahedron [London] **21**, 2393 (1965).
[3] ZOLLINGER, H.: Chemie der Azofarbstoffe, Birkhäuser Verlag, Basel 1958, Kap. 9; ZOLLINGER, H.: Chem. Reviews **51**, 347 (1952) (Kinetik der Azokupplung).

7.8.4. Reagenzien und Reaktionen

Die Geschwindigkeit der Reaktion mit Phenolen ist der Basenkonzentration [1] bzw. der Dissoziationskonstante der Phenole proportional [2], so daß der Verlauf (7.104) gesichert ist.

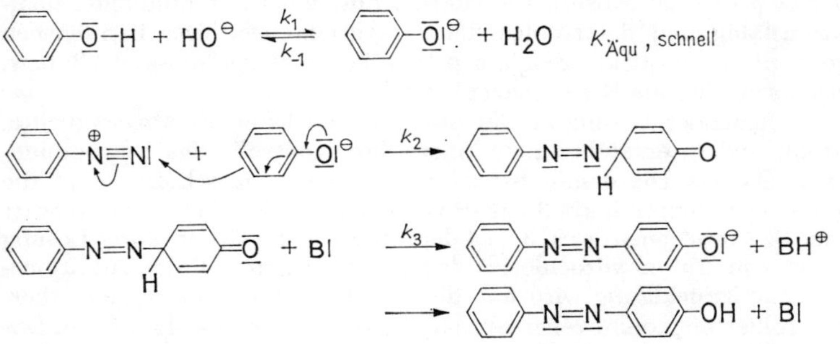

$$\text{Ph-}\underline{\text{O}}\text{-H} + \text{HO}^{\ominus} \underset{k_{-1}}{\overset{k_1}{\rightleftarrows}} \text{Ph-}\underline{\text{O}}|^{\ominus} + \text{H}_2\text{O} \quad K_{\text{Äqu}}, \text{ schnell}$$

(7.104)

Wie sich aus kinetischen H/D-Effekten ergibt, kann der geschwindigkeitsbestimmende Schritt entweder die Addition (k_2) oder auch die Deprotonierung (k_3) sein [3]. Wir werden im Abschnitt 7.8.6. kurz darauf zurückkommen.

Analog verläuft die Kupplung mit Aminen (7.105). Der Logarithmus der Reaktionsgeschwindigkeit ist nur im relativ stark sauren Bereich dem pH-Wert proportional und nähert sich bei pH 4 bis 5 einem konstanten Wert [3c]. Da die pK-Werte der aromatischen Amine in diesem Gebiet liegen, kann daraus gefolgert werden, daß die Reaktion zwischen dem Diazoniumion und dem freien Amin erfolgt. Das wurde mit Hilfe von primären Salzeffekten bewiesen [4].

Der Logarithmus der Reaktionsgeschwindigkeitskonstante ist dem Produkt der Ionenladungen von Diazonium- und Kupplungskomponente ($z_\text{D} \cdot z_\text{D}$) proportional. Der bei der Kupplung von Naphthylaminsulfonsäuren (als Anionen, $z_\text{K} = -1$) gefundene negative Salzeffekt ist daher nur mit dem Verlauf (7.105) mit $z_\text{D} = +1$ vereinbar, nicht dagegen mit einem Angriff der Diazokomponente in Form des Diazohydroxids Ar—N=N—OH ($z_\text{D} = 0$) oder Diazotats Ar—N=N—O⁻ ($z_\text{D} = -1$).

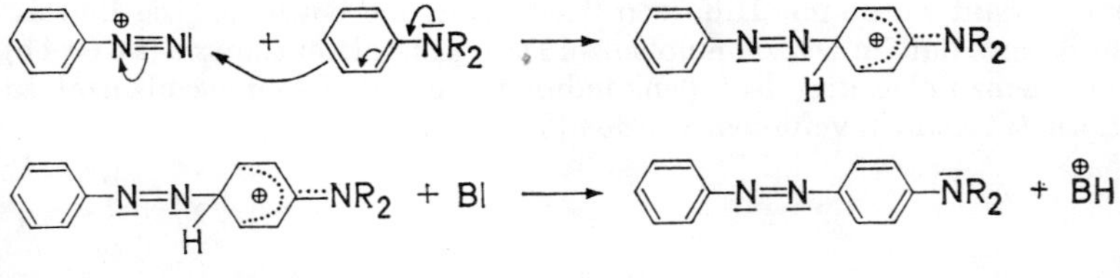

(7.105)

Da das Aryldiazoniumion als Elektrophil angreift, müssen Elektronendonatoren im Arylkern die Reaktivität senken (+I, +M-Gruppen) bzw. Elektronenakzeptoren

---

[1] CONANT, J. B., u. W. D. PETERSON: J. Amer. chem. Soc. **52**, 1220 (1930); der von diesen Autoren angenommene Mechanismus ist unzutreffend.
[2a] PÜTTER, R.: Angew. Chem. **63**, 188 (1951).
[2b] ZOLLINGER, H., u. W. BÜCHLER: Helv. chim. Acta **34**, 591 (1951).
[2c] WISTAR, R., u. P. D. BARTLETT: J. Amer. chem. Soc. **63**, 413 (1941).
[3] Zusammenfassungen: [1c] S. 425.
[4] ZOLLINGER, H.: Helv. chim. Acta **36**, 1723 (1953).

(—I-, —M-Gruppen) die Reaktivität erhöhen. Übereinstimmend damit werden positive Reaktionskonstanten gefunden, z. B. bei der Kupplung von Aryldiazoniumsalzen mit 2.6-Naphthylaminsulfonsäure $\varrho = +4,15$ bzw. 2.6-Naphtholsulfonsäure $\varrho = +3,5$ [1]. Der relativ große Zahlenwert weist darauf hin, daß Diazoniumionen ziemlich wenig reaktionsfähig und demzufolge die Substituenteneinflüsse beträchtlich sind: In den genannten Beispielen reagiert p-Nitrobenzoldiazoniumsalz 3,2 bzw. 2,7 Zehnerpotenzen schneller als Benzoldiazoniumsalz.

Anilin kuppelt in neutraler Lösung an der Stelle der höchsten Elektronendichte, dem Stickstoffatom, und es entsteht unter kinetischer Kontrolle das Diazoaminobenzol (7.106, 4a). Da das Diazoaminobenzol relativ stark basisch ist, stellt die Deprotonierung des Zwischenprodukts 3 eine reversible Reaktion dar. In Gegenwart stärkerer Basen (z. B. Acetationen) wird 3 zu 4 deprotoniert, in stärker saurer Lösung (z. B. in Gegenwart von Anilinhydrochlorid) dagegen nicht, so daß das Additionsgleichgewicht $1 + 2 \rightleftharpoons 3$ rückläufig wird und die Komponenten dann in einer thermodynamisch kontrollierten Konkurrenzreaktion zu p-Aminoazobenzol kuppeln. Das Zwischenprodukt (σ-Komplex) der Kupplung ist viel stärker sauer als 3, so daß es auch bei mittleren Aciditäten ohne weiteres und irreversibel deprotoniert werden kann. In stark saurer Lösung liegt das Anilin voll protoniert vor, und unter diesen Bedingungen läuft überhaupt keine Reaktion mit dem Diazoniumsalz ab.

$$\text{Ph}-\overset{*}{\overset{\oplus}{\text{N}}}\equiv\text{N} + \text{Ph}-\text{NH}_2 \underset{k_{-1}}{\overset{k_1}{\rightleftharpoons}} \text{Ph}-\overset{*}{\text{N}}=\text{N}-\overset{\text{H}}{\underset{\text{H}}{\overset{|}{\text{N}}}}-\text{Ph} \underset{+\text{H}^\oplus}{\overset{-\text{H}^\oplus}{\rightleftharpoons}} \text{Ph}-\overset{*}{\text{N}}=\text{N}-\text{NH}-\text{Ph}$$

1, 2, 3, 4a

$\text{pH} \approx 3$

$\text{Ph}-\text{NH}-\text{N}=\overset{*}{\text{N}}-\text{Ph}$ (7.106)

4b

$\text{Ph}-\text{N}=\overset{*}{\text{N}}-\underset{\text{H}}{\text{C}_6\text{H}_5\oplus}-\text{NH}_2 \longrightarrow \text{Ph}-\text{N}=\overset{*}{\text{N}}-\text{C}_6\text{H}_4-\text{NH}_2$

4, 5

Der formulierte Verlauf wurde mit Hilfe von ^{15}N-Markierung bewiesen. Die Beweisführung beruht darauf, daß im Diazoaminobenzol Dreistickstofftautomerie (4a $\rightleftharpoons$ 4b) möglich ist und demzufolge drei Isotopenkombinationen in p-Aminoazobenzol zu erwarten sind, die tatsächlich gefunden wurden [2].

7.8.5. Reaktivität und Selektivität. Das para/meta-Verhältnis bei elektrophilen Substitutionen am Aromaten

Wir haben bereits an mehreren Beispielen gesehen, daß die Basizität (der Elektronenschub) des Aromaten bei einer elektrophilen Substitution um so stärker für die Reaktionsgeschwindigkeit ins Gewicht fällt, je weniger sauer das elektrophile Reagens

[1] ZOLLINGER, H.: Helv. chim. Acta 36, 1730 (1953).
[2] WECKHERLIN, S., u. W. LÜTTKE: Liebigs Ann. Chem. 700, 59 (1966).

ist, das heißt, je geringer dessen Elektronendefizit am reagierenden Atom ist. Umgekehrt benötigt ein Reagens mit starkem und eng lokalisiertem Elektronendefizit den Elektronenschub des Aromaten relativ wenig, um diesen erfolgreich anzugreifen. Es bringt vielmehr die notwendige Energie selbst weitgehend mit.

Aus diesem Grunde reagiert molekulares Brom (schwache LEWIS-Säure) mit Toluol in Essigsäure über 600mal schneller als mit Benzol, während das Bromkation aus unterbromiger Säure (starke LEWIS-Säure) zwischen dem reaktionsfähigeren Toluol und dem weniger reaktionsfähigen Benzol nur wenig „unterscheidet" und mit Toluol nur 36mal so schnell reagiert wie mit Benzol (vgl. Tab. 7.108) sowie die Zahlenwerte für Reaktionen am Biphenyl (vgl. S. 446).

Es ist plausibel, daß die „Unterscheidungsfähigkeit" („Selektivität") des elektrophilen Partners sich nicht nur auf verschiedene Substrate erstreckt, sondern in gleicher Weise auf die verschieden reaktionsfähigen Positionen *innerhalb* eines speziellen Aromaten. Danach sollte ein energiereiches elektrophiles Reagens (großes Elektronendefizit) weniger auf die Stabilisierungsmöglichkeiten im Übergangszustand bzw. σ-Komplex für die ortho-, meta- bzw. para-Substitution ansprechen als ein energiearmes elektrophiles Reagens, das der elektronischen Unterstützung durch polare Effekte von Substituenten im Aromaten in erheblichem Maße bedarf. Mit anderen Worten ist bei energiearmen elektrophilen Reagenzien stets weitgehend ortho/para-Substitution mit gar keinen oder wenig Anteilen an meta-Produktion oder umgekehrt praktisch ausschließlich Substitution der meta-Position zu erwarten, je nach den im Aromaten befindlichen Erstsubstituenten. Energiereiche elektrophile Reagenzien lassen dagegen auch bei bevorzugter Stabilisierung des ortho/para-Übergangszustandes durch polare Effekte stets erhebliche Mengen an meta-Derivaten erwarten und umgekehrt bei meta-dirigierenden Erstsubstituenten auch ortho- und para-Produkte.

Es läßt sich der Satz aufstellen, der für die gesamte organische Chemie gültig zu sein scheint:

Je größer (kleiner) die Reaktivität eines Reaktionspartners ist, desto kleiner (größer) ist seine Selektivität.

Für den zahlenmäßigen Vergleich wird die Reaktion in der ortho-Stellung zweckmäßigerweise ausgeklammert, weil hier sterische Einflüsse die Schlußfolgerungen unsicher machen. Dagegen ergibt die Substitution in der para- bzw. meta-Position ein Maß für die Selektivität des elektrophilen Partners.

Das Problem der Reaktivität/Selektivität bei der elektrophilen Substitution an Aromaten ist von H. C. BROWN und Mitarbeitern in zahlreichen Arbeiten umfassend untersucht worden [1].

---

[1] Zusammenfassung: [1c] S. 428. BROWN, H. C., u. L. M. STOCK: J. Amer. chem. Soc. 84, 3298 (1962);
   a) Anwendung auf Toluol: STOCK, L. M., u. H. C. BROWN: J. Amer. chem. Soc. 81, 3323 (1959);
   b) Anwendung auf t-Butylbenzol: STOCK, L. M., u. H. C. BROWN: J. Amer. chem. Soc. 81, 5621 (1959);
   c) Anwendung auf Anisol: STOCK, L. M., u. H. C. BROWN: J. Amer. chem. Soc. 82, 1942 (1960);
   d) Anwendung auf Biphenyl und Fluoren: STOCK, L. M., u. H. C. BROWN: J. Amer. chem. Soc. 84, 1242 (1962);
   e) Anwendung auf Halogenbenzole: [1] S. 435.

Tabelle 7.108
Relativgeschwindigkeiten, partielle Geschwindigkeitsfaktoren, Isomerenverteilung, Selektivitätsfaktoren elektrophiler Substitutionen am Toluol und Reaktionskonstanten für die Reaktion monsubstituierter Benzolderivate[1])

Nr.	Reaktion[2])	k_{rel}	o_f	m_f	p_f	% o-	% m-	% p-	S_f	ϱ^+
1	Bromierung[3]) Br_2, CF_3COOH, 25°C	2 580	1 360	10	12 700	17,6	0	82,4	3,10	
2	Br_2, 85%ige AcOH, 25°C	606	600	5,5	2 420	33,1	0,3	66,6	2,664	−12,1
3	Chlorierung Cl_2, AcOH, 25°C	344	617	4,95	820	59,8	0,5	39,7	2,219	−10,0
4	Acetylierung 25°C $CH_3COCl/AlCl_3$, $ClCH_2CH_2Cl$	128	4,5	4,8	749	1,1	1,3	97,6	2,192	− 9,1
5	Benzoylierung, 25°C $PhCOCl/AlCl_3$, $ClCH_2CH_2Cl$	117	32,6	4,9	626	8,9	1,4	89,7	2,107	
6	Protonierung, HF, 20°C	111	145	3,6	414	40,8	1,0	58,2	2,061	
7	Deuterierung D_2O, CF_3COOH, 70°C	156	253	3,8	421	54,2	0,8	45,0	2,044	
8	Chlormethylierung CH_2O, $ZnCl_2/HCl$, AcOH, 60°C	112	117	4,4	430	34,8	1,3	63,9	1,993	
9	Sulfonierung[4]) 83%ige H_2SO_4, 25°C	66	63,4	5,7	258	32,0	2,9	65,1	1,715	
10	Protonierung HF/BF_3, n-Heptan, 25°C	59,5	103	3,1	145	57,7	1,7	40,6	1,670	
11	Bromierung, 25°C HOBr, $HClO_4$, 50%iges Dioxan	36	76	2,5	59	70,4	2,3	27,3	1,373	− 6,2
12	Chlorierung HOCl, $HClO_4$, H_2O, 25°C	60	134	4,0	82	74,9	2,2	22,9	1,311	
13	Nitrierung HNO_3, CF_3COOH, 25°C[3])	28	51,7	2,2	60,1	61,1	2,6	35,8	1,44	
14	HNO_3, CH_3NO_2, 30°C	21	36,6	2,3	46,1	59,0	3,9	37,2	1,297	− 5,6
15	Mercurierung[3]) $Hg(OAc)_2$, CF_3COOH, 25°C	9,9	3,6	2,6	46,9	12,2	8,6	79,2	1,26	− 5,7
16	Methylierung $CH_3Br/GaBr_3$, Toluol, 25°C	5,5	9,5	1,7	11,8	55,6	9,9	34,5	0,842	− 3,1
17	Äthylierung $C_2H_5Br/GaBr_3$, Toluol, 25°C	2,5	2,8	1,6	6,0	38,3	21,1	40,6	0,587	− 2,7
18	Isopropylierung $i\text{-}C_3H_7Br/GaBr_3$, Toluol, 25°C	1,8	1,5	1,4	5,1	27,5	25,7	46,8	0,554	− 2,5
19	tert.-Butylierung $t\text{-}C_4H_9Br/GaBr_3$, Toluol, 25°C	1,6	0,0	1,6	6,6	0,0	32,8	67,3	0,625	− 2,9

---

[1]) Vgl. [1a] S. 467; [1c] S. 428.
[2]) Die Werte für die Reaktionen 6, 9 und 19 sind nicht ganz so sicher wie die anderen tabellierten Angaben.
[3]) BROWN, H. C., u. R. A. WIRKKALA: J. Amer. chem. Soc. 88, 1447 (1966).
[4]) Vgl. [1] S. 448.

7.8.5. Reaktivität und Selektivität

Als Maß für die Selektivität wird der *Selektivitätsfaktor* S_f definiert:

$$\lg \frac{p_f}{m_f} \equiv S_f \equiv \lg \frac{2(\% \text{ para})}{\% \text{ meta}} \tag{7.107a}$$

$$\lg p_f = \frac{\sigma_p}{\sigma_m} \lg m_f \quad \text{bzw.} \quad \lg p_f = \frac{\sigma_p}{\sigma_p - \sigma_m} \cdot S_f$$

$$\lg m_f = \frac{\sigma_m}{\sigma_p - \sigma_m} \cdot S_f \tag{7.107b}$$

In Tabelle 7.108 sind für eine Reihe typischer elektrophiler Substitutionen am Toluol Relativgeschwindigkeiten, partielle Geschwindigkeitsfaktoren, die Isomerenverteilung und Selektivitätsfaktoren angegeben. Die Reaktivität der Elektrophile nimmt vom molekularen Brom zu den FRIEDEL-CRAFTS-Alkylierungsreagenzien zu, wie der in der gleichen Reihenfolge sinkende Einfluß der Methylgruppe auf die Relativgeschwindigkeit zeigt. Im gleichen Maße nimmt die Selektivität ab, und bei den hochreaktiven Reagenzien im unteren Teil der Tabelle findet man schließlich einen so hohen Prozentsatz an meta-Produkten, daß die Faustregel-Klassifizierung der Substituenten in solche „erster Ordnung" und „zweiter Ordnung" durchbrochen wird. Die in der Tabelle oben stehenden wenig reaktiven Reagenzien führen dagegen praktisch ausschließlich zu ortho- und para-Derivaten. Die tabellierten Werte ergeben eine ausgezeichnete Korrelation, wenn man den Logarithmus für die Relativgeschwindigkeit der para-Substitution ($\lg p_f$) über dem Selektivitätsfaktor aufträgt (Bild 7.109). Die Beziehungen (7.107b) werden dadurch bestätigt. Mit Hilfe dieser Korrelation konnte z. B. festgestellt werden, daß früher von der linearen Korrelation abweichende Werte für die FRIEDEL-CRAFTS-Acylierung und die Chlormethylierung fehlerhaft waren.

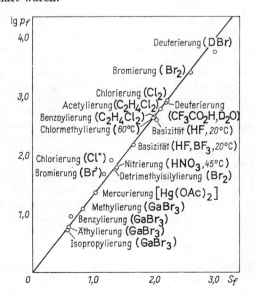

Bild 7.109
Reaktivitäts-Selektivitäts-Beziehung für elektrophile Substitutionen am Toluol (25 °C, falls nicht anders angegeben)

Die Regressionsgerade in Bild 7.109 geht durch den Koordinatenursprung, der eine statistische Verteilung des Anteils an para- und meta-Produkt/2 kennzeichnet. Die statistische Verteilung wird allerdings auch von den besonders aktiven Reagenzien nicht erreicht (das entspräche einer unendlich hohen Reaktivität). Auch für Reaktionen an anders substituierten Aromaten lassen sich Reaktivitäts-Selektivitäts-Beziehungen aufstellen [1].

Die intramolekulare Selektivität S_f ist der intermolekularen Selektivität proportional [2]. Als Maß für die intermolekulare Selektivität kann die Reaktionskonstante ϱ dienen, die aussagt, in welchem Umfang die betreffende Reaktion von der Elektronendichte ($\approx$ Reaktivität) des betreffenden Aromaten abhängt. Der mathematische Zusammenhang wird durch (7.110) wiedergegeben.

$$\lg \frac{p_f}{m_f} \equiv S_f = \varrho^+(\sigma_p^+ - \sigma_m). \tag{7.110}$$

Zusammenhang zwischen intra- und intermolekularer Selektivität

Die Auftragung von S_f gegen ϱ^+ ergibt ein ganz ähnliches Diagramm wie Bild 7.109 und beweist den Zusammenhang (7.110). Die in Tabelle 7.108 mit angeführten ϱ^+-Werte können deshalb gleichzeitig als Maß für die intramolekulare Selektivität dienen.

Mit Hilfe der Selektivitätsfaktoren läßt sich der folgende scheinbare Widerspruch erklären: Obwohl Reaktionsgeschwindigkeiten der FRIEDEL-CRAFTS-Äthylierung, -Isopropylierung und -tert.-Butylierung in der genannten Reihenfolge stark zunehmen (vgl. auch Tab. 7.93), ist die Selektivität des tert.-Butylkations größer als die des Äthyl- bzw. Isopropylkations. Der größere S_f-Wert für das tert.-Butylkation entspricht ganz dessen größerer Stabilität. Die Reaktionsgeschwindigkeit ist dagegen dem Produkt aus Konzentration und Reaktivität des betreffenden Alkylcarbeniumions proportional; die Konzentration steigt jedoch vom Äthyl- zum tert.-Butylkation an.

Die Beziehungen zwischen Reaktivität und Selektivität sind jedoch bei der elektrophilen Substitution am Aromaten komplizierter als bisher diskutiert wurde [3]. Nach dem HAMMOND-Postulat (vgl. S. 131), liegt bei sehr reaktionsfähigen Aromaten und/oder Reagenzien der Übergangszustand an einem frühen Zeitpunkt der Reaktionskoordinate. Er ähnelt deshalb den Ausgangsprodukten, ist relativ locker und gleicht eher einem π-Komplex als dem σ-Komplex; es ist wenig „Mithilfe" des Aromaten erforderlich, so daß nur geringe Diskriminierung (Selektivität) auftritt. Die größte Diskriminierung liegt dagegen an der Stelle der Reaktionskoordinate, die den σ-Komplex repräsentiert. Je reaktionsfähiger das System ist, desto früher auf der Reaktionskoordinate liegt der Übergangszustand und desto kleiner wird die Selektivität. Das Bild ändert sich jedoch, wenn nicht die Bildung des Adduktes aus Aromat und Reagens geschwindigkeitsbestimmend ist, sondern die Deprotonierung (k_2 in (7.65)). In diesem Falle liegt der Übergangszustand auf der Reaktionskoordinate erst nach dem σ-Komplex. Eine Erhöhung der Reaktionsgeschwindigkeit (der Deprotonierung) führt in diesem Falle dazu, daß der Übergangszustand näher an den σ-Komplex heranrückt: Die Reaktion wird demzufolge mit steigender Reaktivität des Systems selektiver.

---

[1] Vgl. [1] S. 467.
[2] OGATA, Y., u. I. TABUSHI: Bull. chem. Soc. Japan **34**, 604 (1961).
[3] KRESGE, A. J., u. H. C. BROWN: J. org. Chemistry **32**, 756 (1967); S. 439.

Da sich bei sehr reaktionsfähigen Systemen das Additionsgleichgewicht schnell einstellen sollte, kann man für diese Fälle kinetische H/D-Isotopeneffekte erwarten. Kinetische H/D-Isotopeneffekte treten außerdem auf, wenn die Deprotonierung sterisch gehindert ist. Die Verhältnisse sind zusammenfassend in [1] abgehandelt.

7.8.6. Sterische Einflüsse des elektrophilen Partners. Das ortho/para-Verhältnis [2]

Wie bereits im Abschnitt 7.8.3. kurz erwähnt wurde, hängt die Isomerenverteilung bei elektrophilen Substitutionen am Aromaten von den sterischen Verhältnissen im Aromaten und im Reagens ab. Bei Abwesenheit sterischer Effekte sollte man erwarten, daß die ortho- bzw. para-Position durch das betreffende Reagens etwa gleichschnell angegriffen werden.[1])
Zur Erörterung dieser Verhältnisse dient der Quotient (1/2% ortho)/% para bzw. — was dasselbe ist — o_f/p_f.
In Tabelle 7.111 sind einige aus Werten der Tabelle 7.108 berechnete ortho/para-Verhältnisse zusammengestellt, vgl. auch die in Tabelle 7.86 mit angeführten Werte.

Tabelle 7.111
(1/2 ortho)/para-Werte für einige elektrophile Reagenzien (Reaktion mit Toluol)

Reaktion	(1/2 o)/p	Reaktion	(1/2 o)/p
Bromierung (Br_2)	0,25	Bromierung ($Br^{\oplus}$)	1,29
Chlorierung (Cl_2)	0,75	Chlorierung ($Cl^{\oplus}$)	1,64
Protonierung (HF/BF_3)	0,71	Nitrierung	0,79
Acetylierung	0,006	Chlormethylierung	0,27
Benzoylierung	0,05	Methylierung	0,81
		Äthylierung	0,42
		Isopropylierung	0,13
		t.-Butylierung	0,00

Man erkennt bei der Halogenierung mit molekularem Brom bzw. Chlor die erwartete geringere ortho-Substitution bei dem viel voluminöseren Brom. Im Gegensatz zu den entsprechenden Halogenkationen, wo der prinzipiell gleiche Gang auftritt, ist der Unterschied zwischen beiden Halogenen jedoch viel größer. Dies beruht auf der bereits weiter oben erwähnten engeren Bindung des molekularen Halogens an

---

[1] Vgl. [1c] S. 425.
[2] NORMAN, R. O. C., u. G. K. RADDA: J. chem. Soc. [London] **1961**, 3610.

[1]) Die para-Position im Toluol ist geringfügig reaktionsfähiger als die ortho-Position: Es gilt lg p_f = 1,08 lg o_f.

den Aromaten im Übergangszustand, so daß sich sterische Einflüsse stärker geltend machen müssen als im Übergangszustand der Reaktion mit ionischem Halogen, der sich mehr dem π-Komplex nähert. Der unerwartet kleine Wert bei der Protonierung durch HF/BF$_3$ läßt vermuten, daß als eigentliches Reagens ein Komplex aus HF und BF$_3$ angesehen werden muß.

Ganz überraschend ist das Ausmaß der ortho-Substitution bei der FRIEDEL-CRAFTS-Acetylierung kleiner als für die Benzoylierung, obwohl doch der Benzolkern im Ganzen zweifelsohne voluminöser ist als die Acetylgruppe. Offenbar durchläuft die Reaktion in den beiden Fällen die nachstehend formulierten Carbeniumionen 1 bzw. 2. Während die Acetylgruppe eine nach allen Seiten etwa gleiche Raumfüllung aufweist (VAN-DER-WAALS-Radius etwa 0,2 mm), kann sich der Benzolkern der Benzoylgruppe wahrscheinlich senkrecht zu dem des Substratmoleküls einstellen. In dieser Richtung hat er nur eine Ausdehnung von etwa 0,17 nm, also tatsächlich etwas weniger als die Acetylgruppe [1]. Diese Wirkungsradien sind in Bild 7.112 angedeutet.

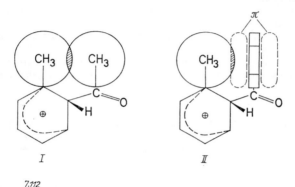

Bild 7.112 Wirkungsradien bei der FRIEDEL-CRAFTS-Acylierung von Toluol mit Acetylchlorid (I) bzw. Benzoylchlorid (II)

Die Werte für die Halogenierung mit positivem Brom sind unerwartet hoch und zur Zeit noch nicht ganz befriedigend erklärbar. Wahrscheinlich bewirkt der Induktionseffekt der Methylgruppe (+I) bereits eine Anlagerung des Halogenkations zum π-Komplex in der Gegend der ortho-Position, so daß die endgültige σ-Bindung dort geknüpft werden kann, ohne vorher eine erneute Umgruppierung zu erfordern. Im Gegensatz dazu bleibt ein induktiver Einfluß auf die elektroneutralen molekularen Halogene natürlich viel schwächer. Aus den genannten Gründen kehrt sich das ortho/para-Verhältnis für die Halogenierung mit molekularen bzw. ionischen Halogenen um. Der praktische Nutzen für die Synthese von entweder überwiegend in ortho- oder para-Stellung halogenierten Aromaten liegt auf der Hand. In Gegenwart von Halogenüberträgern wie Al(Hal)$_3$, Fe(Hal)$_3$, B(Hal)$_3$ usw. nähert sich das den Aromaten angreifende Halogen weitgehend dem kationischen Zustande, so daß eine höhere Reaktivität (geringere Selektivität) und geringere Raumfüllung des Halogens resultiert, die sich in einem früher nicht recht verständlichen veränderten ortho/para-Verhältnis auswirkt. Der Wert für die Chlormethylierung in Tabelle 6.111 ist

[1] BROWN, H. C., G. MARINO u. L. M. STOCK: J. Amer. chem. Soc. 81, 3310 (1959).

7.8.6. Sterische Einflüsse des elektrophilen Partners

möglicherweise nicht ganz zutreffend, denn in einer neueren Untersuchung [1] wurden bei der Chlormethylierung von Toluol 45% ortho-, 1,2% meta- und 54% para-Produkt gefunden, $S_f = 2{,}03$, (1/2 ortho)/para-Verhältnis = 0,42. Der Raumbedarf sollte demnach bei der Chlormethylierung etwa ähnlich liegen wie bei der FRIEDEL-CRAFTS-Äthylierung durch das $Et^{\oplus}GaBr_4^{\ominus}$-Ionenpaar. Danach ist als Zwischenprodukt der Chlormethylierung die Spezies $CH_2OH^{\oplus}$ wahrscheinlicher als $CH_2Cl^{\oplus}$. Die Werte für die FRIEDEL-CRAFTS-Alkylierungen und -Acylierungen sind gut damit vereinbar, daß das Reagens in Form eines voluminösen Ionenpaars $R^{\oplus}AlCl_4^{\ominus}$ bzw. $RCO^{\oplus}AlCl_4^{\ominus}$ usw. angreift.

Für die FRIEDEL-CRAFTS-Methylierung ergibt sich praktisch keine sterische Hinderung durch das Reagens und außerdem eine große Ähnlichkeit zur Nitrierung. Da der Übergangszustand der Reaktion „locker" sein muß, ist das gut verständlich. Man erhält nach Tabelle 7.111 eine Reihe abnehmender Raumfüllung für die folgenden wichtigen Reagenzien:

$$Br_2 \approx CH_2OH^{\oplus} > Cl_2 \approx NO_2^{\oplus} > Br^{\oplus} > Cl^{\oplus}$$

Die Fähigkeit zum Angriff an der ortho-Position nimmt im umgekehrten Sinne zu. Die ortho/para-Verhältnisse wurden auch rein elektronisch erklärt und sind durch eine Freie-Energie-Beziehung korrelierbar [2].

Bei den elektrophilen Substitutionen am Aromaten, die einen Isotopeneffekt aufweisen, spielt nach Abschnitt 7.8.1. die Art und Konzentration der für die Deprotonierung des σ-Komplexes notwendigen Base eine wichtige Rolle. So wurde von H. ZOLLINGER bei Azokupplungen von Phenolen (Naphtholsulfonsäuren) und Aminen (Naphthylamin-(1)-sulfonsäure-(3)) gefunden, daß diese Reaktion einer allgemeinen Basenkatalyse (zur Definition vgl. Abschn. 6.2.) unterliegt und einen kinetischen H/D-Effekt zeigt. Dabei wird die para-Kupplung stärker durch Basen katalysiert als die ortho-Kupplung, so daß sich das ortho/para-Verhältnis entsprechend verschieben läßt. Die schon lange bekannte katalytische Wirksamkeit von Pyridin auf Azokupplungen findet so ihre Erklärung. Bei der ortho-Kupplung ist dagegen bereits Wasser als Base wirksam. In diesem Falle ließ sich die Aktivierungsentropie für die unterschiedliche Reaktivität der ortho- bzw. para-Stellung verantwortlich machen, die sich für die Kupplung von Naphthol-(1)-sulfonsäure-(3) mit o-Nitro-phenyldiazoniumsalz um etwa 28 cal/grd.mol unterscheidet. Die für die ortho-Kupplung so stark erhöhte Aktivierungsentropie läßt auf einen Übergangszustand hoher Ordnung schließen, in dem ein Molekül Wasser in der nachstehend formulierten Weise eingebaut sein dürfte, während der Übergangszustand der para-Kupplung in der in Gleichung (7.105) formulierten Weise zu denken ist [3]:

$$\text{C}_6\text{H}_5\text{O}^{\ominus} + \text{Ph}-\overset{\oplus}{\text{N}}\equiv\text{N}| \xrightarrow{H_2O} \text{[Übergangszustand mit } H_2O\text{]} \longrightarrow \text{o-HO-C}_6\text{H}_4-\text{N}=\text{N}-\text{Ph} \quad (7.113)$$

„Ortho-Effekte" treten allgemein bei der elektrophilen Substitution von Aminen und Phenolen auf (vgl. auch S. 434).

---

[1] RAPP, L. B., u. K. A. KORNEV: Ukrainskij chim. Ž. **25**, 351 (1959).
[2] CHARTON, M.: J. org. Chemistry **34**, 278 (1969).
[3] Vgl. [1 c] S. 425.

8. Nucleophile Umlagerungen an Elektronendefizitzentren (,,Sextett"-Umlagerungen) [1]

Es wurde bereits im vierten Kapitel darauf hingewiesen, daß die monomolekulare nucleophile Substitution häufig von Umlagerungen des Kohlenstoffgerüsts begleitet wird. Das ist eine ganz allgemeine Reaktion, die stets erwartet werden kann, wenn im Verlauf einer Reaktion ein Kohlenstoffatom (oder auch ein Heteroatom) weitgehend oder vollständig positive Ladung annimmt, das heißt, nur sechs Elektronen in seiner Schale besitzt. Darüber hinaus führt auch ein Elektronensextett an einem Atom *ohne* gleichzeitige positive Ladung häufig zur Umlagerung. Umlagerungen dieser Art werden deshalb auch als Sextettumlagerungen bezeichnet.

Der allgemeine Ablauf läßt sich in der folgenden Weise schematisch darstellen:

$$\underset{1}{|\underline{A}-\underline{B}-X|} \overset{Y}{\underset{k_{-1}}{\overset{k_1}{\rightleftharpoons}}} \underset{2}{|\underline{A}-\underline{B}|} \overset{Y}{\underset{k_{-2}}{\overset{k_2}{\rightleftharpoons}}} \underset{3}{\underline{A}-B|} \qquad (8.1)$$

$\downarrow k_3$ $\downarrow k_4$ (Substitution oder
Produkte   Produkte   Eliminierung)

Vom zentralen Atom B löst sich unter dem Einfluß irgendeines Reaktionspartners oder des Lösungsmittels der Substituent X mit beiden Bindungselektronen ab und hinterläßt B deshalb mit einer nur sechs Elektronen enthaltenden Elektronenschale (2), womit gleichzeitig eine positive Ladung verknüpft sein kann, aber nicht sein muß. Das Zwischenprodukt 2 stellt ein mehr oder weniger energiereiches Gebilde dar, das sich stabilisieren kann, indem gewissermaßen eine innere SN2-Reaktion erfolgt und Y *mit* seinen beiden Bindungselektronen an B wandert, dessen Elektronendefizit dadurch ausgeglichen wird. Auf der anderen Seite entsteht durch die Abwanderung von Y am Atom A ein neues Elektronensextett (3). Die endgültige Stabilisierung von 3 erfolgt, indem ein nucleophiler Partner angelagert wird (X oder Lösungsmittelanion) oder durch Eliminierung eines Substituenten (z. B. eines Protons) vom

[1a] DE MAYO, P., Ed.: Molecular Rearrangements, Vol. I, Interscience Publishers, New York 1963.
[1b] GUTSCHE, C. D., u. D. REDMORE: Carbocyclic Ring Expansion Reactions, Academic Press, New York/London 1968.
[1c] GERRARD, W., u. H. R. HUDSON: Chem. Reviews **65**, 697 (1965).

Atom B eine Doppelbindung entsteht. In gleicher Weise kann auch 2 reagieren, wobei nicht umgelagerte Reaktionsprodukte gebildet werden. Die Verhältnisse sind also recht kompliziert. Das Atom A wird allgemein als Ausgangspunkt und das Atom B als Endpunkt der Wanderung bezeichnet.

Die Reaktionsrichtung hängt von der relativen Stabilität von 2 bzw. 3 ab sowie von sterischen Faktoren und von Lösungsmitteleinflüssen. Diese Einflüsse werden unten erörtert.

Was den Mechanismus der Umlagerung anbelangt, so ist insbesondere die Frage von Interesse, ob 2 ein echtes Zwischenprodukt — etwa ein Kation — darstellt oder ob bei der Reaktion nur ein Übergangszustand durchlaufen wird, in dem Y synchron mit der Ablösung von X an B wandert. Diese Frage kann nicht generell entschieden werden, sondern es kommen offensichtlich beide Fälle vor, und der jeweils zutreffende Mechanismus muß von Fall zu Fall ermittelt werden.

Die Sextettumlagerung ist eng mit dem Phänomen der Nachbargruppenwirkung verknüpft und wurde unter diesem Aspekt bereits im vierten Kapitel besprochen.

Die oben genannte Forderung, nach der Y mit seinen Bindungselektronen von A nach B wandert, darf als bewiesen gelten. Stellt Y nämlich Deuterium dar, so findet man kinetische Isotopeneffekte $k_H/k_D \approx 3$, die nur mit einem als Anion oder allenfalls als Radikal wandernden Deuterium vereinbar sind, nicht dagegen mit einem Deuteriumkation, weil dann k_H/k_D in der Größenordnung von über 4 sein müßte. Die Radikalreaktion kann andererseits ausgeschlossen werden, weil die Umlagerungen im allgemeinen sehr erheblich von der Polarität des Lösungsmittels abhängen, durch Radikalbildner (Initiatoren) nicht beschleunigt und durch Radikalfänger (Inhibitoren) nicht gehemmt werden.

Zur Aufklärung der komplizierten Mechanismen dienten in vielen Fällen durch Isotope markierte Verbindungen [1]. Dabei hat sich gezeigt, daß Umlagerungen der hier abgehandelten Typen häufiger sind als bisher anzunehmen war.

Nachstehend werden zunächst einige bekannte Umlagerungen rein schematisch formuliert. Dabei darf insbesondere die in allen Fällen benutzte Formulierung über freie Ionen nicht dahingehend verstanden werden, daß keine Nachbargruppenwirkungen oder delokalisierte Kationen möglich wären.

Allgemeine Gesetzmäßigkeiten werden dann für alle Fälle gemeinsam behandelt.

8.1. Umlagerungen an Elektronendefizit-Kohlenstoffatomen

Auf die hier eigentlich abzuhandelnde Isomerisierung von Alkanen in Gegenwart von Säuren und LEWIS-Säuren wurde bereits im vorigen Kapitel kurz eingegangen.

Die einzelnen Reaktionen unterscheiden sich relativ wenig und werden eher nach historischen Gesichtspunkten klassifiziert.

[1a] Zusammenfassung: COLLINS, C. J., in: Advances in Physical Organic Chemistry, Vol. 2, Academic Press, New York/London 1964, S. 3.
[1b] WEYGAND, W., u. H. GRISEBACH: Fortschr. chem. Forsch. **3**, 113 (1954).

8.1.1. Pinakol/Pinakolon-Umlagerung [1]

Diese Umlagerung ist stets dann zu erwarten, wenn ein 1.2-Glykol dehydratisiert wird, also etwa auch als Nebenreaktion bei sauer katalysierten Eliminierungen. Die Umlagerung führt je nach dem Ausgangsprodukt und den Reaktionsbedingungen zu einem Keton (R^1 = Alkyl, Aryl; R^2 = Alkyl, Aryl) oder einem Aldehyd (R^2 = H, R^1 = Alkyl, Aryl).

$$\begin{array}{c} R^1 \\ R_2 \end{array}\!\!C\!-\!C\!\!\begin{array}{c} \\ \\ OH \;\; OH \end{array} \quad \xrightarrow[-H_2O]{+H^\oplus} \atop \xleftarrow[-H^\oplus]{+H_2O} \quad \begin{array}{c} R^1 \\ R^2 \end{array}\!\!C\!-\!\overset{\oplus}{C}\!\!\begin{array}{c} \\ \\ OH \end{array} \quad \underset{\sim R^1}{\rightleftarrows} \quad R^2\!-\!\overset{R^1}{\underset{OH}{\overset{|}{C}}}\!-\!\overset{\oplus}{C}\!- \quad \xrightarrow{-H^\oplus} \quad R^2\!-\!\overset{R^1}{\underset{O}{\overset{|}{\underset{\|}{C}}}}\!-\!C\!-\;\;{}^1) \qquad (8.2)$$

$\qquad\qquad$ 1 $\qquad\qquad\qquad$ 2 $\qquad\qquad\qquad$ 3 $\qquad\qquad\qquad$ 4

Bei einer Reaktion in mit $H_2{}^{18}O$ angereichertem Wasser und vorzeitiger Unterbrechung wurde gefunden, daß die Sauerstoffatome im zurückgewonnenen Ausgangsprodukt teilweise durch ^{18}O ausgetauscht sind [2]. Dies macht ein Carbeniumion als Zwischenprodukt der Umlagerung wahrscheinlich. Das Carbeniumion ist offenbar stark solvatisiert und wird etwa dreimal rascher durch das Wasser (Lösungsmittel) abgefangen als es sich umlagert [2]. Nach den Ergebnissen kinetischer Experimente ist die Reaktion der Wasserstoffionenaktivität proportional; als geschwindigkeitsbestimmende Stufe ist die Bildung des Carbeniumions (8.2, 2) anzusehen [2, 3].

Die Wanderung des Restes R ist ein intramolekularer Prozeß, wie sich daraus ergibt, daß bei der Reaktion von 1.1.2-Triphenyläthylenglykol-2-d in kalter konzentrierter Schwefelsäure zu Benhydrylketon-α-d kein Deuterium gegen Wasserstoff ausgetauscht wird [1a, 4].

8.1.2. Wagner-Meerwein-Umlagerung, Retro/Pinakol-Umlagerung [5]

Die genannten Reaktionen erfolgen bei der Eliminierung eines Substituenten wie Halogen, Hydroxyl, Toluolsulfonyl unter Bedingungen, die einer E1-Reaktion nahekommen, bei der diese Umlagerung andererseits häufig als Nebenreaktion auftritt.

[1a] Zusammenfassung: COLLINS, C. J.: Quart. Rev. (chem. Soc., London) **14**, 357 (1960).

[1b] POCKER, Y., in: Molecular Rearrangements, Vol. I, Interscience Publishers, New York/London 1963, S. 1.

[2] BUNTON, C. A., T. HADWICK, D. R. LLEWELLYN u. Y. POCKER: J. chem. Soc. [London] **1958**, 403.

[3] KURSANOV, D. N., u. Z. N. PARNES: Ž. obšč. Chim. **27**, 668 (1957); DUNCAN, J. F., u. K. R. LYNN: Austral. J. Chem. **10**, 160 (1957) und dort zitierte weitere Arbeiten.

[4] COLLINS, C. J., W. T. RAINEY, W. B. SMITH u. I. A. KAYE: J. Amer. chem. Soc. **81**, 460 (1959); vgl. BROWN, R. F.: J. Amer. chem. Soc. **76**, 1279 (1954) und dort zitierte weitere Arbeiten.

[5] Zusammenfassungen: STREITWIESER, A.: Chem. Reviews **56**, 698 (1956)

---

¹) Die Tilde ∼ bedeutet, daß der angegebene Rest R wandert.

8.1.3. Demjanow-Umlagerung, Tiffeneau-Umlagerung

$$\underset{R}{\overset{R}{>}}C-\underset{|}{\overset{|}{C}}-X \rightleftarrows \underset{R}{\overset{R}{>}}C-C\underset{+X^{\ominus}}{\overset{R}{<}} \xrightarrow{\sim R} {}^{\oplus}\underset{R}{>}C-C\overset{R}{<} \xrightarrow{+X^{\ominus}} X-\underset{|}{\overset{|}{C}}-C\overset{R}{<} \qquad (8.3)$$

$$\underset{R}{\overset{R}{>}}C-C\overset{X}{\underset{H}{<}} \rightleftarrows \underset{R}{\overset{R}{>}}C-C\underset{+X^{\ominus}}{\overset{R}{<}}H \xrightarrow{\sim R} {}^{\oplus}\underset{R}{>}C-C\overset{R}{\underset{H}{<}} \rightarrow \underset{R}{>}C=C\overset{R}{\underset{+H^{\oplus}}{<}} \qquad (8.4a)$$

$$\underset{R}{\overset{R}{\underset{R}{>}}}C-C\overset{R}{\underset{\underline{O}}{<}} + H^{\oplus} \rightleftarrows \underset{R}{\overset{R}{>}}C-C\overset{R}{\underset{OH}{<}} \xrightarrow{\sim R} {}^{\oplus}\underset{R}{>}C-C\overset{R}{\underset{OH}{<}}R \xrightarrow{H_2O} \underset{R}{>}\underset{OH}{\overset{|}{C}}-\underset{OH}{\overset{|}{C}}\overset{R}{<}R \qquad (8.4b)$$

    1   **2**   **3**   **4**

WAGNER-MEERWEIN-Umlagerungen (8.3) treten vor allem bei Bicyclo-[2.2.1]-heptanverbindungen sehr leicht ein und sind hier besonders gut studiert worden.

Ein Sonderfall ist die Retro-Pinakolon/Pinakol-Umlagerung („Retro/Pinakol-Umlagerung) (8.4). Sie führt im Falle des Pinakolons bzw. von Verbindungen dieses Typs tatsächlich wieder zum Ausgangsprodukt der Pinakol/Pinakolon-Umlagerung zurück (8.4b), wobei das Carbeniumion 3 durch Nachbargruppenwirkung der OH-Gruppe stabilisiert ist bzw. überhaupt als protoniertes 1.2-Epoxid vorliegt [1].

Die Retro-Pinakolon/Pinakol-Umlagerung erfordert hohe Säurestärken, so daß die Addition 3 → 4 in den Fällen nicht bevorzugt ist, in denen sich das Carbeniumion zum Olefin stabilisieren kann (8.4a).

8.1.3. Demjanow-Umlagerung, Tiffeneau-Umlagerung [2]

Umlagerungen dieses Typs treten stets ein, wenn primäre aliphatische Amine mit salpetriger Säure behandelt werden. Dabei entsteht, wie in Abschnitt 6.6.4. bereits besprochen, zunächst ein (nicht faßbares) Diazoniumion, das bereits unter milden Bedingungen (0°C) praktisch irreversibel Stickstoff eliminiert, dessen sehr niedrige Energie die treibende Kraft für die Abspaltung darstellt. Die beiden Reaktionen unterscheiden sich deshalb im Grunde von den vorher genannten lediglich durch die Methode, wie das Carbeniumion hergestellt wird.

$$R-CH_2-CH_2-NH_2 \xrightarrow{HNO_2} R-CH_2-CH_2-\overset{\oplus}{N}\equiv N|$$

(SOH = Solvens)

$$\xrightarrow{-N_2} R-CH_2-\overset{\oplus}{C}H_2 \xrightleftharpoons{\sim H} R-\overset{\oplus}{C}H-CH_3 \qquad (8.5)$$

$$R-CH_2-CH_2-OS + H^{\oplus} \quad\quad R-CH=CH_2 \quad\quad R-\underset{OS}{\overset{|}{C}H}-CH_3 + H^{\oplus}$$

with arrows: +SOH / -H⊕ ; -H⊕ ; +SOH

[1] FRY, A., W. L. CARRICK u. C. T. ADAMS: J. Amer. chem. Soc. **80**, 4743 (1958).
[2] SMITH, P. A. S., u. D. R. BAER: Org. Reactions **11**, 157 (1960); STREITWIESER, A.: J. org. Chemistry **22**, 861 (1957).

$$\underset{R}{\overset{R}{>}}\underset{|}{\overset{OH}{C}}-CH_2-NH_2 \xrightarrow{HNO_2} \underset{R}{\overset{R}{>}}\underset{|}{\overset{OH}{C}}-CH_2-\overset{\oplus}{N}\equiv N| \xrightarrow{-N_2}$$

$$\underset{R}{\overset{R}{>}}\underset{|}{\overset{OH}{C}}-\overset{\oplus}{CH_2} \underset{}{\overset{\sim R}{\rightleftharpoons}} R-\underset{\oplus}{\overset{OH}{C}}-CH_2-R \xrightarrow{-H^{\oplus}} R-CO-CH_2-R \qquad (8.6)$$

$$\downarrow$$

$$\underset{R}{\overset{R}{>}}\underset{}{\overset{O}{C-CH_2}} \rightarrow R-CO-CH_2-R \quad \text{bzw.} \quad \underset{R}{\overset{R}{>}}CH-CHO$$

Im übrigen ähnelt die DEMJANOW-Umlagerung (8.5) sehr der WAGNER-MEERWEIN-Reaktion, die TIFFENEAU-Umlagerung (8.6) dagegen der Pinakol/Pinakolon-Umlagerung. Ganz entsprechend entstehen im ersten Teil sowohl umgelagertes wie auch nicht umgelagertes Substitutionsprodukt sowie auch das Eliminierungsprodukt, dieses jedoch wegen der sehr milden Reaktionsbedingungen häufig nur in geringerem Maße. Bei der TIFFENEAU-Umlagerung hängt der zur endgültigen Stabilisierung beschrittene Weg erheblich von den sterischen Verhältnissen (Konformation) ab, wie weiter unten ausführlicher besprochen wird. Das mitunter in einer inneren nucleophilen Substitution gebildete Epoxid kann außerdem in verschiedener Weise Ringspaltung erleiden, wobei Ketone oder Aldehyde entstehen.

8.1.4. Wolff-Umlagerung. Homologisierung von Carbonsäuren mit Diazomethan (Arndt-Eistert-Reaktion) [1]

α-Diazoketone (und analog α-Diazoester) sind relativ stabile (isolierbare) Verbindungen, da sie ein konjugiertes Elektronensystem enthalten[1]).

Durch Erwärmen (besonders leicht in Gegenwart von $AgNO_3$, Ag_2O oder Silber- bzw. Kupferpulver) oder am vorteilhaftesten durch UV-Photolyse läßt sich elementarer Stickstoff abspalten. Dabei entsteht ein Elektronensextett am (neutralen) Kohlenstoffatom (Ketocarben), das die Wanderung eines Alkyl- oder Arylrestes hervorruft. Das dadurch gebildete Keten reagiert in wäßriger Lösung zur Carbon-

---

[1] Zusammenfassungen: BACHMANN, W. E., u. W. S. STRUVE: Org. Reactions **1**, 38 (1942); HUISGEN, R.: Angew. Chem. **67**, 439 (1955); FRANZEN, V.: Chemiker-Ztg. **81**, 359 (1957); WEYGAND, F., u. H. J. BESTMANN: Angew. Chem. **72**, 535 (1960); RODINA, L. L., u. I. K. KOROBICYNA: Usp. Chim. **36**, 611 (1967); KIRMSE, W.: Carbene, Carbenoide und Carbenanaloge, Verlag Chemie GmbH, Weinheim/Bergstr. 1969.

[1]) Die nachstehenden Formulierungen bringen die Elektronendelokalisation nicht zum Ausdruck, vgl. hierzu S. 481.

8.1.4. Wolff-Umlagerung. Homologisierung von Carbonsäuren mit Diazomethan

säure, in Ammoniak zum Säureamid bzw. in Alkohol zum Carbonsäureester:

$$R-\underset{\underset{R'}{|}}{C}(=O)-\overset{\ominus}{C}-\overset{\oplus}{N}\equiv N| \rightarrow R-C(=O)-\bar{C}-R' + N_2 \xrightarrow{\sim R} O=C=C\begin{pmatrix}R\\R'\end{pmatrix} \xrightarrow{\begin{array}{c}H_2O\\ROH\\NH_3\end{array}} \begin{array}{c}R'\\R'\end{array}\begin{matrix}CH-COOH\\CH-COOR\\CH-CONH_2\end{matrix}$$

1   **2**   **3**

(8.7)

Diese letzten Reaktionen erfolgen erst nach dem geschwindigkeitsbestimmenden Schritt (Umlagerungsschritt) [1].

Im Gegensatz zu früheren Ergebnissen wurde in neuester Zeit bei der Photolyse des ^{13}C-markierten Acetyldiazoäthans (8.8, 1) bewiesen, daß in Ketocarbenen (z. B. 2) prinzipiell eine Nachbargruppenwirkung des Carbonylsauerstoffatoms möglich ist, die bis zur Bildung des symmetrischen Oxirenringes (8.8, 3) gehen kann, für dessen Spaltung im Beispiel (8.8) in jeder der beiden Richtungen gleiche Wahrscheinlichkeit besteht, wie die mit angegebenen Isotopenverteilungen zeigen [2].

Die Reaktion ist auch in der Gasphase oder in inerten Lösungsmitteln durchführbar; man erhält dann keine Säuren, sondern die Ketene 5 und 6 bzw. deren Photolysespaltprodukte (Carben + CO). Ketene sind als Zwischen- bzw. Endprodukte der WOLFF-Umlagerung auch in mehreren anderen Untersuchungen nachgewiesen worden. Auch das Benzoyl-phenyl-diazomethan („Azibenzil") liefert bei der Photolyse in Cyclopentan oder Dioxan/Wasser eine beträchtliche [13]-Umlagerung (etwa 50%) [3], und frühere Ergebnisse, nach denen keinerlei Isotopenumlagerung eintreten sollte [4], müssen korrigiert werden.

Sogar Diazoessigester $ROOC-\overset{\ominus}{C}H-\overset{\oplus}{N}\equiv N$ reagiert teilweise über das Oxirenderivat; beim Äthylester beträgt das Verhältnis von Weg a zu Weg b analog (8.8) 2,2 : 1 [5].

$$CH_3-\underset{\underset{1}{}}{C}(=O)-\overset{\ominus}{\overset{*}{C}}\begin{pmatrix}CH_3\\N\equiv N|\overset{\oplus}{}\end{pmatrix} \xrightarrow{h\nu} CH_3-C(=O)-\overset{*}{\bar{C}}-CH_3 \rightleftarrows CH_3-\underset{3}{C}\overset{O}{\underset{*}{\diagup\diagdown}}C-CH_3 \rightleftarrows CH_3-\overset{*}{\bar{C}}-C(=O)-CH_3$$

1   **2**   **3**   **4**

Weg a ↓ ~CH₃   Weg b ↓ ~CH₃

(8.8)

$$O=\overset{*}{C}=C\begin{pmatrix}CH_3\\CH_3\end{pmatrix} \qquad \begin{pmatrix}CH_3\\CH_3\end{pmatrix}\overset{*}{C}=C=O$$

52%   48%
5   **6**

[1] MELZER, A., u. E. F. JENNY: Tetrahedron Letters [London] **1968**, 4503.
[2] STRAUSZ, O. P., u. Mitarb.: J. Amer. chem. Soc. **90**, 1660, 7360 (1968).
[3] FRATER, G., u. O. P. STRAUSZ: J. Amer. chem. Soc. **92**, 6654 (1970).
[4] FRANZEN, V.: Liebigs Ann. Chem. **614**, 31 (1958); HUGGETT, C., R. T. ARNOLD u. T. I. TAYLOR: J. Amer. chem. Soc. **64**, 3043 (1942) (Thermolyse).
[5] THORNTON, D. E., R. K. GOSAVI u. O. P. STRAUSZ: J. Amer. chem. Soc. **92**, 1768 (1970).

8. Nucleophile Umlagerungen an Elektronendefizitzentren

Die entsprechende Photolyse des Acetyldiazomethans verläuft mit bevorzugter Ringöffnung an der C—H-Seite, wie dies für Epoxide nach anderweitigen Befunden erwartet werden muß [1].

Ketocarbene konnten als echte Zwischenprodukte in einigen Fällen durch die folgende Abfangreaktion (1.3-Dipoladdition) wahrscheinlich gemacht werden [2]:

$$\underset{O}{\overset{Ph}{>}}C-\overset{\ominus}{\underset{}{C}}H-\overset{\oplus}{N}\equiv N \rightarrow \underset{O}{\overset{Ph}{>}}C-\overline{\underset{H}{C}} \xrightarrow{PhC\equiv N} Ph-\underset{O}{\overset{CH-N}{\underset{\|}{C}}}C-Ph \qquad (8.9)$$

Auch aus der Substituentenabhängigkeit ließ sich ableiten, daß Ketocarbene entstehen [3].

Es gibt aber auch starke Hinweise auf einen Synchronverlauf: Diazoalkane vom Typ R—CO—CHN$_2$ liegen überwiegend in der cis-Form vor (8.10, 1), die andererseits bei der di-tert.-Butylverbindung 2 aus sterischen Gründen nicht möglich ist. 2 lagert sich zwar bei der Thermolyse, Photolyse oder Kupfer-katalysierten Reaktion zu 80 bis 92% um, das Keten 3 entsteht jedoch nur zu 6% [4], was für eine Reaktion über ein Ketocarben unverständlich wäre, dagegen für eine Synchronreaktion (8.10, 5) zu fordern ist. Auch die sehr ähnlichen kinetischen Isotopeneffekte bei der WOLFF-Umlagerung eines Diazomethylketons, das an den verschiedenen Positionen mit ^{14}C bzw. ^{15}N markiert war, lassen auf einen Synchronverlauf schließen [5].

$$(8.10)$$

Es muß jedoch festgestellt werden, daß offenbar kein einheitlicher Mechanismus für die einzelnen Ausführungsformen der WOLFF-Umlagerung existiert und die Verhältnisse keinesfalls als geklärt gelten können: In Gegenwart von Metallsalzen handelt es sich wahrscheinlich um eine Radikalreaktion [6], und auch die Photolyse enthält

---

[1] Vgl. [2] S. 479.
[2] Zusammenfassungen: HUISGEN, R., u. Mitarb.: Angew. Chem. 73, (1961); 75, 634 (1963).
[3] Vgl. [1] S. 479.
[4] KAPLAN, F., u. G. K. MELOY: J. Amer. chem. Soc. 88, 950 (1966).
[5] FRY, A.: Pure appl. Chem. 8, 409 (1964).
[6] NEWMAN, M. S., u. P. F. BEAL: J. Amer. Soc. 72, 5163 (1950). YUKAWA, Y., Y. TSUNO u. T. IBATA: Bull. chem. Soc. Japan 40, 2613, 2618 (1967).

8.1.4. Wolff-Umlagerung. Homologisierung von Carbonsäuren mit Diazomethan

zumindest Anteile eines radikalischen Verlaufs, der sich daran erkennen läßt, daß Reduktionsprodukte entstehen (aus Diazoacetophenon z. B. Acetophenon) [1].
Der präparative Wert der WOLFF-Umlagerung wird dadurch erhöht, daß Diazomethylketone leicht aus Säurechloriden bzw. -anhydriden und Diazomethan zugänglich sind. Diazomethan ist infolge des delokalisierten π-Elektronensystems relativ stabil und im Gegensatz zu Alkyldiazoniumverbindungen isolierbar.

$$|\overset{\ominus}{CH_2}-\overset{\oplus}{N}\equiv N| \leftrightarrow CH_2=\overset{\oplus}{N}=\overset{\ominus}{\underline{N}}| \equiv \overset{\delta-}{CH_2}\cdots\overset{\delta+}{N}\mathrel{\overset{\delta-}{=\!=\!=}}N \qquad (8.11)$$
$$123$$

Nach NMR-Untersuchungen wird die Grenzformel 1 der Realität ziemlich gut gerecht und darf deshalb für Formulierungen ohne Bedenken verwendet werden [2]. Das Methylen-Kohlenstoffatom hat demnach nucleophilen Charakter und reagiert mit Säuren und LEWIS-Säuren.

Säurechloride setzen sich entsprechend (8.12) um; der gebildete Chlorwasserstoff reagiert mit einem weiteren Molekül Diazomethan zum Methyldiazoniumion, das infolge der nunmehr fehlenden Elektronendelokalisation sofort Stickstoff verliert. Das entstandene Methylkation liefert Methylchlorid.

Insgesamt erlaubt es die Umsetzung von Säurechloriden und -anhydriden mit Diazomethan ohne Isolierung des Diazomethylketons, Carbonsäuren um eine CH_2-Gruppe zu verlängern, wobei sich das Diazomethan formal zwischen R und COOH der Ausgangssäure einschiebt (ARNDT-EISTERT-Homologisierung von Carbonsäuren) [3].

Diazomethan addiert sich analog an Aldehyde oder Ketone (8.13). Das nicht durch Elektronendelokalisation stabilisierte System (8.13, 3) spaltet Stickstoff ab. Das gebildete Zwitterion 4 entspricht dem der TIFFENEAU-Umlagerung und liefert die gleichen Reaktionsprodukte (Epoxid bzw. die beiden möglichen Carbonylverbindungen 6 und 7) [4].

[1] PADWA, A., u. R. LAYTON: Tetrahedron Letters [London] **1965**, 2167. HORNER, L., u. H. SCHWARZ: Tetrahedron Letters [London] **1966**, 3579; Liebigs Ann. Chem. **747**, 1 (1971).
[2] LEDWITH, A., u. E. C. FRIEDRICH: J. chem. Soc. [London] **1964**, 504.
[3] EISTERT, B.: Angew. Chem. **54**, 124 (1941); **55**, 118 (1942).
[4] Zusammenfassungen: [1] S. 474; GUTSCHE, C. D.: Org. Reactions **8**, 364 (1954).

8.2. Umlagerungen an Elektronendefizit-Stickstoffatomen [1, 2]

8.2.1. Hofmann-Säureamidabbau [3], Lossen-Reaktion [4]

Beim HOFMANN-Abbau wird ein primäres Säureamid in wäßrig-alkalischer Lösung mit der äquimolaren Menge Chlor oder Brom (oder auch Hypohalogenit, besonders einfach in Form von N-Chlor-p-Toluolsulfonamid-Natriumsalz, „Chloramin T") in das entsprechende N-Halogenamid übergeführt, das sich isolieren läßt, wenn äquimolare Alkalimengen angewandt werden. Bei Alkaliüberschuß — der üblichen Ausführungsform der Reaktion — wird die N—H-Gruppe leicht deprotoniert, begünstigt durch die gleichzeitige Wirkung der beiden acidifizierenden Substituenten (Acylgruppe und Halogen). Das nunmehr negativ geladene Stickstoffatom drängt durch seinen großen +I-Effekt das Halogen anionisch aus dem Molekül heraus, wodurch das Stickstoffatom zwar neutral, aber nur mit einem Elektronensextett zurückbleibt. Derartige Verbindungen mit einem Elektronensextett am Stickstoffatom werden als Nitrene bezeichnet. Durch Umlagerung des Alkyl- oder Arylrestes R entsteht ein Isocyansäureester, der in der üblichen Weise zu der in freier Form nicht existenzfähigen N-Alkyl- oder N-Aryl-carbaminsäure verseift wird, die Kohlendioxid verliert und in das primäre Amin übergeht. Wahrscheinlich entstehen beim HOFMANN-Säureamidabbau jedoch keine freien Nitrene, sondern Dehalogenierung und Wanderung von R verlaufen nahezu synchron im Sinne starker Nachbargruppenwirkung analog 8 [5, 6].

$$R-C\underset{NH_2}{\overset{O}{\diagup}} + Br-\bar{\underline{O}}|^{\ominus} \longrightarrow R-C\underset{NHBr}{\overset{O}{\diagup}} + {}^{\ominus}|\bar{\underline{O}}H \longrightarrow R-C\underset{\underset{\ominus}{N}-Br}{\overset{O}{\diagup}} + H_2O$$
$$\mathbf{1} \qquad\qquad\qquad\qquad \mathbf{2} \qquad\qquad\qquad \mathbf{3}$$

$$\longrightarrow Br^{\ominus} + R-C\underset{N|}{\overset{O}{\diagup}} \xrightarrow{\sim R} R-N=C=O \xrightarrow{H_2O} R-NH-C\underset{OH}{\overset{O}{\diagup}} \qquad (8.14)$$
$$\qquad\qquad\qquad \mathbf{4} \qquad\qquad \mathbf{5} \qquad\qquad\qquad \mathbf{6}$$

$$\underset{\underset{O}{\overset{\|}{C}}}{R\cdot\overset{\frown}{\underline{N}}-X} \qquad\qquad\qquad\qquad\qquad\qquad CO_2 + R-NH_2$$
$$\mathbf{8} \qquad\qquad\qquad\qquad\qquad\qquad\qquad \mathbf{7}$$

---

[1] Zusammenfassung: SMITH, P. A. S., in: Molecular Rearrangements, Vol. I, Interscience Publishers, New York/London 1963, S. 457.
Zusammenfassungen über Nitrene:
[2a] LWOWSKI, W.: Angew. Chem. **79**, 922 (1967).
[2b] ABRAMOVITCH, R. A., u. B. A. DAVIS: Chem. Reviews **64**, 149 (1964).
[2c] HORNER, L., u. A. CHRISTMANN: Angew. Chem. **75**, 707 (1963).
[3] Zusammenfassungen: WALLIS, E. S., u. J. F. LANE: Org. Reactions **3**, 267 (1946).
[4] Zusammenfassung: YALE, H. L.: Chem. Reviews **33**, 209 (1943).
[5] HAUSER, C. R., u. S. W. KANTOR: J. Amer. chem. Soc. **72**, 4284 (1950).
[6] WRIGHT, J. C., u. A. FRY: Chem. Engng. News **46**, 28 (1968).

Die deprotonierten Verbindungen (8.14, 3) lassen sich in Substanz herstellen. Da sie in wasserfreiem Medium ebenfalls Isocyanate liefern, besteht kein Zweifel, daß sie Zwischenprodukte der Reaktion darstellen [1]. Der geschwindigkeitsbestimmende Schritt ist die Ablösung des Halogenidions, wie sich daran zeigt, daß elektronenliefernde Substituenten im Benzolring von N-Brombenzamiden die Reaktion (unter Nachbargruppenbeteiligung) beschleunigen ($\varrho = -2{,}5$) [2]. Carbonsäureamide vom Typ RCONHR, die nach N-Halogenierung kein Anion analog (8.14, 3) bilden können, geben keine HOFMANN-Reaktion. Wenn das Anion zu schwach basisch ist, wie in CF_3—CONHBr bzw. N-Halogen-perfluoralkansäureamiden, wird der Elektronendruck auf das Halogenatom so gering, daß dieses nicht als Halogenid abgespalten werden kann; das System fragmentiert in wäßriger Lösung deshalb zu CF_3Br usw. und Alkalicyanat; im wasserfreien Medium erhält man die normale HOFMANN-Reaktion [3].

Die HOFMANN-Reaktion von m-Deutero-^{15}N-benzamid liefert nur m-Deutero-^{15}N-anilin [4]. Dadurch wird bewiesen, daß die Reaktion intramolekular abläuft und daß der Phenylrest das Stickstoffatom (Nitren) mit seinem Kohlenstoffatom C—1 über einen Dreiring und nicht mit C-2 über einen Vierring angreift.

Die LOSSEN-Reaktion verläuft prinzipiell gleichartig (8.15). In diesem Fall wird die O-Acylverbindung einer Hydroxamsäure eingesetzt (Carbonsäureester einer Hydroxamsäure), die dem N-Halogenamid des HOFMANN-Abbaues eng verwandt ist, stellt dieses im Grunde doch den gleichen Verbindungstyp dar, einen Halogenwasserstoffsäureester der Hydroxamsäure. Die O-Acylhydroxamsäuren lassen sich rein thermisch zersetzen und liefern dann Isocyanate, während in wäßrig alkalischer Lösung primäre Amine entstehen. Die Zersetzungstendenz der O-Acylhydroxamsäuren steigt erwartungsgemäß an, wenn —I- oder/und —M-Gruppen die Stabilität des abzuspaltenden Acylanions erhöhen und wenn in R elektronenliefernde Substituenten enthalten sind. Für (8.15) R = Aryl wurde entsprechend gefunden: $\varrho = -2{,}6$; für R' = Aryl: $\varrho = +0{,}87$ [5].

$$R-C\underset{NHOH}{\overset{O}{\diagup}} \rightarrow R-C\underset{NH-O-CO-R'}{\overset{O}{\diagup}} \xrightarrow[-H_2O]{+HO^\ominus} R-C\underset{{}^\ominus N-O-CO-R'}{\overset{O}{\diagup}}$$

$$\rightarrow R'-C\underset{O^\ominus}{\overset{O}{\diagup}} + R-C\underset{N|}{\overset{O}{\diagup}} \xrightarrow{\sim R} R-N=C=O \qquad (8.15)$$

weiter wie Hofmann-Reaktion

---

[1] MAUGUIN, C.: Ann. Chim et Phys. (8) **22**, 301 (1911).
[2] HAUSER, C. R., u. W. B. RENFROW: J. Amer. chem. Soc. **59**, 121 (1937).
[3] BARR, D. A., u. R. N. HASZELDINE: Chem. and Ind. **1956**, 1050; JUDD, W. P., u. B. E. SWEDLUND: Chem. Commun. **1966**, 43.
[4] PROSSER, T. J., u. E. L. ELIEL: J. Amer. chem. Soc. **79**, 2544 (1957).
[5] RENFROW, W. B., u. C. R. HAUSER: J. Amer. chem. Soc. **59**, 2308 (1937).

8.2.2. Curtius-Abbau von Säureaziden [1]

Säureazide sind mit den eigentlichen Ausgangsprodukten der HOFMANN- und LOSSEN-Umlagerung R—CO—$\overset{\ominus}{N}$—X eng verwandt; X stellt in diesem Falle die besonders leicht abspaltbare Gruppe N≡N dar. Acylazide (Carbonylazide) reagieren deshalb bei der Thermolyse oder Photolyse in analoger Weise (8.16).

In unpolaren Lösungsmitteln bleibt der durch Umlagerung der Gruppe R (Alkyl- oder Arylrest) gebildete Isocyansäureester 3 intakt und kann isoliert werden. In Alkohol — der von CURTIUS angewandten Ausführungsform — entstehen Carbaminsäureester (Urethane) 4, die leicht zum Amin und Kohlendioxid verseift werden können.

$$R-C\begin{smallmatrix}O\\\overset{\ominus}{N}-N\equiv\overset{*}{N}\end{smallmatrix} \longrightarrow R-C\begin{smallmatrix}O\\\overset{}{N}\end{smallmatrix} + |N\equiv\overset{*}{N}| \xrightarrow{\sim R} R-N=C=O \xrightarrow{R'OH} R-NH-C\begin{smallmatrix}O\\OR'\end{smallmatrix}$$

1   2   3   4

$$R\cdots\overset{\ominus}{N}-\overset{\oplus}{N}\equiv N \qquad (8.16)$$
$$\underset{O}{\overset{\|}{C}} \quad 5$$

Durch Einbau von ^{15}N an der in (8.16) gekennzeichneten Position wurde bewiesen, daß keine Stickstoffdreiringe durchlaufen werden, in denen das endständige Stickstoffatom in die Reaktion eingreift; es entsteht vielmehr ein Urethan, das kein ^{15}N enthält [2]. Die Formulierung (8.16, 1) ist insofern zu stark vereinfacht, als sie keine Delokalisation der p- und π-Elektronen zum Ausdruck bringt, durch die das Azidelektronensystem stabilisiert wird. Durch Protonierung (in Analogie zu anderen Säureamiden wahrscheinlich am Carbonyl-Sauerstoffatom) wird die Elektronendelokalisation verringert; die CURTIUS-Reaktion läßt sich deshalb durch Säuren stark beschleunigen [3, 4]. Bei der Photolyse von Acylaziden entstehen wahrscheinlich freie Nitrene, was daran erkannt wird, daß diese mit dem Lösungsmittel R'H zu nicht umlagerten C—H-Einschiebungsprodukten RCONHR' bzw. mit zugesetzten Olefinen zu Nitren-Addukten (Aziridinen) reagieren, vgl. die analogen Verhältnisse bei Carbenen, S. 420. Diese Produkte waren bei der thermischen Reaktion nicht nachweisbar, die demnach wahrscheinlich als Synchronreaktion (8.16, 5) abläuft [16]. Übereinstimmend damit wurde ein kinetischer $^{12}C/^{14}C$-Isotopeneffekt für das wandernde Kohlenstoffatom gefunden, der für einen sekundären kinetischen Isotopeneffekt, wie er für den Nitrenmechanismus zu erwarten wäre, zu groß ist [5].

[1a] SMITH, P. A. S.: Org. Reactions 3, 337 (1946); [1] S. 482.
[1b] LWOWSKI, W.: Angew. Chem. 79, 922 (1967).
[2] BOTHNER-BY, A., u. L. FRIEDMAN: J. Amer. chem. Soc. 73, 5391 (1951).
[3] NEWMAN, M. S., u. H. L. GILDENHORN: J. Amer. chem. Soc. 70, 317 (1948).
[4] YUKAWA, Y., u. Y. TSUNO: J. Amer. chem. Soc. 81, 2007 (1959); 79, 5530 (1957).
[5] Vgl. [6] S. 482.

8.2.3. Schmidt-Reaktion [1]

Eng verwandt mit der CURTIUS-Umlagerung ist eine Gruppe von Reaktionen, die ebenfalls von einem Azid ausgehen, das durch Umsetzung von Stickstoffwasserstoffsäure mit Carbonsäuren, Ketonen, Aldehyden oder Olefinen dargestellt wird. Aus den Olefinaddukten entstehen durch Abspaltung von Stickstoff, Umlagerung und Eliminierung eines Protons N-substituierte Ketimide, die in der sauren Reaktionslösung zu einem Keton und einem Amin verseift werden (8.17).

$$\begin{aligned} &\text{R}_2\text{C}=\text{CR}_2 + \text{H}^\oplus \rightarrow \text{H}-\overset{|}{\underset{|}{\text{C}}}-\overset{\oplus}{\underset{|}{\text{C}}}\text{R}_2 + \text{H}-\overset{\ominus}{\underline{\text{N}}}-\overset{\oplus}{\text{N}}\equiv\text{N}| \rightarrow \text{H}-\overset{|}{\underset{|}{\text{C}}}-\overset{\text{R}}{\underset{\text{H}}{\text{C}}}-\underline{\bar{\text{N}}}-\overset{\oplus}{\text{N}}\equiv\text{N}| \\ &\rightarrow \text{N}_2 + \text{H}-\overset{|}{\underset{|}{\text{C}}}-\overset{\text{R}}{\underset{|}{\text{C}}}-\overset{\oplus}{\underline{\text{N}}}-\text{H} \xrightarrow{\sim\text{R}} \text{H}-\overset{|}{\underset{|}{\text{C}}}-\overset{\oplus}{\underset{|}{\text{C}}}=\text{N}\overset{\text{R}}{\underset{\text{H}}{\diagdown}} \xrightarrow{\text{H}_2\text{O}} \text{H}-\overset{|}{\underset{|}{\text{C}}}-\overset{|}{\underset{|}{\text{C}}}=\text{O} + \text{R}-\overset{\oplus}{\text{NH}_3} \end{aligned}$$

(8.17)

Die Addukte der Stickstoffwasserstoffsäure an Aldehyde oder Ketone (8.18) gehen in der stark sauren Reaktionslösung unter Wasserabspaltung zunächst in Azomethinanaloge über. Im Falle der Aldehyde kann sich das durch Eliminierung von Stickstoff zurückgebliebene Stickstoffsextett am leichtesten stabilisieren, indem ein Proton eliminiert wird, so daß Nitrile entstehen.

Bei den Kondensationsprodukten der Stickstoffwasserstoffsäure mit Ketonen muß sich dagegen eine Alkyl- oder Arylgruppe umlagern, wobei ein Carbeniumkation entsteht, das mit dem Lösungsmittel reagiert. Mit Wasser entstehen so die Säureamide, mit Alkohol Iminoester und mit Stickstoffwasserstoffsäure (Überschuß) Tetrazole.

$$\begin{aligned} &\underset{\text{R}}{\overset{\text{R}'}{\diagdown}}\text{C}=\text{O} + \text{H}-\overset{\ominus}{\underline{\text{N}}}-\overset{\oplus}{\text{N}}\equiv\text{N}| \xrightarrow{+\text{H}^\oplus} \underset{\text{R}}{\overset{\text{R}'}{\diagdown}}\overset{\text{H}}{\underset{\text{OH}}{\text{C}}}-\overset{\oplus}{\underline{\text{N}}}-\text{N}\equiv\text{N}| \xrightarrow{\text{H}_2\text{O}} \text{R}-\overset{\text{R}'}{\underset{}{\text{C}}}=\underline{\text{N}}-\overset{\oplus}{\text{N}}\equiv\text{N}| \\ &\mathbf{1} \qquad\qquad\qquad\qquad\qquad\qquad \mathbf{2} \qquad\qquad\qquad \mathbf{3} \\ &\longrightarrow \text{N}_2 + \text{R}'-\overset{\text{R}}{\underset{}{\text{C}}}=\overset{\oplus}{\underline{\text{N}}} \xrightarrow{-\text{R}'=\text{H}^\oplus} \text{R}-\text{C}\equiv\text{N} \end{aligned}$$

(8.18)

$$\text{R}-\overset{\oplus}{\text{C}}=\underline{\text{N}}-\text{R}' \begin{cases} \xrightarrow{\text{H}_2\text{O}} \text{R}-\underset{\text{OH}}{\overset{}{\text{C}}}=\text{N}-\text{R}' \rightleftharpoons \text{R}-\overset{\text{O}}{\underset{}{\text{C}}}-\text{NHR}' \\ \xrightarrow{\text{R}''\text{OH}} \text{R}-\underset{\text{OR}''}{\overset{}{\text{C}}}=\text{N}-\text{R}' + \text{H}^\oplus \\ \xrightarrow{\text{H}-\overset{\ominus}{\underline{\text{N}}}-\overset{\oplus}{\text{N}}\equiv\text{N}|} \begin{array}{c}\text{R}-\text{C}=\bar{\text{N}}-\text{R}'\\ \underset{}{\text{H}-\text{N}-\overset{\oplus}{\text{N}}\equiv\text{N}|}\end{array} \longrightarrow \text{R}-\text{C}\underset{\text{N}\diagdown\text{N}\diagup\text{N}}{---}\text{N}-\text{R}' + \text{H}^\oplus \end{cases}$$

4

---

[1] WOLFF, H.: Org. Reactions **3**, 307 (1946); [1] S. 482.

Da Säureamide nicht mit Stickstoffwasserstoffsäure zu Tetrazolen reagieren, ist diese Umsetzung als eine Art Abfang- und damit Nachweisreaktion für das Umlagerungszwischenprodukt (8.18, 4) anzusehen.

Carbonsäuren werden in der SCHMIDT-Reaktion zu primären Aminen abgebaut, die ein Kohlenstoffatom weniger enthalten als die Carbonsäure:

$$R-C\underset{OH}{\overset{O}{\diagdown}} + H-\underset{\ominus}{\underline{N}}-\overset{\oplus}{N}\equiv N + H^{\oplus} \rightarrow R-\underset{OH}{\overset{OH}{\underset{|}{C}}}-NH-\overset{\oplus}{N}\equiv N|$$

$$\xrightarrow{-H_2O} R-\underset{|}{\overset{OH}{C}}=\underline{N}-\overset{\oplus}{N}\equiv N| \rightarrow N_2 + R-\overset{OH}{\underset{|}{C}}=\underline{N}^{\oplus} \qquad (8.19)$$

$$\xrightarrow{\sim R} R-\underline{N}=\overset{\oplus}{C}-OH \xrightarrow{H_2O} RNH_3^{\oplus} + CO_2$$

8.2.4. Beckmann-Umlagerung [1]

Der SCHMIDT-Reaktion verwandt ist die BECKMANN-Umlagerung, bei der ein Oxim eines Aldehyds oder Ketons mit wasserabspaltenden Reagenzien, z. B. H_2SO_4, P_2O_5, PCl_5 behandelt wird. Dabei entsteht ein Elektronensextett am Stickstoff, welches die Umlagerung eines Alkyl- oder Arylrestes erzwingt.

In konzentrierter Schwefelsäure bzw. Oleum — als Reaktionsmedium häufig angewandt — verläuft die Reaktion wahrscheinlich über Ionenpaare, und das Endprodukt (Säureamid) entsteht erst bei der Aufarbeitung (vgl. (8.20)).

$$\underset{R'}{\overset{R}{\diagdown}}C=N-O-H + H_2SO_4 \rightleftharpoons \underset{R'}{\overset{R}{\diagdown}}C=\overset{\oplus}{N}OH_2 \; HSO_4^{\ominus} \rightleftharpoons \underset{R'}{\overset{R}{\diagdown}}C=\overset{\oplus}{N}| \; HSO_4^{\ominus} + H_2O$$

$$\qquad 1 \qquad\qquad\qquad\qquad 2 \qquad\qquad\qquad\qquad 3$$

$$\xrightarrow{\sim R(R')} \underset{HSO_4^{\ominus}}{R-\overset{\oplus}{C}=\underline{N}-R} \xrightarrow{H_2O} R-\underset{OH \; H}{\overset{\oplus}{C}=\underline{N}-R} \rightleftharpoons R-\underset{O}{\overset{}{C}}-NHR \qquad (8.20)$$

$$\qquad 4 \qquad\qquad\qquad 5 \qquad\qquad 6$$

$$\underset{R'}{\overset{R\cdots}{\underset{|}{C}}}\overset{\curvearrowright}{N}\overset{\oplus}{-}OH_2$$

$$7$$

Zusammenfassungen:
[1a] DONARUMA, L. G., u. W. Z. HELDT: Org. Reactions **11**, 1 (1960).
[1b] Vgl. [1] S. 482.
[1c] VINNIK, M. I., u. N. G. ZARACHANI: Usp. Chim. **36**, 167 (1967).

Die Reaktion unterliegt einer spezifischen Wasserstoffionenkatalyse und ist im Bereich mittlerer Aciditäten der HAMMETT-Funktion H_0 proportional (vgl. Abschn. 2.7.1.); die Kinetik ist jedoch infolge der durchlaufenen Gleichgewichte kompliziert [1].

Als geschwindigkeitsbestimmendes Stadium der Reaktion ist im allgemeinen die Umlagerung 3 → 4 anzusehen. Übereinstimmend damit wurde bei der BECKMANN-Reaktion von kernsubstituierten Acetophenonoximen gefunden, daß Elektronendonatoren im Arylrest die Reaktion beschleunigen, $\varrho = -2{,}0$ [2].

Dieser verhältnismäßig große Wert weist auf eine Nachbargruppenbeteiligung des Arylrestes beim Ionisierungsschritt hin, das heißt, die BECKMANN-Umlagerung verläuft weitgehend synchron (8.20, 7). In gleiche Richtung deutet der Befund, daß Oxime, die in der C=NOH-Gruppe ^{14}C enthalten, ebenso schnell reagieren wie die ^{12}C-Verbindung ($k_{^{12}C}/k_{^{14}C} \approx 1$) [3].

Ebenso wie die Oxime lagern sich auch deren O-Acylverbindungen $R_2C=N-X$ (X = OCOR, OTs, 2.4.6-Trinitrophenoxy-) um, und zwar um so leichter, je größer die Abspaltungstendenz des Säureanions $X^\ominus$ ist:

$$Ph-SO_2O- > ClCH_2-COOO- > Ph-COO- > CH_3COO-$$

Der Mechanismus entspricht prinzipiell der Formulierung (8.20) [4].

Auf die große technische Bedeutung der BECKMANN-Umlagerung zur Herstellung von ε-Caprolactam aus Cyclohexanonoxim sei hingewiesen.

8.3. Umlagerungen am Elektronendefizit-Sauerstoffatom [5]

8.3.1. Umlagerung von Peroxyverbindungen. Phenolsynthese nach Hock. Baeyer-Villiger-Oxydation [6]

Die bekannte Synthese von Phenol und Aceton durch sauer katalysierte Zersetzung des Cumolhydroperoxids (zur Darstellung vgl. Abschn. 9.2.3.2.) verläuft *formal* entsprechend (8.21).

---

[1] Eine sehr gute Übersicht findet man in [1c] S. 486.
[2] PEARSON, D. E., J. F. BAXTER u. J. C. MARTIN: J. org. Chemistry 17, 1511 (1952).
[3] YUKANA, Y., u. M. KAWAKAMI: Chem. and Ind. 1961, 1401.
[4] GROB, C. A., H. P. FISCHER, W. RAUDENBUSCH u. J. ZERGENYI: Helv. chim. Acta 47, 1003 (1964).
Zusammenfassungen:
[5a] LEFFLER, J. E.: Chem. Rev. 45, 385 (1949).
[5b] CRIEGEE, R.: Fortschr. chem. Forsch. 1, 508 (1950).
[5c] Vgl. [1] S. 482.
[6] HASSALL, C. H.: Org. Reactions 9, 73 (1957); SYRKIN, J. K., u. I. I. MOISEJEV: Usp. Chim. 29, 425 (1960).

$$\text{(8.21)}$$

Im Gegensatz zur Formulierung tritt jedoch kein freies Oxeniumion (8.21, 3) auf: Wenn die Reaktion in $H_2^{18}O$ durchgeführt und vorzeitig abgebrochen wird, sollte ^{18}O im zurückgewonnenen Hydroperoxid 1 erscheinen, was nicht der Fall ist [1].

Bei kernsubstituierten Cumolhydroperoxiden wurde in 50%igem Alkohol bei Gegenwart von Perchlorsäure außerdem eine relativ große Reaktionskonstante $\varrho = -4{,}57$ gefunden, wobei σ^+-Werte eine bessere Korrelation liefern als die σ-Werte [2]. Da der Phenylkern weit vom Reaktionszentrum und von diesem elektronisch isoliert ist, kann dies nur auf eine konjugative Wechselwirkung des Reaktionszentrums mit dem Phenylrest im geschwindigkeitsbestimmenden Schritt zurückzuführen sein, die in 8 angedeutet wurde.

Prinzipiell gleichartig wie die HOCK-Reaktion verläuft die BAEYER-VILLIGER-Oxydation, bei der Ketone mit Wasserstoffperoxid oder Peroxycarbonsäuren zu Carbonsäureestern umgesetzt werden. Formal schiebt sich dabei der Peroxid-Sauerstoff ebenso zwischen R und C=O des Ketons ein, wie die CH_2-Gruppe bei der ARNDT-EISTERT-Reaktion oder die NH-Gruppe bei der SCHMIDT-Reaktion. Mit Hilfe von ^{18}O wurde nachgewiesen, daß das Carbonyl-Sauerstoffatom des Ketons zum Estercarbonyl-Sauerstoff wird [3].

$$\text{(8.22)}$$

---

[1] BRODSKIJ, A. I., V. D. POCHODENKO, M. M. ALEKSANKIN u. I. P. GRAGEROV: Ž. obšč. Chim. **32**, 758 (1962); BASSEY, H., C. A. BUNTON, A. G. DAVIES, T. A. LEWIS u. D. R. LLEWELLYN: J. chem. Soc. [London] **1955**, 2471; BURTZLAFF, G., U. FELBER, H. HÜBNER, W. PRITZKOW u. W. ROLLE: J. prakt. Chem. [4] **28**, 305 (1965).

[2] DERUYTER VAN STEVENINCK, A. W., u. E. C. KOOYMAN: Recueil Trav. chim. Pays-Bas **79**, 413 (1960); vgl. ANDERSON, G. H., u. J. G. SMITH: Canad. J. Chem. **46**, 1553 (1968) (kernsubstituierte Benzhydrylperoxide, $\varrho = -3{,}78$).

[3] DOERING, W. v. E., u. E. DORFMAN: J. Amer. chem. Soc. **75**, 5595 (1953).

Die Reaktion hat technische Bedeutung erlangt als Zugang zum Caprolactam, wobei Cyclohexanon durch BAEYER-VILLIGER-Oxydation zum Caprolacton und dieses durch Ammonolyse zum Caprolactam umgesetzt wird.

Obwohl ein Ionenmechanismus der BAYER-VILLIGER-Oxydation für bewiesen gilt [1], scheint doch auch ein radikalischer Verlauf möglich zu sein, vor allem in unpolaren Lösungsmitteln [2].

8.4. Zur Umlagerungsrichtung

Wir betrachten hierzu das Schema einer Umlagerung am Kohlenstoffatom, für die ein Verlauf über Kationen wahrscheinlich bzw. bewiesen ist. Die Verhältnisse können auf andere Umlagerungen an Elektronendefizitzentren übertragen werden.

$$
\underset{1}{\text{H}-\overset{\text{A}}{\underset{\text{B}}{\text{C}}}-\overset{|\alpha}{\underset{|}{\text{C}}}-\text{X}} \quad \underset{+\text{X}^{\ominus}}{\overset{-\text{X}^{\ominus}}{\rightleftharpoons}} \quad \underset{2}{\text{H}-\overset{\text{A}}{\underset{\text{B}}{\text{C}}}-\overset{|}{\underset{|}{\text{C}}}{\oplus}} \quad \rightleftharpoons \quad \underset{3}{\oplus\overset{\beta}{\underset{|}{\text{C}}}-\overset{|\alpha}{\underset{|}{\text{C}}}} \Bigg\} \longrightarrow \text{Produkte} \quad (8.23)
$$

Durch die Ablösung von X mit den Bindungselektronen entsteht ein Elektronensextett am α-Kohlenstoffatom. Dadurch wird die Wanderung eines Substituenten mit seinen Bindungselektronen vom β-Kohlenstoffatom an C_α erzwungen.

Es handelt sich also dabei um eine Reaktion einer Base (mit den Elektronen wandernder Rest) mit einer Säure (Atom mit Elektronendefizit), und es liegt auf der Hand, daß die Umlagerungstendenz mit der Säurestärke von C_α und der Basenstärke — genauer: mit der nucleophilen Kraft — des wandernden Restes ansteigt. Die Säurestärke des Atoms mit Elektronendefizit liegt besonders hoch, wenn damit gleichzeitig eine positive Ladung verbunden ist. Von den sich umlagernden Substituenten in (8.23) sollte der Wasserstoff schwerer wandern als der Phenylrest, während die Wanderungstendenz des substituierten Phenylrestes (B) um so höher liegen muß, je basischer er durch polare Einflüsse des Substituenten R wird. Dieser Sachverhalt kommt auch darin sehr klar zum Ausdruck, daß die Reaktionskonstanten bei allen nucleophilen Umlagerungen für Reaktionsserien mit substituierten Benzolkernen (B in 8.23) negatives Vorzeichen haben. Auf die unterschiedliche Wanderungsfähigkeit der β-Substituenten wird im nächsten Abschnitt eingegangen.

Bei der Umlagerung (8.23) entsteht ein Elektronensextett am Kohlenstoffatom C_β. Diese Reaktion ist reversibel, so daß sich das Gleichgewicht zwischen 2 und 3 ein-

---

[1] HAWTHORNE, M. F., u. W. D. EMMONS: J. Amer. chem. Soc. **80**, 6393, 6398 (1958); HEDAYA, E., u. S. WINSTEIN: Tetrahedron Letters [London] **1962**, 563.
[2] ROBERTSON, J. C., u. A. SWELIM: Tetrahedron Letters [London] **1967**, 2871.

stellen kann und im allgemeinen das energieärmere der beiden Carbeniumionen, das am stärksten verzweigte Alkylkation bevorzugt gebildet wird:

$$\begin{array}{c} \text{Alk} \\ | \\ \text{Alk}-\overset{\oplus}{\text{C}} \\ | \\ \text{Alk} \end{array} > \begin{array}{c} \text{Alk} \\ \diagdown \\ \diagup \\ \text{Alk} \end{array}\overset{\oplus}{\text{CH}} > \text{Alk}-\overset{\oplus}{\text{CH}_2} \qquad (8.24\,\text{a})$$

Der Energieunterschied zwischen primären, sekundären und tertiären Carbeniumionen ist beträchtlich, z. B. [1]:

$$\begin{array}{cccc} \overset{\oplus}{\text{CH}_3} & \text{CH}_3\overset{\oplus}{\text{CH}_2} & \text{CH}_3\overset{\oplus}{\text{C}}\diagdown_{\text{CH}_3}^{\text{H}} & \text{CH}_3\overset{\oplus}{\text{C}}\diagdown_{\text{CH}_3}^{\text{CH}_3} \\ \Delta E\!:\, 0 & 36 & 66 & 84 \end{array} \qquad (8.24\,\text{b})$$
(kcal/mol)

Die Triebkraft zur Umlagerung primärer in sekundäre bzw. tertiäre Carbeniumionen ist deshalb groß, und umgekehrt wird in neuerer Zeit überhaupt bezweifelt, ob primäre Carbeniumionen unter den üblichen Reaktionsbedingungen entstehen können; es ist denkbar, daß in diesem Falle die Wanderung des β-ständigen Restes unmittelbar mit der Ablösung des Substituenten X verknüpft ist. Die Geschwindigkeit, mit der sich Carbeniumionen umlagern, ist wahrscheinlich in den meisten Fällen recht groß. Bei tiefen Temperaturen lassen sich die Gleichgewichte einfrieren, und die beiden Carbeniumionen sind im NMR-Spektrum getrennt nachweisbar, so daß ihre Umlagerungsgeschwindigkeit direkt bestimmt werden kann. Für die Wanderung von Kohlenstoffresten bei -80 bis $-100\,°\text{C}$ wurden auf diese Weise Geschwindigkeitskonstanten von mindestens 10^4 bis $10^5\,\text{s}^{-1}$ abgeschätzt [2], die Aktivierungsenergien liegen bei 11 bis 15 kcal/mol, die Aktivierungsentropien sind positiv (0 bis $+10$ cal/grd · mol).

Die energetischen Verhältnisse werden an den folgenden Beispielen deutlich: Die Desaminierung von $^{14}\text{C}_{(1)}$-Äthylamin mit salpetriger Säure liefert das primäre Carbeniumion (8.25, 2), das sich nur zum primären Carbeniumion 3 umlagern kann. Da damit kein Energiegewinn verbunden ist, bleibt die Umlagerung sehr gering, wie die ^{14}C-Verteilung ausweist [3].

$$\text{CH}_3-\overset{*}{\text{CH}}_2-\text{NH}_2 \xrightarrow{\text{HNO}_2} \underset{2}{\text{CH}_3-\overset{*}{\text{CH}}_2^{\oplus}} \underset{\sim\text{H}}{\overset{\sim\text{H}}{\rightleftharpoons}} \underset{3}{\overset{*}{\text{CH}}_2-\overset{\oplus}{\text{CH}}_3}\ (+\ \text{Olefin})$$
$$\underset{1}{} \qquad\qquad \Big\downarrow\text{H}_2\text{O} \qquad\qquad\qquad \Big\downarrow\text{H}_2\text{O} \qquad (8.25)$$
$$\text{CH}_3-\overset{*}{\text{CH}}_2\text{OH}\ (98.5\%) \qquad \overset{*}{\text{CH}}_3-\text{CH}_2\text{OH}\ (1.5\%)$$

Die Umlagerung ist offenbar nur möglich, weil bei Desaminierungen sehr reaktionsfähige („heiße") Carbeniumionen entstehen; bei der Solvolyse von $\text{CH}_3-^{14}\text{CH}_2-\text{OTs}$

---

[1] MULLER, N., R. S. MULLIKEN: J. Amer. chem. Soc. 80, 3489 (1958); vgl. HOFFMANN, R.: J. chem. Physics 40, 2480 (1964).
[2] BROUWER, D. M., C. MACLEAN u. E. L. MACKOR: Discuss. Faraday Soc. 39, 121 (1965); [1] S. 508; vgl. auch COLLINS, C. J., u. B. M. BENJAMIN: J. Amer. chem. Soc. 85, 2519 (1963); SKELL, P. S., u. R. J. MAXWELL: J. Amer. chem. Soc. 84 3963 (1962).
[3] ROBERTS, J. D., u. J. A. YANCEY: J. Amer. chem. Soc. 74, 5943 (1952).

in Dioxan/Wasser, Eisessig oder Ameisensäure wurde keine 1.2-Wasserstoffverschiebung beobachtet [1].

Bei der Desaminierung von ^{14}C—n—Propylamin dagegen kann das gebildete 1-Propylcarbeniumion infolge der Energiedifferenz zwischen primären und sekundären Carbeniumionen leicht in das Isopropylkation übergehen, so daß überwiegend Isopropanol entsteht [2, 3].

$$CH_3-CH_2-CH_2-NH_2$$

$$\xrightarrow{HNO_2} CH_3-CH_2-CH_2^\oplus \xrightarrow{\sim H} CH_3-\overset{\oplus}{CH}-CH_2 \quad (+CH_3-CH=CH_2)$$

$$\downarrow H_2O \qquad\qquad\qquad \downarrow H_2O$$

$$CH_3-CH_2-CH_2OH \qquad CH_3-CH-CH_3$$
$$\qquad\qquad\qquad\qquad\qquad\qquad |$$
$$\qquad\qquad\qquad\qquad\qquad\qquad OH$$
$$\quad 10,6\% \qquad\qquad\qquad 35,8\%$$

(8.26)

Es sei ohne nähere Diskussion vermerkt, daß nicht die Methylgruppe, sondern ausschließlich Wasserstoff wandert. Die Reaktion ist komplizierter als in (8.26) formuliert; wir werden weiter unten darauf zurückkommen.

Im Gegensatz zu primären Carbeniumionen, die sich nicht nennenswert in andere primäre Carbeniumionen umlagern, ist eine Umlagerung zwischen sekundären Carbeniumionen offenbar sehr leicht möglich. So liefert die FRIEDEL-CRAFTS-Alkylierung von Benzol mit $^{14}C_{(1)}$-Cyclohexanol, die zweifellos über das Cyclohexylkation läuft, Phenylcyclohexan mit einem über alle Kohlenstoffatome des Cyclohexylringes gleichverteilten ^{14}C-Gehalt [4]. Derartige Umlagerungen sind besonders ausgeprägt bei Bicyclo-[2.2.1]-heptanderivaten, wie weiter unten ausführlich abgehandelt wird.

Die Richtung von Umlagerungen hängt jedoch häufig nicht in erster Linie vom Energiegefälle der verschiedenen möglichen Elektronendefizitzentren ab, sondern wird um so ausgeprägter von der Konformation der Ausgangsverbindung bestimmt, je mehr sich die Reaktion dem Synchronverlauf nähert (vgl. Kap. 8.6.).

8.5. Relative Wanderungstendenz von Substituenten

Entsprechend der Säure-Basen-Beziehung zwischen dem wandernden Substituenten und dem Atom mit Elektronendefizit ist die Umlagerungstendenz eines Substituenten um so größer, je stärker er durch elektronenabgebende Gruppen basifiziert ist (genauer: je größer seine nucleophile Potenz ist). So ergeben sich für die Pinakol/Pinakolon-Umlagerung von 2-Alkyl-3-methyl-2.3-Glykolen in 50%iger Schwefelsäure bei Raumtemperatur die folgenden Konkurrenzreaktionen (8.27), die durch Markierung

---

[1] LEE, C. C., u. M. K. FROST: Canad. J. Chem. **43**, 526 (1965).
[2] KARABATSOS, G. J., u. C. E. ORZECH: J. Amer. chem. Soc. **84**, 2838 (1962).
[3] ROBERTS, J. D., u. M. HALMAN: J. Amer. chem. Soc. **75**, 5759 (1953).
[4] LIPOVIČ, V. G., u. V. V. ČENEC, V. V.: Ž. org. Chim. **1**, 2151 (1965).

mit ^{14}C unterscheidbar gemacht wurden [1]. Die Wege A und B unterscheiden sich durch die Richtung der Wasserabspaltung.

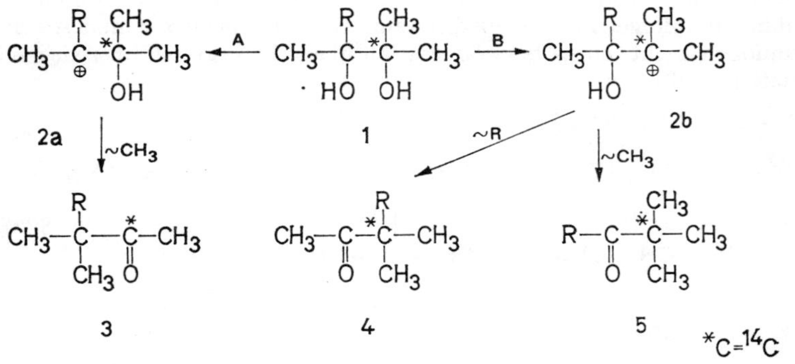

$$CH_3-\underset{\oplus}{\underset{OH}{C}}-\overset{R}{\underset{*}{C}}-CH_3 \xleftarrow{A} CH_3-\underset{HO}{\overset{R}{C}}-\overset{CH_3}{\underset{OH}{\overset{*}{C}}}-CH_3 \xrightarrow{B} CH_3-\underset{HO}{\overset{R}{C}}-\underset{\oplus}{\overset{CH_3}{\overset{*}{C}}}-CH_3$$

2a $\downarrow \sim CH_3$ 1 $\sim R$ 2b $\downarrow \sim CH_3$

$$CH_3-\underset{CH_3}{\overset{R}{C}}-\overset{*}{\underset{O}{C}}-CH_3 \qquad CH_3-\overset{R}{C}-\underset{CH_3}{\overset{*}{\underset{O}{C}}}-CH_3 \qquad R-\overset{}{C}-\underset{CH_3}{\overset{CH_3}{\underset{O}{\overset{*}{C}}}}-CH_3 \qquad (8.27)$$

3   4   5

$*C = {}^{14}C$

$R = C_2H_5$: 26%   57%   17%
$R = t-C_4H_9$: 0%   98,6%   1,4%

Weg A wird um so weniger beschritten, je voluminöser der Substituent R ist. Das weist auf eine sterische Hinderung der Wasserabspaltung hin, die beim Weg B geringer ist.

Die Fähigkeit des Substituenten R bzw. der Methylgruppe, an das kationische Kohlenstoffatom zu wandern, kann in erster Näherung aus dem Produktverhältnis 4:5 abgeschätzt werden. Dieser Quotient wird als *relative Wanderungstendenz* (englisch: migratory aptitude) bezeichnet. Analog kann man auch das Geschwindigkeitsverhältnis $k_4 : k_5$ benutzen.

Im vorliegenden Falle erhält man die folgenden Zahlenwerte:

Methyl = 1   Äthyl = 57/17 = 3,35   tert.-Butyl = 98,6/1,4 = 70,5.

Die tert.-Butylgruppe besitzt also entsprechend ihrer größeren Basizität tatsächlich eine höhere Wanderungstendenz als die Äthyl- und die Methylgruppe.

In analoger Weise sind für eine Anzahl substituierter Phenylgruppen relative Wanderungstendenzen ermittelt worden. Man findet eine in Abhängigkeit von den nachstehenden Substituenten ansteigende Reihe:

$$p-CH_3O > p-CH_3 > p-C_2H_5 > p-i-C_3H_7 > p-t-C_4H_9 > p-Phenyl >$$

$$m-CH_3 > p-F > H > p-Cl > p-Br > m-Cl > m-NO_2 > p-NO_2 \qquad (8.28)$$

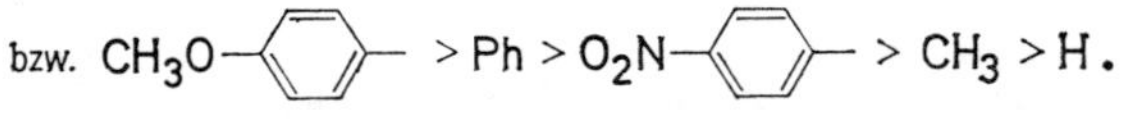

$$\text{bzw. } CH_3O-\!\!\left\langle\!\!\!\bigcirc\!\!\!\right\rangle\!\!- > Ph > O_2N-\!\!\left\langle\!\!\!\bigcirc\!\!\!\right\rangle\!\!- > CH_3 > H.$$

---

[1] STILES, M., u. R. P. MAYER: J. Amer. chem. Soc. **81**, 1497 (1959).

8.5. Relative Wanderungstendenz von Substituenten

Die p-Alkylgruppen ordnen sich entsprechend der BAKER-NATHAN-Reihenfolge ein, wie dies bei Reaktionen mit stark polaren Zwischenstufen bzw. Übergangszuständen häufig beobachtet wird.

In Tabelle 8.29 sind einige Zahlenwerte für die relativen Wanderungstendenzen von substituierten Phenylgruppen in verschiedenen nucleophilen Umlagerungen aufgeführt. Sie zeigen, daß sich für die einzelnen Umlagerungen qualitativ die gleiche Reihenfolge der Wanderungstendenzen ergibt, jedoch keine quantitative Übereinstimmung besteht.

In dieser Hinsicht geben die ϱ-Werte für die einzelnen Umlagerungsreaktionen ein besseres Bild, die in den vorstehenden Abschnitten mit angegeben wurden.

Die Spreizung der relativen Wanderungstendenzen hängt offensichtlich vom Elektronendefizit des Wanderungsendpunktes ab, was nach dem Reaktivitäts-Selektivitäts-Prinzip erwartet werden kann.

Tabelle 8.29
Relative Wanderungstendenzen bei einigen Sextettumlagerungen

Substituent R	WAGNER-[1]) MEERWEIN	SCHMIDT[2])	TIFFENEAU[4])	Pinakol/[5]) Pinakolon
p-H	1,0	1,0	1,0	1,0
p-CH$_3$O	21,2	99 6,1[3])	1,6	500
p-CH$_3$	2,0	4,0	1,3	16
p-t-Bu	3,2			9
p-Phenyl		2,3		11,5
m-CH$_3$	1,5	2,4		2,0
p-Cl-		0,6	0,9	0,7
p-Br		0,3		0,7

[1]) Ph-CH*-CH$_2$OH $\xrightarrow{P_2O_5}{150°}$ Ph-CH=CH*-R + R-CH=CH*-Ph

BURR, J. G., u. L. S. CIERESZKO: J. Amer. chem. Soc. 74, 5426 (1952); BENJAMIN, B. M., u. C. J. COLLINS: J. Amer. chem. Soc. 75, 402 (1953).

[2]) R-C(CH$_3$)(N$_3$)-Ph $\xrightarrow{H_2SO_4}{H_2O}$ Ph-CO-CH$_3$ + R-C$_6$H$_4$-NH$_2$ bzw.   R-C$_6$H$_4$-CO-CH$_3$ + Ph-NH$_2$

EGE, S. N., u. K. W. SHERK: J. Amer. chem. Soc. 75, 354 (1953).

[3]) McEWEN, W. E., u. N. B. MEHTA: J. Amer. chem. Soc. 74, 526 (1952).

[4]) Ph-C(OH)(R')-CH$_2$-NH$_2$ $\xrightarrow{HNO_2}$ Ph-CO-CH$_2$-R + R-C$_6$H$_4$-CO-CH$_2$-Ph

CURTIN, D. Y., u. M. C. CREW: J. Amer. chem. Soc. 76, 3719 (1954).

[5]) (R-C$_6$H$_4$)$_2$C(OH)-C(OH)(Ph)$_2$ → Ph-CO-C(Ph)$_2$-C$_6$H$_4$-R + R-C$_6$H$_4$-CO-C(C$_6$H$_4$R)$_2$

BACHMANN, W. E., u. Mitarb.: J. Amer. chem. Soc. 56, 170, 2081 (1934).

Die wie vorstehend erhaltenen relativen Wanderungstendenzen sind jedoch schlecht definierte Größen, da außer den äußeren Faktoren (Solvatisierungseffekte) mindestens die folgenden Einflüsse in ihnen enthalten sind: Konformation des Ausgangsprodukts und des Übergangszustandes, Elektronendichte am Ausgangspunkt und Endpunkt der Umlagerung (am Atom A bzw. B in (8.1)), spezifische Wanderungstendenz der Gruppe R.

Weiterhin wird vorausgesetzt, daß der zum Endprodukt führende Schritt (Abfang des umgelagerten Carbeniumions) viel schneller verläuft als die Rückreaktion zum Ausgangscarbeniumion, was keinesfalls immer der Fall ist [1]. In diesem Fall muß die Gleichgewichtseinstellung zwischen den beiden Carbeniumionen (8.1, 2 und 3) in Betracht gezogen werden, und absolute Wanderungstendenzen können (als partielle Geschwindigkeitskonstanten des Umlagerungsschrittes) nur bestimmt werden, wenn die Gleichgewichtslage der Carbeniumionenumwandlung bekannt ist. Im Beispiel (8.27) erhielt man auf diese Weise folgende *absoluten* Wanderungstendenzen (bezogen auf die Methylgruppe): Methyl = 1,0, Äthyl = 17, tert.-Butyl > 4000. Der Unterschied zu den oben mitgeteilten Werten ist drastisch.

8.6. Konformation und Wanderungsrichtung [2]

Nach den Verhältnissen bei der E1-Eliminierung, die mit den nucleophilen Umlagerungen eng verwandt ist, sollten diese nicht besonders ausgeprägt stereospezifisch sein, sofern das intermediäre Kation eben und von beiden Seiten annähernd gleich leicht zugänglich ist. Indessen wird bei nucleophilen Umlagerungen häufig ein sehr wesentlicher sterischer Einfluß beobachtet. Das ist nach dem FRANCK-CONDON-Prinzip (vgl. Abschn. 3.5.) auch verständlich: Die Sextettumlagerung geht zwar prinzipiell stets in Richtung zum energieärmeren Kation, die Reaktion erfolgt jedoch sehr rasch und deshalb bevorzugt auf einem Wege, der die geringste Veränderung aller in die Reaktion verwickelten Substituenten erfordert, so daß unter Umständen sogar die Umlagerung zum energieärmsten Produkt ausbleibt. Das ist dann der Fall, wenn der bevorzugt wandernde Rest von vornherein senkrecht zur Substituentenebene des Carbeniumions steht. Mit anderen Worten kann eine Umlagerung bei gestaffelter Konformation des Ausgangsproduktes vor allem für den zum eliminierten Substituenten trans-ständigen Rest erwartet werden. Die Ergebnisse der nachstehenden Beispiele sind so zwanglos erklärbar. So geht trans-1-Phenyl-2-aminocyclohexanol bei der Desaminierung in 50%iger Essigsäure bei 0 °C zu mehr als 99% in Phenylcyclopentylketon über [3]. Dies entspricht einer Wanderung des Phenylrestes von weniger als 1% gegenüber 99% Wanderung des Ringkohlenstoffes C^6, obwohl die

---

[1] RAAEN, V. F., M. H. LIETZKE u. C. J. COLLINS: J. Amer. chem. Soc. 88, 369 (1966); vgl. BENJAMIN, M. B., u. C. J. COLLINS: J. Amer. chem. Soc. 78, 4329, 4952 (1956).
[2] Zusammenfassung: CRAM, D. J., in: Steric Effects in Organic Chemistry, John Whiley & Sons, Inc., New York 1956, S. 251; MOUSSERON, M.: Bull. Soc. chim. France 1956, 1008.
[3] CURTIN, D. Y., u. S. SCHMUKLER: J. Amer. chem. Soc. 77, 1105 (1955).

8.6. Konformation und Wanderungsrichtung

relative Wanderungstendenz das umgekehrte Verhältnis erwarten ließe. Das trans-1-p-Methoxyphenyl-2-aminocyclohexanol liefert praktisch das gleiche Ergebnis (99% p-Anisyl-cyclopentylketon). Die Umlagerung geht außerdem in beiden Fällen zunächst nicht in Richtung des energieärmsten Kations, das durch Wanderung des Arylrestes entstünde. Beide Effekte werden also durch den sterischen Effekt überspielt.

Die Verhältnisse werden deutlich, wenn man die Konformation der Verbindungen in Betracht zieht. Diese läßt sich im vorliegenden Falle mit erheblicher Sicherheit voraussagen, weil der voluminöse Phenyl- bzw. p-Anisylrest praktisch ausschließlich die äquatoriale Lage einnimmt (1a), und die in anderen Fällen mögliche umgeklappte Form (vgl. Abschn. 2.8.) ausgeschieden werden kann.

(8.30)

Das Ausgangsprodukt 1 reagiert mit der salpetrigen Säure zum Diazoniumion 1b, das noch die gleiche Konformation 1a besitzt wie das Ausgangsprodukt. Unter Eliminierung des energiearmen Stickstoffs entsteht ein Kation 2, Konformation 2a in welchem entsprechend dem FRANCK-CONDON-Prinzip nur der Kohlenstoff C^6 leicht zum Sextettkohlenstoff wandern kann. Der Phenylrest bzw. der Anisylrest lagert sich trotz der höheren Wanderungstendenz nicht um, weil dies vorher eine wesentliche Änderung der Lage aller Substituenten entsprechend 2b erfordern würde, die in dem kurzen Zeitraum der Umlagerung nicht möglich ist. Es sei bereits hier darauf hingewiesen, daß man dies aber in anderen Fällen durchaus erzwingen kann, wenn man stark solvatisierende Lösungsmittel anwendet, in denen die Lebensdauer des Carbeniumions erhöht ist und das System Zeit zur Umlagerung hat, analog 2a → 2b.

Die Desaminierung des cis-Isomeren, in dem für die Phenylgruppe ebenfalls bevorzugt die äquatoriale Lage anzunehmen ist, führt zu einer Mischung von 1.2-

Glykolen und deren Estern, die durch Reaktion mit dem Lösungsmittel (Essigsäure) entstanden sind.

Das nicht weiter getrennte Gemisch besitzt nach dem Infrarotspektrum die gleiche Zusammensetzung wie das bei der Solvolyse von 1-Phenylcyclohexan-1.2-epoxid erhaltene, so daß als Zwischenprodukt der Desaminierung das (protonierte) Epoxid angenommen werden darf [1]:

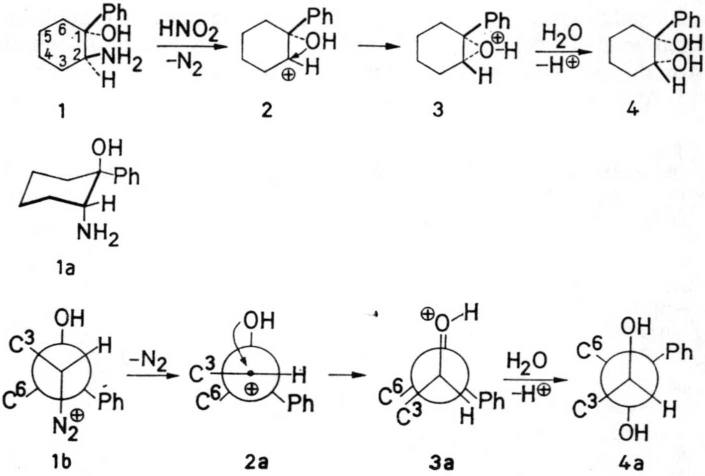

(8.31)

Die Bildung des Epoxids entsprechend 2a → 3a ist nach dem FRANCK-CONDON-Prinzip wahrscheinlich. Außerdem besitzt der Sauerstoff zwei freie p-Elektronenpaare annähernd senkrecht zu seiner Bindung mit C^1, deren eines relativ leicht mit dem Carbenium-Kohlenstoff C^2 reagieren kann, ohne daß die $O-C^1$-Bindung gelöst werden muß. Das Epoxid ist infolge seiner eklipstischen Konformation 3a relativ energiereich und unterliegt deshalb leicht der Solvolyse, wobei der Äthylenoxidring trans-ständig und bis-axial geöffnet wird.

Gleichartige Ergebnisse wurden bei der Desamierung der vier epimeren 4-tert.-Butyl-2-amino-cyclohexanole erhalten, die durch die 4-tert.-Butylgruppe konformationsstabilisiert sind. Im Falle der 1.2-trans-Verbindung mit axialer NH_2-Gruppe ließ sich das Epoxid isolieren [2].

Bei anderen nucleophilen Umlagerungen sind die Verhältnisse analog, z. B. bei der Pinakol/Pinakolon-Umlagerung von 1.2-Dimethylcyclohexandiol-(1.2). Beim Kochen in 20%iger Schwefelsäure liefert die cis-Verbindung 74% 2.2-Dimethylcyclohexanon (8.32, 4), die trans-Verbindung dagegen unter Ringverengung 78% 1-Methyl-1-cyclopentan (8.33, 4) [3]. Beide Resultate werden nach dem FRANCK-CONDON-Prinzip vorausgesehen.

---

[1] Vgl. [3] S. 494.
[2] CHÉREST, M., H. FELKIN, J. SICHER, F. ŠIPOŠ u. M. TICHÝ: J. chem. Soc. [London] **1965**, 2513.
[3] BARTLETT, P. D., u. I. PÖCKEL: J. Amer. chem. Soc. **59**, 820 (1937).

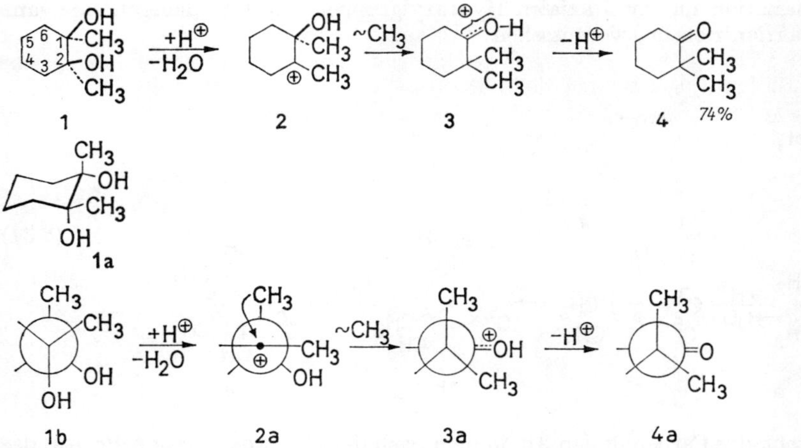

8.6. Konformation und Wanderungsrichtung

(8.32)

Die Konformation des cis-Diols ist eindeutig, weil die umgeklappte Konformation mit der formulierten identisch ist. Ganz allgemein reagieren bei der Dehydratisierung die energiereicheren axialen Hydroxylgruppen leichter, so daß bevorzugt 2a gebildet wird. Die weiteren Schritte gehen aus der obigen Formelreihe hervor und erfordern keinen weiteren Kommentar.

Beim trans-Diol müssen dagegen zwei Konformationen des Ausgangsproduktes betrachtet werden, weil man zunächst nicht entscheiden kann, ob die Methyl- oder die Hydroxylgruppen bevorzugt äquatorial bzw. axial gebunden sind. Die (sicher nicht ausschließlich) vorliegende Konformation mit zwei äquatorialen Hydroxylgruppen 1a führt entsprechend der Formelreihe (8.33, 1a—4a) zu Ringverengung (1-Methyl-1-acetyl-cyclopentan):

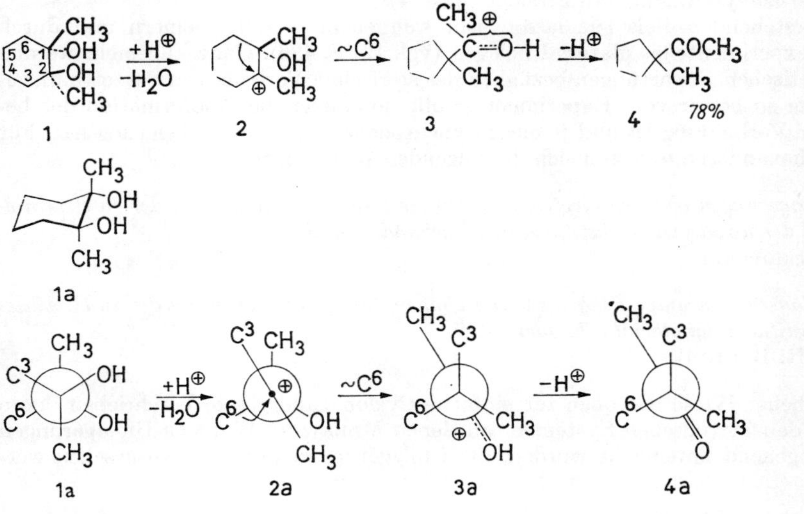

(8.33)

Die Konformation mit zwei axialen Hydroxylgruppen (1b) läßt dagegen eine ganz andere Reaktionsrichtung voraussehen:

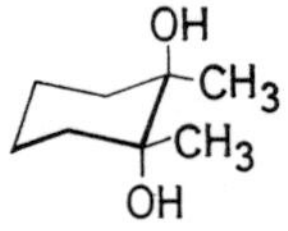

[Struktur 1b]

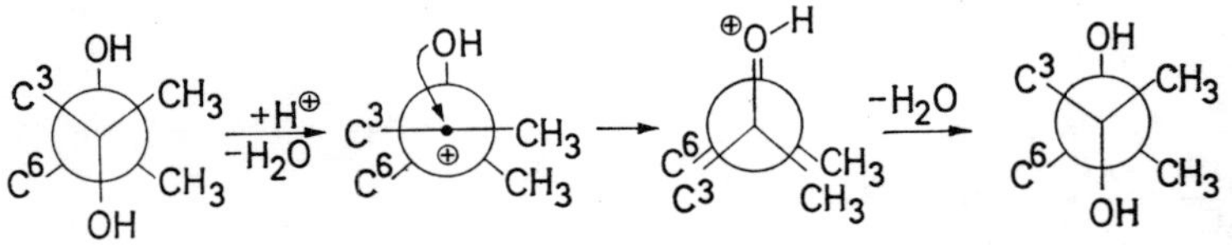

(8.34)

[Reaktionsschema: 1b →(+H⊕, −H₂O) 2b → (−H₂O) 3b → 1b]

Hier entsteht das Carbeniumion 2b, in dem nach dem FRANCK-CONDON-Prinzip das Sauerstoffatom der Hydroxylgruppe besonders leicht an das Kohlenstoffatom wandern kann. In der eben beschriebenen Weise bildet sich deshalb das Epoxid, das als energiereiche ekliptische Verbindung unter den Reaktionsbedingungen hydrolysiert wird. Die Hydrolyse ist streng stereoselektiv und führt zum trans-a, a-1, 2-Glykol. Es entsteht also wieder das Ausgangsprodukt. Die von der Konformation 1b ausgehende Reaktion bleibt also ohne Ergebnis auf das Endprodukt. In anderen Fällen läßt sich Epoxid isolieren, so daß die vorstehende Erörterung experimentell gestützt ist. Die Konformation 1b ist andererseits in 1a konvertierbar, die nach den Konformationsenergien der Hydroxyl- bzw. Methylgruppe allerdings energetisch nicht bevorzugt ist, vgl. auch S. 117/118.

Ausgehend von 1a wird schließlich praktisch ausschließlich das beobachtete 1-Methyl-1-acetyl-cyclopentan gebildet (8.33, 4).

Die vorstehenden Beispiele lassen sich weitgehend verallgemeinern und durch weiteres experimentelles Material belegen (vgl. [2] S. 496). Ganz allgemein werden die theoretischen Erwartungen bezüglich des sterischen Verlaufs von Sextettumlagerungen um so besser vom Experiment erfüllt, je starrer die Konformation der betreffenden Verbindung ist und je mehr Synchroncharakter die Umlagerung hat. Für die Cyclohexanderivate lassen sich die folgenden Regeln formulieren:

1. Umlagerungen ohne Ringverengung können dann eintreten, wenn der zu eliminierende und der wandernde Substituent axial gebunden sind.
(C. W. SHOPPEE)

2. Umlagerungen unter Ringverengung können dann eintreten, wenn der zu eliminierende Substituent äquatorial gebunden ist.
(D. H. R. BARTON)

In ähnlicher Weise wie oben für einfache Cyclohexanderivate beschrieben, kann auch bei den bicyclischen Systemen, an denen MEERWEIN-WAGNER-Umlagerungen zuerst eingehend untersucht wurden, die Umlagerungsrichtung vorausgesehen werden.

8.6. Konformation und Wanderungsrichtung

So liefert Isoborneol bei der Dehydratisierung Camphen:[1]

$$\text{(8.35)}$$

Man erkennt an der Projektion in Richtung der Kohlenstoffatome $C^2 \to C^1$, daß der Kohlenstoff C^6 in günstiger Lage für eine Sextettumlagerung steht. Auf Grund der besonderen Symmetrie des Systems erhält man trotz der dabei erfolgenden Ringerweiterung ein scheinbar ohne Veränderung der Ringstruktur entstandenes Produkt, das Camphen. Analog verlaufen auch andere WAGNER-MEERWEIN-Umlagerungen in der Bicyclo-[2.2.1]-heptan-Reihe.

Bei den Norderivaten, die am Kohlenstoffatom C^1 keine Methylgruppe tragen, ist eine endgültige Stabilisierung des Umlagerungsprodukts durch Eliminierung eines Protons analog (8.35, 3 → 4) nicht möglich, weil in diesem Falle eine Doppelbindung entstünde, die beiden Ringen gemeinsam angehören müßte, was aber zu außerordentlich großer Spannung führen würde und deshalb ausbleibt (BREDTsche Regel). Bei den Norderivaten schließt deshalb stets eine Anlagerung eines nucleophilen Partners die Umlagerung ab. Bei optisch aktiven Verbindungen besteht das Umlagerungsergebnis deshalb häufig in einer Racemisierung oder es wird das stabile exo-Solvolyseprodukt (8.36, 4) gebildet [1]: Formel (8.36).

Bei den endo-Verbindungen ist dagegen eine Umlagerung des Gerüsts zunächst nicht zu erwarten, weil nur das Kohlenstoffatom C^7 in einer günstigen Lage steht, wovon man sich leicht an Hand der Projektion in Richtung $C^2 \to C^1$ überzeugt (8.37). Die Wanderung von C^7 an das Carbeniumion (C^2) würde unter Spaltung der $C^1 - C^7$-Bindung zu einem Vierring führen, was wegen dessen Ringspannung jedoch nicht geschieht.

---

[1] WINSTEIN, S., u. D. S. TRIFAN: J. Amer. chem. Soc. **71**, 2953 (1949).

[1]) Die nicht sehr intensiv untersuchte Reaktion wurde gewählt, um das Wesentliche klar sichtbar zu machen. Die klassische und sehr eingehend untersuchte Reaktion stellt die analoge WAGNER-MEERWEIN-Isomerisierung von Camphenhydrochlorid zu Isobornylchlorid dar, vgl. (8.43).
Zusammenfassungen vgl. STREITWIESER, A.: Chem. Reviews **56**, 698 (1956); HÜCKEL, W.: Theoretische Grundlagen der organischen Chemie, Bd. 1, Akademische Verlagsgesellschaft Geest & Portig, Leipzig **1956**, S. 351.

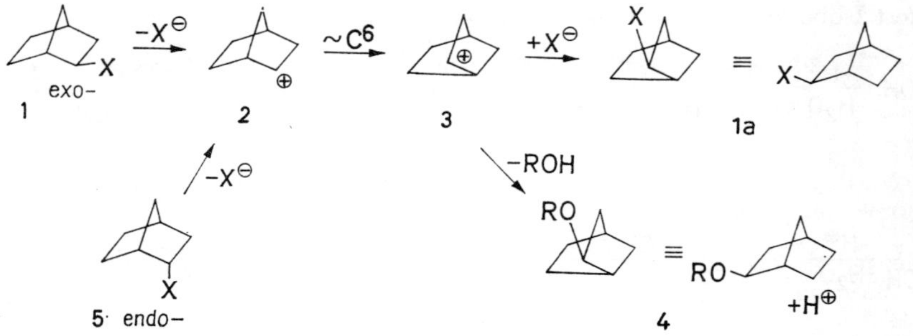

(8.36)

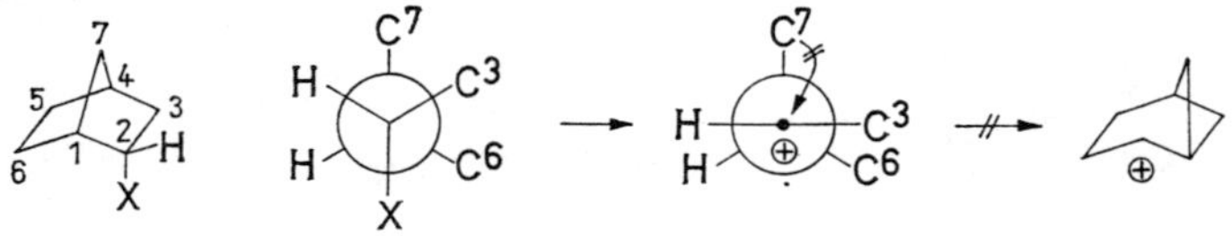

(8.37)

Tatsächlich wird aber auch bei endo-Verbindungen eine Umlagerung beobachtet, weil bei ihrer Solvolyse das gleiche Carbeniumion wie bei den exo-Derivaten entsteht (8.36, 2), von dem aus die Reaktionsfolge (8.36) möglich ist.

Indessen bestehen große Unterschiede in der Reaktionsgeschwindigkeit der endo- und exo-Verbindungen, wie die nachstehende Übersicht von Solvolysen in Methanol (25 °C) zeigt [1].

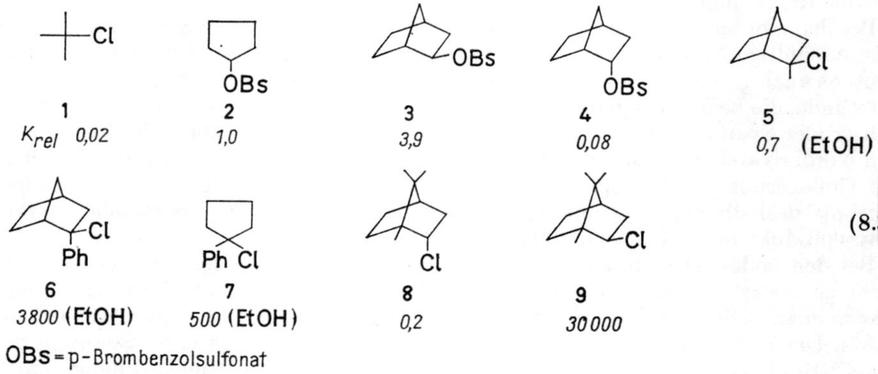

(8.38)

OBs = p-Brombenzolsulfonat

Die Erhöhung der Reaktionsgeschwindigkeit durch Methyl- oder Phenylgruppen ist beträchtlich, liegt jedoch ganz im Bereich der Erfahrungen auf dem Gebiet von alicyclischen und offenkettigen Verbindungen, wie die in (8.38) mit angeführten Werte zeigen (vgl. auch [2]). Dagegen ist der Reaktivitätsunterschied zwischen exo- und endo-Verbindung zunächst überraschend. Wir werden Seite 504 darauf zurückkommen.

---

[1] BROWN, H. C., F. J. CHLOUPEK u. M. H. REI: J. Amer. chem. Soc. **86**, 1247 (1964); BELTRAME, P., C. A. BUNTON, A. DUNLOP u. D. WHITTAKER: J. chem. Soc. [London] **1964**, 658.
[2] BROWN, H. C., u. M. H. REI: J. Amer. chem. Soc. **86**, 5008 (1964).

8.7. Übergangszustände und Zwischenprodukte bei nucleophilen Umlagerungen

Für den Verlauf von nucleophilen 1.2-Umlagerungen stehen drei Grundmechanismen zur Diskussion:

1. Synchronreaktion im Sinne einer internen SN2-Reaktion (8.39, 1). Diese Reaktion durchläuft nur einen Übergangszustand (Reaktionskoordinate analog Bild 3.19b). Der wandernde Rest fungiert als „Nachbargruppe" und übt einen Nachbargruppeneffekt auf die Reaktionsgeschwindigkeit aus (anchimere Beschleunigung, vgl. Abschn. 4.7.2.).

2. Verlauf über klassische Carbeniumionen (8.39, 2), die als reale Zwischenprodukte in einer Energiemulde der Reaktionskoordinate liegen (Bild 3.19c) und durch Nachbargruppenwirkung stabilisiert sein können.

3. Verlauf über „nichtklassische" Carbeniumionen, bei denen σ-Elektronen delokalisiert werden (8.39, 3). Nichtklassische Carbeniumionen sollen Zwischenprodukte besonders niedriger Energie darstellen, so daß die betreffenden Umlagerungen besonders schnell ablaufen.

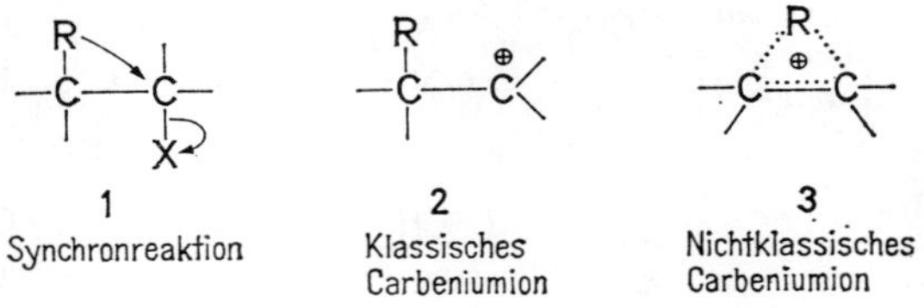

(8.39)

1	2	3
Synchronreaktion	Klassisches Carbeniumion	Nichtklassisches Carbeniumion

Wichtige Hinweise über den Mechanismus von Umlagerungen lassen sich aus dem stereochemischen Verlauf gewinnen. Je mehr sich die Umsetzung der synchronen Reaktion nähert, desto ausgeprägter sollte auftreten:

— Inversion am Endpunkt der Umlagerung (C_α),
— Retention am wandernden Kohlenstoffatom (C_γ),
— Inversion am Ausgangspunkt der Umlagerung (C_β).

Die Verhältnisse gehen aus (8.40) hervor und gelten analog für Umlagerungen an Heteroatomen.

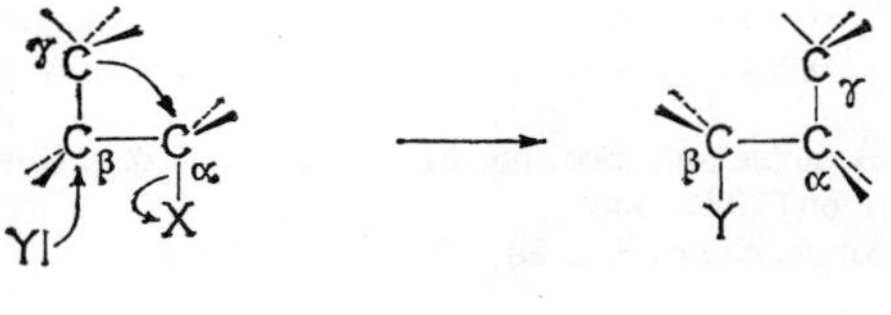

(8.40)

Am klarsten sind die Verhältnisse für den wandernden Rest. Dieser behält normalerweise seine Konfiguration im Verlauf der Umlagerung bei, wie die Beispiele (8.41) zeigen [1].

Ganz entsprechend bleibt auch in geeigneten atrop-isomeren Diphenylderivaten die optische Aktivität im Verlauf der Umlagerung erhalten (8.42) [2].

Die Verbindungen enthalten kein asymmetrisches Kohlenstoffatom, sind jedoch trotzdem in optisch aktiver Form darstellbar, weil die freie Drehbarkeit der beiden Phenylreste gegeneinander infolge der sich behindernden ortho-Substituenten aufgehoben ist und die Verbindungen demzufolge keine Symmetrieelemente besitzen.

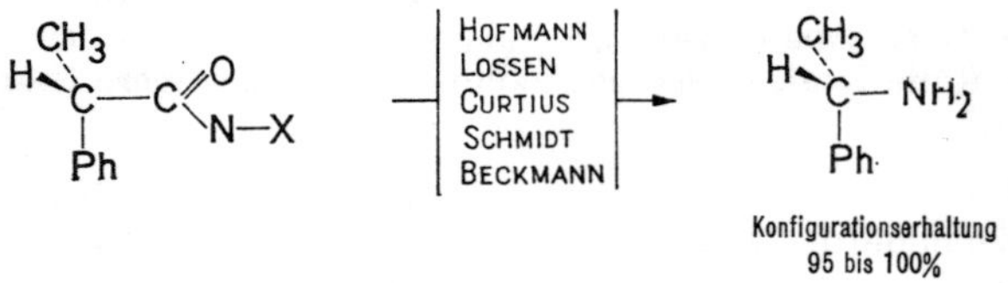

$$\begin{array}{c} \text{H} \overset{CH_3}{\underset{Ph}{C}} - C \overset{O}{\underset{N-X}{}} \end{array} \quad \xrightarrow{\begin{array}{c} \text{HOFMANN} \\ \text{LOSSEN} \\ \text{CURTIUS} \\ \text{SCHMIDT} \\ \text{BECKMANN} \end{array}} \quad \begin{array}{c} \text{H} \overset{CH_3}{\underset{Ph}{C}} - NH_2 \end{array} \qquad (8.41)$$

Konfigurationserhaltung
95 bis 100%

Die COX-Gruppe kann in keiner Phase völlig vom Arylrest gelöst sein, da dann die Bedingungen für die Atropisomerie verschwinden würden.

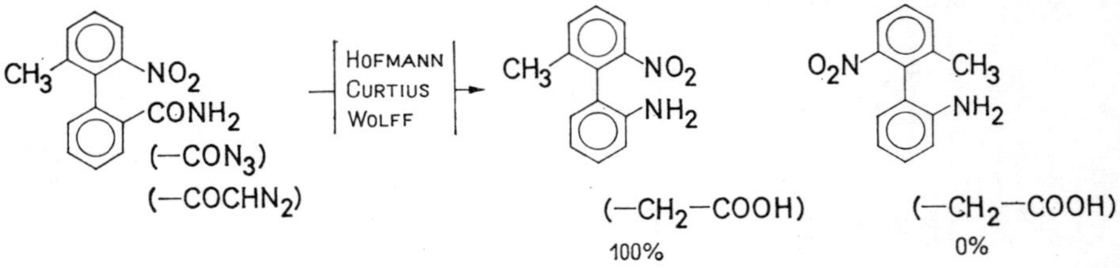

(8.42)

Am Endpunkt der Umlagerung wird häufig Inversion der Konfiguration gefunden, so wie dies nach (8.40) zu erwarten ist, besonders ausgeprägt bei starren cyclischen Systemen, wie z. B. bei der klassischen Umlagerung von Camphenhydrochlorid zu Isobornylchlorid (8.43) [3]. Das Beispiel demonstriert zugleich den dritten Fall, Inversion am Ausgangspunkt (A) der Umlagerung.

(8.43)

---

[1] ARCUS, C. L., u. J. KENYON: J. chem. Soc. [London] **1939**, 916; CAMPBELL, A., u. J. KENYON: J. chem. Soc. [London] **1946**, 25.
[2] WALLIS, E. S., u. Mitarb.: J. Amer. chem. Soc. **55**, 2598 (1933); J. org. Chemistry **6**, 443 (1941); BELL, F.: J. chem. Soc. [London] **1934**, 835.
[3] COLLINS, C. J., u. Mitarb.: J. Amer. chem. Soc. **83**, 3654, 3662 (1961).

8.7. Übergangszustände und Zwischenprodukte bei nucl. Umlagerungen

In rein aliphatischen Systemen ist das Ausmaß der Inversion am Ausgangs- und Endpunkt der Umlagerungen häufig viel geringer [1, 2]. Das kann damit erklärt werden, daß bei der Umlagerung klassische Carbeniumionen durchlaufen werden [1, 2]. Das Ausmaß der Konfigurationsumkehr muß in diesem Falle mit sinkender Lebensdauer des Carbeniumions ansteigen (vgl. Abschn. 4.4.), was tatsächlich auch beobachtet wurde [3].

Umgekehrt nimmt mit steigender Lebensdauer des Carbeniumions der Anteil an Reaktionsprodukt zu, das am Endpunkt der Wanderung racemisiert ist. Die Verhältnisse sind insgesamt kompliziert und können von Fall zu Fall wechseln [2].

Umlagerungsreaktionen über klassische Carbeniumionen, die durch starke Nachbargruppenwirkung stabilisiert sind, bzw. die über nichtklassische Carbeniumionen verlaufen, lassen Retention am Ausgangspunkt der Wanderung erwarten. Das wird bei Reaktionen von 2-Phenäthylsystemen beobachtet.

Die Solvolyse von 2-(p-Methoxyphenyl)-äthyltosylat [^{14}C—1] (8.44, 1a) in stark solvatisierenden Lösungsmitteln wie Eisessig oder Ameisensäure verläuft weitgehend monomolekular, so daß ein Aryläthylkation entsteht, das durch Nachbargruppenwirkung des Phenylrestes stabilisiert wird, die bis zum symmetrisch verbrückten Kation 2a führen kann [4]. Das Zwischenprodukt 2a entspricht dem σ-Komplex der elektrophilen Substitution am Aromaten.[1])

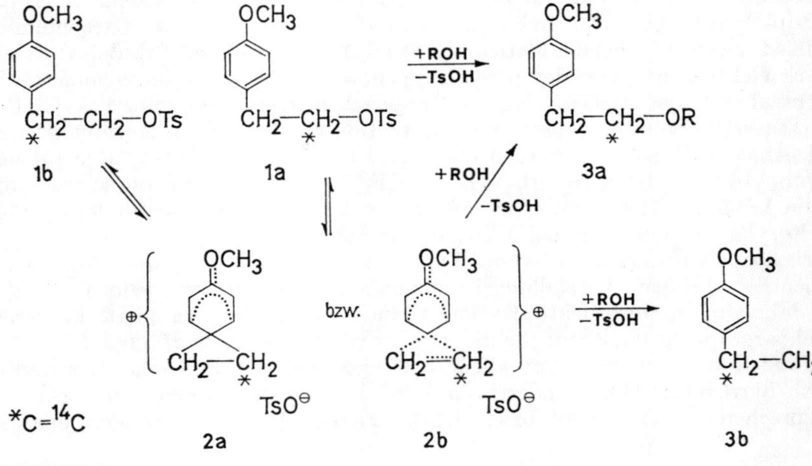

(8.44)

[1] Vgl. [3] S. 503.
[2] KIRMSE, W., u. Mitarb.: Chem. Ber. **104**, 1783, 1789, 1795, 1800 (1971); **103**, 23 (1970).
[3] KIRMSE, W., H. AROLD u. B. KORNRUMPF: Chem. Ber. **104**, 1783 (1971).
[4] Zusammenfassung: BETHELL, D., u. V. GOLD: Carbonium Ions: An Introduction, Academic Press, New York/London 1967, S. 239.

---

[1]) Kationen vom Typ 2 werden auch als nichtklassische Carbeniumionen 2b) formuliert. Hierzu besteht keine zwingende Veranlassung, da σ-Komplexe vom Typ 2a) existenzfähig und strukturell eindeutig gesichert sind.

An das Kation 2 kann innerhalb des Ionenpaares der Toluolsulfonyloxyrest oder aber von außen das Lösungsmittel ROH unter gleichzeitiger Abspaltung eines Protons herantreten, so daß entweder das Ausgangsprodukt 1a, das bezüglich der Isotopenmarkierung umgelagerte Ausgangsprodukt 1b, oder die beiden entsprechenden Solvolyseprodukte 3a und 3b entstehen. Man findet in Ameisensäure und in Eisessig (25 °C bzw. 75 °C) im Solvolyseprodukt praktisch vollständigen Isotopenaustausch zwischen C^1 und C^2, d. h. 3a und 3b entstehen zu etwa gleichen Teilen. In Äthanol bei 75 °C wird dagegen nur 24% Isotopenaktivität entsprechend 3b gefunden, und das Hauptprodukt entsteht auf dem direkten Wege 1a → 3a ohne Umlagerung [1]. Dies ist verständlich, da Äthanol viel stärker nucleophil ist als die beiden genannten Säuren und deshalb eine Grenzgebietreaktion mit erheblichem SN2-Anteil bewirkt. Unter den Bedingungen einer „vollen" SN2-Reaktion (Na-Alkoholat) bleibt die Umlagerung vollständig aus, und 3a ist das einzige Substitutionsprodukt (neben Eliminierungsprodukt). Das vorstehende Experiment beweist die frühere Behauptung, nach der Umlagerung der unter (8.1) schematisierten Form nur unter Reaktionsbedingungen zu erwarten sind, die sich dem E1-Typ zumindestens weitgehend nähern. Für das Zwischenprodukt 2a existieren weitere Beweise, die zugleich die Methodik für die Untersuchung derartiger Probleme illustrieren: In dem äußerst stark solvatisierenden Systemen SbF_5/SO_2 entsteht aus p-Methoxy-β-phenäthylchlorid ein Salz, dessen NMR-Spektrum nur drei Sorten von Protonen ausweist, das heißt, die CH_2-Protonen sind identisch geworden, was nur mit der Struktur 2a (oder 2b) vereinbar ist [2]. Beim 2-(p-Hydroxyphenyl)-äthylbromid entsteht das verbrückte Carbeniumion analog (8.44, 2a) bereits bei der Methanolyse und läßt sich isolieren [3]. Bei Abwesenheit stark elektronenabgebender para-Gruppen wird offenbar keine symmetrische Zwischenstufe gebildet [2]. Die Solvolyse der optisch aktiven Verbindung Ph—CHD—CHD—OTs verläuft unter vollständiger Retention an den beiden Asymmetriezentren [4]. Analoge Ergebnisse wurden auch an 3-Phenyl-butyl-(2)-tosylaten [5] und 1-Aryl-propyl-(2)-tosylaten [6] erhalten. In CF_3COOH, einem äußerst schwach nucleophilen Lösungsmittel, wird stark anchimere Beschleunigung gefunden: β-Phenyläthyltosylat reagiert 3040mal schneller als Äthyltosylat [7].

Verbrückte Carbeniumionen vom Typ (8.44, 2a) sind mit den klassischen elektronentheoretischen Vorstellungen vereinbar. Es wurden jedoch in den letzten Jahrzehnten verbrückte Kationen auch für Fälle formuliert, in denen der Nachbargruppensubstituent keine p- oder π-Elektronen verfügbar hat. Derartige Vorstellungen wurden vor allem herangezogen, um die hohe Reaktivität von exo-Bicyclo-[2.2.1]-heptanderivaten in Solvolysereakionen zu erklären, die entsprechend (8.35), (8.36) bzw. (8.43) verlaufen [8]. Als besonders energie-

---

[1] JENNY, E. F., u. S. WINSTEIN: Helv. chim. Acta **41**, 807 (1958).
[2] OLAH, G. A., M. B. COMISAROW, E. NAMANWORTH u. B. RAMSEY: J. Amer. chem. Soc. **89**, 5259 (1967).
[3] BAIRD, R., u. S. WINSTEIN: J. Amer. chem. Soc. **85**, 567 (1963).
[4] JABLONSKI, R. J., u. E. I. SNYDER: Tetrahedron Letters [London] **1968**, 1103.
[5] CRAM, D. J., u. Mitarb.: J. Amer. chem. Soc. 86, 3767 (1964); **89**, 6766 (1967).
[6] LANCELOT, C. J., P. v. R. SCHLEYER: J. Amer. chem. Soc. **91**, 4297 (1969).
[7] NORDLANDER, J. E., u. W. G. DEADMAN: Tetrahedron Letters [London] **1967**, 4409.
[8] Zusammenfassung: BERSON, J. A., in: Molecular Rearrangements, Vol. I, Interscience Publishers, New York/London 1963, S. 111.

armes Zwischenprodukt wird das nichtklassische Carbeniumion (8.45, 2) formuliert.

$$\text{1} \xrightarrow{-X^{\ominus}} \text{2a} \longleftrightarrow \text{2b} \longleftrightarrow \text{2c} \equiv \text{2d} \qquad (8.45)$$

Als Beweise für nichtklassische Ionen als Zwischenprodukte von Umlagerungsreaktion vom Typ (8.45) werden die abnorm großen Nachbargruppenbeschleunigungen gegenüber nicht anchimer beschleunigten Systemen sowie die großen exo/endo-Geschwindigkeitsquotienten angeführt (vgl. die Werte in (8.38)).
Die Nachbargruppenwirkung liegt jedoch meist in der gleichen Größenordnung wie bei entsprechenden Cyclopentylsystemen, die gute Vergleichsverbindungen darstellen. Die exo/endo-Verhältnisse sind andererseits gegenüber Systemen, die nachweislich über klassische Carbeniumionen reagieren, nicht außergewöhnlich groß. Sie können deshalb ebensogut durch die besonderen sterischen Verhältnisse des Bicyclo-[2.2.1]-heptansystems erklärt werden [1].
Die Annahme nichtklassischer Strukturen erscheint deshalb nicht zwingend notwendig zu sein, sondern die Umlagerungen in der Bicyclo-[2.2.1]-heptanreihe können auch damit erklärt werden, daß klassische, sich sehr rasch umlagernde Carbeniumionen durchlaufen werden.
Die Alternative — nichtklassische Carbeniumionen oder sich rasch umlagernde klassische Carbeniumionen — ist im letzten Jahrzehnt Gegenstand heftiger Kontroversen gewesen [2, 3]. Nach dem derzeitigen Stand darf den klassischen Carbeniumionen mehr Wahrscheinlichkeit zugebilligt werden.
Die zentrale Verbindung der Diskussion (und zugleich die letzte Bastion der Verfechter von nichtklassischen Carbeniumionen der Bicyclo-[2.2.1]-heptanreihe) hat sich schließlich als protoniertes Nortricyclen erwiesen, wobei zunächst Kantenprotonierung postuliert wurde (8.46, 2). Neueste Untersuchungen (PE-, NMR-, RAMAN-Spektroskopie) haben jedoch den Beweis für eine Eckenprotonierung (8.46, 3) und damit die nichtklassische Struktur 3 erbracht [4]. Es ist indessen fraglich, ob die Bedingungen der spektroskopischen Untersuchungen (in $SbF_5/SO_2ClF/SO_2F_2$ bei

---

[1] BROWN, H. C., F. J. CHLOUPEK u. M.-H. REI: J. Amer. chem. Soc. **86**, 1248 (1964).
[2] Zusammenfassungen pro nichtklassische Carbeniumionen: BARTLETT, P. D.: Nonclassical Ions, W. A. Benjamin Inc., New York 1965; SARGENT, G. D.: Quart. Rev. (chem. Soc., London) **20**, 301 (1966); GREAM, G. E.: Rev. pure appl. Chem. **16**, 25 (1966); WINSTEIN, S.: Quart. Rev. (chem. Soc., London) **23**, 141 (1969).
[3] Zusammenfassungen contra nichtklassische Carbeniumionen: HÜCKEL, W.: Liebigs Ann. Chem. **711**, 1 (1968); J. prakt. Chem. [4] **28**, 27 (1965); Bull. Soc. chim. France **1962**, 1525; BROWN, H. C.: Chem. in Brit. **2**, 199 (1966).
[4] OLAH, G. A., u. Mitarb. J. Amer. chem. Soc. **92**, 4627 (1970); **94**, 2529 (1972)

—154 °C) ohne weiteres mit den Bedingungen normaler chemischer Umsetzungen gleichgesetzt werden dürfen (vgl. auch S. 508).

(8.46)

1
Nortricyclen

2

3

Ganz offensichtlich sind MEERWEIN-WAGNER-Umlagerungen von Bicyclo-[2.2.1]-heptanderivaten komplizierter als in den vorstehend gegebenen Formulierungen zum Ausdruck kommt und durchlaufen eine ganze Kaskade von Carbeniumionumlagerungen.

Bei der Acetolyse von exo-Norborneol-p-toluolsulfonat (8.36, 1, X = OTs), das in 2- und 3-Stellung mit ^{14}C markiert ist, findet man nach 30 Minuten bei 45 °C eine Verteilung der Radioaktivität über alle Kohlenstoffatome und zwar [1]:

$C^2 + C^3 : 40\%;$ $C^1 + C^4 : 23\%;$ $C^5 + C^6 : 16\%$

$C^7 : 21\%$

(zur Bezifferung des Systems vgl. (8.35)).

Danach müssen weitere Zwischenstufen bei der Umlagerung durchlaufen werden, die durch den oben wiedergegebenen allgemeinen Mechanismus nicht erfaßt sind. Insbesondere läßt sich die Radioaktivität der Kohlenstoffatome C^5 und C^6 nicht ohne weiteres erklären, sondern am einfachsten unter der Zusatzannahme, daß eine *1.3-Wasserstoffwanderung* von C^6 nach C^2 möglich ist, was angesichts der räumlichen Anordnung leicht möglich erscheint. Das so entstehende C^6-Carbeniumion unterliegt dann den prinzipiell gleichen Reaktionen wie das ursprüngliche C^2-Carbeniumion. Derartige Umlagerungskaskaden sind häufig [2].

Die 1.3-Wasserstoffumlagerungen waren der Anlaß zu der Erkenntnis, daß protonierte Cyclopropane als Zwischenprodukte von nucleophilen Umlagerungen eine Rolle spielen [3]. Bei der bereits global formulierten Desaminierung von n-Propylamin (8.26), das in 1-Position mit ^{14}C markiert war, wurde ^{14}C im entstandenen n-Propanol nur in der 1- und 3-Stellung, nicht dagegen in 2-Stellung wiedergefunden [4]. Danach kann nicht die Methylgruppe, sondern nur ein Wasserstoffatom aus der 3- in die 1-Position umgelagert worden sein (neben der 2.1-H-Wanderung, die das Isopropylsystem liefert). Das Ergebnis wurde an 1.1.2.2-Tetradeutero-n-propylamin bestätigt [5].

Neuere, genauere Untersuchungen haben ergeben, daß die ^{14}C-Umlagerung aus der 1- in die 3-Stellung nicht 8% beträgt, wie früher gefunden [4, 6], sondern nur etwa 2%, und daß sich auch in der 2-Position ein Teil des ^{14}C-Gehaltes (bzw. analog Tritiumgehaltes bei Einsatz von

---

[1] ROBERTS, J. D., u. Mitarb.: J. Amer. chem. Soc. **73**, 5009 (1951); **76**, 4501 (1954).
[2] Zusammenfassungen: BERSON, J. A.: Angew. Chem. **80**, 765 (1968); LEONE, R. E., u. P. v. R. SCHLEYER: Angew. Chem. **82**, 889 (1970).
[3] Zusammenfassung: COLLINS, C. J.: Chem. Reviews **69**, 543 (1969).
[4] REUTOV, O. A., u. T. N. SHATKINA: Tetrahedron [London] **18**, 237 (1962).
[5] Vgl. [2] S. 491.
[6] Vgl. [3] S. 491.

8.7. Übergangszustände und Zwischenprodukte bei nucl. Umlagerungen

$CH_3CH_2CHT-NH_2$) wiederfindet [1]:

$$CH_3-CH_2-{}^{14}CH_2-NH_2 + HNO_2 \rightarrow \overset{*}{C}H_3-\overset{*}{C}H_2-\overset{*}{C}H_2-OH$$
$$\quad\quad\quad\quad\quad\quad\quad\quad\quad\quad\quad\quad 2\% \quad 2\% \quad 96\% \quad {}^{14}C$$

$$CH_3-CH_2-CHT-NH_2 + HNO_2 \rightarrow \overset{*}{C}H_3-\overset{*}{C}H_2-\overset{*}{C}H_2-OH$$
$$\quad\quad\quad\quad\quad\quad\quad\quad\quad\quad\quad\quad 1,5\% \quad 1,5\% \quad 97\% \quad T$$

(8.47)

In der Kohlenwasserstoff-Fraktion (hauptsächlich Propen) ist etwa 10% Cyclopropan enthalten [2], das demnach bei der Desaminierung prinzipiell gebildet werden kann. Die Untersuchung der Reaktion von Cyclopropan unter den Reaktionsbedingungen der Desaminierung ergab ebenfalls n-Propanol.

Nach diesen Ergebnissen und weiteren Erwägungen, die hier nicht ausführlich wiedergegeben werden können, vgl. [3] S. 506, muß für die Desaminierung von n-Propylamin der folgende Mechanismus angenommen werden:

(8.48)

Protonierte Cyclopropane können demnach Zwischenprodukte von nucleophilen Umlagerungen, vor allem der 1.3-Wasserstoffumlagerung darstellen. Die Hauptmenge an n-Propanol entsteht ohne Isotopenumlagerung und nur 2 bis 4% auf dem Wege über protoniertes Cyclopropan. Es existieren hierfür drei Möglichkeiten: Flächenprotonierte Cyclopropane (8.49, 1), eckenprotonierte Cyclopropane (8.49, 2) und kantenprotonierte Cyclopropane (8.49, 3). Nach quantenchemischen Berechnungen ist das kantenprotonierte Cyclopropan am wahrscheinlichsten, das jedoch leicht in das eckenprotonierte Isomere übergehen kann, das z. B. beim Nortricyclen 3 kcal/mol energiereicher ist. Die Umlagerung der einzelnen kantenprotonierten Formen könnte demnach über die eckenprotonierten Spezies verlaufen. Das flächenprotonierte Cyclopropan kommt dagegen als Zwischenprodukt kaum in Frage, da es um 40 kcal/mol energiereicher ist als das kantenprotonierte Isomere [3]. Die gefundenen, nicht statistischen Isotopenverteilungen (vgl. (8.47)) sprechen ebenfalls klar dagegen.

Die Kantenprotonierung läßt sich leicht verstehen als eine Art π-Komplex, bei der das Proton mit einem „Bananenorbital" des Cyclopropansystems reagiert, das eine gewisse Ähnlichkeit mit einem π-System hat (vgl. Bild 1.42).

---

[1] Lee, C. C., u. Mitarb.: J. Amer. chem. Soc. **87**, 3985, 3986 (1965).
[2] Aboderin, A. A., u. R. L. Baird: J. Amer. chem. Soc. **86**, 2300 (1964).
[3] Klopman, G.: J. Amer. chem. Soc. **91**, 89 (1969).

Es liegt auf der Hand, daß in Bicyclo-[2.2.1]-heptylverbindungen protonierte Cyclopropane (und dementsprechend 2.6-Wasserstoffumlagerung) infolge der günstigen räumlichen Systeme besonders leicht möglich sind.
Mit Hilfe der NMR-Technik haben sich für das Norbornylsystem (8.36, 1) die Geschwindigkeiten für die einzelnen Primärumlagerungen abschätzen lassen [1]. Danach verläuft die 3.2-Wasserstoffumlagerung etwa 9 Zehnerpotenzen langsamer als die 1.2-Kohlenstoffumlagerung (8.36) und die 6.2-Wasserstoffumlagerung, die vergleichbare, sehr große Geschwindigkeitskonstanten aufweisen (mindestens 300000 s^{-1} bei $-120\,°C$). In Lösung scheinen die Verhältnisse jedoch anders zu sein, und für die Acetolyse von exo-Norbornyltolysat wurde gefunden, daß die 6.2-H-Wanderung maximal 200mal schneller ist als die 3.2-Wanderung [2].

$$
\underset{1}{\overset{H^{\oplus}}{\underset{H_2C-CH_2}{CH_2}}} \quad \underset{2}{\overset{CH_3}{\underset{H_2C\cdots CH_2}{\oplus}}} \quad \underset{3}{\overset{CH_2\cdots H}{\underset{H_2C-CH_2}{\oplus}}} \qquad (8.49)
$$

Über die Form des Übergangszustandes bei nucleophilen 1.2-Umlagerungen ist nichts bekannt. Man kann ein System annehmen, in dem der wandernde Rest durch ein Dreizentren-Molekülorbital mit dem Ausgangs- und dem Endpunkt der Wanderung verknüpft ist, das heißt, ein nichtklassisches verbrücktes Kation durchläuft [3]. Eine andere Möglichkeit besteht darin, daß das Bindungsorbital der ursprünglichen C—R-Bindung unter dem Einfluß des Elektronendefizitzentrums p-Charakter annimmt, so daß eine Art π-Bindung zwischen dem Ausgangs- und Endpunkt der Wanderung entsteht. Dadurch wird die wandernde Gruppe zum Elektronendefizitzentrum; sie bildet mit dem π-System einen π-Komplex und wandert auf der Gleitbahn des π-Systems zum Endpunkt hinüber. Die Stereochemie (Retention an R) und die relativen Wanderungstendenzen (Erhöhung der Wanderungsgeschwindigkeiten mit steigendem Elektronendruck des wandernden Restes) stehen damit im Einklang. Bei den 1.3-H-Wanderungen wird die Gleitbahn durch das π-ähnliche Elektronensystem des Cyclopropans gestellt.

8.8. Zur Lösungsmittelabhängigkeit von nucleophilen 1.2-Umlagerungen

Wenn die vorstehend besprochenen Umlagerungen am Kohlenstoffatom wesentlich über Kationen bzw. Ionenpaare verlaufen, muß das Lösungsmittel einen erheblichen Einfluß auf die Reaktion haben, da es mit steigender Solvatationskraft stabilisierend

---

[1] SAUNDERS, M., P. v. SCHLEYER u. G. A. OLAH: J. Amer. chem. Soc. **86**, 5680 (1964); vgl.
[4] S. 505, wonach die 6.2-H-Wanderung nur etwa 3 Zehnerpotenzen schneller ist als die 3.2-H-Wanderung.
[2] COLLINS, C. J., u. C. E. HARDING: Liebigs Ann. Chem. **745**, 124 (1971).
[3] PHELAN, N. F., H. H. JAFFE u. M. ORCHIN: J. chem. Educat **44**, 626 (1967).

auf die Kationen wirkt. Dadurch steigt die Lebensdauer der Ionen an, so daß Konformationsänderungen stärker zum Zuge kommen können und veränderte stereochemische Resultate zu erwarten sind. Weiterhin kann durch die Energiesenkung am Elektronendefizit-Zentrum die Tendenz zur Umlagerung erheblich verändert werden.

Wir betrachten die Pinakol/Pinakolon-Umlagerung von 1.1.2-Triphenyl-1.2-äthylenglykol, in dem ein Phenylrest in 1-Stellung durch ^{14}C markiert ist [1]. Die auch mit Hilfe ^{14}C im Äthanteil bzw. im Phenylrest und der C_2-Kette des Moleküls gut untersuchte Reaktion hat sich als recht kompliziert erwiesen, wie die folgende Formelreihe zeigt:

$$ (8.50) $$

In der vorstehenden Übersicht sind die Ausgangs- bzw. Endprodukte der Umlagerungen mit arabischen Ziffern gekennzeichnet, der Buchstabe c bzw. d gibt den Ort des Kohlenstoffs ^{14}C an, entsprechend den Angaben in 1c. Die Carbeniumionen wurden durch große Buchstaben indiziert. Man erkennt vier Hauptwege (römische Ziffern) der Reaktion. Diese lassen sich ziemlich gut voraussehen, da die großen Phenylreste trotz der an sich flexiblen Konstellation der aliphatischen Kette doch hinreichend

---

[1] COLLINS, C. J.: J. Amer. chem. Soc. **77**, 5517 (1955).

große Energieunterschiede der einzelnen Rotationsisomeren bedingen, so daß einzelne Vorzugslagen besonders wahrscheinlich sind. Nachstehend werden die wesentlichen Umsetzungen in der Projektion der entsprechenden Konformation wiedergegeben:

(8.51)

Die Dehydratisierung des Ausgangsproduktes kann entweder am Kohlenstoffatom a oder b einsetzen, wobei die Abspaltung vom Kohlenstoff b zum energieärmeren, weil durch zwei Phenylgruppen stabilisierten Kation B wahrscheinlicher ist. Trotzdem werden beide Wege beschritten. Im energiereicheren Kation A befindet sich einer der beiden an sich gleichberechtigten Phenylreste in einer für die Sextettumlagerung günstigen Stellung (Ph^a), der entweder das radioaktive Kohlenstoffatom enthalten kann oder nicht. Entsprechend der gleichen Wahrscheinlichkeit für Ph^a bzw. Ph^b, die für Ph^a gezeichnete Konformation einzunehmen, ist mit der Umlagerung eine 50%ige Verlagerung der ^{14}C-Aktivität nach d verbunden (Weg I).

Bei der Dehydratisierung von 1c zum energieärmeren Kation B gelangt der Wasserstoff am Kohlenstoffatom a in die nach dem Frank-Condon-Prinzip für die Umlagerung günstigste Position, so daß auf diese Weise das Keton 2c entsteht, das noch die gesamte ^{14}C-Aktivität an der gleichen Stelle enthält wie das Ausgangsprodukt (Weg II). Das Kation B kann sich — insbesondere in gut solvatisierenden Lösungsmitteln, die seine Lebensdauer erhöhen, in andere Konformationen umlagern, wie durch das Zeichen ⇌ angedeutet wird. Als bevorzugte neue Konformation ist B_1 anzusehen, weil sich hier die Phenylgruppe Ph^a weiter von der in B vorhandenen

Phenylgruppe entfernt hat, die eine größere effektive Raumfüllung besitzt als die Hydroxylgruppe, der sich andererseits die Phenylgruppe Ph^b in R_1 entsprechend nähert. Die neue Konformation B_1 läßt leicht eine Wanderung der Phenylgruppe von a nach b zu, wobei das neue Kation C entsteht, das einen protonierten Aldehyd 3 darstellt, in den es unter Verlust des Protons übergehen kann (Weg III). Das Carbeniumion C besitzt im Gegensatz zu den vorher entstandenen mehrere bevorzugte Konformationen, weil das Kohlenstoffatom b drei Phenylgruppen trägt. Die Energiebarrieren zwischen den verschiedenen denkbaren gestaffelten Lagen C_1, C_2, C_3 sind deshalb niedrig, das Carbeniumion läßt also die Wanderung aller drei Phenylgruppen ohne irgendeine Bevorzugung zu.

Das so jeweils entstehende Carbeniumion D_1, D_2, D_3 kann in der formulierten Konformation durch Wanderung eines Wasserstoffs und Deprotonierung des gebildeten protonierten Ketons in das Keton 2 c,d übergehen (Weg IV). In diesem befinden sich 33% der ^{14}C-Aktivität in der Stellung d, was darauf beruht, daß die Phenylwanderung C → D für jede der drei Phenylgruppen in C mit gleicher Wahrscheinlichkeit möglich ist. Der im Schema enthaltene Übergang des Triphenylacetaldehyds 3 in das entsprechende Keton 2 ist für sich realisierbar, er stellt eine allgemeine Umlagerungsreaktion dar (Aldehyd/Keton-Umlagerungen).

Abgesehen von der Veränderung der Radioaktivität entstehen bei der Pinakol/Pinakolon-Umlagerung des 1.1.2-Triphenyl-1.2-äthylenglykols nebeneinander Benzhydryl-phenylketon 2 und Triphenylacetaldehyd 3.

Tab. 8.52
Anteil der einzelnen Reaktionswege bei der Pinakol/Pinakolon-Umlagerung von 1.1.2-Triphenyl-äthandiol-(1.2) entsprechend (8.50) in Abhängigkeit vom Reaktionsmedium

Medium	% nach Weg				$\sim Ph/\sim H \left(= \dfrac{Weg\ IV}{Weg\ II}\right)$
	I	II	IV	III	
konz. H_2SO_4	2,5	11,7	85,8	0	7,53
Oxalsäure	2,7	29,9	37,5	29,9	2,25
Ameisensäure	4,7	39,0	56,3	0	1,44
verd. H_2SO_4	3,2	67,4	12,9	16,5	0,435
Dioxan/Wasser/HCl	0	96,1	0	3,9	0,0406
		2		3	

Der Anteil, den die einzelnen Wege (I—IV) am Gesamtprodukt stellen, läßt sich durch die Isotopenverteilung ermitteln und ist in Tabelle 8.52 in Abhängigkeit vom Umlagerungsmedium wiedergegeben. Gleichzeitig ist das Verhältnis

$$\frac{\text{Wanderung der Phenylgruppe}}{\text{Wanderung von Wasserstoff}}$$

als Quotient aus den Anteilen des Weges IV bzw. II berechnet. Er stellt ein Maß dar für die Umlagerung der Konformation B in B_1, die der Phenylwanderung C → D vorausgehen muß.

Ganz allgemein ist an den Werten ersichtlich, daß vom Dehydratisierungsmittel ein sehr erheblicher Einfluß auf die Reaktionsrichtung ausgeht. Der Weg I, der die Bildung des energiereicheren Kations A erfordert, wird in allen Fällen nur in untergeordnetem Maße beschritten, im Falle der verdünnten Salzsäure im schwach polaren Dioxan-Wasser-Gemisch ist er gar nicht mehr möglich, weil dieses Reagens zu wenig dehydratisierend wirkt und nur noch mit der reaktionsfähigeren Hydroxylgruppe am Kohlenstoffatom b zu reagieren vermag. Weiterhin fällt auf, daß das erhaltene Keton um so weitergehender auf dem Wege II entsteht, je schwächer solvatisierend das Reaktionsmedium wird. Mit anderen Worten wird von der konzentrierten Schwefelsäure zur verdünnten Salzsäure abnehmend die Möglichkeit für das Carbeniumion B immer geringer, sich in B_1 umzulagern. Das ist verständlich. Die Lebensdauer des Kations B ist natürlich in der sehr stark solvatisierenden Schwefelsäure größer als etwa in wäßriger Lösung oder gar in der Dioxanmischung. Ganz entsprechend steht in konzentrierter Schwefelsäure viel mehr Zeit für die Umlagerung von B in B_1 zur Verfügung, so daß andererseits die Wanderung des Phenylrestes zu C infolge dessen höherer Wanderungstendenz gegenüber der Wanderung eines Wasserstoffs zu 2c (Weg II) bevorzugt ist. Das in der letzten Spalte angegebene Verhältnis der beiden Konkurrenzreaktionen $\sim$Ph/$\sim$H stellt also ein Maß für die Stabilität (Lebensdauer) des Kations B dar.[1]) Diese nimmt mit abnehmender Solvatationswirkung des Mediums ab. In Dioxan/Wasser/Salzsäure ist die Lebensdauer des Carbeniumions B so klein geworden, daß der über B_1 und C führende Weg III und IV praktisch überhaupt nicht beschritten wird und das gesamte Keton 2 auf dem Weg II entsteht. Die Zunahme des Anteils nach Weg II ist also mit Abnahme des Anteils nach Weg IV verbunden, wie die Werte der Tabelle 8.52 sehr deutlich zeigen.

Da es für normale präparative Zwecke nicht auf den Weg ankommt, auf dem das Keton 2 entsteht, muß vor allem das Verhältnis betrachtet werden, in dem das Keton 2 bzw. der Aldehyd 3 in Abhängigkeit vom Medium gebildet werden. Hierzu kann man die für sich durchführbare Reaktion des Triphenylacetaldehyds 3 zum Benzhydrylphenylketon 2 heranziehen. In konzentrierter Schwefelsäure liegt das Protonierungsgleichgewicht zwischen dem Aldehyd 3 und dem Carbeniumion C[2]) praktisch ganz auf der Seite des Carbeniumions C, so daß infolge der *nicht reversiblen* Umlagerung D → 2 (Weg IV) schließlich der gesamte Aldehyd in das Keton umgelagert wird (gefunden: 100% Umlagerung). Ganz entsprechend entsteht bei der Pinakol/Pinakolon-Umlagerung von Triphenyläthylenglykol in konzentrierter Schwefelsäure kein Triphenylacetaldehyd. In Gegenwart von Oxalsäure, die ja viel schwächer ist als Schwefelsäure, liegt das Gleichgewicht der Protonierung des Aldehyds 3 zum Ion C auf der Seite des Aldehyds. Infolgedessen zerfällt auch das in der Pinakol/Pinakolon-Umlagerung entstehende Carbeniumion teilweise zum Aldehyd 3. Die erhaltenen 29,9% sind jedenfalls kinetisch bedingt. Bei der Reaktion in Ameisensäure überrascht es, daß überhaupt kein Aldehyd 3 entsteht. Wahrscheinlich bildet sich in diesem Fall

---

[1]) Ersetzt man den Wasserstoff durch Deuterium, so werden ganz analoge $\sim$Ph/$\sim$D-Werte erhalten, die es gestatten, das Verhältnis $\sim$H/$\sim$D (Isotopeneffekt) zu bestimmen, der in allen Fällen bei etwa 3 liegt und so eine Wanderung mit den beiden Bindungselektronen anzeigt.

[2]) Das Carbeniumion C wäre richtiger mit delokalisierter Ladung zu schreiben: $Ph_3C-CH\overset{\oplus}{=\!=\!=}OH$ (vgl. Kap. 6.).

der Ameisensäureester Ph₃C—$\overset{\oplus}{\text{CH}}$—O—CHO aus dem Carbeniumion C, der nicht ohne weiteres in den Aldehyd 3 übergeht, wohl aber aus diesem entstehen kann. Die Umlagerung der Phenylgruppe zu D und die weitere Reaktion zu 2 wird durch die Esterbildung nicht beeinträchtigt. Auch der Triphenylacetaldehyd lagert sich beim Kochen in Ameisensäure zu 100% in das Benzhydryl-phenylketon um. In Dioxan/Wasser/Salzsäure gelangt die Reaktion nicht in nennenswertem Maße zum Carbeniumion C (siehe oben). Nach den Werten der Tabelle 8.52 entsteht der Aldehyd stets nur in untergeordneter Menge, die in Oxalsäure etwa 30% der Gesamtausbeute erreicht. Bedingung für seine Bildung ist offenbar eine hinreichend große Solvatationskraft des Mediums (damit C erreicht wird) und eine nicht zu große Acidität der katalysierenden Säure (damit C rasch zu 3 zerfällt).

Das Beispiel zeigt die außerordentlich komplizierten Verhältnisse, die wahrscheinlich auch in anderen Typen von Sextettumlagerungen herrschen (vgl. auch [1a] S. 475).

9. Einige Radikalreaktionen [1]

Neben den bisher besprochenen, über polare Mechanismen ablaufenden Reaktionen gewinnen Radikalreaktionen sowohl im Laboratorium wie auch in der Technik immer mehr an Bedeutung. Bei ihnen erfolgt die Umgruppierung der Bindungen über diskrete Bruchstücke, die durch symmetrische Spaltung der in die Reaktion verwickelten Bindungen entstehen:

$$A-A \rightleftharpoons A\cdot + \cdot A \quad z.\,B.$$
$$Cl-Cl \rightleftharpoons Cl\cdot + \cdot Cl + 58 \text{ kcal/mol} \tag{9.1}$$

Diese Bruchstücke sind im allgemeinen — aber nicht notwendigerweise — elektroneutral. Sie besitzen ein ungepaartes Elektron und werden als *(freie) Radikale* bezeichnet.

9.1. Darstellung und Nachweis freier Radikale

Wie in (9.1) angegeben, muß bei der Darstellung von freien Radikalen durch Spaltung („Homolyse") einer Bindung die bei deren Bildung freigesetzte Bindungsenergie

---

Zusammenfassungen:
[1a] STEACIE, E. W. R.: Atomic and Free Radicals Reactions. 2nd Ed., Reinhold Publishing Corp., New York 1954.
[1b] WALLING, C.: Free Radicals in Solution, John Wiley & Sons, Inc., New York 1957.
[1c] SOSNOVSKY, G.: Free Radical Reactions in Preparative Organic Chemistry, MacMillan Company, New York 1964.
[1d] WATERS, W. A.: Organic Reaction Mechanisms, Special Publ. (The chemical Society, Burlington House) Nr. 19, 1965, S. 71.
[1e] STIRLING, C. J. M.: Radicals in Organic Chemistry, Oldbourne Press, London 1965.
[1f] PRYOR, W. A.: Free Radicals, McGraw-Hill Book Company, Inc., New York 1966; PRYOR, W. A.: Introduction to Free Radical Chemistry, Prentice/Hall International Inc., London 1966.
[1g] HUYSER, E. F.: Free Radical Chain Reactions, John Wiley & Sons, Inc., New York 1970.
[1h] SEMJONOW, N. N.: Einige Probleme der Chemischen Kinetik und Reaktionsfähigkeit (Freie Radikale und Kettenreaktionen), Akademie-Verlag, Berlin 1961.

wieder zugeführt werden (Dissoziationsenergien, vgl. Bild 1.33). Hierzu kann im Prinzip jede Energieart dienen. Nach der angewandten Energieform unterscheidet man die folgenden Radikalbildungsmethoden:

1. Spaltung durch thermische Energie (Thermolyse)
Die erforderlichen Temperaturen hängen sehr stark von der Struktur der Verbindungen ab: Peroxide (Bindungsenergie etwa 30 kcal/mol) werden bereits bei 50 bis 100 °C gespalten, während C—C-Bindungen größerer Moleküle bei etwa 500 °C, von kleineren Molekülen und C—H-Bindungen dagegen erst bei 900 bis 1000 °C aufbrechen. Als technisch wichtiges Beispiel ist die thermische Crackung von Kohlenwasserstoffen zu nennen.

2. Spaltung durch Licht (Photolyse) [1]
Grundsätzlich ist Licht nur dann photochemisch wirksam, wenn es von der betreffenden Verbindung absorbiert wird. Da die Bindungsenergien von organischen Stoffen meistens 80 bis 100 kcal/mol betragen, ist energiereiches, kurzwelliges Licht erforderlich. Aus dem EINSTEIN-PLANCK-Gesetz (1.11) ergibt sich E [kcal/mol] = $(286 \times 10^2)/\lambda$ [nm], das heißt UV-Licht der Wellenlänge 286 nm liefert 100 kcal/mol Quanten, und blaugrünes Licht der Wellenlänge 500 nm entspricht 57 kcal/mol Quanten.

Diese Energie reicht ungefähr aus, um Chlormoleküle in Chlorradikale zu spalten. Es ist jedoch häufig gar nicht notwendig, Bindungen im klassischen Sinne zu spalten. So erhält man bei der Lichtanregung von Ketonen (n → π^*-Übergang) oftmals Triplettzustände, die den Charakter von Diradikalen haben und entsprechend reagieren. Analog verhalten sich Triplettzustände, die durch Triplettgeneratoren erzeugt wurden (vgl. Kap. 1.).

3. Spaltung durch energiereiche Strahlung [2]
Als Anregungsquelle wird meistens ^{60}Co verwendet, das γ-Strahlung mit der Energie von 1,17 und 1,32 MeV aussendet (1 eV = 23,06 kcal/mol). Im durchstrahlten Medium entstehen durch den COMPTON-Effekt Elektronen mit sehr hoher Energie, die ihrerseits Sekundärelektronen unterschiedlicher Energie und Reichweite erzeugen. Primär- und Sekundärelektronen liefern entsprechend (9.2) Ionen und Radikale, solvatisierte Elektronen und elektronisch angeregte Moleküle. Ein γ-Quant vermag über 10^4 Ionisationen auszulösen. Die prinzipiell gleichen Vorgänge laufen im Massenspektrometer ab und sind auf diese Weise besonders einfach zu untersuchen: Die zu untersuchende Substanz wird im Hochvakuum verdampft und mit Ionen der Energie

---

[1] Zusammenfassungen über Photochemie: TURRO, N. J.: Molecular Photochemistry, W. A. Benjamin, Inc., New York/Amsterdam 1965; KAN, R. O.: Organic Photochemistry, McGraw-Hill Book Company, Inc., New York 1966; CALVERT, J. G., u. J. N. PITTS: Photochemistry, John Wiley & Sons, Inc., New York 1966; NECKERS, D. C.: Mechanistic Organic Photochemistry, Reinhold Publishing Corp., New York 1967; WAYNE, R. P.: Photochemistry, Butterworth & Co. (Publishers) Ltd., London 1970.
[2] Zusammenfassungen: SPINKS, J. W. T., u. R. J. WOODS: An Introduction to Radiation Chemistry, John Wiley & Sons, Inc., New York 1964; VEREŠČINSKIJ, I. V.: Usp. Chim. **39**, 880 (1970) (präparative Aspekte); SONNTAG C. v.: Fortschr. chem. Forsch. **13**, 333 (1969) (Radiolyse von Alkoholen); KRONGAUZ, V. A.: Usp. Chim. **31**, 222 (1962) (Energieübertragung bei Radiolysen); SHERMAN, W. V., in: Advances in Free Radical Chemistry, Vol. 3, Academic Press, New York 1969, Kap. 1.

von etwa 15 bis 75 eV (entsprechend etwa 300 bis 1500 kcal/mol) bombardiert, wobei folgende Reaktion eintritt:

$$R-R' + e \rightarrow R^{\oplus} + \cdot R' + 2e. \tag{9.2}$$

Imfolge dieser relativ großen Energie können praktisch alle vorhandenen Bindungen gespalten werden, und es laufen sekundäre Zerfallskaskaden ab, auf denen die analytische Massenspektrometrie beruht. Das Bruchstück $R^{\oplus}$ tritt bei einem charakteristischen Potential des Elektronenstrahls auf (Erscheinungspotential, Appearence Potential), und bei Kenntnis des Ionisierungspotentials von R· läßt sich die Dissoziationsenergie von R—R' bestimmen:

$$D(R-R) = A(R^+) - I(R\cdot)$$

4. Spaltung durch mechanische Energie („Mechanochemie") [1]

Bei Mahl- und Walkvorgängen treten beachtliche Energien auf, die zu radikalischen Spaltungen von Bindungen führen können. Das Gebiet ist infolge der schweren Durchschaubarkeit der Vorgänge theoretisch noch nicht erschlossen.

5. Spaltung durch chemische bzw. elektrochemische Energie (Elektronenübertragungsprozesse)

Freie Radikale entstehen häufig in Redoxprozessen, die mit Einelektronenschritten verbunden sind. Hierzu sind vor allem Schwermetalle und Alkalimetalle befähigt, die deshalb oft wirksame Initiatoren von Radikalreaktionen darstellen. Ein klassisches Beispiel ist die FENTON-Reaktion:

$$HO-OH + Fe^{2\oplus} \rightarrow HO\cdot + HO^{\ominus} - + Fe^{3\oplus}$$
$$R-H + HO\cdot \rightarrow R\cdot + H_2O \tag{9.3}$$

Die Elektronenanlagerung kann jedoch auch ohne Spaltung einer Bindung erfolgen, z. B. an Aromaten; in diesem Falle entstehen Anionenradikale [2]: $Ar-H + e \rightarrow {}^{\ominus}\dot{A}r-H$.

Das erforderliche Elektron kann z. B. aus einer Lösung eines Alkalimetalls in Naphthalin, 1.2-Dimethoxyäthan oder Hexamethylphosphortriamid geliefert werden, in denen solvatisierte Elektronen vorliegen (sie verursachen die blaue Farbe dieser Lösungen).

Auch Elektrodenprozesse verlaufen häufig als Elektronenübertragungen, z. B. die bekannte KOLBE-Synthese von Kohlenwasserstoffen durch Elektrolyse von Carbonsäuresalzen:

$$R-C\underset{\underline{O}|^{\ominus}}{\overset{O}{\diagdown}} - e \rightarrow R-C\underset{\underline{O}\cdot}{\overset{O}{\diagdown}} \rightarrow R\cdot + O=C=O$$
$$2R\cdot \rightarrow R-R \tag{9.4}$$

---

[1] BUTJAGIN, P. J.: Usp. Chim. **40**, 1935 (1971).
[2] Zusammenfassungen: BILEVIČ, K. A., u. O. J. OCHLOBYSTIN: Usp. Chim. **37**, 2162 (1968); KAISER, E. T., u. L. KEVAN: Radical Ions, Interscience Publishers, New York 1968; SZWARC, M.: Progress in Physical Organic Chemistry, Vol. 6 Interscience Publishers, New York 1968, S. 323; HOLY, N. L., u. J. D. MARCUM: Angew. Chem. **83**, 132 (1971).

9.1. Darstellung und Nachweis freier Radikale

Den vorstehenden chemischen Bildungsprozessen von Radikalen ist gemeinsam, daß die Radikaleigenschaft von einem Molekül auf ein anderes übertragen wird. Das wird weiter unten ausführlicher behandelt.
Schließlich wurde in neuester Zeit gefunden, daß sogenannte molekülinduzierte Radikalreaktionen möglich sind [1], z. B.

$$R-CH=CH_2 + Cl-Cl \rightarrow R-\dot{C}H-CH_2-Cl + Cl\cdot \rightarrow \text{Produkte}$$
$$a-b + X-Y \rightarrow a\cdot + b - X + Y\cdot \tag{9.5}$$

Voraussetzung dafür ist, daß $Y\cdot$ ein relativ stabiles Radikal, die Bindungsenergie von $b-X$ groß und die von $a-b$ und $X-Y$ klein ist.

Tabelle 9.6
Dissoziationsenergien (in kcal/mol bei 25 °C)[1]

a) *Anorganische Verbindungen*

H—H	104			HO—H	120
F—F	37	H—F	136	HO—OH	51
Cl—Cl	58	H—Cl	103	HOO—H	90
Br—Br	46	H—Br	88	H_2N-HN_2	56
J—J	36	H—J	71		

b) *Organische Verbindungen*

$R-X \rightarrow R\cdot + X\cdot$

R ↓ X →	H	CH_3	Cl	Br	J
CH_3	104	88	84	70	56
Et	98	85	81	69	53
i-Pr	95	83	81	68	53
t-Bu	91	80	79	66	50
Ph	110	100	95	80	64
$PhCH_2$	85	72	69	55	40
$CH_2=CH-CH_2$	89	76	71	57	44
$CH_3-\overset{\diagup O}{C}$	88	72	84	69	52
CCl_3	96	88	73	55	
$\cdot CH_2-CH_2$	39				
t-Bu-O-O-t-Bu	37				
t-BuO—OH	44				
Ph_3C-CPh_3	15		RO—H		102—103
			R—OH		90—92
			$R-OCH_3$		78—80

[1]) Vgl. [1] S. 518. Benson, S. W., u. Mitarb.: J. chem. Educat. **42**, 502 (1965); Chem. Reviews **69**, 279 (1969); Egger, K. W., u. A. T. Cocks: Helv. chim. Acta **56**, 1516 (1973); vgl. auch [1] S. 528.

[1] Zusammenfassung: D'Jačkovskij, F. S., u. A. E. Šilov: Usp. Chim. **35**, 699 (1966).

Für das Verständnis von Radikalreaktionen ist es wichtig, die Größe der Dissoziationsenergien zu kennen. Die derzeit beste Bestimmungsmethode ist die definierte Spaltung von Bindungen durch Gasphasenpyrolyse. Radikaldimerisierungen (Rückreaktion in (9.1)) haben nämlich normalerweise keine Aktivierungsenergie, so daß die Aktivierungsenergie der Spaltreaktion unmittelbar die Dissoziationsenergie liefert [1]. In Tabelle 9.6 sind einige Dissoziationsenergien zusammengestellt. Zunächst ergibt sich ganz allgemein, daß die Bildung eines Wasserstoffradikals stets eine hohe Energie erfordert. Das beruht offensichtlich auf der kleinen Masse des Wasserstoffatoms: Die Homolyse einer Bindung kommt dadurch zustande, daß durch die zugeführte Energie Streckschwingungen (Valenzschwingungen) zwischen den verbundenen Atomen angeregt werden, die schließlich beim Schwellenwert der Dissoziationsenergie zum Zerreißen der Bindung führen. Die Valenzschwingung der C—H-Bindung fordert wegen der kleinen Masse des Wasserstoffatoms viel Energie, wie die hohe Frequenz der C—H-Valenzschwingung im IR-Spektrum zeigt (etwa 3000 cm^{-1}), vgl. (3.22). Die entsprechenden Schwingungen zwischen schwereren Atomen werden viel leichter angeregt (v_{C-C} etwa 1000 bis 1400 cm^{-1}, $v_{C-Halogen}$ etwa 500 bis 800 cm^{-1}), so daß die Dissoziationsenergie hier wesentlich niedriger ist.

Die Dissoziationsenergie hängt darüber hinaus erheblich von der Struktur des zweiten Bruchstücks ab. So nimmt die Spaltbarkeit einer C—H-Bindung in den Kohlenwasserstoffen vom Methan zum Isobutan zu. Zur Erklärung dieser Reihenfolge wurde bisher angenommen, daß α-Alkylgruppen das benachbarte Radikalelektron stabilisieren, etwa durch Hyperkonjugation [2]. Aus den β—C—H-Kopplungskonstanten der Elektronenspinresonanzspektren ergaben sich jedoch nur 8% Delokalisierung der Radikalelektronendichte pro Methylgruppe [3], so daß dieser im Übergangszustand der Dissoziation noch schwächere Einfluß nicht ausschlaggebend sein dürfte. Wahrscheinlich ist vielmehr die unterschiedliche Energie des Grundzustands verantwortlich, die vom Methan zum Isobutan ansteigt, da sich die Methylgruppen zunehmend sterisch beeinflussen und auch die Atomkerne und die Bindungselektronen Abstoßungskräften unterliegen, die im Übergangszustand bzw. Radikal geringer werden können [4]. In gleicher Weise läßt sich die unerwartet niedrige Dissoziationsenergie des Fluors mit der gegenseitigen Abstoßung der freien Elektronenpaare erklären, die sich infolge des kleinen Bindungsabstandes besonders stark auswirkt. Generell scheinen sterische Effekte in der Chemie der Radikale eine größere Rolle zu spielen, als bisher angenommen wurde.

Eine erhebliche Senkung der Energie des Übergangszustandes bzw. des entstehenden Radikals ergibt sich jedoch, wenn das frei werdende Elektron in die Konjugation eines π-Elektronensystems einbezogen werden kann. Aus diesem Grunde bilden sich Benzyl-, Trityl-, Allyl- und Acylradikale viel leichter als Alkylradikale (9.7). Zusätzliche konjugationsfähige Substituenten setzen die Dissoziationsenergie noch weiter herab. So liegt Tris-(p-nitrophenyl)-methyl bereits im festen Zustande weitgehend als Radikal vor [5] (9.8).

[1] Zusammenfassung: KERR, J. A.: Chem. Reviews **66**, 465 (1966), vgl. SZWARC, M.: Chem. Reviews **47**, 75 (1950).
[2] SYMONS, M. C. R., u. Mitarb.: Tetrahedron [London] **18**, 333 (1962).
[3] NORMAN, R. O. C., u. B. C. GILBERT: Advances in Physical Organic Chemistry, Vol. 5, Academic Press, New York/London 1967, S. 53.
[4] RÜCHARDT, C.: Angew. Chem. **82**, 845 (1970).
[5] ALLEN, F. L., u. S. SUGDEN: J. chem. Soc. [London] **1936**, 440.

$$CH_2\!\!=\!\!CH\!-\!\dot{C}H_2 \longleftrightarrow \dot{C}H_2\!-\!CH\!\!=\!\!CH_2 \equiv \overbrace{CH_2\!\cdots\!\dot{C}H\!\cdots\!CH_2}$$

(9.7)

$$R\!-\!\overset{\overline{O}}{\underset{}{C}}\!\!\diagup \longleftrightarrow R\!-\!\underline{C}\diagup^{\overline{O}\cdot} \longleftrightarrow R\!-\!\overset{\diagup\overline{O}\cdot}{\underset{\ominus}{C}}\!\!{}_{\oplus} \equiv R\!-\!C\!\!\diagup\!\!\overset{O}{\underset{}{}}$$

$$\overset{R}{\underset{R}{>}}\!\!\dot{C}\!\!=\!\!\underset{}{\diagdown}\!\!-\!\!\underset{\ominus}{\overset{\oplus}{N}}\!\!\overset{\overline{O}}{\underset{\overline{O}|}{<}} \longleftrightarrow \overset{R}{\underset{R}{>}}\!\!C\!\!=\!\!\underset{}{\diagdown}\!\!=\!\!\underset{\ominus}{\overset{\oplus}{N}}\!\!\overset{\overline{O}\cdot}{\underset{\overline{O}|}{<}} \equiv \overset{R}{\underset{R}{>}}\!\!C\!\!=\!\!\langle\;\rangle\!\!-\!\!N\!\!\overset{O}{\underset{O}{<}} \quad (9.8)$$

Die hohe Stabilität des Triphenylradikals wird durch die mögliche Elektronendelokalisation jedoch insgesamt nicht hinreichend erklärt. Dieser Konjugationseffekt kann nur voll zur Geltung kommen, wenn die drei Phenylreste flach in der gleichen Ebene liegen, da anderenfalls die Mesomerie sterisch gehindert wäre (vgl. Abschn. 2.3.). Die völlig ebene Lage ist jedoch beim Tritylradikal nicht realisierbar, weil sich die ortho-Wasserstoffe der drei Phenylreste gegenseitig behindern, so daß die Phenylreste eine propellerförmige Lage einnehmen [1] mit einem Verdrillungswinkel von etwa 40 bis 45° [2]. Im Tri-(ortho-tolyl)-methylradikal muß die Verdrillung der aromatischen Ringe wegen der voluminösen ortho-Methylgruppen noch größer sein, so daß die Mesomeriestabilisierung gegenüber dem Tritylradikal weiter verringert ist. Trotzdem ist aber das Tri-(ortho-tolyl)-methyl stabiler, und die Dissoziationskonstante des Hexa-(orthotolyl)-äthans liegt in Benzol bei 25°C um den Faktor 10^4 höher als die des Hexaphenyläthans[1]) [3].

Danach beruht die relativ große Stabilität von Triarylmethylradikalen darauf, daß die Rückreaktion („Rekombination") zu den Hexaaryläthanen sterisch gehindert ist. Übereinstimmend damit und im Gegensatz zu anderen Radikaldimerisierungen ist die Dimerisierung von zwei Triphenylmethylradikalen mit einer Aktivierungsenergie von 7 kcal/mol verknüpft [4].

---

[1] GOMES DE MESQUITA, A. H., C. H. MACGILLAVRY u. K. ERIKS: Acta crystallogr. [Copenhagen] **18**, 437 (1965).
[2] ANDERSEN, P.: Acta chem. scand. **19**, 629 (1965).
[3] MARVEL, C. S., J. F. KAPLAN u. C. M. HIMEL: J. Amer. chem. Soc. **63**, 1892 (1941); vgl. THEILACKER, W., u. M. L. WESSEL-EWALD: Liebigs Ann. Chem. **594**, 214 (1955).
[4] D'AČKOVSKIJ, F. S., N. N. BUBNOV u. A. E. ŠILOV: Doklady Akad. Nauk SSSR **122**, 629 (1958).

[1]) Das entspricht in 0,1-molarer Lösung einem Dissoziationsgrad von 87% bzw. 2,3%.

Diese sterische Hinderung ist so erheblich, daß die Dimerisierung überhaupt nicht wieder zum Ausgangsprodukt der Radikalspaltung, Hexaphenyläthan, zurückführt, sondern folgenden Verlauf nimmt [1]:

$$2\,Ph_3C\cdot \xrightarrow{schnell} Ph_3C-\underset{H}{\bigcirc}=C\langle_{Ph}^{Ph} \xrightarrow{langsam} H-\underset{Ph}{\overset{Ph}{C}}-\bigcirc-CPh_3 \qquad (9.9)$$

Die sterische Hinderung stellt offenbar den Hauptfaktor für die Stabilität des Tritylradikals dar: Wenn die drei Phenylreste durch zusätzliche Brücken in eine gemeinsame Ebene gezwungen werden wie im Sesquixanthydrylradikal (9.10, 1), erhält man trotz der sehr erheblichen Mesomeriestabilisierung kein stabiles freies Radikal, sondern es läßt sich nur das Dimere isolieren [2]. Ganz entsprechend sind die in (9.10) formulierten weiteren Radikale ebenfalls infolge der sterischen Hinderung der Dimerisierung stabil [3].

Außer dem Konjugationseffekt und den sterischen Einflüssen spielt das Lösungsmittel noch eine wesentliche Rolle bei der Stabilisierung von Radikalen. Hierauf wird weiter unten eingegangen.

(9.10)

1   2 [4]   „Galvinoxyl"   4 [6]
R=Ph, t-Bu   3 [5]

Schließlich ist festzustellen, daß sich Radikale unabhängig von ihrer Stabilität dann besonders leicht bilden, wenn die Zerfallsreaktion eine Fragmentierung darstellt, bei der ein stabiles Molekül entsteht. Das ist bei der oben formulierten KOLBE-Elektrolyse und bei der Thermolyse von Perestern (9.11) der Fall [7] (Bildung von CO_2) sowie bei der Thermolyse von Azoverbindungen (9.12).

[1] LANKAMP, H., W. T. NAUTA u. C. MACLEAN: Tetrahedron Letters [London] **1968**, 249; STAAB, H. A., H. BRETTSCHNEIDER u. H. BRUNNER: Chem. Ber. **103**, 1101 (1970).
[2] MÜLLER, E., A. MOOSMAYER, A. RIEKER u. K. SCHEFFLER: Tetrahedron Letters [London] **1967**, 3877.
[3] Zusammenfassung über stabile Kohlenstoff-Radikale: SOLLE, V. D., u. E. G. ROZANCEV: Usp. Chim. **42**, 2176 (1973).
[4] Zusammenfassungen über Phenoxyle: POCHODENKO, V. D., V. A. CHIŽNIJ u. V. A. BIDZILJA: Usp. Chim. **37**, 998 (1968); Altwicker, E.: Chem. Reviews **67**, 475 (1967).
[5] COPPINGER, G. M.: J. Amer. chem. Soc. **79**, 501 (1957).
[6] TURKEVICH, J., u. P. W. SELWOOD: J. Amer. chem. Soc. **63**, 1077 (1941).
[7] Zusammenfassungen: RÜCHARDT, C.: Fortschr. chem. Forsch. **6**, 251 (1966); Usp. Chim. **37**, 1402 (1968); vgl. SOSNOVSKY, G., u. S.-O. LAWESSON: Angew. Chem. **76**, 218 (1964).

$$R\!-\!\!\underset{|}{C}\!\!\overset{\nearrow O}{\underset{O\,-\,O\,-\,R'}{\diagdown}} \longrightarrow R\cdot \ +\ O\!=\!C\!=\!O\ +\ \cdot OR' \tag{9.11}$$

$$N\!\equiv\!C\!-\!\underset{\underset{CH_3}{|}}{\overset{\overset{CH_3}{|}}{C}}\!-\!\underline{N\!=\!N}\!-\!\underset{\underset{CH_3}{|}}{\overset{\overset{CH_3}{|}}{C}}\!-\!C\!\equiv\!N \longrightarrow N\!\equiv\!C\!-\!C\!\!\overset{\nearrow CH_3}{\diagdown CH_3}\ +\ |N\!\equiv\!N|\ +\ \overset{CH_3}{\underset{CH_3}{\diagdown}}\!C\!-\!C\!\equiv\!N \tag{9.12}$$

Aus dem gleichen Grunde erfordert die radikalische Ablösung eines Wasserstoffatoms auf dem Äthylradikal eine viel geringere Energie als beim Äthan (vgl. Tab. 9.6), da hierbei das wesentlich energieärmere Äthylen entstehen kann. Dieser Reaktionstyp stellt eine wichtige Abbruchreaktion von Radikalkettenreaktionen dar, vgl. weiter unten.

Die Bildung von Radikalen kann jedoch auch durch sterische Effekte erschwert sein: Wie sich aus ESR- und UV-Spektren ergibt, sind Radikale ganz oder nahezu eben trigonal gebaut, das heißt, das Radikalelektron befindet sich in einem p-Orbital [1]. Sie ähneln in dieser Hinsicht den Carbeniumionen.

Wenn die Planarität nicht möglich ist, wie an den Brückenköpfen von Bicyclen z. B. im Bicyclo-[2.2.1]-heptan, ist die Bildung des Radikals sehr erschwert, allerdings nicht so drastisch wie die Bildung der entsprechenden Carbeniumionen [2]. Offenbar ist in Radikalen eine Winkeldeformation leichter möglich als in Carbeniumionen.

Nachweis freier Radikale

1. Freie Radikale besitzen ungepaarte Elektronen und sind deshalb paramagnetisch. Die beste Nachweismethode ist die Elektronenspinresonanz-Spektroskopie (ESR-Spektroskopie bzw. EPR-Spektroskopie = paramagnetische Elektronenresonanz). Dabei wird die Probe in ein starkes Magnetfeld gebracht, in dem nur wenige Orientierungen des Spinmoments möglich sind (ZEEMAN-Niveaus). Die Übergänge zwischen diesen Niveaus werden durch Einstrahlen eines geeigneten elektromagnetischen Feldes induziert, dessen Energieverlust als Absorption meßbar ist und über dem Magnetfeld aufgetragen ein Spektrum ergibt [3]. Die Methode ist sehr empfindlich und gestattet den Nachweis von Radikalkonzentrationen bis etwa 10^{-9} Mol [4]. Ein weiterer Vorteil besteht darin, daß die Radikale durch Photolyse oder Radiolyse aus Verbindungen erzeugt werden können, die in glasartig erstarrende Medien eingefroren wurden; infolge der im Glas bei tiefen Temperaturen nur sehr kleinen Diffusions-

---

[1a] KARPLUS, M., u. G. K. FRAENKEL: J. chem. Physics **35**, 1312 (1961).
[1b] Vgl. [3] S. 518 (Zusammenfassung).
[2] Vgl. [4] S. 518.
[3] STAAB, H. A.: Einführung in die theoretische organische Chemie, Verlag Chemie GmbH, Weinheim/Bergstr. 1959, Kap. 2.8.
[4] INGRAM, D. J. E.: Free Radicals as Studied by Electron Spin Resonance, Butterworths & Co. (Publishers) Ltd., London 1958; SCHNEIDER, F., K. MÖBIUS u. M. PLATO: Angew. Chem. **77**, 888 (1965); [3] S. 518; SYMONS, M. S. R., in: Advances in Physical Organic Chemistry, Vol. 1, Academic Press, New York/London 1963, S. 283.

geschwindigkeiten können die entstandenen Radikale nicht leicht rekombinieren und selbst normalerweise kurzlebige Radikale existieren lange genug, um spektroskopiert werden zu können [1]. Die ESR-Signale werden häufig weiter aufgespalten („Hyperfeinaufspaltung"), wenn das Radikalelektron im Wirkungsbereich magnetischer Kerne liegt, z. B. von Wasserstoffatomen. Durch Analyse dieser veränderten Signale ist es möglich, die Verteilung der Spindichte innerhalb des Moleküls zu bestimmen.

2. Werden kurzlebige gasförmige Radikale in einem schnellen Gasstrom über Metallspiegel geleitet (Blei, Silber u. a.), so lösen sich die Metalle auf unter Bildung flüchtiger Metallalkyle (aus Blei und Äthylradikalen z. B. Tetraäthylblei), die an einer anderen Stelle thermisch wieder in die Komponenten gespalten werden können, erkennbar an dem hier entstehenden Metallspiegel (Spiegelmethode nach F. PANETH).

3. Freie Radikale sind auch durch UV- und IR-Spektroskopie nachweisbar. Voraussetzung dafür ist, daß man eine ausreichend hohe Radikalkonzentration herstellen bzw. halten kann. Hierzu kann ebenfalls die Einfriermethode (Matrixmethode) angewandt werden [1].

Eine Methode, hohe Radikalkonzentrationen zu erzeugen, ist die Bestrahlung mit einem kurzen Lichtblitz sehr hoher Energie (10^3 Joule). In sehr kurzen Zeitabständen nach dem Photoblitz werden Blitze geringer Energie durch den Reaktionsraum geschickt und das Spektrum photographisch oder oszillographisch registriert. Auf diese Weise gelingt es, Radikale mit einer Lebensdauer im Bereich von Mikrosekunden spektroskopisch zu erfassen (Kurzzeitspektroskopie, Impulsspektroskopie). Mit Hilfe der Riesenimpuls-Laser kann sogar der Nanosekundenbereich erschlossen werden [2].

Sofern das Radikalelektron in Konjugation mit einem aromatischen Kern steht, sind die betreffenden Radikale farbig. Der Dissoziationsvorgang der Hexaaryläthane läßt sich deshalb unmittelbar visuell verfolgen. Da die Rekombination als bimolekularer Prozeß beim Verdünnen der Lösung verlangsamt wird, nimmt die Farbtiefe mit der Verdünnung zu, das heißt, das LAMBERT-BEER-Gesetz ist nicht erfüllt. Das war der Anlaß zur Entdeckung der stabilen Radikale durch M. GOMBERG (1900).

4. Radikale können chemische Reaktionen auslösen, vor allem Polymerisationen. Dieser einfache qualitative Nachweis wird bei der Untersuchung von Reaktionsmechanismen häufig angewandt, indem man z. B. Acrylnitril zusetzt.

5. Radikale lassen sich durch geeignete Stoffe abfangen, z. B. Kohlenstoffradikale mit Luftsauerstoff in Peroxide und Stickstoffradikale mit Stickoxid in N-Nitrosoverbindungen überführen. Entsprechend werden Reaktionen, die über Kohlenstoffradikale führen, durch Sauerstoff stark gehemmt. Ein geeignetes Abfangmittel für Kohlenstoffradikale ist auch das Diphenylpikrylhydrazyl (9.10, 4). Dieses Radikal ist tief violett gefärbt, während die Reaktionsprodukte mit Radikalen gelb oder farblos sind, so daß die Abfangreaktion kolorimetrisch quantitativ verfolgt werden kann. Das Radikal greift wahrscheinlich in para-Stellung eines Phenylrestes an, so daß die Abfangreaktion analog (9.9) verläuft.

---

[1] Zusammenfassung: MILE, B.: Angew. Chem. **80**, 519 (1968).
[2] Zusammenfassungen: NORRISH, R. G. W.: Angew. Chem. **80**, 868 (1968); PORTER, G.: Angew. Chem. **80**, 882 (1968).

9.2. Reaktionen freier Radikale

9.2.1. Reaktionstypen

Freie Radikale sind häufig energiereiche Verbindungen, die demzufolge nur eine sehr kurze Lebensdauer haben und schnell weitere Veränderungen erleiden, die entweder unter Erhalt des Radikalcharakters zu energieärmeren radikalischen Verbindungen, oder aber zu stabilen Produkten ohne Radikaleigenschaften führen. Im einzelnen werden die nachstehenden Reaktionen unterschieden:

1. Umwandlung unter Erhalt des Radikalcharakters

a) Radikalzerfall [1]

Diese Reaktion ist begünstigt, wenn gleichzeitig stabile Verbindungen entstehen, vorzugsweise solche mit Doppelbindungen, z. B.:

$$(CH_3)_3C-O\cdot \rightarrow \cdot CH_3 + CH_3-CO-CH_3 \qquad (9.13)$$

b) Angriff an nichtradikalischen Substraten

α) Substitution

In den meisten Fällen handelt es sich um die Abspaltung („Abstraktion") von Wasserstoffatomen [2], z. B.:

$$(CH_3)_3C-O\cdot + R-H \rightarrow (CH_3)_3C-O-H + R\cdot \qquad (9.14)$$

Generell werden bevorzugt nur die peripheren Substituenten angegriffen, da Radikalabstraktionen offenbar relativ strengen sterischen Bedingungen unterliegen und etwa der SN2-Reaktion vergleichbar sind [3]. Übereinstimmend damit werden häufig stark negative Aktivierungsentropien ($\Delta S^{\neq}$ —20 bis —35 cal/grd · mol) gefunden.

Die Reaktion (9.14) stellt zugleich die Erzeugung eines energiereichen Radikals durch einen Initiator dar, dessen Bildung durch Homolyse nur wenig Energie erfordert (37 kcal/mol). Das gelingt, weil mit der Bildung von tert.-Butanol ein hoher Energiegewinn verbunden ist (2×103 kcal/mol), so daß die Energiebilanz positiv wird [4].

Ähnliches gilt für andere Initiatoren wie Dibenzoylperoxid und Azo-bis-(isobutyronitril) (vgl. (9.11), (9.12)). Bei Initiierung einer Radikalreaktion durch Peroxide bzw. Azoverbindungen wird das typische Geschwindigkeitsgesetz $v = k\,[R-H]\,[\text{Initiator}]^{1/2}$ gefunden.

β) Addition an ungesättigte Verbindungen

Dieser Reaktionstyp muß als die wichtigste Radikalreaktion bezeichnet werden, da er die Grundlage für die Radikalkettenpolymerisation ungesättigter Monomerer

---

[1] Zusammenfassung: KERR, J. A., u. A. C. LLOYD: Quart. Rev. (chem. Soc., London) **22**, 549 (1968).
[2] Zusammenfassung: TROTMAN-DICKENSON, A. F., in: Advances in Free Radical Chemistry, Vol. 1, Academic Press, New York/London, 1965, S. 1.
[3] PRYOR, W. A., u. H. GUARD: J. Amer. chem. Soc. **86**, 115 (1964).
[4] Zusammenfassung: TEDDER, J. M.: Quart. Rev. (chem. Soc., London) **14**, 336 (1960).

ist:

$$X\cdot + \underset{}{>}C=C\underset{}{<} \rightarrow X-\overset{|}{\underset{|}{C}}-\overset{}{\underset{\setminus}{C}}\cdot \xrightarrow{X-Y} X-C-C-Y + X\cdot$$

$$\xrightarrow{>C=C<} X-\overset{|}{\underset{|}{C}}-\overset{|}{\underset{|}{C}}-\overset{|}{\underset{|}{C}}-\overset{}{\underset{\setminus}{C}}\cdot \quad \text{usw.}$$

(9.15)

c) Umlagerung

Umlagerung von Radikalen bei thermischen Reaktionen spielen keine große Rolle und sind viel seltener als bei Carbeniumionen [1]. Im allgemeinen geht die Reaktion in Richtung zum energieärmeren Radikal z. B.:

$$Ph_3C-\dot{C}H_2 \rightarrow Ph_2\dot{C}-CH_2-Ph \qquad (9.16)$$

Bei photochemischen Reaktionen sind dagegen Umlagerungen ziemlich häufig [2].

2. Zerstörung von Radikalen [3]

a) Rekombination bzw. Kombination

Unter Verlust der Radikaleigenschaft vereinigen sich zwei gleiche oder verschiedene Radikale:

$$Cl\cdot + \cdot Cl \rightarrow Cl_2 \quad \text{bzw.} \quad Cl\cdot + \cdot R \rightarrow R-Cl \qquad (9.17)$$

Die freiwerdende Energie muß an einen dritten Partner abgegeben werden, was in Lösung ohne weiteres möglich ist. Die Rekombination bzw. Kombination energiereicher Radikale erfordert keine Aktivierungsenergie, und die Reaktionsgeschwindigkeitskonstanten sind deshalb generell groß; häufig wird die Diffusion der Radikale zueinander geschwindigkeitsbestimmend. Trotzdem ist die Rekombination oft nicht die bevorzugte Reaktion, weil energiereiche Radikale nur in sehr kleinen Konzentrationen vorliegen, so daß die Effektivgeschwindigkeit dieser bimolekularen Reaktion klein wird.

b) Disproportionierung

Hierbei handelt es sich um Substitution an der β-Stellung eines zweiten Radikals; das entstehende Diradikal liefert ein Olefin:

$$\begin{array}{c} R-\overset{|}{\underset{H}{C}}-\overset{}{\underset{\setminus}{C}}\cdot \\ + \\ \underset{/}{\overset{\setminus}{}}\cdot C-\overset{|}{\underset{|}{C}}-R \end{array} \longrightarrow \left[\begin{array}{c} R-\overset{|}{\underset{\cdot}{C}}-\overset{}{\underset{\setminus}{C}}\cdot \\ + \\ H \\ -\overset{|}{\underset{|}{C}}-\overset{|}{\underset{|}{C}}-R \end{array} \right] \rightarrow R-\overset{|}{C}=C\underset{}{<} \qquad (9.18)$$

---

[1] Zusammenfassung: FREJDLINA, R. K., in: Advances in Free Radical Chemistry, Vol. 1, Academic Press, New York/London 1965, Kap. 6; FREJDLINA, R. CH, V. N. KOST u. M. J. CHORLINA: Usp. Chim. **31**, 3 (1962).

[2] DEMAYO, P., u. S. T. REID: Quart. Rev. (chem. Soc., London) **15**, 393 (1961); ZIMMERMAN, H. E.: Angew. Chem. **81**, 45 (1969).

[3] Zusammenfassungen: DENISOV, E. T.: Usp. Chim. **39**, 62 (1970); STEPUCHOVIČ, A. D., u. V. A. ULICKIJ: Usp. Chim. **35**, 487 (1966); LAPPORTE, S. J.: Angew. Chem. **72**, 759 (1960).

Die Disproportionierung und Rekombination sind wahrscheinlich keine kinetisch konkurrierenden Reaktionen, sondern verlaufen über den gleichen Stoßkomplex [1]. Die relative Wahrscheinlichkeit der beiden Prozesse hängt von der Entropiedifferenz der Produkte ab. Im allgemeinen ist die Disproportionierung etwas bevorzugt.

c) Reduktion bzw. Oxydation (Elektronenübertragung) [2]

Radikale lassen sich — besonders leicht durch Metallionen — zu Kationen oxydieren oder zu Anionen reduzieren. Diese erst im letzten Jahrzehnt breiter untersuchten Reaktionen sind wichtig als Fortpflanzungsschritte von Radikalkettenreaktionen, z. B. bei der SANDMEYER-Reaktion; das Metallion fungiert dabei als Träger der Reaktionskette [3]:

$$\begin{aligned} Ar-\overset{\oplus}{N}\equiv N + Cu^\oplus &\rightarrow Ar\cdot + N_2 + Cu^{2\oplus} \\ Ar\cdot + Cl^\ominus + Cu^{2\oplus} &\rightarrow Ar-Cl + Cu^\oplus \end{aligned} \qquad (9.19)$$

9.2.2. Innere und äußere Einflüsse auf Radikalreaktionen

Radikalreaktionen werden — sofern nicht Radikalionen in sie verwickelt sind — im allgemeinen viel weniger durch das Lösungsmittel beeinflußt als ionische Reaktionen [4]. So ist die Homolysegeschwindigkeit von di-tert.-Butylperoxid in der Gasphase, in aromatischen Kohlenwasserstoffen oder Tributylamin [5] bzw. von Hexaphenyläthan in zahlreichen Lösungsmitteln [6] innerhalb des Faktors 2 konstant.

Trotzdem kann das Lösungsmittel einen entscheidenden Einfluß haben: Damit ein durch Homolyse gebildetes Radikal mit einer Verbindung, z. B. R—H reagieren kann, muß es den Lösungsmittelkäfig durchbrechen, was häufig so erschwert ist, daß ausschließlich Kombination der innerhalb der Lösungsmittelkäfige entstandenen Radikale eintritt (Käfigeffekt) [7].

So liefert die Gasphasenphotolyse eines äquimolaren Gemisches von $CH_3-N=N-CH_3$ und $CD_3-N=N-CD_3$ das statistische Verhältnis der Produkte CH_3-CH_3, CD_3-CH_3 und CD_3-CD_3 (1:2:1), in Isooctan dagegen infolge des Käfigeffekts ausschließlich CH_3-CH_3 und CD_3-CD_3 im Verhältnis 1:1 [8].

---

[1] BRADLEY, J. N.: J. chem. Physics **35**, 748 (1961).
[2] Zusammenfassung: DENISOV, E. T.: Usp. Chim. **40**, 43 (1971).
[3] KOCHI, J. K.: J. Amer. chem. Soc. **79**, 2942 (1957); vgl. DICKERMAN, S. C., u. Mitarb.: J. Amer. chem. Soc. **80**, 1904 (1958); J. org. Chemistry **34**, 710 (1969).
[4] Zusammenfassung: HUYSER, E. S., in: Advances in Free Radical Chemistry, Vol. 1, Academic Press, New York/London 1965, Kap. 3.
[5] RALEY, J. H., F. F. RUST u. W. E. VAUGHAN: J. Amer. chem. Soc. **70**, 88, 1336 (1948).
[6] ZIEGLER, K., u. Mitarb.: Liebigs Ann. Chem. **504**, 131 (1933); **479**, 277 (1930); **551**, 150 (1942).
[7] FRANK, J., u. E. RABINOWITCH: Trans. Faraday Soc. **30**, 120 (1934).
[8] LYON, R. K., u. D. H. LEVY: J. Amer. chem. Soc. **83**, 4290 (1961); vgl. KODAMA, S.: Bull. chem. Soc. Japan **35**, 827 (1962) und dort zitierte weitere Arbeiten.

In ähnlicher Weise wie bei Ionenreaktionen zwischen Ionisierung und Dissoziation unterschieden werden muß, könnte man deshalb bei Radikalreaktionen zwischen Homolyse und Dissoziation unterscheiden. Schließlich kann das Lösungsmittel Komplexe (π-Komplexe oder Wasserstoffbrückenkomplexe) mit Radikalen bilden, hierauf wird weiter unten eingegangen.

Bei Radikalreaktionen scheint das HAMMOND-Prinzip (vgl. S. 131) von erheblicher Bedeutung zu sein [1], wie an der Erzeugung von Benzylradikalen verdeutlicht werden soll. Beim Angriff eines sehr reaktionsfähigen Radikals X·, das heißt, bei einer exothermen Reaktionsstufe, liegt der Übergangszustand relativ früh auf der Reaktionskoordinate und ähnelt weitgehend den Ausgangsprodukten. Die Wechselwirkung zwischen H und X· ist bereits zu einem Zeitpunkt relativ stark, wo die C—H-Bindung noch nicht nennenswert gedehnt bzw. wo die Bindungswinkel an der CH_3-Gruppe noch nicht erheblich deformiert sind. Sterische oder elektronische Einflüsse auf die Methylgruppe spielen deshalb keine große Rolle, und es werden demzufolge bei Anwendung der HAMMETT-Beziehung kleine Reaktionskonstanten [2] und infolge der geringen Dehnung der C—H-Bindung nur kleine kinetische H/D-Effekte gefunden:

Exotherme Reaktion ($X\cdot$ *energiereich*)

R—⟨⟩—CH_2—H ··· X (D)

Übergangszustand ähnelt Ausgangsprodukten
Einfluß von R gering (ϱ klein)
geringer Einfluß von sterischen Effekten
kinetischer H/D-Effekt klein
(9.20a)

Thermoneutrale Reaktion ($X\cdot$ *energiearm*)

R—⟨⟩—CH_2 ··· H—X (D)

Übergangszustand ähnelt Endprodukten
Einfluß von R groß (ϱ groß)
bessere Korrelation gegen σ^+-Konstanten
sterische Einflüsse erheblich
kinetischer H/D-Effekt groß
(9.20b)

Wenn das Radikal X· dagegen energiearm ist, wird die Reaktion annähernd thermoneutral oder sogar endotherm, und der Übergangszustand ähnelt den Endprodukten. Die C—H-Bindung ist demzufolge im Übergangszustand relativ stark gedehnt, so daß der Einfluß von R auf das Reaktionszentrum erheblich wird und infolge des nunmehr großen Elektronendefizits σ^+-Konstanten im allgemeinen bessere Korrelationen liefern als σ-Konstanten. Aus dem gleichen Grunde sind relativ große kinetische H/D-Effekte zu erwarten. Da die Umhybridisierung zum p-Zustand des Radikals und damit die Veränderung der Bindungswinkel weit fortgeschritten sind, können sterische Einflüsse erheblich werden, z. B. am Brückenkopf von Bicyclen.

Wenn man die Radikalreaktion an homologen Cycloalkanen durchführt und den Logarithmus der Reaktionsgeschwindigkeit über der Ringgröße, aufträgt, erhält

---

[1] Vgl. [4] S. 518.
Zusammenfassungen:
[2a] SPIRIN, L. J.: Usp. Chim. **38**, 1201 (1969).
[2b] AFANAS'EV, I. B.: Usp. Chim. **40**, 385 (1971).

man ganz ähnliche Geschwindigkeitsprofile wie in Bild 6.25 für Carbonylreaktionen dargestellt. Aus dem Verlauf der Kurve läßt sich ziemlich empfindlich ablesen, ob der Übergangszustand der Reaktion früh oder spät auf der Reaktionskoordinate liegt [1].

So ergibt sich für den Angriff von $CH_3\cdot$ [2], $Ph\cdot$ [3], $Cl_3C\cdot$ [4], $Cl_3C-\dot{S}O_2$ [4] auf Cycloalkane und für den Zerfall von Azocycloalkanen [1] ein Geschwindigkeitsverlauf $C_4 < C_5 > C_6 < C_7 < C_8$, also analog wie bei den Reaktionen $sp^3 \to sp^2$ in Bild 6.25. Die Abstufungen sind relativ groß, der Einfluß der Ringgröße ist also erheblich, das heißt, der Übergangszustand liegt spät auf der Reaktionskoordinate und entspricht (9.20b). Beim Angriff von tert.-Butoxyradikalen [5] und beim Zerfall von Cycloalkylcarbonsäure-tert.-butylestern [1] erhält man dagegen $C_3 < C_4 < C_5 < C_6 < C_7 < C_8$ in relativ kleiner Abstufung. Bei diesen Reaktionen wird der Übergangszustand demnach zeitig erreicht entsprechend (9.20a).

Radikale sind elektrophile Reagenzien, so daß elektronenliefernde Substituenten im angegriffenen Substrat die Reaktionsgeschwindigkeit im allgemeinen erhöhen und Freie-Energie-Beziehungen meistens negative Reaktionskonstanten ergeben [1]. Infolge der hohen Reaktivität sind die Zahlenwerte der HAMMETT-Reaktionskonstanten meist klein ($\varrho \approx 0 \cdots -1$).

Im einzelnen existieren jedoch erhebliche Unterschiede, da die verschiedenen Radikale eine unterschiedliche Elektrophilie besitzen. Entsprechend (9.21) greifen z. B. die nachstehenden Radikale überwiegend die α-Methylengruppe oder die Äther-Methylengruppe in Carbonsäureestern an:

$$
\begin{array}{c}
\text{weich} \quad O \quad \text{hart} \\
\quad\quad\quad\ \parallel \\
R-CH_2\!\!-\!\!C\!-\!O\!-\!CH_2\!-\!R' \\
\ \uparrow \quad\quad\quad\quad \uparrow \\
\cdot CH_3 \quad\quad CH_3O\cdot \\
\cdot Ph \quad\quad\quad Hal\cdot \\
\text{weich} \quad\quad \text{hart}
\end{array}
\tag{9.21}
$$

Für derartige „polare Einflüsse" gibt es zahlreiche Beispiele [6]. Zur Erklärung nimmt man an, daß die Elektronen der angegriffenen C—H- bzw. C—Y-Bindung im Übergangszustand um so stärker in Richtung zum angreifenden Radikal gezogen werden, je elektrophiler dieses ist, so daß im Substrat ein Elektronendefizit entsteht, das den polaren Substituenten elektronisch beansprucht:

$$
\underset{A}{X\cdot + H-R} \to \underset{}{X\cdot H\cdot\cdot R} \leftrightarrow \underset{B}{X\cdot\dot{H}\cdot R} \leftrightarrow \underset{C}{\overset{\ominus}{X}: \quad \dot{H}\overset{\oplus}{R}} \leftrightarrow \underset{D}{\overset{\oplus}{X}\dot{H}\,\overset{\ominus}{:R}}
\tag{9.22}
$$

Je nach Energielage von $X^\oplus$ und $R^\ominus$ bzw. umgekehrt $X^\ominus$ und $R^\oplus$ ähnelt der Übergangszustand mehr der Form C oder D.[1)]

[1] Vgl. [4] S. 518.
[2] GORDON, A. S., u. S. R. SMITH: J. physic. Chem. **66**, 521 (1962).
[3] BRIDGER, R. F., u. G. A. RUSSELL: J. Amer. chem. Soc. **85**, 3754 (1963).
[4] HUYSER, E. S., H. SCHIMKE u. R. I. BURHAM: J. org. Chemistry **28**, 2141 (1963).
[5] WALLING, C., u. P. S. FREDRICKS: J. Amer. chem. Soc. **84**, 3326 (1962).
[6] Zusammenfassung: DAVIDSON, R. S.: Quart. Rev. (chem. Soc., London) **21**, 249 (1967).

[1)] Kritik an dieser Hypothese vgl. ZAVITSAS, A. A., u. J. A. PINTO: J. Amer. chem. Soc. **94**, 7390 (1972).

Im Beispiel (9.21) ist $CH_3^{\oplus}$ stabiler als $CH_3^{\ominus}$ und andererseits $R-\overset{\ominus}{C}H-COOR'$ stabiler als $R-\overset{\oplus}{C}H-COOR'$, während umgekehrt $R-COO-\overset{\oplus}{C}H-R'$ stabiler ist als $R-COO-\overset{\ominus}{C}H-R'$; das Methylradikal greift infolgedessen bevorzugt die α-Methylgruppe an. Umgekehrt sind $CH_3O^{\ominus}$ bzw. $Hal^{\ominus}$ und $RO_2^{\ominus}$ stabiler als die entsprechenden positiv geladenen Spezies, so daß $CH_3O\cdot$, Halogen- und Peroxyradikale bevorzugt die Äther-Methylengruppe angreifen. Anders ausgedrückt, stellen Alkyl- und Phenylradikale Elektronen-Donatorradikale und Alkoxy-, Halogenradikale und molekularer Sauerstoff Akzeptorradikale dar. Das entspricht ganz der für sich bestimmbaren Elektronenaffinität dieser Radikale (in kcal/mol): Cl· 88·, F· 83, Br· 82, J· 75, HOO· 70, Ph· 50, ·CH_3 25 [1].

In Übergangszuständen vom Typ (9.22, C oder D) sind die Ansprüche an die Stabilisierung der positiven oder negativen Teilladung in R relativ groß, so daß die induktive und mesomere Wirkung von Substituenten erheblich sein kann. Die Ergebnisse derartiger Reaktionen lassen sich häufig mit Hilfe von erweiterten TAFT- oder HAMMETT-Beziehungen vom Typ $\lg(k/k_0) = \varrho\sigma_I + \gamma\sigma_R$ korrelieren [2].

Möglicherweise sind die „polaren Effekte" auch mit dem Prinzip der harten und weichen Säuren und Basen erklärbar; die in (9.21) links stehenden Partner sind „weich", die rechts stehenden „hart", und die entsprechenden Reaktionen „weich"-„weich" bzw. „hart"-„hart" sind gegenüber den Kombinationen „weich"-„hart" bevorzugt.

Wie sich bereits aus Tabelle 9.6 ergibt, haben Radikale je nach der für ihre Bildung aufzuwendenden Energie einen unterschiedlichen Energieinhalt und damit unterschiedliche Reaktivität. Die (relative) Reaktivität r wird experimentell meistens mit Hilfe von Konkurrenzreaktionen bestimmt, das heißt, man unterstellt, daß eine hohe Reaktivität des Radikals mit geringer Selektivität des Angriffs auf unterschiedlich reaktive verschiedene Substrate bzw. verschiedene Positionen innerhalb eines Substrats verknüpft ist. Im System (9.23) ergibt sich die Reaktivität des Radikals R· aus der Leichtigkeit seiner Bildung aus $R-H$ in Konkurrenz mit der Zerfallsreaktion des tert.-Butoxyradikals:

$$R-H + CH_3-\underset{\underset{CH_3}{|}}{\overset{\overset{CH_3}{|}}{C}}-O\cdot \quad \begin{array}{c} \xrightarrow{k_S} R\cdot + t\text{-Bu}-O-H \\ \xrightarrow{k_Z} \cdot CH_3 + \overset{CH_3}{\underset{CH_3}{}}\!\!>\!\!C=O \end{array}$$

$$\frac{d[t\text{-BuOH}]}{d[\text{Aceton}]} = \frac{[t\text{-BuOH}]_e}{[\text{Aceton}]_e} = \frac{k_S[R-H]}{k_Z} \tag{9.23}$$

$$r = \frac{k_S}{k_Z} = \frac{[t\text{-BuOH}]_e}{[\text{Aceton}]_e\,[R-H]}$$

$[t\text{-BuOH}]_e$, $[\text{Aceton}]_e$ = Konzentration am Ende der Reaktion

---

[1] Zusammenfassung: WEDENEJEW, W. J., L. W. GURWITSCH, W. H. KONDRATJEW, W. A. MEDWEDEW u. E. L. FRANKEWITSCH: Energien chemischer Bindungen, Ionisationspotentiale und Elektronenaffinitäten, VEB Deutscher Verlag für Grundstoffindustrie, Leipzig 1971.
[2] Vgl. [1b] S. 526.
YAMAMOTO, T., u. T. OTSU: Chem. and Ind. **1967**, 787.

In Tabelle 9.24 sind Ergebnisse zusammengestellt, die mit Hilfe des Systems (9.23) gewonnen wurden [1]. Sehr ähnliche Ergebnisse wurden auch aus Konkurrenzreaktionen mit Alkylradikalen in der Gasphase erhalten [2].

Tabelle 9.24
Relative Reaktivitäten verschiedener C—H-Bindungen bestimmt mit dem System R—H + t-BuO· (bei 135°C)[1])

Typ der C—H-Bindung[2])	berechnet aus Reaktion mit	$10^2\, k_S/k_Z$
Ar—H	Benzol	0,03
1°, unaktiviert	tert-Butylbenzol	1
1°, aktiviert durch C=C	Mesitylen, Methylnaphthaline	10—17
2°, unaktiviert	n-Hexadecan	7
	Cyclohexan	20
2°, aktiviert durch C=C	Ph—CH$_2$—CH$_3$	32
3°, unaktiviert	2.3-Dimethylpentan	28
3°, aktiviert	Isopropylbenzol	51
	Triphenylmethan	75

[1]) Die Reaktivität von R· ist den Werten umgekehrt proportional.
[2]) 1° bedeutet primäre C—H-, 2° sekundäre C—H-, 3° tertiäre C—H-Bindung.

Ein anderes System zur Bestimmung von Konkurrenzkonstanten r besteht in der Einwirkung des betreffenden Radikals auf ein Gemisch aus Br—CCl$_3$ und Cl—CCl$_3$:

$$\text{R·} \begin{array}{l} + \text{Br—CCl}_3 \xrightarrow{k_{Br}} \text{R—Br} + \text{·CCl}_3 \\ + \text{Cl—CCl}_3 \xrightarrow{k_{Cl}} \text{R—Cl} + \text{·CCl}_3 \end{array} \qquad (9.25)$$

Da beide Konkurrenzreaktionen das gleiche Radikal liefern, ergibt sich keine Störung durch die Produkte und durch polare Effekte. Die Konkurrenzkonstante $r = k_{Br}/k_{Cl}$ wird analog dem vorstehenden Beispiel aus den Endprodukten RBr bzw. RCl ermittelt. Die mit diesen Systemen bestimmten Zahlenwerte der Reaktivitäten [3] sind denen der Tabelle 9.24 nicht gleich, da ein anderes Konkurrenzsystem vorliegt, ergeben jedoch im wesentlichen die gleiche Reihenfolge.

---

[1] WILLIAMS, A. L., E. A. OBERRIGHT u. J. W. BROOKS: J. Amer. chem. Soc. 78, 1190, (1956), vgl. WALLING, C., u. W. THALER: J. Amer. chem. Soc. 83, 3877 (1961); WALLING, C.: Bull. Soc. chim. France 1968, 1609.
[2] Vgl. [1a] S. 514.
[3] Vgl. [4] S. 518.

9.2.3. Radikalische Substitution

9.2.3.1. Halogenierung [1]

Substitutionen durch Halogenradikale lassen sich thermisch oder photochemisch auslösen. Aus Tabelle 9.6 ergibt sich, daß für die Bildung von Chlorradikalen bereits sichtbares Licht der Wellenlänge 490 nm (58 kcal/mol) energiereich genug ist.

Das in der durch Licht oder Wärme induzierten Startreaktion gebildete Radikal kann eine ganze Kette von Radikalschritten zur Folge haben, deren Länge von den energetischen Bedingungen abhängt, die in Tabelle 9.26 aufgeschlüsselt sind. Der angeführte Wärmebetrag ΔH stellt jeweils die Differenz der Energien dar, die für die Spaltung der links in der Gleichung stehenden nichtradikalischen Verbindungen aufzubringen sind bzw. bei der Bildung der rechts stehenden nichtradikalischen Produkte gewonnen werden. Die für die Startreaktion notwendige Energie geht nicht mit in die Rechnung ein, weil das Startradikal am Ende jeweils wiedergewonnen wird.

Tabelle 9.26
Energiebilanz radikalischer Halogenierungen ($R = CH_3$)

			ΔH [kcal/mol]			
			F	Cl	Br	J
Start:	$X_2 \rightarrow 2X\cdot$	(a)	+ 37	+58	+46	+36
Kette:	$X\cdot + R-H \rightarrow R\cdot + H-X$	(b)	− 32	− 1	+16	+33
	$R\cdot + X_2 \rightarrow R-X + X\cdot$	(c)	− 71[1])	−26	−24	−20
			−103	−27	− 7	+13

[1]) Die Dissoziationsenergie für CH_3F beträgt 108 kcal/mol.

Der mit der Neuerzeugung des Halogenradikals beendete Zyklus kann sich unter Umständen viele Male wiederholen, so daß im Idealfall nur ein einziges Halogenradikal zur Auslösung notwendig ist. Solche Reaktionen werden als Kettenreaktionen bezeichnet. Der Abbruch der Reaktionskette erfolgt durch Kombination:

$$\text{Kettenabbruch:} \quad \begin{aligned} R\cdot \;+\; R\cdot &\rightarrow R-R \quad &(a)\\ Cl\cdot + Cl\cdot &\rightarrow Cl-Cl \quad &(b)\\ R\cdot \;+\; Cl\cdot &\rightarrow R-Cl \quad &(c) \end{aligned} \qquad (9.27)$$

---

[1] Chlorierung: BRATOLJUBOV, A. S.: Usp. Chim. 30, 1391 (1961); POUTSMA, M. L., in: Methods in Free Radical Chemistry, Vol. 1, Marcel Dekker Inc., New York 1969; Bromierung: THALER, W. A., ibid. Vol. 2 (1969); [4] S. 523; CHILTZ, G., P. GOLDFINGER, G. HUYBRECHTS, G. MARTENS u. G. VERBEKE: Chem. Reviews 63, 355 (1963); FETTIS, G. C., u. I. H. KNOX; in: Progress in Reactions Kinetics, Vol. 2, Pergamon Press, Oxford 1967, S. 3.

Wie sich mit Hilfe des Stationaritätsprinzips ableiten läßt, folgt die Kinetik von Radikalkettenreaktionen dem allgemeinen Gesetz $v_{gesamt} = v_p \left(\dfrac{v_i}{2v_t}\right)^{1/2}$ (v_i, v_p, v_t Geschwindigkeiten des Kettenstarts, der Kettenfortpflanzung und des Kettenabbruchs) [1]. Im vorliegenden Falle ist $v_p = k_p$ [RH], das heißt, die Spaltung der R—H-Bindung geht in das Geschwindigkeitsgesetz ein, und man findet damit übereinstimmend bei der Chlorierung von Methan [2] bzw. der Chlorierung oder Bromierung von Toluol kinetische H/D-Effekte [3].

Die Geschwindigkeit der Abbruchreaktion stellt sich häufig so ein, daß in der Zeiteinheit ebenso viele Radikale vernichtet werden wie neu entstehen. Im anderen Fall kann sich die Reaktion bis zur Explosion steigern. Die Länge der Reaktionskette hängt in der bereits für die kationische Polymerisation erörterten Weise von dem Verhältnis der Wachstumsgeschwindigkeit zu der Geschwindigkeit der Start- bzw. Abbruchreaktion und der Kettenübertragungsreaktionen ab. Experimentell müssen bei gewünschten langen Ketten insbesondere der Kettenabbruch und die Kettenübertragung klein gehalten werden, etwa indem man möglichst reine Substanzen umsetzt.

Unter den vier Halogenen vermögen nur Fluor- und Chlorradikale Methan in exothermer Reaktion in das Methylradikal zu überführen, vgl. (b) in Tabelle 9.26. Aus diesem Grunde ist auch der denkbare Alternativmechanismus mit dem Wasserstoffradikal als Kettenträger

$$R\cdot + X-H \to R-X + H\cdot$$

wenig wahrscheinlich, weil dieser Schritt lediglich beim Fluor mit -4 kcal/mol exotherm, jedoch bereits beim Chlor mit $+20$ kcal/mol endotherm und deswegen weniger günstig ist (die Gesamtenergiebilanz bleibt natürlich die gleiche wie in Tabelle 9.26.

Die Bromierung — obwohl insgesamt noch schwach exotherm — beginnt jedoch im Fall des Methans mit einem endothermen Schritt (b). Diese Reaktionsstufe verläuft deswegen eher in der umgekehrten Richtung, so daß die Kette nur kurz bleibt. Man erhält deswegen z. B. bei der photolytisch induzierten Gasphasenbromierung des Cyclohexans bei Raumtemperatur Quantenausbeuten von nur etwa 2, bei 100°C 12 bis 37, während die Photochlorierung Quantenausbeuten von 10^4 erreicht. Die Reaktionsketten bei der Fluorierung sind noch länger.

Während die Bromierung von schwer in Radikale überführbaren Substraten nur langsam erfolgt oder überhaupt ausbleibt, werden Kohlenwasserstoffe, die energiearme Radikale zu bilden vermögen, leicht bromiert. So verläuft die Bromierung des Toluols in der Seitenkette glatt, und sowohl der Kettenstart wie auch deren Fortpflanzung sind exotherm (-3 bzw. -5 kcal/mol).

Beim Vergleich dieser Werte mit den bei der Bromierung des Methans erhaltenen erkennt man, daß die leichtere Bildung des energiearmen Benzylradikals mit einer geringeren Tendenz zur Weiterführung der Kette erkauft werden muß. Sehr energie-

---

[1] Frost, A. A., u. R. G. Pearson: Kinetik und Mechanismen homogener chemischer Reaktionen, Verlag Chemie GmbH, Weinheim/Bergstr. 1964, Kap. 10.
[2] Chiltz, G., R. Eckling, P. Goldfinger u. G. Huybrechts: J. chem. Physics 38, 1053 (1963).
[3] Wiberg, K. W., u. L. H. Slaugh: J. Amer. chem. Soc. 80, 3033 (1958).

arme Radikale werden deshalb zwar leicht gebildet, sind jedoch nicht mehr imstande, die Kette fortzuführen: sie wirken als Inhibitoren [1].

Die Jodierung des Methans ist nach den Energiewerten der Tabelle 9.26 nicht mehr möglich, weil sowohl der Start der Kette wie auch die Gesamtreaktion stark endotherm sind und deshalb eher die umgekehrte Reaktionsrichtung eingeschlagen wird: Bekanntlich werden Alkyljodide durch Jodwasserstoff leicht in Kohlenwasserstoffe und Jod übergeführt.

Halogenierungen lassen sich auch mit einigen anderen Reagenzien durchführen, die Halogenradikale zu liefern imstande sind.

Eine präparativ sehr einfache Methode besteht in der Einwirkung von Sulfurylchlorid in Gegenwart von Benzoylperoxid auf Kohlenwasserstoffe [2]. Dabei findet wahrscheinlich die folgende Kettenreaktion statt:

$$
\begin{aligned}
&\text{(a)} && \text{Ph}-\overset{\overset{\text{O}}{\|}}{\text{C}}-\text{O}-\text{O}-\overset{\overset{\text{O}}{\|}}{\text{C}}-\text{Ph} && \rightarrow 2\text{Ph}-\overset{\overset{\text{O}}{\|}}{\text{C}}-\text{O}\cdot \rightarrow 2\text{Ph}\cdot + 2\text{CO}_2 \\
&\text{(b)} && \text{Ph}\cdot + \text{R}-\text{H} && \rightarrow \text{Ph}-\text{H} + \text{R}\cdot \\
&\text{(c)} && \text{R}\cdot + \text{SO}_2\text{Cl}_2 && \rightarrow \text{R}-\text{Cl} + \cdot\text{SO}_2\text{Cl} \\
&\text{(d)} && \cdot\text{SO}_2\text{Cl} && \rightleftarrows \text{SO}_2 + \text{Cl}\cdot \\
&\text{(e)} && \text{R}-\text{H} + \cdot\text{SO}_2\text{Cl} && \rightarrow \text{R}\cdot + \text{HCl} + \text{SO}_2 \\
&\text{(f)} && \text{R}-\text{H} + \text{Cl}\cdot && \rightarrow \text{R}\cdot + \text{HCl}
\end{aligned}
\tag{9.28}
$$

Da Sulfurylchlorid bei der Seitenkettenchlorierung von Toluol einen erheblich von der Chlorierung durch Cl_2 verschiedenen kinetischen H/D-Effekt zeigt, ist als Kettenträger das SO_2Cl-Radikal wahrscheinlicher als das Chlorradikal [3]. Das gleiche Ergebnis erhält man aus der Chlorierung primärer, sekundärer bzw. tertiärer C—H-Bindungen, die mit anderer Selektivität verläuft als die Chlorierung durch Cl_2 [4].

Weiterhin stellen N-Halogenide, vor allem N-Chlor- und N-Bromsuccinimid wichtige Halogenierungsmittel dar [5]. Ihre Reaktivität ist gering, so daß im allgemeinen nur reaktionsfähige Alkylgruppen in Allyl- oder Benzylsystemen angegriffen werden. Übereinstimmend damit sind die Reaktionskonstanten für die Umsetzung von N-Bromsuccinimid mit kernsubstituierten Methylbenzolen relativ groß (80°C: $\varrho = -1{,}46$), und der Übergangszustand liegt spät auf der Reaktionskoordinate, so daß die beste Korrelation mit den σ^+-Konstanten erhalten wird [6].

Der gleiche Sachverhalt ergibt sich aus den großen kinetischen H/D-Isotopeneffekten (k_H/k_D etwa 5) [7]. Die Reaktion läßt sich thermisch, photochemisch oder durch

---

[1] Zusammenfassung: INGOLD, K. U.: Chem. Reviews **61**, 563 (1961), Usp. Chim. **33**, 1107 (1964).
[2] KHARASCH, M. S., u. H. C. BROWN: J. Amer. chem. Soc. **61**, 2142, 3432 (1939); **62**, 925 (1940).
[3] Vgl. [3] S. 531; RUSSELL, G. A., u. H. C. BROWN: J. Amer. chem. Soc. **77**, 4031 (1955).
[4] ARAI, M.: Bull. chem. Soc. Japan **37**, 1280 (1964).
[5a] DJERASSI, D.: Chem. Reviews **43**, 271 (1948).
[5b] BUU-HOI, N. P.: Rec. Chem. Progr. **13**, 30 (1952).
[5c] HORNER, L., u. E. H. WINKELMANN: Angew. Chem. **71**, 349 (1959).
[5d] NOVIKOV, S. S., V. V. SEBOST'JANOVA u. A. A. FAJNZIL'BERG: Usp. Chim. **31**, 1417 (1962).
[5e] BERLINER, E.: J. chem. Educat. **43**, 124 (1966).
[6] PEARSON, R. E., u. J. C. MARTIN: J. Amer. chem. Soc. **85**, 354 (1963).
[7] Vgl. [3] S. 531.

Radikalbildner auslösen, z. B. durch Azo-bis-(isobutyronitril) (ABIN) und folgt dementsprechend im letzten Fall dem Kinetikgesetz $v = k\,[\text{R—H}]\,[\text{ABIN}]^{1/2}$ [1] (das N-Bromsuccinimid geht nicht in die Geschwindigkeitsgleichung ein, da es im als Reaktionsmedium verwendeten CCl_4 praktisch unlöslich ist).

Es werden zwei Mechanismen diskutiert. Nach Ansicht einer Gruppe von Autoren [2] fungiert das Succinimidradikal als Kettenträger:

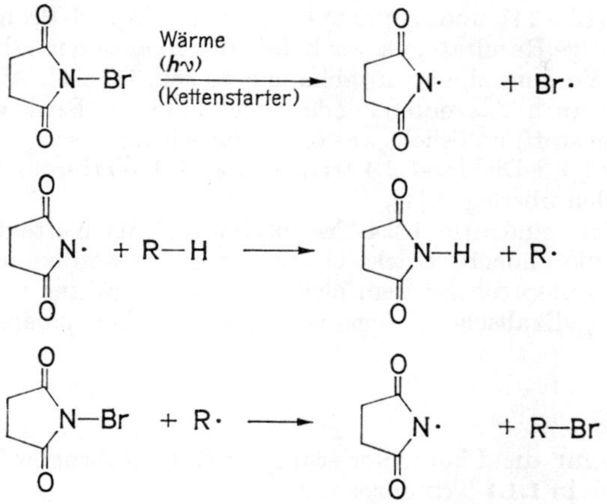

$$\text{Succinimid-N—Br} \xrightarrow[(\text{Kettenstarter})]{\text{Wärme }(h\nu)} \text{Succinimid-N}\cdot + \text{Br}\cdot$$

$$\text{Succinimid-N}\cdot + \text{R—H} \longrightarrow \text{Succinimid-N—H} + \text{R}\cdot \qquad (9.29)$$

$$\text{Succinimid-N—Br} + \text{R}\cdot \longrightarrow \text{Succinimid-N}\cdot + \text{R—Br}$$

Nach anderen Autoren [3] ist als halogenierendes Reagens molekulares Brom- bzw. Chlor in sehr niedriger Konzentration anzusehen, die für die hohe Selektivität verantwortlich ist:

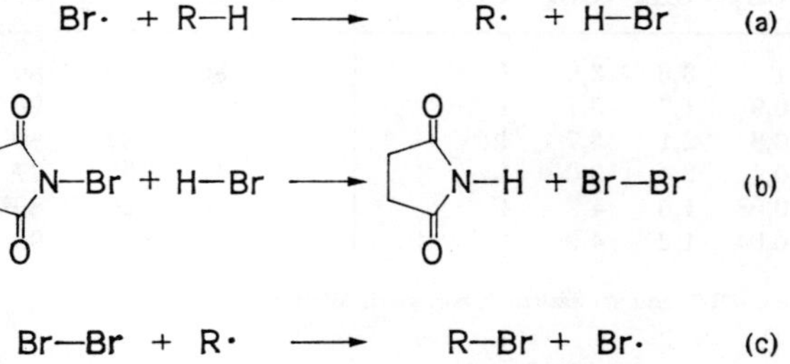

$$\text{Br}\cdot + \text{R—H} \longrightarrow \text{R}\cdot + \text{H—Br} \qquad (a)$$

$$\text{Succinimid-N—Br} + \text{H—Br} \longrightarrow \text{Succinimid-N—H} + \text{Br—Br} \qquad (b) \qquad (9.30)$$

$$\text{Br—Br} + \text{R}\cdot \longrightarrow \text{R—Br} + \text{Br}\cdot \qquad (c)$$

Der Schritt (b) verläuft in Übereinstimmung mit unabhängigen Erfahrungen an N-Halogenverbindungen ionisch. Der Mechanismus (9.30) wird durch die folgenden

---

[1] Vgl. [6] S. 532.
[2] BLOOMFIELD, G. F.: J. chem. Soc. [London] **1944**, 114; DAUBEN, H. J., u. Mitarb.: J. Amer. chem. Soc. **81**, 4863, 5404 (1959); J. org. Chemistry **24**, 1577 (1959); KOOYMAN, E. C., R. VAN HELDEN u. A. F. BICKEL: Koninkl. Ned. Akad. Wetenschap. Proc. **56 B**, 75 (1953).
[3] ADAMS, J., P. A. GOSSELAIN u. G. GOLDFINGER: Nature [London] **171**, 704 (1953); SIXMA, F. L. J., u. R. H. RIEM: Kon. Akad. Wetensch. Amsterdam, Proc. **61 B**, 183 (1958); McGRATH, B. P., u. J. M. TEDDER: Proc. chem. Soc. [London] **1961**, 80.

Befunde gestützt und ist wahrscheinlicher als (9.29): Die Reaktionskonstanten der Chlorierung durch Cl_2 bzw. N-Chlorsuccinimid oder durch Br_2 bzw. N-Bromsuccinimid sind jeweils praktisch gleich [1].

Weiterhin ergeben sich für die Chlorierung bzw. Bromierung von Toluol bzw. kernsubstituierten Toluolen jeweils gleiche kinetische H/D-Isotopeneffekte [2].

Schließlich wird die gleiche Abstufung der Reaktionsgeschwindigkeit der Bromierung durch Brom bzw. N-Bromsuccinimid gefunden für Toluol ($k_{rel} = 1,0$), Äthylbenzol (11—14), Cumol (12—14) und Diphenylmethan (7) [3]. N-Bromsuccinimid gibt nicht immer zuverlässige Resultate, da der Erfolg der Reaktionen erheblich vom Reinheitsgrad (bzw. von Verunreinigungen) abhängig zu sein scheint. Außerdem ist sowohl das Reagens wie auch das entstehende Succinimid im Reaktionsmedium (meistens Tetrachlorkohlenstoff) unlöslich, was die Aufarbeitung erschwert. In dieser und anderer Hinsicht sind 1.3-Dichlor-1.2.4-triazol bzw. 1.3.5-Tribrom-1.2.4-triazol den N-Halogensuccinimiden überlegen [4].

In diesen Fällen fungiert eindeutig 1.2.4-Triazolylradikal als Kettenträger (also analog (9.29)), so daß viel höhere Selektivitäten erreicht werden als mit den N-Halogensuccinimiden. Entsprechend dem elektrophilen Charakter von Halogenradikalen unterliegt die radikalische Halogenierung erheblichen polaren Effekten (vgl. Tab. 9.31) [5].

Tabelle 9.31
Relative Reaktivitäten[1]) für die Photochlorierung bzw. Photobromierung von 1-substituierten n-Alkanen in 1.1.1-Trifluorpentan

X	Clorierung bei 75 °C $X-CH_2-CH_2-CH_2-CH_3$				Bromierung bei 150 °C $X-CH_2-CH_2-CH_2-CH_3$			
	α	β	γ	δ	α	β	γ	δ
H	1	3,6	3,6	1	80	80	80	1
F	0,9	1,7	3,7	1	9	7	90	1
Cl	0,8	2,1	3,7	1	34	32	80[2])	1
COOMe	0,4	2,4	3,6	1	41	35	77	1
COF	0,08	1,6	4,2	1	34	26	80[2])	1
CF_3	0,04	1,2	4,3	1	1	7	90	1

[1]) bezogen auf jeweils eine C—H-Bindung (statistisch korrigierte Werte)
[2]) geschätzte Werte

Man erkennt, daß stark —I- bzw. —I/—M-wirksame Gruppen (CF_3 bzw. Carbonylgruppen) die Reaktivität der α- und β-Position erheblich senken, besonders für den

[1] Vgl. [3] S. 533
[2] Vgl. [3] S. 531.
[3] RUSSELL, G. A., u. Mitarb.: J. Amer. chem. Soc. **85**, 365, 3139 (1963); vgl. LOVINS, R. E., L. J. ANDREWS u. R. M. KEEFER: J. org. Chemistry **29**, 1616 (1964).
[4] BECKER, H. G. O., u. Mitarb.: Z. Chem. **9**, 325 (1969).
[5] TEDDER, J. M., u. Mitarb.: J. chem. Soc. [London] Sect. **B 1966**, 605, 608; **1964**, 4737, 1321 und zahlreiche frühere Arbeiten.

9.2.3. Radikalische Substitution

Angriff des stärker elektrophilen Chlorradikals, während die γ-Position durch den polaren Effekt nicht mehr beeinträchtigt wird.

Bei Mehrfachsubstitution multiplizieren sich die Effekte annähernd, und man findet z. B. für die Chlorierung in der Gasphase bei 125°C die folgenden relativen Reaktivitäten pro C—H-Gruppe der α-Position CH_3—CH_3 1,00; CH_3—CH_2Cl 0,53; CH_3—$CHCl_2$ 0,23 [1].

Die Dissoziationsenergie der C—H-Bindung im Chloroform (90 kcal/mol) entspricht fast genau dem Wert für die tertiäre C—H-Bindung im Isobutan (91 kcal/mol). Infolge des polaren Effekts der drei Chloratome wird es jedoch rund 1400mal langsamer chloriert als Isobutan.

Wir werden auf Angreifbarkeit verschiedener Bindungen im Zusammenhang mit der Reaktivität des Radikals weiter unten zurückkommen. Im Zusammenhang mit der Halogenierung sollen noch drei interessante Reaktionen formuliert werden, bei denen photolytisch hergestellte Chloratome lediglich Kohlenstoffradikale produzieren, wozu sie wegen ihrer hohen Energie gut in der Lage sind, während die Folgereaktion von einem anderen Reaktionspartner übernommen wird. So läßt sich Brom mitunter auf diese Weise in Moleküle einführen, die aus energetischen Gründen mit dem weniger aktiven Bromradikal sonst nicht zu reagieren vermögen:

$$Cl\cdot\ +\ R—H\ \to R\cdot\ +\ H—Cl$$
$$R\cdot\ +\ Br—Br\ \to R—Br\ +\ Br\cdot \qquad (9.32)$$
$$Br\cdot\ +\ Cl—Cl\ \to Cl\cdot\ +\ Br—Cl$$

In ganz ähnlicher Weise kommt die bekannte Sulfochlorierung zustande [2]:

$$R—H\ +\ Cl\cdot\ \to R\cdot\ +\ H—Cl$$
$$R\cdot\ +\ SO_2 \rightleftarrows R—\dot{S}O_2 \qquad (9.33)$$
$$R—\dot{S}O_2\ +\ Cl_2\ \to R—SO_2Cl\ +\ Cl\cdot$$

Der zweite Schritt scheint reversibel zu sein, insbesondere wenn das Alkylradikal energiearm ist. Dieses kann dann auch mit dem Chlor unter Bildung von Alkylchloriden reagieren (vgl. (9.28)). Das Gleichgewicht ist temperaturabhängig; bei tieferen Temperaturen ist die Sulfochlorierung bevorzugt.

Die dritte Reaktion besteht in der gleichzeitigen Einwirkung von photolytisch erzeugtem atomarem Chlor und Stickoxid auf Kohlenwasserstoffe, vor allem Cyclohexan, wobei Cyclohexanonoxim entsteht [3]:

$$R—H\ +\ Cl\cdot\ \to R\cdot\ +\ H—Cl$$
$$R\cdot\ +\ \cdot NO\ \to R—NO \qquad (9.34)$$

Die Reaktion mit dem Stickoxid stellt einen Kettenabbruch dar (Stickoxid ist ein Radikalfänger), so daß die Kette immer wieder neu (photochemisch) gestartet werden

---

[1] MACK, W.: Tetrahedron Letters [London] **1967**, 4993.
[2] KHARASCH, M. S., T. A. CHAO u. H. C. BROWN: J. Amer. chem. Soc. **62**, 2393 (1940); ASINGER, F., u. Mitarb.: Ber. dtsch. chem. Ges. **75**, 34, 42, 344 (1942).
[3] MÜLLER, E., H. METZGER u. D. FRIES: Angew. Chem. **71**, 229 (1959); PAPE, M.: Fortschr. chem. Forsch. **7**, 559 (1966/67).

muß. Ist an dem die Nitrosogruppe enthaltenden Kohlenstoffatom noch Wasserstoff gebunden, lagert sich das System, wie stets in solchen Fällen, zur Isonitrosoform (Oxim) um. Die Reaktion wurde zu einem technischen Verfahren zur Herstellung von Cyclohexanonoxim (Ausgangsprodukt für Caprolactam) entwickelt; anstelle von Cl_2 und NO wird dabei allerdings NOCl eingesetzt.

9.2.3.2. Peroxygenierung (Autoxydation) [1]

Peroxygenierungen sind Reaktionen organischer Verbindungen mit elementarem Sauerstoff, die zu Hydroperoxoverbindungen ROOH oder Peroxiden ROOR führen. Da die derartigen Umsetzungen durch die Reaktionsprodukte häufig beschleunigt werden („Autokatalyse"), spricht man auch von Autoxydation.

Es handelt sich um Radikalreaktionen, zu denen der Sauerstoff befähigt ist, weil er selbst ein Diradikal darstellt. Die Reaktion läuft nach dem folgenden Mechanismus ab [2]:

Start: R—RH → R· + (H·)   (a)

Kette: R· + ·O—O· → R—O—O·   (b)

R—O—O· + R—H → R—O—O—H + R·   (c)

Abbruch: R—O—O· + R—O—O· → R—O—O—O—O—R
→ 2 R—O· + ·O—O·   (d)   (9.35)

R—O—O· + R· → R—O—O—R   (e)

R· + R· → R—R   (f)

Kettenverzweigung: R—O—O—H → R—O· + (HO·)   (g)

Der Mechanismus des Kettenstarts ist noch nicht völlig geklärt. Entweder reagiert R—H direkt mit Sauerstoff, gegebenenfalls photochemisch ausgelöst[1]), unter Bildung von R· und HOO· bzw. HOOH oder aber mit anwesenden Schwermetallionen (besonders wirksam ist Co^{3+}) unter Elektronenübertragung: $R—H + CoX_3$ → R· + + CoX_2 + HX. In beiden Fällen wird die Bildung des energiereichen H-Radikals vermieden, das in (9.35a) in Klammern gesetzt wurde. Die Reaktion von R—H mit Sauerstoff verläuft langsam ($k_2 \approx 10^{-7}$ l/mol · s). Da jedoch durch Kettenverzweigungsschritte (g) zusätzlich Radikale entstehen, die neue Ketten nach (a) starten können, wächst die Geschwindigkeit bis zu einem Grenzwert an (Autokatalyse), der

---

[1] Zusammenfassungen: HOCHSTRASSER, R. M., G. B. PORTER: Quart. Rev. (chem. Soc., London) 14, 146 (1960); WATERS, W. A.: Progress in Organic Chemistry, Vol. 5, Butterworth & Co. (Publishers) Ltd., London 1961, S. 5; ZAVGORODNIJ, S. V.: Usp. Chim. 30, 345 (1961); RIECHE, A., E. SCHMITZ u. M. SCHULZ: Z. Chem. 3, 443 (1963); EMANUEL, N. M., K. I. IVANOV, G. A. RAZUVA'EV u. T. I. JURŠENKO: Autoxidation, Verlag Chemie, Moskau 1969.
[2] Zusammenfassung: (mit Schwerpunkt auf der Metallionenkatalyse): EMANUEL, N. M., Z. K. MAIZUS u. I. P. SKIBIDA: Angew. Chem. 81, 91 (1969); FALLAB, S.: Angew. Chem. 79, 500 (1967).

¹) Es ist nicht klar, wie das eingestrahlte Licht überhaupt absorbiert wird.

durch ein stationäres Verhältnis von Start- und Abbruchschritten charakterisiert ist. Auch die Kettenverzweigung (g) wird durch Schwermetallionen katalysiert, da auf diese Weise anstelle der sehr energiereichen HO-Radikale Hydroxylionen entstehen können, wie dies bereits für den analogen Zerfall von Hydroperoxid formuliert wurde (9.3). Die Kettenwachstumsreaktionen (b) erfordern als Radikalkombinationen gewöhnlich keine Aktivierungsenergie und verlaufen deshalb schnell ($k_2 \approx 10^7$ bis 10^8 l/mol·s).

Die Wachstumsreaktion (c) ist normalerweise geschwindigkeitsbestimmend; Autoxydationen zeigen deshalb häufig relativ große kinetische H/D-Isotopeneffekte, Cumol z. B. $k_H/k_D = 5{,}8$, was auf einen Übergangszustand vom Typ (9.22 C) hinweist. [1]. Da in Gegenwart von Sauerstoff die Konzentration [ROO·] gegenüber [R·] überwiegt, ist von den möglichen Abbruchreaktionen die recht ungewöhnlich anmutende Kombination von zwei Peroxyradikalen (d) zum sofort zerfallenen Tetroxid im allgemeinen bevorzugt. Sie wurde dadurch bewiesen, daß bei Einsatz von $^{18}O-^{18}O$ + $^{16}O-^{16}O$ Sauerstoff der Zusammensetzung $^{16}O-^{18}O$ entsteht [2].

Tertiäre Alkoxyradikale aus der Reaktion (d) zerfallen zum Teil analog (9.13) zu Alkylradikalen und Ketonen. Auf diese Weise bildet sich z. B. bei der Peroxygenierung von Cumol (vgl. weiter unten) stets etwas Acetophenon. Es wurde auch formuliert, daß Tetroxide vom Typ $R_2CH-O-O-O-O-CHR_2'$ unmittelbar über einen Sechsring-Übergangszustand zu $R_2C=O$, O_2 und $R_2'CHOH$ zerfallen [3]. Abbruchreaktionen vom Typ (e) spielen eine Rolle beim Abfang von Kohlenstoffradikalen durch Luftsauerstoff.

Obwohl elementarer Sauerstoff normalerweise ziemlich reaktionsträge ist, können in der Peroxygenierungsreaktion trotzdem auch schwer homolysierbare C—H-Bindungen ohne weiteres angegriffen werden. Das beruht auf den günstigen Energieverhältnissen in den Schritten (b) (ΔH etwa -70 kcal/mol) und (c) (Dissoziationsenergie (C—H) etwa $+100$ kcal/mol; Energiegewinn bei der Bildung von ROO—H -90 kcal/mol); das Startradikal wird wiedergewonnen und geht nicht in die Bilanz ein. Die Reaktionskette ist demzufolge bei der Autoxydation häufig lang; bei photochemischen Peroxygenierungen wurden z. B. Kettenlängen (Quantenausbeuten) von etwa 10^4 gefunden [4].

Peroxygenierungen werden durch Schwermetalle sehr ausgeprägt katalysiert [5]. Sie unterliegen andererseits ebenso ausgeprägt dem Einfluß von Inhibitoren [6]. Als Inhibitoren kommen Verbindungen in Frage, die selbst nach ROO· + I—H → ROOH + I· leicht Radikale bilden, deren Energieinhalt nicht mehr ausreicht, um ihre Radikaleigenschaften wieder auf das Substrat R—H übertragen zu können, z. B. Hydrochinon, aromatische Amine, sterisch gehinderte Phenole, die stabile Aroxylradikale bilden (vgl. (9.10)).

---

[1] RUMMEL, S., P. KRUMBIEGEL u. H. HÜBNER: J. prakt. Chem. **37**, 206 (1968); vgl. DURHAM, L. J., u. H. S. MOSHER: J. Amer. chem. Soc. **84**, 2811 (1962).
[2] BARTLETT, P. D., u. T. G. TRAYLOR: Tetrahedron Letters [London] **1960**, 30; J. Amer. chem. Soc. **85**, 2407 (1963).
[3] RUSSELL, G. A.: J. Amer. chem. Soc. **79**, 3871 (1957).
[4] BÄCKSTRÖM, H. L. J.: J. Amer. chem. Soc. **49**, 1460 (1927).
[5] Vgl. [2] S. 536.
[6] Zusammenfassungen: LEVIN, P. I., u. V. V. MICHAJLOV: Usp. Chim. **39**, 1687 (1970); [1] S. 532.

Die nach (9.35, b) gebildeten Peroxyradikale sind ausgesprochen elektrophil. Bei der Peroxygenierung von kernsubstituierten Derivaten des Toluols ergibt sich demzufolge eine negative Reaktionskonstante, $\varrho^+ = -0{,}68$ [1], und die Korrelation ist mit σ^+-Konstanten besser als mit σ-Konstanten, das heißt, der Übergangszustand der Reaktion entspricht (9.22, C). Übereinstimmend damit werden gesättigte Kohlenwasserstoffe im allgemeinen nur an tertiären C—H-Bindungen angegriffen. Benzyl- und Allylsysteme reagieren dagegen leicht [2].

Bei der Autoxydation von cis- oder trans-Dimethylcyclohexanen bzw. cis- oder trans-Decalin erhält man das gleiche Isomerengemisch von Hydroperoxiden, unabhängig davon, von welchem Stereoisomeren ausgegangen wurde. Das ist der Beweis für ein real existierendes Zwischenprodukt (Radikal), das von beiden Stereoisomeren ausgehend gleichermaßen gebildet wird [3].

Peroxygenierungen sind auch technisch wichtig geworden. Neben der Oxydation von Methylbenzolen (z. B. zur Darstellung von Terephthalsäure aus p-Xylol) ist in erster Linie die Autoxydation von Cumol zu Cumolhydroperoxid zu nennen, das sich heterolytisch in Phenol und Aceton überführen läßt (vgl. Abschn. 8.3.1.) [4]:

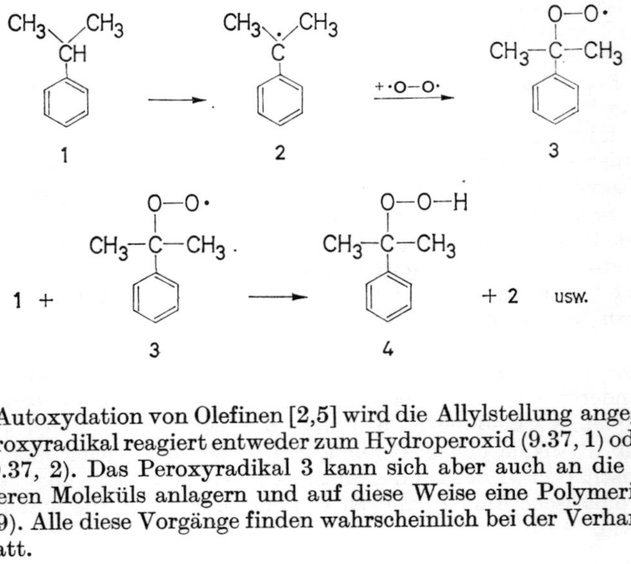

(9.36)

Bei der Autoxydation von Olefinen [2,5] wird die Allylstellung angegriffen. Das gebildete Peroxyradikal reagiert entweder zum Hydroperoxid (9.37, 1) oder zum Dialkylperoxid (9.37, 2). Das Peroxyradikal 3 kann sich aber auch an die Doppelbindung eines weiteren Moleküls anlagern und auf diese Weise eine Polymerisation auslösen (vgl. S. 549). Alle diese Vorgänge finden wahrscheinlich bei der Verharzung trocknender Öle statt.

---

[1] KENNEDY, B. R., u. K. U. INGOLD: Canad, J. Chem. **44**, 2381 (1966).

[2] Zusammenfassung über strukturelle und sterische Faktoren bei Autoxydationen: VORONENKOV, V. V., A. N. VINOGRADOV u. V. A. BELJAEV: Usp. Chim. **39**, 1989 (1970).

[3] DÖRING, C.-E., H. GROSS, J. HAHN, H. G. HAUTHAL, W. PRITZKOW u. SZALAJKO, U.: J. prakt. Chem. [4] **35**, 236 (1967); JAFFE, F., T. R. STEADMAN u. R. W. MCKINNEY: J. Amer. chem. Soc., **85**, 351 (1963).

[4] Zusammenfassung: HOCK, H., u. H. KROPF: Angew. Chem. **69**, 313 (1957).

[5] Zusammenfassung: SYROV, A. A., u. V. K. CYSKOVSKIJ: Usp. Chim. **39**, 817 (1970).

9.2.3. Radikalische Substitution

$$\begin{array}{c}
\text{>C=C-CH}_2\text{-R} \xrightarrow{O_2} \text{>C=C-CH-R} \quad \mathbf{1} \\
\qquad\qquad\qquad\quad\ \ |\\
\qquad\qquad\qquad\ \text{OOH}
\end{array}$$

$$\longrightarrow \text{>C=C-CH-R}$$
$$\quad |$$
$$\quad O$$
$$\quad |$$
$$\quad O\cdot$$

$$\text{>C=C-CH-R} \quad \mathbf{2} \quad (9.37)$$

$$\longrightarrow \text{>C=C-CH-R}$$
$$\qquad\qquad\quad |$$
$$\qquad\qquad\quad O \quad \xrightarrow{+\ \text{>=<}} \text{Polymerisation}$$
$$\qquad\qquad\quad |$$
$$\qquad\qquad\quad O$$
$$\quad\text{R-CH}_2\text{-C-C<}$$
$$\qquad\qquad \mathbf{3}$$

Eine lange bekannte und ebenfalls technisch wichtige Reaktion stellt die Autoxydation von Aldehyden dar [1]. Sie wird durch Licht, Peroxide, und vor allem Schwermetallspuren beschleunigt und erfolgt deshalb zweifellos nach einem Radikalmechanismus.

a) $\text{R-C}\underset{\mathbf{1}}{\overset{O}{\diagdown}}_H \xrightarrow{M^{3\oplus}} \text{R-C}\underset{\mathbf{2}}{\overset{O}{\diagdown}}\cdot + H^{\oplus} + M^{2\oplus}$

b) $\text{R-C}\overset{O}{\diagdown}\cdot + \cdot O-O\cdot \rightarrow \text{R-C}\underset{\mathbf{3}}{\overset{O}{\diagdown}}_{O-O\cdot}$ \hfill (9.38)

c) $\text{R-C}\overset{O}{\underset{O-O\cdot}{\diagdown}} + \text{R-C}\overset{O}{\underset{H}{\diagdown}} \rightarrow \text{R-C}\underset{\mathbf{4}}{\overset{O}{\diagdown}}\cdot + \text{R-C}\overset{O}{\underset{O-O-H}{\diagdown}}$

d) $\text{R-CHO} + \text{R-COOOH} \rightarrow 2\text{R-COOH}$

Außer dem formulierten Kettenstart ist unmittelbare Reaktion mit Sauerstoff möglich: $\text{R-CH=O} + O_2 \rightarrow \text{R-C=O} + \text{HOO}\cdot$, sowie eine photochemische Initiierung der Reaktion $\text{R-CH=O} \xrightarrow{h\nu} \text{R}\cdot + \cdot\text{CH=O}$. Die Reaktionsgeschwindigkeit steigt offensichtlich mit steigender Stabilität des Acylradikals an, denn elektronenliefernde

---

[1a] Zusammenfassungen: MCNESBY, J. R., u. C. A. HELLER: Chem. Reviews **54**, 325 (1954).
[1b] NICLAUSE, M., J. LEMAIRE u. M. LETORT, in: Advances in Photochemistry, Vol. 4, Interscience Publishers, New York/London 1966, S. 25.

Substituenten im Arylrest beschleunigen die Umsetzung [1]. Ähnlich wie bei der Autoxydation von Kohlenwasserstoffen ergeben sich große Kettenlängen (Quantenausbeute etwa 10^3).

Auch die Abbruchreaktionen sind analog: Dimerisierung von $R-\dot{C}=O$ zu $R-CO-CO-R$, Dimerisierung von 1 und 3 zu $R-CO-OO-CO-R$ (das in Spuren nachgewiesen wurde) sowie Zerfall über das 1.4-Diacyltetroxid (Dimerisierungsprodukt von 3) [2].

Die Teilreaktion (9.38d) verläuft ionisch entsprechend (9.39); das Zwischenprodukt 4 war im Falle des Acetaldehyds nachweisbar [3]. Es zersetzt sich — besonders glatt in Gegenwart von Kobaltsalzen — in bisher nicht bekannter Weise zu Acetanhydrid, eine Reaktion, die auch technisch genutzt wurde.

$$R-C\overset{O}{\underset{H}{\diagdown}} + H^\oplus \rightleftharpoons R-\overset{\oplus}{\underset{H}{C}}\cdots O-H$$

1   2

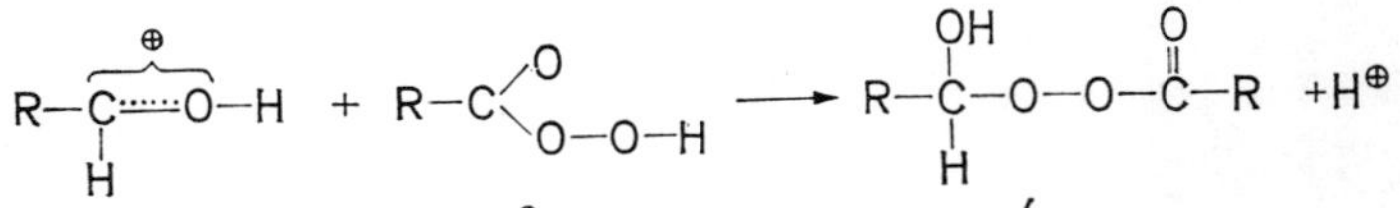

$$R-\overset{\oplus}{\underset{H}{C}}\cdots O-H + R-C\overset{O}{\underset{O-O-H}{\diagdown}} \longrightarrow R-\underset{H}{\overset{OH}{C}}-O-O-\overset{O}{C}-R + H^\oplus \quad (9.39)$$

3   4

$$R-\underset{H}{\overset{HO}{C}}\overset{O-O}{\diagdown\diagup}C-R \longrightarrow R-C\overset{OH}{\diagdown_O} + \overset{O}{\underset{HO}{\diagdown}}C-R$$

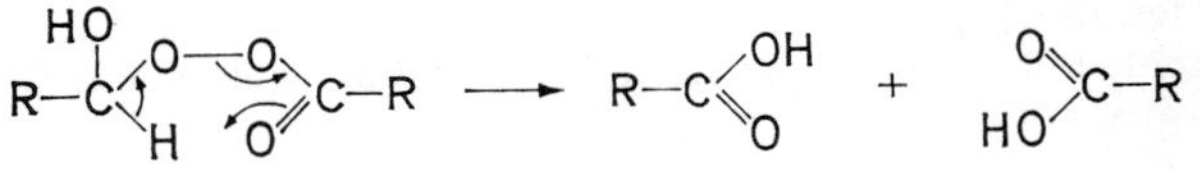

Auch Äther und im geringeren Umfange Alkohole unterliegen leicht der Autoxydation, was nach Seite 527/28 und (9.21) verständlich ist. Die Reaktion mit Äthern führt zu den explosiven und deshalb gefürchteten Ätherperoxiden:

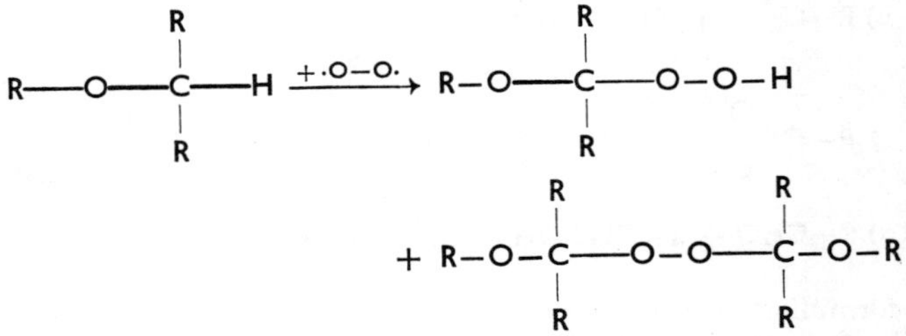

$$R-O-\underset{R}{\overset{R}{C}}-H \xrightarrow{+\cdot O-O\cdot} R-O-\underset{R}{\overset{R}{C}}-O-O-H$$

$$+ R-O-\underset{R}{\overset{R}{C}}-O-O-\underset{R}{\overset{R}{C}}-O-R \quad (9.40)$$

Schließlich sei noch die Reaktion des Sauerstoffs mit Hydrochinonen erwähnt, die in alkalischer Lösung leicht zu den Chinonen oxidiert werden, während der Sauerstoff in das Anion des Hydroperoxids übergeht.

---

[1] Lee, K. H.: Tetrahedron [London] **24**, 4793 (1968); **26**, 1503, 2041 (1970); Walling, C., u. E. A. McElhill: J. Amer. chem. Soc. **73**, 2927 (1951).
[2] McDowell, C. A., u. S. Sifniades: Canad. J. Chem. **41**, 300 (1963).
[3] Phillips, B., F. C. Frostick u. P. S. Starcher: J. Amer. chem. Soc. **79**, 5982 (1957).

$$\text{[reaction scheme]} \tag{9.41}$$

Das formulierte Diradikal ist nicht beständig, sondern erleidet eine innere Stabilisierung zum Chinon. Aus diesem Grunde ist eine Kettenreaktion nicht möglich, und die ortho- bzw. para-Diphenole wirken im Gegenteil als Inhibitoren bei Autoxydationen, die vielfach benutzt werden, um unerwünschte Radikalreaktionen zu unterdrücken. Anthrahydrochinone finden in neuerer Zeit Verwendung, um analog (9.41) Wasserstoffperoxid großtechnisch herzustellen. Da das gebildete Chinon leicht wieder hydriert werden kann, wird dabei im Grunde nur Wasserstoff und Sauerstoff verbraucht.

9.2.3.3. Reaktivität und Selektivität in radikalischen Substitutionen

Auch in Radikalreaktionen erweist sich das Postulat anwendbar, daß eine Reaktion um so selektiver abläuft, je geringere Reaktivität die Reaktionspartner haben.

Als Maß für die Reaktivität kann man die Dissoziationsenergie der verschiedenen Verbindungen X—H heranziehen. Meistens schließt man jedoch umgekehrt aus der Selektivität einer Testreaktion auf die Reaktivität des angreifenden Radikals. Als Testsysteme dienen entweder gesättigte Kohlenwasserstoffe, deren primäre (1°), sekundäre (2°) bzw. tertiäre (3°) C—H-Bindungen in der gegebenen Reihe ansteigende Reaktivität aufweisen, oder kernsubstituierte Alkylaromaten, bei deren Reaktionen um so kleinere Absolutwerte der HAMMETT-Reaktionskonstanten erhalten werden, je reaktionsfähiger das angreifende Radikal ist (vgl. Abschn. 2.6.).

Im ersten Falle muß das Reaktionsergebnis statistisch korrigiert werden:

$$\text{(CH}_3\text{)}_3\text{C—C(CH}_3\text{)(H)—...} \quad \text{Relative Reaktivität} = \frac{12 \cdot \% (3°)}{2 \cdot \% (1°)}$$

$$CH_3-CH_2-CH_2-CH_2-CH_3 \quad \text{Relative Reaktivität} = \frac{6 \cdot \% (2°)}{6 \cdot \% (1°)}$$

In Tabelle 9.42 sind eine Anzahl von Werten zusammengestellt, die auf diese Weise erhalten wurden. Es ist zu beachten, daß Ungenauigkeiten durch die unterschiedlichen

Temperaturen ins Spiel kommen (die Reaktivität steigt bzw. die Selektivität sinkt mit steigender Temperatur).

Tabelle 9.42
Relative Reaktivitäten einiger Radikale X·

X·	°C	1°	2°	3°	D(X—H) [kcal/mol]	Literatur
F	25	1	1,2	1,4	136	[1]
HO	17,5	1	4,7	9,8	120	[2]
Cl	25	1	4,6	8,9	103	[3]
MeO	230	1	8	27	102	[4]
CF_3	182	1	6	36	104	[5]
t-BuO	40	1	10	44	103	[6]
Ph	60	1	9,3	44	104	[7]
Me	182	1	7	50	104	[8]
CCl_3	190	1	80	2300	90	[9]
Br	98	1	250	6300	88	[10]
DCT[11]	70	1	18			[12]

[1] FETTIS, G. C., J. H. KNOX u. A. F. TROTMAN-DICKENSON: J. chem. Soc. [London] **1960**, 1064.
[2] BERCES, T., u. A. F. TROTMAN-DICKENSON: J. chem. Soc. [London] **1961**, 4281.
[3] KNOX, J. H., u. R. L. NELSON: Trans. Faraday Soc. 55, 937 (1959).
[4] SHAW, R., u. A. F. TROTMAN-DICKENSON: J. chem. Soc. [London] **1960**, 3210.
[5] PRITCHARD, G. O., H. O. PRITCHARD, H. I. SCHIFF u. A. F. TROTMAN-DICKENSON: Trans-Faraday Soc. 52, 849 (1956).
[6] WALLING, C., u. W. THALER: J. Amer. chem. Soc. 83, 3877 (1961).
[7] BRIDGER, R. F., u. G. A. RUSSELL: J. Amer. chem. Soc. 85, 3754 (1963).
[8] TROTMAN-DICKENSON, A. F.: Gas-Kinetics, Butterworth & Co. (Publishers) Ltd., London 1955.
[9] MCGRATH, B. P., u. J. M. TEDDER: Bull. Soc. chim. belges 71, 772 (1962).
[10] FETTIS, G. C., u. J. H. KNOX: A. F. TROTMAN-DICKENSON, J. chem. Soc. [London] **1960**, 4177.
[11] 1.3-Dichlor-1.2.4-triazol.
[12] Vgl. [4] S. 534.

Die Dissoziationsenergien geben die relative Reaktivität allenfalls in groben Zügen an. In Übereinstimmung mit den Dissoziationsenergien ist das Fluorradikal am reaktionsfähigsten, das Bromradikal am wenigsten reaktionsfähig. Je reaktionsfähiger das betreffende Radikal ist, desto weniger unterscheidet es zwischen der reaktionsfähigen tertiären C—H-Bindung (3°) und den zunehmend weniger reaktiven sekundären (2°) und primären (1°) C—H-Bindungen. Danach ist F· am reaktionsfähigsten, Br· am wenigsten reaktionsfähig. Die Dissoziationsenergien entsprechen den relativen Reaktivitäten allenfalls in groben Zügen. Unter den Chlorierungsreagenzien ergeben besonders hohe Selektivitäten 1.3-Dichlor-1.2.4-triazol [1], Tetrachlorkohlenstoff und Trichlormethylsulfonylchlorid $Cl_3C—SO_2Cl$ [2]. Die Selektivitäten nehmen naturgemäß ab, wenn das Substrat reaktionsfähiger wird, so z. B. wenn man von Alkanen zu Benzylverbindungen übergeht; Zahlenwerte vgl. [3]. Selektivitäten für zahlreiche

---

[1] Vgl. [4] S. 534.
[2] FELL, B., u. L.-H KUNG: Chem. Ber. 98, 2871 (1965); die Arbeit gibt zugleich eine Zusammenfassung über die Selektivität von Chlorierungsreagenzien.
[3] RUSSELL, G. A., A. ITO u. D. G. HENDRY: J. Amer. chem. Soc. **85**, 2976 (1963); 6), 7), 8), 9), 10) in Tabelle 9.42

Alkylradikale, darunter vor allem Brückenkopfradikale von Bicycloalkanen, vgl. [4] S. 518. Wenn zwei Reagenzien, die prinzipiell das gleiche Radikal liefern können, gleiche Selektivitäten gegenüber einer Testverbindung ergeben, läßt sich darauf schließen, daß tatsächlich dasselbe Radikal auftritt, wie z. B. bei der Bromierung mit N-Bromsuccinimid, Brom oder BrCCl$_3$ (vgl. auch S. 533/34).

Die Reaktivität von Radikalen kann durch Wechselwirkung mit dem Lösungsmittel beeinträchtigt sein. So bildet Cl· mit basischen Lösungsmitteln, wie Aromaten oder CS$_2$ π-Komplexe, wodurch seine Reaktivität herabgesetzt und die Selektivität entsprechend gesteigert wird [1]. Über einige typische Fälle unterrichtet Tabelle 9.43.

Tabelle 9.43
Relative Reaktivitäten primärer, sekundärer und tertiärer CH-Bindungen bei der Photochlorierung von 2.3-Dimethylbutan bzw. n-Pentan in verschiedenen Lösungsmitteln bei 25°C[1])

		Cl· (frei)	Cl·-Komplex in		
			Benzol 4-m	t-Butylbenzol 4-m	CS$_2$ 12-m
2.3-Dimethylbutan	1°	1,0	1,0	1,0	1,0
	3°	4,2	20	35	225
n-Pentan	2°	3,0	4,9	6,8	29

[1]) WALLING, C., u. M. F. MAYAHI: J. Amer. chem. Soc. 81, 1485 (1959); vgl. RUSSELL, G. A.: J. Amer. chem. Soc. 80, 4987 (1958); [2] S. 542.

9.2.4. Radikalische Addition [2]

Eine Reihe von Radikalen lagert sich leicht an die Kohlenstoff-Doppel- und Dreifachbindung an. Derartige radikalische Additionen findet man z. B. bei Halogenen, Bromwasserstoff, Chloroform, Tetrachlorkohlenstoff, Aldehyden, Mercaptanen und C—H-aciden Verbindungen.

Die Addition von Bromwasserstoff an Propen wurde bereits früher (vgl. (7.21)) formuliert. Hier soll nochmals der allgemeine Mechanismus radikalischer Additionen wiedergegeben werden. Die Auslösung der Reaktion erfolgt meist durch Radikalbildner (Benzoylperoxid, Azo-bis-(isobutyronitril), Di-tert.-Butylperoxid) oder photochemisch. Infolge der besonderen energetischen Verhältnisse sind aber auch

---

[1] Zusammenfassungen: BUČAČENKO, u. O. P. SUCHANOVA: Usp. Chim. **36**, 475 (1967). Zusammenfassungen:
[2a] Vgl. [1] S. 514.
[2b] WALLING, C., u. E. S. HUYSER: Org. Reactions **13**, 91 (1963) (Knüpfung von C—C-Bindungen).
[2c] STACEY, F. W., u. J. F. HARRIS: Org. Reactions **13**, 150 (1963) (Knüpfung von C-Heteroatombindungen).

molekülinduzierte radikalische Additionen relativ leicht möglich, die sich im weiteren Verlauf nicht von den anderen radikalischen Additionen unterscheiden [1].

a) $X-Y \quad + R\cdot \quad \rightarrow X\cdot + R-Y \quad R\cdot =$ auslösendes Radikal

b) $X\cdot \quad + \;\;>C=C<_R \quad \rightarrow X-\overset{|}{C}-\overset{\cdot}{\underset{|}{C}}-R$

c) $X-\overset{|}{\underset{|}{C}}-\overset{\cdot}{\underset{|}{C}}-R + X-Y \quad \rightarrow X-\overset{|}{\underset{|}{C}}-\overset{|}{\underset{|}{C}}-Y + X\cdot$ \hfill (9.44)

$X-Y =$ Hal-Hal, Br—H, Cl_3C—H, Cl_3C—Cl, $RC\overset{O}{\underset{H}{\diagdown}}$, RS—H

Da die Stabilität des in der Reaktion (b) gebildeten Kohlenstoffradikals mit der Zahl der Alkylgruppen ansteigt, erfolgt die Addition *entgegen* der MARKOWNIKOW-Regel.

Die Aktivierungsenergie der einzelnen Schritte ist häufig nicht bekannt. Es sollen deshalb zur Abschätzung der energetischen Verhältnisse in ähnlicher Weise wie im Abschnitt 9.2.3.1. die Reaktionsenthalpien betrachtet werden, für die in Tabelle 9.45 einige Werte für radikalische Additionen an Äthylen aufgeführt sind. Die Werte für den Schritt (9.44b) sind in der folgenden Weise erhalten worden: Zunächst nimmt man an, daß der β-Substituent keinen wesentlichen Einfluß ausübt. Die bei der Addition eines Wasserstoffradikals an Äthylen gewinnbare Energie beträgt 39 kcal/mol. Von diesem Grundwert sind die Differenzen abzuziehen, um die eine C—H-Bindung energiereicher ist als eine C—X-Bindung (erste waagerechte Reihe in Tabelle 9.6b). Für den Kettenabbruch (9.44c) ergibt sich die Energiebilanz aus der bei der Entstehung des Äthanderivats gewonnenen und der zur Spaltung der X—Y-Bindung aufzubringenden Energie.

Tabelle 9.45
Energetische Verhältnisse bei Radikal-Additionen an Äthylen (25°)
ΔH [kcal/mol]

$X-Y$	$X\cdot + CH_2=CH_2$ (9.44, b)	$X-CH_2-CH_2\cdot + Y-X$ (9.44, c)
H—H	−39	6
H—OH	−33	28
HS—H	−16	− 8
Cl—H	−22	5
Br—H	−10	−10
J—H	6	−27
HO—Cl	−33	−17
Cl—Cl	−22	−23
Br—Br	−10	−23
J—J	6	−17
Cl_3C—Cl	−17	−13
Cl_3C—Br	−17	−19

[1] Vgl. [1] S. 517.

Man erkennt, daß für Schwefelwasserstoff, Bromwasserstoff, Chlor, Brom, CCl_4 und $BrCCl_3$ beide Radikalschritte exotherm verlaufen, so daß in diesen Fällen Kettenreaktionen erwartet werden dürfen. Tatsächlich lagern sich Mercaptane und Bromwasserstoff leicht an Olefine an. Von Interesse sind die auf eine leicht mögliche Radikalreaktion deutenden Werte für die unterchlorige Säure. Da eine Radikaladdition in Anti-MARKOWNIKOW-Richtung geht, muß die Möglichkeit offen gelassen werden, daß die bei der ionischen Addition von unterchloriger Säure an Olefine beobachteten Abweichungen von der MARKOWNIKOW-Addition (vgl. Tabelle 7.16) teilweise auf eine konkurrierend ablaufende Radikaladdition bzw. molekülinduzierte Radikaladdition zurückzuführen sind.

Bei den Halogenwasserstoffsäuren lassen die Energiewerte in Tabelle 9.45 eine Kettenreaktion nur für den Bromwasserstoff zu, bei der in der Tat lange Ketten gefunden werden, während Chlorwasserstoff wegen des endothermen zweiten Additionsschrittes allenfalls kurze Ketten ergab. Die Existenz von endothermen Teilschritten bei der Addition von HCl und HJ sind der Grund dafür, daß bei diesen Halogenwasserstoffen kein Peroxideffekt beobachtet wird. Ebenso läßt sich Fluorwasserstoff nicht radikalisch an Olefine addieren.

Bei der Addition von Halogenen sind die Verhältnisse insofern kompliziert, als sich die Additionsprodukte nicht von denen einer ionischen Addition unterscheiden. Tatsächlich scheint die homolytische Addition in unpolaren Lösungsmitteln — evtl. in Form der molekülinduzierten radikalischen Addition — häufiger zu sein als man früher annahm. Das geht daraus hervor, daß Sauerstoff häufig einen deutlichen Effekt auf Reaktionsgeschwindigkeit und Produktzusammensetzung ausübt und daß Halogensubstitution in Allylstellung oder an zugesetzten Alkanen beobachtet wird [1]. Schließlich kann Chlor radikalisch auch an Benzol addiert werden, wobei stereoisomere Hexachlorcyclohexane entstehen, die als Insektizide wichtig geworden sind („HCH", „Gammexan") [2].

Jod addiert sich infolge des endothermen ersten Schrittes nicht leicht an Olefine; im Gegenteil ist häufig die Dejodierung von 1.2-Dijodalkanen bevorzugt. Die Verhältnisse der Tabelle 9.45 ändern sich, wenn ein anderes Olefin eingesetzt wird. In den Fällen, wo bei der Addition des Radikals X· (9.44b) ein energieärmeres Radikal erhalten wird als bei der Addition an Äthylen, ist dieser Schritt stärker exotherm als bei diesem. Das ist z. B. beim Propen und Styrol zu erwarten, da hier die Methylgruppe bzw. der Phenylrest stabilisierend wirken. Diese energieärmeren Radikale reagieren dann natürlich im Kettenabbruchschritt (7.44c) weniger leicht als das Äthylderivat (ΔH ist für diesen Schritt positiver als beim Äthylen). Für die Radikaladdition von Jodwasserstoffsäure an Styrol läßt sich z. B. berechnen, daß nunmehr beide Schritte exotherm verlaufen (−16 bzw. −3 kcal/mol). Das ist offenbar auch der Grund für die leicht mögliche molekülinduzierte Radikalreaktion von Jod mit Styrol, analog (9.5). Bromwasserstoff addiert sich dagegen nicht mehr ohne weiteres radikalisch an Styrol, da hier der zweite Schritt endotherm wird (−28 bzw. +13 kcal/mol).

---

[1] POUTSMA, M. L.: J. org. Chemistry **31**, 4167 (1966); J. Amer. chem. Soc. **87**, 2161, 2172 (1965); MAYEUR, G., J. C. KURIACOSE, F. ESCHARD u. G. E. LIMIDO: Bull. Soc. chim. France **1961**, 625.

[2] NOYES, R. M., u. Mitarb.: J. Amer. chem. Soc. **54**, 161 (1932); **55**, 4444 (1933); SCHWABE, K., u. P. P. RAMMELT: Z. physik. Chem. **204**, 310 (1955).

Auf die günstige Energiebilanz für die Addition von Tetrachlorkohlenstoff und $BrCCl_3$ sei besonders hingewiesen. CCl_4, $BrCCl_3$ und andere geminale Polyhalogenalkane lagern sich deshalb mit teilweise ausgezeichneten Ausbeuten an Olefine an [1]. Die Hauptbedeutung der CCl_4-Addition liegt jedoch in der Möglichkeit, die Addition mit Polymerisationsschritten zu koppeln („Telomerisation", vgl. S. 554).
Wasser, Alkohole und Carbonsäuren lassen sich nach den Werten der Tabelle 9.45 nicht über das Sauerstoffatom an Olefine addieren; bei kürzlich beschriebenen Photoadditionen von Alkoholen an Cycloolefine wird dementsprechend ein Ionenmechanismus postuliert [2].

Dagegen sind Additionen am α-C-Atom von Alkoholen möglich, wenn auch häufig nicht mit guten Ausbeuten; Methanol liefert auf diese Weise primäre, Äthanol sekundäre Alkohole [1]. In prinzipiell gleicher Weise addieren sich Aldehyde [1], z. B.:

$$CH_3-C\overset{O}{\underset{H}{\diagdown}} + R\cdot \rightarrow CH_3-C\overset{O}{\diagdown} + R-H$$

$$CH_3-C\overset{O}{\diagdown} + CH_2=CH-CH_3 \rightarrow CH_3-CO-CH_2-\overset{\cdot}{C}H-CH_3 \quad (9.46)$$

$$CH_3-CO-CH_2-\overset{\cdot}{C}H-CH_3 + CH_3-CH=O$$
$$\rightarrow CH_3-CO-CH_2-CH_2-CH_3 + CH_3\overset{\cdot}{C}=O \quad \text{usw.}$$

Schließlich gelang es in neuerer Zeit, auch Formamide an Olefine zu addieren, indem die Reaktion photochemisch in Gegenwart eines Triplettgenerators durchgeführt wurde [3]:

$$R-CH=CH_2 + H-C\overset{O}{\underset{NR_2}{\diagdown}} \xrightarrow[h\nu]{\text{Aceton}} R-CH_2-CH_2-CONR_2 \quad (9.47)$$

Die wohl interessantesten radikalischen Additionen, die in neuester Zeit sehr stark bearbeitet werden, sind photochemische Cycloadditionen, die leicht zu Drei- und Vierringprodukten führen. Auf diese Weise ist die Darstellung von Valenztautomeren des Benzols und anderer Aromaten möglich (vgl. Abschn. 2.4.).

Als Prototyp für eine große Zahl von Beispielen [4] wird die Dimerisierung des Butadiens formuliert (9.48). Die Lichtanregung in Gegenwart eines Triplettgenerators liefert aus dem Gleichgewichtsgemisch von s-trans und s-cis-Butadien (9.48, 1 und 2) die entsprechenden triplett-angeregten Verbindungen 3 und 4, die sich nicht ineinander umlagern, weil im angeregten Zustand im Gegensatz zum Grundzustand die mittlere C—C-Bindung den größten Doppelbindungscharakter hat (vgl. auch Bild 1.44). Durch Addition von 3 und 4 an Grundzustands-Butadien entstehen die Produkte 5, 6 und 7.

Da s-trans-Butadien im Grundzustand weit überwiegt (etwa 95%), sollte man als Hauptprodukte 5 und 6 erwarten. Das ist auch der Fall, wenn Triplettgeneratoren

---

[1] Zusammenfassung von präparativen Ergebnissen vgl. [2b] S. 543.
[2] MARSHALL, J. A.: Accounts chem. Res. 2, 33 (1969).
[3] Zusammenfassung über Photoalkylierung: ELAD, D.: Fortschr. chem. Forsch. 7, 528 (1966/67).
[4] Zusammenfassungen: vgl. [1] S. 515; DILLING, W. L.: Chem. Reviews 69, 845 (1969); 66, 373 (1966); SWENTON, J. S.: J. chem. Educat. 46, 7 (1969); SCHARF, H.-D.: Fortschr. chem. Forsch. 11, 216 (1968/69); STEINMETZ, R.: Fortschr. chem. Forsch. 7, 445 (1966/67).

9.2.4. Radikalische Addition

mit Energien $E_T > 60$ kcal/mol eingesetzt werden, die in der Lage sind, 1 in 3 zu überführen (Triplettenergie von $3:E_T = 59{,}8$ kcal/**mol**). Energieärmere Triplettgeneratoren vermögen dies nicht mehr, sondern können ihre Energie nur noch auf das energiereichere s-cis-Butadien übertragen, so daß über ständige Neueinstellung des Gleichgewichts $1 \rightleftarrows 2$ überwiegend 4 entsteht („optisches Pumpen"). Unter den Reaktionsprodukten überwiegt nunmehr 7.

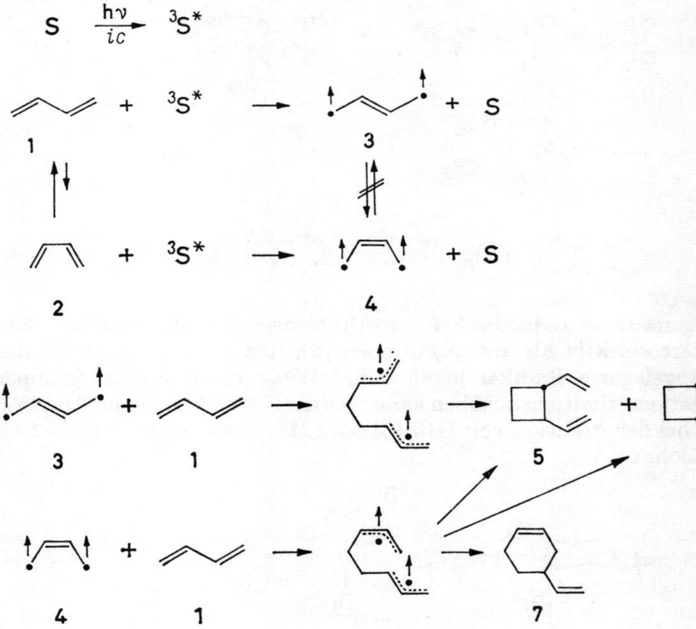

$$S \xrightarrow[ic]{h\nu} {}^3S^*$$

(9.48)

Analog addieren sich einfache Olefine zu Cyclobutanderivaten oder [Ketone mit Olefinen zu Trimethylenoxiden [1], z. B.:

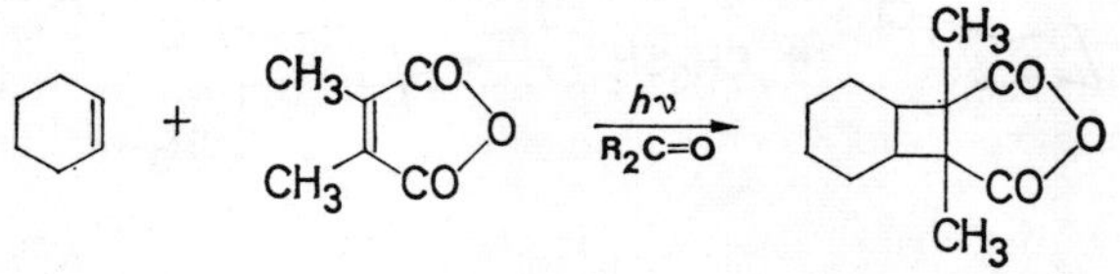

(9.49)

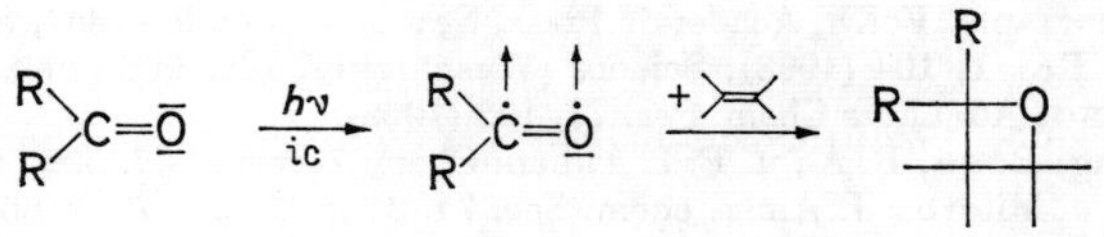

---

[1] Zusammenfassung: SWENTON, J. S.: J. chem. Educat. **46**, 217 (1969).

Schließlich kann auch Sauerstoff, der sich normalerweise nicht leicht an Doppelbindungen anlagert, in Gegenwart von Triplettgeneratoren (Farbstoffe wie Eosin, Methylenblau, Chlorophyll) an Olefine und Diene addiert werden. Man nimmt eine Triplettübertragung auf den Sauerstoff an, die zu Singulettsauerstoff führt (vgl.[1]) S. 13). Wahrscheinlich ist die Form $^1\Delta g$ (Energie 22,6 kcal/mol über der des Triplettsauerstoffs) mit der näherungsweisen Elektronenverteilung $^\ominus|\overline{\underline{O}}-\overline{\underline{O}}|^\oplus$ für die folgenden typischen Umsetzungen verantwortlich zu machen [1]. Es handelt sich wahrscheinlich um Synchronreaktionen.

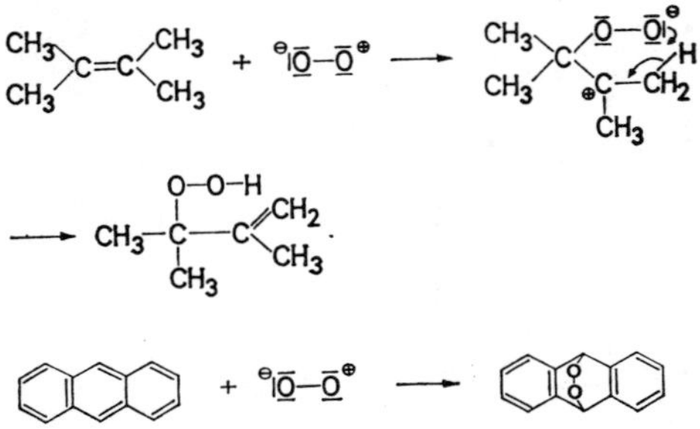

(9.50)

Im Gegensatz zu radikalischen Substitutionen verlaufen radikalische Additionen häufig stereoselektiv als anti-Additionen [2], und zwar dann, wenn das im ersten Schritt angelagerte Radikal in ähnlicher Weise einen Nachbargruppeneffekt mit Konfigurationserhaltung ausüben kann, wie dies bei elektrophilen Additionen möglich ist, z. B. bei der Addition von HBr [3] oder Methylmercaptan [4] an 1-Chlor-4-tert.-butyl-cyclohexen:

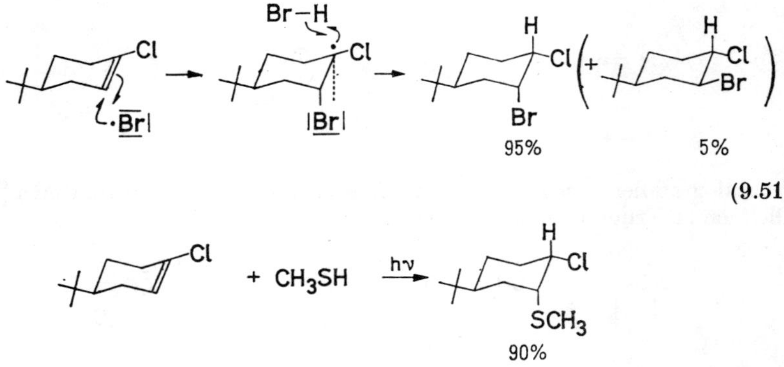

(9.51)

---

[1] Zusammenfassungen: GOLLNICK, K., u. G. O. SCHENK, in: 1.4-Cycloaddition Reactions, Organic Chemistry Monographs, Vol. 8, Academic Press, New York/London 1967, Kap. 10; FOOTE, C. S.: Accounts chem. Res. **1**, 104 (1968); Science [Washington] **162**, 963 (1968); HIGGINS, R., C. S. FOOTE u. H. CHENG: Advances Chem. Ser. **77**, 102 (1968).
[2] Zusammenfassung: BOHM, B. A., u. P. I. ABELL: Chem. Reviews **62**, 599 (1962).
[3] GOERING, H. L., u. Mitarb.: J. Amer. chem. Soc. **74**, 3588 (1952); **77**, 3465 (1965). LEBEL, N. A., R. F. CZAJA u. A. DEBOER: J. org. Chemistry **34**, 3112 (1969).
[4] READIO, P. D., u. P. S. SKELL: J. org. Chemistry **31**, 759 (1966).

Das Brom- bzw. Methylmercapto-Radikal greift dabei entsprechend der größten Ausdehnung und besten Zugänglichkeit des π-Orbitals der Doppelbindung aus axialer Richtung an, vgl. auch [1]. Ähnlich wie in ionischen Reaktionen ist die Nachbargruppenwirkung des Bromatoms bzw. der Schwefelgruppierung besonders ausgeprägt. Bei der Addition an offenkettige Olefine ist die Stereoselektivität dagegen häufig gering bzw. nur innerhalb enger Grenzen realisierbar [2].

9.2.5. Radikalkettenpolymerisation [3]

In prinzipiell gleicher Weise wie ein nach (9.44b) durch Radikaladdition entstandenes Alkylradikal mit einer gesättigten Verbindung weiterreagiert und diese dabei radikalisch spaltet, kann das Alkylradikal auch mit weiterem Olefin reagieren. Wenn sich dieser Vorgang viele Male wiederholt, erhält man das Bild der radikalischen Polymerisation:

a) $I \xrightarrow{k_i} 2 X\cdot$ $\qquad v_i = k_i [I]$

b) $X\cdot + CH_2 = CH-R \xrightarrow{k_s} X-CH_2-C\begin{smallmatrix}R\\ \\H\end{smallmatrix}$ $\qquad v_s = fk_s [I\cdot] [M\cdot]$ Start

c) $X-CH_2-C\begin{smallmatrix}R\\ \\H\end{smallmatrix} + CH_2=CH-R \xrightarrow{k_p} X-CH_2-CH-CH_2-C\begin{smallmatrix}R\\ \\H\end{smallmatrix}$ $\qquad$ (9.52)
$\qquad\qquad\qquad\qquad\qquad\qquad\qquad\qquad\qquad\qquad\quad R$

$\qquad\qquad\qquad\qquad v_p = k_p [RM\cdot] [M]$
$\qquad\qquad\qquad\qquad$ Fortpflanzung (Kettenwachstum)

$X-CH_2-CH-CH_2-C\begin{smallmatrix}R\\ \\H\end{smallmatrix} + n(CH_2=CHR) \rightarrow X-(CH_2-CH-)_n-CH_2-C\begin{smallmatrix}R\\ \\H\end{smallmatrix}$
$\qquad\quad\; |\qquad\qquad\quad\;\; R \qquad\qquad\qquad\qquad\qquad\qquad\qquad\; |$
$\qquad\;\; R \qquad\qquad\qquad\qquad\qquad\qquad\qquad\qquad\qquad\quad R$

d) $2RM \begin{array}{l}\xrightarrow{k_t} RM-MR \\ \rightarrow R=M + RMH\end{array}$ $\qquad v_t = k_t [RM\cdot]_2$ Abbruch

---

[1] HUYSER, E. S., u. Mitarb.: J. org. Chemistry **32**, 622 (1967); Tetrahedron [London] **21**, 3083 (1965).
[2] Vgl. [2] S. 548.
[3] Zusammenfassungen: KÜCHLER, L.: Polymerisationskinetik, Springer-Verlag, Berlin/Göttingen/Heidelberg 1951; FLORY, P. J.: Principles of Polymer Chemistry, Cornell University Press, Ithaca 1953; BURNETT, G. M., u. H. W. MELVILLE: Chem. Reviews **54**, 225 (1954); SCHULZ, G. V.: Angew. Chem. **71**, 590 (1959); BAGDASARJAN, C. S.: Theorie der Radikalkettenpolymerisation (russ.). Akademie-Verlag, Moskau 1959; BEVINGTON, J. C.: Radical Polymerization, Academic Press, New York/London 1961; KERN, W., u. Mitarb., in: Methoden der organischen Chemie (HOUBEN-WEYL) 4. Aufl., Bd. XIV/1, Georg Thieme Verlag, Stuttgart 1961; BURNETT, G. M., in: Progress in Reaction Kinetics, Vol. 3, Pergamon Press, Oxford 1967, Kap. 10.

Die Geschwindigkeitsgesetze für die einzelnen Schritte sind mit angegeben. Der Faktor f („Effizienz", „efficiency") in der Startreaktion gibt an, mit welcher Wirksamkeit der nach (a) gebildete Initiator Polymerisationsketten zu starten vermag; er beträgt maximal 1. Unter den möglichen Abbruchreaktionen spielt die Kombination von Initiatorradikalen mit Polymerenradikalen meist keine große Rolle, sondern Dimerisierung und Disproportionierung der Polymerenradikale überwiegen. Ein regelrechter Kettenabbruch bleibt unter den Bedingungen der Praxis häufig überhaupt aus: Da das Polymere mit steigendem Molekulargewicht immer weniger löslich wird, fällt es meistens aus der Polymerisationslösung aus, wenn nicht überhaupt von vornherein zwei Phasen vorliegen, wie in der Emulsionspolymerisation, oder gar kein Lösungsmittel verwendet wurde („Blockpolymerisation"). Infolge der Knäuelung der Polymerenkette kann das radikalische („lebende") Ende der Kette in das Innere des Knäuels geraten, so daß es von weiteren Monomeren nicht mehr erreichbar ist.

Eine Vorstellung von der Geschwindigkeit der einzelnen Schritte des Ablaufs (9.52) vermittelt Tabelle 9.53 für die durch photochemische Spaltung von Di-tert.-Butylperoxid ausgelöste Polymerisation von Vinylacetat [1].

Tabelle 9.53
Geschwindigkeitskonstanten der Polymerisation von Vinylacetat in Gegenwart von t-Bu—OO—t-Bu
(photochemische Auslösung, 25 °C)

	Versuch 1	Versuch 2
Konzentration t-Bu-OO-t-Bu [mol/l]	$3{,}23 \times 10^{-3}$	$4{,}41 \times 10^{-3}$
Kettenstart, k_s [l/mol · s]	$1{,}11 \times 10^{-9}$	$7{,}29 \times 10^{-9}$
Kettenwachstum, k_p [l/mol · s]	$0{,}94 \times 10^3$	$1{,}01 \times 10^3$
Kettenabbruch, k_t [l/mol · s]	$2{,}83 \times 10^7$	$3{,}06 \times 10^7$
Mittlere Lebensdauer des wachsenden Radikals RM· [s]	4,00	1,50
Konzentration des wachsenden Radikals RM· [mol/l]	$0{,}44 \times 10^{-8}$	$0{,}54 \times 10^{-8}$

Man erkennt, daß der Kettenstart die langsamste Teilreaktion ist, während die Abbruchreaktionen andererseits sehr schnell verlaufen. Auch die Wachstumsreaktionen sind relativ schnell; das ist die Bedingung für lange Reaktionsketten, d. h. Entstehung eines Polymeren und nicht eines Oligomeren.

Wenn man annimmt, daß jedes Initiatorradikal eine lange Kette startet, kann $f = 1$ gesetzt und die Abnahme der Monomerenkonzentration in der Teilreaktion (9.52b) vernachlässigt werden. Entsprechend den Geschwindigkeitsverhältnissen der

---

[1] BARTLETT, P. D., u. Mitarb.: J. Amer. chem. Soc. **67**, 2273 (1945); **68**, 2381 (1946); **72**, 1060 (1950); Zusammenfassung über absolute Geschwindigkeitskonstanten: REVZIN, A. F.: Usp. Chim. **35**, 173 (1966).

Tabelle 9.53 stellt sich rasch ein stationärer Zustand ein, in dem ebenso viele Radikale verschwinden, wie entstehen, und es ergibt sich:

$$\begin{aligned}
v_i &= v_t \quad k_i \, [\text{I}] = k_t \, [\text{RM}\cdot]^2 & \text{a)} \\
[\text{RM}\cdot] &= \left(\frac{k_i [\text{I}]}{k_t}\right)^{1/2} & \text{b)} \\
v_{\text{Brutto}} &= \frac{-\text{dM}}{\text{d}t} = k_p \left(\frac{k_i}{k_t}\right)^{1/2} [\text{M}] \, [\text{I}]^{1/2} & \text{c)} \\
\overline{P} &= \frac{v_p}{v_t} = \frac{k_p \, [\text{M}]}{k_t \, [\text{RM}\cdot]} & \text{d)}
\end{aligned}$$

(9.54)

Wenn die Initiatorkonzentration gesteigert wird, werden pro Zeiteinheit mehr Ketten gestartet und demzufolge auch abgebrochen, so daß die mittlere Lebensdauer der wachsenden Radikale abnimmt, wie dies die Werte in Tabelle 9.53 zeigen. Entsprechend (9.54d) sinkt dadurch der mittlere kinetische Polymerisationsgrad $\overline{P}$.

Als wichtige und leicht radikalisch zu polymerisierende Monomere kommen vor allem Olefine vom Typ $CH_2=CHR$ in Frage:

$CH_2=CH_2$, $CH_2=CHCl$, $CH_2=CH-OCOCH_3$, $CH_2=CH-C\equiv N$,
$CH_2=CH-COOR$, $CH_2=C(CH_3)-COOR$, $Ph-CH=CH_2$,
$CH_2=CH-CH=CH_2$, $CH_2=CH-CCl=CH_2$, $CF_2=CF_2$.

Bei unsymmetrischen Olefinen wird nur durch die in (9.52) formulierte „Kopf-Schwanz"-Polymerisation ein Minimum an sterischer Hinderung garantiert; dieser Typ überwiegt deshalb bei radikalischen Polymerisationen. Analog ergibt Butadien 1.4-Verknüpfung — im Gegensatz zur anionischen Polymerisation.

Alle Radikalkettenpolymerisationen verlaufen exotherm (ΔH etwa 10 bis 25 kcal/mol), und es ist in technischen Polymerisationen häufig schwierig, die Reaktionswärme abzuführen — vor allem, wenn glasklare Polymerisate wie z. B. beim Polymethacrylat („Plexiglas", „Piacryl") erhalten werden sollen.

Als Kettenstarter finden Benzoylperoxid, Di-tert.-Butylperoxid, Azobis-isobutyronitril Anwendung, außerdem Redoxsysteme wie z. B. ROOH + Fe (II) oder Persulfat/Bisulfit [1], die dadurch ausgezeichnet sind, daß sie bereits bei Temperaturen Radikale liefern, bei denen die Peroxide noch stabil sind („Tieftemperaturpolymerisation", „cold rubber").

Außerdem setzt man häufig „Regler" zu, z. B. Dodecylmercaptan. Das sind Stoffe, die das wachsende Radikal desaktivieren, z. B. $R\cdot + RS-H \rightarrow R-H + RS\cdot$. Das gebildete Reglerradikal startet eine neue Kette. Durch diese Kettenübertragungsreaktionen sinkt das mittlere Molekulargewicht der Polymeren in gewünschter und kontrollierbarer Weise. Auch Lösungsmittel können als Kettenüberträger wirken und demzufolge Reglereigenschaften haben.

Es ist von größter Bedeutung, daß bei der Polymerisation eines Gemisches zweier Monomerer nicht jedes der beiden Olefine sein eigenes Polymerisat liefert, sondern

---

[1] KERN, W.: Angew. Chem. **61**, 471 (1949).

vielmehr ein gemeinsames Produkt entsteht, in dem ein über die ganze Kette konstantes Verhältnis der beiden Partner eingehalten ist (*Mischpolymerisation, Copolymerisation*) [1]. Es handelt sich um ein kinetisch kontrolliertes Ergebnis. Unter der Annahme, daß nur das Radikalzentrum und nicht das übrige Molekül für die Reaktivität des wachsenden Radikals eine Rolle spielt, ergeben sich die folgenden Reaktionen der Monomeren M_1 und M_2:

$$M_1\cdot + M_1 \xrightarrow{k_{11}} RM_1\cdot$$
$$M_1\cdot + M_2 \xrightarrow{k_{12}} RM_2\cdot \qquad r_1 = \frac{k_{11}}{k_{12}}$$
$$M_2\cdot + M_2 \xrightarrow{k_{22}} RM_2$$
$$M_2\cdot + M_1 \xrightarrow{k_{21}} RM_1 \qquad r_2 = \frac{k_{22}}{k_{21}}$$

(9.55)

Die Quotienten aus den Geschwindigkeitskonstanten der Konkurrenzreaktionen werden als Monomeren-Reaktivitätsverhältnisse bezeichnet.

Derartige r-Werte sind z. B. in [1] zusammengestellt. Für die Copolymerisation von Styrol mit Methacrylsäuremethylester ergibt sich z. B. $r_1 = 0{,}50$ und $r_2 = 0{,}50$ [1a]. Ein Radikal mit einer Styryl-Endgruppe lagert demnach Methylmethacrylat doppelt so schnell an wie Styrol und umgekehrt ein Radikal mit Methylmethacrylendgruppe Styrol doppelt so schnell wie Methylmethacrylat. Die beiden Monomeren werden demnach alternierend in das Polymere eingebaut. Generell ist die an sich plausible Erwartung nicht erfüllt, nach der stets das energieärmere der beiden Radikale entsteht, sondern die Alternierung im Einbau der beiden konkurrierenden Monomeren ist um so ausgeprägter, je stärker sich die beiden Systeme in ihrer Fähigkeit zur Elektronenabgabe unterscheiden [2].

Die Copolymerisation wird demnach durch polare Faktoren bestimmt (zu denen sicher noch sterische Faktoren hinzukommen). So läßt sich die Copolymerisation von Styrol und seinen m- und p-substituierten Derivaten mit der Beziehung lg $(1/r_{12}) = \varrho\sigma$ gut korrelieren [3].

Die gefundene Reaktionskonstante ($\varrho = 0{,}5$) zeigt, daß die Reaktion durch Elektronenakzeptoren im angreifenden Monomeren begünstigt wird. Ähnliche Ergebnisse wurden bei der Copolymerisation von Styrolderivaten mit Methylmethacrylat-Radikalen und mit Maleinsäureanhydridradikalen erhalten [3].

Wie stark die Unterschiede in der Additionsfähigkeit verschiedener Monomerer sein können, geht aus Tabelle 9.56 hervor. Danach nimmt die Polymerisationsgeschwindigkeit der reinen Monomeren (gegen das eigene Radikal, „Homopolymerisation") vom Butadien zum Vinylacetat zu.

Zusammenfassungen:
[1a] MAYO, F. R., u. C. WALLING: Chem. Reviews **46**, 191 (1950).
[1b] ALFREY, T., J. J. BOHRER u. H. MARK: „Copolymerization", Interscience Publishers, New York 1952.
[2] PRICE, C. C.: J. Polymer Sci., **1**, 83 (1946).
[3] WALLING, C., E. R. BRIGGS, K. B. WOLFSTIRN u. F. R. MAYO: J. Amer. chem. Soc. **70**, 1537 (1948); IMOTO, M., M. KINOSHITA u. M. NISHIGAKI: Makromolekulare Chem. [Basel] **86**, 217 (1965).

Tabelle 9.56
Geschwindigkeitskonstanten für die Additionen von Olefinen an Radikale in Copolymerisationen [l/mol · s., 60 °C][1])

	Radikal aus				
Olefin	Butadien	Styrol	Methylmethacrylat	Methylacrylat	Vinylacetat
	1	2	3	4	5
1 Butadien	100	190	2 820	42 000	
2 Styrol	70	145	1 520	11 500	>100 000
3 Methylmethacrylat	130	278	705		>100 000
4 Methylacrylat	130	194		2 090	11 500
5 Vinylacetat		3	35	230	2 300

[1]) Vgl. [1b] S. 514.

Bei den Olefinen steigt die Reaktivität gegenüber einem gegebenen Radikal im wesentlichen vom Vinylacetat zum Butadien an. Generell läßt sich die folgende qualitative Reihenfolge aufstellen:

$Ph-CH=CH_2 \approx CH_2=CH-CH=CH_2 > CH_2=CH-CO-CH_3 \approx CH_2=CH-CN >$
$CH_2=CH-COOR \approx CH_2 = CH-COOH > CH_2=CH-Cl > CH_2=CH-OCOCH_3 \approx$
$CH_2=CH-CH_2 > CH_2=CH-OCH_3 \approx CH_2=CH_2.$

Für die Mischpolymerisation von Styrol mit Methylmethacrylat ergeben sich aus Tabelle 9.56 die oben bereits angegebenen r-Werte von 0,5. Im System Styrol/Butadien reagiert Butadien bevorzugt mit jedem der beiden Polymerenradikale ($r_{21} = 0{,}76$, $r_{12} = 1{,}4$)[1]). Die Unterschiede werden besonders groß, wenn ein reaktionsfähiges Monomeres (das selbst ein reaktionsträges Radikal liefert) mit einem sehr reaktionsfähigen Radikal reagiert (dem ein wenig aktives Olefin entspricht), z. B. Styrol mit Methylmethacrylat, $r_{23} = 0{,}52$, $r_{32} = 0{,}46$[1]), das heißt, die Addition von monomerem Styrol an jedes der beiden wachsenden Radikale überwiegt.

Die Einflüsse der polaren Substituenten bei der Copolymerisation lassen sich mit einer Freie-Energiebeziehung korrelieren [1]. Danach steht das Monomeren-Reaktivitätsverhältnis in Beziehung zu dem Faktor Q, der ein Maß für die Reaktivität des Olefins ist, und einem Faktor e, der die Summe der polaren Effekte wiedergibt (PRICE-ALFREY-Gleichung):

$$\frac{r_1}{r_2} = \frac{Q_1}{Q_2} e^{e_1-e_2} \quad \text{bzw.} \quad k_{12} = P_1 Q_2 e^{-e_1 e_2} \tag{9.57}$$

P_1 Maß für die Reaktivität des wachsenden Radikals M_1.

---

[1] ALFREY, T., u. C. C. PRICE: J. Polymer Sci. **2**, 101 (1947); PRICE, C. C.: J. Polymer Sci. **3**, 772 (1948); WALLING, C., u. F. R. MAYO: J. Polymer Sci. **3**, 895 (1948). (Tabellen mit Q- und e-Werten); Zusammenfassung: [1] S. 552.

[1]) Die Indizes entsprechen den Numerierungen in Tab. 9.56.

9. Einige Radikalreaktionen

Eine besonders interessante Form der Polymerisation ist die *Telomerisation* [1]. Es handelt sich dabei um eine zwischen der Radikaladdition und der Polymerisation stehende Reaktion. Addiert man z. B. Trichlormethylradikal (aus CCl_4 und Kettenstarter) an Äthylen, so vermag das zunächst durch Addition gebildete Radikal im Sinne einer Polymerisation mit Äthylen weiterzureagieren. Der Kettenabbruch erfolgt dann durch Reaktion mit dem Polyhalogenalkan unter Regeneration des Startradikals:

$$CCl_4 \xrightarrow{\text{Initiator}} \cdot CCl_3 + Cl\cdot$$

$$Cl_3C\cdot + CH_2=CH_2 \rightarrow Cl_3C-CH_2-CH_2\cdot$$

$$Cl_3C-CH_2-CH_2\cdot + n\,CH_2=CH_2 \rightarrow Cl_3C-(CH_2-CH_2)_n-CH_2-CH_2\cdot$$

$$Cl_3C-(CH_2-CH_2)_n-CH_2-CH_2\cdot + CCl_4 \rightarrow Cl_3C-(CH_2-CH_2)_{n+1}Cl + Cl_3C\cdot \quad \text{usw.}$$

(9.58)

Die Zahl der in das Telomere des formulierten Beispiel eintretenden Äthylenmoleküle hängt vom angewandten Druck ab.

Die C_9-, C_{11}- und C_{13}-Verbindungen haben dadurch Bedeutung erlangt, daß es gelingt, die Trichlormethylgruppe zur Carboxylgruppe zu verseifen und das endständige Chloratom durch NH_2 zu ersetzen. Die so erhaltenen ω-Aminocarbonsäuren eignen sich zur Polykondensation und ergeben Polyamide mit ausgezeichneten Gebrauchseigenschaften.

---

[1] Zusammenfassungen: AFANAS'EV, I. B., u. G. I. SAMOCHVALOV: Usp. Chim. **38**, 687 (1969); LLOYD, W. G.: J. chem. Educat. **46**, 299 (1969).

Sachverzeichnis

A1-Mechanismus 166, 186, 269
A2-Mechanismus 187, 271
AAc1-Mechanismus 271
AAc2-Mechanismus 269
AA1-Mechanismus 274
Absorptionsmaxima im UV 45
Abspaltungstendenz nucleofuger Substituenten 184
—, Einfluß von LEWIS-Säuren 188
—, Lösungsmittel-Einfluß 184, 190
Acene 71
Acetaldehyd
—, C—H-Acidität 295
—, Addition, radikalische, an Olefine 546
—, Aldoladdition 301
—, Autoxydation 540—541
Acetale, Bildung 269, 278
— Hydrolyse 166, 269
Aceton
—, Acetalisierung 269
—, Aldolreaktion 301
—, Cyanhydrinbildung 278
—, Enolisierung 305
—, Halogenierung 305
—, Reduktion 278
Acetylen
—, Addition, elektrophile, an 416
—, Aldoladdition, Stereochemie 344
—, Bindungsverhältnisse 37—39
—, GRIGNARD-Reaktion 336
—, Hydratisierung 416, 418
Achterschale 11
Acidität 99
— von Alkoholen 107
— von Ammoniak bzw. Aminen 296, 321
— von Carbonsäuren 103

Acidität von C—H-aciden Verbindungen 293, 296—297
— von Phenol 107
Aciditätsfunktionen 102
Aciditätskonstante 101
Acylierung
— von β-Dicarbonylverbindungen 324
— von Enaminen 324
—, FRIEDEL-CRAFTS, von Aromaten 438, 456, 468
— von Olefinen 407
Acylium-Ionen 272, 457—459
Acyloin-Addition 302
Acylspaltung von Estern 270, 273
Adamantan-Verbindungen, Reaktionen am Brückenkopfatom 149
Addition, elektrophile 385
—, —, an Alkine 416
—, —, an Diene 413
—, —, an Olefine 386
—, —, Lineare-Freie-Energie-Beziehungen 393—394, 403, 416, 419, 422
—, —, Lösungsmittel-Einfluß 390
—, —, Regiospezifität 395, 402
—, —, Stereochemie 400, 415, 417, 419, 420, 422—423
—, —, von Alkoholen 393, 404
—, —, von Carbenen 419
—, —, von Carbonsäuren 393, 404
—, —, von Diboran 422
—, —, von Formaldehyd (PRINS-Reaktion) 262, 406
—, —, von Halogenen 389—390, 392, 401, 404, 414, 415—417
—, —, von Halogenwasserstoffen 395—397, 403—404, 417

Addition, elektrophile, von Nitrilen (RITTER-Reaktion) 406
—, —, von Persäuren (PRILEŽAEV-Reaktion) 418
—, —, von Quecksilberacetat 415
—, —, von Säurechloriden (DARZENS-Reaktion) 407
—, —, von Salpetersäure 404
—, —, von unterhalogenigen Säuren 397, 403—404
—, —, von Wasser 393—396, 403, 416, 418
—, —, Zwischenprodukte 386, 392, 393, 400
Addition, nucleophile, an aktivierte Olefine 369
Addition, radikalische 399, 523, 543
—, —, von Carbonylverbindungen 546
—, —, von Dimethylformamid 546
—, —, Stereochemie 548
Additions-Eliminierungs-Mechanismus 139
Äthan, Bindungsverhältnisse 36—37
Äther, Bildung aus Alkoholen 138
—, Bildung aus Alkylhalogeniden 138
—, Spaltung 186
—, Spaltung von α-Chloräthern 166
Äther-peroxide 540
Äthylen, Bindungsverhältnisse 37, 39
Aktivierungsenergie 128
Aktivierungsenthalpie 131
Aktivierungsentropie 131
Aldehyde, Aldolreaktion 299, 301, 306, 309, 311—312, 329, 344, 361, 363
—, Aldolkondensation mit vinylogen Carbonylverbindungen 376
—, Autoxydation 539
—, Umlagerung in Ketone 511—513
Aldol-Reaktion 299, 306
—, Lösungsmittel-Einfluß 309, 315
—, Stereochemie 312, 344
Alkohole, Acidität 107
—, Dehydratisierung 209, 211, 475, 492, 497, 499, 509
—, Dissoziationsenergie 517
Alkoholyse von Carbonsäureestern s. Umesterung
Alkylatbenzin 413
Alkylfluoride, Synthese 194, 204
Alkylhalogenide, Darstellung 138, 150—151, 186
—, Dissoziationsenergien 517
—, Eliminierungsreaktionen 208—209, 217, 221—223, 225—226
—, FRIEDEL-CRAFTS-Reaktionen 138, 451, 468

Alkylhalogenide, Halogenaustausch (FINKELSTEIN-Reaktionen) 138, 171, 195, 279
—, Hydrolyse 138, 168, 179
—, Solvolysen 166, 168—170, 217, 279, 281, 500, 502, 504
—, Überführung in aliphatische Nitroverbindungen 202
—, Überführung in GRIGNARD-Verbindungen 334
—, Überführung in Nitrile (KOLBE-Synthese) 204
Alkylierung von Aminen 138
— von Aromaten 450, 468, 491
— von β-Dicarbonylverbindungen 138, 323
— von Enaminen 361
— von Ketonen 205
Alkylspaltung von Carbonsäureestern 274
Allylverbindungen, elektrophile Addition an — 397
— SN2-Reaktion 169
— Solvolyse 169
— Umlagerung 169—170
Amine, Acidität 326
—, Alkylierung 138
—, Basizität 107
—, Desaminierung 151, 209, 477, 490, 491, 494, 506
—, Nitrosierung/Diazotierung 366
Aminolyse von Carbonsäurederivaten 270, 273, 286
Amplitudenfunktion 18, 24
Annulene 77
anticlinal 115
anti-Eliminierung 226
anti-periplanar 115
AO (Atomic Orbital) 22
Appearance-Potential 516
Arine 236, 384
ARNDT-EISTERT-WOLFF-Reaktion 478
Aromaten, Basizität 428
—, Bindungsverhältnisse 65, 70
ARRHENIUS-Beziehung 128
Atombindung 13
Atom-Orbital (AO) 22
Atomschalen 15
Atomzustände, elektronische 15, 22
Austauschintegral 29, 30
Auswahlregeln für Spektralübergänge 46
Autokatalyse 536
Autoprotolyse 100, 107
Autoxydation 538
Azo-bis-(isobutyronitril) 521, 523
Azokupplung 464, 473

Sachverzeichnis

Azomethine 290, 291, 355
Azulen 76

Back-donation 386
Back-strain 108
BAc-Mechanismus 273
BAc-Spannung 280
BAEYER-VILLIGER-Oxydation 488
BAl-Mechanismus 275
Bananen-Bindung 39
Basizität 99, 101, 107
— von Äthern 110
— von Alkoholen 110
— von Aminen 107
— von Aromaten 428
— von Carbonylverbindungen 110, 289, 290
— von Phenol 110
BECKMANN-Umlagerung 486, 502
Benzaldehyde, Aldolkondensation 309
—, Azomethin-Bildung 291
Benzenium-Ion 426
Benzilsäure-Umlagerung 332
Benzoin-Addition 302
Benzol, Bindungsverhältnisse 40, 70
Benzvalen 71
Benzylhalogenide, Solvolysen an — 166, 168
bis 170
—, Substitution, nucleophile an — 163, 168, 203
Benzylradikal 517—519
Beschleunigung, anchimere 181
Beschleunigung, sterische, von Eliminierungen 216
Bicyclo[2.2.1]-heptan-Verbindungen
—, Reaktionen am Brückenkopfatom 149, 521
Bicyclo[2.2.2]-octan-Verbindungen
—, Reaktionen am Brückenkopfatom 149
Bindung, chemische 11, 27
— heteropolare 12
— homöopolare 12, 27
— koordinative 14, 31, 385—387
— metallische 14, 43
— p-π- 32, 37
— semipolare 14
— p-σ- 32
— π- 32, 37
— σ- 32, 36
Bindungsabstand 30, 37, 39, 43, 385
Bindungsenergie 30, 37, 43, 385, 517
Bindungswinkel 32—33, 35, 37
Bisulfit-Verbindungen 267, 301
Bleitetraacetat 423
Blitzlichtphotolyse 522

BODENSTEIN-Prinzip 127
BOHR-Atommodell 15
Bootform 117
borderline cases, s. Grenzgebiets-Fälle der nucleophilen Substitution
BREDT-Regel 499
BREDT-Acidität 99
BRÖNSTED-Beziehung 198, 214, 264
Bromierung von Aromaten 438, 468
— von Carbonylverbindungen 304
—, radikalische 530
N-Bromsuccinimid 533
Bromwasserstoff, radikalische Addition an Olefine 399, 543
Butadien, Bindungsverhältnisse 39, 44
—, Cycloaddition, photochemische 546
—, s-cis- 42
—, s-trans- 42
Butanon, Aldolreaktion 308, 311

Camphen-Umlagerung 499, 502
CANNIZZARO-Reaktion 262, 329
Carbene 208, 420, 480
—, Addition an Aromaten 421
—, Addition an Olefine 419
Carbeniumbasen 295
Carbenium-Ionen 121, 140, 159, 490, 501, 505
—, Abfang 141
—, nichtklassische 501, 505
—, Reaktivität und Selektivität 201
Carbenium-Mechanismus 139
Carbonsäureester, Aminolyse 270, 273, 286
—, Bildung 269, 271—272, 277, 285
— CLAISEN-Kondensation 318
— Hydrolyse 270—278, 285—288
— Umesterung 270, 273
— α-Halogenierung 305
Carbonsäuren, Acidität 81, 88, 100, 103
— Veresterung 269, 271—272, 277, 285
Carbonylgruppe, Basizität 110, 283—285, 289, 290
— Elektronenstruktur 66, 283—284, 289
— Polarität 66
— Reaktion mit Basen 262—263
— Reaktion mit Krypto basen 262—325
— Reaktion mit Pseudosäuren 262, 293
— Reaktivität 66, 260, 277, 283—284
Carbonyl-Reaktionen, Katalyse 263
— pH-Profil 265
— Ringgröße-Reaktivitäts-Profil 279
— Stereochemie 312, 341
Carbonylverbindungen, Acetalisierung 269, 278

Carbonylverbindungen, C—H-Acidität 293
—, Aldolreaktion 299, 306
—, Basizität 110, 289—290
—, Dipolmoment 65, 370
—, Elektronenverteilung 65, 370
—, Enolisierung 296, 303, 319, 322, 339
—, Halogenierung 304
—, hetero-analoge — 350
—, Homologisierung mit Diazoalkanen 478
—, Isotopenaustausch 271, 304
—, Racemisierung 304
—, Reduktion 279, 282—283, 325, 338, 344—345
—, vinyloge — 369
Carboxylierung von Aromaten 462
— von β-Dicarbonylverbindungen 319
α-Chloräther, Hydrolyse 166
Chlorierung von Aromaten 430, 442—443, 468
— von Carbonylverbindungen 304
—, radikalische 530
Chlormethylierung 461, 468
CLAISEN-Kondensation 262, 318
—, Hilfsbasen bei der — 320
CLAISEN-TIŠČENKO-Reaktion 262, 328
COPE-Eliminierung 239, 242
Copolymerisation 551
COULOMB-Integral 29—30
COULOMB-Kräfte 12, 29—30
CURTIUS-Abbau von Säureaziden 484, 502
Cyanäthylierung 371
Cyanhydrine 293, 370
—, Bildungsgeschwindigkeit 278—279, 282—283, 290
—, Bildungsmechanismus 293
—, Stereochemie der Bildung 344
Cycloaddition, photochemische 546
Cycloalkane, Konformation 280
—, Ringspannung 280
Cycloalkanone, Carbonylreaktionen 278, 343
—, Ringgröße-Reaktivitäts-Profil 279
—, Stereochemie 343
Cycloalkylhalogenide, Solvolysegeschwindigkeit 279, 281, 500
Cyclocitral 409
Cyclohexan, Konformation 116, 280
Cyclopentadienid-Ion 74
Cyclopentan, Konformation 118, 280
D'ALEMBERT-Gleichung 18
DARZENS-CLAISEN-Synthese 257, 262
DARZENS-Reaktion 407
DE BROGLIE-Beziehung 19

Dearboxylierung 253
Dehalogenierung 230
Dehydratisierung von Alkoholen 209, 211
Dehydrobenzol 475, 492, 497, 499, 509
Dehydrohalogenierung 209, 213, 217, 219, 221, 223, 225—226, 235
DEMJANOV-Umlagerung 477, 490—491, 506
Desaktivierung, strahlungslose 47
Desaminierung 151, 209, 477, 490—491, 494, 506
DEWAR-Benzol 71
Diazoaminobenzol 466
Diazocarbonsäureester 368, 421, 479
Diazoketone 257, 420, 481
Diazoniumverbindungen 267, 384, 464, 477, 525
Diazotierung 366
Dibenzoylperoxid 523
Diboran, Addition an Olefine 422
Dicarbonsäuren, Acidität 105
—, Decarboxylierung 253
β-Dicarbonylverbindungen 318
—, Acidität 297
—, Acylierung 324
—, Alkylierung 138, 323
—, Darstellung 318
—, Enolisierung 319, 322
—, Esterspaltung 321
—, Ketonspaltung 323
—, Säurespaltung 257, 322
—, Spaltung durch Nitrosierung 369
DIECKMANN-Kondensation 319
Diene, konjugierte
—, elektrophile Addition an — 413
Diffusionskontrolle 295
Diphenyl, Chlorierung 440, 446
Diphenylpicryl-hydrazyl 520
Dipolmoment und Mesomerie-Effekt 59, 65
Disproportionierung von Alkylaromaten 455
— von Radikalen 424
Dissoziation (s. auch Acidität)
— von Ionenpaaren 141, 157, 193
Dissoziationsenergie 30, 516
Dissoziationskonstante 81
Donor-Akzeptor-Komplexe 385
Doppelbindung 13, 17, 37, 43
—, konjugierte 39, 43
Dreifachbindung 13, 17, 38, 43
E1-Reaktion 207, 209, 244
E2-Reaktion 207, 209, 211
E1cB-Reaktion 207, 219, 224, 314

E_S-Werte 89, 94
Extinktionskoeffizient 45
EYRING-Beziehung 131
Feldeffekt 53, 56, 87–88, 91
FENTON-Reagens 516
Ferrocen 75
FINKELSTEIN-Reaktion 138, 171, 195, 279
Fluoreszenz 47
Fragmentierung 255
FRANCK-CONDON-Prinzip 134
Free-Electron-Modell 41
Freie-Energie-Beziehung s. Lineare-Freie-Energie-Beziehung
FRIEDEL-CRAFTS-Katalysatoren 158, 188, 449, 450
FRIEDEL-CRAFTS-Reaktion 448
—, Acylierung 138, 158, 457, 468
—, Alkylierung 406, 450, 468, 491
—, Disproportionierung 455
—, Isomerisierung 453
—, Transalkylierung 453, 455
FRIESS-Verschiebung 459
Frontorbital 111
Frontorbital-Kontrolle 113, 205
Front Strain 95
Fulven 74
Furan 73, 237, 437
Galvinoxyl 520
Geschwindigkeit, spezifische 123
Geschwindigkeitsfaktoren, partielle 431
Geschwindigkeitskonstante 123
GRAKACHER-Synthese 262
Grenzgebiet-Fälle nucleophiler Substitutionen
148, 161, 166, 170
Grenzstrukturen 59
GRIGNARD-Reaktion 262, 334
—, Addition 336, 340—341, 343, 353
— mit Alkinen 336
—, Enolisierung 339—340, 354
— mit O–H-aciden-Verbindungen 336
—, Reduktion 338, 340, 342
—, Stereochemie der — 343—344, 347, 349
GRIGNARD-Verbindungen 320, 334
GUEREBET-Reaktion 325
Halbacetale, Bildung 278
—, Hydrolyse 269
Halogenierung, elektrophile von Aromaten
430, 438, 442, 468
— von Carbonylverbindungen 304
— radikalische 530

E2C-Mechanismus 208
E2H-Mechanismus 208
Eigenfrequenz 21
Eigenfunktion 21
Eigenwert 22
Einfachbindung 26, 43
ekliptisch 115
Elektronegativität 54
n-Elektronen 30
Elektronengas 14, 40
Elektronenkonfiguration 16, 17
Elektronenschale 11
Elektronenwolke 25
elektrophil 122
Elektrovalenz 12
Eliminierung, bimolekulare 209, 211
— über Carbene 208
—, Einfluß der Hilfsbase 214, 215, 217, 219
—, Einfluß des Nucleofugs 219, 221, 222, 225
—, Einfluß von Substituenten 220, 252
—, Einfluß der Temperatur 216
—, ionische 207
—, Isotopeneffekte 209, 212, 223, 225, 232, 236—237, 249
—, Lineare-Freie-Energie-Beziehungen 224, 225, 250
—, monomolekulare 209, 244
—, Regiospezifität 218, 225, 228, 242—244
—, Stereochemie 210, 221, 226, 231, 239, 241—242, 244, 251, 257
—, thermische 248, 253
Eliminierungs-Additions-Mechanismus 139
Emission von Licht 48
Enamine 360, 375, 386
Energie-Transfer, photophysikalischer 48
Enoläther, Verseifung 167
Enolisierung 296, 303, 319, 322, 339
Entartung 23
Envelope-Konformation 119
Epoxide, Bildung 183, 478, 481
—, Spaltung 138, 175, 496
Epoxidierung von Olefinen 418
EPR-Spektroskopie 521
ERLENMEYER-Reaktion 262
Erscheinungspotential 516
erythro-Konfiguration 180
ESR-Spektroskopie 521
Ester von anorganischen Säuren 150—151, 275
Ester s. Carbonsäureester
Esterkondensation 318
Esterspaltung von β-Dicarbonylverbindungen 321

Sachverzeichnis

Halogenkationen 443, 445—446
Halogenmethylierung 461
HAMILTON-Operator 20
HAMMETT-Acidtätsfunktion 102
HAMMETT-Beziehung 83
HAMMOND-Prinzip 131
Hauptquantenzahl 15, 42
Hinderung, sterische 95, 171, 173—175, 272, 277, 320, 338, 340, 342—343, 349, 438, 471, 492
—, — der Mesomerie 68, 109, 439, 519
Hock-Reaktion 487
HOFMANN-Abbau quartärer Amine 213, 219 bis 221, 225, 233, 235, 239, 241
HOFMANN-Orientierung bei Eliminierungen 218
HOFMANN-Säureamid-Abbau 482, 502
Homolyse 120, 514
HOUBEN-HOESCH-GATTERMANN-Synthese 460
HUND-Regel 17, 46
Hybridisierung 33, 43
— sp- 35, 38, 43
— sp^2- 35, 38, 43
— sp^3- 35, 38, 43
Hydrate von Carbonylverbindungen 287
Hydratisierung, kovalente 359
Hydroborierung 422
Hydrochinon, Autoxydation 540
Hydroperoxide 488
Hydroxymethylierung 301, 307, 461
Hyperkonjugation 78

Induktion, asymmetrische 341
Induktionseffekt 53, 55, 57, 83, 87—88, 91
Inhibitoren von Radikalreaktionen 522, 537
Inversion der Konfiguration 145
Ionenbeziehung 12
Ionenpaar 55, 120, 148, 155, 193, 210
Internal Strain 280
Intersystem crossing-Reaktion 48
Isomerie, cis-trans- 38
— Konversions- 116
—, s-cis-s-trans- 42
Isotopeneffekt, kinetischer 133
I-Strain s. Internal Strain
IWANOW-Reaktion 280

Käfigeffekt 525
Kaliumpermanganat, Reaktion mit Olefinen 424
Katalyse, allgemeine 264, 266
—, bifunktionelle 162
—, elektrophile 184, 186, 188

Katalyse, nucleophile 274
—, spezifische 264
KERCULÉ-Strukturen 31, 70
Kernabstand 30
Keten 253
Keten-Iminierung 354
Ketone, Acidität 297
—, Aldolreaktion 301, 308
—, Alkylierung 205
—, Basizität 110, 289—290
—, Enolisierung 305, 308
—, GRIGNARD-Reaktion 337
—, Halogenierung 304
—, Reduktion 279, 325, 341, 343
Ketonspaltung von β-Dicarbonylverbindungen 253
Kettenreaktion 408, 549
Kinetik chemischer Reaktionen 123
KNOEVENAGEL-Reaktion 262, 315, 357
KOLBE-Elektrolyse 516
KOLBE-SCHMITT-Synthese 463
KOLBE-Synthese von Nitrilen 138, 462
Komplex, aktivierter 130
— σ- 385—386, 426
Konfiguration 145
Konformation 114
Konformationsanalyse 118
Konjugation in Olefinen 39
— in Aromaten 65
— σ-π- 79
Kontrolle, Diffusions- 295
—, Frontorbital- 113, 205
—, kinetische 126
—, Ladungs- 113, 205
—, Mischungs- 442
—, stereoelektronische 227
—, Stoß- 442
—, thermodynamische 126
Konstellation s. Konformation
Konversions-Isomerie 116
Koplanarität 68
KORNBLUM-Regel 202
Kovalenz 13, 55
KRÖHNKE-Reaktion 262, 360
Krypto-Ionen 121
Kupplung von Diazoniumverbindungen 464, 473

LADENBURG-Benzol 71
Ladungskontrolle 113, 205
LAPLACE-Operator 18
LCAO-Verfahren 31
Lewis-Basen 99

Sachverzeichnis 561

Nebenquantenzahl 15
NEF-Reaktion 364
n-Elektronen 30
Neopentylhalogenide, nucleophile Substitution 172, 176
Nitracidium-Ion 440
Nitrene 482
Nitrierung von Aromaten 430, 434—435, 438, 440, 468
Nitrile, Bildung 138, 485
—, FRIEDEL-CRAFTS-Reaktion 460
—, GRIGNARD-Reaktion 353—354
—, Hydrolyse 352
—, Reaktion mit Halogenwasserstoffen 351
Nitrogruppe, Elektronenstruktur 362
Nitrosamine 367
Nitrosierung von Aminen 366
— von Cyclohexan 535
Nitrosoverbindungen 365—366
— , Reaktion mit Aminen 365
Nitroverbindungen 362
—, Aldolreaktion 363
— , Nitro-Acinitro-Tautomerie 363
Nitrylkation 440
Norbornylkation 505—506
Normierungsfaktor 21
nucleofug 122, 136
Nucleofugie s. Abspaltungstendenz
nucleophil 122
Nucleophilie 191, 196, 198

Oktettregel 13
Olefine, Acidität 297
—, Addition, elektrophile 386
—, Addition, nucleophile s. MICHAEL-Addition
—, Addition, radikalische 543
—, Basizität 387
—, FRIEDEL-CRAFTS-Addition von — 406, 457
—, Hydratisierung, Anti-MARKOWNIKOW- 422
—, Hydrierwärmen 78
—, Isomerie, cis-trans 38
—, Polymerisation 408, 549
OPPENAUER-Oxydation 262, 325, 328
Orbital 23
—, Atomic 22
—, Molecular 27
— *p*-, 16, 17, 25
—, Prinzip der minimalen Verbiegung von — 143, 146
— *s*-, 16, 17, 25
Ordnung von Reaktionen 124
ortho-Effekte 434, 473

LEWIS-Säuren 99
— als Katalysatoren 158, 187—189, 204, 341, 391, 443—444
LFER-Linear Free Energy Relationship s. Lineare-Freie-Energie-Beziehungen
Lichtabsorption 44
Lineare-Freie-Energie-Beziehungen (LFER) 18
Linearkombination von Atomorbitalen 27
Lösungsmittel, aprotonische 156
—, Dielektrizitätskonstanten 155
—, dipolar aprotonische 156
—, elektrophile 158
—, Härte/Weichheit 154, 156
—, ionisierende/dissoziierende 155—156
—, Lineare-Freie-Energie-Beziehungen 97
LOSSEN-Reaktion 482—483, 502

Magnetquantenzahl 15
MANNICH-Reaktion 268, 355
MARKOWNIKOW-Regel 395
Materiewellen 19
Mechanochemie 516
MEERWEIN-PONNDORF-VERLEY-Reaktion 262, 325, 343
—, Stereochemie 344, 347, 348
Mehrzentren-Reaktion 303
MEISENHEIMER-Verbindungen 377
MENSCHUTKIN-Reaktion 199
Mesomerie 59
—, sterische Hinderung der 68
Mesomerie-Effekt 53, 59, 64, 83, 91
Mesomerie-Energie s. Resonanzenergie
Methyläthylketon, Aldolkondensation 308
Methylen 420
Methylenkomponente 299
MICHAEL-Addition 257, 369
—, Stereochemie 373
Mischpolymerisation 551
Molekülorbital (MO) 27
—, antibindendes 30
—, bindendes 30
—, nicht bindendes 30
MO-Methode 31
Molekularität von Reaktionen 125
Molekülion 17
Monomere, Reaktivität in Radikalkettenpolymerisationen 552—553

Nachbargruppeneffekte 162, 177, 398, 501, 503, 505
—, Stereochemie 178—180, 183, 501
NATHAN-BAKER-Effekt 78, 439, 493

Orthoester 229
Osmiumtetroxid, Addition an Olefine 423
Paraldehyd 266
PAULI-Verbot 15—16, 42
periplanar 115
PERKIN-Reaktion 262, 314
Peroxid-Effekt 399
Peroxygenierung 536
Persäuren, Addition an Olefine 418
Phenol, Acidität 107
—, Alkylierung, ortho — 401
—, Chlormethylierung 462
—, Hydroxymethylierung 301, 307
—, Synthese nach HOOCK 487
Phenonium-Ion 426
Phenoxyle 520
Phosphoreszenz 47
Phosphorylene 315
Photo-Addition 546—548
Photobromierung 531, 534
Photochemie 48
Photochlorierung 531, 534
Photonitrosierung 535
Picolin, Aldoladdition an — 360
Pinakol-Pinakolon-Umlagerung 476, 492 bis 493, 496, 509
PINNER-Reaktion 352
PITZER-Spannung 280
pK-Wert 83, 101
PLANCK-EINSTEIN-Beziehung 19
PO-aktivierte Olefinierung 317
Polymerisation, kationische 408
—, radikalische 549
Potentialkasten 22, 40
PRICE-ALFREY-Beziehung 553
Principle of least motion 135
PRINS-Reaktion 262, 406
Prisman 71
PRILEZAEV-Reaktion 418
Pseudobasen 359
Pseudo-Reaktionsordnung 125
Pseudosäuren 295
push-pull-Mechanismus 159
Pyridin, Aromatizität 73
—, elektrophile Substitution an — 437
Pyridin-N-Oxid, elektrophile Substitution an — 437
Quantenausbeute 49
Quantenmechanik 18
Quantentheorie 15
Quantenzahlen 15

Quaternierung von Aminen 139, 199
Quecksilberacetat, Addition an Olefine 415
—, elektrophile Substitution an Aromaten 468
Racemisierung 450
Radikale 120—121, 414
—, Bildungsenergien 517
—, Darstellung 515
—, Kombination 524
—, Nachweis 515, 521
—, Reaktivität 528—529, 534, 541, 552—553
—, Reaktivität und Selektivität 526, 528, 541, 552
—, stabile 519, 520
—, Umlagerung 524
—, Zerfall 523
Radikalreaktionen 523
—, molekülinduzierte 514, 523
—, Kettenreaktionen 530
—, Lösungsmitteleinfluß 525
—, Ringgröße-Reaktivitäts-Profil 530
—, Stereochemie 548
Radiolyse 515
Reagenzien, elektrophile 122
—, nucleophile 122
Reaktion, asynchrone 130
—, Molekularität 125
—, synchrone 129
—, transannulare 184
Reaktionsgeschwindigkeitskonstante 123
Reaktionskinetik 123
Reaktionskonstante 83, 89
Reaktionskoordinate 129
REFORMATSKY-Reaktion 262
Regiospezifität 308
Regler bei Radikalketten-Polymerisationen 551
REISSERT-Verbindungen 359
Rekombination von Radikalen 359
Resonanz s. Mesomerie
Resonanzenergie 61, 70
Retention 145
Retropinakol-Pinakolon-Umlagerung 476
return, internal s. Rückkehr, innere
Ringgröße-Reaktivitäts-Profil 233, 279—280, 530
RITTER-Reaktion 406
ROBINSON-Ringschluß 375
Rückkehr, innere 141, 155
Salicylsäure, Synthese 463
SANDMEYER-Reaktion 525

Umlagerung, nucleophile 1.2-
— , — an Elektronendefizit-Zentren 474
— , — des Kohlenstoffs 475
— , — des Sauerstoffs 487
— , — des Stickstoffs 482
— , Lösungsmitteleinfluß bei der — 508
— , Reaktionsrichtung bei der — 489, 491
494, 501
— , Stereochemie 494, 498, 501, 509
— , Wanderungstendenz von Substituenten
489, 492, 511
— , Zwischenprodukte 501
Umlagerung, nucleophile 1.3- 506
Umlagerung von Radikalen 524
Valence-bond-Methode 31
Valenz, gerichtete 33
Valenztautomerie 72
van-der-Waals-Abstoßung 280, 282
Variationsrechnung 27
Vielzentren-Mechanismen 159, 162
Vierzentrenprinzip 227
Vilsmeyer-Reaktion 460
Vinylacetat, Polymerisation 550, 552
Vinyläther, Hydrolyse 167
Vinylester, Hydrolyse 167
Vinylfluorid 60
Vinyl-Homologe (Vinyloge) 370
Wagner-Meerwein-Umlagerung 476, 493,
498, 506
Wahrscheinlichkeitsdichte 25, 29, 42

Wahrscheinlichkeits... 128
Walden-Umkehr 144, 146
Wanderungstendenz bei Umlagerungen 48?
492, 511
Wannen-Konformation 117
Wasserleitungskoeffizient 96
Wasserstoffmolekül, Bindungsverhältnisse 31
Wasserstoff-Molekülion 17, 31
Wasserstoffperoxid 488, 516, 541
Wechselwirkung, elektrostatische 56, 153
— 1.3-diaxiale 116
Wellenmechanik 18
Wellen, stehende 21, 23, 42
— , Überlagerung von 29
Williamson-Synthese von Äthern 138
Winstein-Grunwald-Gleichung 97, 393
Wittig-Eliminierung 239, 241
Wittig-Reaktion 262, 315
Wolff-Umlagerung 478, 502

Xanthogensäureester, Pyrolyse 248—249,
251, 252

Ylide 239, 316, 318
Ukawa-Tsuno-Beziehung 87
X-Werte 98

Zustand, angeregter 46
— , aromatischer 70, 72
— , stationärer 15, 22, 26, 127
Zwischenstufe 129
— Abfang von $-n$ 141, 484, 486

SANDWICH-Verbindungen 74
Säure, harte und weiche 110
Säurespaltung von β-Dicarbonylverbindungen 322
Sauerstoff, Singulett- 13, 548
— Triplett- 13
SAYZEW-Orientierung 218
Schichtliniendiagramm 129
SCHMIDT-Reaktion 485, 493, 502
SCHRÖDINGER-Gleichung 20, 29
Schwefelsäureester, O-Alkylspaltung 275
Selektivitätsfaktor 469
Sesselform 116
Singulett-Zustand 46
SN1-Reaktion 130, 132, 140, 144
SN2-Reaktion 129, 142, 144
SNi-Reaktion 150
Solvatation von anorganischen Ionen 154, 156—158, 185, 192—194
— von Carbeniumionen 147
— kovalente 148
Solvolyse 97, 137, 155, 161, 182, 217, 244, 279, 281—282, 500, 503
sp-Hybridisierung 35, 38, 43
sp^2-Hybridisierung 35, 38, 43
sp^3-Hybridisierung 35, 38, 43
Spektralübergänge, UV-Vis- 45, 46, 47
Spektroskopie, EPR- 521
—, UV-Vis 44
Spiegelmethode zum Nachweis von Radikalen 522
Spin 15
Spinquantenzahl 15
Stationaritätsprinzip 127
Stereoselektivität 313
Stereospezifität 313
STRECKER-Synthese 356
Substituenten erster/zweiter Ordnung 429, 434
Substituenteneffekte 81
Substituentenkonstanten 83
—, elektrophile 84, 86
—, induktive 87
—, mesomere 91
—, normale 91
—, sterische 89, 94
Substitution, elektrophile am Aromaten 384, 424
—, Kinetik 425
—, Lineare-Freie-Energie-Beziehungen 430, 443, 451, 466
—, Reaktivität-Selektivität 435, 442, 452 bis 453, 466

Substitution, nucleophile am aktivierten Aromaten 236, 389, 424
Substitution, nucleophile an Carbonylverbindungen s. Carbonylreaktionen
Substitution, nucleophile am gesättigten C-Atom 129, 130, 137
—, Isotopeneffekte 142, 144
—, Ladungstypen 138
—, Lineare-Freie-Energie-Beziehungen 97, 142, 163, 164
—, Lösungsmitteleinflüsse 152
—, Nachbargruppeneffekte 177
—, Stereochemie 144
—, Substituenteneinflüsse 163, 177, 184
—, Übergangszustände 129, 130, 140, 142
Sulfochlorierung 535
Sulfonierung 446, 468
Sulfonsäureester, Alkylspaltung 275
—, Solvolyse 185—186
Sulfoxide, Eliminierungen an 243
Sulfurylchlorid, Halogenierungen mit 532
Supersäure 158
Symbiose 111, 382
syndinal 115
syn-Eliminierung 231
syn-periplanar 115
TAFT-Beziehung 88
Telomerisation 554
Temperatur, isokinetische 97
Terephthalsäure 464
three-Konfiguration 180
TIFFENEAU-Umlagerung 477, 493—494
p-Toluolsulfonylgruppe als Nucleofug 185 bis 186, 189, 190
Tosyl- s. p-Toluolsulfonylgruppe
transition state 131
Triarylmethyl-Radikale 519
Tricyclen 506
Triphenylmethyl-Radikal 519—520
Triplett-Generator 48
Triplett-Zustand 46
Tropon 75
Tropolon 75
Tropylium-Kation 75
TSCHITSCHIBABIN-Reaktion 358, 384
TSCHUGAEW-Eliminierung 248
Twist-Konformation 117
Übergangszustand 129, 131
Überlagerung von Wellen 27
Überlappungsintegral 29—30
Umsteuerung 270, 273